U0312675

新型烟草制品专利技术研究

主　编　郑新章　郑　路　洪群业
副主编　刘亚丽　邱纪青　郑爱群　刘华臣　韩　熠
　　　　郭小义　胡　静　袁岐山　石昌盛　马　强
参　编（按姓氏笔画排序）
　　　　王　锐　王金棒　尹新强　包自超　冯伟华　朱　琦
　　　　朱东来　刘　珊　刘义波　汤建国　孙世豪　李　阳
　　　　李　枚　李　峰　李　鹏　杨　柳　邱立欢　汪志波
　　　　沈　轶　张东豫　张仕华　张建勋　陈　超　陈义坤
　　　　尚善斋　周艳军　周雅宁　郑雪聪　宗永立　孟庆华
　　　　洪广峰　贾　楠　龚淑果　曾世通

華中科技大学出版社
http://www.hustp.com
中国·武汉

内容提要

本书对新型烟草制品专利技术进行深入研究，形成了一套具有可操作性的分析方法和分析流程，制定了专利关键技术判定原则和重要专利评价指标，可以有效指导和规范各类新型烟草制品专利的分析研究，提升专利分析成果的针对性和使用价值。厘清了国内外新型烟草制品专利的技术特点及专利布局，掌握了国内外新型烟草制品专利技术及研发现状，明确了新型烟草制品研发的技术重点及方向，对提升我国新型烟草制品研发和生产的整体水平，加强对新型烟草制品研究成果的有效、全面保护，打造新型烟草制品自主核心技术和专利体系，构建新型烟草制品专利布局等具有积极的促进作用，为我国新型烟草制品专利技术研究和产品开发提供有益的借鉴。

另外，为便于读者查阅，书中收录了新型烟草制品代表性专利800余件，并按照申请日先后排序，依次列出了专利类型、申请号、申请日、申请人、申请人地址、发明人、授权日、法律状态公告日、法律状态、摘要、申请或授权文件独立权利要求。

本书适合从事新型烟草制品技术研究及产品开发的技术人员或对其感兴趣的读者阅读参考。

图书在版编目(CIP)数据

新型烟草制品专利技术研究/郑新章，郑路，洪群业主编. —武汉：华中科技大学出版社，2019.12
ISBN 978-7-5680-4978-8

Ⅰ.①新… Ⅱ.①郑… ②郑… ③洪… Ⅲ.①烟草制品-专利技术-研究 Ⅳ.①TS4 ②G306.3

中国版本图书馆CIP数据核字(2019)第255573号

新型烟草制品专利技术研究 郑新章 郑 路 洪群业 主编
Xinxing Yancao Zhipin Zhuanli Jishu Yanjiu

策划编辑：曾 光
责任编辑：段亚萍 舒 慧
封面设计：孢 子
责任监印：朱 玢
出版发行：华中科技大学出版社(中国·武汉) 电话：(027)81321913
武汉市东湖新技术开发区华工科技园 邮编：430223
录 排：华中科技大学惠友文印中心
印 刷：湖北新华印务有限公司
开 本：880mm×1230mm 1/16
印 张：53.5
字 数：2200千字
版 次：2019年12月第1版第1次印刷
定 价：294.00元

前　言

新型卷烟、口含烟、电子烟等新型烟草制品作为烟草消费品的新形式，因其固有的对消费者健康影响风险较低的优势，在世界范围内的市场规模不断扩大，发展势头良好，已成为烟草制品未来重要的发展方向之一。随着全球控烟形势的日益严峻和消费者对自身健康关注程度的日益提高，新型烟草制品的研究开发与生产销售已成为国外烟草公司关注的热点、重点，并已成为支撑企业未来发展的重要方向。国外烟草公司对新型烟草制品研究开发的人力和资金的投入越来越大，在核心技术研究、新产品研发和市场销售等多个方面已取得了较大突破。据初步统计，近年来国外烟草公司已在包括中国在内的世界主要烟草消费国申请了大量的新型烟草制品专利，并有的放矢地进行了相应的专利布局，对我国新型烟草制品的研发造成了越来越大的威胁和挑战。

近年来，国内外新型烟草制品专利呈现快速增长的趋势，截止到2017年6月，在中国国家知识产权局公开/公告的新型烟草制品专利已达九千余件，在国外专利机构公开/公告的新型烟草制品专利已达一万余件。创新是科技进步的源泉，专利是衡量创新能力的重要指标。专利文献中蕴含了大量的技术、法律和市场信息。开展专利分析工作，是有效利用专利信息、加速技术研发、降低运营风险、防范专利权纠纷的重要手段，更是推动自主创新、突破核心技术和保护自主知识产权、提升企业竞争优势的重要途径。

因此，对新型烟草制品专利进行深入、系统的分析和研究，形成一套具有可操作性的分析方法和分析流程，研究制定专利关键技术判定原则和重要专利评价指标，可以有效指导和规范各类新型烟草制品专利的分析研究，提升专利分析成果的针对性和使用价值；厘清国内外新型烟草制品专利的技术特点及专利布局，掌握国内外新型烟草制品专利技术及其研发现状，明确新型烟草制品研发的技术重点及方向，对提升我国新型烟草制品研发和生产的整体水平，加强对新型烟草制品研究成果的有效、全面保护，打造新型烟草制品自主核心技术和专利体系，构建新型烟草制品专利布局等具有积极的促进作用。

本书以新型烟草制品（新型卷烟、电子烟和口含烟）专利为研究对象，建立了新型烟草制品专利分析方法和分析流程，制定了新型烟草制品关键技术判定方法和重要专利评估与判定方法，构建了新型烟草制品专利技术分类体系，对新型烟草制品重要专利及其产业化前景进行了科学评估，对新型卷烟、电子烟和口含烟专利进行了整体的分析研究，对近年来国际上具有代表性的新型烟草制品进行了解剖分析，主要体现在：

（1）制定了新型烟草制品专利分析方法和分析流程。通过对专利分析方法和分析流程的研究，结合新型烟草制品专利的特点，研究制定了新型烟草制品专利的分析方法和分析流程。

（2）确定了新型烟草制品关键技术及判定方法。采用专家评议法制定了新型烟草制品关键技术的判定方法和原则，明确了3类新型烟草制品的关键技术。其中，新型卷烟关键技术是加热技术（包括电加热技术、燃料加热技术和理化反应加热技术等）、控制技术、烟草配方与添加剂技术，电子烟关键技术是雾化技术、控制技术、烟芯配方技术，口含烟关键技术是烟草配方与添加剂技术、缓释技术、成型与包装技术。

（3）建立了新型烟草制品重要专利评估与判定方法。采用专家评议和专利文献计量学相结合的方法，从专利技术特征、法律特征、经济特征和技术成熟与市场角度等方面，研究制定了新型烟草制品重要专利的综合评估与判定指标，制定了新型烟草制品重要专利评估流程。

（4）建立了新型烟草制品专利技术分类体系。依据新型烟草制品关键技术的判定方法和原则，从技术角度解析了新型烟草制品的结构、原理、技术特点，以及新型烟草制品专利涉及的技术领域，确定了在新型烟草制品研发、生产、使用等环节能够显著影响新型烟草制品质量、性能、生产成本、消费成本、使用效果等的关键技术；依据新型烟草制品专利分类方法，紧密围绕新型烟草制品的关键技术，制定了新型烟草制品专利技术分类体系。

(5) 明确了国内外新型烟草制品专利数据源,完成了专利数据的检索和加工处理。对国内外专利组织的专利数据库以及商业机构的专利数据库进行了全面调研,重点考察了专利数据的全面性、完整性、准确性、关联性和导出格式多样性等多种指标,结合新型烟草制品专利分析研究的需求,确定了国内外新型烟草制品专利的数据源、采集策略和处理方法,即中国专利数据源以"国家知识产权局专利数据库"为主,国外专利数据源以"德温特创新索引数据库"为主;引入"同族专利"的概念进行专利数据的采集和处理。累计检索、采集和处理国家知识产权局1985年—2017年6月公开/公告的新型烟草制品中国专利9 381件,德温特世界专利数据库公开/公告的新型烟草制品国外专利11 780件。

(6) 科学评估了新型烟草制品重要专利及其产业化前景。依据建立的新型烟草制品重要专利评估与判定方法,从事新型烟草制品研发的专业技术人员对新型烟草制品专利进行了评估,并对专利的重要程度和产业化前景形成了评估结论。

(7) 综合分析了新型烟草制品专利整体技术发展情况。从专利布局现状、研发热点、布局重点、专利技术空白点和薄弱点等角度对3类新型烟草制品专利进行了综合的分析。

(8) 新型烟草制品产品案例分析。重点选择国际上知名度较高和销量较大的3类新型烟草制品的24个产品,分别对其生产厂家、产品基本情况以及所蕴含的关键技术进行了剖析。

为便于读者查阅,书中收录了新型烟草制品代表性专利800余件,并按照申请日先后排序,依次列出了专利类型、申请号、申请日、申请人、申请人地址、发明人、授权日、法律状态公告日、法律状态、摘要、申请或授权文件独立权利要求等。

需要说明的是:①本书提供的法律状态信息截至2018年6月,由于专利法律状态动态变化,如需即时、准确的法律状态信息,可向国家知识产权局查询;②出于篇幅和排版的考虑,本书未收录相关专利的图片及全文,如需查阅,可检索国家知识产权局专利数据库;③出于尊重原文献的考虑,本书出现的术语与现行的国家标准《烟草术语》或烟草行业公认的术语可能存在不一致的问题,如"尼古丁"("烟碱")等,请读者加以注意。

由于编者专业知识和能力有限,书中难免有遗漏或不妥之处,敬请同行专家和广大读者批评指正。

编 者

2018年8月

目　　录

第1章 专利分析方法和分析流程

1.1 专利分析的基本思路

随着科学技术的迅速发展,国内外企业间的竞争日趋激烈。在当今社会,专利信息更是各国经济技术发展不可缺少的重要信息资源。企业要在竞争中立于不败之地,就一定要具备创新能力,尤其是在技术上进行创新。企业技术创新竞争的实质就是企业抢先开发技术、抢先获取和利用新技术的竞争。而专利制度的实行和企业专利工作的深入开展,是促进企业技术竞争领先的有效措施和得力手段,因此,研究分析和利用专利信息,已成为企业竞争情报工作的重要内容。

专利信息反映了竞争者试图通过法律手段,在一个或数个国家的市场,针对某项技术或产品,实现阶段性的垄断。专利分析,就是通过对某类技术或产品的专利信息集合的综合统计、分析,解析这种竞争企图,对研发的竞争分析与决策有着至关重要的参考作用。

这种分析与单条阅读专利信息相比,有着战略与战术层面的区别,但并非说战略可以代替战术,只是在战略指导下的战术研究更具效率,以避免一叶障目。

1.1.1 专利信息的内涵

专利信息是重要的技术信息,它除了反映技术内涵外,还包含经济竞争的动态信息内容和法律状态内容。

专利信息通过著录事项集中反映了以下主要内涵:谁,什么时候,在哪里,就什么技术,提出了哪些权利要求。

1.1.2 企业对专利信息的需求

什么叫企业技术创新?企业技术创新是针对市场进行的技术开发活动,技术创新成功与否的终极标准在商业方面而并非单纯是技术方面,这和技术研究有根本性的区别。

技术研究更注重技术的重要性,引证关系是技术重要性的集中体现;技术创新更注重市场效应,市场需求和垄断效果是其重要性的集中体现。通俗地说,技术研究可以不把市场的回报放在第一位考虑,而技术创新没有带来市场回报就是失败。

专利本身就是市场竞争的产物,它通过法律形式对某项技术或某个产品的市场进行保护,体现其商品价值,而取得这种回报的代价则是付出保护费去申请有限的保护。谁会去无端付出呢?除非会带来更多的市场回报。

企业诞生与生存的首要目的就是获取利润,企业的决策无不是围绕获取市场回报进行。因此,对集中反映了竞争对手商业企图的专利信息进行分析,当然会成为企业竞争决策的重要参考。虽然,所有的竞争秘密未必都会在专利信息中体现,但其申请的专利所造成的威胁已经足够了。这是专利法律存在的根本理由所在。

因此，企业技术创新的战略决策需要专利分析作为重要参考，包括战略性和战术性的分析，二者缺一不可，其中前者的重要性显然高于后者。

1.1.3 常用分析模型

战略分析包括哪些方面？战术层面又是如何操作呢？众多的竞争战略分析专著给予了很好的回答，不胜枚举的分析理论及其模型为竞争分析带来极大的方便，但专利信息与其对应的内容终归是有限的，这使我们不得不有所选择。但至少以下经典模型能够为我们所用。

1. SWOT 战略分析图

SWOT 分析法（见图 1.1）常用来做企业竞争分析，即根据企业自身的既定内在条件分析，找出企业的优势、劣势及核心竞争力之所在。

其中，S 代表 strength（优势），W 代表 weakness（弱势），O 代表 opportunity（机会），T 代表 threat（威胁）。其中，S、W 是内部因素，O、T 是外部因素。按照企业竞争战略的完整概念，战略应是一个企业"能够做的"（即组织的强项和弱项）和"可能做的"（即环境的机会和威胁）之间的有机组合。

2. 行业结构分析图

行业结构分析（见图 1.2）又称"五力模型"，主要用来分析本行业的企业竞争格局以及本行业与其他行业之间的关系。

根据波特的观点，一个行业中的竞争，不只是在原有竞争对手中进行，而是存在着五种基本的竞争力量：潜在的行业新进入者、替代品的竞争、买方讨价还价的能力、供应商讨价还价的能力以及现有竞争者之间的竞争。这五种基本竞争力量的状况及综合强度，决定着行业的竞争激烈程度，从而决定着行业中最终的获利潜力以及资本向本行业的流向程度，这一切最终决定着企业保持高收益的能力。

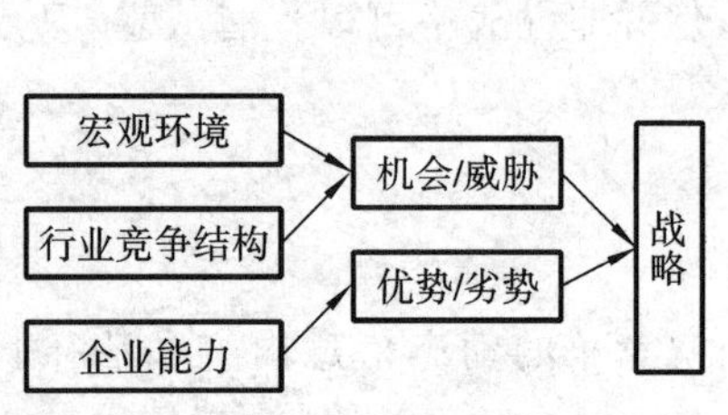

图 1.1 SWOT 战略分析图

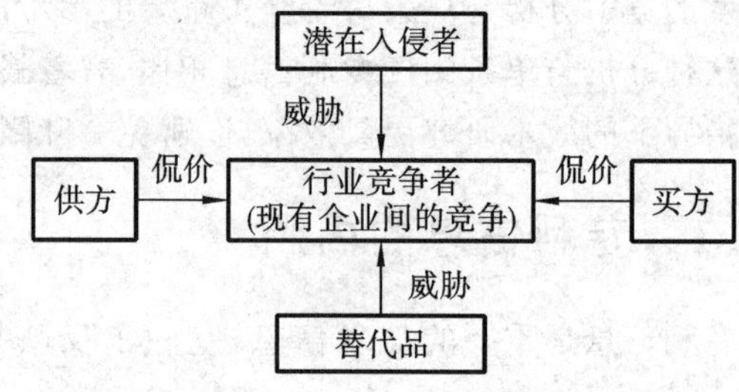

图 1.2 行业结构分析图

3. 价值链

波特认为，"每一个企业都是在设计、生产、销售、发送和辅助其产品的过程中进行种种活动的集合体。所有这些活动可以用一个价值链来表明。"

企业的价值创造是通过一系列活动构成的，这些活动可分为基本活动和辅助活动两类，基本活动包括内部后勤、生产经营、外部后勤、市场销售、服务等；而辅助活动则包括采购、技术开发、人力资源管理和企业基础设施等。这些互不相同但又相互关联的生产经营活动，构成了一个创造价值的动态过程，即价值链（见图 1.3）。

4. 增长/份额矩阵

增长/份额矩阵（见图 1.4）又叫波士顿矩阵、BCG 矩阵。该矩阵的发明者、波士顿公司的创立者布鲁斯认为"公司若要取得成功，就必须拥有增长率和市场份额各不相同的产品组合。组合的构成取决于现金流量的平衡。"

BCG 矩阵区分出 4 种业务组合：①问题型业务（question marks，指高增长、低市场份额）；②明星型业务（stars，指高增长、高市场份额）；③现金牛业务（cash cows，指低增长、高市场份额）；④瘦狗型业务（dogs，指低增长、低市场份额）。

5. 三种基本战略

迈克尔·波特提出三种基本战略：总成本领先战略、标歧立异战略及目标聚焦战略（见图 1.5）。

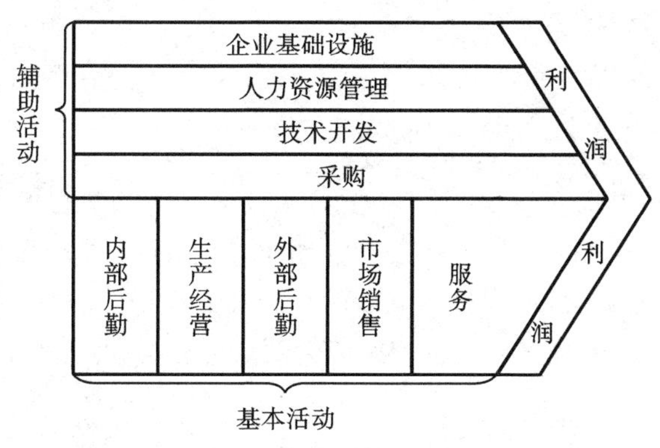

图 1.3 价值链

总成本领先战略:以最低的成本生产并向市场提供可接受的产品或服务,关键是在向顾客提供产品和服务时获得比竞争对手更低的成本。

标歧立异战略:通过提供独特性的产品和服务,获得竞争优势。其战略重点不是成本,而是不断地投资和开发顾客认为重要的产品或服务的差异性特征。

目标聚焦战略:通过利用企业核心竞争能力满足特定行业细分市场的需求。其核心在于重点开发某一狭窄目标市场的差异化需求,而不考虑行业内的其他市场。

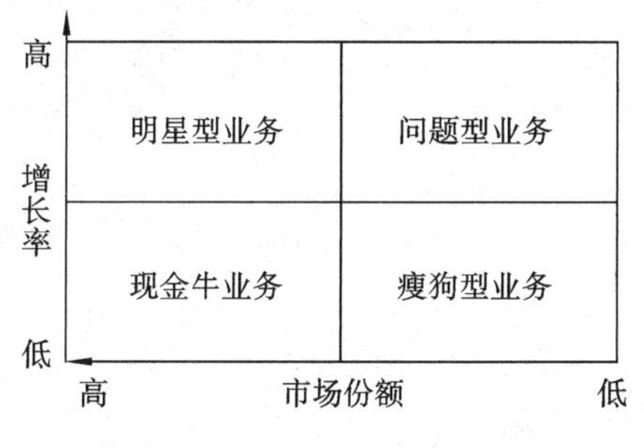

图 1.4 增长/份额矩阵

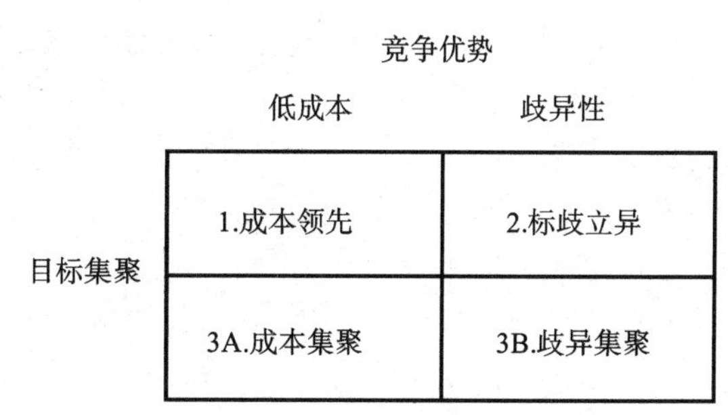

图 1.5 三种基本战略

1.1.4 专利信息需求与专利信息内涵的对应关系

企业对竞争决策的专利信息需求涉及宏观环境、行业结构、企业能力;从专利信息的内涵可以知道,其内涵涉及经济、技术、法律。

因此,综合从竞争需求和专利信息内涵上考虑,专利信息主要应该从以下方面为竞争决策提供参考:

(1) 企业竞争决策分析的内容主要包括:宏观环境(政策、社会、经济、技术);行业结构(供方、同行业竞争者、买方、新进入者、替代产品);企业能力(存储、材料制备、产品设计、加工工艺、包装、储运)等。

(2) 与之对应的专利分析的内容至少需要包括:地域性分析、技术性分析、竞争对手分析、法律分析及其相关决策建议。

1.1.5 专利信息应用的三个层面

(1) 专利信息的一般检索:一般用于查新、侵权和了解一般技术方案等。

(2) 专利信息的课题分析:一般用于课题分析,对技术的发展和法律状态进行分析、判断。

(3) 专利信息的战略性分析:一般围绕竞争战略目标进行信息收集、加工、分析并提出建议,为企业制定竞争战略提供决策参考。

1.1.6 专利分析的主要内容

1.1.6.1 行业技术发展及衍变趋势的分析

企业涉足某种产品、技术的市场竞争，必须了解其技术发展变化趋势以及影响这些变化的技术因素，这些不同因素在不同地域的差别，这种差别源自于哪些发明家。因此，进行产品、技术的发展及衍变趋势的分析能够帮助企业了解竞争的技术环境，增强技术创新的目的性。

(1) 行业技术发展总体分析：了解目标技术领域的衍变过程和变化周期，并对指定时期该技术领域的技术衍变过程进行全过程描述。

(2) 各阶段关键性技术构成分析：了解技术衍变过程中不同时期构成周期性变化的关键性技术。

(3) 行业技术的地域分布分析：了解不同时期各国、地区关键技术构成的差异及其变化周期。

(4) 行业技术的竞争对手分析：了解关键性技术的掌控者，并进行技术细节方面的差异性比较。

(5) 行业技术的发明人分析：了解关键技术的发明人，并进行特长分析。

(6) 行业技术的发展趋势预测：分析今后一段时期的产品、技术竞争的热点。

1.1.6.2 行业竞争的地域性分析

企业欲以某种产品、技术参与不同国家和地区的市场竞争，必须了解其区域性消费需求。而这些需求往往通过产品、技术的某些技术特征来体现，这些技术、构造、配方以及相应的制造工艺作为竞争者的差别优势因此被倍加重视，而保护其商业利益的法律形式就是进行专利保护。因此，通过专利信息的地域性分析，可以了解不同地域行业产品及其技术的特点和差异。换言之，进行专利信息的地域性分析，就是对不同地域的消费需求进行分析。

专利信息的地域性分析可以通过技术趋势分析、分支技术分析、申请人技术构成分析和发明人构成分析进行。

(1) 相关地域的技术发展趋势分析：了解一个特定时期目标地域的技术衍变过程和变化周期。

(2) 相关地域的技术构成分析：目标地域技术的周期性变化细分，了解形成这种变化的主要技术因素，以便从中找出阶段性关键技术。

(3) 相关地域的竞争者构成分析：了解这些关键技术掌控在哪些申请人手中，并比较目标地域内申请人之间的技术差异。

(4) 相关地域的发明人构成分析：了解活跃在目标地域的发明人构成和活跃程度。

(5) 行业竞争的地域性分析：最后，在上述分析的基础上，进行地域竞争状况的总体描述。

1.1.6.3 行业竞争者的分析

行业竞争决定于行业的供方、买方、竞争者、新进入者和替代产品，不同的企业提供的产品技术不同，决定了其在行业中扮演的角色也不同，为自身经济利益保护的专利类别也各不相同。因此，进行目标技术领域的申请人分析，了解行业竞争体系及其状况，有利于企业分析竞争环境，制定竞争策略和与之相关的专利战略。

(1) 行业竞争结构分析：通过其申报技术类型的区别，甄别行业的供方、买方、竞争者、新进入者。

(2) 行业竞争者技术特长分析：比较行业的竞争者之间各自的技术构成差异。

(3) 行业竞争者申报地域分布分析：了解行业竞争者各自关注的竞争地域。

(4) 行业竞争者技术来源分析：了解为行业竞争者提供技术的发明人。

(5) 行业竞争者的分析：综合上述行业竞争分析，对行业竞争结构进行总体描述。

1.1.6.4 行业发明人分析

发明人是技术的来源，了解发明人对于企业技术创新特别是技术合作具有重大意义。围绕某一核心技术，往往会衍生很多相关技术，表面上这些技术与核心技术之间未必有直接联系，但对核心技术的效能会产生很大的支撑作用，而通过发明人这些不同类型的技术往往会产生某种关联。

(1) 发明人趋势分析：了解各个时期发明人活动状况。

(2) 发明人技术构成分析：了解发明人的发明活动的主要技术领域。

(3) 发明人地域分布分析：了解发明人主要活跃于哪些国家和地区。

(4) 发明人的申请人构成分析：了解发明人与申请人之间的合作情况。

1.1.6.5 企业自身技术能力比较分析

企业进行竞争战略决策和专利战略制定的过程中，需要对自身的竞争能力、技术创新能力做一个客观的评价，这个评价参照体系应该是横向比较而不是纵向比较。所谓横向比较，更多的是在行业竞争环境中，与其他行业竞争者进行比较。在比较项目选择方面应该进行细分，分析优势、劣势的具体所在。

1.2 专利分析方法

对专利信息进行分析的方法有许多种，通常可按定性分析、定量分析、拟定量分析和图表分析的方法来对专利信息进行分析。

1.2.1 定性分析方法

专利信息的定性分析是指通过对专利文献的内在特征，即对专利技术内容进行归纳、演绎、分析、综合，以及抽象与概括等，以达到把握某一技术发展状况的目的。具体地说，根据专利文献提供的技术主题、专利国别、专利发明人、专利权受让人、专利分类号、专利申请日、专利授权日和专利引证文献等技术内容，广泛进行信息搜集，对搜集的内容进行阅读和摘记等，在此基础上，进一步对这些信息进行分类、比较和分析等研究活动，形成有机的信息集合。进而有重点地研究那些有代表性、关键性和典型性的专利文献，最终找出专利信息之间内在的甚至是潜在的相互关系，从而形成一个比较完整的认识。专利信息的定性分析，着重于对技术内容的分析，是一种基础的分析方法，在专利分析中有重要作用和不可替代的地位。常见的定性分析方法包括专利技术定性描述分析和专利文献的对比研究。

1.2.2 定量分析方法

专利信息定量分析是研究专利文献的重要方法之一，它是建立在数学、统计、运筹学、计量学和计算机等学科的基础之上，通过数学模型和图表等方式，从不同角度研究专利文献所记载的技术、法律和经济等信息。定量分析方法是在对大量专利信息加工整理的基础上，对专利分类、申请人、发明人、申请人所在国家、专利引文等某些特征进行科学计量，将信息转化成系统的、完整的有价情报。这种分析方法能提高专利信息质量，可以很好地分析和预测技术发展趋势，科学地反映发明创造所具有的技术水平和商业价值；科学地评估某一国家或地区的技术研究与发展重点，用量化的形式揭示国家或地区在某一技术领域中的实力，从而获得认识市场热点及技术竞争领域等经济情报；及时发现潜在的竞争对手，判断竞争对手的技术开发动态，获得相关产品、技术和竞争策略等方面的情报。

定量分析是通过量，以及量的变化，反映事物之间的相互关系。随着科学技术的不断发展，事物之间的联系高度复杂化，它越来越成为专利分析中一种重要方法，同样具有不可替代的作用。专利定量分析方法主要有专利技术生命周期法、统计频次排序法、布拉德福文献离散定律、时间序列法和趋势回归法。

1.2.3 拟定量分析方法

从本质上说定量分析和定性分析之间既有区别又有联系。在实际工作中将二者结合起来应用，可以更好地揭示事物的本质。专利分析也不例外。针对不同的分析目的,分析人员有时要采用定量与定性相结合的分析方法,即拟定量分析方法。专利拟定量分析通常由数理统计入手,然后进行全面、系统的技术分类和比较研究,再进行有针对性的量化分析,最后进行高度科学抽象的定性描述,使整个分析过程由宏观到微观,逐步深入进行。专利分析中比较常见的拟定量分析方法有专利引文分析和专利数据挖掘等,它们是对专利信息进行深层次分析的方法。

1.2.4 图表分析方法

图表分析是信息加工、整理的一种处理方法和信息分析结果的表达形式。它既是信息整序的一种手段,又是信息整序的一种结果,具有直观生动、简洁明了、通俗易懂和便于比较等特点。随着信息技术的迅猛发展,计算机与网络的普及,图表分析方法被信息分析人员普遍采用。

在专利分析中,图表分析方法伴随着定性分析和定量分析被广泛应用。在定性或定量分析时,被分析的原始专利数据采用定性或定量方法加工、处理,并将分析结果制作成相应的图表。专利分析中常见的定性分析图表有清单图、矩阵表、组分图、技术发展图,以及问题与解决方案图等。常见的定量分析图表有排序表、散点图、数量图、技术发展图、关联图、雷达图和引文树等。

1.3 专利分析流程

专利分析流程一般包括前期准备、数据采集、专利分析、完成报告和成果应用 5 个阶段。其中,前 4 个阶段包括成立课题组、确定分析目标、项目分解、选择数据库、制定检索策略、专利检索、专家讨论、数据加工、选择分析工具、专利分析和撰写分析报告 11 个环节。有些环节还涉及多个步骤,例如专利检索环节包括初步检索、修正检索式、提取专利数据 3 个步骤。另外,在项目实施前期准备阶段中可根据需要加入调研环节。对于需要进行中期评估的项目,应当在项目实施流程的中期阶段组织实施。项目实施过程中,还应当将内部质量的控制和管理贯穿始终。

1.3.1 前期准备

研究进入实施流程环节后,首先要进行前期的准备工作,这其中包括成立课题组、确定分析目标、项目分解、选择数据库 4 个环节。

1.3.1.1 成立课题组

根据项目需求,选择相应人员组建项目课题组。课题组应由具有多学科知识背景和专业技能的人员组成,这些人员主要包括专利审查员、专业技术人员、情报分析人员、政策研究人员以及经济和法律人员等。

1.3.1.2 确定分析目标

在项目初期,应进行项目需求分析,认真研究背景资料,了解现有技术的特征和行业发展现状以及产业链的基本构成等内容,在此基础上明确分析目标。

1.3.1.3 项目分解

项目分解是前期准备阶段的一项重要工作,恰当的项目分解可为后续专利检索和分析提供科学的、多样化的数据支撑。根据所确定的分析目标,将研究对象采用的技术方案进行分解的目的在于细化该技术的分类,如同国际专利分类表 IPC 所采用的大类、小类、大组、小组的划分方式,以更好地适应“专利”本身的特点,便于后续的专利检索和侵权判断分析。

专利法规定了一件专利申请如果要获得专利权需要符合单一性规定,这决定了一件专利申请的发明内容往往只会涉及某项技术的某一点创新式改进,而一项新“技术”往往是成千上万项创新式发明点的集合,其背后则对应着成千上万件的专利申请。如何将这些数量众多的反映该项新“技术”的专利申请进行归类整理，以反映该项新“技术”的专利布局情况，这正是项目分解所要解决的问题。

项目分解应尽可能依据行业内技术分类习惯进行，同时也要兼顾专利检索的特定需求和课题所确定分析目标的需求，使分解后的技术重点既反映产业的发展方向又便于检索操作，以确保数据的完整、准确。

1.3.1.4　选择数据库

根据确定的分析目标和对项目涉及的技术内容的分解研究，选择与技术主题相关的一个或多个数据库作为专利分析的数据源。通常情况下，可以将项目的分析目标、数据库收录文献的特点、数据库提供的检索字段等方面作为选择数据库的依据。

1.3.2　数据采集

在完成对研究项目的前期准备工作后，应当在所获取的背景资料以及项目分解结果的基础上进行数据采集，这一阶段的工作主要包括制定检索策略、专利检索、专家讨论和数据加工 4 个环节。将专家讨论环节设置在数据采集阶段，主要考虑到数据采集是关系到最终研究成果准确性的关键阶段，所以在此需要设置特别的环节以确保研究的质量。当然，在认为其他阶段也需要专家参与时，均可设置专家讨论的环节。

1.3.2.1　制定检索策略

检索策略的制定是专利分析工作的重要环节，应当充分研究项目的行业背景、技术领域，并结合所选数据库资源的特点制定适当的检索策略。一般来说，在对项目所涉及技术内容进行详细分解后，应尽可能列举与技术主题相关的关键词和分类号，同时确定关键词、分类号之间的关系，编制初步检索策略，然后通过初步检索的结果动态修正检索策略，以实现最佳的检索效果。

1.3.2.2　专利检索

专利检索策略制定完成后，进入专利检索环节。专利检索主要包括初步检索、修正检索式和提取专利数据 3 个步骤。

(1) 初步检索。根据编制完成的检索式和选定的数据库特点(如数据库的逻辑运算符、截词符、各种检索项输入格式要求等)，选择小范围时间跨度提取数据，完成初步检索步骤。

(2) 修正检索式。浏览上述初步检索结果，并进行分析研究，初步判断检全率和检准率，并对误检、漏检数据进行分析，找出误检、漏检原因，完成检索式修订，形成修正检索式。值得注意的是，修正检索式过程往往要经过多次反复，不断调整检索式并判断检索效果，直至对检索结果满意，形成最终检索式。

(3) 提取专利数据。运行最终的修正检索式，下载检索结果，形成专利分析原始样本数据库，供进一步使用。

1.3.2.3　专家讨论

项目进入实施阶段后，可在“专利检索”步骤后设置专家讨论环节。通过邀请相关方面的专家对课题组已进行的工作从管理层面和技术层面进行指导，确保课题组后续研究工作的有效性和实用性。在认为有必要咨询相关专家时，如项目启动之初、确定分析目标或是项目分解等环节，均可以组织专家进行讨论，以利于项目的后续实施。

1.3.2.4　数据加工

专利检索完成后，应当依据项目分解后的技术内容对采集的数据进行加工整理，形成分析样本数据库。数据加工主要包括数据转换、数据清洗和数据标引 3 个步骤。

(1) 数据转换。数据转换是数据加工过程中的第一步，其目的是使检索到的原始专利数据转化为统一的、可操作的、便于统计分析的数据格式(如 Excel、Access 格式等)。

(2) 数据清洗。数据清洗实质上是对数据的进一步加工处理,目的是保证本质上属于同一类型的数据最终能够被聚集到一起,作为一组数据进行分析。这是因为各国在著录项录入时,由于标引的不一致、输入错误、语言表达习惯的不同、专利法律状况的改变以及重复专利或同族专利等原因造成了原始数据的不一致性,如果对数据不加以整理或合并,在统计分析时就会产生一定程度的误差,进而影响到整个分析结果的准确。

(3) 数据标引。数据标引是指根据不同的分析目标,对原始数据中的相关记录加入相应的标识,从而增加额外的数据项来进行相关分析的过程。

1.3.3 专利分析

1.3.3.1 选择分析工具

分析工具特指用于专利数据统计分析的软件。目前国内外专利分析软件种类繁多,特点各异,因此挑选合适的分析软件对后续的专利分析起着至关重要的作用。通过分析国内外各种专利分析软件发现,国内专利分析软件主要用来分析中文专利,国外专利分析软件主要用来分析外文专利。

1. 国内专利分析软件

目前国内多家商业软件公司和研究机构都推出了各自的专利分析软件及其相关配套软件,具有代表性的软件包括以下所述软件。

1) Patentics 专利数据库

该数据库由索意互动(北京)信息技术有限公司开发,其客户端具有专利语义检索、专利分析等功能。该公司研发的语义检索技术支持通过语义和概念检索相关专利,为全球首创;专利分析功能强大,包括统计分析、专利技术聚类分析、专利预警分析、自动相关分析、自动新颖分析、自动侵权分析、自动引证分析、自动同族分析、自动扫雷分析、专利攻防预警分析、专利功效矩阵分析、智能分组、数据透视、组合功能、对比分析等功能。该数据库的语义检索和分析功能强大,操作便捷,检索和分析效率高,为全球首创。

2) 智慧芽专利数据库(高级检索版)

该数据库由智慧芽信息科技有限公司开发,收录了全球 90 多个国家的专利数据,具有专利检索、专利分析、无限制批量下载专利数据等功能。该数据库的专利数据覆盖范围广、更新速度快,是目前唯一的无限制批量下载的专利数据库。

3) 大为 PatentEX 专利信息创新平台

该软件由保定市大为计算机软件开发有限公司推出,其配套专利检索软件为大为 PatentNet 专利检索系统,其配套专利下载软件为大为 PatentGet 专利下载快车。其特点是分析功能较强,用户可以根据需要自行组配分析指标,该公司没有推出配套的专利数据库,用户需要先下载专利文献然后进行分析。

4) 中献智泉专利分析系统

该软件由北京中献智泉信息技术有限公司推出,其配套专利数据库为中外专利数据库服务平台。其特点是用户可以直接在软件中导入国家知识产权局知识产权出版社的中国专利文摘 DVD 光盘数据(.txt)文件或中外专利数据平台数据(.trs)。

5) 东方灵盾专利检索和战略分析平台

该软件由北京东方灵盾科技有限公司推出,其内核集成了美国 M-CAM 公司的 M-CAM Doors 软件,其配套专利检索软件为东方灵盾中外专利信息检索平台,其配套专利下载软件为东方灵盾专利检索下载系统,该公司还在网上推出了其专利搜索引擎(网址:http://www.eastlinden.com)。其特点是数据库资源比较丰富,用户可以根据需要定制数据库。

6) 汉之光华专利分析软件

该软件由上海汉光知识产权数据科技有限公司推出,其配套专利数据库为汉之光华 IPRTOP Patent

Solution 2007 V1.0,其配套专利管理软件为汉之光华专利管理系统。其特点是微观分析中的矩阵分析和技术功效分类分析功能较强。

7) 恒和顿恒库

该软件由北京恒和顿创新科技有限公司推出,其配套专利检索与下载软件为恒和顿恒库。其特点是可视化技术较为先进,可以实现动态图显示功能,在进行同族专利分析和引证分析时可以获得比较好的观察效果。

8) 彼速专利经纬线

该软件由北京彼速信息技术有限公司推出,其配套专利检索与下载软件为彼速专利搜索引擎,其配套企业知识产权管理软件为彼速专利之星。其特点是分析指标比较完善,用户也可以自定义分析指标。

9) 连颖科技 PatentGuider 专利领航员

该软件由台湾连颖科技股份有限公司推出,其配套系列软件还包括 PatentAgent 专利自动撷取系统、PatentTech 技术领航员、M-Trends 专利领航员、PatentExplorer 专利探勘系统。其特点是系列软件比较齐全,可以满足不同用户的需求。

10) 台湾元勤专利技术计价系统

该软件由台湾元勤科技股份有限公司推出,分析重点在于专利技术的估价。其特点是通过分析报告的形式,对用户买卖交易专利提供价值方面的参考依据。

通过对国内专利分析软件的研究,可以发现国内专利分析软件的分析方法主要是定量分析方法,对于定性分析方法的运用比较少;其分析流程基本采用基于专利地图理论的专利分析流程。这些软件分析时使用的数据源主要是中国国家知识产权局专利数据库,但是这些软件一般也支持从美国专利商标局专利数据库下载数据,它们对于国外专利数据源的使用主要集中在"七国两组织"中除中国以外的专利数据库。由于目前公开提供的中文专利信息项中缺乏引文数据,所以具有引文分析功能的专利分析软件也无法支持中文专利的引文分析。

2. 国外专利分析软件

根据国际专利信息协会(The International Society for Patent Information)专利信息用户组公司(PIUG,Patent Information Users Group,Inc.)在其网站上所公布的信息来看,目前提供专利统计分析和深度挖掘的软件有近二十种。例如:Thomson 公司所提供的系列软件——Aureka、Thomson Data Analyzer(TDA)、Derwent Analytics、PatentLab-Ⅱ、Focust、VantagePoint、STN AnaVist、BizInt Smart Charts for Patents 工具;Questel-Orbit 公司所提供的用于对专利信息进行可视化分析的工具套件,包括 PatReader、PatentExaminer、GET/MEMS 等工具;INAS、M-CAM Doors、Metrics Group。还有其他专利分析工具,例如:SciFinder、STN Express with Discover、Wisdomain Analysis Module、Citation Module、Vivisimo、OmniViz、RefViz、Invention Machine Knowledgist。以下对各款软件做简单介绍。

1) Derwent Innovation 数据库

"Derwent Innovation 数据库"是唯一把深加工专利数据与专利全文集成在一起进行检索的专利数据库,也是全球最大最专业的专利数据库。同时该数据库还配有高级专利数据分析系统,可生成专利地图,功能强大。

2) Aureka

该软件与以下介绍的 Derwent Analytics、Thomson Data Analyzer 均由 Thomson 公司提供。Aureka 是一款融专利搜索、专利数据组织、高级专利分析、知识管理、专利分析结果输出和报表等功能于一体的集成化工具。Aureka 提供了一整套高级分析工具:专利分析报告、专利地图、专利引证树和文本聚类分析。Aureka 成了 ThemeScape 工具,它是由 CARTIA 公司开发的一种基于文本挖掘的专利分析工具,其在文本挖掘的聚类方面功能较强,可以对大量的复杂的各种专利文献进行聚类和关联分析,由此发现新的有价值的模式或技术机会。Aureka 可以做一代、二代或是更多代的引证分析,发现一项技术的发展历程和最新状况,其引证信息包括了 US、DE、EP、GB 和 WO 的专利信息,还包括审查员引用的相关专利。利用 Aureka 的文本聚类分析功能,可以将技术相近的专利自动归类,生成规整的目录树。

Derwent Analytics：它是一个对数据进行深度挖掘并展开可视化分析的软件。该软件可以自动汇总、分析所输入的数据，进行数据整理并显示数据图谱，较复杂的功能如预置的分析模块(宏)，单击不同的分析模块，即可按照模块预定的分析功能自动分析所导入的数据，并最终生成分析报告工具包，用户可以利用工具包建立自己定义的词典等。它由 VantagePoint 支持，可与 Derwent World Patents Index 和 ISI Web of Science 等数据库一同使用，还可以与 Delphion 联合使用进行专利数据的进一步挖掘。

Thomson Data Analyzer：它是 Derwent Analytics 的新一代产品，基于 Derwent 世界专利数据库基础上开发的专利分析软件，能从大量数据中发掘出清晰而权威的见解。TDA 是一个独立的工具，允许导入内部数据库和商业性数据库的数据，特别是 Thomson 公司提供的信息产品，可以用作行业趋势分析、技术追踪、竞争对手监视等。

3) PatentLab-Ⅱ

该软件与以下介绍的 Focust 均由 Wisdomain 公司推出。PatentLab-Ⅱ工具为企业级的专利检索和分析需求提供了一整套的集成解决方案和服务，其核心功能是基于专利外部特征项的统计分析。该工具为免费使用软件，用户可以在其官方网站免费下载，它后来被成功引入到 Delphion 在线数据库产品中。

Focust：该软件是一个集专利检索、引文分析和专利分析等功能于一体的专利信息集成服务产品。其分析模块提供诸如文本挖掘分析、高级可视化技术分析，以及专利文件管理功能。文本挖掘分析，利用关键词建立专利文献聚类图形，用树状图形的形式帮助用户了解专业术语。高级可视化技术分析功能允许用户定制二维或三维图表，分析相关专利情报。专利文件管理功能向用户提供几种方式管理专利文献，方便专利分析。

4) VantagePoint

该软件是由 Search Technology 公司开发的一种基于文本挖掘的技术监测工具。它具有以下特点：VantagePoint 利用模式匹配、规则基础和自然语言处理技术从文本中挖掘字段，除记录常用的字段以外，它还能利用自然语言处理技术从文摘中抽取有意义的词和词组。VantagePoint 可运行多维统计分析以识别概念之间的簇和关系。它可将数据分解为更小的、分散的数据集以进行识别，它利用模糊匹配技术进行数据识别，关联并减少数据冗余。用户可创建、编辑同义词词典。VantagePoint 也可以对新技术、技术的最新发展、技术的最新应用进行识别，发现关键的人群和组织，识别技术之间的主要依赖关系，确定技术如何形成、该技术的应用以及支配其发展的因素是什么，并可以预测技术的应用及潜在的效果。

5) STN AnaVist

该软件由美国化学文摘社(CAS)和德国卡尔斯鲁厄专业信息中心(FIZ Karlsruhe)共同推出，它是一种强大的交互式分析和可视化软件，其提供对科学文献或者专利信息进行多种形式的分析能力，同时还提供对科学研究的模式和趋势进行可视化的能力。STN AnaVist 能分析从多学科 CAplus 数据库、专利数据库 USPATFULL 及 PCTFULL 里所搜索的结果。STN 是比较好的在线科技服务软件，它提供了一系列科学学科主导数据库集合。

6) BizInt Smart Charts for Patents

该软件由 BizInt 公司提供，它是一种用于专利文献图表制作的软件。它可以对从专利数据库(包括 Derwent 世界专利索引、STN、Claims 以及 CA/CAplus 等数据库)中得到的信息进行报表创建以及定制的分析，可以定制各种图形，并有多种存储和输出选择。

7) Questel-Orbit

该系统由法国 Questel 系统和美国 Orbit 系统合并而来，通过两个功能强大系统的集成，带来了数据库资源的融合和系统软件的发展，使该系统成为世界比较有权威性的知识产权信息供应商，是世界唯一能提供英语和法语双语服务的信息服务公司。该系统目前拥有 250 个数据库，上亿篇文献，占世界机存文献的 25%。该系统在专利、商标、化学、科学技术、商业和新闻等方面的联机服务，被公认为世界领先的联机检索系统。其用于对专利信息进行可视化分析的工具套件包括 PatReader、PatentExaminer、GET/MEMS 等工具。

8) INAS

该软件由韩国元斯立株式会社推出。INAS软件是可以把国内外第一、二阶段的专利情报文献及技术内容资料化,用各种图形、报告和表格形式进行分类整理,提供第三阶段的情报内容的专利分析软件。软件支持基本的定量分析、定性分析以及权利要求分析。

9) M-CAM Doors

该软件由美国M-CAM公司推出。它采用M-CAM公司独有的类似于DNA基因序列分析的语言分析系统跟踪与既定的专利主题相关的概念和专利引用。该软件分析模块的突出特点是它对专利的分析是基于其背景的,强调分析不同时期专利之间的相关性,从而全面展示专利所在领域综合发展态势及各项专利的重要性、独立性和相互依赖性,当发现可疑的新技术和新专利时,软件会提醒用户。该软件在评估专利技术的重要性、新颖性、唯一性及对其他专利的依赖性等方面具有较强的功能。

10) Metrics Group

Metrics公司是一家专注于专利挖掘、专利地图和专利分析的研究型公司,其分析过程主要运用三个机构内部分析工具:Citation Indicator Analytics(CIA)数据库(提供专利数据)、VantagePoint文本挖掘工具(作为数据分析软件)、Vxlnsight 3D数据可视化软件(负责把分析结果进行可视化图形显示)。它可以为用户提供关于专利授权、公司兼并、投资研究、研发规划、企业竞争的深层洞察等相关方面的研究报告。

11) SciFinder Schola

该工具是美国化学学会(ACS)旗下的化学文摘社CAS所出版的化学资料电子数据库学术版,是世界权威的化学和科学信息数据库。网络版化学文摘SciFinder Schola整合Medline医学数据库、欧洲和美国等近50家专利机构的全文专利资料,以及化学文摘社1907年至今的所有内容,是化学和生命科学研究领域中不可或缺的参考工具。经由SciFinder可以浏览一个多世纪的研究成果;按化学结构或生物序列浏览;按研究主题、作者、公司、物质名称或反应检索。

12) Invention Machine Knowledgist

该软件与Co-Brain均由Invention Machine公司推出,这两个软件都用于实现从全文数据中提炼主题/功能/目的函数(Subject/Action/Object,SAO),也即"主语/行为/宾语"分析方法。Knowledgist使用SAO技术处理文档,为用户提供"问答式"服务,它利用SAO技术从选定的文档中提取出句子,进行索引。这些语义索引的结果被存储在Knowledge数据库中。此外,Knowledgist还从文档句子中提取名词词组和主题词,组成一个知识分类目录。

1.3.3.2　专利分析

在完成专利分析工具的选取后,就可以利用这些分析工具对数据进行专利统计分析了。根据分析目标和项目分解内容的不同,选择相应的统计指标和分析方法,利用软件绘制各种图表,同时采用不同分析方法进行归纳和推理、抽象和概括,解读专利情报,挖掘专利信息所反映的本质问题。应当注意的是,在该流程的实施过程中应当注意保留所选取记录和相关的统计数据,以便后续阶段的使用。

1.3.4　完成报告

完成报告是目前项目实施流程的最后阶段,也是对研究成果和研究价值的集中体现和归纳,因此需要突出研究报告体例的规范性和研究内容的完整性。这一阶段主要包括撰写分析报告、初稿讨论、报告修改与完善等环节。

1.3.4.1　撰写分析报告

分析报告应当在报告内容、报告结构和格式等方面遵循一定的规范要求,以体现整体性、一致性和规范性。分析报告的主要内容一般包括引言、主要分析内容(分析目标、背景技术、信息源与检索策略、分析方法和分析工具、专利指标定义、信息组聚集和解析等)、主要结论、应对措施和建议等。

1.3.4.2 初稿研讨

在分析报告初稿完成后，应当会同相关领域专家对报告的主要内容、重要结论、应对措施以及政策建议等进行研讨，以进一步完善报告内容、梳理报告结构、突出重要结论，使报告的应对措施和建议更有针对性。

1.3.4.3 报告修改和完善

通过初稿研讨，充分借鉴相关专家的意见，并综合这些修改建议对报告中尚需改进的地方进行相应的修改和完善。

1.3.5 成果应用

应用期的主要工作包括对分析报告进行评估、制定相应的专利战略以及专利战略的实施等。从理论上讲，应用期的工作是分析工作的延伸，专利分析的最终目的在于将专利情报应用于实际工作中。因而，应当以积极的行动将这些情报用于配合制定企业的发展战略，指导企业的经营活动，为企业在市场竞争中赢得有利地位。需要注意的是，应用期的主要工作通常由专利分析报告的委托方组织实施。

1.3.5.1 分析报告评估

一份好的信息分析报告必须经得起时间与实践的双重检验。研究报告必须经过严谨分析，具有条理性、系统性且合乎逻辑，并且最后获得一些清晰的科学结论，只有这样才能将专利分析的成果很好地应用于实际工作中。因此，慎重阅读和评估专利分析报告具有非常重要的意义。在实际评估工作中，通常需要对下列问题进行必要的估量：

(1) 研究报告是否清楚说明其目标?

(2) 数据采集的时间跨度及区域范围是否合理?

(3) 检索策略是否准确?

(4) 数据库的选择是否具有代表性?

(5) 数据本身的质量及影响因素考虑是否全面?

(6) 使用的统计方法或分析工具是否合适?

(7) 以图表形式表达的结果是否将数据合理量化?

(8) 图表内容与文中内容是否吻合以及图表之间的数据是否一致?

(9) 对统计数据进行推论得到的结果解释是否合理?

(10) 是否针对研究结果给出合理的建议?

1.3.5.2 制定专利战略

所谓专利战略是以专利制度为依据，以专利权的保护、专利技术开发、专利技术实施、专利许可贸易、专利信息应用和专利管理为主要对象，以专利技术市场为广阔舞台，在企业生存和发展的环境中，以符合和保证实现企业竞争优势为使命，冷静地分析环境的变化和原因，探索未来企业专利工作的开展动向，寻找发展专利事业的机会，变革企业现在的经营机构，选择通向未来的经营途径，谋求革新企业专利经营对策。

通常所称的专利战略包括专利申请战略、技术引进战略、维权战略、市场战略、跟踪主要竞争对手战略以及专利续展战略。

企业专利战略是企业发展战略的重要组成部分，是企业利用专利手段在市场上谋求利益优势的战略性谋划。它涉及企业自身行业境况、技术实力、经济能力和贸易状况等诸多因素。因此，制定相应的专利战略时，应当充分利用专利分析报告的研究成果，在此基础上注重与企业的实际情况相适应，选择与企业总体发展战略相符合的专利战略。

1.3.5.3　专利战略实施

企业专利战略应当根据国家(行业)发展的总体战略方针和国家(行业)专利战略的宏观框架,与企业整体发展战略相适应。同时,企业专利战略的制定应当客观分析企业面临的竞争环境,并与企业自身的条件和特殊性相适应。仅仅有漂亮的专利分析报告与宏伟的专利战略是不够的,需要有与其相适应的体制与操作规程。没有相应的制度或管理程序作保证,再好的专利战略也无法正常、有序地实施。因此,企业专利管理是专利战略实施的基础与保证。企业专利管理工作的目的在于充分依靠和有效运用专利制度,有效整合企业资源,积极推进企业专利战略,增强企业技术创新能力和市场竞争能力。

企业在实施专利战略过程中,应将它切实地落实到企业的日常专利管理工作中去,使其成为企业经营战略的重要组成部分,并设立专门机构抓落实,认真贯彻已制定的专利战略,依靠专利技术、专利产品占领市场,为企业带来超额的经济效益。同时,企业专利战略应当具有相对稳定性。既要考虑眼前企业所面临的形势,更要对未来可能的发展变化进行前瞻性的研究。在总的原则确定后,还要依据急剧变化的形势,进行及时的微调。

专利分析工作流程见图1.6。

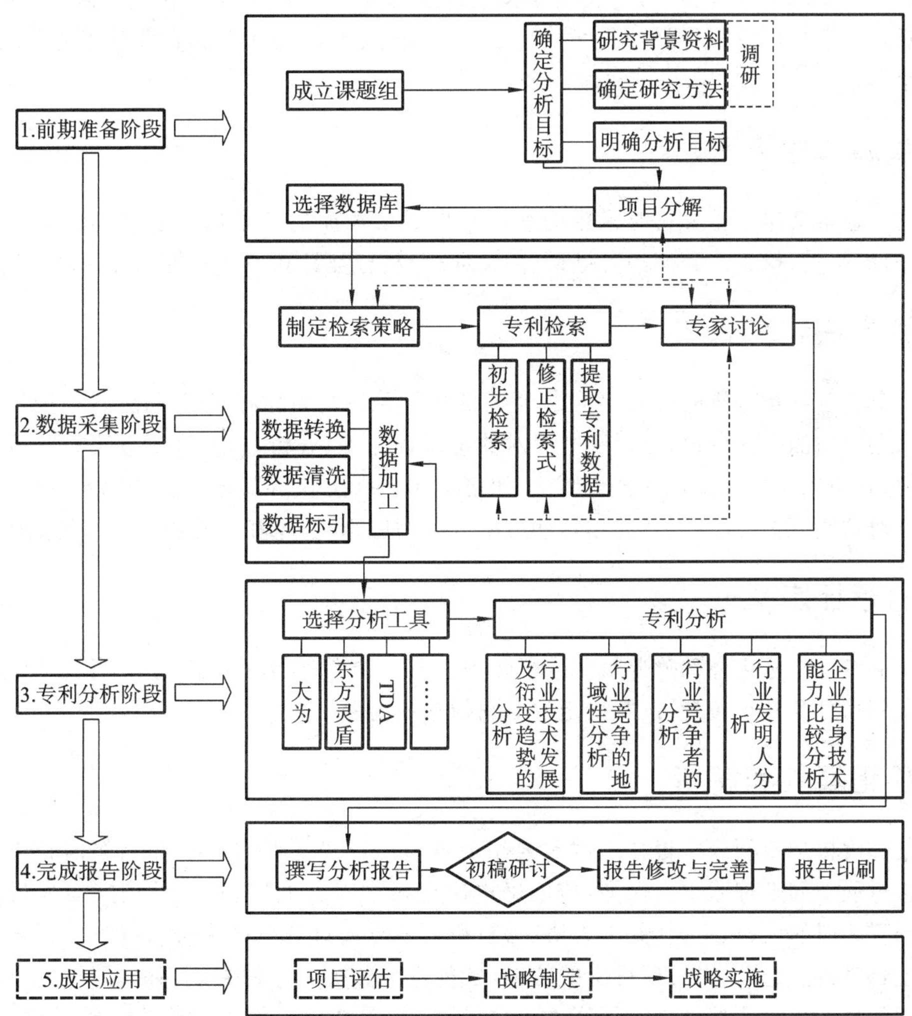

图1.6　专利分析工作流程

1.4 专利分析报告

通常，专利分析报告主要包括以下内容。

1.4.1 分析目标

项目的分析目标源于特定的问题，分析目标通常由研发人员提出，经分析人员归纳并与研发人员磋商后确定。分析目标的明确与否直接关系到专利指标的选定、组合以及信息分析过程的整体走向。例如，欲了解新型烟草制品领域的整体状况、技术领先者或细分技术类别的热点等，应当确定分析的层面（国家、行业或企业级的），进而才能设定专利信息的聚集度。否则，有可能因分析目标的模糊而导致分析结果出现偏差。

1.4.2 背景技术

背景技术主要是指专利分析所涉及的领域或行业的技术现状，介绍所涉及的背景技术的特征、被业内普遍认可的技术热点、技术领先者或竞争对手的基本情况。在可能的情况下，还应当对市场环境予以适当的描述。涉及技术背景的内容很多，因此在撰写技术背景时应当注意围绕分析的主题。其次，还应当考虑分析报告阅读对象的情况，针对不同的阅读对象，如企业领导、企业管理层和企业技术主管，提供不同程度的背景技术介绍。

1.4.3 信息源与检索策略

专利信息源与检索策略是指分析时采用的专利数据或数据库的基本情况介绍，其中，应当明确指出采集数据的范围、时间跨度，检索时采用的关键词、同义词、专利分类号和检索式等相关的检索策略。

1.4.4 分析方法和分析工具

分析方法和分析工具指分析时针对不同的分析目标所采用的特定的研究方法和分析软件。由于目前大多专利分析采用专门的分析软件，所以一般只对数理统计原理、分析理论、分析方法和分析工具进行简单扼要的介绍。但是，当采用一些特殊的分析方法（如德尔菲调查法和情景分析法、趋势外推法和层次分析法等）分析时，应当对这些分析方法，以及应用这些分析方法的原则、程序和步骤进行详细的说明。

1.4.5 专利指标定义

分析报告中的专利指标定义部分要写明进行分析时采用的专利指标种类，还应当具体说明每一个专利指标所表示的专利信息及其聚集度，以及特定的专利指标的内涵。

1.4.6 信息组聚集和解析

信息组聚集和解析是专利分析报告中的重要组成部分。应当写明对哪些类别的信息进行聚集、分析，并明确数据加工过程中的处理原则。例如，应明确本次分析中对共同申请人、共同发明人或专利副分类的处理原则等。创建相应的表格、示图，并以表格、示图和文字形式对分析结果进行描述。报告应当建立在客观分析的基础上，如实记录分析人员所得出的结论，尽量避免分析人员的主观判断。虽然对分析人员而言，专利分析报告中的每一个组成部分具有同样的重要性，但是专利分析报告的最终目的是应用于实践，服务于研发需求。因此，这一部分除了确保数据可靠、内容翔实外，还应当具备条理性、系统性、逻辑性和可读性。

1.4.7　结论和建议

分析人员应当综合国家相关法律法规、政策，以及相关领域或行业的竞争环境等内容，结合分析结论提出科学合理的应对措施和建议。例如，对于一个可能造成侵权的分析结果，分析人员应当提出规避侵权的具体措施或策略，如对相关专利提出无效请求或采取与专利权人谈判以寻求技术合作、合资或技术许可等途径，从而避免由于侵权可能造成的损失。

1.4.8　附录

附录可以包括一些与分析紧密相关的，并会对相关领域或企业的竞争环境、竞争策略产生影响的国家法律法规和政策、行业标准，以及分析人员认为具有参考价值的文献资料。

第2章　新型烟草制品专利分析方法和分析流程

通过对专利分析方法和分析流程的研究，结合新型烟草制品专利特点，研究制定新型烟草制品专利分析方法和分析流程如下。

2.1　技术、产品、文献调研

1. 调研新型烟草制品的技术与市场

广泛检索相关文献，调研新型烟草制品的结构、工作原理、技术特点，以及主要生产厂家。

调研目前市场上新型烟草制品的销售情况，了解主要产品、主要品牌、主要生产商、市场销售量、排名、消费者认可程度等相关情况。

2. 调研分析新型烟草制品专利数据，掌握专利技术发展现状

全面检索国内外（重要国家和地区）新型烟草制品相关专利文献数据，分析新型烟草制品专利总体概况。

全面研读新型烟草制品专利文献，初步归纳、总结、提炼新型烟草制品专利涉及的全部技术领域。

2.2　制定关键技术判定原则，确定新型烟草制品的关键技术

关键技术是指能够显著提高产品性能或扩大使用功能的技术。

(1) 采用专家评议法，组织有关专家、技术人员召开研讨会，研讨并制定新型烟草制品的关键技术判定原则。初步考虑以下因素：

- 影响新型烟草制品质量、性能、生产成本、消费成本、使用效果等的主要技术；
- 现有新型烟草制品普遍采用的技术原理和具体技术；
- 应用于新型烟草制品的、不可替代的非通用技术；
- 普遍重点保护的专利技术；
- 权利发生转移（专利权交易）的专利技术；
- 实施许可备案的专利技术；
- 已涉及法律诉讼的专利技术；
- 具有未来发展潜力的技术。

(2) 依据新型烟草制品关键技术判定原则，结合新型烟草制品的结构、工作原理、技术特点以及新型烟草制品专利涉及的技术领域，研究并确定新型烟草制品研发、生产、使用所涉及的关键技术。

2.3　选择评估新型烟草制品重要专利的评价指标

根据专利文献计量学的理论，综合考虑技术、法律、经济等因素，研究制定新型烟草制品重要专利评价方法和评价指标，为科学、准确选择新型烟草制品重要专利提供技术基础。

2.4　确定新型烟草制品重要专利

针对初步筛选的新型烟草制品重要专利，组织有关专家、技术人员逐件进行研读、分析，综合考虑专利的技术水平、生产企业及产品知名度、市场销售情况等因素，结合新型烟草制品重要专利的评价指标，最终确定重要专利，编制“新型烟草制品重要专利一览表”。

2.5　分析研究重要专利

(1) 对“新型烟草制品重要专利一览表”中的专利技术进行全面标引，对涉及的“新型烟草制品关键技术”进行深度标引。

(2) 分析研究新型烟草制品重要专利及其保护范围，研判国内烟草行业、国内烟草行业外(含国外)申请人掌握的新型烟草制品关键技术。

(3) 重要专利、关键技术对比分析。对比分析国内烟草行业、国内烟草行业外(含国外)申请人所掌握的新型烟草制品重要专利、关键技术和保护范围，研判不同专利申请人所掌握的重要专利、关键技术情况，评估专利申请人之间的技术优势、技术劣势。完成对重要专利价值的初步评估。

2.6　组织专家研讨，提出分析结论和对策建议

依据上述分析结果，综合考虑技术、市场、政策等因素，得出新型烟草制品重要专利分析结论，提出符合实际的对策建议。

2.7　新型烟草制品专利分析流程图

新型烟草制品专利分析流程图见图 2.1。

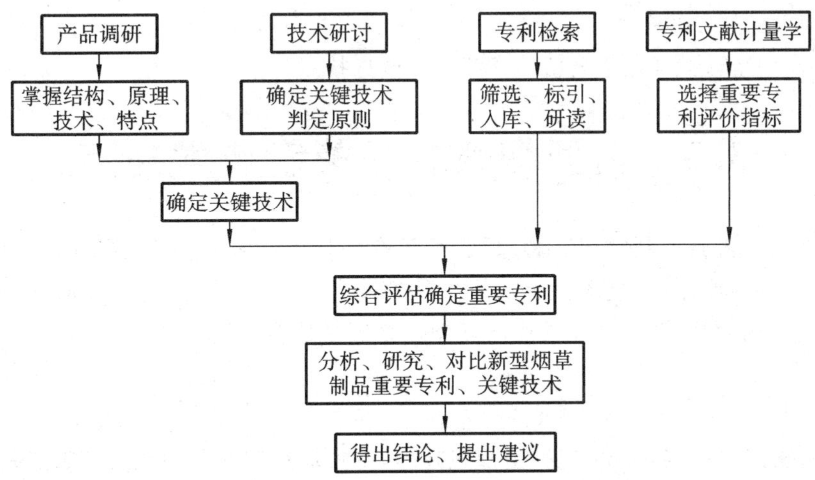

图 2.1　新型烟草制品专利分析流程图

第3章　新型烟草制品关键技术判定方法

3.1　新型烟草制品关键技术的概念

新型烟草制品关键技术，是指能够显著提高新型烟草制品性能或扩大使用功能的技术。

3.2　新型烟草制品关键技术判定方法和原则

采用专家评议法，组织有关技术专家和知识产权法律专家召开研讨会，研讨并制定了新型烟草制品关键技术的判定方法和原则。

主要考虑以下因素：

(1) 影响新型烟草制品质量、性能、生产成本、消费成本、使用效果等的主要技术；

(2) 现有新型烟草制品普遍采用的、已得到实践验证的技术原理和具体技术；

(3) 应用于新型烟草制品的、不可替代的非通用技术；

(4) 普遍重点保护的专利技术；

(5) 权利发生转移(专利权交易)的专利技术；

(6) 实施许可备案的专利技术；

(7) 已涉及法律诉讼的专利技术；

(8) 具有发展潜力的新技术(包括全新技术和重大改进技术)。

3.3　新型烟草制品关键技术判定

依据新型烟草制品关键技术判定方法和原则，组织有关技术专家和法律专家进行深入研讨，从技术角度解析新型烟草制品的结构、原理、技术特点以及新型烟草制品专利涉及的技术领域，研究并确定了在新型烟草制品研发、生产、使用等环节，能够显著影响新型烟草制品质量、性能、生产成本、消费成本、使用效果等的关键技术。

确定的各类新型烟草制品的关键技术是：

(1) **新型卷烟关键技术**：加热技术(包括电加热技术、燃料加热技术和理化反应加热技术等)；控制技术；烟草配方与添加剂技术。

(2) **电子烟关键技术**：雾化技术；控制技术；烟芯配方技术。

(3) **口含烟关键技术**：烟草配方与添加剂技术；缓释技术；成型与包装技术。

第4章 新型烟草制品重要专利评估与判定方法研究

4.1 重要专利的概念

重要专利是个相对概念，目前尚无统一定义。一般认为，重要专利是指较为独特的，能有效阻止他人非法使用的专利。也有人认为，重要专利是指能够显著提高产品性能或扩大使用功能的专利。

研究认为，重要专利应该是指涉及能够显著提高产品性能或扩大使用功能的一项或多项关键技术的产业化应用前景较好的专利。

4.2 重要专利的评估与判定

重要专利的评估与判定一般由相应技术领域的技术专家通过逐条阅读专利来完成。但是，这种方式可能会因为个人主观因素带来一些偏差，影响评估结果的客观性。

为此，根据专利文献计量学的原理，从专利的技术特征、法律特征、经济特征，以及专利本身属性外的其他特征等方面，设计了重要专利评估与判定的指标体系。采用专家评议法和专利文献计量学相结合的方法对重要专利进行评估与判定，从而提高了重要专利评估与判定的科学性、准确性和客观性。重要专利评估与判定的指标体系详见表4.1。

表4.1 重要专利评估与判定的指标体系

属性特征	分析指标	表述特征	计算方法和说明
技术特征(V1)	专利IPC的覆盖广度(V11)	技术覆盖范围	统计专利题录信息中国际专利分类的个数
	权利要求数量(V12)	技术保护范围	统计授权专利文献权利要求书中权利要求项的个数
	独立权利要求数量(V13)	技术保护范围	统计授权专利文献权利要求书中独立权利要求项的个数
	专利引证数量(V14)	创新度	统计一项专利引证以前专利文献的总数
	专利被引数量(V15)	重要性	统计一项专利被后来的专利或非专利文献引证的总数(注：利用欧洲专利局数据库或德温特等商业专利数据库)
	专利引证非专利文献数量(V16)	科学关联度	统计一项专利引证以前非专利文献的总数
	专利技术的生命周期(V17)	成熟度	一项技术在发展的不同阶段，专利申请量与专利权人数量之间的一定周期性规律统计

续表

属性特征	分析指标	表述特征	计算方法和说明
法律特征（V2）	专利类型（V21）	技术实力	我国专利分为三种类型：发明专利、实用新型专利和外观设计专利，一般而言，发明专利类型的价值较高
	专利是否授权（V22）	法律保护效力	区分专利申请和专利，只有获得授权的专利申请才是真正意义上的专利
	专利当前有效性（V23）	法律保护效力	授权后的专利可能会因为未按时缴纳专利年费、放弃等多种原因导致失效。失效后的专利将不再受法律保护，其相对于一个企业的价值就会大打折扣
	专利寿命（V24）	专利剩余价值	统计自申请年份起截止到当前年份的专利有效年份
	专利权的转移情况（V25）	市场价值	利用专利法律状态统计专利权的转移情况
	专利的诉讼情况（V26）	法律地位稳固程度	根据专利法律状态信息和诉讼信息统计专利权的诉讼情况
经济特征（V3）	专利家族数量（V31）	市场占有能力	统计具有共同优先权信息的一项专利在不同国家或国际专利组织申请、公布或批准的内容相同或基本相同的一组专利文献的个数
	专利家族覆盖的国家数量（V32）	国际市场的战略布局	统计具有相同优先权信息的一项专利申请选择的国家或国际专利组织的个数
	是否为三方专利（V33）	抢占国际市场的意愿	利用专利家族信息统计三方专利情况，即在欧洲专利局、日本专利局和美国专利商标局都获得发明专利权的专利
	是否为 PCT 专利（V34）	抢占国际市场的意愿	统计题录信息中国际申请信息，反映出一项专利在多少个国家或地区享有专利权的意愿
	专利合作申请人数量（V35）	企业研发能力	统计专利题录信息中申请人的个数
	专利权授权许可数目（V36）	市场价值	利用专利法律状态统计专利的许可备案情况。许可证发放得越多，说明技术越成熟，转化能力越强，市场需求量越大，专利的总价值就越大
专利本身属性外的其他特征（V4）	企业内部评估（V41）	企业内部环境	由专家评估小组根据企业自身技术实力、投入情况、专利保护意识和自身专利管理等各种因素综合评分
	企业外部评估（V42）	企业外部环境	由专家评估小组根据企业所处行业环境，以及国家对相应技术或产业的扶持力度和相关政策等进行综合评分

4.3 新型烟草制品重要专利的概念

新型烟草制品重要专利，是指涉及能够显著提高新型烟草制品性能或扩大使用功能的一项或多项关键技术的产业化应用前景较好的专利。

4.4　新型烟草制品重要专利评估方法

采用专家评议法、专利文献计量学相结合的方法，组织有关技术专家和法律专家召开研讨会，研讨并制定新型烟草制品重要专利的评估方法。

4.4.1　确定新型烟草制品专利涉及的关键技术

从技术角度解析新型烟草制品专利文献，调查其结构与技术原理，结合技术和法律人员的研讨结论，确定专利涉及的关键技术，作为评估“重要专利”的重要依据。

4.4.2　基于技术角度的专利“重要程度”评估方法

从技术等角度确定新型烟草制品专利“重要程度”的评估原则，即选取以下几个重要因素作为评估专利“重要程度”的条件：

(1) 采用的技术是否为该类产品产业化时无法绕开的技术；

(2) 是否采用了完整成熟的技术；

(3) 是否是全新技术；

(4) 在同类专利中申请时间是否最早；

(5) 是否为基础专利；

(6) 是否涉及该类产品的关键技术。

4.4.3　基于文献计量学角度的专利“重要程度”评估方法

根据专利文献计量学的理论和方法，选择被引频次、引证数量、同族专利数量、同族专利涉及的国家(地区)数量等文献计量学指标作为专利“重要程度”的评估依据(见表 4.2)。

表 4.2　基于专利文献计量学的专利“重要程度”评估指标

评价角度	评价指标	表述特征	备　注
技术角度	被引频次	重要性	直接采集数据
	引证数量	创新性	直接采集数据
	专利类型	技术水平	直接采集数据
	重要申请人	技术水平	处理数据获得
	重要发明人	技术水平	处理数据获得
	权利要求数	保护范围	直接采集数据
	独立权利要求数	保护范围	处理数据获得
法律角度	法律状态	保护效力	直接采集数据
	诉讼情况	地位稳固程度	处理数据获得
经济角度	专利权转移次数	市场价值	处理数据获得
	实施许可次数	市场价值	处理数据获得
	同族专利数量	市场占有能力	直接采集数据
	同族专利涉及的国家/地区数量	国际市场战略布局	直接采集数据
	专利寿命	剩余价值	处理数据获得

4.4.4 新型烟草制品专利"重要程度"综合评估与判定指标

综合考虑专利文献的技术、法律、经济等因素，结合专利文献计量学指标，最终确定新型烟草制品重要专利的综合评估与判定指标，见表 4.3。

表 4.3 专利"重要程度"综合评估与判定指标

评估角度	评估指标	表述特征	备注
技术角度	技术发展路线关键点或关键技术	关键技术	专家评估
	被引频次	重要性	直接采集数据
	引证数量	创新性	直接采集数据
	专利类型	技术水平	直接采集数据
	重要申请人	技术水平	处理数据获得
	重要发明人	技术水平	处理数据获得
	权利要求数	保护范围	直接采集数据
	独立权利要求数	保护范围	处理数据获得
法律角度	法律状态	保护效力	直接采集数据
	诉讼情况	地位稳固程度	处理数据获得
经济角度	专利权转移次数	市场价值	处理数据获得
	实施许可次数	市场价值	处理数据获得
	同族专利数量	市场占有能力	直接采集数据
	同族专利涉及的国家/地区数量	国际市场战略布局	直接采集数据
	专利寿命	剩余价值	处理数据获得
	专利产业化前景	市场价值	专家评估
	专利产品预期收益	经济价值	专家评估
技术成熟与市场角度	技术成熟程度	可实施性	专家评估
	应用该专利的生产企业情况	技术价值	专家评估
	产品的市场销售情况	市场价值	专家评估
	产品或品牌的知名度	市场价值	专家评估
	产品的综合成本	经济价值	专家评估

有关说明：

(1) 表中部分评估指标可从德温特世界专利数据库(Derwent World Patents Index)中采集。

(2) 表中"被引频次""权利要求数""同族专利数量""同族专利涉及的国家/地区数量"4 个指标已在前期专利分析中选用。

被引频次：指专利被其他专利引用的数量，反映了该专利技术的重要性和基础性。一项专利被引用的次数多，表明该专利涉及比较核心和重要的技术，同时也从不同程度上体现了该专利为基础专利。

权利要求数：指专利法律文件中独立权利要求数量和从属权利要求的数量，既反映了专利的保护范围，也可在一定程度上反映专利的质量和重要性，对评估专利的"重要程度"有一定的参考价值。

同族专利：指具有共同优先权的、由不同国家公布的、内容相同或基本相同的一组专利。一件专利拥有的同族专利数量及其所涉及的国家或地区，反映了该专利的综合水平和潜在的经济价值，以及该专利能够创造的潜在国际技术市场情况，也可以反映专利权人在全球的经济势力范围。同族专利数量越多，就说明其综合价值越大、重要程度更高，是评估专利"重要程度"的重要指标。

同族专利涉及的国家/地区数量：与同族专利数量的意义类似。

4.4.5 制定评估专利“重要程度”的分级标准

将“重要程度”划分为 A、B、C 三个等级，即：A= 拥有独立知识产权，可进行推广应用；B= 有一定推广应用价值；C= 基本无推广应用价值。当评估的重要程度高于或低于同级别的平均水平时，“重要程度”可采用“+”“-”表示其差异，如“B+，B，B-”等。

4.4.6 综合评估专利“重要程度”

(1) 研读新型烟草制品专利，从技术角度评估专利的“重要程度”，并依据专利“重要程度”的分级标准评估确定每一件专利的“重要程度”等级。

(2) 采用综合权重法对不同分析人员的具体评估结果进行综合计算，以结合权重后的“总得分”作为评估专利“重要程度”的主要依据，确定每一件专利“重要程度”的综合评估结果。

具体权重设定为：A+=13，A=12，A-=11；B+=8，B=7，B-=6；C+=3，C=2，C-=1。每一件专利“重要程度”的综合评估结果设定为“Ⅰ”“Ⅱ”“Ⅲ”3 个级别。其含义是：“Ⅰ”=重要程度高，拥有独立自主知识产权，可以直接推广应用；“Ⅱ”=重要程度一般，有一定的推广应用价值；“Ⅲ”=重要程度低，基本无推广应用价值。

4.4.7 确定“重要专利”

根据专利“重要程度”的综合评估结果，同时结合基于文献计量学的专利“重要程度”评估指标进行综合评估，最终确定各类新型烟草制品的“重要专利”。

4.5 新型烟草制品重要专利评估流程

根据新型烟草制品重要专利评估方法，绘制新型烟草制品重要专利评估流程，见图 4.1。

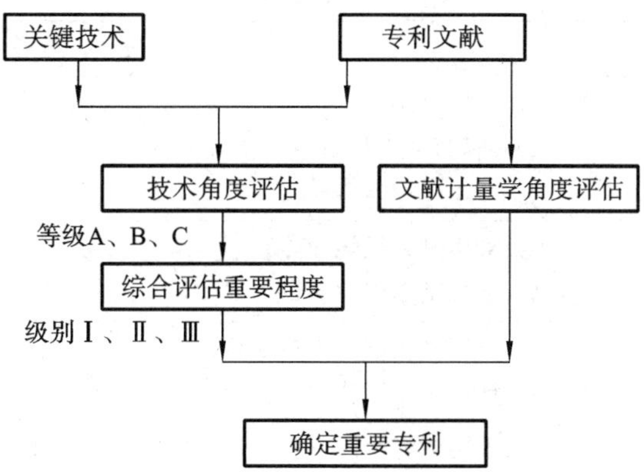

图 4.1 新型烟草制品重要专利评估流程图

第5章　新型烟草制品专利技术分类体系研究

5.1　新型烟草制品类型

新型烟草制品目前主要分为三类，即新型卷烟(或称作加热不燃烧卷烟)、电子烟和口含烟。

5.2　新型烟草制品专利分类方法

新型烟草制品专利分类方法，主要用于对新型烟草制品专利进行分类。对基于“技术特征”“外观形态特征”的两种新型烟草制品专利分类方法的分析、评估和研究表明：基于“技术特征”的新型烟草制品专利分类方法是迄今为止的专利分析中正在使用的且得到实践验证的、较为成熟的分类方法，该分类方法基于专利的“技术特征”对新型烟草制品专利进行分类，比较科学、合理，易于操作，适于在新型烟草制品专利分析研究中推广应用。

经补充、修改和完善，最终确定基于“技术特征”的新型烟草制品专利分类方法见表5.1。

表5.1　新型烟草制品专利分类方法

大　类	细　类	技术特征
新型卷烟	电加热型	1. 采用电能加热； 2. 烟芯采用固体材料，或同时采用固体和液体材料，或可自由更换固体、液体烟芯材料
	燃料加热型	1. 采用燃料燃烧加热； 2. 烟芯采用固体和(或)液体材料
	理化反应加热型	1. 采用理化反应生热加热； 2. 烟芯采用固体和(或)液体材料
电子烟	汽化型(vaporizer)	1. 采用电能加热(如电阻、电磁、红外、微波等加热方式)使液体蒸发为气体； 2. 烟芯采用液体材料
	雾化型(atomizer)	1. 采用非加热的物理手段(如振荡、喷射等方式)使液体变为雾状液体微粒； 2. 烟芯采用液体材料
口含烟	口含型	1. 使用时通过唾液溶出部分可溶物，用后吐出，有渣滓残留； 2. 松散或独立小袋包装； 3. 烟草颗粒或粗细烟丝
	含化型	1. 使用时可完全溶解； 2. 为块状、片状、条状、棒状等
	咀嚼型	1. 通过咀嚼方式使用； 2. 为散叶状、压缩烟砖状、绳索状、块状、片状等

续表

大　类	细　类	技术特征
其他		采用自然抽吸方法使用的非燃烧类烟草制品，以及其他含有烟碱的烟草替代品等

注：为了分类的完整性，表中在"口含烟"类别列出了"咀嚼型"，但考虑到该小类并非真正意义上的新型烟草制品，因此，该小类不作为新型烟草制品进行统计和分析；同样的原因，表中的"其他"类别也不进行统计和分析。

5.3 新型烟草制品专利技术分类体系

5.3.1 新型烟草制品关键技术

新型烟草制品关键技术，是指能够显著提高新型烟草制品性能或扩大使用功能的技术。

依据新型烟草制品关键技术判定方法和原则，组织有关技术专家和法律专家进行深入研讨，从技术角度解析新型烟草制品的结构、原理、技术特点以及新型烟草制品专利涉及的技术领域，研究并确定了在新型烟草制品研发、生产、使用等环节，能够显著影响新型烟草制品质量、性能、生产成本、消费成本、使用效果等的关键技术如下：

新型卷烟关键技术：加热技术（包括电加热技术、燃料加热技术和理化反应加热技术等）；控制技术；烟草配方与添加剂技术。

电子烟关键技术：雾化技术；控制技术；烟芯配方技术。

口含烟关键技术：烟草配方与添加剂技术；缓释技术；成型与包装技术。

5.3.2 新型烟草制品专利技术分类体系

依据新型烟草制品专利分类方法，紧密围绕新型烟草制品的关键技术，研究制定了新型烟草制品专利技术分类体系，旨在实现新型烟草制品专利技术的深度标引和系统分析，并且应用于"新型烟草制品专利综合服务平台"的研究和开发。新型烟草制品专利技术分类体系共分 4 个级别，113 个分类，见表 5.2。

表 5.2　新型烟草制品专利技术分类体系

序号	技术分类（Ⅰ）	技术分类（Ⅱ）	技术分类（Ⅲ）	技术分类（Ⅳ）	备　注
1	1　新型卷烟				1. 采用电加热、燃料加热或理化反应加热方式。 2. 烟芯采用固体材料，或同时采用固体和液体材料，或可自由更换固体、液体烟芯材料
2		1.1　加热原理			
3			1.1.1　电加热		
4				1.1.1.1　电阻加热	电阻丝加热，陶瓷、半导体加热
5				1.1.1.2　电磁加热	
6				1.1.1.3　激光加热	

续表

序号	技术分类(Ⅰ)	技术分类(Ⅱ)	技术分类(Ⅲ)	技术分类(Ⅳ)	备注
7				1.1.1.4 红外加热	
8				1.1.1.5 微波加热	
9			1.1.2 燃料加热		
10			1.1.3 物理反应加热		
11			1.1.4 化学反应加热		
12		1.2 总体设计			
13		1.3 加热部分			
14			1.3.1 结构设计		
15			1.3.2 电源系统		
16			1.3.3 检测与控制		
17				1.3.3.1 系统检测与控制	
18				1.3.3.2 供电检测与控制	
19				1.3.3.3 充电检测与控制	
20				1.3.3.4 温度检测与控制	
21				1.3.3.5 气流检测与控制	
22				1.3.3.6 烟气检测与控制	
23			1.3.4 绝缘技术		电气绝缘
24			1.3.5 加热技术		加热方式或方法，加热、导热元件及工艺
25			1.3.6 阻燃绝热		
26			1.3.7 热源技术		燃料、理化反应热源配方及生产工艺
27			1.3.8 辅助功能		人性化设计，APP应用，网络连接等
28			1.3.9 工艺及设备		
29		1.4 烟草部分			
30			1.4.1 结构设计		
31			1.4.2 烟芯形态		
32				1.4.2.1 固体	
33				1.4.2.2 液体	

续表

序号	技术分类(Ⅰ)	技术分类(Ⅱ)	技术分类(Ⅲ)	技术分类(Ⅳ)	备　注
34				1.4.2.3　固体与液体	
35				1.4.2.4　固体或液体	
36			1.4.3　烟草配方		
37			1.4.4　添加剂		
38			1.4.5　工艺及设备		
39			1.4.6　辅助材料		卷烟纸，接装纸，滤嘴材料等
40		1.5　烟嘴			
41		1.6　工艺及设备			
42		1.7　配套组件			
43			1.7.1　电源适配器		输入交流 220 V，输出直流低压
44			1.7.2　充电装置		输出直流低压，如充电烟盒等
45			1.7.3　使用工具		使用、清洁工具等
46			1.7.4　包装物		
47			1.7.5　其他		
48		1.8　其他			
49	2　电子烟				利用电能实现烟液雾化
50		2.1　雾化原理			
51			2.1.1　电阻加热		
52			2.1.2　电磁感应加热		
53			2.1.3　红外加热		
54			2.1.4　微波加热		
55			2.1.5　超声雾化		
56			2.1.6　激光加热		
57			2.1.7　电弧加热		
58			2.1.8　离心雾化		
59			2.1.9　喷射雾化		
60		2.2　总体设计			
61		2.3　雾化器			
62			2.3.1　导气组件(雾化腔)		
63			2.3.2　导液组件		

续表

序号	技术分类(Ⅰ)	技术分类(Ⅱ)	技术分类(Ⅲ)	技术分类(Ⅳ)	备　注
64			2.3.3 雾化(加热)组件		
65			2.3.4 绝缘绝热组件		
66			2.3.5 密封组件		
67			2.3.6 连接组件		
68			2.3.7 储液组件		
69		2.4 烟弹			
70		2.5 烟嘴			
71		2.6 电源系统			
72		2.7 检测与控制			
73			2.7.1 系统检测与控制		
74			2.7.2 供电检测与控制		
75			2.7.3 充电检测与控制		
76			2.7.4 温度检测与控制		
77			2.7.5 气流检测与控制		
78			2.7.6 烟液检测与控制		
79			2.7.7 其他检测与控制		
80		2.8 辅助功能			人性化设计
81		2.9 配套组件			
82			2.9.1 电源适配器		输入交流 220 V,输出直流低压
83			2.9.2 充电装置		输出直流低压,如充电烟盒等
84			2.9.3 使用工具		使用、清洁工具等
85			2.9.4 包装物		
86			2.9.5 其他		
87		2.10 烟液			
88			2.10.1 配方		
89			2.10.2 工艺及设备		

续表

序号	技术分类(Ⅰ)	技术分类(Ⅱ)	技术分类(Ⅲ)	技术分类(Ⅳ)	备　注
90		2.11　工艺及设备			
91		2.12　其他			
92	3　口含烟				
93		3.1　类型			
94			3.1.1　口含型(口含烟)		1. 主要指口含烟。 2. 使用时通过唾液溶出部分可溶物,用后吐出,有渣滓残留。 3. 松散或独立小袋包装。 4. 烟草颗粒或粗细烟丝。 5. 含有胶基的口含烟
95			3.1.2　含化型(可溶烟草)		1. 主要指可溶烟草。 2. 使用时可完全溶解。 3. 为块状、片状、条状、棒状等
96		3.2　烟草配方			
97		3.3　添加剂			
98		3.4　工艺及设备			含制备方法
99		3.5　包装			含包装方法和材料
100		3.6　产品形式			
101		3.7　缓释技术			
102		3.8　熟化技术			
103		3.9　其他			
104	4　实验检测分析				
105		4.1　类型			
106			4.1.1　新型卷烟		
107			4.1.2　电子烟		
108			4.1.3　口含烟		
109		4.2　物理			
110		4.3　化学			
111		4.4　生物			
112		4.5　感官评价			
113		4.6　其他			

第6章 国内外新型烟草制品专利数据源分析及专利数据的检索和处理

专利分析是针对特定的领域需求，采集、筛选、鉴定、整理相关专利文献和数据，利用各种统计手段或技术分析方法，揭示专利信息流的深层次动态特征，从而获得具有技术、经济或法律价值情报的全过程。专利数据是专利分析的基础，选择合适的专利数据源直接影响到后续专利分析工作的正确性和准确性，以及专利分析成果的实用性和可靠性。

随着互联网的发展，各种专利数据库不断涌现，成为专利分析的重要专利数据来源。然而，专利数据库之间的差别很大，并不都能完全满足专利分析的需求。目前，专利数据库主要包括三类：一是各国（地区）专利行政机构通过其网站提供的专利数据库，适用于普通用户对专利检索的简单需求；二是商业机构提供的资源集成度高、数据加工程度高的商业专利数据库，所收录的数据范围广、质量高，是专利分析工作中专利数据源的首选；三是国际联机检索系统，拥有海量数据和专业化检索工具，但由于成本高且易泄密，很少用于专利分析工作中。在专利分析工作中，权威的中国专利数据源首选国家知识产权局专利数据库。权威的国外专利数据源通常选择国外商业专利数据库：Thomson Reuters 旗下的德温特创新索引数据库 DII 和 Derwent Innovation、Dialog 公司的 Innography 等。

6.1 专利数据源的对比研究

6.1.1 专利数据收录范围比较

从专利数据覆盖的时间范围、地域范围以及文献公开层次来比较。Derwent Innovation 和 Innography 的专利数据地域范围较广，收录了 90 多个专利行政机构公开的专利数据。上述数据库均收录了专利著录数据、摘要和全文扫描图像，Derwent Innovation 和 Innography 还收录了多个国家的文本型说明书和权利要求。

6.1.2 专利数据加工方式比较

上述专利数据库从提高专利检索结果集的精准度、提高专利数据的附加值、提高单条专利数据的准确度这三个方面，对收录的专利数据进行不同方式的加工。

DII 和 Derwent Innovation 通过德温特分类标引、人工改写专利标题和摘要等方法更准确地反映专利内容、应用领域、新颖性等信息，便于提升专利检索结果的精准度，保证专利情报分析基础数据集的准确性。Innography 中单篇专利文献自动生成专利强度标引，为研究人员提供专利评估后的附加信息，便于从专利价值角度筛选更符合需求的专利数据。

DII、Derwent Innovation 和 Innography 将专利数据与多种其他类型信息资源关联在一起，便于进行多角度全方位的情报分析。Derwent Innovation 的数据批量导出格式种类较多，便于导出的数据集导入多种不同的专利分析软件中进行数据分析。

6.1.3　专利申请人数据清洗处理程度比较

上述专利数据库分别对不同范围的专利申请人提供不同程度的清洗处理，来降低专利申请人名称的不一致性。专利分析人员在此基础上对专利申请人信息进行更深入全面的清洗处理，才能进行可靠的竞争对手分析、技术合作分析等。

DII 和 Derwent Innovation 对世界范围内实力较强的专利申请人提供机构代码来统一机构名称，并利用公司树方法清理合并，准确度较高。Innography 收录的公司信息范围较广，且整合了财务、市场等多种信息资源，便于更全面地分析竞争对手情报。

6.1.4　专利引文数据比较

专利引文分析用于厘清技术的发展脉络、确定核心技术、研究不同技术领域的交叉融合态势等，是专利分析中十分重要的部分。专利引文分析的基础是大量的专利引文数据，各数据库中引文数据的范围和引用类型都有所不同。其中，Derwent Innovation 收录的专利引文数据范围最广，引用类型完善，是进行专利引文分析的最佳专利数据源。引文数据范围广，能够全面而且真实地呈现技术的演化进程；引用类型丰富，包含专利间引用、专利与非专利文献引用、审查员引用、申请人引用，为分析技术发展、科学与技术创新态势、专利性等提供了充分的数据基础。然而，中国专利的引文数据整理不足，DII、Derwent Innovation 和 Innography 中只有中国专利的被引情况。

6.1.5　专利同族数据比较

不同数据库中专利的同族数据处理方式不同。DII、Derwent Innovation 和 Innography 中包含 DWPI 同族、INPADOC 同族数据。DWPI 同族是基于同一项发明的专利家族，INPADOC 同族是基于相同优先权的专利家族。这两种同族数据均常用于专利族分析中，如基于专利族的规模、全球授权和分布情况、类型解析等，分析一项技术的重要程度和经济价值、潜在的技术市场、经济势力范围、专利权属机构的市场战略计划等。

6.1.6　专利法律状态数据比较

DII 中没有专利法律状态数据，其他数据库对不同范围的专利法律状态数据进行了收集、整理和标引。Derwent Innovation 和 Innography 中的法律状态数据范围较广，包括 INPADOC 专利法律状态数据以及美国专利的法律状态数据、专利权属转移数据以及专利诉讼案件数据等。

基于专利法律状态数据，分析专利的时间性、地域性和权利独占性等，可有效避免专利纠纷风险。但是这些数据库中的法律状态数据时效性较低，需要到各国专利行政机构官方网站核实法律状态信息。

6.2　专利数据源选择标准研究

选择合适的专利数据源，获取满足分析需求高质量的专利数据集是专利分析工作的基础。通过对专利数据库的数据对比，选择专利数据源时要考虑专利数据的全面性、完整性、准确性、关联性和导出格式多样性等。

6.2.1　专利数据的全面性

专利分析工作中，需要基于获取的专利数据集分析特定主题领域内技术发展的起源、演化进程、竞争格局现况，从而发现客观发展规律，预测未来发展趋势和研发方向。因此，专利数据源中收录的专利数据的全面性，直接影响到专利分析过程中应用的专利数据集的完整程度，关系到研究结果的可靠性。

考察专利数据源的数据全面性，主要从时间维度和地域维度来看是否满足研究主题的需求。从时间维度看，专利数据源要覆盖主题领域内技术发展的起点数据和发展变化的所有过程数据；从地域维度看，专利数据源要涵盖主题领域内技术研发、产出分布地域等，如国内的商业专利数据库一般适用于国内情报分析，而 DII、Derwent Innovation 和 Innography 适用于世界范围内情报分析。

6.2.2 专利数据的完整性

考察专利数据源的数据完整性，即专利数据源是否收录一定时间范围、地域范围内的专利全文数据、引文数据、同族数据、法律状态数据等，以便后续工作如技术细节分析、权利范围分析、引文分析、同族分析、法律状态分析等顺利进行。

从专利数据库的数据对比中，可以发现，不同专利数据库中收录的专利数据完整程度区别很大。例如，Innography 中专利全文数据收录较全，且全部翻译成英文，易读性高；Derwent Innovation 收集整理了较广范围的引文数据和同族数据。研究人员需要依据自己的分析目标和即将采用的专利分析方法，选择数据完整性满足需求的专利数据源。

6.2.3 专利数据的准确性

专利数据的准确性直接决定了专利分析成果的质量。基于专利数据库的对比结果，数据库提高所收录的专利数据的准确性体现在两个方面：一是提高单条专利数据所表达信息的准确性，即基于专利文献对专利数据进行分类标引、关键词标引、文摘改写等，以提高检索精准度，从而提高基础数据集的准确度；二是提高专利数据各字段内容的准确性，尤其是申请人字段，从而保证了基于字段的一维、二维、三维分析的正确性。

选择专利数据源时，使用加工程度和准确度较高的专利数据，能够减轻研究人员筛选、清洗、处理数据的工作，便于研究人员开展下一步研究工作。

6.2.4 专利数据的关联性

选择专利数据源时，考察专利数据与其他类型信息资源的关联情况，便于进行更深入的情报分析工作。一方面，专利数据与科技文献信息、市场信息、行业动态、研发信息相结合，如 DII、Derwent Innovation、Innography，可用于分析基础研究成果与市场应用前景之间的关系，加速知识创新与技术创新的互相推动与转化。另一方面，专利申请人数据与财务数据、专利诉讼数据整合起来，如 Innography，便于分析竞争对手的技术实力、经济实力和未来发展战略等。

6.2.5 专利数据导出格式的多样性

专利数据源有多种专利数据导出格式，便于研究人员将获取的数据集导入各种专利分析工具中进行分析工作。目前，专利分析软件对数据上传导入功能的限制还比较多，通常导入自有数据时要满足特定的格式要求。例如，Thomson Data Analyzer 只能导入特定平台如 Delphion、STN、Dialog、INSPEC 等的结构化数据。

6.3 国内外新型烟草制品专利数据源的选择

对国内外新型烟草制品专利数据的采集、加工和处理是最为重要的基础工作和重要前提，是影响专利分析进度和质量、水平的核心和关键。

为了保证新型烟草制品专利数据的质量，提高新型烟草制品专利分析的正确性、准确性以及分析研究成果的实用性和可靠性，对国内外专利行政机构通过其网站提供的专利数据库，以及商业机构提供的资源集成度高、数据加工程度高的商业专利数据库进行了全面调研，重点考察了其专利数据的全面性、完整性、准确性、关联性和导出格式多样性等指标。

在充分调研的基础上，结合新型烟草制品专利分析研究的需求，确定了国内外新型烟草制品专利的数据源、采集策略和处理方法：中国专利的数据源以“国家知识产权局专利数据库”为主，国外专利数据源以DII为主；引入“同族专利”的概念进行专利数据采集和处理。

6.4　国内外新型烟草制品专利数据加工流程

专利数据的检索和处理主要包括专利检索、专利筛选、专利采集、专利标引等环节。

1. 专利检索

根据国家知识产权局专利数据库、DII提供的检索入口，检索国内外烟草相关专利。

2. 专利筛选

对检索结果进行人工筛选和甄别，确定新型烟草制品专利。

3. 专利采集

根据新型烟草制品专利的筛选结果，采集新型烟草制品专利相关信息。采集内容包括专利源数据的著录项、权利要求书和说明书全文（包括PDF格式、TXT格式）、法律状态信息，以及同族专利、专利引用与被引用等扩展信息。

4. 专利标引

阅读新型烟草制品专利全文，并按照制定的新型烟草制品专利分类方法、新型烟草制品专利技术分类体系进行专利技术及专利申请人标引。

6.5　国内外新型烟草制品专利数据的处理结果

1. 新型烟草制品中国专利

累计检索、采集和处理国家知识产权局1985年—2017年6月公开/公告的新型烟草制品中国专利9381件，详见表6.1。

表6.1　新型烟草制品中国专利

技术分类	发明专利	实用新型	外观设计	总数
新型卷烟	648	406	51	1105
电子烟	1789	3258	3036	8083
口含烟	181	11	1	193
合计	2618	3675	3088	9381

2. 新型烟草制品国外专利

截至2017年6月，从DII中检索得到新型烟草制品国外专利共计11 780件，共涉及75个国家或组织。

第7章　新型烟草制品重要专利及其产业化前景评估

7.1　新型烟草制品重要专利评估

新型烟草制品重要专利评估，按照研究制定的专家评议法、专利文献计量学相结合的方法，对新型烟草制品重要专利进行评估。

1. 基于技术角度的专利“重要程度”评估

从技术等角度确定的新型烟草制品专利“重要程度”的评估原则，即选取以下几个重要因素作为评估专利“重要程度”的条件：

①采用的技术是否为该类产品产业化时无法绕开的技术；

②是否采用了完整成熟的技术；

③是否是全新技术；

④在同类专利中申请时间是否最早；

⑤是否为基础专利；

⑥是否涉及该类产品的关键技术。

2. 基于文献计量学角度的专利“重要程度”评估

根据专利文献计量学的理论和方法，研究确定被引频次、权利要求数量、同族专利数量、专利权转移或许可信息、剩余有效期等文献计量学指标，作为专利“重要程度”的评估依据。被引频次指专利被其他专利引用的数量，反映了该专利技术的重要性和基础性，一项专利被引用的次数多，表明该专利涉及比较核心和重要的技术，同时也从不同程度上体现了该专利为基础专利；权利要求数量指专利法律文件中独立权利要求数量和从属权利要求的数量，既反映了专利的保护范围，也可在一定程度上反映专利的质量和重要性，对评估专利的“重要程度”有一定的参考价值；同族专利数量指同一个技术领域申请的一系列专利数量，同族专利数量越多，说明该领域的技术创新活动越活跃，各申请人在该技术领域进行了重点关注和投入；专利权转移或许可信息直接说明了专利的价值。此外，剩余有效期也可以从一定程度说明专利的价值。

3. 综合评估

在评估时，要结合技术角度、文献计量学角度对新型烟草制品专利进行综合评估。

将“重要程度”划分为A、B、C三个等级：A= 非常重要；B= 重要；C= 一般。当评估的重要程度高于或低于同级别的平均水平时，“重要程度”可采用“+”、“-”表示其差异，如“B+，B，B-”等。各等级得分详见表7.1。

表7.1　“重要程度”级别

描述	非常重要			重要			一般		
符号	A+	A	A-	B+	B	B-	C+	C	C-
得分	1	2	3	4	5	6	7	8	9

评估人员为来自广东中烟、河南中烟、湖北中烟、湖南中烟、上海烟草集团(简称上烟集团)、云南中烟和

郑州烟草研究院专门从事新型烟草研发的专业技术人员。如果这七家企业的评估人员都做出同样的评估等级，则该专利评估为该等级，如七家企业评估人员都一致将某专利的重要程度评估为“非常重要”，则不需要计算该专利的加权得分值，直接将该专利评估为“非常重要”。如果七家企业评估人员对某专利的评估等级不一致，则计算加权得分来确定该专利的评估等级。

$$s_1 = s_{广东中烟}, s_2 = s_{河南中烟}, s_3 = s_{湖北中烟}, s_4 = s_{湖南中烟}, s_5 = s_{上烟集团}, s_6 = s_{云南中烟}, s_7 = s_{郑州院}$$

$$S = \sum_{i=1}^{7} s_i / 7$$

式中：S——专利重要程度的加权得分值。如果得分在[1,3]之间，则判断为非常重要；如果得分在(3,6]之间，则判断为重要；如果得分在(6,9]之间，则判断为一般。

7.1.1 新型卷烟重要专利评估

新型卷烟专利中评估为非常重要的专利有 8 件，评估为重要的专利有 49 件。国内烟草行业评估为非常重要的新型卷烟专利有 0 件，重要专利有 21 件，其中：湖北中烟 12 件；上海烟草集团 3 件；郑州烟草研究院 2 件；川渝中烟、安徽中烟、浙江中烟和云南中烟各 1 件。评估结果见表 7.2。

表 7.2 评估为“非常重要”或“重要”的新型卷烟专利

序号	专利类型	专利名称	申请号	标准申请人	被引频次	同族专利	权利要求	转移许可	剩余保护期	评估等级
1	发明专利	用于控制电气烟雾生成系统中烟气成分的形成的方法	CN201210007866.6	菲利普·莫里斯公司	0	40	14	无	11 年 3 个月	非常重要
2	发明专利	电加热烟雾产生系统和方法	CN200980108948.6	菲利普·莫里斯公司	5	24	12	无	11 年 3 个月	非常重要
3	发明专利	用于控制电气烟雾生成系统中烟气成分的形成的方法	CN200980110074.8	菲利普·莫里斯公司	15	40	6	无	11 年 3 个月	非常重要
4	发明专利	流量传感器系统	CN200980126289.9	菲利普·莫里斯公司	3	29	14	无	11 年 5 个月	非常重要
5	发明专利	具有改进的加热器的电加热的发烟系统	CN201080048977.0	菲利普·莫里斯公司	2	26	15	无	12 年 10 个月	非常重要
6	发明专利	电加热的发烟系统	CN201080021944.7	菲利普·莫里斯公司	4	25	15	无	12 年 5 个月	非常重要
7	发明专利	包括至少两个单元的电加热的发烟系统	CN201180062601.X	菲利普·莫里斯公司	1	25	15	无	13 年 11 个月	非常重要
8	发明专利	用于便携式气雾产生装置的电源系统	CN201280069189.9	菲利普·莫里斯公司	0	25	19	无	15 年	非常重要
9	发明专利	一种电子烤烟	CN201110193269.2	刘秋明	13	2	10	转移	13 年 7 个月	重要
10	发明专利	一种针式电加热卷烟系统	CN201310633029.9	川渝中烟	3	2	8	无	15 年 11 个月	重要
11	发明专利	一种电干馏型烟草薄片的制备方法	CN201310123050.4	湖北中烟	4	2	10	无	15 年 4 个月	重要

续表

序号	专利类型	专利名称	申请号	标准申请人	被引频次	同族专利	权利要求	转移许可	剩余保护期	评估等级
12	发明专利	电热气流式吸烟系统	CN201310123081.X	湖北中烟	10	2	8	无	15年4个月	重要
13	发明专利	烟斗式电吸烟系统	CN201310131506.1	湖北中烟	1	2	10	无	15年4个月	重要
14	发明专利	电能加热吸烟系统	CN201310388837.3	湖北中烟	3	2	8	无	15年8个月	重要
15	实用新型	电加热式卷烟	CN201220340485.5	湖北中烟	21	1	7	无	4年7个月	重要
16	发明专利	利用钙盐制备烟用丝状碳质热源材料的方法	CN201310145445.4	湖北中烟	1	2	9	无	15年4个月	重要
17	发明专利	利用酸制备烟用片状碳质热源材料的方法	CN201310145457.7	湖北中烟	1	2	10	无	15年4个月	重要
18	发明专利	利用酸制备烟用丝状碳质热源材料的方法	CN201310144798.2	湖北中烟	1	2	9	无	15年4个月	重要
19	发明专利	利用乙醇制备烟用丝状碳质热源材料的方法	CN201310145816.9	湖北中烟	1	3	8	无	15年4个月	重要
20	发明专利	一种干馏型卷烟	CN201310144843.4	湖北中烟	1	2	9	无	15年4个月	重要
21	发明专利	利用钙盐制备烟用片状碳质热源材料的方法	CN201310144942.2	湖北中烟	3	2	10	无	15年4个月	重要
22	发明专利	利用乙醇制备烟用片状碳质热源材料的方法	CN201310145443.5	湖北中烟	1	2	9	无	15年4个月	重要
23	发明专利	烟支加热装置及其所用烟支	CN201310145630.3	上海烟草集团	2	2	10	无	15年4个月	重要
24	发明专利	加热不燃烧的香烟装置	CN201310111258.4	上海烟草集团	9	2	10	无	15年4个月	重要
25	发明专利	用于加热不燃烧装置的烟草制品及其制备方法	CN201310111651.3	上海烟草集团	4	2	8	无	15年4个月	重要
26	发明专利	一种分段式加热非燃烧吸烟装置	CN201310636397.9	浙江中烟	5	2	14	无	15年11个月	重要
27	发明专利	一种基于微波加热的非燃烧型烟草抽吸装置	CN201310298920.1	郑州烟草研究院	4	2	6	无	15年7个月	重要
28	实用新型	一种用于加热不燃烧卷烟外部加热的电热陶瓷加热装置	CN201520532205.4	郑州烟草研究院	0	4	15	无	7年7个月	重要
29	实用新型	一种细支型碳加热低温卷烟	CN201520729467.X	安徽中烟	0	3	9	无	7年9个月	重要

续表

序号	专利类型	专利名称	申请号	标准申请人	被引频次	同族专利	权利要求	转移许可	剩余保护期	评估等级
30	发明专利	一种套筒式低危害卷烟及其制备方法	CN201310518553.1	云南中烟	0	2	4	无	15 年 10 个月	重要
31	发明专利	点火器启动系统	CN199880010390.9	菲利普・莫里斯公司	12	16	20	无	10 个月	重要
32	发明专利	用于电气加热吸烟系统中使用的包含识别的物品	CN200980152284.3	菲利普・莫里斯公司	8	33	22	无	12 年	重要
33	发明专利	用于生成浮质的系统的成形的加热器	CN201080063409.8	菲利普・莫里斯公司	0	27	14	无	13 年	重要
34	发明专利	用于电加热的生成浮质的系统的细长的加热器	CN201080063406.4	菲利普・莫里斯公司	0	27	15	无	13 年	重要
35	发明专利	超分子络合物香料固定和受控释放	CN201180015999.1	菲利普・莫里斯公司	0	23	15	无	13 年 3 个月	重要
36	发明专利	含控释香料的电加热的香烟	CN200380102439.5	菲利普・莫里斯公司	6	30	37	无	5 年 10 个月	重要
37	发明专利	带有烟雾检测用内置总管装置的电热吸烟系统	CN200910168035.5	菲利普・莫里斯公司	2	39	6	无	5 年 11 个月	重要
38	发明专利	带有烟雾检测用内置总管装置的电热吸烟系统	CN200380104509.0	菲利普・莫里斯公司	0	39	22	无	5 年 11 个月	重要
39	发明专利	电吸烟系统和方法	CN200380003933.6	菲利普・莫里斯公司	6	21	31	无	5 年 2 个月	重要
40	发明专利	具有受控释放的调味剂的电加热香烟	CN200580036230.2	菲利普・莫里斯公司	29	23	45	无	7 年 11 个月	重要
41	发明专利	电吸烟系统	CN200680036169.6	菲利普・莫里斯公司	13	26	20	无	8 年 10 个月	重要
42	发明专利	无烟的香烟系统	CN200680036218.6	菲利普・莫里斯公司	17	25	14	无	8 年 9 个月	重要
43	发明专利	用于香烟制品的生成气溶胶的基质	CN201180009907.9	菲利普・莫里斯公司	0	28	15	无	13 年 2 个月	重要
44	发明专利	烟草基尼古丁气雾产生系统	CN201080012084.0	菲利普・莫里斯公司	1	26	23	无	12 年 3 个月	重要
45	发明专利	基于蒸馏的发烟制品	CN200880102333.8	菲利普・莫里斯公司	17	36	10	无	10 年 8 个月	重要
46	发明专利	用于生产柱形热源的工艺	CN200880124170.3	菲利普・莫里斯公司	0	24	14	无	11 年	重要
47	发明专利	用于组装用于吸烟制品的部件的设备及方法	CN200980153221.X	菲利普・莫里斯公司	3	22	17	无	12 年	重要

续表

序号	专利类型	专利名称	申请号	标准申请人	被引频次	同族专利	权利要求	转移许可	剩余保护期	评估等级
48	发明专利	含有烟草的吸烟物品	CN200780045783.3	R.J.雷诺兹烟草公司	40	8	28	无	9年10个月	重要
49	发明专利	带绝热垫的分段吸烟制品	CN201080038270.1	R.J.雷诺兹烟草公司	2	8	25	无	12年8个月	重要
50	发明专利	分段式抽吸制品	CN201180031721.3	R.J.雷诺兹烟草公司	4	12	60	无	13年4个月	重要
51	发明专利	绝热构件	CN201280029785.4	英美烟草公司	1	13	26	无	14年8个月	重要
52	发明专利	对抽吸流量图的控制	CN201080046636.X	英美烟草公司	0	25	12	无	12年10个月	重要
53	发明专利	挥发装置	CN200780028999.9	英美烟草公司	8	23	26	无	9年8个月	重要
54	发明专利	无烟的香味抽吸器	CN201180037410.8	日本烟草公司	1	10	5	无	13年7个月	重要
55	发明专利	烟制品	CN200280026243.8	日本烟草公司	9	17	11	无	5年	重要
56	发明专利	用于制造热源棒的制造机器及其制造方法	CN200580036614.4	日本烟草公司	0	14	8	无	7年10个月	重要
57	发明专利	一种模拟香烟	CN201180020450.1	亲切消费者有限公司	0	53	19	无	13年3个月	重要

7.1.2 电子烟重要专利评估

对电子烟专利的重要程度进行评估，评估为非常重要的专利有1件，评估为重要的专利有76件。国内烟草行业评估为非常重要的电子烟专利有0件，重要的专利有2件，均由湖北中烟申请。评估结果见表7.3。

表7.3 评估为“非常重要”或“重要”的电子烟专利

序号	专利类型	专利名称	申请号	标准申请人	被引频次	同族专利	权利要求	转移许可	剩余保护期	评估等级
1	实用新型	一种改进的雾化电子烟	CN200920001296.3	韩力	44	39	12	无	1年2个月	非常重要
2	实用新型	蒸发器	CN201420117217.6	VMR产品有限责任公司	0	10	15	无	6年3个月	重要
3	发明专利	吸入器组件	CN201280008323.4	巴特马克有限公司	0	19	11	无	14年2个月	重要
4	发明专利	电子烟用电子雾化器	CN200810056270.9	北京格林世界科技发展有限公司	5	2	8	无	10年1个月	重要

续表

序号	专利类型	专利名称	申请号	标准申请人	被引频次	同族专利	权利要求	转移许可	剩余保护期	评估等级
5	发明专利	高仿真电子烟	CN200910080147.5	北京格林世界科技发展有限公司	35	8	11	无	11 年 3 个月	重要
6	发明专利	电子烟	CN200710121849.4	北京格林世界科技发展有限公司	19	2	9	无	9 年 9 个月	重要
7	发明专利	一种电子烟软嘴雾化器	CN201310614903.4	香港迈安迪科技有限公司	1	2	4	转移	15 年 11 个月	重要
8	实用新型	一种电子烟雾化器和电子烟	CN201020296330.7	陈珍来	28	1	10	转移	2 年 8 个月	重要
9	实用新型	电子雾化吸入器的吸嘴	CN201020154116.8	陈志平	16	1	16	转移	2 年 4 个月	重要
10	发明专利	电子烟	CN200910108807.6	方晓林	40	6	10	转移	11 年 7 个月	重要
11	发明专利	用于电加热气溶胶产生系统的改进的加热器	CN201080063251.4	菲利普·莫里斯公司	0	24	15	无	13 年	重要
12	发明专利	具有改进的加热器控制的电加热气溶胶生成系统	CN201180058107.6	菲利普·莫里斯公司	5	26	15	无	14 年	重要
13	发明专利	带有使可消耗部分停止运行的装置的烟雾生成系统	CN201180066537.2	菲利普·莫里斯公司	0	26	14	无	14 年	重要
14	实用新型	一种可调气流的电子烟雾化器	CN201320519769.5	高珍	11	1	2	无	5 年 8 个月	重要
15	发明专利	一种非可燃性电子雾化香烟	CN200310011173.5	韩力	32	9	10	无	5 年 3 个月	重要
16	发明专利	雾化电子烟	CN200580011022.7	韩力	7	35	空	无	7 年 3 个月	重要
17	发明专利	电子烟芯片及电子烟	CN201210275409.5	胡朝群	5	2	10	无	14 年 8 个月	重要
18	发明专利	新型双层加热式卷烟	CN201310124288.9	湖北中烟	3	2	7	无	15 年 4 个月	重要
19	实用新型	一种固液复合型电子烟	CN201120153889.9	湖北中烟	10	1	5	无	3 年 5 个月	重要
20	实用新型	一种雾化组件及电子烟	CN201520547470.X	惠州市吉瑞科技有限公司深圳分公司	0	3	10	无	7 年 7 个月	重要
21	发明专利	电子香烟	CN200410048792.6	精工爱普生株式会社	41	4	14	无	6 年 6 个月	重要

续表

序号	专利类型	专利名称	申请号	标准申请人	被引频次	同族专利	权利要求	转移许可	剩余保护期	评估等级
22	发明专利	雾化装置	CN200410058333.6	精工爱普生株式会社	2	6	13	无	6年8个月	重要
23	实用新型	电子香烟的供电装置	CN201020220247.1	李永海;徐中立	18	4	5	转移	2年6个月	重要
24	实用新型	电子香烟的烟液雾化装置	CN201020220249.0	李永海;徐中立	35	4	5	转移	2年6个月	重要
25	实用新型	一种电子香烟的烟液雾化装置	CN201120329986.9	李永海;徐中立	20	1	8	转移	3年9个月	重要
26	实用新型	一次性电子香烟	CN201120329988.8	李永海;徐中立	33	7	4	转移	3年9个月	重要
27	实用新型	一种电子香烟	CN201120174181.1	李永海;徐中立	10	1	5	转移	3年5个月	重要
28	发明专利	电子烟及制造方法、吸嘴贮液结构、雾化头组件、电池结构	CN201310588615.6	林光榕	9	2	15	转移	15年11个月	重要
29	发明专利	无棉电子烟的雾化装置	CN201310640599.0	林光榕	5	5	6	转移	16年	重要
30	发明专利	方便注液的电子烟及制造方法和注液方法	CN201410017542.X	林光榕	4	5	7	无	16年1个月	重要
31	实用新型	一种无棉电子烟的储液装置	CN201320785583.4	林光榕	2	4	6	无	6年	重要
32	发明专利	一种电子烟雾化装置	CN201080005443.X	惠州市吉瑞科技有限公司深圳分公司	1	5	空	转移	12年4个月	重要
33	实用新型	一种电子烟、电子烟烟弹及其雾化装置	CN201020615194.3	刘秋明	24	1	10	转移	2年11个月	重要
34	实用新型	电子烟及其雾化装置	CN201220596899.4	刘秋明	15	1	9	转移	4年11个月	重要
35	实用新型	电子烟吸嘴	CN201120552501.2	刘秋明	10	1	10	转移	4年	重要
36	实用新型	带连接器的磁力连接电子烟	CN201220663390.7	刘秋明	10	1	10	转移	5年	重要
37	实用新型	固态烟油电子烟	CN201120569569.1	刘秋明	13	1	10	转移	4年	重要
38	实用新型	电子烟吸嘴	CN201120552395.8	刘秋明	21	1	10	转移	4年	重要

续表

序号	专利类型	专利名称	申请号	标准申请人	被引频次	同族专利	权利要求	转移许可	剩余保护期	评估等级
39	实用新型	电子烟及其雾化器	CN201320400697.2	刘秋明	2	3	12	转移	5 年 7 个月	重要
40	发明专利	一体式电子香烟	CN201110219735.X	刘翔	8	2	10	转移	13 年 8 个月	重要
41	发明专利	面加热式雾化器及带有该雾化器的电子烟	CN201310262004.2	刘翔	14	3	10	转移	15 年 6 个月	重要
42	发明专利	用于使烟草加热后烟气雾化的调和添加剂及其使用方法和烟草组合物	CN201210267881.4	龙功运	9	2	10	转移	14 年 7 个月	重要
43	发明专利	电子吸烟设备	CN201180026829.3	洛艾克有限公司	7	17	21	无	13 年 5 个月	重要
44	发明专利	气溶胶抽吸器用气溶胶产生液	CN200880118576.0	日本烟草公司	3	17	6	无	10 年 11 个月	重要
45	发明专利	气溶胶吸引器	CN201180072944.4	日本烟草公司	0	14	12	无	13 年 8 个月	重要
46	发明专利	一种设置有雾化液密封腔的电子模拟香烟及医疗雾化器	CN201410070716.9	深圳劲嘉彩印集团股份有限公司	2	2	10	转移	16 年 2 个月	重要
47	发明专利	一种电子模拟香烟及其使用方法	CN201410338078.4	深圳劲嘉彩印集团股份有限公司	0	2	8	无	16 年 7 个月	重要
48	发明专利	电子烟用雾化装置、雾化器及电子烟	CN201210408618.2	深圳市合元科技有限公司	29	6	13	无	14 年 10 个月	重要
49	发明专利	电子烟用雾化器及电子烟	CN201210458765.0	深圳市合元科技有限公司	21	4	11	无	14 年 11 个月	重要
50	发明专利	电子烟雾化装置、电池装置和电子香烟	CN201310480893.X	深圳市合元科技有限公司	5	4	10	无	15 年 10 个月	重要
51	发明专利	一种多功能电子烟	CN201310017628.8	深圳市合元科技有限公司	7	2	10	无	15 年 1 个月	重要
52	发明专利	电子烟雾化器及电子烟	CN201310167404.5	深圳市合元科技有限公司	11	7	15	无	15 年 5 个月	重要
53	实用新型	雾化芯及电子吸烟装置	CN201420425838.0	深圳市合元科技有限公司	0	3	13	无	6 年 7 个月	重要
54	实用新型	雾化装置及电子烟	CN201420381903.4	深圳市合元科技有限公司	0	3	10	无	6 年 7 个月	重要
55	实用新型	电子烟用雾化器及电子烟	CN201320057394.5	深圳市合元科技有限公司	14	3	13	无	5 年 1 个月	重要

续表

序号	专利类型	专利名称	申请号	标准申请人	被引频次	同族专利	权利要求	转移许可	剩余保护期	评估等级
56	实用新型	电子烟用雾化器及电子烟	CN201320815564.1	深圳市合元科技有限公司	12	4	10	无	6年	重要
57	实用新型	雾化器及电子烟	CN201420314834.5	深圳市合元科技有限公司	1	5	10	无	6年6个月	重要
58	发明专利	设置有开关式雾化液容器的电子雾化装置及电子模拟香烟	CN201410573969.8	深圳市劲嘉科技有限公司	1	2	8	无	16年10个月	重要
59	发明专利	按压式雾化器	CN201310223284.6	深圳市康尔科技有限公司	2	2	10	无	15年6个月	重要
60	发明专利	电子烟的开关机构	CN201410415241.2	深圳市康尔科技有限公司	1	2	9	无	16年8个月	重要
61	实用新型	无棉电子烟的雾化器	CN201220257648.3	深圳市康泓威科技有限公司	10	8	8	无	4年6个月	重要
62	实用新型	烟液可控式电子香烟	CN201120089669.4	深圳市康泰尔电子有限公司	21	1	7	转移	3年3个月	重要
63	发明专利	烟碱气吸引烟斗	CN200810190623.4	滝口登士文	0	3	3	无	11年	重要
64	实用新型	一种雾化器结构及包括该雾化器结构的电子烟装置	CN201120073311.2	万利龙	12	1	10	转移	3年3个月	重要
65	发明专利	电子烟	CN201080003430.9	微创高科有限公司	8	15	6|11	转移许可	12年6个月	重要
66	发明专利	电子烟	CN201210118301.5	卓智微电子有限公司	0	15	13	转移	12年6个月	重要
67	发明专利	一种电子烟装置及一种电子烟的气流流量和流向检测器	CN201210118451.6	卓智微电子有限公司	0	15	10	转移	12年6个月	重要
68	发明专利	吸烟设备、充电装置及使用该吸烟设备的方法	CN200880015681.1	无烟技术公司	4	18	22	无	10年5个月	重要
69	发明专利	一种新型的电子烟控制芯片	CN201310186137.6	西安拓尔微电子有限责任公司	1	2	3	无	15年5个月	重要
70	实用新型	一种电子烟	CN201320571785.9	向智勇	7	3	10	转移	5年9个月	重要
71	发明专利	一种电子模拟香烟及其雾化液	CN200810090523.4	修运强	32	3	10	转移许可	10年3个月	重要
72	发明专利	螺旋驱动的滑动刺入式电子烟具	CN201310278756.8	修运强	4	2	8	转移	15年7个月	重要

续表

序号	专利类型	专利名称	申请号	标准申请人	被引频次	同族专利	权利要求	转移许可	剩余保护期	评估等级
73	发明专利	一种组合式多功能电子模拟香烟	CN201010153118.X	修运强	6	16	9	转移	12 年 4 个月	重要
74	发明专利	一次性电子烟保鲜烟弹及雾化器组合体	CN201110363412.8	修运强	11	2	6	转移	13 年 11 个月	重要
75	发明专利	一种寿命延长的快速戒烟雾化烟	CN201210018736.2	易侧位	5	2	5	无	14 年 1 个月	重要
76	发明专利	具有纳米尺度超精细空间加热雾化功能的电子烟	CN200710121524.6	中国科学院理化技术研究所	49	2	6	无	9 年 9 个月	重要
77	发明专利	电子烟雾化器	CN201310389321.0	卓尔悦(常州)电子科技有限公司	12	2	10	转移	15 年 8 个月	重要

7.1.3 口含烟重要专利评估

对口含烟专利的重要程度进行评估。评估为非常重要的专利有 0 件，重要的专利 18 件。国内烟草行业评估为重要的口含烟专利有 7 件，其中：郑州烟草研究院申请 6 件；湖南中烟申请 1 件。评估结果见表 7.4。

表 7.4　评估为“非常重要”或“重要”的口含烟专利

序号	专利类型	专利名称	申请号	标准申请人	被引频次	同族专利	权利要求	转移许可	剩余保护期	评估等级
1	发明专利	袋装口含晾晒烟烟草制品及其制备方法	CN200810049349.9	郑州烟草研究院	8	2	8	无	10 年 3 个月	重要
2	发明专利	袋装口含型烟草制品	CN200810049346.5	郑州烟草研究院	2	2	7	无	10 年 3 个月	重要
3	发明专利	袋装口含烟草制品及其制备方法	CN200810049347.X	郑州烟草研究院	27	2	10	无	10 年 3 个月	重要
4	发明专利	用于袋装口含型无烟气烟草制品制备的生产线	CN201110306519.9	郑州烟草研究院	0	1	5	无	13 年 10 个月	重要
5	发明专利	烟碱缓释型口含烟草片	CN200810049348.4	郑州烟草研究院	13	2	9	无	10 年 3 个月	重要
6	发明专利	含有烟草成分的爽口片	CN201010192124.6	郑州烟草研究院	0	1	6	无	12 年 6 个月	重要
7	发明专利	一种烟草提取物微胶囊及其制备方法	CN201210467852.2	湖南中烟	0	1	4	无	14 年 11 个月	重要
8	发明专利	释放烟草生物碱的口香糖	CN200580021628.9	费尔廷制药公司	4	17	62	无	7 年 6 个月	重要
9	发明专利	袋装烟草产品	CN200680014395.4	菲利普·莫里斯公司	5	36	29	无	8 年 4 个月	重要

续表

序号	专利类型	专利名称	申请号	标准申请人	被引频次	同族专利	权利要求	转移许可	剩余保护期	评估等级
10	发明专利	无烟烟草组合物和处理用于其中的烟草的方法	CN201210552737.5	R.J.雷诺兹烟草公司	0	1	1	无	10年7个月	重要
11	发明专利	无烟烟草组合物	CN200880100282.5	R.J.雷诺兹烟草公司	0	1	8	无	10年7个月	重要
12	发明专利	无烟烟草产品和方法	CN201180051327.6	R.J.雷诺兹烟草公司	0	1	7	无	13年10个月	重要
13	发明专利	无烟烟草组合物	CN200680035074.2	R.J.雷诺兹烟草公司	16	10	41	无	8年9个月	重要
14	发明专利	无烟烟草	CN200780028625.7	R.J.雷诺兹烟草公司	4	19	44	无	9年7个月	重要
15	发明专利	烟草颗粒和生产烟草颗粒的方法	CN200980156952.X	美国无烟烟草有限责任公司	0	1	3	无	12年	重要
16	发明专利	烟草组合物	CN200680027394.3	美国无烟烟草有限责任公司	12	17	20	无	8年5个月	重要
17	发明专利	口腔用产品	CN201210167332.X	奥驰亚客户服务公司	0	1	3	无	14年5个月	重要
18	发明专利	无烟的烟草产品	CN201080029481.9	菲利普·莫里斯公司	0	1	4	无	12年6个月	重要

7.2 新型烟草制品专利产业化前景评估

根据新型烟草制品专利采用的技术对其产业化前景进行评估，确定是否可以实施应用。在评估产业化前景时，将“产业化前景”划分为A、B、C三个等级，即：A= 很好；B= 较好；C= 一般。当评估的产业化前景高于或低于同级别的平均水平时，“产业化前景”可采用“+”“−”表示其差异，如“B+，B，B−”等。各等级的得分详见表7.5。

表7.5 “产业化前景”级别

描述	很好			较好			一般		
符号	A+	A	A−	B+	B	B−	C+	C	C−
得分	1	2	3	4	5	6	7	8	9

注：填写“新型烟草制品有效授权专利评估评价（评估用表）”时，“重要程度”一栏仅填写数字。

评估人员为来自广东中烟、河南中烟、湖北中烟、湖南中烟、上烟集团、云南中烟、郑州烟草研究院从事新型烟草研发的专业技术人员，如果七家企业评估人员都做出同样的评估等级，则该专利产业化前景评估为该等级，如果七家企业评估人员的评估结果不一致，则计算加权得分来确定该专利的评估等级。

$$s_1 = s_{广东中烟}, s_2 = s_{河南中烟}, s_3 = s_{湖北中烟}, s_4 = s_{湖南中烟}, s_5 = s_{上烟集团}, s_6 = s_{云南中烟}, s_7 = s_{郑州院}$$

$$S = \sum_{i=1}^{7} s_i / 7$$

式中：S——专利的产业化前景加权得分值。如果得分在[1,3]之间，则判断为前景很好；如果得分在(3,6]

之间，则判断为前景较好；如果得分在(6,9]之间，则判断为前景一般。

7.2.1　新型卷烟专利产业化前景评估

针对新型卷烟专利的产业化前景进行评估，评估为很好的专利有 11 件，评估为较好的专利有 55 件。国内烟草行业企业申请的新型卷烟专利产业化前景评估为较好的有 24 件，分别是川渝中烟 2 件、安徽中烟 1 件、湖北中烟 12 件、上海烟草集团 3 件、云南中烟 3 件、浙江中烟 1 件、郑州烟草研究院 2 件。评估结果见表 7.6。

表 7.6　产业化前景评估为“很好”或“较好”的新型卷烟专利

序号	专利类型	专利名称	申请号	标准申请人	被引频次	同族专利	权利要求	转移许可	剩余保护期	评估等级
1	发明专利	用于控制电气烟雾生成系统中烟气成分的形成的方法	CN201210007866.6	菲利普·莫里斯公司	0	40	14	无	11 年 3 个月	很好
2	发明专利	电加热烟雾产生系统和方法	CN200980108948.6	菲利普·莫里斯公司	5	24	12	无	11 年 3 个月	很好
3	发明专利	用于控制电气烟雾生成系统中烟气成分的形成的方法	CN200980110074.8	菲利普·莫里斯公司	15	40	6	无	11 年 3 个月	很好
4	发明专利	流量传感器系统	CN200980126289.9	菲利普·莫里斯公司	3	29	14	无	11 年 5 个月	很好
5	发明专利	具有改进的加热器的电加热的发烟系统	CN201080048977.0	菲利普·莫里斯公司	2	26	15	无	12 年 10 个月	很好
6	发明专利	电加热的发烟系统	CN201080021944.7	菲利普·莫里斯公司	4	25	15	无	12 年 5 个月	很好
7	发明专利	包括至少两个单元的电加热的发烟系统	CN201180062601.X	菲利普·莫里斯公司	1	25	15	无	13 年 11 个月	很好
8	发明专利	用于便携式气雾产生装置的电源系统	CN201280069189.9	菲利普·莫里斯公司	0	25	19	无	15 年	很好
9	发明专利	含控释香料的电加热的香烟	CN200380102439.5	菲利普·莫里斯公司	6	30	37	无	5 年 10 个月	很好
10	发明专利	带有烟雾检测用内置总管装置的电热吸烟系统	CN200910168035.5	菲利普·莫里斯公司	2	39	6	无	5 年 11 个月	很好
11	发明专利	带有烟雾检测用内置总管装置的电热吸烟系统	CN200380104509.0	菲利普·莫里斯公司	0	39	22	无	5 年 11 个月	很好
12	实用新型	一种细支型碳加热低温卷烟	CN201520729467.X	安徽中烟	0	3	9	无	7 年 9 个月	较好
13	发明专利	一种用食用菌原料制作类烟丝物的电加热方法	CN201410149228.7	川渝中烟	0	2	10	无	16 年 4 个月	较好

续表

序号	专利类型	专利名称	申请号	标准申请人	被引频次	同族专利	权利要求	转移许可	剩余保护期	评估等级
14	发明专利	一种针式电加热卷烟系统	CN201310633029.9	川渝中烟	3	2	8	无	15年11个月	较好
15	发明专利	点火器启动系统	CN198880010390.9	菲利普·莫里斯公司	12	16	20	无	10个月	较好
16	发明专利	用于电气加热吸烟系统中使用的包含识别的物品	CN200980152284.3	菲利普·莫里斯公司	8	33	22	无	12年	较好
17	发明专利	用于生成浮质的系统的成形的加热器	CN201080063409.8	菲利普·莫里斯公司	0	27	14	无	13年	较好
18	发明专利	用于电加热的生成浮质的系统的细长的加热器	CN201080063406.4	菲利普·莫里斯公司	0	27	15	无	13年	较好
19	发明专利	超分子络合物香料固定和受控释放	CN201180015999.1	菲利普·莫里斯公司	0	23	15	无	13年3个月	较好
20	发明专利	电吸烟系统和方法	CN200380003933.6	菲利普·莫里斯公司	6	21	31	无	5年2个月	较好
21	发明专利	具有受控释放的调味剂的电加热香烟	CN200580036230.2	菲利普·莫里斯公司	29	23	45	无	7年11个月	较好
22	发明专利	电吸烟系统	CN200680036169.6	菲利普·莫里斯公司	13	26	20	无	8年10个月	较好
23	发明专利	无烟的香烟系统	CN200680036218.6	菲利普·莫里斯公司	17	25	14	无	8年9个月	较好
24	发明专利	用于香烟制品的生成气溶胶的基质	CN201180009907.9	菲利普·莫里斯公司	0	28	15	无	13年2个月	较好
25	发明专利	烟草基尼古丁气雾产生系统	CN201080012084.0	菲利普·莫里斯公司	1	26	23	无	12年3个月	较好
26	发明专利	基于蒸馏的发烟制品	CN200880102333.8	菲利普·莫里斯公司	17	36	10	无	10年8个月	较好
27	发明专利	用于组装用于吸烟制品的部件的设备及方法	CN200980153221.X	菲利普·莫里斯公司	3	22	17	无	12年	较好
28	发明专利	一种电干馏型烟草薄片的制备方法	CN201310123050.4	湖北中烟	4	2	10	无	15年4个月	较好
29	发明专利	电热气流式吸烟系统	CN201310123081.X	湖北中烟	10	2	8	无	15年4个月	较好
30	发明专利	烟斗式电吸烟系统	CN201310131506.1	湖北中烟	1	2	10	无	15年4个月	较好
31	发明专利	电能加热吸烟系统	CN201310388837.3	湖北中烟	3	2	8	无	15年8个月	较好

续表

序号	专利类型	专利名称	申请号	标准申请人	被引频次	同族专利	权利要求	转移许可	剩余保护期	评估等级
32	实用新型	电加热式卷烟	CN201220340485.5	湖北中烟	21	1	7	无	4 年 7 个月	较好
33	发明专利	利用钙盐制备烟用丝状碳质热源材料的方法	CN201310145445.4	湖北中烟	1	2	9	无	15 年 4 个月	较好
34	发明专利	利用酸制备烟用片状碳质热源材料的方法	CN201310145457.7	湖北中烟	1	2	10	无	15 年 4 个月	较好
35	发明专利	利用酸制备烟用丝状碳质热源材料的方法	CN201310144798.2	湖北中烟	1	2	9	无	15 年 4 个月	较好
36	发明专利	利用乙醇制备烟用丝状碳质热源材料的方法	CN201310145816.9	湖北中烟	1	3	8	无	15 年 4 个月	较好
37	发明专利	一种干馏型卷烟	CN201310144843.4	湖北中烟	1	2	9	无	15 年 4 个月	较好
38	发明专利	利用钙盐制备烟用片状碳质热源材料的方法	CN201310144942.2	湖北中烟	3	2	10	无	15 年 4 个月	较好
39	发明专利	利用乙醇制备烟用片状碳质热源材料的方法	CN201310145443.5	湖北中烟	1	2	9	无	15 年 4 个月	较好
40	发明专利	含有烟草的吸烟物品	CN200780045783.3	R.J.雷诺兹烟草公司	40	8	28	无	9 年 10 个月	较好
41	发明专利	带绝热垫的分段吸烟制品	CN201080038270.1	R.J.雷诺兹烟草公司	2	8	25	无	12 年 8 个月	较好
42	发明专利	分段式抽吸制品	CN201180031721.3	R.J.雷诺兹烟草公司	4	12	60	无	13 年 4 个月	较好
43	发明专利	一种电子烤烟	CN201110193269.2	刘秋明	13	2	10	转移	13 年 7 个月	较好
44	实用新型	一种电子吸烟装置	CN201220513006.5	刘水根	12	1	10	无	4 年 9 个月	较好
45	发明专利	物质雾化的方法和系统	CN200680026317.6	普洛姆公司	3	40	32	转移	8 年 7 个月	较好
46	发明专利	一种低温加热型电子烟加热器	CN201410369913.0	普维思信(北京)科技有限公司;钟杨杨;金治国	0	2	10	无	16 年 7 个月	较好
47	发明专利	非燃烧型吸烟物品用碳质热源组合物	CN200580046024.X	日本烟草公司	1	16	5	无	8 年	较好
48	发明专利	非燃烧型吸烟物品用碳质热源组成物和非燃烧型吸烟物品	CN200780013028.7	日本烟草公司	9	16	8	无	9 年 4 个月	较好

续表

序号	专利类型	专利名称	申请号	标准申请人	被引频次	同族专利	权利要求	转移许可	剩余保护期	评估等级
49	发明专利	无烟的香味抽吸器	CN201180037410.8	日本烟草公司	1	10	5	无	13年7个月	较好
50	发明专利	烟制品	CN200280026243.8	日本烟草公司	9	17	11	无	5年	较好
51	发明专利	用于制造热源棒的制造机器及其制造方法	CN200580036614.4	日本烟草公司	0	14	8	无	7年10个月	较好
52	发明专利	烟支加热装置及其所用烟支	CN201310145630.3	上海烟草集团	2	2	10	无	15年4个月	较好
53	发明专利	加热不燃烧的香烟装置	CN201310111258.4	上海烟草集团	9	2	10	无	15年4个月	较好
54	发明专利	用于加热不燃烧装置的烟草制品及其制备方法	CN201310111651.3	上海烟草集团	4	2	8	无	15年4个月	较好
55	实用新型	烘焙型烟雾发生装置及烟雾吸入装置	CN201420049360.6	深圳市合元科技有限公司	0	3	10	无	6年1个月	较好
56	实用新型	一种电子吸烟装置	CN201220509870.8	吴昌明	11	1	9	无	4年9个月	较好
57	发明专利	绝热构件	CN201280029785.4	英美烟草公司	1	13	26	无	14年8个月	较好
58	发明专利	对抽吸流量图的控制	CN201080046636.X	英美烟草公司	0	25	12	无	12年10个月	较好
59	发明专利	挥发装置	CN200780028999.9	英美烟草公司	8	23	26	无	9年8个月	较好
60	发明专利	一种非燃烧无烟雾电子烟	CN201310453760.3	云南昆船数码科技有限公司	10	2	14	无	15年9个月	较好
61	发明专利	一种用于无燃烧卷烟的中温烟草材料的制备方法	CN201310195250.0	红云红河烟草公司	6	2	2	无	15年5个月	较好
62	发明专利	一种加热非燃烧型卷烟烟块的制备方法	CN201410030011.4	红云红河烟草公司	3	2	5	无	16年1个月	较好
63	发明专利	一种套筒式低危害卷烟及其制备方法	CN201310518553.1	云南中烟	0	2	4	无	15年10个月	较好
64	发明专利	一种分段式加热非燃烧吸烟装置	CN201310636397.9	浙江中烟	5	2	14	无	15年11个月	较好
65	发明专利	一种基于微波加热的非燃烧型烟草抽吸装置	CN201310298920.1	郑州烟草研究院	4	2	6	无	15年7个月	较好
66	实用新型	一种用于加热不燃烧卷烟外部加热的电热陶瓷加热装置	CN201520532205.4	郑州烟草研究院	0	4	15	无	7年7个月	较好

7.2.2　电子烟专利产业化前景评估

针对电子烟专利的产业化前景进行评估，评估为很好的专利有 1 件，评估为较好的专利有 80 件。国内烟草行业的湖北中烟有 2 件电子烟专利产业化前景评估为较好。评估结果见表 7.7。

表 7.7　产业化前景评估为“很好”或“较好”的电子烟专利

序号	专利类型	专利名称	申请号	标准申请人	被引频次	同族专利	权利要求	转移许可	剩余保护期	评估等级
1	实用新型	一种改进的雾化电子烟	CN200920001296.3	韩力	44	39	12	无	1 年 2 个月	很好
2	实用新型	一种固液复合型电子烟	CN201120153889.9	湖北中烟	10	1	5	无	3 年 5 个月	较好
3	发明专利	新型双层加热式卷烟	CN201310124288.9	湖北中烟	3	2	7	无	15 年 4 个月	较好
4	发明专利	一种电子烟软嘴雾化器	CN201310614903.4	香港迈安迪科技有限公司	1	2	4	转移	15 年 11 个月	较好
5	发明专利	一种非可燃性电子雾化香烟	CN200310011173.5	韩力	32	9	10	无	5 年 3 个月	较好
6	发明专利	雾化电子烟	CN200580011022.7	韩力	7	35	空	无	7 年 3 个月	较好
7	发明专利	电子烟芯片及电子烟	CN201210275409.5	胡朝群	5	2	10	无	14 年 8 个月	较好
8	发明专利	电子烟及制造方法、吸嘴贮液结构、雾化头组件、电池结构	CN201310588615.6	林光榕	9	2	15	转移	15 年 11 个月	较好
9	发明专利	无棉电子烟的雾化装置	CN201310640599.0	林光榕	5	5	6	转移	16 年	较好
10	发明专利	方便注液的电子烟及制造方法和注液方法	CN201410017542.X	林光榕	4	5	7	无	16 年 1 个月	较好
11	发明专利	一种电子烟雾化装置	CN201080005443.X	惠州市吉瑞科技有限公司深圳分公司	1	5	空	转移	12 年 4 个月	较好
12	发明专利	一体式电子香烟	CN201110219735.X	刘翔	8	2	10	转移	13 年 8 个月	较好
13	发明专利	面加热式雾化器及带有该雾化器的电子烟	CN201310262004.2	刘翔	14	3	10	转移	15 年 6 个月	较好
14	发明专利	用于使烟草加热后烟气雾化的调和添加剂及其使用方法和烟草组合物	CN201210267881.4	龙功运	9	2	10	转移	14 年 7 个月	较好
15	发明专利	烟碱气吸引烟斗	CN200810190623.4	滝口登士文	0	3	3	无	11 年	较好

续表

序号	专利类型	专利名称	申请号	标准申请人	被引频次	同族专利	权利要求	转移许可	剩余保护期	评估等级
16	发明专利	一种电子模拟香烟及其雾化液	CN200810090523.4	修运强	32	3	10	转移并许可	10年3个月	较好
17	发明专利	螺旋驱动的滑动刺入式电子烟具	CN201310278756.8	修运强	4	2	8	转移	15年7个月	较好
18	发明专利	一种寿命延长的快速戒烟雾化烟	CN201210018736.2	易侧位	5	2	5	无	14年1个月	较好
19	发明专利	电子烟用电子雾化器	CN200810056270.9	北京格林世界科技发展有限公司	5	2	8	无	10年1个月	较好
20	发明专利	高仿真电子烟	CN200910080147.5	北京格林世界科技发展有限公司	35	8	11	无	11年3个月	较好
21	发明专利	一种设置有雾化液密封腔的电子模拟香烟及医疗雾化器	CN201410070716.9	深圳劲嘉彩印集团股份有限公司	2	2	10	转移	16年2个月	较好
22	发明专利	一种电子模拟香烟及其使用方法	CN201410338078.4	深圳劲嘉彩印集团股份有限公司	0	2	8	无	16年7个月	较好
23	发明专利	电子烟用雾化装置、雾化器及电子烟	CN201210408618.2	深圳市合元科技有限公司	29	6	13	无	14年10个月	较好
24	发明专利	电子烟用雾化器及电子烟	CN201210458765.0	深圳市合元科技有限公司	21	4	11	无	14年11个月	较好
25	发明专利	电子烟雾化装置、电池装置和电子香烟	CN201310480893.X	深圳市合元科技有限公司	5	4	10	无	15年10个月	较好
26	发明专利	一种多功能电子烟	CN201310017628.8	深圳市合元科技有限公司	7	2	10	无	15年1个月	较好
27	发明专利	电子烟雾化器及电子烟	CN201310167404.5	深圳市合元科技有限公司	11	7	15	无	15年5个月	较好
28	发明专利	设置有开关式雾化液容器的电子雾化装置及电子模拟香烟	CN201410573969.8	深圳市劲嘉科技有限公司	1	2	8	无	16年10个月	较好
29	发明专利	按压式雾化器	CN201310223284.6	深圳市康尔科技有限公司	2	2	10	无	15年6个月	较好
30	发明专利	电子烟的开关机构	CN201410415241.2	深圳市康尔科技有限公司	1	2	9	无	16年8个月	较好
31	发明专利	电子烟	CN201080003430.9	微创高科有限公司	8	15	6|11	转移并许可	12年6个月	较好

续表

序号	专利类型	专利名称	申请号	标准申请人	被引频次	同族专利	权利要求	转移许可	剩余保护期	评估等级
32	发明专利	电子烟	CN201210118301.5	卓智微电子有限公司	0	15	13	转移	12 年 6 个月	较好
33	发明专利	一种电子烟装置及一种电子烟的气流流量和流向检测器	CN201210118451.6	卓智微电子有限公司	0	15	10	转移	12 年 6 个月	较好
34	发明专利	一种新型的电子烟控制芯片	CN201310186137.6	西安拓尔微电子有限责任公司	1	2	3	无	15 年 5 个月	较好
35	发明专利	电子烟雾化器	CN201310389321.0	卓尔悦(常州)电子科技有限公司	12	2	10	转移	15 年 8 个月	较好
36	发明专利	用于电加热气溶胶产生系统的改进的加热器	CN201080063251.4	菲利普・莫里斯公司	0	24	15	无	13 年	较好
37	发明专利	具有改进的加热器控制的电加热气溶胶生成系统	CN201180058107.6	菲利普・莫里斯公司	5	26	15	无	14 年	较好
38	发明专利	带有使可消耗部分停止运行的装置的烟雾生成系统	CN201180066537.2	菲利普・莫里斯公司	0	26	14	无	14 年	较好
39	实用新型	一种电子烟雾化器和电子烟	CN201020296330.7	陈珍来	28	1	10	转移	2 年 8 个月	较好
40	实用新型	电子雾化吸入器的吸嘴	CN201020154116.8	陈志平	16	1	16	转移	2 年 4 个月	较好
41	实用新型	一种可调气流的电子烟雾化器	CN201320519769.5	高珍	11	1	2	无	5 年 8 个月	较好
42	实用新型	电子香烟的供电装置	CN201020220247.1	李永海;徐中立	18	4	5	转移	2 年 6 个月	较好
43	实用新型	电子香烟的烟液雾化装置	CN201020220249.0	李永海;徐中立	35	4	5	转移	2 年 6 个月	较好
44	实用新型	一种电子香烟的烟液雾化装置	CN201120329986.9	李永海;徐中立	20	1	8	转移	3 年 9 个月	较好
45	实用新型	一次性电子香烟	CN201120329988.8	李永海;徐中立	33	7	4	转移	3 年 9 个月	较好
46	实用新型	一种电子香烟	CN201120174181.1	李永海;徐中立	10	1	5	转移	3 年 5 个月	较好
47	实用新型	一种无棉电子烟的储液装置	CN201320785583.4	林光榕	2	4	6	无	6 年	较好
48	实用新型	一种电子烟、电子烟烟弹及其雾化装置	CN201020615194.3	刘秋明	24	1	10	转移	2 年 11 个月	较好

续表

序号	专利类型	专利名称	申请号	标准申请人	被引频次	同族专利	权利要求	转移许可	剩余保护期	评估等级
49	实用新型	电子烟及其雾化装置	CN201220596899.4	刘秋明	15	1	9	转移	4年11个月	较好
50	实用新型	电子烟吸嘴	CN201120552501.2	刘秋明	10	1	10	转移	4年	较好
51	实用新型	带连接器的磁力连接电子烟	CN201220663390.7	刘秋明	10	1	10	转移	5年	较好
52	实用新型	固态烟油电子烟	CN201120569569.1	刘秋明	13	1	10	转移	4年	较好
53	实用新型	一种雾化器结构及包括该雾化器结构的电子烟装置	CN201120073311.2	万利龙	12	1	10	转移	3年3个月	较好
54	实用新型	一种雾化组件及电子烟	CN201520547470.X	惠州市吉瑞科技有限公司深圳分公司	0	3	10	无	7年7个月	较好
55	实用新型	雾化芯及电子吸烟装置	CN201420425838.0	深圳市合元科技有限公司	0	3	13	无	6年7个月	较好
56	实用新型	雾化装置及电子烟	CN201420381903.4	深圳市合元科技有限公司	0	3	10	无	6年7个月	较好
57	实用新型	电子烟用雾化器及电子烟	CN201320057394.5	深圳市合元科技有限公司	14	3	13	无	5年1个月	较好
58	发明专利	电子香烟	CN201180047517.0	申宗秀	2	9	17	无	13年9个月	较好
59	发明专利	电子香烟盒	CN200810093803.0	北京格林世界科技发展有限公司	6	2	10	无	10年4个月	较好
60	发明专利	电子烟盒	CN201210367495.2	深圳市合元科技有限公司	5	2	9	无	14年9个月	较好
61	发明专利	电子烟供电装置及供电方法	CN201310177222.6	深圳市合元科技有限公司	3	2	8	无	15年5个月	较好
62	发明专利	防漏雾化器	CN201310223283.1	深圳市康尔科技有限公司	10	4	10	无	15年6个月	较好
63	发明专利	电子香烟	CN201110075226.4	深圳市康泰尔电子有限公司	43	6	10	转移并许可	13年3个月	较好
64	发明专利	电子烟	CN201310459597.1	深圳麦克韦尔股份有限公司	0	4	9	无	15年9个月	较好
65	发明专利	电子烟及其雾化组件	CN201410439108.0	深圳麦克韦尔股份有限公司	4	2	10	无	16年8个月	较好

续表

序号	专利类型	专利名称	申请号	标准申请人	被引频次	同族专利	权利要求	转移许可	剩余保护期	评估等级
66	发明专利	纤体功能型电子烟烟液	CN201010254798.4	深圳市如烟生物科技有限公司	5	2	2	无	12 年 8 个月	较好
67	发明专利	一种带锁定功能的电子烟控制芯片	CN201310186125.3	西安拓尔微电子有限责任公司	0	2	4	无	15 年 5 个月	较好
68	发明专利	一种用于电子烟的高倍率聚合物锂离子电池	CN201310698414.1	珠海汉格能源科技有限公司	1	2	5	无	16 年	较好
69	发明专利	电子烟的智能控制器及方法	CN201210455135.8	卓尔悦(常州)电子科技有限公司	18	5	20	无	14 年 11 个月	较好
70	实用新型	电子烟控制芯片及电子烟	CN201120413721.7	胡朝群	10	1	10	无	3 年 10 个月	较好
71	实用新型	可感应充电电子烟盒	CN200920131310.1	华健	16	1	7	转移	1 年 4 个月	较好
72	实用新型	一种电子烟电池	CN201420298128.6	黄金珍	0	3	9	无	6 年 6 个月	较好
73	实用新型	一种电子烟雾化开关装置	CN201090000671.3	刘秋明	0	3	25|8	转移	2 年 4 个月	较好
74	实用新型	电子烟	CN201320377754.X	刘秋明	21	1	12	转移	5 年 6 个月	较好
75	实用新型	电子烟	CN201320067711.1	刘秋明	4	19	10	转移	5 年 2 个月	较好
76	实用新型	有机棉质电子烟	CN201320059933.9	刘秋明	8	6	10	转移	5 年 2 个月	较好
77	实用新型	电子香烟雾化器及电子香烟	CN201020612658.5	龙功运	17	1	10	转移	2 年 11 个月	较好
78	实用新型	电子烟用雾化器及电子烟	CN201320883181.8	深圳市合元科技有限公司	3	3	10	无	6 年	较好
79	实用新型	烟碱液雾化器及包括该烟碱液雾化器的吸烟装置	CN201420619030.6	深圳市合元科技有限公司	0	3	10	无	6 年 10 个月	较好
80	实用新型	可更换的雾化单元和包括该雾化单元的雾化器及电子烟	CN201520003150.8	深圳市合元科技有限公司	0	3	17	无	7 年 1 个月	较好
81	实用新型	电子烟	CN201390000297.0	吉瑞高新科技股份有限公司	0	3	10	无	5 年 3 个月	较好

7.2.3　口含烟专利产业化前景评估

针对口含烟专利的产业化前景进行评估，评估为很好的专利有 0 件，评估为较好的专利有 21 件。国内烟草行业企业申请的口含烟专利产业化前景评估为较好的有 9 件，分别是：郑州烟草研究院 6 件，湖南中烟

2件,湖北中烟1件。评估结果见表7.8。

表7.8 产业化前景评估为"很好"或"较好"的口含烟专利

序号	专利类型	专利名称	申请号	标准申请人	被引频次	同族专利	权利要求	转移许可	剩余保护期	评估等级
1	发明专利	袋装口含晾晒烟烟草制品及其制备方法	CN200810049349.9	郑州烟草研究院	8	2	8	无	10年3个月	较好
2	发明专利	袋装口含型烟草制品	CN200810049346.5	郑州烟草研究院	2	2	7	无	10年3个月	较好
3	发明专利	袋装口含烟草制品及其制备方法	CN200810049347.X	郑州烟草研究院	27	2	10	无	10年3个月	较好
4	发明专利	用于袋装口含型无烟气烟草制品制备的生产线	CN201110306519.9	郑州烟草研究院	0	1	5	无	13年10个月	较好
5	发明专利	含有烟草成分的硬质糖	CN200810049285.2	郑州烟草研究院	15	2	10	无	10年2个月	较好
6	发明专利	烟碱缓释型口含烟草片	CN200810049348.4	郑州烟草研究院	13	2	9	无	10年3个月	较好
7	发明专利	一种烟草提取物微胶囊及其制备方法	CN201210467852.2	湖南中烟	0	1	4	无	14年11个月	较好
8	发明专利	一种口含型无烟气烟草制品	CN201210468111.6	湖南中烟	0	1	10	无	14年11个月	较好
9	发明专利	一种新型口含烟的制备方法	CN201210223535.6	湖北中烟	0	1	10	无	14年7个月	较好
10	发明专利	一种可食用烟及其制备方法	CN201210380185.4	方力	0	1	3	转移	14年10个月	较好
11	发明专利	一种膜状口含烟的制备方法	CN201110456202.3	华宝食用香精香料(上海)有限公司	0	1	3	无	14年	较好
12	发明专利	释放烟草生物碱的口香糖	CN200580021628.9	费尔廷制药公司	4	17	62	无	7年6个月	较好
13	发明专利	用于制造含有烟草混合物的小包的机器	CN200880111292.9	建筑自动机械制造A.C.M.A.股份公司	0	1	5	无	10年10个月	较好
14	发明专利	袋装烟草产品	CN200680014395.4	菲利普·莫里斯公司	5	36	29	无	8年4个月	较好
15	发明专利	无烟烟草组合物和处理用于其中的烟草的方法	CN201210552737.5	R.J.雷诺兹烟草公司	0	1	1	无	10年7个月	较好
16	发明专利	无烟烟草组合物	CN200880100282.5	R.J.雷诺兹烟草公司	0	1	8	无	10年7个月	较好
17	发明专利	无烟烟草产品和方法	CN201180051327.6	R.J.雷诺兹烟草公司	0	1	7	无	13年10个月	较好

续表

序号	专利类型	专利名称	申请号	标准申请人	被引频次	同族专利	权利要求	转移许可	剩余保护期	评估等级
18	发明专利	无烟烟草组合物	CN200680035074.2	R.J.雷诺兹烟草公司	16	10	41	无	8年9个月	较好
19	发明专利	无烟烟草	CN200780028625.7	R.J.雷诺兹烟草公司	4	19	44	无	9年7个月	较好
20	发明专利	烟草颗粒和生产烟草颗粒的方法	CN200980156952.X	美国无烟烟草有限责任公司	0	1	3	无	12年	较好
21	发明专利	烟草组合物	CN200680027394.3	美国无烟烟草有限责任公司	12	17	20	无	8年5个月	较好

7.3 新型烟草制品专利的重要程度和产业化前景综合评估

对新型烟草制品专利技术的重要程度和产业化前景进行综合评估，结果如下。

7.3.1 新型卷烟专利综合评估

对新型卷烟专利做关于重要程度和产业化前景两方面的综合评估，评估为非常重要且产业化前景很好的专利有8件，评估为重要且产业化前景很好的专利有3件，评估为重要且产业化前景较好的专利有44件。国内烟草行业的湖北中烟有12件专利评估为重要且产业化前景较好，上海烟草集团有3件专利评估为重要且产业化前景较好，郑州烟草研究院有2件专利评估为重要且产业化前景较好，云南中烟、浙江中烟、安徽中烟、川渝中烟各有1件专利评估为重要且产业化前景较好。评估结果见表7.9。

表7.9　评估为重要且产业化前景较好以上的新型卷烟专利

序号	专利类型	专利名称	申请号	标准申请人	被引频次	同族专利	权利要求	转移许可	剩余保护期	评估等级
1	发明专利	用于控制电气烟雾生成系统中烟气成分的形成的方法	CN201210007866.6	菲利普·莫里斯公司	0	40	14	无	11年3个月	非常重要前景很好
2	发明专利	电加热烟雾产生系统和方法	CN200980108948.6	菲利普·莫里斯公司	5	24	12	无	11年3个月	非常重要前景很好
3	发明专利	用于控制电气烟雾生成系统中烟气成分的形成的方法	CN200980110074.8	菲利普·莫里斯公司	15	40	6	无	11年3个月	非常重要前景很好
4	发明专利	流量传感器系统	CN200980126289.9	菲利普·莫里斯公司	3	29	14	无	11年5个月	非常重要前景很好
5	发明专利	具有改进的加热器的电加热的发烟系统	CN201080048977.0	菲利普·莫里斯公司	2	26	15	无	12年10个月	非常重要前景很好
6	发明专利	电加热的发烟系统	CN201080021944.7	菲利普·莫里斯公司	4	25	15	无	12年5个月	非常重要前景很好

续表

序号	专利类型	专利名称	申请号	标准申请人	被引频次	同族专利	权利要求	转移许可	剩余保护期	评估等级
7	发明专利	包括至少两个单元的电加热的发烟系统	CN201180062601.X	菲利普·莫里斯公司	1	25	15	无	13年11个月	非常重要前景很好
8	发明专利	用于便携式气雾产生装置的电源系统	CN201280069189.9	菲利普·莫里斯公司	0	25	19	无	15年	非常重要前景很好
9	发明专利	含控释香料的电加热的香烟	CN200380102439.5	菲利普·莫里斯公司	6	30	37	无	5年10个月	重要前景很好
10	发明专利	带有烟雾检测用内置总管装置的电热吸烟系统	CN200910168035.5	菲利普·莫里斯公司	2	39	6	无	5年11个月	重要前景很好
11	发明专利	带有烟雾检测用内置总管装置的电热吸烟系统	CN200380104509.0	菲利普·莫里斯公司	0	39	22	无	5年11个月	重要前景很好
12	发明专利	点火器启动系统	CN198880010390.9	菲利普·莫里斯公司	12	16	20	无	10个月	重要前景较好
13	发明专利	用于电气加热吸烟系统中使用的包含识别的物品	CN200980152284.3	菲利普·莫里斯公司	8	33	22	无	12年	重要前景较好
14	发明专利	用于生成浮质的系统的成形的加热器	CN201080063409.8	菲利普·莫里斯公司	0	27	14	无	13年	重要前景较好
15	发明专利	用于电加热的生成浮质的系统的细长的加热器	CN201080063406.4	菲利普·莫里斯公司	0	27	15	无	13年	重要前景较好
16	发明专利	超分子络合物香料固定和受控释放	CN201180015999.1	菲利普·莫里斯公司	0	23	15	无	13年3个月	重要前景较好
17	发明专利	电吸烟系统和方法	CN200380003933.6	菲利普·莫里斯公司	6	21	31	无	5年2个月	重要前景较好
18	发明专利	具有受控释放的调味剂的电加热香烟	CN200580036230.2	菲利普·莫里斯公司	29	23	45	无	7年11个月	重要前景较好
19	发明专利	电吸烟系统	CN200680036169.6	菲利普·莫里斯公司	13	26	20	无	8年10个月	重要前景较好
20	发明专利	无烟的香烟系统	CN200680036218.6	菲利普·莫里斯公司	17	25	14	无	8年9个月	重要前景较好
21	发明专利	用于香烟制品的生成气溶胶的基质	CN201180009907.9	菲利普·莫里斯公司	0	28	15	无	13年2个月	重要前景较好
22	发明专利	烟草基尼古丁气雾产生系统	CN201080012084.0	菲利普·莫里斯公司	1	26	23	无	12年3个月	重要前景较好

续表

序号	专利类型	专利名称	申请号	标准申请人	被引频次	同族专利	权利要求	转移许可	剩余保护期	评估等级
23	发明专利	基于蒸馏的发烟制品	CN200880102333.8	菲利普·莫里斯公司	17	36	10	无	10 年 8 个月	重要前景较好
24	发明专利	用于组装用于吸烟制品的部件的设备及方法	CN200980153221.X	菲利普·莫里斯公司	3	22	17	无	12 年	重要前景较好
25	发明专利	一种电干馏型烟草薄片的制备方法	CN201310123050.4	湖北中烟	4	2	10	无	15 年 4 个月	重要前景较好
26	发明专利	电热气流式吸烟系统	CN201310123081.X	湖北中烟	10	2	8	无	15 年 4 个月	重要前景较好
27	发明专利	烟斗式电吸烟系统	CN201310131506.1	湖北中烟	1	2	10	无	15 年 4 个月	重要前景较好
28	发明专利	电能加热吸烟系统	CN201310388837.3	湖北中烟	3	2	8	无	15 年 8 个月	重要前景较好
29	实用新型	电加热式卷烟	CN201220340485.5	湖北中烟	21	1	7	无	4 年 7 个月	重要前景较好
30	发明专利	利用钙盐制备烟用丝状碳质热源材料的方法	CN201310145445.4	湖北中烟	1	2	9	无	15 年 4 个月	重要前景较好
31	发明专利	利用酸制备烟用片状碳质热源材料的方法	CN201310145457.7	湖北中烟	1	2	10	无	15 年 4 个月	重要前景较好
32	发明专利	利用酸制备烟用丝状碳质热源材料的方法	CN201310144798.2	湖北中烟	1	2	9	无	15 年 4 个月	重要前景较好
33	发明专利	利用乙醇制备烟用丝状碳质热源材料的方法	CN201310145816.9	湖北中烟	1	3	8	无	15 年 4 个月	重要前景较好
34	发明专利	一种干馏型卷烟	CN201310144843.4	湖北中烟	1	2	9	无	15 年 4 个月	重要前景较好
35	发明专利	利用钙盐制备烟用片状碳质热源材料的方法	CN201310144942.2	湖北中烟	3	2	10	无	15 年 4 个月	重要前景较好
36	发明专利	利用乙醇制备烟用片状碳质热源材料的方法	CN201310145443.5	湖北中烟	1	2	9	无	15 年 4 个月	重要前景较好
37	发明专利	烟支加热装置及其所用烟支	CN201310145630.3	上海烟草集团	2	2	10	无	15 年 4 个月	重要前景较好

续表

序号	专利类型	专利名称	申请号	标准申请人	被引频次	同族专利	权利要求	转移许可	剩余保护期	评估等级
38	发明专利	加热不燃烧的香烟装置	CN201310111258.4	上海烟草集团	9	2	10	无	15年4个月	重要前景较好
39	发明专利	用于加热不燃烧装置的烟草制品及其制备方法	CN201310111651.3	上海烟草集团	4	2	8	无	15年4个月	重要前景较好
40	发明专利	一种基于微波加热的非燃烧型烟草抽吸装置	CN201310298920.1	郑州烟草研究院	4	2	6	无	15年7个月	重要前景较好
41	实用新型	一种用于加热不燃烧卷烟外部加热的电热陶瓷加热装置	CN201520532205.4	郑州烟草研究院	0	4	15	无	7年7个月	重要前景较好
42	实用新型	一种细支型碳加热低温卷烟	CN201520729467.X	安徽中烟	0	3	9	无	7年9个月	重要前景较好
43	发明专利	一种针式电加热卷烟系统	CN201310633029.9	川渝中烟	3	2	8	无	15年11个月	重要前景较好
44	发明专利	一种套筒式低危害卷烟及其制备方法	CN201310518553.1	云南中烟	0	2	4	无	15年10个月	重要前景较好
45	发明专利	一种分段式加热非燃烧吸烟装置	CN201310636397.9	浙江中烟	5	2	14	无	15年11个月	重要前景较好
46	发明专利	含有烟草的吸烟物品	CN200780045783.3	R.J.雷诺兹烟草公司	40	8	28	无	9年10个月	重要前景较好
47	发明专利	带绝热垫的分段吸烟制品	CN201080038270.1	R.J.雷诺兹烟草公司	2	8	25	无	12年8个月	重要前景较好
48	发明专利	分段式抽吸制品	CN201180031721.3	R.J.雷诺兹烟草公司	4	12	60	无	13年4个月	重要前景较好
49	发明专利	一种电子烤烟	CN201110193269.2	刘秋明	13	2	10	转移	13年7个月	重要前景较好
50	发明专利	无烟的香味抽吸器	CN201180037410.8	日本烟草公司	1	10	5	无	13年7个月	重要前景较好
51	发明专利	烟制品	CN200280026243.8	日本烟草公司	9	17	11	无	5年	重要前景较好
52	发明专利	用于制造热源棒的制造机器及其制造方法	CN200580036614.4	日本烟草公司	0	14	8	无	7年10个月	重要前景较好
53	发明专利	绝热构件	CN201280029785.4	英美烟草公司	1	13	26	无	14年8个月	重要前景较好

续表

序号	专利类型	专利名称	申请号	标准申请人	被引频次	同族专利	权利要求	转移许可	剩余保护期	评估等级
54	发明专利	对抽吸流量图的控制	CN201080046636. X	英美烟草公司	0	25	12	无	12 年 10 个月	重要前景较好
55	发明专利	挥发装置	CN200780028999. 9	英美烟草公司	8	23	26	无	9 年 8 个月	重要前景较好

7.3.2　电子烟专利综合评估

对电子烟专利做关于重要程度和产业化前景两方面的综合评估，评估为非常重要且产业化前景很好的专利有 1 件，评估为重要且产业化前景较好的专利有 56 件。国内烟草行业的湖北中烟有 1 件电子烟专利评估为重要且产业化前景较好。评估结果见表 7.10。

表 7.10　评估为重要且产业化前景较好以上的电子烟专利

序号	专利类型	专利名称	申请号	标准申请人	被引频次	同族专利	权利要求	转移许可	剩余保护期	评估等级
1	实用新型	一种改进的雾化电子烟	CN200920001296. 3	韩力	44	39	12	无	1 年 2 个月	非常重要前景很好
2	发明专利	一种电子烟软嘴雾化器	CN201310614903. 4	香港迈安迪科技有限公司	1	2	4	转移	15 年 11 个月	重要前景较好
3	发明专利	一种非可燃性电子雾化香烟	CN200310011173. 5	韩力	32	9	10	无	5 年 3 个月	重要前景较好
4	发明专利	雾化电子烟	CN200580011022. 7	韩力	7	35	空	无	7 年 3 个月	重要前景较好
5	发明专利	电子烟芯片及电子烟	CN201210275409. 5	胡朝群	5	2	10	无	14 年 8 个月	重要前景较好
6	发明专利	电子烟及制造方法、吸嘴贮液结构、雾化头组件、电池结构	CN201310588615. 6	林光榕	9	2	15	转移	15 年 11 个月	重要前景较好
7	发明专利	无棉电子烟的雾化装置	CN201310640599. 0	林光榕	5	5	6	转移	16 年	重要前景较好
8	发明专利	方便注液的电子烟及制造方法和注液方法	CN201410017542. X	林光榕	4	5	7	无	16 年 1 个月	重要前景较好
9	发明专利	一种电子烟雾化装置	CN201080005443. X	惠州市吉瑞科技有限公司深圳分公司	1	5	空	转移	12 年 4 个月	重要前景较好
10	发明专利	一体式电子香烟	CN201110219735. X	刘翔	8	2	10	转移	13 年 8 个月	重要前景较好

续表

序号	专利类型	专利名称	申请号	标准申请人	被引频次	同族专利	权利要求	转移许可	剩余保护期	评估等级
11	发明专利	面加热式雾化器及带有该雾化器的电子烟	CN201310262004.2	刘翔	14	3	10	转移	15年6个月	重要前景较好
12	发明专利	用于使烟草加热后烟气雾化的调和添加剂及其使用方法和烟草组合物	CN201210267881.4	龙功运	9	2	10	转移	14年7个月	重要前景较好
13	发明专利	烟碱气吸引烟斗	CN200810190623.4	滝口登士文	0	3	3	无	11年	重要前景较好
14	发明专利	一种电子模拟香烟及其雾化液	CN200810090523.4	修运强	32	3	10	转移并许可	10年3个月	重要前景较好
15	发明专利	螺旋驱动的滑动刺入式电子烟具	CN201310278756.8	修运强	4	2	8	转移	15年7个月	重要前景较好
16	发明专利	一种寿命延长的快速戒烟雾化烟	CN201210018736.2	易侧位	5	2	5	无	14年1个月	重要前景较好
17	发明专利	电子烟用电子雾化器	CN200810056270.9	北京格林世界科技发展有限公司	5	2	8	无	10年1个月	重要前景较好
18	发明专利	高仿真电子烟	CN200910080147.5	北京格林世界科技发展有限公司	35	8	11	无	11年3个月	重要前景较好
19	发明专利	一种设置有雾化液密封腔的电子模拟香烟及医疗雾化器	CN201410070716.9	深圳劲嘉彩印集团股份有限公司	2	2	10	转移	16年2个月	重要前景较好
20	发明专利	一种电子模拟香烟及其使用方法	CN201410338078.4	深圳劲嘉彩印集团股份有限公司	0	2	8	无	16年7个月	重要前景较好
21	发明专利	电子烟用雾化装置、雾化器及电子烟	CN201210408618.2	深圳市合元科技有限公司	29	6	13	无	14年10个月	重要前景较好
22	发明专利	电子烟用雾化器及电子烟	CN201210458765.0	深圳市合元科技有限公司	21	4	11	无	14年11个月	重要前景较好
23	发明专利	电子烟雾化装置、电池装置和电子香烟	CN201310480893.X	深圳市合元科技有限公司	5	4	10	无	15年10个月	重要前景较好
24	发明专利	一种多功能电子烟	CN201310017628.8	深圳市合元科技有限公司	7	2	10	无	15年1个月	重要前景较好
25	发明专利	电子烟雾化器及电子烟	CN201310167404.5	深圳市合元科技有限公司	11	7	15	无	15年5个月	重要前景较好

续表

序号	专利类型	专利名称	申请号	标准申请人	被引频次	同族专利	权利要求	转移许可	剩余保护期	评估等级
26	发明专利	设置有开关式雾化液容器的电子雾化装置及电子模拟香烟	CN201410573969.8	深圳市劲嘉科技有限公司	1	2	8	无	16 年 10 个月	重要 前景较好
27	发明专利	按压式雾化器	CN201310223284.6	深圳市康尔科技有限公司	2	2	10	无	15 年 6 个月	重要 前景较好
28	发明专利	电子烟的开关机构	CN201410415241.2	深圳市康尔科技有限公司	1	2	9	无	16 年 8 个月	重要 前景较好
29	发明专利	电子烟	CN201080003430.9	微创高科有限公司	8	15	6|11	转移并许可	12 年 6 个月	重要 前景较好
30	发明专利	电子烟	CN201210118301.5	卓智微电子有限公司	0	15	13	转移	12 年 6 个月	重要 前景较好
31	发明专利	一种电子烟装置及一种电子烟的气流流量和流向检测器	CN201210118451.6	卓智微电子有限公司	0	15	10	转移	12 年 6 个月	重要 前景较好
32	发明专利	一种新型的电子烟控制芯片	CN201310186137.6	西安拓尔微电子有限责任公司	1	2	3	无	15 年 5 个月	重要 前景较好
33	发明专利	电子烟雾化器	CN201310389321.0	卓尔悦(常州)电子科技有限公司	12	2	10	转移	15 年 8 个月	重要 前景较好
34	发明专利	新型双层加热式卷烟	CN201310124288.9	湖北中烟	3	2	7	无	15 年 4 个月	重要 前景较好
35	发明专利	用于电加热气溶胶产生系统的改进的加热器	CN201080063251.4	菲利普·莫里斯公司	0	24	15	无	13 年	重要 前景较好
36	发明专利	具有改进的加热器控制的电加热气溶胶生成系统	CN201180058107.6	菲利普·莫里斯公司	5	26	15	无	14 年	重要 前景较好
37	发明专利	带有使可消耗部分停止运行的装置的烟雾生成系统	CN201180066537.2	菲利普·莫里斯公司	0	26	14	无	14 年	重要 前景较好
38	实用新型	一种电子烟雾化器和电子烟	CN201020296330.7	陈珍来	28	1	10	转移	2 年 8 个月	重要 前景较好
39	实用新型	电子雾化吸入器的吸嘴	CN201020154116.8	陈志平	16	1	16	转移	2 年 4 个月	重要 前景较好
40	实用新型	一种可调气流的电子烟雾化器	CN201320519769.5	高珍	11	1	2	无	5 年 8 个月	重要 前景较好

续表

序号	专利类型	专利名称	申请号	标准申请人	被引频次	同族专利	权利要求	转移许可	剩余保护期	评估等级
41	实用新型	电子香烟的供电装置	CN201020220247.1	李永海;徐中立	18	4	5	转移	2年6个月	重要前景较好
42	实用新型	电子香烟的烟液雾化装置	CN201020220249.0	李永海;徐中立	35	4	5	转移	2年6个月	重要前景较好
43	实用新型	一种电子香烟的烟液雾化装置	CN201120329986.9	李永海;徐中立	20	1	8	转移	3年9个月	重要前景较好
44	实用新型	一次性电子香烟	CN201120329988.8	李永海;徐中立	33	7	4	转移	3年9个月	重要前景较好
45	实用新型	一种电子香烟	CN201120174181.1	李永海;徐中立	10	1	5	转移	3年5个月	重要前景较好
46	实用新型	一种无棉电子烟的储液装置	CN201320785583.4	林光榕	2	4	6	无	6年	重要前景较好
47	实用新型	一种电子烟、电子烟烟弹及其雾化装置	CN201020615194.3	刘秋明	24	1	10	转移	2年11个月	重要前景较好
48	实用新型	电子烟及其雾化装置	CN201220596899.4	刘秋明	15	1	9	转移	4年11个月	重要前景较好
49	实用新型	电子烟吸嘴	CN201120552501.2	刘秋明	10	1	10	转移	4年	重要前景较好
50	实用新型	带连接器的磁力连接电子烟	CN201220663390.7	刘秋明	10	1	10	转移	5年	重要前景较好
51	实用新型	固态烟油电子烟	CN201120569569.1	刘秋明	13	1	10	转移	4年	重要前景较好
52	实用新型	一种雾化器结构及包括该雾化器结构的电子烟装置	CN201120073311.2	万利龙	12	1	10	转移	3年3个月	重要前景较好
53	实用新型	一种雾化组件及电子烟	CN201520547470.X	惠州市吉瑞科技有限公司深圳分公司	0	3	10	无	7年7个月	重要前景较好
54	实用新型	雾化芯及电子吸烟装置	CN201420425838.0	深圳市合元科技有限公司	0	3	13	无	6年7个月	重要前景较好
55	实用新型	雾化装置及电子烟	CN201420381903.4	深圳市合元科技有限公司	0	3	10	无	6年7个月	重要前景较好
56	实用新型	电子烟用雾化器及电子烟	CN201320057394.5	深圳市合元科技有限公司	14	3	13	无	5年1个月	重要前景较好
57	实用新型	一种固液复合型电子烟	CN201120153889.9	湖北中烟	10	1	5	无	3年5个月	重要前景较好

7.3.3　口含烟专利综合评估

对口含烟专利做关于重要程度和产业化前景两方面的综合评估，评估为重要且产业化前景较好的口含烟专利有 18 件。国内烟草行业的湖南中烟有 1 件口含烟专利评估为重要且产业化前景较好，郑州烟草研究院有 6 件口含烟专利评估为重要且产业化前景较好。评估结果见表 7.11。

表 7.11　评估为重要且产业化前景较好的口含烟专利

序号	专利类型	专利名称	申请号	标准申请人	被引频次	同族专利	权利要求	转移许可	剩余保护期	评估等级
1	发明专利	一种烟草提取物微胶囊及其制备方法	CN201210467852.2	湖南中烟	0	1	4	无	14 年 11 个月	重要 前景较好
2	发明专利	袋装口含晾晒烟烟草制品及其制备方法	CN200810049349.9	郑州烟草研究院	8	2	8	无	10 年 3 个月	重要 前景较好
3	发明专利	袋装口含型烟草制品	CN200810049346.5	郑州烟草研究院	2	2	7	无	10 年 3 个月	重要 前景较好
4	发明专利	袋装口含烟草制品及其制备方法	CN200810049347.X	郑州烟草研究院	27	2	10	无	10 年 3 个月	重要 前景较好
5	发明专利	用于袋装口含型无烟气烟草制品制备的生产线	CN201110306519.9	郑州烟草研究院	0	1	5	无	13 年 10 个月	重要 前景较好
6	发明专利	烟碱缓释型口含烟草片	CN200810049348.4	郑州烟草研究院	13	2	9	无	10 年 3 个月	重要 前景较好
7	发明专利	含有烟草成分的爽口片	CN201010192124.6	郑州烟草研究院	0	1	6	无	12 年 6 个月	重要 前景较好
8	发明专利	释放烟草生物碱的口香糖	CN200580021628.9	费尔廷制药公司	4	17	62	无	7 年 6 个月	重要 前景较好
9	发明专利	袋装烟草产品	CN200680014395.4	菲利普·莫里斯公司	5	36	29	无	8 年 4 个月	重要 前景较好
10	发明专利	无烟烟草组合物和处理用于其中的烟草的方法	CN201210552737.5	R. J. 雷诺兹烟草公司	0	1	1	无	10 年 7 个月	重要 前景较好
11	发明专利	无烟烟草组合物	CN200880100282.5	R. J. 雷诺兹烟草公司	0	1	8	无	10 年 7 个月	重要 前景较好
12	发明专利	无烟烟草产品和方法	CN201180051327.6	R. J. 雷诺兹烟草公司	0	1	7	无	13 年 10 个月	重要 前景较好
13	发明专利	无烟烟草组合物	CN200680035074.2	R. J. 雷诺兹烟草公司	16	10	41	无	8 年 9 个月	重要 前景较好
14	发明专利	无烟烟草	CN200780028625.7	R. J. 雷诺兹烟草公司	4	19	44	无	9 年 7 个月	重要 前景较好

续表

序号	专利类型	专利名称	申请号	标准申请人	被引频次	同族专利	权利要求	转移许可	剩余保护期	评估等级
15	发明专利	烟草颗粒和生产烟草颗粒的方法	CN200980156952.X	美国无烟烟草有限责任公司	0	1	3	无	12年	重要前景较好
16	发明专利	烟草组合物	CN200680027394.3	美国无烟烟草制品公司	12	17	20	无	8年5个月	重要前景较好
17	发明专利	口腔用产品	CN201210167332.X	奥驰亚客户服务公司	0	1	3	无	14年5个月	重要前景较好
18	发明专利	无烟的烟草产品	CN201080029481.9	菲利普·莫里斯公司	0	1	4	无	12年6个月	重要前景较好

第8章　新型烟草制品专利总体统计

8.1　专利申请基本状况

新型烟草制品应该是新兴战略性的下一代烟草制品，主要包括新型卷烟、电子烟和口含烟三大类。

8.1.1　中国专利

截至2017年6月，国家知识产权局公开新型烟草制品专利共计9381件，其中：发明专利2618件；实用新型专利3675件；外观设计专利3088件。这3种类型专利分别占新型烟草制品专利总数的27.9%、39.2%和32.9%，其占比情况如图8.1所示。

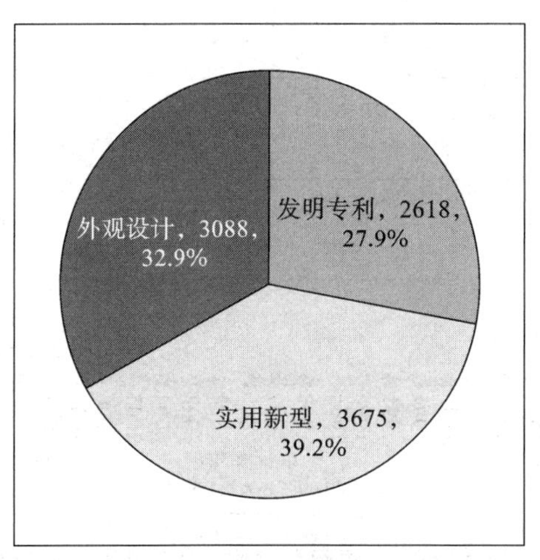

图8.1　新型烟草制品专利类型分布情况

（注：图中的专利数量单位为件，下同）

国内烟草行业申请的专利有1373件，其中发明专利725件，实用新型专利573件，外观设计专利75件，分别占国内烟草行业新型烟草制品专利总数的52.8%、41.7%和5.5%；国内烟草行业之外的申请人申请的专利有8015件，其中发明专利1899件，实用新型专利3103件，外观设计专利3013件，分别占国内烟草行业外新型烟草制品专利总数的23.7%、38.7%和37.6%。国内烟草行业外申请人包括国外烟草公司、国内其他单位、国外其他公司、国内外个人。

新型烟草制品专利申请总量年度趋势见图8.2。国内烟草行业、国内烟草行业外的新型烟草制品专利申请趋势见图8.3。

从图8.2、图8.3可见，1985—2006年，每年的新型烟草制品专利申请数量很少，专利申请处于起步阶段。数据统计表明，在这22年里的新型烟草制品专利总数仅有118件，其中国内烟草行业外申请的专利有117件，占比高达99.2%，R.J.雷诺兹烟草公司、日本烟草公司、英美烟草公司等国外烟草公司和韩力是主

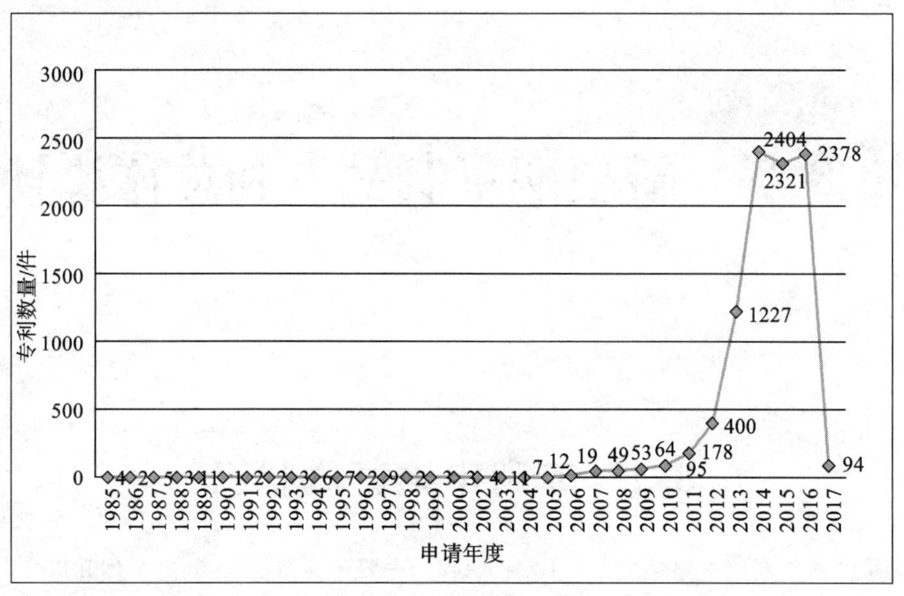

图 8.2　新型烟草制品专利申请趋势

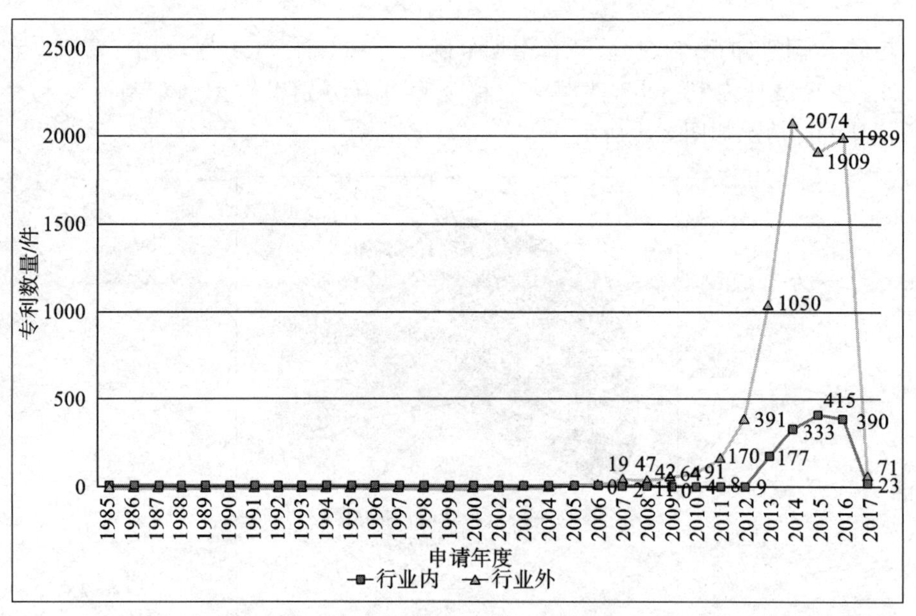

图 8.3　国内烟草行业、国内烟草行业外新型烟草制品专利申请趋势

要专利申请人。国内烟草行业申请的专利仅有 1 件，仅占 0.8%，由原蚌埠卷烟厂申请。从 2007 年开始，新型烟草制品专利越过了平稳增长阶段，迅速进入了快速增长期，尤其在 2011—2016 年的 6 年时间里，新型烟草制品专利申请总数达到了 8908 件，占新型烟草制品专利总数的 95%。国内烟草行业新型烟草制品专利的申请从 2013 年才开始进入快速增长阶段，在技术敏感度上明显较国内烟草行业外落后数年时间。在此之后，国内烟草行业专利申请取得了长足的进步，但总体专利数量规模仍显著低于国内烟草行业外。

3 种类型新型烟草制品专利的年度申请趋势见图 8.4。

从图 8.4 可见，在 3 类新型烟草制品中，各自的发展趋势有显著差异，其中以电子烟专利快速发展阶段开始最早，发展也最为迅猛；其次为新型卷烟，在 2012 年才开始进入快速发展阶段；而口含烟专利申请相对于电子烟和新型卷烟专利而言发展较为平稳，增长趋势并不显著，专利数量也远远低于前两者，但在近年来也保持了增长的态势。

(注：由于发明专利从申请到公开通常需要 18 个月的时间，因此 2016 年、2017 年申请的发明专利在检索截止日之前并未完全公开，图 8.1、图 8.2 和图 8.3 中所统计的 2016 年、2017 年的专利申请量尤其是发明

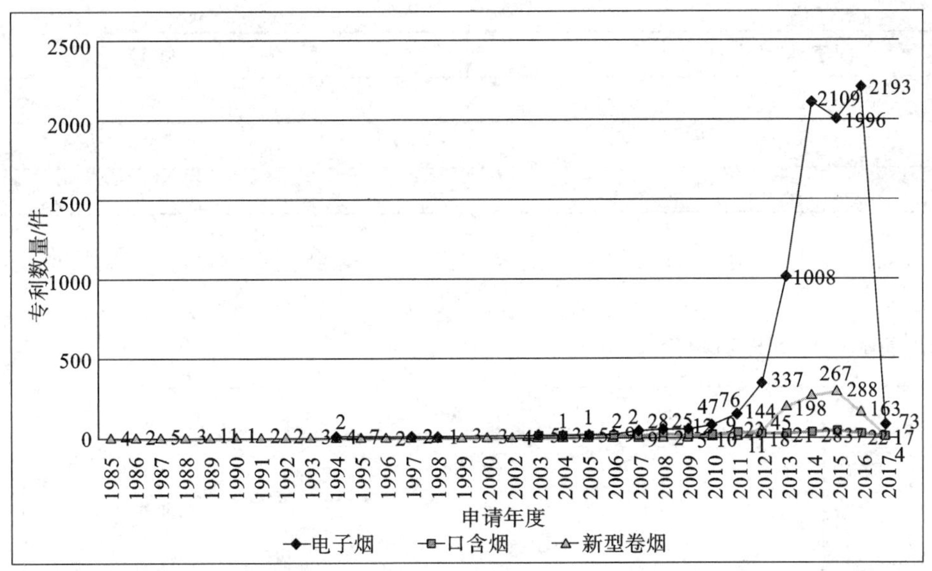

图 8.4　3 类新型烟草制品专利申请趋势

专利申请量存在一定程度的滞后，下同。）

8.1.2　国外专利

截至 2017 年 6 月，从德温特创新索引数据库中检索得到的新型烟草制品国外专利共计 11 780 件，共涉及 75 个国家或组织，其中数量超过 100 件的见表 8.1。

表 8.1　国外新型烟草制品专利申请超过 100 件的国家或组织

国家/组织名称	专 利 数 量
美国	2444
欧洲专利局	1564
世界知识产权组织	1531
日本	902
澳大利亚	670
加拿大	628
韩国	578
俄罗斯	315
墨西哥	222
英国	201
西班牙	189
巴西	180
以色列	158
阿根廷	158
德国	154
丹麦	146
新加坡	126
欧亚专利组织	123
奥地利	123

续表

国家/组织名称	专利数量
新西兰	121
菲律宾	108
南非	101

从表8.1可以看出，以美国、欧洲为代表的发达国家或组织在新型烟草制品专利数量方面位居前列，其中美国数量最多。

国外新型烟草制品专利申请趋势见图8.5。

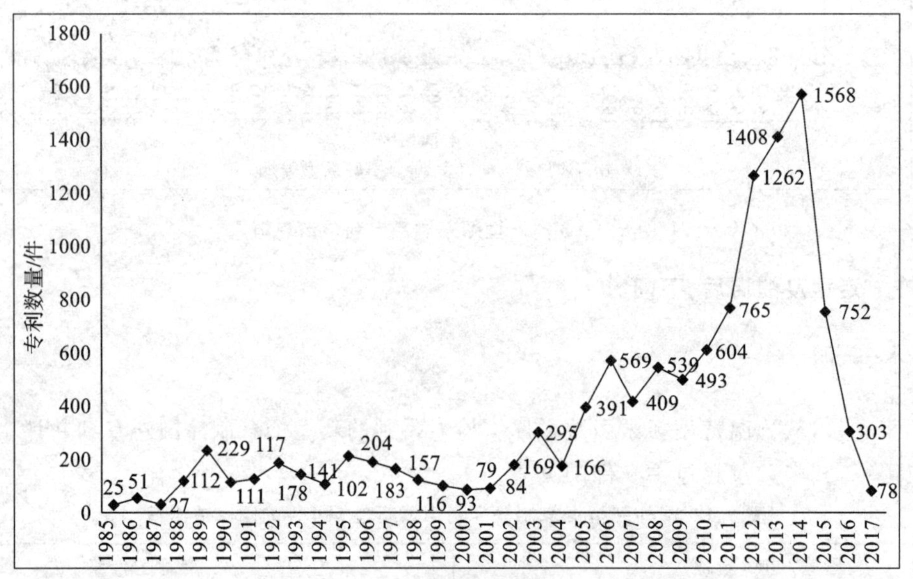

图8.5 国外新型烟草制品专利申请趋势

从图8.5可见，国外新型烟草制品专利在近二十年间呈现明显增长趋势，从2010年开始进入快速增长阶段。

8.2 专利申请人情况

新型烟草制品专利的申请人类型及专利类型见表8.2。申请新型烟草制品专利较多的申请人见表8.3。

表8.2 新型烟草制品专利的申请人类型及专利类型

申请人类型	总数	发明	实用新型	外观设计
国内烟草行业	1373	725	573	75
国外烟草公司	487	444	0	43
国内其他单位	3881	877	1839	1165
国外其他公司	528	293	138	97
国内个人	3165	293	1158	1714
国外个人	27	9	9	9
合计	9461	2641	3717	3103

注：因存在共同申请专利情况，表中合计值略大于实际专利数量。

表 8.3　申请新型烟草制品专利较多的申请人

序号	申　请　人	总　　数	发　　明	实用新型	外观设计
1	深圳市合元科技有限公司	378	63	258	57
2	惠州市吉瑞科技有限公司	377	87	210	80
3	刘秋明	323	23	246	54
4	云南中烟工业有限责任公司	274	140	115	19
5	菲利普・莫里斯烟草公司	242	224	0	18
6	湖南中烟工业有限责任公司	219	70	142	7
7	卓尔悦(常州)电子科技有限公司	213	50	78	85
8	深圳市新宜康科技有限公司	202	53	74	75
9	卓尔悦欧洲控股有限公司	163	30	100	33
10	湖北中烟工业有限责任公司	151	83	66	2
11	吉瑞高新科技股份有限公司	132	102	30	0
12	深圳瀚星翔科技有限公司	125	71	31	23
13	林光榕	113	37	53	23
14	川渝中烟工业有限责任公司	109	82	27	0
15	深圳麦克韦尔股份有限公司	106	30	43	33
16	上海烟草集团有限责任公司	105	39	43	23
17	宏图东方科技(深圳)有限公司	101	59	23	19
18	深圳市麦克韦尔科技有限公司	99	37	57	5
19	R.J.雷诺兹烟草公司	95	94	0	1
20	郑州烟草研究院	84	55	29	0
21	深圳市赛尔美电子科技有限公司	83	16	29	38

从申请人类型分析，国内其他公司和国内个人专利申请量占总量的 74.5%，是新型烟草制品领域专利技术研发的主体。截至 2017 年 6 月，行业申请的专利累计达到 1373 件，占总数的 14.5%，是 5 家跨国烟草公司申请总和 472 件的 2.9 倍，在新型烟草制品专利技术研发方面取得了长足进步。

从具体申请人分析，在申请新型烟草制品专利较多的 21 个申请人中，有 6 家国内烟草行业单位，2 家国外烟草公司，11 家国内其他企业，2 个国内个人。在国外烟草公司中，菲利普・莫里斯烟草公司申请的专利总数和发明总数均远超其他国外烟草公司，显示了较为雄厚的技术实力；在国内烟草行业中，云南中烟工业有限责任公司、湖南中烟工业有限责任公司、湖北中烟工业有限责任公司的专利数量位列前三；在国内其他企业中，深圳市合元科技有限公司、惠州市吉瑞科技有限公司、卓尔悦(常州)电子科技有限公司申请新型烟草制品专利较多。

8.3　技术分布情况

截至 2017 年 6 月，国家知识产权局公开新型烟草制品专利共计 9381 件，其中电子烟专利 8083 件，新型卷烟专利 1105 件，口含烟专利 193 件，其占比情况如图 8.6 所示。

从图 8.6 可以看出，电子烟专利在新型烟草制品专利中的占比很高，电子烟专利是新型烟草制品专利的布局重点所在。

新型烟草制品专利技术及专利类型分布见表 8.4，新型烟草制品专利技术及申请人分布见表 8.5，申请专利较多的申请人及其专利技术分布见表 8.6。

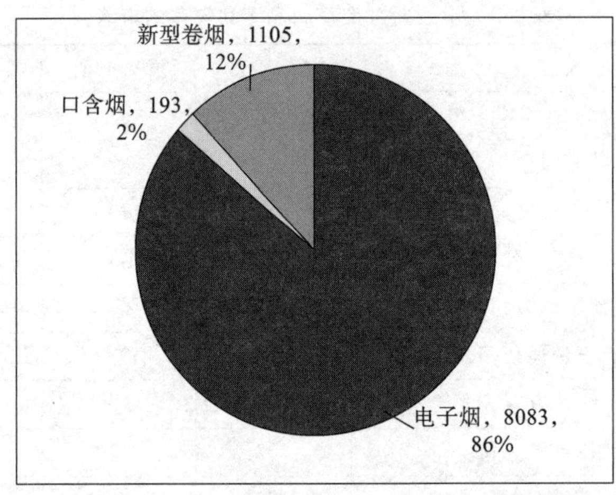

图8.6 新型烟草制品专利技术分布情况

表8.4 新型烟草制品专利技术及专利类型分布

技术类型	总数	发明	实用新型	外观设计
新型卷烟	1105	648	406	51
电子烟	8083	1789	3258	3036
口含烟	193	181	11	1
合计	9381	2618	3675	3088

数据统计表明，电子烟实用新型专利和外观设计在新型烟草制品专利中数量最多，一定程度上表明电子烟技术门槛较低，技术普及面和产品流通面最广泛，技术相对最为成熟。

表8.5 新型烟草制品专利技术及申请人分布

专利申请人	新型卷烟	电子烟	口含烟
国内烟草行业	564	699	110
国外烟草公司	252	173	62
国内其他单位	195	3679	7
国外其他公司	17	500	11
国内个人	99	3063	3
国外个人	0	27	0
合计	1127	8141	193

注：因存在共同申请情况和同一专利分属不同类型的情况，表中合计值略大于实际专利数量。

从表8.5可以看出，各申请人群体在3类新型烟草制品专利的布局方面有一定差异。国内烟草行业和国外烟草公司均采取3类均衡发展的策略，区别在于国内烟草行业较为侧重电子烟，而国外烟草公司较为侧重新型卷烟；国内个人和国内、国外其他单位均主要侧重电子烟布局。各申请人群体在口含烟专利布局方面力度均远逊于电子烟和新型卷烟，表明各群体均不十分看好口含烟市场。

表8.6 申请专利较多的申请人及其专利技术分布

序号	申请人	新型卷烟	电子烟	口含烟
1	深圳市合元科技有限公司	30	348	0
2	惠州市吉瑞科技有限公司	9	368	0
3	刘秋明	1	322	0

续表

序号	申　请　人	新型卷烟	电　子　烟	口　含　烟
4	云南中烟工业有限责任公司	111	157	6
5	菲利普·莫里斯烟草公司	165	72	5
6	湖南中烟工业有限责任公司	64	150	5
7	卓尔悦(常州)电子科技有限公司	7	206	0
8	深圳市新宜康科技有限公司	5	197	0
9	卓尔悦欧洲控股有限公司	1	162	0
10	湖北中烟工业有限责任公司	95	41	15
11	吉瑞高新科技股份有限公司	0	132	0
12	深圳瀚星翔科技有限公司	0	125	0
13	林光榕	0	113	0
14	川渝中烟工业有限责任公司	64	26	19
15	深圳麦克韦尔股份有限公司	0	106	0
16	上海烟草集团有限责任公司	48	55	2
17	宏图东方科技(深圳)有限公司	0	101	0
18	深圳市麦克韦尔科技有限公司	0	99	0
19	R.J.雷诺兹烟草公司	36	16	43
20	郑州烟草研究院	37	26	21
21	深圳市赛尔美电子科技有限公司	5	78	0

从具体申请人分析，在申请新型烟草制品专利较多的 21 个申请人中，有 6 家国内烟草行业单位，2 家国外烟草公司，11 家国内其他企业，2 个国内个人。在国外烟草公司中，菲利普·莫里斯烟草公司申请的新型卷烟专利数量和电子烟专利数量均远超其他国外烟草公司；在国内烟草行业，云南中烟工业有限责任公司、湖南中烟工业有限责任公司均比较重视电子烟、新型卷烟的专利布局，湖北中烟工业有限责任公司则在新型卷烟专利研发方面较为侧重。在新型卷烟方面，国内烟草行业单位在数量上占有一定优势。

8.4　授权专利情况

截至 2017 年 6 月，国家知识产权局授权新型烟草制品专利共计 6142 件，其中电子烟专利 5477 件，新型卷烟专利 561 件，口含烟专利 104 件。电子烟授权专利占总数的 89.2%，占比最高。

在 6142 件专利中，发明专利 568 件，实用新型 3210 件，外观设计 2364 件。授权发明专利占总数的 9.2%，占比最低。具体如表 8.7 所示。

表 8.7　授权新型烟草制品专利技术类型及专利类型分布

技术类型	总　　数	发　　明	实用新型	外观设计
新型卷烟	561	192	328	41
电子烟	5477	284	2871	2322
口含烟	104	92	11	1
合计	6142	568	3210	2364

国内烟草行业和国内烟草行业外的授权专利技术类型及专利类型状况分别如表 8.8、表 8.9 所示。

表 8.8 国内烟草行业授权专利技术类型及专利类型分布

技术类型	总数	发明	实用新型	外观设计
新型卷烟	325	104	208	13
电子烟	437	81	295	61
口含烟	62	50	11	1
合计	824	235	514	75

表 8.9 国内烟草行业外授权专利技术类型及专利类型分布

技术类型	总数	发明	实用新型	外观设计
新型卷烟	239	90	121	28
电子烟	5040	203	2576	2261
口含烟	42	42	0	0
合计	5321	335	2697	2289

注:因存在共同申请专利情况,表 8.8、表 8.9 合计值略大于表 8.7。

从表 8.8、表 8.9 可以看出,国内烟草行业在授权新型卷烟专利、口含烟专利方面相对国内烟草行业外已经取得了数量优势,但电子烟授权专利数量距国内烟草行业外尚有较大差距。

中国新型烟草制品专利的专利权人类型及专利类型见表 8.10。

表 8.10 新型烟草制品专利的专利权人类型及专利类型

申请人类型	总数	发明	实用新型	外观设计
国内烟草行业	824	235	514	75
国外烟草公司	163	120	0	43
国内其他单位	2811	134	1665	1012
国外其他公司	244	18	136	90
国内个人	2143	63	926	1154
国外个人	17	3	9	5
合计	6202	573	3250	2379

注:因存在共同申请专利情况,表中合计值略大于实际专利数量。

从表 8.10 中可以看出,国内烟草行业在授权发明专利总量方面已经超过包括国外烟草公司、国内其他单位等其他国内烟草行业外申请人群体,国内烟草行业在新型烟草制品专利技术方面达到了较高水平。

获得新型烟草制品专利权较多的专利权人见表 8.11。

表 8.11 获得新型烟草制品专利权较多的专利权人

序号	申请人	总数	发明	实用新型	外观设计
1	深圳市合元科技有限公司	326	12	257	57
2	刘秋明	310	12	244	54
3	惠州市吉瑞科技有限公司	297	7	210	80
4	湖南中烟工业有限责任公司	167	20	140	7
5	卓尔悦(常州)电子科技有限公司	162	9	72	81
6	云南中烟工业有限责任公司	151	23	109	19
7	深圳市新宜康科技有限公司	149	0	74	75
8	卓尔悦欧洲控股有限公司	133	0	100	33

续表

序号	申　请　人	总　数	发　明	实用新型	外观设计
9	菲利普·莫里斯烟草公司	83	65	0	18
10	林光榕	81	10	48	23
11	湖北中烟工业有限责任公司	80	31	47	2
12	深圳麦克韦尔股份有限公司	77	1	43	33
13	上海烟草集团有限责任公司	74	13	38	23
14	川渝中烟工业有限责任公司	73	62	11	0
15	深圳市麦克韦尔科技有限公司	72	14	53	5
16	深圳市艾维普思科技股份有限公司	69	0	33	36
17	深圳市赛尔美电子科技有限公司	67	0	29	38
18	深圳市博迪科技开发有限公司	66	0	32	34
19	郑州烟草研究院	57	28	29	0
20	深圳瀚星翔科技有限公司	57	3	31	23
21	刘团芳	56	0	34	22
22	深圳市艾维普思科技有限公司	52	0	33	19

从表 8.11 中可以看出，在授权新型烟草制品专利数量方面，深圳市合元科技有限公司数量最多；国内烟草行业的湖南中烟工业有限责任公司、云南中烟工业有限责任公司、湖北中烟工业有限责任公司的授权专利数量名列前茅；国外烟草公司方面，菲利普·莫里斯烟草公司获得授权专利最多，且发明占比较高。

新型烟草制品专利技术及专利权人分布见表 8.12。

表 8.12　新型烟草制品专利技术及专利权人类型

申请人类型	总　数	新型卷烟	电子烟	口含烟
国内烟草行业	824	325	437	62
国外烟草公司	163	77	55	31
国内其他单位	2811	115	2693	3
国外其他公司	244	5	233	6
国内个人	2143	54	2087	2
国外个人	17	0	17	0
合计	6202	576	5522	104

注：因存在共同申请专利情况，表中合计值略大于实际专利数量。

国外烟草公司专利授权情况见表 8.13。

表 8.13　国外烟草公司新型烟草制品授权专利类型

专利权人名称	总　数	发　明	实用新型	外观设计
菲利普·莫里斯烟草公司	83	65	0	18
R.J.雷诺兹烟草公司	27	26	0	1
奥驰亚客户服务有限责任公司	21	7	0	14
日本烟草公司	16	11	0	5
英美烟草公司	12	7	0	5
美国无烟烟草公司	3	3	0	0
无烟技术公司	1	1	0	0
合计	163	120	0	43

国内烟草行业对新型烟草制品技术的研究起步虽然比较晚，但经过全行业 3 年来持续不断地推进，成效非常显著。授权专利累计达到 824 件，其中发明专利累计达到 235 件，与 2014 年启动实施新型烟草制品重大专项之初相比，行业专利申请、授权和发明专利授权量分别增长了 6.5 倍、5.5 倍、3 倍。

8.5 总体概述

近年来在全球范围内新型烟草制品专利呈现快速发展态势，国外方面以美国新型烟草制品专利数量最多。

在国内，以电子烟的专利申请数量发展最为迅猛，新型卷烟次之，口含烟的发展趋势较缓。不同申请人群体对三类新型烟草制品的发展方面有各自的侧重。

以韩力、深圳市合元科技有限公司、刘秋明为代表的国内其他公司和个人在电子烟专利发展方面起步最早，在电子烟关键技术方面，尤其是雾化器方面占有一定的优势，是烟草行业的主要竞争对手。相比而言国内烟草行业和国外其他公司起步显著晚于前者，国外烟草公司在电子烟方面也进行了有限的布局尝试，但尚不成规模。国内烟草行业在专利布局晚于其他申请人十余年的情况下，已经在较短时间内形成了一定规模的专利布局，发展势头强于国外烟草公司，但数量上仍然与国内其他公司和个人有较大差距，技术方面在烟液配方及添加剂方面具备了自己的优势和技术特色，并在雾化原理方面取得了一定的进展，如湖南中烟的超声雾化电子烟以及云南中烟的振动雾化电子烟，但在电阻加热雾化器、测控技术、电源系统等方面，面临的竞争压力尚不容乐观。

国外烟草公司在新型卷烟方面起步早，但是国内烟草行业在专利数量方面已经远超国外烟草公司，在新型卷烟专利布局方面取得了显著的数量优势，以电子烟为专利布局主力的国内其他公司和个人近年来也在新型卷烟方面进行了探索，但数量较少。

从授权专利情况来看，自 2014 年启动实施新型烟草制品重大专项以来，以湖南中烟工业有限责任公司、云南中烟工业有限责任公司为代表的国内烟草行业单位取得了较为显著的成效。具体而言，国内烟草行业已经在授权新型卷烟专利、口含烟专利方面相对国内烟草行业外取得了数量优势，在电子烟授权专利数量上与国内烟草行业外尚有较大差距，但授权专利质量较高。

为了科学、系统、深入地分析新型卷烟、电子烟、口含烟 3 类新型烟草制品的专利技术，根据专利文献计量学的理论和方法，研究确定将被引频次、同族专利数量 2 项文献计量学指标作为专利分析对象的选择依据。其中，被引频次指某专利被其他专利引用的次数，反映了该专利技术的重要性和基础性，一项专利被引用的次数多，表明该专利涉及比较核心和重要的技术，同时也从不同程度上体现了该专利为基础专利。同族专利指具有共同优先权的、由不同国家公布的、内容相同或基本相同的一组专利。一件专利拥有的同族专利数量及其所涉及的国家或地区，反映了该专利的综合水平和潜在的经济价值，以及该专利能够创造的潜在国际技术市场情况，也反映了专利权人在全球的经济势力范围。同族专利数多少反映国际市场竞争力大小，同族专利数量越多，就说明其综合价值越大、重要程度越高，是评估专利“重要程度”的重要指标。

针对国家知识产权局公开的 9381 件新型烟草制品专利，从国家知识产权局数据库采集了专利法律状态数据，确定法律状态为公开或授权的有效专利 7688 件。同时，还采集了新型烟草制品国外专利，共计 11 780 多件，共涉及 75 个国家或组织。由于新型烟草制品专利数量庞大，且部分专利技术水平不高、价值不大，因此，只需要选择技术质量高、应用价值大的专利进行深入分析即可实现研究目标。从德温特创新索引数据库中采集了被引频次、同族专利数量 2 项文献计量学指标进行综合分析，通过认真评估评价，最终选择 1763 个新型烟草制品专利族，作为专利分析对象纳入专利技术分析范围。这些专利族完全可以代表国内外新型烟草制品专利的现状。

第 9 章　新型卷烟专利分析

9.1　专利申请概况

9.1.1　专利申请趋势分析

新型卷烟是新兴战略性烟草产品，其特征在于加热烟草而非燃烧烟草，有害成分释放量较低并给消费者提供一定的烟草特征感受。新型卷烟主要包括电加热型、燃料加热型、理化反应加热型等。

截至 2017 年 6 月，国家知识产权局公开新型卷烟专利共计 1105 件，其中发明专利 648 件，实用新型专利 406 件，外观设计专利 51 件，分别占新型卷烟专利总数的 58.6%、36.8%和 4.6%；国内烟草行业申请的专利有 564 件，其中发明专利 290 件，实用新型专利 261 件，外观设计专利 13 件，分别占国内烟草行业新型卷烟专利总数的 51.4%、46.3%和 2.3%；国内烟草行业之外的申请人申请的专利有 548 件，其中发明专利 364 件，实用新型专利 146 件，外观设计专利 38 件，分别占国内烟草行业外新型卷烟专利总数的 66.4%、26.7%和 6.9%。国内烟草行业外申请人包括国外烟草公司、国内其他单位、国外其他公司、国内外个人。新型卷烟专利申请趋势见图 9.1。国内烟草行业、国内烟草行业外新型卷烟专利申请趋势见图 9.2。

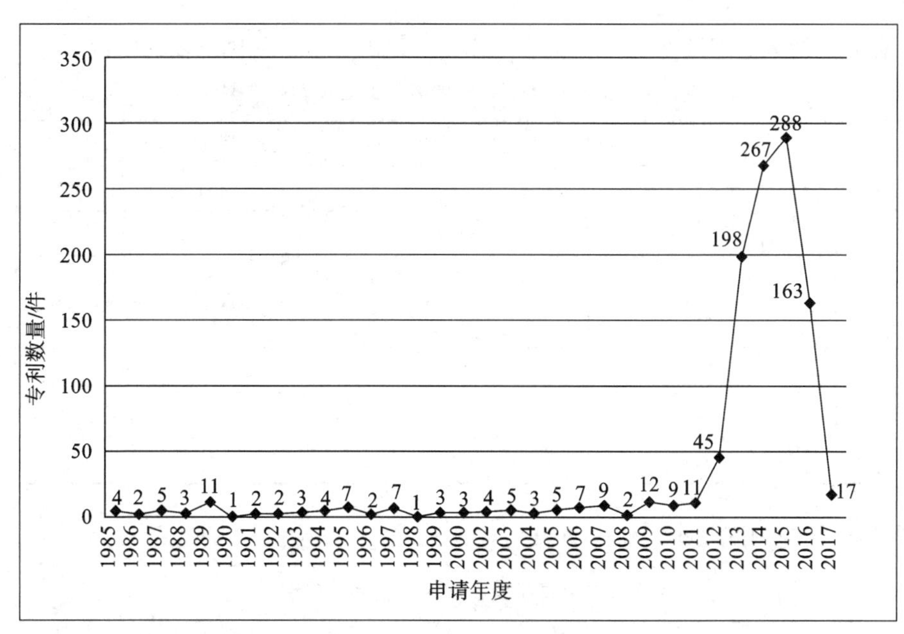

图 9.1　新型卷烟专利申请趋势

从图 9.1、图 9.2 可见，1985—2011 年，每年的新型卷烟专利申请数量很少，专利申请处于起步阶段。数据统计表明，在这 27 年里的新型卷烟专利总数仅有 127 件，其中国内烟草行业外申请的专利有 123 件，占比高达 96.9%，菲利普·莫里斯烟草公司、R.J.雷诺兹烟草公司、英美烟草公司、日本烟草公司等国外烟草公

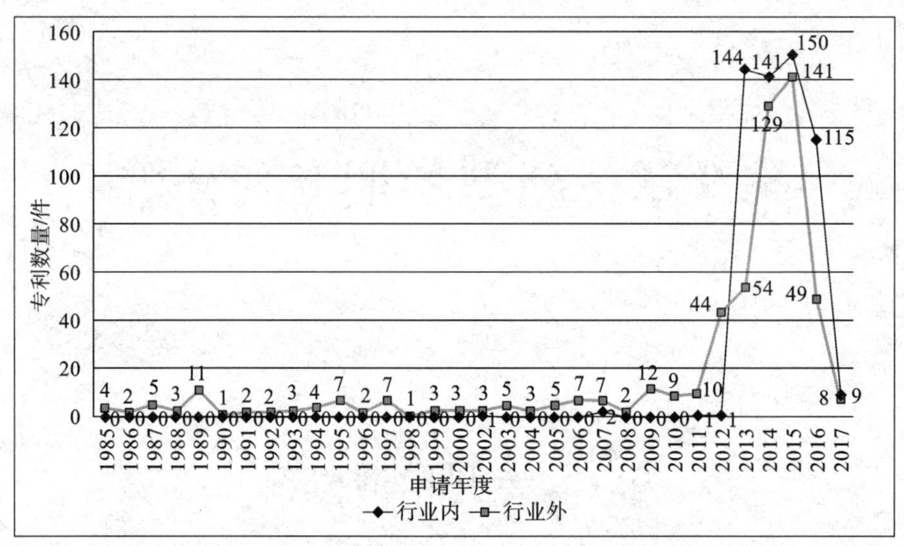

图 9.2　国内烟草行业、国内烟草行业外新型卷烟专利申请趋势

司是主要专利申请人。国内烟草行业申请的专利仅有 4 件，占 3.1%，分别是原蚌埠卷烟厂 1 件、郑州烟草研究院 2 件、湖北中烟 1 件。从 2012 年开始，新型卷烟专利越过了平稳增长阶段，迅速进入了快速增长期，尤其在 2012—2015 年的 4 年时间里，新型卷烟专利申请总数达到了 798 件，占新型卷烟专利总数的 72.2%。在此期间，国内烟草行业专利申请取得了长足的进步，2013 年的专利申请大幅度超越了国内烟草行业外申请人，并且持续至今。

（注：由于发明专利从申请到公开通常需要 18 个月的时间，因此 2016 年、2017 年申请的发明专利在检索截止日之前并未完全公开，图 9.1 和图 9.2 中所统计的 2016 年、2017 年的专利申请量存在一定程度的滞后，下同。）

9.1.2　专利申请人分析

新型卷烟专利的申请人类型及专利类型见表 9.1。申请新型卷烟专利较多的申请人见表 9.2。

表 9.1　新型卷烟专利的申请人类型及专利类型

申请人类型	总　　数	发　　明	实用新型	外观设计
国内烟草行业	564	290	261	13
国外烟草公司	252	247	0	5
国内其他单位	195	76	104	15
国外其他公司	17	16	1	0
国内个人	99	29	51	19
国外个人	0	0	0	0
合计	1127	658	417	52

注：因存在共同申请专利情况，表中合计值略大于实际专利数量。

表 9.2　申请新型卷烟专利较多的申请人

序号	申　请　人	总　　数	发　　明	实用新型	外观设计
1	菲利普·莫里斯烟草公司	165	160	0	5
2	云南中烟工业有限责任公司	111	55	49	7
3	湖北中烟工业有限责任公司	95	45	50	0

续表

序号	申　请　人	总　　数	发　　明	实用新型	外观设计
4	川渝中烟工业有限责任公司	64	40	24	0
5	湖南中烟工业有限责任公司	64	28	34	2
6	上海烟草集团有限责任公司	48	22	22	4
7	郑州烟草研究院	37	17	20	0
8	R.J.雷诺兹烟草公司	36	36	0	0
9	广东中烟工业有限责任公司	34	17	17	0
10	英美烟草公司	31	31	0	0
11	浙江中烟工业有限责任公司	31	19	12	0
12	深圳市合元科技有限公司	30	4	25	1
13	深圳市劲嘉科技有限公司	23	9	14	0
14	河南中烟工业有限责任公司	20	8	12	0
15	深圳市麦克韦尔股份有限公司	19	7	10	2
16	日本烟草公司	16	16	0	0
17	安徽中烟工业有限责任公司	16	10	6	0
18	贵州中烟工业有限责任公司	14	11	3	0
19	上海绿馨电子科技有限公司	12	2	9	1
20	山东中烟工业有限责任公司	9	5	4	0
21	惠州市吉瑞科技有限公司	9	4	5	0
22	刘水根	9	0	6	3
23	广西中烟工业有限责任公司	8	4	4	0
24	卓尔悦(常州)电子科技有限公司	7	5	2	0
25	李辉	7	1	6	0
26	深圳市瑞莱克斯科技有限公司	7	0	3	4
27	江苏金恒新型包装材料有限公司	5	5	0	0
28	江苏中烟工业有限责任公司	5	5	0	0
29	叶菁	5	5	0	0
30	深圳市葆威道科技有限公司	5	3	2	0
31	深圳市赛尔美电子科技有限公司	5	3	2	0
32	陕西中烟工业有限责任公司	5	2	3	0
33	深圳市新宜康科技有限公司	5	2	3	0
34	蒋太意	5	1	4	0
35	深圳市杰仕博科技有限公司	5	1	4	0

从申请人类型分析，国内烟草行业在新型卷烟专利技术研发方面取得了长足进步，专利申请量占到了合计数的50.0%，远超国外烟草公司和其他专利申请人，已成为新型卷烟领域专利技术研发的主体；国外烟草公司专利申请量占比22.4%，居第二位。国内其他单位和个人的新型卷烟专利申请量初具规模，总数超过了国外烟草公司，仅次于国内烟草行业，其动向值得关注。

从具体申请人分析，在申请新型卷烟专利较多的35个申请人中，有15家国内烟草行业单位，4家国外烟草公司，12家国内其他企业，4个国内个人。在国外烟草公司中，菲利普·莫里斯烟草公司申请的专利总数和发明总数均远超其他申请人，显示了较为雄厚的技术实力；在国内烟草行业，云南中烟工业有限责任公司、湖北中烟工业有限责任公司的专利数量位居前二位，川渝中烟工业有限责任公司、湖南中烟工业有限责任公司并列第三；在国内其他企业中，深圳市合元科技有限公司、深圳市劲嘉科技有限公司、深圳市麦克韦尔股份有限公司申请新型卷烟专利较多。深圳市合元科技有限公司、深圳市麦克韦尔股份有限公司依托多年从事电子烟的产品研发积累的人才、技术储备，为其新型卷烟的研发创造了条件。深圳市劲嘉科技有限公司2014年开始涉足智能健康烟具的研发工作，产品类型属新型卷烟。

9.1.3 专利技术分布分析

按照加热原理划分，新型卷烟可分为电加热、燃料加热、理化反应加热三种类型，其专利技术分布见表9.3。

表9.3 新型卷烟专利技术分布

技术类型	总数	发明	实用新型	外观设计
电加热型	872	463	358	51
燃料加热型	259	206	53	0
理化反应加热型	63	54	9	0
合计	1194	723	420	51

注：因存在同一专利分属不同类型的情况，表中合计值略大于实际专利数量。

数据统计表明，电加热型、燃料加热型和理化反应加热型新型卷烟分别占合计数量的73.0%、21.7%和5.3%，电加热技术是新型卷烟普遍采用的主流技术，其原因是电加热技术包括与之相关的电源技术、检测与控制技术、电加热元件生产工艺等发展比较成熟，相应的电加热型新型卷烟产品在国外烟草市场实现商品化也比较早。而燃料加热和理化反应加热技术的应用尚处于初级发展阶段，尤其是理化反应加热型卷烟尚未进入商品化阶段。

新型卷烟专利技术及申请人分布见表9.4，申请专利较多的申请人及其专利技术分布见表9.5。

表9.4 新型卷烟专利技术及申请人分布

专利申请人	电加热型	燃料加热型	理化反应加热型
国内烟草行业	468	121	42
国外烟草公司	142	110	15
国内其他单位	190	6	1
国外其他公司	7	8	4
国内个人	84	18	1
国外个人	0	0	0
合计	891	263	63

注：因存在共同申请情况和同一专利分属不同类型的情况，表中合计值略大于实际专利数量。

表9.5 申请专利较多的申请人及其专利技术分布

序号	申请人	电加热型	燃料加热型	理化反应加热型
1	菲利普·莫里斯烟草公司	117	52	8
2	云南中烟工业有限责任公司	101	20	8
3	湖北中烟工业有限责任公司	54	42	6
4	川渝中烟工业有限责任公司	56	7	3
5	湖南中烟工业有限责任公司	60	5	5

续表

序号	申　请　人	电加热型	燃料加热型	理化反应加热型
6	上海烟草集团有限责任公司	42	9	2
7	郑州烟草研究院	28	14	9
8	R.J.雷诺兹烟草公司	6	29	1
9	广东中烟工业有限责任公司	27	1	6
10	英美烟草公司	16	11	6
11	浙江中烟工业有限责任公司	31	0	0
12	深圳市合元科技有限公司	30	0	0
13	深圳市劲嘉科技有限公司	23	0	0
14	河南中烟工业有限责任公司	19	5	2
15	深圳市麦克韦尔股份有限公司	19	0	0
16	日本烟草公司	3	14	0
17	安徽中烟工业有限责任公司	3	14	0
18	贵州中烟工业有限责任公司	14	5	0
19	上海绿馨电子科技有限公司;王丹;聂艳民	12	1	0
20	山东中烟工业有限责任公司	9	0	0
21	惠州市吉瑞科技有限公司	9	0	0
22	刘水根	9	0	0
23	广西中烟工业有限责任公司	8	0	0
24	卓尔悦(常州)电子科技有限公司	7	0	0
25	李辉	7	0	0
26	深圳市瑞莱克斯科技有限公司	7	0	0
27	江苏金恒新型包装材料有限公司	3	2	0
28	江苏中烟工业有限责任公司	5	4	3
29	叶菁;胡汉华;吴刚	0	5	0
30	深圳市葆威道科技有限公司	5	0	0
31	深圳市赛尔美电子科技有限公司	5	0	0
32	陕西中烟工业有限责任公司;西安交通大学	5	0	0
33	深圳市新宜康科技有限公司	5	0	0
34	蒋太意	5	0	0
35	深圳市杰仕博科技有限公司	5	0	0

9.1.4　国内烟草行业外重要申请人评估

有关研究表明，重要申请人可以从市场经济角度和专利文献计量学角度进行评估。从市场经济角度进行评估，主要考虑申请人的知名度、产品的知名度、市场占有率、市场影响力、销售规模、技术优势等因素。从专利文献计量学角度进行评估，主要考虑专利申请数量、专利类型、专利授权量、被引频次、同族专利数量等指标。

国内烟草行业外重要申请人评估主要以专利文献计量学评估为主，同时考虑申请人的知名度、产品的知名度和市场影响力。国内烟草行业外重要申请人评估结果见表 9.6、表 9.7、表 9.8。

表 9.6 国内烟草行业外电加热型新型卷烟重要申请人

序号	申请人	专利数量	同族专利数量	被引频次
1	菲利普·莫里斯烟草公司	117	2260	264
2	英美烟草公司	16	258	10
3	深圳市合元科技有限公司	30	32	38
4	深圳市劲嘉科技有限公司	23	24	6
5	深圳市麦克韦尔股份有限公司	19	20	17

表 9.7 国内烟草行业外燃料加热型新型卷烟重要申请人

序号	申请人	专利数量	同族专利数量	被引频次
1	菲利普·莫里斯烟草公司	52	860	64
2	R.J.雷诺兹烟草公司	29	416	69
3	英美烟草公司	11	238	38
4	日本烟草公司	14	193	39
5	普洛姆公司	3	144	3

表 9.8 国内烟草行业外理化反应加热型新型卷烟重要申请人

序号	申请人	专利数量	同族专利数量	被引频次
1	菲利普·莫里斯烟草公司	8	145	3
2	亲切消费者有限公司	2	110	1
3	英美烟草公司	6	73	16

9.2 专利技术分析方法及分析范围

9.2.1 分析方法

采用专利技术功效矩阵分析的方法,对相关专利进行技术分析。专利技术功效矩阵分析属于一种专利定性分析的方法,通常由包含技术措施及其对应的功能效果的气泡图或综合性表格来表示。可通过对专利文献集合反映的技术措施和功能效果的特征研究,揭示技术—功效相互关系。便于相关人员掌握该专利集合或集群的技术布局情况,寻找技术空白点、技术研发热点和突破点。

在专利技术功效矩阵分析过程中,需要涉及新型卷烟专利“技术措施”和“功能效果”的“规范化词语”,为进一步明确“规范化词语”的内涵,避免歧义,特作出如下约定,见表 9.9、表 9.10。

表 9.9 新型卷烟专利技术措施的规范化词语

序号	技术措施	备注
1	改进加热原理	仅用于电加热型。涉及电磁、激光、红外、微波等加热原理方面的改进
2	改进总体设计	涉及整体或其多个组成部分的改进设计
3	改进加热装置结构	涉及加热部分(加热装置)结构等方面的改进
4	改进电源系统	仅用于电加热型。涉及电源、供电电路等方面的改进
5	改进测控技术	仅用于电加热型。涉及系统、供电、充电、温度、气流、烟气等方面的检测与控制
6	改进绝缘技术	仅用于电加热型。涉及电气绝缘等方面的改进
7	改进加热技术	涉及加热方式或方法,加热、导热元件及工艺等方面的改进

续表

序号	技术措施	备注
8	改进阻燃绝热	涉及阻止燃烧、防止热量散失或热量传导等方面的改进
9	改进热源技术	仅用于燃料加热型和理化反应加热型。涉及热源配方及生产工艺等方面的改进
10	增加辅助功能	仅用于电加热型。涉及必要功能之外的附加功能方面的改进，如音乐娱乐、APP应用、网络连接等
11	改进加热段生产工艺	涉及加热部分(加热装置)的生产工艺及设备等方面的改进
12	改进烟草段结构	涉及烟草部分的结构、形态等方面的改进
13	改进配方及添加剂	涉及烟草配方、添加剂及其制备等方面的改进
14	改进烟草段生产工艺	涉及烟草部分的生产工艺及设备等方面的改进
15	改进辅助材料	涉及卷烟用纸、过滤材料等方面的改进
16	改进烟嘴	涉及烟嘴结构、材料等方面的改进
17	改进总体生产工艺	涉及整体的生产工艺及设备等方面的改进
18	改进配套组件	涉及配套使用的电源适配器、充电装置、使用工具、包装物等方面的改进

表 9.10　新型卷烟专利功能效果的规范化词语

序号	功能效果	备注
1	便于包装储运	便于包装、储存、运输
2	丰富产品功能	增添必要功能之外的附加功能，如音乐娱乐、APP应用、网络连接等功能
3	减少侧流烟气	与传统卷烟相比，具有减少侧流烟气的效果
4	减少烟气有害成分	与传统卷烟相比，具有减少烟气有害成分的效果
5	减少燃料燃烧有害物	仅用于燃料加热型。减少燃料燃烧产生的附加有害物
6	降低生产成本	通过优化产品结构、材料和生产流程等，降低生产产品所需的各项费用
7	降低使用成本	降低使用产品所需的各项费用，如节约耗材等
8	节约电能	仅用于电加热型。减少电能消耗，提高电能利用率
9	清洁环保	使用清洁卫生，利于环境保护
10	使用携带方便	易学易用，减小产品体积及重量，提高使用的便捷性、便携性
11	提高测控性能	提高检测精度和控制水平
12	延长产品寿命	延长使用寿命和储存寿命
13	提高成品率	减少残次品率
14	提高感官质量	提高抽吸品质、烟气质和量、香气质和量、烟碱传递效果，增强真实感，提高卷烟相似度等
15	提高加热效果	提高加热性能
16	提高燃料可燃性	仅用燃料加热型，易于点燃和燃烧
17	提高生产效率	优化产品结构及生产工艺，易于生产制造
18	提高使用安全性	防止误操作、烟芯不匹配、干烧、过热、漏油及发烟材料高温燃烧、碳化或热解，以及电气短路、火灾、爆炸、烫伤等危害人身或装置安全等方面的问题
19	提高智能化水平	具有卷烟检测、防伪、智能充电、智能认证、智能匹配加热模式、健康监测等功能
20	医疗保健功效	保护和增进人体健康、防治疾病

9.2.2 分析范围

为了科学、系统、深入地分析电加热型、燃料加热型和理化反应加热型3类新型卷烟的专利技术，根据专利文献计量学的理论和方法，研究确定将被引频次、同族专利数量2项文献计量学指标作为专利分析对象的选择依据。其中，被引频次指某专利被其他专利引用的次数，反映了该专利技术的重要性和基础性，一项专利被引用的次数多，表明该专利涉及比较核心和重要的技术，同时也从不同程度上体现了该专利为基础专利。同族专利指具有共同优先权的、由不同国家公布的、内容相同或基本相同的一组专利。一件专利拥有的同族专利数量及其所涉及的国家或地区，反映了该专利的综合水平和潜在的经济价值，以及该专利能够创造的潜在国际技术市场情况，也反映了专利权人在全球的经济势力范围。同族专利数多少反映国际市场竞争力大小，同族专利数量越多，就说明其综合价值越大、重要程度越高，是评估专利“重要程度”的重要指标。

针对国家知识产权局公开的1105件新型卷烟专利，从国家知识产权局数据库采集了专利法律状态数据，确定法律状态为公开或授权的有效专利963件，结合从德温特创新索引数据库中采集的被引频次、同族专利数量2项文献计量学指标进行综合分析，最终选择235件电加热型新型卷烟专利、105件燃料加热型新型卷烟专利、30件理化反应加热型新型卷烟专利，作为专利分析对象纳入下述专利技术分析范围。

9.3 电加热型新型卷烟专利技术分析

电加热型新型卷烟，主要由电加热装置和烟草材料两部分构成。加热装置将电能转换成热能，在加热非燃烧状态下干馏出烟草材料的烟气成分，供消费者吸食。

根据电加热型新型卷烟产品的工作原理、结构和功能，以及研究制定的《新型烟草制品专利技术分类体系》，电加热型新型卷烟的专利技术分支主要包括加热原理、总体设计、加热装置结构、电源系统、测控技术、绝缘技术、加热技术、阻燃绝热、辅助功能、加热装置生产工艺、烟草段结构、配方及添加剂、烟草段生产工艺、辅助材料、烟嘴、总体生产工艺、配套组件共17个方面。

依据专利文献计量学指标，研究确定将235件电加热型新型卷烟专利纳入专利技术分析范围，其中国内烟草行业外申请的专利有157件，国内烟草行业申请的专利有78件。

9.3.1 电加热型新型卷烟专利技术功效矩阵分析

9.3.1.1 电加热型新型卷烟专利总体技术功效分析

分析研究电加热型新型卷烟专利的“权利要求书”和“说明书”，并依据研究制定的《新型烟草制品专利技术分类体系》，对专利涉及的技术措施和功能效果进行归纳总结，形成总体技术功效图9.3，总体技术措施、总体功能效果分布表9.11、表9.12。

表9.11 电加热型新型卷烟专利总体技术措施分布

申请年份	改进加热原理	改进总体设计	改进加热装置结构	改进电源系统	改进测控技术	改进加热技术	改进阻燃绝热	增加辅助功能	改进烟草段结构	改进配方及添加剂	改进烟草段生产工艺	改进辅助材料	改进烟嘴	改进总体生产工艺	改进配套组件
1997年															1
1998年					1	1									
2003年			3		2					1		1			

续表

申请年份	改进加热原理	改进总体设计	改进加热装置结构	改进电源系统	改进测控技术	改进加热技术	改进阻燃绝热	增加辅助功能	改进烟草段结构	改进配方及添加剂	改进烟草段生产工艺	改进辅助材料	改进烟嘴	改进总体生产工艺	改进配套组件
2005 年										1					
2006 年	1		1			1			1						
2007 年		1	2		1				1			1			
2009 年				1	5			1							
2010 年		1	2	1	3	3				1					1
2011 年		1	2						1	2		1			
2012 年	8	3	16	4	7	3	6		2	1					1
2013 年	6	4	37		4	11			9	11	9		2	3	
2014 年	4	3	34		3	2	1		14	29	2	1			
2015 年	11	2	9	2	12	2		1	6	6	4				5
合计	30	15	106	8	38	23	7	2	34	52	15	4	2	3	8

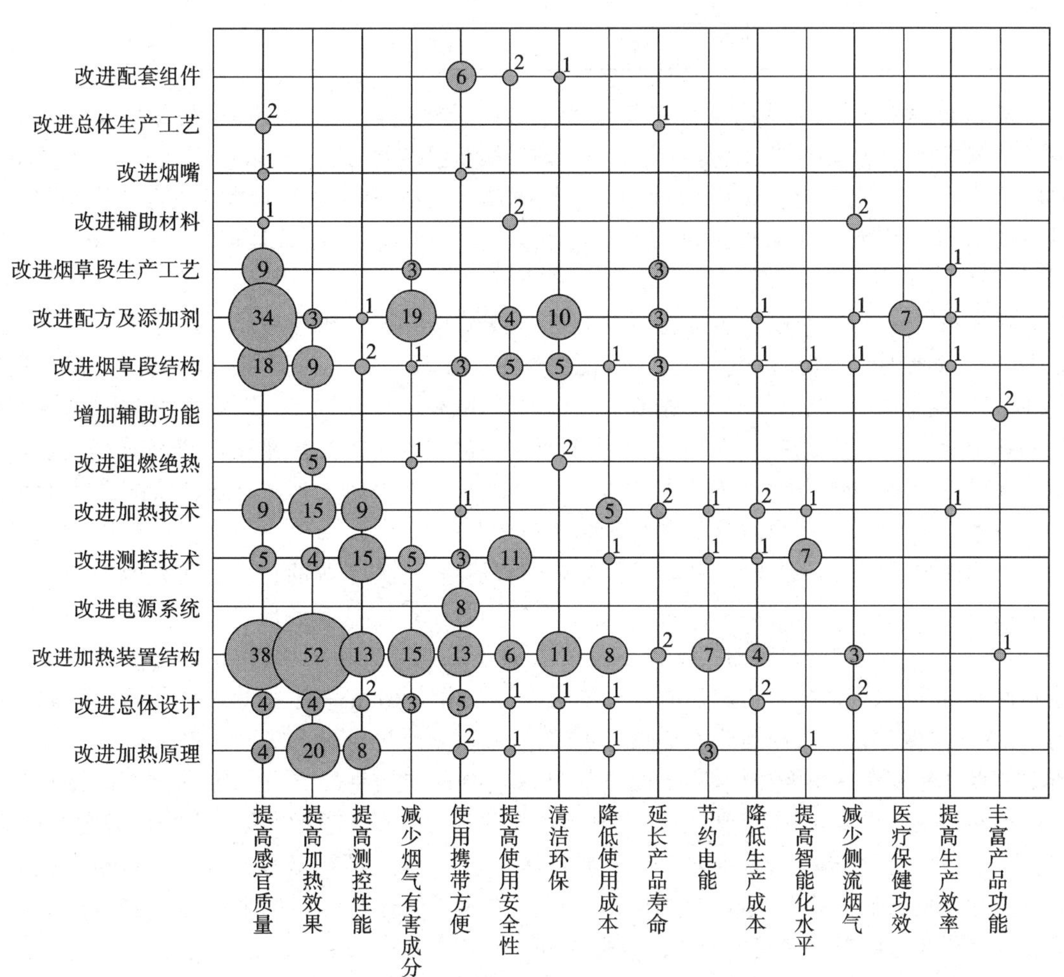

图 9.3　电加热型新型卷烟专利总体技术功效图

表 9.12　电加热型新型卷烟专利总体功能效果分布

申请年份	提高感官质量	提高加热效果	提高测控性能	减少烟气有害成分	使用携带方便	提高使用安全性	清洁环保	降低使用成本	延长产品寿命	节约电能	降低生产成本	提高智能化水平	减少侧流烟气	医疗保健功效	提高生产效率	丰富产品功能
1997 年					1		1									
1998 年												1				
2003 年	1		2			2							1			
2005 年	1															
2006 年	1		1		1											
2007 年	3										1		1			
2009 年			1	2	1	1						1				1
2010 年	1	2	3		1					1	1					
2011 年	4				1	2										
2012 年	7	18	3	1	10	3	3			3		1				
2013 年	29	26	7	9	6	3		7	6		2		2			1
2014 年	30	21	3	19	2	8	9	1		2	2	2	1	7		
2015 年	3	4	9	1	6	6	2		3	1	2	3			1	1
合计	80	71	29	32	29	25	15	8	9	7	8	8	5	7	1	3

从技术措施角度分析，针对电加热型新型卷烟的技术改进措施涉及加热原理、总体设计、加热装置结构、电源系统、测控技术、加热技术、阻燃绝热、辅助功能、烟草段结构、配方及添加剂、烟草段生产工艺、辅助材料、烟嘴、总体生产工艺、配套组件共 15 个方面。数据统计表明，技术改进措施主要集中在加热装置结构，专利数量占 30.5%。其次是烟草配方及添加剂，专利数量占 15.0%。然后是检测与控制技术和烟草段结构，专利数量分别占 11.0%、9.8%。

从功能效果角度分析，针对电加热型新型卷烟进行技术改进所实现的功能效果包括提高感官质量、提高加热效果、提高测控性能、减少烟气有害成分、使用携带方便、提高使用安全性、清洁环保、降低使用成本、延长产品寿命、节约电能、降低生产成本、提高智能化水平、减少侧流烟气、医疗保健功效、提高生产效率、丰富产品功能共 16 个方面。数据统计表明，技术改进所实现的功能效果主要集中在提高感官质量，专利数量占 23.7%。其次是提高加热效果，专利数量占 21.1%。然后是减少烟气有害成分、提高检测与控制性能、提高使用的方便性和便携性，专利数量分别占 9.5%、8.6%、8.6%。

从实现的功能效果所采取的技术措施分析，提高感官质量，优先采取的技术措施是改进加热装置结构，其次是改进烟草配方及添加剂；提高加热效果，优先采取的技术措施是改进加热装置结构，其次是改进加热原理；减少烟气有害成分，优先采取的技术措施是改进烟草配方及添加剂，其次是改进加热装置结构；提高检测与控制性能，优先采取的技术措施是改进检测与控制技术，其次是改进加热装置结构；提高使用的方便性和便携性，优先采取的技术措施是改进加热装置结构，其次是改进电源系统。

从研发重点和专利布局角度分析，鉴于改进加热装置结构和烟草配方及添加剂方面的专利申请，以及提高感官质量和加热效果方面的专利申请所占份额较大并且总体呈上升趋势，因此综合考虑上述信息可以判断：通过改进加热装置结构和烟草配方及添加剂来提高感官质量、减少烟气有害成分，通过改进加热装置结构和加热原理来提高加热效果，通过改进检测与控制技术和加热装置结构来提高检测与控制性能，通过改进加热装置结构和电源系统来提高使用的方便性和便携性等技术领域，是电加热型新型卷烟专利技术的研发热点和布局重点。

从关键技术角度分析，上述专利所涉及的电加热型新型卷烟关键技术涵盖了电加热技术、检测与控制技术、烟草配方与添加剂技术。

9.3.1.2　国内烟草行业外电加热型新型卷烟专利技术功效分析

1. 技术功效图表分析

分析研究国内烟草行业外申请的电加热型新型卷烟专利的“权利要求书”和“说明书”，并依据研究制定的《新型烟草制品专利技术分类体系》，对专利涉及的技术措施和功能效果进行归纳总结，形成技术功效图 9.4，技术措施、功能效果分布表 9.13、表 9.14。

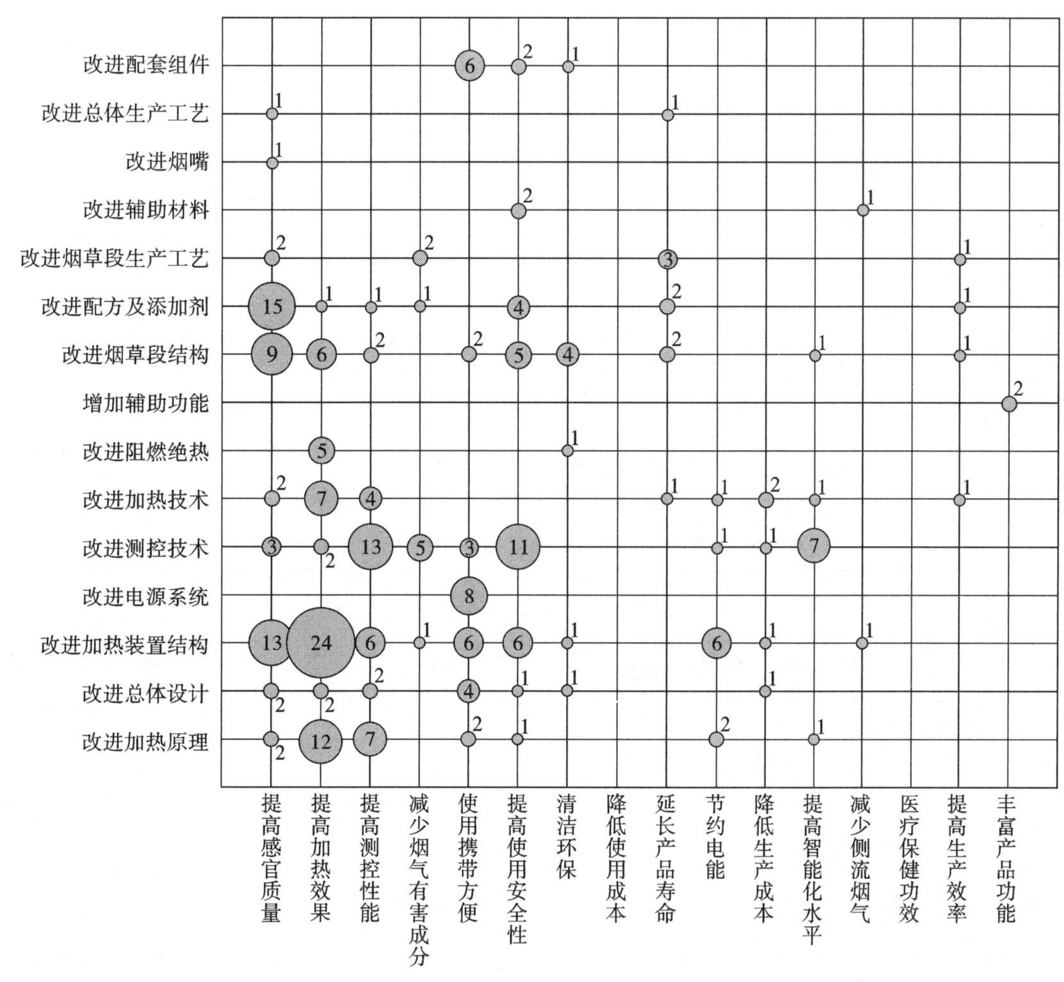

图 9.4　国内烟草行业外电加热型新型卷烟专利技术功效图

表 9.13　国内烟草行业外电加热型新型卷烟专利技术措施分布

申请年份	改进加热原理	改进总体设计	改进加热装置结构	改进电源系统	改进测控技术	改进加热技术	改进阻燃绝热	增加辅助功能	改进烟草段结构	改进配方及添加剂	改进烟草段生产工艺	改进辅助材料	改进烟嘴	改进总体生产工艺	改进配套组件
1997 年															1
1998 年					1	1									
2003 年			3		2					1		1			
2005 年										1					

续表

申请年份	改进加热原理	改进总体设计	改进加热装置结构	改进电源系统	改进测控技术	改进加热技术	改进阻燃绝热	增加辅助功能	改进烟草段结构	改进配方及添加剂	改进烟草段生产工艺	改进辅助材料	改进烟嘴	改进总体生产工艺	改进配套组件
2006 年	1		1			1			1						
2007 年			1		1										
2009 年				1	5			1							
2010 年		1	2	1	3	3				1					1
2011 年		1	2						1	2		1			
2012 年	8	3	15	4	7	3	6		2	1					1
2013 年	2		7		2	3			5	3	4		1	2	
2014 年		2	14		3	2			11	10	1	1			
2015 年	11	2	7	2	12	1		1	5	4	3				5
合计	22	9	52	8	36	14	6	2	25	23	8	3	1	2	8

表 9.14 国内烟草行业外电加热型新型卷烟专利功能效果分布

申请年份	提高感官质量	提高加热效果	提高测控性能	减少烟气有害成分	使用携带方便	提高使用安全性	清洁环保	降低使用成本	延长产品寿命	节约电能	降低生产成本	提高智能化水平	减少侧流烟气	医疗保健功效	提高生产效率	丰富产品功能
1997 年					1		1									
1998 年												1				
2003 年	1		2			2							1			
2005 年	1															
2006 年	1		1		1											
2007 年	1															
2009 年			1	2	1	1						1				1
2010 年	1	2	3		1					1	1					
2011 年	4				1	2										
2012 年	6	17	3	1	10	3	3			3		1				
2013 年	5	7	1	3		3			5		1					
2014 年	15	11	2	1	1	8				1		2				
2015 年	1	3	9	1	5	6	1		2	1	2	3			1	1
合计	36	40	22	8	21	25	5	0	7	6	4	8	1	0	1	2

从技术措施角度分析，国内烟草行业外申请人针对电加热型新型卷烟的技术改进措施涉及加热原理、

总体设计、加热装置结构、电源系统、测控技术、加热技术、阻燃绝热、辅助功能、烟草段结构、配方及添加剂、烟草段生产工艺、辅助材料、烟嘴、总体生产工艺、配套组件共15个方面。数据统计表明，技术改进措施主要集中在加热装置结构，专利数量占23.7%。其次是检测与控制技术，专利数量占16.4%。然后是烟草段结构、烟草配方及添加剂、加热原理，专利数量分别占11.4%、10.5%、10.0%。

从功能效果角度分析，国内烟草行业外申请人针对电加热型新型卷烟进行技术改进所实现的功能效果包括提高感官质量、提高加热效果、提高测控性能、减少烟气有害成分、使用携带方便、提高使用安全性、清洁环保、延长产品寿命、节约电能、降低生产成本、提高智能化水平、减少侧流烟气、提高生产效率、丰富产品功能共14个方面。数据统计表明，技术改进所实现的功能效果主要集中在提高加热效果，专利数量占21.5%。其次是提高感官质量，专利数量占19.4%。然后是提高使用安全性、提高测控性能、使用携带方便，专利数量分别占13.4%、11.8%、11.3%。

从实现的功能效果所采取的技术措施分析，提高加热效果，优先采取的技术措施是改进加热装置结构，其次是改进加热原理；提高感官质量，优先采取的技术措施是改进烟草配方及添加剂，其次是改进加热装置结构；提高使用安全性，优先采取的技术措施是改进测控技术；提高测控性能，优先采取的技术措施是改进测控技术；提高使用的方便性、便携性，优先采取的技术措施是改进电源系统，其次是改进加热装置和配套组件。

从研发重点和专利布局角度分析，鉴于改进加热装置结构和检测控制技术方面的专利申请，以及提高加热效果和感官质量方面的专利申请所占份额较大并且总体呈上升趋势，因此综合考虑上述信息可以判断：通过改进加热装置结构和加热原理来提高加热效果，通过改进烟草配方及添加剂、加热装置结构来提高感官质量，以及通过改进测控技术来提高测控性能和使用安全性等技术领域，是国内烟草行业外申请人针对电加热型新型卷烟专利技术的研发热点和布局重点。

从关键技术角度分析，国内烟草行业外申请的专利所涉及的电加热型新型卷烟关键技术涵盖了电加热技术、检测与控制技术、烟草配方与添加剂技术。

2. 具体技术措施及其功能效果分析

国内烟草行业外申请人针对电加热型新型卷烟的技术改进措施主要集中在加热装置结构、检测与控制技术、烟草段结构、烟草配方及添加剂、加热原理等方面，旨在实现提高加热效果、感官质量、使用安全性、测控性能、使用的方便性及便携性等方面的功能效果。

①改进加热装置结构的技术措施及其功能效果主要体现在以下几个方面：

采用电磁感应加热装置，提高加热效果，节约电能。菲利普·莫里斯公司设计了基于电磁感应原理的加热装置(1)，内部配置了电磁感应线圈(15)。烟草材料(20)中的感应元件(22)在感应线圈产生的高频磁场的作用下发热，加热烟草材料，具有能量转换效率高的特点(CN201580000916.X；CN201580007754.2)。

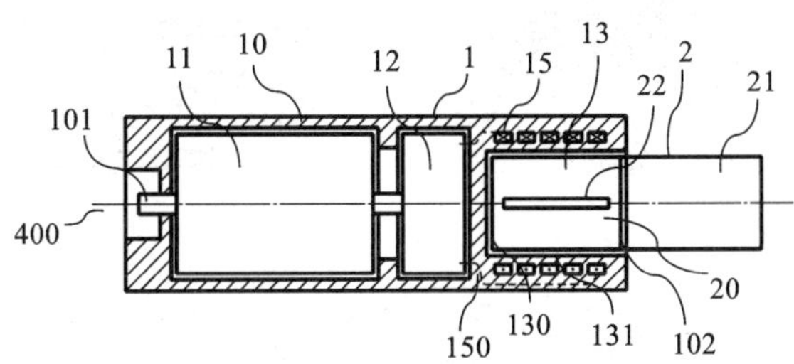

英美烟草公司研发的电磁感应加热装置，其中的感应材料(5)在电磁发生器(9)的作用下产生热量并传递给储热材料(7)，储热材料(7)具有吸收热量和在相对长的时间释放热量的特性，可对管状烟草材料(2)进行有效加热并产生足够的烟气(CN201380048636.7)。

采用新型加热元件，提高加热效果。英美烟草公司研发了陶瓷加热元件，将加热电阻(3b)分层烧结在陶瓷衬底(3a)的表面或内部，通过电阻加热陶瓷衬底来加热烟草材料，具有良好的加热效果(CN201480017532.4)。

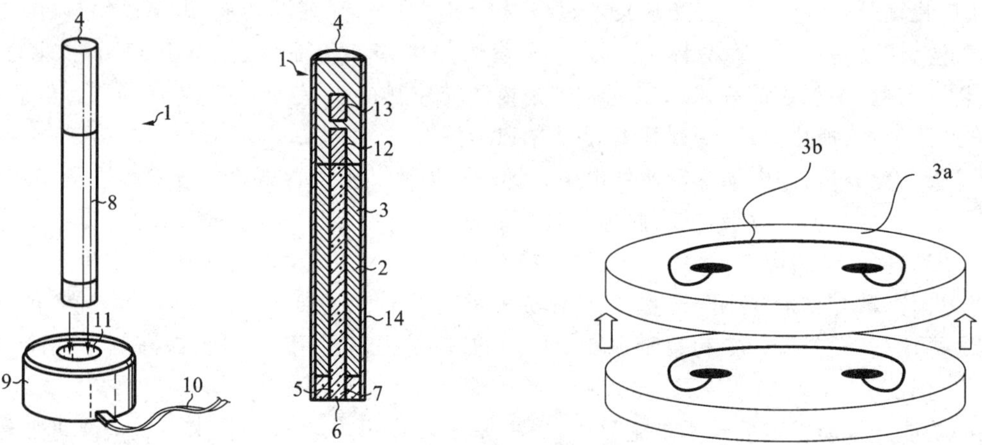

普维思信(北京)科技有限公司研发的陶瓷加热环,采用氧化铝陶瓷与加热丝烧结而成,相比 PTC 材料的陶瓷可节能 20%。采用陶瓷加热环对烟芯加热,受热面积为圆柱面,受热面积大,具备热传导、热辐射、热对流三种传热方式以及远红外热辐射的传热途径,加热效率高(CN201410369913.0)。

另外,由于聚酰亚胺薄膜具有突出的耐高温、耐辐射、耐化学腐蚀和电绝缘性能,可在 250~280 ℃空气中长期使用,英美烟草公司据此研发了一种聚酰亚胺薄膜加热器,厚度介于 0.2 mm 和 0.0002 mm,具有良好的加热效果(CN201380021387.2)。

采用绝热设计,提高加热效果。英美烟草公司在加热腔与加热装置表面之间设置了绝热构件。该绝热构件为空心结构,内部填充聚合物、气凝胶等多孔材料或抽真空,内表面涂覆红外线辐射反射材料,减少了红外辐射向外传播,降低了加热装置表面温度,提高了加热效果(CN201280030681.5;CN201610804046.8)。

研发含有一次性加热元件的组合式烟弹,提高加热效果和感官质量。菲利普·莫里斯公司在烟弹(200)容器盖(102)上设置电阻加热元件(104),能更加有效地将热量传递给烟草材料(CN201580019161.8)。英美烟草公司在烟弹(21)内部嵌入或外部包裹一个或多个网状或线圈状电阻加热元件(23),提高了传热效率,获得了更好的加热效果。一次性加热元件用完就丢弃,可避免烟气冷凝物污染加热元件,加热效果好,免于清洗(CN201480073324.6)。R.J.雷诺兹烟草公司将发烟材料与一次性电阻加热元件成型为一体,制成含有加热元件的吸烟制品(150),避免了加热元件的污染,保证了加热效果和烟气成分的有效释放(CN201380025387.X)。

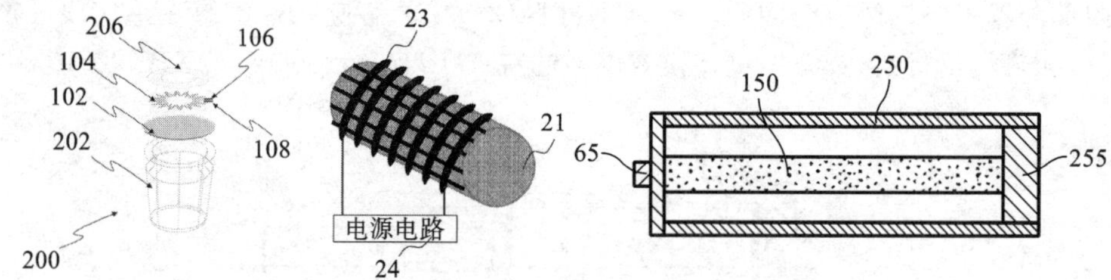

采用内外组合加热装置,提高加热温度的均匀性。单独使用内部加热器,可将热量高效地提供给烟草材料,比使用外部加热器具有更小的热量损失,但是难以对整个烟草材料均匀地加热到最佳温度范围。菲利普·莫里斯公司采用内部加热元件(22)、外部加热元件(24、26)同时加热的方式,内部加热元件温度控制在 320~420 ℃,外部加热元件温度控制在 100~200 ℃。该加热方式克服了单独内部加热或单独外部加热的不足,烟草材料整体加热温度更加均匀。另外,内外加热方式可采用比单独内部加热或单独外部加热更低的加热温度,避免烟草材料高温热解(CN201280060098.9)。

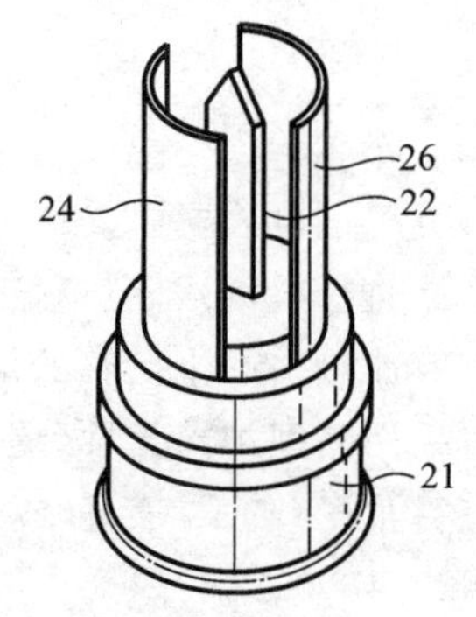

深圳市合元科技有限公司设计的中空加热元件,可对烟草材料的内外表

面进行加热，加热的接触面积大，加热速度快，温度分布均匀(CN201420049360.6)。

设计分段加热装置，提高烟气的一致性，节约电能。英美烟草公司在加热装置(1)中设计了沿加热装置纵向轴线按顺序布置的多个可独立控制的加热元件(3)，可插入烟草材料(5)的空腔中，分段、顺序地加热烟草材料(5)的不同部位，提高了加热效果，保证了烟气的一致性和消费者的抽吸品质(CN201280029767.6；CN201280029745.X)。

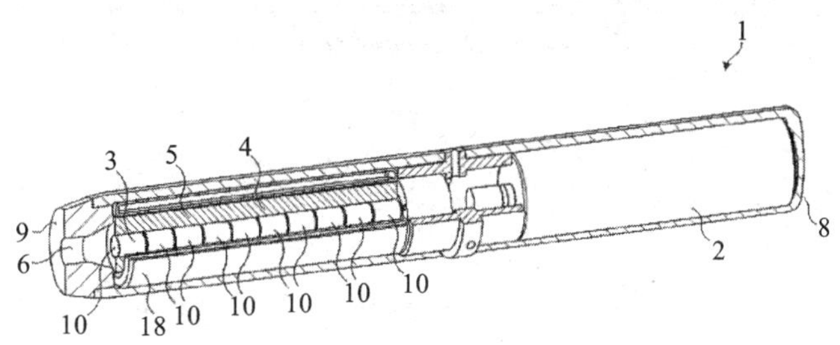

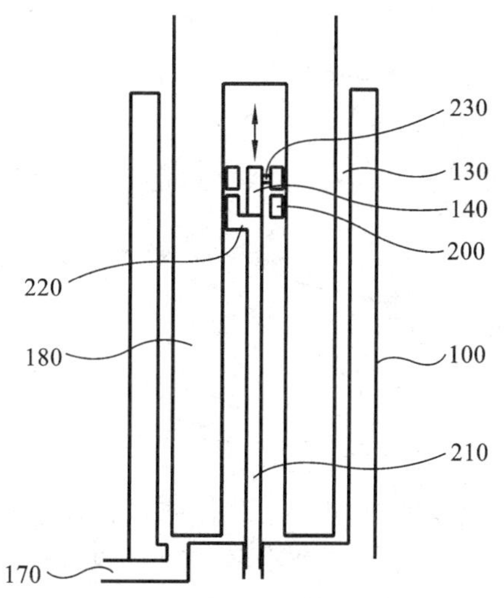

采用移动加热装置，提高烟气的一致性，节约电能。为高度模仿传统卷烟的顺序燃烧状况，菲利普·莫里斯公司设计了移动式加热装置。每当气流传感器检测到一次抽吸信号，加热装置就控制加热元件(230)在烟草材料(180)的空腔中移动一段距离，实现了对烟草材料的顺序加热，提高了加热效果。另外，由于每次加热烟草材料的不同部位，因而保证了烟气的一致性和消费者的抽吸品质(CN201280052506.6)。

设计烘烤—雾化组合式加热装置，提高感官质量。上海聚华科技股份有限公司、刘团芳、刘秋明等设计的吸烟装置将烘烤装置和雾化器结合为一体，可在加热传统卷烟或烟草材料的同时雾化电子烟液，弥补了烟气的不足，调节了烟气的口味，可使消费者既能感受电子雾化器大烟雾的快感又能享受真实的烟草味道。其中，上海聚华科技股份有限公司在固体加热基础上，增加了超声液体雾化方式，可以实现单独使用固体加热、烟液超声雾化，也可同时使用固体和液体两种方式。(CN201410151947.2；CN201420182885.7；CN201510143183.7；CN201110193269.2；CN201410607127.X)。

研制传统烟草制品加热器，降低使用和生产成本。菲利普·莫里斯公司设计了一种适用于传统卷烟、雪茄或小雪茄(24)的电加热装置(20)，加热温度控制在 160～200 ℃，降低了传统烟草制品的危害和消费者的使用成本。另外，该电加热装置可由普通电子元件、便宜的材料制成，降低了生产成本(CN200680036218.6)。

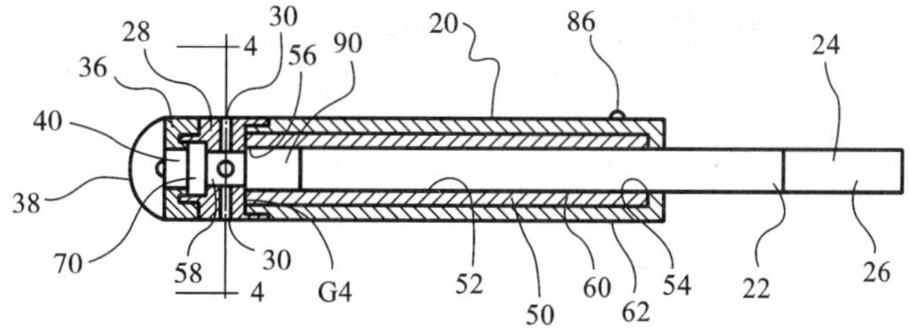

采用局部加热装置，减少加热器的烟气冷凝物，节约电能。菲利普·莫里斯公司采用环状加热元件(113)加热烟草材料(105)。由于环状加热元件仅部分地环绕加热烟草材料，烟草材料的未被加热部分可有效过滤加热产生的烟气，从而减少了烟气在加热装置(103)内壁上的冷凝，减少了消费者的清理工作，另外也节约了电能(CN201080053099.1)。

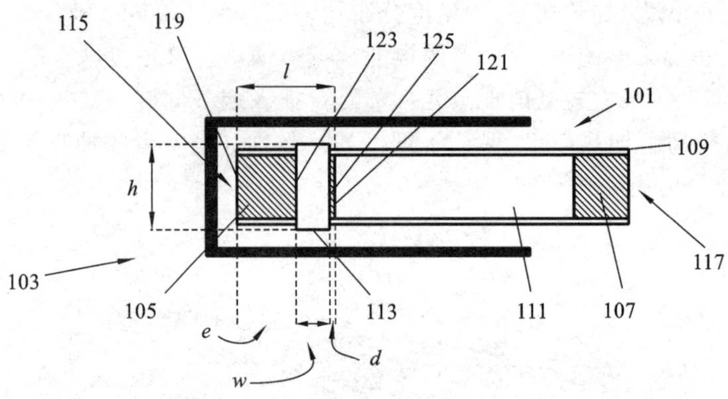

菲利普·莫里斯公司设计了一种由多个细长加热元件(107)组成的内加热器,具有一定的弹性,可插入烟草材料(115)内腔中对其局部直接接触加热,同样起到了减少烟气在加热元件上冷凝的效果(CN201080063409.8)。

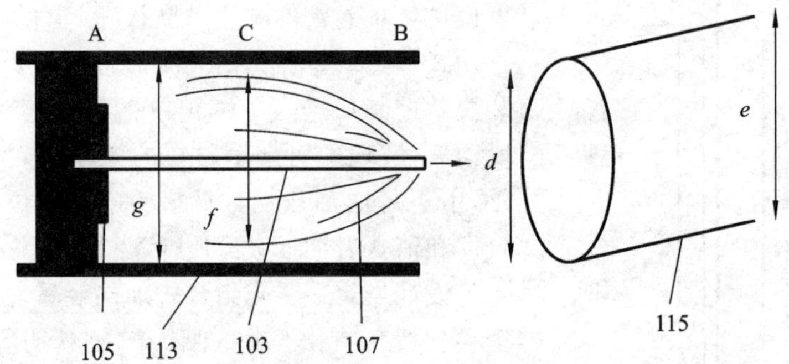

采用人性化设计,提高使用携带的方便性和安全性。菲利普·莫里斯公司采用分体式设计,减小加热装置体积。具体是将加热装置设计为主单元(103)和次级单元(105)2个部分,分别具有独立的电源系统。主单元设计成传统翻盖烟盒形式,用于容纳次级单元和烟草制品(107),并能为次级单元充电。次级单元设计得比较小,尺寸接近传统卷烟,可为其中的加热元件供电,加热烟草制品。在预加热模式,次级单元将烟草制品的温度升高至操作温度。在吸烟模式,次级单元将烟草制品的温度保持在操作温度。在充电模式,主单元为次级单元充电,使其获得足够的电量(CN201180062601.X)。

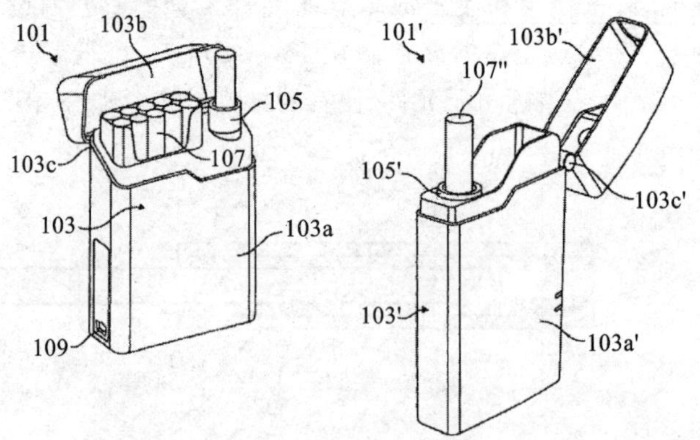

菲利普·莫里斯公司在加热装置上设计了冷却机构。该加热装置(100)包括一个具有外表面和内表面的壳体(10)。内表面构成可容纳烟草制品的空腔(22)。空腔内设有可插入烟草制品的加热元件(14)。从进气口(26)延伸至空腔内部构成第一气流通道(28)。从空腔内部延伸至嘴件部分(24)构成第二气流通道。这样设置气流通道一方面可减少消费者的手堵塞进气口的风险,另一方面可增强加热装置外壳的冷却效果,降低外壳的温度,提高消费者使用的舒适感(CN201280070578.3)。

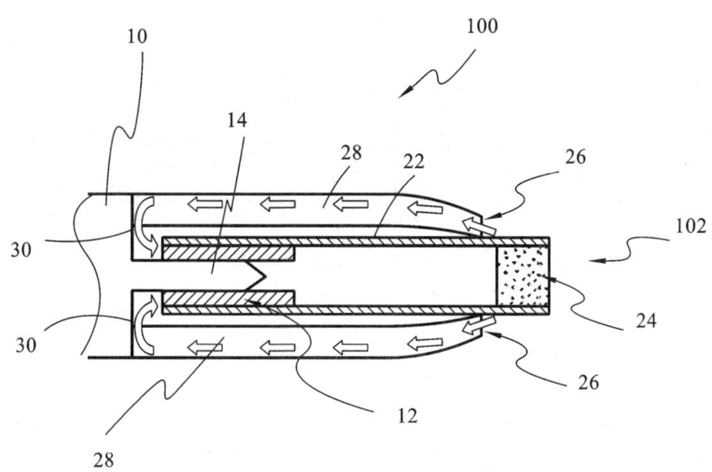

菲利普·莫里斯公司在加热装置上设计了取烟机构。该取烟机构包括：滑动接收器(105)，用来接收烟草制品；套筒(103)，用来接收滑动接收器。滑动接收器在套筒中在第一位置与第二位置之间可以滑动。在第一位置，烟草制品被定位以便由加热器(115)加热。在第二位置，烟草制品与加热器分离。该取烟机构便于消费者将使用过的烟草制品从加热装置中移除，并基本保持烟草制品的完整性(CN201280063987.0)。

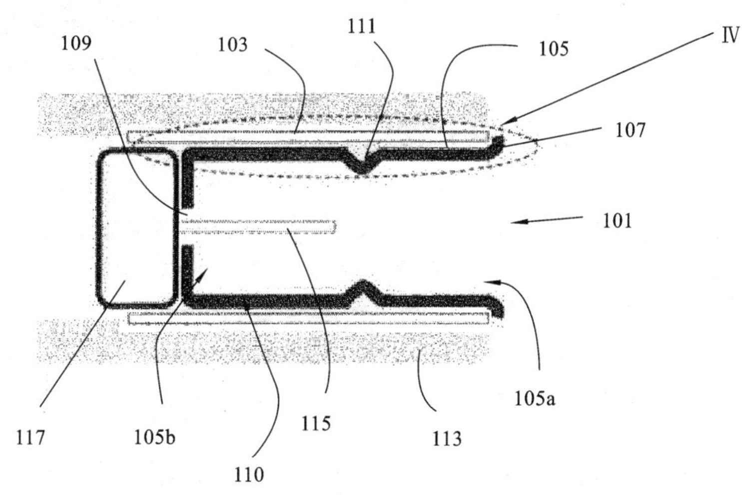

菲利普·莫里斯公司将加热装置截面设计成多边形，既可避免加热装置在平面滚动，又可方便消费者夹持(CN201280070054.4)。

②改进检测与控制技术的技术措施及其功能效果主要体现在以下几个方面：

改进检测技术，提高检测与控制水平。利用居里温度的原理，改进温度控制性能。居里温度，也称居里点或磁性转变点，由 19 世纪末著名物理学家皮埃尔·居里发现。居里温度是指材料可以在铁磁体和顺磁体之间改变的温度，即铁磁体从铁磁相转变成顺磁相的相变温度。也可以说是发生二级相变的转变温度。低于居里温度时该物质成为铁磁体，此时和材料有关的磁场很难改变。当温度高于居里温度时，该物质成为顺磁体，磁体的磁场很容易随周围磁场的改变而改变。根据居里温度的原理可研发多种温度控制元件。菲利普·莫里斯公司利用居里温度的原理提高了加热装置的温度控制精度。该加热装置(1)属电磁感应加热装置，电磁感应系统主要由感应线圈(L2)和感应元件(21)构成。其中的感应元件(21)由 2 种居里温度材料制成。第一种材料的居里温度可选择加热烟草材料的最高温度，第二种材料的居里温度可选择加热烟草材料的最低温度。当加热装置的加热温度升至最高温度时，第一种材料由铁磁体变为顺磁体，停止加热。当加热装置的加热温度降至最低温度时，第二种材料由顺磁体变为铁磁体，启动加热。利用居里温度的原理，有效提高了加热装置的检测与控制水平(CN201580007754.2；CN201580000653.2；CN201580000923.X)。

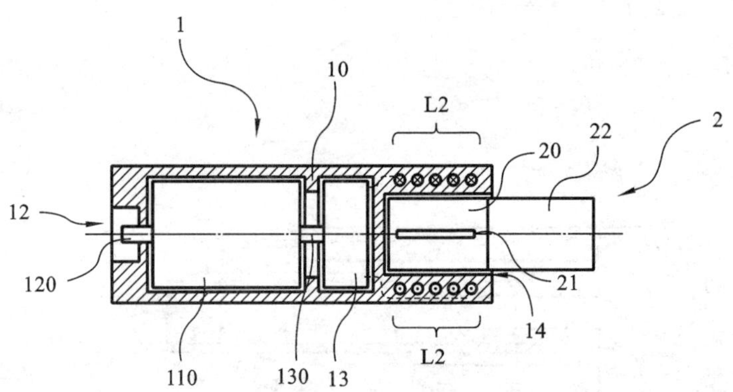

菲利普·莫里斯公司在绝缘材料上形成一个或者多个导电轨迹，该导电轨迹具有电阻温度系数特征，既可用作电阻加热器又可用作温度传感器，测控系统更加简洁，有效地节约了生产成本，减小了加热装置的体积（CN201510173883.0；CN201080048977.0）。

为了准确检测消费者抽吸动作和加热装置中是否存在烟草材料，菲利普·莫里斯公司设计的控制器一方面控制加热元件供电以维持目标加热温度，另一方面实时监控加热元件的温度的变化或供电变化，并以此作为反映消费者抽吸动作和存在烟草材料的检测信号。如果规定时间内的温度变化高于设定的阈值，则可能代表消费者进行了抽吸。如果将加热元件的温度保持在目标温度所需的能量比预期的小，则可能代表加热装置中没有烟草材料，或者可能是因为使用了不匹配的烟草材料，需将加热元件的供电减小到零，以避免加热装置的误动作。该方法省略了专用气流传感器和烟草材料检测元件，降低了加热装置的生产成本和结构的复杂性，提高了检测信号的可靠性、使用的安全性和智能化水平（CN201280060087.0；CN201280060088.5）。

优化温度检测与控制，减少烟气有害成分和冷凝物。菲利普·莫里斯公司通过检测加热元件的电阻率，换算出加热元件的温度，从而通过控制加热元件的最高温度低于释放有害成分的最低温度，避免了烟草材料的热解或燃烧，烟气中的甲醛等有害成分得以显著降低。该检测方法还节省了专用温度传感器及其占用的空间，简化了电路系统，降低了生产成本（CN200980110074.8；CN201210007866.6）。

另外，菲利普·莫里斯公司设计了控制加热温度的装置和方法，可对加热过程中目标温度的变化情况进行监控，一旦出现温度异常，其程序可自动控制减少脉冲电流周期或停止加热，降低了烟草材料热解或燃烧的风险（CN201380047266.5；CN201510908619.7）。

为减少烟气在加热元件上的冷凝物，菲利普·莫里斯公司将内热式加热元件的加热温度设置为两种，第一种温度控制到80～375 ℃，用于正常使用时接触加热烟草材料。第二种温度控制到430 ℃，用于烟草材料移除后，加热并挥发黏附在加热元件上的冷凝物，保持加热元件的清洁，避免影响加热效果和感官质量。加热元件的清洁程序可手动或自动启动。自动控制时，每当烟草材料移除加热装置，或者加热一定数量的烟草材料后，自动启动清洁程序（CN201280065324.2）。

改进气流检测与控制，提高抽吸的感官质量。菲利普·莫里斯公司在气流转向通道内设置了气流传感器，用以检测吸烟信号，精确控制加热系统启动或停止，避免加热系统误动作。该传感器可选用双热力式风速计、叶轮式风速计、压差传感器或应变传感器。传感器检测范围的设定与传统卷烟的抽吸阻力（RTD）一致，如 100 至 130 毫米水柱，可使消费者获得近似传统卷烟的抽吸阻力和吸烟时的轻松感（CN200380104509.0；CN200910168035.5）。

设置多种识别标志，提高智能化水平和使用安全性。菲利普·莫里斯公司在加热型卷烟上和加热器清洁用具上印制了多种识别信息，供加热装置上的检测元件正确识别并启动相应的加热或清洁程序，避免了消费者的误操作和加热装置的损坏（CN200980152284.3）；在烟草材料中掺入具有特殊光谱特征的标记物，加热装置可据此检测烟草产品的存在与否、产品的参数、产品的真伪等，并自动匹配相应的操作程序，提高了加热装置使用的安全性（CN201480062128.9）；另外，还可通过检测烟草产品的电阻特性，识别烟草产品的信息（CN201280062018.3）。

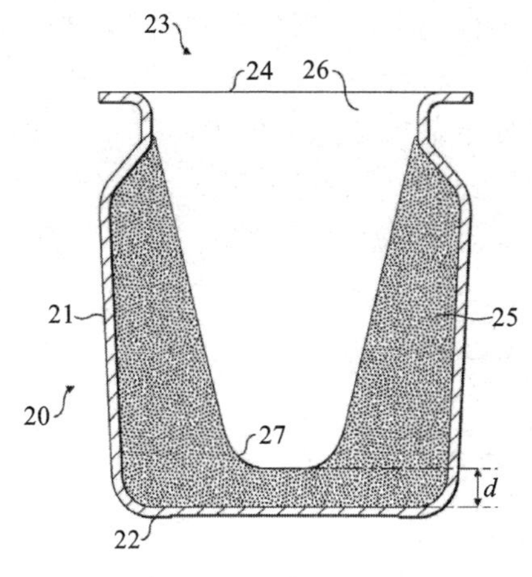

③改进烟草段结构的技术措施及其功能效果主要体现在以下几个方面：

改进烟草材料形状，提高感官质量。JT 国际公司将烟草材料(25)成型在胶囊状容器(20)中，容器外壳(21)由金属、结晶性或非结晶性的无机陶瓷材料或塑料材料制成，可经受 180 ℃的高温。容器开口(23)用铝箔(24)密封，插入加热装置进行加热时可被刺破，释放出烟气。其技术特征在于烟草材料(25)内部成型有截头圆锥形的空腔(26)，具有保持烟气释放一致性，减少抽吸阻力的效果(CN201480037571.0)。

研发含有一次性加热元件的组合式烟弹，提高加热效果和感官质量。菲利普·莫里斯公司在烟弹(200)容器盖(102)上设置电阻加热元件(104)，能更加有效地将热量传递给烟草材料(CN201580019161.8)。英美烟草公司在烟弹(21)内部嵌入或外部包裹一个或多个网状或线圈状电阻加热元件(23)，提高了传热效率，获得了更好的加热效果。一次性加热元件用完就丢弃，可避免烟气冷凝物污染加热元件，加热效果好，免于清洗(CN201480073324.6)。R. J. 雷诺兹烟草公司将发烟材料与一次性电阻加热元件成型为一体，制成含有加热元件的吸烟制品(150)，避免了加热元件的污染，保证了加热效果和烟气成分的有效释放(CN201380025387.X)。

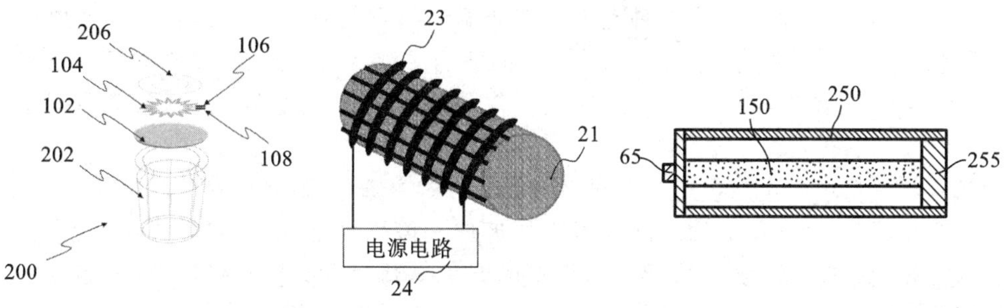

采用固-液组合式烟芯，提高感官质量。上海聚华科技股份有限公司、刘团芳、刘秋明等设计的吸烟装置将烘烤装置和雾化器结合为一体，可在加热传统卷烟或烟草材料的同时雾化电子烟液，弥补了烟气的不足，调节了烟气的口味，可使消费者既能感受电子雾化器大烟雾的快感又能享受真实的烟草味道。其中，上海聚华科技股份有限公司在固体加热基础上，增加了超声波液体雾化方式，可以实现单独使用固体加热、烟液超声雾化，也可同时使用固体和液体两种方式。(CN201410151947.2；CN201420182885.7；CN201510143183.7；CN201110193269.2；CN201410607127.X)。

设置烟气冷却元件，提高感官质量。由于加热型卷烟烟气具有比传统卷烟的烟气更高的感知温度，菲利普·莫里斯公司在碳加热型卷烟上设置了烟气冷却元件(40)，由聚乙烯、聚丙烯、聚氯乙烯、聚对苯二甲酸乙二醇酯、聚乳酸、醋酸纤维素以及铝箔所组成的片材制成，具有多个纵向延伸的通道，并且沿纵向方向具有 50%至 90%的孔隙度，总表面积为每毫米长度 300 mm² 至 1000 mm²。烟气形成基质(20)所形成的烟气通过冷却元件(40)时，温度冷却幅度大于 10 ℃，含水量降低 20%至 90%。另外，烟气冷却元件(40)含有相变材料，可吸收烟气热量，对烟气起到了良好的冷却效果，使消费者获得近似传统卷烟的温度感受(CN201280072200.7)。

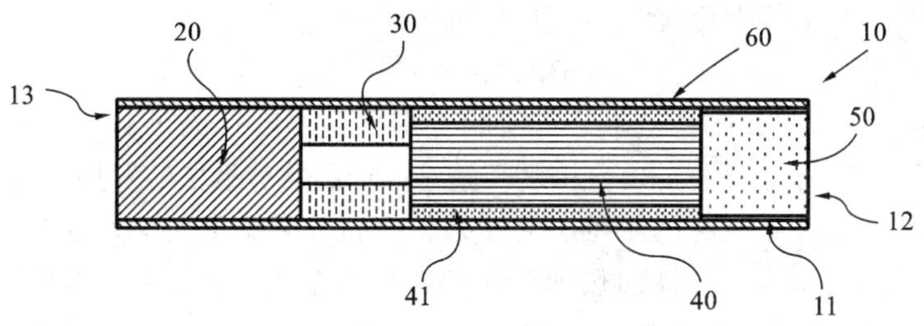

<u>设置塞状物，提高卷烟加热效果和清洁作用。</u>菲利普·莫里斯公司在加热型卷烟(1)中的烟草材料(7)的前部设置了一段塞状物(2)。该塞状物由陶瓷、聚合物、生物聚合物、金属、沸石、纸、硬纸板等材料制成，可防止烟草材料在使用和运输过程中从卷烟中泄漏，并可使烟草材料处于最佳的加热位置，获得最佳的加热效果，另外每当卷烟从加热元件(8)中抽出时，塞状物还可对加热元件进行擦拭，起到一定的清洁作用。

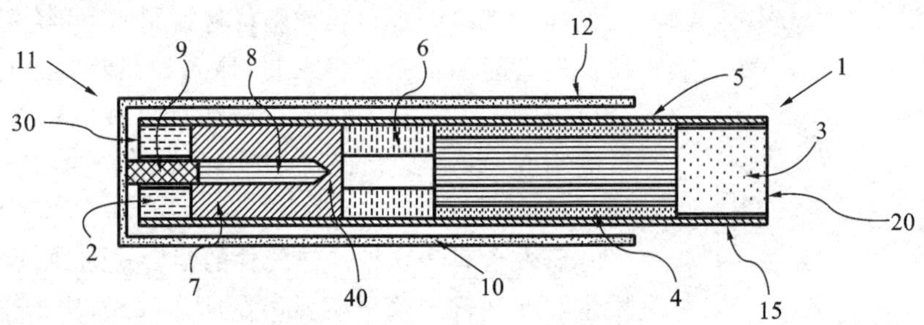

<u>采用生物降解材料，提高环保效果。</u>菲利普·莫里斯公司将具有生物降解作用的聚乙烯、聚丙烯、聚氯乙烯、聚对苯二甲酸乙二醇酯、聚乳酸、醋酸纤维素、淀粉基聚酯、纸等材料，应用于加热型卷烟的冷却元件，使卷烟具有了生物降解功能和环保效果(CN201280072118.4)。

④改进烟草配方及添加剂的技术措施及其功能效果主要体现在以下几个方面：

<u>采用香精香料控释技术，提高感官质量。</u>实验表明，加热型卷烟在抽吸时，烟草材料的不同区域具有不同的温度。据此，菲利普·莫里斯公司将具有不同释放温度的香精香料制成具有特定释放温度的微胶囊、包合物、超分子络合物、蜡封装物等，添加到烟草材料的适当区域，可起到人为控制香精香料释放的作用，达到最佳的增香效果，提高烟气的均匀性。另外也提高了香精香料的稳定性，延长了香精香料的储存期(CN200380102439.5；CN200580036230.2；CN201180015999.1；CN201480065827.9；CN201480066037.2)。

英美烟草公司将气溶胶发生剂包封在不同厚度阻隔材料中，通过阻隔材料的厚度来控制产品使用期间气溶胶发生剂的释出时机，使产品的抽吸流量图更加近似于传统卷烟，以达到传统卷烟的抽吸效果。其中阻隔材料可选择多糖(如藻酸盐/酯、右旋糖苷、麦芽糖糊精、环糊精和果胶)、纤维素(如甲基纤维素、乙基纤维素、羟乙基纤维素、羟丙基纤维素、羧甲基纤维素和纤维素醚)、明胶、树胶(如阿拉伯树胶、茄替胶、黄蓍树胶、刺梧桐树胶、刺槐豆胶、瓜尔胶、榅桲籽和黄原胶)、凝胶(如琼脂、琼脂糖、角叉菜胶、褐藻糖胶和红藻胶)等(CN201080046636.X)。

<u>添加香味前体物或香味剂，提高感官质量。</u>菲利普·莫里斯公司将含有硫醇的香味前体物添加到烟草配方中。加热时，香味前体物释放包含硫醇基团的香味化合物或香味化合物中间体以产生香味，与常规卷烟的香气更为相似。另外，由于香味前体物不挥发或比香味化合物不易挥发，因而不会赋予产品异味且保质期更长(CN201480060331.2)

菲利普·莫里斯公司研制的加热型专用烟草材料由两层经过褶皱处理的片状材料聚拢在一起并由包装材料包裹而成。第一层片状材料为再造烟叶；第二层片状材料为非烟草的聚合物片材、纸片材或金属片材，涂覆或浸渍有挥发性香味剂，如薄荷醇、柠檬、香草、橙、鹿蹄草、樱桃以及肉桂等。由于两层片状材料重叠布置，提高了香味剂在烟草材料中的含量和分布的均匀性(CN201380031712.3)。

<u>研发加热型专用再造烟叶产品及工艺，提高感官质量。</u>传统卷烟主流烟草烟气中存在的多种香味化合物是非极性的，为此，菲利普·莫里斯公司研制的加热型专用再造烟叶产品经过了褶皱处理，并添加了增塑剂和至少约5%重量百分比的柠檬酸三乙酯，增塑剂选用丙二醇、糖和多元醇的一种或多种，具有减少加热产生的烟气极性的作用，烟气更接近传统卷烟(CN201480051994.8)。

另外，菲利普·莫里斯公司为提高产品质量的均一性，规定了加热型专用再造烟叶产品的物理指标，发明了生产具有指定截面孔隙率和截面孔隙率分布值的专用再造烟叶产品的方法，其中截面孔隙率在0.15～0.45范围、截面孔隙率分布值在0.04～0.22范围的再造烟叶产品具有最佳的发烟效果(CN201580040188.5)。

<u>添加居里温度材料，提高检测控制性能和加热效果。</u>菲利普·莫里斯公司在烟草材料中添加了2种居里温度材料，第一种材料的居里温度选择加热烟草材料的最高温度，第二种材料的居里温度选择加热烟草材料的最低温度。当加热装置的加热温度升至最高温度时，第一种材料由铁磁体变为顺磁体，停止加热。

当加热装置的加热温度降至最低温度时，第二种材料由顺磁体变为铁磁体，启动加热，有效提高了加热装置的检测控制性能和烟草材料的加热效果。(CN201580007754.2；CN201580000653.2；CN201580000923.X；CN201580001022.2)。

增大烟芯的质量与表面积之比，降低烟芯燃烧或热解风险。菲利普·莫里斯公司将质量与表面积之比大于 0.09 mg/mm^2 的再造烟叶和 12%～25%重量百分比的气溶胶形成剂应用于烟草配方。一方面，由于再造烟叶具有较大的质量与表面积之比，单位面积吸收热量的能力增强，有效延迟了烟草材料温度的上升。另一方面，气溶胶形成剂可选择多元醇(例如三乙二醇、1,3-丁二醇、丙二醇和甘油)，多元醇酯(例如甘油单、二或三乙酸酯)，单、二或多羧酸的脂族酯(例如十二烷二酸二甲酯和十四烷二酸二甲酯)等，有助于形成致密且稳定的气溶胶，具有显著的抗热降解作用。两者结合使用可避免烟草材料因局部过热而发生燃烧或热解(CN201180009907.9)。

⑤改进加热原理的技术措施及其功能效果主要体现在以下几个方面：

采用电磁加热，提高加热效果和测控性能。电磁加热是利用电磁感应原理将电能转化成热能的加热方式，解决了通过热传导的电阻加热方式热效率低的问题。在国内烟草行业外单位或个人申请的 157 件电加热型新型卷烟中，有 15 件专利采用了电磁加热技术。

例如菲利普·莫里斯公司设计的基于电磁感应原理的加热装置，内部配置了电磁感应线圈。烟草材料中的感应元件在感应线圈产生的高频磁场的作用下发热，加热烟草材料，具有能量转换效率高的特点(CN201580000916.X)。

另外，菲利普·莫里斯公司还利用居里温度的原理，对加热装置的温度控制进行改进。

在烟草材料中添加了 2 种居里温度材料，第一种材料的居里温度选择加热烟草材料的最高温度，第二种材料的居里温度选择加热烟草材料的最低温度。当加热装置的加热温度升至最高温度时，第一种材料由铁磁体变为顺磁体，停止加热。当加热装置的加热温度降至最低温度时，第二种材料由顺磁体变为铁磁体，启动加热。有效提高了加热装置的测控性能和卷烟的加热效果(CN201580007754.2；CN201580000653.2；CN201580000923.X；CN201580001022.2)。

采用红外加热，提高加热效果。红外加热是通过红外辐射对物体加热，与电阻加热相比，具有穿透力强、热效率高、温度均匀性好等特点。在国内烟草行业外单位或个人申请的 157 件电加热型新型卷烟中，有 8 件专利采用了红外加热技术。

例如英美烟草公司采用的陶瓷红外加热器由氧化铝或氮化硅陶瓷嵌入电加热材料制成，可发射波长在 700 nm～4.5 μm 之间的红外辐射，与相同加热功率的普通陶瓷加热器相比，质量减少了 20%至 30%，具有热惯性低、启动快、加热迅速且均匀的特点(CN201610804046.8；CN201610804044.9；CN201610804043.4)。

9.3.1.3　国内烟草行业电加热型新型卷烟专利技术功效分析

1. 技术功效图表分析

分析研究国内烟草行业申请的电加热型新型卷烟专利的“权利要求书”和“说明书”，并依据研究制定的《新型烟草制品专利技术分类体系》，对专利涉及的技术措施和功能效果进行归纳总结，形成技术功效图 9.5，技术措施、功能效果分布表 9.15、表 9.16。

表 9.15　国内烟草行业电加热型新型卷烟专利技术措施分布

申请年份	改进加热原理	改进总体设计	改进加热装置结构	改进电源系统	改进测控技术	改进加热技术	改进阻燃绝热	增加辅助功能	改进烟草段结构	改进配方及添加剂	改进烟草段生产工艺	改进辅助材料	改进烟嘴	改进总体生产工艺	改进配套组件
2007 年		1	1						1			1			
2012 年			1												

续表

申请年份	改进加热原理	改进总体设计	改进加热装置结构	改进电源系统	改进测控技术	改进加热技术	改进阻燃绝热	增加辅助功能	改进烟草段结构	改进配方及添加剂	改进烟草段生产工艺	改进辅助材料	改进烟嘴	改进总体生产工艺	改进配套组件
2013 年	4	4	30		2	8			4	8	5		1	1	
2014 年	4	1	20				1		3	19	1				
2015 年			2			1			1	2	1				
合计	8	6	54	0	2	9	1	0	9	29	7	1	1	1	0

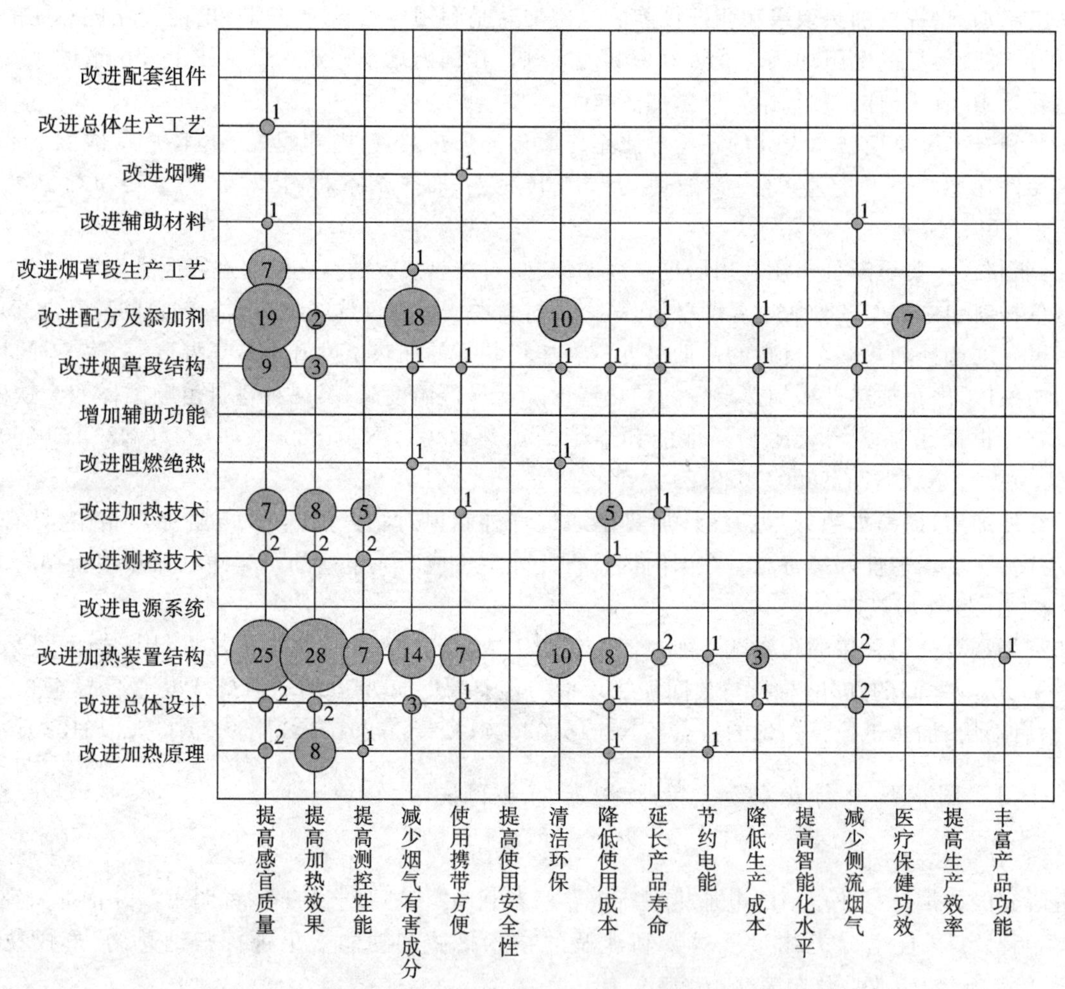

图 9.5　国内烟草行业电加热型新型卷烟专利技术功效图

表 9.16　国内烟草行业电加热型新型卷烟专利功能效果分布

申请年份	提高感官质量	提高加热效果	提高测控性能	减少烟气有害成分	使用携带方便	提高使用安全性	清洁环保	降低使用成本	延长产品寿命	节约电能	降低生产成本	提高智能化水平	减少侧流烟气	医疗保健功效	提高生产效率	丰富产品功能
2007 年	2										1		1			

续表

申请年份	提高感官质量	提高加热效果	提高测控性能	减少烟气有害成分	使用携带方便	提高使用安全性	清洁环保	降低使用成本	延长产品寿命	节约电能	降低生产成本	提高智能化水平	减少侧流烟气	医疗保健功效	提高生产效率	丰富产品功能
2012年	1	1														
2013年	24	19	6	6	6			7	1		1		2			1
2014年	15	10	1	18	1		9	1		1	2		1	7		
2015年	2	1			1		1		1							
合计	44	31	7	24	8	0	10	8	2	1	4	0	4	7	0	1

从技术措施角度分析，国内烟草行业申请人针对电加热型新型卷烟的技术改进措施涉及加热原理、总体设计、加热装置结构、测控技术、加热技术、阻燃绝热、烟草段结构、配方及添加剂、烟草段生产工艺、辅助材料、烟嘴、总体生产工艺共12个方面。数据统计表明，技术改进措施主要集中在加热装置结构，专利数量占42.2%。其次是改进配方及添加剂，专利数量占22.7%。然后是改进烟草段结构、加热技术和加热原理，专利数量分别占7.0%、7.0%、6.3%。

从功能效果角度分析，国内烟草行业申请人针对电加热型新型卷烟进行技术改进所实现的功能效果包括提高感官质量、提高加热效果、提高测控性能、减少烟气有害成分、使用携带方便、清洁环保、降低使用成本、延长产品寿命、节约电能、降低生产成本、减少侧流烟气、医疗保健功效、丰富产品功能共13个方面。数据统计表明，技术改进所实现的功能效果主要集中在提高感官质量，专利数量占29.1%。其次是提高加热效果，专利数量占20.5%。然后是减少烟气有害成分，专利数量占15.9%。

从实现的功能效果所采取的技术措施分析，提高感官质量，优先采取的技术措施是改进加热装置结构，其次是改进烟草配方及添加剂；提高加热效果，优先采取的技术措施是改进加热装置结构；减少烟气有害成分，优先采取的技术措施是改进烟草配方及添加剂，其次是改进加热装置结构。

从研发重点和专利布局角度分析，鉴于改进加热装置结构和改进烟草配方及添加剂方面的专利申请，以及提高感官质量和加热效果方面的专利申请所占份额较大，因此综合考虑上述信息可以判断：通过改进加热装置结构来提高加热效果和感官质量，以及通过改进烟草配方及添加剂来提高感官质量和减少烟气有害成分等技术领域，是国内烟草行业申请人针对电加热型新型卷烟专利技术的研发热点和布局重点。

从关键技术角度分析，国内烟草行业申请的专利所涉及的电加热型新型卷烟关键技术主要涵盖了电加热技术、烟草配方与添加剂技术，在检测与控制技术方面有所欠缺。

2. 具体技术措施及其功能效果分析

国内烟草行业申请人针对电加热型新型卷烟的技术改进措施主要集中在加热装置结构、烟草配方及添加剂、烟草段结构、加热技术和加热原理等方面，旨在实现提高感官质量、加热效果和减少烟气有害成分的功能效果。

①改进加热装置结构的技术措施及其功能效果主要体现在以下几个方面：

设计分段式加热装置，提高加热效果和感官质量。对于采取一体式加热方式的电加热装置，其卷烟烟气释放量不可控，不同抽吸口数之间感官差异较大。为此，浙江中烟设计了分段式加热器(13)，有5～6个中空陶瓷加热元件(18)，可逐次、逐段精确控制加热卷烟(8)，使不同抽吸口数间烟气量基本一致，并有效阻止因热量传递到卷烟其他部位而引起的热解反应。另外还可以提供和常规卷烟相近的抽吸口数，并为吸烟者随时暂停和重新开始抽吸新型卷烟提供了方便（CN201310636397.9；CN201320760932.7；CN201310636399.8；CN201310685161.4；CN201310685107.X；CN201320830412.9；CN201310689880.3）。

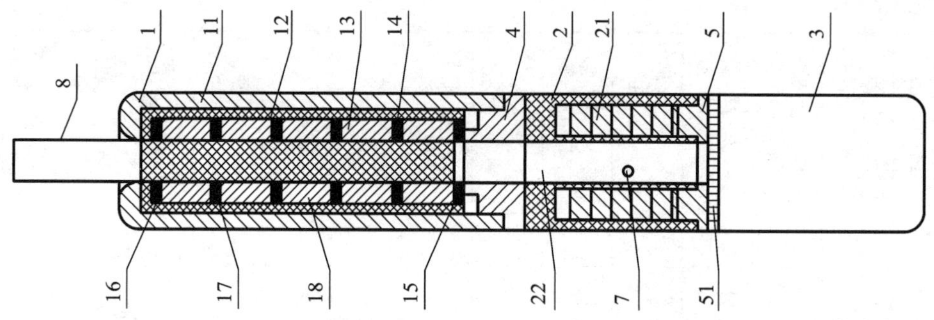

云南中烟设计的能调节烟雾量的智能加热器，由若干块独立控制的电阻加热片组成，加热顺序是从烟支的最远端向滤嘴端加热。每次抽吸时，最远端电阻加热片加热所产生的烟雾都会对后面排列的每块电阻加热片进行预热及烟熏，烟熏过程能够改善整个电加热卷烟的口感。同时加热器能根据用户抽吸力度大小开启不同数量的电阻加热片以调节发烟量，从而使消费者抽吸获得更贴近传统卷烟的主观感受(CN201320645115.7)。与之类似，上海烟草集团设计的梳状加热器具有多个可刺入烟草原料的独立控制的加热齿，各加热齿可在控制电路的控制下，按照设定的顺序依次、分组或全体对烟草原料加热，烟草原料的利用率高，加热释放的烟气稳定均匀(CN201410155236.2)。

另外，川渝中烟、浙江中烟在其电磁感应加热装置中也采用了分段加热设计(CN201410363326.0；CN201410363370.1；CN201310685066.4)。

采用移动加热装置，提高加热效果和感官质量。为解决烟草类物质受热均匀性、释放充分性及稳定性方面存在的问题，云南中烟在电加热卷烟上设置了步进式推进装置(4)，如“螺式”旋转推进装置、“口红式”旋转推进装置或“曲臂式”点压推进装置，可逐步推进烟草填充物(7)使其均匀受热，并稳定地释放出填充物中的烟草类致香物质。该发明较好地模拟了卷烟逐步燃烧的过程，能给卷烟消费者愉悦的吸烟享受(CN201410060253.8)。

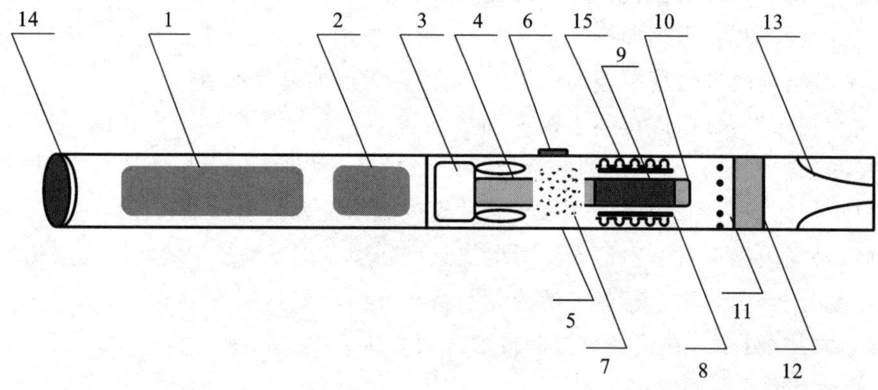

广东中烟在加热装置上设置了调节部件，可带动加热元件移动。消费者可根据需要通过调节部件来控制加热烟料的多少，获得适宜的烟香浓度，而且加热更加均匀(CN201310754852.5)。

设计烘烤—雾化组合式加热装置，提高感官质量。针对加热型卷烟烟雾量不足导致消费者在抽吸体验上与传统卷烟相比存在较大差异的问题，云南中烟在加热装置上设置了烟草制品加热区(10)和烟油雾化区(9)。烟草制品加热区可容纳由烟丝、烟草薄片、烟草粉末等成型的烟草棒。烟油雾化区用于存储液态或固态烟油。该加热装置通过加热烟草制品使其发烟，同时烟草制品将热量传递至烟油雾化区使烟油雾化产生烟雾，通过烟嘴部分的空腔混合，最终产生烟雾浓度大、烟草香味足的烟气，满足消费者抽吸的感官体验。另外，该加热装置采用一个加热元件同时加热烟草制品和烟油，实现了热能的充分利用(CN201310527002.1；CN201320679003.3)。

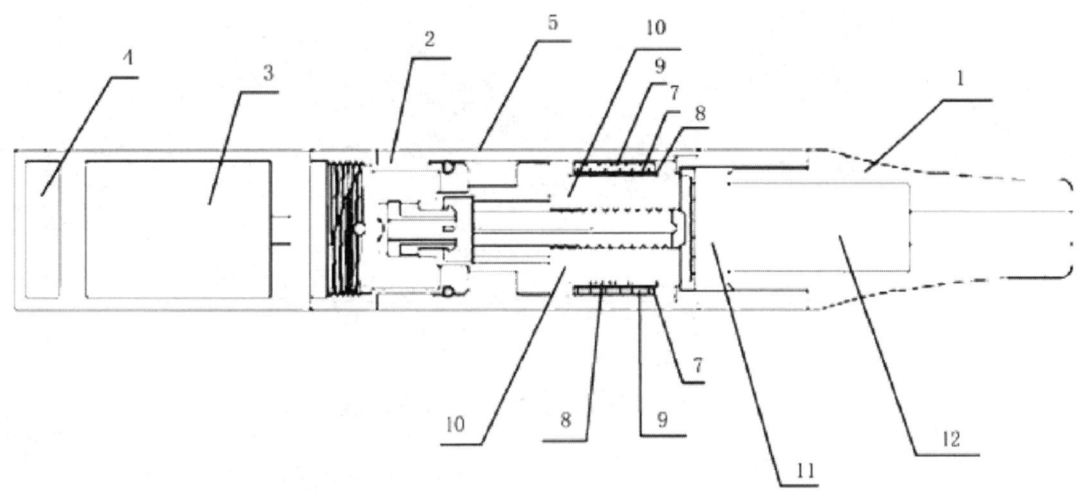

云南中烟研制的可视加热雾化型卷烟，加热区内部填充烟丝或再造烟叶等填充物(3)，雾化区中设置有贮液腔(6)，同样兼具电子烟及电加热卷烟的双重优势，解决了两者存在的香气量、烟雾量不足的问题。另外，该产品外壳(4)采用了隔热透明材质，外观设计新颖，可让消费者获得独特的视觉体验(CN201320287208.7)。

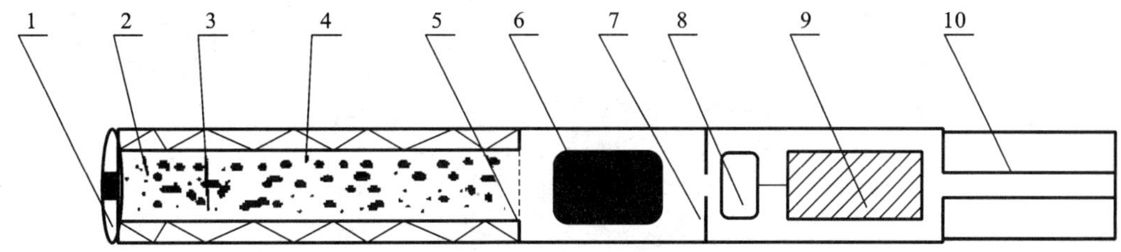

设计化学反应电加热装置，提高感官质量。湖北中烟设计的加热型卷烟由烟头(1)、烟腔(2)和烟嘴(3)组成。烟头(1)为密封腔体，内设加热装置(4)和烟雾发生器(5)。烟雾发生器(5)内有吸附挥发性酸的吸附材料。烟腔(2)也为密封腔体，内有浸润了烟碱的烟丝。使用时，电热丝(4.3)加热吸附材料挥发出酸性物质，进入烟腔(2)与浸润了烟碱的烟丝接触、混合，并发生酸碱中和反应，形成含有烟碱盐固体微粒的烟雾，使消费者得到满足感(CN201310129473.7)。

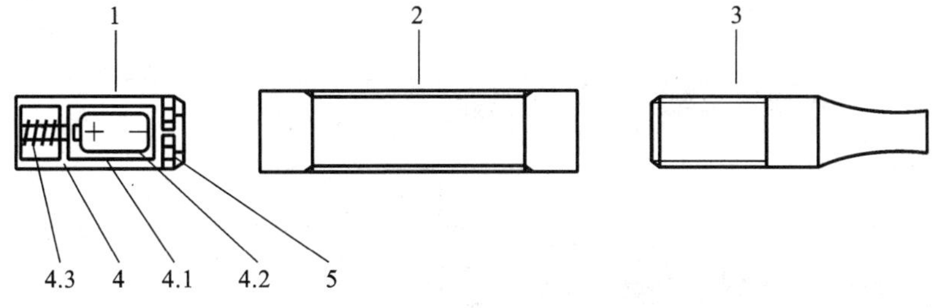

设计气流式加热装置，提高加热效果。为解决接触式加热存在的接触面有限、加热不充分的问题，湖北中烟设计了一种热空气和加热元件一起加热的热气流式加热装置，热空气气流能够均匀地流过烟草制品，对整个烟草制品进行加热，能够有效促进烟草制品挥发物的挥发和烟雾的产生。其中的热气流加热元件(4.1)为具有相同间距并横向布置的热气流加热丝、中空型或螺旋状热气流加热管，数目、密度根据实际需要选择。该结构可显著增加冷空气与加热元件的接触面积，提高热交换效率，使冷空气迅速升温并加热置于放置腔(5)中的具有一定疏松度的烟草制品(CN201310123081.X)。

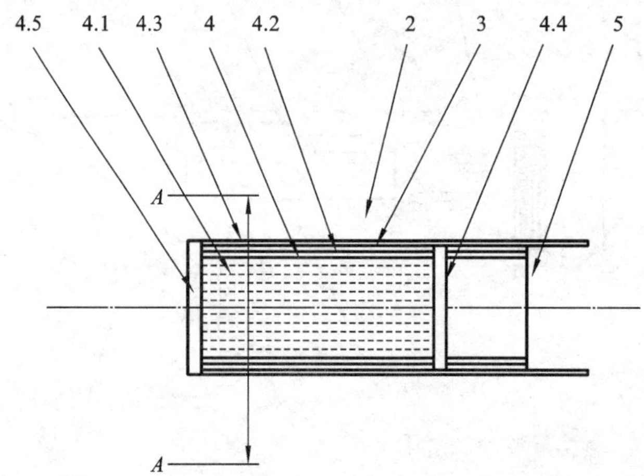

采用电磁感应加热装置，提高加热效果，节约电能。云南中烟设计的电磁感应加热器(7)包括了空腔铁芯(10)和缠绕在空腔铁芯(10)外周的螺线圈(11)。空腔铁芯(10)中的空腔用于容纳并加热烟草制品。该装置采用了电磁感应的方式进行加热，通过电磁感应原理将电能转化为热能，与传统的电阻型加热元件相比，具有使用寿命长、安全可靠、高效节能、准确控温、绝缘性好、加热快等优点(CN201410345009.6)。

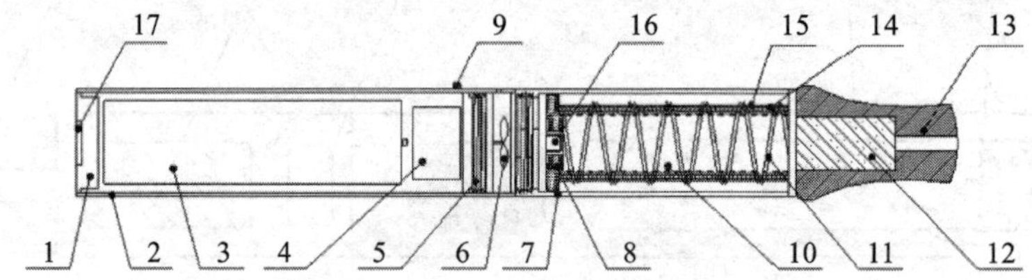

浙江中烟设计的电磁感应加热装置，其加热器(13)采用分段式结构，电磁加热元件(18)分成多段且独立控制，可分段、逐次加热卷烟(8)，不同抽吸口数间烟气量基本一致，具有热效高、恒温发热、控温精度高、稳定性好、使用寿命长的特点(CN201310685066.4；CN201320825672.7)。

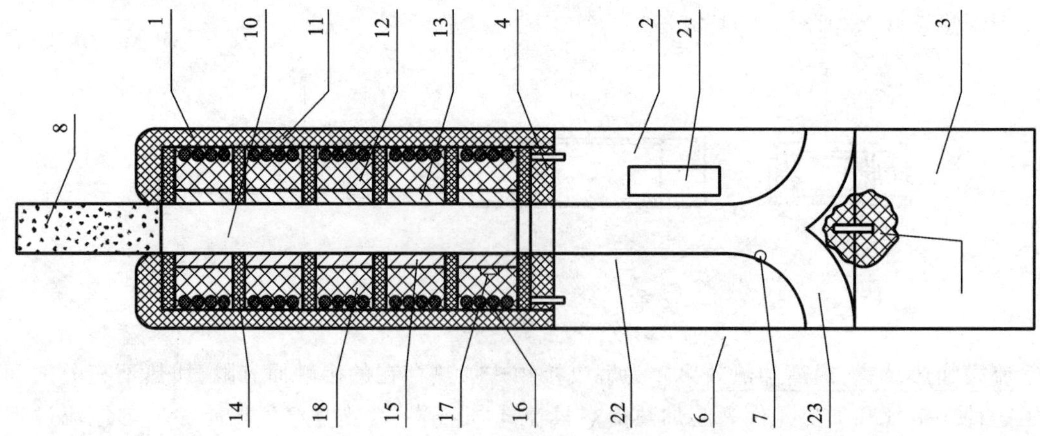

川渝中烟设计的电磁感应加热装置，可对内胆(23)、底盘(24)、柱形铁芯(25)加热，加热速度快，热效率高，加热更加均匀。另外，三级电磁感应系统(3、4、5)的设置实现了对烟草制品的分段加热，可在满足消费者感官抽吸品质的前提下实现节能(CN201410363326.0；CN201410363370.1)。

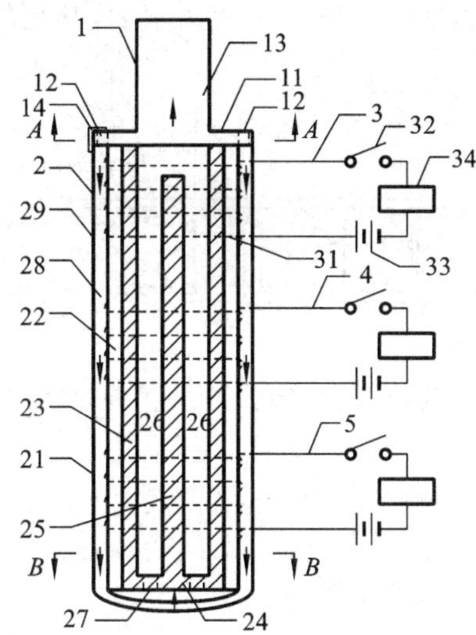

采用红外加热装置，提高加热效果。云南中烟研制的红外加热装置，电池段(1)通过电路为发热体(23)供电，使发热体(23)发热，通过热能反射罩(21)将发热产生的热能和红外线反射到加热段(3)，对烟草制品(33)进行加热。通过控制电路保持加热温度在 500 ℃以下，实现快速低温加热。隔热层(34)确保热量不散失，加强加热效果(CN201410094807.6)。

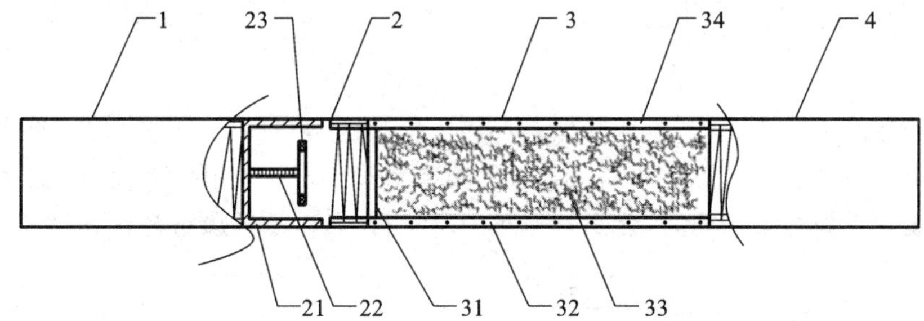

采用微波加热装置，提高加热效果。微波加热是通过被加热体内部偶极分子高频往复运动，产生"内摩擦热"而使被加热物料温度升高，无须任何热传导过程，就能使物料内外部同时加热、同时升温，加热速度快，已广泛应用于人们的日常生活中。郑州烟草研究院设计的微波加热抽吸装置，使用时将烟叶、烟草薄片、烟草提取物等不同形式的烟草材料放入陶瓷烟样杯(7)中，微波发生器(5)对烟样进行加热，产生的挥发物经由陶瓷烟样杯(7)侧壁透孔(3)、气流通道(9)、滤片(2)、滤嘴(1)进入口腔，使消费者获得满足感(CN201310298920.1)。

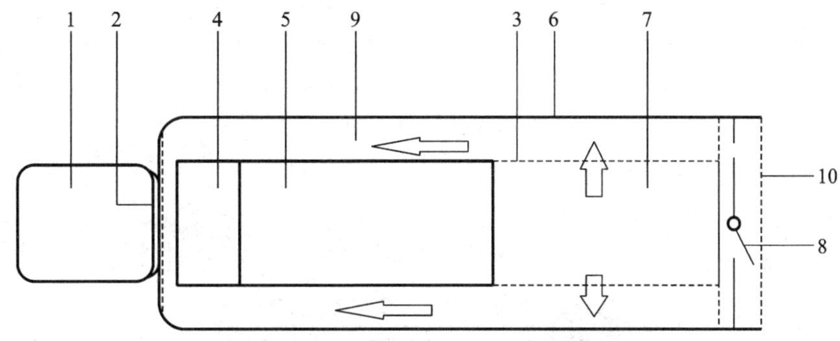

采用激光加热装置，提高加热效果。湖北中烟设计的光能加热装置，其发光模块(6)发出的激光一般为可见光，波长一般为 400 nm 到 700 nm 之间，如 405 nm 的蓝紫光、445 nm 的蓝光、532 nm 的绿光、650 nm 的红光等，发光功率一般为 50～20 000 mW，并可以根据烟草制品配方进行选择。发出的激光束经过变焦

环(7)聚焦在一个很小范围内，对烟草制品(13)加热，稳定性高，加热更加均匀(CN201310335698.8)。

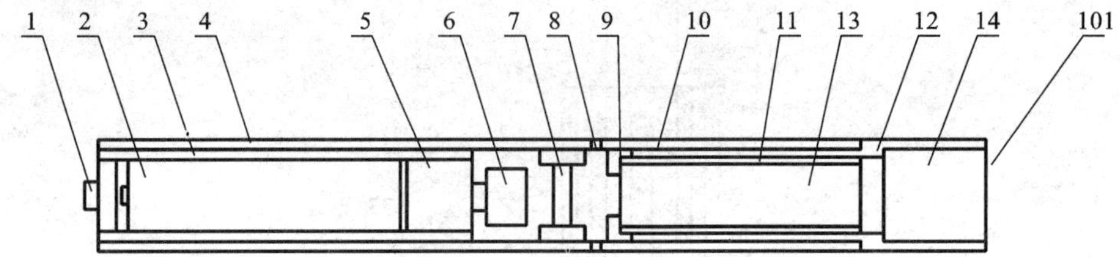

研发含有一次性加热元件的组合式烟弹，提高加热效果和使用的方便性。为减少消费者装填和清理烟草原料的烦琐过程，上海烟草集团研发了组合式烟弹。其中的加热器(11)为电热丝，导热层(15)对烟草(12)均匀加热产生烟气，通过过滤器(13)输出至烟嘴，供消费者抽吸。该烟弹具有加热均匀、可整体更换、使用方便的特点(CN201310597838.9;CN201320746926.6;CN201310143670.4)。

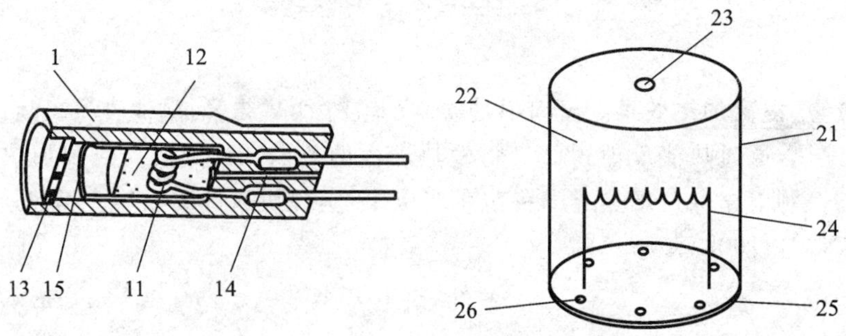

川渝中烟研发的加热不燃烧卷烟(21)，其烟支加热段(24)内围绕加热元件(27)填充有烟草材料(241)。加热装置(27)为电阻加热丝制造成螺旋卷曲形状或者由电阻加热丝平行排列布置，并且由金属或者碳棒或者陶瓷材料制造。该卷烟设计结构简洁，能高效地对烟草材料加热，烟气质量高(CN201420161713.1)。

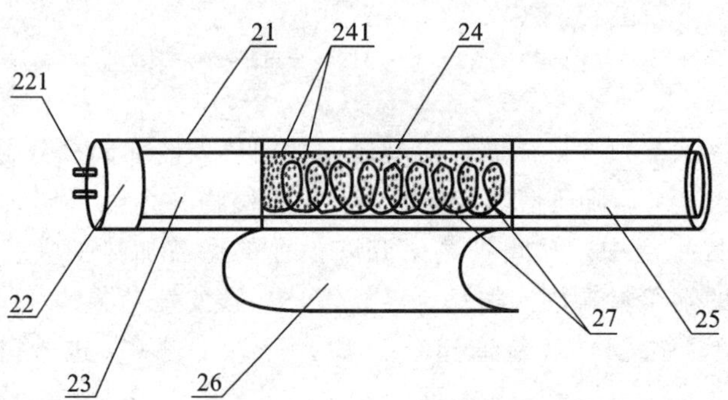

研制传统烟草制品加热器，降低使用和生产成本。川渝中烟研制了适用于 84 mm 和 100 mm 传统卷烟的电加热装置，属内加热模式，其加热元件由一组加热针(4)构成，可插入普通卷烟(1)的烟丝内，循环通电对烟丝进行加热产生香气。该加热装置结构简单，生产成本较低，使用方便，有利于广泛推广应用(CN201310633029.9)。川渝中烟研发的另一种适用于传统卷烟的电加热装置，则采用了电热丝环绕卷烟的外加热模式(CN201320779012.X)。

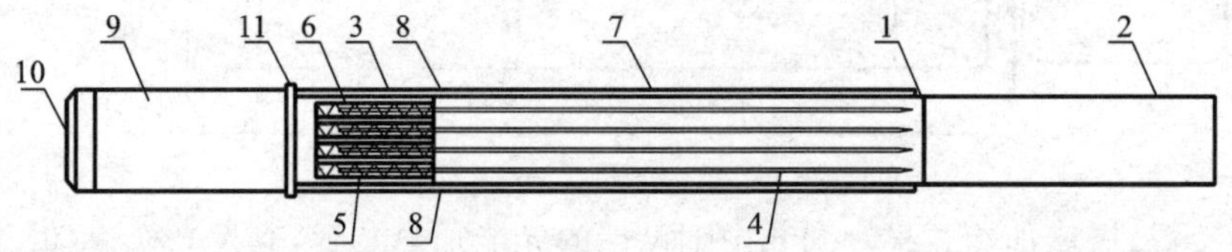

设计火焰启动装置，提高消费者感官体验。由于消费者长期抽吸传统卷烟养成了用打火机点烟的习

惯，在抽吸电加热型新型卷烟时，会本能地用打火机点烟，误将电加热装置烧坏。云南中烟在电加热装置的端部设计了火焰启动装置，供消费者用打火机的火焰接触启动装置，启动装置的测控元件因受热而启动加热装置。该专利保留了消费者用打火机点烟的方式和习惯，提高了电加热型新型卷烟的接受程度(CN201410344957.8)。

改进加热装置结构，提高使用的方便性和便携性。云南中烟将加热装置设计成侧向打开的形式，消费者只需将活动盖沿加热器侧向打开即可置入烟草制品，使用方便快捷(CN201310684961.4)；广东中烟的烟盒状烟料加热装置，内部整合了吸嘴收纳、加热、烟料填充、供电、控制等多个功能模块，方便用户使用和携带(CN201310754482.5)。

②改进烟草配方及添加剂的技术措施及其功能效果主要体现在以下几个方面：

研发加热型专用烟草材料制备方法，提高感官质量。郑州烟草研究院将烟草原料加热处理，调节烟草原料水分。室温冷却后施加糖苷类香味前体，放置以保证原料对香味前体的充分吸收。接着施加多元醇，并在密封状态下放置以保证烟草原料对多元醇的充分吸收。然后在温度 22 ℃、相对湿度 60%的环境中平衡 24～120 h，得到适用于加热非燃烧型烟草制品的烟草原料。该烟草原料在加热非燃烧状态下的烟气释放性能明显提高，烟气的感官品质明显改善，具有良好的满足感和舒适性(CN201310452339.0)。将烟叶原料用乙醇水溶液进行浸提，制备烟草提取物。将溶液与烟叶分离，得到烟草提取液，在减压条件下蒸发除去乙醇后，冷冻干燥得到固体烟草提取物。将固体烟草提取物和具有阻燃作用的金属氢氧化物颗粒混合后，加入溶剂充分分散形成黏稠状混合物，将黏稠状混合物干燥、粉碎后得到适用于加热非燃烧型烟草制品的烟草材料。该烟草材料在 200～400 ℃下加热所释放的烟气在浓度和劲头方面都具有良好的满足感，而且香气品质和感官舒适性也较好，还具有良好的阻燃作用(CN201310452465.6)。另外，研发了一种适用于加热非燃烧型烟草制品的烟草膜，在加热非燃烧状态下能够有效释放出烟气，而且所释放的烟气具有良好的感官品质；可以增强烟草原料在加热非燃烧状态下的烟气释放性能，提高烟气浓度。由于加有金属氢氧化物还具有良好的阻燃作用(CN201310452726.4)。

云南中烟将烟叶末、烟梗末、烟用香料、去离子水、藻酸盐、甘油等组分混合均匀制成烟浆，用模具成型为具有孔洞的圆柱形烟块，烘干后均匀喷洒烟用香精，经恒温恒湿平衡后制得加热非燃烧型卷烟烟块，提高了烟块的加热效率，明显增加了卷烟的抽吸口数(CN201410030011.4)。

河南中烟将烟草原料、水、阻燃剂、黏合剂、保润剂、烟用香精香料、防腐剂按比例混合均匀后，通过模具成型机制成单孔或多孔的蜂窝状圆筒形状的烟芯，切割、烘干得到加热型烟草制品。加热时可释放出烟草特有的香味成分，满足消费者需求(CN201410011712.3)。

研发加热型专用再造烟叶产品及工艺，提高感官质量。云南中烟用烟草原料直接打浆制备片基，取天然香料植物利用超临界 CO_2 流体萃取-分子蒸馏法提取致香成分，再将这些致香成分涂覆于片基上，得到加热型专用中温烟草材料。该烟草材料利用超临界 CO_2 流体萃取-分子蒸馏法的选择性，实现了天然香料植物中沸点介于 300～400 ℃的化学组分的定向提取，从而实现了中温烟草材料化学组分的调控，最大限度地保留了烟草原料本身所含的致香物质，香气丰富，烟气协调，感官舒适度较好，甜润感明显，清香特征突出(CN201310195250.0)。

上海烟草集团将烤烟、晒烟、晾烟、白肋烟、香料烟中的一种或几种组合在一起粉碎，然后添加酸度调节剂、膨松剂、保润剂、稳定剂/凝固剂、增稠剂、天然香精等，采用涂布、压铸或热塑的方式成型为加热型专用烟草材料。只需辅助加热即可产生含有尼古丁的烟气，满足吸烟者的要求(CN201310111651.3)。

湖北中烟将烟草提取物和天然植物提取物中的一种或多种混合得到片基喷涂物，再将片基喷涂物均匀涂布在烟草薄片片基上进行干燥处理，然后将雾化剂香料喷洒在烟草薄片片基上，干燥后得到电干馏型烟草薄片。该薄片的烟草本香与烟用香精香料浑然一体，具有很强的实用性(CN201310123050.4)。

添加具有药用价值的植物，发挥医疗保健功效，提高感官质量。川渝中烟在加热型烟草材料配方中除添加烟用香精、尼古丁溶液外，还添加了一系列具有药用价值的植物，如大枣、荷叶、茶末、薄荷、甘草、山楂、菊花、金银花、竹叶、桑叶、柑橘、食用菌、伞形花科蔬菜、茄科蔬菜、十字花科蔬菜、百合科蔬菜、葫芦科蔬菜等，达到养生保健的功效，并且抽吸体验更加舒适、丰富(CN201410148513.7；CN201410149219.8；

CN201410148266.0；CN201410147909.X；CN201410148378.6；CN201410147950.7；CN201410148286.8；CN201410148320.1；CN201410148426.1；CN201410149403.2；CN201410148430.8；CN201410148571.X；CN201410149228.7；CN201410149350.4；CN201410149417.4；CN201410149347.2；CN201410148303.8）。

利用化学反应装置，提高感官质量。湖北中烟研发的加热型卷烟，在加热时可挥发出酸性物质，与浸润了烟碱的烟丝接触、混合，发生酸碱中和反应，形成含有烟碱盐固体微粒的烟雾，使消费者得到满足感（CN201310129473.7）。

③改进烟草段结构的技术措施及其功能效果主要体现在以下几个方面：

采用固-液组合式烟芯，提高感官质量。针对加热型卷烟烟雾量不足导致消费者在抽吸体验上与传统卷烟相比存在较大差异的问题，云南中烟在加热装置上设置了烟草制品加热区和烟油雾化区。烟草制品加热区可容纳由烟丝、烟草薄片、烟草粉末等成型的烟草棒。烟油雾化区用于存储液态或固态烟油。该加热装置通过加热烟草制品使其发烟，同时烟草制品将热量传递至烟油雾化区使烟油雾化产生烟雾，通过烟嘴部分的空腔混合，最终产生烟雾浓度大、烟草香味足的烟气，满足消费者抽吸的感官体验（CN201310527002.1；CN201320679003.3）。

云南中烟研制的可视加热雾化型卷烟，加热区内部填充烟丝或再造烟叶等填充物，雾化区中设置有贮液腔，同样兼具电子烟及电加热卷烟的双重优势，解决了两者存在的香气量、烟雾量不足的问题。（CN201320287208.7）。

研发含有一次性加热元件的组合式烟弹，提高加热效果和感官质量。上海烟草集团研发的组合式烟弹，其中的加热器（11）为电热丝，导热层（15）对烟草（12）均匀加热产生烟气，通过过滤器（13）输出至烟嘴，供消费者抽吸。该烟弹具有加热均匀、可整体更换、使用方便的特点（CN201310597838.9；CN201320746926.6；CN201310143670.4）。

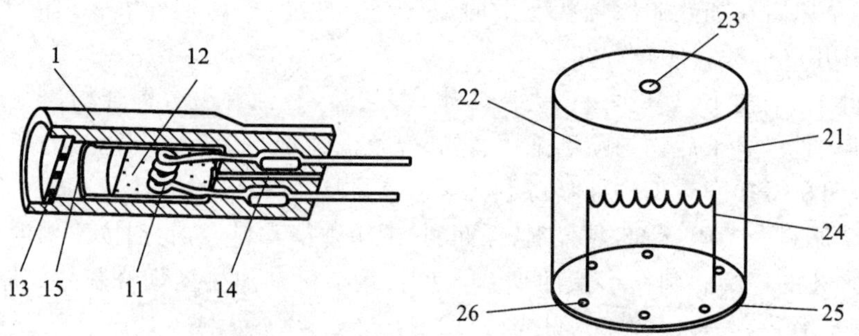

川渝中烟研发的加热不燃烧卷烟（21），其烟支加热段（24）内围绕加热元件（27）填充有烟草材料（241）。加热装置（27）为电阻加热丝制造成螺旋卷曲形状或者由电阻加热丝平行排列布置，并且由金属或者碳棒或者陶瓷材料制造。该卷烟设计结构简洁，能高效地对烟草材料加热，烟气质量高（CN201420161713.1）。

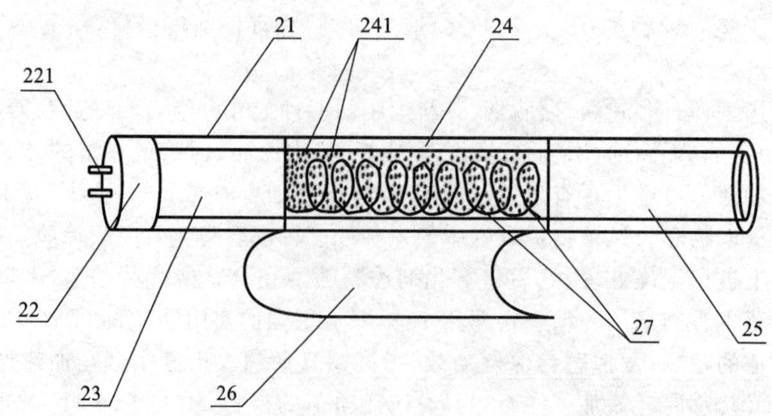

④改进加热技术的技术措施及其功能效果主要体现在以下几个方面：

采用分段加热方式，提高加热效果和感官质量。对于采取一体式加热方式的电加热装置，其卷烟烟气释放量不可控，不同抽吸口数之间感官差异较大。为此，浙江中烟设计了分段式加热器，有5～6个中空陶瓷加热元件，可逐次、逐段精确控制加热卷烟，使不同抽吸口数间烟气量基本一致，并有效阻止因热量传递到卷烟其他部位而引起的热解反应。另外还可以提供和常规卷烟相近的抽吸口数，并为吸烟者随时暂停和重新开始抽吸新型卷烟提供了方便（CN201310636397.9；CN201320760932.7；CN201310636399.8；CN201310685161.4；CN201310685107.X；CN201320830412.9；CN201310689880.3）。

云南中烟设计的能调节烟雾量的智能加热器，由若干块独立控制的电阻加热片组成，加热顺序是从烟支的最远端向滤嘴端加热。每次抽吸时，最远端电阻加热片加热所产生的烟雾都会对后面排列的每块电阻加热片进行预热及烟熏，烟熏过程能够改善整个电加热卷烟的口感。同时加热器能根据用户抽吸力度大小开启不同数量的电阻加热片以调节发烟量，从而使消费者抽吸获得更贴近传统卷烟的主观感受（CN201320645115.7）。与之类似，上海烟草集团设计的梳状加热器具有多个可刺入烟草原料的独立控制的加热齿，各加热齿可在控制电路的控制下，按照设定的顺序依次、分组或全体对烟草原料加热，烟草原料的利用率高，加热释放的烟气稳定均匀（CN201410155236.2）。

另外，川渝中烟、浙江中烟在其电磁感应加热装置中也采用了分段加热方式（CN201410363326.0；CN201410363370.1；CN201310685066.4）。

采用移动加热方式，提高加热效果和感官质量。为解决烟草类物质受热均匀性、释放充分性及稳定性方面存在的问题，云南中烟在电加热卷烟上设置了步进式推进装置，如“螺式”旋转推进装置、“口红式”旋转推进装置或“曲臂式”点压推进装置，可逐步推进烟草填充物使其均匀受热，并稳定地释放出填充物中的烟草类致香物质。该发明较好地模拟了卷烟逐步燃烧的过程，能给卷烟消费者愉悦的吸烟享受（CN201410060253.8）。

广东中烟在加热装置上设置了调节部件，可带动加热元件移动。消费者可根据需要通过调节部件来控制加热烟料的多少，获得适宜的烟香浓度，而且加热更加均匀（CN201310754852.5）。

采用陶瓷加热元件，提高加热效果。电热陶瓷材料是将电热丝和陶瓷经过高温烧结，固着在一起，是一种新型高效环保节能的发热元件。电热陶瓷具有电热转换效率高、升温快、耐高温、耐腐蚀、热化学稳定性好等优点。郑州烟草研究院设计的陶瓷加热元件由陶瓷管（1）以及设置在陶瓷管底部的陶瓷底板（3）构成，陶瓷底板（3）上开设有通气孔，陶瓷管（1）管壁中均匀布置有电热丝（2）（CN201520532205.4）。

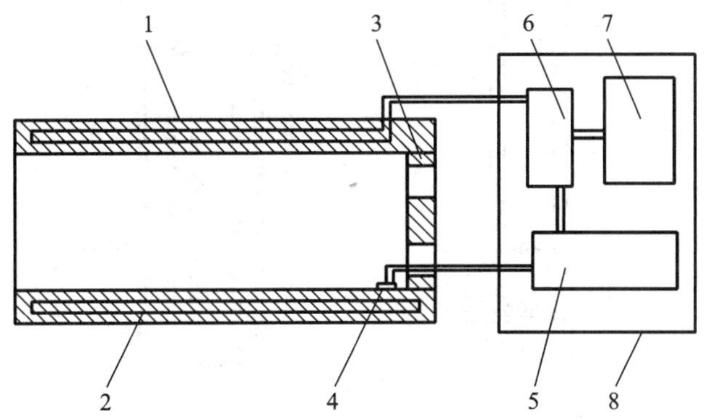

设计异形加热元件，提高加热效果。为解决现有加热器制作工艺复杂，响应的即时性不够高，加热效率低等问题，云南中烟设计了一种利用电阻丝绕制而成的加热元件（2）。该加热元件（2）形状为多角形、圆形螺旋状或者长城城墙形，增大了加热丝与烟草制品的接触面积，升温速度快（CN201310490995.X）。

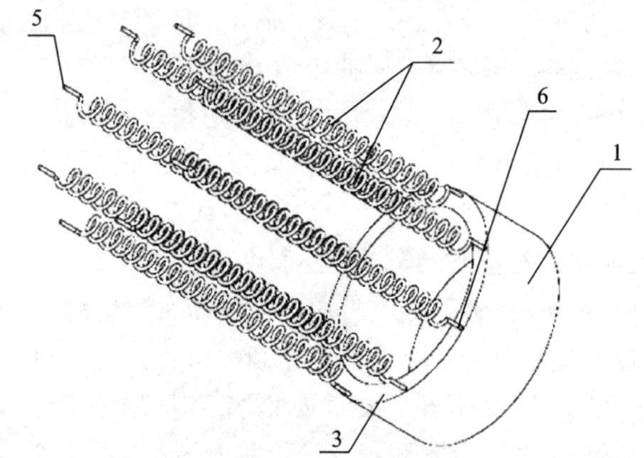

湖北中烟设计的加热装置为针刺式，可通过按压加热针柱组件(6)，将加热针柱(6b)刺入待加热的卷烟内，实现从卷烟内部进行加热，烟草材料受热均匀，提高了烟草材料的利用率(CN201310394048.0)。

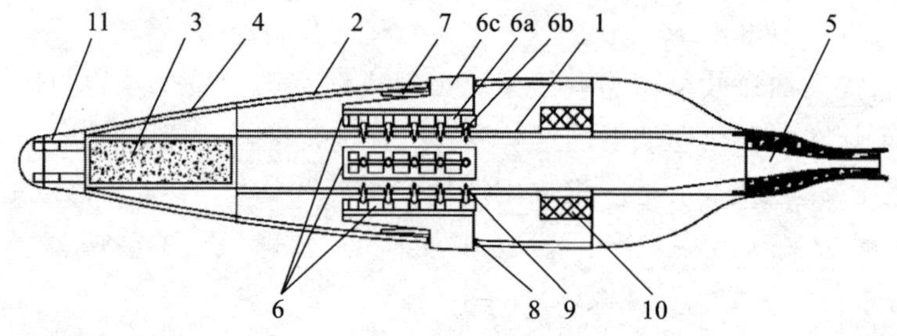

浙江中烟研制加热装置，其加热棒(32)为单根环形插针，可与烟弹组件的环形凹孔(43)相匹配，加热面积大，效果好。在与传统卷烟同样抽吸口数下，烟碱释放量可达到 0.1～1 mg，基体中的负载成分的脱附量可达到 50%。另外，加热元件与烟气形成基体不直接接触，无须对加热装置进行清洁，延长了使用寿命(CN201510752138.1)。

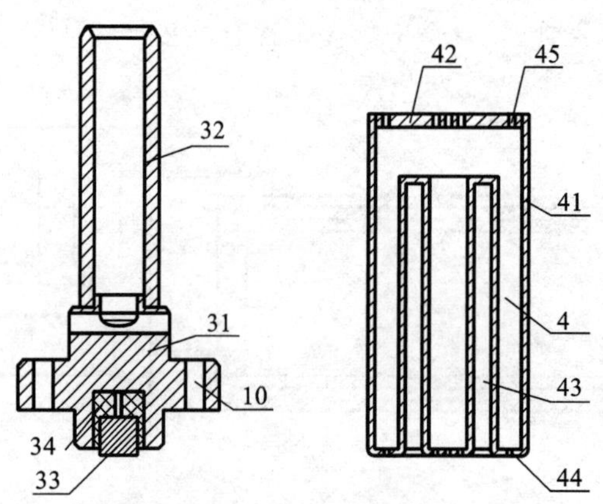

⑤改进加热原理的技术措施及其功能效果主要体现在以下几个方面：

采用电磁加热，提高加热效果，节约电能。云南中烟设计的电磁感应加热器(7)包括了空腔铁芯(10)和缠绕在空腔铁芯(10)外周的螺线圈(11)。空腔铁芯(10)中的空腔用于容纳并加热烟草制品。该装置采用了电磁感应的方式进行加热，通过电磁感应原理将电能转化为热能，与传统的电阻型加热元件相比，具有使用寿命长、安全可靠、高效节能、准确控温、绝缘性好、加热时间快等优点(CN201410345009.6)。

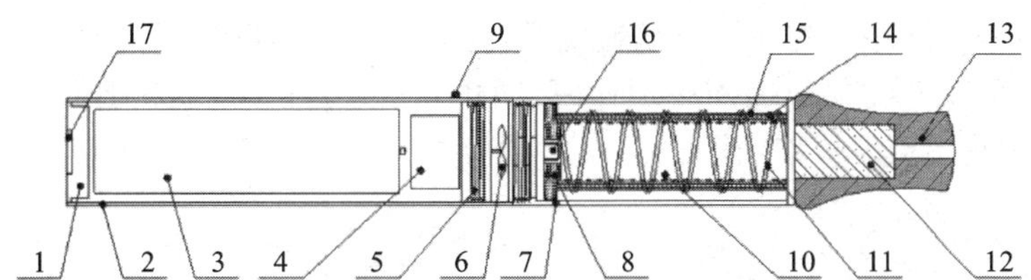

浙江中烟设计的电磁感应加热装置，其加热器(13)采用分段式结构，电磁加热元件(18)分成多段且独立控制，可分段、逐次加热卷烟(8)，不同抽吸口数间烟气量基本一致，具有热效高、恒温发热、控温精度高、稳定性好、使用寿命长的特点(CN201310685066.4；CN201320825672.7)。

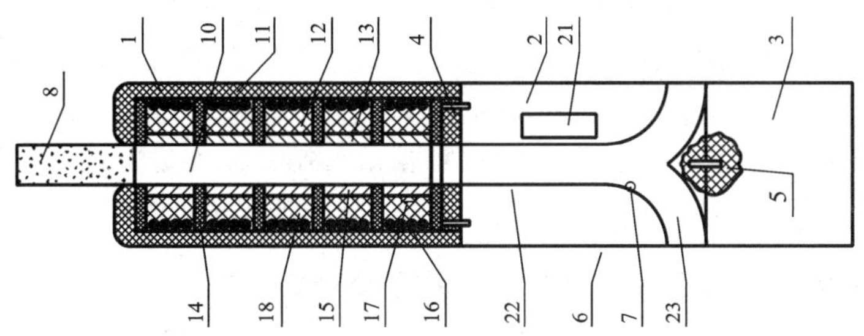

川渝中烟设计的电磁感应加热装置，可对内胆(23)、底盘(24)、柱形铁芯(25)加热，加热速度快，热效率高，加热更加均匀。另外，三级电磁感应系统(3、4、5)的设置实现了对烟草制品的分段加热，可在满足消费者感官抽吸品质的前提下实现节能(CN201410363326.0；CN201410363370.1)。

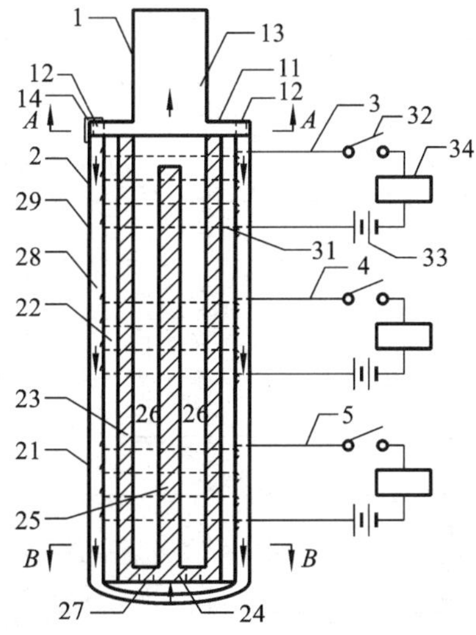

采用红外加热，提高加热效果。云南中烟研制的红外加热装置，电池段(1)通过电路为发热体(23)供电，使发热体(23)发热，通过热能反射罩(21)将发热产生的热能和红外线反射到加热段(3)，对烟草制品(33)进行加热。通过控制电路保持加热温度在 500 ℃以下，实现快速低温加热。隔热层(34)确保热量不散失，加强加热效果(CN201410094807.6)。

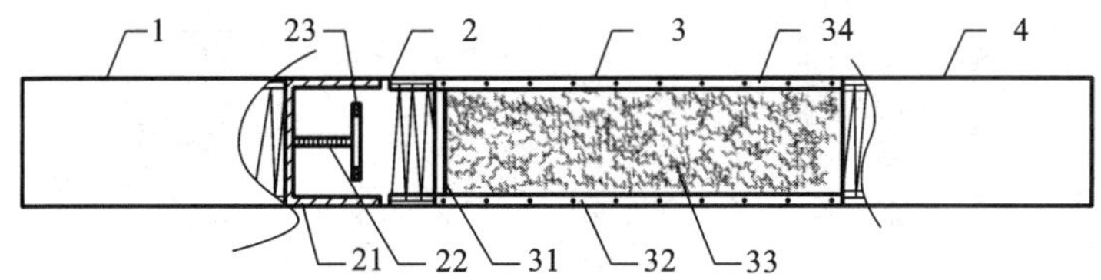

采用微波加热，提高加热效果。微波加热是通过被加热体内部偶极分子高频往复运动，产生“内摩擦热”而使被加热物料温度升高，无须任何热传导过程，就能使物料内外部同时加热、同时升温，加热速度快，

已广泛应用于人们的日常生活中。郑州烟草研究院设计的微波加热抽吸装置在使用时，将烟叶、烟草薄片、烟草提取物等不同形式的烟草材料放入陶瓷烟样杯(7)中，微波发生器(5)对烟样进行加热，产生的挥发物经由陶瓷烟样杯(7)侧壁透孔(3)、气流通道(9)、滤片(2)、滤嘴(1)进入口腔，使消费者获得满足感(CN201310298920.1)。

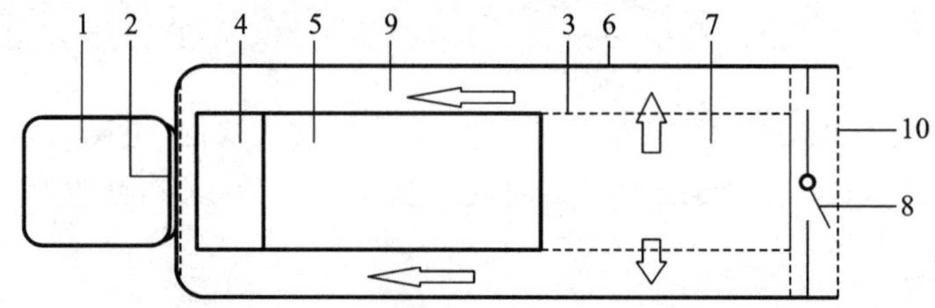

采用激光加热方式，提高加热效果。湖北中烟设计的光能加热装置，其发光模块(6)发出的激光一般为可见光，波长一般为400 nm到700 nm之间，如405 nm的蓝紫光、445 nm的蓝光、532 nm的绿光、650 nm的红光等，发光功率一般为50～20 000 mW，并可以根据烟草制品配方进行选择。发出的激光束经过变焦环(7)聚焦在一个很小范围内，对烟草制品(13)加热，稳定性高，加热更加均匀(CN201310335698.8)。

9.3.1.4 电加热型新型卷烟专利技术功效对比分析

1. 技术功效图表对比分析

通过前期对国内烟草行业、国内烟草行业外专利涉及的技术措施和功能效果进行归纳总结，形成电加热型新型卷烟专利技术功效对比图9.6，技术措施、功能效果分布对比图9.7、图9.8。

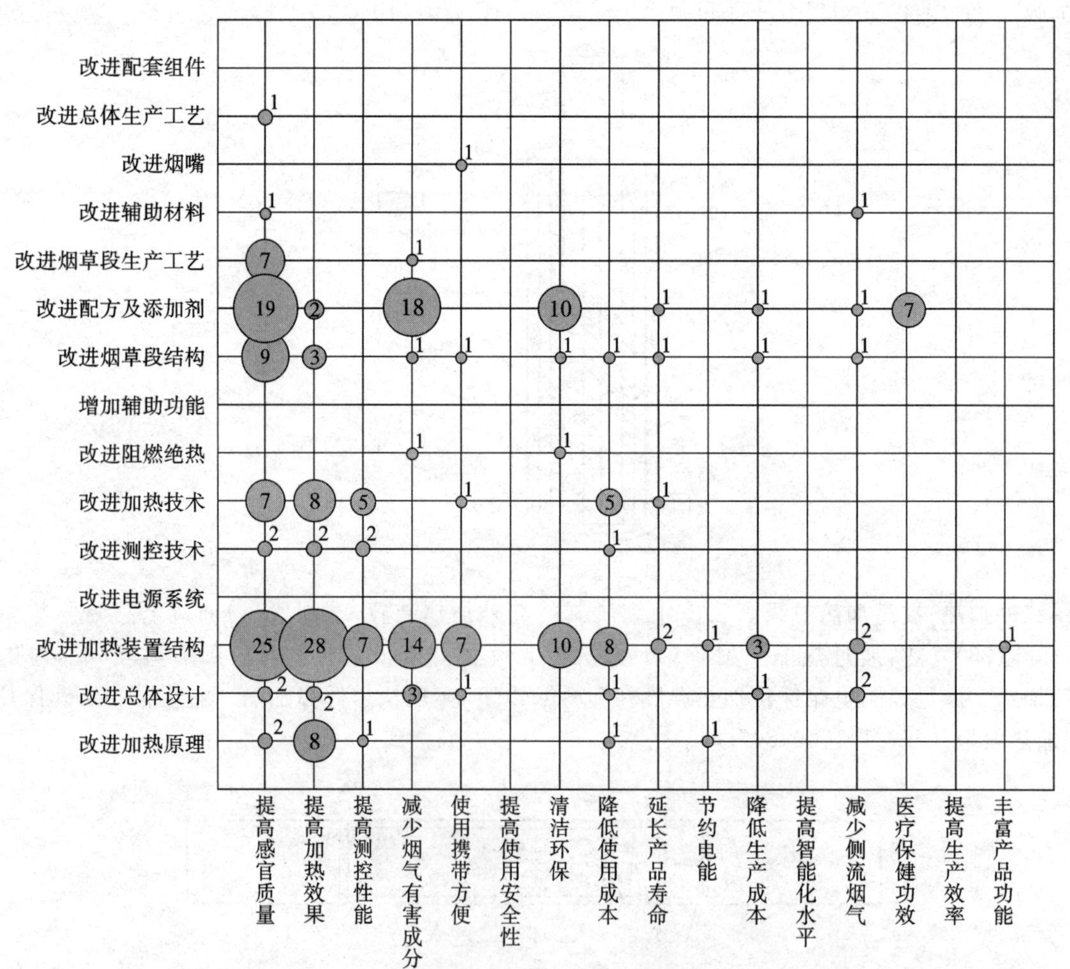

图9.6 电加热型新型卷烟专利技术功效对比

(注：上图为国内烟草行业；下图为国内烟草行业外)

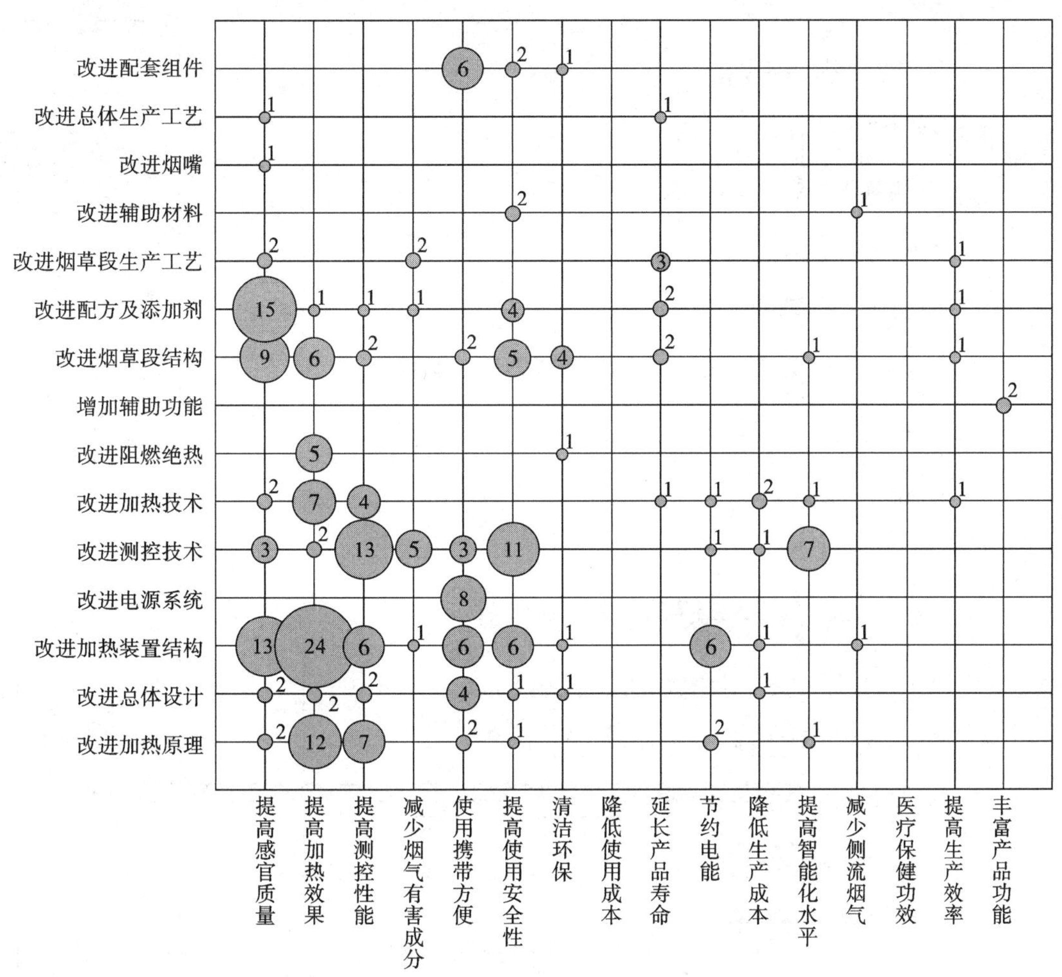

续图 9.6

从技术措施角度对比分析，国内烟草行业、国内烟草行业外申请人针对电加热型新型卷烟的技术改进措施均涉及了加热原理、总体设计、加热装置结构、测控技术、加热技术、阻燃绝热、烟草段结构、配方及添加剂、烟草段生产工艺、辅助材料、烟嘴、总体生产工艺 12 个方面。除此之外，国内烟草行业外申请人的技术改进措施还涉及了电源系统、辅助功能、配套组件方面。其主要技术改进措施的优先级见表 9.17。

表 9.17　主要技术措施优先级

优先级	国内烟草行业	国内烟草行业外
1	改进加热装置结构	改进加热装置结构
2	改进烟草配方及添加剂	改进检测与控制技术
3	改进加热技术；改进烟草段结构；改进加热原理	改进烟草段结构；改进加热原理；改进烟草配方及添加剂

国内烟草行业、国内烟草行业外申请人均将改进加热装置结构作为优先技术改进措施。第二技术改进措施，国内烟草行业申请人选择了改进烟草配方及添加剂，国内烟草行业外申请人选择了改进检测与控制技术。第三技术改进措施，国内烟草行业申请人选择了改进加热技术、烟草段结构和加热原理，国内烟草行业外申请人选择了改进烟草段结构、加热原理和烟草配方及添加剂。

从功能效果角度对比分析，国内烟草行业、国内烟草行业外申请人针对电加热型新型卷烟进行技术改进所实现的功能效果均包括提高感官质量、提高加热效果、提高测控性能、减少烟气有害成分、使用携带方便、清洁环保、延长产品寿命、节约电能、降低生产成本、减少侧流烟气、丰富产品功能共 11 个方面。除此之外，国内烟草行业申请人实现的功能效果还包含了降低使用成本、医疗保健功效方面，国内烟草行业外申请

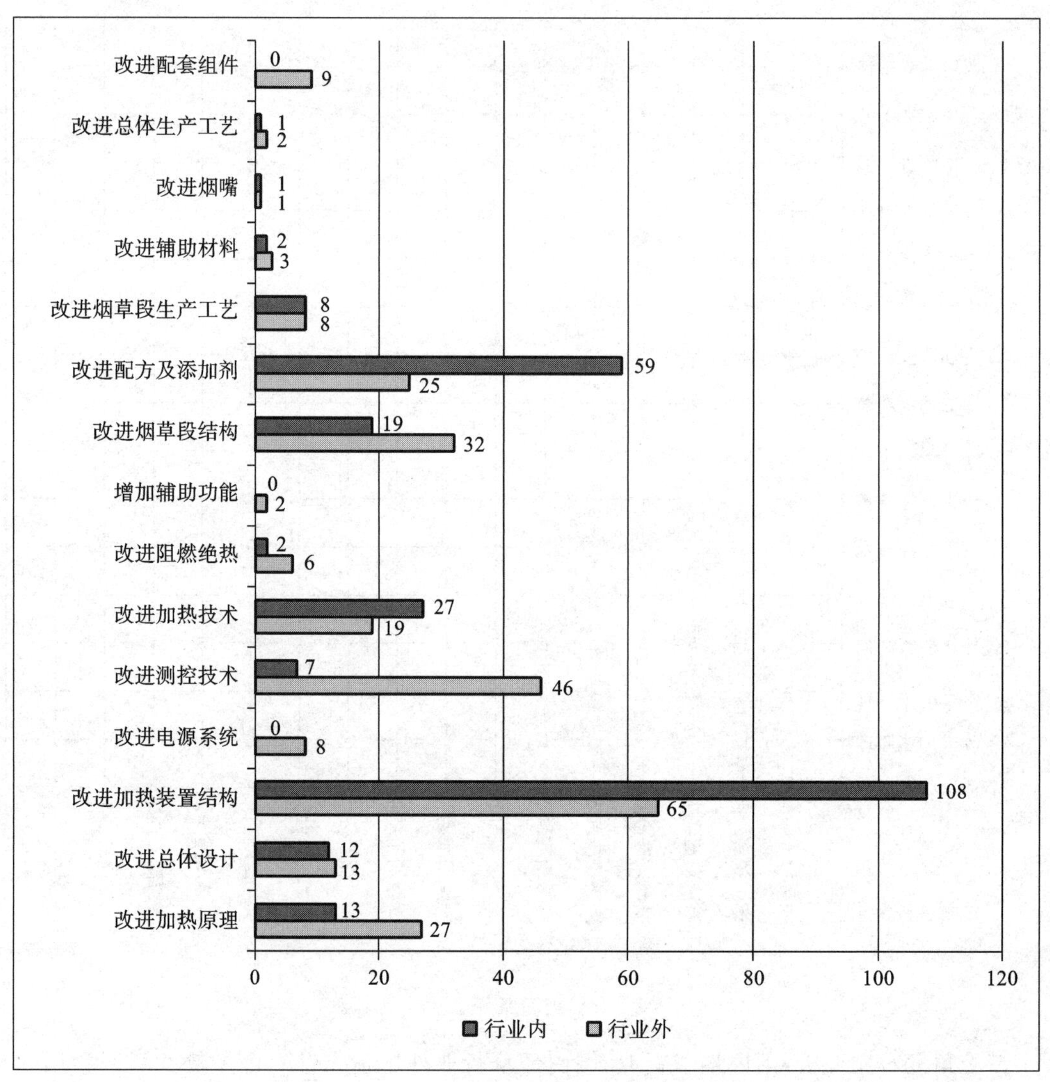

图 9.7 电加热型新型卷烟专利技术措施分布对比

人实现的功能效果还包含了提高使用安全性、提高智能化水平、提高生产效率方面。其主要功能效果的优先级见表 9.18。

表 9.18 主要功能效果优先级

优先级	国内烟草行业	国内烟草行业外
1	提高感官质量	提高加热效果
2	提高加热效果	提高感官质量
3	减少烟气有害成分	提高测控性能;提高使用安全性;使用携带方便

国内烟草行业、国内烟草行业外申请人均将提高感官质量、提高加热效果作为实现的第一或第二功效。作为第三功效，国内烟草行业申请人选择了减少烟气有害成分，国内烟草行业外申请人选择了提高测控性能、提高使用安全性、提高使用的方便性和便携性。鉴于新型卷烟均具有减少烟气有害成分的功能效果，相比而言，国内烟草行业外申请人选择的第三功效更加明确，更具可操作性。

从实现的功能效果所采取的技术措施对比分析，国内烟草行业、国内烟草行业外申请人均将改进加热装置结构、改进烟草配方及添加剂作为提高感官质量的首选技术措施，将改进加热装置结构作为提高加热效果的首选技术措施。除此之外，国内烟草行业外申请人还通过改进测控技术来提高使用安全性和测控性能，通过改进电源系统、加热装置结构和配套组件来提高使用的方便性和便携性，详见表 9.19。

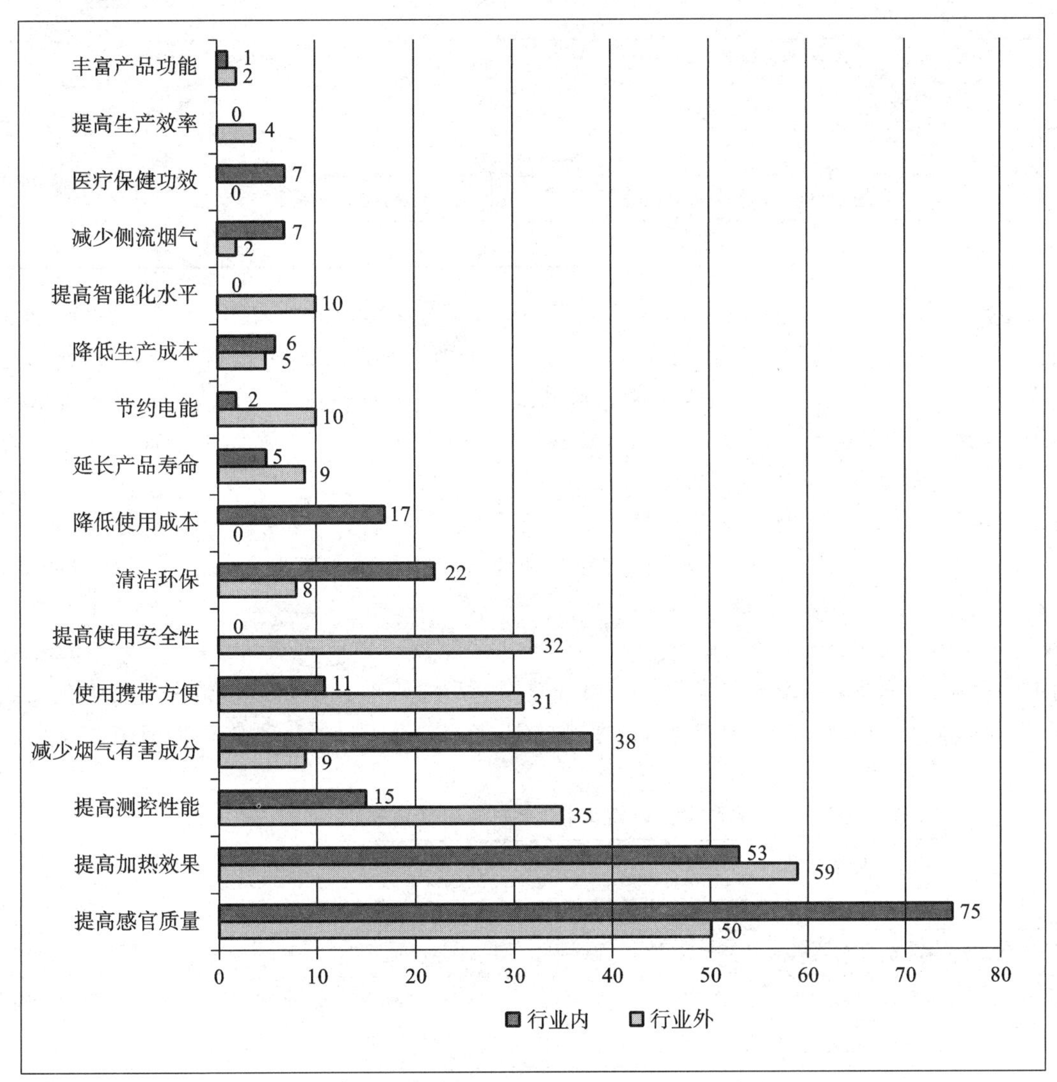

图9.8　电加热型新型卷烟专利功能效果分布对比

表9.19　主要技术功效优先级

优先级	国内烟草行业	国内烟草行业外
	提高感官质量	
1	改进加热装置结构	改进烟草配方及添加剂
2	改进烟草配方及添加剂	改进加热装置结构
	提高加热效果	
1	改进加热装置结构	改进加热装置结构
2		改进加热原理
	提高使用安全性	
1		改进测控技术
	提高测控性能	
1		改进测控技术
	提高使用的方便性和便携性	
1		改进电源系统
2		改进加热装置结构

续表

优先级	国内烟草行业	国内烟草行业外
3		改进配套组件
	减少烟气有害成分	
1	改进烟草配方及添加剂	
2	改进加热装置结构	

从研发重点和专利布局角度对比分析，国内烟草行业、国内烟草行业外申请人均将通过改进加热装置结构、改进烟草配方及添加剂来提高感官质量，以及通过改进加热装置结构来提高加热效果，作为电加热型新型卷烟专利技术的首要研发热点和布局重点。除此之外，国内烟草行业外申请人还将通过改进测控技术来提高测控性能和使用安全性，以及通过改进电源系统、加热装置结构和配套组件来提高使用的方便性和便携性，作为次要研发重点。

从关键技术角度对比分析，国内烟草行业、国内烟草行业外申请人的专利技术均涵盖了电加热技术、烟草配方与添加剂技术。除此之外，国内烟草行业外专利还涉及了检测与控制关键技术且优势明显，国内烟草行业专利在测控技术方面有所欠缺。

2. 具体技术措施及其功能效果对比分析

国内烟草行业、国内烟草行业外申请人针对电加热型新型卷烟的技术改进措施主要集中在加热装置结构、烟草配方及添加剂、烟草段结构、加热技术、加热原理、检测与控制技术，具体技术措施及其功能效果对比见表 9.20。

表 9.20　具体技术措施及其功能效果对比

国内烟草行业	国内烟草行业外
①改进加热装置结构的技术措施及其功能效果对比	
设计分段式加热装置，提高加热效果和感官质量	设计分段加热装置，提高烟气的一致性，节约电能
采用移动加热装置，提高加热效果和感官质量	采用移动加热装置，提高烟气的一致性，节约电能
设计烘烤—雾化组合式加热装置，提高感官质量	设计烘烤—雾化组合式加热装置，提高感官质量
采用电磁感应加热装置，提高加热效果，节约电能	采用电磁感应加热装置，提高加热效果，节约电能
采用红外加热装置，提高加热效果	采用红外加热装置，提高加热效果
研发含有一次性加热元件的组合式烟弹，提高加热效果和使用的方便性	研发含有一次性加热元件的组合式烟弹，提高加热效果和感官质量
研制传统烟草制品加热器，降低使用和生产成本	研制传统烟草制品加热器，降低使用和生产成本
改进加热装置结构，提高使用的方便性和便携性	采用人性化设计，提高使用携带的方便性和安全性
设计化学反应电加热装置，提高感官质量	
设计气流式加热装置，提高加热效果	
采用微波加热装置，提高加热效果	
采用激光加热装置，提高加热效果	
设计火焰启动装置，提高消费者感官体验	
	采用绝热设计，提高加热效果
	采用局部加热装置，减少加热器的烟气冷凝物，节约电能
②改进烟草配方及添加剂的技术措施及其功能效果对比	
研发加热型专用再造烟叶产品及工艺，提高感官质量	研发加热型专用再造烟叶产品及工艺，提高感官质量
研发加热型专用烟草材料制备方法，提高感官质量	

续表

国内烟草行业	国内烟草行业外
添加具有药用价值的植物，发挥医疗保健功效，提高感官质量	
利用化学反应装置，提高感官质量	
	采用香精香料控释技术，提高感官质量
	添加香味前体物或香味剂，提高感官质量
	添加居里温度材料，提高测控性能和加热效果
	增大烟芯的质量与表面积之比，降低烟芯燃烧或热解风险
③改进烟草段结构的技术措施及其功能效果对比	
采用固-液组合式烟芯，提高感官质量	采用固-液组合式烟芯，提高感官质量
研发含有一次性加热元件的组合式烟弹，提高加热效果和感官质量	研发含有一次性加热元件的组合式烟弹，提高加热效果和感官质量
	改进烟草材料形状，提高感官质量
	设置烟气冷却元件，提高感官质量
	设置塞状物，提高卷烟加热效果和清洁作用
	采用生物降解材料，提高环保效果
④改进加热技术的技术措施及其功能效果对比	
采用分段加热方式，提高加热效果和感官质量	设计分段加热方式，提高烟气的一致性，节约电能
采用移动加热方式，提高加热效果和感官质量	采用移动加热方式，提高烟气的一致性，节约电能
采用陶瓷加热元件，提高加热效果	采用新型加热元件，提高加热效果
设计异形加热元件，提高加热效果	采用内外组合加热方式，提高加热温度的均匀性
⑤改进加热原理的技术措施及其功能效果对比	
采用电磁加热，提高加热效果，节约电能	采用电磁加热，提高加热效果和测控性能
采用红外加热，提高加热效果	采用红外加热，提高加热效果
采用微波加热，提高加热效果	
采用激光加热，提高加热效果	
⑥改进检测与控制技术的技术措施及其功能效果对比	
	改进检测技术，提高检测与控制水平
	优化温度检测与控制，减少烟气有害成分和冷凝物
	改进气流检测与控制，提高抽吸的感官质量
	设置多种识别标志，提高智能化水平和使用安全性

①改进加热装置结构的技术措施及其功能效果对比：

相同点：国内烟草行业、国内烟草行业外申请人均设计了分段式加热装置、移动式加热装置、烘烤—雾化组合式加热装置、电磁感应加热装置、红外加热装置，提高加热效果和感官质量。研发了含有一次性加热元件的组合式烟弹，提高加热效果和使用的方便性。研制传统烟草制品加热器，降低使用和生产成本。改进加热装置结构，提高使用的方便性和便携性。

不同点：国内烟草行业申请人设计了化学反应电加热装置、气流式加热装置、微波加热装置、激光加热装置，提高感官质量。设计了火焰启动装置，提高消费者感官体验。国内烟草行业外申请人采用绝热设计，提高加热效果。采用局部加热方式，减少加热器的烟气冷凝物，节约电能。

②改进烟草配方及添加剂的技术措施及其功能效果对比：

相同点：国内烟草行业、国内烟草行业外申请人均研发了加热型专用再造烟叶产品及工艺，提高感官质量。

不同点：国内烟草行业申请人研发了加热型专用烟草材料制备方法，提高感官质量。添加具有药用价值的植物，在发挥医疗保健功效的同时，提高感官质量。利用化学反应装置提高感官质量。国内烟草行业外申请人采用香精香料控释技术、添加香味前体物或香味剂，提高感官质量。添加居里温度材料，提高测控性能和加热效果。增大烟芯的质量与表面积之比，降低烟芯燃烧或热解风险。

③改进烟草段结构的技术措施及其功能效果对比：

相同点：国内烟草行业、国内烟草行业外申请人均采用固-液组合式烟芯，提高感官质量。研发含有一次性加热元件的组合式烟弹，提高加热效果和感官质量。

不同点：国内烟草行业外申请人改进烟草材料形状、设置烟气冷却元件，提高感官质量。设置塞状物提高卷烟加热效果和清洁作用。采用生物降解材料，提高环保效果。

④改进加热技术的技术措施及其功能效果对比：

相同点：国内烟草行业、国内烟草行业外申请人均采用分段加热方式、移动加热方式、陶瓷等新型加热元件、异形加热元件或内外组合加热方式，提高加热效果。

⑤改进加热原理的技术措施及其功能效果对比：

相同点：国内烟草行业、国内烟草行业外申请人均采用了电磁加热、红外加热原理，提高加热效果，节约电能。

不同点：国内烟草行业申请人采用微波加热、激光加热原理，提高加热效果。

⑥改进检测与控制技术的技术措施及其功能效果对比：

不同点：国内烟草行业外申请人通过改进检测与控制技术，提高测控水平和抽吸的感官质量。优化温度检测与控制，减少烟气有害成分和冷凝物。设置多种识别标志，提高智能化水平和使用安全性。国内烟草行业申请人在检测与控制技术方面的技术改进有所欠缺。

9.3.2 电加热型新型卷烟重要专利分析

采用专家评议法、专利文献计量学相结合的方法对电加热型新型卷烟专利的重要程度进行了评估，评出电加热型新型卷烟重要专利 37 件，其中国内烟草行业外重要专利 25 件，国内烟草行业重要专利 12 件。

9.3.2.1 国内烟草行业外电加热型新型卷烟重要专利分析

国内烟草行业外电加热型新型卷烟重要专利技术功效图见图 9.9，技术措施、功能效果分布见图 9.10、图 9.11。

从技术措施角度分析，国内烟草行业外重要专利针对电加热型新型卷烟的技术改进措施涉及加热原理、总体设计、加热装置结构、电源系统、测控技术、加热技术、阻燃绝热、烟草段结构、配方及添加剂、辅助材料、配套组件共 11 个方面。数据统计表明，技术改进措施主要集中在检测与控制技术，专利数量占 28.0%。其次是改进加热装置结构，专利数量占 22.0%。然后是改进烟草配方及添加剂，专利数量占 12.0%。

从功能效果角度分析，国内烟草行业外重要专利针对电加热型新型卷烟进行技术改进所实现的功能效果包括提高感官质量、提高加热效果、提高测控性能、减少烟气有害成分、使用携带方便、提高使用安全性、提高智能化水平、减少侧流烟气共 8 个方面。数据统计表明，技术改进所实现的功能效果主要集中在提高感官质量，专利数量占 26.0%。其次是提高测控性能，专利数量占 22.0%。然后是使用携带方便、提高使用安全性，专利数量分别占 18.0%、14.0%。

从实现的功能效果所采取的技术措施分析，国内烟草行业外重要专利提高感官质量优先采取的技术措施是改进烟草配方及添加剂，其次是改进加热装置结构；提高测控性能优先采取的技术措施是改进测控技术，其次是改进加热装置结构和加热技术；提高使用的方便性、便携性，优先采取的技术措施是改进电源系

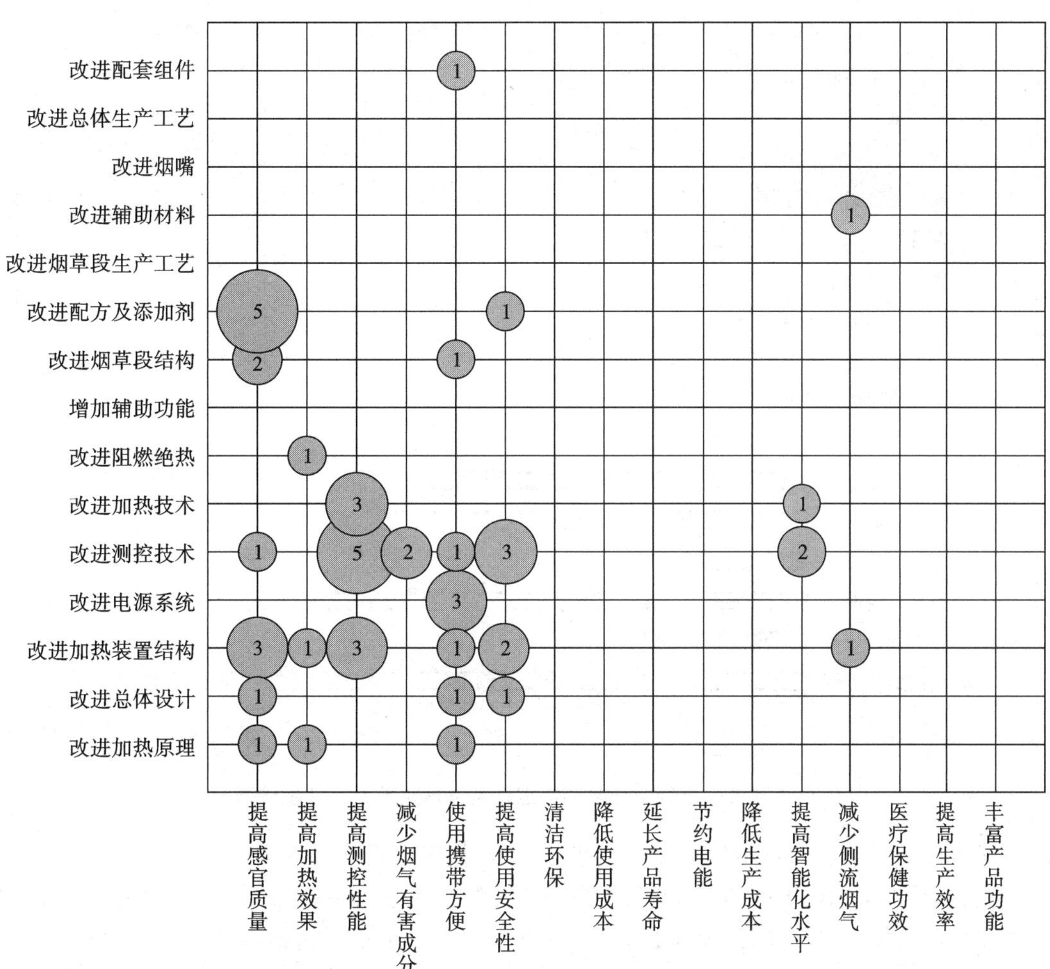

图 9.9　国内烟草行业外电加热型新型卷烟重要专利技术功效图

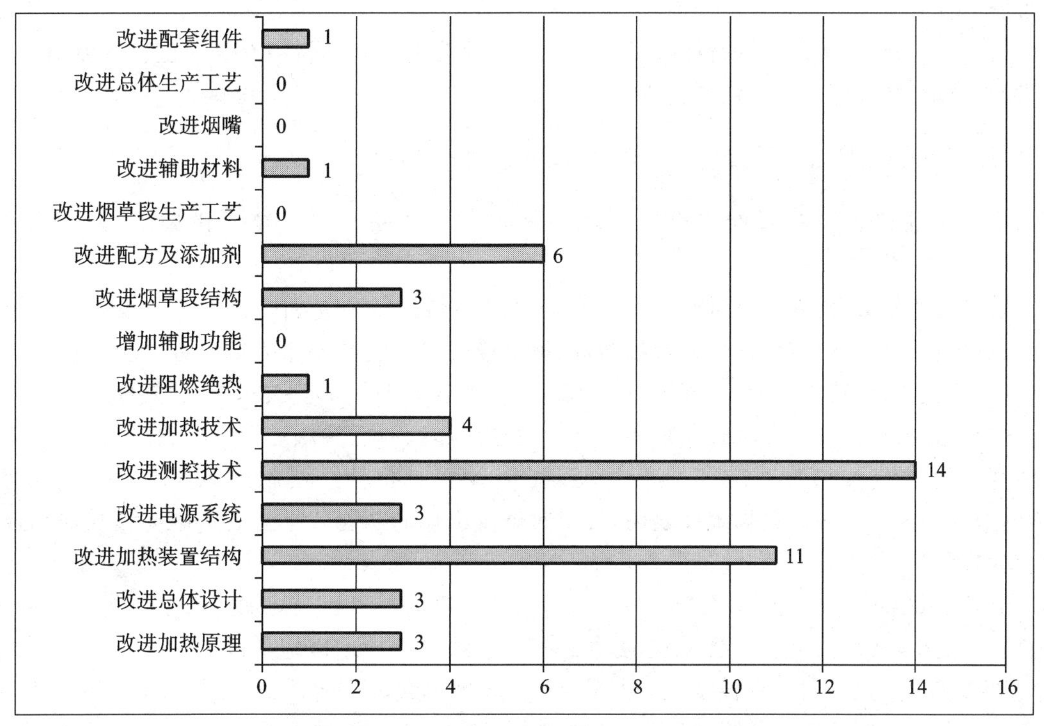

图 9.10　国内烟草行业外电加热型新型卷烟重要专利技术措施分布

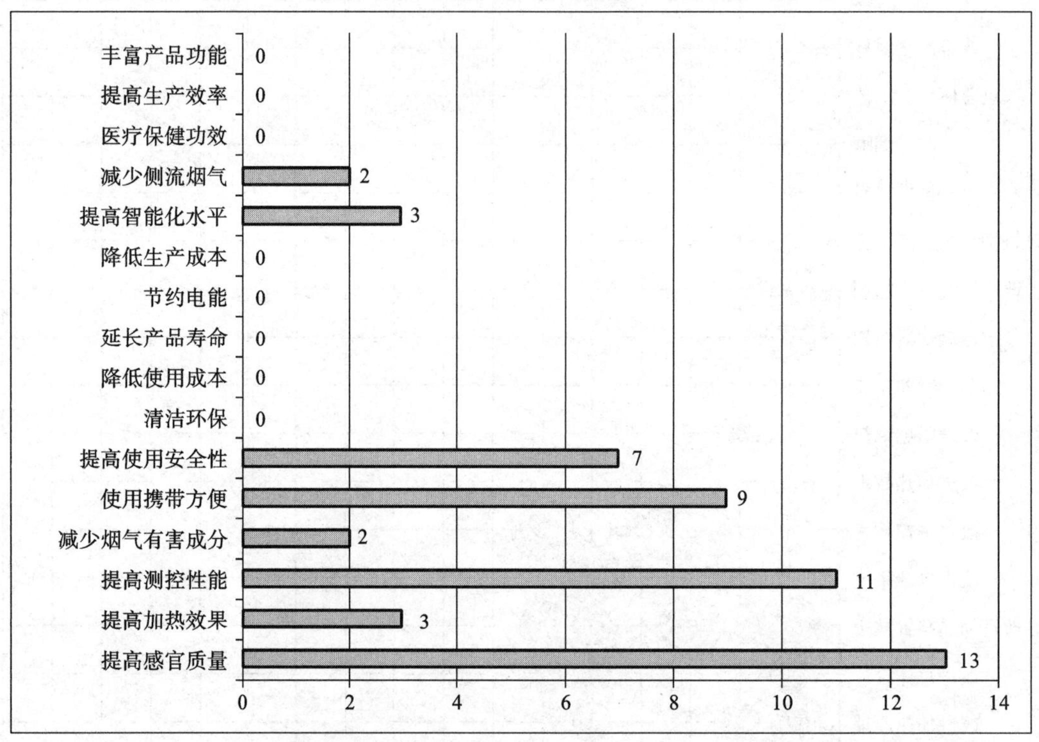

图 9.11 国内烟草行业外电加热型新型卷烟重要专利功能效果分布

统;提高使用安全性优先采取的技术措施是改进测控技术,其次是改进加热装置结构。

从研发重点和专利布局角度分析,鉴于改进检测与控制技术、加热装置结构方面的专利申请,以及提高感官质量、测控性能及使用的方便性、便携性、安全性方面的专利申请所占份额较大,因此可以判断:通过改进检测与控制技术来提高测控性能和使用安全性,通过改进加热装置结构来提高感官质量和测控性能,通过改进烟草配方及添加剂来提高感官质量等技术领域,是国内烟草行业外电加热型新型卷烟重要专利的研发热点和布局重点。

从关键技术角度分析,国内烟草行业外重要专利所涉及的电加热型新型卷烟关键技术涵盖了电加热技术、检测与控制技术、烟草配方与添加剂技术。

9.3.2.2 国内烟草行业电加热型新型卷烟重要专利分析

国内烟草行业电加热型新型卷烟重要专利技术功效图见图 9.12,技术措施、功能效果分布见图 9.13、图 9.14。

从技术措施角度分析,国内烟草行业重要专利针对电加热型新型卷烟的技术改进措施涉及加热原理、总体设计、加热装置结构、加热技术、配方及添加剂、烟草段生产工艺共 6 个方面。数据统计表明,技术改进措施主要集中在改进加热装置结构,专利数量占 43.8%。其次是改进加热技术,专利数量占 18.8%。

从功能效果角度分析,国内烟草行业重要专利针对电加热型新型卷烟进行技术改进所实现的功能效果包括提高感官质量、提高加热效果、提高测控性能、减少烟气有害成分、使用携带方便、降低生产和使用成本、减少侧流烟气共 8 个方面。数据统计表明,技术改进所实现的功能效果主要集中在提高加热效果、提高感官质量、减少烟气有害成分,专利数量分别占 25.0%、21.9%、18.8%。

从实现的功能效果所采取的技术措施分析,国内烟草行业重要专利提高加热效果优先采取的技术措施是改进加热装置结构,其次是改进加热技术;提高感官质量采取的技术措施是改进加热装置结构、配方及添加剂、烟草段生产工艺;减少烟气有害成分优先采取的技术措施是改进总体设计,其次是改进加热装置结构。

从研发重点和专利布局角度分析,鉴于改进加热装置结构和加热技术方面的专利申请,以及提高加热效果、提高感官质量、减少烟气有害成分等方面的专利申请所占份额较大,因此可以判断:通过改进加热装

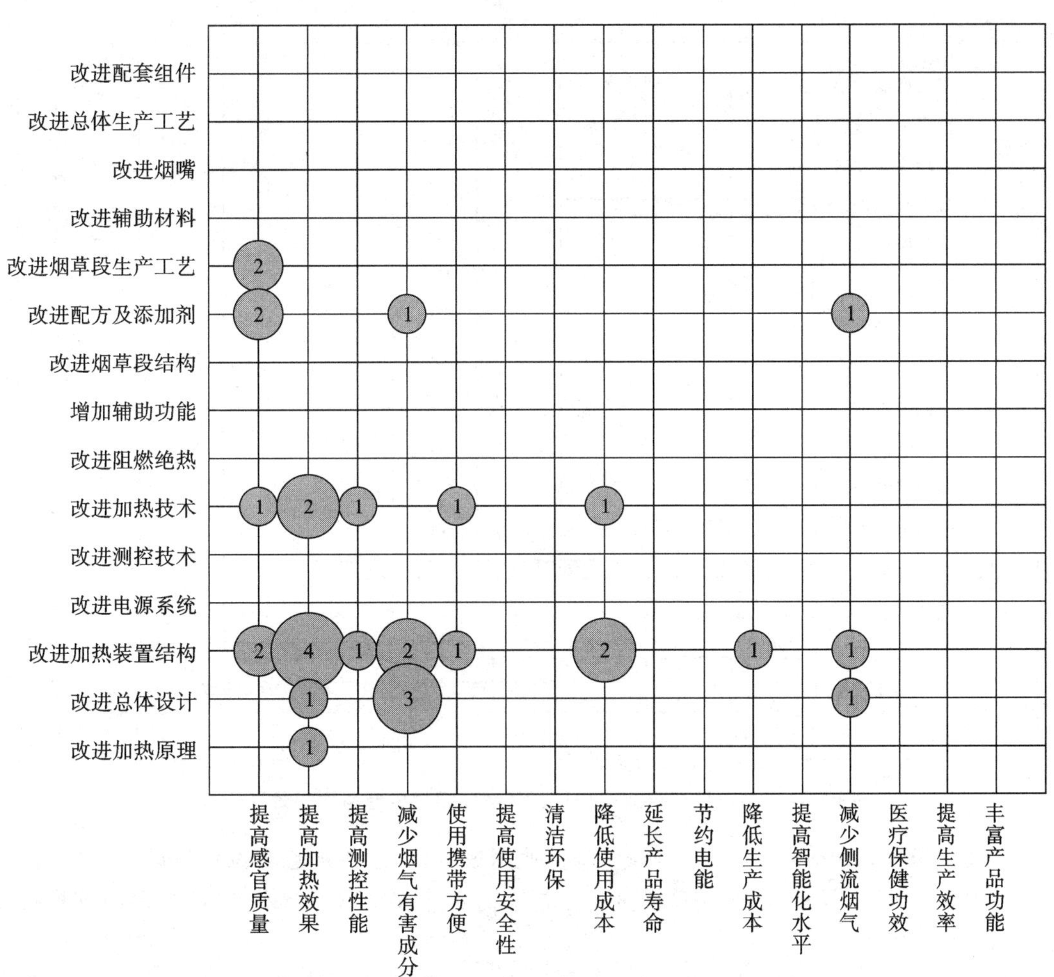

图 9.12　国内烟草行业电加热型新型卷烟重要专利技术功效图

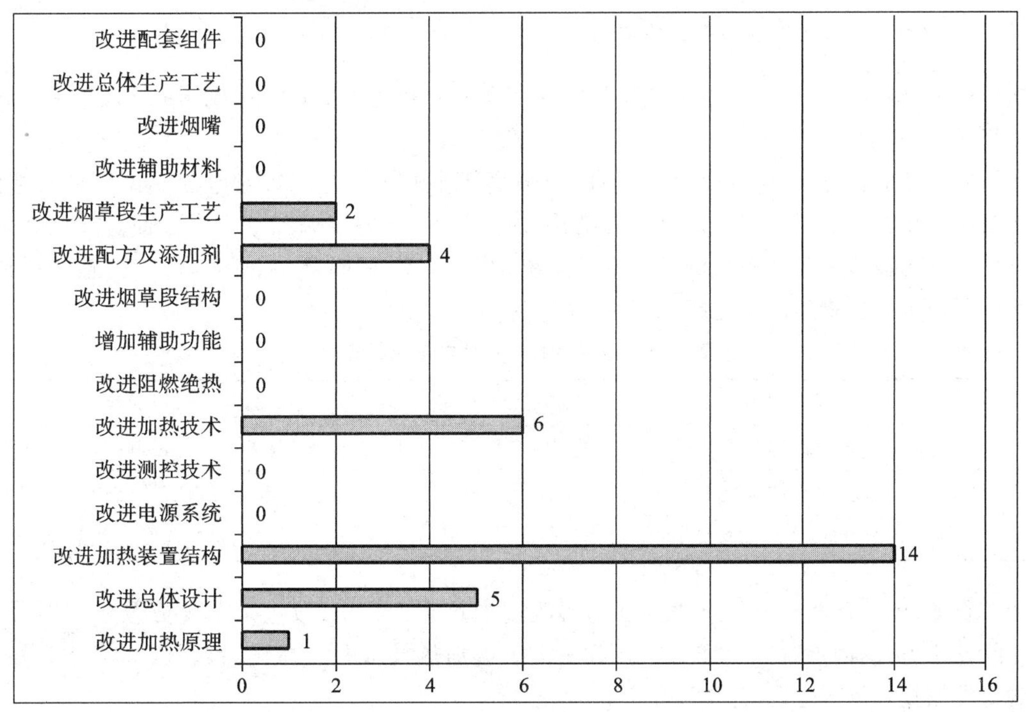

图 9.13　国内烟草行业电加热型新型卷烟重要专利技术措施分布

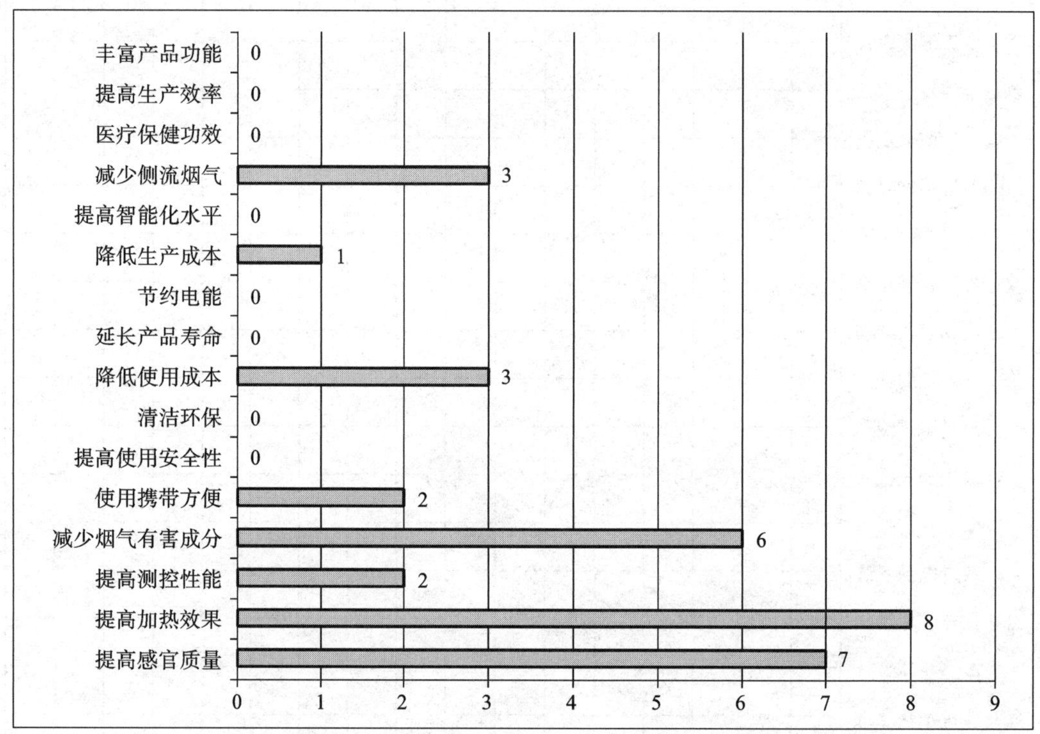

图 9.14 国内烟草行业电加热型新型卷烟重要专利功能效果分布

置结构和加热技术来提高加热效果和感官质量，降低使用成本，通过改进总体设计来减少烟气有害成分，通过改进加热装置结构、配方及添加剂、烟草段生产工艺来提高感官质量等技术领域，是国内烟草行业重要专利研发热点和布局重点。

从关键技术角度分析，国内烟草行业重要专利所涉及的电加热型新型卷烟关键技术涵盖了电加热技术、烟草配方与添加剂技术，在检测与控制技术方面有所欠缺。

9.3.2.3 电加热型新型卷烟重要专利对比分析

国内烟草行业、国内烟草行业外电加热型新型卷烟重要专利技术功效对比见图 9.15，技术措施、功能效果分布对比见图 9.16、图 9.17。

从技术措施角度对比分析，国内烟草行业、国内烟草行业外重要专利针对电加热型新型卷烟的技术改进措施均涉及了加热原理、总体设计、加热装置结构、加热技术、配方及添加剂 5 个方面。除此之外，国内烟草行业外重要专利的技术改进措施还涉及了电源系统、测控技术、阻燃绝热、烟草段结构、辅助材料、配套组件方面。其主要技术改进措施的优先级见表 9.21。

表 9.21 重要专利主要技术措施优先级

优先级	国内烟草行业	国内烟草行业外
1	改进加热装置结构	改进检测与控制技术
2	改进加热技术	改进加热装置结构
3	改进总体设计；改进烟草配方及添加剂	改进烟草配方及添加剂

国内烟草行业、国内烟草行业外重要专利均将改进加热装置结构、改进烟草配方及添加剂置于相对优先的地位。除此之外，国内烟草行业重要专利更注重改进加热技术和总体设计，国内烟草行业外重要专利更注重检测与控制技术的改进。

从功能效果角度对比分析，国内烟草行业、国内烟草行业外重要专利针对电加热型新型卷烟进行技术改进所实现的功能效果均包括提高感官质量、提高加热效果、提高测控性能、减少烟气有害成分、使用携带方便、减少侧流烟气共 6 个方面。除此之外，国内烟草行业重要专利实现的功能效果还包含了降低生产和使用成本方面，国内烟草行业外重要专利实现的功能效果还包含了提高使用安全性、提高智能化水平方面。其主要功能效果的优先级见表 9.22。

表 9.22　重要专利主要功能效果优先级

优先级	国内烟草行业	国内烟草行业外
1	提高加热效果	提高感官质量
2	提高感官质量	提高测控性能
3	减少烟气有害成分	使用携带方便；提高使用安全性

国内烟草行业、国内烟草行业外重要专利均将提高感官质量作为实现的第一或第二功效。除此之外，国内烟草行业重要专利更加注重提高加热效果、减少烟气有害成分，国内烟草行业外重要专利则更加注重提高测控性能和使用的方便性、便携性、安全性。鉴于新型卷烟均具有减少烟气有害成分的功能效果，相比而言，国内烟草行业外重要专利实现的功效更加注重消费者体验。

从实现的功能效果所采取的技术措施对比分析，国内烟草行业、国内烟草行业外重要专利均将改进加热装置结构、改进烟草配方及添加剂作为提高感官质量的主要技术措施。除此之外，国内烟草行业重要专利还通过改进加热装置结构和加热技术来提高加热效果。国内烟草行业外重要专利还通过改进测控技术、加热装置结构、加热技术来提高测控性能和使用安全性，通过改进电源系统来提高使用的方便性和便携性，详见表 9.23。

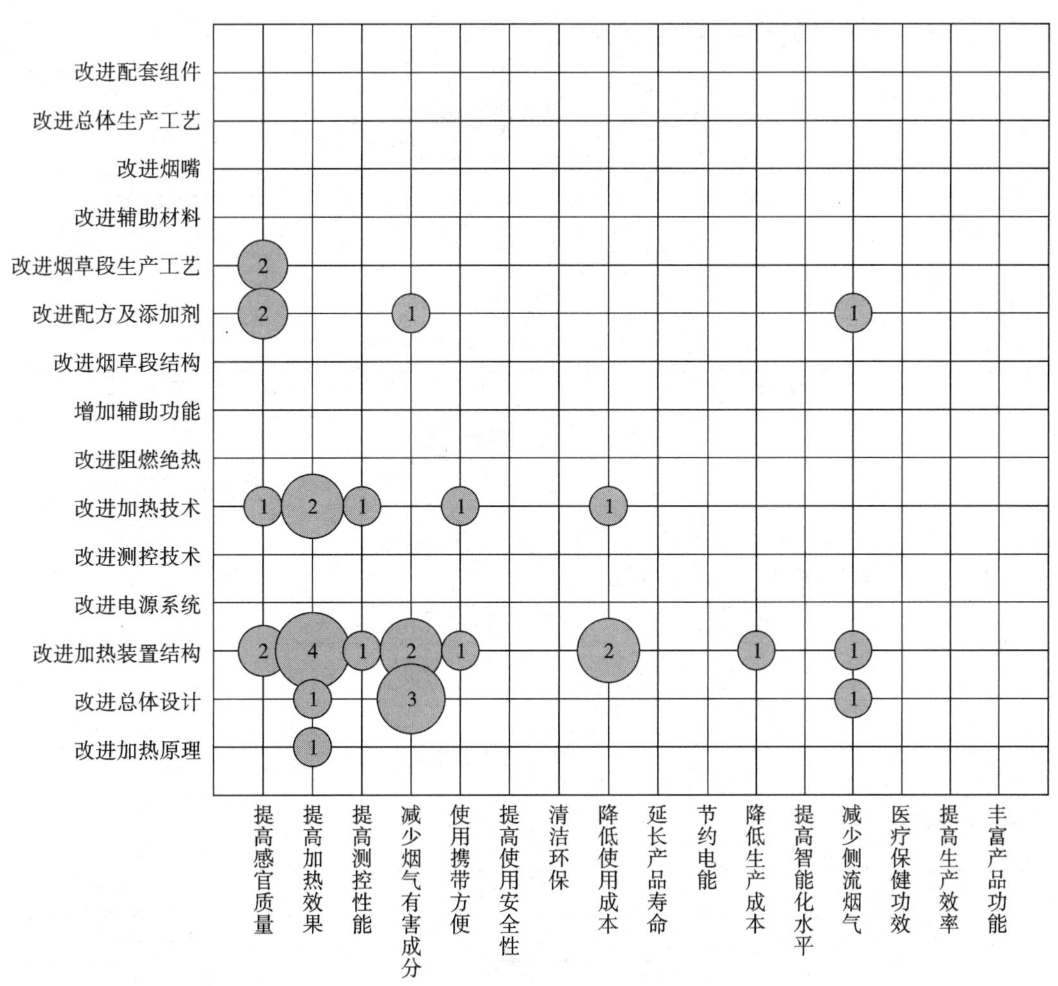

图 9.15　电加热型新型卷烟重要专利技术功效对比

（注：上图为国内烟草行业；下图为国内烟草行业外）

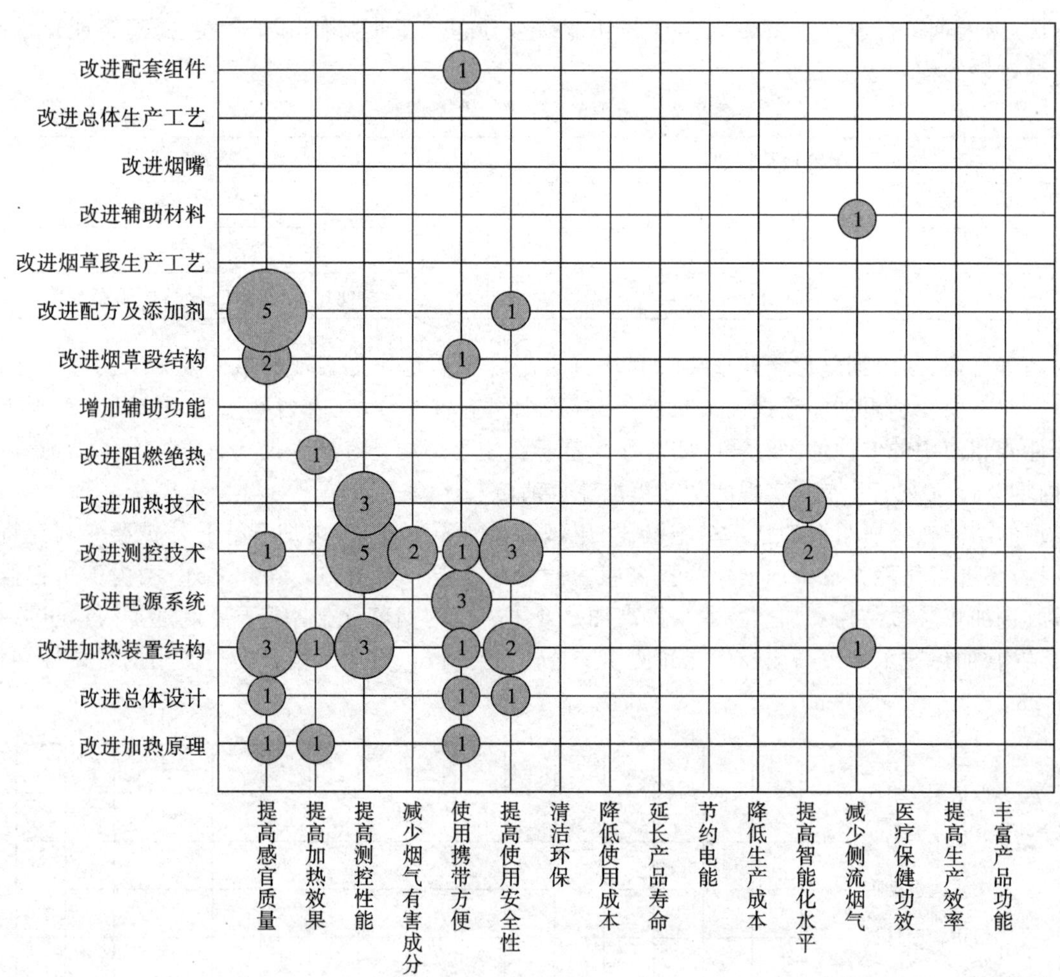

续图 9.15

表 9.23 重要专利主要技术功效优先级

优先级	国内烟草行业	国内烟草行业外
	提高感官质量	
1	改进加热装置结构	改进烟草配方及添加剂
2	改进烟草配方及添加剂	改进加热装置结构
3	改进烟草段生产工艺	改进烟草段结构
	提高加热效果	
1	改进加热装置结构	
2	改进加热技术	
	提高使用安全性	
1		改进测控技术
2		改进加热装置结构
	提高测控性能	
1		改进测控技术
2		改进加热装置结构
3		改进加热技术

续表

优先级	国内烟草行业	国内烟草行业外
	提高使用的方便性和便携性	
1		改进电源系统
	减少烟气有害成分	
1	改进总体设计	改进测控技术
2	改进加热装置结构	

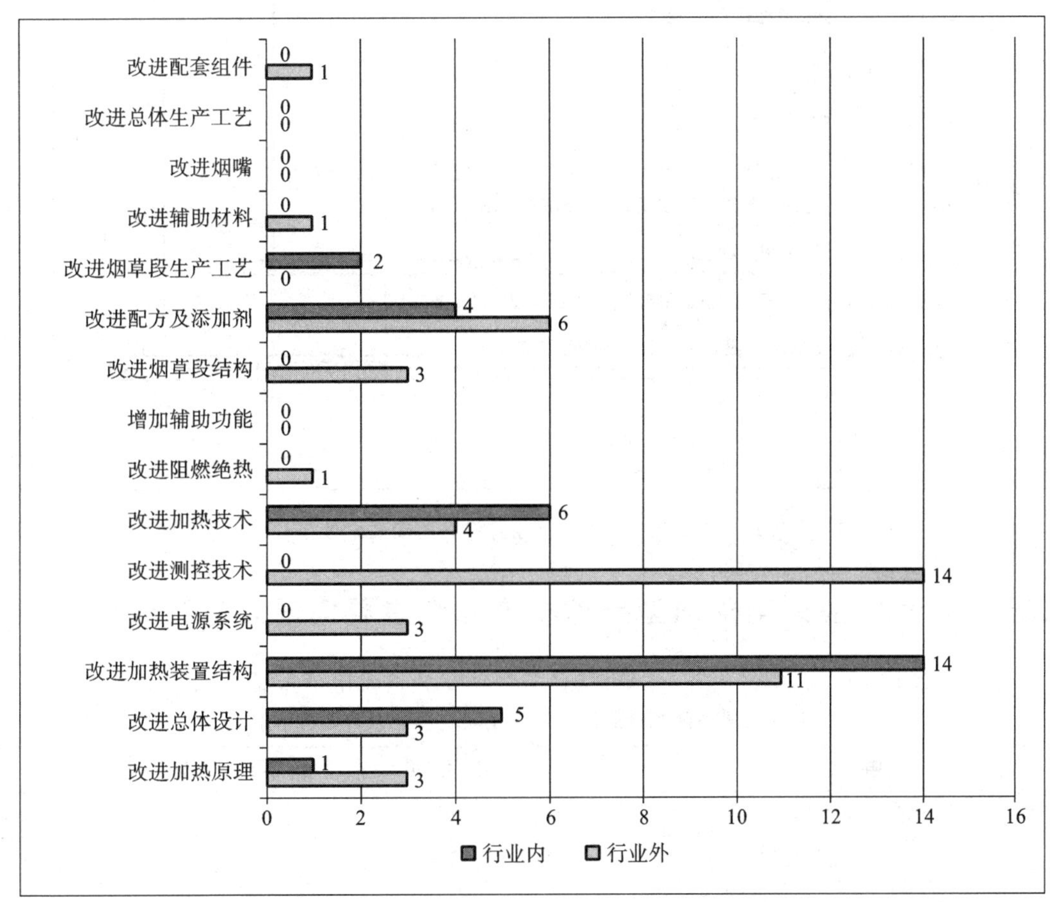

图 9.16　电加热型新型卷烟重要专利技术措施分布对比

从研发重点和专利布局角度对比分析，国内烟草行业、国内烟草行业外重要专利均将改进加热装置结构、改进烟草配方及添加剂、提高感官质量作为研发热点和布局重点。除此之外，国内烟草行业重要专利还将改进加热技术、改进总体设计、提高加热效果、减少烟气有害成分，以及通过改进加热装置结构来提高加热效果、降低烟气有害成分和使用成本，通过改进总体设计来减少烟气有害成分作为研发热点和布局重点；国内烟草行业外重要专利还将改进检测与控制技术，提高测控性能及使用的方便性、便携性、安全性，以及通过改进测控技术来提高智能化水平，通过改进电源系统来提高使用的方便性、便携性，通过改进加热技术来提高测控性能作为研发热点和布局重点。

从关键技术角度对比分析，国内烟草行业、国内烟草行业外重要专利均涵盖了电加热技术、烟草配方与添加剂技术。除此之外，国内烟草行业外专利还涉及了检测与控制关键技术且优势明显，国内烟草行业专利在测控技术方面有所欠缺。

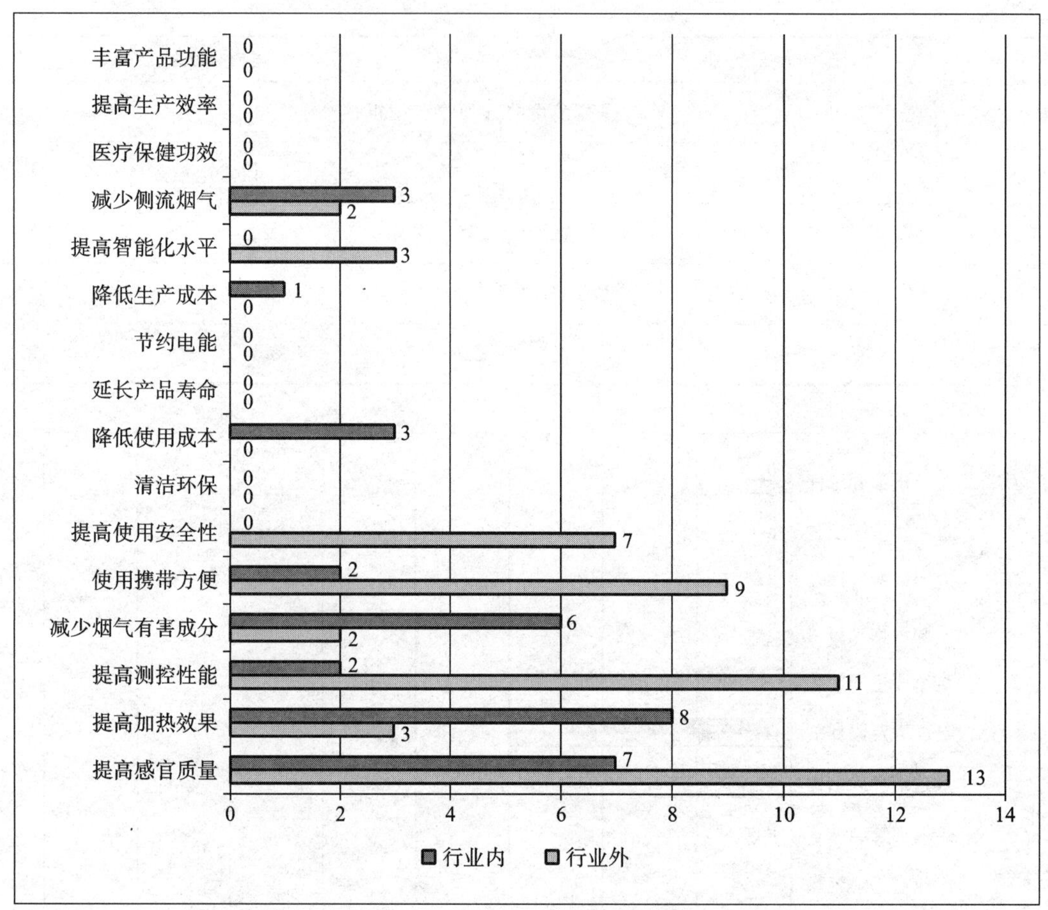

图 9.17 电加热型新型卷烟重要专利功能效果分布对比

9.3.3 国内烟草行业外电加热型新型卷烟专利重要申请人专利分析

根据前期研究结果，国内烟草行业外电加热型新型卷烟专利重要申请人见表 9.24。

表 9.24 国内烟草行业外电加热型新型卷烟专利重要申请人

序号	申请人	专利数量	同族专利数量	被引频次
1	菲利普·莫里斯烟草公司	117	2260	264
2	英美烟草公司	16	258	10
3	深圳市合元科技有限公司	30	32	38
4	深圳市劲嘉科技有限公司	23	24	6
5	深圳市麦克韦尔股份有限公司	19	20	17

9.3.3.1 菲利普·莫里斯烟草公司专利分析

菲利普·莫里斯烟草公司专利技术功效图见图 9.18，技术措施、功能效果分布见图 9.19、图 9.20。

从技术措施角度分析，菲利普·莫里斯烟草公司针对电加热型新型卷烟的技术改进措施涉及加热原理、总体设计、加热装置结构、电源系统、测控技术、加热技术、阻燃绝热、辅助功能、烟草段结构、配方及添加剂、烟草段生产工艺、辅助材料、烟嘴、总体生产工艺、配套组件共 15 个方面。数据统计表明，技术改进措施主要集中在检测与控制技术，专利数量占 25.6%。其次是改进加热装置结构，专利数量占 15.2%。然后是改进烟草段结构、烟草配方及添加剂、加热原理，专利数量分别占 10.4%、10.4%、9.8%。

从功能效果角度分析，菲利普·莫里斯烟草公司针对电加热型新型卷烟进行技术改进所实现的功能效

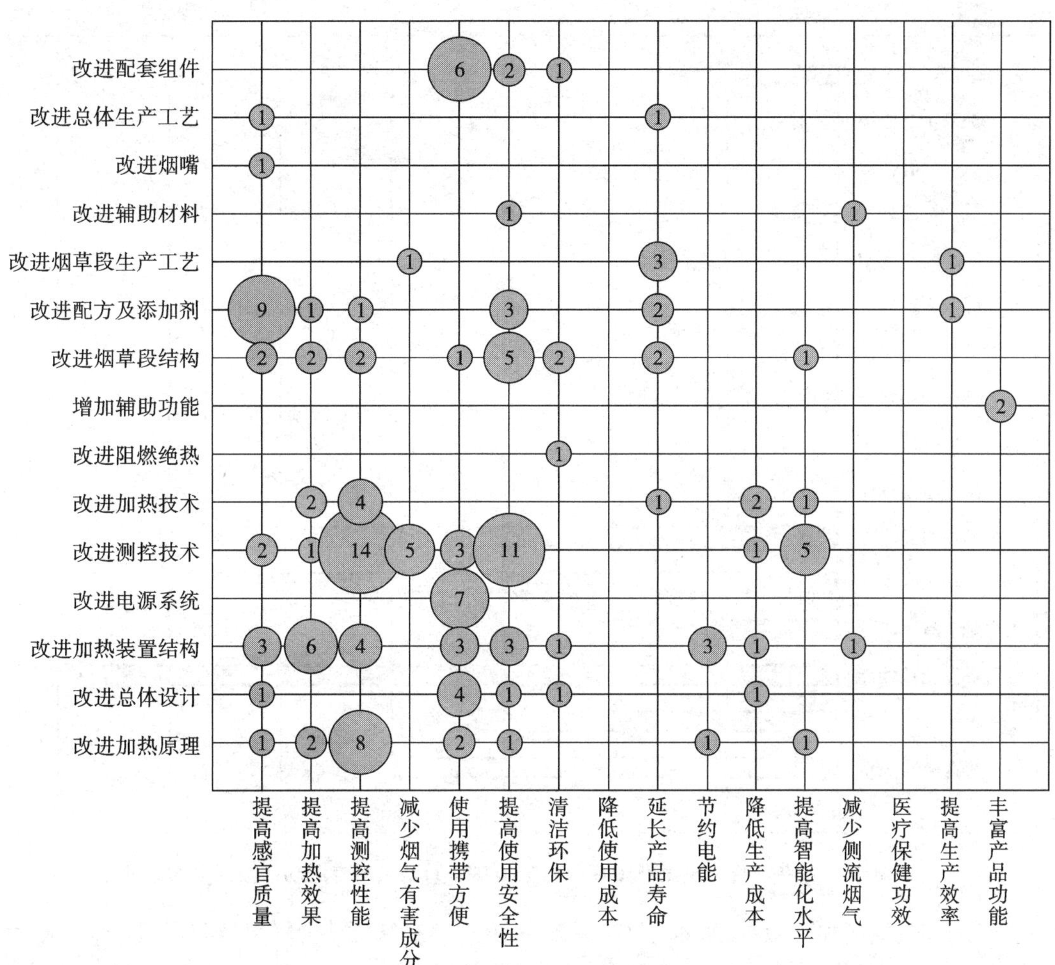

图 9.18 菲利普·莫里斯烟草公司电加热型新型卷烟专利技术功效图

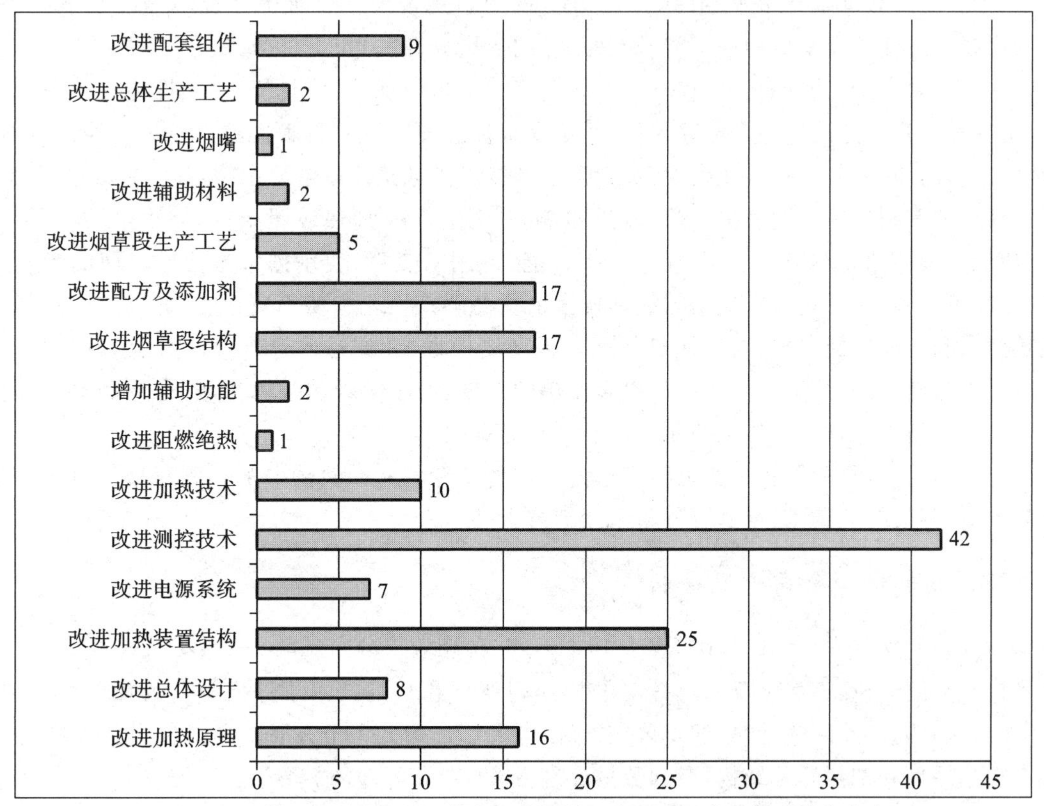

图 9.19 菲利普·莫里斯烟草公司电加热型新型卷烟专利技术措施分布

功能效果	专利数量
丰富产品功能	2
提高生产效率	2
医疗保健功效	0
减少侧流烟气	2
提高智能化水平	8
降低生产成本	5
节约电能	4
延长产品寿命	9
降低使用成本	0
清洁环保	6
提高使用安全性	27
使用携带方便	26
减少烟气有害成分	6
提高测控性能	33
提高加热效果	14
提高感官质量	20

图 9.20　菲利普·莫里斯烟草公司电加热型新型卷烟专利功能效果分布

果包括提高感官质量、提高加热效果、提高测控性能、减少烟气有害成分、使用携带方便、提高使用安全性、清洁环保、延长产品寿命、节约电能、降低生产成本、提高智能化水平、减少侧流烟气、提高生产效率、丰富产品功能共 14 个方面。数据统计表明,技术改进所实现的功能效果主要集中在提高测控性能,专利数量占 20.1%。其次是提高使用安全性和使用携带方便,专利数量分别占 16.5%、15.9%。

从实现的功能效果所采取的技术措施分析,菲利普·莫里斯烟草公司提高测控性能优先采取的技术措施是改进测控技术,其次是改进加热原理;提高使用安全性优先采取的技术措施是改进测控技术,其次是改进烟草段结构;提高使用的方便性、便携性,优先采取的技术措施是改进电源系统,其次是改进配套组件。

从研发重点和专利布局角度分析,鉴于改进检测与控制技术、加热装置结构、烟草段结构、烟草配方及添加剂、加热原理方面的专利申请,以及提高测控性能、使用安全性、使用携带方便等方面的专利申请所占份额较大,因此可以判断:通过改进检测与控制技术来提高测控性能和使用安全性,通过改进加热装置结构来提高加热效果和测控性能,通过改进加热原理来提高测控性能,通过改进烟草配方及添加剂来提高感官质量,以及通过改进电源系统和配套组件来提高使用的方便性、便携性等技术领域,是菲利普·莫里斯烟草公司针对电加热型新型卷烟专利技术的研发热点和布局重点。

从关键技术角度分析,菲利普·莫里斯烟草公司申请的专利所涉及的电加热型新型卷烟关键技术涵盖了电加热技术、检测与控制技术、烟草配方与添加剂技术。

9.3.3.2　英美烟草公司专利分析

英美烟草公司专利技术功效图见图 9.21,技术措施、功能效果分布见图 9.22、图 9.23。

从技术措施角度分析,英美烟草公司针对电加热型新型卷烟的技术改进措施涉及加热原理、加热装置结构、测控技术、加热技术、阻燃绝热、烟草段结构、配方及添加剂共 7 个方面。数据统计表明,技术改进措施主要集中在加热原理和加热装置结构,专利数量分别占 29.7%、27.0%。

从功能效果角度分析,英美烟草公司针对电加热型新型卷烟进行技术改进所实现的功能效果包括提高

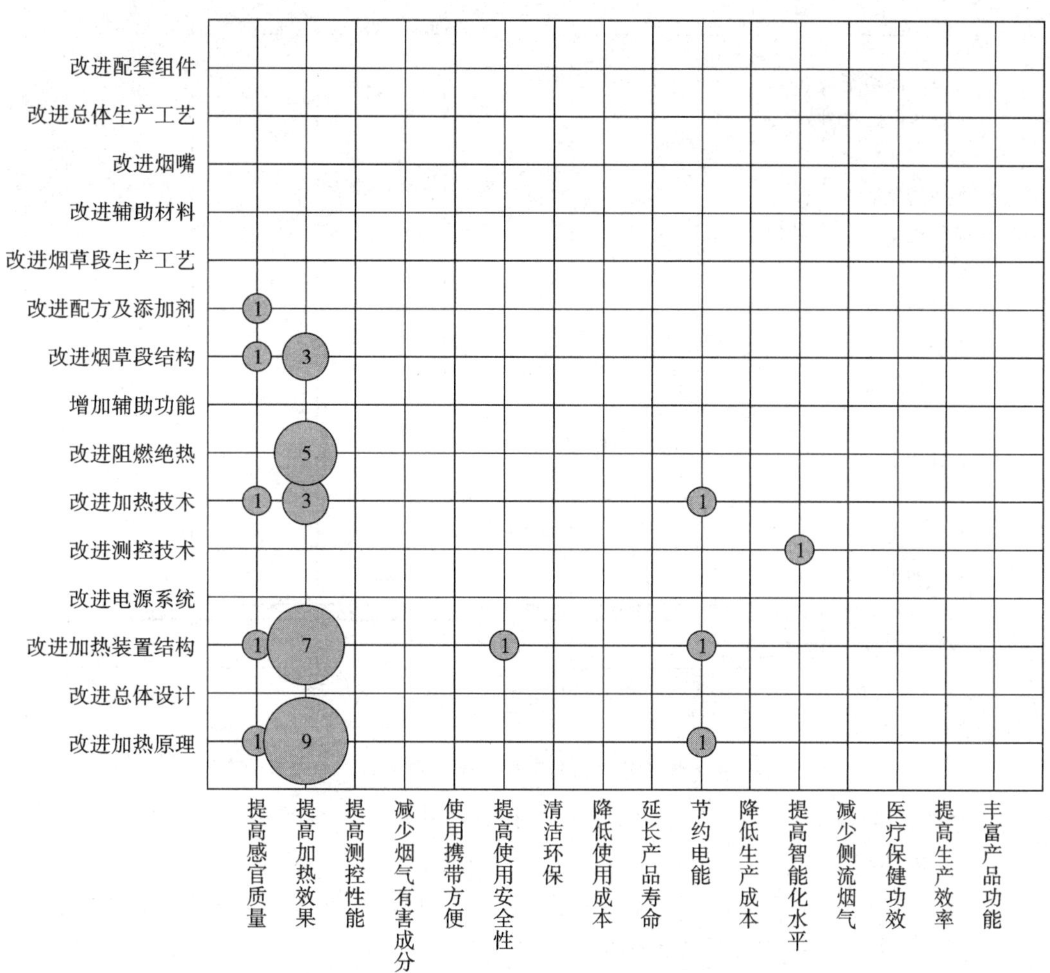

图9.21 英美烟草公司电加热型新型卷烟专利技术功效图

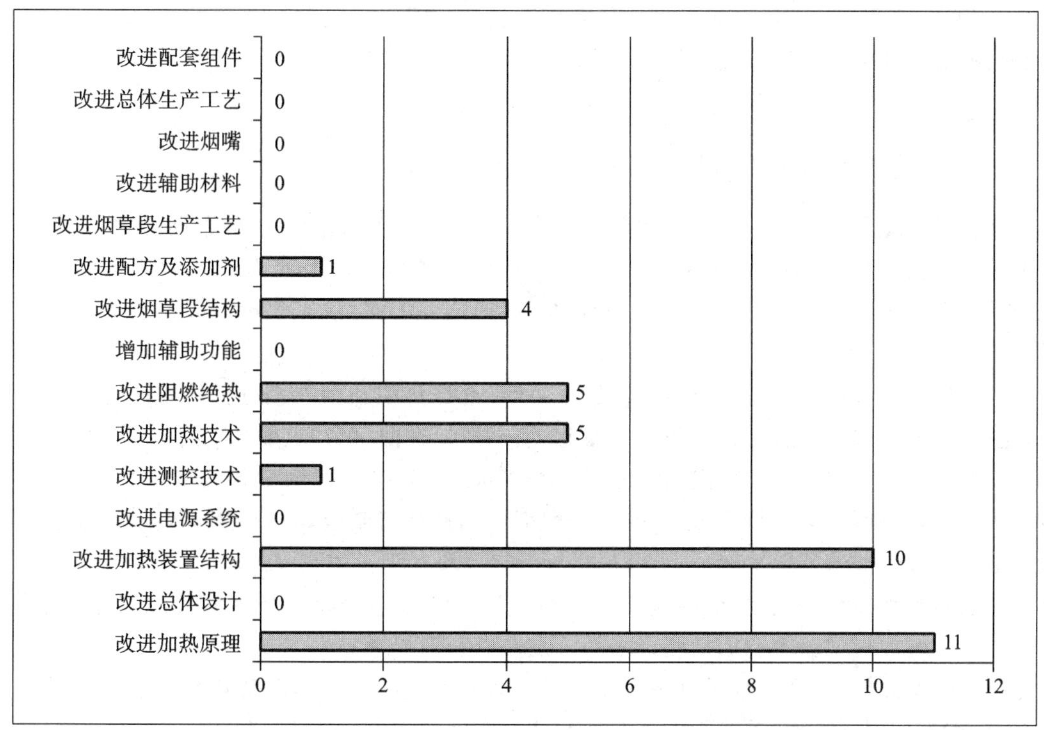

图9.22 英美烟草公司电加热型新型卷烟专利技术措施分布

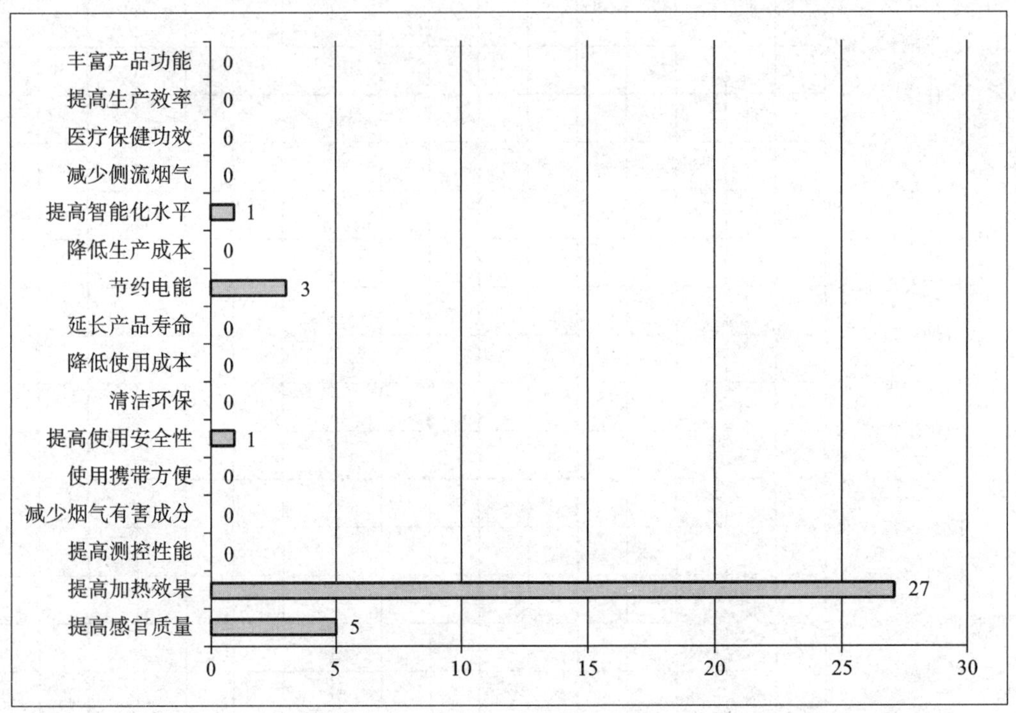

图 9.23 英美烟草公司电加热型新型卷烟专利功能效果分布

感官质量、提高加热效果、提高使用安全性、节约电能、提高智能化水平共 5 个方面。数据统计表明，技术改进所实现的功能效果主要集中在提高加热效果，专利数量占 73.0%。

从实现的功能效果所采取的技术措施分析，英美烟草公司提高加热效果优先采取的技术措施是改进加热原理，其次是改进加热装置结构和阻燃绝热技术。

从研发重点和专利布局角度分析，鉴于改进加热原理和加热装置结构方面的专利申请，以及提高加热效果方面的专利申请所占份额较大，因此可以判断：通过改进加热原理、加热装置结构和阻燃绝热技术来提高加热效果，是英美烟草公司针对电加热型新型卷烟专利技术的研发热点和布局重点。

从关键技术角度分析，英美烟草公司申请的专利所涉及的电加热型新型卷烟关键技术主要是电加热技术，在检测与控制技术、烟草配方与添加剂技术方面有所欠缺。

9.3.3.3 深圳市合元科技有限公司专利分析

深圳市合元科技有限公司专利技术功效图见图 9.24，技术措施、功能效果分布见图 9.25、图 9.26。

从技术措施角度分析，深圳市合元科技有限公司针对电加热型新型卷烟的技术改进措施涉及加热原理、加热装置结构、加热技术、烟草段结构共 4 个方面；数据统计表明，技术改进措施主要集中在加热装置结构，专利数量占 68.4%。

从功能效果角度分析，深圳市合元科技有限公司针对电加热型新型卷烟进行技术改进所实现的功能效果包括提高感官质量、提高加热效果、提高测控性能、使用携带方便、节约电能共 5 个方面；数据统计表明，技术改进所实现的功能效果主要集中在提高感官质量、提高加热效果，专利数量各占 42.1%。

从实现的功能效果所采取的技术措施分析，深圳市合元科技有限公司提高感官质量和加热效果优先采取的技术措施均是改进加热装置结构。

从研发重点和专利布局角度分析，通过改进加热装置结构来提高感官质量和加热效果，是深圳市合元科技有限公司针对电加热型新型卷烟专利技术的研发热点和布局重点。

从关键技术角度分析，深圳市合元科技有限公司申请的专利所涉及的电加热型新型卷烟关键技术仅为电加热技术，在检测与控制技术、烟草配方与添加剂技术方面缺失。

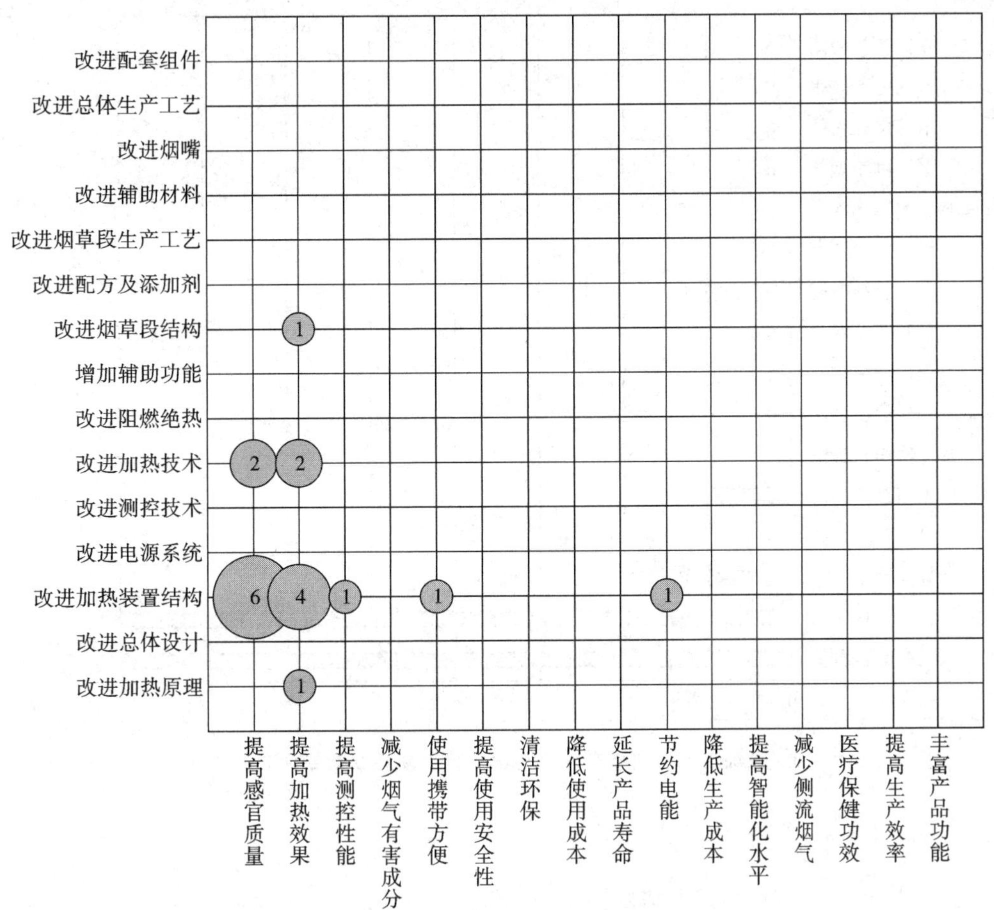

图 9.24　深圳市合元科技有限公司电加热型新型卷烟专利技术功效图

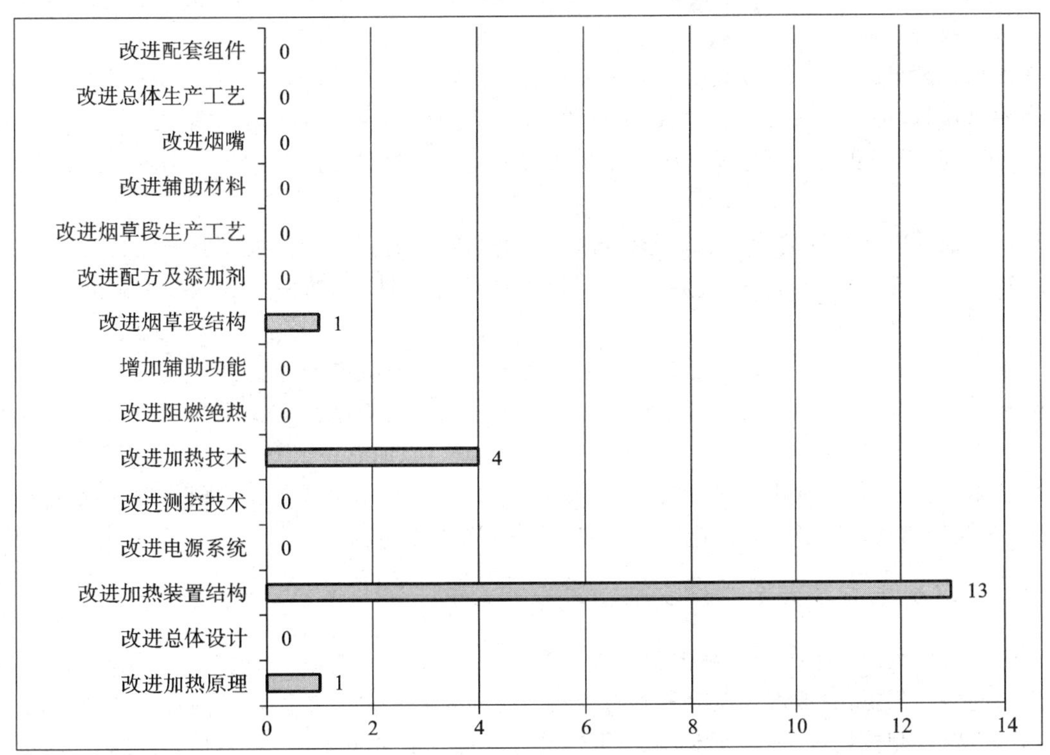

图 9.25　深圳市合元科技有限公司电加热型新型卷烟专利技术措施分布

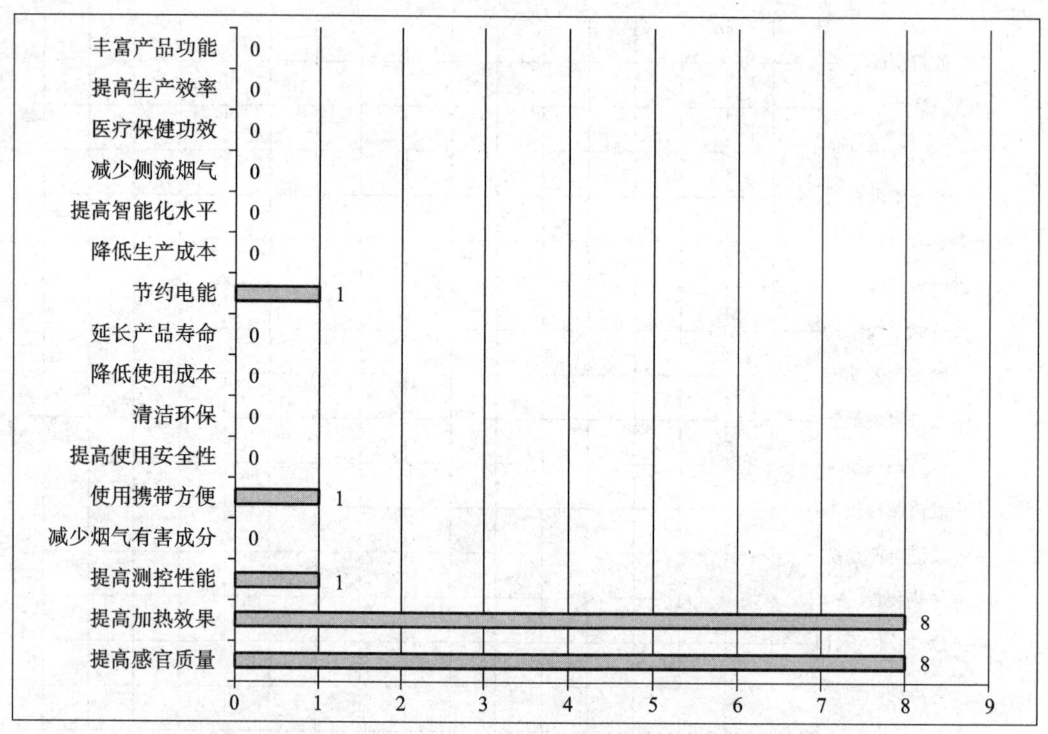

图 9.26 深圳市合元科技有限公司电加热型新型卷烟专利功能效果分布

9.3.3.4 深圳市劲嘉科技有限公司专利分析

深圳市劲嘉科技有限公司专利技术功效图见图 9.27,技术措施、功能效果分布见图 9.28、图 9.29。

从技术措施角度分析,深圳市劲嘉科技有限公司针对电加热型新型卷烟的技术改进措施涉及加热装置结构、测控技术、加热技术共 3 个方面。数据统计表明,技术改进措施主要集中在加热装置结构,专利数量占 60.0%。其次是改进加热技术,专利数量占 30.0%。

从功能效果角度分析,深圳市劲嘉科技有限公司针对电加热型新型卷烟进行技术改进所实现的功能效果包括提高感官质量、提高加热效果、使用携带方便、降低使用成本、提高智能化水平共 5 个方面。数据统计表明,技术改进所实现的功能效果主要集中在提高感官质量,专利数量占 55.0%。其次是使用携带方便,专利数量占 20.0%。

从实现的功能效果所采取的技术措施分析,深圳市劲嘉科技有限公司提高感官质量优先采取的技术措施是改进加热装置结构,其次是改进加热技术。提高使用的方便性、便携性采取的技术措施是改进加热装置结构。

从研发重点和专利布局角度分析,通过改进加热装置结构来提高感官质量和使用的方便性、便携性,通过改进加热技术来提高感官质量,是深圳市劲嘉科技有限公司针对电加热型新型卷烟专利技术的研发热点和布局重点。

从关键技术角度分析,深圳市劲嘉科技有限公司申请的专利所涉及的电加热型新型卷烟关键技术为电加热技术、检测与控制技术,在烟草配方与添加剂技术方面缺失。

9.3.3.5 深圳市麦克韦尔股份有限公司专利分析

深圳市麦克韦尔股份有限公司专利技术功效图见图 9.30,技术措施、功能效果分布见图 9.31、图 9.32。

从技术措施角度分析,深圳市麦克韦尔股份有限公司针对电加热型新型卷烟的技术改进措施涉及总体设计、加热装置结构、测控技术、加热技术、阻燃绝热共 5 个方面。数据统计表明,技术改进措施主要集中在加热装置结构,专利数量占 47.4%。其次是改进总体设计和加热技术,专利数量各占 21.1%。

从功能效果角度分析,深圳市麦克韦尔股份有限公司针对电加热型新型卷烟进行技术改进所实现的功

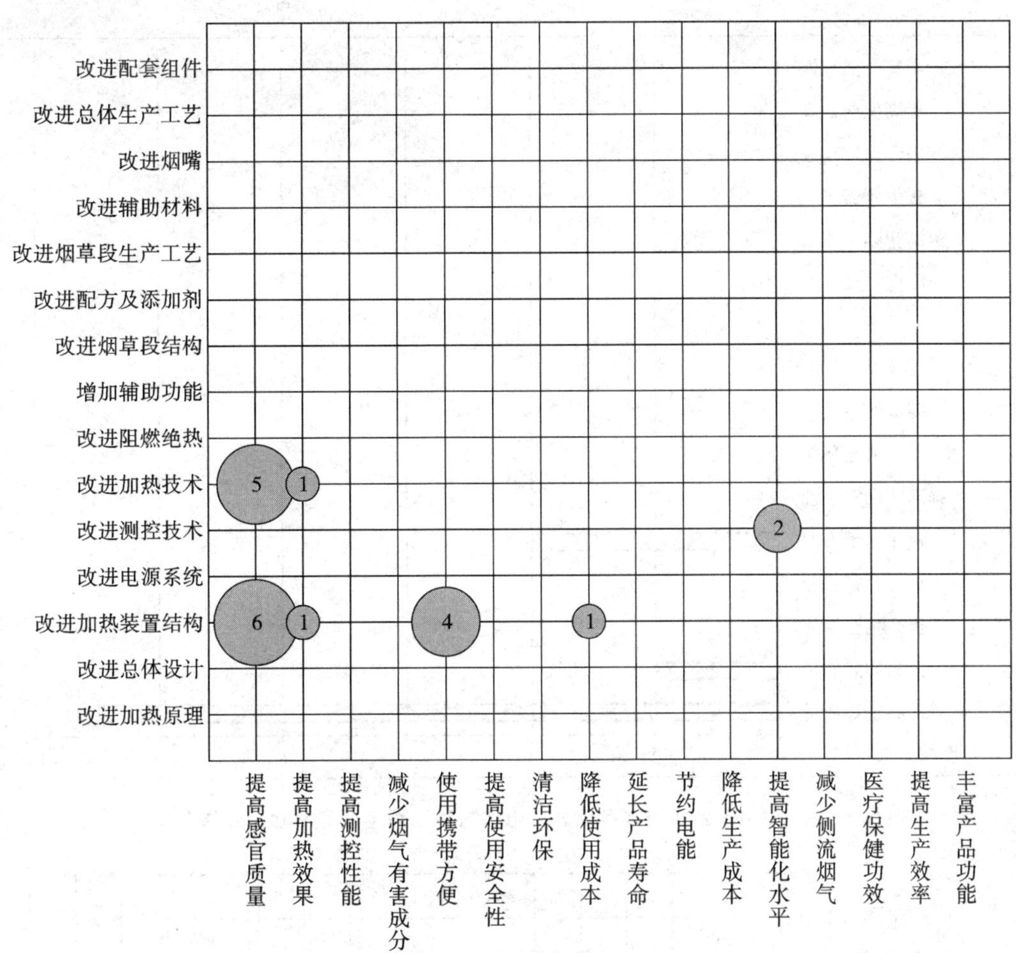

图 9.27　深圳市劲嘉科技有限公司电加热型新型卷烟专利技术功效图

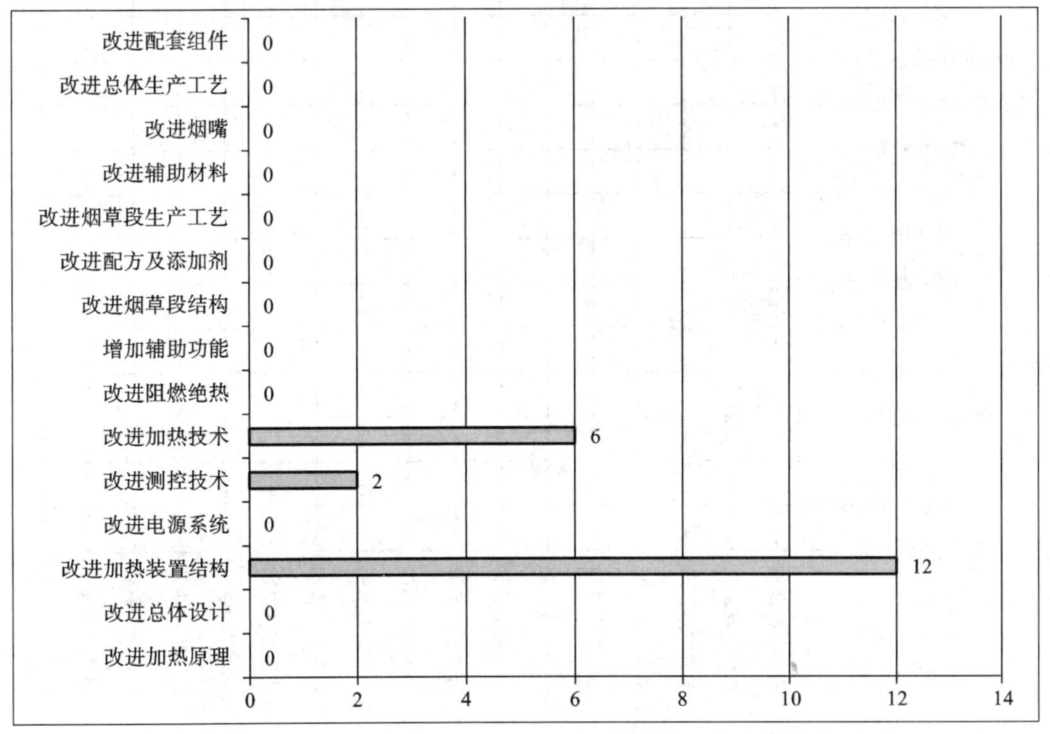

图 9.28　深圳市劲嘉科技有限公司电加热型新型卷烟专利技术措施分布

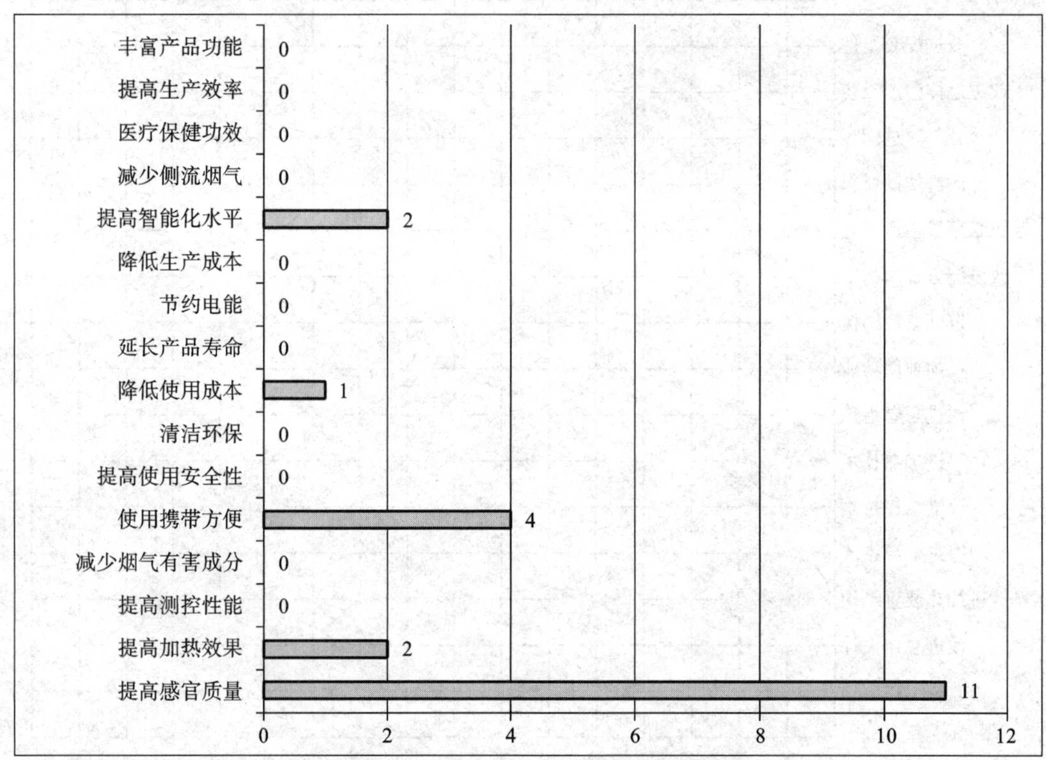

图 9.29 深圳市劲嘉科技有限公司电加热型新型卷烟专利功能效果分布

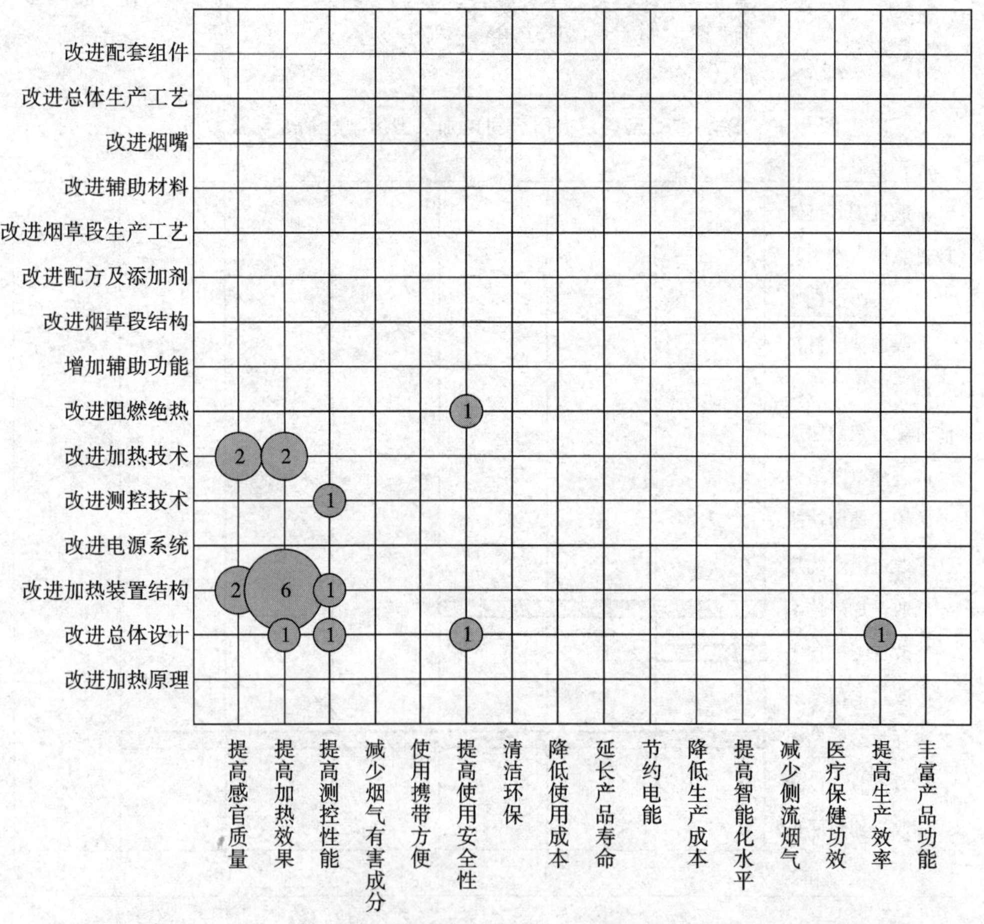

图 9.30 深圳市麦克韦尔股份有限公司电加热型新型卷烟专利技术功效图

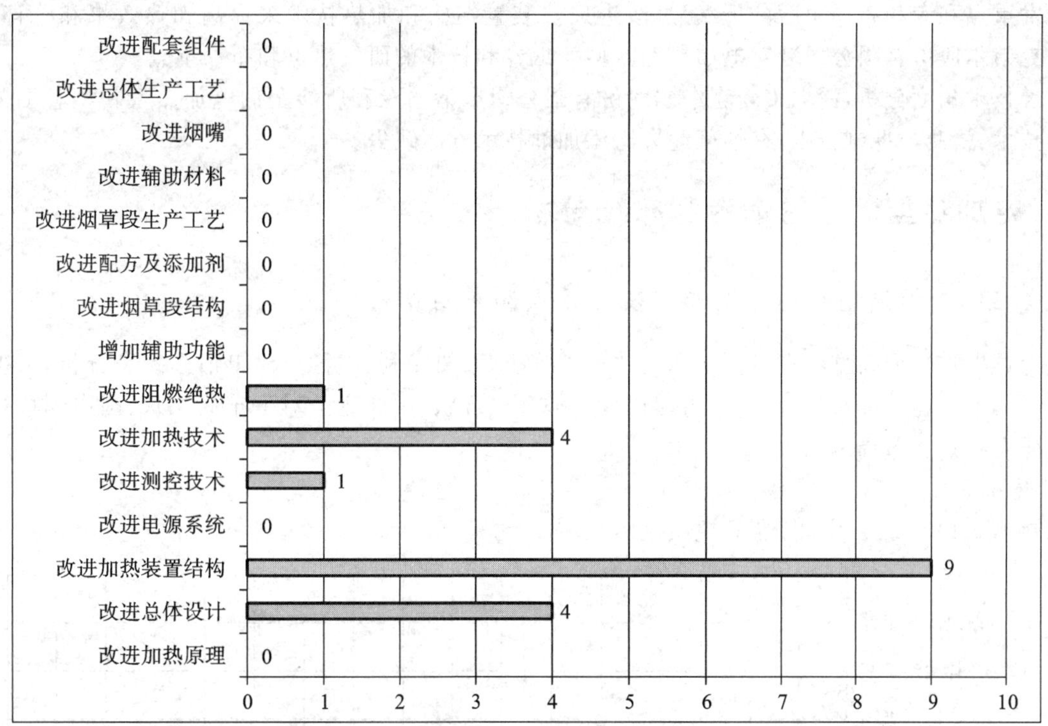

图9.31　深圳市麦克韦尔股份有限公司电加热型新型卷烟专利技术措施分布

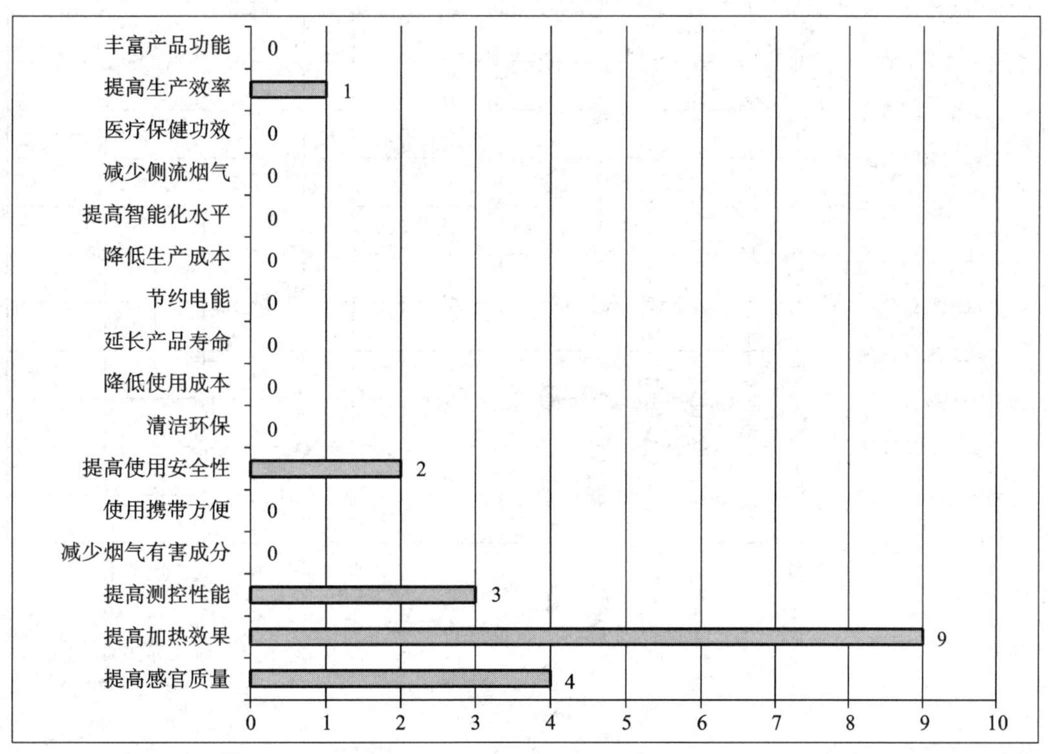

图9.32　深圳市麦克韦尔股份有限公司电加热型新型卷烟专利功能效果分布

能效果包括提高感官质量、提高加热效果、提高测控性能、提高使用安全性、提高生产效率共5个方面。数据统计表明，技术改进所实现的功能效果主要集中在提高加热效果，专利数量占47.4%。其次是提高感官质量，专利数量占21.1%。

从实现的功能效果所采取的技术措施分析，深圳市麦克韦尔股份有限公司提高加热效果和感官质量优先采取的技术措施是改进加热装置结构，其次是改进加热技术。

从研发重点和专利布局角度分析，通过改进加热装置结构和加热技术来提高加热效果和感官质量，是深圳市麦克韦尔股份有限公司针对电加热型新型卷烟专利技术的研发热点和布局重点。

从关键技术角度分析，深圳市麦克韦尔股份有限公司申请的专利所涉及的电加热型新型卷烟关键技术为电加热技术、检测与控制技术，在烟草配方与添加剂技术方面缺失。

9.3.4 电加热型新型卷烟专利布局分析

9.3.4.1 电加热型新型卷烟专利研发热点和布局重点

通过上述电加热型新型卷烟专利技术功效矩阵分析、重要专利分析、重要申请人专利分析，可得出电加热型新型卷烟专利的总体布局现状、国内烟草行业外布局现状、主要竞争对手布局现状、国内烟草行业布局现状及其研发热点和布局重点。

1. 总体布局现状

电加热型新型卷烟专利总体布局现状见图 9.33。

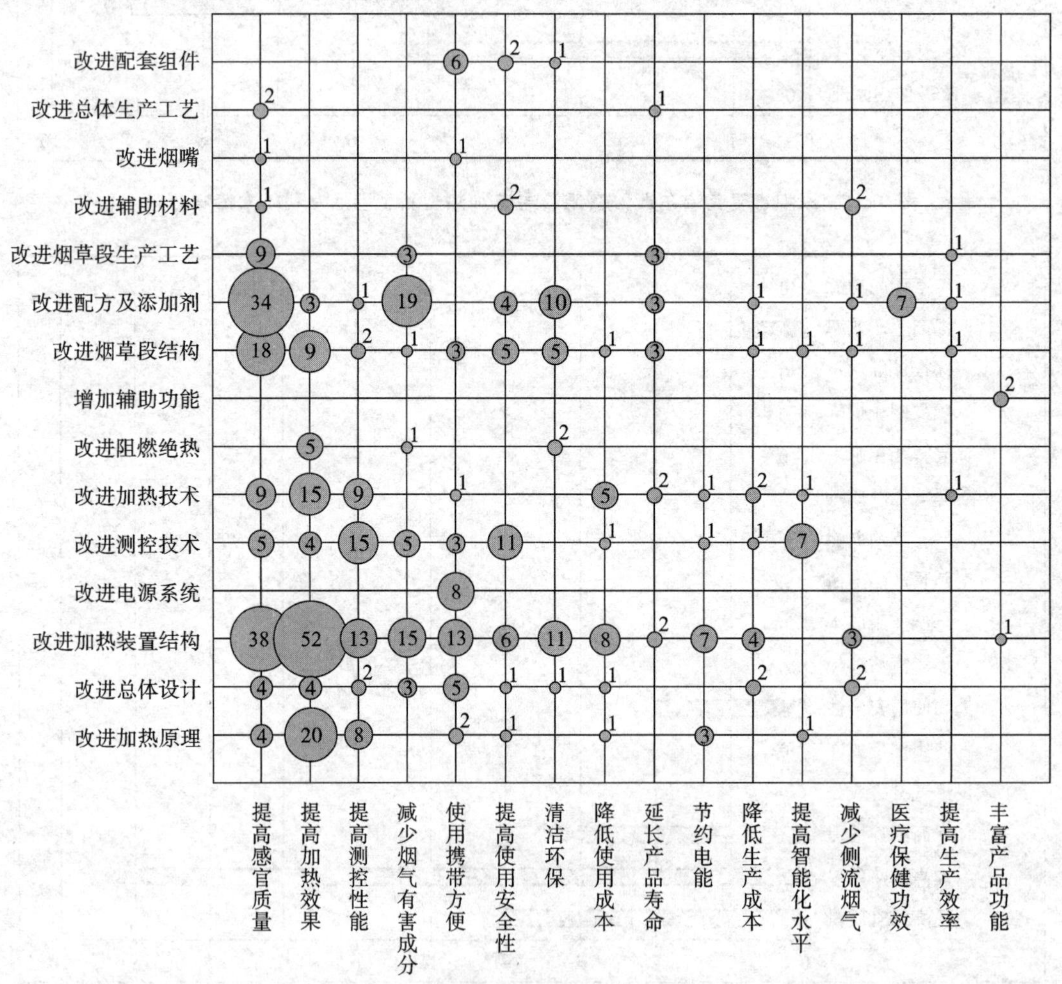

图 9.33 电加热型新型卷烟专利总体布局现状

电加热型新型卷烟专利技术的总体研发热点和布局重点是：

①改进加热装置结构和烟草配方及添加剂。

②提高感官质量和加热效果。

③通过改进加热装置结构和烟草配方及添加剂来提高感官质量、减少烟气有害成分。

④通过改进加热装置结构和加热原理来提高加热效果。

⑤通过改进检测与控制技术和加热装置结构来提高检测与控制性能。

⑥通过改进加热装置结构和电源系统来提高使用的方便性和便携性。

2. 国内烟草行业外布局现状

国内烟草行业外电加热型新型卷烟专利布局现状见图 9.34。

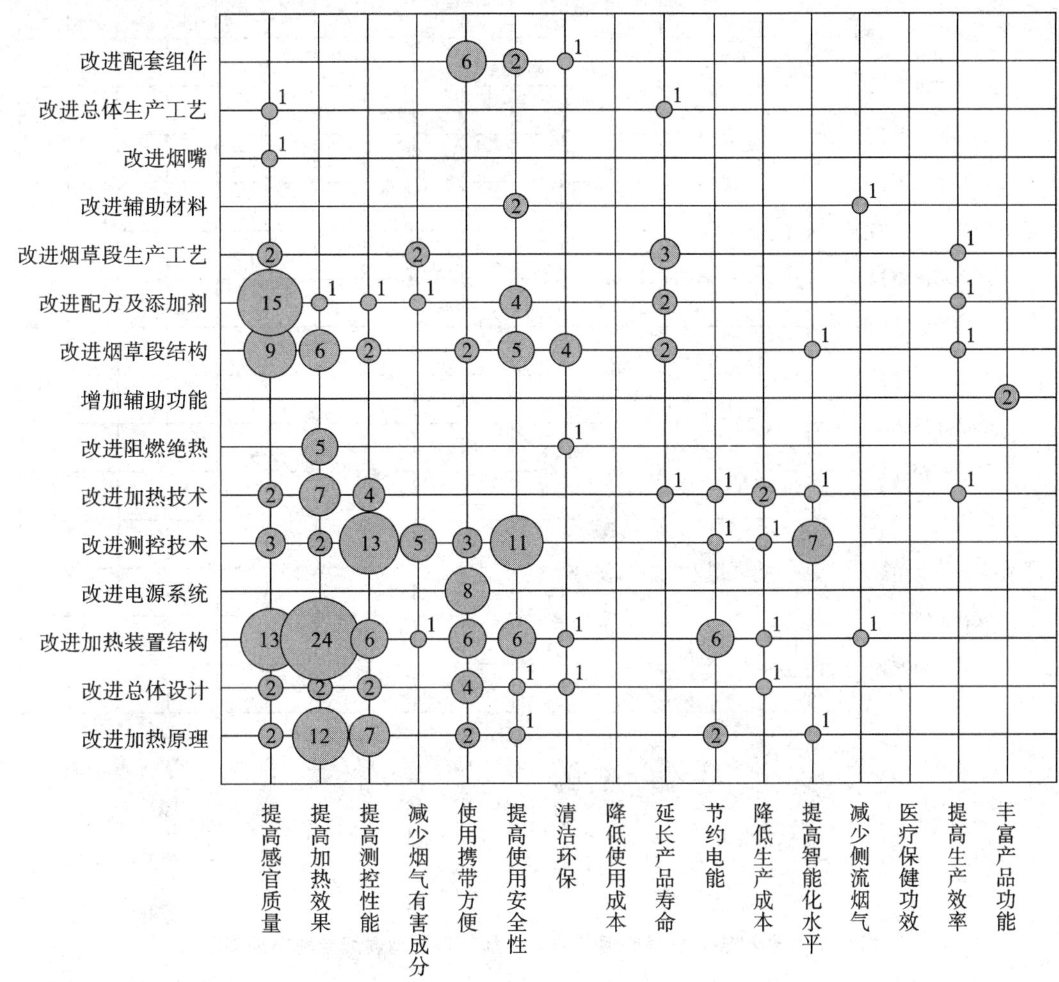

图 9.34　国内烟草行业外电加热型新型卷烟专利布局现状

国内烟草行业外电加热型新型卷烟专利技术的研发热点和布局重点是：

①改进加热装置结构和检测控制技术。

②提高加热效果和感官质量。

③通过改进加热装置结构和加热原理来提高加热效果。

④通过改进烟草配方及添加剂、加热装置结构来提高感官质量。

⑤通过改进测控技术来提高测控性能和使用安全性。

3. 主要竞争对手布局现状

国内烟草行业外重要申请人评估及重要专利评估表明，菲利普·莫里斯烟草公司是国内烟草行业电加热型新型卷烟技术研发的主要竞争对手，其电加热型新型卷烟专利布局现状见图 9.35。

菲利普·莫里斯烟草公司电加热型新型卷烟专利的研发热点和布局重点是：

①改进检测与控制技术、加热装置结构、烟草段结构、烟草配方及添加剂、加热原理。

②提高测控性能及使用安全性、方便性、便携性。

③通过改进检测与控制技术来提高测控性能和使用安全性。

④通过改进加热装置结构来提高加热效果和测控性能。

⑤通过改进加热原理来提高测控性能。

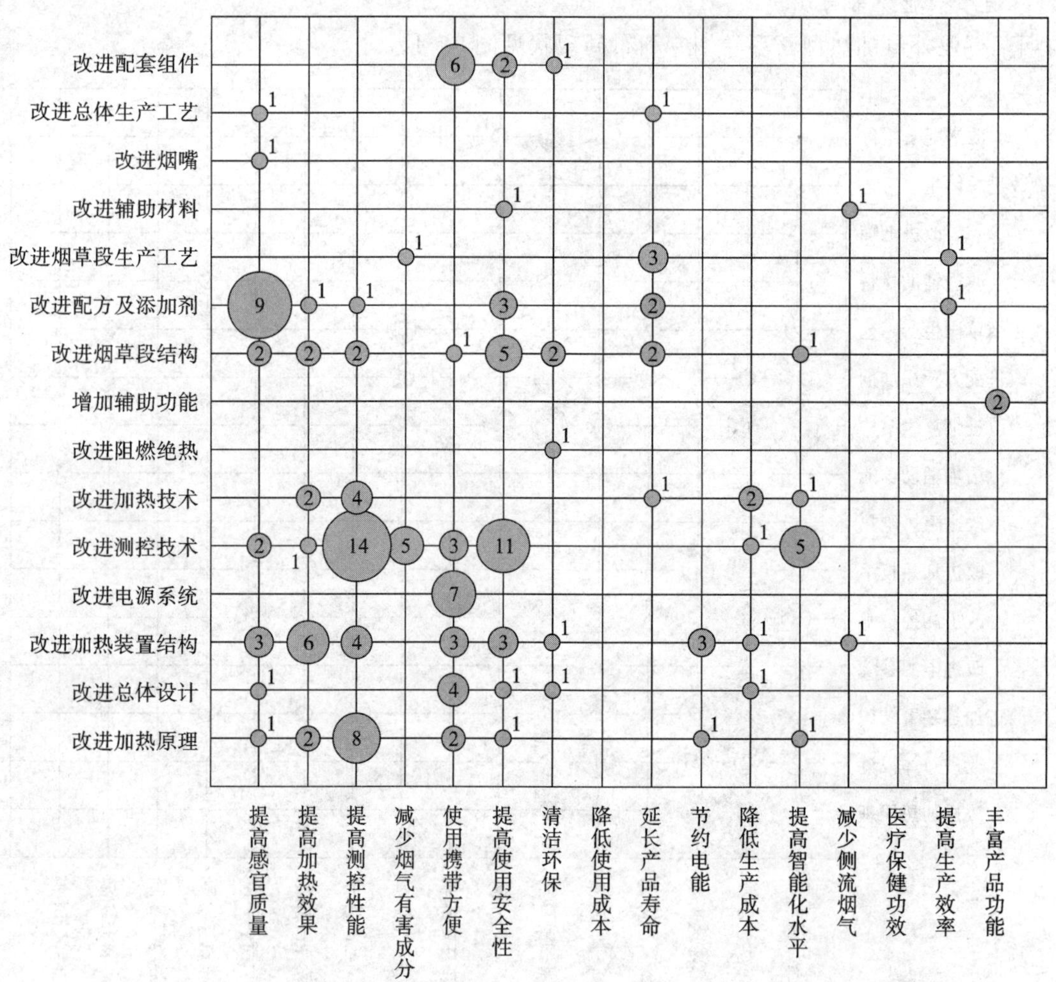

图 9.35　菲利普·莫里斯烟草公司电加热型新型卷烟专利布局现状

⑥通过改进烟草配方及添加剂来提高感官质量。

⑦通过改进电源系统和配套组件来提高使用的方便性、便携性。

4. 国内烟草行业布局现状

国内烟草行业电加热型新型卷烟专利布局现状见图 9.36。

国内烟草行业电加热型新型卷烟专利技术的研发热点和布局重点是：

①改进加热装置结构和改进烟草配方及添加剂。

②提高感官质量和加热效果。

③通过改进加热装置结构来提高加热效果和感官质量。

④通过改进烟草配方及添加剂来提高感官质量和减少烟气有害成分。

9.3.4.2　电加热型新型卷烟专利技术空白点和薄弱点

通过上述电加热型新型卷烟专利的总体布局现状、国内烟草行业外布局现状、主要竞争对手布局现状、国内烟草行业布局现状及其研发热点和布局重点的分析，认为在某一技术领域专利数量为“0”，即可视为专利技术空白点；在某一技术领域专利数量为“1～5”，即可视为专利技术薄弱点，如表 9.25 灰色部分所示。

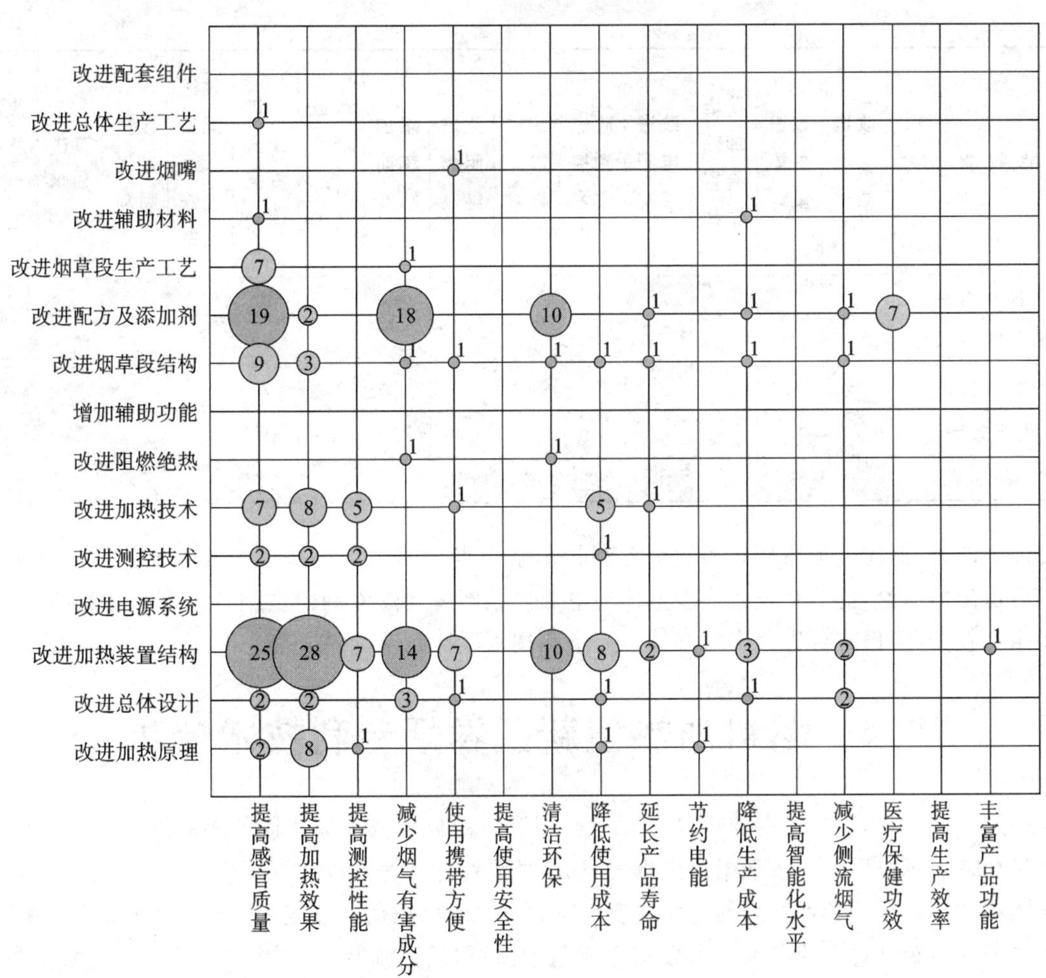

图 9.36　国内烟草行业电加热型新型卷烟专利布局现状

表 9.25　电加热型新型卷烟专利技术空白点和薄弱点

功能效果	改进加热原理	改进总体设计	改进加热装置结构	改进电源系统	改进测控技术	改进加热技术	改进阻燃绝热	增加辅助功能	改进烟草段结构	改进配方及添加剂	改进烟草段生产工艺	改进辅助材料	改进烟嘴	改进总体生产工艺	改进配套组件
提高感官质量	4	4	38	0	5	9	0	0	18	34	9	1	1	2	0
提高加热效果	20	4	52	0	4	15	5	0	9	3	0	0	0	0	0
提高测控性能	8	2	13	0	15	9	0	0	2	1	0	0	0	0	0
减少烟气有害成分	0	3	15	0	5	0	1	0	1	19	3	0	0	0	0
使用携带方便	2	5	13	8	3	1	0	0	3	0	0	0	1	0	6
提高使用安全性	1	1	6	0	11	0	0	0	5	4	0	2	0	0	2
清洁环保	0	1	11	0	0	0	2	0	5	10	0	0	0	0	1
降低使用成本	1	1	8	0	1	5	0	0	1	0	0	0	0	0	0
延长产品寿命	0	0	2	0	0	2	0	0	3	3	3	0	0	1	0
节约电能	3	0	7	0	1	1	0	0	0	0	0	0	0	0	0
降低生产成本	0	2	4	0	1	2	0	0	1	1	0	0	0	0	0

续表

功能效果	改进加热原理	改进总体设计	改进加热装置结构	改进电源系统	改进测控技术	改进加热技术	改进阻燃绝热	增加辅助功能	改进烟草段结构	改进配方及添加剂	改进烟草段生产工艺	改进辅助材料	改进烟嘴	改进总体生产工艺	改进配套组件
提高智能化水平	1	0	0	0	7	1	0	0	1	0	0	0	0	0	0
减少侧流烟气	0	2	3	0	0	0	0	0	1	1	0	2	0	0	0
医疗保健功效	0	0	0	0	0	0	0	0	0	7	0	0	0	0	0
提高生产效率	0	0	0	0	0	1	0	0	1	1	1	0	0	0	0
丰富产品功能	0	0	1	0	0	0	0	2	0	0	0	0	0	0	0

需要说明的是，上述电加热型新型卷烟专利技术空白点和薄弱点是基于纳入研究范围的专利数据，经分析研究后得出的结论，能够在较大程度上体现电加热型新型卷烟专利研发现状。未来在这些方面的技术创新空间相对较大，但仍有待进一步对其技术需求和技术可行性进行评估。

9.4 燃料加热型新型卷烟专利技术分析

燃料加热型新型卷烟，主要由加热段、烟草段、烟嘴三部分构成。加热段的燃料燃烧产生热能，使烟草段的烟草材料在加热非燃烧状态下干馏出烟气成分，供消费者吸食。

根据燃料加热型新型卷烟产品的工作原理、结构和功能，以及研究制定的《新型烟草制品专利技术分类体系》，燃料加热型新型卷烟的专利技术分支主要包括总体设计、加热段结构、加热技术、热源技术、阻燃绝热、加热段生产工艺、烟草段结构、配方及添加剂、烟草段生产工艺、辅助材料、烟嘴、总体生产工艺、配套组件共 13 个方面。

依据专利文献计量学指标，研究确定将 105 件燃料加热型新型卷烟专利纳入专利技术分析范围，其中国内烟草行业外申请的专利有 85 件，国内烟草行业申请的专利有 20 件。

9.4.1 燃料加热型新型卷烟专利技术功效矩阵分析

9.4.1.1 燃料加热型新型卷烟专利总体技术功效分析

分析研究燃料加热型新型卷烟专利的“权利要求书”和“说明书”，并依据研究制定的《新型烟草制品专利技术分类体系》，对专利涉及的技术措施和功能效果进行归纳总结，形成总体技术功效图 9.37，总体技术措施、总体功能效果分布表 9.26、表 9.27。

表 9.26 燃料加热型新型卷烟专利总体技术措施分布

申请年份	改进总体设计	改进加热段结构	改进加热技术	改进热源技术	改进阻燃绝热	改进加热段生产工艺	改进烟草段结构	改进配方及添加剂	改进烟草段生产工艺	改进辅助材料	改进烟嘴	改进总体生产工艺	改进配套组件
1997 年	1	0	0	0	0	0	0	0	0	0	0	0	0
2002 年	0	0	0	0	0	0	0	1	0	0	0	0	0
2005 年	0	0	0	1	0	1	0	0	0	0	0	0	0

续表

申请年份	改进总体设计	改进加热段结构	改进加热技术	改进热源技术	改进阻燃绝热	改进加热段生产工艺	改进烟草段结构	改进配方及添加剂	改进烟草段生产工艺	改进辅助材料	改进烟嘴	改进总体生产工艺	改进配套组件
2006 年	0	4	0	0	0	0	4	0	0	0	4	0	0
2007 年	0	1	0	1	0	0	0	0	0	0	0	0	0
2008 年	0	1	0	0	0	1	0	0	0	0	0	0	0
2009 年	0	0	0	1	0	0	0	0	0	0	0	2	0
2010 年	1	0	0	0	0	0	0	1	0	0	0	0	0
2011 年	1	1	0	0	0	0	2	1	0	1	0	0	0
2012 年	0	3	0	2	0	0	1	0	0	1	0	0	0
2013 年	1	9	1	15	1	10	0	6	6	0	1	4	1
2014 年	4	7	0	3	1	1	3	9	2	3	0	4	1
2015 年	1	1	0	1	1	3	0	2	2	0	0	0	1
合计	9	27	1	24	3	16	10	20	10	5	5	10	3

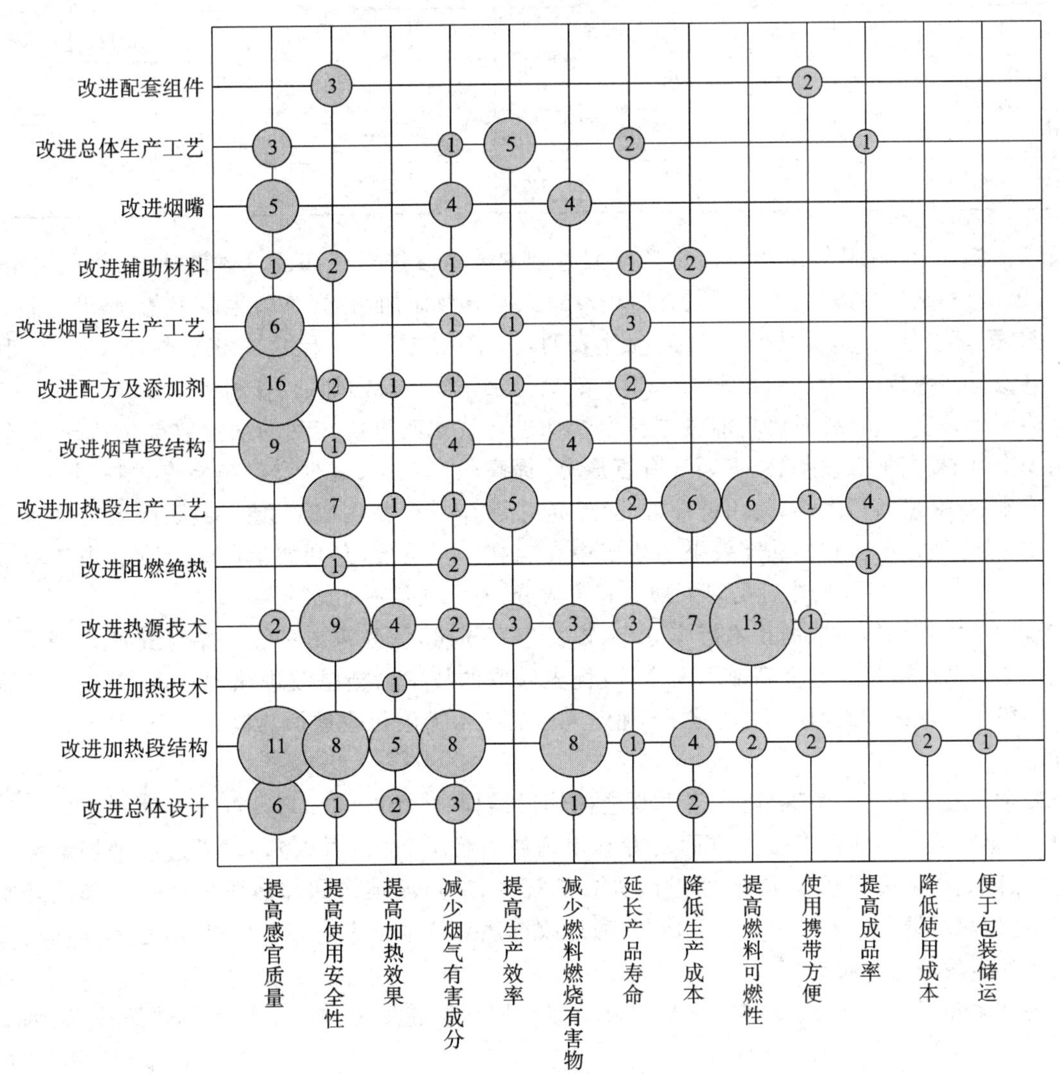

图 9.37　燃料加热型新型卷烟专利总体技术功效图

表 9.27　燃料加热型新型卷烟专利总体功能效果分布

申请年份	提高感官质量	提高使用安全性	提高加热效果	减少烟气有害成分	提高生产效率	减少燃料燃烧有害物	延长产品寿命	降低生产成本	提高燃料可燃性	使用携带方便	提高成品率	降低使用成本	便于包装储运
1997 年	1	0	0	0	0	0	0	0	0	0	0	0	0
2002 年	1	0	0	0	0	0	0	0	0	0	0	0	0
2005 年	0	0	0	0	0	1	0	0	0	0	1	0	0
2006 年	4	0	0	4	0	4	0	0	0	0	0	0	0
2007 年	1	0	0	1	0	2	0	1	0	1	0	0	0
2008 年	1	0	0	0	1	1	0	0	0	0	1	0	0
2009 年	1	0	0	1	1	0	0	0	0	0	1	0	0
2010 年	2	0	0	1	0	0	0	0	0	0	0	0	0
2011 年	4	2	0	0	0	0	0	0	0	0	0	0	0
2012 年	1	2	2	0	0	2	1	0	2	0	0	0	0
2013 年	9	11	4	3	3	1	6	9	11	2	1	2	1
2014 年	15	5	7	4	4	1	2	2	0	2	0	0	0
2015 年	0	3	0	2	2	0	1	0	0	0	1	0	0
合计	40	23	13	16	11	12	10	12	13	5	5	2	1

从技术措施角度分析，针对燃料加热型新型卷烟的技术改进措施涉及总体设计、加热段结构、加热技术、热源技术、阻燃绝热、加热段生产工艺、烟草段结构、配方及添加剂、烟草段生产工艺、辅助材料、烟嘴、总体生产工艺、配套组件共 13 个方面。数据统计表明，技术改进措施主要集中在加热段结构，专利数量占 18.9%。其次是热源技术，专利数量占 16.8%。然后是烟草配方及添加剂，专利数量占 14.0%。

从功能效果角度分析，针对燃料加热型新型卷烟进行技术改进所实现的功能效果包括提高感官质量、提高使用安全性、提高加热效果、减少烟气有害成分、提高生产效率、减少燃料燃烧有害物、延长产品寿命、降低生产成本、提高燃料可燃性、使用携带方便、提高成品率、降低使用成本、便于包装储运共 13 个方面。数据统计表明，技术改进所实现的功能效果主要集中在提高感官质量，专利数量占 24.5%。其次是提高使用安全性，专利数量占 14.1%。然后是减少烟气有害成分，专利数量占 9.8%。

从实现的功能效果所采取的技术措施分析，提高感官质量，优先采取的技术措施是改进烟草配方及添加剂，其次是改进加热段结构；提高使用安全性，优先采取的技术措施是改进热源技术，其次是改进加热段结构和加热段生产工艺；减少烟气有害成分，优先采取的技术措施是改进加热段结构，其次是改进烟草段结构和烟嘴。

从研发重点和专利布局角度分析，鉴于改进加热段结构、热源技术和烟草配方及添加剂方面的专利申请，以及提高感官质量和使用安全性方面的专利申请所占份额较大，可以判断：通过改进烟草配方及添加剂、改进加热段结构来提高感官质量，通过改进热源技术、加热段结构和加热段生产工艺来提高使用安全性，通过改进加热段结构来减少烟气有害成分，通过改进热源技术来提高燃料可燃性，是燃料加热型新型卷烟专利技术的研发热点和布局重点。

从关键技术角度分析，上述专利所涉及的燃料加热型新型卷烟关键技术涵盖了热源技术、烟草配方与添加剂技术。

9.4.1.2　国内烟草行业外燃料加热型新型卷烟专利技术功效分析

1. 技术功效图表分析

分析研究国内烟草行业外申请的燃料加热型新型卷烟专利的“权利要求书”和“说明书”，并依据研究制定的《新型烟草制品专利技术分类体系》，对专利涉及的技术措施和功能效果进行归纳总结，形成技术功效图 9.38，技术措施、功能效果分布表 9.28、表 9.29。

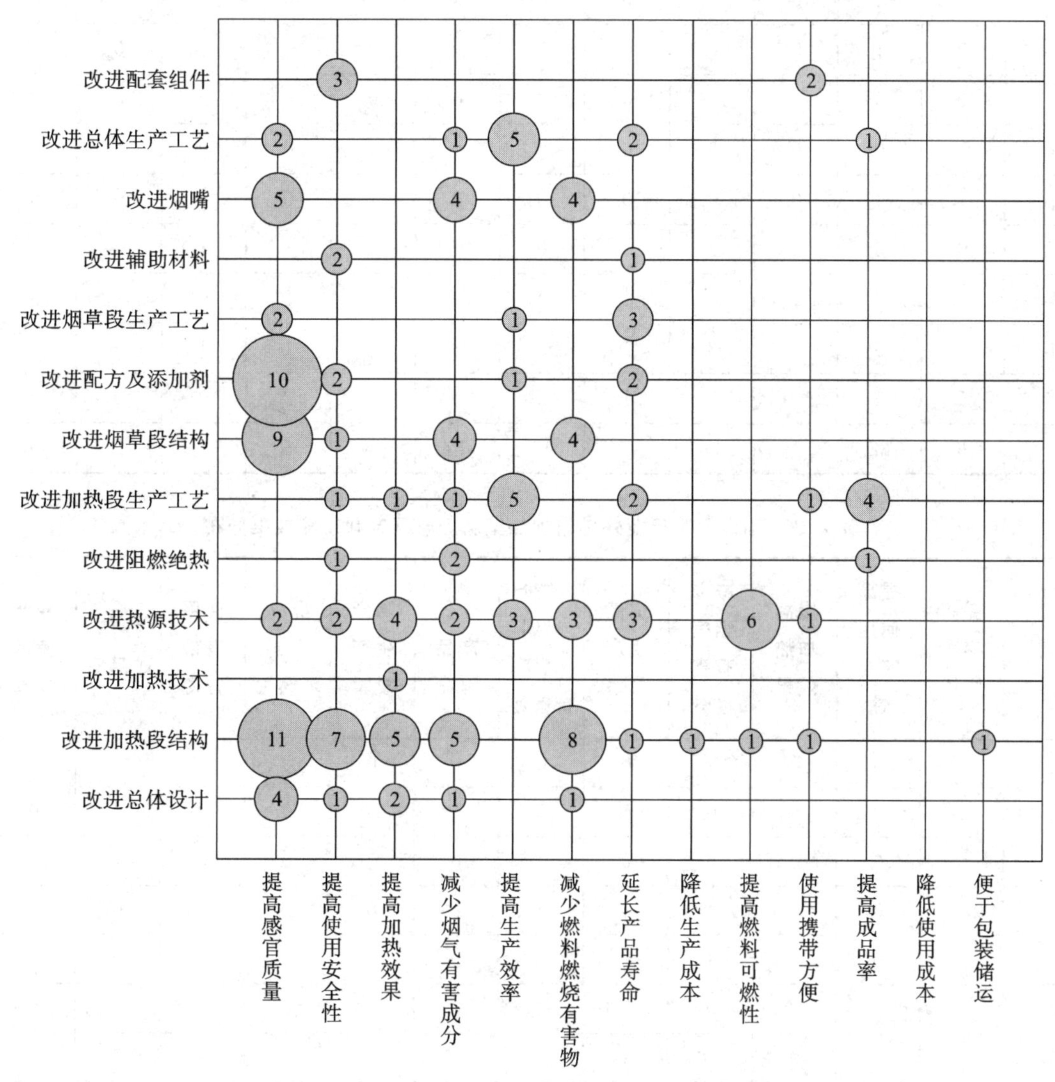

图 9.38　国内烟草行业外燃料加热型新型卷烟专利技术功效图

表 9.28　国内烟草行业外燃料加热型新型卷烟专利技术措施分布

申请年份	改进总体设计	改进加热段结构	改进加热技术	改进热源技术	改进阻燃绝热	改进加热段生产工艺	改进烟草段结构	改进配方及添加剂	改进烟草段生产工艺	改进辅助材料	改进烟嘴	改进总体生产工艺	改进配套组件
1997 年	1	0	0	0	0	0	0	0	0	0	0	0	0
2002 年	0	0	0	0	0	0	0	1	0	0	0	0	0
2005 年	0	0	0	1	0	1	0	0	0	0	0	0	0
2006 年	0	4	0	0	0	0	4	0	0	0	4	0	0

续表

申请年份	改进总体设计	改进加热段结构	改进加热技术	改进热源技术	改进阻燃绝热	改进加热段生产工艺	改进烟草段结构	改进配方及添加剂	改进烟草段生产工艺	改进辅助材料	改进烟嘴	改进总体生产工艺	改进配套组件
2007 年	0	1	0	1	0	0	0	0	0	0	0	0	0
2008 年	0	1	0	0	0	1	0	0	0	0	0	0	0
2009 年	0	0	0	1	0	0	0	0	0	0	0	2	0
2010 年	1	0	0	0	0	0	0	1	0	0	0	0	0
2011 年	1	1	0	0	0	0	2	1	0	1	0	0	0
2012 年	0	3	0	2	0	0	1	0	0	1	0	0	0
2013 年	0	6	1	8	1	4	0	2	3	0	1	3	1
2014 年	3	5	0	3	1	1	3	7	1	1	0	4	1
2015 年	0	1	0	1	1	3	0	2	2	0	0	0	1
合计	6	22	1	17	3	10	10	14	6	3	5	9	3

表 9.29 国内烟草行业外燃料加热型新型卷烟专利功能效果分布

申请年份	提高感官质量	提高使用安全性	提高加热效果	减少烟气有害成分	提高生产效率	减少燃料燃烧有害物	延长产品寿命	降低生产成本	提高燃料可燃性	使用携带方便	提高成品率	降低使用成本	便于包装储运
1997 年	1	0	0	0	0	0	0	0	0	0	0	0	0
2002 年	1	0	0	0	0	0	0	0	0	0	0	0	0
2005 年	0	0	0	0	0	1	0	0	0	0	1	0	0
2006 年	4	0	0	4	0	4	0	0	0	0	0	0	0
2007 年	1	0	0	1	0	2	0	1	0	1	0	0	0
2008 年	1	0	0	0	1	1	0	0	0	0	1	0	0
2009 年	1	0	0	1	1	0	0	0	0	0	1	0	0
2010 年	2	0	0	1	0	0	0	0	0	0	0	0	0
2011 年	4	2	0	0	0	0	0	0	0	0	0	0	0
2012 年	1	2	2	0	0	2	1	0	2	0	0	0	0
2013 年	4	4	4	1	3	1	6	0	4	2	1	0	1
2014 年	12	5	6	1	4	1	2	0	0	1	0	0	0
2015 年	0	3	0	1	2	0	1	0	0	0	1	0	0
合计	32	16	12	10	11	12	10	1	6	4	5	0	1

从技术措施角度分析，国内烟草行业外申请人针对燃料加热型新型卷烟的技术改进措施涉及总体设计、加热段结构、加热技术、热源技术、阻燃绝热、加热段生产工艺、烟草段结构、配方及添加剂、烟草段生产工艺、辅助材料、烟嘴、总体生产工艺、配套组件共 13 个方面。数据统计表明，技术改进措施主要集中在加热

段结构，专利数量占 20.2%。其次是热源技术，专利数量占 15.6%。然后是烟草配方及添加剂、烟草段结构、加热段生产工艺，专利数量分别占 12.8%、9.2%、9.2%。

从功能效果角度分析，国内烟草行业外申请人针对燃料加热型新型卷烟进行技术改进所实现的功能效果包括提高感官质量、提高使用安全性、提高加热效果、减少烟气有害成分、提高生产效率、减少燃料燃烧有害物、延长产品寿命、降低生产成本、提高燃料可燃性、使用携带方便、提高成品率、便于包装储运共 12 个方面。数据统计表明，技术改进所实现的功能效果主要集中在提高感官质量，专利数量占 26.7%。其次是提高使用安全性，专利数量占 13.3%。然后是提高加热效果、减少燃料燃烧有害物，分别占 10.0%。

从实现的功能效果所采取的技术措施分析，提高感官质量，优先采取的技术措施是改进加热段结构，其次是改进烟草配方及添加剂、改进烟草段结构；提高使用安全性，优先采取的技术措施是改进加热段结构，其次是改进配套组件；提高加热效果，优先采取的技术措施是改进加热段结构，其次是改进热源技术；减少燃料燃烧有害物，优先采取的技术措施是改进加热段结构，其次是改进烟草段结构和烟嘴。

从研发重点和专利布局角度分析，鉴于改进加热段结构、热源技术和烟草配方及添加剂方面的专利申请，以及提高感官质量、使用安全性、加热效果和减少燃料燃烧有害物方面的专利申请所占份额较大，可以判断：通过改进加热段结构、烟草配方及添加剂、烟草段结构来提高感官质量，通过改进加热段结构和配套组件来提高使用安全性，通过改进加热段结构和热源技术来提高加热效果，通过改进加热段结构、烟草段结构和烟嘴来减少燃料燃烧有害物，以及通过改进热源技术来提高燃料可燃性，是国内烟草行业外申请人针对燃料加热型新型卷烟专利技术的研发热点和布局重点。

从关键技术角度分析，国内烟草行业外申请的专利所涉及的燃料加热型新型卷烟关键技术涵盖了热源技术、烟草配方与添加剂技术。

2. 具体技术措施及其功能效果分析

国内烟草行业外申请人针对燃料加热型新型卷烟的技术改进措施主要集中在加热段结构、热源、烟草配方及添加剂、烟草段结构等方面，旨在实现提高感官质量、燃料可燃性和燃烧效率，减少燃烧产生的有害物，避免烟气形成基质热解或燃烧等方面的功能效果。

①改进加热段结构的技术措施及其功能效果主要体现在以下几个方面：

改进导热结构，提高感官质量。改善加热效果，维持适宜的加热温度对碳加热型卷烟的感官质量至关重要。为此，菲利普·莫里斯烟草公司采用了双重导热结构，设计了 2 种改进方案：其一是在碳加热型卷烟(2)的加热段设置了双导热元件。由铝箔管构成的第一导热元件(22)包裹碳质热源(4)的后部(4b)和烟气形成基质(6)的前部(6a)；由铝箔管构成的第二导热元件(30)隔着外包装纸(12)包裹第一导热元件(22)，可减少第一导热元件(22)的热量损失，并将加热温度保持在适宜的范围，有利于烟气形成基质(6)的挥发，提高烟气传送的一致性(CN201380016430.6)。

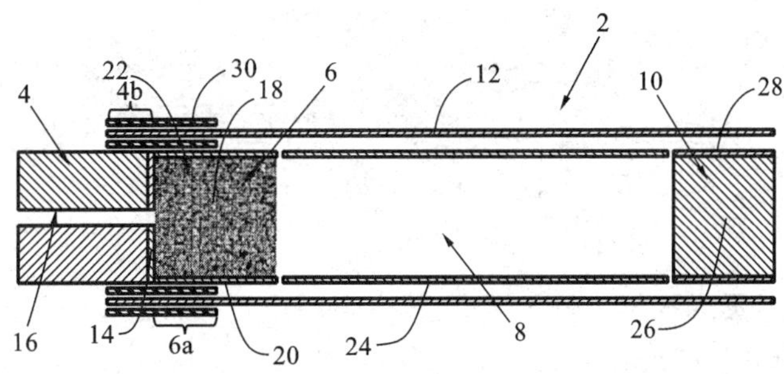

其二是在环绕可燃热源(4)的后部(4b)和烟气形成基质(10)的前部(10a)设置第一热传导元件(36)。围绕第一热传导元件(36)设置含有热反射材料的第二热传导元件(38)。两个热传导元件之间径向隔开至少 50 μm，基本上不存在直接接触，有效限制或阻止了其间的传导性热传递。第二热传导元件(38)的存在，有助于将第一热传导元件(36)的温度维持在最佳加热范围，从而改善了烟草的热传递效果(CN201480033018.X；CN201480045916.7；CN201480040903.0)。

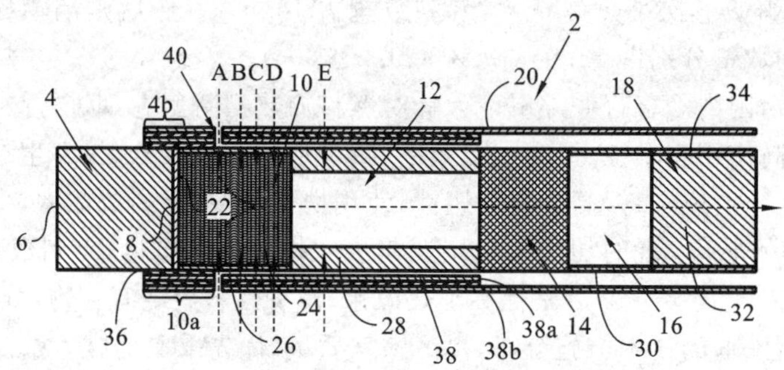

另外，菲利普·莫里斯烟草公司设计的碳加热型卷烟(2)的加热段由多孔碳基热源(4)、气雾产生基质(6)、热传导元件(22)组成。热传导元件(22)围绕并且接触多孔碳基热源(4)的后部(4b)和气雾产生基质(6)的前部(6a)。其特征在于，气雾产生基质(6)向下游延伸超出热传导元件(22)至少约 3 mm，实验表明可提高抽吸时的烟气成分和烟气强度的一致性(CN200880102333.8)。

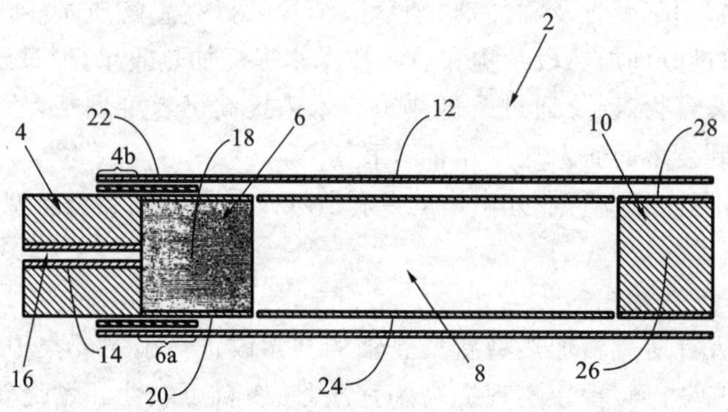

设置密封元件，应用催化剂，减少燃料燃烧有害物，提高燃烧效率和感官质量。普洛姆公司设计的燃气加热装置(10)采用了能量密度较高的丁烷燃料。其加热器(16)表面涂有铂或者钯材料作为催化剂，可促进燃料高效无火焰燃烧，并发出红光来指示抽吸状态。加热器(16)与雾化室(15)之间设有密封件(24)，可防止加热器(16)产生的废气进入雾化室(15)对烟草烟气造成污染。烟嘴(11)设有空气入口(22)，可将新鲜空气与烟草烟气混合形成清凉而舒适的烟气，经吸入通道(23)送至用户(CN200680026317.6；CN201210129768.X；CN201310724732.0；CN201510003468.0)。

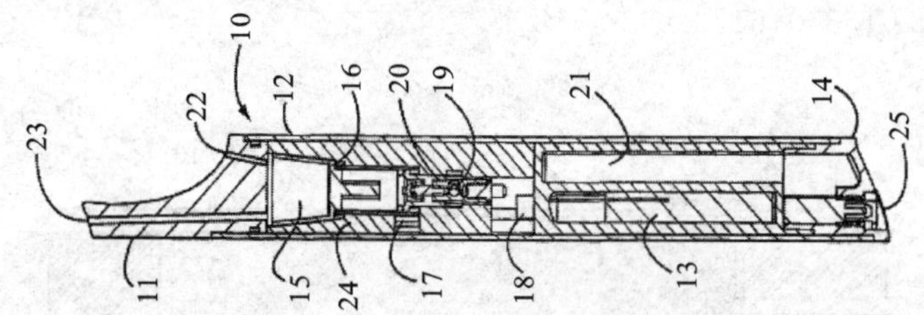

设置屏障涂层，避免烟气形成基质热解或燃烧，减少燃烧产生的有害物。为避免烟气形成基质(6)热解或燃烧，以及减少碳质热源(4)燃烧时产生的一氧化碳、甲醛、乙醛、丙醛、酚类等有害烟气成分进入主流烟气，菲利普·莫里斯烟草公司在碳质热源(4)上设置了 2 个屏障涂层，屏障涂层为非金属材料，具有不可燃烧、不透空气的特性。第一屏障涂层(14)设置在碳质热源(4)的背面，可有效限制碳质热源(4)在点燃或者燃烧期间烟气形成基质(6)所处的温度，避免或者减轻因温度过高导致烟气形成基质(6)的热解或者燃烧；第二屏障涂层(18)设置在气流通道(16)的内表面，可防止碳质热源(4)燃烧产生的有害物质进入主流烟气。另外，屏障涂层还可减少烟气形成基质(6)在运输、存储时的挥发(CN201380008557.3；CN201280051920.5)。

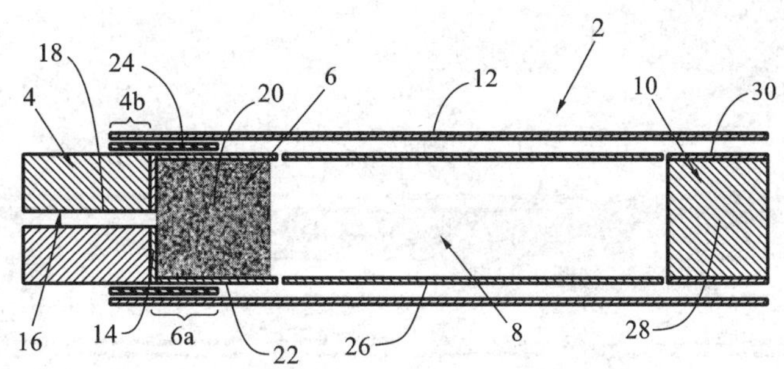

设置气阀，阻止吸入碳点燃产生的有害物。为减少消费者在碳质热源点燃期间吸入燃烧产生的有害物，菲利普·莫里斯烟草公司在碳质热源(10)和烟气形成基质(30)之间设置了气阀(20)。该气阀(20)为恒温双金属阀。未点燃碳质热源(10)时，或点燃碳质热源(10)的初期，气阀(20)处于关闭状态，阻止了气流通道(16)与烟气形成基质(30)气流连通，避免碳质热源(10)点燃期间消费者吸入燃烧产生的有害物；碳质热源(10)点燃完毕，加热恒温双金属至阈值温度以上时，气阀(20)打开，气流通道(16)与烟气形成基质(30)气流连通，实现正常抽吸(CN201480066189.2)。

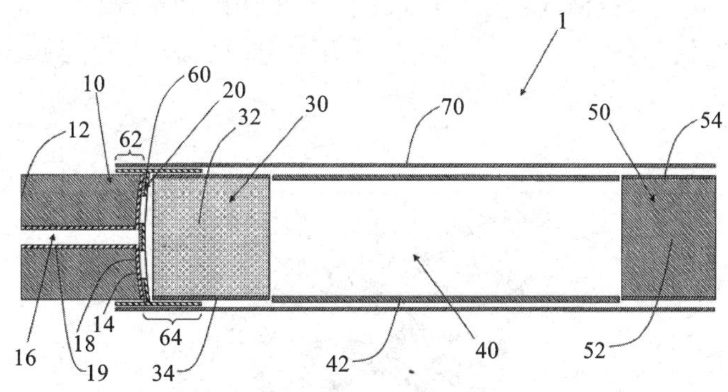

采用空气加热方式，减少加热装置体积，降低生产成本。菲利普·莫里斯烟草公司设计的燃气加热装置由烟嘴(3)和加热段(2)组成。烟嘴(3)含有气雾产生基质(32)，遇到热空气可挥发出香味物质。在加热段(2)中，充气阀(21)用于给气罐(22)充丙烷—丁烷可燃气体。调节阀(24)控制可燃气体从气罐(22)释放至燃烧器(25)。交换器(26)利用燃烧器(25)产生的热来加热空气，从而加热气雾产生基质(32)。交换器(26)或燃烧器(25)应用了催化剂，以降低燃烧产生的一氧化碳含量。由于采用热空气来加热气雾产生基质，因而与电加热装置相比，该燃气加热装置的尺寸可以做得比较小，生产成本比较低(CN200780052262.0)。

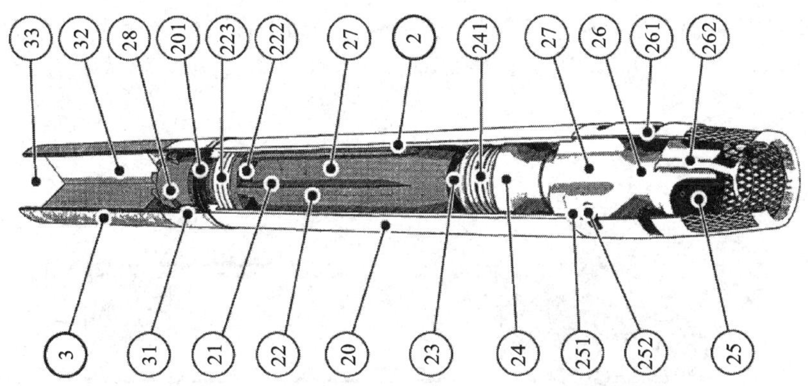

设置碳质热源保护盖，便于包装储运，延长产品寿命。碳质热源通常为脆性材料，在碳加热卷烟的生产、包装、运输、使用期间容易受潮、破碎。菲利普·莫里斯烟草公司在碳质热源(102)外部设置了可移除的盖子(114)，内装甘油之类的干燥剂，对碳质热源(102)起到了较好的保护作用，便于包装储运，延长了产品

寿命(CN201380063377.5)。

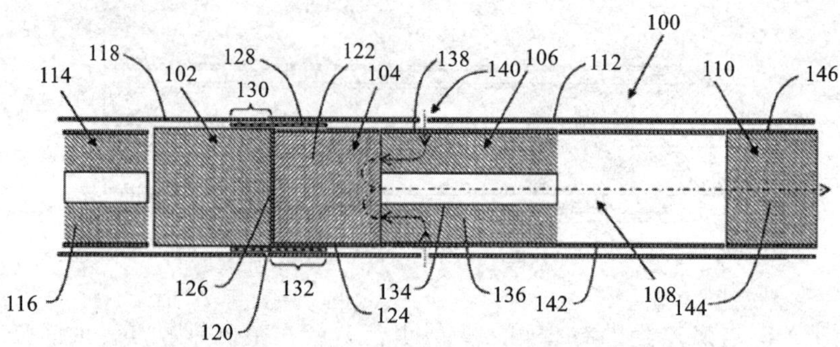

②改进热源的技术措施及其功能效果主要体现在以下几个方面:

研发复合碳质热源,提高碳质热源的质量。菲利普·莫里斯烟草公司研发了一种复合热源,由不可燃的多孔陶瓷基体(16)和包埋在不可燃的多孔陶瓷基体(16)内的粒状可燃燃料(18)构成。多孔陶瓷基体(16)选自氧化铁、氧化锰、氧化锆、石英和无定形二氧化硅等多种氧化物。可燃燃料(18)包含碳、铝、镁、金属碳化物、金属氮化物等。该复合热源的特点是:体积小,易于匹配烟草制品;燃烧基本不产生一氧化碳、氮氧化物等有害物;点燃温度低,易于火柴、火机点燃;具有一定的机械强度,燃烧不变形、不碎裂、不掉灰等(CN201280056053.4)。

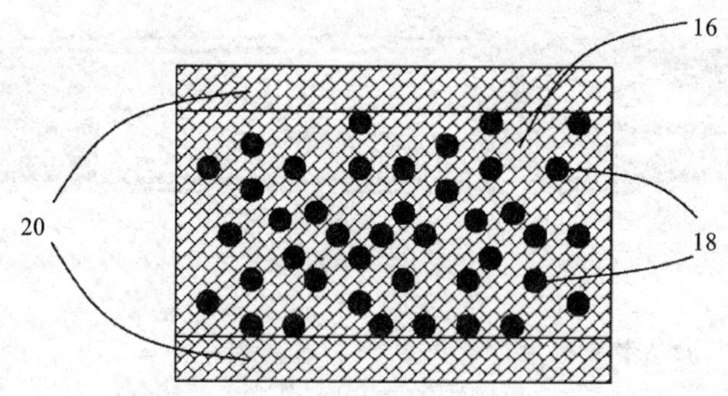

优化结构及添加剂,提高燃料可燃性和使用安全性。为解决碳质热源(4)难以用传统的黄焰打火机点燃以及加热温度过高导致气雾形成基质(6)燃烧或热降解的问题,菲利普·莫里斯烟草公司采用具有阻燃、导热、密封特性的包裹材料(22)将碳质热源(4b)和气雾形成基质(6a)包裹在一起,并在碳质热源(4)中添加了自由金属硝酸盐、过氧化物、铝热材料、金属间材料、镁、锆、铁、铝及其组合作为点火助剂,其中金属硝酸盐具有小于600 ℃的热分解温度。该碳质热源易燃性好,点燃初期即可燃烧释放足够的热量,加热气雾形成基质(6)产生充足的烟气,减少了消费者的等待时间,并且可避免气雾形成基质(6)的燃烧或热降解(CN201280032154.8)。

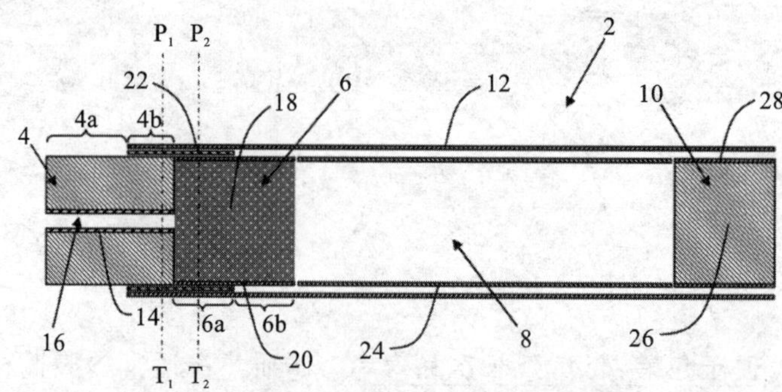

添加助燃剂,提高碳质热源的可燃性。为使碳质热源点火后快速达到合适的燃烧温度,减少点火和烟

气形成的延迟时间,菲利普·莫里斯烟草公司将碳质热源(2,8)设计为多层结构,密度不小于 0.6 g/cm^3。第一层(4,10)为含碳的燃烧层,用于正常加热;第二层(6,12)除含碳之外,还含有助燃剂,可在点燃热源时释放出氧气以促进点燃热源。助燃剂为有机氧化剂、无机氧化剂或者它们的组合,可选择但不限于硝酸盐、亚硝酸盐、其他有机和无机硝基化合物、氯酸盐、高氯酸盐、亚氯酸盐、溴酸盐、过溴酸盐、亚溴酸盐、硼酸盐、高铁酸盐、铁酸盐、锰酸盐、高锰酸盐、有机过氧化物、无机过氧化物、超氧化物、碘酸盐、高碘酸盐、亚碘酸盐、硫酸盐、亚硫酸盐、其他亚砜、磷酸盐、亚磷酸盐等(CN201380016398.1)。

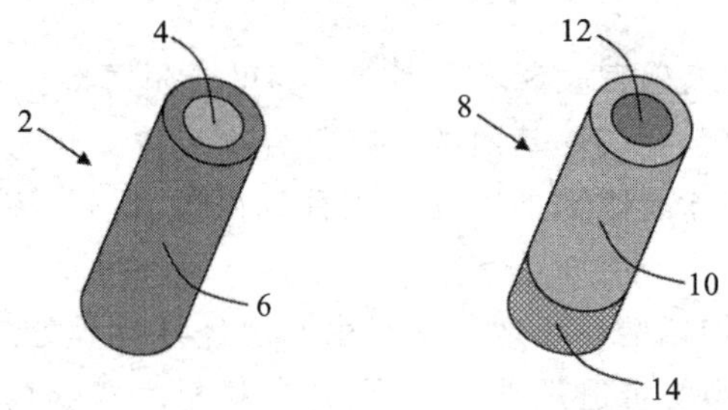

采用功能性添加剂,减少燃烧产生的一氧化碳。日本烟草公司在碳质热源组合物中添加了 0.5%～5%重量的甘油或丙二醇等多元醇,显著降低了碳质热源燃烧时一氧化碳的生成量,增加了烟雾量(CN200780013028.7);在碳质热源组合物中添加 30%～55%重量、0.08～0.15 μm 粒径的碳酸钙,大幅减少了一氧化碳生成量(CN200580046024.X)。

改进黏结剂配方,提高碳质热源的完整性。某些碳质热源含有比如纤维素衍生物的有机黏结剂,以保证在制造处理以及储存期间热源的完整性。然而,有机黏结剂在热源燃烧期间会发生分解,导致热源变形、破裂、断裂、掉灰等。为此,菲利普·莫里斯烟草公司对黏结剂配方进行了改进,配方中包括了有机聚合物黏结剂、羧酸盐以及不可燃无机黏结剂,有效提高了碳质热源的机械强度、耐加工性和完整性。其中,有机聚合物黏结剂选择纤维素材料;羧酸盐选择碱金属柠檬酸盐、碱金属醋酸盐、碱金属琥珀酸盐等;不可燃无机黏结剂选择硅酸盐材料(CN201380040899.3)。

改进碳质热源生产工艺,提高碳质热源产品质量。在碳质热源(4)的空气通道内表面形成涂层(22),可以减少或者防止燃烧产生的有害物污染烟气以及热源的过度燃烧,但是现有涂覆工艺比较复杂且涂层不均。为此,菲利普·莫里斯烟草公司对涂覆工艺进行了改进,将含碳材料穿过模具(6)挤出形成柱形热源(4),孔口(8)安装的芯棒(10),形成空气通道;流体涂层化合物(16)穿过进给通路(12)涂覆到芯棒下游的空气通道的内表面形成涂层(22),涂覆工艺简化,涂层质量良好(CN200880124170.3)。

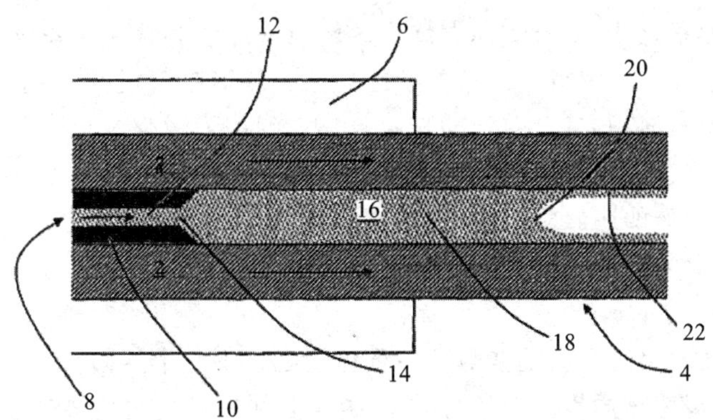

③改进烟草配方及添加剂的技术措施及其功能效果主要体现在以下几个方面:

采用香精香料控释技术,提高感官质量。实验表明,加热型卷烟在抽吸时,烟草材料的不同区域具有不同的温度。据此,菲利普·莫里斯公司将具有不同释放温度的香精香料制成具有特定释放温度的微胶囊、包合物、超分子络合物、蜡封装物等,添加到烟草材料的适当区域,可起到人为控制香精香料释放的作用,达到最佳的增香效果,提高烟气的均匀性。另外也提高了香精香料的稳定性,延长了香精香料的储存期

(CN200380102439.5;CN200580036230.2;CN201180015999.1;CN201480065827.9;CN201480066037.2)。

英美烟草公司将气溶胶发生剂包封在不同厚度阻隔材料中，通过阻隔材料的厚度来控制产品使用期间气溶胶发生剂的释出时机，使产品的抽吸流量图更加近似于传统卷烟，以达到传统卷烟的抽吸效果。其中阻隔材料可选择多糖(如藻酸盐/酯、右旋糖苷、麦芽糖糊精、环糊精和果胶)、纤维素(如甲基纤维素、乙基纤维素、羟乙基纤维素、羟丙基纤维素、羧甲基纤维素和纤维素醚)、明胶、树胶(如阿拉伯树胶、茄替胶、黄蓍树胶、刺梧桐树胶、刺槐豆胶、瓜尔胶、榅桲籽和黄原胶)、凝胶(如琼脂、琼脂糖、角叉菜胶、褐藻糖胶和红藻胶)等(CN201080046636.X)。

添加香味前体物或香味剂，提高感官质量。菲利普·莫里斯公司将含有硫醇的香味前体物添加到烟草配方中。加热时，香味前体物释放包含硫醇基团的香味化合物或香味化合物中间体以产生香味，与常规卷烟的香气更为相似。另外，由于香味前体物不挥发或比香味化合物不易挥发，因而不会赋予产品异味且保质期更长(CN201480060331.2)

菲利普·莫里斯公司研制的加热型专用烟草材料由两层经过褶皱处理的片状材料聚拢在一起并由包装材料包裹而成。第一层片状材料为再造烟叶；第二层片状材料为非烟草的聚合物片材、纸片材或金属片材，涂覆或浸渍有挥发性香味剂，如薄荷醇、柠檬、香草、橙、鹿蹄草、樱桃、以及肉桂等。由于两层片状材料重叠布置，提高了香味剂在烟草材料中的含量和分布的均匀性(CN201380031712.3)。

采用粒状香味材料，改善香气释放效果。为提高香气质和香气量释放的均匀性，日本烟草公司将香味材料制成粒状、片状或球状的粒状物(151)添加到碳加热型卷烟中，取得了良好感官效果。其中，粒状物(151)含有65%～93%重量的非多孔无机填料、1%～3%重量的黏合剂、6%～32%重量的香味物质。无机填料优选具有3 m^2/g 或3 m^2/g 以下比表面积的碳酸钙。黏合剂可以使用纤维素或各种纤维素衍生物、藻酸类、愈创胶或黄原胶、刺槐豆胶等。特别是当采用甲基羟乙基纤维素时，香味物质的持久性增加，可产生良好的烟香。香味物质为醇类、糖类、薄荷醇、咖啡碱、天然提取物、烟草、烟草提取物或其混合物(CN200280026243.8)。

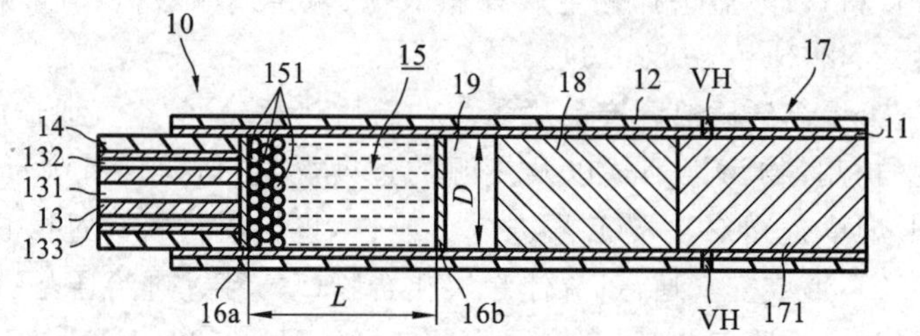

增大烟芯的质量与表面积之比，降低烟芯燃烧或热解风险。菲利普·莫里斯公司将质量与表面积之比大于0.09 mg/mm^2 的再造烟叶和12%～25%重量百分比的气溶胶形成剂应用于烟草配方。一方面，由于再造烟叶具有较大的质量与表面积之比，单位面积吸收热量的能力增强，有效延迟了烟草材料温度的上升。另一方面，气溶胶形成剂可选择多元醇(例如三乙二醇、1,3-丁二醇、丙二醇和甘油)，多元醇酯(例如甘油单、二或三乙酸酯)，单、二或多羧酸的脂族酯(例如十二烷二酸二甲酯和十四烷二酸二甲酯)等，有助于形成致密且稳定的气溶胶，具有显著的抗热降解作用。两者结合使用可避免烟草材料因局部过热而发生燃烧或热解(CN201180009907.9)。

④改进烟草段结构的技术措施及其功能效果主要体现在以下几个方面：

设置烟气冷却元件，提高感官质量。由于加热型卷烟烟气具有比传统卷烟的烟气更高的感知温度，菲利普·莫里斯公司在碳加热型卷烟上设置了烟气冷却元件(40)，由聚乙烯、聚丙烯、聚氯乙烯、聚对苯二甲酸乙二醇酯、聚乳酸、醋酸纤维素以及铝箔所组成的片材制成，具有多个纵向延伸的通道，并且沿纵向方向具有50%至90%的孔隙度，总表面积为每毫米长度300 mm^2 至1000 mm^2。烟气形成基质(20)所形成的烟气通过冷却元件(40)时，温度冷却幅度大于10 ℃，含水量降低20%至90%。另外，烟气冷却元件(40)含有相变材料，可吸收烟气热量，对烟气起到了良好的冷却效果，使消费者获得近似传统卷烟的温度感受(CN201280072200.7)。

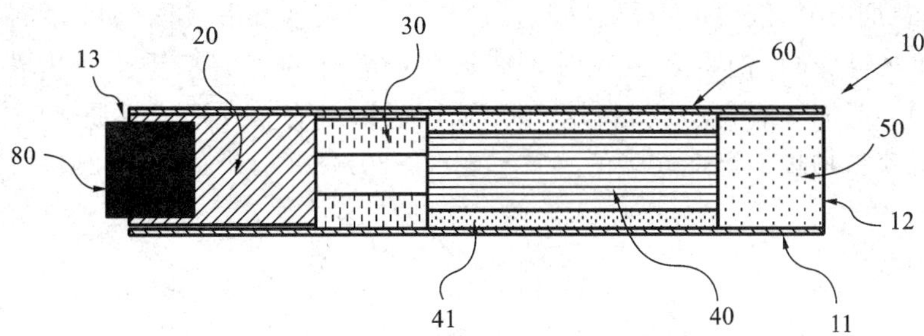

为保证烟草材料的最佳加热温度，日本烟草公司在碳质热源(10)的后部设置了冷却元件(16)。该冷却元件(16)由陶瓷、海泡石、玻璃、金属和碳酸钙、水合物或吸水性聚合物等无机材料制成，具有多个通孔，热交换面积达到500 mm^{2}以上，可将碳质热源(10)产生的高温气流冷却至50～200 ℃，避免烟草材料(20)热解或燃烧，促进香味物质的释放(CN201180037410.8)。

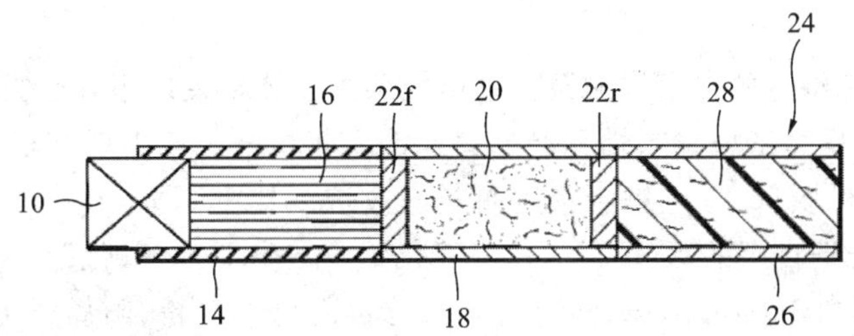

设置冷空气入口，防止烟气形成基质过热热解或燃烧。为防止深度抽吸时烟气形成基质(6)温度剧烈升高导致基质热解或燃烧，菲利普·莫里斯烟草公司在碳加热卷烟(2)的外包材料(14)的周向设置了空气入口(32)。抽吸时，外部的冷空气通过空气入口(32)进入烟气形成基质(6)(如虚线箭头所示)，并对其进行冷却，有效防止基质过热热解或燃烧，提高了使用的安全性(CN201380007051.0;CN201380066808.3)。

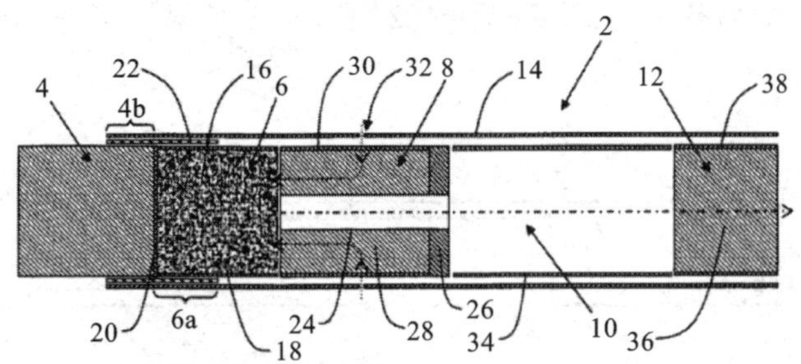

同理，菲利普·莫里斯烟草公司在烟气形成基质(10)的外周设置了第一空气入口(30)，在热传导元件(28)的外周设置了第二空气入口(34)，起到了良好的冷却作用(CN201480033027.9)。

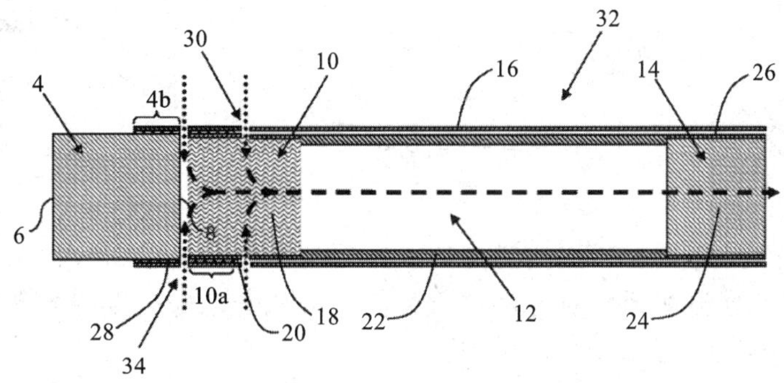

设计分段式碳加热型卷烟，提高感官质量。R.J.雷诺兹烟草公司将传统卷烟与碳加热型卷烟相结合，

研发了分段式碳加热卷烟(10),依次由烟草段(22)、加热段(35)、烟气形成段(51)、烟嘴(65)等构成。烟草段(22)含有传统烟草材料(26),消费者燃吸时可获得传统卷烟的感官享受。加热段(35)含有碳质热源(40),可在烟草段(22)燃吸完毕后自动点燃。烟气形成段(51)含有烟气形成基质(55),可被加热段(35)加热释放烟气,使消费者获得加热不燃烧卷烟的感官享受(CN201180031721.3;CN201510348632.1)。

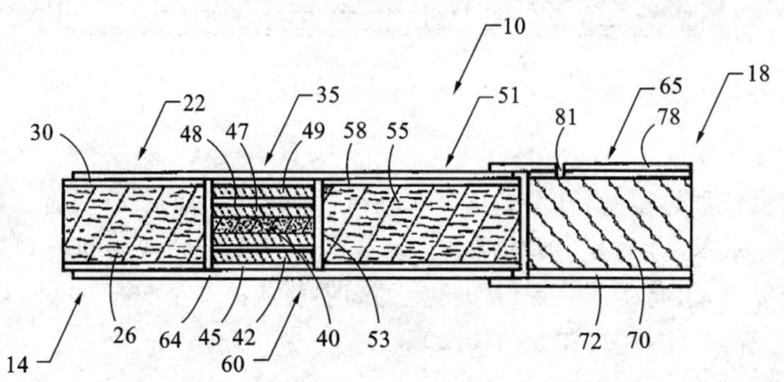

⑤改进辅助材料和配套组件的技术措施及其功能效果主要体现在以下几个方面:

研制低引燃倾向纸材,提高纸材耐热性和产品安全性。 菲利普·莫里斯烟草公司研制的耐热卷烟纸和接装纸,由纤维素纤维、无机填料、有机黏合剂等材料通过造纸技术制成,具有至少 900 N/m 的拉伸强度。无机填料占重量的50%,可选自碳酸钙($CaCO_3$)、氢氧化铝($Al(OH)_3$)、氧化铝(Al_2O_3)、二氧化钛(TiO_2)和黏土等或其混合物,粒度为 0.3~3 μm。有机黏合剂可选自阴离子淀粉、阳离子淀粉、瓜耳胶、黄原胶、酪蛋白、聚乙烯醇及其混合物。与常规纸材相比,该专用纸材受热时具有耐热、不易燃、低脱色、抗开裂、无异味等特点(CN201180016009.6)。

设置碳质热源熄灭配件,提高使用安全性。 碳质热源的平均温度为 500 ℃,最高可达 800 ℃,熄灭不当易引起火灾。菲利普·莫里斯烟草公司设计了一种具有双重功能的管状护套(30),由铝箔、石墨、相变材料和泡沫材料等多种材料制成。吸烟时,将管状护套(30)套在碳加热型卷烟的烟嘴(21)处,用作衔嘴。吸烟完毕,将管状护套(30)套在碳加热型卷烟的热源(22)处,用于遮蔽和熄灭碳火,有效降低了火灾风险(CN201380005019.9)。

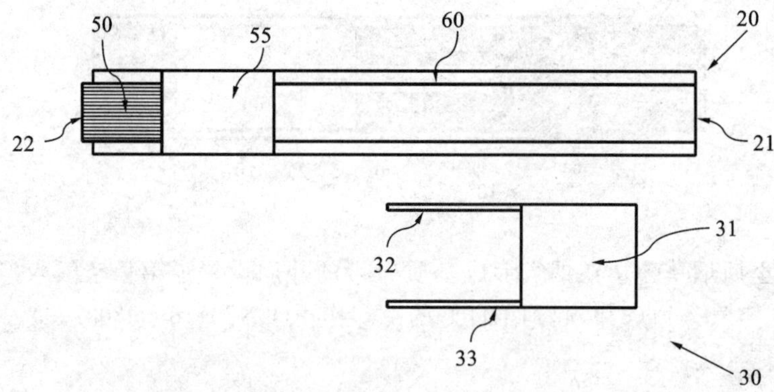

9.4.1.3 国内烟草行业燃料加热型新型卷烟专利技术功效分析

1. 技术功效图表分析

分析研究国内烟草行业申请的燃料加热型新型卷烟专利的"权利要求书"和"说明书",并依据研究制定的《新型烟草制品专利技术分类体系》,对专利涉及的技术措施和功能效果进行归纳总结,形成技术功效图 9.39,技术措施、功能效果分布表 9.30、表 9.31。

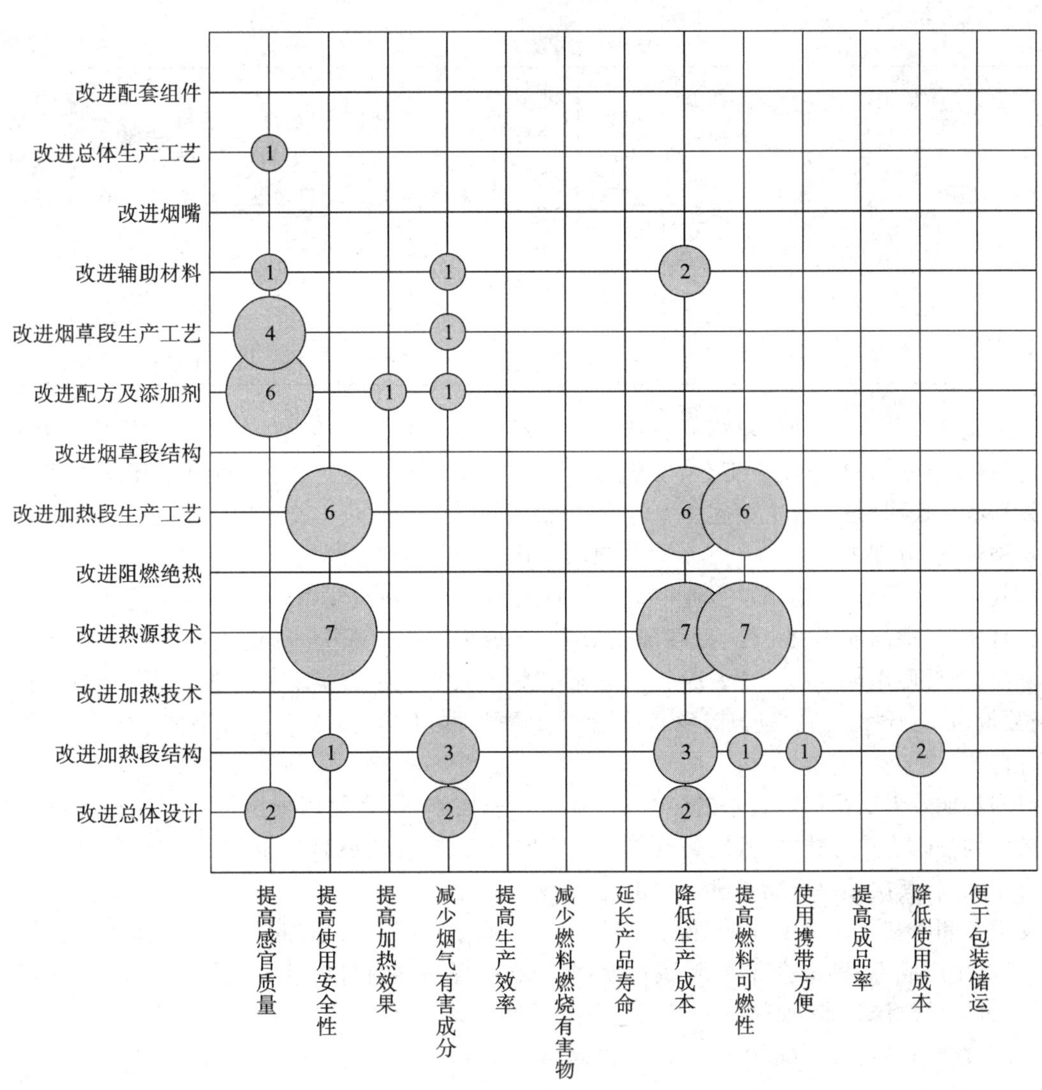

图 9.39　国内烟草行业燃料加热型新型卷烟专利技术功效图

表 9.30　国内烟草行业燃料加热型新型卷烟专利技术措施分布

申请年份	改进总体设计	改进加热段结构	改进加热技术	改进热源技术	改进阻燃绝热	改进加热段生产工艺	改进烟草段结构	改进配方及添加剂	改进烟草段生产工艺	改进辅助材料	改进烟嘴	改进总体生产工艺	改进配套组件
2013 年	1	3	0	7	0	6	0	4	3	0	0	1	0
2014 年	1	2	0	0	0	0	0	2	1	2	0	0	0
2015 年	1	0	0	0	0	0	0	0	0	0	0	0	0
合计	3	5	0	7	0	6	0	6	4	2	0	1	0

表 9.31　国内烟草行业燃料加热型新型卷烟专利功能效果分布

申请年份	提高感官质量	提高使用安全性	提高加热效果	减少烟气有害成分	提高生产效率	减少燃料燃烧有害物	延长产品寿命	降低生产成本	提高燃料可燃性	使用携带方便	提高成品率	降低使用成本	便于包装储运
2013 年	5	7	0	2	0	0	0	9	7	0	0	2	0

续表

申请年份	提高感官质量	提高使用安全性	提高加热效果	减少烟气有害成分	提高生产效率	减少燃料燃烧有害物	延长产品寿命	降低生产成本	提高燃料可燃性	使用携带方便	提高成品率	降低使用成本	便于包装储运
2014 年	3	0	1	3	0	0	0	2	0	1	0	0	0
2015 年	0	0	0	1	0	0	0	0	0	0	0	0	0
合计	8	7	1	6	0	0	0	11	7	1	0	2	0

从技术措施角度分析，国内烟草行业申请人针对燃料加热型新型卷烟的技术改进措施涉及总体设计、加热段结构、热源技术、加热段生产工艺、烟草配方及添加剂、烟草段生产工艺、辅助材料、总体生产工艺共 8 个方面。数据统计表明，技术改进措施主要集中在热源技术，专利数量占 20.6%。其次是加热段生产工艺、烟草配方及添加剂，分别占 17.6%。然后是加热段结构，专利数量占 14.7%。

从功能效果角度分析，国内烟草行业申请人针对燃料加热型新型卷烟进行技术改进所实现的功能效果包括提高感官质量、提高使用安全性、提高加热效果、减少烟气有害成分、降低生产成本、提高燃料可燃性、使用携带方便、降低使用成本共 8 个方面。数据统计表明，技术改进所实现的功能效果主要集中在降低生产成本，专利数量占 25.6%。其次是提高感官质量，专利数量占 18.6%。然后是提高使用安全性、提高燃料可燃性，分别占 16.3%。

从实现的功能效果所采取的技术措施分析，降低生产成本、提高使用安全性、提高燃料可燃性，优先采取的技术措施均是改进热源技术，其次是改进加热段生产工艺；提高感官质量，优先采取的技术措施是改进烟草配方及添加剂，其次是改进烟草段生产工艺。

从研发重点和专利布局角度分析，鉴于改进热源技术、烟草配方及添加剂、加热段生产工艺方面的专利申请，以及降低生产成本、提高感官质量、提高使用安全性、提高燃料可燃性方面的专利申请所占份额较大，可以判断：通过改进热源技术、加热段生产工艺来降低生产成本、提高使用安全性、提高燃料可燃性，以及通过改进烟草配方及添加剂、烟草段生产工艺来提高感官质量，是国内烟草行业申请人针对燃料加热型新型卷烟专利技术的研发热点和布局重点。

从关键技术角度分析，国内烟草行业申请的专利所涉及的燃料加热型新型卷烟关键技术涵盖了热源技术、烟草配方与添加剂技术。

2. 具体技术措施及其功能效果分析

国内烟草行业申请人针对燃料加热型新型卷烟的技术改进措施主要集中在热源技术、加热段生产工艺、烟草配方及添加剂和加热段结构等方面，旨在实现提高感官质量、使用安全性和燃料可燃性，降低生产和使用成本，满足消费者习惯，丰富产品品类等功能效果。

①改进热源技术和加热段生产工艺的技术措施及其功能效果主要体现在：

改进碳质热源配方及生产工艺，提高使用安全性，降低生产成本。碳质热源通过挤压形成，内部密实，为形成气流通道需要在外层包裹透气的玻璃纤维，因而存在吸入玻璃纤维的危害且不易点燃。为此，湖北中烟研发了利用乙醇、钙盐、酸制备丝状或片状碳质热源材料的方法，在制作碳质热源时将丝状或片状碳质热源材料堆积在一起，本身疏松，存在间隙，热气流能顺利通过，因此不需要采用危害人体健康的玻璃纤维进行包裹。不仅降低了玻璃纤维吸入人体而造成的危害，而且还提高了碳质热源的燃烧性，具有方法简单、生产周期短、成本低等特点（CN201310145816.9；CN201310144942.2；CN201310145445.4；CN201310145457.7；CN201310144798.2；CN201310145443.5）。

②改进烟草配方及添加剂的技术措施及其功能效果主要体现在以下几个方面：

研发加热型专用再造烟叶产品及工艺，提高感官质量。云南中烟用烟草原料直接打浆制备片基，取天然香料植物利用超临界 CO_2 流体萃取-分子蒸馏法提取致香成分，再将这些致香成分涂覆于片基上，得到加热型专用中温烟草材料。该烟草材料利用超临界 CO_2 流体萃取-分子蒸馏法的选择性，实现了天然香料植物中沸点介于 300～400 ℃的化学组分的定向提取，从而实现了中温烟草材料化学组分的调控，最大限度地保留了烟草原料本身所含的致香物质，香气丰富，烟气协调，感官舒适度较好，甜润感明显，清香特征突出(CN201310195250.0)。

研发加热型专用烟草材料制备方法，提高感官质量。郑州烟草研究院将烟草原料加热处理，调节烟草原料水分。室温冷却后施加糖苷类香味前体，放置以保证原料对香味前体的充分吸收。接着施加多元醇，并在密封状态下放置以保证烟草原料对多元醇的充分吸收。然后在温度 22 ℃、相对湿度 60％的环境中平衡 24～120 h，得到适用于加热非燃烧型烟草制品的烟草原料。该烟草原料在加热非燃烧状态下的烟气释放性能明显提高，烟气的感官品质明显改善，具有良好的满足感和舒适性(CN201310452339.0)。将烟叶原料用乙醇水溶液进行浸提，制备烟草提取物。将溶液与烟叶分离，得到烟草提取液，在减压条件下蒸发除去乙醇后，冷冻干燥得到固体烟草提取物。将固体烟草提取物和具有阻燃作用的金属氢氧化物颗粒混合后，加入溶剂充分分散形成黏稠状混合物，将黏稠状混合物干燥、粉碎后得到适用于加热非燃烧型烟草制品的烟草材料。该烟草材料在 200～400 ℃下加热所释放的烟气在浓度和劲头方面都具有良好的满足感，而且香气品质和感官舒适性也较好，还具有良好的阻燃作用(CN201310452465.6)。另外，研发了一种适用于加热非燃烧型烟草制品的烟草膜，在加热非燃烧状态下能够有效释放出烟气，而且所释放的烟气具有良好的感官品质；可以增强烟草原料在加热非燃烧状态下的烟气释放性能，提高烟气浓度。由于加有金属氢氧化物还具有良好的阻燃作用(CN201310452726.4)。

云南中烟将烟叶末、烟梗末、烟用香料、去离子水、藻酸盐、甘油等组分混合均匀制成烟浆，用模具成型为具有孔洞的圆柱形烟块，烘干后均匀喷洒烟用香精，经恒温恒湿平衡后制得加热非燃烧型卷烟烟块，提高了烟块的加热效率，明显增加了卷烟的抽吸口数(CN201410030011.4)。

河南中烟将烟草原料、水、阻燃剂、黏合剂、保润剂、烟用香精香料、防腐剂按比例混合均匀后，通过模具成型机制成单孔或多孔的蜂窝状圆筒形状的烟芯，切割、烘干得到加热型烟草制品。加热时可释放出烟草特有的香味成分，满足消费者需求(CN201410011712.3)。

③改进加热段结构的技术措施及其功能效果主要体现在以下几个方面：

采用无玻璃纤维碳质热源，提高使用安全性和燃烧效果。为克服玻璃纤维碳质热源的缺陷，湖北中烟将研发的丝状或片状碳质热源应用于碳加热型卷烟。由于片状碳质材料卷制而成的热源具有多层结构，丝状碳质材料卷制而成的热源具有多孔结构，层与层之间、丝与丝之间均可形成孔隙(1c)，有着较好的空气流经通道，因而热源无须玻璃纤维包裹，安全性、可燃性更好(CN201310144843.4)。

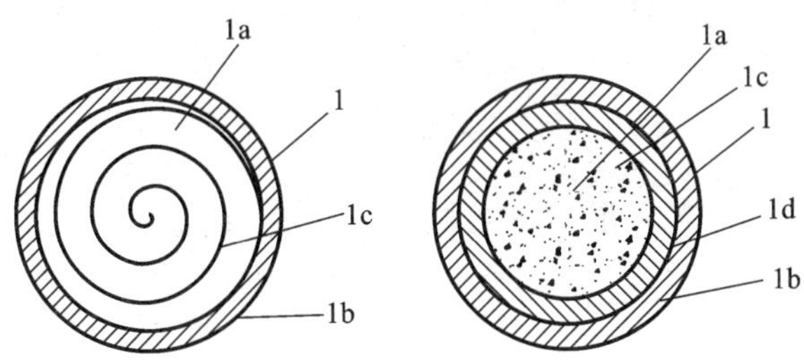

研制传统卷烟碳加热器，降低使用和生产成本。为推广普及碳加热型卷烟，川渝中烟设计了可使用传统卷烟的碳加热器，由保温隔热层(10)、加热盘(6)、碳质热源(7)组成。加热盘(6)设有加热针(3)，可插入传统卷烟(1)的烟丝(9)中对其加热产生烟气。该碳加热器适用于传统 84 mm 和 100 mm 卷烟，结构简单、成本较低，使用方便，有利于广泛推广应用(CN201320775746.0)。

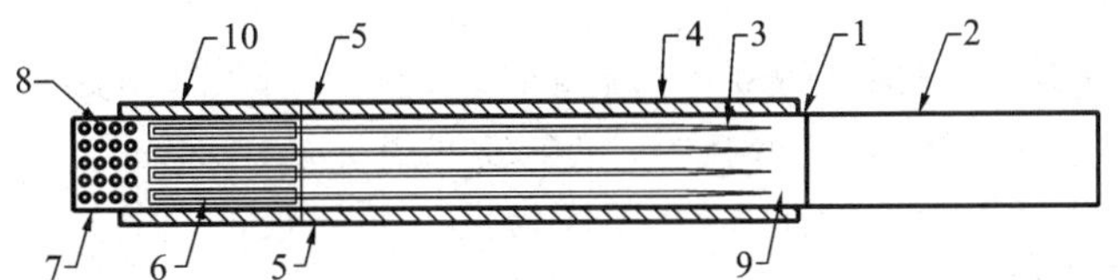

模拟传统卷烟特征，满足消费者的消费习惯。郑州烟草研究院设计了一种利用纸加热的加热非燃烧型卷烟，由复合包裹层(1)、烟丝填充物(2)、过滤段(3)构成。复合包裹层(1)由卷烟纸燃烧层(11)和铝箔导热层(12)复合而成，并通过机械或激光打孔在复合包裹层上形成一定分布的孔(13)。卷烟纸燃烧层(11)由木浆纤维和/或烟草纤维、烟草提取物、填料碳酸钙、燃烧调节剂、助剂等混合抄造而成。抽吸时，点燃燃烧层的卷烟纸(11)，卷烟纸(11)燃烧产生热量并通过铝箔导热层(12)对烟丝填充物(2)进行加热，进而产生烟气满足吸烟者需求。该卷烟结构与传统卷烟一致，只需将传统卷烟纸替换为复合包裹层(1)即可满足生产需要，具有成本低的优势；与传统卷烟抽吸方式一致，更易被消费者接受(CN201410613293.0；CN201420653181.3)。

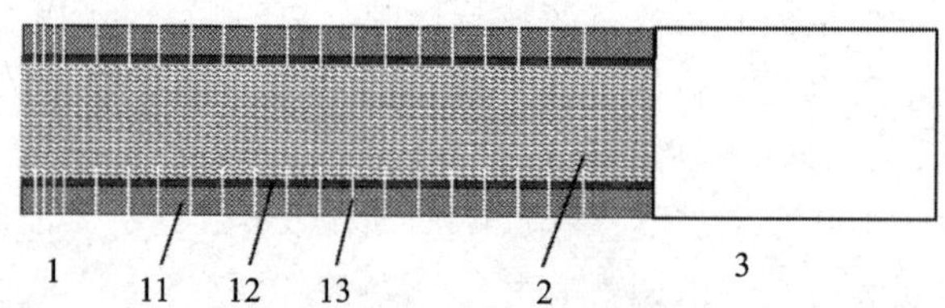

云南中烟设计了套筒式碳加热型卷烟，由碳质热源(1)、烟草段(2)、支架(3)、烟嘴(4)构成。碳质热源(1)为中空圆筒状，外部以普通卷烟纸包裹；烟草段(2)为铝箔或锡箔纸包裹的多孔材料，含有甘油、烟用香料、烟碱、水等添加剂，两端可分别插入碳质热源(1)和支架(3)；支架(3)为环形透气金属材料，起固定作用，可供烟草段(2)插入；烟嘴(4)为醋纤或塑料制成的滤嘴，起到隔热和过滤的作用。上述4部分结合在一起后无明显凹凸感，外观基本与传统卷烟无差异，并且保持了消费者吸传统卷烟时弹烟灰的习惯，消费体验良好(CN201310518553.1)。

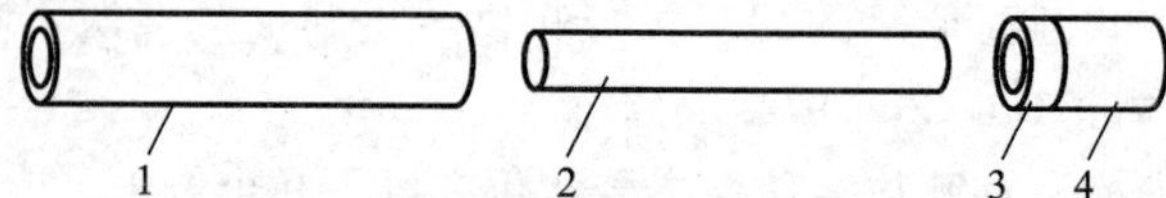

研发细支型碳加热型卷烟，丰富产品品类，填补产品空白。安徽中烟结合碳加热型卷烟和细支烟的各自优点，设计了一种细支型碳加热低温卷烟，既有碳加热低温卷烟烟气低害的优点，又具有细支烟纤细优雅的外观，填补了细长型碳加热低温加热型卷烟的空白。其主要技术特征是：总长75～100 mm，外径5.0～6.5 mm，碳质热源段(C)长5～15 mm，铝箔衬纸包裹的烟丝段(Sa)长10～25 mm，卷烟纸包裹的烟丝段(S)长25～45 mm，滤嘴段(F)长度为25～45 mm(CN201520729467.X)。

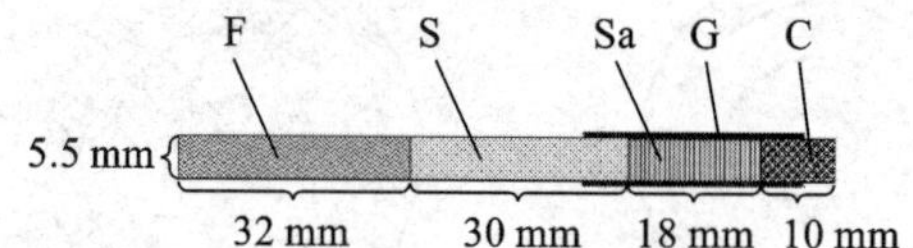

9.4.1.4 燃料加热型新型卷烟专利技术功效对比分析

1. 技术功效图表对比分析

通过前期对国内烟草行业、国内烟草行业外专利涉及的技术措施和功能效果进行归纳总结，形成国内烟草行业、国内烟草行业外燃料加热型新型卷烟专利技术功效对比图9.40，技术措施、功能效果分布对比图9.41、图9.42。

从技术措施角度对比分析，国内烟草行业、国内烟草行业外申请人针对燃料加热型新型卷烟的技术改进措施均涉及了总体设计、加热段结构、热源技术、加热段生产工艺、烟草配方及添加剂、烟草段生产工艺、辅助材料、总体生产工艺共8个方面。除此之外，国内烟草行业外申请人的技术改进措施还涉及了加热技术、阻燃绝热、烟草段结构、烟嘴、配套组件方面。其主要技术改进措施的优先级见表9.32。

表 9.32　主要技术措施优先级

优先级	国内烟草行业	国内烟草行业外
1	改进热源技术	改进加热段结构
2	改进烟草配方及添加剂；改进加热段生产工艺	改进热源技术
3	改进加热段结构	改进烟草配方及添加剂

国内烟草行业、国内烟草行业外申请人均将改进热源技术、加热段结构、烟草配方及添加剂作为主要技术改进措施。主要区别在于侧重点有所不同，国内烟草行业更注重热源技术的改进，国内烟草行业外更注重加热段结构的改进。

从功能效果角度对比分析，国内烟草行业、国内烟草行业外申请人针对燃料加热型新型卷烟进行技术改进所实现的功能效果均包括提高感官质量、提高使用安全性、提高加热效果、提高燃料可燃性、减少烟气有害成分、降低生产成本、使用携带方便共 7 个方面。除此之外，国内烟草行业申请人实现的功能效果还包含了降低使用成本，国内烟草行业外申请人实现的功能效果还包含了提高生产效率、提高成品率、减少燃料燃烧有害物、延长产品寿命、便于包装储运方面。其主要功能效果的优先级见表 9.33。

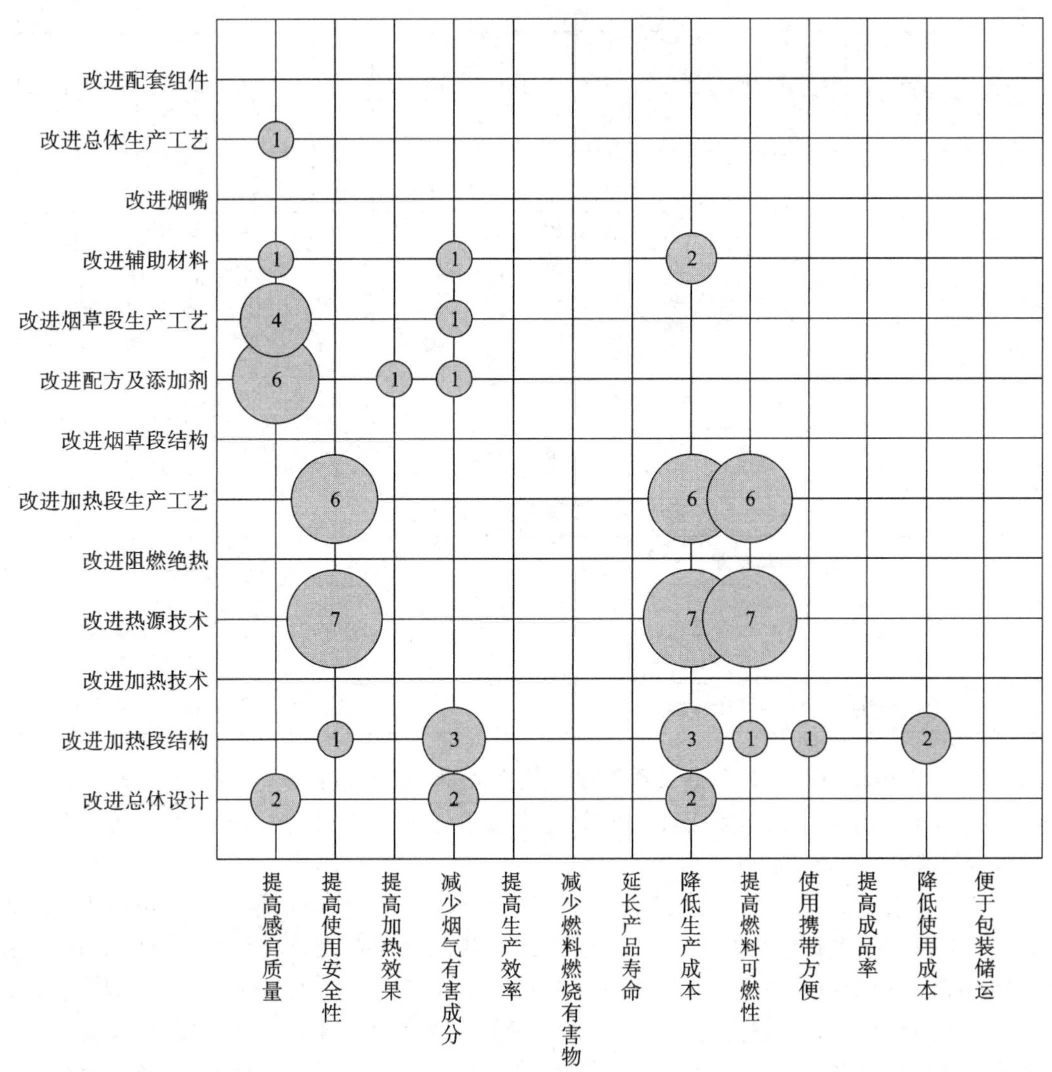

图 9.40　燃料加热型新型卷烟专利技术功效对比

（注：上图为国内烟草行业；下图为国内烟草行业外）

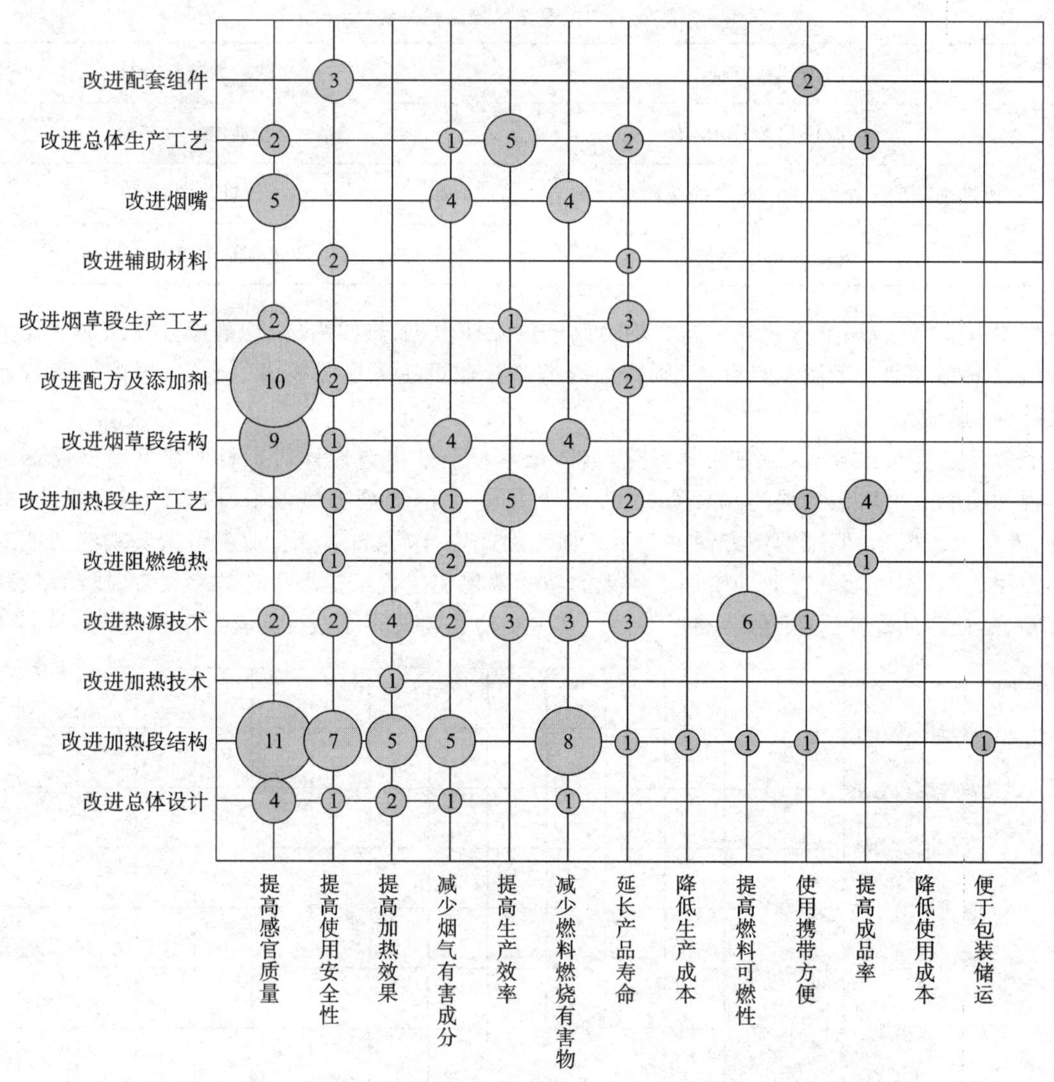

续图 9.40

表 9.33 主要功能效果优先级

优先级	国内烟草行业	国内烟草行业外
1	降低生产成本	提高感官质量
2	提高感官质量	提高使用安全性
3	提高使用安全性;提高燃料可燃性	提高加热效果;减少燃料燃烧有害物

国内烟草行业、国内烟草行业外申请人均将提高感官质量、提高使用安全性作为主要实现的功能效果。除此之外,国内烟草行业申请人还侧重于降低生产成本、提高燃料可燃性,国内烟草行业外申请人还侧重于提高加热效果、减少燃料燃烧有害物。

从实现的功能效果所采取的技术措施对比分析,国内烟草行业、国内烟草行业外申请人均将改进烟草配方及添加剂作为提高感官质量的主要技术措施,将改进热源技术作为提高燃料可燃性的首选技术措施。除此之外,国内烟草行业申请人还通过改进热源技术、加热段生产工艺来提高使用安全性和燃料可燃性,降低生产成本。国内烟草行业外申请人还通过改进加热段和烟草段结构来提高感官质量,通过改进加热段结构和配套组件来提高使用安全性,通过改进加热段结构和热源技术来提高加热效果,通过改进加热段和烟草段结构、烟嘴来减少燃料燃烧有害物。详见表 9.34。

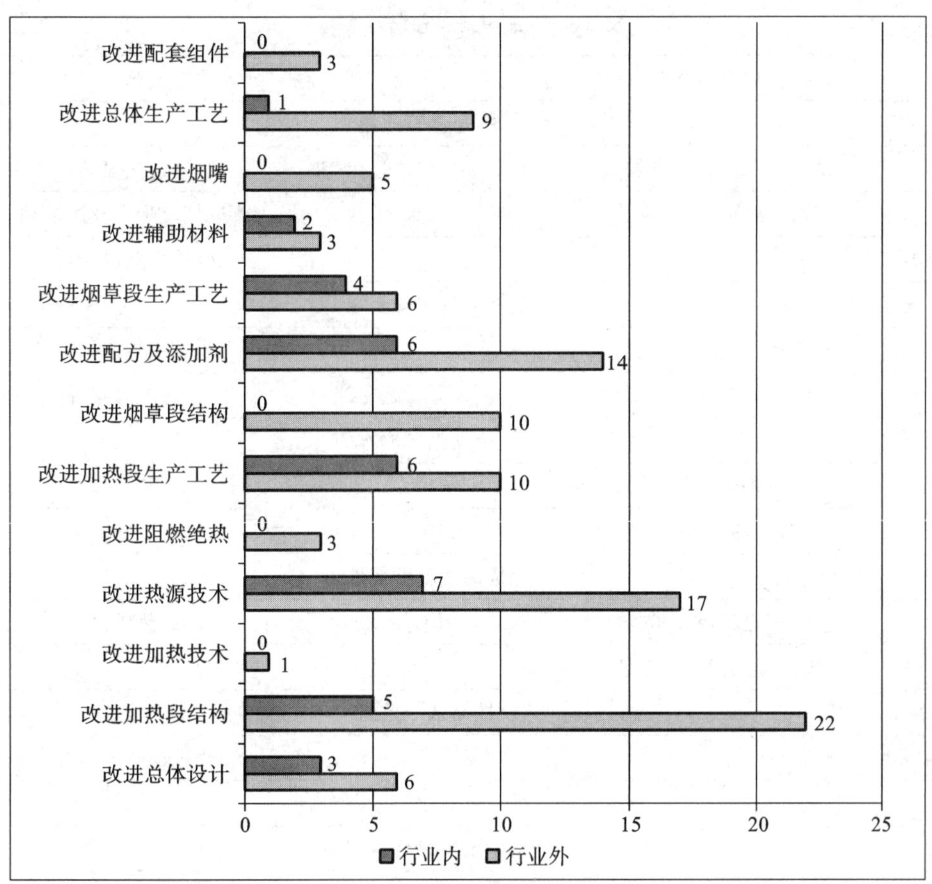

图 9.41　燃料加热型新型卷烟专利技术措施分布对比

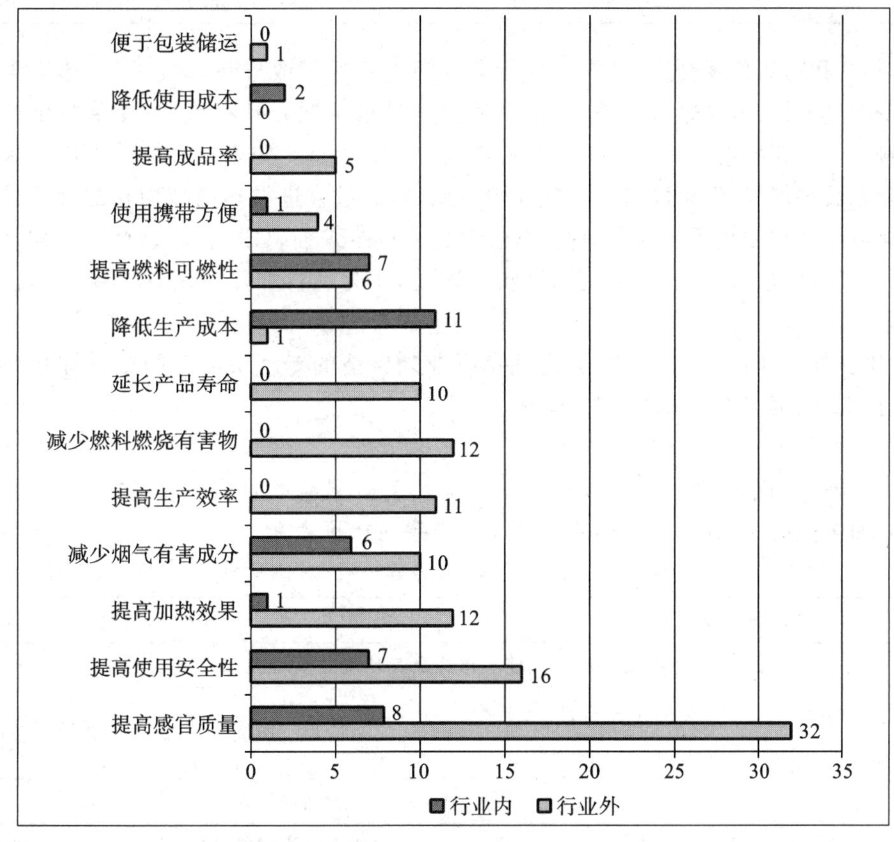

图 9.42　燃料加热型新型卷烟专利功能效果分布对比

表 9.34　主要技术功效优先级

优先级	国内烟草行业	国内烟草行业外
	提高感官质量	
1	改进烟草配方及添加剂	改进加热段结构
2	改进烟草段生产工艺	改进烟草配方及添加剂
3		改进烟草段结构
	提高使用安全性	
1	改进热源技术	改进加热段结构
2	改进加热段生产工艺	改进配套组件
	降低生产成本	
1	改进热源技术	
2	改进加热段生产工艺	
	提高燃料可燃性	
1	改进热源技术	改进热源技术
2	改进加热段生产工艺	
	提高加热效果	
1		改进加热段结构
2		改进热源技术
	减少燃料燃烧有害物	
1		改进加热段结构
2		改进烟草段结构;改进烟嘴

从研发重点和专利布局角度分析,国内烟草行业申请人将通过改进热源技术、加热段生产工艺来降低生产成本、提高使用安全性、提高燃料可燃性,以及通过改进烟草配方及添加剂、烟草段生产工艺来提高感官质量,作为燃料加热型新型卷烟专利技术的研发热点和布局重点。国内烟草行业外申请人将通过改进加热段结构、烟草配方及添加剂、烟草段结构来提高感官质量,通过改进加热段结构和配套组件来提高使用安全性,通过改进加热段结构和热源技术来提高加热效果,通过改进加热段结构、烟草段结构和烟嘴来减少燃料燃烧有害物,以及通过改进热源技术来提高燃料可燃性,作为燃料加热型新型卷烟专利技术的研发热点和布局重点。

从关键技术角度分析,国内烟草行业、国内烟草行业外申请的专利所涉及的燃料加热型新型卷烟关键技术涵盖了热源技术、烟草配方与添加剂技术。

2. 具体技术措施及其功能效果对比分析

国内烟草行业、国内烟草行业外申请人针对燃料加热型新型卷烟的技术改进措施主要集中在热源、烟草配方及添加剂、加热段结构,具体技术措施及其功能效果对比见表 9.35。

表 9.35　具体技术措施及其功能效果对比

国内烟草行业	国内烟草行业外
①改进热源的技术措施及其功能效果对比	
改进碳质热源配方及生产工艺,提高使用安全性,降低生产成本	优化结构及添加剂,提高燃料可燃性和使用安全性
	添加助燃剂,提高碳质热源的可燃性
	采用功能性添加剂,减少燃烧产生的一氧化碳

续表

国内烟草行业	国内烟草行业外
	改进黏结剂配方，提高碳质热源的完整性
	研发复合碳质热源，提高碳质热源的质量
	改进碳质热源生产工艺，提高碳质热源产品质量
②改进烟草配方及添加剂的技术措施及其功能效果对比	
研发加热型专用再造烟叶产品及工艺，提高感官质量	增大烟芯的质量与表面积之比，降低烟芯燃烧或热解风险
研发加热型专用烟草材料制备方法，提高感官质量	
	采用香精香料控释技术，提高感官质量
	添加香味前体物或香味剂，提高感官质量
	采用粒状香味材料，改善香气释放效果
③改进加热段结构的技术措施及其功能效果对比	
采用无玻璃纤维碳质热源，提高使用安全性和燃烧效果	
研制传统卷烟碳加热器，降低使用和生产成本	
模拟传统卷烟特征，满足消费者的消费习惯	
研发细支型碳加热型卷烟，丰富产品品类，填补产品空白	
	改进导热结构，提高感官质量
	设置密封元件，应用催化剂，减少燃料燃烧有害物，提高燃烧效率和感官质量
	设置屏障涂层，避免烟气形成基质热解或燃烧，减少燃烧产生的有害物
	设置气阀，阻止吸入碳点燃产生的有害物
	采用空气加热方式，减少加热装置体积，降低生产成本
	设置碳质热源保护盖，便于包装储运，延长产品寿命

①改进热源的技术措施及其功能效果对比：

相同点：国内烟草行业、国内烟草行业外申请人均对碳质热源的配方进行了改进，以提高使用安全性。国内烟草行业关注降低玻璃纤维吸入人体而造成的危害。国内烟草行业外关注降低温度过高导致的烟气形成基质燃烧或热解的风险。

不同点：国内烟草行业外申请人添加助燃剂或功能性添加剂，提高碳质热源的可燃性，减少燃烧产生的一氧化碳。改进黏结剂配方，提高碳质热源的完整性。研发复合碳质热源、改进碳质热源生产工艺，提高碳质热源产品质量。

②改进烟草配方及添加剂的技术措施及其功能效果对比：

相同点：国内烟草行业、国内烟草行业外申请人均研发了加热型专用再造烟叶产品，提高感官质量，降低烟芯燃烧或热解风险。

不同点：国内烟草行业申请人研发加热型专用烟草材料制备方法，提高感官质量。国内烟草行业外申请人采用香精香料控释技术、添加香味前体物或香味剂，提高感官质量；采用粒状香味材料，改善香气释放效果。

③改进加热段结构的技术措施及其功能效果对比：

不同点：国内烟草行业申请人采用无玻璃纤维碳质热源，提高使用安全性和燃烧效果。研制传统卷烟碳加热器，降低使用和生产成本。模拟传统卷烟特征，满足消费者的消费习惯。研发细支型碳加热型卷烟，丰富产品品类，填补产品空白。国内烟草行业外申请人通过改进导热结构，提高感官质量。采用密封元件、屏障涂层、气阀、催化剂等技术措施，提高燃烧效率和感官质量，避免烟气形成基质热解或燃烧，减少燃烧产生的有害物。

9.4.2 燃料加热型新型卷烟重要专利分析

采用专家评议法、专利文献计量学相结合的方法对燃料加热型新型卷烟专利的重要程度进行了评估，评出燃料加热型新型卷烟重要专利 19 件，其中国内烟草行业外重要专利 10 件，国内烟草行业重要专利 9 件。

9.4.2.1 国内烟草行业外燃料加热型新型卷烟重要专利分析

国内烟草行业外燃料加热型新型卷烟重要专利技术功效图见图 9.43，技术措施、功能效果分布见图 9.44、图 9.45。

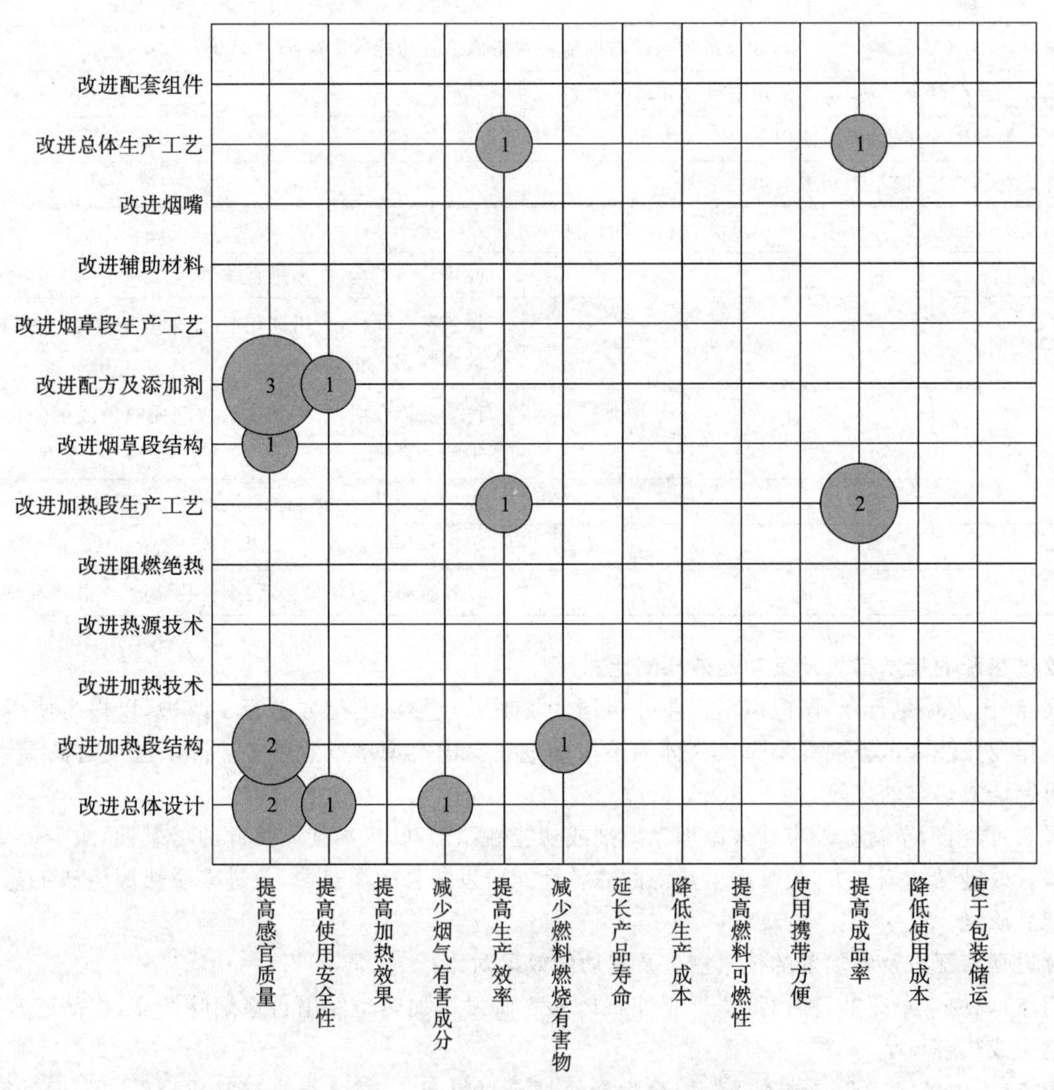

图 9.43 国内烟草行业外燃料加热型新型卷烟重要专利技术功效图

从技术措施角度分析，国内烟草行业外重要专利针对燃料加热型新型卷烟的技术改进措施涉及总体设计、加热段结构、加热段生产工艺、烟草段结构、烟草配方及添加剂、总体生产工艺共 6 个方面。数据统计表明，技术改进措施主要集中在烟草配方及添加剂，专利数量占 27.3%。其次是改进总体设计、加热段结构、加热段生产工艺，专利数量分别占 18.2%。

从功能效果角度分析，国内烟草行业外重要专利针对燃料加热型新型卷烟进行技术改进所实现的功能

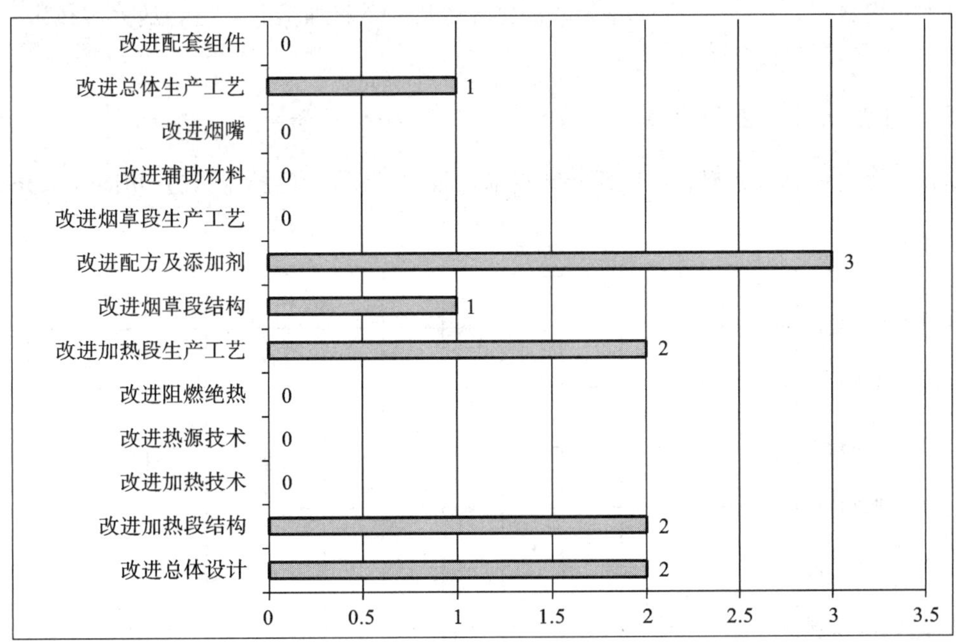

图 9.44 国内烟草行业外燃料加热型新型卷烟重要专利技术措施分布

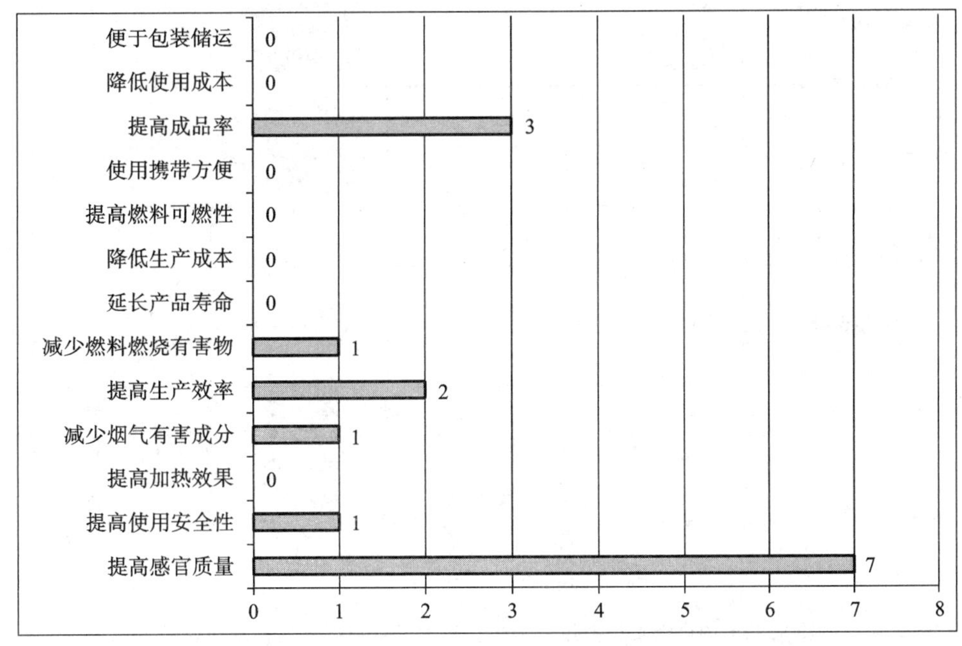

图 9.45 国内烟草行业外燃料加热型新型卷烟重要专利功能效果分布

效果包括提高感官质量、提高使用安全性、减少烟气有害成分、提高生产效率、减少燃料燃烧有害物、提高成品率共 6 个方面。数据统计表明，技术改进所实现的功能效果主要集中在提高感官质量，专利数量占 46.7%。其次是提高成品率，专利数量占 20.0%。

从实现的功能效果所采取的技术措施分析，国内烟草行业外重要专利提高感官质量优先采取的技术措施是改进烟草配方及添加剂，其次是改进总体设计和加热段结构；提高成品率优先采取的技术措施是改进加热段生产工艺。

从研发重点和专利布局角度分析，鉴于改进烟草配方及添加剂、总体设计、加热段结构、加热段生产工艺方面的专利申请，以及提高感官质量和成品率方面的专利申请所占份额较大，因此可以判断：通过改进烟草配方及添加剂、总体设计和加热段结构来提高感官质量，通过改进加热段生产工艺来提高成品率等技术领域，是国内烟草行业外燃料加热型新型卷烟重要专利的研发热点和布局重点。

从关键技术角度分析，国内烟草行业外重要专利所涉及的燃料加热型新型卷烟关键技术涵盖了烟草配方与添加剂技术，未涉及热源技术。

9.4.2.2　国内烟草行业燃料加热型新型卷烟重要专利分析

国内烟草行业燃料加热型新型卷烟重要专利技术功效图见图 9.46，技术措施、功能效果分布见图 9.47、图 9.48。

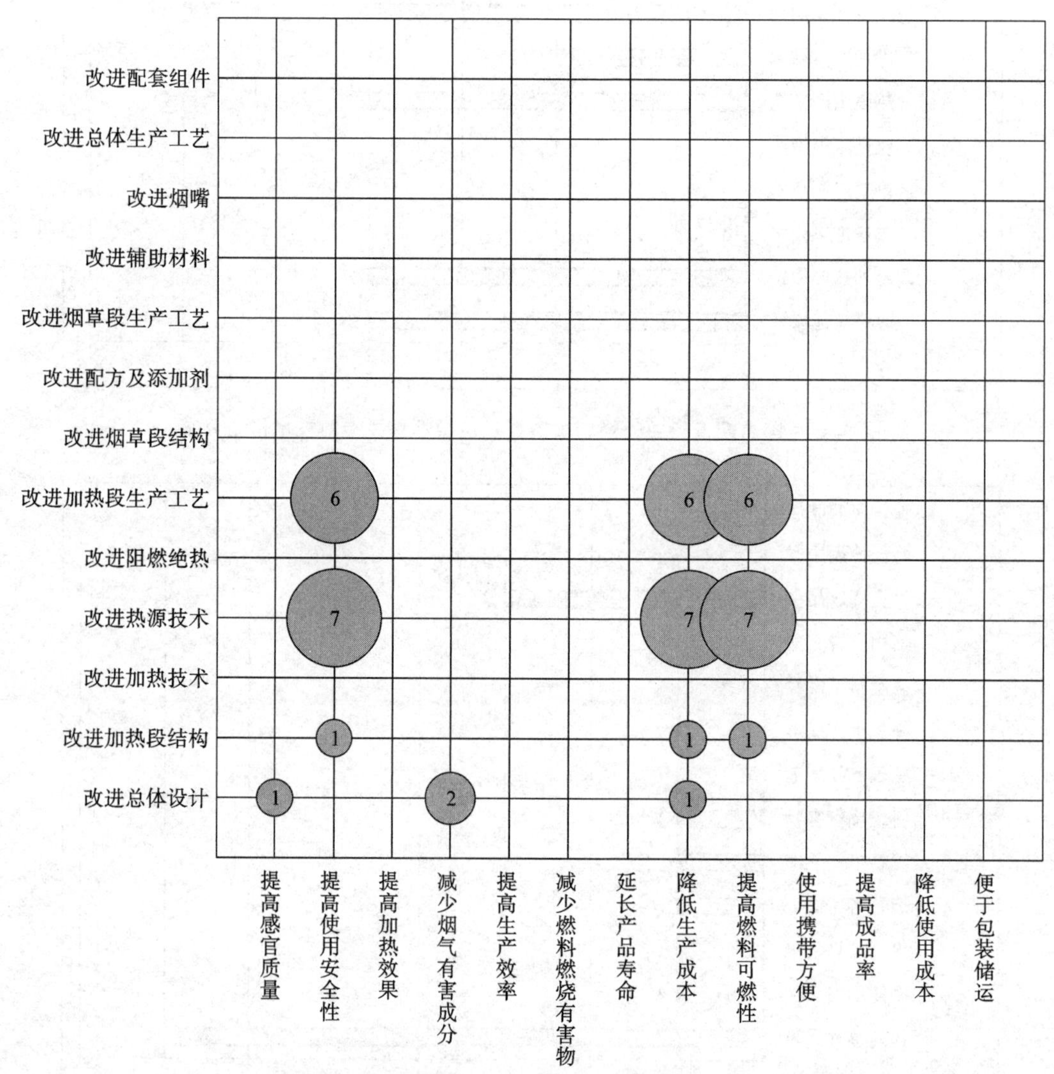

图 9.46　国内烟草行业燃料加热型新型卷烟重要专利技术功效图

从技术措施角度分析，国内烟草行业重要专利针对燃料加热型新型卷烟的技术改进措施涉及总体设计、加热段结构、热源技术和加热段生产工艺共 4 个方面。数据统计表明，技术改进措施主要集中在改进热源技术，专利数量占 43.8%。其次是加热段生产工艺，专利数量占 37.5%。

从功能效果角度分析，国内烟草行业重要专利针对燃料加热型新型卷烟进行技术改进所实现的功能效果包括提高感官质量、提高使用安全性、减少烟气有害成分、降低生产成本、提高燃料可燃性共 5 个方面。数据统计表明，技术改进所实现的功能效果主要集中在降低生产成本，专利数量占 32.0%。其次是提高使用安全性、提高燃料可燃性，专利数量分别占 28.0%。

从实现的功能效果所采取的技术措施分析，国内烟草行业重要专利降低生产成本、提高使用安全性、提高燃料可燃性优先采取的技术措施均是改进热源技术和加热段生产工艺。

从研发重点和专利布局角度分析，鉴于改进热源技术和加热段生产工艺方面的专利申请，以及降低生产成本、提高使用安全性、提高燃料可燃性方面的专利申请所占份额较大，因此可以判断：通过改进热源技

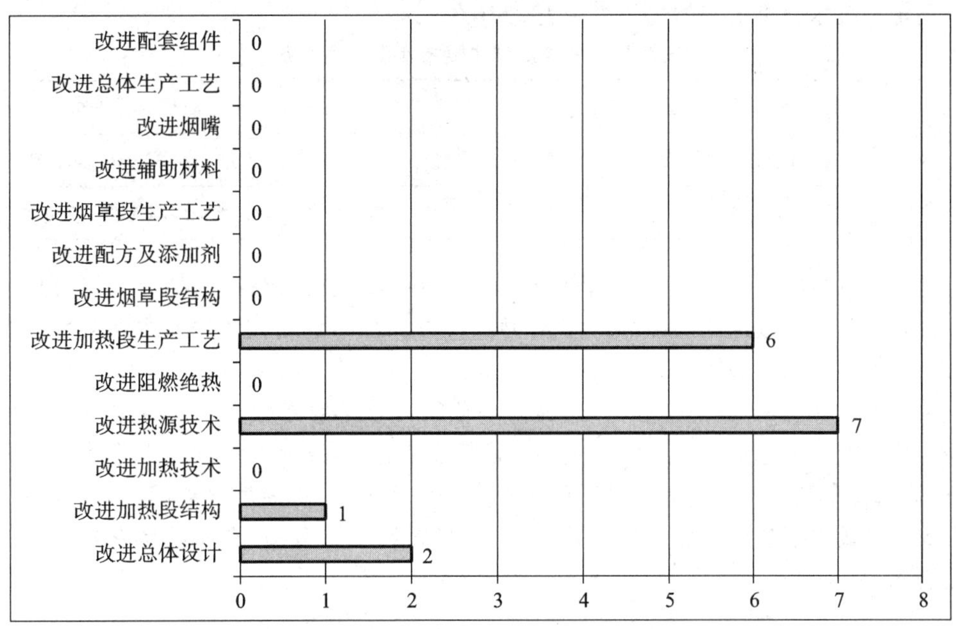

图 9.47　国内烟草行业燃料加热型新型卷烟重要专利技术措施分布

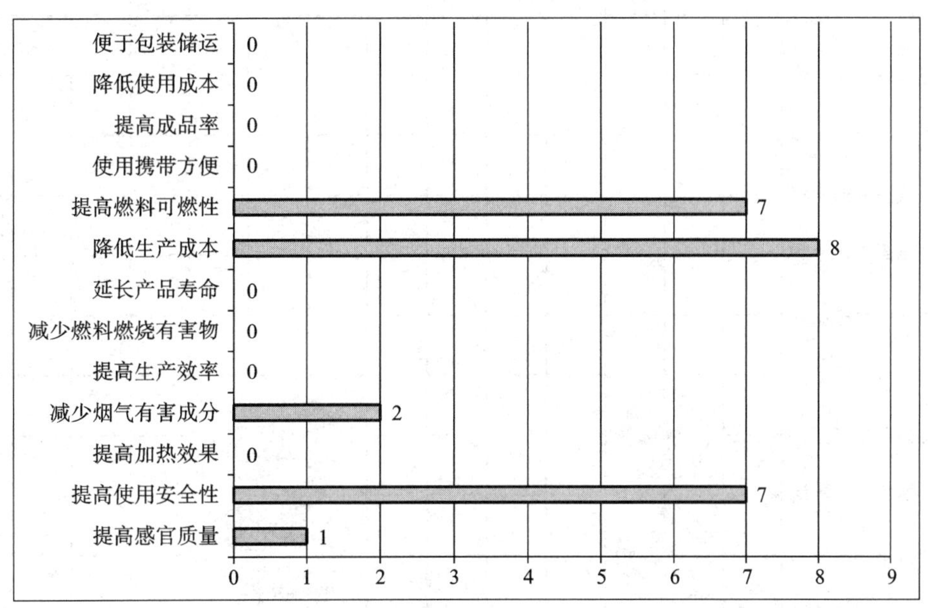

图 9.48　国内烟草行业燃料加热型新型卷烟重要专利功能效果分布

术和加热段生产工艺来降低生产成本、提高使用安全性、提高燃料可燃性，是国内烟草行业重要专利研发热点和布局重点。

从关键技术角度分析，国内烟草行业重要专利所涉及的燃料加热型新型卷烟关键技术涵盖了热源技术，未涉及烟草配方与添加剂技术。

9.4.2.3　燃料加热型新型卷烟重要专利对比分析

国内烟草行业、国内烟草行业外燃料加热型新型卷烟重要专利技术功效对比见图 9.49，技术措施、功能效果分布对比见图 9.50、图 9.51。

从技术措施角度对比分析，国内烟草行业、国内烟草行业外重要专利针对燃料加热型新型卷烟的技术改进措施均涉及了总体设计、加热段结构、加热段生产工艺共 3 个方面。除此之外，国内烟草行业重要专利的技术改进措施还涉及了热源技术，国内烟草行业外还涉及了改进烟草段结构、烟草配方及添加剂、总体生产工艺方面。其主要技术改进措施的优先级见表 9.36。

表 9.36　重要专利主要技术措施优先级

优先级	国内烟草行业	国内烟草行业外
1	改进热源技术	改进烟草配方及添加剂
2	改进加热段生产工艺	改进总体设计;改进加热段结构;改进加热段生产工艺

国内烟草行业、国内烟草行业外重要专利均将改进加热段生产工艺置于相对重要的地位。除此之外，国内烟草行业重要专利优先改进热源技术，国内烟草行业外重要专利则在优先改进烟草配方及添加剂的同时，注重总体设计、加热段结构的改进。

从功能效果角度对比分析，国内烟草行业、国内烟草行业外重要专利针对燃料加热型新型卷烟进行技术改进所实现的功能效果均包括提高感官质量、提高使用安全性、减少烟气有害成分共 3 个方面。除此之外，国内烟草行业重要专利实现的功能效果还包含了降低生产成本、提高燃料可燃性方面，国内烟草行业外重要专利实现的功能效果还包含了提高生产效率、减少燃料燃烧有害物、提高成品率方面。其主要功能效果的优先级见表 9.37。

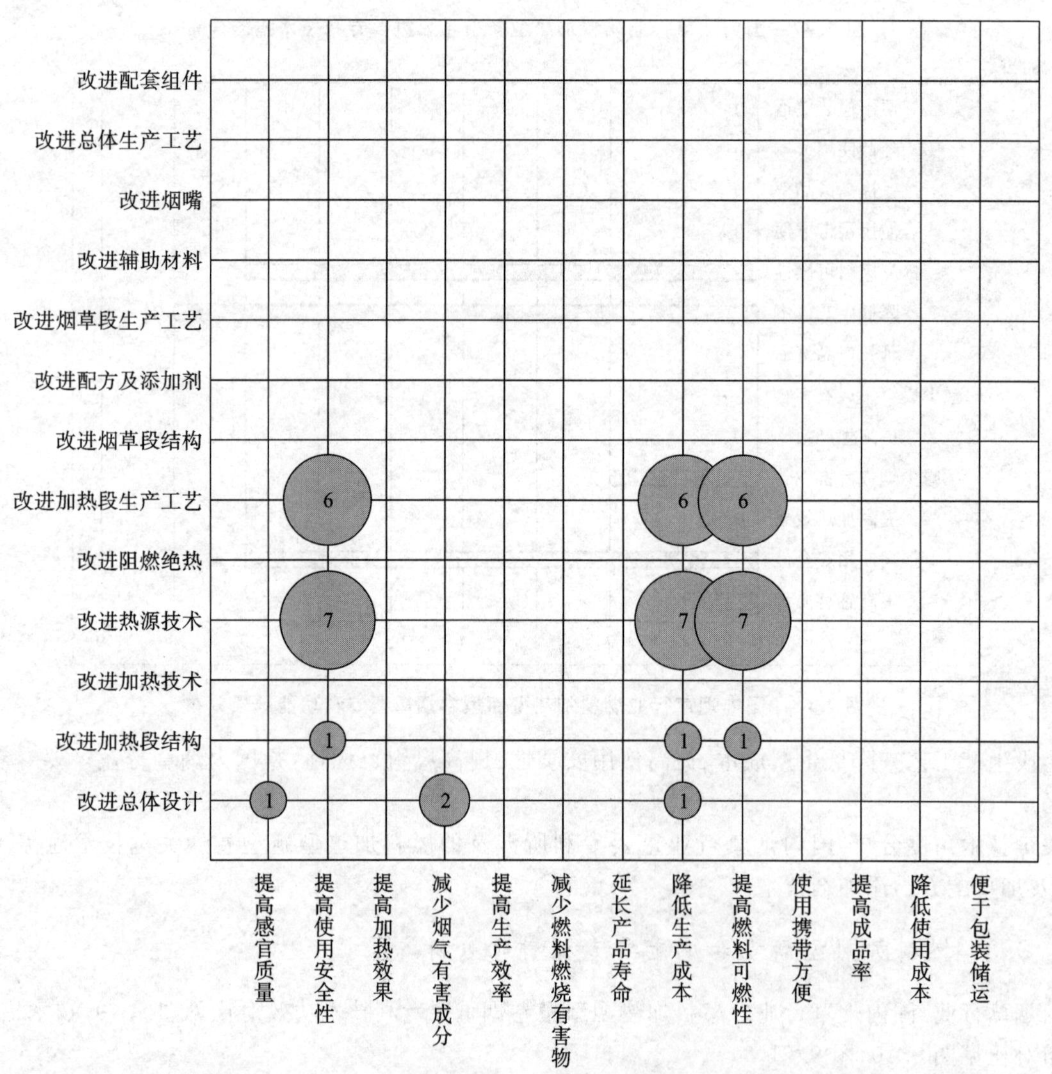

图 9.49　燃料加热型新型卷烟重要专利技术功效对比

(注:上图为国内烟草行业;下图为国内烟草行业外)

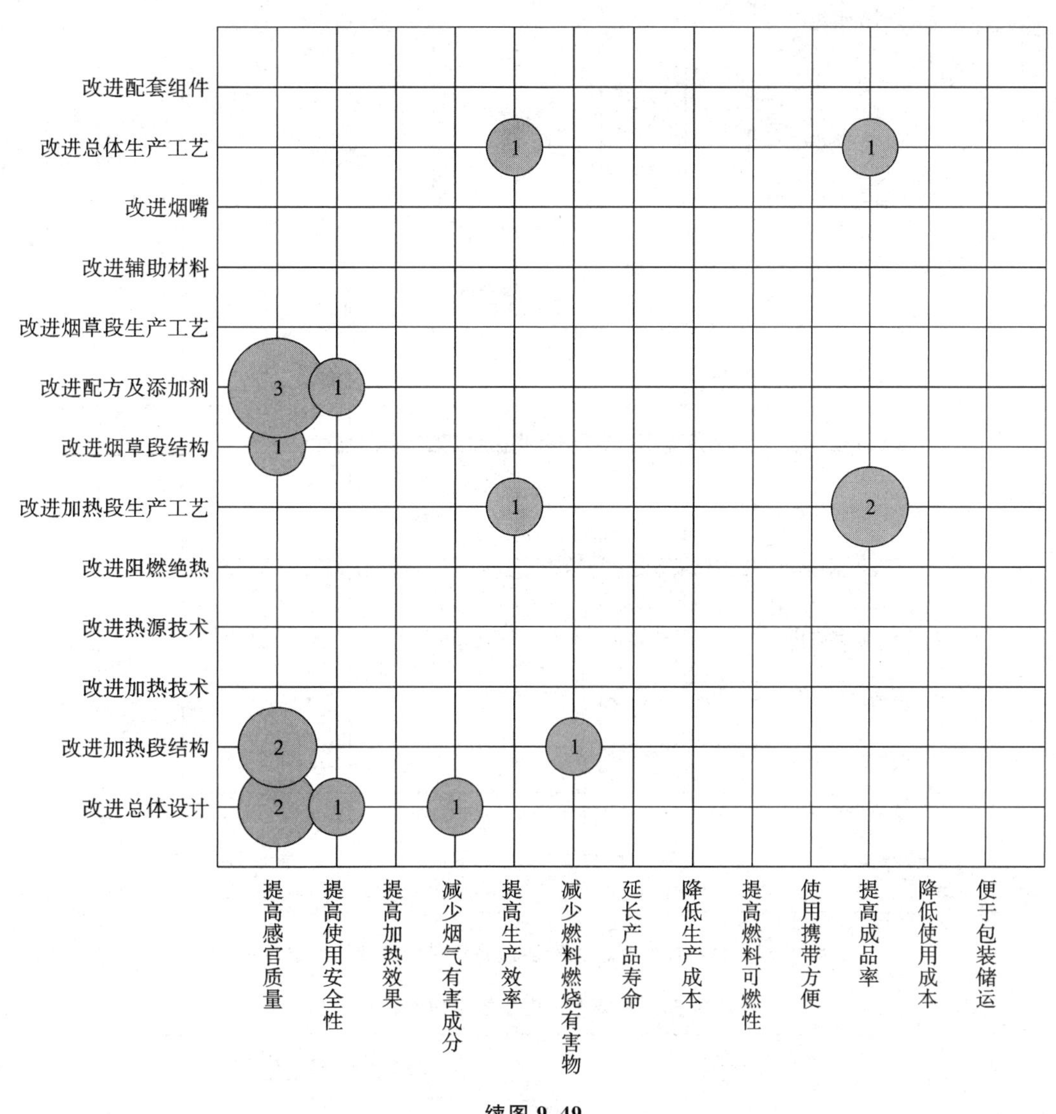

续图 9.49

表 9.37　重要专利主要功能效果优先级

优先级	国内烟草行业	国内烟草行业外
1	降低生产成本	提高感官质量
2	提高使用安全性；提高燃料可燃性	提高成品率

国内烟草行业重要专利更加注重降低生产成本、提高使用安全性、提高燃料可燃性。国内烟草行业外重要专利更加注重提高感官质量、提高成品率。

从实现的功能效果所采取的技术措施对比分析，国内烟草行业重要专利将改进热源技术和加热段生产工艺作为降低生产成本、提高使用安全性和燃料可燃性的主要技术措施；国内烟草行业外重要专利将改进烟草配方及添加剂、总体设计和加热段结构作为提高感官质量的主要技术措施，将改进加热段生产工艺作为提高成品率的主要技术措施，详见表 9.38。

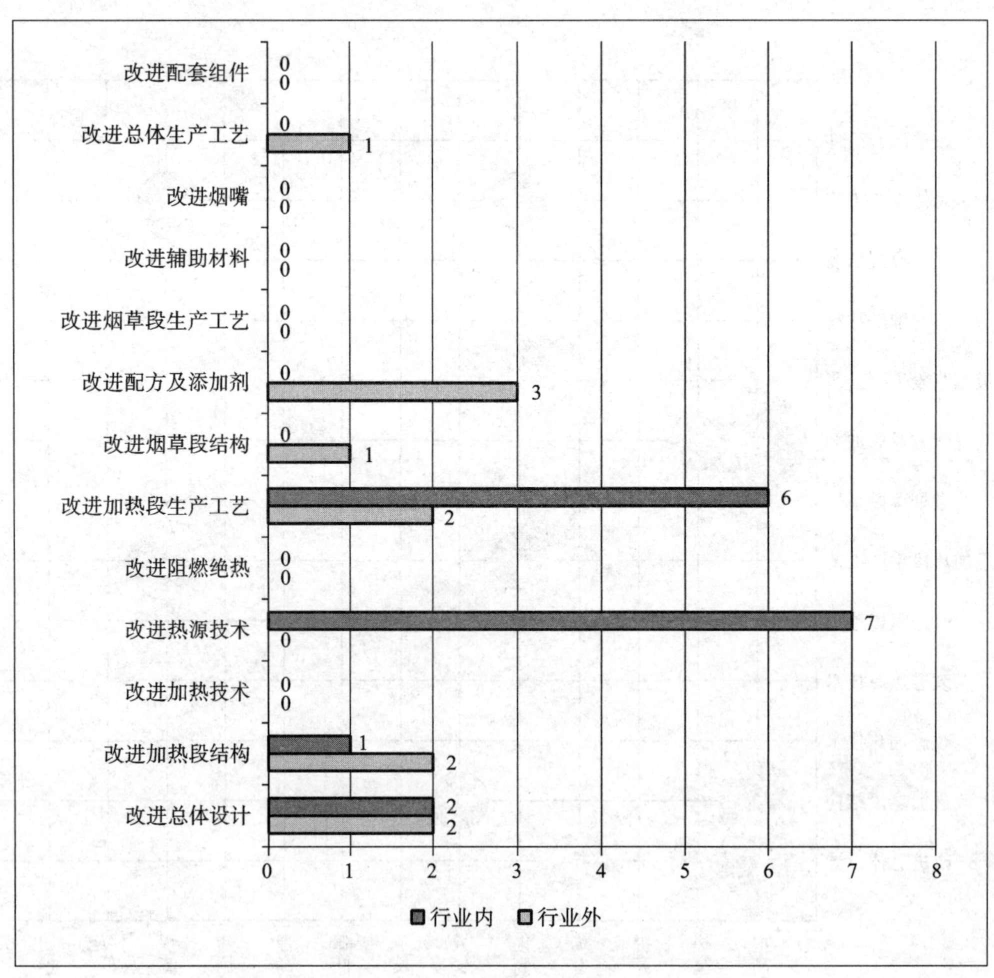

图 9.50 燃料加热型新型卷烟重要专利技术措施分布对比

表 9.38 重要专利主要技术功效优先级

优先级	国内烟草行业	国内烟草行业外
	降低生产成本	
1	改进热源技术	
2	改进加热段生产工艺	
	提高使用安全性	
1	改进热源技术	
2	改进加热段生产工艺	
	提高燃料可燃性	
1	改进热源技术	
2	改进加热段生产工艺	
	提高感官质量	
1		改进烟草配方及添加剂
2		改进总体设计;改进加热段结构
	提高成品率	
1		改进加热段生产工艺

从研发重点和专利布局角度对比分析,国内烟草行业重要专利将改进热源技术和加热段生产工艺以降

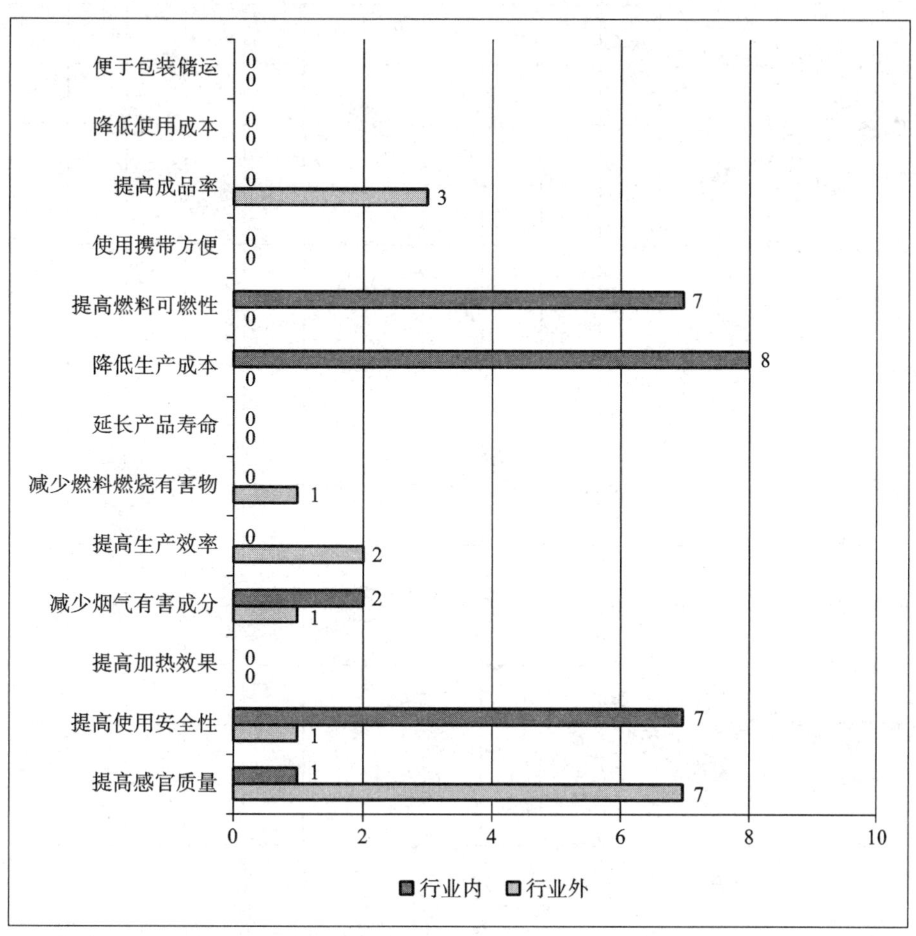

图 9.51　燃料加热型新型卷烟重要专利功能效果分布对比

低生产成本、提高使用安全性和燃料可燃性，作为研发热点和布局重点。国内烟草行业外重要专利将改进烟草配方及添加剂、总体设计和加热段结构以提高感官质量，改进加热段生产工艺以提高成品率，作为研发热点和布局重点。

从关键技术角度分析，国内烟草行业重要专利所涉及的燃料加热型新型卷烟关键技术涵盖了热源技术，未涉及烟草配方与添加剂技术。国内烟草行业外重要专利所涉及的燃料加热型新型卷烟关键技术则涵盖了烟草配方与添加剂技术，未涉及热源技术。

9.4.3　国内烟草行业外燃料加热型新型卷烟专利重要申请人专利分析

根据前期研究结果，国内烟草行业外燃料加热型新型卷烟专利重要申请人见表 9.39。

表 9.39　国内烟草行业外燃料加热型新型卷烟专利重要申请人

序号	申　请　人	专利数量	同族专利数量	被引频次
1	菲利普·莫里斯烟草公司	52	860	64
2	R.J.雷诺兹烟草公司	29	416	69
3	英美烟草公司	11	238	38
4	日本烟草公司	14	193	39
5	普洛姆公司	3	144	3

9.4.3.1　菲利普·莫里斯烟草公司专利分析

菲利普·莫里斯烟草公司专利技术功效图见图 9.52，技术措施、功能效果分布见图 9.53、图 9.54。

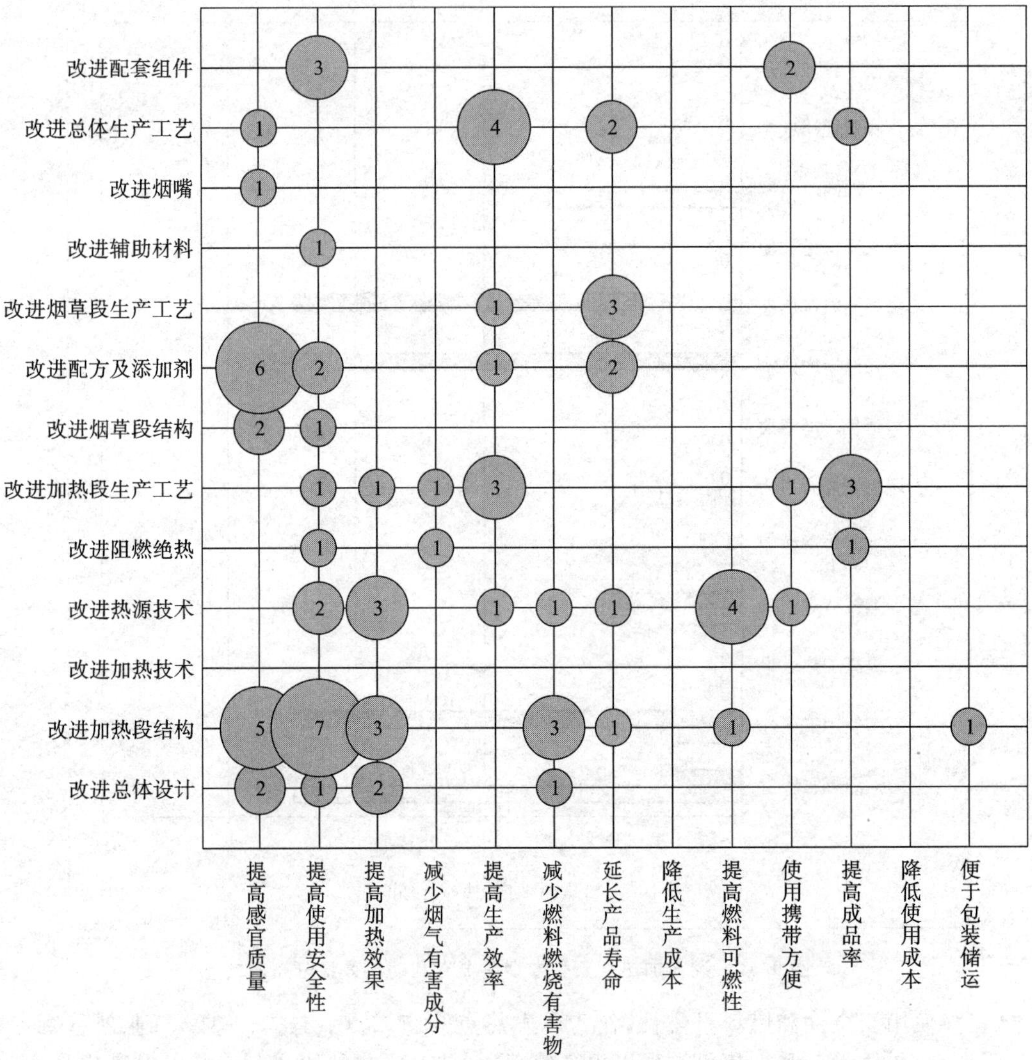

	提高感官质量	提高使用安全性	提高加热效果	减少烟气有害成分	提高生产效率	减少燃料燃烧有害物	延长产品寿命	降低生产成本	提高燃料可燃性	使用携带方便	提高成品率	降低使用成本	便于包装储运
改进配套组件		3								2			
改进总体生产工艺	1				4		2				1		
改进烟嘴	1												
改进辅助材料		1											
改进烟草段生产工艺					1		3						
改进配方及添加剂	6	2			1		2						
改进烟草段结构	2	1											
改进加热段生产工艺		1	1	1	3					1	3		
改进阻燃绝热		1		1							1		
改进热源技术		2	3		1	1	1		4	1			
改进加热技术													
改进加热段结构	5	7	3			3	1		1				1
改进总体设计	2	1	2			1							

图 9.52 菲利普·莫里斯烟草公司燃料加热型新型卷烟专利技术功效图

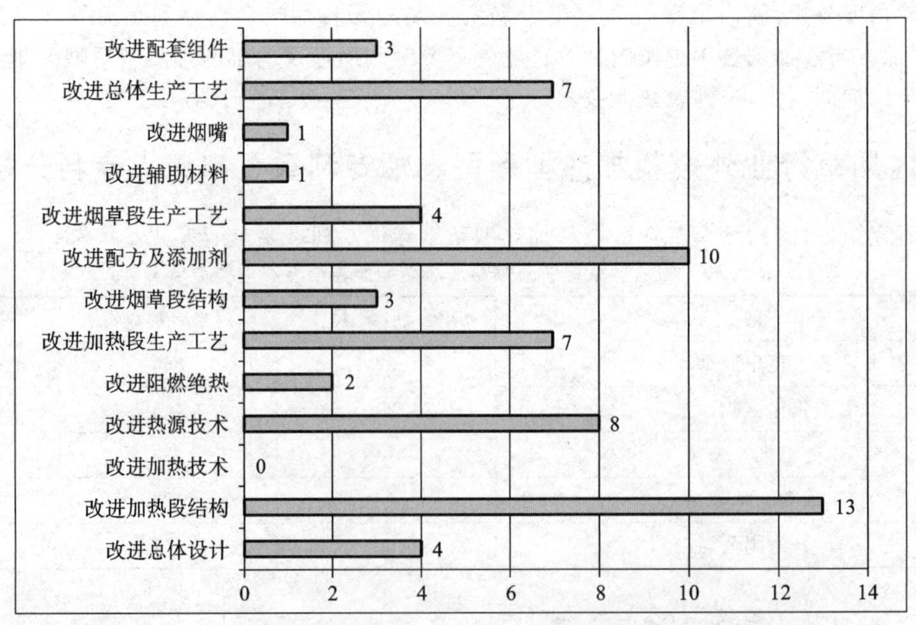

图 9.53 菲利普·莫里斯烟草公司燃料加热型新型卷烟专利技术措施分布

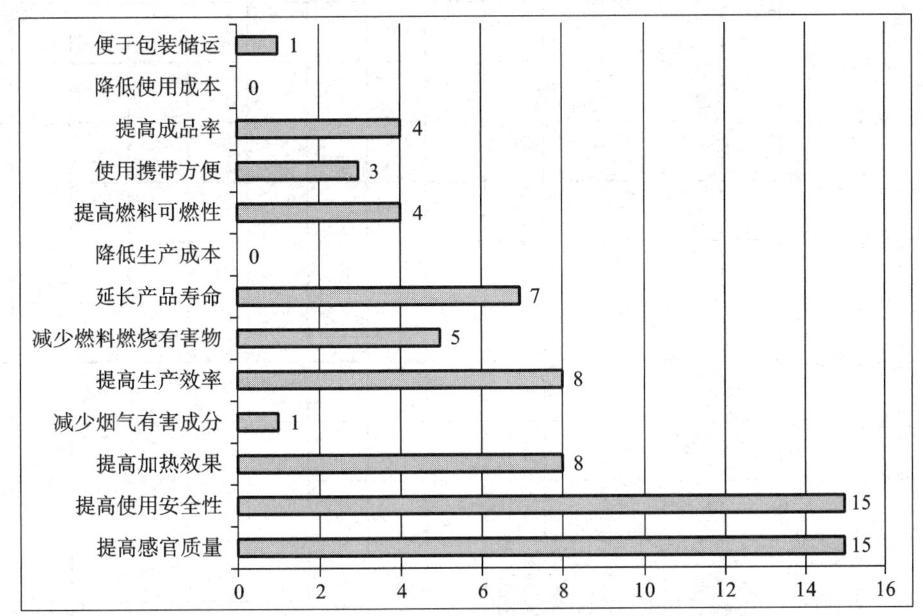

图9.54　菲利普·莫里斯烟草公司燃料加热型新型卷烟专利功能效果分布

从技术措施角度分析，菲利普·莫里斯烟草公司针对燃料加热型新型卷烟的技术改进措施涉及总体设计、加热段结构、热源技术、阻燃绝热、加热段生产工艺、烟草段结构、烟草配方及添加剂、烟草段生产工艺、辅助材料、烟嘴、总体生产工艺、配套组件共12个方面。数据统计表明，技术改进措施主要集中在加热段结构，专利数量占20.6%。其次是改进烟草配方及添加剂，专利数量占15.9%。然后是改进热源技术，专利数量占12.7%。

从功能效果角度分析，菲利普·莫里斯烟草公司针对燃料加热型新型卷烟进行技术改进所实现的功能效果包括提高感官质量、提高使用安全性、提高加热效果、减少烟气有害成分、提高生产效率、减少燃料燃烧有害物、延长产品寿命、提高燃料可燃性、使用携带方便、提高成品率、便于包装储运共11个方面。数据统计表明，技术改进所实现的功能效果主要集中在提高感官质量和使用安全性，专利数量分别占21.1%。其次是提高加热效果和生产效率，专利数量分别占11.3%。

从实现的功能效果所采取的技术措施分析，菲利普·莫里斯烟草公司提高感官质量优先采取的技术措施是改进烟草配方及添加剂，其次是改进加热段结构；提高使用安全性优先采取的技术措施是改进加热段结构，其次是改进配套组件；提高加热效果优先采取的技术措施是改进加热段结构和热源技术；提高生产效率优先采取的技术措施是改进总体生产工艺，其次是改进加热段生产工艺。

从研发重点和专利布局角度分析，鉴于改进加热段结构、烟草配方及添加剂、热源技术方面的专利申请，以及提高感官质量、使用安全性、加热效果和生产效率方面的专利申请所占份额较大，因此可以判断：通过改进烟草配方及添加剂、加热段结构来提高感官质量，通过改进加热段结构和配套组件来提高使用安全性，通过改进加热段结构和热源技术来提高加热效果，以及通过改进总体生产工艺、加热段生产工艺来提高生产效率等技术领域，是菲利普·莫里斯烟草公司针对燃料加热型新型卷烟专利技术的研发热点和布局重点。

从关键技术角度分析，菲利普·莫里斯烟草公司申请的专利所涉及的燃料加热型新型卷烟关键技术涵盖了热源技术、烟草配方与添加剂技术。

9.4.3.2　R.J.雷诺兹烟草公司专利分析

R.J.雷诺兹烟草公司专利技术功效图见图9.55，技术措施、功能效果分布见图9.56、图9.57。

从技术措施角度分析，R.J.雷诺兹烟草公司针对燃料加热型新型卷烟的技术改进措施涉及总体设计、加热段结构、热源技术、烟草段结构、总体生产工艺共5个方面。数据统计表明，技术改进措施主要集中在热

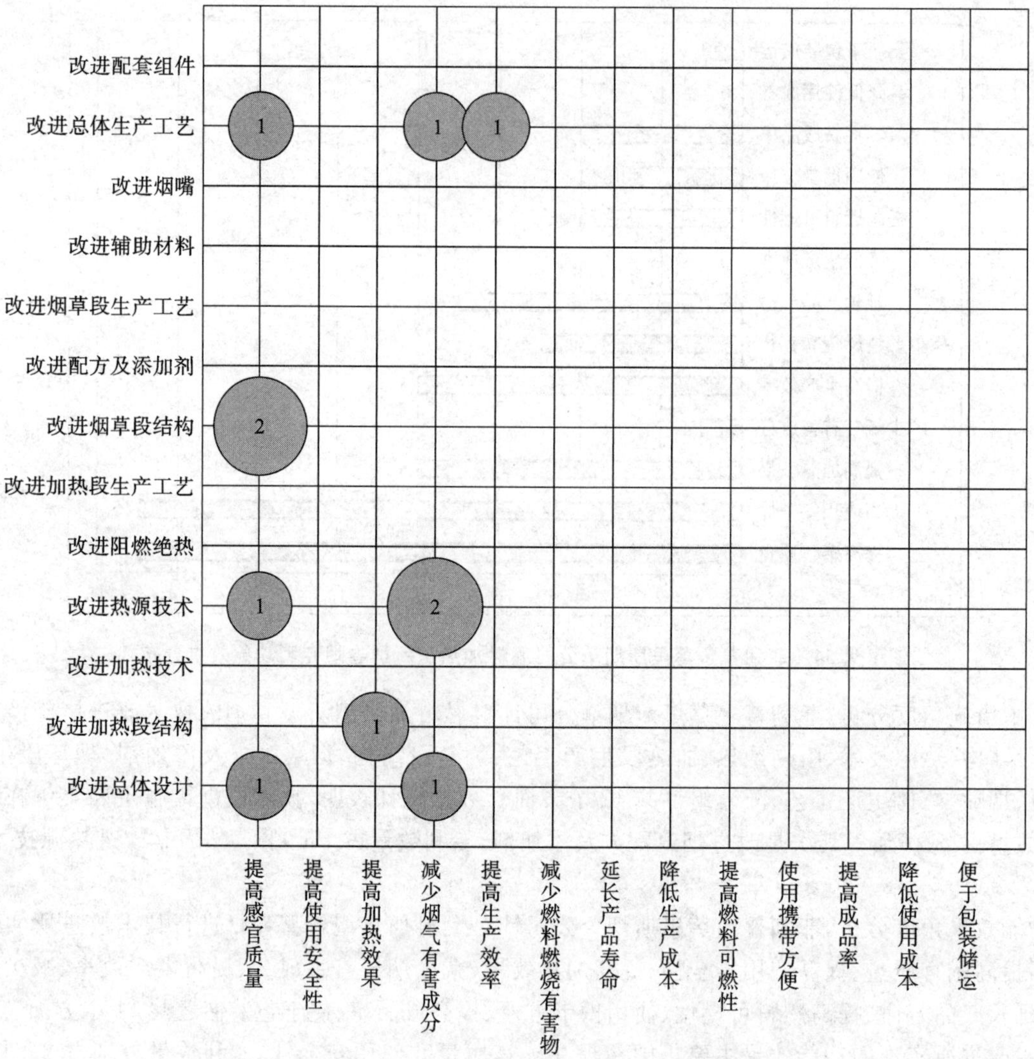

改进配套组件
改进总体生产工艺
改进烟嘴
改进辅助材料
改进烟草段生产工艺
改进配方及添加剂
改进烟草段结构
改进加热段生产工艺
改进阻燃绝热
改进热源技术
改进加热技术
改进加热段结构
改进总体设计
1
1
1
2
1
2
1
1
1
提高感官质量
提高使用安全性
提高加热效果
减少烟气有害成分
提高生产效率
减少燃料燃烧有害物
延长产品寿命
降低生产成本
提高燃料可燃性
使用携带方便
提高成品率
降低使用成本
便于包装储运

图 9.55 R.J. 雷诺兹烟草公司燃料加热型新型卷烟专利技术功效图

改进配套组件 0
改进总体生产工艺 2
改进烟嘴 0
改进辅助材料 0
改进烟草段生产工艺 0
改进配方及添加剂 0
改进烟草段结构 2
改进加热段生产工艺 0
改进阻燃绝热 0
改进热源技术 2
改进加热技术 0
改进加热段结构 1
改进总体设计 1
0
0.5
1
1.5
2
2.5

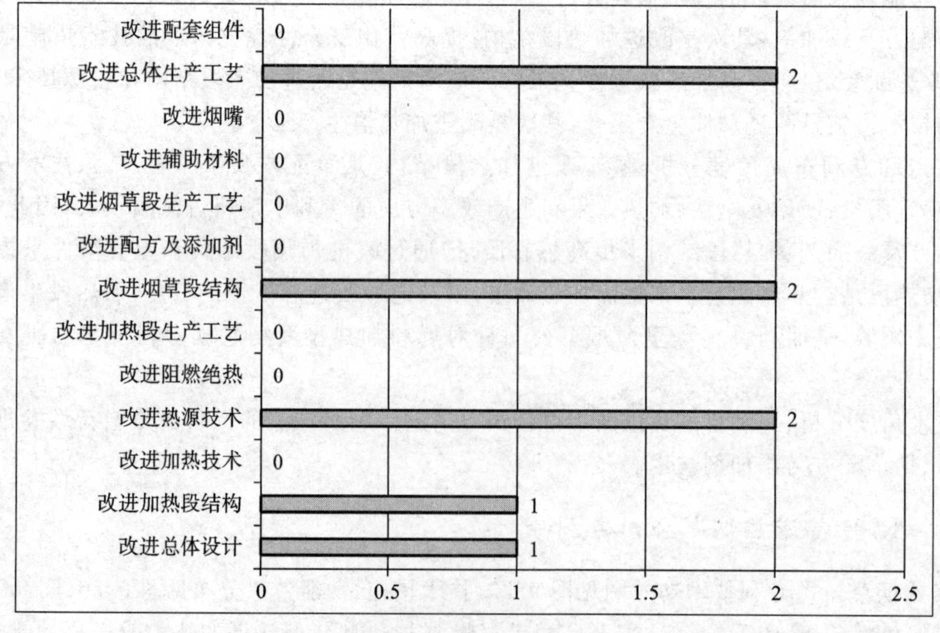

图 9.56 R.J. 雷诺兹烟草公司燃料加热型新型卷烟专利技术措施分布

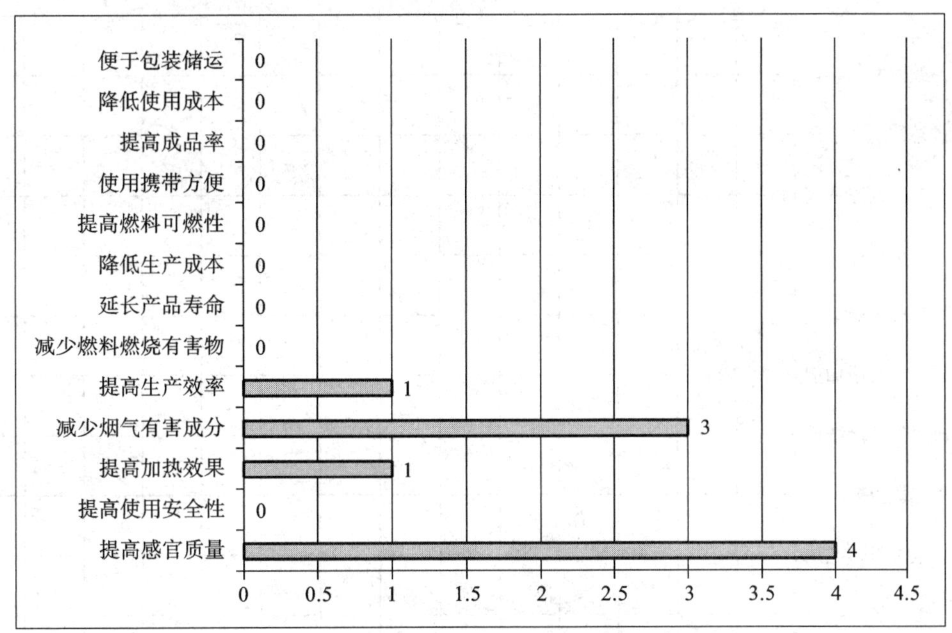

图 9.57　R.J. 雷诺兹烟草公司燃料加热型新型卷烟专利功能效果分布

源技术、烟草段结构、总体生产工艺，专利数量分别占 25.0%。

从功能效果角度分析，R.J. 雷诺兹烟草公司针对燃料加热型新型卷烟进行技术改进所实现的功能效果包括提高感官质量、提高加热效果、减少烟气有害成分、提高生产效率共 4 个方面。数据统计表明，技术改进所实现的功能效果主要集中在提高感官质量，专利数量占 44.4%。其次是减少烟气有害成分，专利数量占 33.3%。

从实现的功能效果所采取的技术措施分析，R.J. 雷诺兹烟草公司提高感官质量优先采取的技术措施是改进烟草段结构。减少烟气有害成分优先采取的技术措施是改进热源技术。

从研发重点和专利布局角度分析，通过改进烟草段结构来提高感官质量，通过改进热源技术来减少烟气有害成分，是 R.J. 雷诺兹烟草公司针对燃料加热型新型卷烟专利技术的研发热点和布局重点。

从关键技术角度分析，R.J. 雷诺兹烟草公司申请的专利所涉及的燃料加热型新型卷烟关键技术仅为热源技术，未涉及烟草配方与添加剂技术。

9.4.3.3　英美烟草公司专利分析

英美烟草公司专利技术功效图见图 9.58，技术措施、功能效果分布见图 9.59、图 9.60。

从技术措施角度分析，英美烟草公司针对燃料加热型新型卷烟的技术改进措施涉及加热段结构、阻燃绝热、烟草配方及添加剂共 3 个方面，专利数量分别占 33.3%。

从功能效果角度分析，英美烟草公司针对燃料加热型新型卷烟进行技术改进所实现的功能效果包括提高感官质量、提高加热效果、减少烟气有害成分共 3 个方面，专利数量分别占 33.3%。

从实现的功能效果所采取的技术措施分析，英美烟草公司提高感官质量采取的技术措施是改进烟草配方及添加剂，提高加热效果采取的技术措施是改进加热段结构，减少烟气有害成分采取的技术措施是改进阻燃绝热。

从研发重点和专利布局角度分析，通过改进烟草配方及添加剂来提高感官质量，通过改进加热段结构来提高加热效果，通过改进阻燃绝热来减少烟气有害成分，是英美烟草公司针对燃料加热型新型卷烟专利技术的研发热点和布局重点。

从关键技术角度分析，英美烟草公司申请的专利所涉及的燃料加热型新型卷烟关键技术涵盖了烟草配方与添加剂技术，未涉及热源技术。

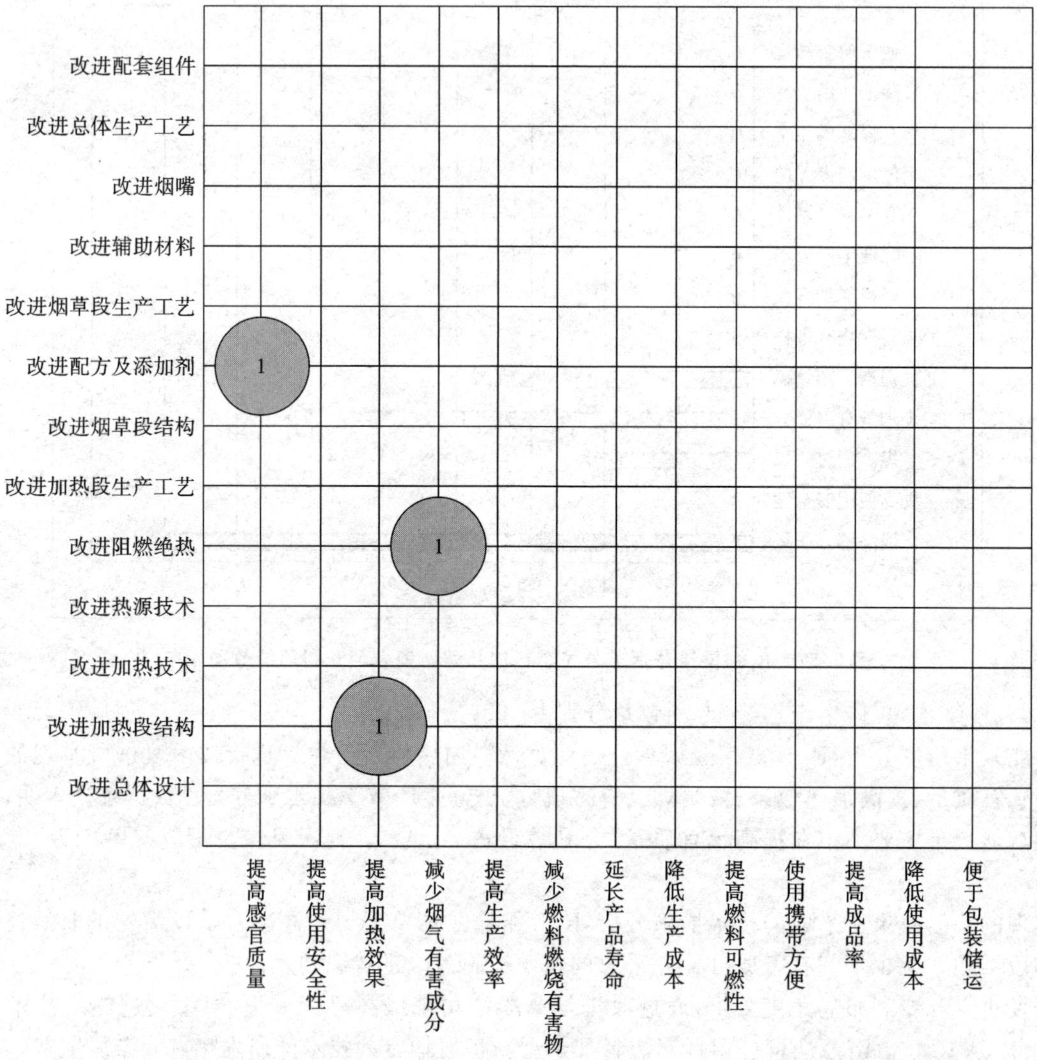

改进配套组件
改进总体生产工艺
改进烟嘴
改进辅助材料
改进烟草段生产工艺
改进配方及添加剂
改进烟草段结构
改进加热段生产工艺
改进阻燃绝热
改进热源技术
改进加热技术
改进加热段结构
改进总体设计
1
1
1
提高感官质量
提高使用安全性
提高加热效果
减少烟气有害成分
提高生产效率
减少燃料燃烧有害物
延长产品寿命
降低生产成本
提高燃料可燃性
使用携带方便
提高成品率
降低使用成本
便于包装储运

图 9.58　英美烟草公司燃料加热型新型卷烟专利技术功效图

改进配套组件 0
改进总体生产工艺 0
改进烟嘴 0
改进辅助材料 0
改进烟草段生产工艺 0
改进配方及添加剂 1
改进烟草段结构 0
改进加热段生产工艺 0
改进阻燃绝热 1
改进热源技术 0
改进加热技术 0
改进加热段结构 1
改进总体设计 0
0
0.2
0.4
0.6
0.8
1
1.2

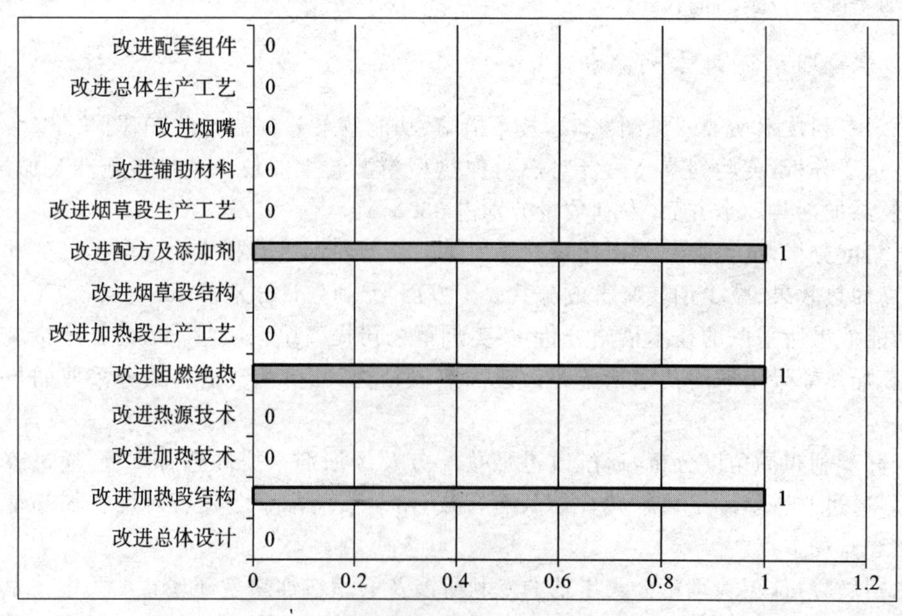

图 9.59　英美烟草公司燃料加热型新型卷烟专利技术措施分布

便于包装储运 0
降低使用成本 0
提高成品率 0
使用携带方便 0
提高燃料可燃性 0
降低生产成本 0
延长产品寿命 0
减少燃料燃烧有害物 0
提高生产效率 0
减少烟气有害成分 1
提高加热效果 1
提高使用安全性 0
提高感官质量 1
0
0.2
0.4
0.6
0.8
1
1.2

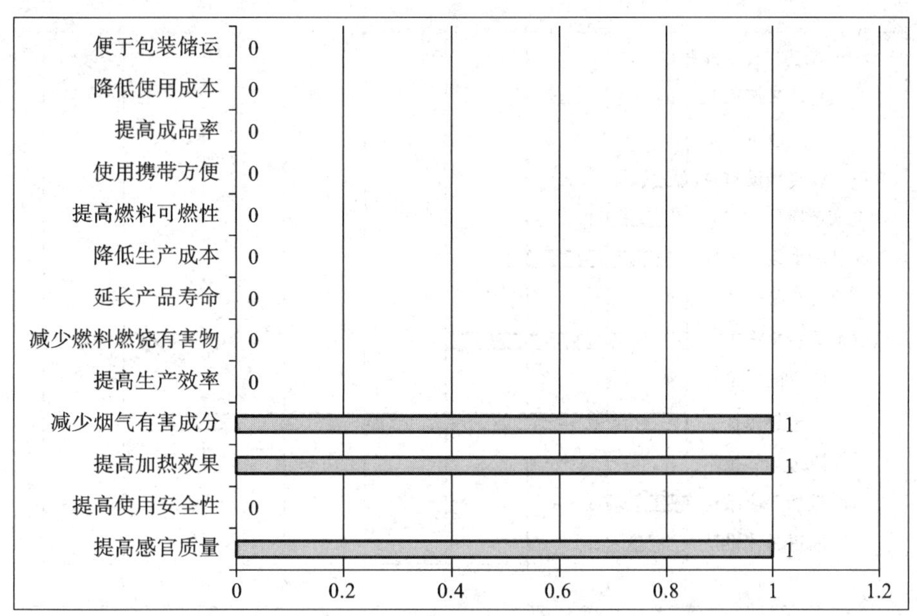

图 9.60　英美烟草公司燃料加热型新型卷烟专利功能效果分布

9.4.3.4　日本烟草公司专利分析

日本烟草公司专利技术功效图见图 9.61，技术措施、功能效果分布见图 9.62、图 9.63。

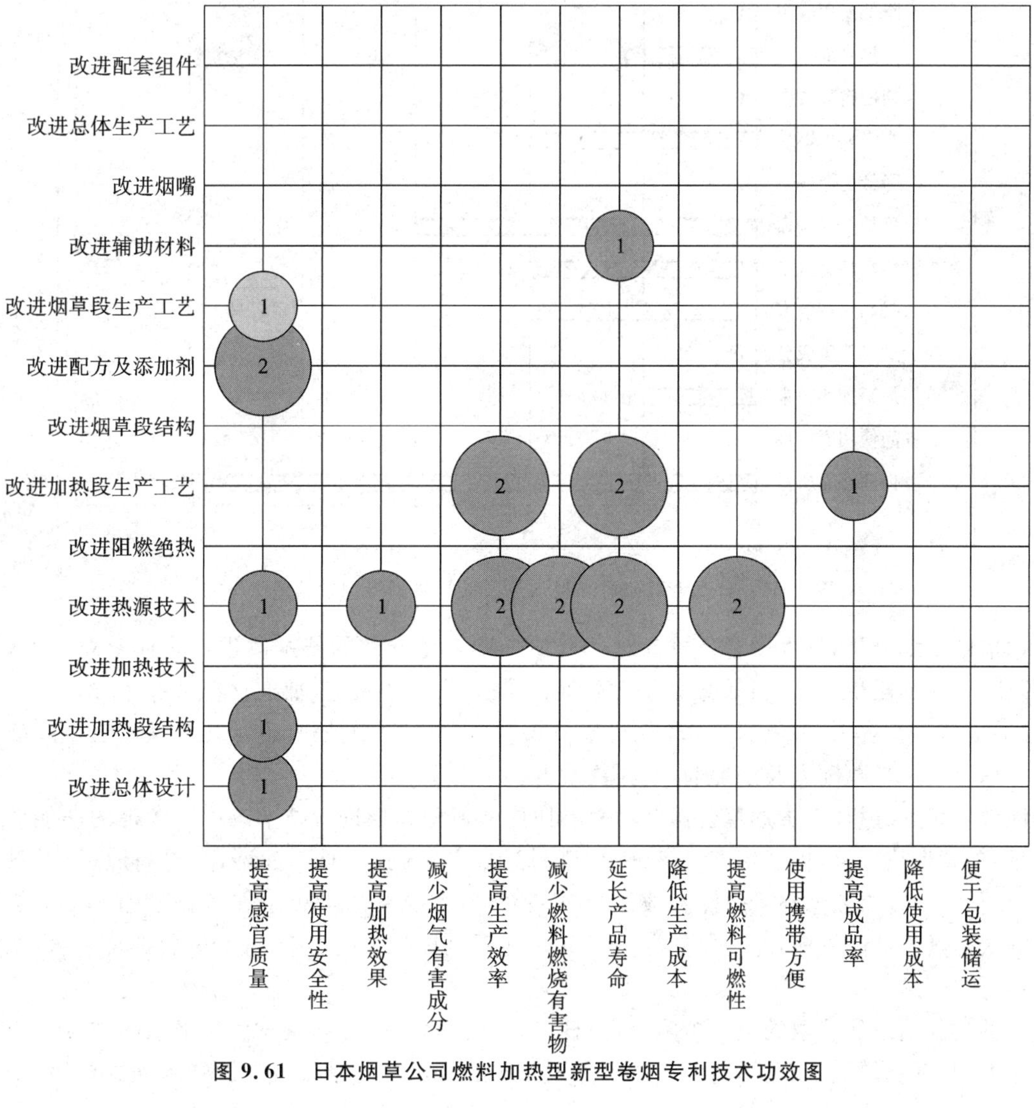

改进配套组件
改进总体生产工艺
改进烟嘴
改进辅助材料
改进烟草段生产工艺
改进配方及添加剂
改进烟草段结构
改进加热段生产工艺
改进阻燃绝热
改进热源技术
改进加热技术
改进加热段结构
改进总体设计
1
1
2
2
2
1
1
1
2
2
2
2
1
1
提高感官质量
提高使用安全性
提高加热效果
减少烟气有害成分
提高生产效率
减少燃料燃烧有害物
延长产品寿命
降低生产成本
提高燃料可燃性
使用携带方便
提高成品率
降低使用成本
便于包装储运

图 9.61　日本烟草公司燃料加热型新型卷烟专利技术功效图

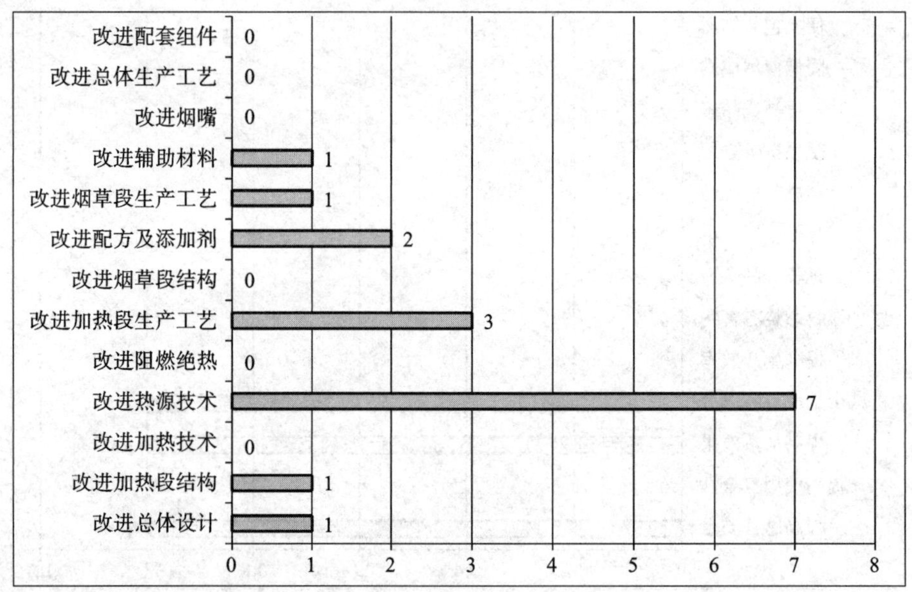

图 9.62 日本烟草公司燃料加热型新型卷烟专利技术措施分布

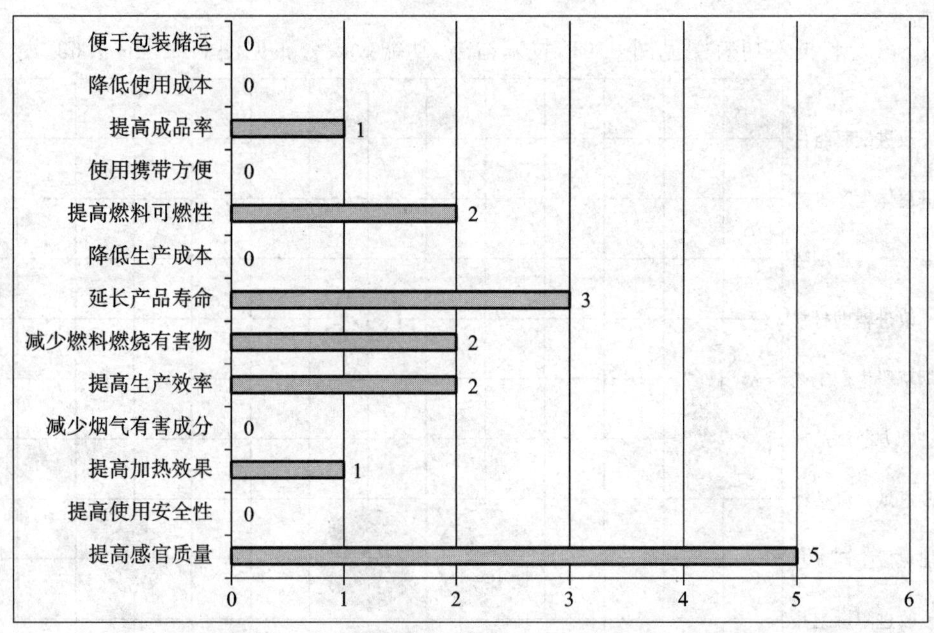

图 9.63 日本烟草公司燃料加热型新型卷烟专利功能效果分布

从技术措施角度分析，日本烟草公司针对燃料加热型新型卷烟的技术改进措施涉及总体设计、加热段结构、热源技术、加热段生产工艺、烟草配方及添加剂、烟草段生产工艺、辅助材料共 7 个方面。数据统计表明，技术改进措施主要集中在热源技术，专利数量占 43.8%。其次是改进加热段生产工艺，专利数量占 18.8%。然后是改进烟草配方及添加剂，专利数量占 12.5%。

从功能效果角度分析，日本烟草公司针对燃料加热型新型卷烟进行技术改进所实现的功能效果包括提高感官质量、提高加热效果、提高生产效率、减少燃料燃烧有害物、延长产品寿命、提高燃料可燃性、提高成品率共 7 个方面。数据统计表明，技术改进所实现的功能效果主要集中在提高感官质量，专利数量占 31.3%。其次是延长产品寿命，专利数量占 18.8%。然后是提高生产效率、减少燃料燃烧有害物、提高燃料可燃性，专利数量分别占 12.5%。

从实现的功能效果所采取的技术措施分析，日本烟草公司提高感官质量优先采取的技术措施是改进烟草配方及添加剂；延长产品寿命、提高生产效率优先采取的技术措施是改进热源技术和加热段生产工艺；减少燃料燃烧有害物、提高燃料可燃性采取的技术措施是改进热源技术。

从研发重点和专利布局角度分析，鉴于改进热源技术、加热段生产工艺方面的专利申请，以及提高感官质量、延长产品寿命方面的专利申请所占份额较大，因此可以判断：通过改进烟草配方及添加剂来提高感官质量，通过改进热源技术和加热段生产工艺来延长产品寿命、提高生产效率，以及通过改进热源技术来减少燃料燃烧有害物、提高燃料可燃性，是日本烟草公司针对燃料加热型新型卷烟专利技术的研发热点和布局重点。

从关键技术角度分析，日本烟草公司申请的专利所涉及的燃料加热型新型卷烟关键技术涵盖了热源技术、烟草配方与添加剂技术。

9.4.3.5　普洛姆公司专利分析

普洛姆公司专利技术功效图见图 9.64，技术措施、功能效果分布见图 9.65、图 9.66。

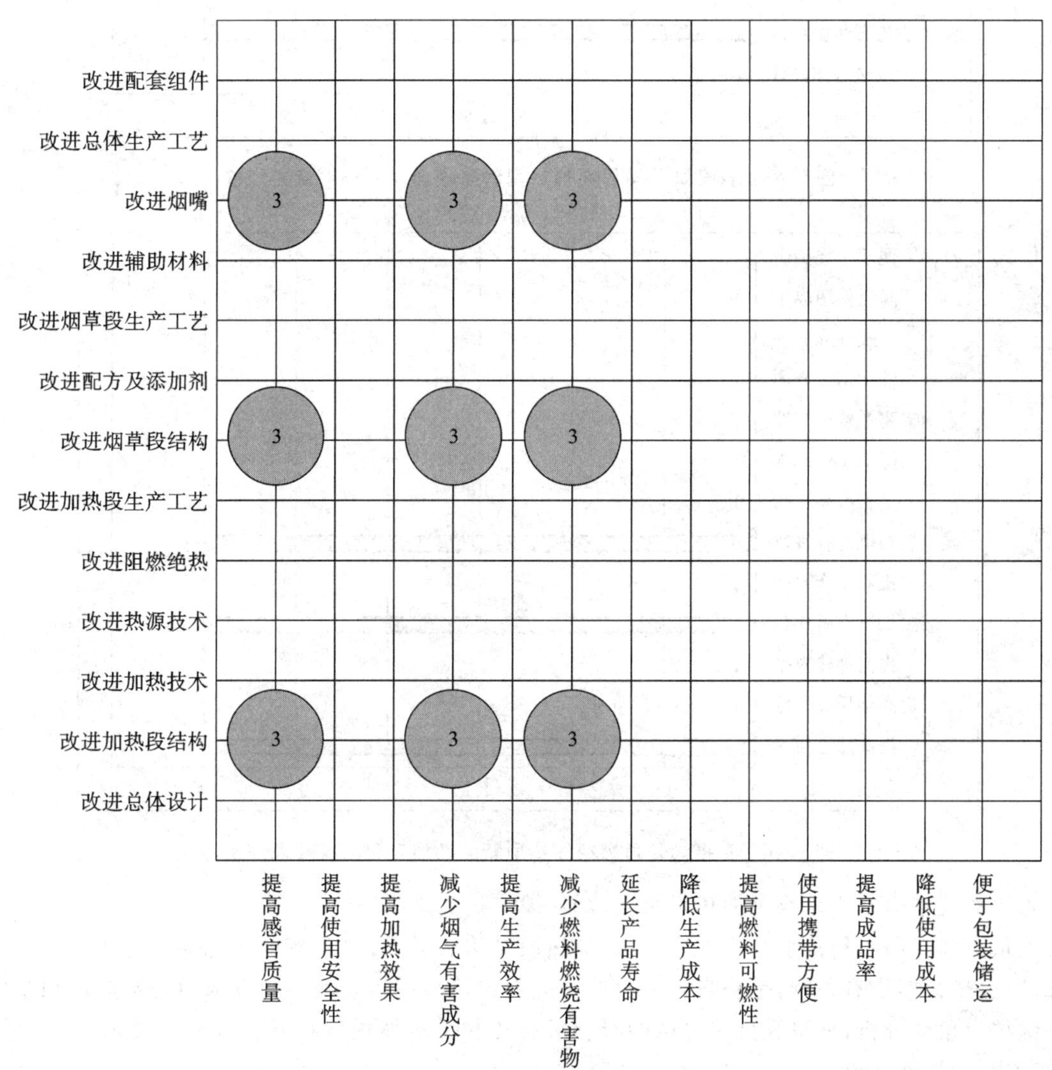

图 9.64　普洛姆公司燃料加热型新型卷烟专利技术功效图

从技术措施角度分析，普洛姆公司针对燃料加热型新型卷烟的技术改进措施涉及加热段结构、烟草段结构、烟嘴共 3 个方面，专利数量分别占 33.3%。

从功能效果角度分析，普洛姆公司针对燃料加热型新型卷烟进行技术改进所实现的功能效果包括提高感官质量、减少烟气有害成分、减少燃料燃烧有害物共 3 个方面，专利数量分别占 33.3%。

从实现的功能效果所采取的技术措施分析，普洛姆公司提高感官质量、减少烟气有害成分、减少燃料燃

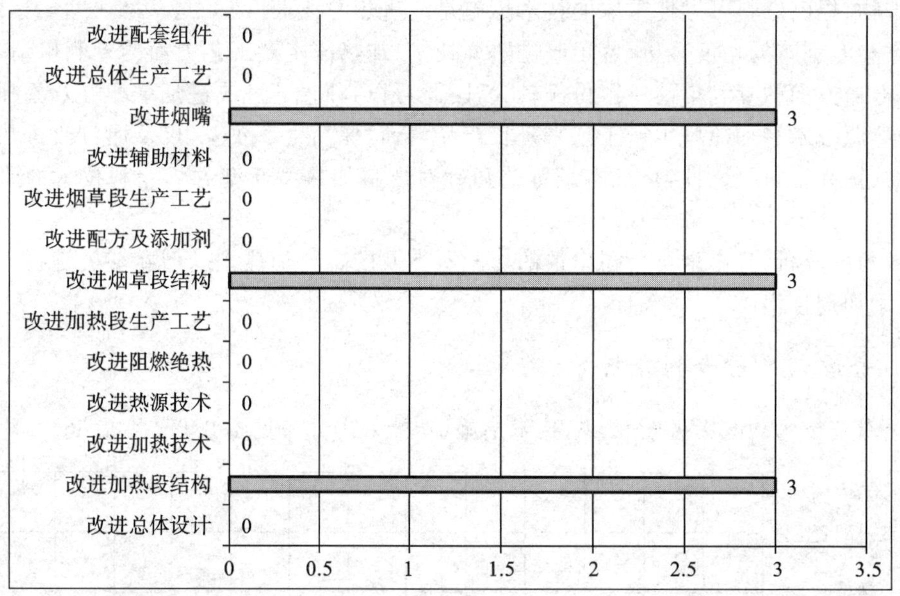

图 9.65 普洛姆公司燃料加热型新型卷烟专利技术措施分布

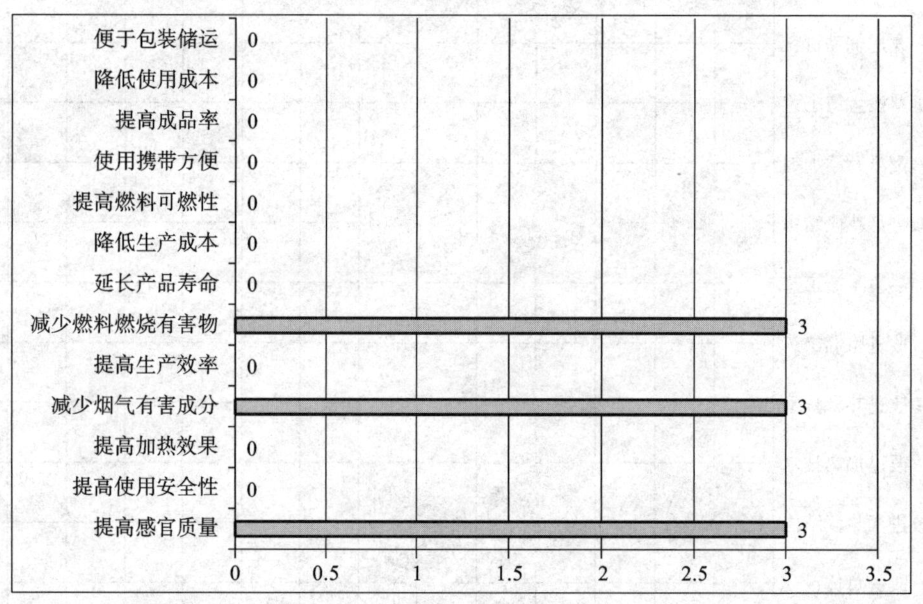

图 9.66 普洛姆公司燃料加热型新型卷烟专利功能效果分布

烧有害物采取的技术措施均是改进加热段结构、烟草段结构和烟嘴。

从研发重点和专利布局角度分析，通过改进加热段结构、烟草段结构和烟嘴来提高感官质量、减少烟气有害成分、减少燃料燃烧有害物，是普洛姆公司针对燃料加热型新型卷烟专利技术的研发热点和布局重点。

从关键技术角度分析，普洛姆公司申请的专利所涉及的燃料加热型新型卷烟关键技术均未涵盖热源技术、烟草配方与添加剂技术。

9.4.4 燃料加热型新型卷烟专利布局分析

9.4.4.1 燃料加热型新型卷烟专利研发热点和布局重点

通过上述燃料加热型新型卷烟专利技术功效矩阵分析、重要专利分析、重要申请人分析，可得出燃料加热型新型卷烟专利的总体布局现状、国内烟草行业外布局现状、主要竞争对手布局现状、国内烟草行业布局现状及其研发热点和布局重点。

1. 总体布局现状

燃料加热型新型卷烟专利总体布局现状见图 9.67。

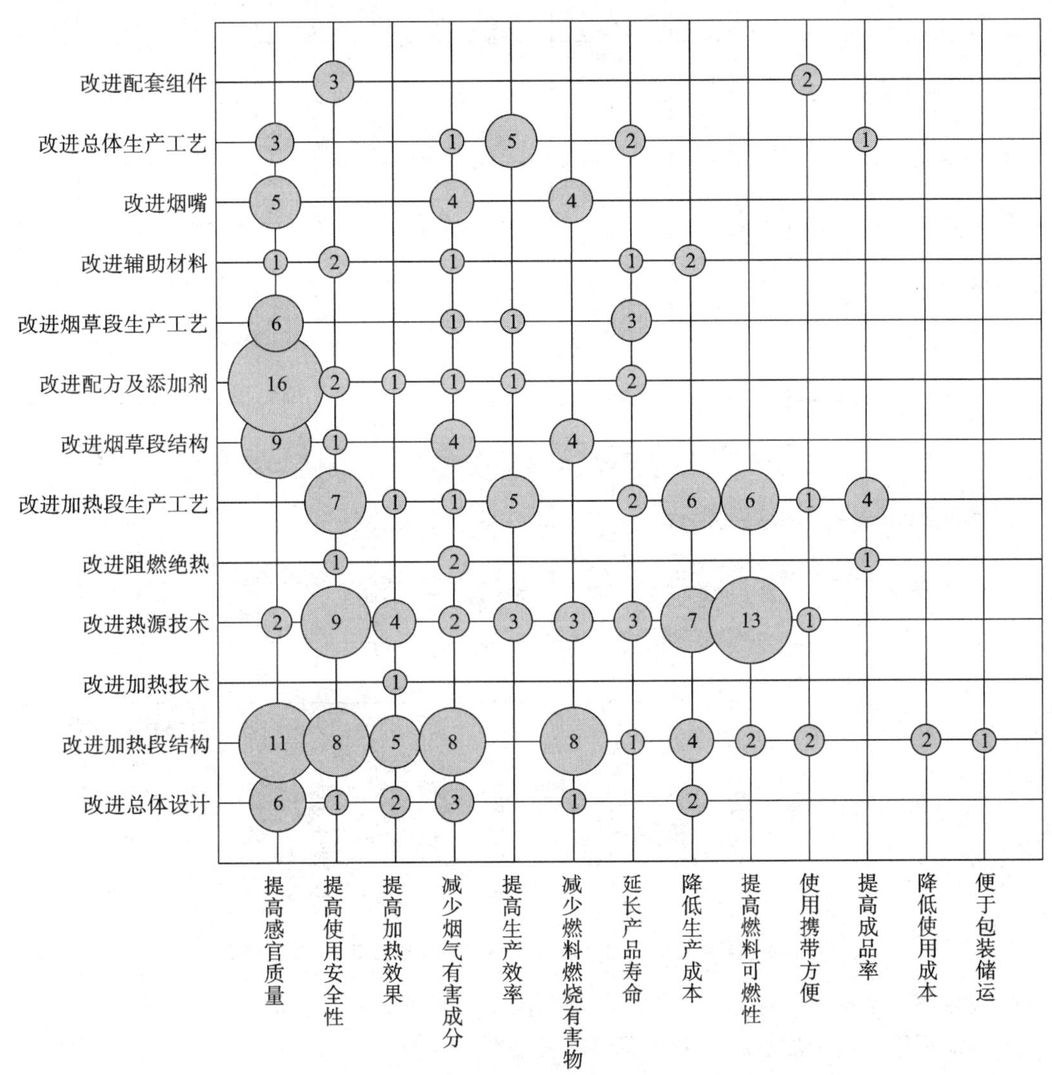

图 9.67　燃料加热型新型卷烟专利总体布局现状

燃料加热型新型卷烟专利技术的总体研发热点和布局重点是：

①改进加热段结构、热源技术和烟草配方及添加剂。

②提高感官质量和使用安全性。

③通过改进烟草配方及添加剂、改进加热段结构来提高感官质量。

④通过改进热源技术、加热段结构和加热段生产工艺来提高使用安全性。

⑤通过改进加热段结构来减少烟气有害成分。

⑥通过改进热源技术来提高燃料可燃性。

2. 国内烟草行业外布局现状

国内烟草行业外燃料加热型新型卷烟专利布局现状见图 9.68。

国内烟草行业外燃料加热型新型卷烟专利技术的研发热点和布局重点是：

①改进加热段结构、热源技术和烟草配方及添加剂。

②提高感官质量、使用安全性、加热效果和减少燃料燃烧有害物。

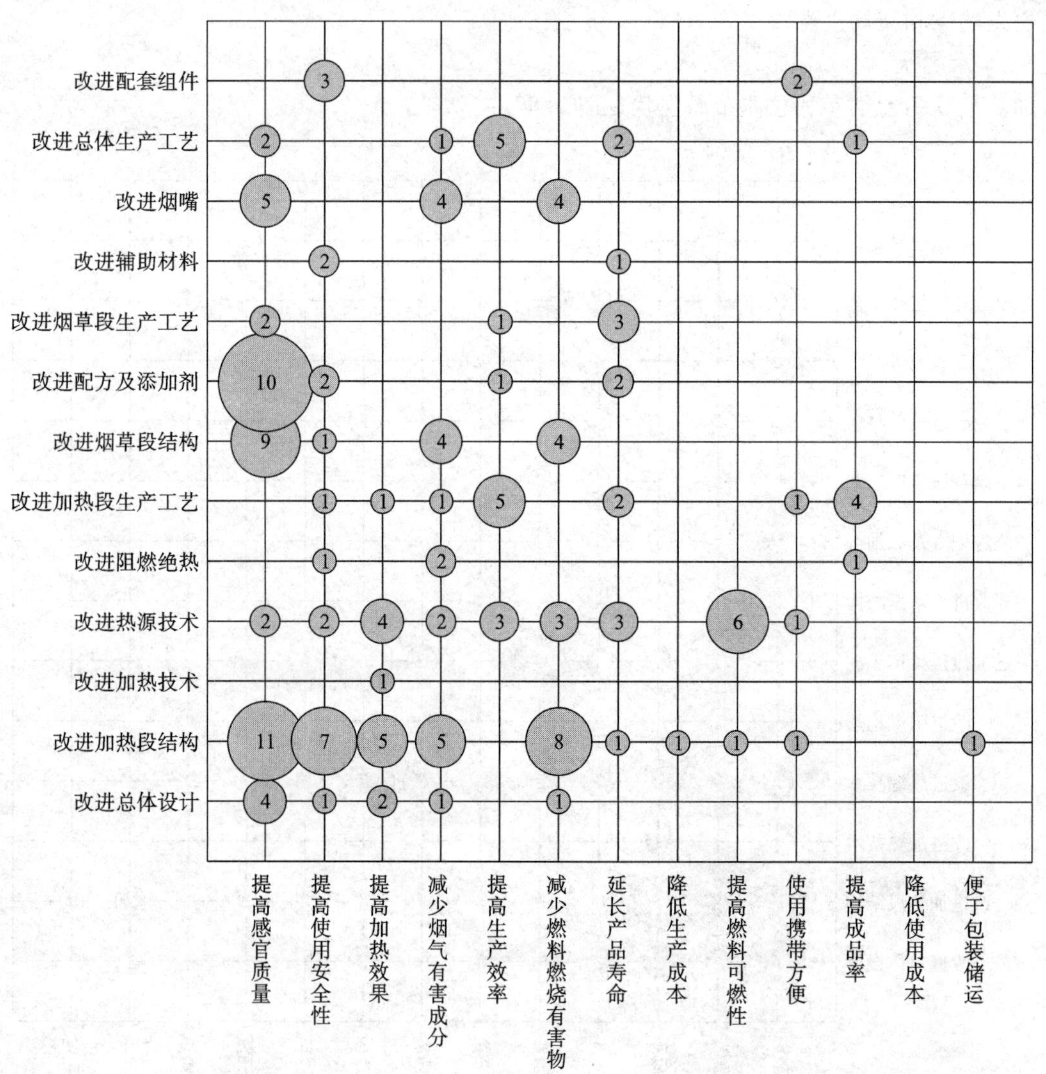

图 9.68 国内烟草行业外燃料加热型新型卷烟专利布局现状

③通过改进加热段结构、烟草配方及添加剂、烟草段结构来提高感官质量。

④通过改进加热段结构和配套组件来提高使用安全性。

⑤通过改进加热段结构和热源技术来提高加热效果。

⑥通过改进加热段结构、烟草段结构和烟嘴来减少燃料燃烧有害物。

⑦通过改进热源技术来提高燃料可燃性。

3. 主要竞争对手布局现状

国内烟草行业外重要申请人评估及重要专利评估表明，菲利普·莫里斯烟草公司是国内烟草行业燃料加热型新型卷烟技术研发的主要竞争对手，其燃料加热型新型卷烟专利布局现状见图 9.69。

菲利普·莫里斯烟草公司燃料加热型新型卷烟专利的研发热点和布局重点是：

①改进加热段结构、烟草配方及添加剂、热源技术。

②提高感官质量、使用安全性、加热效果和生产效率。

③通过改进烟草配方及添加剂、加热段结构来提高感官质量。

④通过改进加热段结构和配套组件来提高使用安全性。

⑤通过改进加热段结构和热源技术来提高加热效果。

⑥通过改进总体生产工艺、加热段生产工艺来提高生产效率。

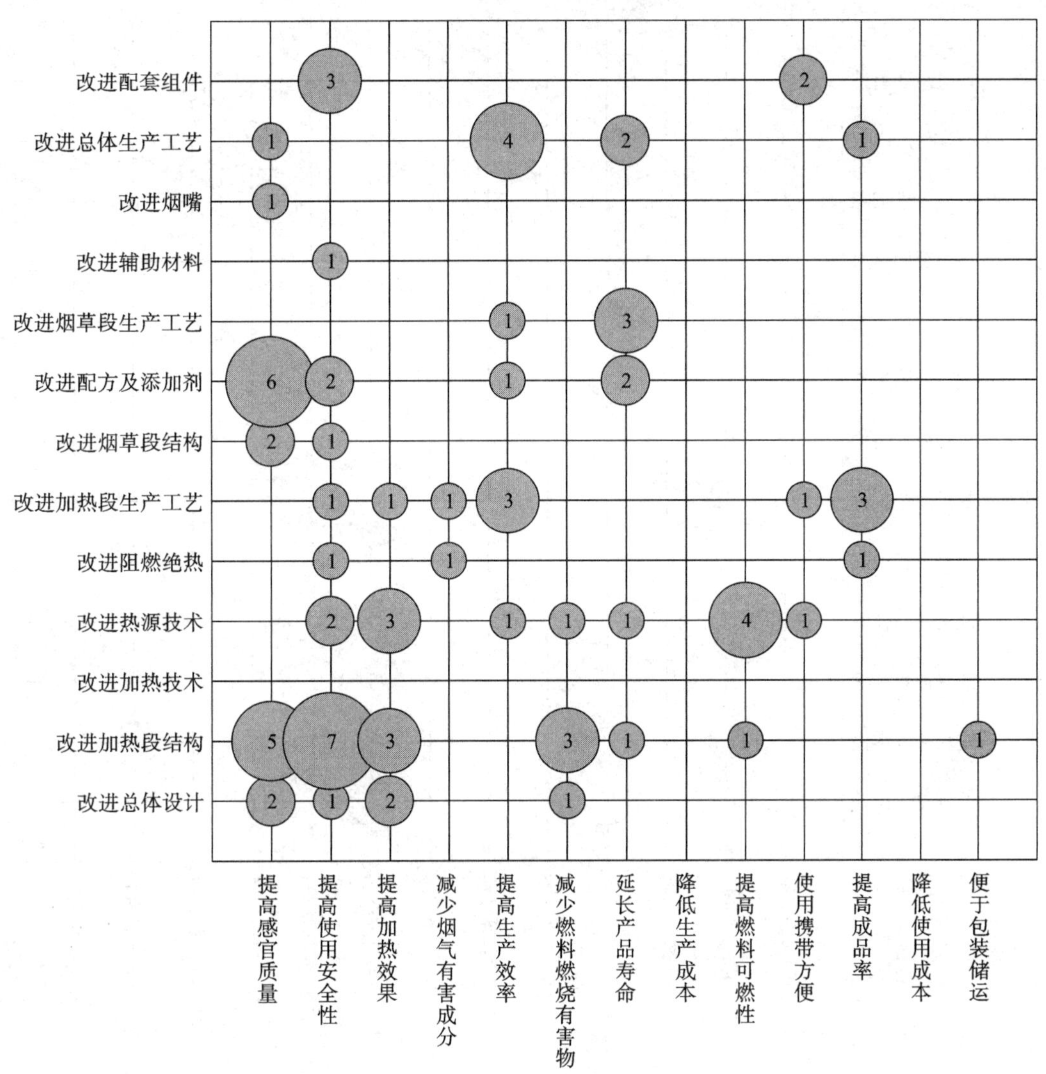

图 9.69 菲利普·莫里斯烟草公司燃料加热型新型卷烟专利布局现状

4. 国内烟草行业布局现状

国内烟草行业燃料加热型新型卷烟专利布局现状见图 9.70。

国内烟草行业燃料加热型新型卷烟专利技术的研发热点和布局重点是：

①改进热源技术、烟草配方及添加剂、加热段生产工艺。

②降低生产成本、提高感官质量、提高使用安全性、提高燃料可燃性。

③通过改进热源技术、加热段生产工艺来降低生产成本、提高使用安全性、提高燃料可燃性。

④通过改进烟草配方及添加剂、烟草段生产工艺来提高感官质量。

9.4.4.2 燃料加热型新型卷烟专利技术空白点和薄弱点

通过上述燃料加热型新型卷烟专利的总体布局现状、国内烟草行业外布局现状、主要竞争对手布局现状、国内烟草行业布局现状及其研发热点和布局重点的分析，认为在某一技术领域专利数量为“0”，即可视为专利技术空白点；在某一技术领域专利数量为“1～3”，即可视为专利技术薄弱点，如表 9.40 灰色部分所示。

需要说明的是，上述燃料加热型新型卷烟专利技术空白点和薄弱点是基于纳入研究范围的专利数据，经分析研究后得出的结论，能够在较大程度上体现燃料加热型新型卷烟专利研发现状。未来在这些方面的技术创新空间相对较大，但仍有待进一步对其技术需求和技术可行性进行评估。

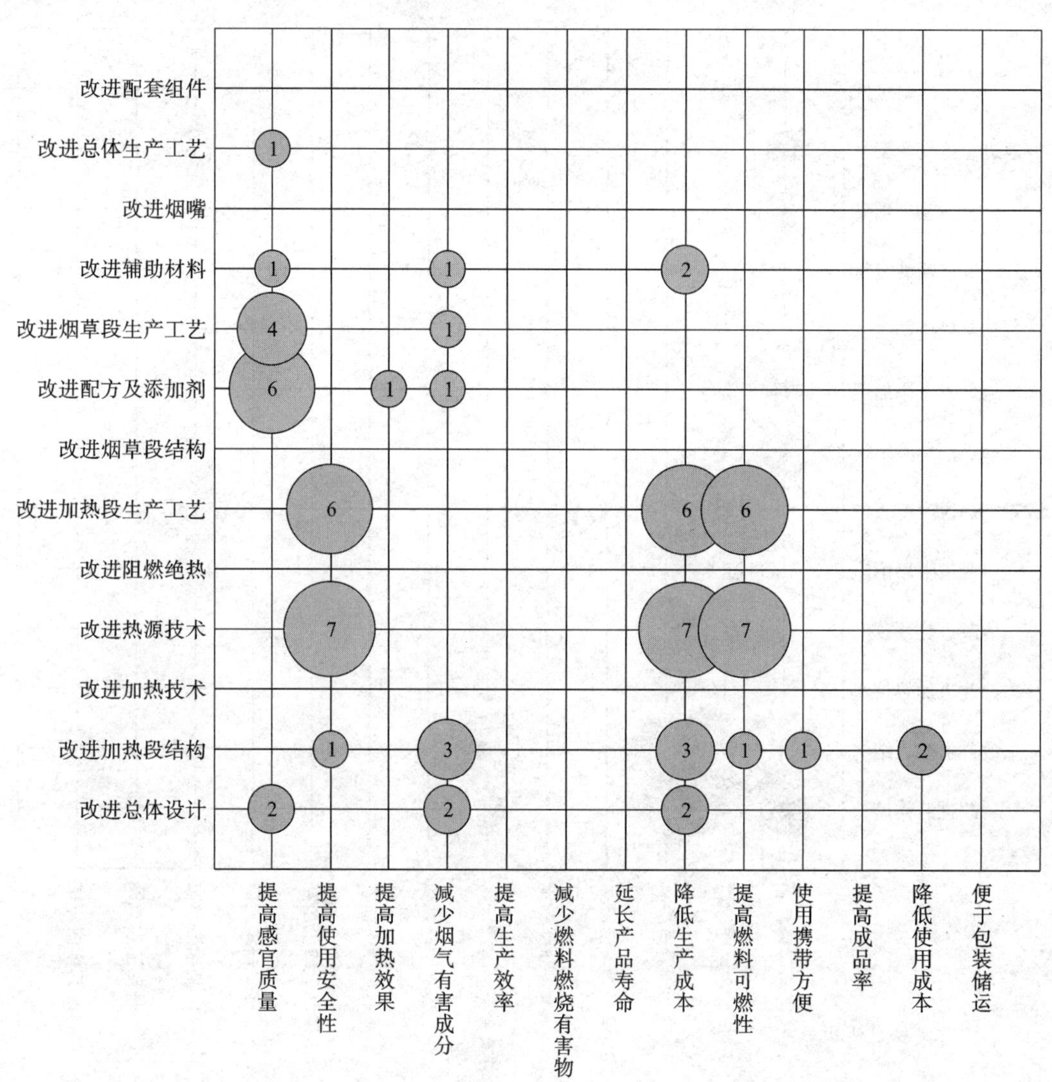

图 9.70 国内烟草行业燃料加热型新型卷烟专利布局现状

表 9.40 燃料加热型新型卷烟专利技术空白点和薄弱点

功能效果	改进总体设计	改进加热段结构	改进加热技术	改进热源技术	改进阻燃绝热	改进加热段生产工艺	改进烟草段结构	改进配方及添加剂	改进烟草段生产工艺	改进辅助材料	改进烟嘴	改进总体生产工艺	改进配套组件
提高感官质量	6	11	0	2	0	0	9	16	6	1	5	3	0
提高使用安全性	1	8	0	9	1	7	1	2	0	2	0	0	3
提高加热效果	2	5	1	4	0	1	0	1	0	0	0	0	0
减少烟气有害成分	3	8	0	2	2	1	4	1	1	1	4	1	0
提高生产效率	0	0	0	3	0	5	0	1	1	0	0	5	0
减少燃料燃烧有害物	1	8	0	3	0	0	4	0	0	0	4	0	0
延长产品寿命	0	1	0	3	0	2	0	2	3	1	0	2	0
降低生产成本	2	4	0	7	0	6	0	0	0	2	0	0	0
提高燃料可燃性	0	2	0	13	0	6	0	0	0	0	0	0	0
使用携带方便	0	2	0	1	0	1	0	0	0	0	0	0	2

续表

功能效果	改进总体设计	改进加热段结构	改进加热技术	改进热源技术	改进阻燃绝热	改进加热段生产工艺	改进烟草段结构	改进配方及添加剂	改进烟草段生产工艺	改进辅助材料	改进烟嘴	改进总体生产工艺	改进配套组件
提高成品率	0	0	0	0	1	4	0	0	0	0	0	1	0
降低使用成本	0	2	0	0	0	0	0	0	0	0	0	0	0
便于包装储运	0	1	0	0	0	0	0	0	0	0	0	0	0

9.5 理化反应加热型新型卷烟专利技术分析

理化反应加热型新型卷烟，主要由加热段、烟草段、烟嘴三部分构成。加热段通过物理或化学反应产生热能，使烟草段的烟草材料在加热非燃烧状态下干馏出烟气成分，供消费者吸食。

根据理化反应加热型新型卷烟产品的工作原理、结构和功能，以及研究制定的《新型烟草制品专利技术分类体系》，理化反应加热型新型卷烟的专利技术分支主要包括总体设计、加热段结构、加热技术、热源技术、阻燃绝热、加热段生产工艺、烟草段结构、配方及添加剂、烟草段生产工艺、辅助材料、烟嘴、总体生产工艺、配套组件共 13 个方面。

依据专利文献计量学指标，研究确定将 30 件理化反应加热型新型卷烟专利纳入专利技术分析范围，其中国内烟草行业外申请的专利有 24 件，国内烟草行业申请的专利有 6 件。

9.5.1 理化反应加热型新型卷烟专利技术功效矩阵分析

9.5.1.1 理化反应加热型新型卷烟专利总体技术功效分析

分析研究理化反应加热型新型卷烟专利的“权利要求书”和“说明书”，并依据研究制定的《新型烟草制品专利技术分类体系》，对专利涉及的技术措施和功能效果进行归纳总结，形成总体技术功效图 9.71，总体技术措施、总体功能效果分布表 9.41、表 9.42。

表 9.41 理化反应加热型新型卷烟专利总体技术措施分布

申请年份	改进总体设计	改进加热段结构	改进加热技术	改进热源技术	改进阻燃绝热	改进加热段生产工艺	改进烟草段结构	改进配方及添加剂	改进烟草段生产工艺	改进辅助材料	改进烟嘴	改进总体生产工艺	改进配套组件
2007 年	0	1	0	1	0	0	0	0	0	0	0	0	0
2008 年	0	0	0	0	0	0	0	0	0	0	0	0	0
2009 年	0	0	0	1	0	0	0	0	0	0	0	0	0
2010 年	0	0	0	1	0	0	0	1	0	0	0	0	0
2011 年	0	2	0	0	0	0	0	1	0	0	0	0	0
2012 年	0	0	0	0	0	0	0	0	0	0	0	0	0
2013 年	1	1	0	1	0	0	1	6	6	1	1	2	0
2014 年	0	2	0	1	0	0	1	5	0	0	0	0	0
2015 年	0	0	0	1	0	0	0	0	0	0	0	0	0
合计	1	6	0	6	0	0	2	13	6	1	1	2	0

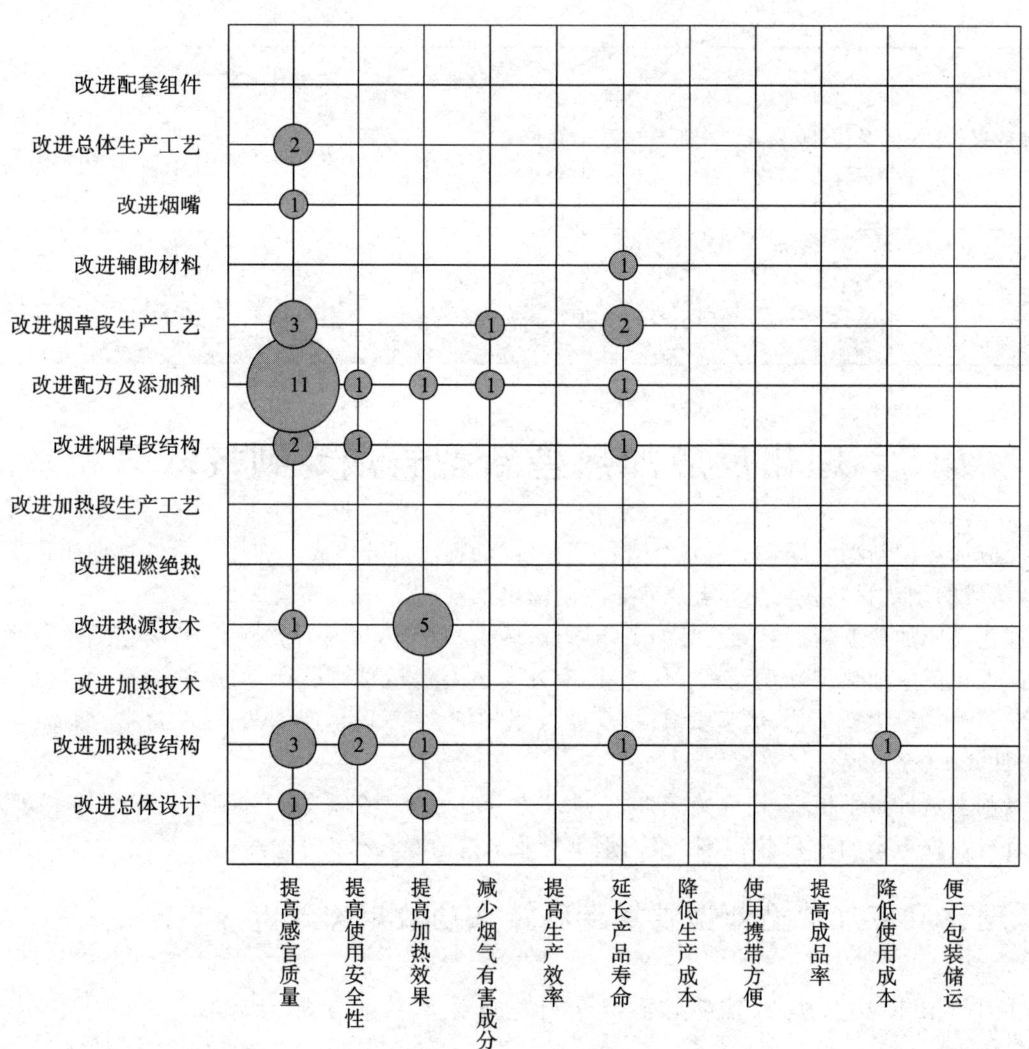

图 9.71　理化反应加热型新型卷烟专利总体技术功效图

表 9.42　理化反应加热型新型卷烟专利总体功能效果分布

申请年份	提高感官质量	提高使用安全性	提高加热效果	减少烟气有害成分	提高生产效率	延长产品寿命	降低生产成本	使用携带方便	提高成品率	降低使用成本	便于包装储运
2007 年	0	0	1	0	0	0	0	0	0	1	0
2008 年	0	0	0	0	0	0	0	0	0	0	0
2009 年	0	0	1	0	0	0	0	0	0	0	0
2010 年	2	0	0	0	0	0	0	0	0	0	0
2011 年	3	1	0	0	0	0	0	0	0	0	0
2012 年	0	0	0	0	0	0	0	0	0	0	0
2013 年	7	1	2	1	0	4	0	0	0	0	0
2014 年	6	1	3	0	0	0	0	0	0	0	0
2015 年	0	0	1	0	0	0	0	0	0	0	0
合计	18	3	8	1	0	4	0	0	0	1	0

从技术措施角度分析，针对理化反应加热型新型卷烟的技术改进措施涉及总体设计、加热段结构、热源技术、烟草段结构、烟草配方及添加剂、烟草段生产工艺、辅助材料、烟嘴、总体生产工艺共 9 个方面。数据统计表明，技术改进措施主要集中在烟草配方及添加剂，专利数量占 34.2%。其次是改进加热段结构、热源技术和烟草段生产工艺，专利数量各占 15.8%。

从功能效果角度分析，针对理化反应加热型新型卷烟进行技术改进所实现的功能效果包括提高感官质量、提高使用安全性、提高加热效果、减少烟气有害成分、延长产品寿命、降低使用成本共 6 个方面。数据统计表明，技术改进所实现的功能效果主要集中在提高感官质量，专利数量占 51.4%。其次是提高加热效果，专利数量占 22.9%。

从实现的功能效果所采取的技术措施分析，提高感官质量，主要采取的技术措施是改进烟草配方及添加剂；提高加热效果，主要采取的技术措施是改进热源技术。

从研发重点和专利布局角度分析，鉴于烟草配方及添加剂、加热段结构、热源技术和烟草段生产工艺方面的专利申请，以及提高感官质量和加热效果方面的专利申请所占份额较大，可以判断：通过改进烟草配方及添加剂来提高感官质量，通过改进热源技术来提高加热效果，是理化反应加热型新型卷烟专利技术的研发热点和布局重点。

从关键技术角度分析，上述专利所涉及的理化反应加热型新型卷烟关键技术涵盖了热源技术、烟草配方与添加剂技术。

9.5.1.2　国内烟草行业外理化反应加热型新型卷烟专利技术功效分析

1. 技术功效图表分析

分析研究国内烟草行业外申请的理化反应加热型新型卷烟专利的“权利要求书”和“说明书”，并依据研究制定的《新型烟草制品专利技术分类体系》，对专利涉及的技术措施和功能效果进行归纳总结，形成技术功效图 9.72，技术措施、功能效果分布表 9.43、表 9.44。

表 9.43　国内烟草行业外理化反应加热型新型卷烟专利技术措施分布

申请年份	改进总体设计	改进加热段结构	改进加热技术	改进热源技术	改进阻燃绝热	改进加热段生产工艺	改进烟草段结构	改进配方及添加剂	改进烟草段生产工艺	改进辅助材料	改进烟嘴	改进总体生产工艺	改进配套组件
2007 年	0	1	0	1	0	0	0	0	0	0	0	0	0
2008 年	0	0	0	0	0	0	0	0	0	0	0	0	0
2009 年	0	0	0	1	0	0	0	0	0	0	0	0	0
2010 年	0	0	0	1	0	0	0	1	0	0	0	0	0
2011 年	0	2	0	0	0	0	0	1	0	0	0	0	0
2012 年	0	0	0	0	0	0	0	0	0	0	0	0	0
2013 年	0	1	0	1	0	0	1	2	3	1	1	1	0
2014 年	0	2	0	1	0	0	1	4	0	0	0	0	0
2015 年	0	0	0	1	0	0	0	0	0	0	0	0	0
合计	0	6	0	6	0	0	2	8	3	1	1	1	0

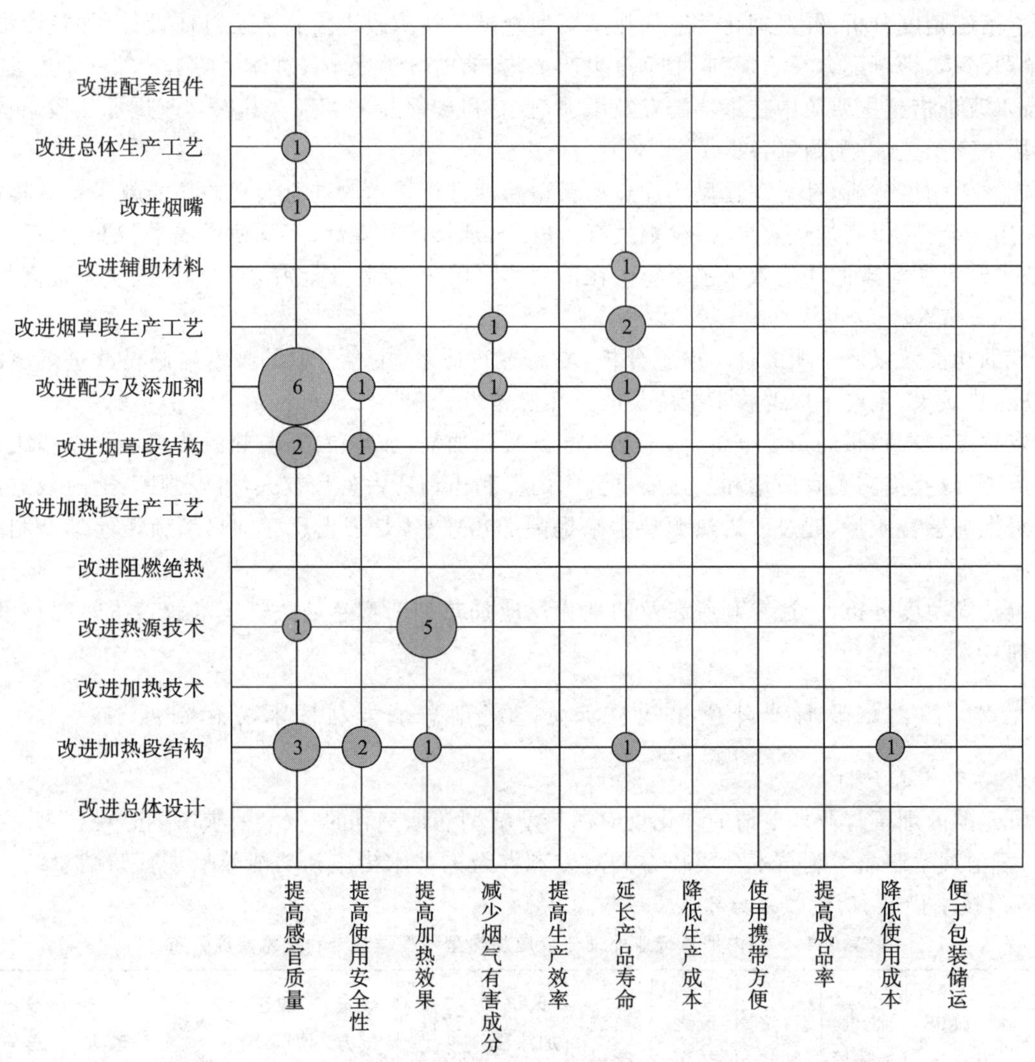

图 9.72　国内烟草行业外理化反应加热型新型卷烟专利技术功效图

表 9.44　国内烟草行业外理化反应加热型新型卷烟专利功能效果分布

申请年份	提高感官质量	提高使用安全性	提高加热效果	减少烟气有害成分	提高生产效率	延长产品寿命	降低生产成本	使用携带方便	提高成品率	降低使用成本	便于包装储运
2007 年	0	0	1	0	0	0	0	0	0	1	0
2008 年	0	0	0	0	0	0	0	0	0	0	0
2009 年	0	0	1	0	0	0	0	0	0	0	0
2010 年	2	0	0	0	0	0	0	0	0	0	0
2011 年	3	1	0	0	0	0	0	0	0	0	0
2012 年	0	0	0	0	0	0	0	0	0	0	0
2013 年	2	1	1	1	0	4	0	0	0	0	0
2014 年	5	1	2	0	0	0	0	0	0	0	0
2015 年	0	0	1	0	0	0	0	0	0	0	0
合计	12	3	6	1	0	4	0	0	0	1	0

从技术措施角度分析，国内烟草行业外申请人针对理化反应加热型新型卷烟的技术改进措施涉及改进加热段结构、热源技术、烟草段结构、烟草配方及添加剂、烟草段生产工艺、辅助材料、烟嘴、总体生产工艺共 8 个方面。数据统计表明，技术改进措施主要集中在烟草配方及添加剂，专利数量占 28.6%。其次是改进加热段结构和热源技术，专利数量各占 21.4%。

从功能效果角度分析，国内烟草行业外申请人针对理化反应加热型新型卷烟进行技术改进所实现的功能效果包括提高感官质量、提高使用安全性、提高加热效果、减少烟气有害成分、延长产品寿命、降低使用成本共 6 个方面。数据统计表明，技术改进所实现的功能效果主要集中在提高感官质量，专利数量占 44.4%。其次是提高加热效果，专利数量占 22.2%。

从实现的功能效果所采取的技术措施分析，提高感官质量，优先采取的技术措施是改进烟草配方及添加剂，其次是改进加热段结构；提高加热效果，主要采取的技术措施是改进热源技术；延长产品寿命，主要采取的技术措施是改进烟草段生产工艺；提高使用安全性，主要采取的技术措施是改进加热段结构。

从研发重点和专利布局角度分析，鉴于改进烟草配方及添加剂、加热段结构和热源技术方面的专利申请，以及提高感官质量和加热效果方面的专利申请所占份额较大，可以判断：通过改进烟草配方及添加剂、加热段结构来提高感官质量，通过改进热源技术来提高加热效果，是国内烟草行业外申请人针对理化反应加热型新型卷烟专利技术的研发热点和布局重点。

从关键技术角度分析，国内烟草行业外申请的专利所涉及的理化反应加热型新型卷烟关键技术涵盖了热源技术、烟草配方与添加剂技术。

2. 具体技术措施及其功能效果分析

国内烟草行业外申请人针对理化反应加热型新型卷烟的技术改进措施主要集中在烟草配方及添加剂、加热段结构和热源技术等方面，旨在提高感官质量、加热效果和使用安全性。

①改进烟草配方及添加剂的技术措施及其功能效果主要体现在以下几个方面：

采用香精香料控释技术，提高感官质量。实验表明，加热型卷烟在抽吸时，烟草材料的不同区域具有不同的温度。据此，菲利普·莫里斯公司将具有不同释放温度的香精香料制成具有特定释放温度的微胶囊、包合物、超分子络合物、蜡封装物等，添加到烟草材料的适当区域，可起到人为控制香精香料释放的作用，达到最佳的增香效果，提高烟气的均匀性。另外也提高了香精香料的稳定性，延长了香精香料的储存期(CN200380102439.5；CN200580036230.2；CN201180015999.1；CN201480065827.9；CN201480066037.2)。

英美烟草公司将气溶胶发生剂包封在不同厚度阻隔材料中，通过阻隔材料的厚度来控制产品使用期间气溶胶发生剂的释出时机，使产品的抽吸流量图更加近似于传统卷烟，以达到传统卷烟的抽吸效果。其中阻隔材料可选择多糖(如藻酸盐/酯、右旋糖苷、麦芽糖糊精、环糊精和果胶)、纤维素(如甲基纤维素、乙基纤维素、羟乙基纤维素、羟丙基纤维素、羧甲基纤维素和纤维素醚)、明胶、树胶(如阿拉伯树胶、茄替胶、黄蓍树胶、刺梧桐树胶、刺槐豆胶、瓜尔胶、榅桲籽和黄原胶)、凝胶(如琼脂、琼脂糖、角叉菜胶、褐藻糖胶和红藻胶)等(CN201080046636.X)。

研发加热型专用再造烟叶产品及工艺，提高感官质量。传统卷烟主流烟草烟气中存在的多种香味化合物是非极性的，为此，菲利普·莫里斯公司研制的加热型专用再造烟叶产品经过了褶皱处理，并添加了增塑剂和至少约 5%重量百分比的柠檬酸三乙酯，增塑剂选用丙二醇、糖和多元醇的一种或多种，具有减少加热产生的烟气极性的作用，烟气更接近传统卷烟(CN201480051994.8)。

另外，菲利普·莫里斯公司为提高产品质量的均一性，规定了加热型专用再造烟叶产品的物理指标，发明了生产具有指定截面孔隙率和截面孔隙率分布值的专用再造烟叶产品的方法，其中截面孔隙率在 0.15～0.45 范围、截面孔隙率分布值在 0.04～0.22 范围的再造烟叶产品具有最佳的发烟效果(CN201580040188.5)。

增大烟芯的质量与表面积之比，降低烟芯燃烧或热解风险。菲利普·莫里斯公司将质量与表面积之比大于 0.09 mg/mm^2 的再造烟叶和 12%～25%重量百分比的气溶胶形成剂应用于烟草配方。一方面，由于再造烟叶具有较大的质量与表面积之比，单位面积吸收热量的能力增强，有效延迟了烟草材料温度的上升。

另一方面，气溶胶形成剂可选择多元醇(例如三乙二醇、1,3-丁二醇、丙二醇和甘油)、多元醇酯(例如甘油单、二或三乙酸酯)，单、二或多羧酸的脂族酯(例如十二烷二酸二甲酯和十四烷二酸二甲酯)等，有助于形成致密且稳定的气溶胶，具有显著的抗热降解作用。两者结合使用可避免烟草材料因局部过热而发生燃烧或热解(CN201180009907.9)。

②改进加热段结构的技术措施及其功能效果主要体现在以下几个方面：

模拟传统吸烟习惯的结构设计，提高感官体验。亲切消费者有限公司设计的模拟香烟由壳体(1)、储存可吸入液体的储存器(5)、流量控制阀(21)、吸入端(8)等部分组成。在吸入端(8)相邻处设置了可变形构件(31)。可变形构件(31)为弹性体构件或者薄壁胶囊，供消费者拿捏或者挤压，以获得近似真实卷烟的触感并可调节可吸入液体的流量。另外，可变形构件(31)可用作加热元件，其中含有多个过饱和醋酸钠溶液或者蒸馏水的胶囊。当消费者像抽吸传统卷烟那样弹除烟灰时，轻敲可变形构件(31)的外壁可使少量胶囊破裂，释放出过饱和醋酸钠溶液或者蒸馏水，当过饱和醋酸钠溶液遇到铁质材料时发生物理结晶反应，或者当蒸馏水遇到氯化钙粉末时发生化学反应，即可产生热量，从而加热可吸入液体并维持壳体适宜的温度，使消费者获得理想的感官体验(CN201180020450.1；CN201510382965.6)。

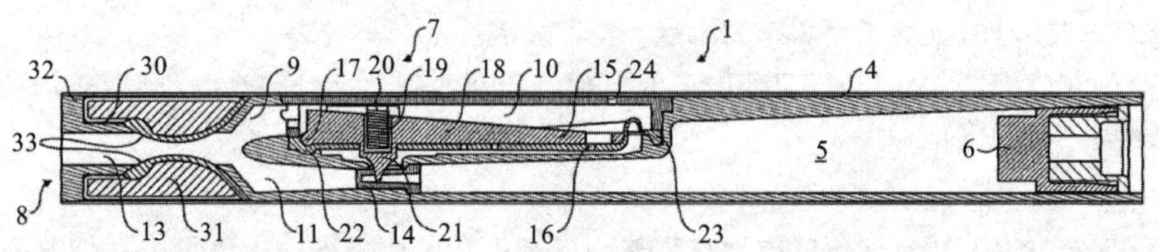

采用热管导热，降低使用成本。英美烟草公司设计的加热型卷烟由散热件(14)、热管(16)、烟草挥发部件(20)等组成，三者之间成传热关系。散热件(14)为金属材料、陶瓷材料或者高温相变材料，可被外部热源(如明火、电加热器)加热，并将吸收储存的热量传递给热管(16)；热管(16)为两端密封并且填充有传热材料的蒙乃尔铜-镍合金、钛、铝或铜管，可将散热件(14)的热量传递至烟草挥发部件(20)；烟草挥发部件(20)包括烟草材料(22)、滤嘴(24)，可被热管(16)插入、加热，释放出烟气。鉴于散热件(14)、热管(16)可重复使用，烟草挥发部件(20)用完可更换，降低了消费者的使用成本(CN200780028999.9)。

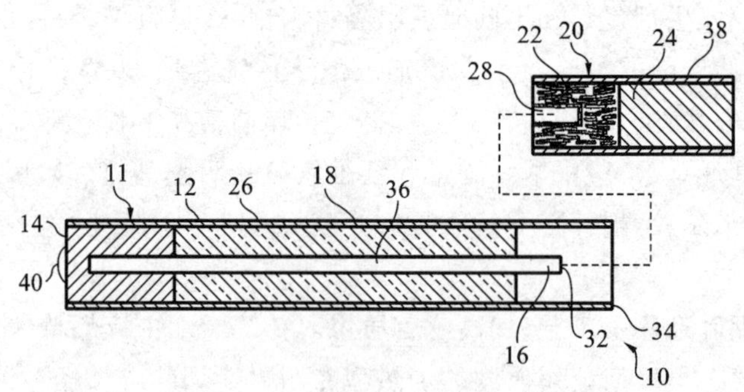

采用双相变结构，提高使用安全性。为降低相变材料过热的风险，菲利普·莫里斯烟草公司在加热段采用了两种相变结构。第一相变材料(16)为乙酸钠三水合物，熔点介于30～70 ℃。第二相变材料(18)为三十六烷，熔点介于70～90 ℃。当用外部点火器对热交换器(14)的导热翅片加热时，第一相变材料(16)吸收热能，温度升高，从固态变相成液态时存储热能。当外部点火器继续加热时，第二相变材料(18)吸收热能，温度升高，从固态变相成液态时存储热能，从而缓冲了传递到第一相变材料(16)的热能，防止了第一相变材料(16)过热(CN201380073213.0)。

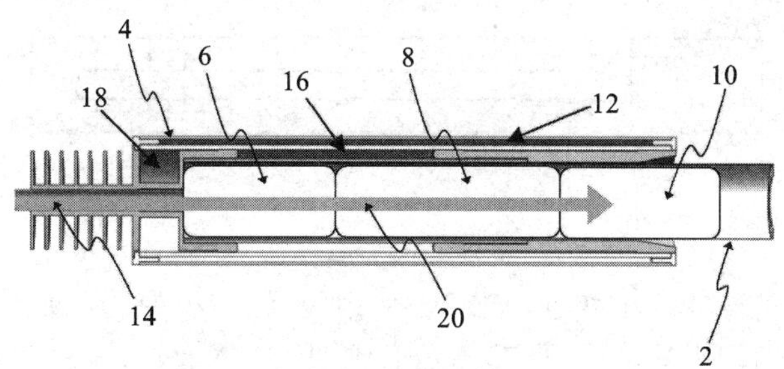

设置点火保护装置，提高使用安全性。为避免点火温度过高导致烟草材料热解、加热装置损坏，菲利普·莫里斯烟草公司在加热装置(4)的换热器(16)处设置了伸缩盖(14)。消费者使用时，将烟草制品(2)插入加热装置(4)的空腔，拉动伸缩盖(14)使导热翼片(26)暴露出来供点火器加热。一旦点火温度达到相变材料(20)的阈值，伸缩盖(14)复位并覆盖导热翼片(26)，从而避免了点火过热导致的问题(CN201480065476.1)。

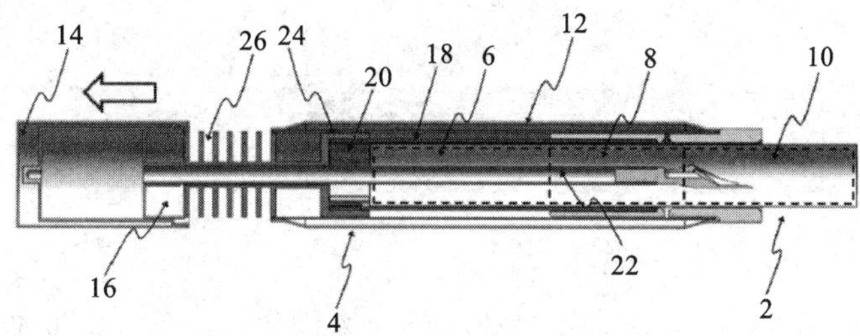

③改进热源的技术措施及其功能效果主要体现在以下几个方面：

改进物理反应热源，提高加热效果。英美烟草公司设计的物理反应加热型卷烟，其加热室(13)装有烟气形成基质(15)。外管(7)和内管(5)限定的环形的区域构成热源室(17)，装有相变材料(19)。人为触发激活装置(21)时，相变材料(19)发生物理结晶，释放出热量以加热烟气形成基质(15)。相变材料(19)采用水合盐(hydrated salt)PCM，如三水(合)乙酸钠、氢氧化钠一水合物、氢氧化钡八水合物、硝酸镁六水合物和氯化镁六水合物等。另外，英美烟草公司针对三水合乙酸钠制剂的组分进行了重点介绍(CN201580034981.4；CN201480037847.5)。

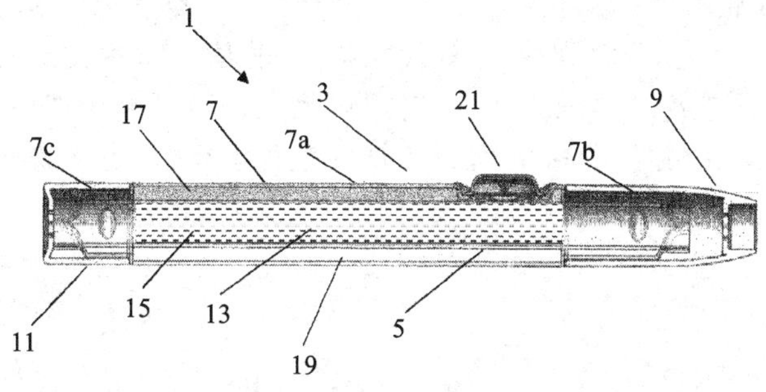

奥利格股份公司研发的加热型卷烟(10)包括加热元件(40)、烟草材料(50)和烟嘴(20)。加热元件(40)含有三水合乙酸钠、芒硝或六水合硝酸镁等可结晶介质。消费者用手指挤压触发机构，使其金属尖端刺入加热元件(40)引发结晶反应，从而释放出热量，加热烟草材料(50)(CN200980133308.0)。

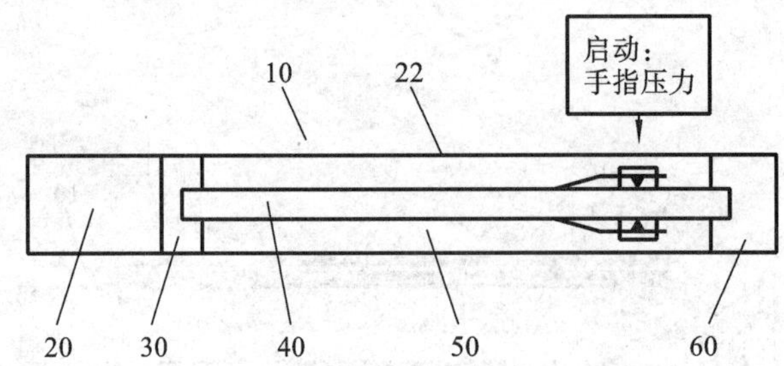

菲利普·莫里斯烟草公司设计的相变加热装置，采用锡、银、锑、铋、铜等金属作为相变材料，可在一定时间内连续或间歇地加热毛细管中的烟液，使其挥发形成烟气（CN201510781723.4）。

改进化学反应热源，提高加热效果。英美烟草公司设计的加热型卷烟主要由加热室（13）、热源室（2）、滤嘴（12）构成。加热室（13）中填充有烟草材料（3）。热源室（2）中含有试剂（4）、活化剂（5），两者之间设置易碎元件（14），端部设置穿刺元件（6）。消费者使用时，用穿刺元件（6）刺破易碎元件（14），使试剂（4）、活化剂（5）混合发生基于水的放热反应，加热烟草材料（3）至 80～125 ℃，释放出烟气。其中试剂（4）选自氧化钙（CaO）、氢氧化钠（NaOH）、氯化钙（$CaCl_2$）和硫酸镁（$MgSO_4$）等，活化剂（5）选用水。另外，热源还可以选择基于空气的放热反应试剂或者相变材料（CN201380047284.3）。

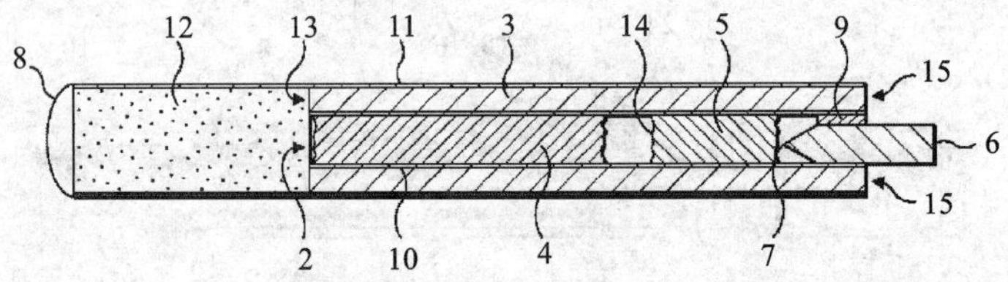

菲利普·莫里斯烟草公司在烟草中添加了碱化合物粉末（210），在易碎的安瓿瓶（220）填充了水或水溶液。消费者使用时捏碎安瓿瓶（220）释放出水或水溶液，与碱化合物粉末（210）发生放热反应（CN201080012084.0）。

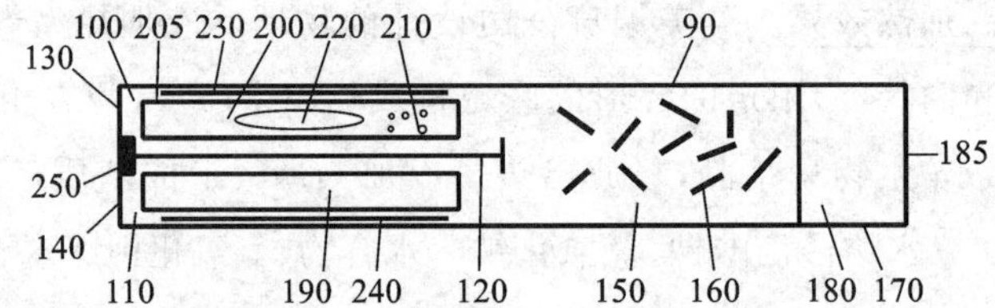

④改进烟草段结构的技术措施及其功能效果主要体现在：

利用化学反应装置，提高感官质量。菲利普·莫里斯烟草公司设计的气雾生成制品（2）具有两个隔间，第一隔间（6）含有 3-甲基-2-氧代戊酸、丙酮酸、2-氧代戊酸、4-甲基-2-氧代戊酸等挥发性酸，第二隔间（8）含有烟碱源。使用时将气雾生成制品（2）插入物理反应加热装置（4），穿刺构件（20）刺穿两个隔间，第一隔间（6）中的挥发性化合物蒸气、第二隔间（8）中的烟碱蒸气发生化学反应，有效提高了生成的烟气质和烟气量（CN201380073213.0）。

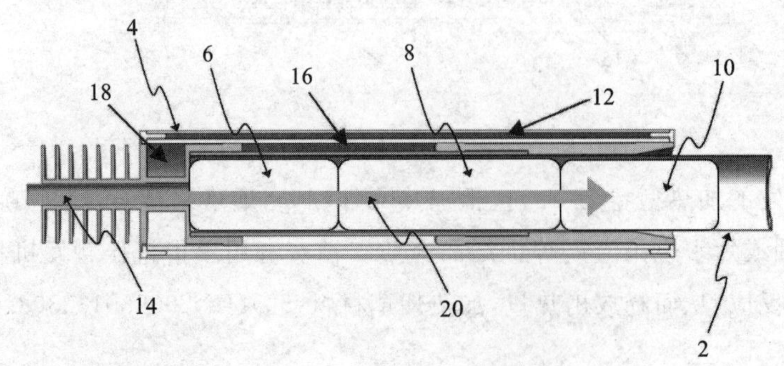

9.5.1.3 国内烟草行业理化反应加热型新型卷烟专利技术功效分析

1. 技术功效图表分析

分析研究国内烟草行业申请的理化反应加热型新型卷烟专利的“权利要求书”和“说明书”，并依据研究制定的《新型烟草制品专利技术分类体系》，对专利涉及的技术措施和功能效果进行归纳总结，形成技术功效图9.73，技术措施、功能效果分布表9.45、表9.46。

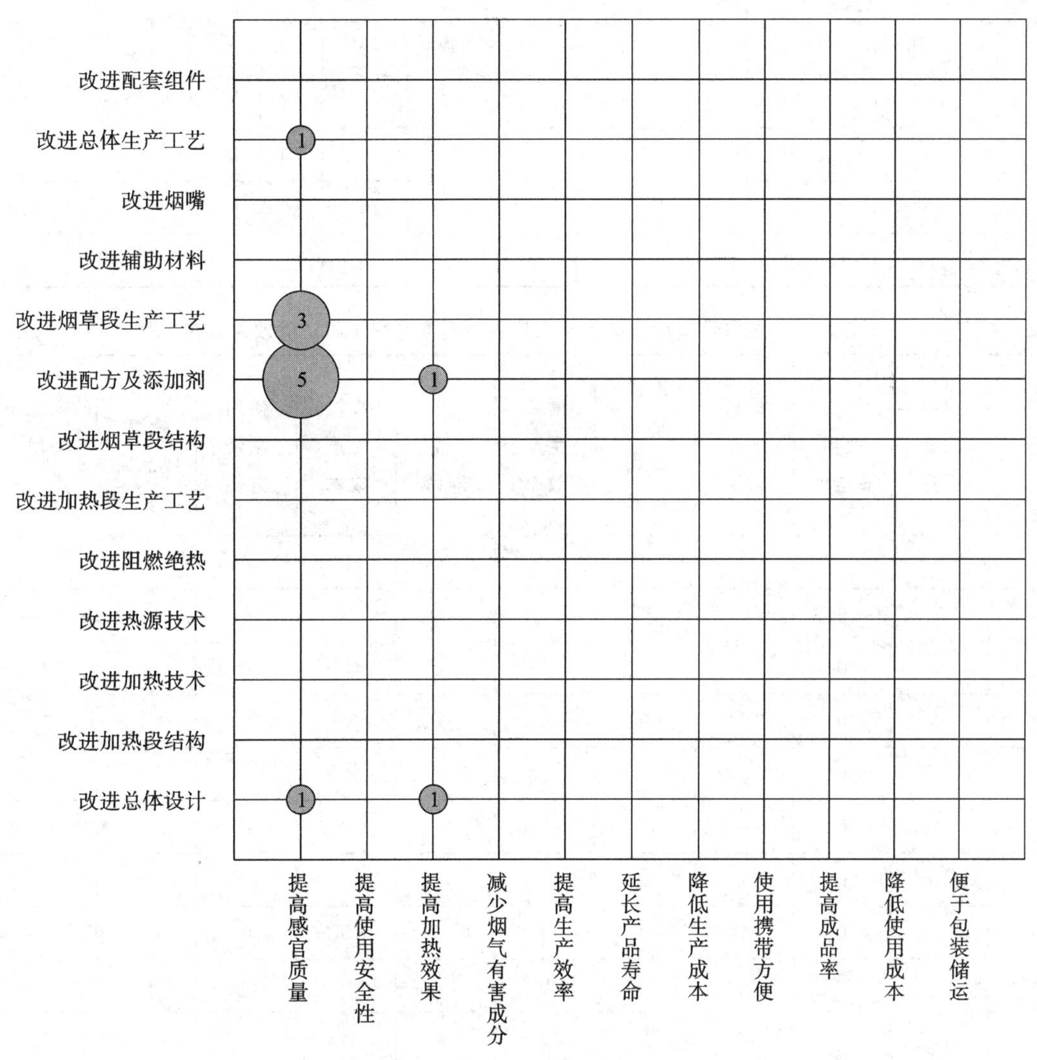

图9.73 国内烟草行业理化反应加热型新型卷烟专利技术功效图

表9.45 国内烟草行业理化反应加热型新型卷烟专利技术措施分布

申请年份	改进总体设计	改进加热段结构	改进加热技术	改进热源技术	改进阻燃绝热	改进加热段生产工艺	改进烟草段结构	改进配方及添加剂	改进烟草段生产工艺	改进辅助材料	改进烟嘴	改进总体生产工艺	改进配套组件
2007年	0	0	0	0	0	0	0	0	0	0	0	0	0
2008年	0	0	0	0	0	0	0	0	0	0	0	0	0
2009年	0	0	0	0	0	0	0	0	0	0	0	0	0
2010年	0	0	0	0	0	0	0	0	0	0	0	0	0

续表

申请年份	改进总体设计	改进加热段结构	改进加热技术	改进热源技术	改进阻燃绝热	改进加热段生产工艺	改进烟草段结构	改进配方及添加剂	改进烟草段生产工艺	改进辅助材料	改进烟嘴	改进总体生产工艺	改进配套组件
2011 年	0	0	0	0	0	0	0	0	0	0	0	0	0
2012 年	0	0	0	0	0	0	0	0	0	0	0	0	0
2013 年	1	0	0	0	0	0	0	4	3	0	0	1	0
2014 年	0	0	0	0	0	0	0	1	0	0	0	0	0
2015 年	0	0	0	0	0	0	0	0	0	0	0	0	0
合计	1	0	0	0	0	0	0	5	3	0	0	1	0

表 9.46　国内烟草行业理化反应加热型新型卷烟专利功能效果分布

申请年份	提高感官质量	提高使用安全性	提高加热效果	减少烟气有害成分	提高生产效率	延长产品寿命	降低生产成本	使用携带方便	提高成品率	降低使用成本	便于包装储运
2007 年	0	0	0	0	0	0	0	0	0	0	0
2008 年	0	0	0	0	0	0	0	0	0	0	0
2009 年	0	0	0	0	0	0	0	0	0	0	0
2010 年	0	0	0	0	0	0	0	0	0	0	0
2011 年	0	0	0	0	0	0	0	0	0	0	0
2012 年	0	0	0	0	0	0	0	0	0	0	0
2013 年	5	0	1	0	0	0	0	0	0	0	0
2014 年	1	0	1	0	0	0	0	0	0	0	0
2015 年	0	0	0	0	0	0	0	0	0	0	0
合计	6	0	2	0	0	0	0	0	0	0	0

从技术措施角度分析，国内烟草行业申请人针对理化反应加热型新型卷烟的技术改进措施涉及总体设计、烟草配方及添加剂、烟草段生产工艺、总体生产工艺共 4 个方面。数据统计表明，技术改进措施主要集中在烟草配方及添加剂，专利数量占 50.0%。其次是烟草段生产工艺，专利数量占 30.0%。

从功能效果角度分析，国内烟草行业申请人针对理化反应加热型新型卷烟进行技术改进所实现的功能效果包括提高感官质量、提高加热效果共 2 个方面。数据统计表明，技术改进所实现的功能效果主要集中在提高感官质量，专利数量占 75.0%。

从实现的功能效果所采取的技术措施分析，提高感官质量，优先采取的技术措施是改进烟草配方及添加剂，其次是改进烟草段生产工艺。

从研发重点和专利布局角度分析，鉴于改进烟草配方及添加剂、烟草段生产工艺方面的专利申请，以及提高感官质量方面的专利申请所占份额较大，可以判断：通过改进烟草配方及添加剂、烟草段生产工艺来提高感官质量，是国内烟草行业申请人针对理化反应加热型新型卷烟专利技术的研发热点和布局重点。

从关键技术角度分析，国内烟草行业申请的专利所涉及的理化反应加热型新型卷烟关键技术涵盖烟草配方与添加剂技术，未涉及热源技术。

2. 具体技术措施及其功能效果分析

国内烟草行业申请人针对理化反应加热型新型卷烟的技术改进措施主要集中在改进烟草配方及添加剂、烟草段生产工艺，旨在提高感官质量。

主要体现在以下几个方面：

研发加热型专用再造烟叶产品及工艺，提高感官质量。云南中烟用烟草原料直接打浆制备片基，取天然香料植物利用超临界 CO_2 流体萃取-分子蒸馏法提取致香成分，再将这些致香成分涂覆于片基上，得到加热型专用中温烟草材料。该烟草材料利用超临界 CO_2 流体萃取-分子蒸馏法的选择性，实现了天然香料植物中沸点介于 300～400 ℃的化学组分的定向提取，从而实现了中温烟草材料化学组分的调控，最大限度地保留了烟草原料本身所含的致香物质，香气丰富，烟气协调，感官舒适度较好，甜润感明显，清香特征突出（CN201310195250.0）。

研发加热型专用烟草材料制备方法，提高感官质量。郑州烟草研究院将烟草原料加热处理，调节烟草原料水分。室温冷却后施加糖苷类香味前体，放置以保证原料对香味前体的充分吸收。接着施加多元醇，并在密封状态下放置以保证烟草原料对多元醇的充分吸收。然后在温度 22 ℃、相对湿度 60%的环境中平衡 24～120 h，得到适用于加热非燃烧型烟草制品的烟草原料。该烟草原料在加热非燃烧状态下的烟气释放性能明显提高，烟气的感官品质明显改善，具有良好的满足感和舒适性（CN201310452339.0）。将烟叶原料用乙醇水溶液进行浸提，制备烟草提取物。将溶液与烟叶分离，得到烟草提取液，在减压条件下蒸发除去乙醇后，冷冻干燥得到固体烟草提取物。将固体烟草提取物和具有阻燃作用的金属氢氧化物颗粒混合后，加入溶剂充分分散形成黏稠状混合物，将黏稠状混合物干燥、粉碎后得到适用于加热非燃烧型烟草制品的烟草材料。该烟草材料在 200～400 ℃下加热所释放的烟气在浓度和劲头方面都具有良好的满足感，而且香气品质和感官舒适性也较好，还具有良好的阻燃作用（CN201310452465.6）。另外，研发了一种适用于加热非燃烧型烟草制品的烟草膜，在加热非燃烧状态下能够有效释放出烟气，而且所释放的烟气具有良好的感官品质；可以增强烟草原料在加热非燃烧状态下的烟气释放性能，提高烟气浓度。由于加有金属氢氧化物还具有良好的阻燃作用（CN201310452726.4）。

云南中烟将烟叶末、烟梗末、烟用香料、去离子水、藻酸盐、甘油等组分混合均匀制成烟浆，用模具成型为具有孔洞的圆柱形烟块，烘干后均匀喷洒烟用香精，经恒温恒湿平衡后制得加热非燃烧型卷烟烟块，提高了烟块的加热效率，明显增加了卷烟的抽吸口数（CN201410030011.4）。

9.5.1.4 理化反应加热型新型卷烟专利技术功效对比分析

1. 技术功效图表对比分析

通过前期对国内烟草行业、国内烟草行业外专利涉及的技术措施和功能效果进行归纳总结，形成国内烟草行业、国内烟草行业外理化反应加热型新型卷烟专利技术功效对比图 9.74，技术措施、功能效果分布对比图 9.75、图 9.76。

从技术措施角度对比分析，国内烟草行业、国内烟草行业外申请人针对理化反应加热型新型卷烟的技术改进措施均主要涉及了烟草配方及添加剂、烟草段生产工艺。除此之外，国内烟草行业外申请人的技术改进措施还主要涉及了热源技术、加热段结构和烟草段结构。其主要技术改进措施的优先级见表 9.47。

表 9.47　主要技术措施优先级

优先级	国内烟草行业	国内烟草行业外
1	改进烟草配方及添加剂	改进烟草配方及添加剂
2	改进烟草段生产工艺	改进热源技术；改进加热段结构
3		改进烟草段生产工艺

国内烟草行业、国内烟草行业外申请人均将改进烟草配方及添加剂这一关键技术、烟草段生产工艺作为主要技术改进措施。除此之外，国内烟草行业外申请人还注重热源技术这一关键技术的改进，以及加热段结构方面的改进。

从功能效果角度对比分析，国内烟草行业、国内烟草行业外申请人针对理化反应加热型新型卷烟进行技术改进所实现的功能效果均包括提高感官质量和加热效果。除此之外，国内烟草行业外申请人实现的功能效果还主要包含了延长产品寿命和提高使用安全性。其主要功能效果的优先级见表 9.48。

表 9.48 主要功能效果优先级

优先级	国内烟草行业	国内烟草行业外
1	提高感官质量	提高感官质量
2		提高加热效果
3		延长产品寿命；提高使用安全性

国内烟草行业、国内烟草行业外申请人均将提高感官质量作为主要实现的功能效果。除此之外，国内烟草行业外申请人还注重提高加热效果、延长产品寿命和提高使用安全性。

从实现的功能效果所采取的技术措施对比分析，在提高感官质量方面，国内烟草行业、国内烟草行业外申请人均将改进烟草配方及添加剂作为首要技术措施，另外还分别将改进烟草段生产工艺、改进加热段结构作为次要技术措施；除此之外，国内烟草行业外申请人还通过改进热源技术来提高加热效果，通过改进烟

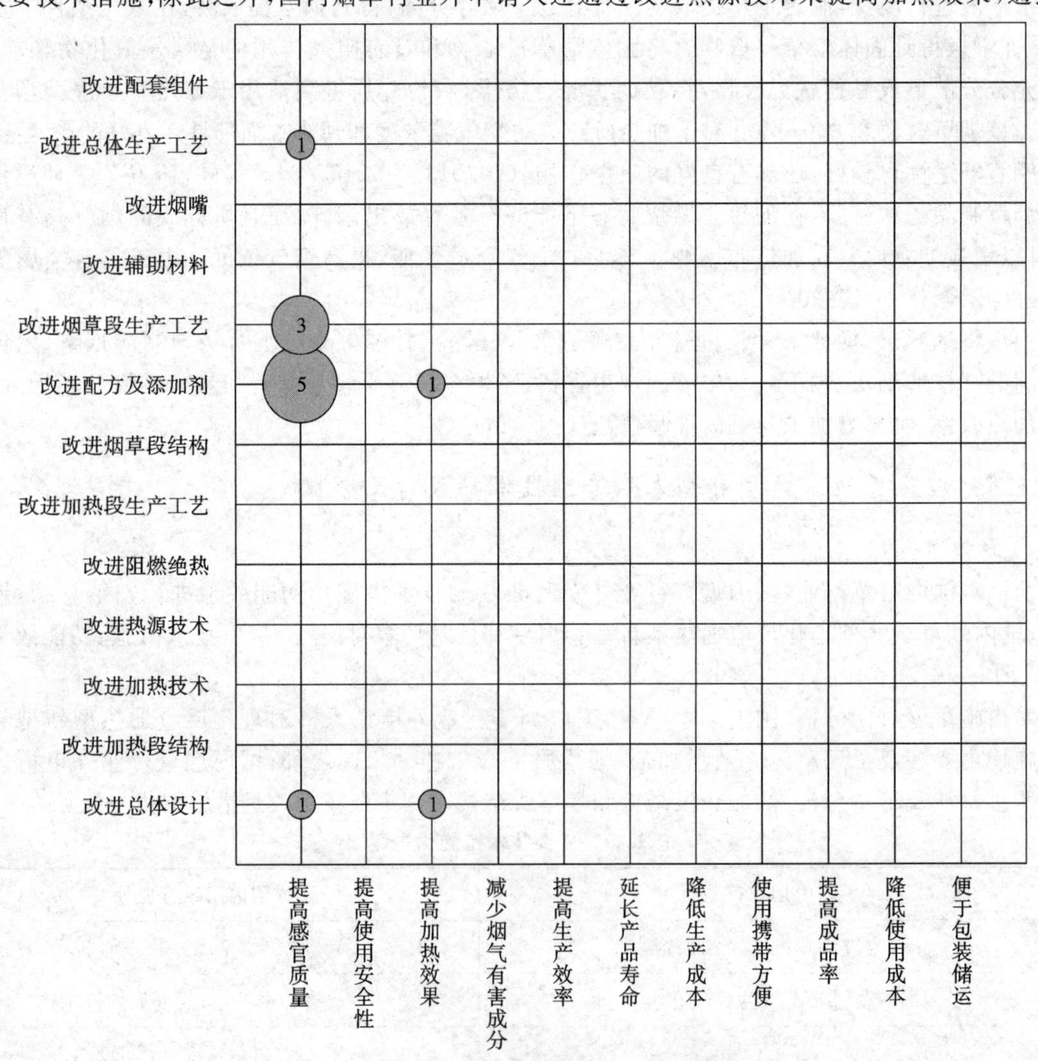

图 9.74 理化反应加热型新型卷烟专利技术功效对比

（注：上图为国内烟草行业；下图为国内烟草行业外）

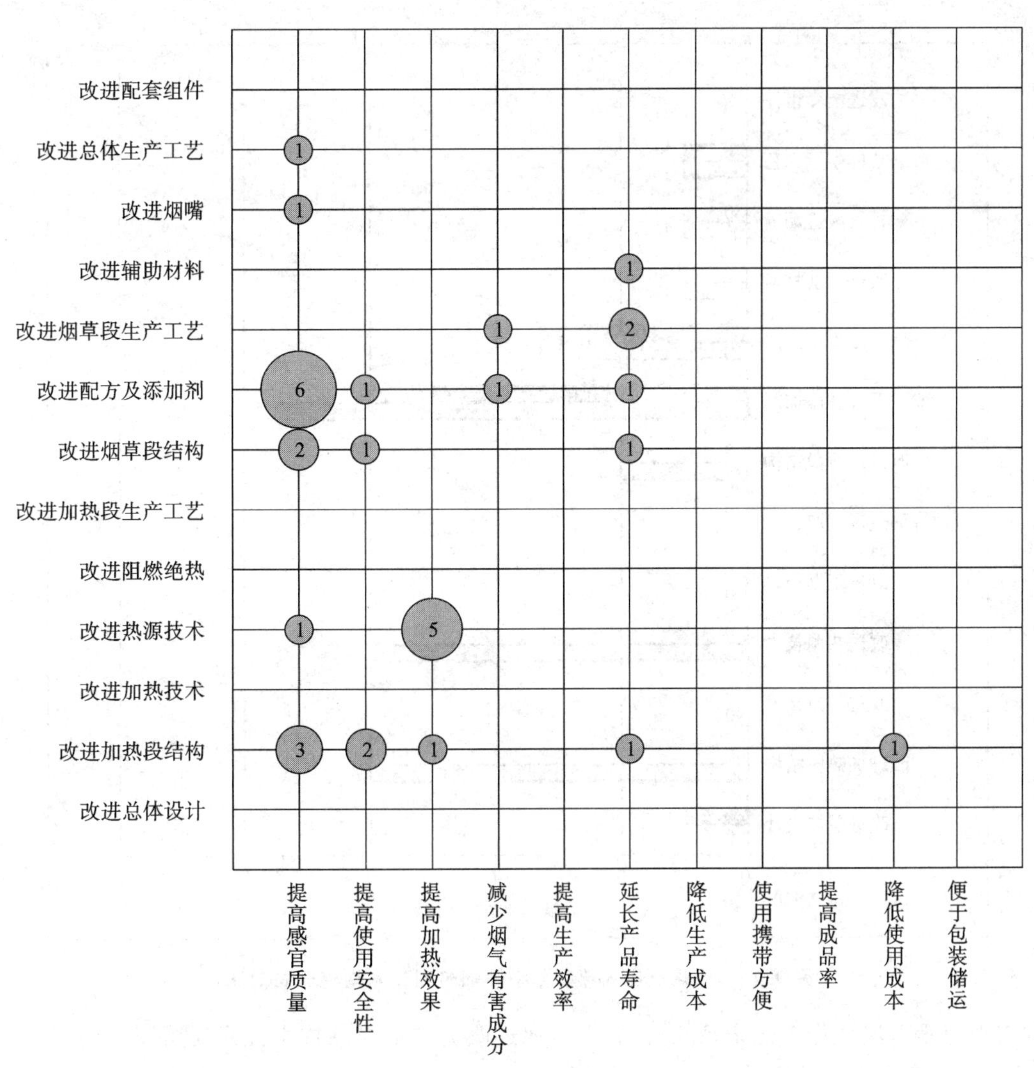

续图 9.74

草段生产工艺来延长产品寿命，通过改进加热段结构来提高使用安全性。详见表 9.49。

表 9.49 主要技术功效优先级

优先级	国内烟草行业	国内烟草行业外
	提高感官质量	
1	改进烟草配方及添加剂	改进烟草配方及添加剂
2	改进烟草段生产工艺	改进加热段结构
3		改进烟草段结构
	提高加热效果	
1		改进热源技术
	延长产品寿命	
1		改进烟草段生产工艺
	提高使用安全性	
1		改进加热段结构

从研发重点和专利布局角度分析，国内烟草行业申请人将通过改进烟草配方及添加剂、烟草段生产工艺来提高感官质量，作为理化反应加热型新型卷烟专利技术的研发热点和布局重点；国内烟草行业外申请人将通过改进烟草配方及添加剂、加热段和烟草段结构来提高感官质量，以及通过改进热源技术来提高加

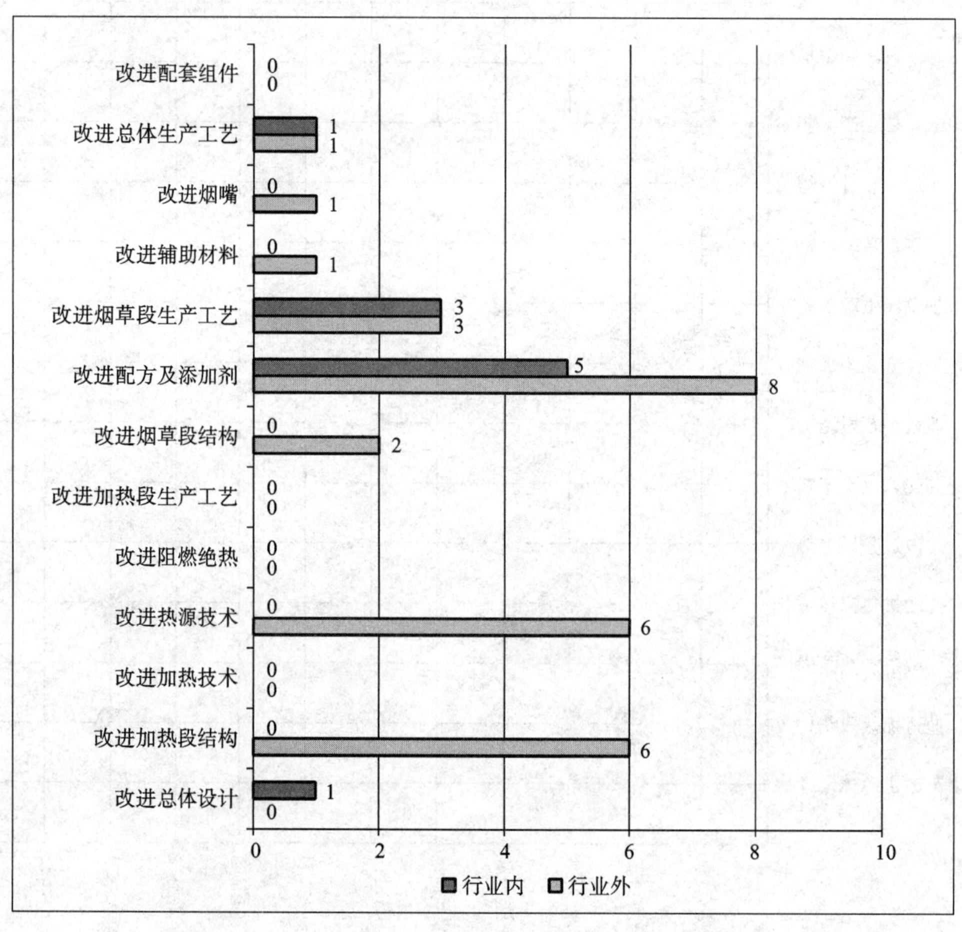

图 9.75 理化反应加热型新型卷烟专利技术措施分布对比

热效果，通过改进烟草段生产工艺来延长产品寿命，通过改进加热段结构来提高使用安全性，作为理化反应加热型新型卷烟专利技术的研发热点和布局重点。

从关键技术角度分析，国内烟草行业外申请的专利所涉及的理化反应加热型新型卷烟关键技术涵盖了热源技术、烟草配方与添加剂技术。国内烟草行业仅涉及了烟草配方与添加剂技术这一关键技术。

2. 具体技术措施及其功能效果对比分析

国内烟草行业、国内烟草行业外申请人针对理化反应加热型新型卷烟的技术改进措施主要集中在烟草配方及添加剂、热源技术、加热段结构和烟草段生产工艺，具体技术措施及其功能效果对比见表 9.50。

表 9.50 具体技术措施及其功能效果对比

国内烟草行业	国内烟草行业外
①改进烟草配方及添加剂的技术措施及其功能效果对比	
	采用香精香料控释技术，提高感官质量
研发加热型专用再造烟叶产品及工艺，提高感官质量	研发加热型专用再造烟叶产品及工艺，提高感官质量
研发加热型专用烟草材料制备方法，提高感官质量	
	增大烟芯的质量与表面积之比，降低烟芯燃烧或热解风险
②改进热源的技术措施及其功能效果对比	
	改进物理反应热源，提高加热效果
	改进化学反应热源，提高加热效果
③改进加热段结构的技术措施及其功能效果对比	
	模拟传统吸烟习惯的结构设计，提高感官体验

续表

国内烟草行业	国内烟草行业外
	采用热管导热，降低使用成本
	采用双相变结构，提高使用安全性
	设置点火保护装置，提高使用安全性
④改进烟草段结构的技术措施及其功能效果对比	
	利用化学反应装置，提高感官质量

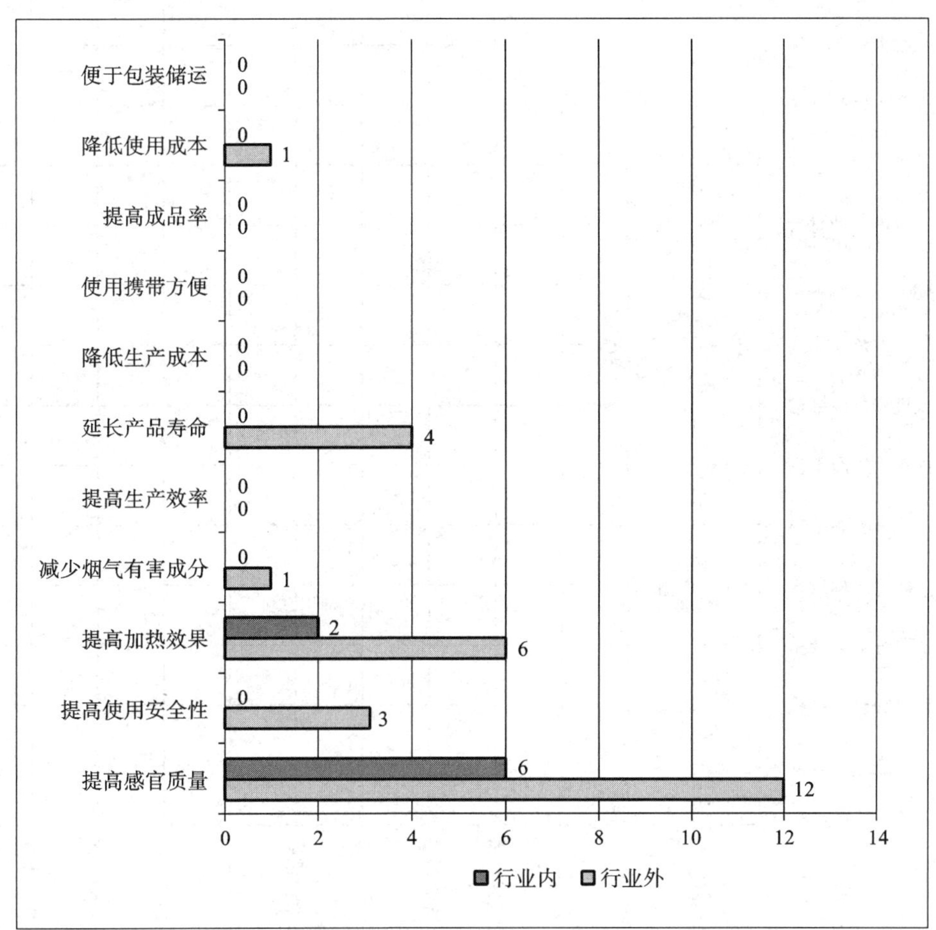

图9.76　理化反应加热型新型卷烟专利功能效果分布对比

①改进烟草配方及添加剂的技术措施及其功能效果对比：

相同点：国内烟草行业、国内烟草行业外申请人均研发加热型专用再造烟叶产品及工艺，以提高感官质量。

不同点：国内烟草行业外申请人采用香精香料控释技术，提高感官质量。增大烟芯的质量与表面积之比，降低烟芯燃烧或热解风险；国内烟草行业申请人通过研发加热型专用烟草材料制备方法来提高感官质量。

②改进热源的技术措施及其功能效果对比：

不同点：国内烟草行业外申请人通过改进理化反应热源，提高加热效果。

③改进加热段结构的技术措施及其功能效果对比：

不同点：国内烟草行业外申请人通过模拟传统吸烟习惯的结构设计，提高感官体验。采用热管导热，降低使用成本。采用双相变结构和设置点火保护装置，提高使用安全性。

④改进烟草段结构的技术措施及其功能效果对比：

不同点:国内烟草行业外申请人利用化学反应装置提高感官质量。

9.5.2 理化反应加热型新型卷烟重要专利分析

采用专家评议法、专利文献计量学相结合的方法对理化反应加热型新型卷烟专利的重要程度进行了评估,评出理化反应加热型新型卷烟重要专利 5 件,均为国内烟草行业外申请。

国内烟草行业外理化反应加热型新型卷烟重要专利技术功效图见图 9.77,技术措施、功能效果分布见图 9.78、图 9.79。

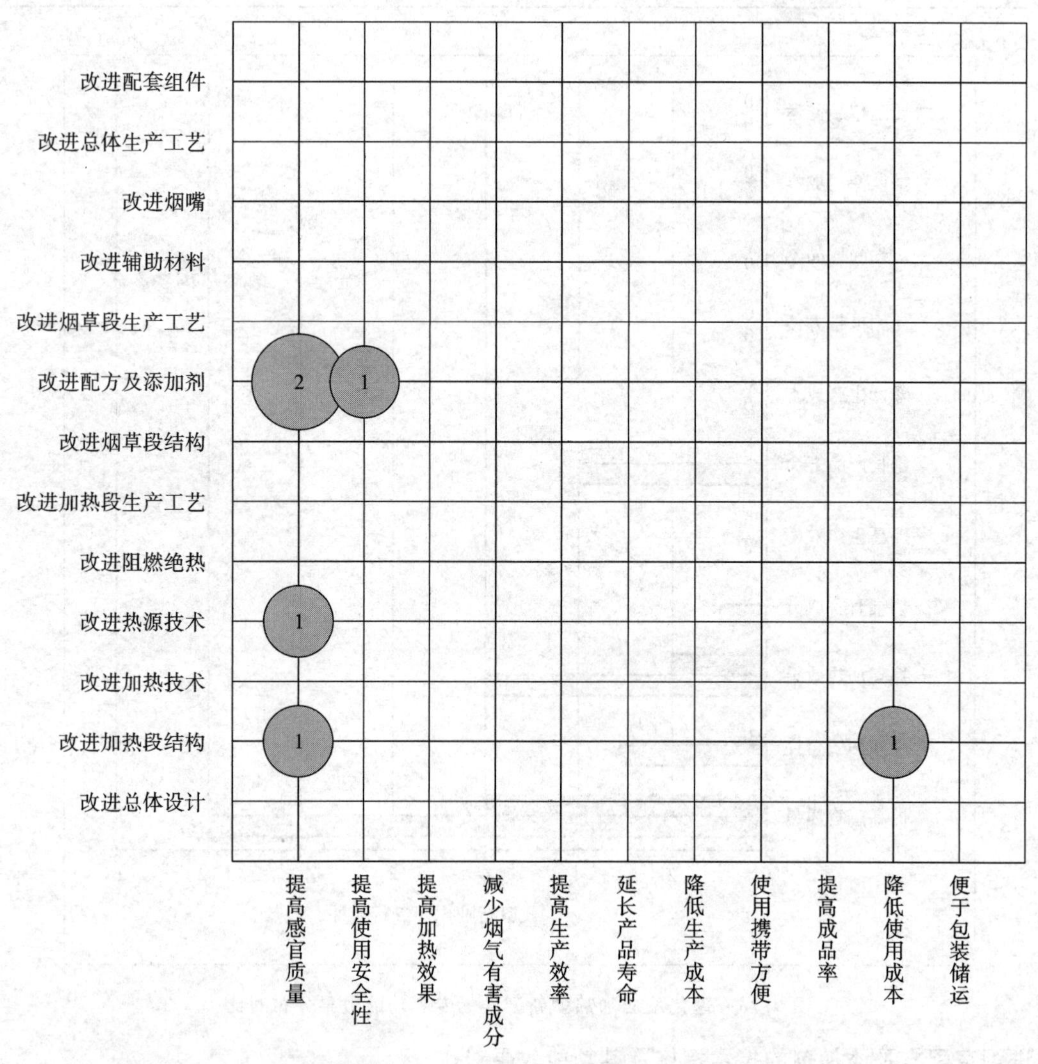

图 9.77 国内烟草行业外理化反应加热型新型卷烟重要专利技术功效图

从技术措施角度分析,国内烟草行业外重要专利针对理化反应加热型新型卷烟的技术改进措施涉及加热段结构、热源技术、烟草配方及添加剂共 3 个方面。数据统计表明,技术改进措施主要集中在烟草配方及添加剂、加热段结构,专利数量各占 40.0%。

从功能效果角度分析,国内烟草行业外重要专利针对理化反应加热型新型卷烟进行技术改进所实现的功能效果包括提高感官质量、提高使用安全性、降低使用成本共 3 个方面。数据统计表明,技术改进所实现的功能效果主要集中在提高感官质量,专利数量占 66.7%。

从实现的功能效果所采取的技术措施分析,国内烟草行业外重要专利提高感官质量优先采取的技术措施是改进烟草配方及添加剂,其次是改进加热段结构和热源技术。

从研发重点和专利布局角度分析,通过改进烟草配方及添加剂、加热段结构和热源技术来提高感官质量,是国内烟草行业外理化反应加热型新型卷烟重要专利的研发热点和布局重点。

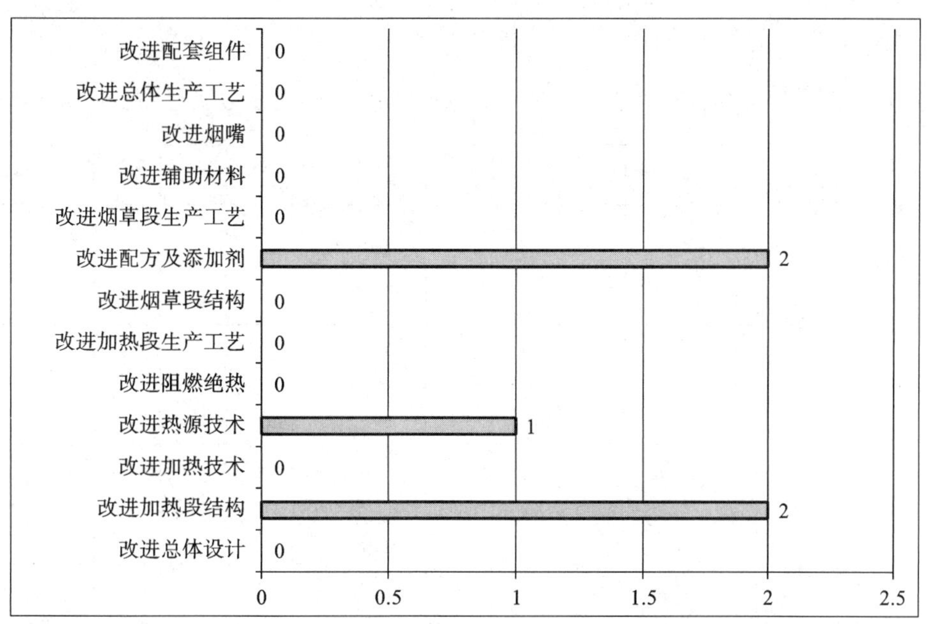

图 9.78　国内烟草行业外理化反应加热型新型卷烟重要专利技术措施分布

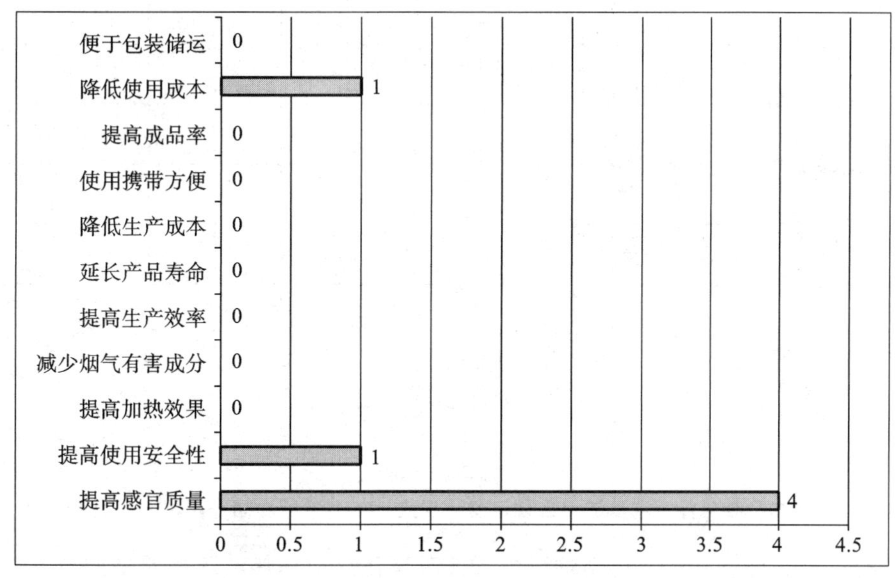

图 9.79　国内烟草行业外理化反应加热型新型卷烟重要专利功能效果分布

从关键技术角度分析，国内烟草行业外重要专利所涉及的理化反应加热型新型卷烟关键技术涵盖了热源技术、烟草配方与添加剂技术。

9.5.3　国内烟草行业外理化反应加热型新型卷烟专利重要申请人专利分析

根据前期研究结果，国内烟草行业外理化反应加热型新型卷烟专利重要申请人见表 9.51。

表 9.51　国内烟草行业外理化反应加热型新型卷烟重要申请人

序号	申　请　人	专 利 数 量	同族专利数量	被 引 频 次
1	菲利普·莫里斯烟草公司	8	145	3
2	亲切消费者有限公司	2	110	1
3	英美烟草公司	6	73	16

9.5.3.1 菲利普·莫里斯烟草公司专利分析

菲利普·莫里斯烟草公司专利技术功效图见图 9.80,技术措施、功能效果分布见图 9.81、图 9.82。

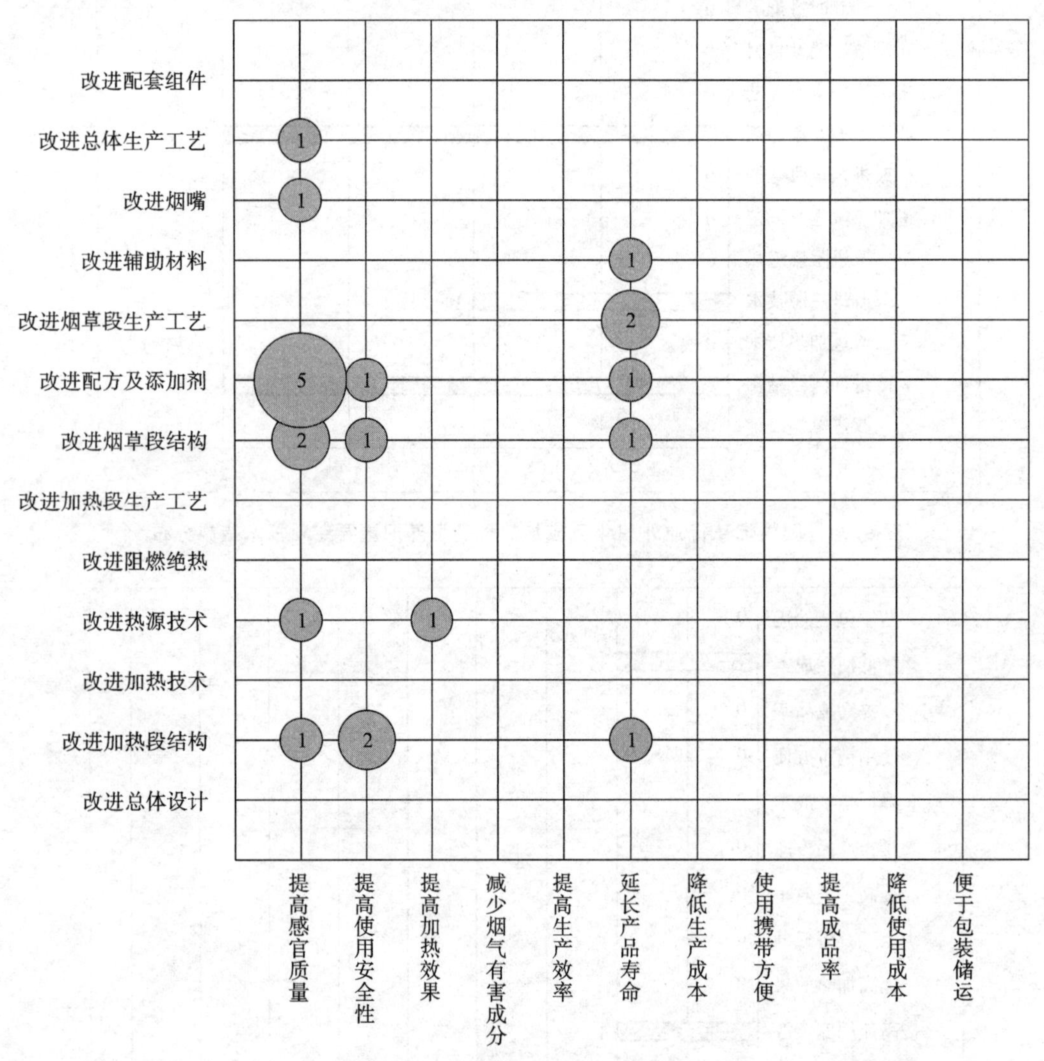

图 9.80 菲利普·莫里斯烟草公司理化反应加热型新型卷烟专利技术功效图

从技术措施角度分析,菲利普·莫里斯烟草公司针对理化反应加热型新型卷烟的技术改进措施涉及加热段结构、热源技术、烟草段结构、烟草配方及添加剂、烟草段生产工艺、辅助材料、烟嘴、总体生产工艺共 8 个方面。数据统计表明,技术改进措施主要集中在烟草配方及添加剂,专利数量占 35.3%。其次是加热段结构、热源技术、烟草段结构、烟草段生产工艺,专利数量各占 11.8%。

从功能效果角度分析,菲利普·莫里斯烟草公司针对理化反应加热型新型卷烟进行技术改进所实现的功能效果包括提高感官质量、提高使用安全性、提高加热效果、延长产品寿命共 4 个方面。数据统计表明,技术改进所实现的功能效果主要集中在提高感官质量,专利数量占 52.9%。其次是延长产品寿命,专利数量占 23.5%。然后是提高使用安全性,专利数量占 17.6%。

从实现的功能效果所采取的技术措施分析,菲利普·莫里斯烟草公司提高感官质量优先采取的技术措施是改进烟草配方及添加剂,其次是改进烟草段结构;延长产品寿命优先采取的技术措施是改进烟草段生产工艺;提高使用安全性优先采取的技术措施是改进加热段结构。

从研发重点和专利布局角度分析,鉴于烟草配方及添加剂、加热段结构、热源技术、烟草段结构、烟草段生产工艺方面的专利申请,以及提高感官质量、延长产品寿命和提高使用安全性方面的专利申请所占份额较大,因此可以判断:通过改进烟草配方及添加剂、烟草段结构来提高感官质量,通过改进烟草段生产工艺

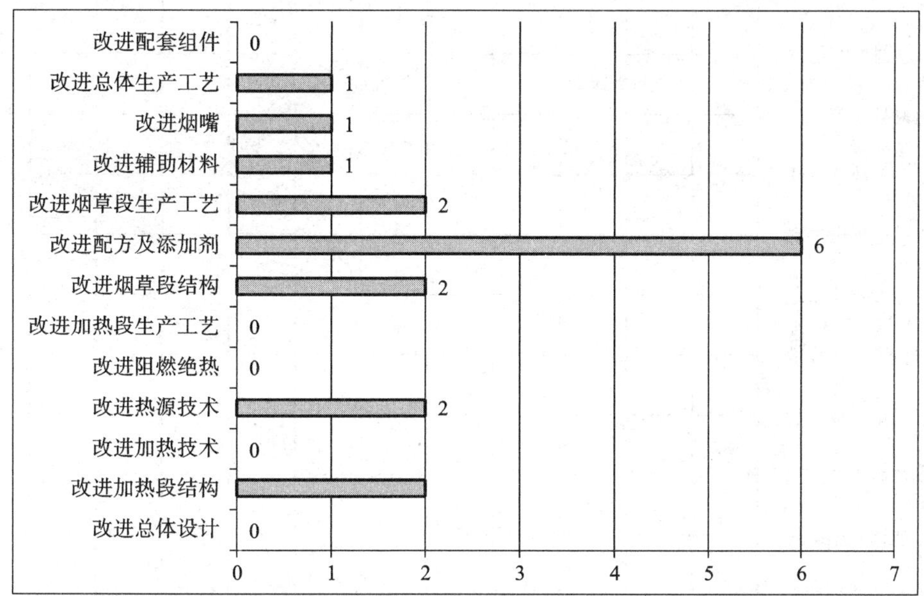

图 9.81　菲利普·莫里斯烟草公司理化反应加热型新型卷烟专利技术措施分布

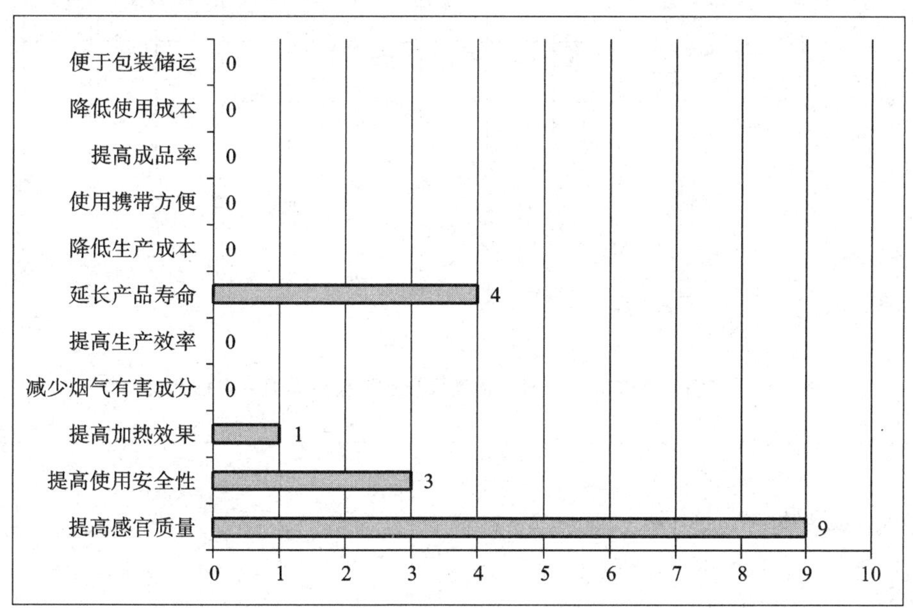

图 9.82　菲利普·莫里斯烟草公司理化反应加热型新型卷烟专利功能效果分布

来延长产品寿命，通过改进加热段结构来提高使用安全性等技术领域，是菲利普·莫里斯烟草公司针对理化反应加热型新型卷烟专利技术的研发热点和布局重点。

从关键技术角度分析，菲利普·莫里斯烟草公司申请的专利所涉及的理化反应加热型新型卷烟关键技术涵盖了热源技术、烟草配方与添加剂技术。

9.5.3.2　亲切消费者有限公司专利分析

亲切消费者有限公司专利技术功效图见图 9.83，技术措施、功能效果分布见图 9.84、图 9.85。

从技术措施角度分析，亲切消费者有限公司针对理化反应加热型新型卷烟的技术改进措施仅涉及加热段结构。

从功能效果角度分析，亲切消费者有限公司针对理化反应加热型新型卷烟进行技术改进所实现的功能效果仅为提高感官质量。

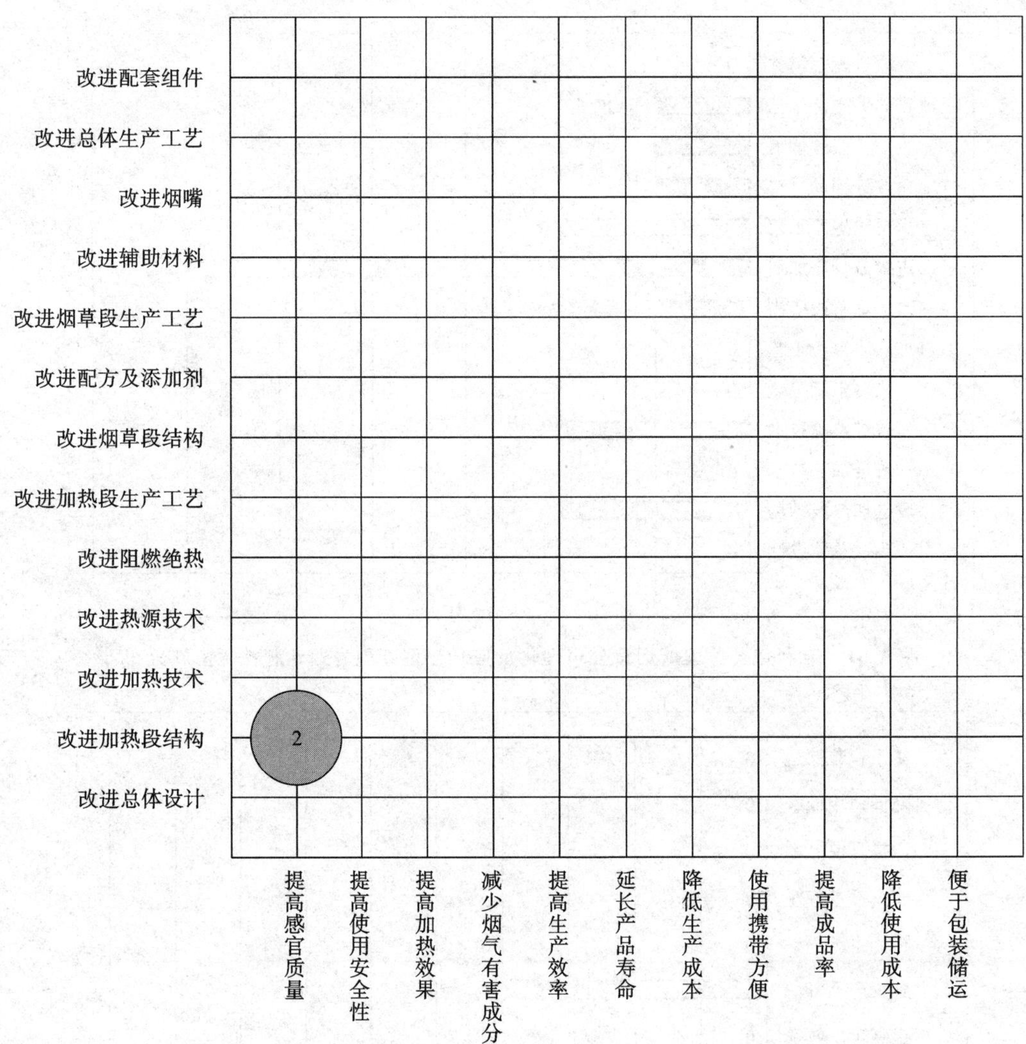

图 9.83　亲切消费者有限公司理化反应加热型新型卷烟专利技术功效图

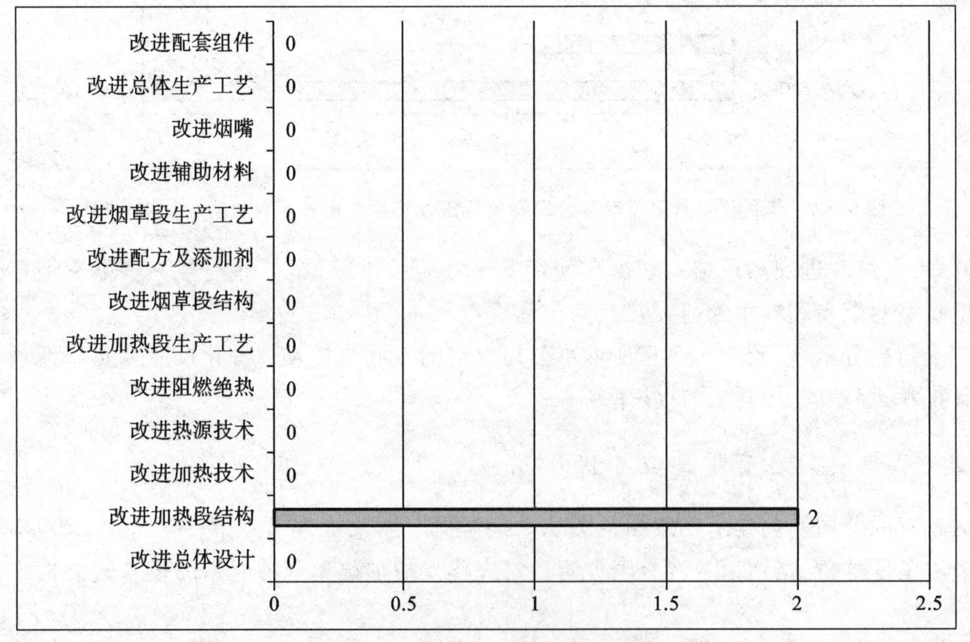

图 9.84　亲切消费者有限公司理化反应加热型新型卷烟专利技术措施分布

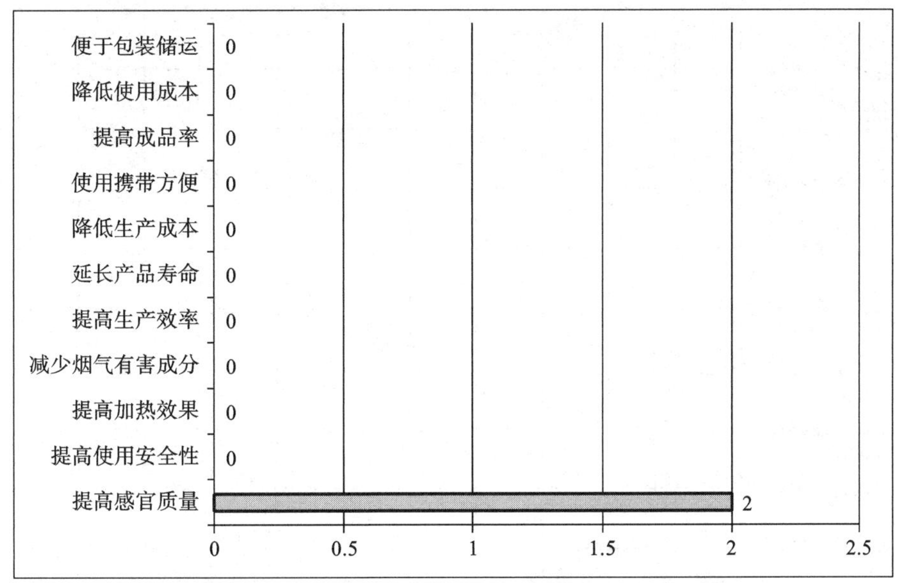

图 9.85　亲切消费者有限公司理化反应加热型新型卷烟专利功能效果分布

从实现的功能效果所采取的技术措施分析，亲切消费者有限公司提高感官质量采取的技术措施是改进加热段结构。

从研发重点和专利布局角度分析，通过改进加热段结构来提高感官质量，是亲切消费者有限公司针对理化反应加热型新型卷烟专利技术的研发热点和布局重点。

从关键技术角度分析，亲切消费者有限公司申请的专利未涉及理化反应加热型新型卷烟关键技术。

9.5.3.3　英美烟草公司专利分析

英美烟草公司专利技术功效图见图 9.86，技术措施、功能效果分布见图 9.87、图 9.88。

从技术措施角度分析，英美烟草公司针对理化反应加热型新型卷烟的技术改进措施涉及加热段结构、热源技术、烟草配方及添加剂共 3 个方面。数据统计表明，技术改进措施主要集中在热源技术，专利数量占 50.0%。其次是改进加热段结构，专利数量占 33.3%。

从功能效果角度分析，英美烟草公司针对理化反应加热型新型卷烟进行技术改进所实现的功能效果包括提高感官质量、提高加热效果、降低使用成本共 3 个方面。数据统计表明，技术改进所实现的功能效果主要集中在提高加热效果，专利数量占 66.7%。

从实现的功能效果所采取的技术措施分析，英美烟草公司提高加热效果优先采取的技术措施是改进热源技术，其次是改进加热段结构。

从研发重点和专利布局角度分析，通过改进热源技术和加热段结构来提高加热效果，是英美烟草公司针对理化反应加热型新型卷烟专利技术的研发热点和布局重点。

从关键技术角度分析，英美烟草公司申请的专利所涉及的理化反应加热型新型卷烟关键技术仅涵盖了热源技术，未涉及烟草配方与添加剂技术。

9.5.4　理化反应加热型新型卷烟专利布局分析

9.5.4.1　理化反应加热型新型卷烟专利研发热点和布局重点

通过上述理化反应加热型新型卷烟专利技术功效矩阵分析、重要专利分析、重要申请人分析，可得出理化反应加热型新型卷烟专利的总体布局现状、国内烟草行业外布局现状、主要竞争对手布局现状、国内烟草行业布局现状及其研发热点和布局重点。

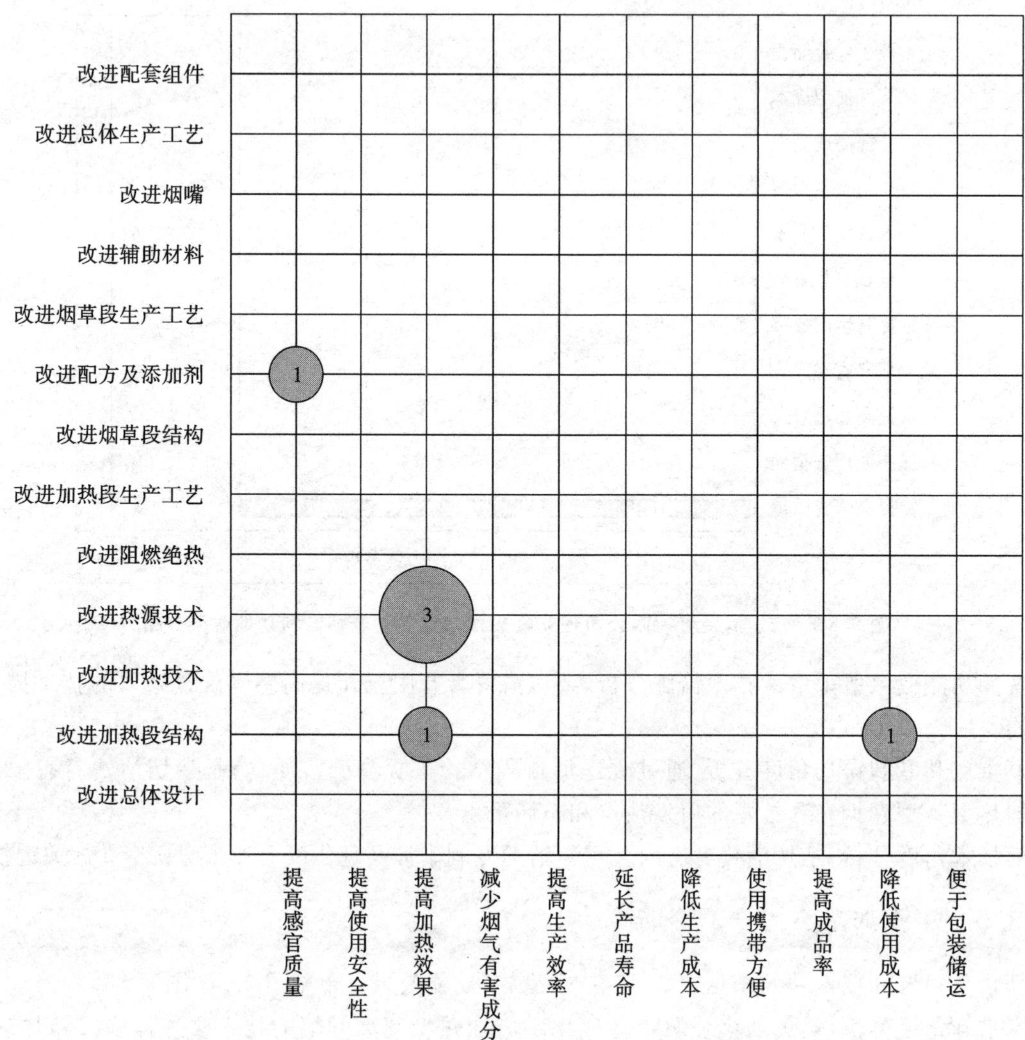

图 9.86　英美烟草公司理化反应加热型新型卷烟专利技术功效图

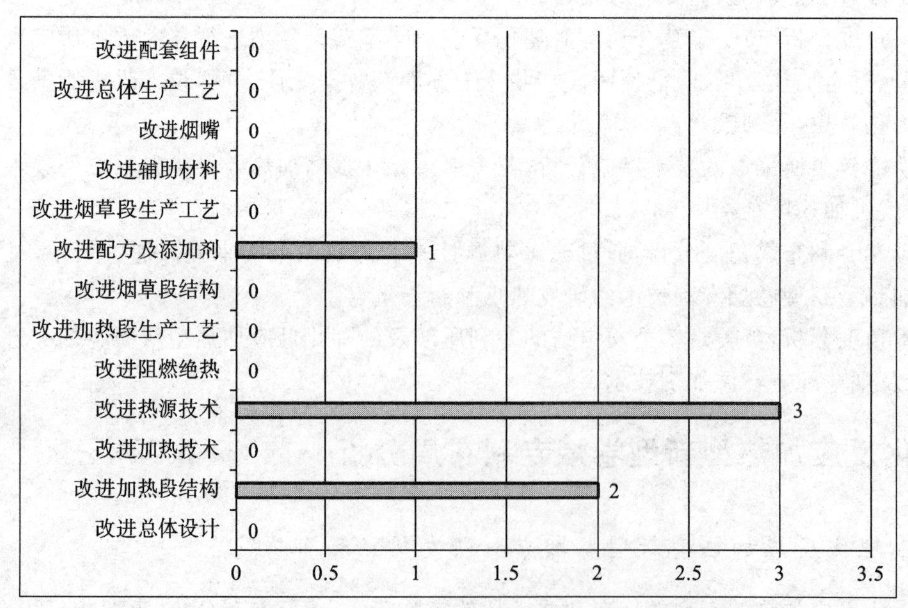

图 9.87　英美烟草公司理化反应加热型新型卷烟专利技术措施分布

便于包装储运
降低使用成本
提高成品率
使用携带方便
降低生产成本
延长产品寿命
提高生产效率
减少烟气有害成分
提高加热效果
提高使用安全性
提高感官质量
0
1
0
0
0
0
0
0
4
0
1
0
0.5
1
1.5
2
2.5
3
3.5
4
4.5

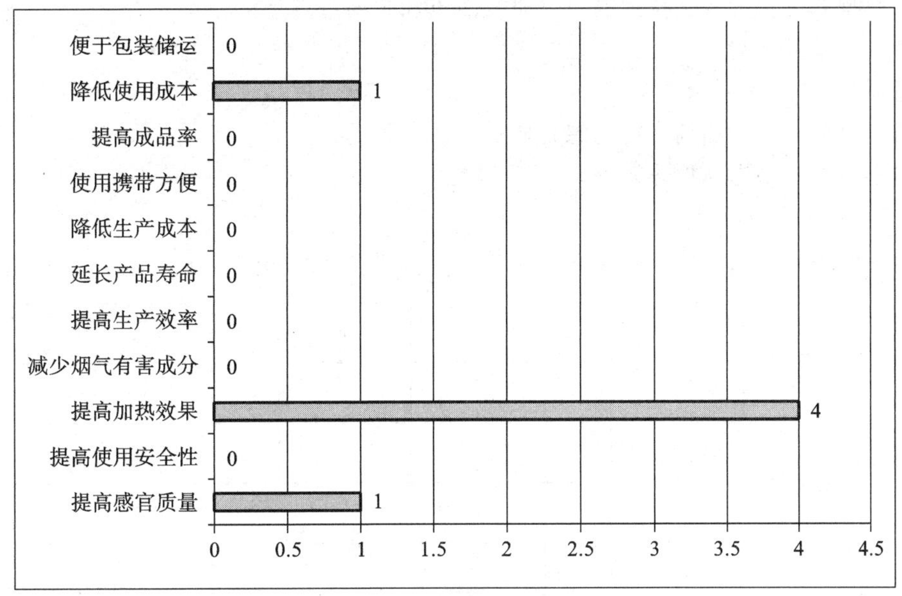

图 9.88　英美烟草公司理化反应加热型新型卷烟专利功能效果分布

1. 总体布局现状

理化反应加热型新型卷烟专利总体布局现状见图 9.89。

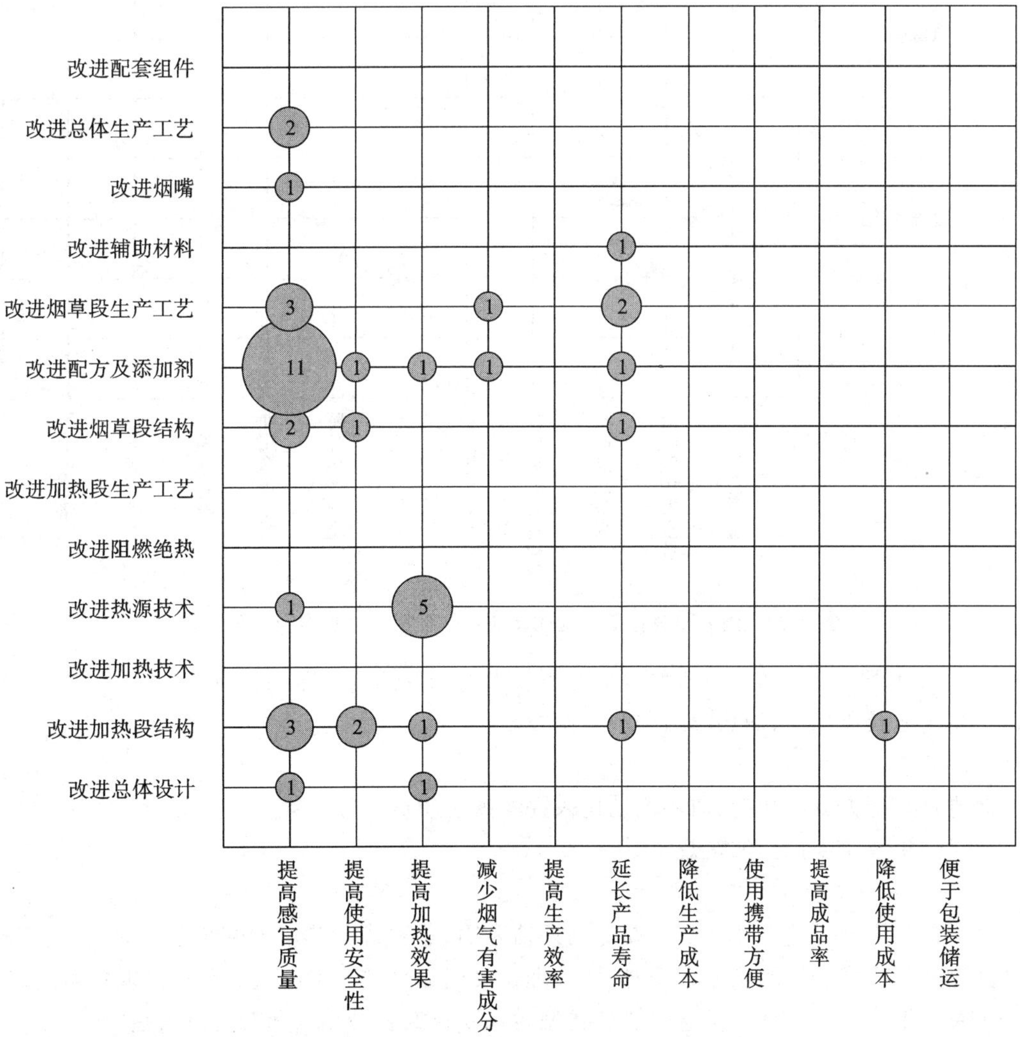

改进配套组件
改进总体生产工艺
改进烟嘴
改进辅助材料
改进烟草段生产工艺
改进配方及添加剂
改进烟草段结构
改进加热段生产工艺
改进阻燃绝热
改进热源技术
改进加热技术
改进加热段结构
改进总体设计
提高感官质量
提高使用安全性
提高加热效果
减少烟气有害成分
提高生产效率
延长产品寿命
降低生产成本
使用携带方便
提高成品率
降低使用成本
便于包装储运
2
1
1
3
1
2
11
1
1
1
1
2
1
1
1
5
3
2
1
1
1
1
1

图 9.89　理化反应加热型新型卷烟专利总体布局现状

理化反应加热型新型卷烟专利技术的总体研发热点和布局重点是：

①改进烟草配方及添加剂。

②提高感官质量。

③通过改进烟草配方及添加剂来提高感官质量。

④通过改进热源技术来提高加热效果。

2. 国内烟草行业外布局现状

国内烟草行业外理化反应加热型新型卷烟专利布局现状见图 9.90。

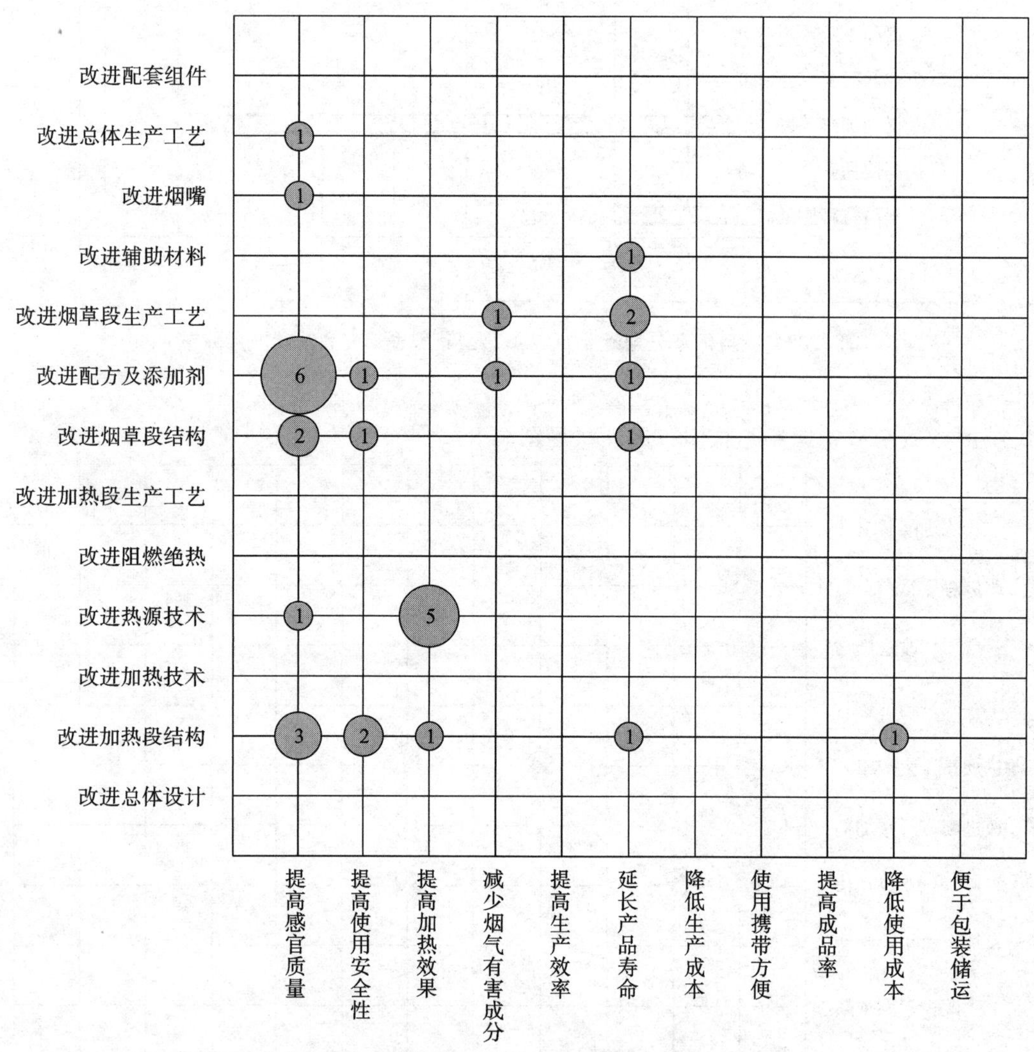

图 9.90 国内烟草行业外理化反应加热型新型卷烟专利布局现状

国内烟草行业外理化反应加热型新型卷烟专利技术的研发热点和布局重点是：

①改进烟草配方及添加剂、加热段结构和热源技术。

②提高感官质量。

③通过改进烟草配方及添加剂、加热段结构来提高感官质量。

④通过改进热源技术来提高加热效果。

3. 主要竞争对手布局现状

国内烟草行业外重要申请人评估及重要专利评估表明，菲利普·莫里斯烟草公司是国内烟草行业理化反应加热型新型卷烟技术研发的主要竞争对手，其理化反应加热型新型卷烟专利布局现状见图 9.91。

菲利普·莫里斯烟草公司理化反应加热型新型卷烟专利的研发热点和布局重点是：

①改进烟草配方及添加剂。

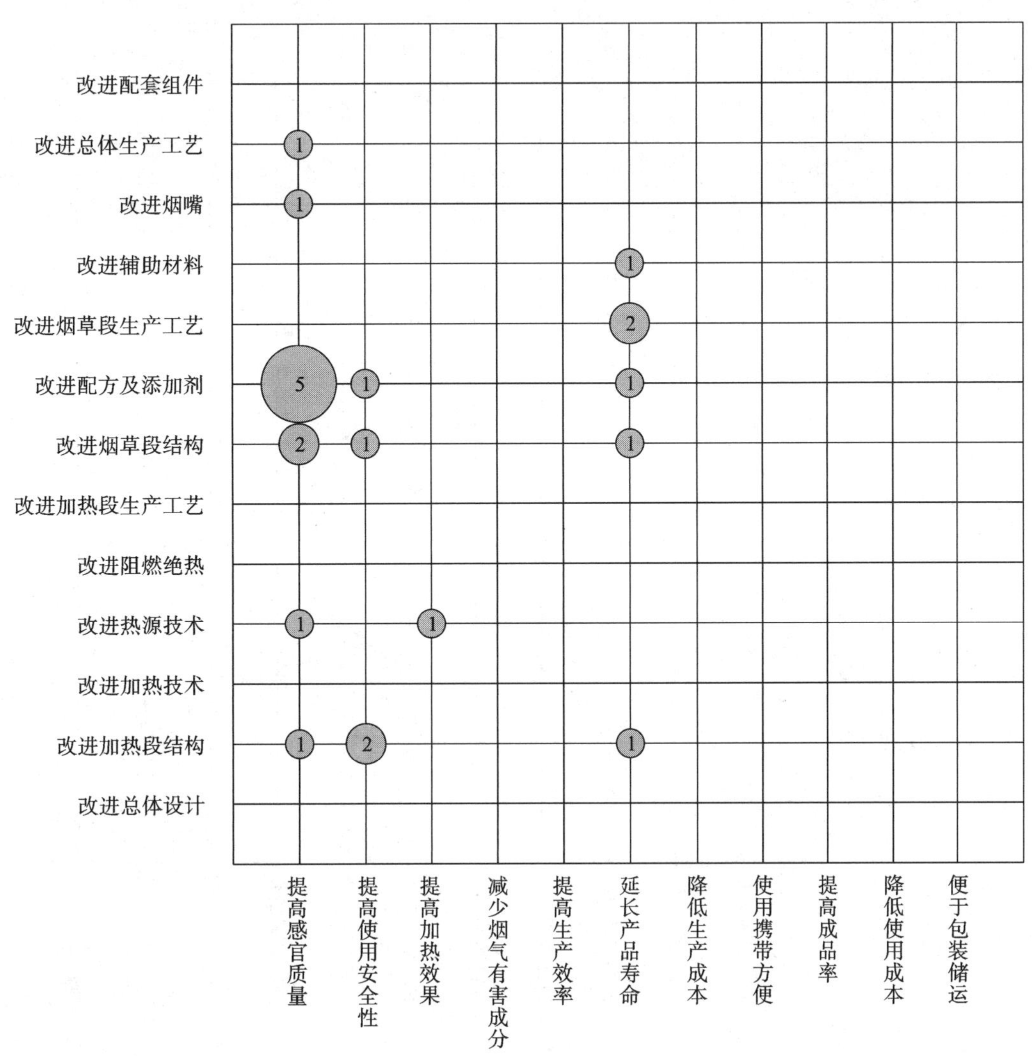

图9.91　菲利普·莫里斯烟草公司理化反应加热型新型卷烟专利布局现状

②提高感官质量。

③通过改进烟草配方及添加剂、烟草段结构来提高感官质量。

④通过改进烟草段生产工艺来延长产品寿命。

⑤通过改进加热段结构来提高使用安全性。

4. 国内烟草行业布局现状

国内烟草行业理化反应加热型新型卷烟专利布局现状见图9.92。

国内烟草行业理化反应加热型新型卷烟专利技术的研发热点和布局重点是：

①改进烟草配方及添加剂。

②提高感官质量。

③通过改进烟草配方及添加剂、烟草段生产工艺来提高感官质量。

9.5.4.2　理化反应加热型新型卷烟专利技术空白点和薄弱点

通过上述理化反应加热型新型卷烟专利的总体布局现状、国内烟草行业外布局现状、主要竞争对手布局现状、国内烟草行业布局现状及其研发热点和布局重点的分析，认为在某一技术领域专利数量为“0”，即可视为专利技术空白点；在某一技术领域专利数量为“1～3”，即可视为专利技术薄弱点，如表9.52灰色部分所示。

需要说明的是，上述理化反应加热型新型卷烟专利技术空白点和薄弱点是基于纳入研究范围的专利数

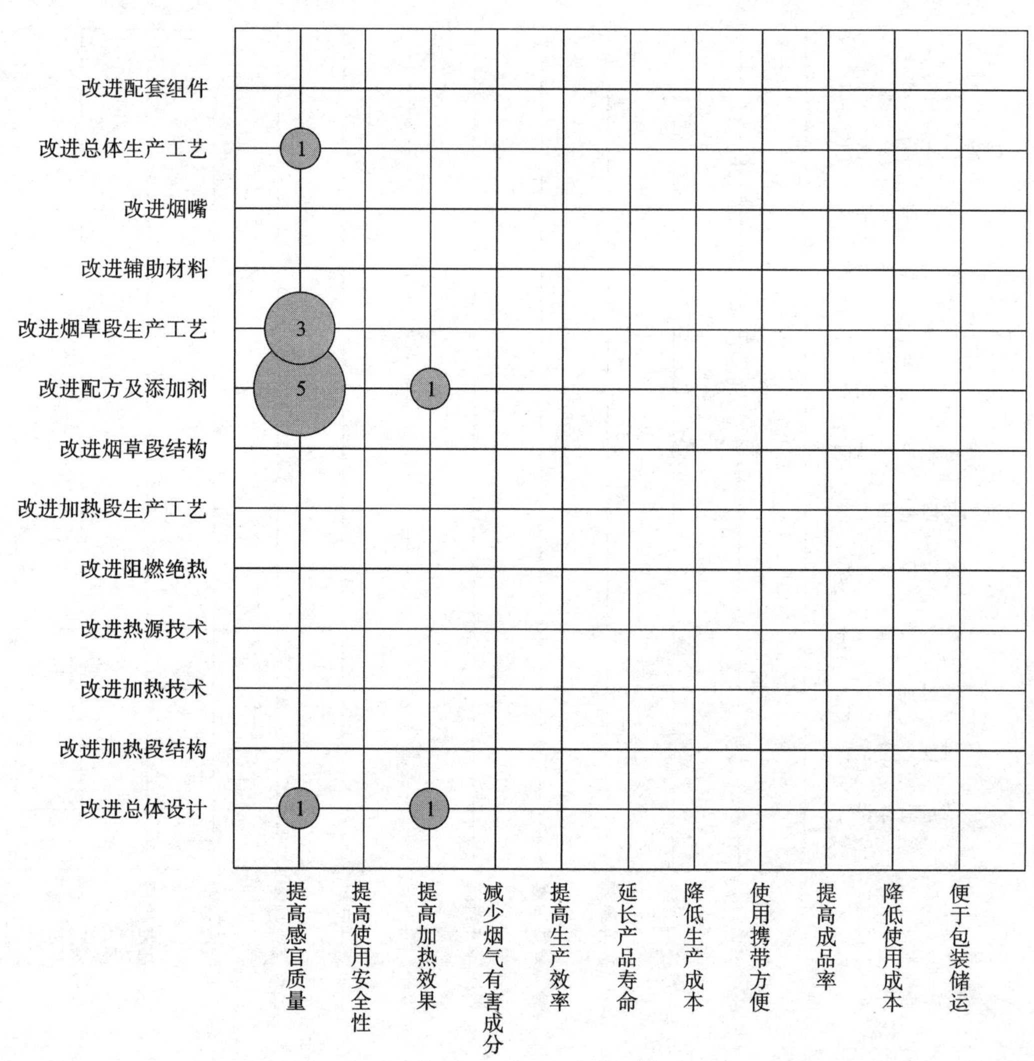

图 9.92 国内烟草行业理化反应加热型新型卷烟专利布局现状

据，经分析研究后得出的结论，能够在较大程度上体现理化反应加热型新型卷烟专利研发现状。未来在这些方面的技术创新空间相对较大，但仍有待进一步对其技术需求和技术可行性进行评估。

表 9.52 理化反应加热型新型卷烟专利技术空白点和薄弱点

功能效果	改进总体设计	改进加热段结构	改进加热技术	改进热源技术	改进阻燃绝热	改进加热段生产工艺	改进烟草段结构	改进配方及添加剂	改进烟草段生产工艺	改进辅助材料	改进烟嘴	改进总体生产工艺	改进配套组件
提高感官质量	1	3	0	1	0	0	2	11	3	0	1	2	0
提高使用安全性	0	2	0	0	0	0	1	1	0	0	0	0	0
提高加热效果	1	1	0	5	0	0	0	1	0	0	0	0	0
减少烟气有害成分	0	0	0	0	0	0	0	1	1	0	0	0	0
提高生产效率	0	0	0	0	0	0	0	0	0	0	0	0	0
延长产品寿命	0	1	0	0	0	0	1	1	2	1	0	0	0
降低生产成本	0	0	0	0	0	0	0	0	0	0	0	0	0
使用携带方便	0	0	0	0	0	0	0	0	0	0	0	0	0

续表

功能效果	改进总体设计	改进加热段结构	改进加热技术	改进热源技术	改进阻燃绝热	改进加热段生产工艺	改进烟草段结构	改进配方及添加剂	改进烟草段生产工艺	改进辅助材料	改进烟嘴	改进总体生产工艺	改进配套组件
提高成品率	0	0	0	0	0	0	0	0	0	0	0	0	0
降低使用成本	0	1	0	0	0	0	0	0	0	0	0	0	0
便于包装储运	0	0	0	0	0	0	0	0	0	0	0	0	0

第 10 章　电子烟专利分析

电子烟是一种低压的微电子雾化设备，不需燃烧，大部分通过可充电锂聚合物电池供电，电流通过雾化器将雾化器中的烟油雾化，模拟吸烟时产生的烟雾，可添加食用香料来增添香味，由北京中医师韩力于 2004 年取得电子烟发明专利。电子烟关键技术：汽化技术，雾化技术，控制技术，烟芯（包括液体烟芯、固-液混合烟芯或固体烟芯）配方技术。

10.1　专利申请概况

10.1.1　专利申请趋势

电子烟是新兴战略性烟草产品，其特征在于通过雾化器将雾化器中的烟油雾化，模拟吸烟时产生的烟雾供消费者抽吸。

截至 2017 年 6 月，国家知识产权局公开电子烟专利共计 8083 件，其中发明专利 1789 件，实用新型专利 3258 件，外观设计专利 3036 件，分别占电子烟专利总数的 22.1%、40.3%和 37.6%；国内烟草行业申请的专利有 699 件，其中发明专利 337 件，实用新型专利 301 件，外观设计专利 61 件，分别占国内烟草行业电子烟专利总数的 48.2%、43.1%和 8.7%；国内烟草行业外的申请人申请的专利有 7384 件，其中发明专利 1452 件，实用新型专利 2957 件，外观设计专利 2975 件，分别占国内烟草行业外电子烟专利总数的 19.7%、40%和 40.3%。国内烟草行业外申请人包括国外烟草公司、国内其他单位、国外其他公司、国内外个人。电子烟专利申请趋势见图 10.1。国内烟草行业、国内烟草行业外电子烟专利申请趋势见图 10.2。

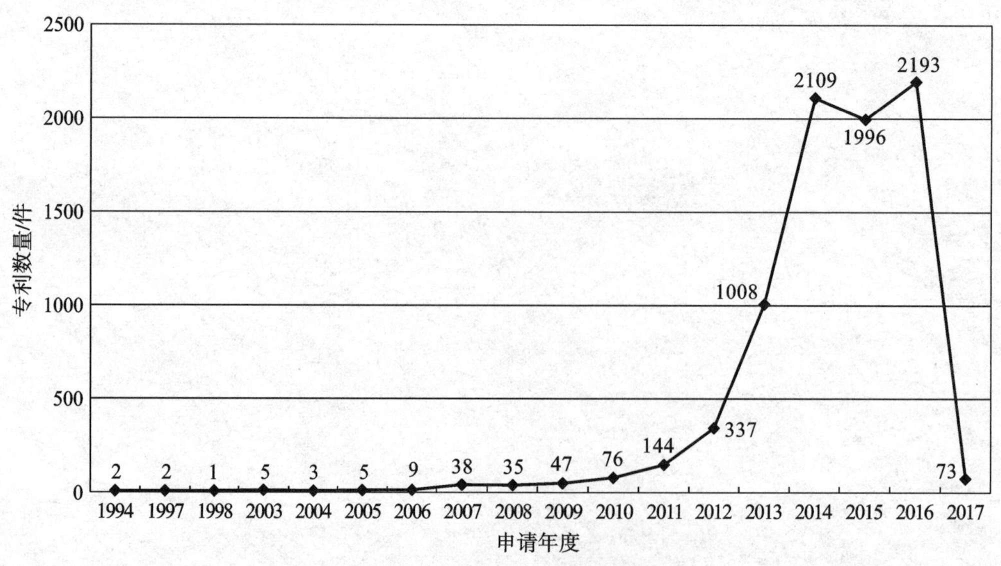

图 10.1　电子烟专利申请趋势

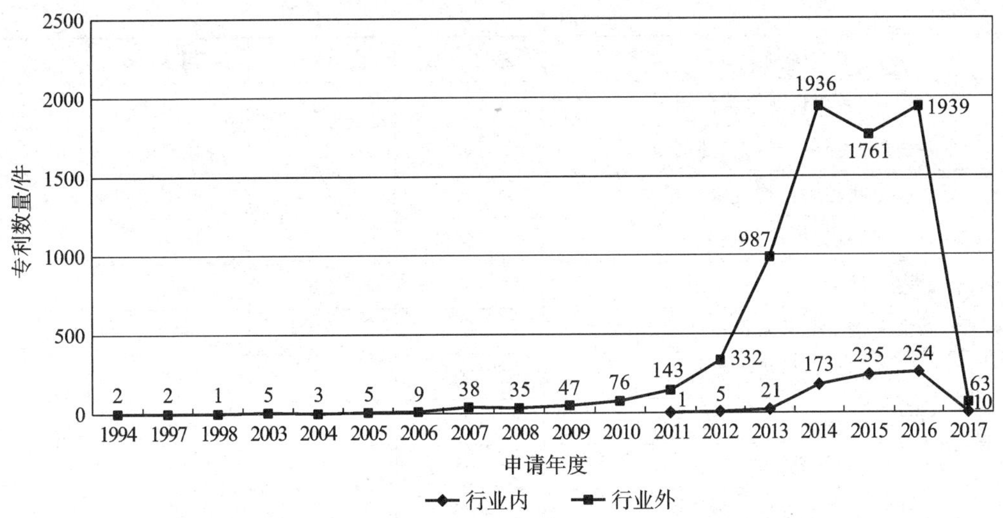

图 10.2　国内烟草行业、国内烟草行业外电子烟专利申请趋势

从图 10.1、图 10.2 可见，1994—2010 年，每年的电子烟专利申请数量较少，专利申请处于起步阶段。数据统计表明，在这 17 年里的电子烟专利总数仅有 223 件，其全部为国内烟草行业外申请，华健、北京格林世界科技发展有限公司、韩力、菲利普·莫里斯烟草公司等申请人是主要专利申请人。从 2011 年开始，电子烟专利越过了平稳增长阶段，进入了快速增长期，尤其在 2012—2016 年的 5 年时间里，电子烟专利申请总数达到了 7643 件，占电子烟专利总数的 94.6%。在此期间，国内烟草行业专利申请取得了显著的进步，从 2012 年的 5 件增长到 2016 年的 254 件，保持了相当高的增长率，但总体数量相对国内烟草行业外仍然有较大差距。

（注：由于发明专利从申请到公开通常需要 18 个月的时间，因此 2016 年、2017 年申请的发明专利在检索截止日之前并未完全公开，图 10.1、图 10.2 中所统计的 2016 年、2017 年的专利申请量存在一定程度的滞后，下同。）

10.1.2　专利申请人分析

电子烟专利的申请人类型及专利类型见表 10.1。申请电子烟专利较多的申请人见表 10.2。

表 10.1　电子烟专利的申请人类型及专利类型

申请人类型	总　　数	发　　明	实用新型	外观设计
国内烟草行业	699	337	301	61
国外烟草公司	173	135	0	38
国内其他单位	3679	794	1735	1150
国外其他公司	500	266	137	97
国内个人	3063	261	1107	1695
国外个人	29	11	9	9
合计	8143	1804	3289	3050

注：因存在共同申请专利情况，表中合计值略大于实际专利数量。

表 10.2　申请电子烟专利较多的申请人

序号	申　请　人	总　　数	发　　明	实用新型	外观设计
1	深圳市合元科技有限公司	348	59	233	56
2	刘秋明	322	22	246	54

续表

序号	申请人	总数	发明	实用新型	外观设计
3	惠州市吉瑞科技有限公司	290	75	190	25
4	卓尔悦(常州)电子科技有限公司	206	45	76	85
5	深圳市新宜康科技有限公司	197	51	71	75
6	卓尔悦欧洲控股有限公司	162	30	99	33
7	云南中烟工业有限责任公司	157	81	65	11
8	湖南中烟工业有限责任公司	150	37	108	5
9	吉瑞高新科技股份有限公司	132	102	30	0
10	深圳瀚星翔科技有限公司	125	71	31	23
11	林光榕	113	37	53	23
12	深圳麦克韦尔股份有限公司	106	30	43	33
13	宏图东方科技(深圳)有限公司	101	59	23	19
14	深圳市麦克韦尔科技有限公司	99	37	57	5
15	深圳市赛尔美电子科技有限公司	78	13	27	38
16	惠州市吉瑞科技有限公司深圳分公司	78	8	15	55
17	菲利普·莫里斯烟草公司	72	59	0	13
18	深圳市艾维普思科技股份有限公司	69	0	33	36
19	深圳市博迪科技开发有限公司	68	3	31	34
20	申敏良	66	3	34	29
21	刘团芳	64	7	35	22
22	广西中烟工业有限责任公司	57	24	21	12
23	深圳市艾维普思科技有限公司	56	4	33	19
24	恒信宏图国际控股有限公司	56	38	13	5
25	上海烟草集团有限责任公司	55	15	21	19
26	奥驰亚客户服务有限责任公司	53	39	0	14
27	深圳市杰仕博科技有限公司	50	10	24	16
28	杨淼文	49	0	0	49
29	华健	48	9	22	17
30	颐中(青岛)实业有限公司	47	22	22	3
31	刘志宾	46	2	14	30
32	聂艳民	44	5	26	13
33	上海绿馨电子科技有限公司	44	5	26	13
34	东莞市深溪五金电子科技有限公司	43	2	10	31
35	湖北中烟工业有限责任公司	41	23	16	2
36	陈文	41	1	9	31
37	深圳思格雷科技有限公司	40	3	5	32
38	曾志远	39	0	0	39
39	王丹	38	4	20	14
40	孔磊	37	0	8	29

从申请人类型分析，国内烟草行业在电子烟专利技术研发方面取得了长足进步，专利申请量占到了合计数的 8.6%，但数量占比仍然远低于国内其他单位和国内个人，以沿海电子烟公司为代表的国内其他单位申请人和国内个人仍然是电子烟领域专利技术研发的主体；国外烟草公司专利申请量占比 2.1%，数量远低于国内烟草行业。

从具体申请人分析，在申请电子烟专利较多的 40 个申请人中，有 5 家国内烟草行业单位，2 家国外烟草公司，21 家国内其他企业，12 个国内个人。在国外烟草公司中，菲利普·莫里斯烟草公司申请的专利总数和发明总数均远超其他申请人，显示了较为雄厚的技术实力；在国内烟草行业，云南中烟工业有限责任公司、湖南中烟工业有限责任公司的专利数量位居前二位，广西中烟工业有限责任公司、上海烟草集团有限责任公司、湖北中烟工业有限责任公司分列其后；在国内其他企业中，深圳市合元科技有限公司、惠州市吉瑞科技有限公司、卓尔悦(常州)电子科技有限公司、深圳市新宜康科技有限公司申请电子烟专利较多；国内个人中，刘秋明申请的专利数量位居榜首，甚至超过了很多电子烟公司，其作为惠州市吉瑞科技有限公司董事长，将 255 件专利的专利权转让给惠州市吉瑞科技有限公司，因此惠州市吉瑞科技有限公司的专利数量实际上远超深圳市合元科技有限公司，位居第一。

10.1.3 国内烟草行业外重要申请人评估

有关研究表明，重要申请人可以从市场经济角度和专利文献计量学角度进行评估。从市场经济角度进行评估，主要考虑申请人的知名度、产品的知名度、市场占有率、市场影响力、销售规模、技术优势等因素。从专利文献计量学角度进行评估，主要考虑专利申请数量、专利类型、专利授权量、被引频次、同族专利数量等指标。

国内烟草行业外重要申请人评估主要以专利文献计量学评估为主，同时考虑申请人的知名度、产品的知名度和市场影响力。国内烟草行业外重要申请人评估结果见表 10.3。

表 10.3 国内烟草行业外电子烟专利重要申请人

序号	申请人	专利数量	同族专利数量	被引频次
1	韩力	14	319	502
2	刘秋明	322	729	1212
3	深圳市合元科技有限公司	348	518	733
4	菲利普·莫里斯烟草公司	72	1215	70
5	惠州市吉瑞科技有限公司	290	617	430
6	卓尔悦(常州)电子科技有限公司	206	169	358
7	深圳市麦克韦尔科技有限公司	99	154	369

10.2 专利技术分析方法及分析范围

10.2.1 分析方法

采用专利技术功效矩阵分析的方法，对相关专利进行技术分析。专利技术功效矩阵分析属于一种专利定性分析的方法，通常由包含技术措施及其对应的功能效果的气泡图或综合性表格来表示。可通过对专利文献集合反映的技术措施和功能效果的特征研究，揭示技术—功效相互关系，便于相关人员掌握该专利集合或集群的技术布局情况，寻找技术空白点、技术研发热点和突破点。

在专利技术功效矩阵分析过程中，需要涉及电子烟专利“技术措施”和“功能效果”的“规范化词语”，为进一步明确“规范化词语”的内涵，避免歧义，特作出如下约定，见表10.4、表10.5。

表10.4 电子烟专利技术措施的规范化词语

序号	技术措施	备注
1	改进雾化原理	涉及电磁、红外、微波、激光、电弧、超声、离心、喷射等雾化原理方面的改进
2	改进总体设计	涉及整体或其多个组成部分的改进设计
3	改进雾化器	涉及电子烟导气组件(雾化腔)、导液组件、雾化(加热)组件、绝缘绝热组件、密封组件、连接组件、储液组件等方面的改进
4	改进烟弹	涉及电子烟烟弹部分的改进
5	改进烟嘴	涉及烟嘴结构、材料等方面的改进
6	改进电源系统	涉及电源、供电电路等方面的改进
7	改进测控技术	涉及系统、供电、充电、温度、气流、烟气、烟液等方面的检测与控制
8	增加辅助功能	涉及必要功能之外的附加功能方面的改进，如语音、照明、录音、书写、温度计、验钞、NFC、定位等
9	改进配套组件	涉及配套使用的电源适配器、充电装置、使用工具、包装物等方面的改进
10	改进烟液配方及添加剂	涉及电子烟烟液配方、添加剂及其制备等方面的改进
11	改进总体工艺设备	涉及电子烟生产工艺、技术装备方面改进的技术措施

表10.5 电子烟专利功能效果的规范化词语

序号	功能效果	备注
1	丰富产品功能	增添必要功能之外的附加功能，如语音、照明、录音、书写、温度计、验钞、NFC、定位等功能
2	减少烟气有害成分	与传统卷烟相比，具有减少烟气有害成分的效果
3	降低生产成本	通过优化产品结构、材料和生产流程等，降低生产产品所需的各项费用
4	降低使用成本	降低使用产品所需的各项费用，如节约耗材等
5	节约电能	减少电能消耗，提高电能利用率
6	清洁环保	使用清洁卫生，利于环境保护
7	使用携带方便	易学易用，减小产品体积及重量，提高使用的便捷性、便携性
8	提高测控性能	提高检测精度和控制水平
9	延长寿命	延长使用寿命和储存寿命
10	提高感官质量	提高抽吸品质、烟气质和量、香气质和量、烟碱传递效果；增强真实感，提高卷烟相似度等
11	提高雾化效果	提高加热性能，多发热丝，多雾化器，大功率加热电路，陶瓷发热材料，提高雾化颗粒精度
12	提高生产效率	优化产品结构及生产工艺，易于生产制造
13	提高安全性	防止误操作、烟芯不匹配、干烧、过热、漏油及发烟材料高温燃烧、碳化或热解，以及电气短路、火灾、爆炸、烫伤等危害人身或装置安全等方面的问题
14	提高智能化水平	具有卷烟检测、防伪、智能充电、智能认证、移动互联、记忆存储、人机交互、数据采集、智能检测匹配配件、信息交互、蓝牙通信、大数据等功能
15	医疗保健功能	保护和增进人体健康、防治疾病
16	改善充电效果	提高充电效率、充电安全性，充电人性化设计，感应充电，无线充电，充电提醒等

10.2.2　分析范围

为了科学、系统、深入地分析电子烟的专利技术，根据专利文献计量学的理论和方法，研究确定将被引频次、同族专利数量 2 项文献计量学指标作为专利分析对象的选择依据。其中，被引频次指某专利被其他专利引用的次数，反映了该专利技术的重要性和基础性，一项专利被引用的次数多，表明该专利涉及比较核心和重要的技术，同时也从不同程度上体现了该专利为基础专利。同族专利指具有共同优先权的、由不同国家公布的、内容相同或基本相同的一组专利。一件专利拥有的同族专利数量及其所涉及的国家或地区，反映了该专利的综合水平和潜在的经济价值，以及该专利能够创造的潜在国际技术市场情况，也反映了专利权人在全球的经济势力范围。同族专利数多少反映国际市场竞争力大小，同族专利数量越多，就说明其综合价值越大、重要程度越高，是评估专利“重要程度”的重要指标。

针对国家知识产权局公开的 8083 件电子烟专利，从国家知识产权局数据库采集了专利法律状态数据，确定法律状态为公开或授权的有效专利 6556 件，结合从德温特创新索引数据库中采集的被引频次、同族专利数量 2 项文献计量学指标进行综合分析，最终选择 1238 件电子烟发明和实用新型专利，作为专利分析对象纳入下述专利技术分析范围。

10.3　电子烟专利技术分析

电子烟，主要由雾化装置、电源系统、烟弹、烟嘴、检测与控制系统等部分组成。雾化装置，又俗称雾化器，电流通过雾化器将雾化器中的烟油雾化，模拟吸烟时产生的烟雾，可添加食用香料来增添香味，供消费者吸食。

根据电子烟的工作原理、结构和功能，以及研究制定的《新型烟草制品专利技术分类体系》，电子烟的专利技术分支主要包括雾化原理、总体设计、烟嘴、雾化器、烟弹、电源系统、测控技术、辅助功能、配套组件、配方及添加剂、总体工艺设备共 11 个方面。

依据专利文献计量学指标，研究确定将 1238 件电子烟专利纳入专利技术分析范围，其中国内烟草行业外申请的专利有 675 件，国内烟草行业申请的专利有 563 件。

10.3.1　电子烟专利技术功效矩阵分析

10.3.1.1　电子烟专利总体技术功效分析

分析研究电子烟专利的“权利要求书”和“说明书”，并依据研究制定的《新型烟草制品专利技术分类体系》，对专利涉及的技术措施和功能效果进行归纳总结，形成总体技术功效图 10.3，总体技术措施、总体功能效果分布表 10.6、表 10.7。

表 10.6　电子烟专利总体技术措施分布

申请年份	改进雾化原理	改进总体设计	改进雾化器	改进电源系统	改进烟嘴	改进烟弹	改进测控技术	改进配方或添加剂	增加辅助功能	改进总体工艺设备	改进配套组件
2003 年	2	0	0	0	0	0	0	0	0	0	0
2Q04 年	2	0	1	0	0	0	0	0	0	0	0
2005 年	0	0	1	0	0	0	0	0	0	0	0
2007 年	2	0	5	0	0	0	0	0	0	0	0

续表

申请年份	改进雾化原理	改进总体设计	改进雾化器	改进电源系统	改进烟嘴	改进烟弹	改进测控技术	改进配方或添加剂	增加辅助功能	改进总体工艺设备	改进配套组件
2008 年	1	3	5	0	1	2	2	3	0	0	1
2009 年	0	0	7	5	0	0	3	4	0	0	1
2010 年	0	1	16	4	2	2	8	3	1	0	0
2011 年	0	8	28	0	5	2	7	3	1	0	0
2012 年	1	5	47	8	3	1	17	4	3	0	8
2013 年	3	13	151	21	11	1	18	11	13	4	10
2014 年	14	26	153	9	15	25	36	107	23	3	13
2015 年	26	14	136	11	10	4	28	91	12	7	6
2016 年	128	8	96	1	20	10	13	42	8	7	6
合计	179	78	646	59	67	47	132	268	61	21	45

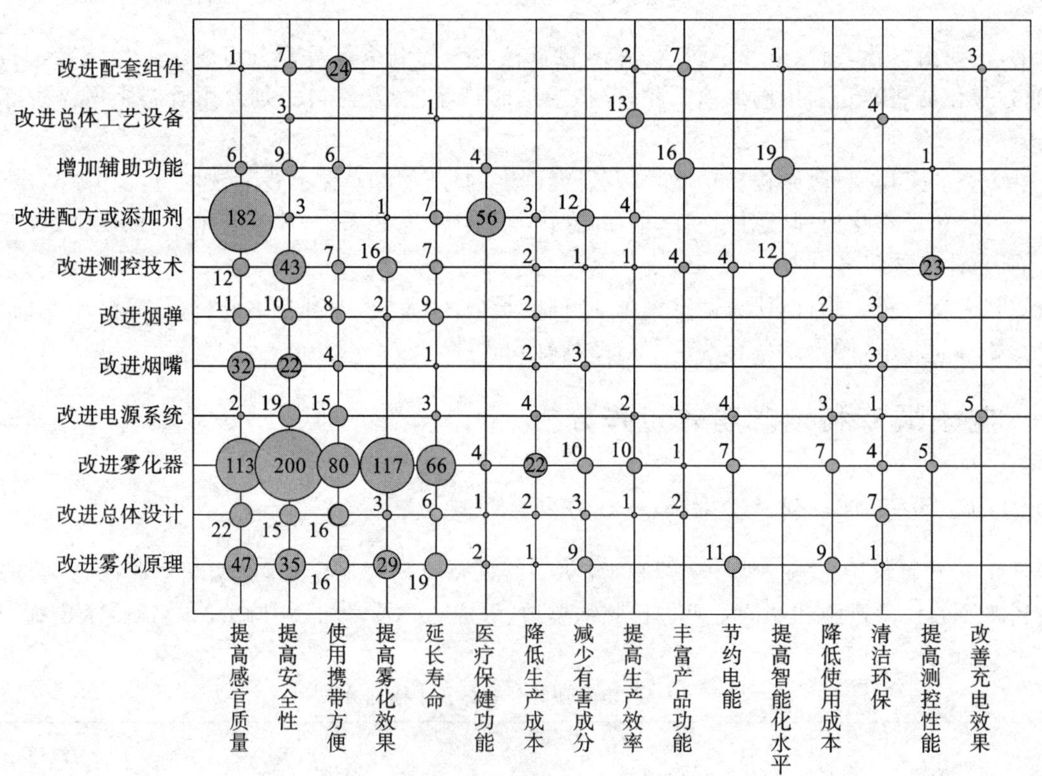

图 10.3 电子烟专利总体技术功效图

表 10.7 电子烟专利总体功能效果分布

申请年份	提高感官质量	提高安全性	使用携带方便	提高雾化效果	延长寿命	医疗保健功能	降低生产成本	减少有害成分	提高生产效率	丰富产品功能	节约电能	提高智能化水平	降低使用成本	清洁环保	提高测控性能	改善充电效果
2003 年	1	0	0	0	0	0	0	1	0	0	0	0	0	0	0	0

续表

申请年份	提高感官质量	提高安全性	使用携带方便	提高雾化效果	延长寿命	医疗保健功能	降低生产成本	减少有害成分	提高生产效率	丰富产品功能	节约电能	提高智能化水平	降低使用成本	清洁环保	提高测控性能	改善充电效果
2004 年	1	0	0	2	0	0	0	0	0	0	0	0	0	0	0	0
2005 年	0	0	0	0	0	0	0	1	0	0	0	0	0	0	0	0
2007 年	1	0	1	2	2	0	0	1	0	0	0	0	0	0	0	0
2008 年	7	3	2	0	2	0	1	1	0	0	0	0	1	0	1	0
2009 年	2	4	2	1	1	2	1	1	0	0	3	0	1	0	1	1
2010 年	5	8	3	8	3	2	3	0	1	0	1	0	0	0	3	0
2011 年	11	13	7	7	5	0	3	2	0	0	1	1	0	3	1	0
2012 年	12	22	22	9	4	1	9	3	3	5	0	1	2	1	2	1
2013 年	36	88	54	19	21	1	3	2	12	3	2	7	2	1	1	4
2014 年	140	103	35	25	19	24	12	11	3	11	4	13	2	9	12	1
2015 年	94	60	26	47	31	29	2	10	8	6	6	9	3	7	6	1
2016 年	118	65	24	48	31	8	4	5	6	6	9	1	10	2	2	0
合计	428	366	176	168	119	67	38	38	33	31	26	32	21	23	29	8

从技术措施角度分析，针对电子烟的技术改进措施涉及改进雾化原理、改进总体设计、改进雾化器、改进电源系统、改进烟嘴、改进烟弹、改进测控技术、改进配方或添加剂、增加辅助功能、改进总体工艺设备、改进配套组件共 11 个方面。数据统计表明，技术改进措施主要集中在雾化器方面，专利数量占 40.3%。其次是烟液配方或添加剂，专利数量占 16.7%。然后是雾化原理和测控技术，专利数量分别占 11.2%、8.2%。

从功能效果角度分析，针对电子烟进行技术改进所实现的功能效果包括提高感官质量、提高安全性、使用携带方便、提高雾化效果、延长寿命、医疗保健功能、降低生产成本、减少有害成分、提高生产效率、丰富产品功能、节约电能、提高智能化水平、降低使用成本、清洁环保、提高测控性能、改善充电效果共 16 个方面。数据统计表明，技术改进所实现的功能效果主要集中在提高感官质量，专利数量占 26.7%。其次是提高安全性，专利数量占 22.8%。然后是提高使用的方便性和便携性、提高雾化效果、延长寿命，专利数量分别占 11.0%、10.5%、7.4%。

从实现的功能效果所采取的技术措施分析，提高感官质量，优先采取的技术措施是改进配方或添加剂，其次是改进雾化器；提高安全性，优先采取的技术措施是改进雾化器，其次是改进测控技术；提高使用的方便性和便携性，优先采取的技术措施是改进雾化器，其次是改进配套组件；提高雾化效果，优先采取的技术措施是改进雾化器，其次是改进雾化原理；延长寿命，优先采取的技术措施是改进雾化器，其次是改进雾化原理。

从研发重点和专利布局角度分析，鉴于改进雾化器和烟液配方及添加剂方面的专利申请，以及提高感官质量和安全性方面的专利申请所占份额较大并且总体呈上升趋势，因此综合考虑上述信息可以初步判断：通过改进雾化器和烟液配方及添加剂来提高感官质量，通过改进雾化器和测控技术来提高安全性，通过改进雾化器和配套组件来提高使用的方便性和便携性，通过改进雾化器和雾化原理来提高雾化效果等技术领域，是电子烟专利技术的研发热点和布局重点。

从关键技术角度分析，上述专利所涉及的电子烟关键技术涵盖了雾化技术、控制技术、烟芯配方技术。

10.3.1.2 国内烟草行业外电子烟专利技术功效分析

1. 技术功效图表分析

分析研究国内烟草行业外申请的电子烟专利的“权利要求书”和“说明书”，并依据研究制定的《新型烟草制品专利技术分类体系》，对专利涉及的技术措施和功能效果进行归纳总结，形成技术功效图 10.4，技术措施、功能效果分布表 10.8、表 10.9。

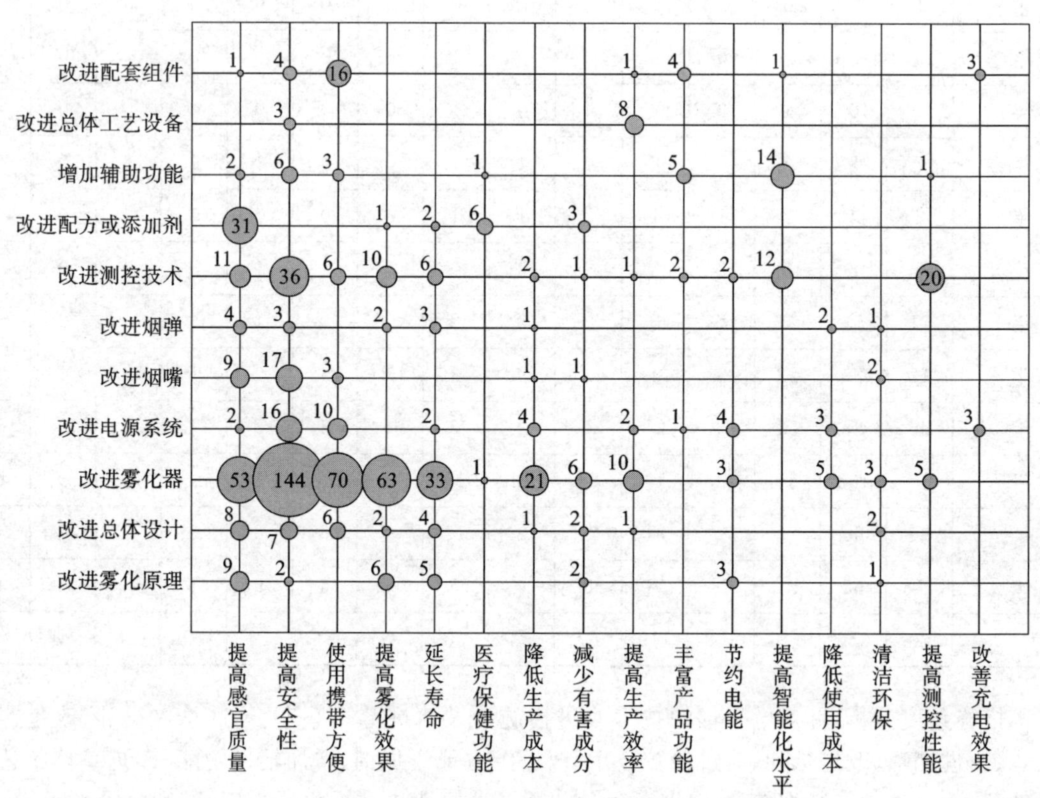

图 10.4 国内烟草行业外电子烟专利技术功效图

表 10.8 国内烟草行业外电子烟专利技术措施分布

申请年份	改进雾化原理	改进总体设计	改进雾化器	改进电源系统	改进烟嘴	改进烟弹	改进测控技术	改进配方或添加剂	增加辅助功能	改进总体工艺设备	改进配套组件
2003 年	2	0	0	0	0	0	0	0	0	0	0
2004 年	2	0	1	0	0	0	0	0	0	0	0
2005 年	0	0	1	0	0	0	0	0	0	0	0
2007 年	2	0	5	0	0	0	0	0	0	0	0
2008 年	1	3	5	0	1	2	2	3	0	0	1
2009 年	0	0	7	5	0	0	3	4	0	0	1
2010 年	0	1	16	4	2	2	8	3	1	0	0
2011 年	0	7	27	0	5	2	7	3	1	0	0
2012 年	1	5	42	8	3	1	17	3	3	0	8
2013 年	3	10	150	21	10	1	16	9	12	4	10

续表

申请年份	改进雾化原理	改进总体设计	改进雾化器	改进电源系统	改进烟嘴	改进烟弹	改进测控技术	改进配方或添加剂	增加辅助功能	改进总体工艺设备	改进配套组件
2014 年	7	6	128	7	10	8	35	13	9	3	6
2015 年	10	1	35	2	2	0	21	5	6	4	4
2016 年	0	0	0	0	0	0	0	0	0	0	0
合计	28	33	417	47	33	16	109	43	32	11	30

表 10.9　国内烟草行业外电子烟专利功能效果分布

申请年份	提高感官质量	提高安全性	使用携带方便	提高雾化效果	延长寿命	医疗保健功能	降低生产成本	减少有害成分	提高生产效率	丰富产品功能	节约电能	提高智能化水平	降低使用成本	清洁环保	提高测控性能	改善充电效果
2003 年	1	0	0	0	0	0	0	1	0	0	0	0	0	0	0	0
2004 年	1	0	0	2	0	0	0	0	0	0	0	0	0	0	0	0
2005 年	0	0	0	0	0	0	0	1	0	0	0	0	0	0	0	0
2007 年	1	0	1	2	2	0	0	1	0	0	0	0	0	0	0	0
2008 年	7	3	2	0	2	0	1	1	0	0	0	0	1	0	1	0
2009 年	2	4	2	1	1	2	1	1	0	0	3	0	1	0	1	1
2010 年	5	8	3	8	3	2	3	0	1	0	1	0	0	0	3	0
2011 年	10	12	7	7	5	0	3	2	0	0	1	1	0	3	1	0
2012 年	10	21	22	7	3	1	9	3	3	5	0	1	2	1	2	1
2013 年	30	87	54	18	21	1	3	2	12	3	1	6	2	1	1	4
2014 年	46	85	19	24	11	1	9	1	3	3	3	11	2	2	12	0
2015 年	17	18	4	15	7	1	1	2	4	1	3	8	2	2	5	0
2016 年	0	0	0	0	0	0	0	0	0	0	0	0	0	0	0	0
合计	130	238	114	84	55	8	30	15	23	12	12	27	10	9	26	6

对国内烟草行业外电子烟专利技术功效图 10.4 和技术措施、功能效果分布表 10.8、表 10.9 进行分析，结果表明：

从技术措施角度分析，国内烟草行业外申请人针对电子烟的技术改进措施涉及改进雾化原理、改进总体设计、改进雾化器、改进电源系统、改进烟嘴、改进烟弹、改进测控技术、改进配方或添加剂、增加辅助功能、改进总体工艺设备、改进配套组件共 11 个方面。数据统计表明，技术改进措施主要集中在改进雾化器方面，专利数量占 52.2%。其次是改进测控技术，专利数量占 13.6%。然后是改进电源系统、烟液配方及添加剂，专利数量分别占 5.9%、5.4%。

从功能效果角度分析，国内烟草行业外申请人针对电子烟进行技术改进所实现的功能效果包括提高感官质量、提高安全性、使用携带方便、提高雾化效果、延长寿命、医疗保健功能、降低生产成本、减少有害成分、提高生产效率、丰富产品功能、节约电能、提高智能化水平、降低使用成本、清洁环保、提高测控性能、改善充电效果共 16 个方面。数据统计表明，技术改进所实现的功能效果主要集中在提高安全性，专利数量占 29.8%。其次是提高感官质量，专利数量占 16.3%。然后是使用携带方便、提高雾化效果、延长寿命，专利数量分别占14.3%、10.5%、6.9%。

从实现的功能效果所采取的技术措施分析，提高安全性，优先采取的技术措施是改进雾化器，其次是改进测控技术；提高感官质量，优先采取的技术措施是改进雾化器，其次是改进烟液配方或添加剂；使用携带方便，优先采取的技术措施是改进雾化器，其次是改进配套组件；提高雾化效果，优先采取的技术措施是改进雾化器，其次是改进测控技术；延长寿命，优先采取的技术措施是改进雾化器，其次是改进测控技术。

从研发重点和专利布局角度分析，鉴于改进雾化器和测控技术方面的专利申请，以及提高安全性和感官质量方面的专利申请所占份额较大并且总体呈上升趋势，因此综合考虑上述信息可以初步判断：通过改进雾化器和测控技术来提高安全性，改进烟草配方及添加剂、雾化器来提高感官质量，是国内烟草行业外申请人针对电子烟专利技术的研发热点和布局重点。

从关键技术角度分析，国内烟草行业外申请的专利所涉及的电子烟关键技术涵盖了雾化技术、控制技术、烟芯配方技术。

2. 具体技术措施及其功能效果分析

国内烟草行业外申请人针对电子烟的技术改进措施主要集中在雾化器、测控技术、电源系统、烟液配方及添加剂等方面，旨在实现提高安全性、提高感官质量、使用携带方便、延长寿命、提高雾化效果等方面的功能效果。

①改进雾化器的技术措施及其功能效果主要有以下几个方面：

通过雾化器各组件的结构、材料改进，解决烟液渗漏、误吸烟液、干烧、玻纤危害人体、烟体过热等问题，提高安全性。

增设防漏机构或开关，防止烟液渗漏。深圳市合元科技有限公司在雾化器内设置可旋转的阻液件，可通过旋转该阻液件开关过液通道，从而控制烟液与雾化元件的接触，可有效防止烟液泄漏（CN201420619030.6）；在电极杆的前端与固定套之间或者后端与绝缘环之间设置防漏油结构，并且当电极环移动时可将其开闭，当雾化器与电极杆分离时，防漏油结构关闭，雾化器内的烟油由该防漏油结构阻隔，可有效防止烟油漏出，使用方便（CN201310167404.5）；通过弹性元件的回弹力推动传动元件向下移动，使密封盖向下移动以关闭烟油通道，从而使电子烟用雾化器在非使用状态，烟油不能进入雾化组件内，操作方便，防止漏油（CN201320815564.1）。惠州市吉瑞科技有限公司通过旋转导油件调节导油件与储油机构之间的相对位置，使输油通道与导油通道之间导通或不导通，能有效提高烟油的利用率并防止烟油渗漏（CN201320717497.X）；惠州市吉瑞科技有限公司在雾化器中设置防止液体漏出的隔液座防止漏油（CN201290000826.2）。

北京格林世界科技发展有限公司在雾化器圆柱陶瓷座上部设有雾桥（2），用以和一储液棉相结合，通过毛细作用，将储液棉中的烟液沿雾桥流下，雾桥下部以及陶瓷座上设置有液体雾化元件（3），用以加热并雾化流下的烟液，多余的烟液流入陶瓷座中，可防止烟液漏出（CN200820109333.8）。

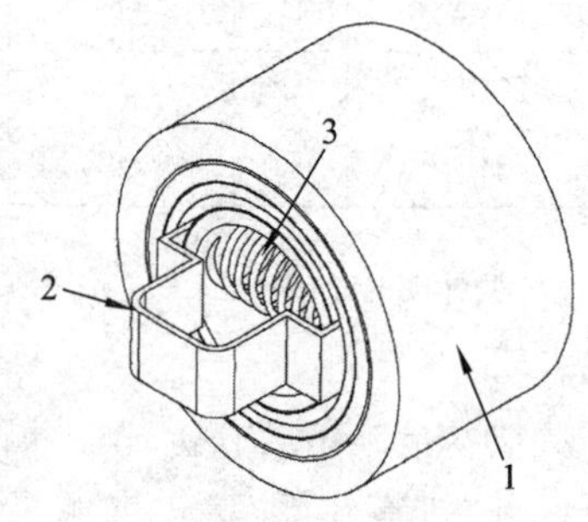

采用单向阀门防止漏液。深圳市康泰尔电子有限公司设计的可循环式电子烟采用了两个单向球阀结构，只有在使用者抽吸时，两个球阀才会打开从而形成气流循环通路供使用者抽吸，停止抽吸时，单向球阀在自身重力作用下将气流循环通路阻塞，避免了烟液的外流（CN201120119807.9）；惠州市吉瑞科技有限公司在雾化器中设置单向阀门，可根据吸气或吹气操作而产生相应的弹性变形，进而控制导气孔启闭状态，使电子烟于吸气时连通气路并于吹气时阻断气路，可防止对电子烟吹气造成的漏液、短路问题（CN201290001208.X）；刘秋明在气流通道的路径上设置调压阀门组件，当用户向电子烟内吹气时，调压阀门组件闭合，可防止雾化器内的烟液流入电池和控制板，延长电子烟的使用寿命（CN201420004316.3）。

改进密封组件，防止漏液。刘秋明在雾化器的储油机构设置有封堵烟油流通通道的热熔型密封结构，在雾化器首次使用之前，储油腔中的烟油被完全密封，不会出现装运过程中的烟油泄漏和雾化器使用之前因存放时间久而吸收水汽导致烟油变味等问题（CN201320717850.4）；刘秋明将吸嘴盖和外套管接合面间的间隙封住，吸嘴盖通过双色注塑或黏结等方式与密封件固定或做成一体结构，切断泄漏通道，可有效阻止烟液泄漏（CN201320521250.0）；菲利普·莫里斯公司在导液毛细管芯外设多孔塞，可防止烟液泄漏（CN201180058213.4）；奥驰亚客户服务有限责任公司在电子烟连接件中采用弹性垫圈与凸台紧密配合连接，提高密封性（CN201480021587.2）；深圳市麦克韦尔科技有限公司通过软质本体和硬质支座的搭配，对电子烟上下两侧空间进行密封隔离，降低烟液从中心通孔漏出的概率（CN201410439107.6）；刘秋明将支架的两端分别插入雾化座和密封件中，雾化座、密封件和硬质材料制成的支架组合成一个整体，雾化座和密封件均与壳体过盈配合，可防止烟油泄漏（CN201320422810.7）；深圳劲嘉彩印集团股份有限公司在电子烟中采用了密封装置与导液棒的密封配合，开启使用时，烟油不会从烟油腔中溢出，而是直接吸附在导液棒上，且具有良好的密封性（CN201410338078.4）；深圳市合元科技有限公司在电极环上套设一软膜环，并使软膜环与螺纹套过盈配合，将气体通道气密性地分为两部分，当雾化器使用时，软膜环受力变形，外界空气可进入雾化器内部，当雾化器不使用时，软膜环将气体通道封闭，防漏油效果好（CN201320245279.0）。

改进储液元件，采用无棉设计，防止漏液，提高感官质量。深圳市合元科技有限公司设计了多种无棉电子烟方案。将雾化芯直接与储油部件的一端抵接吸油，避免采用玻纤材料，可通过改变雾化芯的粗细和孔隙密度来改变吸油的速率，便于调节烟雾量，提高了安全性（CN201420425838.0）；利用通气构件和支架将雾化套分隔出储烟油的空间，空间内不设置储油棉，降低漏烟油的风险（CN201220700233.9）；雾化组件沿轴向移动可以将注油口打开或关闭，在使用时烟油从储油腔注入雾化组件内雾化，在不使用或者运输时，可将注油口关闭，可有效防止漏油（CN201310283289.8）。深圳市康泓威科技有限公司设计的电子烟将油直接存储在储油杯内，不需要使用棉花来存储油，吸的过程中不会有因燃烧棉花带来的焦味（CN201220257646.4；CN201220257648.3）。深圳市康泰尔电子有限公司采用发热单元与烟液储存单元一体化设计，形成了专门的仓储空间，烟液储存单元与发热单元间无须使用烟丝绵导流，雾化效果明显改善，口感更接近真正的香烟，同时使得烟液密封保存，延长了烟液有效期。（CN201110075226.4）。林光榕设计的无棉电子烟的储液装置包括储液杯和具有渗透孔的渗液片，装配后渗液片插进储液杯的出液端并通过扣合固定，可保证供液顺畅又防止漏液（CN201320785583.4）。

采用非玻纤材料导液，防止玻纤危害人体及烟液渗漏，提高安全性。现有的电子烟内雾化装置中的雾化杆、导液件和烟雾导管大多是由无机棉、玻纤材料制成，易断易弯易扭曲，稳定性差，被折弯或扭曲以及加热时会产生玻纤飞絮黏附在导液件和电热丝及烟雾导管内壁上，易对人体造成伤害。刘秋明采用有机棉质材质制成导液件、储液部件和渗透部件，将较高硬度的塑胶、硅胶、金属或陶瓷材质制成的烟雾导管替代用玻纤材质制成的烟雾导管后，可防止吸入玻纤飞絮后对人体造成的伤害（CN201320059933.9）；采用非玻纤的耐高温纤维材料制作供液部件，使供液部件可同时实现储存烟液及支撑固定电热丝等功能，提高电子烟安全性（CN201320008425.8；CN201220596899.4）。深圳市麦克韦尔科技有限公司采用硅胶类材质导液器，弹性好，可挤压位于其前后的部件从而使导液器前后没有轴向的空隙，也能够利用其弹性封堵住储液腔的腔口，起到防漏效果，提高了安全性（CN201310459528.0）。深圳市康尔科技有限公司利用导液陶瓷棒和导液陶瓷支架替代现有的纤维绳，可避免发热丝在工作过程中出现干烧的情况（CN201410117936.2；CN201410033400.2）。深圳市合元科技有限公司采用具有吸油孔的陶瓷管作为导液元件代替玻纤绳，陶瓷管具有多孔结构，洁净卫生并可防漏油（CN201420314834.5；CN201320883181.8；CN201320210944.2）。

改进雾化腔内进气、注液结构，防止漏液，提高安全性。深圳市康尔科技有限公司发明的按压式雾化器，将储液管划分成上下两个隔离的储液室，向上储液室加入烟液时，烟液不会流入下储液室，而发热组件是与下储液室连通的，往储液管的顶部注液时，发热组件无烟液流出（CN201310223284.6）；林光榕通过设置烟气通道和具有缺口的环形间隙空间的结构解决了无棉电子烟残留液体溢出的问题（CN201310640210.2）；深圳市合元科技有限公司将雾化器内部结构分为储油仓和导油仓两个空间，将雾化组件内置于雾化器导油仓底部，实现防漏（CN201320749450.1）；深圳市康尔科技有限公司将储液管划分成上下两个隔离的储液室，在其间的环壁上设有导通的液孔，当旋开烟嘴组件再次往储液管的顶部注液时，发热组件无烟液流出，起到防漏效果（CN201310223283.1）；菲利普·莫里斯公司设计的防止冷凝物泄漏的气雾剂生成系统，雾化腔内壁含有用于收集冷凝液体的液滴腔以及钩状构件，冲击器用于中断气雾剂形成室中的空气流，从而收集液滴，闭合构件，用于未抽吸的时候密封气雾剂形成室，可防止烟液泄漏（CN201180058140.9）；刘翔将进气口设置在油杯组件上，不再采用传统的雾化器顶针孔进气方式，消除了多余烟液从顶针进气孔流出至烟杆组件破坏电池以及电路板的现象（CN201220169694.8）；深圳葆威道科技有限公司设计的回流气流雾化器采用顶部进气方式，经过内部气流循环，同时在顶部出气，其采用上部注油，注油后盖顶部螺纹时，其内部大气压力会把内部烟油经过顶部进气的方式向上压，防止雾化器二次注油时从底部漏油，从而杜绝底部漏油和二次注油漏油的风险（CN201420489144.3；CN201410427605.9）；深圳市康尔科技有限公司在电子烟雾化结构中采用侧面进气结构，由于空气是从雾化器外壳的侧面进入雾化腔室中，无须在发热座组件的底部开设进气孔，也就避免了烟油沿通孔向下滴落，有效防止底部进气孔沉积烟液油或漏油的问题（CN201410146723.2）。

采用支撑机构防止挤压变形漏液。吉瑞高新科技股份有限公司在雾化器组件内设有支撑机构，可防止储油空间受挤压时过度变形，解决了电子烟受挤压后烟油溢出的问题（CN201390000288.1）。

改进雾化器结构，防止用户误吸烟液。尼科创业控股有限公司在气溶胶源与烟嘴开口之间的空气通道内壁的表面设置有表面处理部，可减小气溶胶在空气通道的壁上凝结为液体制剂的液滴以及被用户误吸的可能性（CN201580031469.4）；吉瑞高新科技股份有限公司吸嘴盖组件的吸嘴主盖和吸嘴副盖之间形成冷却腔，使烟雾中的细小烟液颗粒自然冷却凝结在冷却腔的内壁上，能减少或避免吸烟者吸到烟液（CN201390000297.0）；刘秋明在雾化器连接头上设置凹槽及斜进气孔，并增设吸嘴盖及油液冷凝槽，能够防止油液进入人体口腔（CN201320893439.2）；刘秋明在杆内设有防烟液冷凝机构，且能避免烟液滴被吸入吸烟者口中（CN201320021952.2）；惠州市吉瑞科技有限公司将雾化器中储油瓶的位置远离吸烟端，能够有效防止用户吸食未经雾化及冷凝的烟液（CN201420194903.3）。

采用陶瓷材料防止干烧，提高安全性。刘秋明采用硬质耐高温的陶瓷材料制得雾化座，使得雾化座不易变形，再在雾化座的支撑管的端面上开设各种形状的凹槽，便于快速放置雾化件，简化了装配工序，提高组装效率，能够避免现有电子烟上硅胶碳化对人体健康造成的影响，防止干烧玻纤线，提高了电子烟使用的安全性（CN201320628438.5；CN201320729463.2）。

通过雾化器结构改进，防止烟体过热，提高安全性。菲利普·莫里斯公司发明的具有内加热器的气雾生成装置，采用内部中心加热，包括烟液存储部分和蒸发器，存储部分具有外壳体和内通道，导液组件采用多孔连接件，用于将气雾形成基质从存储部分朝蒸发器运送生成气雾，该结构可防止气雾生成装置的壳体过热，制作成本低（CN201280060089.X）。

通过改进连接、注液、烟液及气流控制等组件，便于用户使用、控制、拆装、注液，通过简化雾化器结构设计缩小雾化器体积，方便携带。

改进连接组件，采用磁性连接、螺旋连接、卡扣连接、旋转插接、直插等多种连接方式，方便用户拆卸、安装、更换，降低用户使用成本，便于自动化生产，提高生产效率。刘秋明采用磁力吸附将电源杆和吸杆连接成一体，拆装方便，结构简单，便于维修与更换，电性接触良好，使用寿命长（CN201320067711.1；CN201220663390.7）；液杯与电池杆采用磁性连接，便于电池的更换（CN201320155232.5）。惠州市吉瑞科技有限公司设计的磁力连接电子烟，可减少零部件，方便组装拆卸（CN201290001209.4）。林光榕采用磁力插接方式连接组件，拆装简单、牢靠（CN201310341033.8）。卓尔悦（常州）电子科技有限公司发明的电子烟雾化器，烟嘴通过外螺纹环与内螺纹环的配合装配于雾化管上，结构简单、不会漏液（CN201310389321.0）。深圳市合元科技有限公司采用多种方案实现雾化器可拆卸连接，雾化头、储液器件均可拆卸、更换，降低了用户的使用成本（CN201510057585.5；CN201310557421.X；CN201310676937.6）。林光榕在吸嘴贮液组件中采用扣位连接结构，更换口味时只需更换贮液组件，降低了用户的使用成本（CN201310588615.6）。深圳市合元科技有限公司在充电接头与供电装置之间采用旋转卡扣连接的方式装配，使其结构简单，提高了生产效率，操作方便。深圳市康尔科技有限公司采用插装的连接方式固定烟杆和电池仓，电极能够充分接触，发热丝组件采用快速插装的方式安装，方便快捷（CN201220563623.6）。卓尔悦（常州）电子科技有限公司发明的方形电子烟，其供电装置和雾化装置的外形为方形，通过对正连接部件进行连接，与现有方形的电子烟的螺纹配合相比，装配更简单，连接可靠（CN201110300233.X）。

采用透明烟体材料，便于用户观察烟液使用情况。 卓尔悦（常州）电子科技有限公司采用透明储液管，便于观察烟液使用情况，有效避免了出现干烧现象（CN201320595920.3）；深圳市合元科技有限公司在现有的雾化器上增加了透明雾化套管件，将雾化组件包裹在内，透过透明雾化套能看到烟油颜色及容量，却不能看到雾化组件，使整个雾化器具有较好的视觉效果，也降低透明雾化套破裂的风险（CN201320682919.4）。

优化注液设计，便于添加烟液。 刘秋明在容纳槽底壁开设连通储油腔的加油孔，烟油添加更方便（CN201320870811.8）；刘秋明在可往复滑动的吸嘴盖上开设加油口，并可部分弹出吸嘴盖外露，方便注入烟油（CN201320535192.7）；深圳市康尔科技有限公司发明的顶部注液电子烟，可从连接环的注液孔往储液管内注液，而由于储液管也在加热组件上方，可方便卫生地灌注烟液，避免现有的底部注液需倾倒整个电子烟而使烟液泄漏的情况（CN201410323040.X；CN201420375735.8）。

采用烟液、气流控制件，实现烟液输送量、烟雾量、气流量、烟液浓度可调可控，方便用户使用。 方晓林发明的电子烟，采用三段式结构，包括烟嘴段、雾化器段和电池管，烟嘴段含有储液仓，一次性设计，用完可换，雾化器段采用金属纤维做导油线，快速传导烟液至镍铬电热丝，雾化杯采用聚四氟乙烯作为发热丝支架，电池管内设有在气压的作用下移动的动膜，用户吸气时动膜移动，可控制雾化器对烟液进行雾化（CN200910108807.6）；深圳市康泰尔电子有限公司发明的烟液可控式电子烟，内设抽液泵，外壳设置抽液按键，按压后将烟液吸入雾化装置的雾化杆内，按压电源按键可控制发热丝对烟液进行加热雾化（CN201110078834.0；CN201120089669.4）；卓尔悦（常州）电子科技有限公司采用可调下液雾化器，使用者可根据需要，自行调节机构旋转雾化头，控制烟液雾化量（CN201320352633.X）；惠州市吉瑞科技有限公司深圳分公司在雾化组件主体和吸嘴盖的连接处设置限位部，可以限制吸嘴盖在雾化组件主体上的旋转幅度，并控制排烟孔的重合面积，进而控制雾化组件的出烟量（CN201520547470.X）；刘秋明在气流通道的路径上设置有调压阀门组件，通过调压阀门组件实现对进入雾化器内的外界大气流量的控制，进而调整吸入烟雾量（CN201420004316.3）；刘秋明在烟杆和雾化器之间设有用于调节烟液流量的调压阀门组件或滑动阻隔件，可调整被人吸入的雾化烟液的量，改变抽烟口感（CN201320002876.0；CN201320718955.1）；深圳市康尔科技有限公司在雾化器中设置气孔调节环，通过旋转气孔调节环，使气孔与外界导通的开度大小发生变化，达到调节气流腔室内气流大小的效果（CN201320675054.9；CN201320675053.4）；菲利普·莫里斯公司采用套管进气口设计，通过旋转烟体控制进气口的大小，从而控制烟气流速（CN201280060082.8）；深圳市麦克韦尔科技有限公司通过垫片和储液层共同作用，实现对导液绳中的液体量高精度控制（CN201410597265.4）。

精简电子烟烟体设计，缩小体积，方便用户携带。 韩力设计的改进的雾化电子烟，将雾化芯组件套于储液部件的通道内，使液体渗透件直接与储液部件相接触，结构简单、节省空间，使整个雾化电子烟的体积更小，烟体采用可拆卸、更换的分体式结构，方便更换、携带（CN200920001296.3）；富特姆控股第一有限公司采用导电有机纤维或导电无机纤维作为加热元件，减小加热器体积，导电无机纤维包括自由碳纤维、SiO_2纤维、TiO_2纤维、ZrO_2纤维、Al_2O_3纤维、$Li_4Ti_5O_{12}$纤维、LiN 纤维、Fe-Cr-Al 纤维、NiCr 纤维以及陶瓷纤维，导电有机纤维包括聚苯胺纤维、芳纶纤维以及有机金属纤维，与用于电子烟的传统的带线圈的雾化器相比，更小型化（CN201480079630.0）。

采用预加热、保温加热等多种加热模式以及多区域加热、多雾化组件、多储液组件等方式，采用环绕加热、内部加热、缠绕加热等不同的加热接触方式，提高雾化效果和感官质量。

采用预加热、保温加热等多种加热模式以及多区域渐进加热的方式，优化雾化效果，提高抽吸效率，改善抽吸感官质量。 李运双在雾化烟油的同时能对雾化室内的液体进行预加温，消除了热量过高与热量过低、导油不畅、烟油雾化不完全、气雾配比不合理的现象，烟油能充分雾化，烟雾量大、吸入口感好（CN201220590985.4）；JT 国际股份公司采用预加热和加热的双加热模式对烟液进行加热，预加热元件由镍铬耐热合金丝线构成，提高了雾化效果（CN201480066591.0）；JT 国际股份公司在电子烟中设置两个加热区，发烟基质经第一加热区预加热后在第二加热区进行加热（CN201480067526.X）；拜马克有限公司发明的气溶胶形成部件，其雾化器包括第一气溶胶形成构件和第二气溶胶形成构件，第一气溶胶形成构件先加热至第一工作温度，然后加热至更高的第二工作温度，此时第二气溶胶形成构件被加热至第一工作温度，使得从两个构件挥发的液体彼此混合，可避免其毛细结构变干，避免了温度失控和气溶胶形成构件过热的问题

(CN201580022356.8)。

采用环绕加热、内部中心加热、缠绕加热等不同的加热元件与导液元件接触方式,提高雾化效果。采用加热体环绕导液件实现外部加热:菲利普·莫里斯公司发明的浮质产生系统(301),其烟嘴可更换,从而避免不同的烟嘴之间的交叉污染,其加热雾化组件(200)采用毛细管体(117)导液,避免烟液光照及氧化变质,延长了烟液保质期,采用毛细芯导液该烟嘴结构可有效防止烟液泄漏,外部采用耐热绝缘材料制成的多孔套筒(201)为导液件(117)提供结构支撑,加热线圈绕在多孔套筒上进行加热,可防止毛细管体被压扁损坏,该加热体环绕导液件加热的结构简化了雾化器结构,优化了雾化过程,提高了雾化效果(CN201610677028.8;CN200980115315.8)。

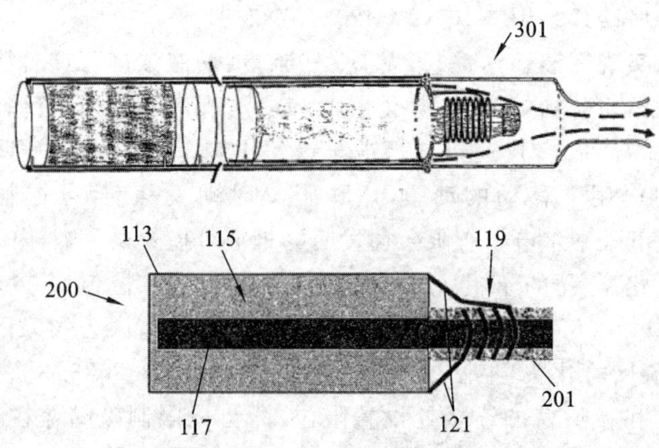

采用内部中心加热:采用电阻丝作为加热元件对烟液进行加热雾化,是目前电子烟专利以及市场上电子烟产品普遍采纳的主流发热原理,该方式加热结构简单,生产成本和使用成本低,雾化效果好。采用电阻加热雾化方案中比较经典的方案是韩力设计的一种改进的雾化电子烟,将厚度为0.5~5 mm的雾化芯组件中的液体渗透件(6)直接套于电加热体(5)上,并把储液部件(3)中的烟液渗透至液体渗透件(6)中,当电加热体(5)加热时液体渗透件(6)中的烟液达到沸点而汽化,汽化更充分,液滴更小更均匀,直径可达0.04~0.8 μm,在分散度和外观上更接近真实的卷烟烟雾,使用者在口感上更易接受;电加热体(5)及储液部件(3)有相连通的通孔和通道,使雾化产生的烟雾在气流的推动下进一步冷却;可拆卸更换的分体式结构,可实现部件的更换(CN200920001296.3)。

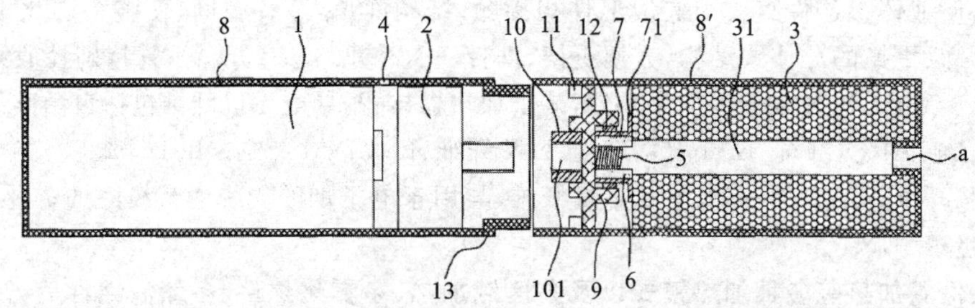

菲利普·莫里斯公司发明的具有内加热器的气雾生成装置,采用内部中心加热,该结构可防止气雾生成装置的壳体过热,制作成本低(CN201280060089.X)。

采用加热体与导液体互相缠绕的方式进行全面接触加热:李永海、徐中立将电热丝缠绕在玻纤丝上,使电热丝可对玻纤丝内的烟液进行高效雾化,有效解决现有电子烟存在的烟雾量小的问题(CN201020220249.0);菲利普·莫里斯公司将加热元件(200)和导液毛细管主体(210)彼此缠绕,提高了雾化效果(CN201580011465.X)。

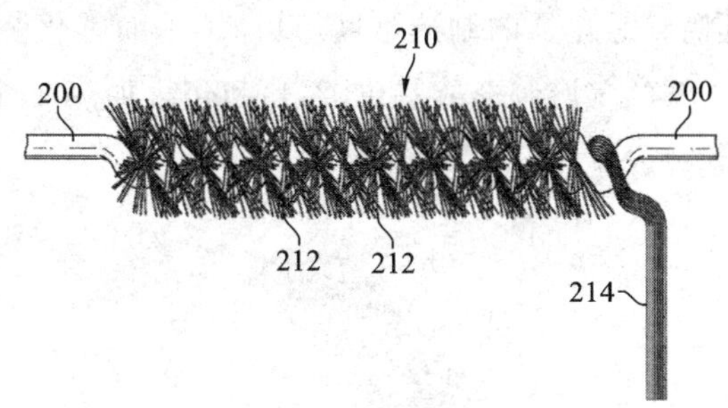

深圳市麦克韦尔科技有限公司发明的电子烟针对目前电子烟发热丝呈线状，对离发热丝本体较远的烟液雾化效果不好的问题，采用了管状微孔发热体，发热面积较大，且外表面与储液器相接触，可产生适量的烟雾以获得较佳的口感，发热体上设置有穿透管壁的微孔，可利用毛细作用吸附储液器中的烟液，增大了发热体的发热面积和与烟液的接触面积，使其均匀地分布于发热体上，从而雾化出体积均匀的雾化颗粒，能够提高雾化的速度，也能够让烟液穿过发热体的管壁，实现一侧吸附另一侧雾化，提高了雾化效果(CN201310459545.4)；深圳市施美乐科技有限公司设计的一次性雾化装置，包括电池组件、雾化装置，雾化装置中发热丝与导油绳缠绕在一起，充分接触，导油速度快，避免温度过高导致的烟油分解异味，提高了感官质量，该设计生产工艺简单，生产效率高(CN201020650584.4)；R. J. 雷诺兹烟草公司发明的电子烟烟液存储和导液部件采用纤维刷状构造成芯吸元件(301)，加热丝(351)置于其中，增大烟液与加热丝的接触面积，提高了加热效果(CN201480013804.3)。

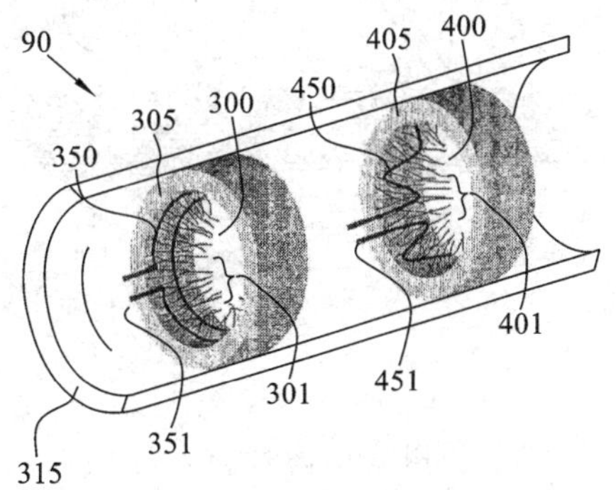

通过改进加热元件形状材料，采用平面、片状、板状、盘状、螺旋状、颗粒状、网状、泡沫状加热元件，增大加热元件与导液元件的接触面积，采用纳米电阻材料，提高雾化效果。

菲利普·莫里斯公司设计了多种平面、片状、板状加热元件，降低了生产难度，使烟液雾化更均匀，提高了雾化效果，改善了感官质量。

平面加热元件：传统电子烟加热元件采用线圈绕丝方式，生产难度大、成本高，菲利普·莫里斯公司发明的具有流体可渗透加热器组件的气溶胶生成系统，该加热器组件包括电绝缘基板(34)，形成于电绝缘基板中的开孔及第一面固定到基板的加热器元件，加热器元件跨越开孔且包括连接到导电接触部分(32)的电热丝(36)，显著增加了加热面积，提高了加热效率，且这种平面结构更便于生产(CN201480074307.4)。

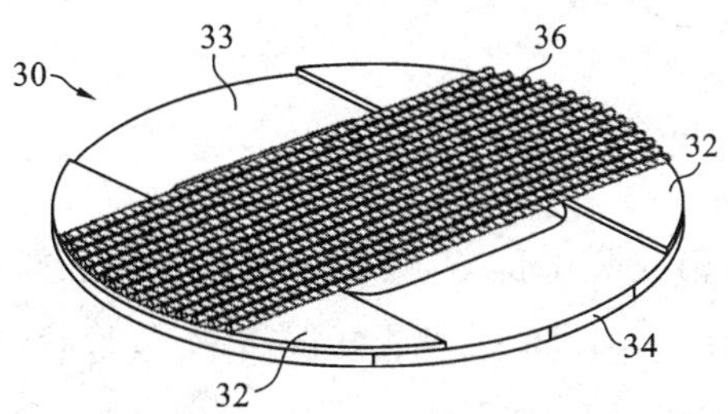

菲利普·莫里斯公司为降低筒状雾化器的制造难度，设计了平面雾化装置，包括基底层(222)、布置于基底层(222)上且包括液体尼古丁源的气溶胶形成基质(224)和包含加热元件(236)的电加热器(226)，这种平坦的接触加热结构加热均匀，生产成本低(CN201580037539.7)。

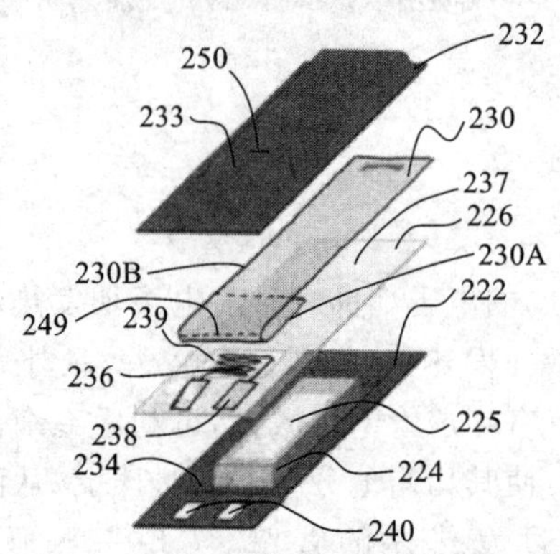

菲利普·莫里斯公司改进的加热元件采用平坦导电丝结构，扩大了加热面积，便于生产(CN201480073512.9)。

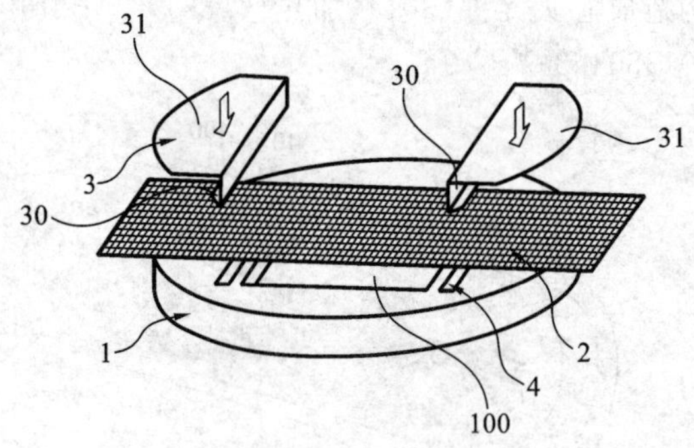

箔或薄片状加热元件：R.J.雷诺兹烟草公司采用薄片材料形成加热元件，通过围绕液体传送元件弯曲互连环路而耦接到液体传送元件，扩大了加热面积，提高了雾化效果(CN201480024252.6)。

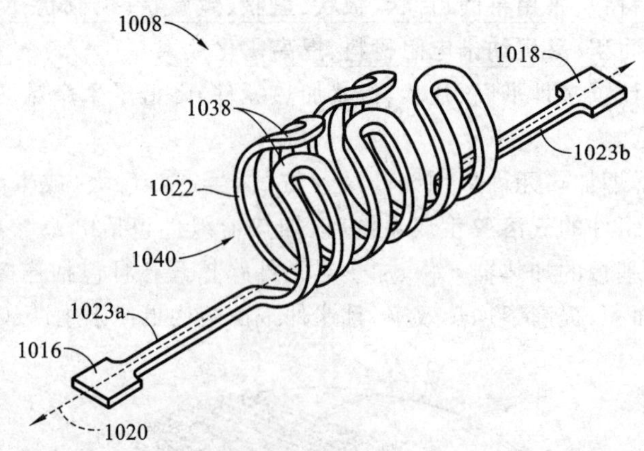

菲利普·莫里斯公司采用金属箔或薄片形式的热敏电阻作为加热核心组件，呈具有两个端部并具有卷烟或小雪茄的横截面尺寸的双螺旋线(101)和/或蜿蜒式线(102)的形状，与烟液接触面积最大化，蒸发效率高且均匀，通过冲压或模具压弯的方式生产，便于生产，降低生产成本(CN201280045111.3)。

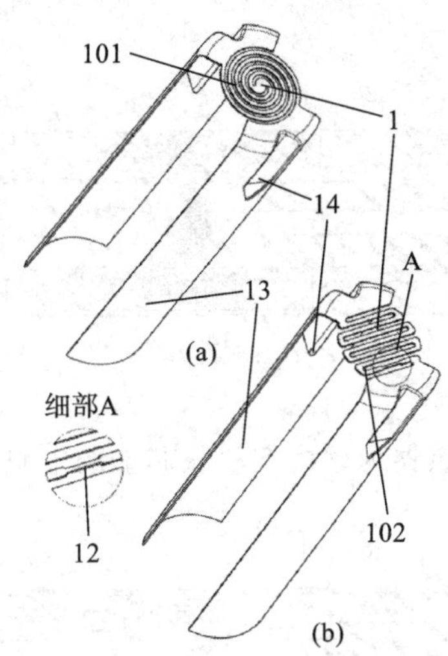

片状电加热元件：菲利普·莫里斯公司针对传统发热元件缠绕毛细芯结构存在生产成本高、烟液受重力影响分布不均匀等问题，采用毛细管芯薄膜(102)作为导液组件与片状电加热元件(104)，管状元件(100)为储液元件，降低了生产成本，提高了雾化效果(CN201580022180.6)。

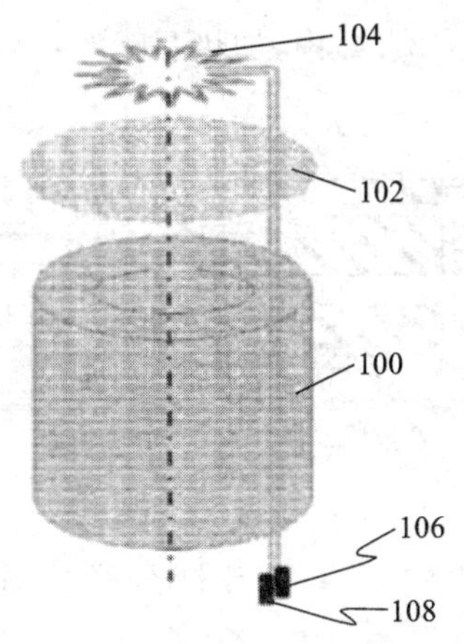

惠州市吉瑞科技有限公司发明的电子烟通过设置电热片雾化组件代替传统的电热丝雾化组件，从而避免了碎玻纤颗粒进入人体对身体造成伤害，提高了安全性(CN201290001206.0)。

板状发热体：深圳市麦克韦尔科技有限公司采用面板状发热体，储液面积大、发热面积较大，烟液被吸附到发热体上后能够沿其表面向周边扩散，形成厚度均匀的受热液体层，从而产生均匀的雾化细颗粒，改善雾化的效果，发热体呈板状，加工过程较为简单，简化了组装操作(CN201310459597.1)。

盘形、螺旋状发热体：惠州市吉瑞科技有限公司将雾化器电热元件绕成盘形的螺旋状，有效增加了电热元件的长度及电热元件与导油布的接触面积，避免了现有技术中螺旋圈与螺旋圈之间因重力或振动的作用致烟雾量不均匀的问题(CN201420161302.2)；深圳市合元科技有限公司采用发热盘和吸油体结构，使受热面积大，受热均匀，吸烟时烟雾量大，长时间吸烟时不会因为温度过高而产生煳味，改善用户的使用体验(CN201420381903.4)。

奥驰亚客户服务有限责任公司采用颗粒状、网状、泡沫状发热电阻材料，利用毛细原理吸取烟液，从而扩大加热面积，提高雾化效果。采用颗粒状电阻加热材料，液体在加热元件内部空隙中进行加热，其发明的电子烟包括液体供应区域，包括液体材料以及加热芯元件(14)，加热芯元件用于吸取液体并将液体加热蒸发，加热芯元件包括多个熔合的金属珠子或颗粒状电阻材料，每一个珠子或颗粒均具有小于1 mm的直径，液体可被吸入到加热芯元件的金属珠子或颗粒之间的间隙、孔隙中进行加热，加热均匀，效率高(CN201480010152.8)；在另一方案CN201480010167.4中，加热芯元件包括两层或更多层电阻性网状材料，可吸取液体并将液体加热蒸发。

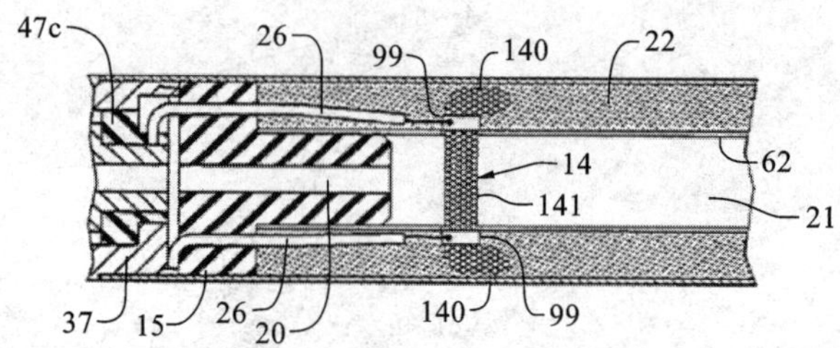

在 CN201380010642.3 方案中，加热器为缠绕在丝状芯上的电阻式网状材料条带结构(140)。

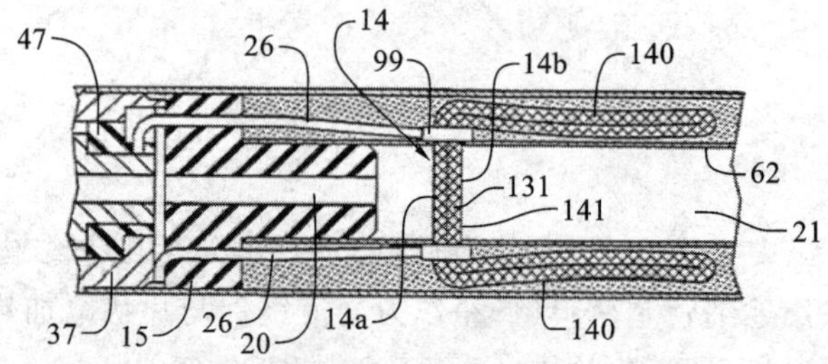

在发明电子吸烟器具(CN201480010181.4)中，加热芯元件(14)由碳泡沫或石墨泡沫形成。

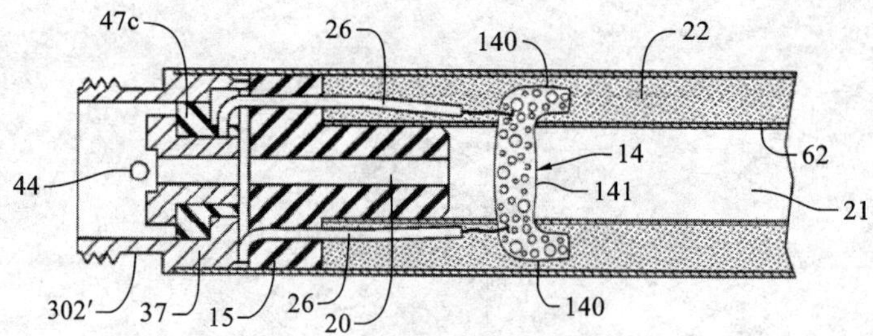

采用加热套(170)包裹导液容器(180)，其内具有空气流道(190)，围绕烟液(182)加热雾化(CN201480016003.2)。

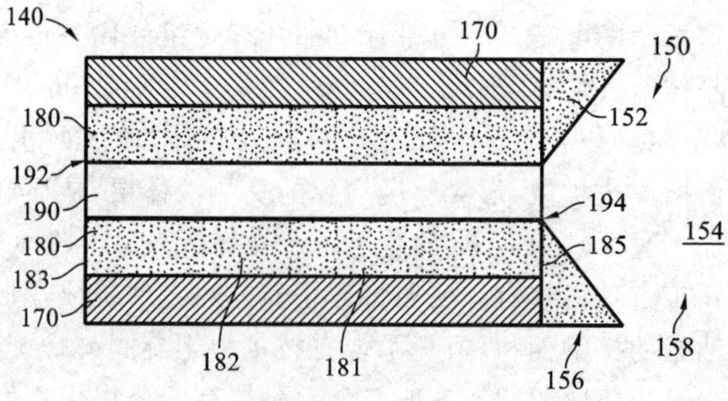

采用纳米电阻材料，提高加热效率。采用纳米电阻材料：传统电阻加热雾化方案是接触加热，主要对流经加热丝的液体进行加热，再借助流体的传热扩散到四周液体，加热效率尚未发挥到最大限度。中国科学院理化技术研究所发明的电子烟具有纳米尺度超精细空间加热雾化功能，其关键部件是加热腔(24)内有空间加热雾化效应的加热器(20)，与可充电电池(5)连接，加热器(20)采用了轴向微纳米管束组成的轴向微纳米管束电阻，或由丝网堆叠在一起以形成纳米级微孔道的丝网式电阻(采用金属如不锈钢或多晶硅的丝网堆叠制成，堆叠在一起形成纳米级流动空间)，或带有轴向微纳米管道的轴向微纳米管道电阻(通过 MEMS 或纳米加工技术在金属如不锈钢或多晶硅载体上加工出直径在 10～1000 nm，长度在 10～100 mm 的轴向

微纳米管道电阻,电阻值在 0.01～100 Ω 范围),由于该类型加热材料中内部流通空间尺寸极小,可确保在加热腔内获得纳升级液体烟碱,烟碱溶液在流通于纳米级微孔道的过程中,由于微孔道自身发热比表面积巨大,因而可达到对烟碱溶液的空间加热,纳米级流体可在此类电阻内部空间加热作用下达到高效雾化效应,较之以前单一的电阻加热式电子烟提高了雾化效率,使用者在抽吸过程中能获得极大的满足感(CN200710121524.6,同族专利 2,施引专利 65)。

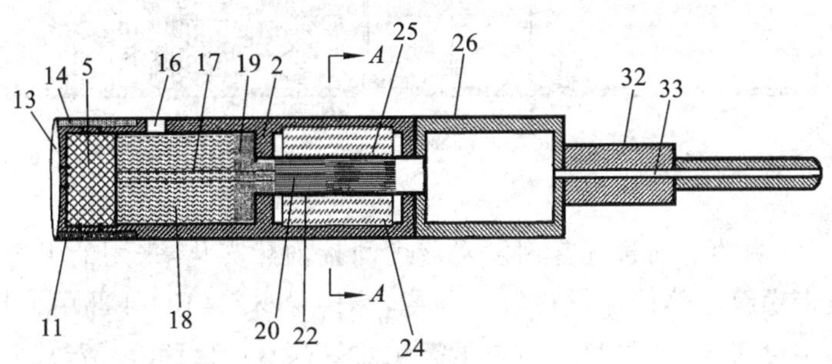

采用纳米钛金属发热材料膜。刘翔发明的面加热式雾化器,针对现有雾化器一般采用钨合金发热丝加光纤绳雾化烟油存在的雾化性能差、易积炭、发热性能低、使用寿命短、电阻大、电池消耗高、口感差的问题,采用面状发热结构,将纳米钛金属发热材料膜包裹在陶瓷座的外侧,发热面积大,雾化能力强,通过陶瓷座间接与固体烟油或烟膏接触来实现热量传递,发热更加均匀,不容易产生积炭,更加环保,其平均使用寿命可达 10 万次以上,高温加热完全无毒无害,环保健康,电阻比较小,更加节能(CN201310262004.2)。

减小加热器连接件电阻,提高雾化效果。深圳市合元科技有限公司在雾化器发热丝两引脚上连接镀银电子裸线,可减小现有技术中发热丝与电极连接时的接触电阻,节约能量损耗,不会烫伤发热丝支架,产生异味,影响雾化装置的雾化效果及电子烟口味的纯正(CN201210408618.2)。

奥驰亚客户服务有限责任公司将加热器引脚通过支撑板上的印制电路元件连接,减小电阻,提高了加热效率(CN201480053478.9)。

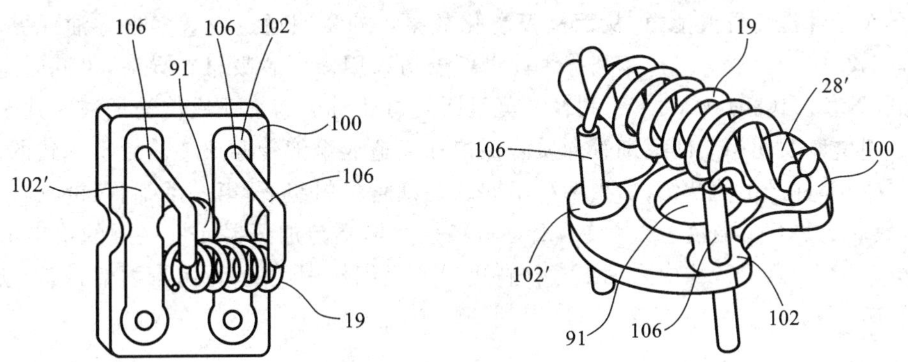

刘团芳将发热丝垂直于玻璃管壳身的圆柱面相互间隔均匀排列,可实现内部烟油的均匀蒸发,且由于垂直放置,高度方向上的烟油受热程度相同,能够同时蒸发,提高了雾化效果(CN201410315237.9)。

改进雾化腔内导气结构,提高雾化效果。菲利普・莫里斯公司通过雾化腔内进气口、出气口和导向装置设计,优化空气流动路径以控制气雾剂中的颗粒粒度,从而改善电子烟雾化效果(CN201080056453.6;CN201610205852.3);菲利普・莫里斯公司为控制烟雾颗粒尺寸,在雾化器中设置排气口和多个气流喷嘴,气流喷嘴和排气口之间形成气流路径,避免了导液毛细管本体被过度干燥造成的烟液变质问题,提高雾化效果(CN201280059776.X);罗伯特・列维兹、希姆尔・格弗里洛夫在电子烟阳性接头侧边设置进气口,避免采用端部进气口使吸入空气通过整个电池长度,降低了生产难度,提高进气效率(CN201280018281.2)。

采用管状导液渗透件导液,提高雾化效果。韩力将厚度为 0.5～5 mm 的雾化芯组件中的液体渗透件直接套于电加热体上,并把储液部件中的烟液渗透至液体渗透件中,当电加热体加热时液体渗透件中的烟液达到沸点而汽化,汽化更充分,液滴更小更均匀,直径可达 0.04～0.8 μm,在分散度和外观上更接近真实的卷烟烟雾,使用者在口感上更易接受(CN200920001296.3)。

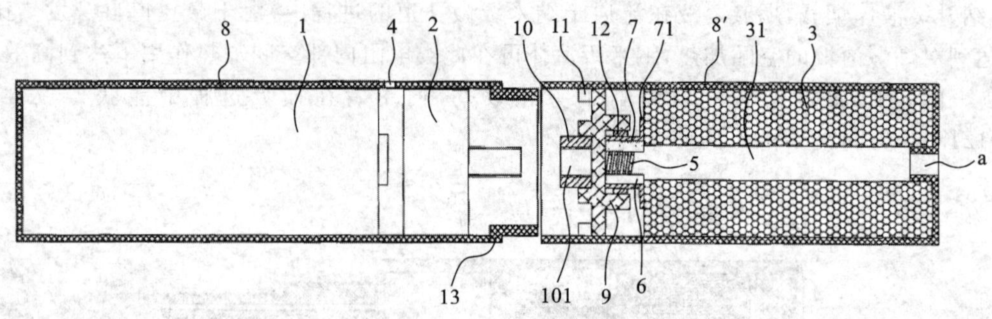

菲利普·莫里斯公司发明的毛细管气雾剂发生器可间接加热雾化,采用的毛细管(10)具有入口(12)和出口(11),毛细管被外表带螺纹的热传导材料(13)围绕,热传导材料(13)外部用电热丝(15)缠绕,可被绝缘套管(17)围绕,该加热结构可实现均衡加热,提高了雾化效果(CN201410579875.1)。

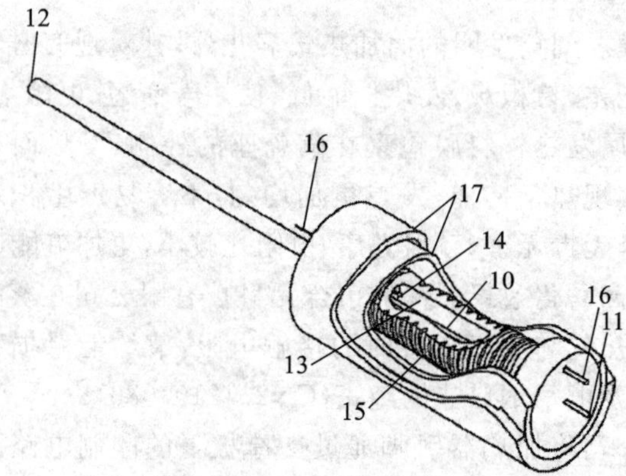

采用多组导液元件提高导液能力,从而提高雾化效果。刘秋明通过设置多根导油件提高导油能力,防止电子烟干烧(CN201320377729.1);菲利普·莫里斯公司采用多层芯吸材料导液,可同时运送不同密度的烟液,丰富口感(CN201610801200.6);菲利普·莫里斯公司针对毛细管介质传输烟液时残余液体保留于毛细管材料中造成浪费以及使用期间毛细管介质降低饱和度造成烟液传送效率前后不一致的问题,对导液组件进行了改进,导液部件采用筒状结构,由两种不同的毛细管材料组成,第一毛细管材料(36)与加热器元件(46)接触,具有较高的热分解温度,与内层毛细管材料接触但不与加热器元件接触的第二毛细管材料(38)具有较低的热分解温度,且具有比内层毛细管材料更好的毛细作用性能,可为聚丙烯材料,解决了上述问题(CN201480073510.X)。

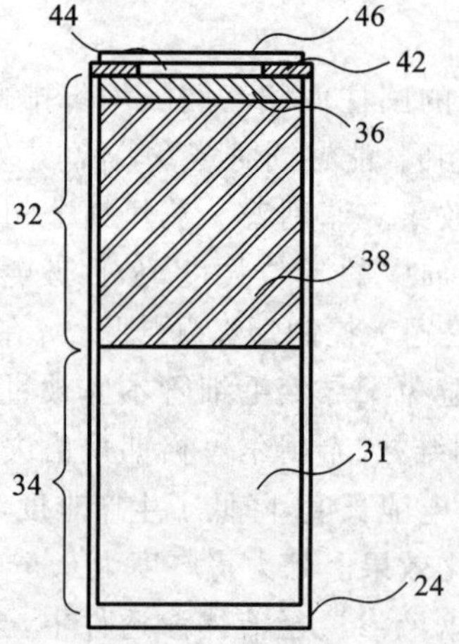

采用多孔陶瓷材料导液，提高雾化效果。深圳市康尔科技有限公司利用导液陶瓷棒和导液陶瓷支架替代现有的纤维绳，可提高电子烟雾化器的雾化效率（CN201410117936.2；CN201410033400.2）；深圳市康尔科技有限公司将发热丝内置于导液陶瓷体的固定孔中，则发热丝可在导液陶瓷体内直接加热导液陶瓷体传导过来的烟液，使发热丝可大面积接触烟液而使烟液雾化，提升雾化效率（CN201410310473.1）；深圳市合元科技有限公司采用具有吸油孔的陶瓷管作为导液元件代替玻纤绳，陶瓷管具有多孔结构，导热性能好，且表面积大，雾化效率高（CN201420314834.5；CN201320883181.8；CN201320210944.2）。

采用钢丝网导液，提高雾化效果。周学武采用钢丝网作为导油件，导油效果佳（CN201320110834.9）。

采用多层泡沫镍网导液，提高雾化效果。龙功运设计的雾化器采用陶瓷座，陶瓷座上靠雾化器出气口的一端设有多层泡沫镍网作为导液机构，导液机构与电热丝之间设有玻纤棉，可以直接将导液机构内积蓄的烟液导向发热元件，增强输送性能，提高烟碱雾化浓度，提高了雾化效果（CN201020612658.5）。

采用棉布导液，提高雾化效果。李永海、徐中立将烟液雾化装置的烟液容置于棉布和纤维棉之间形成的环向空间内，棉布与烟液之间可以大面积接触，使得烟液可以通过棉布不断渗入玻纤丝内，实现烟液的快速补充，从而提高雾化效果（CN201020220249.0）；惠州市吉瑞科技有限公司在雾化器中设置导油布，保障了输出给电热元件烟油量的均匀性（CN201420161302.2）。

利用弹簧压力挤压贮液囊导液，提高导液能力，以提高雾化效果。王月华在雾化器内设置弹性元件对贮液囊施以压力，通过喷液孔喷出液体。电热丝的开关由气嘴簧片和触点构成，由锥体阀门控制贮液囊内的液体（CN200720155717.9）；JT 国际股份公司通过弹簧和活塞使得烟液通过供应通道向加热区传导，提高雾化效果（CN201480066591.0）。

手动挤压导液。奥驰亚客户服务有限责任公司发明的电子烟，液体供应区可适于被挤压或以其他方式挤压，以便允许吸烟者向毛细管手动泵送液体并同时激活加热器（CN201380010758.7）。

泵送导液。奥驰亚客户服务有限责任公司改进导液组件，在电子烟中设计了微型泵系统（200），可将包含在液体供应容器内的液体材料泵送到毛细芯（146）（CN201480022994.5）。

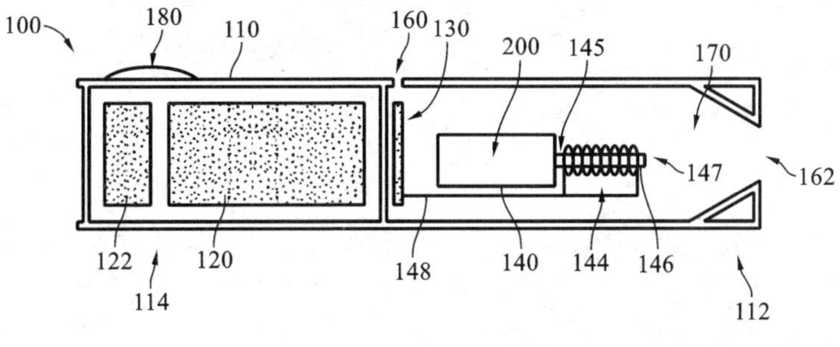

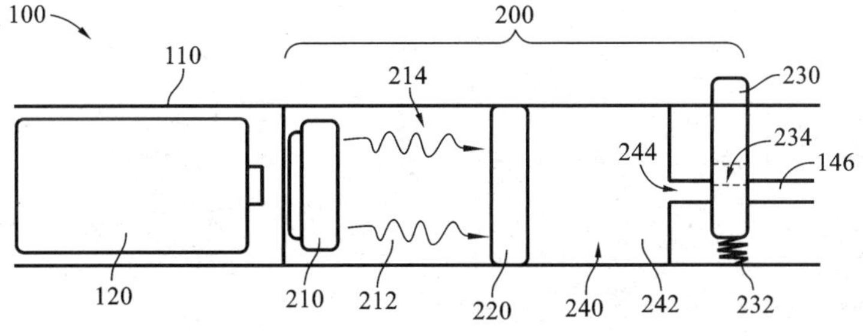

采用多雾化组件，提高雾化效果。惠州市吉瑞科技有限公司设计的电子烟采用双雾化器结构，能提高烟液雾化速率和烟雾量（CN201410151737.3）；R. J. 雷诺兹烟草公司发明的可控递送多种可气雾化材料的蓄池和加热器系统，采用一个或多个加热器，可控制气溶胶前体组合物的单独组分的递送速率或加热速率，提高雾化效果（CN201380042715.7）；RAI 策略控股有限公司发明的电动气雾递送系统包含双雾化部

件——第一气雾生成装置(212)和第二气雾生成装置(400),第二气雾生成装置内为颗粒、丸粒、珠粒等多个小的可发烟元件,丰富了口味,提高了感官质量(CN201580039116.9)。

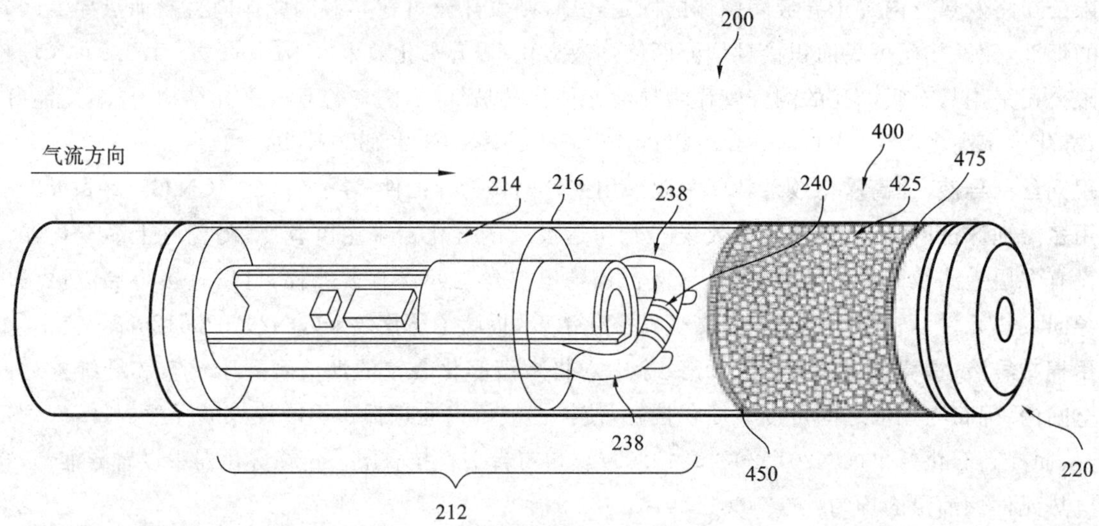

刘秋明设计了多种多雾化组件方案,提高了雾化效果,可满足用户多口味的个性化需求。在电子烟中采用多个雾化组件,采用同轴、并联设置、依次等多种连接结构,组装简便,每个雾化组件均可独立替换使用,使用者可自行选择不同数量的雾化组件,以达到调节烟雾量及口味的效果,从而满足使用者的个性化需求,同时还能使烟油雾化颗粒变得更细(CN201420021871.7;CN201420067358.1;CN201020615194.3)。

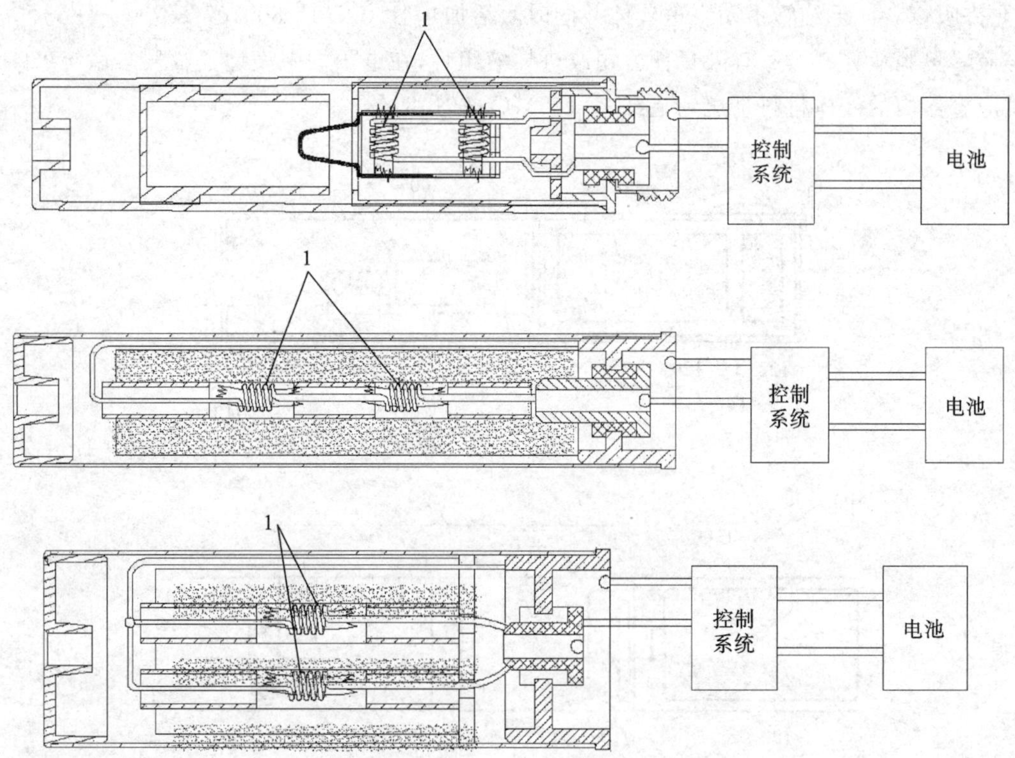

奥驰亚客户服务有限责任公司发明的电子烟,采用可生成两种不同粒度气雾的毛细管烟雾发生装置,包括第一毛细管气雾发生器(50a),其产生香味气雾,以及第二毛细管气雾发生器(50b),其产生含尼古丁气雾,以提高感官质量,满足用户吸烟需求(CN201480016196.1)。

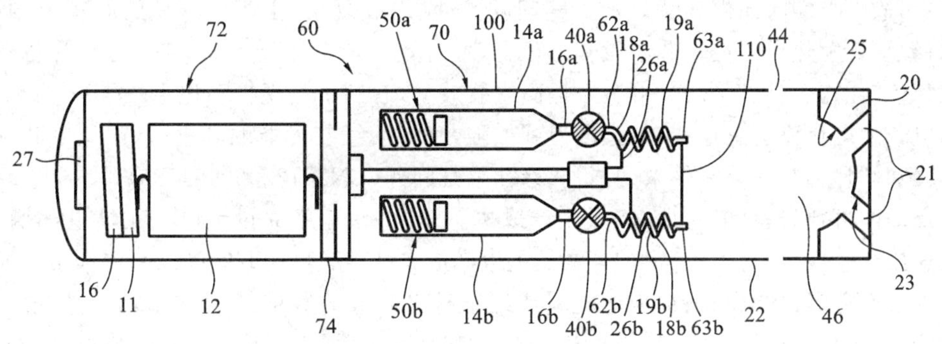

深圳市合元科技有限公司采用两个分别用于加热两种不同口味的烟液的发热组件，根据需要通过转换组件切换两个发热组件，分别加热雾化两种不同口味的烟液，使用方便(CN201310009089.3)；JT 国际公司针对电子烟烟液中的某些化合物可随着时间推移失去芳香特性，如香草醛，香草香精成分与丙二醇在混合时反应，降低了由香草醛生成的香味，且产生了烟液中的深红褪色的烟液老化问题，以及用户难以控制输送至用户的香味的浓度或强度水平，在电子烟烟体中设计了两个存放不同化学成分烟液的储存单位，以及将其混合的装置，用户可选择两种化合物的相对比例，通过控制装置选择性地控制加热器组件对两个容器中的一个或多个的液体进行加热雾化(CN201320030816.X)；李建伟设计的多口味大容量多次雾化电子烟，设置了多个雾化器组件，通过不同的按键选择接通相应加热雾化器的电源，实现对不同口味烟油的二次雾化，具有多口味、大容量的特点(CN201320429697.5)；惠州市凯尔文科技有限公司集成多个独立烟油瓶，使烟油瓶共用一个雾化芯，可实现抽吸多口味烟油和快速更换烟油瓶的目的(CN201410218288.X)。

通过雾化器结构设计改进，降低电子烟噪声，提高用户体验度。李永海、徐中立设计的雾化器，空气由电池组件进气，然后进入电池组件的电极环，再进入雾化器的电极环，接着通过雾化器，避免空气进入螺纹，防止螺牙振动，避免空气的振动，从而消除了噪声(CN201120174181.1)；刘秋明通过缩短气流通道设计，降低了吸烟时的噪声，提高用户体验度(CN201320372387.4)；奥驰亚客户服务有限责任公司采用两级加热，包括电阻式主加热器和与之电连接的次级感应线圈加热器，降低了电子烟装置抽吸期间的口哨式噪声，提高了感官质量(CN201580048898.2；CN201580022455.6)。

改进储液元件，延长寿命，延长烟液保质期，提高储液量。深圳市合元科技有限公司设计的电子烟雾化装置包括可拆装的储油杯组件和雾化头组件，储油杯组件包括油杯，油杯一端开口，开口处设置有硅胶塞，硅胶塞一体成型有用于封闭该开口的易刺破的薄膜，第二连接部件刺破薄膜并伸入油杯内，该结构可以使烟油储存较长时间不变质，而且使用方便，防漏油效果好(CN201420209253.5)；R. J. 雷诺兹烟草公司对电子烟烟液储存构件进行了改进，由醋酸纤维素纤维、热塑性纤维、非热塑性纤维或其组合制作，可增大储集器容量(CN201480025904.8)。

简化雾化器结构设计，降低装配成本，提高生产效率。李永海设计的雾化器，通过结构改进可令雾化器的结构更紧凑、体积更小，更类似于普通卷烟(CN200720154957.7)；刘志宾设计的雾化器壳体采用一体成型结构，雾化芯设置于储油腔部的尾端，与导气管部气路相通，减少了组成部件的数量，降低了生产装配成本，且便于维护保养(CN201320348903.X)；刘秋明在雾化座上设一体成型通气管，将雾化件设置在通气管上，使得整个过程不需要额外使用黄纳管对雾化件进行定位，节省了原料，简化了装配工序，提高了良品率及可靠性(CN201320615578.9)；刘秋明采用一体成型的导油结构及与雾化套管一体成型的储油件，方便组装，简化装配过程，提高了生产效率，易于实现自动化生产(CN201320755058.8)；深圳市合元科技有限公司设计的雾化器，雾化套为两端开口的管状结构，装配时将电子雾化装置与雾化套的一端连接，将吸嘴盖覆盖在雾化套的另一端上，雾化套内装有烟液，雾化后在雾化套内产生烟雾，随后通入烟雾管中，最后从吸嘴盖的通孔中排出，结构简单，便于装配(CN201220076413.4)；深圳市合元科技有限公司发明的电子烟，雾化器中不包括玻纤管，储油物质由密度大小不一的两层构成，部件少，装配工艺简单(CN201210458765.0；CN201220603553.2)；深圳市合元科技有限公司针对有棉雾化器容易出现玻纤芯与纤维棉接触不佳或者玻纤芯脱落的现象，造成吸烟时无烟或者口数少等问题，以及组装复杂、生产效率低的问题，在通气管的管壁上设置卡位，将缠绕有发热丝的玻纤芯卡设在卡位上，可有效固定发热丝和玻纤芯，通气管与螺纹套之间采用插接方式代替传统的黏结固定方式，可有效提高组装效率，有利于实现自动化生产（CN201320245260.6）；刘秋明设计的电子烟雾化座套有连接头，强度得到加强，确保后续装配能顺利进行，避免单硅胶雾化座包棉时手不便拿，装配时因太软、易偏斜带来的漏油、堵孔憋气问题（CN201220694645.6）。

改进电子烟烟体材料，提高安全性，降低生产成本。李永海、徐中立设计的一次性电子烟，雾化套和电池套采用塑胶连接杆连接，简化了生产工艺，降低了生产成本（CN201120329988.8）；深圳市合元科技有限公司在雾化套的外表面箍紧由金属材料、玻璃材料或纤维材料制成的装饰件，可以减小或防止雾化套发生的形变，使雾化套与金属套连接得更牢固（CN201310204714.X）；深圳市合元科技有限公司设计的雾化器包括雾化套、吸嘴盖、螺纹套、固定设置在螺纹套内的电极环、设置在雾化套内的储油物质、电热丝组件，螺纹套与电极环之间设置有绝缘环，吸嘴盖和螺纹套分别紧配合在雾化套的两端，电热丝组件的两引脚分别与螺纹套和电极环相连接，该雾化器中不包括玻纤管，螺纹套与雾化套的连接处不设置密封圈，吸嘴盖与雾化套的连接处不设置阻油环，简化了装配工艺，降低了生产成本（CN201210458765.0）；现有电子烟的电热丝通常直接与电池的电极通过焊接实现电连接，常常会发生虚焊、假焊等不良现象，同时还会残留对人体有害的物质，雾化座生产工序复杂，且雾化套与雾化座的连接处设置密封圈，增加制造成本，装配难度大，且不环保，刘秋明采用橡胶材料制作雾化座，电热丝的两端直接通过雾化座与第一电极组件相互挤压实现紧固连接，结构简单，稳定性高，降低装配难度且成本低（CN201320002888.3）。

改进雾化器材料或生产工艺，清洁环保。R.J.雷诺兹烟草公司发明的电子烟，采用碳传导衬底，烟弹完全由碳形成多孔碳加热器，便于降解（CN201480057045.0）；李永海、徐中立将电热丝的两端直接连接在电源的正、负极连接件上，避免了焊锡的使用，从而消除了电子烟在高温时产生的异味（CN201120329986.9）；深圳市克莱鹏科技有限公司设计的雾化器，整个雾化器都未使用焊锡点，不会产生异味（CN201320721268.5）；深圳市合元科技有限公司利用密封套和雾化套界定一个储液空间，增大了雾化器的储油空间，简化了生产工艺，电热丝采用无焊接工艺，则此雾化器更加环保（CN201120528072.5）。现有的电子烟需要对其组件进行焊接，而焊接时需要使用焊锡及助焊剂，直接带来了焊锡污染及助焊剂污染，组件之间没有通过焊接方式连接，有效避免了焊锡及助焊剂的污染，更加环保和卫生（CN201110075226.4；CN201220257646.4；CN201220257648.3）。

雾化器是电子烟的核心部件，涉及雾化器的专利占相当大的比例，针对雾化器的改进是电子烟专利技术的热点和核心所在，其目标主要在于提高雾化效果和提高安全性。改进雾化器相关部件的结构或材料，提高用户使用的安全性。通过雾化器储液、导液、密封、连接、雾化腔等各部件的材料、结构改进，解决干烧、漏油等常见的安全问题。降低发烟温度，防止干烧、过热、漏油、发烟材料高温燃烧或热解。短路保护、防水、防堵、防回流、防积炭、防冷凝、防误操作，无棉化。与电子烟核心功能高度相关，主要涉及抽吸和操作，如烟雾量可调、多口味、烟液或烟碱浓度可调、口味可调、功率可调、电阻可调、烟量可调、烟液流量可调，有色烟雾、仿真卷烟效果，触控设计、感应触控，语音辅助。改进雾化器加热组件，提高加热性能，以提高雾化效果，改善抽吸感官质量。改进加热组件，提高抽吸的感官质量。通过改进电阻加热元件的材料、形状或位置，对传统电热丝绕组加热的线状加热方式进行改进，采用片状、管状、板状、盘状、带状、颗粒状、泡沫状等非丝状发热材料，增大烟液与加热元件的接触面积，减小电阻，以提高加热性能，从而提高雾化颗粒精度，提高感官质量。改进导液组件，提高雾化效果和用户感官质量，提高安全性。解决干烧、焦煳等问题，提高导液性能，从而改善抽吸的感官质量。

②改进测控技术的技术措施及其功能效果主要有以下几个方面：

通过检测控制电路、传感器、芯片、开关等的改进，防误操作、防过热，提高安全性。通过防误操作芯片、电路设计，多开关、多传感器设计，以及系统开关改进，杜绝误操作和误触发问题，提高安全性。

通过电路、芯片设计，防止误操作。微创高科有限公司为避免由于恶作剧或意外振动或噪声而触发吸烟动作，设计了一种电路，包含吸气检测器和吸烟效果生成电路，可确定气流流量和流向并触发雾化器，缓解了由于环境振动、噪声或者小孩玩耍时向该装置吹气而导致的无意触发问题（CN201080003430.9）；西安拓尔微电子有限责任公司发明的带锁定功能的电子烟控制芯片，有效地提高了电子烟芯片的灵敏度及可靠性，能够有效防止用户在使用过程中的吹气错误动作导致电子烟驱动装置的错误触发(CN201310186125.3；CN201310186137.6)；深圳市麦克韦尔科技有限公司发明的电子烟控制器，包括控制芯片，防止在吸烟过程中 VDD 引脚抖动时，不干净的电源可能会使得内部的电路出现误逻辑(CN201410284823.1)；胡朝群发明的电子烟芯片采用电容式咪头，根据电容式咪头的电容变化控制电子烟的打开与关闭，提高了电子烟芯片的灵敏度及可靠性，使电子烟在很小的吸力下也能产生烟雾，且不会发生误触发吸烟的现象(CN201210275409.5)。

通过改进开关组件，防止误操作。深圳市康尔科技有限公司发明的电子烟开关机构利用弹性元件的弹性应力，使滑块上的配合部始终保持与检测开关处于分离的状态，在推钮不受较大外力的情况下，电子烟的供电电路不会被导通，可防止误触发、误操作(CN201410415241.2)；深圳市合元科技有限公司通过设置具有固定电极和转动电极的开关组件，通过转动实现开关组件的打开与关闭，可避免电子烟被误按压打开工作的状况(CN201420021294.1)。

通过多开关、多传感器设计，防止误操作。刘秋明针对单雾化开关易误操作而触发雾化组件工作，造成安全隐患的问题，设置两个或两个以上的开关，只有当两个或两个以上开关中的至少两个或者全部闭合时，才能接通电子烟内部电路让电子烟正常工作，提高了安全性(CN201320467885.7)；菲利普·莫里斯公司在壳体外表面设置第一和第二触敏式开关，必须两者都被激活时才供电加热，降低系统被意外激活的风险(CN201580013965.7)；吉瑞高新科技股份有限公司在电子烟电路中采用多个气流传感器，降低气流传感器失效后致使电子烟的误工作率，不易引起误动作(CN201390000292.8)；尼科创业控股有限公司同时采用传感器和手动激活装置，只有二者同时有信号控制单元才供电，避免意外激活(CN201580041869.3)。

通过电阻、电压、功率检测控制，防止过热，提高安全性。惠州市吉瑞科技有限公司设计的电子烟电池组件，其微控制器同时与电池和雾化组件连接，通过不同的管脚分别与雾化组件的电热丝的高压端和低压端连接，可获取电热丝相关参数进而确定电热丝阻值，当阻值超出电阻预设范围时，控制电池与电热丝之间的电路断开，使得电池组件与雾化组件功率不匹配时电子烟停止工作，避免了电子烟在使用时烟雾量不足以及电池发热和漏液情况的发生(CN201420051821.3)；尼科创业控股有限公司通过监测加热元件的电阻值的一阶时间导数或二阶时间导数(或相关参数，诸如电导、电流消耗、功耗或电压降)，判断电子烟是否已经出现了加热元件局部过热状况，提高了故障检测率(CN201580045905.3)；惠州市吉瑞科技有限公司通过在电子烟内增加阻值识别电路，能够实现根据检测到的电热丝阻值控制雾化器功率，从而保持产品一致性，减少同批次产品之间的烟雾量差别过大现象，并降低产品的生产难度和生产成本(CN201420057364.9)；卓尔悦(常州)电子科技有限公司发明的电子烟智能控制器，包括开关模块、连接电热丝的电压采样模块以及控制模块，可检测出雾化器电热丝处于短路或者开路或者正常状态，并将检测的结果输出到显示模块，用户通过电子烟能直观地观察到电热丝的状况(CN201210455135.8)；胡朝群设计的具有无线蓝牙低功耗连接通信功能的智能电子烟，能够直观显示电子烟的工作状态，同时通过显示控制设备控制电子烟的工作状态，可防止输出电压过小引起的烟雾量不足或者输出电压过高引起的烧焦烟油问题(CN201320773203.5)；卓尔悦欧洲控股有限公司发明的电子烟温控系统，包括供电装置、发热元件、感温元件以及控制器，供电装置与发热元件、控制器电性连接，感温元件与控制器电性连接，用于感应发热元件的温度的变化，并反馈给控制器，可避免电子烟壳体过热以及防止电子烟内部元件热老化(CN201510054274.3)；向智勇设计的电子烟控制电路，包括微控制器、吸烟传感器、短路检测电路和充电检测电路的控制电路，控制方式灵活简单、易更改，还能实现电子烟电池的充电短路保护、雾化器驱动输出短路保护、长时间吸烟防烫嘴保护、电子烟的充电插入和拔出检测等功能，提高安全性(CN201320112097.6)。

通过按键、触控等系统开关的改进，气流、动作检测传感器及控制电路等的改进，提高对用户动作和电子烟温度的测控水平，方便用户使用。

通过按键、触控等系统开关的改进，提高电子烟测控性能，方便用户使用。刘团芳设计的电子烟由电池部分、控制部分、雾化部分及吸烟部分结合组成，控制部分采用塑胶按键，以铜件和弹簧为导体，采用按压式连通电路，方便使用(CN201220090970.1)；R.J.雷诺兹烟草公司在电子烟中采用触觉反馈组件，如振动换能器，提高用户体验(CN201480046779.9)；努瑞安控股有限公司发明的电子烟，可在感测到用户在装置上触摸时进行加热(CN201580027300.1)；龙功运将吸嘴和外壳组成感应器，通过连接线与控制单元相连，利用人体电阻触发电路工作，用芯片处理信号后再来启动功率管进行雾化，操作简便、真实模拟度高(CN200820052235.5)；李永海、徐中立设计的具有霍尔开关的电子烟，以电磁感应原理产生的电位差形成的霍尔效应为依据，吸食者经吸嘴组件正常吸食时，气压差带动霍尔开关膜与磁铁来回往复运动，使霍尔开关触发控制装置，从而控制雾化装置升温雾化贮液芯里的烟碱液，解决了电子烟开关结构不良、开关不灵敏易死机等问题(CN201020218792.7)；深圳市高健实业股份有限公司在导电体与电池之间设置有可视温控装置，可避免伤害人身体，能可视化对吸烟的温度进行控制(CN201410644404.4)；惠州市吉瑞科技有限公司通过吸烟口数计数器和电池电量检测器的增设，能够在吸烟口数达到设定值或电量较低的情况下终止电子烟工作，从而可以限定电子烟使用寿命(CN201410014201.7)。

气流检测与控制，实现精确检测抽吸动作。北京格林世界科技发展有限公司发明的高仿真电子烟内设电子传感器以感应用户的吸气动作，由CPU接收处理电子传感器的触发信号，并控制电源向雾化器供电，并根据触发信号的大小开、关、调整电源输出电流的大小(CN200910080147.5)；卓智微电子有限公司发明的电子烟包含吸气检测器、吸烟效果生成电路和控制器，该吸气检测器包含用于检测通过气流流向和流量的气流感应器，控制器用以当气流流向与通过该装置进行吸气一致且气流流量达到预定阈值时生成吸烟效果，缓解了由于环境振动、噪声或者小孩玩耍时向该装置吹气而导致的无意触发的问题。(CN201210118451.6；CN201210118301.5)；RAI策略控股有限公司采用挠曲/弯曲传感器实现电子烟中气流的实时检测，可根据延伸部随气流挠曲或弯曲而输出变化的电流(例如电阻)(CN201580029134.9)；尼科创业控股有限公司通过传感器测量用户吸入气流的速度，并以吸入的累积气流来控制蒸发器电力，从而控制雾化动作(CN201580030768.6)；日本烟草产业株式会社通过具有电容的传感器电容输出变化，确定抽吸动作，并据此进行加热控制(CN201580021795.7)；日本烟草产业株式会社通过改进电子烟控制系统，可供电量随着吸取动作次数的增大而从基准电量起逐级增大，满足用户需求(CN201480054066.7；CN201480053966.X)。

通过发热元件、传感器、控制电路等的改进，提高温度测控水平。改进温度检测元件，采用热电偶材料、热敏性材料等作为发热组件，实现精确检测和控制温度，提高测控水平。深圳市合元科技有限公司利用热电偶材料制成发热元件，加热工作时，其自身产生热电效应测量自身的温度，不需要再设置温度传感器就能输出发热元件的温度信号(CN201420050055.9)；林光榕利用热敏性材料作为发热体及其引线的材料，其阻值可随温度变化而变化，电源管理模块在吸烟开关接通时可通过连续检测发热体及其引线的阻值来判断其所代表的温度，并发出相应控制信号以切断发热体及其引线的电源，能实现电子烟温度控制，防止电子烟在无烟液或烟液不足时发热体干烧的问题(CN201410574198.4；CN201410574214.X)；深圳市麦克韦尔科技有限公司发明的电子烟，其发热丝阻值随温度变化，控制器包括温度检测模块，用于检测发热丝的阻值以获取发热丝组件的实时温度，温度检测模块设有发热上限温度及发热下限温度，控制器通过检测实时温度控制电源输出电压，能保证每口烟口味一致，并节省电量(CN201410289154.7)。

通过控制系统测定或估测烟液保质期、剩余量、浓度等指标，提高智能化水平。

提醒保质期。向智勇通过增设第二计时模块，可预设保质时间，微控制器可根据计时信号控制供电通路，提高了电子烟的安全性(CN201320393795.8)。

烟液剩余量检测控制。洛艾克有限公司发明的电子烟，包括用于检测用户的吸烟动作的传感器，可包括气流传感器、声传感器、压力传感器、触觉传感器、电容传感器、光学传感器、霍尔效应传感器以及电磁场传感器，可精确检测控制吸烟液体的量(CN201180026829.3)；菲利普·莫里斯公司发明的电子烟控制系统，包括控制电路，可测定或估测出储存部分中的烟液何时低于极限值，当低于该极限值时，发出停止信号，停止加热，避免生成有害的烟雾成分(CN201180066537.2)；菲利普·莫里斯公司发明的具有用于处理液体基质消耗装置的气雾剂产生系统，包括液体储存部分、电加热器以及电路，该电路可监测电加热器的起动，并估计烟液剩余量(CN201180066544.2)；菲利普·莫里斯公司根据加热元件功率和加热元件温度变化之间的关系确定烟液消耗量，可避免烟液过度加热变质(CN201180066556.5)；菲利普·莫里斯公司通过控制电路检测剩余烟液量，当控制电路测定出储液部分中的液体量已经减少至第一极限值时，告知使用者，减少至第二极限值时，停止运行，通知用户置换储液部分（CN201510850402.5）；日本烟草国际股份公司通过电子烟控制电路估算吸烟阶段吸入强度，并由此估算加热元件蒸发的基片量（CN201580020794.0）。

通过优化功率检测控制技术，提高雾化效果和感官质量。

无烟技术公司发明的电子烟形如普通卷烟，其控制电路含有温度控制单元、脉冲宽度调制解调器、模拟数字变换器、可编程门阵列、中央处理单元，可检测温度和电量并控制加热温度，加热器加热温度超过 1000 ℃，可将空气加热到 200 ℃以上，以熔化烟嘴中含有的发烟药剂（CN200880015681.1）；卓尔悦（常州）电子科技有限公司发明的人机交互电子烟的操控装置可以通过调节环来调节电路板上的开关，实现对电路板上电路的调节功能（CN201210457107.X）；R.J.雷诺兹烟草公司周期性确定实际功率且与平均功率进行比较，并自动调整加热功率，使得加热更均匀；日本烟草产业株式会社利用控制单元统计单次抽吸动作中向热源供给电能的累积值，在累积电能达到所需电能的情况下，通知单次抽吸动作结束，从而精确控制输出功率（CN201580021918.7）；菲利普·莫里斯公司发明控制加热元件雾化的方法，当传感器检测到气流速率已经增大到第一阈值时，将部分加热元件的加热功率从零增大到功率 p_1，在气流持续一段时间后将加热功率维持在功率 p_1 处，当传感器检测到气流速率已经减小到第二阈值时，将部分加热元件的加热功率从功率 p_1 减小到零，该方法可避免过度加热或加热不足（CN201180058107.6）；惠州市吉瑞科技有限公司将开关装置外置于 IC，且开关装置与电热丝及供电电源串联构成回路，使得输出到电热丝的功率高，增大烟雾量，电路结构简单，便于大规模生产（CN201290000853.X）。

优化发热曲线，降低功耗，节约电能。佛山市新芯微电子有限公司在检测到烟雾源已经达到挥发状态或接近挥发状态时，通过控制器将供电电源输出降低至运行供电水平，可节约电能（CN201310301523.5）；萨米·卡普亚诺通过嵌入式控制程序实现不同的工作模式，包括调节模式和非调节模式，用户可以自定义功率输出（CN201280012152.2）。

③改进电源系统的技术措施及其功能效果主要有以下几个方面：

改进电池组件、充电组件，防反接、防过充、防摔，提高安全性。

改进电池组件，提高安全性。向智勇设计的电子烟电池反接保护装置，利用开关电路中的 MOS 管，有效防止可更换电池的电子烟产品及附件因为电池正负反接造成的风险，同时结合报警电路及时提醒使用者，提高了安全性（CN201320393792.4）；尼科创业控股有限公司申请的发明电子烟和再充电包装，避免了意外电流造成的损害（CN201580041644.8）；刘秋明通过在电池杆远离连接件的一端插设用于与充电器电连接的充电组件，并对充电组件进行防跌落设计的方式，能够在电子烟跌落的时候保护充电组件（CN201420041618.8）。

改进充电组件，提高充电安全性。菲利普·莫里斯公司发明的气溶胶生成装置具有电池指示功能，包括可存储使用记录的存储器以及向使用者发出信号的更换指示器（CN201580020647.3）；菲利普·莫里斯公司通过监测环境温度确定充电电流的充电方法，避免过大充电电流导致的损坏（CN201580013587.2）。

通过改进充电装置、采用 USB 供电，方便用户使用。

改进充电装置，方便用户使用。李永海、徐中立设计的供电装置通过电极连接件与雾化装置电连接，而无须从供电装置向雾化装置内部引入导线，结构简单紧凑，产品质量稳定，成本低（CN201020220247.1）；陈文设计的可伸缩电池管的电子烟，包括外牙电池管、内牙电池管，利用螺纹连接成一个可伸缩的电子烟，实现电池管可适用各种电池规格，且电池安装方便（CN201220517772.9）；深圳市合元科技有限公司发明的电子烟供电装置，供电模式多样化，更换便捷，通过不同的按压方式，向第一电路板发出不同的控制指令，使得电子烟实现启动、关闭、暂停、锁定等多种功能，整个供电装置的安装拆卸过程简便，方便进行电池和其他元件的更换（CN201310177222.6）；刘秋明在电子烟主杆体内设置具有开口的电池腔，开口处设可启闭的电池盖，同时设置可拆换的装设于电池腔内的电池，实现电子烟内电池的轻松更换，有效实现电子烟的重复利用，节能环保（CN201220680238.X）；黄金珍通过设置两个电压输出端口及两个扩充端口，使电子烟电池具备扩充的条件，有利于电子烟电池内部信息与外界信息的交互或增大电池的输出功率（CN201420298128.6）。

USB充电。夏浩然采用USB接口供电，能耗低(CN200920009935.0)；刘翔设计的电子烟不需要锂电池，可以利用USB设备供电，节能环保(CN201020287115.0)；深圳市杰仕博科技有限公司的电子烟内带有USB充电接口，可插入电脑或移动电源的USB母座中进行充电，方便用户使用(CN201320002925.0)。

改进电池技术，提高电池容量，延长寿命。珠海汉格能源科技有限公司发明的高倍率聚合物锂离子电池，通过采用高压高倍率钴酸锂、高压高倍率电解液，调整正负极配方，使得电池电压提高，初始电位高，增强了在4.2 V长期储存电压的稳定性，比现有电池体积比能量高约10%，电池容量高，放电时间长，电子烟可被抽吸的次数也增加(CN201310698414.1)；李桂平发明的电子烟锂离子电池，为圆柱形烟管电子烟专用，采用不锈钢一体化设计，容量高、成本低(CN201210514512.0)。

采用电容供电，改善充电效果。中国科学院理化技术研究所设计的加热雾化电子烟，采用电容供电，克服了现有电子烟雾化效率低、电池重量大、充电缓慢的问题，电容的一次充电过程一般在1～2分钟内完成，可满足快速充电的要求(CN200920107199.2)；惠州市吉瑞科技有限公司采用法拉电容代替传统电池进行供电，充放电安全可靠，且充电快捷、充放电次数多、结构简单、成本低廉(CN201220460830.9)；亲切消费者有限公司发明的吸入器，采用了电容供电，充电效率高(CN201580014950.2)。

改进电池组件及装配工艺，提高生产效率。深圳市合元科技有限公司设计的电子烟用电池组件和电子烟装配工艺简单，节省电池套内部空间(CN201320588244.7)。

④改进烟液配方及添加剂的技术措施及其功能效果主要有以下几个方面：

改进烟液配方、添加剂及烟液制备方法工艺，以提高感官质量。

通过调整烟草材料含水率，降低雾化时产生的噪声。JT国际公司发现，可汽化材料中水分含量为3%～5%重量百分比的烟草汽化效果最佳，口味一致性好，可显著减少或避免加热以产生蒸气时的噪声产生(CN201480024820.2)。

研发烟草提取物提取方法并应用到烟液配方设计中，使电子烟抽吸口感更接近卷烟。日本烟草产业株式会社进行碱处理的烟草气相物，含有烟草香味成分(CN201480023187.5)；郑俊祥、郑志炫将配制好的溶媒加入到提取罐中浸泡烟叶，加热温浸提取过滤后加入可可豆提取物，搅拌混合，再加入丙二醇或聚乙二醇，搅拌混合均匀制备成电子烟烟液，较好保留烟草香气(CN201110184068.6)；深圳瀚星翔科技有限公司采用云南烤烟烟叶制备电子烟烟液，具有自然浓郁的云南烤烟香味，吸味优雅细腻，香气丰富满足，劲头适中，余味纯净，回甜生津(CN201110263484.5)；深圳瀚星翔科技有限公司设计了混合型烟液配方，具有国际混合型风格特征，烟气浓郁满足，吸味醇和，自然协调(CN201210281706.0)。

利用水果、中草药作为原料，提高感官质量。恩施市锦华生物工程有限责任公司发明的草莓味的电子烟用香精配制方法，工艺过程简单可控，配制出来的电子烟具有特殊的浓郁新鲜草莓香气(CN201410067541.6)；黄金珍发明的烟液制备方法，采用草莓提取物，能缓和烟液对咽喉的刺激性(CN201410101401.6)；昌宁德康生物科技有限公司利用金雀花碱替代尼古丁制备烟液，更接近卷烟的香气，提高感官质量，延长烟液保质期(CN201310256498.3)；昌宁德康生物科技有限公司针对传统水烟原料进行改良创新，并应用于现代电子烟具，提取天然烟草、水果等植物原料中的致香物质，将提取出来的烟液加入天然果肉中，通过加温加压浸泡，使水果充分吸收烟液，香气互相融合，达到可以被电子烟具及传统水烟吸取的状态(CN201310343734.5)。

生成烟碱盐气溶胶，提高感官质量。R.J.雷诺兹烟草公司针对高烟碱含量(90%以上重量百分比的烟碱)的烟草提取物通常呈油形式，难以结合到烟草产品中的问题，采用烟碱盐、共晶体的固态烟碱基提取物替代，便于在电子烟及其他烟草制品中使用(CN201580038462.5)；菲利普·莫里斯公司采用尼古丁源和递送增强化合物源反应生成尼古丁气溶胶的方法，递送增强化合物源包括α-酮羧酸(CN201580048088.7)。

通过添加各种添加剂提高感官质量。日本烟草产业株式会社在丙二醇溶剂中溶解有亲油性香料L-薄荷醇的主成分和羧酸，能够产生充足量的香气，且使用者口腔内能品味香气(CN200880118576.0)；奥驰亚客户服务有限责任公司发明的液体气溶胶制剂，包含水、尼古丁和酒石酸，雾化后可提供类似传统卷烟抽吸时喉咙中的苦涩感以及胸腔中的温暖感受，提高感官质量(CN201580035357.6；CN201480050829.0)。

采用各种烟液溶剂，提高感官质量。为消除烟液抽吸的甜腻感，采用甘油、丙二醇、聚丙二醇、丁二醇等多种载体成分作为溶剂。JT国际公司设计的烟液配方，水分含量为3%～5%重量百分比，且包含至少20%重量百分比的丙二醇作为保湿剂，雾化时口味品质一致，提高了感官质量(CN201480024820.2)；修运强发明的烟液成分为聚乙二醇、丙二醇和口感味道调节剂，能长期保存，在保存期内质量及味道保持不变(CN200910310536.2)；上海聚华科技股份有限公司发明的具有超声波雾化功能的电子烟烟液，去除了高浓度的丙二醇、丙三醇组分，使得吸食者口感更舒适，避免了采用丙二醇、丙三醇作溶剂对舌面、喉部的刺激效果问题(CN201410151376.2)；塞雷斯医疗用品公司在含尼古丁的烟液中加入从植物中提取的1,3-丙二醇作为添加剂，可改善抽吸击喉感，增强香气力度，提高感官质量(CN201580024929.0)；华健采用多元乙二醇系列低碳醇为烟液溶剂，低碳醇为三乙二醇和/或四乙二醇和/或五乙二醇和/或六乙二醇和/或七乙二醇和/或八乙二醇和/或九乙二醇的混合物，余味干净，香气持久，使用安全(CN201410197508.5)；刘秋明将山梨醇用作电子烟烟液溶剂，品吸体验不油腻，无杂味，电子烟烟液中含有丙二醇、丙三醇和甘露醇中的一种或多种，在与山梨醇发生作用下，可产生较大烟雾量，增加了品吸者的体验，具有较高的吸食舒适度(CN201310625207.3)。

通过制备工艺改进，减少烟液中的有害成分。液体烟碱制剂和烟草浆液通常来源于烘烤的烟草材料，因此从烟草浆液形成的液体烟碱制剂常被有害成分烟草特异性亚硝胺(TSNA)所污染，目前的处理工艺费时昂贵。菲利普·莫里斯公司通过紫外光照射烟草浆液，可有效减少烟草材料中的TSNA含量，废弃物少，成本低廉(CN201580042554.0)；R.J.雷诺兹烟草公司发明了烟草衍生热解油的制备方法，经该方法提取的热解油苯并[a]芘浓度较低(CN201480050197.8)。

通过添加中西药有效成分，实现烟碱的医疗保健功能。通过在传统电子烟烟液配方中添加具有医疗保健功能的各种植物提取物、中西药成分，使电子烟烟液除满足烟瘾外还能具备医疗、保健功能。华健发明的药用保健型电子烟烟液，配方中含有烟叶提取物、丙二醇、纯水、烟草香精、稳定剂、增稠剂、药剂，既能满足烟瘾，又有口腔理疗、止咳、减轻鼻咽黏膜充血肿胀和打喷嚏等作用(CN200910104921.1)；华健在配方中添加磷酸可待因、麻黄素、愈创甘油醚、扑尔敏、海恩流浸膏及糖浆等，既能满足烟瘾，又可治疗因伤风、流行性感冒及类似的上呼吸道感染所引起的咳嗽、干咳、喉咙痒、痰多、敏感性咳嗽等疾病(CN200910104922.6)；华健在烟液配方中添加氟化钠，可防止龋齿和减少牙斑的产生，巩固牙齿(CN200910105219.7)。吸烟会造成烟民咽干、咽痒、刺激性咳嗽、慢性咽炎及口鼻干燥、口渴干咳、少痰或痰液胶黏难咳等症状，目前尚无对这些症状具有治疗作用的电子烟。深圳市如烟生物科技有限公司针对此问题设计了一种药用保健型固体电子烟烟液，其成分包括丙二醇、药剂、去离子水、烟叶提取液、烟草香精、赋形剂、果胶酸钙凝胶、固化剂，配方中含有多种对肺部有治疗作用的药用成分，从而对吸烟引起的呼吸系统疾病具有治疗作用，同时因是固体形态，提高储藏和使用的稳定性，在生产和运输上更加方便灵活，香气保留更加完整(CN201010249133.4)；类似地，深圳市如烟生物科技有限公司、深圳梵活生物科技有限公司还开发了具有减肥、纤体、嫩肤美白等各种医疗保健功能的电子烟烟液配方(CN201010254798.4;CN201010254806.5)。

开发固体烟液配方，方便使用携带。深圳市凯神科技股份有限公司发明的烟油加工方法，可制备固体烟油，带天然烟草香味，对人体产生的有害物质少，理化性质稳定(CN201310499978.2)。

在烟液配方中添加不同口感的致香成分，提高感官质量。在烟液制备工艺方面，通过工艺设计及优化，利用烟草、中草药、水果及其他致香成分植物作为原料，减少有害成分。不同口味烟液的制备及配方设计，如水烟型、草莓味、番茄味、苹果味、低焦油卷烟等各种口味的烟液配方。烟液配方设计和电子烟烟用提取物提取方法的改进和创新。丰富电子烟烟用材料选择范围，广泛采用水果、茶叶等各种致香物质以及中草药，拓展和丰富电子烟口味，提高烟液的感官品质，丰富烟液的有益功能和保健效果。

⑤增加辅助功能的技术措施及其功能效果主要有以下方面：

增加辅助功能，是指在电子烟中增加与抽吸核心功能无关的其他功能，使得电子烟成为多功能产品，方便用户使用，改善用户的体验。如照明、录音、书写、温度计、验钞、NFC、GPS定位、螺丝刀、门禁卡、粉尘检测、激光笔、闹钟、指南针、U盘，以及智能认证、移动互联、记忆存储、人机交互、数据采集、智能检测匹配配件、信息交互、通信、大数据等功能。

通过人机交互系统、无线通信、语音识别、信息存储、行为检测等技术的应用，提高电子烟的智能化水平。

人机交互操作系统，实现吸烟数据信息采集和处理。卓尔悦（常州）电子科技有限公司发明的可视化人机交互的电子烟控制系统，包括内置有电子烟菜单以及存储有电子烟参数的控制模块及显示模块，用户可以根据自身需要，对电子烟的参数值进行设置或修改（CN201210454399.1）。深圳市合元科技有限公司在电子烟中构建菜单系统，可为用户提供主菜单及多个子菜单，使用户能够对电子烟进行更多操作，增加电子烟的功能（CN201310017628.8）。RAI 策略控股有限公司发明的电子烟智能通信控制系统，可通过无线连接读取用户请求而控制电子烟，降低了编程复杂性且节省存储器空间（CN201580047369.0）。比尔丹尼·马朗戈斯在电子烟中采用了 LED 指示器，可及时得到电子烟的使用信息，包括使用时间、持续时长和电池电量指示，且能通过连接电脑以图表的方式查看用户吸烟的频率和状态（CN201120266630.5）。菲利普·莫里斯公司发明的可与智能手机交互连接操作的电子烟，包括手机（12）、电池（14）和电子烟（16），手机带有 micro-USB 端口（18），电池包括 micro-USB 插头（20）和 micro-USB 端口（22），电子烟（16）包括 micro-USB 插头（24）和烟嘴（26），手机端可存储吸烟数据和电子烟信息，并通过安装的软件控制电子烟，与用户进行交互（CN201580040198.9）。

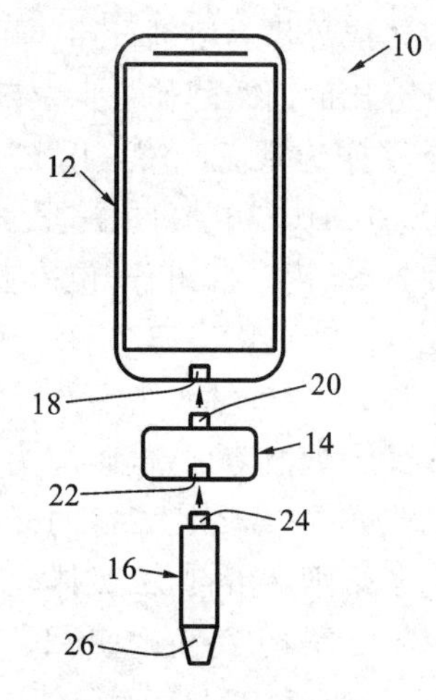

语音识别控制。惠州市吉瑞科技有限公司发明的电子烟，包括语音识别模块和雾化模块，能够让用户采用语音在一个电子烟内选择不同口味的烟液（CN201410133757.8）。

蓝牙通信、存储功能。奥驰亚客户服务有限责任公司发明的可获取吸烟概况数据的系统，包括传感器、处理器以及存储器，可检测吸烟事件，收集与吸烟事件相关联的数据，并以将吸烟事件关联到电池电压变化的模式对数据进行整理（CN201480016176.4；CN201480019839.8）。吸烟观察者公司在电子烟中设置存储器，可记录尼古丁烟雾的吸入量和持续时间，可与智能手机应用或其他软件集成，用于记录使用情况并向吸烟者提供反馈（CN201480070765.0）。深圳市聚东方科技有限公司通过蓝牙 4.0 模块实现电子烟和手机 APP 软件之间的相互控制，便于实时控制电子烟的使用状况，便于吸烟情况的跟踪及控制（CN201410020988.8）。唐群发明的智能电子烟，通过蓝牙传输按键使用数据（CN201410068500.9）。

采用各种信息认证、识别技术，防止使用不匹配的电子烟组件，防止未授权用户使用，提高电子烟智能化水平和安全性。

智能检测匹配配件，防止使用不匹配部件。奥驰亚客户服务有限责任公司将基于导电油墨式认证电路设置在香料单元（或烟弹）与气溶胶产生单元或电源单元之间，只有将正品香料单元或经批准的香料单元或烟弹连接到电子吸烟器具时，才能激活电子吸烟器具（CN201480019783.6）。吉瑞高新科技股份有限公司发明的电子烟具备识别功能，只有电子烟电池组件和雾化组件相匹配时，才能正常使用，进而避免了电子烟接口因为不匹配而损坏的问题（CN201380079740.2）。向智勇在雾化器和电池杆分别设置无线识别模块，雾化器设置的第一无线识别模块用于存储识别信息，电池杆设置的第二无线识别模块用于接收第一无线识别模块发送的识别信息，并将接收的识别信息发送给微处理器，微处理器判断雾化器和电池杆是否匹配，可避免消费者使用不相匹配的电池杆和雾化器时出现故障、口感异常等问题（CN201320571785.9）。刘秋明利用磁性材料识别电池组件和雾化组件是否匹配，在雾化器上设置有包含待识别信息的磁性材料，在电池组件上设置有磁性传感器和微控制器，磁性传感器可获取磁性材料的待识别信息，微控制器在判断待识别信息与预设信息相匹配时，控制电路导通使电子烟正常工作，避免了电子烟电池组件和雾化组件不匹配使用造成的电池发热、漏液等问题（CN201320609603.2）。

防止未经授权用户使用。奥驰亚客户服务有限责任公司在电子烟中设置锁定装置，可阻止未经授权而使用吸烟器具，禁止对加热器的功率供应，直到授权使用者解锁该锁定机构为止（CN201480021599.5）。日本烟草产业株式会社发明的认证电子烟，可检测出用户的抽吸动作，并且在响应值满足认证条件的情况下，认证用户为正规用户(CN201580021870.X)。

丰富产品功能,拓宽电子烟使用范围,满足用户其他方面的需求。

刘秋明在电子烟主杆体远离吸嘴的一端设置投影部件,实现幻灯片投影功能,可在吸烟时投影出各种图像光影,满足使用者视觉感观需求(CN201220460847.4);刘秋明设计的发光电子烟,在电子烟烟头和烟嘴之间的外壳上电连接环形、半环形或弧形发光体,使用户在满足吸烟需求的同时享有更好的视觉感受(CN201090000670.9);日本烟草国际股份公司在电子烟中设置发光模块,可使烟雾发出不同颜色的光线,给用户提供良好的视觉感受,以提高感官质量(CN201580015936.4)。

通过其他检测部件,检测用户生理指标,实现医疗保健功能。依蕴公司在电子烟中设置了可检测用户吸入频率的装置、可获取用户血液-酒精指标的装置,通过检测用户血液-酒精指标以及用户抽吸动作确定待雾化烟液的量,以帮助吸烟者戒掉尼古丁(CN201580026044.4)。

⑥改进烟嘴的技术措施及其功能效果主要有以下几个方面:

通过改进烟嘴结构、材料,提高烟嘴安全性。

防止漏油。惠州市吉瑞科技有限公司在电子烟吸嘴内设有非管状的导油组件,该导油组件使烟油能渗透至雾化杯内进行雾化,安装方便,且具有较好的引油和防漏油效果,避免了烟油用完后电热丝空烧的现象(CN201220141170.8)。北京格林世界科技发展有限公司设计的电子烟烟斗,将储存烟液的烟嘴嵌件和雾化烟液的雾化器及充电电路一起装入烟嘴中密封为一体,防止了烟液的渗漏及回流(CN200820123801.7)。

防变形、脱落。现有的电子烟的外壳是软胶材料,外壳和吸嘴盖在使用过程中受人的咬合挤压会产生变形、易脱落,刘秋明在吸嘴盖的外侧壁上增设涨紧部,在通气孔内壁上增设多道加强筋和支撑管,可防止吸嘴盖插入外壳内受外力挤压时过度变形,防止吸嘴盖脱离外壳(CN201320098837.5)。

防止过烫过热。奥驰亚客户服务有限责任公司发明的电子烟具有两个分散出口通道的吸嘴插入件,避免在喷烟过程中产生过热点和过高的温度,降低了液体材料降解的风险,防止进气口阻塞(CN201380017766.4;CN201380007594.2)。陈志平在烟嘴内设置加热器和储液器,在中心通道的内壁上设置扩散液体的扩散布层,可防烫嘴(CN201020154116.8)。

防吸烟液。刘秋明在电子烟吸嘴设置吸附滤除烟雾中烟油颗粒的滤油装置,以改善电子烟吸嘴的滤油效果,防止过多烟油颗粒溢出或被直接吸入到人体内(CN201120550184.0;CN201120552501.2)。

防止误吸。刘秋明在吸嘴盖的通孔内活动嵌设有作为烟雾通道的吸气口开关的气阀,能有效防止婴幼儿像玩玩具一样误吸(CN201320276875.5)

清洁卫生。申宗秀在电子烟壳体内部设置升降烟嘴,且设有向烟嘴照射紫外线杀菌的紫外线灯,在不使用电子烟时将烟嘴置于壳体内部,紫外线灯可以照射紫外线以对烟嘴消毒(CN201180047517.0)。JT 国际股份公司采用一次性或可重复使用的嘴部,避免与储液器中的物质接触,防止形成有害热解物(CN201480066973.3)。

方便用户使用。菲利普·莫里斯公司发明的电子烟,烟嘴盖可更换,清洁卫生,使用方便(CN201380074693.2)。

采用人体工程学设计或材料,提高电子烟与真实卷烟的仿真度,从而提高感官质量。针对现有电子烟采用塑胶材质制成的吸嘴及其壳体有异味、不环保、口感差,且对人体健康不利,单独设置雾化杯结构的雾化装置内部结构复杂且生产成本较高的问题,惠州市吉瑞科技有限公司设计了具有木质吸嘴和吸筒的电子烟,健康、卫生、环保且口感和手感都良好(CN201290000826.2)。深圳市烟趣电子产品有限公司采用海绵或人造纤维制造而成的仿真过滤烟嘴,提高了产品的仿真度(CN201020188645.X)。奥驰亚客户服务有限责任公司在电子烟烟嘴段设置了衬垫,具有纵向中心空气通道,与多个进气口连通,可形成电子吸烟器具的吸气阻力,更好地模拟卷烟的抽吸感觉(CN201480052475.3)。

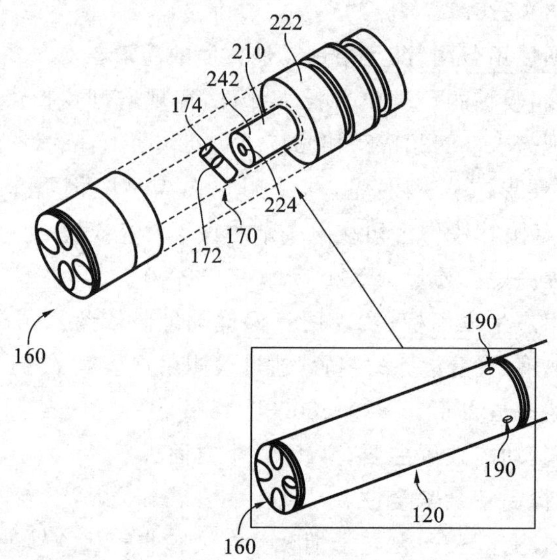

通过烟嘴结构改进，提高感官质量。

优化烟嘴气流设计，减小气雾微粒尺寸，提高感官质量。奥驰亚客户服务有限责任公司发明的电子烟，吸嘴部分包括机械式气雾转化器，可减小气雾微粒尺寸且对其进行冷却，提高感官质量和安全性(CN201480052641.X)。

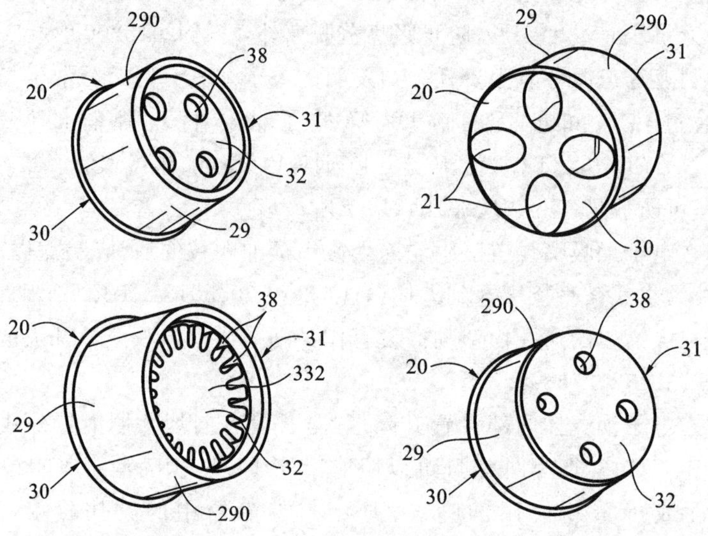

奥驰亚客户服务有限责任公司设计的烟嘴为多个出口的机械式烟雾转换器插入件，表面有多个出口，且表面与中心通道对齐，烟雾在吸出之前撞击该表面使得烟雾颗粒变小，且温度降低，有利于减少高浓度尼古丁造成的击喉感(CN201380018015.4)。

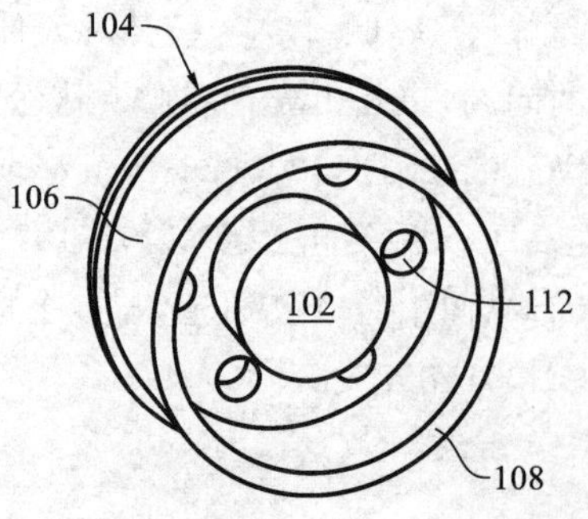

⑦改进配套组件的技术措施及其功能效果主要有以下几个方面：

通过电子烟盒的设计改进，方便用户使用携带，改善充电效果，丰富产品功能。

方便用户使用。奥驰亚客户服务有限责任公司发明了多种电子烟盒，方便用户使用携带(CN201580028674.5;CN201480021601.9;CN201480024177.3)；尼科创业控股有限公司发明的电子烟的再充电包装，可对电子烟建立可靠的直接充电连接(CN201580041176.4)；北京格林世界科技发展有限公司在电子烟盒内设有电源和电子烟置放槽，电源的正负极有触点片，用以给置入置放槽的电子烟充电，从而无须将烟杆内的电池取出而完成对电子卷烟的充电(CN200810093803.0)。

无线、感应充电。华健设计的可感应充电电子烟盒，内设有感应式充电装置，在无市电情况下，需对电子烟充电时，可拨动盒体表面的切换开关，盒体内的大容量锂电池对电子卷烟进行非接触式充电，使用灵活便捷(CN200920131310.1)。惠州市吉瑞科技有限公司采用磁吸结合充电器，便于电子烟插入及取出，连接结构简单且操作便捷(CN201290001202.2)。惠州市吉瑞科技有限公司在电子烟盒中设置触摸控制组件替代现有物理按键控制方式，方便操作(CN201290001207.5)。向智勇在电子烟盒中采用触摸式控制电路增加了触摸模块，操控灵活便利，增强了操作的人机互动性(CN201320642270.3)。向智勇设计的电子烟盒，能够根据磁场的变化，准确地识别出电池杆的插入或拔出，从而控制充电电路的导通或截止，提升用户的体验(CN201320560850.8)。

改善充电效果。向智勇针对恒定电压的充电方式效率低的问题，采用具有可调电压输出单元，通过降低充电电压与电子烟电池单元电压之间的充电压差提高充电效率(CN201320394149.3)。

通过电子烟盒智能信息检测、采集、管理软件，提高智能化水平。刘秋明设计的电子烟盒信息管理系统，可记录各种与吸烟相关的数据，并进行数据传输，可借助外部电子设备对数据进行分析，得到使用者的抽烟习惯，为使用者戒烟提供有益帮助，方便快捷地转存、分享个人信息，方便信息收集以及社交，提升用户的使用体验(CN201420017391.3)。

采用智能匹配检测技术，提高安全性。惠州市吉瑞科技有限公司设计的电子烟盒带有识别装置，通过其内部的微处理器识别电子烟盒与电子烟是否匹配，可防止电子烟盒和非指定的电子烟混搭使用，用户使用更安全可靠(CN201420023274.8)。

丰富产品功能。吉瑞高新科技股份有限公司在电子烟盒中设置高压电击模块，可提供电击防身功能(CN201390000257.6)。深圳市合元科技有限公司发明的电子烟盒可对电子烟杀菌，以防止电子烟遭受外界环境的污染，并可电动控制电子烟的升降(CN201210367495.2)。惠州市吉瑞科技有限公司在电子烟盒内设温度器组件，使电子烟盒可感应测量温度(CN201290000852.5)。

⑧改进总体设计的技术措施及其功能效果主要有以下几个方面：

采用电子烟总体一次性设计，缩小电子烟体积，提高感官质量，方便用户使用携带。通过精简烟体结构和控制装置，方便用户使用携带，提高产品的安全性，无须充电器，便于用户携带和使用，环保卫生。深圳市康泓威科技有限公司设计的一体式无棉一次性电子烟，将电源、控制单元、雾化装置直接集成内置于电子烟管中，将油直接存储在储油杯内，不需要使用棉花来存储油，无焦味，改善了口感，可以一次性使用，环保、卫生(CN201220257646.4)。黄德、谢舜尧设计的一次性电子烟，在整体式壳体内部设有封口件、吸油棉、隔油环、一次性电池、气流传感器和安装有指示灯的电路控制板，吸油棉内部设置有发热丝，气流传感器和电路控制板安装于塑料支架中，电源采用一次性电池，无须充电，有效节省了生产成本，不需要配备充电器、烟草提取物加注装置等附属物品，便于使用者使用(CN200920304042.9)。

可拆电子烟，便于拆装，便于用户更换维护，方便用户使用携带。采用烟嘴、雾化器、电池分段可拆卸设计，部件可更换，降低装配难度，降低用户使用成本，便于用户使用、携带、维护。刘团芳设计的可卸油瓶手持式电子烟，电池、烟油瓶、雾化部分以及控制部分均可以拆卸，方便携带和更换(CN201220090970.1;CN201220090959.5)。深圳市杰仕博科技有限公司设计的电子烟由烟体及烟嘴构成，螺纹件连接，电池通过开关经带有导电体的螺纹件将电流传输到液体蒸发机构电热丝的两端分别电连接在螺栓和电极柱上，中间用绝缘环固定，电热丝由储液媒介包裹着，中间设有气流通道，在模仿吸烟的过程中，吸入空气的同时，吸入气体的压力促使开关的常开接点闭合，触发 LED 点亮，被电热丝加热蒸发的烟碱溶液蒸气随即从出气口冒出，模拟了整个吸烟过程(CN201120352512.6)。夏浩然设计的环保型电子烟，外形和卷烟类似且成本低廉，包括通过控制单元连接的可充电锂电池单元和雾化单元，采用螺纹连接，外壳右端设有吸嘴，采用4.2 V低压供电，能耗低，不产生二手烟和烟灰，较真实地模拟了吸烟效果，且无焦油、尼古丁、一氧化碳等有害物，使用者仍然有吸烟的感觉(CN200920009916.8)。

一体式电子烟，降低了生产成本。采用一体式设计，通过将雾化装置、电池等烟体部件装入整体的烟体之内，简化了装配流程，便于安装，降低了生产成本。北京格林世界科技发展有限公司设计的高仿真电子烟，将电子烟雾化装置部分和电子吸入器控制电路部分进行分体设计，将储存烟液的容器和雾化烟液的雾化装置及通电电路一起装入电子雾化器中密封形成一体，防止了烟液的渗漏、回流及外露，当烟液耗尽后将一体式电子雾化器丢弃，更换新的即可重新使用，解决了电子烟雾化装置老化的问题，延长了电子烟使用寿命，并简化了现有电子烟复杂的机械原理和烦琐的装配过程(CN200920106627.X)。刘翔发明的一体式电子烟，包括用于盛放烟油的油杯，烟嘴通过油杯与雾化器相连形成一体式结构，具有结构简单、安装快速、生产成本低的优点(CN201110219735.X)。

可刺烟弹电子烟。通过电子烟烟具和烟弹独立设计方案，烟弹采用一次性设计，使用时通过雾化器刺入烟弹，延长了烟液保质期，避免了烟液变质、过期、泄漏等风险，提高了用户使用的安全性，降低了用户使用成本。日本烟草产业株式会社发明的电子烟采用雾化器刺穿烟弹设计，避免了烟液的浪费(CN201480053960.2)。修运强发明的电子烟，将电子烟和烟液分成烟具和烟液胶囊独立设计，雾化装置的一端安装胶囊穿刺装置，胶囊穿刺装置刺入胶囊内，胶囊采用医用软胶囊材料作为壳体，烟液成分为聚乙二醇、丙二醇及口感味道调节剂的混合物，用户使用前均处于密封状态，防止烟液挥发，能够有效延长烟弹的保质期，烟液不与雾化器的加热丝、用于导液的化学海绵、纤维等部件接触，不会受到污染，使用时通过穿刺针管或者螺旋驱动滑动刺入的方式连接烟弹，穿刺方向和力度均不需使用者掌握，使用者只需将螺纹旋紧即可使穿刺导液架按照准确的方向和力度完成对烟液胶囊的穿刺操作，可降低消费者的使用成本，储存、使用方便(CN200810014836.1；CN200810090523.4；CN201110363412.8；CN201120454420.9；CN201220582716.3；CN201310278756.8)。

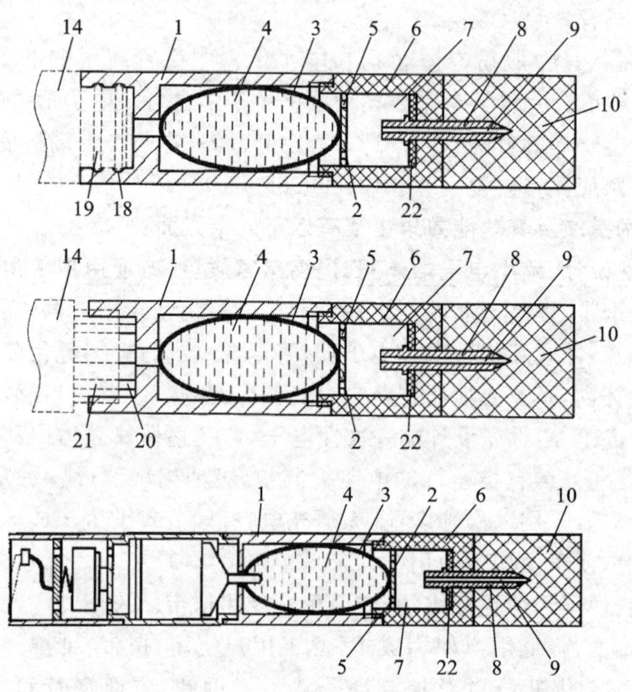

固态烟液电子烟。采用加热后熔化为液态的固体烟液，使用携带方便，解决了漏油、炸油等安全问题。刘秋明设计的固态烟油电子烟，提高了烟油熔化效率和熔化量，且使得固态烟油电子烟的安装简易快捷，避免了导油部件从底壁伸入烟油仓内的费时费力的过程(CN201120569569.1)；深圳瀚星翔科技有限公司、宏

图东方科技(深圳)有限公司、恒信宏图国际控股有限公司针对目前 RDA 电子雾化器在使用过程中需要频繁滴加烟油,且易漏油、炸油等问题,采用固态烟油雾化器,雾化芯包括用于盛放固态烟油的发热体以及固定发热体的支架,固态烟油受热熔化后成为液体,可被导油体吸附,雾化蒸气量大,避免因滴加烟油而弄脏手,且不会有炸油,提高了烟油的使用率(CN201610587131.3);深圳市博迪科技开发有限公司发明的使用固体烟弹的电子烟,通过使用烟弹管放置固体烟弹,并通过烟弹管外部套设的面状发热体将固体烟弹均匀加热到对应的雾化温度 150～350 ℃实现加热雾化而不燃烧,具有口味纯正、彻底根除漏油问题、烟弹更换方便、使用卫生、烟雾量大的优点(CN201410433713.7)。刘秋明在电子烟内设有预热装置,该装置将固态或液态的烟油密封于烟油仓内,抽烟时,利用预热装置将固态烟油加热成液态烟油,再经导油管输送至雾化装置内,由于烟油预先被凝固储存在烟油仓内,在常温状态下不会出现漏油现象(CN201120552395.8)。

固液混用电子烟。在电子烟中增加固体发烟物质,加热后可释放出烟气,提高了用户感官质量。修运强发明的组合式多功能电子烟,烟体中设有固体芳香物,通过电热丝加热,并设置两个烟弹仓,能够同时为使用者提供芳香气体、尼古丁成分和模拟烟雾,使用者可以根据需要分别选择是否吸食芳香气体、尼古丁成分和模拟烟雾,可满足使用者或戒烟者不同阶段的需求(CN201010153118.X)。

采用人体工程学烟体材料,提高电子烟的视觉、触觉、口感等感官质量。万利龙设计的电子雾化装置,采用柔性材料制造仿真软烟管,使用者在抽吸时有普通卷烟过滤嘴的柔软口感,让使用者从视觉、触觉上有与使用普通卷烟相同的感觉,产品仿真度佳(CN201120020626.0)。刘秋明在电子烟主体外部套设纸质的保护套,使电子烟具有常规卷烟的手感,吸嘴端设置木质吸嘴盖,增强电子烟的口感(CN201220662893.2)。香港迈安迪科技有限公司发明的电子烟软嘴雾化器,采用了塑胶环保 PP 材料雾化器管,比五金件构造的雾化器更简单,成本更低,避免了因焊锡所带来的环保和人员操作方面存在的安全隐患(CN201310614903.4)。

⑨改进雾化原理的技术措施及其功能效果主要有以下几个方面:

采用电磁感应雾化装置,提高了雾化效果和感官质量。采用电磁感应加热雾化烟液,辅以电阻加热雾化,避免了加热元件与烟液的直接接触,扩大了加热面积。

菲利普·莫里斯公司设计了基于电磁感应原理的加热装置(100),内部配置了扁平螺旋感应器线圈(110),在使用中,用户在烟嘴部分(120)上抽吸时,小空气流通过传感器入口(121)经过麦克风(106)且一直进入烟嘴部分,当检测到抽吸时,控制电子器件将高频振荡电流提供给线圈使其生成振荡磁场,在感受器元件中感生涡电流而发热,从而蒸发成烟基质形成烟雾,扩大了加热面积,提高了雾化效果,避免了加热元件与烟液的直接接触,无须焊接接头且更易清洁,并有多种类似的技术方案(CN201580000665.5;CN201580019380.6;CN201580022636.9;CN201580023038.3;CN201580023629.0)。

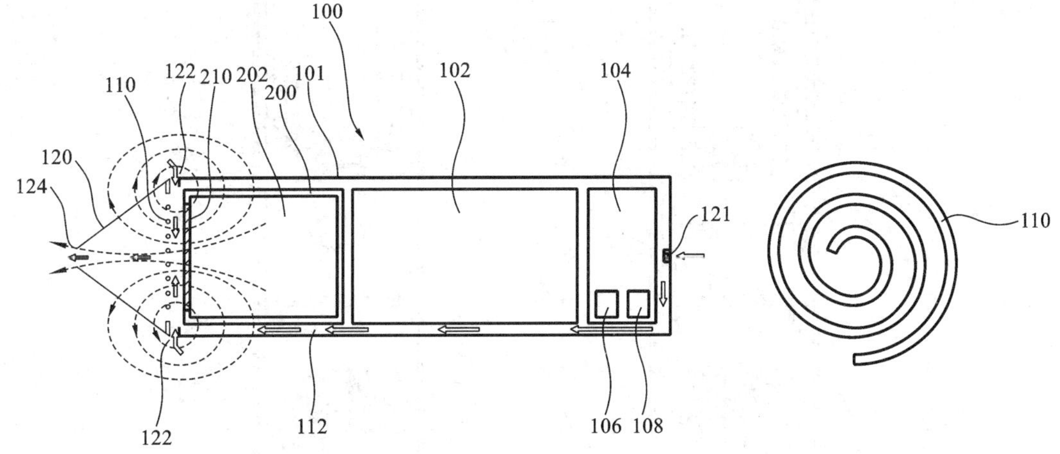

现有技术中电子烟中电热丝较细,发热过于集中,烟液或烟草的受热面积小,雾化效果较差。深圳市合元科技有限公司设计了利用电磁感应产生热量的雾化装置,将卷绕于金属部件的感应线圈作为发热组件,感应线圈两端连接有交流电源,可使金属部件内部产生涡流,涡流使金属部件自身发热,其产生的热量用于

直接加热烟液，发热面积大，雾化充分，有效提高了雾化效果(CN201310742221.1)。

奥驰亚客户服务有限责任公司采用两级加热，包括电阻式主加热器和与之电连接的次级感应线圈加热器，提高了雾化效果(CN201580048898.2;CN201580022455.6)。

通过磁致伸缩材料超声振动雾化和镍丝电磁感应加热雾化的方式，提高雾化效果，延长雾化组件的寿命。韩力电子烟的主要原理是通过压电陶瓷产生超声波振动与电阻加热产生烟雾，但是由于压电陶瓷振动需要高电压，因而压电陶瓷容易老化，寿命低，导致产品合格率与寿命变低，同时电阻加热与被镍丝网加热材料通过空气加热效率也低。北京格林世界科技发展有限公司发明的电子烟，其雾化器采用了磁致伸缩振动器和电磁感应加热器，提高了加热效率，由于磁致伸缩材料超声振动不需要高电压，且磁致伸缩材料不易老化变性，延长雾化组件的寿命(CN200710121849.4)。

采用超声雾化装置，提高感官质量。通过压电陶瓷产生超声波振动雾化烟液，辅以电阻加热雾化，避免焦油的产生，模拟传统卷烟的抽吸感觉，提高了感官质量。韩力作为公认的电子烟发明人，其最早发明的电子烟即采用超声雾化方式，并辅以电阻加热雾化，尾端烟嘴处设置的气流传感器连接雾化器高频振荡器，高频振荡器接计数电路和显示屏，卷烟前端装有电池和发光二极管，可模拟传统吸烟方式和效果(CN200310011173.5;CN200580011022.7)。此两项专利施引专利数量众多，成为后来者竞相模仿和改进的重要技术方案。

采用激光加热雾化装置，提高雾化效果，节约电能。采用激光发生器来实现液体的雾化，有效降低了雾化装置的耗电量，提高了雾化效率。目前市场上常规的电子烟包括玻纤芯和缠绕在玻纤芯上的发热丝，工作时，发热丝发热使吸附在玻纤芯中的烟液雾化，达到雾化烟液的目的，但这种雾化器不但耗电量大，雾化效率低，且由于发热丝缠绕力度的不同，往往导致发热不均，影响烟液的雾化效果。王彦宸设计的激光雾化装置，在壳体(1)内设置有激光发生器(2)及与激光发生器相对设置的导液纤维(3)，通过导液纤维的毛细作用将雾化液载体(4)中的雾化液输送到激光发生器的激光能量聚集点——正对激光发生器的导液纤维(3)上，接通电源启动激光发生器，激光将电能转化成光能发射至能量聚集点，使聚集点处的雾化液载体中的雾化液瞬间被打散并产生气溶胶，为增强雾化效果，还可增加凸透镜(7)或凹形反光镜，能够使产生的激光照射更集中，从而提高雾化效率，该方案不但能够提高雾化效率，还能显著降低耗电量，采用激光发生器进行雾化与采用发热丝进行雾化相比，耗电量降低了40%左右(CN201320733576.X)。

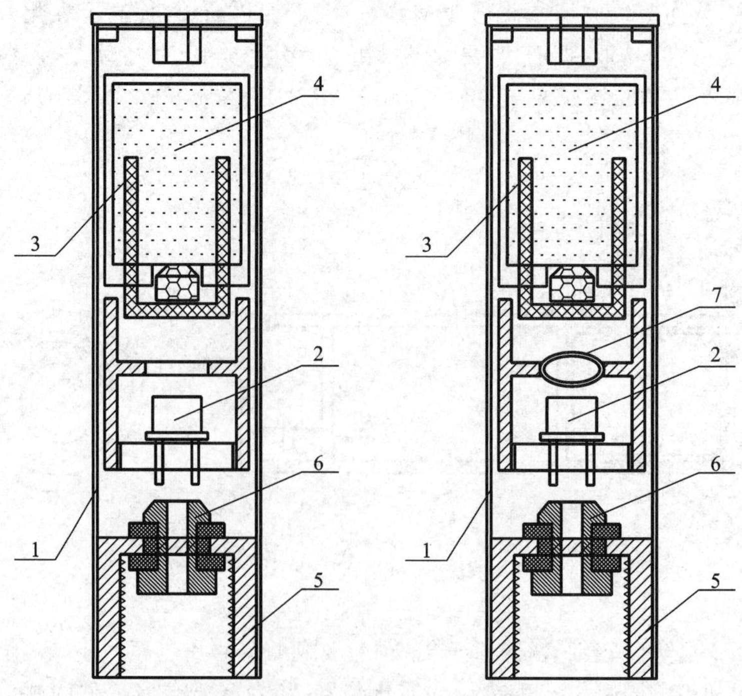

采用喷射雾化装置，提高感官质量。通过压力驱动液体喷射的方式产生雾化液滴，模拟传统卷烟的抽吸感觉，提高了感官质量。精工爱普生株式会社设计的电子烟包括有吸烟口的壳体、喷出装置，控制喷出装置的驱动，通过驱动致动器使填充有香味液状物的腔室内的压力发生变化，使喷头以流体喷射方式(类似喷墨方式)喷出液状液滴，可模拟吸烟的感觉(CN200410048792.6；CN200410058333.6)。此两项专利施引专利数量众多，作为概念性电子烟产品，其方案可供借鉴。

采用化学反应生成气溶胶，提高感官质量，节约电能，满足用户对尼古丁的需求。菲利普·莫里斯公司采用电阻加热雾化尼古丁液体，经化学反应后向用户提供尼古丁气溶胶，降低了加热器功率，节约电能，满足了用户对尼古丁的需求，提高了感官质量。目前市售电子烟的电源功率介于 3.7 W 和 5 W 之间，菲利普·莫里斯公司设计的一次性电加热气雾剂递送系统，通过尼古丁蒸气与挥发性递送增强化合物丙酮酸的反应形成气溶胶向用户传输尼古丁成分，该方案供给加热器的功率介于 0.13 W 和 0.14 W 之间，显著降低了功耗，可向使用者递送约每口 100 微克的尼古丁。另外，与市售电子卷烟中的加热温度 200～300 ℃相比，该电子烟蒸发器温度可降至 80～100 ℃。该尼古丁气雾剂递送系统(100)包括可再充电电池装置(102)、筒(104)和嘴件(106)，其中筒(104)为一次性烟弹装置，烟弹筒(104)内部包括含丙酮酸的第一隔室(114)和包含液体尼古丁制剂的第二隔室(116)，可通过穿刺使得两者进行接触反应。(CN201480025197.2；CN201580031710.3；CN201480009067.X。)

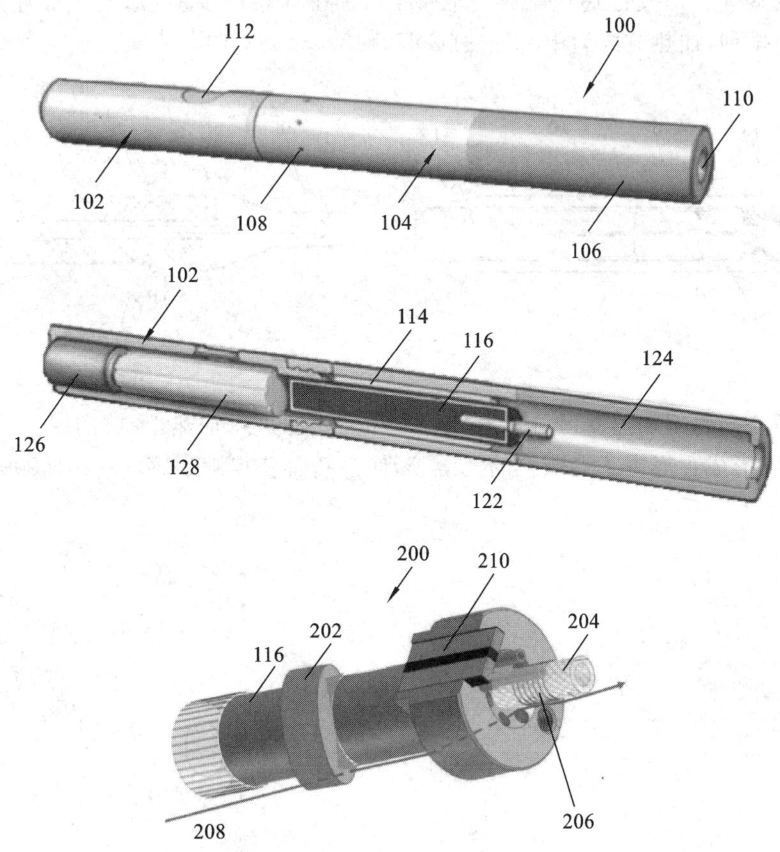

菲利普·莫里斯公司通过电加热辅助化学制剂反应生成蒸气烟碱化合物，气雾生成装置(102)含有穿刺部分(122)，发烟制品(104)中第一密封隔间(106)内包括管状多孔元件和吸附其上的递送增强化合物(丙酮酸或氯化铵)，第二隔间(108)内包含挥发性烟碱溶液，刺穿易破屏障密封件(110)后反应生成气雾状的烟碱盐颗粒。气雾生成系统还可包括电源、加热器和控制电路，通过加热使得递送增强化合物和挥发性液体被充分挥发以能够产生气雾。(CN201480065223.4；CN201480015579.7；CN201480034033.6。)

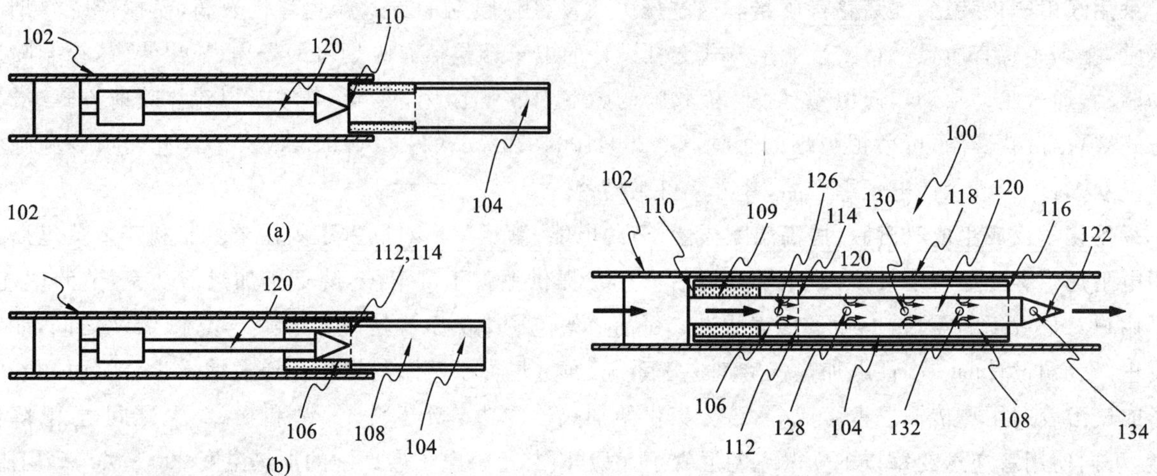

类似的方案还有菲利普·莫里斯公司设计的烟碱反应式电子烟，烟体(4)包括壳体、电源(16)、控制器(18)和内部加热器(20)，壳体有可插入烟弹(2)的细长圆柱形腔。控制器(18)包括电路，连接至电源(16)和内部加热器(20)，烟弹(2)由含烟碱源的区室(6)和含挥发性递送增强化合物源的区室(10)组成，抽吸时烟弹被加热释放出烟碱蒸气和挥发性递送增强化合物，二者在气相中反应，形成气雾递送给使用者。(6)和(10)可为横向或纵向排列，加热方式为中心加热(CN201480034033.6)。

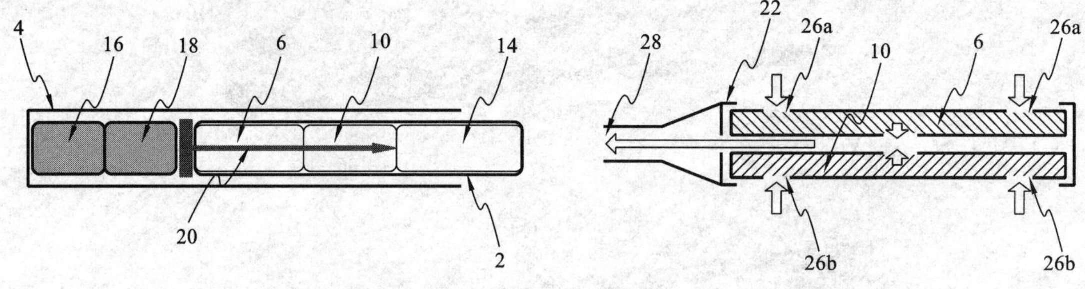

菲利普·莫里斯公司利用加热器(14)对尼古丁源和乳酸源进行加热，释放的尼古丁蒸气和乳酸源蒸气在气相中相互反应，可形成含尼古丁盐颗粒的气溶胶，使消费者获得满足感(CN201580030052.6)。

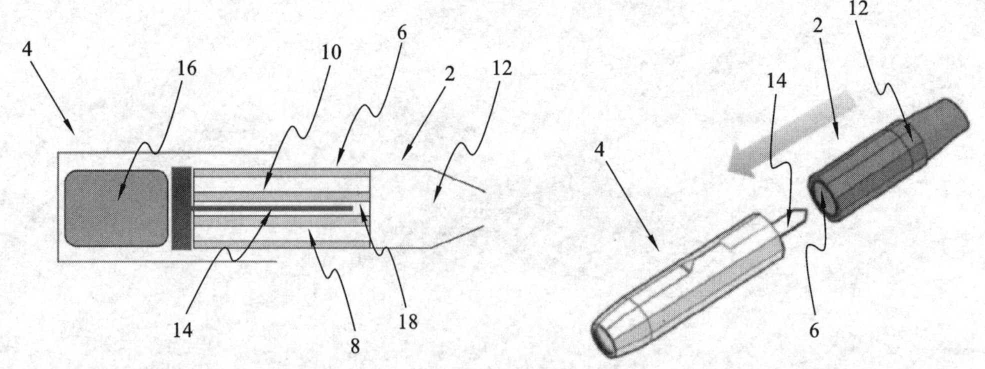

采用电阻加热压缩烟气，提高感官质量和安全性。刘秋明发明的仿真烟，将烟味气体预先压缩成液化气态，使用时直接进行抽吸，可利用电阻加热烟气，以仿真卷烟抽吸感觉，提高感官质量。该电子烟设有用于储存烟味气体的储气室，烟味气体被预先压缩成液化气态储存于该储气室内并由阀门控制烟味气体进出，此种结构具有良好的防漏效果，提高了安全性(CN201120542587.0)。

国内烟草行业外电子烟目前主要采用电阻加热的方式对烟液进行雾化，但是也探索了电磁感应加热、喷射雾化、超声雾化、液态烟气自然雾化、电加热促进液态化学成分反应雾化、激光雾化等不同的雾化原理，但是这些设计原理性的探索比较多，尚无市场化的产品面市。

⑩改进烟弹的技术措施及其功能效果主要有以下几个方面：

采用医用软胶囊制作烟弹，降低使用成本。修运强发明的电子烟烟液胶囊，采用医用软胶囊材料制作壳体，形状为椭圆形，壳体内的烟液是聚乙二醇、丙二醇及口感味道调节剂的混合物，可以降低消费者的使用成本，储存、使用方便。

采用一次性烟弹设计，提高安全性。深圳市麦克韦尔科技有限公司发明的电子烟包括一次性烟弹管和与烟弹管可拆卸连接的雾化器，其中烟弹管内部开设有烟道和环绕烟道的储液腔及锡箔纸密封件，雾化器包括可拆卸的烟弹固定管、固定在烟弹固定管一端的固定座、固定在固定座上的发热丝组件、固定在固定座上的穿刺件及出烟管，电子烟能够避免烟液受到污染的问题。在生产时已经将烟液注入到烟弹管中，并用锡箔纸密封好，消除了烟液储存或放置不当的问题及烟液污染的问题(CN201480000721.0)。

在烟弹中存储控制信息，提高智能化水平。RAI策略控股有限公司在烟弹中存储控制信息，与电子烟控制系统接合时可被读取并执行控制动作(CN201580024302.5)。

改进烟弹形状设计，提高雾化效果。菲利普·莫里斯公司针对胶囊加热式气溶胶生成系统加热效率低，外壁温度高，首次单口抽吸的时间长的问题，通过对胶囊中间设置凹部(110)，用于接纳加热器，有利于减少从加热器到气溶胶形成基质的最大距离，减少功率需求，降低加热温度，凹部设计增加了气溶胶形成基质的表面积与体积比(CN201480067075.X)。

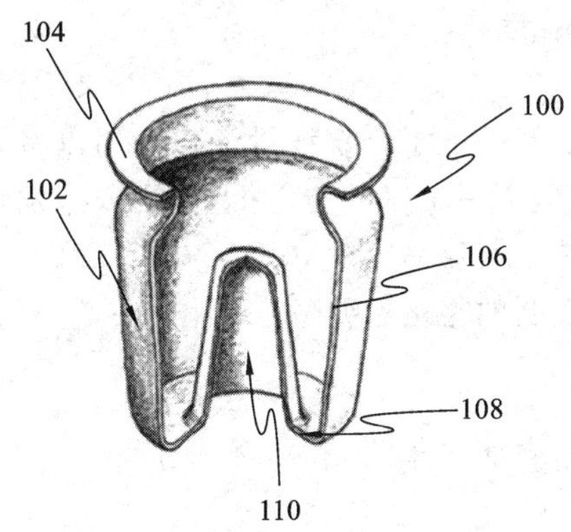

设计固体烟弹，提高安全性和感官质量。深圳市博迪科技开发有限公司发明的使用固体烟弹的电子烟烟弹本体由烟草颗粒添加雾化剂后依次通过混合搅拌、模压成型后得到，其为固体结构，因此没有液态烟油或者固液混合烟油，在加热时也不会产生游离的烟油，解决了电子烟的漏油问题，且雾化剂包括雾化温度为150～350 ℃的可食用有机溶剂，通过雾化剂能够确保在温度为150～350 ℃时即可实现烟草颗粒的加热雾化而不燃烧，能够克服液态烟油或者固液混合烟油口味不够纯正的缺点(CN201410433713.7)。

菲利普·莫里斯公司发明的电子烟为筒结构，采取加热器与烟体分离设计，加热器内置烟液(实为烟弹)，烟嘴翻盖后可将加热器装入烟体内，用完可更换，加热器为电阻加热，采用不锈钢材料的网格结构，可采取多个加热器复合，功率4～6 W，烟液导液部分采用毛细管材料，烟液成分包括甘油、丙二醇、水、香料、尼古丁，该方案生产成本低廉，可大量重复生产，可靠性高(CN201480074316.3;CN201480074312.5)。

⑪改进总体生产工艺技术措施及其功能效果主要有以下几个方面：

研发自动生产设备，提高生产效率。

奥驰亚客户服务有限责任公司发明的自动生产电子蒸发装置的方法及系统可实现自动制造装配烟弹(CN201580031565.9)；奥驰亚客户服务有限责任公司发明了可用于自动生产电子蒸发装置的旋转滚筒、装配鼓，可实现电子烟的自动生产装配(CN201580031588.X;CN201580055337.5)；菲利普·莫里斯公司发明的加热器组件制造方法，通过刚性元件支撑加热器柔性芯部，将加热元件装配在刚性支撑件的周围，可提高批量生产效率(CN201380074695.1)。

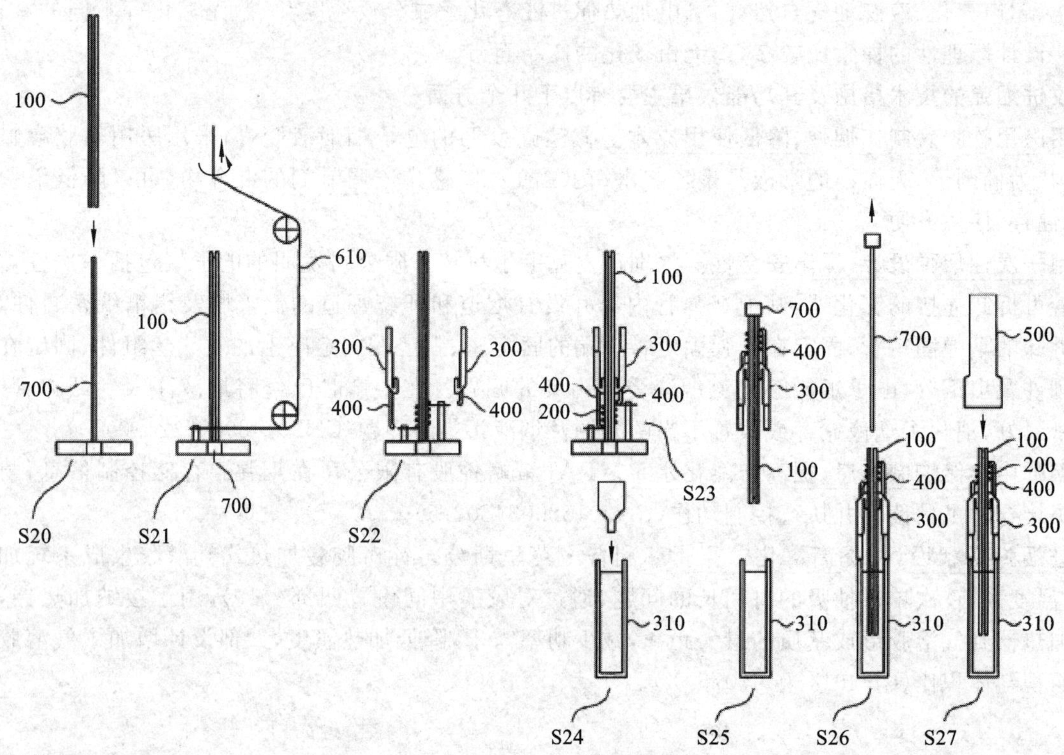

昂纳信息技术(深圳)有限公司发明的电子烟绕线设备包括用以将发热丝端子和导线进行连接的端子机、用以将连接有导线的发热丝传送至下一工序的传送机构、用以将发热丝自动缠绕于玻纤绳上的绕线机构,可实现自动打端子和绕线,提高了生产效率(CN201310642624.9)。

奥驰亚客户服务有限责任公司发明的雾化器吸塑包装生产方法,每分钟可制造大约300个包装,提高了生产效率(CN201580028685.3)。

10.3.1.3 国内烟草行业电子烟专利技术功效分析

1. 技术功效图表分析

分析研究国内烟草行业申请的电子烟专利的"权利要求书"和"说明书",并依据研究制定的《新型烟草制品专利技术分类体系》,对专利涉及的技术措施和功能效果进行归纳总结,形成技术功效图10.5,技术措施、功能效果分布表10.10、表10.11。

表 10.10 国内烟草行业电子烟专利技术措施分布

申请年份	改进雾化原理	改进总体设计	改进雾化器	改进电源系统	改进烟嘴	改进烟弹	改进测控技术	改进配方或添加剂	增加辅助功能	改进总体工艺设备	改进配套组件
2003年	0	0	0	0	0	0	0	0	0	0	0
2004年	0	0	0	0	0	0	0	0	0	0	0
2005年	0	0	0	0	0	0	0	0	0	0	0
2007年	0	0	0	0	0	0	0	0	0	0	0
2008年	0	0	0	0	0	0	0	0	0	0	0
2009年	0	0	0	0	0	0	0	0	0	0	0
2010年	0	0	0	0	0	0	0	0	0	0	0

续表

申请年份	改进雾化原理	改进总体设计	改进雾化器	改进电源系统	改进烟嘴	改进烟弹	改进测控技术	改进配方或添加剂	增加辅助功能	改进总体工艺设备	改进配套组件
2011 年	0	1	1	0	0	0	0	0	0	0	0
2012 年	0	0	5	0	0	0	0	1	0	0	0
2013 年	0	3	1	0	1	0	2	2	1	0	0
2014 年	7	20	25	2	5	17	1	94	14	0	7
2015 年	16	13	101	9	8	4	7	86	6	3	2
2016 年	128	8	96	1	20	10	13	42	8	7	6
合计	151	45	229	12	34	31	23	225	29	10	15

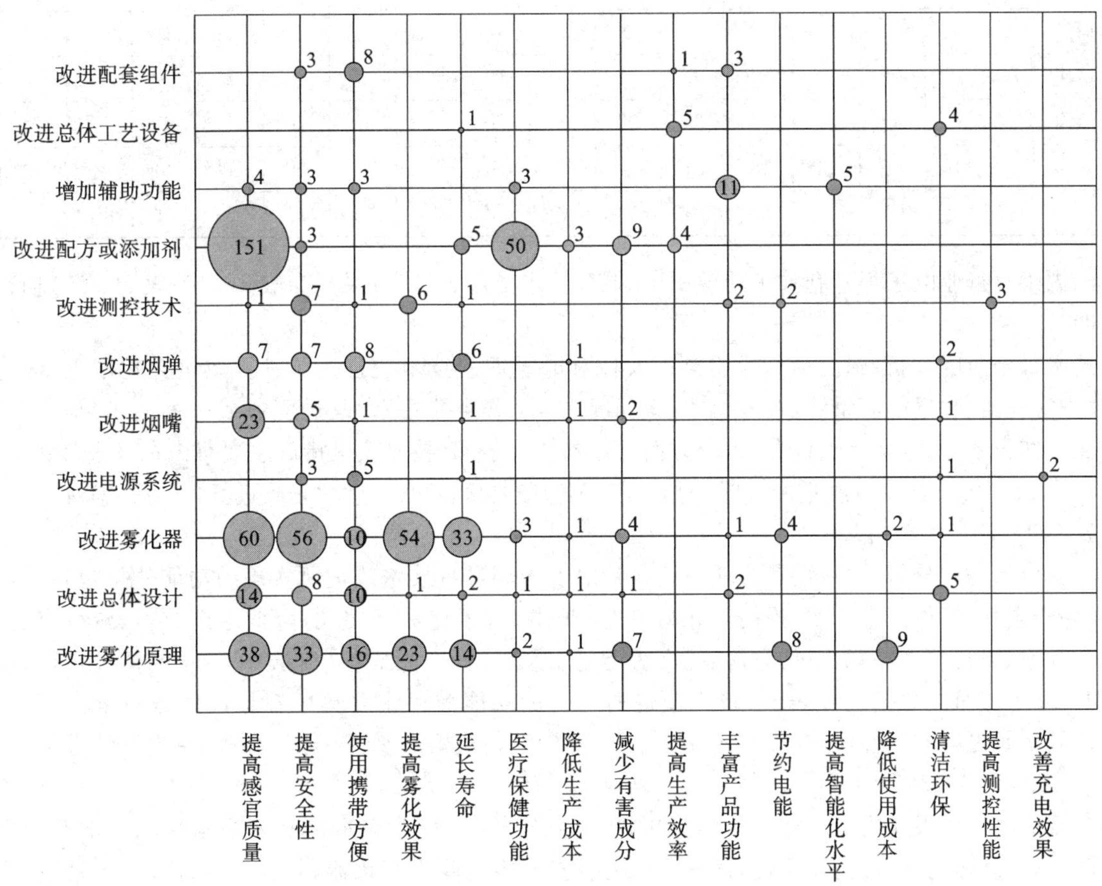

图 10.5　国内烟草行业电子烟专利技术功效图

表 10.11　国内烟草行业电子烟专利功能效果分布

申请年份	提高感官质量	提高安全性	使用携带方便	提高雾化效果	延长寿命	医疗保健功能	降低生产成本	减少有害成分	提高生产效率	丰富产品功能	节约电能	提高智能化水平	降低使用成本	清洁环保	提高测控性能	改善充电效果
2003 年	0	0	0	0	0	0	0	0	0	0	0	0	0	0	0	0

续表

申请年份	提高感官质量	提高安全性	使用携带方便	提高雾化效果	延长寿命	医疗保健功能	降低生产成本	减少有害成分	提高生产效率	丰富产品功能	节约电能	提高智能化水平	降低使用成本	清洁环保	提高测控性能	改善充电效果
2004 年	0	0	0	0	0	0	0	0	0	0	0	0	0	0	0	0
2005 年	0	0	0	0	0	0	0	0	0	0	0	0	0	0	0	0
2007 年	0	0	0	0	0	0	0	0	0	0	0	0	0	0	0	0
2008 年	0	0	0	0	0	0	0	0	0	0	0	0	0	0	0	0
2009 年	0	0	0	0	0	0	0	0	0	0	0	0	0	0	0	0
2010 年	0	0	0	0	0	0	0	0	0	0	0	0	0	0	0	0
2011 年	1	1	0	0	0	0	0	0	0	0	0	0	0	0	0	0
2012 年	2	1	0	2	1	0	0	0	0	0	0	0	0	0	0	0
2013 年	6	1	0	1	0	0	0	0	0	0	1	1	0	0	0	0
2014 年	94	18	16	1	8	23	3	10	0	8	1	2	0	7	0	1
2015 年	77	42	22	32	24	28	1	8	4	5	3	1	1	5	1	1
2016 年	118	65	24	48	31	8	4	5	6	6	9	1	10	2	2	0
合计	298	128	62	84	64	59	8	23	10	19	14	5	11	14	3	2

对国内烟草行业电子烟专利技术功效图 10.5 和技术措施、功能效果分布表 10.10、表 10.11 进行分析，结果表明：

从技术措施角度分析，国内烟草行业申请人针对电子烟的技术改进措施涉及改进雾化原理、改进总体设计、改进雾化器、改进电源系统、改进烟嘴、改进烟弹、改进测控技术、改进配方或添加剂、增加辅助功能、改进总体工艺设备、改进配套组件共 11 个方面。数据统计表明，技术改进措施主要集中在改进雾化器方面，专利数量占 28.5%。其次是改进配方或添加剂，专利数量占 28.0%。然后是改进雾化原理、总体设计，专利数量分别占 18.8%、5.6%。

从功能效果角度分析，国内烟草行业申请人针对电子烟进行技术改进所实现的功能效果包括提高感官质量、提高安全性、使用携带方便、提高雾化效果、延长寿命、医疗保健功能、降低生产成本、减少有害成分、提高生产效率、丰富产品功能、节约电能、提高智能化水平、降低使用成本、清洁环保、提高测控性能、改善充电效果共 16 个方面。数据统计表明，技术改进所实现的功能效果主要集中在提高感官质量，专利数量占 37.1%。其次是提高安全性，专利数量占 15.9%。然后是提高雾化效果、延长寿命、使用携带方便，专利数量分别占 10.4%、8.0%、7.7%。

从实现的功能效果所采取的技术措施分析，提高感官质量，优先采取的技术措施是改进烟草配方或添加剂，其次是改进雾化器；提高安全性，优先采取的技术措施是改进雾化器，其次是改进雾化原理；提高雾化效果，优先采取的技术措施是改进雾化器，其次是改进雾化原理；延长寿命，优先采取的技术措施是改进雾化器，其次是改进雾化原理；使用携带方便，优先采取的技术措施是改进雾化原理，其次是改进总体设计和雾化器。

从研发重点和专利布局角度分析，鉴于改进烟液配方及添加剂和雾化器方面的专利申请，以及提高感官质量和安全性方面的专利申请所占份额较大并且总体呈上升趋势，因此综合考虑上述信息可以初步判断：通过改进雾化器和雾化原理来提高安全性，改进烟草配方及添加剂、雾化器来提高感官质量，是国内烟草行业申请人针对电子烟专利技术的研发热点和布局重点。

从关键技术角度分析，国内烟草行业申请的专利所涉及的电子烟关键技术涵盖了雾化技术、控制技术、烟芯配方技术。

2. 具体技术措施及其功能效果分析

国内烟草行业申请人针对电子烟的技术改进措施主要集中在烟液配方及添加剂、雾化器、雾化原理、总体设计等方面，旨在实现提高感官质量、提高安全性、提高雾化效果、延长寿命、使用携带方便等方面的功能效果。

①改进烟液配方及添加剂的技术措施及其功能效果主要有以下几个方面：

通过烟液配方及制备方法改进，提高感官质量。

通过设计中式卷烟风格的电子烟烟液配方，提高感官质量。湖北中烟工业有限责任公司开发的淡雅香型电子烟雾化烟液，既能满足烟民的吸烟需求，又能起到止咳提神功效，增加喉部舒适感(CN201210457376.6)；山东中烟工业有限责任公司将烤烟、白肋烟、香料烟等不同香型的烟叶、烟丝或烟末混配后施加具有特色风味的烟用香精香料或食用香精香料提取物，分温度段干馏后收集到的馏分可直接作为电子烟烟液而使用，该方法收集的电子烟烟液可具备类似于中式卷烟的不同风格特征和口味，如中式烤烟香型、中式混合香型，满足感好，香气协调，吸味醇和(CN201410249421.8；CN201410249613.9)；湖南中烟工业有限责任公司以烟末、烟丝或者烟灰为原料，用蒸馏装置在一定温度下，将烟末、烟丝或者烟灰中具有烘烤香气的物质提取分离，这种香型的致香物和传统卷烟燃烧过程中产生的烘烤香气物质成分相似度非常高，该烘烤香型的电子烟液抽吸感官和传统卷烟燃烧过程中的感受一致，有卷烟燃烧过程中的烘焙香(CN201410287111.5)；浙江中烟工业有限责任公司以烟末超临界 CO_2 提取物为主要成分制备电子烟烟液，含有烟用香精香料、烟草香味成分等，感官质量与传统卷烟更加接近(CN201310677976.8)；安徽中烟工业有限责任公司的焦甜香型电子烟烟液，具有典型的焦甜香特征，香气醇厚(CN201410311978.X)。

研发烟草提取物提取方法并应用到烟液配方设计中，使电子烟抽吸口感更接近卷烟。这些提取物包括各种香型的烟叶、烟花蕾，各种制丝原料如烟丝、烟梗，各种烟草废弃物料如烟末、烟杈等，既使烟液更具传统烟草的口味，也充分利用了烟草资源，实现了废物利用。河南中烟工业有限责任公司将烟叶浸膏的热裂解处理产物作为烟液添加剂使用以接近传统卷烟烟香；湖南中烟工业有限责任公司将烟末、烟丝加热干馏得到的烟草致香物添加于烟液，使之口感接近传统卷烟；川渝中烟工业有限责任公司从烟叶大田打顶时废弃的烟花、烟杈中提取烟花精油并以此设计烟液配方，有效增强电子烟烟草特征香气和满足感，使电子烟烟液在抽吸时感官上具有传统烤烟的特征风格；湖南中烟工业有限责任公司制备烤烟、白肋烟、香料烟、提取物作为电子烟烟液，将烟草粉末涂布到烟液吸附材料上，以此增加电子烟的特殊风味。

拓展烟液溶剂范围，消除烟液甜腻感。为消除烟液抽吸的甜腻感，探索除了甘油和丙二醇之外新的烟液溶剂或添加物，包括各种醇类及植物提取物。浙江中烟工业有限责任公司采用聚丙二醇、聚丙三醇(CN201410565316.5、CN201410565285.3)，云南中烟工业有限责任公司(CN201410381331.4)和湖南中烟工业有限责任公司(CN201510262808.1)采用丁二醇、三乙酸甘油酯、二乙酸甘油酯等作为烟液溶剂，解决了甜腻感重的问题并使其具有传统香烟略苦的味道，与传统卷烟的感官质量更接近；云南中烟工业有限责任公司将苦瓜提取物和荞麦提取物添加到烟液中，有效降低了甜腻感(CN201510020247.4)；湖南中烟工业有限责任公司采用1,3-丁二醇，碳酸丙烯酯，甘油及其一元、二元醋酸酯作为烟液溶剂及调节剂，降低了甜腻感，增加了烟雾的厚实饱满感(CN201510262808.1)；山东中烟工业有限责任公司采用二甘油、二丙二醇作为溶剂制备出中式烤烟香型电子烟烟液，降低了甜腻感，香气、口感方面与传统中式烤烟香型卷烟较为接近(CN201410249859.6；CN201410250173.9)；江苏中烟工业有限责任公司以分散的烟酸和烟酰胺作为电子烟烟液溶剂，在抽吸时形成的烟雾不油腻、不干涩(CN201410387667.1)。

非烟草口味烟液配方，提供多种口味烟液，满足用户需求。将各种香型的酒类、茶类以及各种含香植物的提取物或材料加入到烟液中，设计出了酒味、茶味、水果味等各种口味的烟液配方。贵州中烟工业有限责任公司将茅台酒、五粮液、泸州老窖等各种酒添加到烟液中，制备了酒香型、国酒香型、酱香型、浓香型、清香型等不同口味的烟液(CN201410788700.1；CN201410788640.3；CN201410788700.1；CN201410788640.3；CN201410788600.9)；贵州中烟工业有限责任公司还将黑茶、白茶、红茶、绿茶、黄茶等各种茶叶的提取物添加到烟液中，制备具有各种茶香的烟液(CN201410848645.0；CN201410848828.2；CN201410848742.X；CN201410848702.5；CN201410848764.6)；云南中烟工业有限责任公司将绿茶、普洱茶等茶叶提取物添加到烟液中，制备各种茶香烟液(CN201410468818.6;CN201510476839.7;CN201510074892.4)。

通过添加中西药有效成分，实现烟液的医疗保健功能。

云南中烟工业有限责任公司将消炎药、感冒药、鼻炎药、复方川贝精片、川贝雪梨膏、川贝枇杷糖浆、牛黄蛇胆川贝液、川贝软胶囊、蛇胆川贝散、蛇胆川贝软胶囊等药物成分作为气雾剂前体加入烟液中，以加热汽化和超声雾化的方式实现药物有效成分传送，实现了电子烟的药用功能(CN201510100883.8;CN201510100881.9;CN201510136005.1;CN201510100211.7;CN201510100140.0;CN201510100897.X;CN201510100885.7);贵州中烟工业有限责任公司将各种具有保健功能的中草药提取物加入到烟液中，实现了养心安神、降血脂、润肠通便、清热降火、降血糖、健胃消食、止咳化痰、降血压等药用功能(CN201410849793.4;CN201410849022.5;CN201410848723.7;CN201410788635.2)。

改进和开发烟草提取物的提取方法，减少有害成分。

郑州烟草研究院将浸膏、净油类天然提取物通过丙二醇稀释、分子蒸馏两步处理，去除了香料中的高沸点物质和蜡质成分，解决了高沸点香料容易产生焦煳味的问题(CN201510286766.5);郑州烟草研究院用不溶解糖分的溶剂对烟草提取液进行反萃取，得到完全不含糖的萃取相，以此制成电子烟烟液，解决了现有技术中电子烟烟液糖分含量高的问题(CN201510019683.X);郑州烟草研究院改进了电子烟烟液制备方法，包括加料和加香工序，在加料环节除去了香料中的高沸点物质和蜡质成分，加香环节加入低沸点香精避免香精损失(CN201510286774.X)。

现有烟液用烟草提取物采用 CO_2 超临界萃取法，有害成分高、提取物组分复杂，存在安全隐患，且提取物中不是所有成分都是水溶性，而电子烟烟液制备时要求所用成分均是水溶性，川渝中烟工业有限责任公司利用烤烟烟叶采用“加速溶剂萃取—水蒸气蒸馏—再萃取”方法制得的烟草提取物，无色素，有害成分低，组分简单，且均具有水溶性及高沸点特性，利于后期制备电子烟烟液(CN201510027747.0)。

研发固态烟液配方，延长烟液保质期，提高安全性。

安徽中烟工业有限责任公司发明的无烟棉电子烟，以固相烟油载体替代烟棉，固相烟油载体优选聚乙二醇 1500 和丙三醇的混合物，质量比 4∶6，将固相烟油载体加热熔化后，加入香料或烟碱，超声或搅拌分散均匀后，自然冷却呈固体蜡状，使用时，将该烟油加热至熔化状态后加入到电子烟中即可，改善了口感，环保、卫生(CN201510312226.X)。

上海烟草集团有限责任公司通过制备凝固态烟草提取物作为电子烟中的气溶胶形成基质，避免在电子烟的气溶胶形成基质中外加合成香精香料及添加剂引起的各种问题，并避免电子烟中液态气溶胶形成基质引起的漏油等问题(CN201510496435.4)。

浙江中烟工业有限责任公司发明的凝胶态烟弹，由烟草提取物、食品胶、整合剂、保润剂、香精香料以及纯净水混合构成，改善了口感，提高了产品的稳定性，并进一步避免了液体电子烟液泄漏所造成的安全隐患等(CN201410565089.6)。

江苏中烟工业有限责任公司研发出在常温下为固体凝胶，加热后为液态的热敏性烟液，采用明胶、琼脂、可得然胶、卡拉胶等作为增稠剂，当加热温度为 50～80 ℃时，电子烟液呈液态，停止加热，遇热液化后的电子烟液冷却后还原至固态，不会随意流动，可解决电子烟液在贮存和运输过程中出现的漏液、回流及挥发问题(CN201410387362.0)。

②改进雾化器的技术措施及其功能效果主要有以下几个方面：

通过雾化器导流、进气、加热、储液等组件改进，提高感官质量。

改进雾化腔内导流结构、进气结构，提高感官质量。现有电子烟的雾化器在抽吸者的每次抽吸过程中，多种成分的电子烟液会因为加热元件工作在不同时段有不同的温度，从而抽吸同一口烟气的不同阶段蒸发出不同的组分和香料物质，蒸发烟气进入现有雾化器末端一个用于收集雾化气体、长度有限、直径只有 0.3～3 mm 的导气管，雾化气体穿过导气管时还不能够均匀混合就进入了吸烟者口腔中，且电子烟烟气粒径仅为传统烟支燃烧后形成的烟气粒径的十分之一左右，故进入吸烟者口腔后常有电子烟雾化烟气饱满度不足的感觉。云南中烟工业有限责任公司在电子烟中采用互相之间成一定角度的多条气流通道设计，使需要混合的烟气经过不同容积的气流通道，以及通过圆环板之间相对静止微小的空气环与贴近内管内壁的流动性气环之间，形成涡流和湍流，达到混合烟气的目的，烟雾经过相对更长的通道传输，高温的电子烟烟雾得到进一步的降温，使电子烟烟雾从微小的雾状逐步凝结成更大一些的颗粒状，克服了电子烟烟雾对口腔的冲击感，弥补了电子烟烟雾饱满度不足，有效提高电子烟的整体感官质量（CN201510096200.6；CN201620336787.3；CN201620338836.7；CN201620338670.9；CN201620338149.5）。

隔离加热件和导流元件，提高感官质量。上海烟草集团有限责任公司通过隔离支撑件将加热件和储存件隔离开，使两者不直接接触，同时，通过经加热件加热后的热空气来加热由导流件从储存件中导出的液体，从而使液体被加热雾化后被使用者吸入，其避免了加热件与导流件直接接触，进而有效防止液体和导流件被碳化，最终保证使用者吸食电子烟的口感（CN201510672177.0）。湖北中烟工业有限责任公司将发热元件与导液体使用导热密封层隔离，提高感官质量（CN201620393788.1）。

增设固态烟芯加热装置，提高感官质量。湖北中烟工业有限责任公司发明的双层加热式卷烟，将新型卷烟和电子烟结合起来，设置内层和外层两层加热区，外层加热层将烟草制品区中的可挥发性成分和烟草特有香气成分干馏出来产生烟雾，内层烟雾发生器中的储液区包含雾化液，随着温度不断升高可挥发产生烟雾，能够模拟香烟的燃烧，减少香烟燃烧对消费者和非吸烟人群的二手烟危害，提高感官质量（CN201310124288.9）。

改进储液组件，提高感官质量：

采用烟草材料储液。湖南中烟工业有限责任公司设计的雾化器采用烟叶、梗丝、烟丝等材料作为储油部件，不含储油棉，长期使用不会对烟油口味造成负面影响（CN201420309400.6）。安徽中烟工业有限责任公司采用天然烟草纤维和碳纤维为原料制成的电子烟烟棉，组分构成为烟梗纤维0%～40%、烟末纤维0%～40%、活性碳纤维5%～45%、其他成分10%～30%，具备浓厚的烟草香气，在香味、口感、满足感上均比市场上的电子烟产品有重大改善，并能有效降低烟气中羰基化合物等有害物质的含量（CN201410531256.5）。湖南中烟工业有限责任公司先将烟草粉末涂布到烟制品的烟液吸附材料上，然后将含烟草粉末的电子烟液吸附材料装配到电子烟雾化装置上，再在烟液吸附材料上添加电子烟液，形成电子烟的烟雾和香味发生组件，添加的烟草粉末能赋予电子烟丰富的烟草香气和较好的满足感（CN201410445033.7）。

采用多储液元件实现多种口味。云南中烟工业有限责任公司在雾化器中采用多腔式贮液装置，每个腔体均能独立贮存不同的香精香料单体或配方，能有效避免极性差异大、相容性差的多组分配方产生混配分层或沉淀的缺点，同时多个腔体可装填不同口味的香精香料，同时满足多种口味感官需求，提高了感官质量（CN201420482138.5）；湖南中烟工业有限责任公司设计的多油腔电子烟雾化器可根据需要调节烟雾的口味和浓度，不会造成高温烧焦产生异味，有效提升了雾化的口感（CN201620656458.7）。

采用超声雾化组件、多雾化组件、加热元件材料及形状改进、导液组件及雾化器结构改进等技术手段，提高雾化效果。

对超声雾化器进行改进，提高了雾化效果和安全性。通过在超声雾化装置中增设加热装置，提高雾化速度，提高雾化效果。湖南中烟工业有限责任公司先用发热丝将液体加热，再通过超声波振荡片二次雾化，保证液体能充分均匀地雾化，解决了直接采用超声波振荡片雾化时发热不均匀，炸油、烧焦的问题，避免雾化气体出现异味（CN201620113164.X）；湖南中烟工业有限责任公司针对超声雾化器雾化启动慢，雾化棉与压电陶瓷片正中心区域接触时容易因温度过高而出现老化碳化的问题，在雾化器管内设有压电陶瓷片和雾化棉，雾化棉与压电陶瓷片上的次高温度（160～200 ℃）区域相接触，雾化棉不易老化碳化，使用寿命长，同时压电陶瓷片泡油风险小，雾化启动快（CN201620884344.8）；湖南中烟工业有限责任公司设计的无棉型超声波雾化器，先利用超声波微孔雾化片喷雾供油，再用超声波实心高频雾化片雾化烟油，两者结合解决了传统导油棉存在的过度供油或供油不足的弊端（CN201620664475.5）；湖南中烟工业有限责任公司将发热丝雾化与压电陶瓷雾化并联设置，供烟雾速度快、雾化效果充分、烟雾量可调，能满足用户的大、中、小烟雾量的需求，同时能够有效地防止烫伤用户口腔（CN201620685032.4）。

采用多PTC发热体实现同时多温区加热，提高雾化效果和感官质量。现有的电子烟采用单一加热体完成对烟液的加热，由于烟液需满足消费者抽吸的生理需求，均会掺配多种成分，以便获得香气、刺激性、饱满度、干燥感等各方面都较优的产品，而当烟液的多种成分配合在一起时，各种烟液的沸点也不尽相同，在单一工作温度的电子香烟加热器中，常常会造成低沸点的烟油先蒸发出来，高沸点的烟油后蒸发出来，使吸入口腔内形成同一口烟气起始阶段的成分不同，从而在一定程度上影响了感官质量。云南中烟工业有限责任公司发明的多温区电子烟，利用PTC发热体自动稳定在PTC材料特定掺配所确定的居里温度上的特性，其加热雾化元件由多个可稳定工作在全部烟液沸点范围的、不同工作温度的PTC发热体组成，可采用径向分布、平层分布、轴向分布的方式，通过它们同时与电源并联加热，可以同时完成分腔存储的不同沸点烟液的加热，之后再将分别汽化后的数种烟雾送到同一空间中自然、均匀混合后，再由品吸者抽吸，提高了电子烟抽吸口感（CN201510435879.7；CN201510437364.0；CN201520539268.2；CN201520537619.6；CN201520537551.1）。

采用多发热丝、多雾化芯、多雾化片等多个雾化组件，提高雾化效果。湖北中烟工业有限责任公司针对单丝发热电子烟易发生熔断故障的问题，设计了可调式电子雾化器，通过转动调节柄来调整旋转盘，可选择一根发热丝工作或两根发热丝同时工作，既解决了因一根发热丝烧断导致电子烟雾化器不能工作的问题，又实现了两根发热丝一起工作提高雾化效果的作用(CN201220593458.9)；湖南中烟工业有限责任公司针对现有雾化器烟雾滞留气流通道内，影响吸烟口感，易发生冷凝现象的问题，在雾化器中增设用于压缩储油腔空间使得储油腔内的液体自动补充到雾化腔内的压缩结构，并采用两个发热体，第一发热体工作时，将液体雾化形成烟雾，压缩结构内的第二发热体工作时，加热空腔内的空气，挤压防水透气膜，使得储油腔内的液体沿柱状导液体流向第一发热体，防止功率大时烧焦导油体而产生煳味，使得吸烟口感前后一致，且不容易发生冷凝现象(CN201620197142.6)；湖北中烟工业有限责任公司设计的双通道雾化电子烟与现有的电子烟相比，因其烟杆内设置双通道且各通道内独立设有储液装置、雾化器、感应开关，不仅可放置不同口味的烟液，还可提高雾化效果，满足吸烟者的不同需要(CN201220026258.5)；湖南中烟工业有限责任公司采用双雾化芯结构，可实现第一雾化芯和第二雾化芯并联叠加使用，当第二雾化芯没有烟油时，可使用第一雾化芯替代，也可同时工作，增大烟雾量(CN201620596807.0；CN201620307982.3)；湖南中烟工业有限责任公司设计的超声波电子烟雾化器，包括第一雾化片和第二雾化片，烟雾量大且能同时雾化两种烟油，还能雾化固体烟草制品，可以满足烟民的不同口感需求(CN201621087266.5)；湖南中烟工业有限责任公司发明的电子烟雾化器，采用双发热体，烟雾与加热空气在雾化腔内混合，口感细腻，前后一致(CN201610145881.5)。

采用PTC加热体延长雾化器寿命，提高抽吸的感官质量和雾化效果。云南中烟工业有限责任公司在雾化器中采用具有正温度系数的PTC加热体，利用该发热元件所具有的在设定工作温度(即居里温度)附近恒温加热的特性，使用专门定制的特定工作温度特性的PTC发热体，使该PTC发热体的工作温度与某一规格、品种的电子烟液的汽化发烟温度相适应，利用其恒温发热快、无明火、热转换率高、受电源电压影响极小、自然寿命长等传统发热元件没有的优势，通过配合特定形状和大小的散热器，克服现有电子烟共有的温控电路结构复杂、发烟量小、加热丝易烧断的缺点，设计了一系列电子烟雾化器，提高了雾化效果，具有发热快、热转换率高、自然寿命长等优点(CN201510436043.9；CN201520539193.8；CN201520540586.0；CN201520540447.8；CN201520537624.7；CN201520539503.6；CN201520539240.9；CN201520539207.6；CN201520537619.6；CN201520539853.2；CN201520537644.4；CN201520537622.8)。

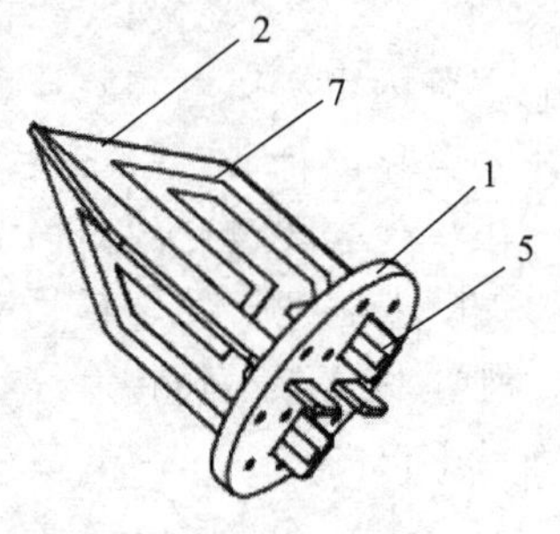

采用多面发热块，提高雾化效果。湖南中烟工业有限责任公司设计的电子烟加热装置，包括多个表面设有发热丝的发热块(2)，发热块的内端相互连接成一整体，且该发热块的多个外端不在同一个平面上，该整体的上端为尖端，能增大发热片与烟草的接触面积，可以更快地加热烟草，提高吸烟者的吸烟满意度(CN201521114686.3)。

采用双面陶瓷发热体，提高雾化效果。广东中烟工业有限责任公司发明的双面陶瓷发热体，采用双面发热的方式，其升温速率快，温度分布均匀，且两面的电阻值差异小，克服了因两面升温速率和温度不一致而造成曲翘甚至发生断裂的问题，使用寿命长(CN201510843421.5)。

采用多导电颗粒作为发热体，提高雾化效果。现有电子烟电加热体的外围与液体渗透件接触，由于液体渗透件的液体传导速率较低，会出现电加热体温度过高导致液体渗透件部分产生碳化的情况，为解决该问题，上海烟草集团有限责任公司将多个导电颗粒作为加热元件，多个导电颗粒分布于壳体内部，气溶胶基质与导电颗粒的表面接触，通电后的导电颗粒的热量能够对气溶胶基质进行均匀稳定的加热，使气溶胶基质加热雾化为气溶胶后通过通气孔释放，能够有效避免气溶胶基质在加热过程中发生碳化的情况，能够提高导电颗粒对气溶胶基质的加热效率(CN201610728360.2;CN201620945916.9)。

改进雾化器结构，提高雾化效果：

湖北中烟工业有限责任公司设计的电子烟雾化器，壳体内腔中雾化工作区和烟液储存腔设置在空腔的两侧，烟液储存腔设置有烟液通道，将烟液通过开关与雾化部分相连通，利用开关(10)控制烟液储存腔(15)中的烟液通过烟液通道(12)经导油管流入能吸附烟液的多孔状物储液层(6)，开关(10)在开关控制弹簧(13)的作用下可以恢复原位，将烟液储存腔通道和开关通道分离，该方案可定量控制烟液流量，增强雾化效果，同时能够有效减少烟液外漏(CN201120154418.X)。

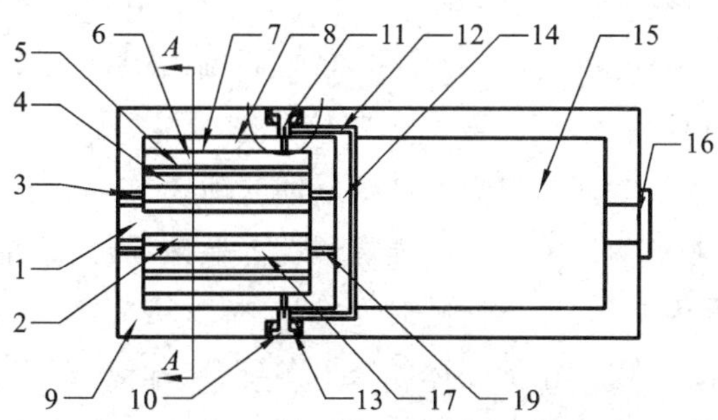

针对现有电子烟存在的供油及导油结构复杂，且使用具有潜在危害的玻璃纤维和无法控温、有明火风险的电热丝等不足，上海烟草集团有限责任公司对雾化装置进行了改进，雾化管(1)为金属材料制成的圆柱状空心管材，雾化管首端封堵有吸嘴盖(5)，吸嘴盖上设置有吸烟孔(51)，雾化管内设有与吸烟孔相连通供烟雾流通的绝缘烟雾通道，雾化管内自吸嘴盖端依次设有加热体(4)、导油体(3)和储油纤维(2)，相互间隔距离小于0.5 mm，加热体为MMH厚膜发热体或陶瓷PTC发热体，加热体(4)通过导线(41)与雾化管尾端设置的电池(6)电连接，电池(6)底端连接灯头(7)，灯头(7)上设置有工作状态指示面板。当电子烟工作时，用于雾化的液体成分自储油纤维中通过导油体(3)与加热体接触，加热体在电池导通后，加热至150～250 ℃，雾化液体。该方案通过改变雾化管与发热体的结构及其材料，提高雾化效率与雾气均匀性，又杜绝了吸入玻璃纤维丝后对人体可能造成的伤害和发热体温度过高造成的安全隐患(CN201420224119.2)。

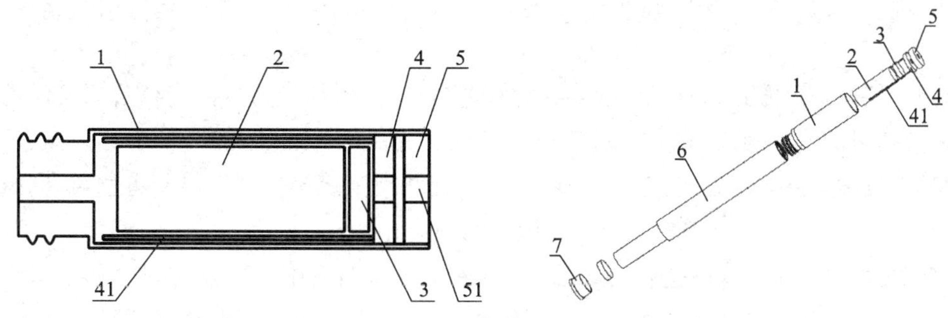

上海烟草集团有限责任公司将加热元件设置于导气件的外侧面上，能够有效避免原料储藏引导组件被碳化，提高雾化效果(CN201420872899.1)。湖北中烟工业有限责任公司设计的双侧供液式雾化电子烟，两个底座加热器沟槽在烟液储藏罐的两侧呈对称式分布，将加热雾化器放置在雾化烟液的外部，将烟液充分雾化(CN201620042518.6)。

韩力的电子烟雾化器采用渗透件套于电加热体上，储液部件和电加热体呈中空结构，用于作为气流通道，该结构导液速率偏慢，烟雾量小，易产生焦煳味(CN200920001296.3)。湖北中烟工业有限责任公司对此进行了改进，通过将多孔陶瓷与发热丝制成一个整体，以获得更高的烟油传导效率，避免连续抽吸时发生干烧或者烟雾量减小的情况(CN201620874636.3)。

改进导液组件,提高雾化效果。上海烟草集团有限责任公司设计的雾化结构,包括雾化壳体和烟油传导缓存体,烟油传导缓存体头部与烟油罐相接触,烟油传导缓存体会吸附存在烟油罐中的烟油,设置在烟油传导缓存体上的加热元件会加热雾化烟油传导缓存体上的烟油,避免加热元件加热过程中发生因烟油量不足而释放雾化烟气量小的情况,确保进入消费者口腔中的烟气量比较均匀(CN201521089260.7;CN201521095422.8)。

改进雾化器组件,提高安全性。通过雾化器结构、材料改进,解决电子烟漏液等安全问题。

对超声组件进行局部改进,解决误吸烟液、干烧、漏油等安全性问题。湖南中烟工业有限责任公司将超声雾化片一面与储油片接触,储油片与超声雾化片下表面接触,烟雾自逆气流方向喷出,可使大颗粒烟雾分子凝结在雾化片或者储油片上,防止大颗粒烟雾分子被用户吸食(CN201610374950.X);湖南中烟工业有限责任公司在超声雾化器顶部(靠近吸嘴的一端)开设进气口,气流通道相对较短,结构更加紧凑,解决了容易漏油和发生冷凝的问题,提高了安全性(CN201620306023.X);湖南中烟工业有限责任公司在超声波雾化电子烟储油装置一侧外壁上固定有导油体,通过导油体直接将烟油传导给雾化组件,导油体表面开设有通气槽,避免导油体与超声波雾化组件接触面积过大而产生漏油的现象(CN201610421230.4)。

采用针刺加热方式,防止烟液渗漏。采用针状加热器插入储液体,防止漏油。现有电子烟易漏油,且所加烟油较久存放于储油棉中易发生变化,不方便随时变换口味,抽吸时不卫生、不方便。湖南中烟工业有限责任公司设计的针状加热式电子烟器具,包括壳体(3)、电源部分、加热部、夹持部,加热部与壳体间、夹持部与加热部或壳体间均为可拆卸连接,加热部包括顶端为针状的插入支持件(42)和设置于插入支持件表面的加热元件(41)。抽吸时将含有烟油的储液部(11)插入器具中,并对其加热产生烟雾,供吸食者吸食,抽吸完毕,更换烟支即可进行下轮抽吸。该方案将针状加热式电子烟器具设置为独立部分,可以方便与针状加热式电子烟器具配合的烟支快速更换,可使烟油在较短时间内被抽吸雾化完毕,避免了烟油长时间存放时的氧化变质,也减少了烟油长时间存放漏出的风险,也便于随时更换不同口味(CN201620941991.8)。

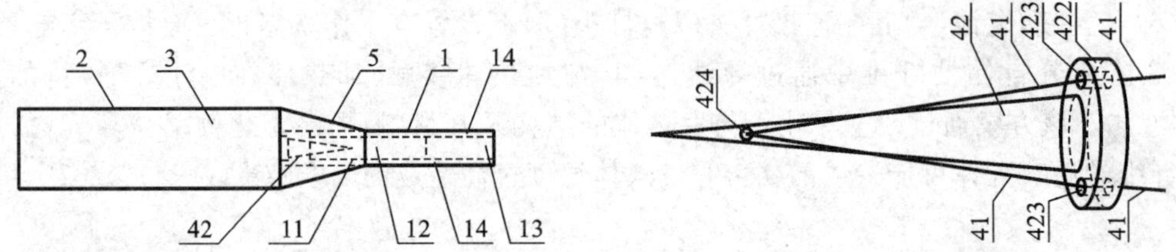

采用热辐射非接触加热方式,防止烟油烧结黏附问题。云南中烟工业有限责任公司发明的非接触式加热电子烟,采用热辐射的非接触式加热方式,采用碳纤维加热体作为加热元件,其不与烟油直接接触,不存在烟油在发热体上烧结黏附等问题,且不会出现异味、干烧和因干烧产生的可能有害物质,同时热量利用效率高,烟油雾化效果好(CN201510555798.0;CN201520678373.4)。

通过雾化腔结构改进,以提高安全性,解决烟液渗漏问题。湖南中烟工业有限责任公司将雾化器的储液腔和雾化芯并排设置,解决了雾化芯表面容易生锈和雾化芯容易漏油的问题,防止烟油变质,当雾化芯被损坏时,更换方便,并排设置使得雾化器体积较小,方便携带(CN201620379881.7;CN201620383757.8);湖北中烟工业有限责任公司设计的电子烟雾化器,壳体内腔中雾化工作区和烟液储存腔设置在空腔的两侧,烟液储存腔设置有烟液通道,将烟液通过开关与雾化部分相连通,利用开关(10)控制烟液储存腔(15)中的烟液通过烟液通道(12)经导油管流入能吸附烟液的多孔状物储液层(6),开关(10)在开关控制弹簧(13)的作用下可以恢复原位,将烟液储存腔通道和开关通道分离,该方案可定量控制烟液流量,增强雾化效果,同时能够有效减少烟液外漏(CN201120154418.X)。

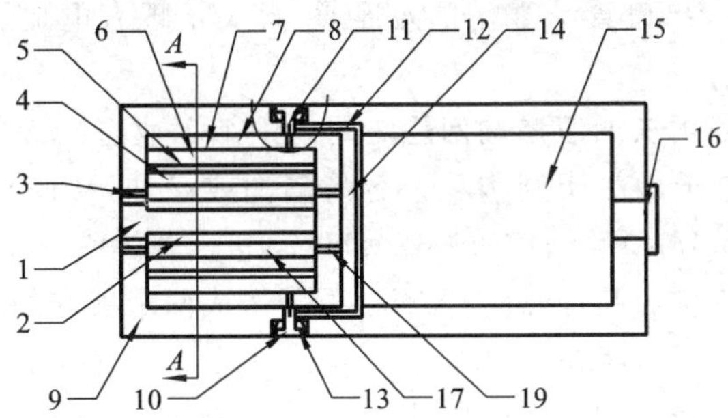

上海烟草集团有限责任公司采用独立封闭的封闭内腔来储存雾化液，只有导油件进入封闭内腔内，其封闭性较佳，可以有效防止雾化液外漏(CN201510567691.8)；云南中烟工业有限责任公司基于光致形状记忆原理，采用光致可逆形变层的电子烟防漏油装置，防止烟油从进气孔漏至电子烟壳体外壁上(CN201620008485.3)。

湖南中烟工业有限责任公司在雾化器气道内设有能使通过的气流被加热的加热装置和用于调节通过加热装置的气流量的调节装置，通过加热装置的气流量即可控制烟气中气溶胶颗粒粒径的大小，从而改善吸烟口感，解决了现有电子烟容易出现煳味的问题(CN201511017411.2)。

采用多孔陶瓷导液材料，提高安全性和感官质量。上海烟草集团有限责任公司针对传统电子烟加热体缠绕的玻璃纤维绳过热碳化问题，采用多孔渗透件导液，增加了气流产生的负压传导液体，解决了现有的网眼组件专利中结构上的缺陷，提高了液体储存件的传导效率，可避免加热器温度过高，避免因此产生的碳化现象，提高了加热效率(CN201510489492.X；CN201520601233.7；CN201510489368.3)；湖北中烟工业有限责任公司设计了多种多孔陶瓷雾化器，采用多孔陶瓷作为导液材料，能够避免纤维绳出现的干烧和煳味等缺点，可获得更高的烟油传导效率，避免连续抽吸时发生干烧或者烟雾量减小的情况，陶瓷材料相对于传统材质更环保，使用寿命更长，解决了现有雾化器容易漏油的问题，可实现产品全自动化生产(CN201520192503.3；CN201510329027.X)；湖北中烟工业有限责任公司发明的一种复合功能雾化器包括发热体和具有多孔结构的导液体，发热体与导液体之间设置导热密封层，用于将导液体与发热体中的发热元件分隔开，发热体、导热密封层和导液体复合为一体结构，可实现发热体不直接与烟液接触的目的，避免了烟液接触发热丝出现烧煳的现象。(CN201610288476.9)。

采用毛细元件导液，提高安全性。目前市面上的一次性电子烟的供液结构，一般为吸油棉包裹电热丝而成，吸油棉直接接触电热丝容易产生焦煳味，甚至产生着火隐患。湖北中烟工业有限责任公司设计的利用毛细作用的电子烟供液系统，利用毛细作用，将烟弹内液体烟油吸出，与雾化器接触雾化，其采用毛细吸液元件(5)，其上均布多个供液体烟油渗出的毛细孔(5.1)，毛细吸液元件(5)与储液舱(1)的开口端封装，雾化器设置在毛细吸液元件的出口端，气道(6)将经雾化器雾化后的烟雾从香烟外壳(4)中导出，避免液体烟油由于摇晃或用力吸食而流出，有效防止了电热丝烧焦烧煳吸油棉，提高了安全性(CN201420543735.4)。

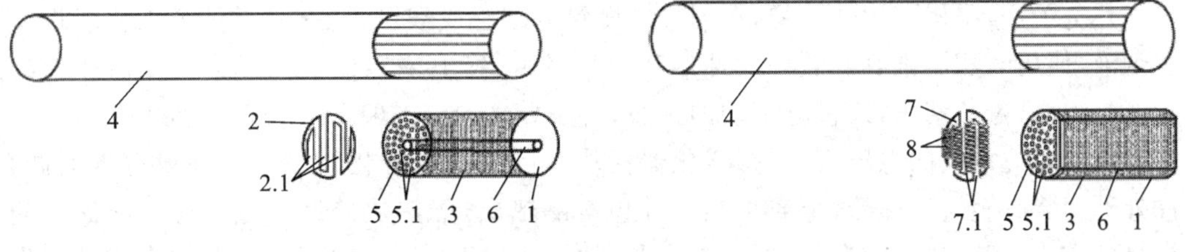

采用碳纳米管、石墨增强材料导液，提高安全性和使用寿命。广西中烟工业有限责任公司将玻璃纤维进行碳纳米管、石墨及二者协同增强增韧，由此制成电子烟导油绳，解决了传统导油绳弹性差、易脆、易断裂的问题，延长了寿命，同时也增强了其导热能力(CN201610063448.7；CN201610063501.3；CN201610063702.3)。

采用泵送导液，解决烟液渗漏问题。湖南中烟工业有限责任公司在电子烟中采用由传动机构驱动的油泵，油泵的进油管与烟油腔连通，出口管与雾化单元连通，解决了现有电阻加热雾化技术容易漏油的问题(CN201521056515.X)。

改进储液组件，提高安全性，解决烟液渗漏问题。湖南中烟工业有限责任公司在电子烟中设置带收缩压力的贮油装置，克服了目前电子烟由于结构复杂容易漏油或渗油，从而导致电子烟内管路堵塞的缺陷(CN201410633132.8；CN201420671512.6；CN201420671273.4；CN201420671705.1；CN201410633130.9)；云南中烟工业有限责任公司将储油腔与加热体、气流通道分离成两个独立的腔体，并配以两个防漏油膜，解决了电子烟漏油问题(CN201621066175.3)。

湖南中烟工业有限责任公司设计的带有电极环的雾化器，雾化腔与电极环顶部之间不是连通的，而是通过通气管连通，当导油载体吸取的烟油雾化不充分或者雾化后烟油冷凝时，残留的烟油会储存于雾化腔底部，防止了残留烟油直接通过电极环流出而漏油，下一次雾化装置再工作时，雾化腔底部的烟油被导油载体重新吸回并雾化，再次避免了烟油渗漏的发生(CN201520011346.1)。

改进加热元件材料，延长寿命。

采用 PTC 发热体，延长寿命。云南中烟工业有限责任公司利用具有正温度系数的 PTC 发热体，利用该发热元件所具有的在设定工作温度(即居里温度)附近恒温加热的特性，使用专门定制的特定工作温度特性的 PTC 发热体，使该 PTC 发热体的工作温度与某一规格、品种的电子烟液的汽化发烟温度相适应，利用 PTC 发热体恒温发热快、无明火、热转换率高、受电源电压影响极小、自然寿命长等传统发热元件没有的优势，通过配合特定形状和大小的散热器，克服现有电子烟共有的温控电路加热丝易烧断的缺点，提高了电子烟加热器使用寿命(CN201510435879.7；CN201510437364.0；CN201520539268.2；CN201520537619.6；CN201520537551.1)。

采用碳纤维加热体。云南中烟工业有限责任公司发明的非接触式加热电子烟，采用碳纤维加热体作为加热元件，其不与烟油直接接触，不存在烟油在发热体上烧结黏附等问题，且不会出现异味、干烧和因干烧产生的可能有害物质(CN201510555798.0；CN201520678373.4)。

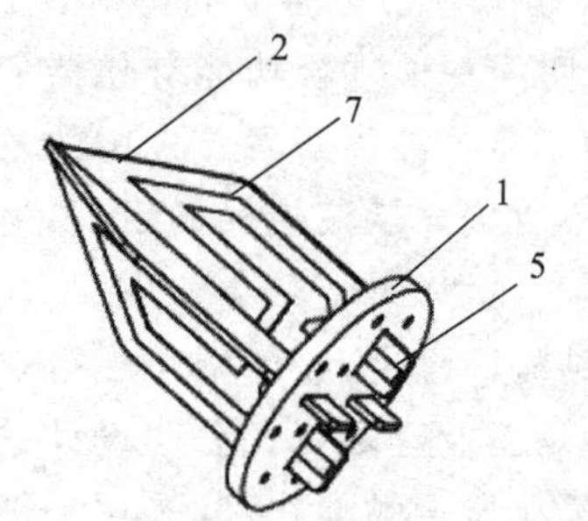

改进加热体形状和结构，延长寿命。湖南中烟工业有限责任公司设计的电子烟加热装置，包括多个表面设有发热丝的发热块(2)，发热块的内端相互连接成一整体，且该发热块的多个外端不在同一个平面上，该整体的上端为尖端，该整体的下端固定在底盘(1)上，提高了发热片的结构强度，解决了现有加热装置发热片易折断的问题(CN201521114686.3)。

③改进雾化原理的技术措施及其功能效果主要有以下几个方面：

采用电磁感应雾化装置，提高了雾化效果和感官质量。

采用电磁感应加热雾化烟液，辅以电阻加热雾化，避免了加热元件与烟液的直接接触，扩大了加热面积。现有电磁感应加热电子烟采用类似电磁炉的技术原理，感应线圈、金属发热元件都内置在烟具中，烟弹尽量靠近发热元件，其缺点是发热元件没有与烟液充分接触，导致烟液受热不均、受热量少，最终导致烟雾量少，给使用者的满足感不够而影响品质。湖南中烟工业有限责任公司发明的电磁感应加热电子烟，采用一次性烟弹，在烟具内设置电磁感应线圈，在一次性烟弹内密封设置涡流发热金属元件和烟液，使用时利用锥刺刺破一次性烟弹的密封膜，经电磁感应加热烟液雾化后产生的烟气从出气孔被消费者吸入，可避免结焦，改善电子烟的抽吸口感(CN201610361606.7)。广西中烟工业有限责任公司设计的基于电磁感应加热的电子烟，包括雾化器模块、电源模块，雾化器模块内部设有烟油储存部件，烟油储存部件外部套装有金属加热管，金属加热管外包有隔热层，隔热层外缠有电磁感应线圈。使用时通过电磁感应加热的方式，利用加热管自身发热，加热雾化烟油储存部件中的电子烟烟油，产生的挥发物质经吸嘴进入口腔，让使用者获得满足感，加热速度快、加热效率高、无污染，而且采用的是面整体加热的方式，避免电阻丝线加热方式因加热点过于集中易造成倒油材料干烧产生有害物质(CN201620039179.6)。

采用激光加热装置，延长了雾化器寿命，提高安全性。云南中烟工业有限责任公司采用激光器(5)作为热源，将光能聚集到集热罩锥端，激光器(5)获得电压导通后发出一束激光，经聚光管(8)的聚光孔到达聚光镜(11)，激光经聚光镜汇聚后，照射在聚光罩(12)的光热转化腔的内表面，光热转化腔内经汇聚后的大功率激光照射后端部急剧发热，热量经过光热转化腔直接传导到其外环锥面，使得包裹在其外环锥面上的导油绳(13)上的烟油被直接汽化，形成雾化烟气，最终到达导气管(17)被吸烟者吸入口腔，该种加热方式可靠性高，长期使用发热效率不降低，且不会发生氧化等现象，具有较高的稳定性和耐用性(CN201610985566.3；CN201610985614.9；CN201621208872.8；CN201621208518.5；CN201621208873.2)。

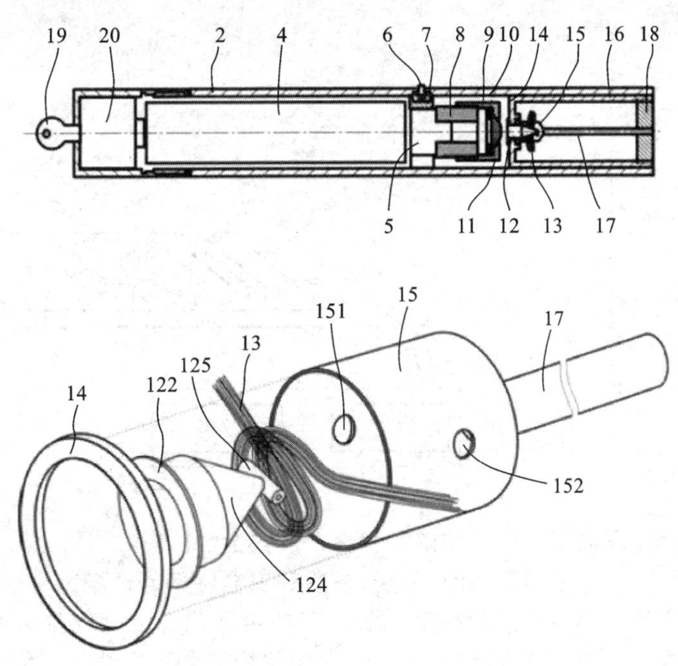

湖北中烟工业有限责任公司设计的激光热源雾化的电子烟，通过激光发生模块(5)产生激光光线，激光发生模块通过伸缩支架滑动设于伸缩轨道上，与加热器之间的距离可调，从而可以调整加热器的温度，实现雾化速率的调节，加热器(8)接收激光光线后释放热量加热烟弹(9)，该技术可改善现有电子烟存在的焦煳味，提高整体吸味(CN201620763341.9)。

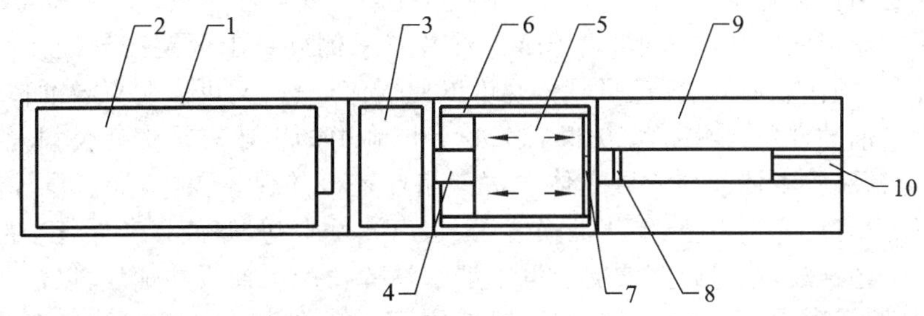

采用声表面波雾化器，提高雾化效果和感官质量。声表面波是一种只能在固体表面传播的弹性声波，其能量大部分集中在表面以下深度约为几个波长的范围内。声表面波雾化是通过衍射进入液体的声能产生的声流对液体表面产生的表面张力波的扰动引起的，而超声波雾化现象是由压电基片的往复活塞运动产生的扰动引起的。声表面波雾化器的操作频率通常为 10～500 MHz，比传统超声波雾化器(20 kHz～3 MHz)高一个数量级，可以实现烟油雾化气溶胶的单分散性与连续稳定性，高频率便于黏度较大的烟油的雾化。超声波能量在整个装置基片中传播，声表面波把其多数能量限定在压电基片的表面，沿压电基片浅表层传播，具有能量集中的优点，需要功率比体声波低，且容易与集成电路、微装置、感应和微流控技术结合，便于小型化、集成化，声表面波雾化器的尺寸更小，结构更紧凑也更加便携。云南中烟工业有限责任公司设计了滴油型声表面波雾化器，包括底座(1)，开设有进气孔(4)，底端设有主机连接头(5)，雾化仓(2)与进气孔(4)连通，内部底端开设有固定槽和固定在其中的声表面波雾化芯片(6)，其芯片(6)的结构如图。信号发生装置(8)工作时，叉指换能器(6-2)获得交流电信号而被激励，压电基片(6-1)表面振动，通过逆压电效应在基片内激发相应的弹性声场，将电信号转变为声信号，形成与外加信号同频率并沿基片表面传播的声

表面波，声表面波沿压电基片表面传播，当遇到位于声表面波传播路径上的烟油液滴(9)时，液滴发生雾化形成气溶胶并被从雾化器底座进气孔(4)进入的空气带入吸嘴端而被吸入。该设计消除了因使用高温电热元件引起的烟油化学成分变化、干烧等导致的感官品质变化和健康风险等缺陷，提高了感官质量(CN201610767046.5;CN201620991891.6;CN201620991535.4)。

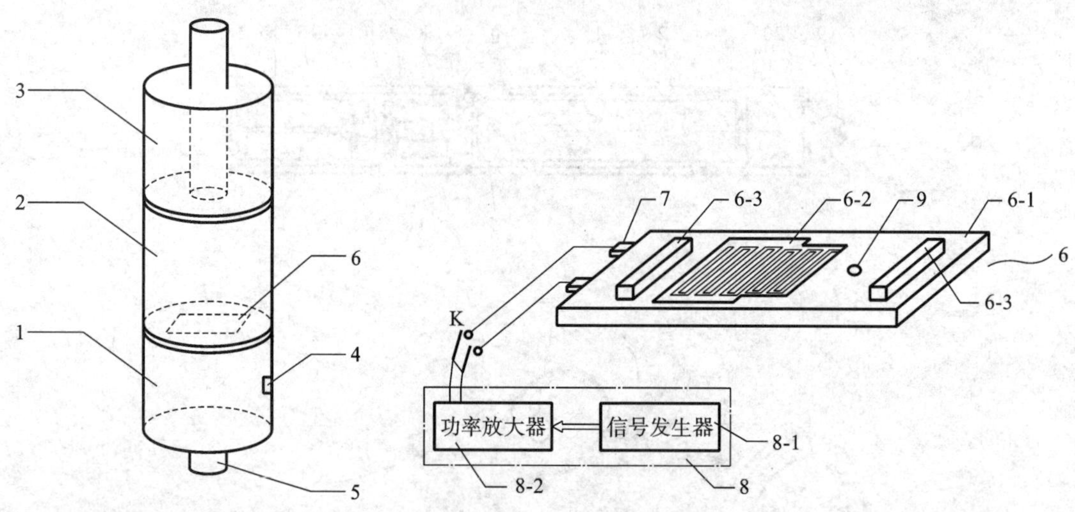

采用超声压电雾化装置，提高雾化效果和感官质量以及安全性。

通过超声雾化组件改进，解决了误吸烟液、干烧、漏油等安全性问题。湖南中烟工业有限责任公司发明的电子烟雾化器，超声雾化片一面与储油片接触，储油片、超声雾化片沿烟气流出方向依次设置，储油片与超声雾化片下表面接触，烟雾自逆气流方向喷出，可使大颗粒烟雾分子凝结在雾化片或者储油片上，防止大颗粒烟雾分子被用户吸食，改善吸烟口感(CN201610374950.X)。湖南中烟工业有限责任公司在超声雾化器顶部(靠近吸嘴的一端)开设进气口，气流通道相对较短，结构更加紧凑，解决了容易漏油和发生冷凝的问题，提高了安全性(CN201620306023.X)。湖南中烟工业有限责任公司发明的超声雾化电子烟，采用实心压电陶瓷片，一面与导液结构接触可雾化烟油，另一面与固体香料接触，可使得固体香料在振荡时散发香气，在一定程度上解决了超声雾化片被干烧而易损坏的问题，提高了安全性(CN201610390050.4)。湖南中烟工业有限责任公司发明的超声波雾化电子烟，电子烟储油装置一侧外壁上固定有导油体，通过导油体直接将烟油传导给雾化组件，导油体表面开设有通气槽，既可以使气流通过，又可以避免导油体与超声波雾化组件接触面积过大而产生漏油的现象(CN201610421230.4)。川渝中烟工业有限责任公司发明的超声波雾化型的电子烟抽吸装置，包括装置本体和与装置本体在端部相互盖合的保护盖帽，装置本体为圆柱体或长方体形状，装置本体内部设置有可充电电池、超声波换能器、超声波发生仓、储液仓和储气空腔，通过超声波换能器和超声波发生仓产生超声波，通过超声波促使电子烟烟油挥发产生抽吸的烟气，以满足抽烟所需，没有高温电加热丝烧灼烟丝，避免了长时间使用带来的积炭、烟雾量减小和口感改变带来的不适(CN201410522444.1)。川渝中烟工业有限责任公司设计的负离子雾化型电子烟，以纯净水作为电子烟油的溶解物质，通过加湿雾化器进行雾化处理，无须瞬间高温烧灼，抽吸将更为方便和环保。通过加液孔向加湿雾化器加入电子烟油，再经过加湿雾化器的加湿雾化处理后使电子烟油挥发为雾化的烟气，在负离子发生器、氧气发生器的作用下抽吸气流中含有负离子和足量氧气，与加湿雾化器所挥发产生的烟气混合一起供吸烟者抽吸，可降低烟气对人体的危害(CN201410468257.X;CN201420528498.4;CN201420554233.1)。

采用电加热辅助超声雾化的方式，改善雾化效果，提高感官质量。湖南中烟工业有限责任公司先用发热装置将烟油加热到临界温度，然后用超声波雾化装置雾化加热后的烟油，烟气中的气溶胶颗粒粒径更均匀，口感更好(CN201510423239.4)；采用超声波组件雾化液体，与经加热装置加热后的空气混合，减小了雾化气体粒径，改善了吸烟口感(CN201610227016.5)；将发热丝雾化与压电陶瓷雾化并联设置，供烟雾速度快、雾化效果充分、烟雾量可调，能满足用户大、中、小烟雾量的需求，同时能够有效地防止烫伤用户口腔(CN201620685032.4)；针对现有超声电子烟加热雾化电路中的高频雾化片刚启动时，烟雾较小，甚至没有烟出的问题，湖南中烟工业有限责任公司设计了高频超声波电子烟控制电路，通过 PWM 信号来调整发热丝的功率，便于对发热丝加热进行控制，增加了电子烟在启动时的热能量，让电子烟在刚启动时就能发出较大的烟雾量，提高了雾化效果（CN201621267278.6）。

采用双超声雾化，提高雾化效果。 湖南中烟工业有限责任公司将两个超声雾化组件的雾化面相对设置，当两个超声雾化组件工作时，向对方喷射烟雾，以使大颗粒烟雾被雾化面上的储油体吸收再雾化，可以有效地改善吸烟口感；能量利用率高，将压电陶瓷片竖直设置在雾化器外套内，能有效防止压电陶瓷片的雾化面上积累过多液体而产生压电陶瓷片启动慢、烟雾量小的问题，并且解决了现有电子烟雾化器容易漏油的问题，提高了雾化效果（CN201620468559.1；CN201620466827.6）。湖南中烟工业有限责任公司发明的组合式超声雾化器，雾化组件包括用于对烟油进行一级振荡雾化的微孔雾化片和用于对烟油进行二级振荡雾化的高频雾化片，该设计雾化启动速度快，雾化效果充分，烟雾量大，解决了传统导油棉存在的过度供油或供油不足的弊端（CN201610498877.7）。

通过雾化片改进，提高雾化效果。 湖南中烟工业有限责任公司在雾化器内设置有倾斜的实心压电陶瓷超声雾化片，倾斜角度优选为 $50^\circ \leqslant A \leqslant 75^\circ$，在这个角度范围内，雾化棉的两端都与导油棉接触或直接伸入油腔内，实现导油功能，当雾化器工作时，保证足够的供油量；当雾化器不工作时，通过倾斜部较低端的雾化棉将压电陶瓷上的多余烟油回流到导油棉内或油腔内，使压电陶瓷表面既不产生泡油的现象，又保证足量烟油供给雾化，提高了雾化效果（CN201621276624.7）。

采用喷射雾化装置，提高了雾化效果和安全性。

目前，主流电子烟雾化器多采用电加热方式雾化烟油，需要电热元件将电能转化为热能并将热量传递给烟油使其雾化，存在发热丝过热导致的异味、碳化、热解、烫嘴等问题，且功耗较大，而超声波雾化电子烟一般需要兆赫级的高频振荡来将烟油碎裂为细小的雾状颗粒，结构复杂、体积较大、功耗较高，气溶胶粒径不易控制，抽吸体验较差。云南中烟工业有限责任公司发明的基于 MEMS（微机电系统）雾化芯片的电子烟，不使用电热元件来加热烟油，不使用传统玻纤或有机棉等导油材料来导油，采用 MEMS 技术，避免了干烧和健康隐患等问题；利用主动式压力驱动导油方式和不同孔径尺寸的阵列微喷孔设计，实现定向定量导油和雾化，精确控制雾化量和气溶胶粒径从而改善了感官品质，可显著减小雾化器重量、体积并提高集成度，有利于实现电子烟雾化器的批量化、标准化生产，减少产品品质差异化缺陷，同时可大幅降低生产成本。该雾化芯片包括密封微环（19）、微喷孔板（17）、振动膜（21）及其围成的液体腔（22），其中振动膜（21）外侧布置有驱动器（18），微喷孔板（17）上有微孔阵列（13）、进液口（15）和微阀（20），微孔阵列（13）的微孔的入口直径大于出口直径，出口直径为微米或纳米级。抽吸时 MEMS 雾化芯片中的驱动器（18）立即工作，振动膜受到驱动器的驱动力作用变形，液体腔（22）体积缩小，压力增大，腔体内的烟油获得的动能足够克服烟油表面张力，烟油经微孔阵列直接喷射雾化形成气溶胶。当芯片处于吸入烟油的状态时，振动膜回复使液体腔体积扩大，内部压力下降，进液口（15）外部压力大于内部压力，微阀被压力冲开，烟油进入液体腔内，由于在压差下降的方向受微喷孔结构的限制，烟油在吸入状态时不会喷出（CN201610566355.6；CN201610566724.1；CN201620757596.4；CN201620757342.2）。

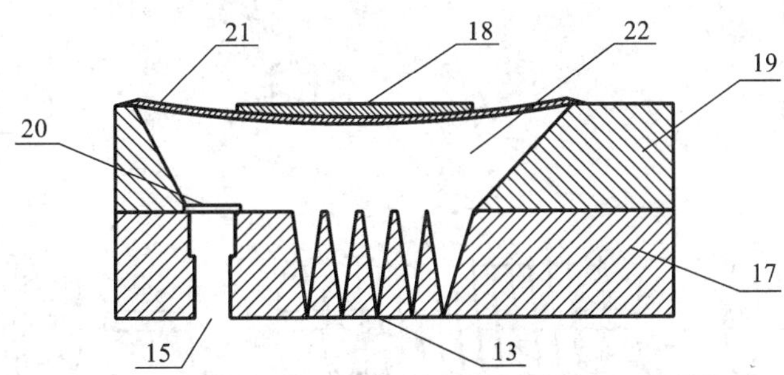

上海烟草集团有限责任公司设计的高频微滴喷射的雾化装置，其利用高频雾化原理由高频发生电路产生高频电流信号，通过压电单元将高频电流转化为声能，再由声能将烟油液滴变成气溶胶，具体利用气瓶负压配合用户抽吸动作控制气动阀（13）喷出烟液，并被压电单元（15）产生的高频超声雾化，供用户抽吸，雾化过程中不会产生高温，能够避免对使用者产生伤害，节约电能，延长了电池寿命，可精确控制雾化量（CN201420066418.8）。

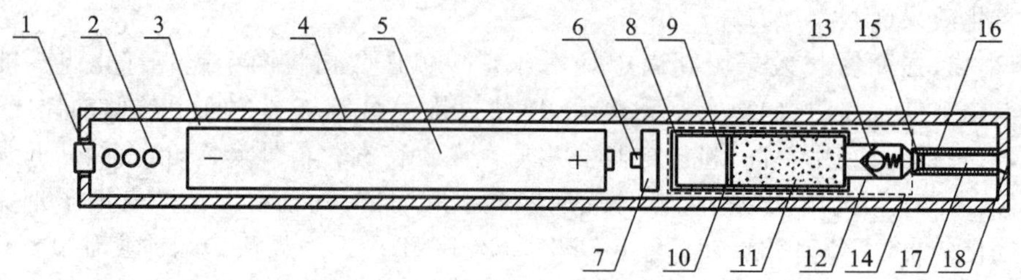

采用随振型高速机械振动雾化装置，提高雾化效果。

云南中烟工业有限责任公司发明的随振型雾化器（包括滴油型、储油型）和电子烟，利用磁悬浮振动器高速旋转（高于 30 000 次/分），利用偏心轮的限位及储能作用，实现振动器的高频振动并带动随振型雾化器中的多孔振动件（储油式雾化器）或振动膜片（滴油式雾化器）发生振动，从而使烟油碎裂为微小液滴并以雾化气溶胶形式被吸入。其技术方案如下图所示，雾化器包括随振振动器（54），（51）为振动器驱动轴端，中空圆柱形底座（301）上部设有中空凸起的振动腔（302），底座侧壁设有进气孔（303），驱动轴端（51）伸入振动腔（302）内并与之套接，可对插入其中的多孔振动件（2）传导高频振动，将其中的烟液振动雾化，供用户吸食。这种技术方案避免了普通加热雾化造成的干烧、分解变质、烟液渗漏等安全问题，提高了雾化效果和安全性（CN201610659556.0；CN201610659313.7；CN201610659503.9；CN201610657182.9；CN201620874738.5；CN201620874461.6；CN201620872089.5；CN201620872051.8）。

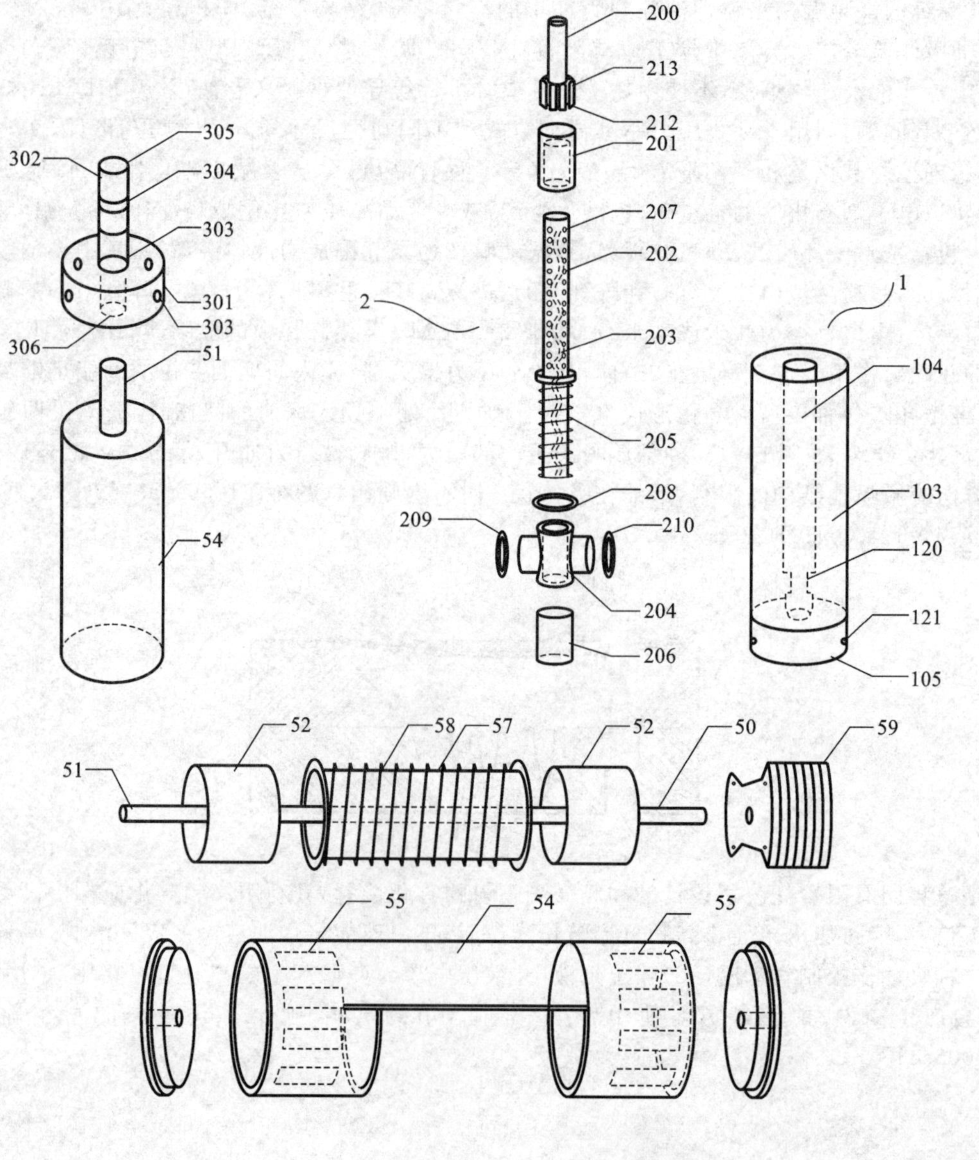

采用离心雾化装置，提高了雾化效果和安全性。

云南中烟工业有限责任公司设计的磁悬浮离心雾化电子烟，包括主机(1)、雾化器(2)、开关磁阻电机部(2-1)和雾化仓(2-2)(两者固定连接)、吸嘴端(3)，有中心气流通道，使用时将烟油滴加在转盘(15)上，安上吸嘴端(3)，启动主机上的电源开关和工作开关(5)，雾化器内定子(10)上的线圈绕组通电励磁，其中的悬浮力绕组产生径向悬浮力，电磁力绕组产生电磁旋转力，使转子(11)进入转盘围绕转轴发生快速悬浮转动，转盘(15)上的烟油受高速离心力的作用沿转盘边缘切向甩出并相互碰撞碎裂为雾状小液滴，与从雾化器进气孔进入的空气混合形成气溶胶而经吸嘴端被吸入。该电子烟方案，通过低功耗磁悬浮转子高速旋转实现烟油的离心雾化和烟雾驱动喷出等功能，不使用电热元件，避免了电阻加热雾化电子烟因高温造成的干烧、煳芯、产生潜在有害物质、致香成分高温分解以及抽吸品质下降等问题，提高了安全性。

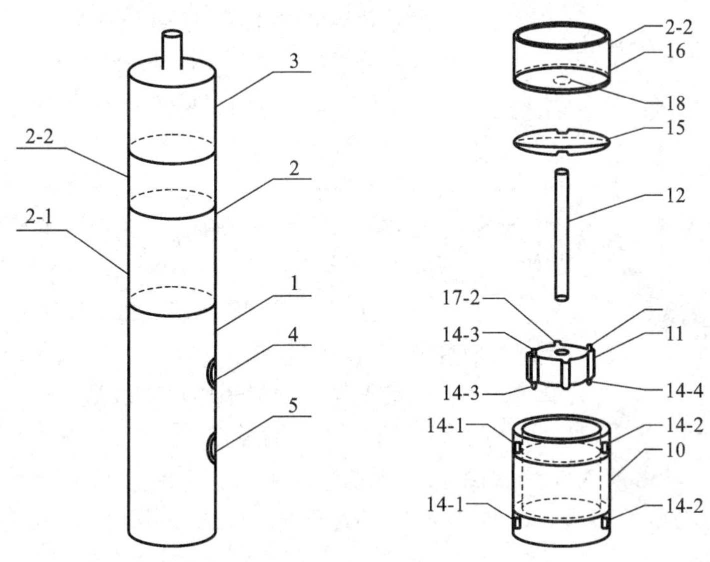

④改进总体设计的技术措施及其功能效果主要有以下几个方面：

固液复合型电子烟，提高感官质量。在电子烟中增加烟草干馏组件，采用固态烟芯和烟液两种雾化介质，提高电子烟感官质量。湖北中烟工业有限责任公司设计的固液复合型电子烟，包含"固体烟叶"和液体烟液两个汽化装置，设置有固体烟叶干馏部分，干馏部分中设置有由外加热体(24)和内加热体(14)分隔成的多个干馏腔(15)，烟液(26)在雾化腔(6)内通过雾化器(5)进行雾化，干馏腔(15)中的天然烟草在外加热体、内加热体加热干馏的作用下干馏出香味物质，随着流入的气体通过绝热内层隔板(12)上的出气孔进入干馏气体出气通道(11)中，不仅能使液体烟液汽化出烟气，还能够干馏出固体烟叶中的天然本草香味，提高了电子烟感官质量(CN201120153889.9)。

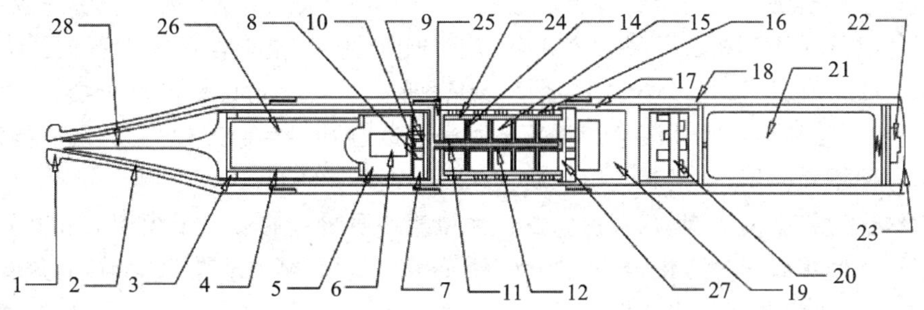

湖北中烟工业有限责任公司发明的双层加热式卷烟，将新型卷烟和电子烟结合起来，设置内层和外层两层加热区，外层加热层将烟草制品区中的可挥发性成分和烟草特有香气成分干馏出来产生烟雾，内层烟雾发生器中的储液区包含雾化液，随着温度不断升高可挥发产生烟雾，能够模拟香烟的燃烧，减少香烟燃烧对消费者和非吸烟人群的二手烟危害，提高感官质量(CN201310124288.9)。

<u>通过仿真设计水烟、鼻烟、烟斗、烟袋形电子烟，模拟传统烟草制品抽吸方式，提高感官质量。</u>云南中烟工业有限责任公司发明的水烟筒型电子烟，在工作时能够模拟发出真实的水烟声响，同时有光圈闪烁，声光元件可以选择性开关，音量大小、光亮强度可调，给抽吸者提供类似吸水烟筒的真实感觉（CN201410285897.7）；云南中烟工业有限责任公司发明的鼻烟壶式电子烟，在完整保留了可重复使用型电子烟的基本功能外，提供了兼具现代科技感和民族文化特色的电子烟产品，用户可以根据个人喜好通过改变拨盘式调压组件所处的挡位以达到改变烟雾量的目的，能有效防止灰尘、杂质等进入电子烟具内部（CN201410311372.6）；广西中烟工业有限责任公司设计的烟斗形电子烟，相较于现有的电子烟斗，结构和重量更加仿真，对抽吸烟斗的感官模拟效果好（CN201620919737.8）；广西中烟工业有限责任公司设计的烟袋形电子烟，形状新奇，在不抽吸时，烟雾自然上升（CN201620918401.X）。

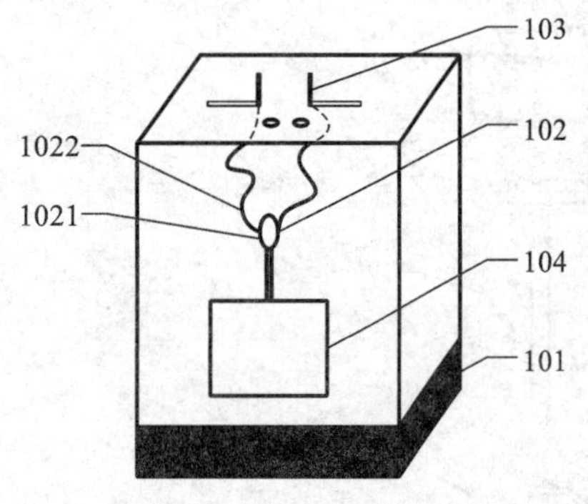

<u>设计鼻吸式电子烟，提高感官质量。</u>广东中烟工业有限责任公司发明的鼻吸式电子烟，可直接通过鼻子来吸取经过混合后的烟雾，能够满足不同用户的需求，同时能够带给用户与传统抽吸方式不同的体验。鼻吸式电子烟包括供电模块（101）、烟气缓冲模块（102）、吸取模块（103）和加热模块（104），供电模块与加热模块相连，烟气缓冲模块两端分别与吸取模块和加热模块相连，包括缓冲腔和导气管，用于将加热模块产生的烟气混合并导出，吸取模块与导气管（1022）相连，用于吸取烟气，加热模块用于加热烟料（CN201310228824.X）。

<u>在电子烟中增加辅助增香装置，提高感官质量。</u>上海烟草集团有限责任公司设计的电子烟雾化器，在电子烟中增加了发烟组件（2）与补偿组件（3），补偿组件包括烟丝、烟粉、烟末、烟草颗粒或烟草薄片，利用发烟组件产生的气溶胶经过补偿组件带出致香物质与烟碱，改变了气溶胶的成分，提高烟碱与致香物质的含量，从而改善电子烟的口感与风味（CN201520803850.5）。

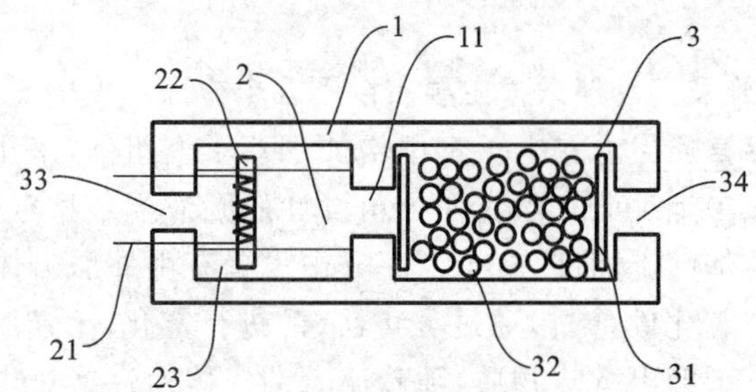

上海烟草集团有限责任公司针对现有技术中电子烟或烟嘴过滤器香味不能持久的问题，在电子烟中增加香味补偿装置，通过旋转密封件使密封件上的通孔与本体上的通孔相通，进而使密封腔内放置香料的香味散发出来，且可通过旋转调节相通孔径大小或调节连通的通孔数量来控制香精释放量大小，达到增补烟气中香气的目的（CN201410408827.6）。红塔烟草（集团）有限责任公司设计的电子烟，在烟道内置入香料，当点燃真实香烟时或直接使用尼古丁溶液产生烟雾时都能透过香料从而产生香味，同时能满足顾客对烟支味道的不同需求，方便用户使用，也提高了感官质量（CN201521136041.X）。

<u>设计可刺烟弹电子烟，采用针刺加热，提高安全性和感官质量。</u>通过电子烟烟具和烟弹独立设计方案，烟弹采用一次性设计，使用时通过雾化器刺入烟弹，便于用户使用，延长了烟液保质期，避免了烟液变质、过期、泄漏等风险，提高了用户使用的安全性。云南中烟工业有限责任公司设计的烟油软胶囊型电子烟，采用烟油软胶囊作为烟弹，采用针刺式加热，不抽吸时，可将加热针收回加热针容纳腔内，以减少因加热针中的发热丝长期浸泡在烟油中产生的氧化腐蚀等现象，加热针分段加热控制单元可以控制加热针不同绝缘段上的发热丝加热，使用者可根据自身需要选择所加烟油胶囊的数量和需加热雾化的烟油容积，从而获得不同的烟雾量和抽吸感受，分段加热还可最大限度提高能效利用率，有效避免因加热元件加热区域固定造成的烟油容积大、加热元件发热面积小而使烟油雾化不充分或烟油容积过小而使加热元件裸露干烧的问题，提

高了电子烟安全性(CN201510710602.0;CN201520842902.X);湖南中烟工业有限责任公司设计的烟弹式低温烟具,将烟弹直接放置在槽体内即可,无须其余连接结构,安装简单,使用方便(CN201521114676.X)。

云南中烟工业有限责任公司发明的采用微胶囊烟液的电子烟,包括烟嘴(5)、香烟形空腔外壳(8)、电池(2)、指示灯(1)、吸附材料(4),在烟嘴和吸附材料之间设有微胶囊缓释装置(3),微胶囊缓释装置由一与香烟形空腔外壳直径相同的圆柱体构成,在该圆柱体上均匀分布有多个微胶囊放置孔,烟嘴与圆柱体接触的一端为凸起,凸起与圆柱体上的微胶囊放置孔配合,圆柱体与吸附材料之间有发热器(6),发热器与微胶囊放置孔接触,可根据个人口味任意组合。在圆柱体每个通道内可以装填不同口味的胶囊,可感受不同的味道。该专利通过把烟油成分微胶囊化,可使烟油成分按照一定的速率均匀释放,获得香味均匀释放的抽吸感觉。由于微胶囊技术将芯材与周围环境隔开,避免了空气、温度等的影响,避免了在储存和运输过程中香味物质的挥发损失,保证烟油成分不受污染(CN201410402403.9;CN201410402384.X;CN201420461756.1;CN201420461788.1)。

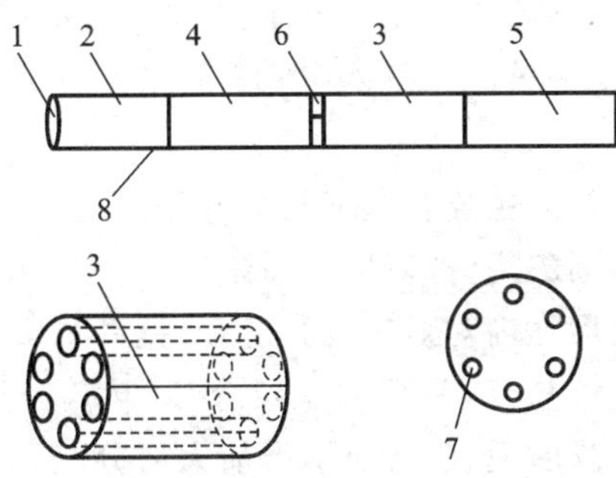

现有电子烟易漏油,且所加烟油较久存放于储油棉中易发生变化,不方便随时变换口味,抽吸时不卫生、不方便。湖南中烟工业有限责任公司设计的针状加热式电子烟,设置为独立的烟具(2)和烟支(1),抽吸时将含有烟油的烟支插入器具中,并对其加热产生烟雾,该方案可使烟油在较短时间内被抽吸雾化完毕,避免了烟油长时间存放时氧化变质,也减少了烟油长时间存放漏出的风险,也便于随时更换不同口味(CN201620941991.8)。

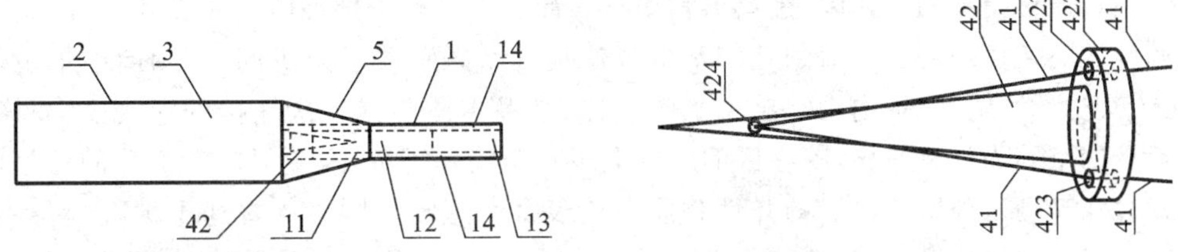

固态烟油电子烟,提高安全性。安徽中烟工业有限责任公司发明的无烟棉电子烟,包括电池(1)、电线(2)、导液绳(3)、发热丝(4)、固相烟油(5)以及抽吸通道(6),以固相烟油载体替代烟棉,固相烟油载体优选聚乙二醇 1500 和丙三醇的混合物,质量比 4∶6,将固相烟油载体加热熔化后,加入香料或烟碱,超声或搅拌分散均匀后,自然冷却呈固体蜡状。使用时,将该烟油加热至熔化状态后加入到电子烟中即可,该无烟棉电子烟不需要使用吸油棉来存储油,因此在吸的过程中,没有加热烟棉带来的异味,改善了口感,环保、卫生(CN201510312226.X)。

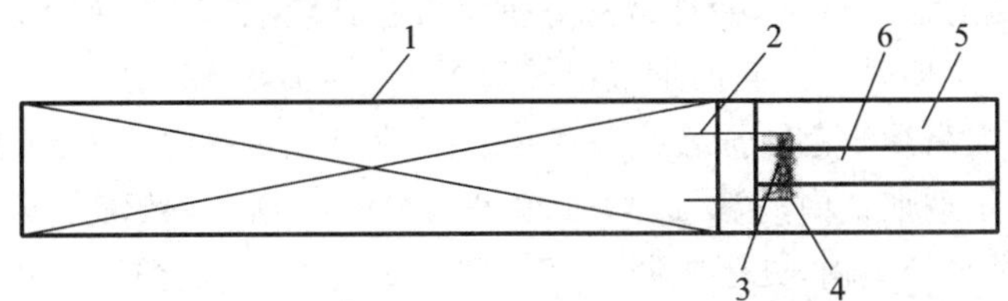

一体式电子烟，提高了安全性。上海烟草集团有限责任公司设计的电子烟，采用供油和导油一体化结构设计，由陶瓷、高分子材料、天然纤维、化学纤维及使用化学方法改性后的天然纤维制成，在制造和使用过程中，所述用于供油和导油的一体化结构不易产生碎屑，不会发生因用于供油和导油的一体化结构产生的碎屑进入消费者呼吸道而影响消费者健康的问题，使用比较安全(CN201320850766.X)。

研发细支女士电子烟，方便用户使用携带。广西中烟工业有限责任公司设计的细支女士电子烟，包括烟嘴和电池杆，烟嘴内置有雾化器和烟嘴套，雾化器内固定有玻纤管，玻纤管靠近电池的一端安装发热丝，玻纤管与烟嘴套之间设有储油棉，电池杆的长度为 60～75 mm，外径为 5～6 mm，电池的长度为 30～60 mm，直径为 4～4.5 mm，烟嘴的长度为 25～35 mm，外径为 5～6 mm，结构简单、体积小、重量轻、便于携带(CN201420784449.7)。

采用抗菌烟体材料，清洁环保，提高安全性。广西中烟工业有限责任公司设计的电子烟，采用抗菌纳米不锈钢作为外层材料，能帮助使用者清除手或者其他部位的异味和细菌，能保护使用者的健康，具有良好的气密性，能保证在密封清洗的时候不会有水渗漏进去而影响其作为电子烟的使用，纳米不锈钢材料的抗菌添加物质选自纳米的 TiO_2、负载 Ag 盐的纳米粒子、Cu 纳米粒子或者 Ag 纳米粒子负载的纳米胶囊(CN201620093434.5)。

⑤改进烟嘴的技术措施及其功能效果主要有以下几个方面：

改进烟嘴形状、结构、材料及添加剂应用，提高感官质量。

改进烟嘴内部形状、结构，通过在烟嘴内对烟气进行混合，提高抽吸感官质量。上海烟草集团有限责任公司在电子烟吸嘴中设有过滤层和透气垫片，利用过滤层冷却烟气，利用嘴含端的气道给烟气提供较大且分散的进入通道，使得烟气温度适宜、浓度适宜，解决了当前大部分电子烟的烟气进入人体口腔时温度高且浓度过于集中在中心小区域的问题(CN201420224139.X)；云南中烟工业有限责任公司设计的电子烟烟嘴采用螺旋式气流通道、组合式轴向分布气道、互相之间成一定角度的多条气流通道、套接多组组合通道、径向分层式气道、多单元气道模块化等设计，能够较充分地均匀混合烟气，烟气入口温度适中，解决了电子烟烟雾饱满度差的问题，减小了烟油中的烟碱对抽吸者喉部和鼻腔的刺激(CN201520102328.4；CN201620338544.3；CN201520125841.5；CN201620338485.X；CN201620338562.1；CN201610251041.7；CN201610251181.4)。

改进烟嘴材料，通过提高触感体验，提高感官质量。针对现有电子烟抽吸时不使用过滤嘴，或使用不带有过滤作用、咬嘴区不抗菌、不卫生、适用范围窄的过滤嘴以及感官质量差等问题，湖南中烟工业有限责任公司设计的电子烟过滤烟嘴，包括内设空腔的烟嘴本体，烟嘴本体包括依次连接的连接区、滤棒区、烟道区和咬嘴区，滤棒区的空腔内设有滤棒，咬嘴区的外壁上绕有两层咬嘴纸，避免了咬嘴部分的污染可能对吸食者产生的危害，且在咬嘴区外壁上设置的弹性物质能使吸食者感觉如同吸食普通香烟，能够有效改善吸食者的使用感受(CN201520063545.7)；武汉黄鹤楼新材料科技开发有限公司设计的电子烟，包括空心滤嘴棒，雾化器外部设有金属卡套，金属卡套通过卡接的形式与空心滤嘴棒连接，丝束滤棒内设有与烟弹配合的卡槽，丝束滤棒端面为中空结构，可有效提高电子烟的口感，并且增加使用的趣味性(CN201420045870.6)；广西中烟工业有限责任公司设计的醋纤电子烟烟嘴，包括本体，本体前端设有带孔聚烟板、带孔烟嘴盖，中部设有沿其长度方向延伸的主烟雾通道，后端设有烟油腔，烟嘴还包括套在主烟雾通道上的卷纸包裹的中空环形醋纤滤棒，解决了电子烟烟嘴偏硬、触感不好的问题，提高电子烟使用者的抽吸舒适度(CN201520371228.1)；红塔烟草(集团)有限责任公司采用硬质管与柔性的丝束管结合成电子烟软烟嘴，能够更好地保证接近传统卷烟的抽吸口感，并且容易更换丝束管，避免长时间使用而导致烟嘴卫生环境恶化，同时还可防止烟嘴壳体发生变形时所引起的烟液泄漏(CN201320786242.9)。

在烟嘴中添加添加剂，提高烟气感官质量。云南中烟工业有限责任公司在电子烟滤嘴中加入多羟基高分子化合物，能有效吸附电子烟烟气中的甘油、丙二醇等多羟基溶剂，有效降低电子烟烟气的甜腻感，加入的多羟基高分子化合物经过水分平衡，处于吸附水蒸气饱和状态，当其受热时其中的水分挥发出来，降低了电子烟烟气的干燥感，使得该电子烟滤嘴无须通过在电子烟烟液中加水来降低干燥感，解决了电子烟烟液中含水过多造成烟液对脂溶性香精香料溶解度差和易变质的问题(CN201510003053.3)。

改进烟嘴结构，提高安全性，解决烟液泄漏及误吸烟液的问题。

湖南中烟工业有限责任公司设计的可调烟油量的雾化器，通过移动吸嘴，从而控制油路的通断以及烟油流量的大小，可密封烟油，避免漏油，也可防止雾化棉吸油过饱和及雾化片泡油（CN201621064510.6）；湖南中烟工业有限责任公司在电子烟吸嘴本体设有曲折迂回的气流通道或者水平放置的气流挡板，可以防止用户吸食大颗粒烟雾，可防止用户吸食冷凝烟油（CN201620833329.0）。

通过烟嘴材料改进，减少有害成分。

电子烟在雾化的过程中温度在 300～400 ℃，在这个温度下溶剂丙二醇会产生自由基，而且其中添加的香料等物质也有可能产生自由基。广西中烟工业有限责任公司将自由基捕捉剂通过纳米沉积的方式负载到孔道当中，在聚合物树脂熔融加工成型的时候添加进去，制备得到自由基捕捉剂添加的烟嘴滤片，当电子烟烟气经过滤片的时候，可一定程度降低烟气中的自由基含量（CN201610063516.X）；广西中烟工业有限责任公司将食品级的螯合剂乙二胺四乙酸（钠）EDTA 作为金属吸附剂共混到塑料中，再制备成膜，模拟褶皱型的烟嘴过滤材料或者人嘴接触材料，该材料具有抗菌、抗氧化、金属螯合性等性能，具有高温加热不变色的优点（CN201611225299.6）。

⑥增加辅助功能的技术措施及其功能效果主要有以下几个方面：

丰富产品功能，拓宽电子烟使用范围，满足用户其他方面的需求。

云南中烟工业有限责任公司发明的笔形电子烟带有书写功能，外观类似笔形，易于携带，并能同时满足书写和多口味烟油抽吸的功能，可实现抽吸多种口味的烟油，还具有灭菌功能（CN201610779711.2；CN201621008856.4；CN201510344527.0；CN201520428769.3）；云南中烟工业有限责任公司设计的电子烟带指南针功能，以及时间、日期、温度、湿度和海拔信息显示等多种功能（CN201620639337.1）；广西中烟工业有限责任公司设计的电子烟具有毛笔、化妆、刷牙功能（CN201420383718.9；CN201420383739.0；CN201420383719.3）；深圳烟草工业有限责任公司设计的烟卷式可变烟味电子烟，设有外烟接头，可以接烟袋锅和纸烟插装管，可以抽旱烟或纸烟（CN201620161633.5）。

通过无线通信、信息识别、远程控制、行为检测等技术的应用，提高电子烟的智能化水平。

用户抽吸情况监测交互。上海烟草集团有限责任公司发明的智能电子烟，包括无线通信模块和控制模块，可计算人体在使用过程中所产生的吸烟参数，并将其编解码成符合无线通信协议的信号，通过无线通信模块与智能终端实时或者定时进行数据交互，实时监测用户使用情况，建立完善的使用日志（CN201310684449.X）。

电子烟信息识别。云南中烟工业有限责任公司发明的电子烟在电子烟主体内设有电子标签芯片以及电子标签信号接收线圈，还设置有发光电路，能够即时识别电子烟的各项信息，具有防伪辨别真假的作用，方便企业采集产品信息，为产品开发及供给提供数据（CN201410193411.7；CN201420234924.3）。

远程控制功能。中国烟草总公司广东省公司设计的远程控制香薰烟，能够通过手机或其他客户端来控制开启和关闭，具有较高的智能性（CN201520534071.X）。

过度抽吸检测。上海烟草集团有限责任公司发明的电子烟具具备过度抽吸指示功能，通过侦测用户的抽吸动作识别判定用户的过度抽吸情形而执行限制抽吸措施，可起到良好的防止过度抽吸的效果（CN201611251717.9）。

通过增设视觉组件，提高用户感官质量，获得与抽吸卷烟类似的体验。

云南中烟工业有限责任公司设计的带可视燃烧线的电子烟，可根据抽吸量依次触发对应的指示灯，能模拟抽吸传统卷烟时烟支有效长度不断缩短的效果，使抽吸者获得更贴近真烟燃烧过程的感受（CN201420171736.0）。

中国烟草总公司广东省公司设计的感温变色的同质烟，通过设置加热装置和感温变色层，在加热装置的作用之下，感温变色层的颜色发生变化，模拟香烟燃烧时烟身发生的变化，产生烟灰的效果，使用户的体验得到进一步提高（CN201420808777.6；CN201420808733.3；CN201420808732.9）。

⑦改进烟弹的技术措施及其功能效果主要有以下几个方面：

采用固液烟弹、凝胶烟弹、智能烟弹等设计，提高安全性。

湖北中烟工业有限责任公司发明的凝胶型一次性固液电子烟弹，包括绝缘外壳，绝缘外壳的一端开有烟气释放孔，绝缘外壳内设有电热丝，绝缘外壳外设有与电热丝相连的金属触点，绝缘外壳内填充有烟草凝胶，烟草凝胶由基础烟草、基础凝胶和烟用香精香料混合搅拌均匀形成，该烟弹具有不易溢洒、便于保存的有益效果(CN201410205760.6)；湖北中烟工业有限责任公司发明的凝胶型固液电子烟弹，采用一端开口的金属外壳，金属外壳的开口处通过金属箔膜密封，金属外壳内填充有烟草凝胶，不易溢洒，便于保存(CN201410205474.X)；浙江中烟工业有限责任公司发明的凝胶态烟弹制备方法，改善了口感，提高了产品的稳定性，并进一步避免了液体电子烟液泄漏所造成的安全隐患等(CN201410565089.6)。

中国烟草总公司郑州烟草研究院设计的智能型防干烧烟弹，烟弹外壳上设有可视窗口，当烟液充足时，通过可视窗口观察金属片显示一种颜色，当烟液即将耗尽，雾化器内部温度升高，金属片的温度也随之升高，达到一定温度时，金属片上涂覆的感温变色材料发生变化，显示另一种颜色，提醒使用者停止使用，进而达到防止干烧的目的(CN201621048123.3)。

采用软胶囊烟弹设计，延长寿命，延长保质期。

云南中烟工业有限责任公司发明的一种电子烟烟油软胶囊，将烟油完全气密封入软胶囊中，烟油与外界环境不接触，对空气中的氧和水分非常稳定，不易被空气氧化且不易吸湿，能显著延长电子烟烟油的保质期(CN201510594663.5)。

采用烟弹可更换设计，使用携带方便。

中国烟草总公司广东省公司设计的可更换烟液单元的同质烟，将烟液以烟液单元的形式存储，并通过设置转动装置和取液装置，实现烟液单元的更换，操作方便简单，同时使用者可以通过计算使用烟液单元的个数来统计吸入量，以防止抽烟过量(CN201510162460.9；CN201410813159.5；CN201520206427.7；CN201420828836.6)。

通过烟弹结构设计和配方改进，提高感官质量。

湖南中烟工业有限责任公司设计的配合电磁感应加热电子烟使用的一次性烟弹，包括烟弹外壁、密封膜以及由烟弹外壁和密封膜组成的可盛装烟油的密封腔，在密封腔内设可产生涡流发热的金属元件，可以避免结焦，改善电子烟的抽吸口感(CN201620500926.1；CN201610361606.7)。

云南中烟工业有限责任公司发明的电子烟微胶囊，通过烟油微胶囊化，隔绝了与环境的接触，使得环境中其他气味不易进入烟油中，保证烟油成分不受污染，并可感受不同的味道(CN201410402403.9；CN201410402384.X；CN201420461756.1；CN201420461788.1)。

浙江中烟工业有限责任公司发明的凝胶态烟弹，由烟草提取物、食品胶、整合剂、保润剂、香精香料以及纯净水混合构成，改善了电子烟口感(CN201410565089.6)。

通过烟弹电极改进，降低生产成本。

现有的烟弹正负极处于同一端，结构复杂，制作成本高，尺寸大，不能盲装，容易短路。湖南中烟工业有限责任公司设计了一种烟弹，包括烟弹本体和烟弹本体内的电热丝绕组，电热丝绕组的一端与第一电极电连接，电热丝绕组的另一端与第二电极电连接，正负极分别位于烟弹的两端，减小了短路的风险，实现了盲装，结构简单紧凑，降低了物料制造成本，缩小了尺寸，便于安装，携带方便(CN201620596738.3)。

⑧改进测控技术的技术措施及其功能效果主要有以下几个方面：

通过电子烟测控电路改进，采用温度、功率控制技术，提高雾化效果。

温度控制。现有的电子烟在使用的时候才开启雾化器，使烟料雾化，每次都需要将雾化器加热至烟料雾化温度或者更高温度，需要等待一段时间，且会加大电池杆的耗电量。广东中烟工业有限责任公司发明的电子烟，其加热模块包括储料腔、温度监测单元、控制开关、控制单元和加热单元，控制单元可根据接收到的温度数据及控制信号向加热单元发送加热模式指令，加热模式包括预加热模式、保温模式和标准加热模式，通过对烟料的预加热和保温，可以在方便用户快速吸取烟雾的同时节省电子烟的耗电量(CN201310191173.1)；针对现有电子烟需要加热较长时间才能产生烟雾，发烟速度慢且烟雾量小，抽吸者需要等待一定时间才能开始抽吸的问题，湖南中烟工业有限责任公司改进了电子烟加热电路，包括按键单元、供电单元和烟草加热单元，可利用控制单元控制烟草加热单元进行预热，通过在控制单元内设置预热时间，可防止预热时间过长引起烟草温度太高而烧焦，经过一定时间的预热，确保能够快速发烟，烟雾口感好且烟雾量大，操作简单，指示明晰（CN201621208327.9）。

功率控制。现有电子烟烟油雾化是在开机后给发热丝提供一定的功率让烟油雾化，由电子烟自身的功率来决定雾化量的大小，不能随吸烟者的吸力大小而立即改变烟油的雾化量，使抽烟者感觉不到每口烟味道均匀，在抽烟过程中发热丝不随抽烟者吸力大小而改变输出功率，造成功率浪费，抽烟者的口感不均匀。湖南中烟工业有限责任公司设计的电子烟电路，含有微处理器，与压力测量装置连接，可测量电子烟烟气管道内压力，微处理器还与升压电路、输出控制电路、发热体连接，微处理器可以根据吸烟者吸力的大小，调整升压电路的输出功率，从而调整发热体的温度，达到调整雾化量大小和浓度的目的，使雾化量保持恒定，提高吸烟口感，防止功率浪费（CN201520101079.7）；针对现有超声电子烟的加热雾化电路中的高频雾化片刚启动时，烟雾较小，甚至没有烟出的问题，湖南中烟工业有限责任公司设计了超声波电子烟控制电路，通过PWM 信号来调整发热丝的功率，便于对发热丝加热进行控制，增加了电子烟在启动时的热能量，让电子烟在刚启动时就能出较大的烟雾量（CN201621267278.6）。

改进加热、超声电路温度、功率检测控制技术，提高测控性能和安全性。

过热保护。广西中烟工业有限责任公司发明的可控温电子烟，将温度传感器靠近或接触雾化器内的电阻丝，利用温度传感器对电阻丝的温度进行监测，由中央处理器将处理得到的温度值与预先设定的电阻丝最高加热温度对比后，由 PCB 控制电路板控制电阻丝加热电路的关断与二次导通，实现对雾化器内电阻丝的温度进行直接监测控制，有效避免了电阻丝瞬间加热温度过高导致电阻丝烧断的情况，同时防止了因电阻丝加热温度过高而破坏烟油成分、产生其他有害物质、影响雾化效果（CN201510106929.7）。上海烟草集团有限责任公司在雾化供电回路中串联 PTC 热敏电阻，当回路中的加热器的温度因为故障升高时，会造成环境温度升高，PTC 热敏电阻的温度也会升高，则 PTC 热敏电阻的阻值阶跃性增加 1000 倍以上，回路中的电流迅速地降低至接近 0，则加热器停止工作。而回路中的故障排除后，环境温度降低，PTC 热敏电阻的温度会自动下降，实现对电子烟和雾化器的过热保护（CN201521136444.4）。湖南中烟工业有限责任公司设计的超声加热电子烟控制系统，出气通道内安装有温度检测装置，将出气通道内气体的温度 T 与控制器设定的上限值和下限值进行比较，若 T 在上限值和下限值之间，则电子烟维持当前的工作状态，否则，控制器控制加热装置改变输出电压/输出功率，或者改变辅助进气通道的进气量大小，使得 T 在上限值和下限值之间，有效解决了发热丝加热烟油容易烧焦产生煳味的问题，同时可以有效防止烟雾温度过高损伤用户口腔（CN201610452116.8）。

超声空振保护。湖南中烟工业有限责任公司发明的电子烟超声电路控制系统，能够精确控制超声电路的启停以及加热装置的启停，提高雾化效率，改善吸烟口感，且很好地保护超声电路，防止空振损坏超声电路，控制精度高（CN201610452101.1）。湖南中烟工业有限责任公司设计的超声雾化器检测电路，通过间接判断超声雾化器两端的电压变化判断出超声雾化器是否处于空振状态，电路可靠，检测效率高，可以有效保护雾化芯（CN201620116262.9）。

实现有害成分检测，丰富产品功能。

云南中烟工业有限责任公司将丙烯醛气体传感器、信号处理电路和 LED 灯集成在套管上，能实现电子烟烟雾丙烯醛含量的在线检测与即时提醒，具有实时检测、测量精度高、使用方便等特点（CN201620781381.6）；湖南中烟工业有限责任公司用压电传感技术可实现电子烟烟液中烟碱含量的高精度检测，并可实时显示烟碱含量，满足不同消费者的需求（CN201620465311.X）。

精简控制系统设计，减小体积，使用携带方便。

电子烟内部部件多，若某个内部部件的尺寸较大，会造成电子烟尺寸难以缩小，现有的某电子烟用控制器，其由多个部件组装而成，主要包括外壳、极板、垫片、膜片组件、塑环及电路板，其中塑环是个注塑成型产品，由于成型的工艺限制，其厚度一般大于 0.2 mm，当其他元件无法减少或减薄时，该电子烟用控制器尺寸再无法缩小，电子烟的尺寸也难以再减小。山东中烟工业有限责任公司将控制器外壳内壁的绝缘膜与外壳形成一体，采用镀制或其他覆膜工艺，比现有注塑成型产品厚度更薄，可减少一个元件，减少组装步骤，且减小整个控制器的体积（CN201420299872.8）。

⑨改进配套组件的技术措施及其功能效果主要有以下几个方面：

配套组件主要包括电子烟配套使用的工具，如：外部充电装置，包括电源适配器、充电器、电子烟盒等；电子烟辅助维护、维修、组装工具，如注液工具、电阻丝换丝工具等。主要效果是方便用户使用携带，降低使用成本。注液工具、换丝工具节约耗材，节约烟液。

在辅助充电组件方面，电子烟盒数量较大。通过电子烟盒的设计改进，方便用户使用携带，改善充电效果，丰富产品功能。

方便用户使用携带。奥驰亚客户服务有限责任公司发明了多种电子烟盒，方便用户使用携带（CN201580028674.5；CN201480021601.9；CN201480024177.3）。尼科创业控股有限公司发明的电子烟的再充电包装，可对电子烟建立可靠的直接充电连接（CN201580041176.4）。北京格林世界科技发展有限公司在电子烟盒内设有电源和电子烟置放槽，电源的正负极有触点片，用以给置入置放槽的电子烟进行充电，从而无须将烟杆内的电池取出而完成对电子卷烟的充电（CN200810093803.0）。

⑩改进总体生产工艺技术措施及其功能效果主要有以下几个方面：

研发电子烟自动生产设备，提高生产效率。

颐中（青岛）烟草机械有限公司发明的新型电子烟上料系统，通过专门针对电子烟雾化器结构的振动盘来实现自动有序的上料，再经过在振动盘顶端的螺旋导料槽及与其连接的重力翻转机构将电子烟雾化器进行有序排列，在较短的时间完成雾化器的上料，继而输送到生产线的主转动盘上，以完成后续的自动化生产，提高了生产效率（CN201710068360.9）。

颐中（青岛）烟草机械有限公司发明的电子烟雾化器自动装配硅胶套的装置，通过振动盘自动输送硅胶套，用硅胶套输送组件把雾化器逐步输送到夹紧工位，再通过改进的压帽气缸通气块改变硅胶套的装配形式，来完成自动装配硅胶套的过程，避免人直接接触产品，保证了卫生安全，保证了产品一致性，高速稳定完成自动装配硅胶套的功能，为大规模生产提供了保障（CN201610889376.1）。

目前国内多数的电子烟注液都采用渗透式的注液装置，主要是通过注射器将烟液注入渗透容器内，烟液通过自身重力的作用缓慢地流进烟弹内，然后液体从烟弹内的吸油棉的上表面渗透进入，注液时间较长，不能对注液时间进行控制，注液量不能精确控制，且精度不高，影响整个工序的生产效率。颐中（青岛）烟草机械有限公司设计的电子烟注液装置，通过高精度的计量泵将烟液输送到注射针头，注射针头直接插入雾化器中，进行分层注射，高效完成电子烟液的注射，提高了生产效率（CN201610056051.5；CN201620081455.5）。

颐中（青岛）烟草机械有限公司发明的卧式电子烟贴标装置，放卷轴、贴标胶轮机构、拉标胶轮机构、收卷轴分别由高精度可控制的伺服电机驱动，四个电机相互协调配合，有效地避免了贴标过程中标纸断裂的可能性，保证整个贴标过程平稳高速运行，整个装置卧立在操作平台上，便于调节高度，以适应电子烟雾化器规格更换，且可消除重力对贴标的影响，大大提高贴标的精度（CN201610889377.6；CN201621115614.5）。

通过材料工艺创新，研发电子烟加热材料、烟体材料、储液材料、导液材料等，延长电子烟相关元件寿命，清洁卫生环保。

通过材料工艺创新，制备电子烟加热元件材料。广东中烟工业有限责任公司发明的电子浆料及其制备方法，通过合理的组合及配比，其均匀度较高，局部浓度差异小，制备得到的陶瓷发热体的电阻值差异小，且可以实现对电阻值的调控，升温速率快，温度分布均匀，使用寿命长（CN201510843421.5）。

通过材料工艺创新，研发导热性能良好、寿命长的导油绳材料。广西中烟工业有限责任公司发明的碳纳米管、石墨以及二者协同对玻璃纤维进行增强的方法，以玻璃纤维作为原料，用碳纳米管、石墨对其处理之后得到增强的玻璃纤维/聚合物复合纤维，并缠绕成电子烟导油绳，具有良好的韧性和导热能力，延长了导油绳寿命，且制备过程简单方便（CN201610063448.7；CN201610063501.3；CN201610063702.3）。

通过材料工艺创新，研发清洁卫生环保的抗菌电子烟烟体材料。广西中烟工业有限责任公司以正硅酸乙酯和偏铝酸钠为原料，以水为溶剂，在三丙基氢氧化铵和三丙基溴化铵的模板作用下，通过分子自组装，制备得到具有微孔结构的纳米硅铝沸石材料，可用作一种新型的抗菌电子烟套管材料，在电子烟反复使用的过程中，起到抑菌的作用（CN201510428459.6）；广西中烟工业有限责任公司发明的轻质抗菌的电子烟外壳制备方法，通过在聚合物混炼过程中添加成核剂、发泡剂、发泡助剂和增韧剂，在管状模具中发泡成型，得到发泡的聚合物管材，经过裁截得到一定长度的电子烟的外壳，该外壳能有效减小电子烟的重量，在发泡助剂中所使用的纳米 ZnO，具有空心多孔的结构，能产生更多的活性氧和活性锌离子以达到抑制细菌的效果(CN201610043719.2)。

广西中烟工业有限责任公司以三氯化铝和 1，2，4-苯三甲酸为原料，以水为溶剂，制备得到具有微孔结构的金属-有机骨架材料，具有均一的微孔孔道，通过熔融共混法制得载银金属-有机骨架与塑料复合的抗菌电子烟外观材料，制备原料易得，可作为新型的抗菌电子烟套管材料，在反复使用过程中，有较好的抑菌作用(CN201510426781.5)。

通过材料工艺创新，研发抗菌高吸附的电子烟储油材料。电子烟絮状填充物是电子烟中储存烟油的部分，对于电子烟中的烟油含量、可靠性、口感均有着重要的影响，要求对烟油中烟碱、溶剂、香精香料等物质都有良好的吸附/解吸性能，在使用过程中不容易滋生细菌，并且能耐高温。广西中烟工业有限责任公司通过将含酚基的抗菌剂氧化聚合在纤维表面，通过偶联剂连接，并添加介孔材料到纤维絮状物中，最终得到具有抗菌性和高吸附解吸能力的电子烟絮状物，克服了过去电子烟填充物材料无抗菌性，且吸附/解吸能力不足的缺点(CN201510782497.1)。

⑪改进电源系统的技术措施及其功能效果主要有以下几个方面：

采用外部供电、无线充电方式，使用携带方便。

云南中烟工业有限责任公司设计的无源电子烟和与其配套使用的无源电子烟供电装置，本身不带各种类型的电池，只有外接电源输入接口即电压输入端子，并用固定式电极替代了现有每支电子烟中均含有的电池或可充电电池，当有外接的电源电压接入该电子烟后，即可形成电加热回路以加热发烟介质并产生烟雾，小巧轻便(CN201510315344.6；CN201510315380.2；CN201520397630.7)。

中国烟草总公司广东省公司设计的无线充电的嗅香烟，瓶体的底面设有无线充电接收器，无线充电接收器通过充电电路与电池连接，便于携带充电(CN201520726951.7)。

采用电容作为电池组件，改善充电效果。广西中烟工业有限责任公司设计的电子烟电池组件由锌-空气电池、超级电容器并联组成，提高了充放电功率，且该电池组件的供电方式还减小了瞬间短路放电对电池的损坏，延长了电池的使用寿命(CN201520469300.4)。

改进电池技术，提高电池容量，延长寿命。

一般一次性电子烟不需要充电和重复使用，但是要求有比较长的常温存储寿命，目前市场上使用的电子烟均采用钴酸锂作为电池正极，在存储过程中电量严重下降，导致吸食感觉变差，或者是完全吸不起来。广西中烟工业有限责任公司通过对锂离子电池的改性，延长了一次性电子烟的常温存储寿命，正极膜采用的锂离子嵌入化合物为尖晶石型锰酸锂 $LiMn_2O_4$ 和层状 $LiCo_xNi_yMn_{1-x-y}O_2$ 的混合物，在常温下具有长存储寿命的特点，提高了电子烟产品的存放时间，延长了电子烟的常温存储寿命(CN201611265230.6)。

改进电池技术，提高安全性。

目前电子烟在充电过程中的安全性低，存在误触发的危险。上海烟草集团有限责任公司设计的电子烟带有二级电源，一级电池与二级电池通过二级充电模块与充电接口插拔式或触点式连接，大幅增加了电子烟一次充电可使用的时间，一级电池向二级电池充电时，二级电池会与雾化器断开，无误触发的危险，提高了电子烟的使用安全性(CN201420549996.7)。

目前电子烟的电池多为传统锂电池，这种传统锂电池的电解液的毒性和可燃性导致电子烟在过度充电或短路等不当操作中存在电池爆炸的危险。广西中烟工业有限责任公司采用高安全性的水系锂离子电池来驱动常规的电子烟，水系锂离子电池的电解质溶液为水，所用的锂盐为常规的 Li_2SO_4、$LiNO_3$ 等，由于水溶液的电位稳定窗口远小于无水有机电解液，水系锂离子电池的工作电压一般小于 2 V，且水系电解液自身不可燃，且具有阻燃的作用，大大提升了电池的安全性，不会因过度充电或短路等不当操作产生电池爆炸等安全问题，更安全环保，保证了用户安全(CN201520469985.2)。

湖南中烟工业有限责任公司设计的电子烟充电控制保护电路，能有效防止工作过程中因大电流通过而造成电池爆炸等危险(CN201520101101.8)。

10.3.1.4　电子烟专利技术功效对比分析

1. 技术功效图表对比分析

通过前期对国内烟草行业、国内烟草行业外专利涉及的技术措施和功能效果进行归纳总结，形成国内烟草行业、国内烟草行业外电子烟专利技术功效对比图 10.6，技术措施、功能效果分布对比图 10.7、图 10.8。

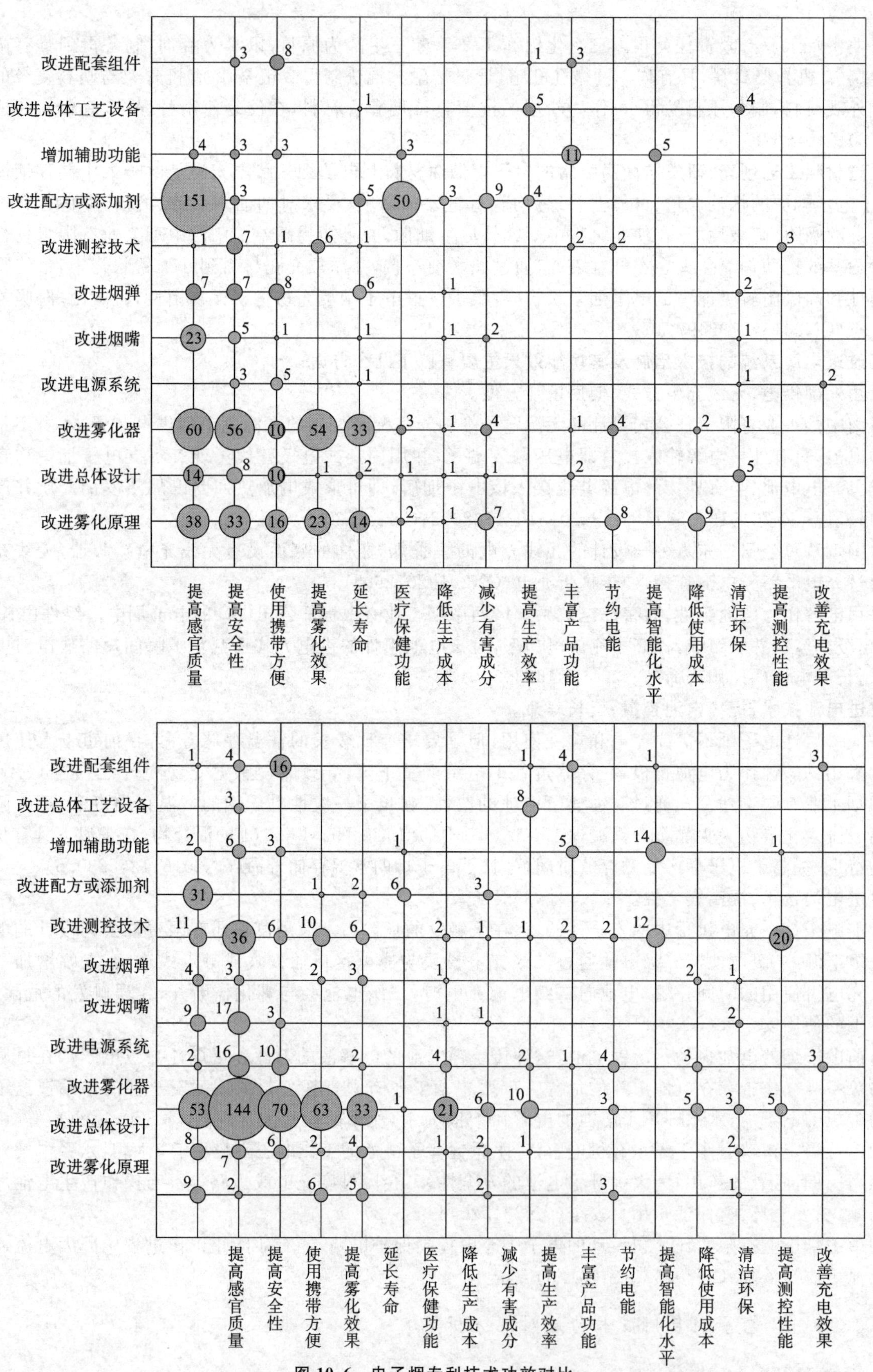

图 10.6 电子烟专利技术功效对比

（注：上图为国内烟草行业；下图为国内烟草行业外）

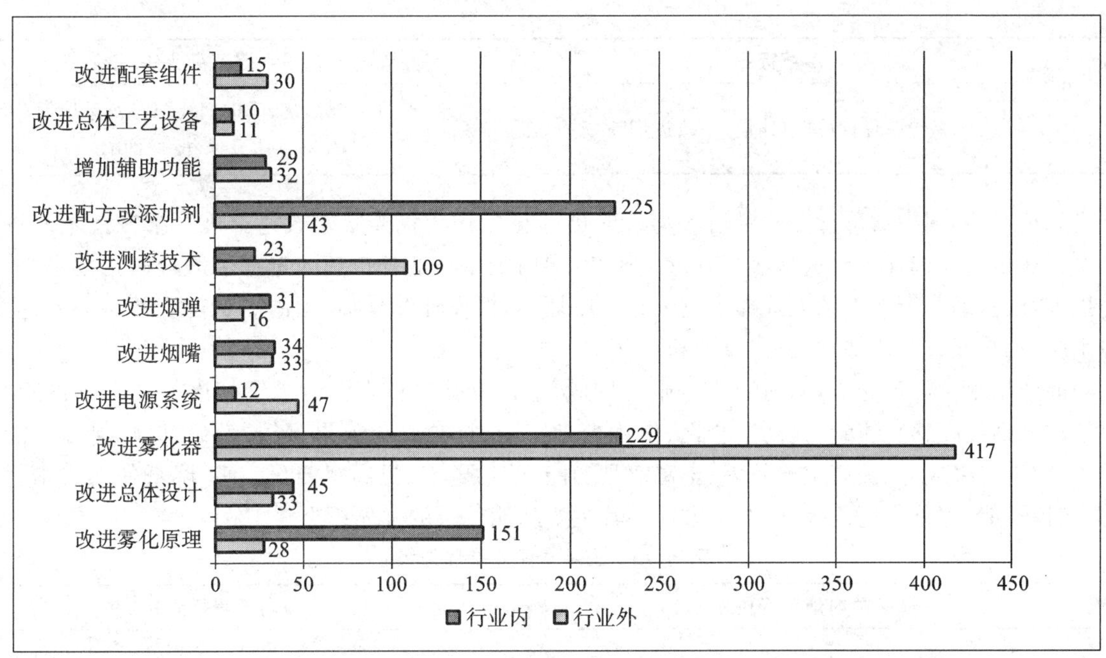

图 10.7　电子烟专利技术措施分布对比

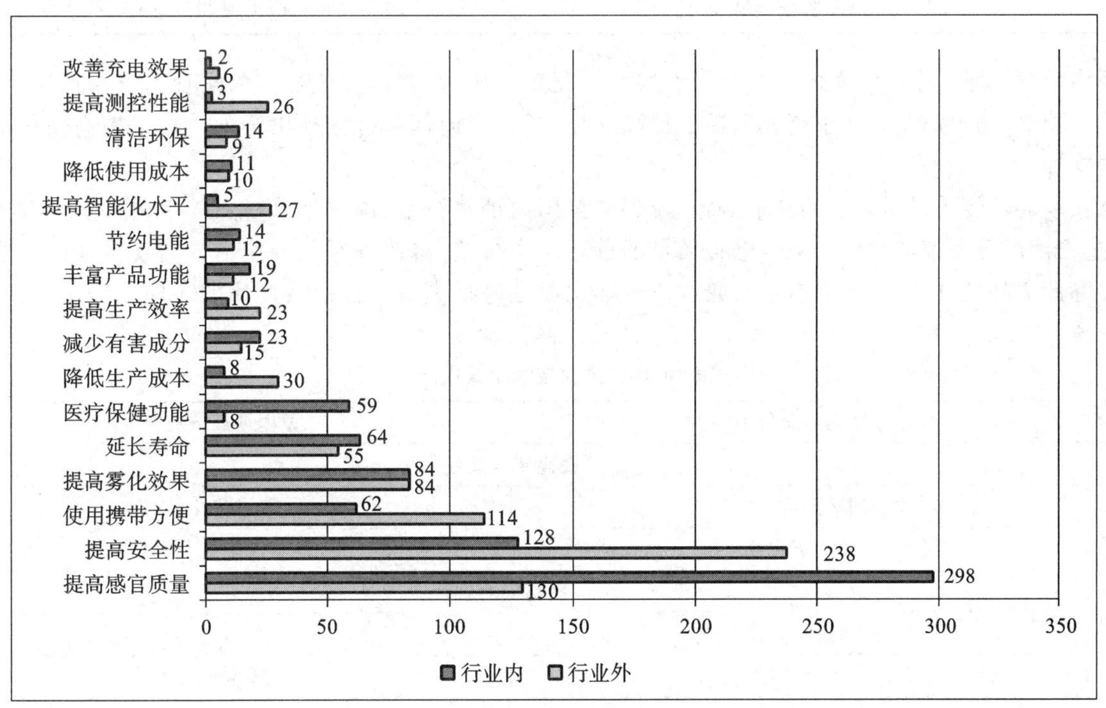

图 10.8　电子烟专利功能效果分布对比

从技术措施角度对比分析，国内烟草行业、国内烟草行业外申请人针对电子烟的技术改进措施均涉及了雾化原理、总体设计、雾化器、电源系统、烟嘴、烟弹、测控技术、烟液配方或添加剂、辅助功能、总体工艺设备、配套组件 11 个方面。其主要技术改进措施的优先级见表 10.12。

表 10.12　主要技术措施优先级

优先级	国内烟草行业	国内烟草行业外
1	改进雾化器	改进雾化器
2	改进烟液配方及添加剂	改进测控技术

续表

优先级	国内烟草行业	国内烟草行业外
3	改进雾化原理；改进总体设计；改进烟嘴	改进电源系统；改进烟液配方及添加剂；改进总体设计；改进烟嘴

国内烟草行业、国内烟草行业外申请人均将改进雾化器作为优先技术改进措施。第二技术改进措施，国内烟草行业申请人选择了改进烟液配方及添加剂，国内烟草行业外申请人选择了改进测控技术。第三技术改进措施，国内烟草行业申请人选择了改进雾化原理、总体设计和烟嘴，国内烟草行业外申请人选择了改进电源系统、烟液配方及添加剂、总体设计和烟嘴。

从功能效果角度对比分析，国内烟草行业、国内烟草行业外申请人针对电子烟进行技术改进所实现的功能效果均包括提高感官质量、提高安全性、使用携带方便、提高雾化效果、延长寿命、医疗保健功能、降低生产成本、减少有害成分、提高生产效率、丰富产品功能、节约电能、提高智能化水平、降低使用成本、清洁环保、提高测控性能、改善充电效果共 16 个方面。其主要功能效果的优先级见表 10.13。

表 10.13 主要功能效果优先级

优先级	国内烟草行业	国内烟草行业外
1	提高感官质量	提高安全性
2	提高安全性	提高感官质量
3	提高雾化效果	使用携带方便

国内烟草行业、国内烟草行业外申请人均将提高感官质量、提高安全性作为实现的第一或第二功效。作为第三功效，国内烟草行业申请人选择了提高雾化效果，国内烟草行业外申请人选择了提高使用的方便性和便携性。

从实现的功能效果所采取的技术措施对比分析，国内烟草行业、国内烟草行业外申请人均将改进雾化器、改进烟液配方及添加剂作为提高感官质量的首选技术措施，将改进雾化器作为提高安全性的首选技术措施。除此之外，国内烟草行业申请人通过改进雾化原理来提高安全性以及使用的方便性和便携性，详见表 10.14。

表 10.14 主要技术功效优先级

优先级	国内烟草行业	国内烟草行业外
	提高感官质量	
1	改进烟液配方及添加剂	改进雾化器
2	改进雾化器	改进烟液配方及添加剂
	提高安全性	
1	改进雾化器	改进雾化器
2	改进雾化原理	改进测控技术
	提高雾化效果	
1	改进雾化器	改进雾化器
	提高测控性能	
1	改进测控技术	改进测控技术
	提高使用的方便性和便携性	
1	改进雾化原理	改进雾化器
2	改进总体设计；改进雾化器	改进配套组件
	延长寿命	
1	改进雾化器	改进雾化器

从研发重点和专利布局角度对比分析，国内烟草行业外申请人将通过改进雾化器、改进测控技术来提高安全性，以及通过改进雾化器来提高使用的方便性和便携性，作为电子烟专利技术的首要研发热点和布局重点。国内烟草行业申请人将通过改进烟液配方和添加剂、改进雾化器来提高感官质量，以及通过改进雾化器和雾化原理来提高安全性，作为首要研发重点。

从关键技术角度对比分析，国内烟草行业、国内烟草行业外申请人的专利技术均涵盖了雾化器、烟液配方与添加剂技术。除此之外，国内烟草行业专利还涉及了雾化原理技术且优势明显，尤其是湖南中烟的超声雾化电子烟和云南中烟的振动型电子烟，在非电阻加热雾化电子烟之外有了新的突破。

2. 具体技术措施及其功能效果对比分析

国内烟草行业、国内烟草行业外申请人针对电子烟的技术改进措施主要集中在雾化器、烟液配方及添加剂、雾化原理、检测与控制技术、总体设计、烟嘴，具体技术措施及其功能效果对比见表 10.15。

表 10.15　具体技术措施及其功能效果对比

国内烟草行业	国内烟草行业外
①改进雾化器的技术措施及其功能效果对比	
改进雾化器组件，提高安全性。通过雾化器结构、材料改进，解决电子烟漏液等安全问题	通过雾化器各组件的结构、材料改进，解决烟液渗漏、误吸烟液、干烧、玻纤危害人体、烟体过热等问题，提高安全性
改进雾化器连接组件，使用携带方便	通过改进连接、注液、烟液及气流控制等组件，便于用户使用、控制、拆装、注液，通过简化雾化器结构设计缩小雾化器体积，方便携带
采用超声雾化组件、多雾化组件、加热元件材料及形状改进、导液组件及雾化器结构改进等技术手段，提高雾化效果	采用多种加热模式、加热接触方式及多加热区、多雾化组件、多储液组件等方式，提高雾化效果和感官质量
通过雾化器导流、进气、加热、储液等组件改进，提高感官质量	通过改进加热元件形状材料，提高雾化效果
	改进储液元件，延长寿命，延长烟液保质期，提高储液量
	简化雾化器结构设计，降低装配成本，提高生产效率
	改进雾化器材料或生产工艺，清洁环保
②改进烟草配方及添加剂的技术措施及其功能效果对比	
通过烟液配方及制备方法改进，设计中式卷烟风格烟液配方，拓宽烟液溶剂范围，提高感官质量	改进烟液配方、添加剂及烟液制备方法工艺，以提高感官质量
通过添加中西药有效成分，实现烟液的医疗保健功能	通过添加中西药有效成分，实现烟液的医疗保健功能
研发固态烟液配方，延长烟液保质期，提高安全性	通过制备工艺改进，减少烟液中的有害成分
	开发固体烟液配方，方便使用携带
③改进雾化原理的技术措施及其功能效果对比	
采用电磁感应雾化装置，提高了雾化效果和感官质量	采用电磁感应雾化装置，提高了雾化效果和感官质量
采用激光加热装置，延长了雾化器寿命，提高安全性	采用激光加热雾化装置，提高雾化效果，节约电能
采用超声压电雾化装置，提高雾化效果和感官质量以及安全性	采用超声雾化装置，提高感官质量
采用喷射雾化装置，提高了雾化效果和安全性	采用喷射雾化装置，提高感官质量
	采用化学反应生成气溶胶，提高感官质量，节约电能，满足用户对尼古丁的需求
	采用电阻加热压缩烟气，提高感官质量和安全性
采用声表面波雾化器，提高雾化效果和感官质量	

续表

国内烟草行业	国内烟草行业外
采用高速机械振动装置，提高雾化效果	
采用离心雾化装置，提高了雾化效果和安全性	
④改进测控技术的技术措施及其功能效果对比	
改进加热、超声电路温度、功率检测控制技术，提高测控性能和安全性	通过检测控制电路、传感器、芯片、开关等的改进，防误操作、防过热，提高安全性
	通过按键、触控等系统开关的改进，气流、动作检测传感器及控制电路等的改进，提高对用户动作和电子烟温度的测控水平，方便用户使用
	通过发热元件、传感器、控制电路等的改进，提高温度测控水平
实现有害成分检测，丰富产品功能	通过控制系统测定或估测烟液保质期、剩余量、浓度等指标，提高智能化水平
通过电子烟测控电路改进，采用温度、功率控制技术，提高雾化效果	通过优化功率检测控制技术，提高雾化效果和感官质量
	优化发热曲线，降低功耗，节约电能
精简控制系统设计，减小体积，使用携带方便	
⑤改进总体设计的技术措施及其功能效果对比	
通过电子烟烟体形状、规格改进设计，方便用户使用携带	采用电子烟总体一次性设计，缩小电子烟体积，提高感官质量，方便用户使用携带
	可拆电子烟，便于拆装，便于用户更换维护，方便用户使用携带
一体式电子烟，提高了安全性	一体式电子烟，降低了生产成本
可刺烟弹电子烟，采用针刺加热，提高安全性和感官质量	可刺烟弹电子烟
固态烟油电子烟，提高安全性。固液复合型电子烟，提高感官质量	固态烟液电子烟。采用加热后熔化为液态的固体烟液，使用携带方便，解决了漏油、炸油等安全问题
采用抗菌烟体材料，清洁环保，提高安全性	采用人体工程学烟体材料，提高电子烟的视觉、触觉、口感等感官质量
通过电子烟仿真设计，模拟传统烟草制品抽吸方式，提高感官质量	
鼻吸式电子烟，提高感官质量	
在电子烟中增加辅助增香装置，提高感官质量	
⑥改进烟嘴的技术措施及其功能效果对比	
	采用人体工程学设计或材料，提高电子烟与真实卷烟的仿真度，从而提高感官质量
改进烟嘴形状、结构、材料及添加剂应用，提高感官质量	通过烟嘴结构改进，提高感官质量
改进烟嘴结构，提高安全性，解决烟液泄漏及误吸烟液的问题	通过改进烟嘴结构、材料，提高烟嘴安全性

续表

国内烟草行业	国内烟草行业外
通过烟嘴材料改进，减少有害成分	
	方便用户使用
	清洁卫生

①改进雾化器的技术措施及其功能效果对比：

相同点：国内烟草行业、国内烟草行业外申请人均注重通过雾化器结构、密封组件、储液体元件形状及材料的改进，解决烟液渗漏、干烧等安全性问题；均注重雾化器以及毛细材料、陶瓷多孔材料等非玻纤材料的应用，注重电子烟无棉化；均注重采用多雾化组件、多发热体以及改进加热材料的方式提高雾化效果和感官质量。

不同点：国内烟草行业申请人注重雾化器材料的改进，通过采用碳纳米管、石墨增强导液材料提高雾化效果；采用PTC加热体、陶瓷发热体、多导电颗粒、碳纤维作为发热体，采用多PTC发热体、多温区加热提高雾化效果；注重对超声雾化器的改进，以及新型卷烟和电子烟的结合技术，增加固态烟芯加热装置，提高感官质量。

国内烟草行业外申请人通过改进加热元件形状结构，采用平面、片状、板状、盘状、螺旋状、颗粒状、网状、泡沫状等形状的加热元件以及采用纳米电阻材料，增大加热元件与导液元件的接触面积，提高雾化效果；国内烟草行业外申请人注重雾化器的易用性，注重连接、注液、烟液及气流控制等组件的改进，注重磁性连接、螺旋连接、卡扣连接、旋转插接、直插等多种连接方式的改进，便于用户使用、控制、拆卸、安装、更换、注液，精简雾化器设计，方便用户携带和生产装配。

②改进烟草配方及添加剂的技术措施及其功能效果对比：

相同点：国内烟草行业、国内烟草行业外申请人均研发了烟草、水果、中草药提取方法并应用到烟液配方设计中，探索各种新型烟液溶剂消除甜腻感，提高感官质量；通过在烟液中添加各种中草药、西药成分，实现医疗保健功能；通过烟液制备提取方法改进，减少有害成分；通过开发固体烟液配方，方便使用携带，防止烟液渗漏。

不同点：国内烟草行业申请人重点研发了中式卷烟风格的烟液配方，提高感官质量，国内烟草行业申请人设计了酒味、茶味等口味的烟液配方；国内烟草行业外申请人通过调整烟草材料含水率，降低雾化时产生的噪声，利用化学反应生成烟碱盐气溶胶，提高感官质量。

③改进雾化原理的技术措施及其功能效果对比：

相同点：国内烟草行业、国内烟草行业外申请人均研发了电磁感应加热雾化、超声雾化、喷射雾化装置，并辅助电阻加热雾化，提高感官质量。

不同点：国内烟草行业申请人对超声雾化方式进行了重点改进，尤其是湖南中烟在超声雾化电子烟专利研发方面有了显著进展，国内烟草行业申请人还研发了声表面波雾化器、随振型高速机械振动雾化装置、离心雾化装置，提高雾化效果；国内烟草行业外申请人研发了激光雾化电子烟、化学反应电子烟、电阻加热压缩烟气电子烟，提高感官质量和安全性。

④改进测控技术的技术措施及其功能效果对比：

相同点：国内烟草行业、国内烟草行业外申请人均通过电子烟测控电路改进，采用温度、功率控制技术，提高雾化效果、测控性能和安全性。实现有害成分检测，丰富产品功能。

不同点：国内烟草行业外申请人注重通过检测控制电路、传感器、芯片、开关等改进防误操作、防过热，提高安全性，通过优化功率检测控制和发热曲线，提高雾化效果和感官质量，降低功耗，节约电能。国内烟草行业申请人通过精简控制系统设计，减小电子烟体积。

⑤改进总体设计的技术措施及其功能效果对比：

相同点：国内烟草行业、国内烟草行业外申请人均设计了可刺烟弹电子烟、固态烟液电子烟，方便用户使用携带，提高安全性。

<u>不同点:</u>国内烟草行业外申请人设计了一次性电子烟、一体式电子烟,减小电子烟体积,降低生产成本,采用人体工程学烟体材料,提高电子烟的视觉、触觉、口感等感官质量。国内烟草行业申请人设计了固液复合型电子烟,水烟、鼻烟、烟斗、烟袋形电子烟以及鼻吸式电子烟,在电子烟中增加辅助增香装置,以提高感官质量;国内烟草行业申请人采用抗菌烟体材料,清洁环保,提高安全性。

⑥增加辅助功能的技术措施及其功能效果对比:

<u>相同点:</u>国内烟草行业、国内烟草行业外申请人均通过无线通信、信息认证识别、行为检测技术的应用,提高电子烟的智能化水平和安全性,均注重拓宽电子烟使用范围,满足用户其他方面的需求。

<u>不同点:</u>国内烟草行业外申请人通过人机交互系统、语音识别等技术的应用,提高电子烟智能化水平。

10.3.2 电子烟重要专利及其技术分布分析

采用专家评议法、专利文献计量学相结合的方法对电子烟专利的重要程度进行了评估,评出电子烟重要专利 77 件,其中国内烟草行业外重要专利 75 件,国内烟草行业重要专利 2 件。

10.3.2.1 国内烟草行业外电子烟重要专利分析

国内烟草行业外电子烟重要专利技术功效图见图 10.9,技术措施、功能效果分布见图 10.10、图 10.11。

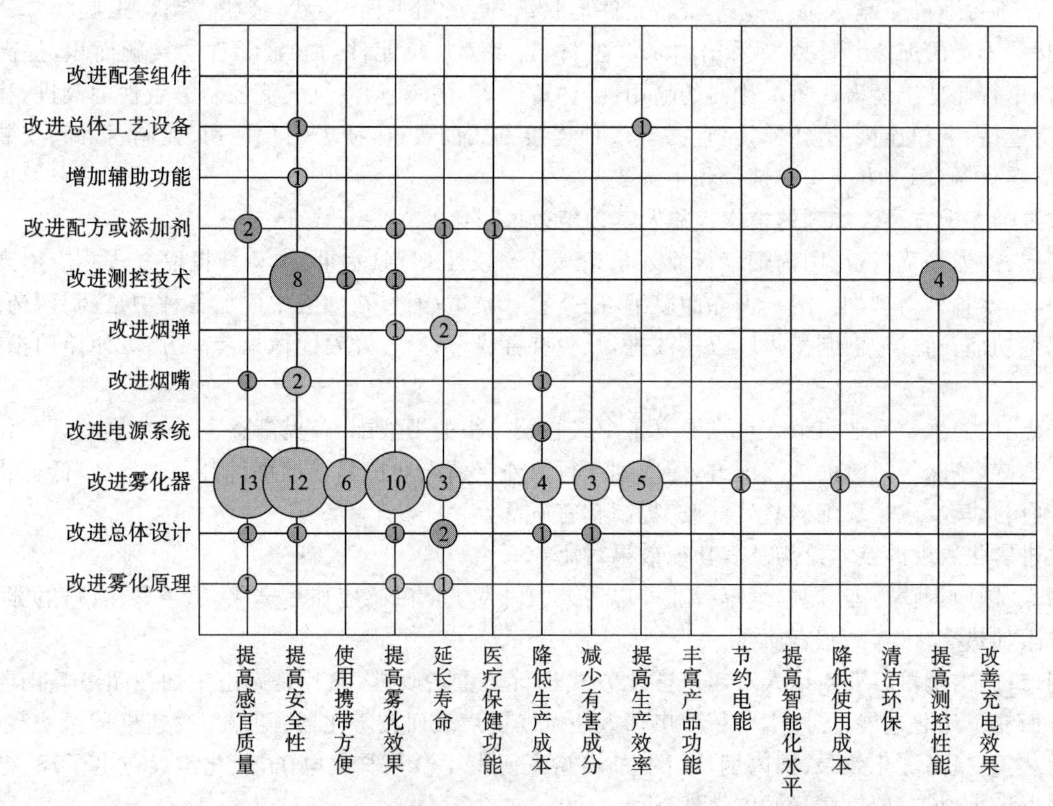

图 10.9 国内烟草行业外电子烟重要专利技术功效图

从技术措施角度分析,国内烟草行业外重要专利针对电子烟的技术改进措施涉及改进雾化原理、改进总体设计、改进雾化器、改进电源系统、改进烟嘴、改进烟弹、改进测控技术、改进配方或添加剂、增加辅助功能、改进总体工艺设备共 10 个方面。数据统计表明,技术改进措施主要集中在改进雾化器方面,专利数量占 59.0%。其次是改进测控技术,专利数量占 14.0%。然后是改进总体设计,专利数量占 7.0%。

从功能效果角度分析,国内烟草行业外重要专利针对电子烟进行技术改进所实现的功能效果包括提高感官质量、提高安全性、使用携带方便、提高雾化效果、延长寿命、医疗保健功能、降低生产成本、减少有害成分、提高生产效率、节约电能、提高智能化水平、降低使用成本、清洁环保、提高测控性能共 14 个方面。数据统计表明,技术改进所实现的功能效果主要集中在提高安全性,专利数量占 25.0%。其次是提高感官质量,

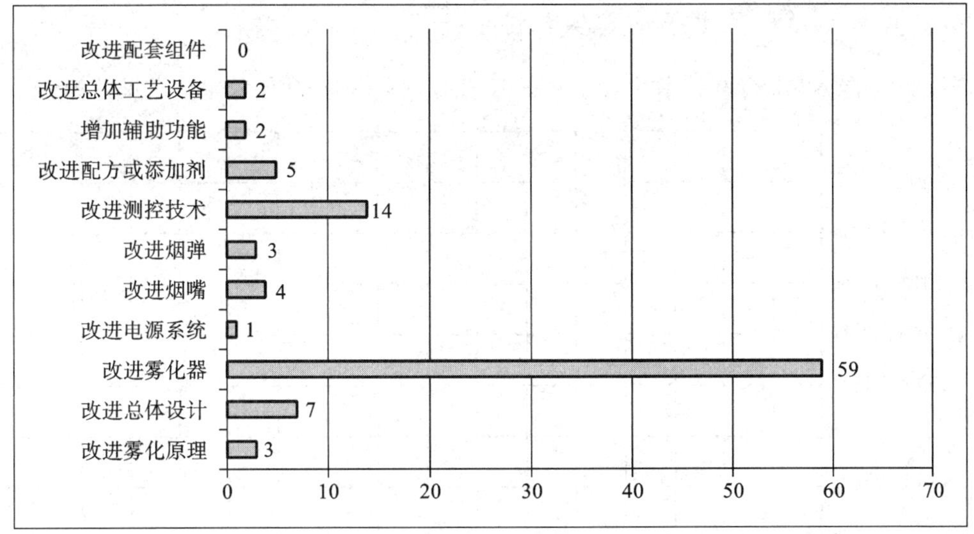

图10.10 国内烟草行业外电子烟重要专利技术措施分布

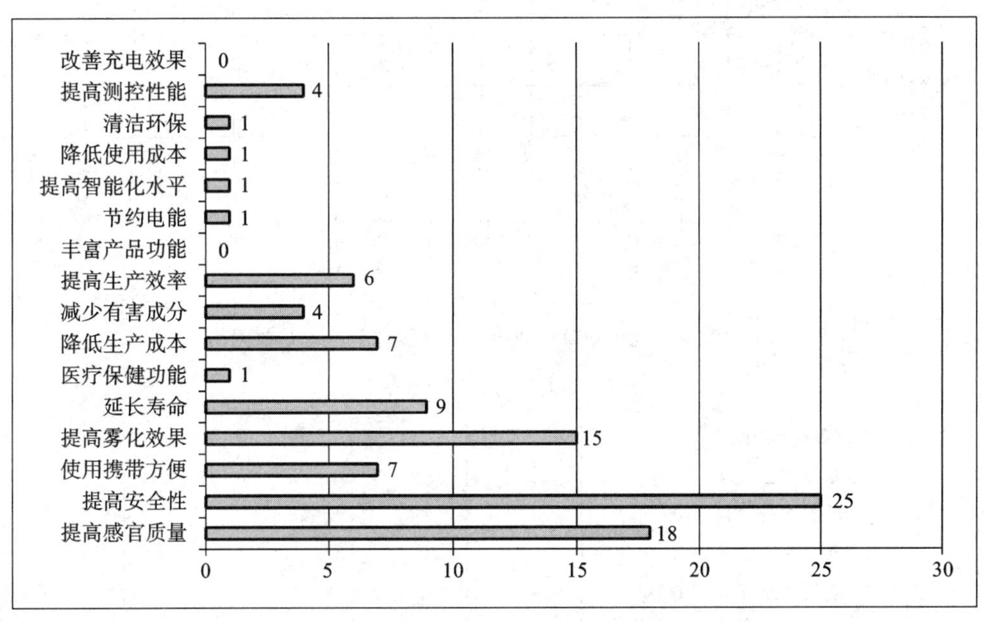

图10.11 国内烟草行业外电子烟重要专利功能效果分布

专利数量占18.0%。然后是提高雾化效果、延长寿命，专利数量分别占15.0%、9.0%。

从实现的功能效果所采取的技术措施分析，国内烟草行业外重要专利提高安全性优先采取的技术措施是改进雾化器，其次是改进测控技术；提高感官质量优先采取的技术措施是改进雾化器，其次是改进烟液配方及添加剂；提高雾化效果，优先采取的技术措施是改进雾化器；延长寿命优先采取的技术措施是改进雾化器。

从研发重点和专利布局角度分析，鉴于改进雾化器、测控技术方面的专利申请，以及提高安全性、感官质量、雾化效果方面的专利申请所占份额较大，因此可以判断：通过改进雾化器和测控技术来提高安全性，通过改进雾化器来提高感官质量和雾化效果，通过改进烟液配方及添加剂来提高感官质量等技术领域，是国内烟草行业外电子烟重要专利的研发热点和布局重点。

从关键技术角度分析，国内烟草行业外重要专利所涉及的电子烟关键技术涵盖了雾化器、测控技术、总体设计、烟液配方与添加剂技术。

10.3.2.2 国内烟草行业电子烟重要专利分析

国内烟草行业电子烟重要专利技术功效图见图10.12,技术措施、功能效果分布见图10.13、图10.14。

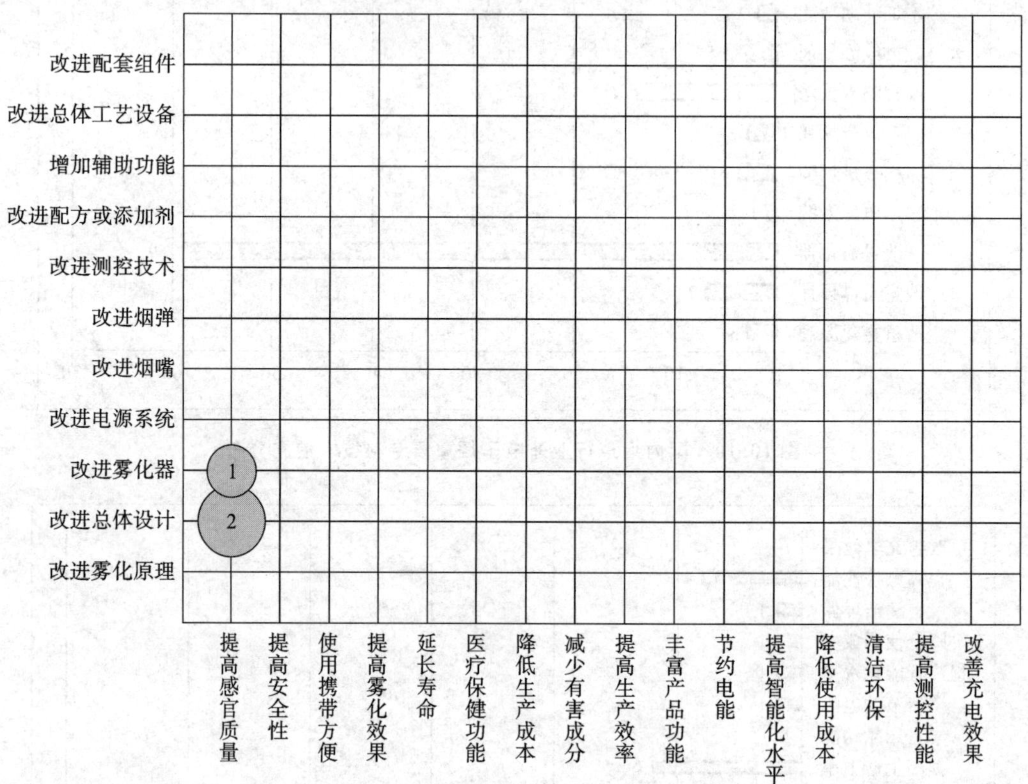

图10.12 国内烟草行业电子烟重要专利技术功效图

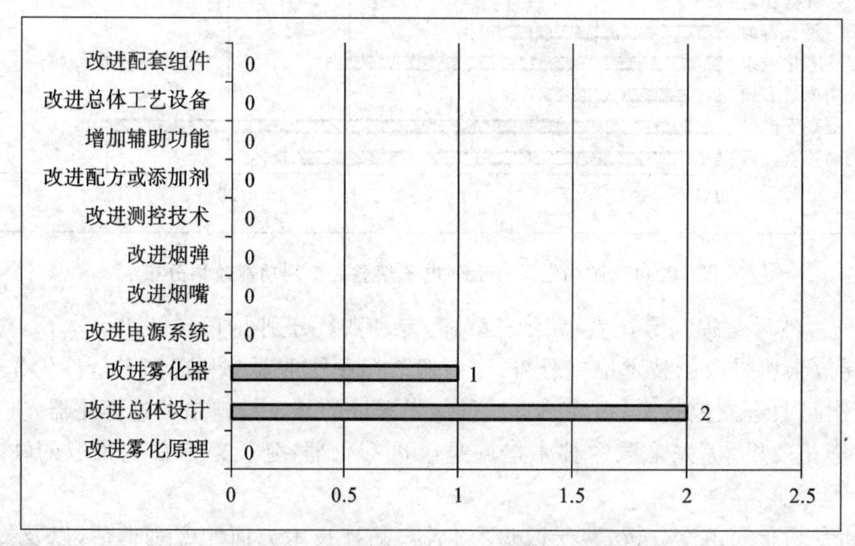

图10.13 国内烟草行业电子烟重要专利技术措施分布

从技术措施角度分析,国内烟草行业重要专利针对电子烟的技术改进措施涉及雾化器和总体设计共2个方面,其中改进雾化器1件,改进总体设计2件。

从功能效果角度分析,国内烟草行业重要专利针对电子烟进行技术改进所实现的功能效果全部为提高感官质量。

从实现的功能效果所采取的技术措施分析,国内烟草行业重要专利提高感官质量优先采取的技术措施是改进总体设计,其次是改进雾化器。

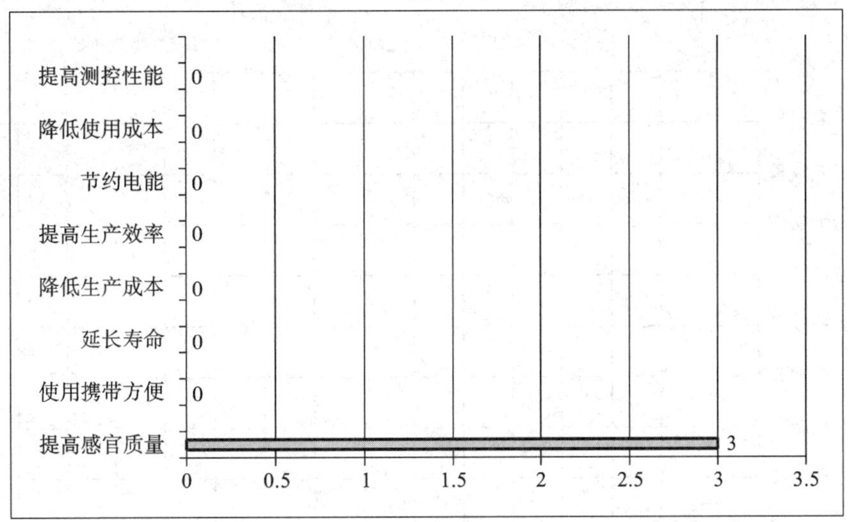

图 10.14　国内烟草行业电子烟重要专利功能效果分布

从研发重点和专利布局角度分析，通过改进雾化器和总体设计来提高感官质量，是国内烟草行业重要专利研发热点和布局重点。

从关键技术角度分析，国内烟草行业重要专利所涉及的电子烟关键技术包括雾化器和总体设计技术，在检测与控制技术方面有所欠缺。

10.3.2.3　电子烟重要专利对比分析

国内烟草行业、国内烟草行业外电子烟重要专利技术功效对比见图 10.15，技术措施、功能效果分布对比见图 10.16、图 10.17。

从技术措施角度对比分析，国内烟草行业、国内烟草行业外重要专利针对电子烟的技术改进措施均涉及了改进总体设计、改进雾化器共 2 个方面。其主要技术改进措施的优先级见表 10.16。

表 10.16　重要专利主要技术措施优先级

优先级	国内烟草行业	国内烟草行业外
1	改进总体设计	改进雾化器
2	改进雾化器	改进测控技术
3		改进总体设计

国内烟草行业、国内烟草行业外重要专利均将改进雾化器置于相对优先的地位。除此之外，国内烟草行业外重要专利涉及技术面更为全面。

从功能效果角度对比分析，国内烟草行业外重要专利针对电子烟进行技术改进所实现的功能效果包括提高感官质量、提高安全性、使用携带方便、提高雾化效果、延长寿命、医疗保健功能、降低生产成本、减少有害成分、提高生产效率、节约电能、提高智能化水平、降低使用成本、清洁环保、提高测控性能共 14 个方面，比国内烟草行业重要专利更为全面。其主要功能效果的优先级见表 10.17。

表 10.17　重要专利主要功能效果优先级

优先级	国内烟草行业	国内烟草行业外
1	提高感官质量	提高安全性
2		提高感官质量
3		提高雾化效果

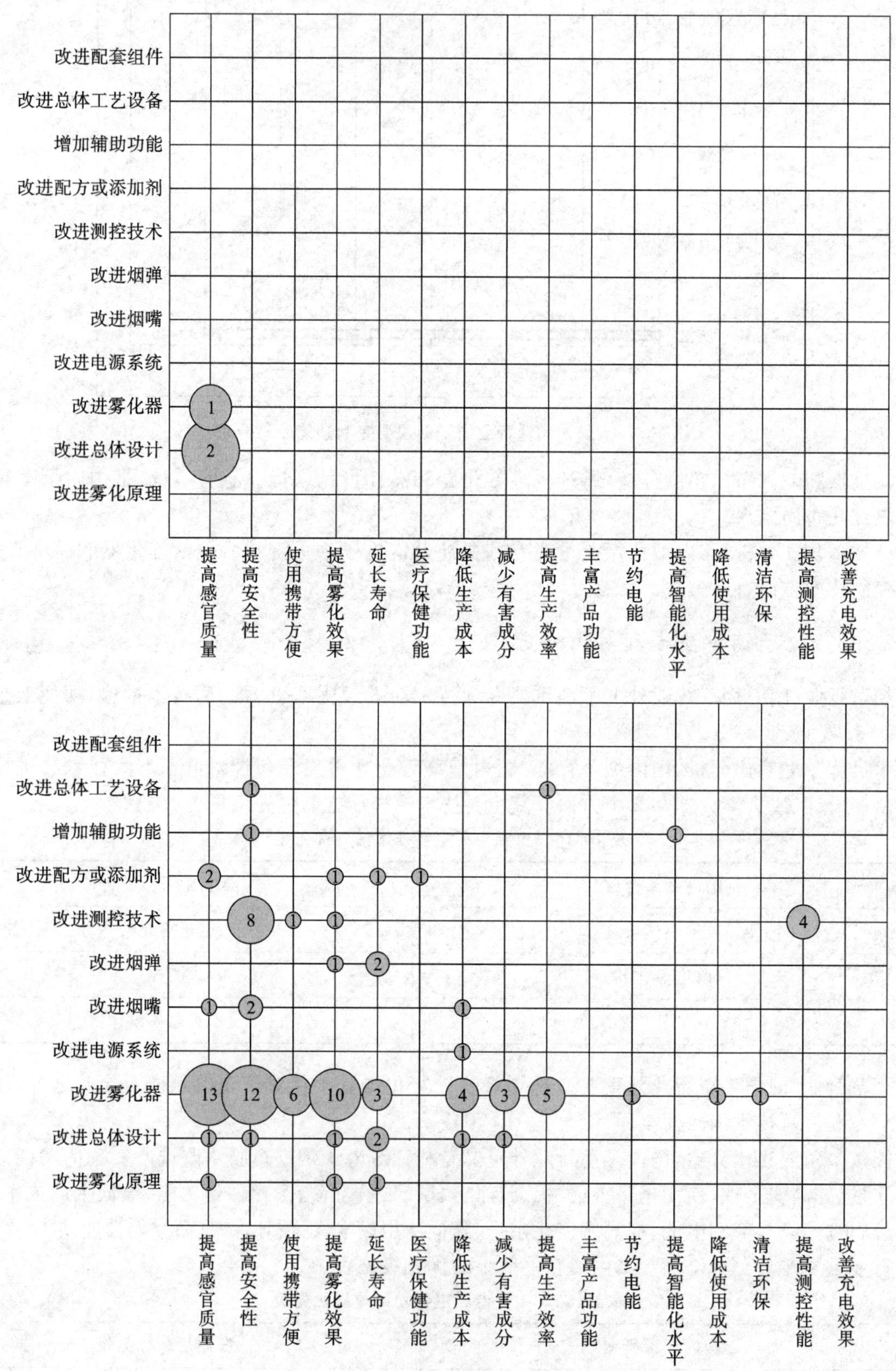

图 10.15 电子烟重要专利技术功效对比

(注:上图为国内烟草行业;下图为国内烟草行业外)

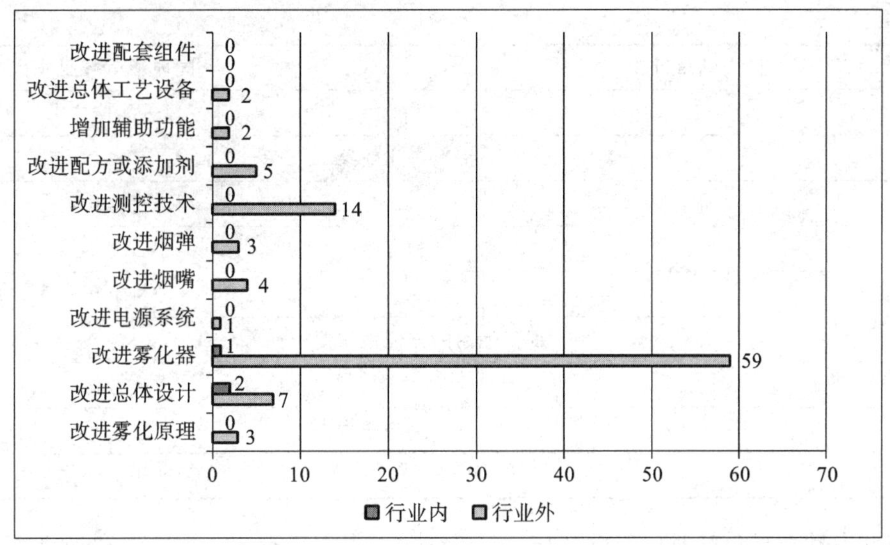

图 10.16　电子烟重要专利技术措施分布对比

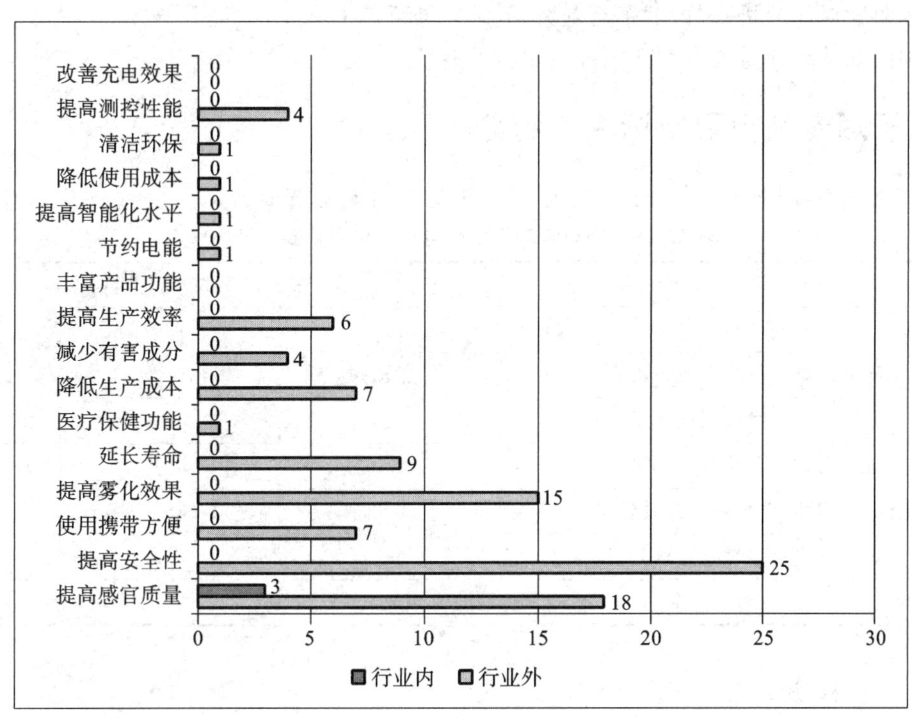

图 10.17　电子烟重要专利功能效果分布对比

从实现的功能效果所采取的技术措施对比分析，国内烟草行业、国内烟草行业外重要专利均将改进雾化器作为提高感官质量的主要技术措施。除此之外，国内烟草行业外重要专利还通过改进雾化器、测控技术来提高安全性、雾化效果，详见表 10.18。

表 10.18　重要专利主要技术功效优先级

优先级	国内烟草行业	国内烟草行业外
	提高感官质量	
1	改进总体设计	改进雾化器
2	改进雾化器	改进烟液配方和添加剂
	提高安全性	
1		改进雾化器

续表

优先级	国内烟草行业	国内烟草行业外
2		改进测控技术
	提高雾化效果	
1		改进雾化器
	延长寿命	
1		改进雾化器
	提高使用的方便性和便携性	
1		改进雾化器
	降低生产成本	
1		改进雾化器

从研发重点和专利布局角度对比分析，国内烟草行业、国内烟草行业外重要专利均将改进雾化器、提高感官质量作为研发热点和布局重点。

从关键技术角度对比分析，国内烟草行业外重要专利涵盖了雾化器、测控技术、总体设计、烟液配方与添加剂技术。国内烟草行业重要专利在测控技术方面有所欠缺。

10.3.3 电子烟专利重要申请人专利分析

根据前期研究结果，国内烟草行业外电子烟专利重要申请人见表10.19。

表10.19 国内烟草行业外电子烟专利重要申请人

序号	申请人	专利数量	同族专利数量	被引频次
1	刘秋明	322	729	1212
2	深圳市合元科技有限公司	348	518	733
3	菲利普·莫里斯烟草公司	72	1215	70
4	惠州市吉瑞科技有限公司	290	617	430
5	卓尔悦(常州)电子科技有限公司	206	169	358
6	深圳市麦克韦尔科技有限公司	99	154	369
7	韩力	14	263	335

10.3.3.1 刘秋明专利分析

刘秋明专利技术功效图见图10.18，技术措施、功能效果分布见图10.19、图10.20。

从技术措施角度分析，刘秋明针对电子烟的技术改进措施涉及改进总体设计、改进雾化器、改进电源系统、改进烟嘴、改进烟弹、改进测控技术、改进配方或添加剂、增加辅助功能、改进配套组件共9个方面。数据统计表明，技术改进措施主要集中在雾化器方面，专利数量占59.1%。其次是改进电源系统，专利数量占11%。

从功能效果角度分析，刘秋明针对电子烟进行技术改进所实现的功能效果包括提高感官质量、提高安全性、使用携带方便、提高雾化效果、延长寿命、降低生产成本、减少有害成分、提高生产效率、丰富产品功能、提高智能化水平、降低使用成本、清洁环保、提高测控性能、改善充电效果共14个方面。数据统计表明，技术改进所实现的功能效果主要集中在提高安全性，专利数量占37.8%。其次是使用携带方便，专利数量占19.7%。

从实现的功能效果所采取的技术措施分析，刘秋明提高安全性和使用的便利性优先采取的技术措施是改进雾化器。

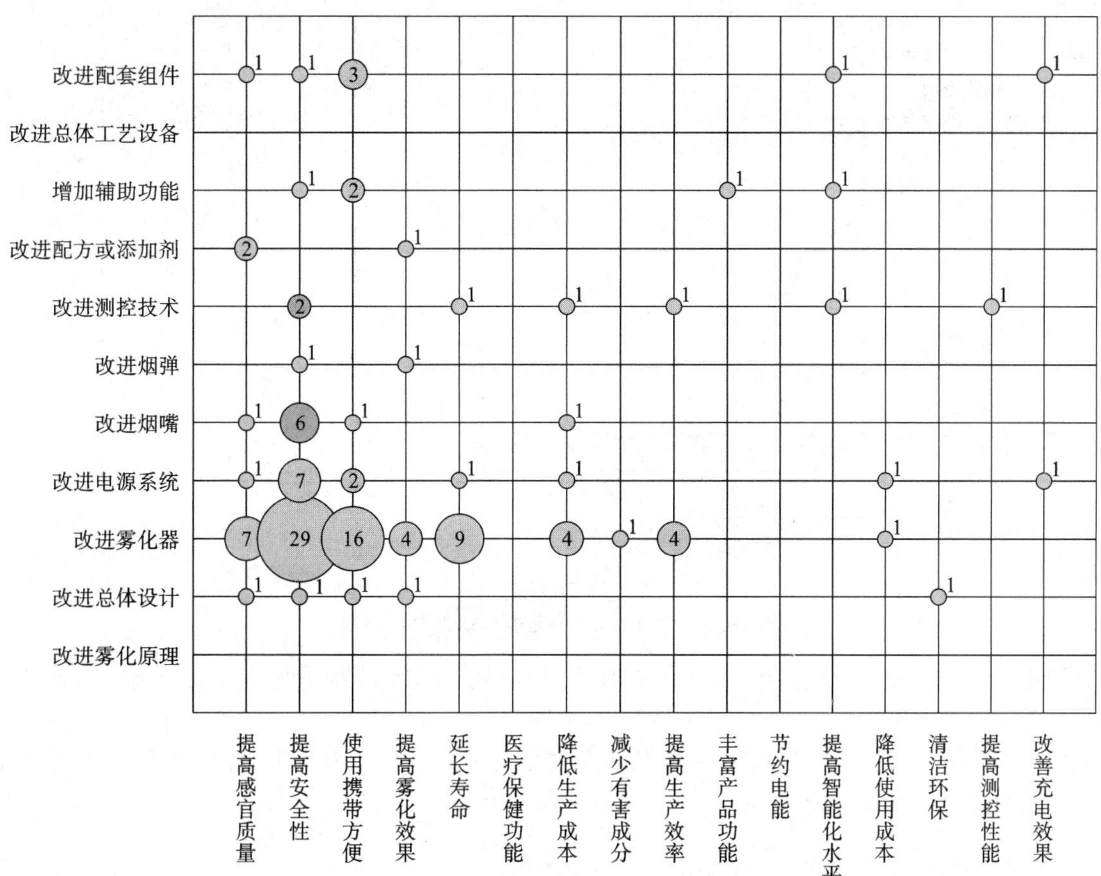

图 10.18 刘秋明电子烟专利技术功效图

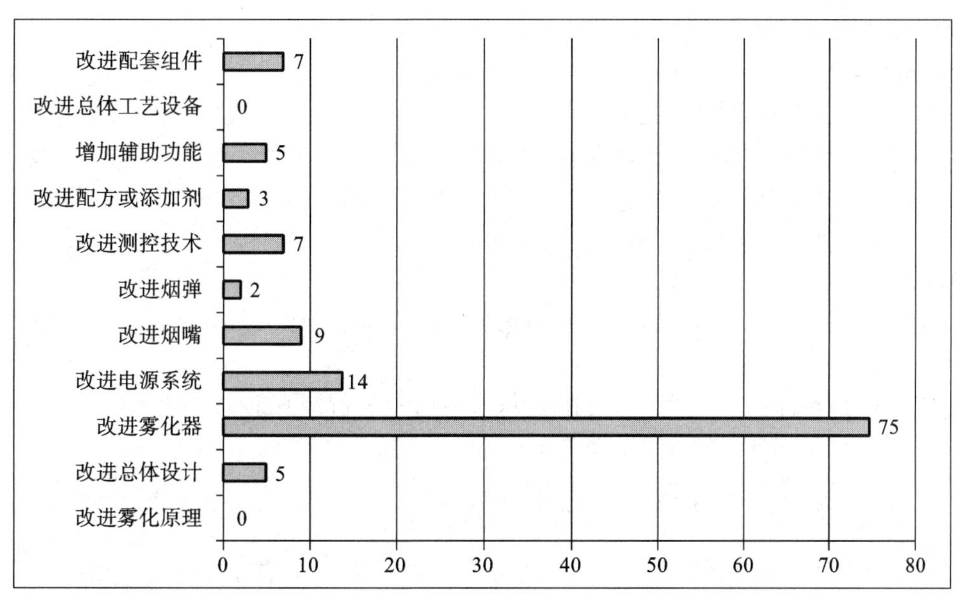

图 10.19 刘秋明电子烟专利技术措施分布

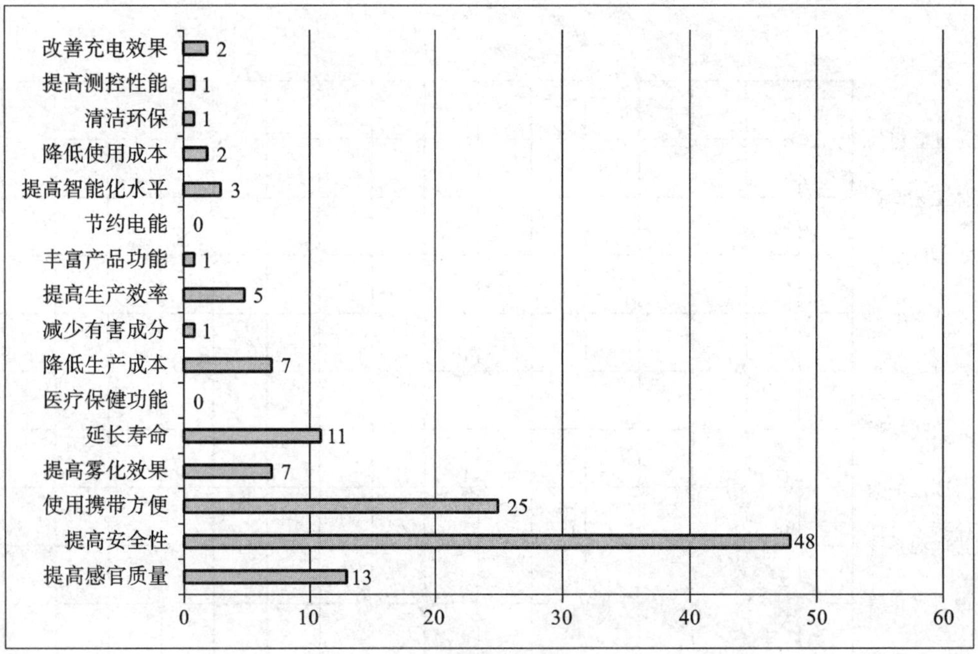

图 10.20 刘秋明电子烟专利功能效果分布

从研发重点和专利布局角度分析，通过改进雾化器提高安全性，是刘秋明针对电子烟专利技术的研发热点和布局重点。

从关键技术角度分析，刘秋明申请的专利所涉及的电子烟关键技术为雾化器、电源系统，在总体工艺设备技术方面缺失。

10.3.3.2 深圳市合元科技有限公司专利分析

深圳市合元科技有限公司专利技术功效图见图 10.21，技术措施、功能效果分布见图 10.22、图 10.23。

从技术措施角度分析，深圳市合元科技有限公司针对电子烟的技术改进措施涉及改进雾化原理、改进雾化器、改进电源系统、改进烟嘴、改进烟弹、改进测控技术、增加辅助功能、改进配套组件共 8 个方面。数据统计表明，技术改进措施主要集中在雾化器，专利数量占 76.4%。

从功能效果角度分析，深圳市合元科技有限公司针对电子烟进行技术改进所实现的功能效果包括提高感官质量、提高安全性、使用携带方便、提高雾化效果、延长寿命、降低生产成本、提高生产效率、丰富产品功能、提高智能化水平、降低使用成本、清洁环保、提高测控性能共 12 个方面。数据统计表明，技术改进所实现的功能效果主要集中在提高安全性，专利数量占 41.7%。其次是使用携带方便，专利数量占 15.3%。

从实现的功能效果所采取的技术措施分析，深圳市合元科技有限公司提高安全性和使用的便利性优先采取的技术措施是改进雾化器。

从研发重点和专利布局角度分析，通过改进雾化器提高安全性，是深圳市合元科技有限公司针对电子烟专利技术的研发热点和布局重点。

从关键技术角度分析，深圳市合元科技有限公司申请的专利所涉及的电子烟关键技术为雾化器、电源系统，在总体工艺设备技术和烟液配方方面缺失。

10.3.3.3 菲利普·莫里斯烟草公司专利分析

菲利普·莫里斯烟草公司专利技术功效图见图 10.24，技术措施、功能效果分布见图 10.25、图 10.26。

从技术措施角度分析，菲利普·莫里斯烟草公司针对电子烟的技术改进措施涉及改进雾化原理、改进总体设计、改进雾化器、改进烟嘴、改进烟弹、改进测控技术、改进配方或添加剂、增加辅助功能、改进总体工艺设备共 9 个方面。数据统计表明，技术改进措施主要集中在雾化器，专利数量占 50.7%。其次是改进雾化原理，专利数量占 19.7%。然后是改进测控技术，专利数量占 11.3%。

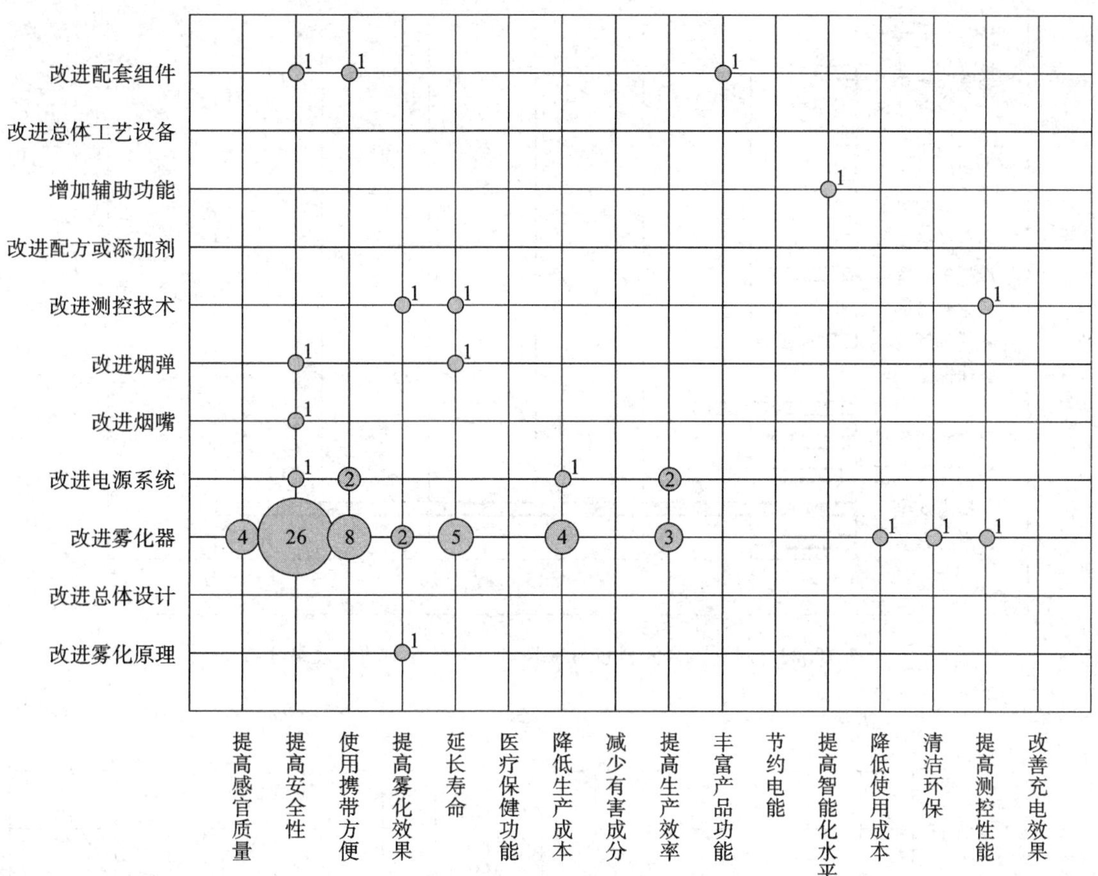

图 10.21　深圳市合元科技有限公司电子烟专利技术功效图

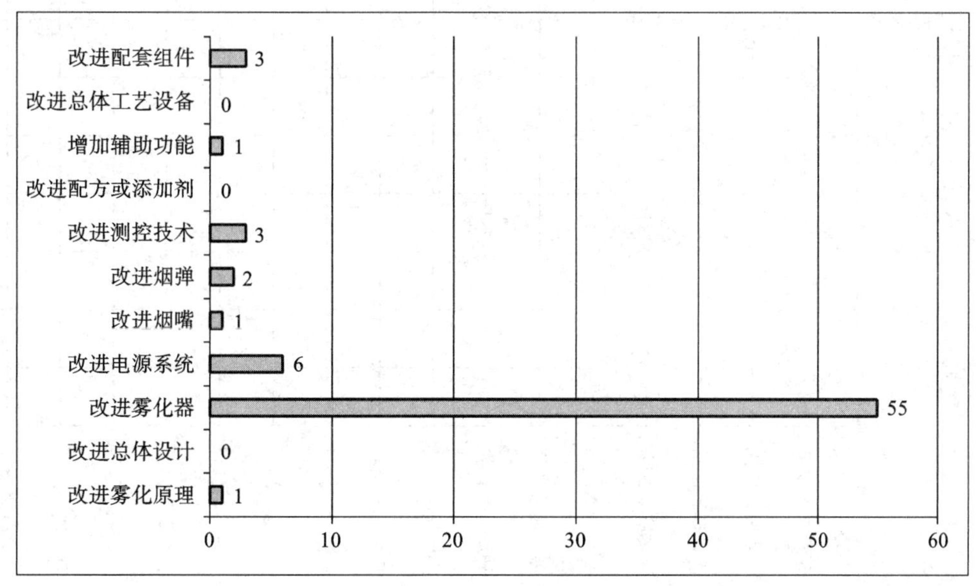

图 10.22　深圳市合元科技有限公司电子烟专利技术措施分布

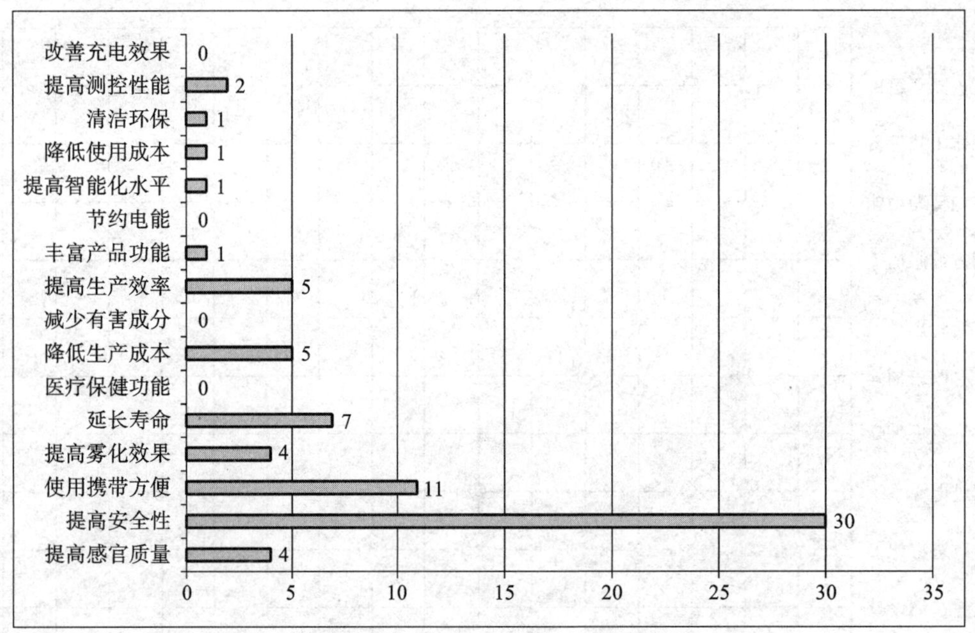

图 10.23 深圳市合元科技有限公司电子烟专利功能效果分布

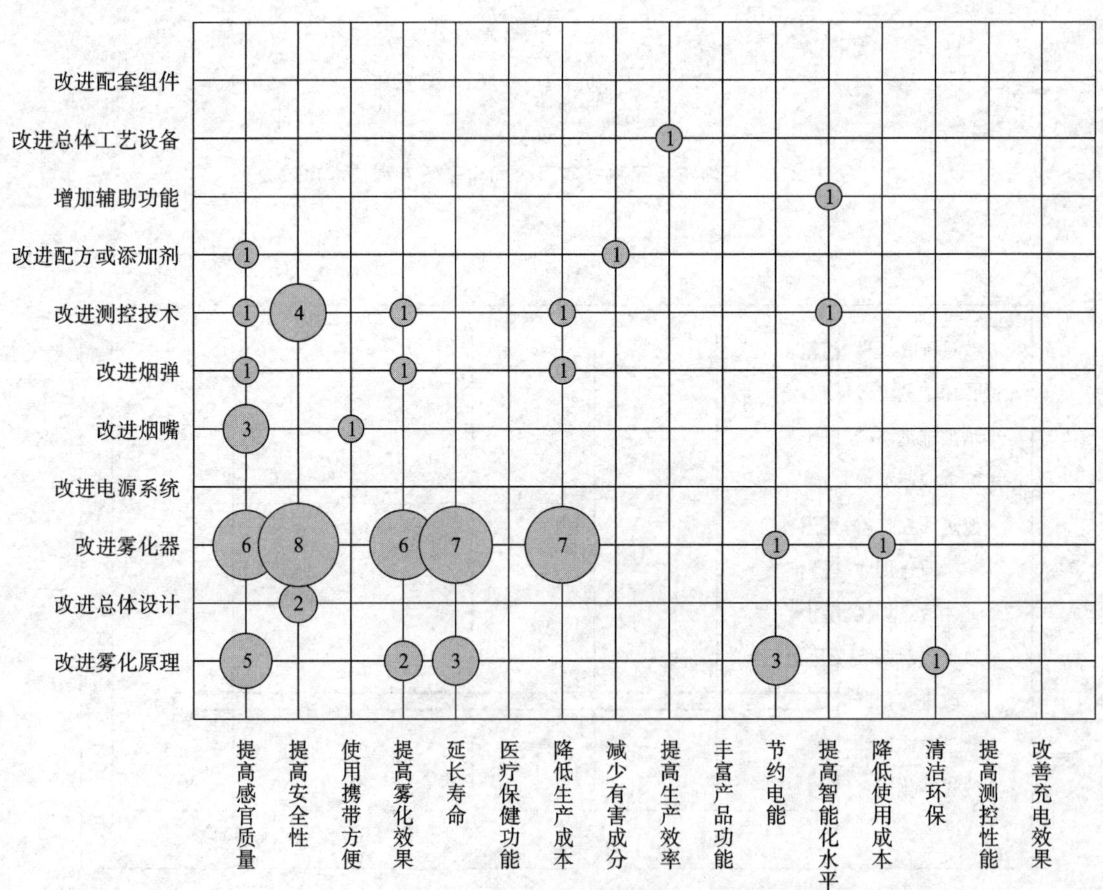

图 10.24 菲利普·莫里斯烟草公司电子烟专利技术功效图

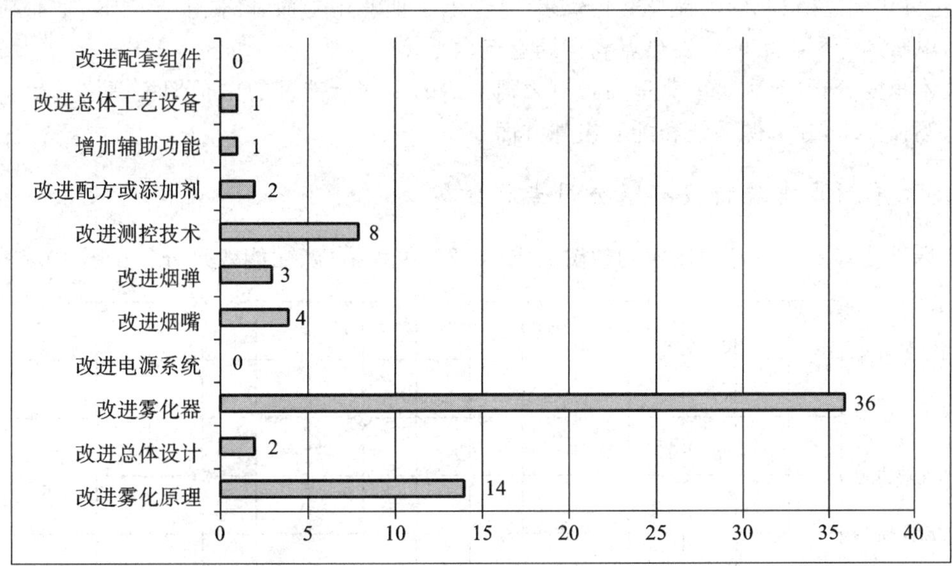

图 10.25　菲利普·莫里斯烟草公司电子烟专利技术措施分布

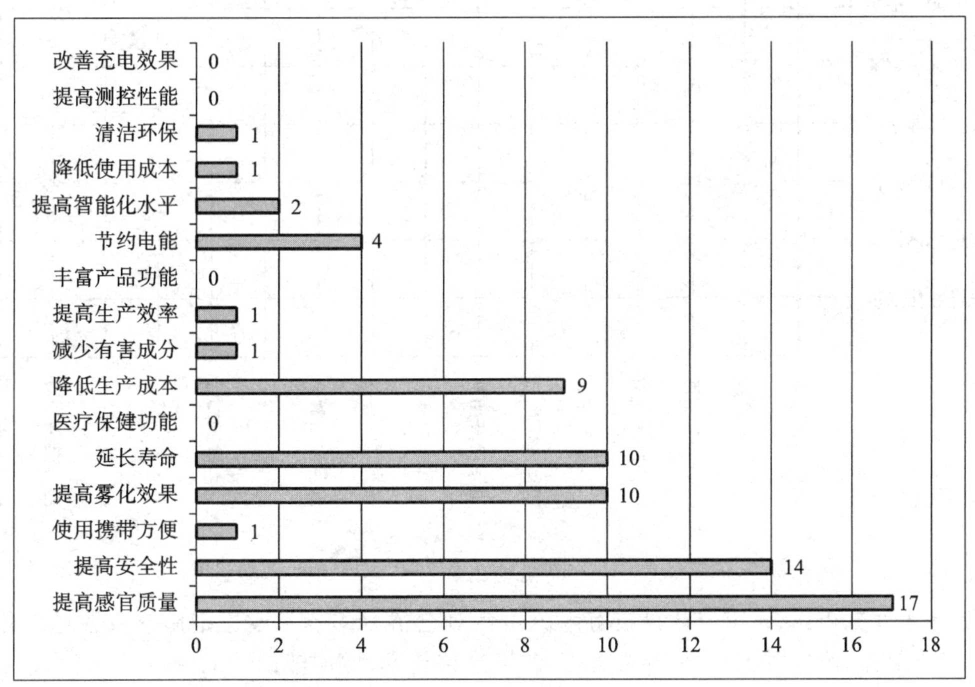

图 10.26　菲利普·莫里斯烟草公司电子烟专利功能效果分布

从功能效果角度分析，菲利普·莫里斯烟草公司针对电子烟进行技术改进所实现的功能效果包括提高感官质量、提高安全性、使用携带方便、提高雾化效果、延长寿命、降低生产成本、减少有害成分、提高生产效率、节约电能、提高智能化水平、降低使用成本、清洁环保共 12 个方面。数据统计表明，技术改进所实现的功能效果主要集中在提高感官质量，专利数量占 23.9%。其次是提高使用安全性、提高雾化效果和延长寿命，专利数量分别占 19.7%、14.1%、14.1%。

从实现的功能效果所采取的技术措施分析，菲利普·莫里斯烟草公司提高感官质量优先采取的技术措施是改进雾化器，其次是改进雾化原理；提高使用安全性优先采取的技术措施是改进雾化器，其次是改进测控技术；提高雾化效果，优先采取的技术措施是改进雾化器。

从研发重点和专利布局角度分析，鉴于改进雾化器、雾化原理方面的专利申请，以及提高感官质量、安全性等方面的专利申请所占份额较大，因此可以判断：通过改进雾化器、雾化原理来提高感官质量和使用安全性，通过改进雾化器、雾化原理来提高雾化效果、延长电子烟使用寿命、降低生产成本，是菲利普·莫里斯烟草公司针对电子烟专利技术的研发热点和布局重点。

从关键技术角度分析，菲利普·莫里斯烟草公司申请的专利所涉及的电子烟关键技术涵盖了雾化器技术、雾化原理、测控技术，在电源系统和配套组件方面缺失。

10.3.3.4 惠州市吉瑞科技有限公司专利分析

惠州市吉瑞科技有限公司专利技术功效图见图10.27，技术措施、功能效果分布见图10.28、图10.29。

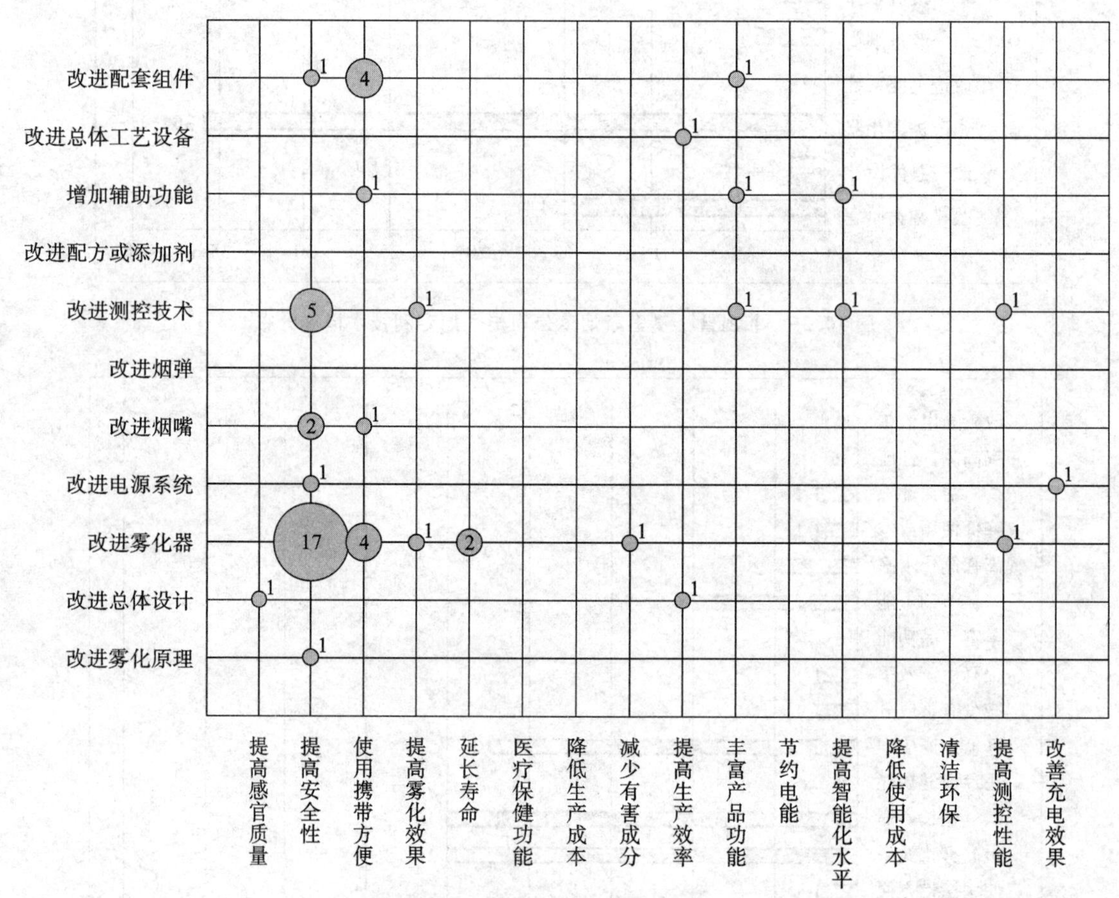

图10.27 惠州市吉瑞科技有限公司电子烟专利技术功效图

从技术措施角度分析，惠州市吉瑞科技有限公司针对电子烟的技术改进措施涉及改进雾化原理、改进总体设计、改进雾化器、改进电源系统、改进烟嘴、改进测控技术、增加辅助功能、改进总体工艺设备、改进配套组件共9个方面。数据统计表明，技术改进措施主要集中在雾化器方面，专利数量占49.1%。其次是改进测控技术和配套组件，专利数量分别占17%和11.3%。

从功能效果角度分析，惠州市吉瑞科技有限公司针对电子烟进行技术改进所实现的功能效果包括提高感官质量、提高安全性、使用携带方便、提高雾化效果、延长寿命、减少有害成分、提高生产效率、丰富产品功能、提高智能化水平、提高测控性能、改善充电效果共11个方面。数据统计表明，技术改进所实现的功能效果主要集中在提高安全性，专利数量占50.9%。其次是使用携带方便，专利数量占18.9%。

从实现的功能效果所采取的技术措施分析，惠州市吉瑞科技有限公司提高安全性优先采取的技术措施是改进雾化器，其次是改进测控技术。

从研发重点和专利布局角度分析，通过改进雾化器和测控技术来提高安全性，是惠州市吉瑞科技有限公司针对电子烟专利技术的研发热点和布局重点。

从关键技术角度分析，惠州市吉瑞科技有限公司申请的专利所涉及的电子烟关键技术为雾化器、测控技术，在烟液配方与添加剂、烟弹技术方面缺失。

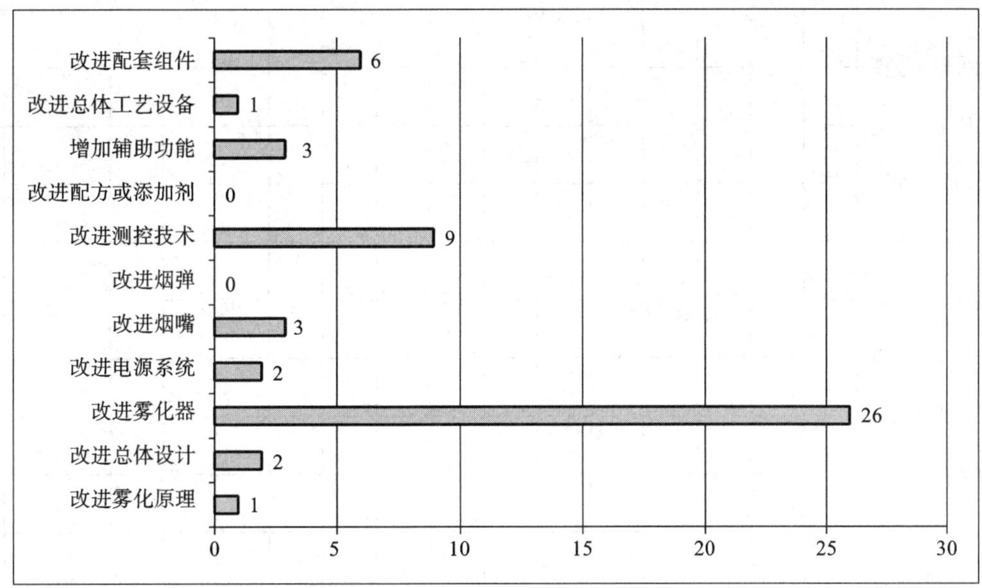

图 10.28　惠州市吉瑞科技有限公司电子烟专利技术措施分布

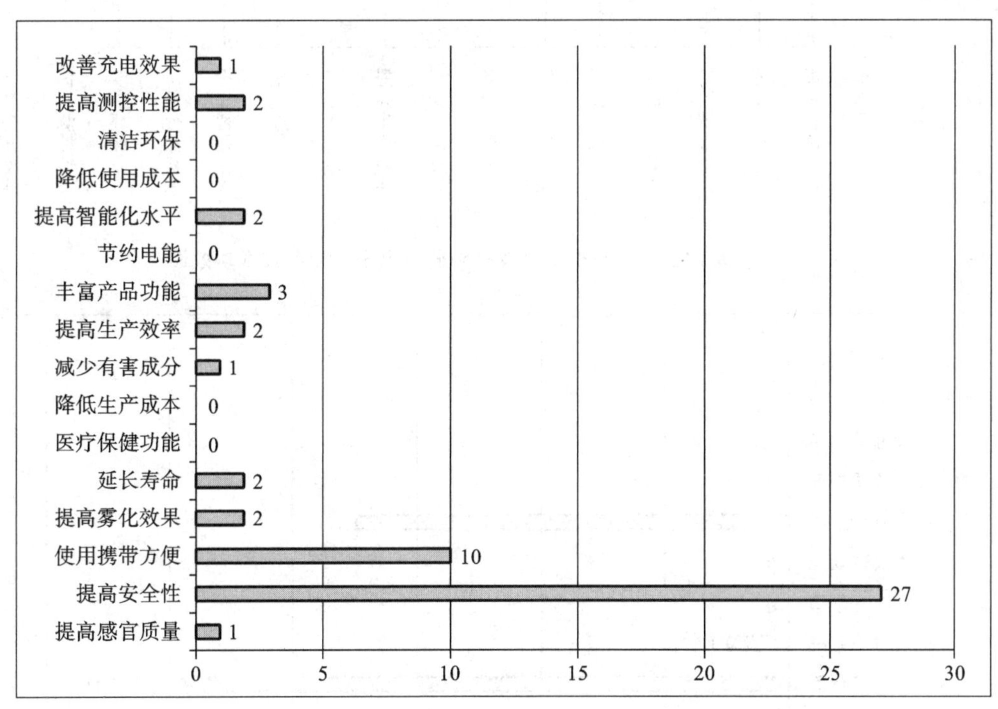

图 10.29　惠州市吉瑞科技有限公司电子烟专利功能效果分布

10.3.3.5　卓尔悦(常州)电子科技有限公司专利分析

卓尔悦(常州)电子科技有限公司专利技术功效图见图 10.30,技术措施、功能效果分布见图 10.31、图 10.32。

从技术措施角度分析,卓尔悦(常州)电子科技有限公司针对电子烟的技术改进措施涉及雾化器、测控技术、电源系统共 3 个方面。数据统计表明,技术改进措施主要集中在雾化器方面,专利数量占 57.9%。其次是改进测控技术,专利数量占 36.8%。

从功能效果角度分析,卓尔悦(常州)电子科技有限公司针对电子烟进行技术改进所实现的功能效果包括提高感官质量、提高安全性、使用携带方便、提高雾化效果、减少有害成分、提高智能化水平、降低使用成

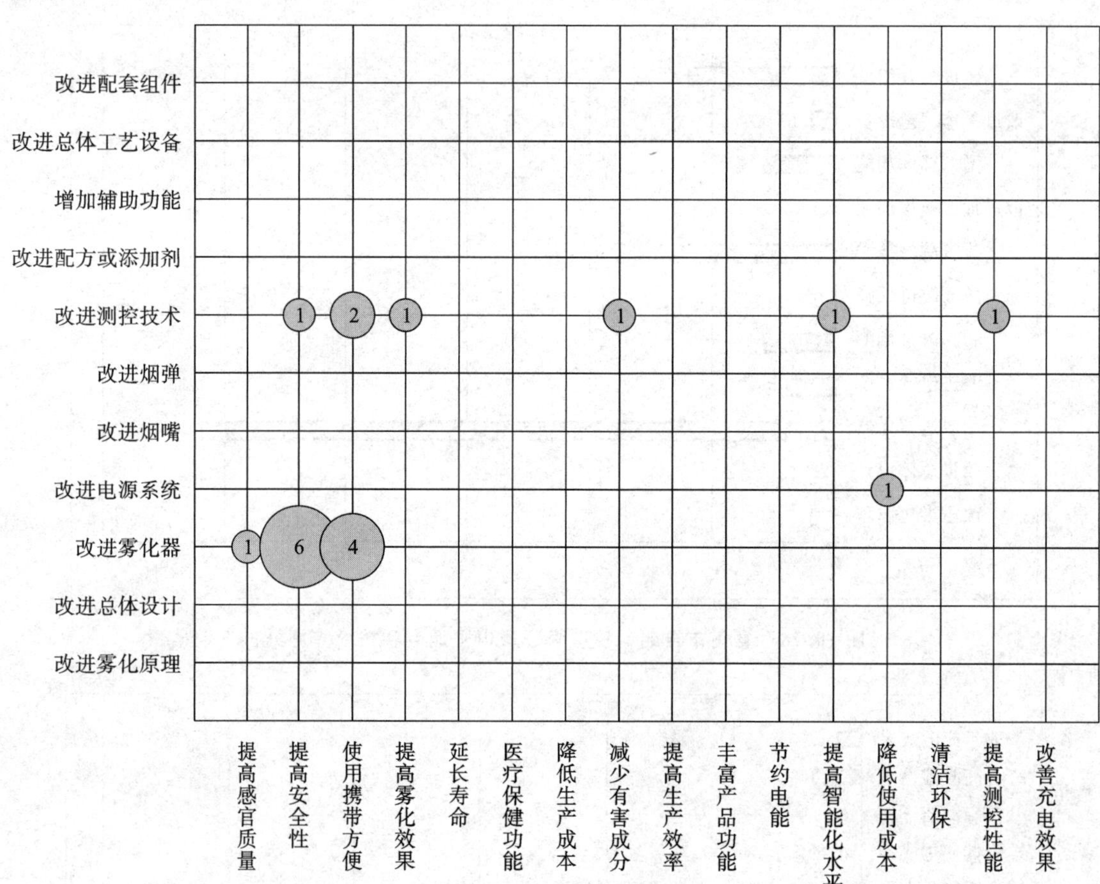

图 10.30　卓尔悦(常州)电子科技有限公司电子烟专利技术功效图

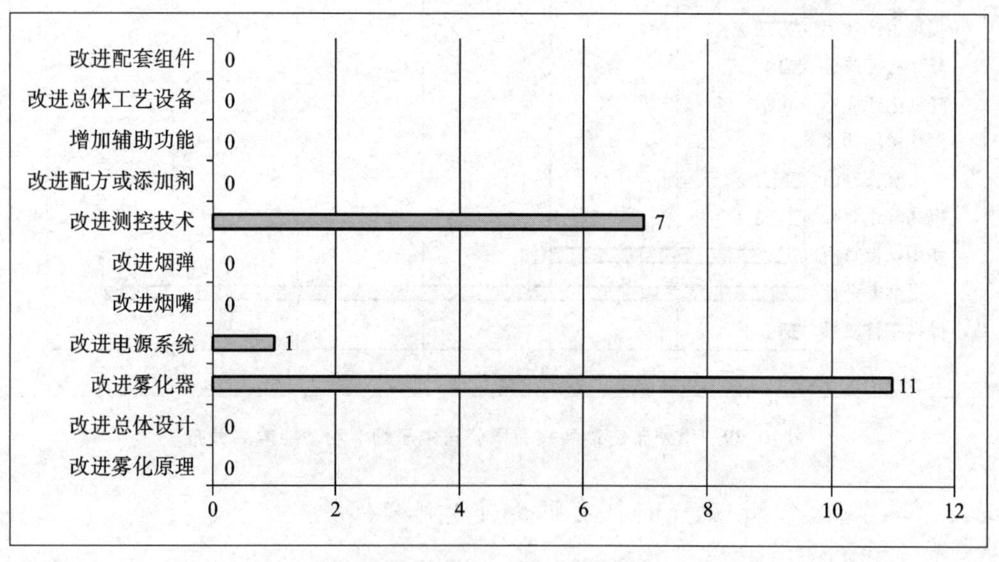

图 10.31　卓尔悦(常州)电子科技有限公司电子烟专利技术措施分布

本、提高测控性能共 8 个方面。数据统计表明,技术改进所实现的功能效果主要集中在提高安全性,专利数量占 36.8%。其次是提高使用的便利性,专利数量占 31.6%。

从实现的功能效果所采取的技术措施分析,卓尔悦(常州)电子科技有限公司提高安全性和便利性优先采取的技术措施是改进雾化器,其次是改进测控技术。

从研发重点和专利布局角度分析,通过改进雾化器和测控技术来提高安全性和使用的便利性,是卓尔悦(常州)电子科技有限公司针对电子烟专利技术的研发热点和布局重点。

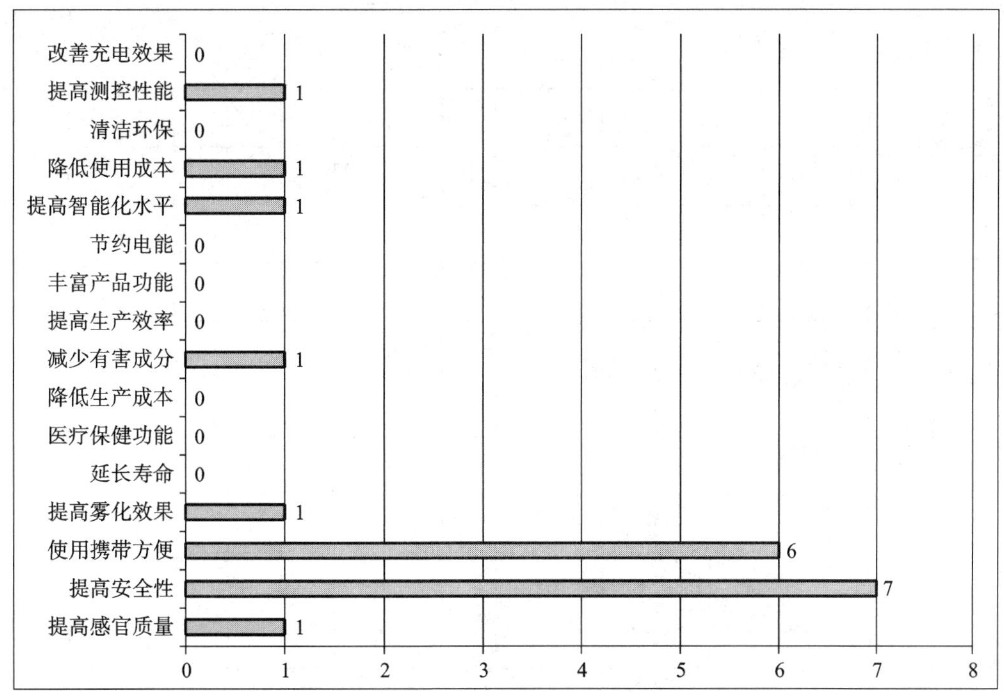

图 10.32 卓尔悦(常州)电子科技有限公司电子烟专利功能效果分布

从关键技术角度分析，卓尔悦(常州)电子科技有限公司申请的专利所涉及的电子烟关键技术为雾化器、测控技术，在烟液配方与添加剂技术方面缺失。

10.3.3.6 深圳市麦克韦尔科技有限公司专利分析

深圳市麦克韦尔科技有限公司专利技术功效图见图 10.33，技术措施、功能效果分布见图 10.34、图 10.35。

从技术措施角度分析，深圳市麦克韦尔科技有限公司针对电子烟的技术改进措施涉及总体设计、雾化器、电源系统、烟弹、测控技术共 5 个方面。数据统计表明，技术改进措施主要集中在雾化器方面，专利数量占 75.9%。其次是改进测控技术，专利数量占 13.8%。

从功能效果角度分析，深圳市麦克韦尔科技有限公司针对电子烟进行技术改进所实现的功能效果包括提高感官质量、提高安全性、提高雾化效果、延长寿命、降低生产成本、降低使用成本、提高测控性能共 7 个方面。数据统计表明，技术改进所实现的功能效果主要集中在提高安全性，专利数量占 37.9%。其次是提高雾化效果，专利数量占 24.1%。

从实现的功能效果所采取的技术措施分析，深圳市麦克韦尔科技有限公司提高安全性和雾化效果优先采取的技术措施是改进雾化器，其次是改进测控技术。

从研发重点和专利布局角度分析，通过改进雾化器和测控技术来提高安全性和雾化效果，是深圳市麦克韦尔科技有限公司针对电子烟专利技术的研发热点和布局重点。

从关键技术角度分析，深圳市麦克韦尔科技有限公司申请的专利所涉及的电子烟关键技术为雾化器、测控技术，在烟液配方与添加剂技术方面缺失。

10.3.3.7 韩力专利分析

韩力专利技术功效图见图 10.36，技术措施、功能效果分布见图 10.37、图 10.38。

从技术措施角度分析，韩力针对电子烟的技术改进措施涉及改进雾化原理、改进总体设计、改进雾化器、改进烟液配方和添加剂共 4 个方面。数据统计表明，技术改进措施主要集中在雾化器方面，专利数量占 39.3%。其次是改进烟液配方和添加剂，专利数量占 28.6%。

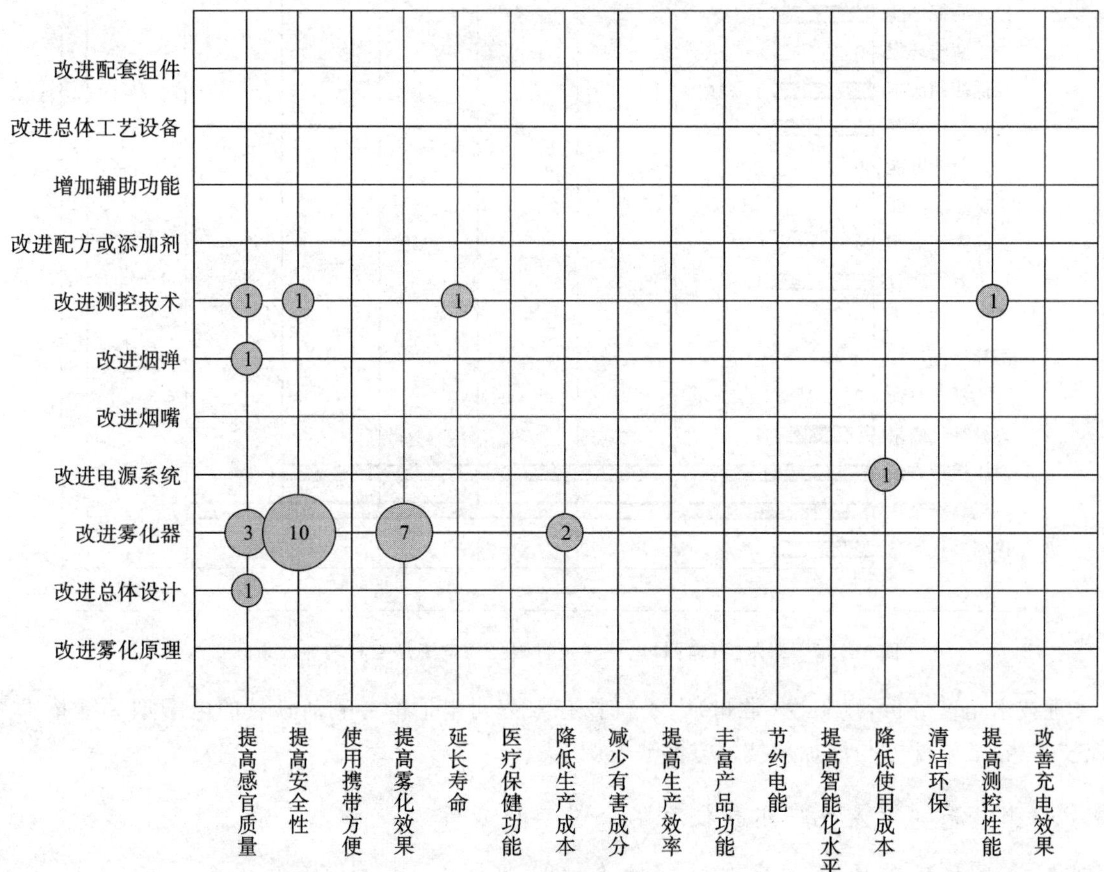

图 10.33 深圳市麦克韦尔科技有限公司电子烟专利技术功效图

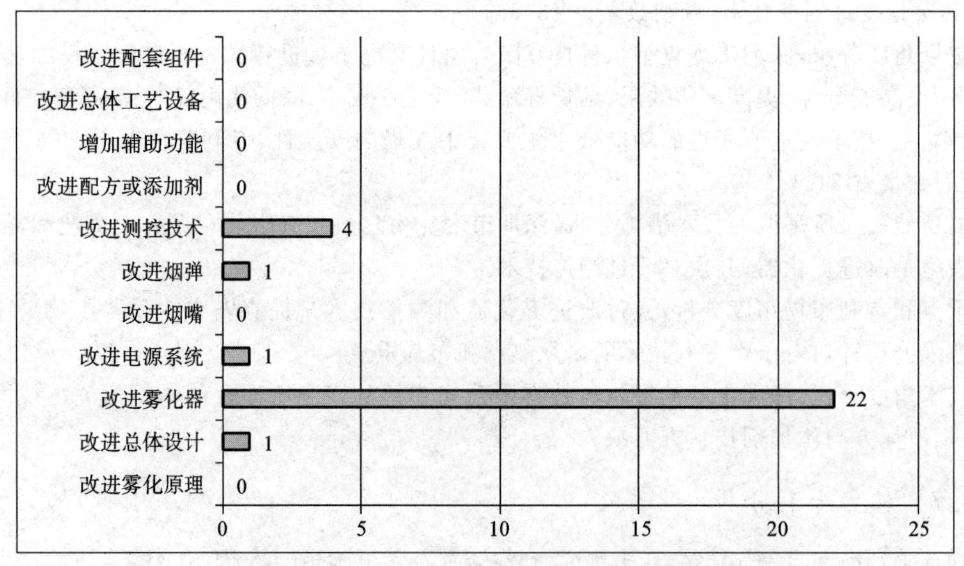

图 10.34 深圳市麦克韦尔科技有限公司电子烟专利技术措施分布

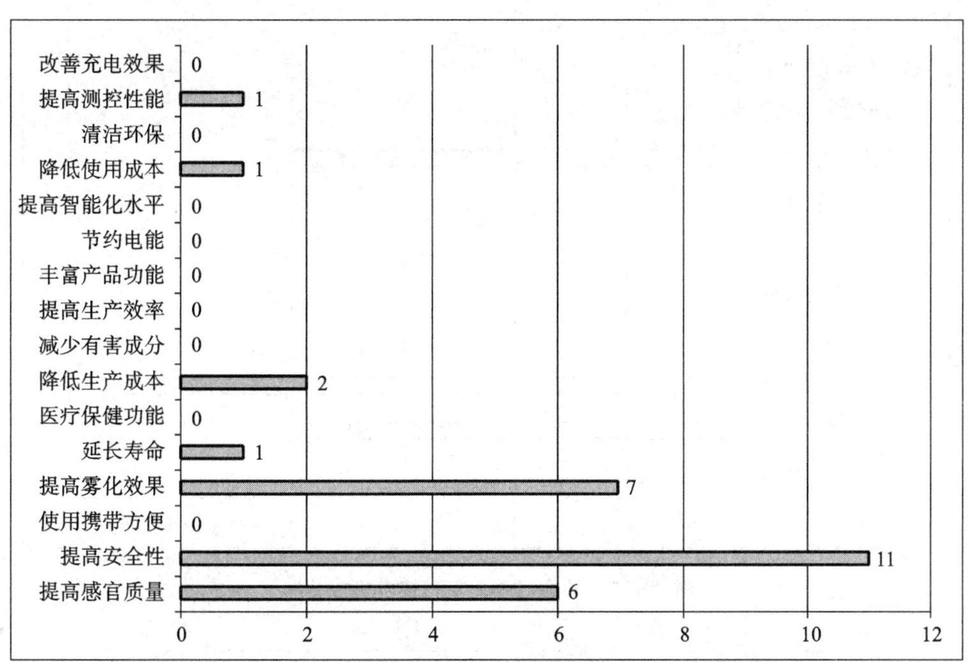

图 10.35　深圳市麦克韦尔科技有限公司电子烟专利功能效果分布

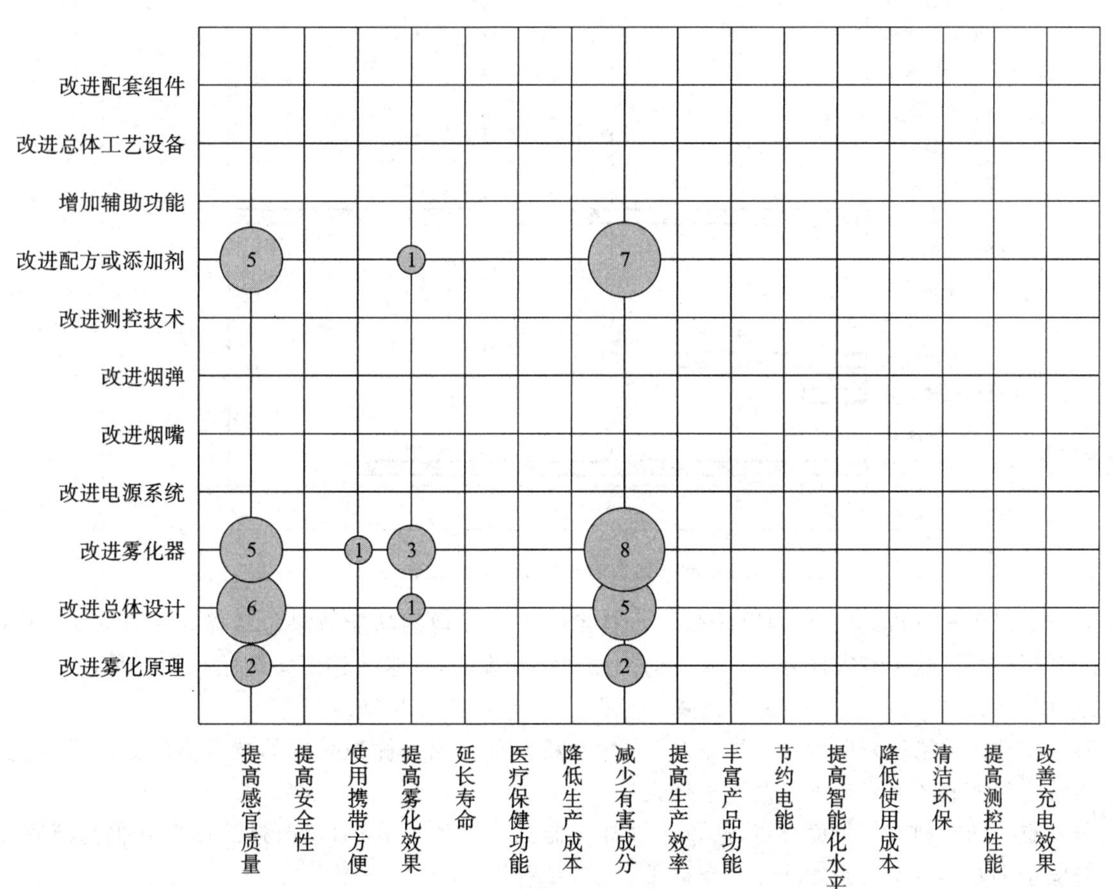

图 10.36　韩力电子烟专利技术功效图

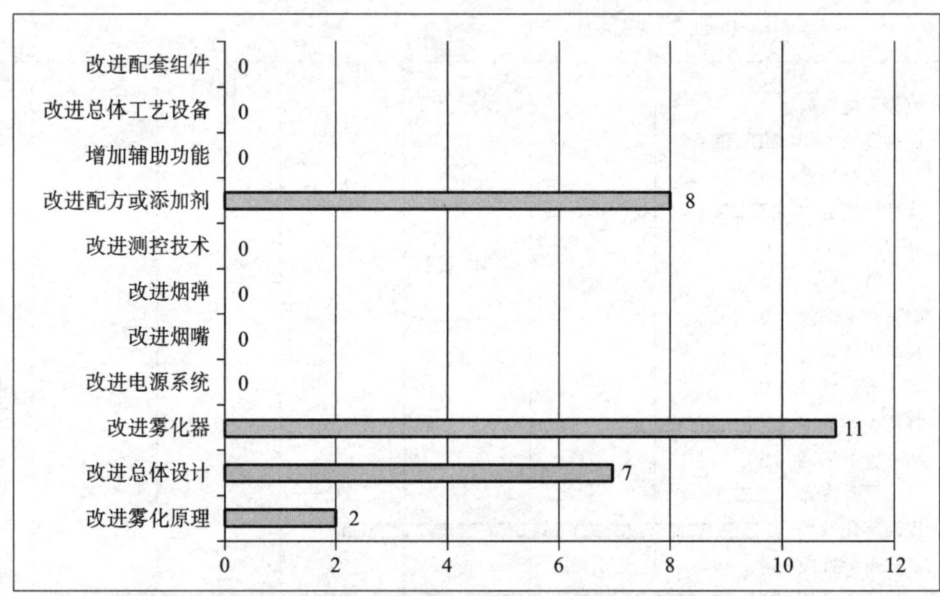

图 10.37　韩力电子烟专利技术措施分布

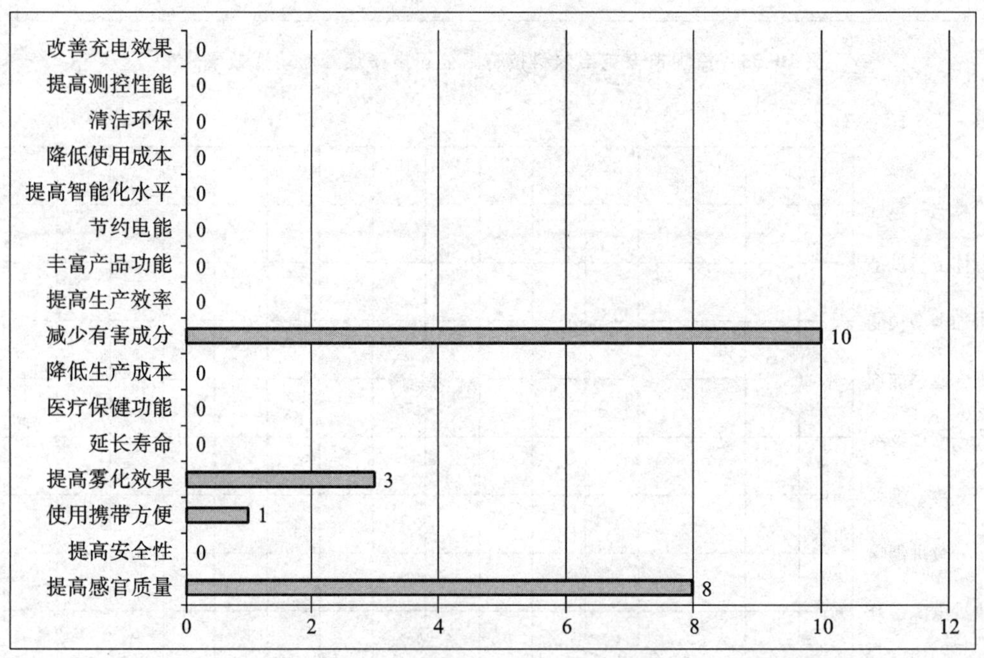

图 10.38　韩力电子烟专利功能效果分布

从功能效果角度分析，韩力针对电子烟进行技术改进所实现的功能效果包括提高感官质量、使用携带方便、提高雾化效果、减少有害成分共 4 个方面。数据统计表明，技术改进所实现的功能效果主要集中在减少有害成分，专利数量占 45.5%。其次是提高感官质量，专利数量占 36.4%。

从实现的功能效果所采取的技术措施分析，韩力减少有害成分优先采取的技术措施是改进雾化器，提高感官质量优先采取的技术措施是改进总体设计。

从研发重点和专利布局角度分析，通过改进雾化器减少有害成分，通过改进总体设计提高感官质量是韩力针对电子烟专利技术的研发热点和布局重点。

从关键技术角度分析，韩力申请的专利所涉及的电子烟关键技术为雾化器、烟液配方和添加剂、总体设计。

韩力作为国内外公认的电子烟发明人，其专利的影响力名列前茅。目前在韩力申请的中国电子烟专利中，专利权有效的仅剩余 2 件，名为"一种改进的雾化电子烟"的实用新型（申请号：CN200920001296.3）和发明专利（申请号：CN201080016105.6）。

其中，申请号为 CN200920001296.3 的实用新型专利申请日为 2009 年 2 月 11 日，授权日为 2010 年 1 月 13 日。该专利历经两次无效宣告请求，均告失败，其目前仍然维持有效，其专利有效期最终为 2019 年 1 月 12 日。图 10.39 为其无效宣告请求列表。

该专利被引次数高达 71 次，有 46 个德温特专利同族成员，是电子烟领域的重要专利之一。

另一件发明专利申请号为 CN201080016105.6，申请日为 2010 年 1 月 28 日，该发明于 2014 年 9 月 3 日被韩力转让给富特姆控股第一有限公司，后于 2016 年 3 月 30 日获得授权。

通知书发文

通知书名称	发文日	收件人姓名	收件人地址	收件人邮编	挂号号码
无效宣告请求审查决定书	2016-10-10	北京正理专利代理有...	北京市西城区车公庄大街...	100044	XQ31808770...
无效宣告请求审查决定书	2016-10-10	上海专利商标事务所...	上海桂平路435号	200233	XQ31808789...
无效宣告请求口头审理...	2016-05-19	上海专利商标事务所...	上海桂平路435号	200233	XQ30525578...
无效宣告请求口头审理...	2016-05-19	北京正理专利代理有...	北京市西城区车公庄大街...	100044	XQ30525640...
无效宣告请求受理通知...	2016-03-03	北京正理专利代理有...	北京市西城区车公庄大街...	100044	XQ29930558...
无效宣告请求受理通知...	2016-03-03	上海专利商标事务所...	上海桂平路435号	200233	XQ29930365...
无效宣告请求补正通知...	2015-12-17	上海专利商标事务所...	上海桂平路435号	200233	XQ29300145...
无效宣告请求审查决定书	2014-09-29	李晓阳	广东省深圳市福田区福虹...	518000	XQ25972257...
无效宣告请求审查决定书	2014-09-29	北京尚诚知识产权代...	北京市西城区平安里西大...	100034	
无效宣告请求口头审理...	2013-12-10	北京尚诚知识产权代...	北京市西城区平安里西大...	100034	
无效宣告请求口头审理...	2013-12-10	李晓阳	广东省深圳市福田区福虹...	518000	XQ23844113...
转送文件通知书（请求...	2013-12-10	李晓阳	广东省深圳市福田区福虹...	518000	XQ23844112...
无效宣告请求受理通知...	2013-06-20	北京正理专利代理有...	北京市西城区车公庄大街...	100044	XQ22157721...
无效宣告请求受理通知...	2013-06-20	李晓阳	广东省深圳市福田区福虹...	518000	XQ22157672...
手续合格通知书	2011-06-21	张文祎	北京市西城区车公庄大街...	100044	XQ07811556...
手续合格通知书	2011-06-21	朱黎光	北京市海淀区知春路6号...	100088	XQ07811555...
视为未提出通知书	2011-05-17	张文祎	北京市西城区车公庄大街...	100044	XQ07459052...

图 10.39　无效宣告请求列表

费用种类	应缴金额	缴费截止日
实用新型专利第10年年费	2000	2018-03-12

已缴费信息

缴费种类	缴费金额	缴费日期	缴费人姓名	收据号
实用新型专利第9年年费	2000	2017-02-06	ANAQUA服务公司	58522618
实用新型专利第8年年费	1200	2016-02-02	ANAQUA服务公司	49411068
实用新型专利权无效宣告请求费	1500	2015-12-02	上海专利商标事务所有限公司	48723170
实用新型专利第7年年费	1200	2015-01-27	中国专利代理(香港)有限公司	41573148
实用新型专利第6年年费	1200	2014-01-28	中国专利代理(香港)有限公司	34375207
实用新型专利权无效宣告请求费	1500	2013-06-04	李晓阳	29424029
实用新型专利第5年年费	900	2013-01-28	中国专利代理(香港)有限公司	28463743
实用新型专利第4年年费	900	2012-01-16	中国专利代理(香港)有限公司	22778351
著录事项变更费	50	2011-04-28	北京赛波特如烟科技发展有限公司	19083081
实用新型专利第3年年费	90	2011-01-24	北京金之桥知识产权代理有限公司	18490144
年费	90	2010-01-28		15860475
实用新型专利登记印刷费	200	2009-11-17		13996034
年费	90	2009-11-17		13996034
印花税	5	2009-11-17		13996034
权利要求附加费	300	2009-03-27		11723947
实用新型专利申请费	75	2009-03-27		11723947

续图 10.39

10.3.4 电子烟专利布局分析

10.3.4.1 电子烟专利研发热点和布局重点

通过上述电子烟专利技术功效矩阵分析、重要专利分析、重要申请人分析，可得出电子烟专利的总体布局现状、国内烟草行业外布局现状、主要竞争对手布局现状、国内烟草行业布局现状及其研发热点和布局重点。

1. 总体布局现状

电子烟专利总体布局现状见图 10.40。

电子烟专利技术的研发热点和布局重点是：

①改进雾化器和烟液配方及添加剂。

②提高感官质量和安全性。

③通过改进雾化器和烟液配方及添加剂来提高感官质量。

④通过改进雾化器和测控技术来提高安全性。

⑤通过改进雾化器和配套组件来提高使用的方便性和便携性。

⑥通过改进雾化器和雾化原理来提高雾化效果。

2. 国内烟草行业外布局现状

国内烟草行业外电子烟专利布局现状见图 10.41。

国内烟草行业外电子烟专利技术的研发热点和布局重点是：

①改进雾化器和测控技术。

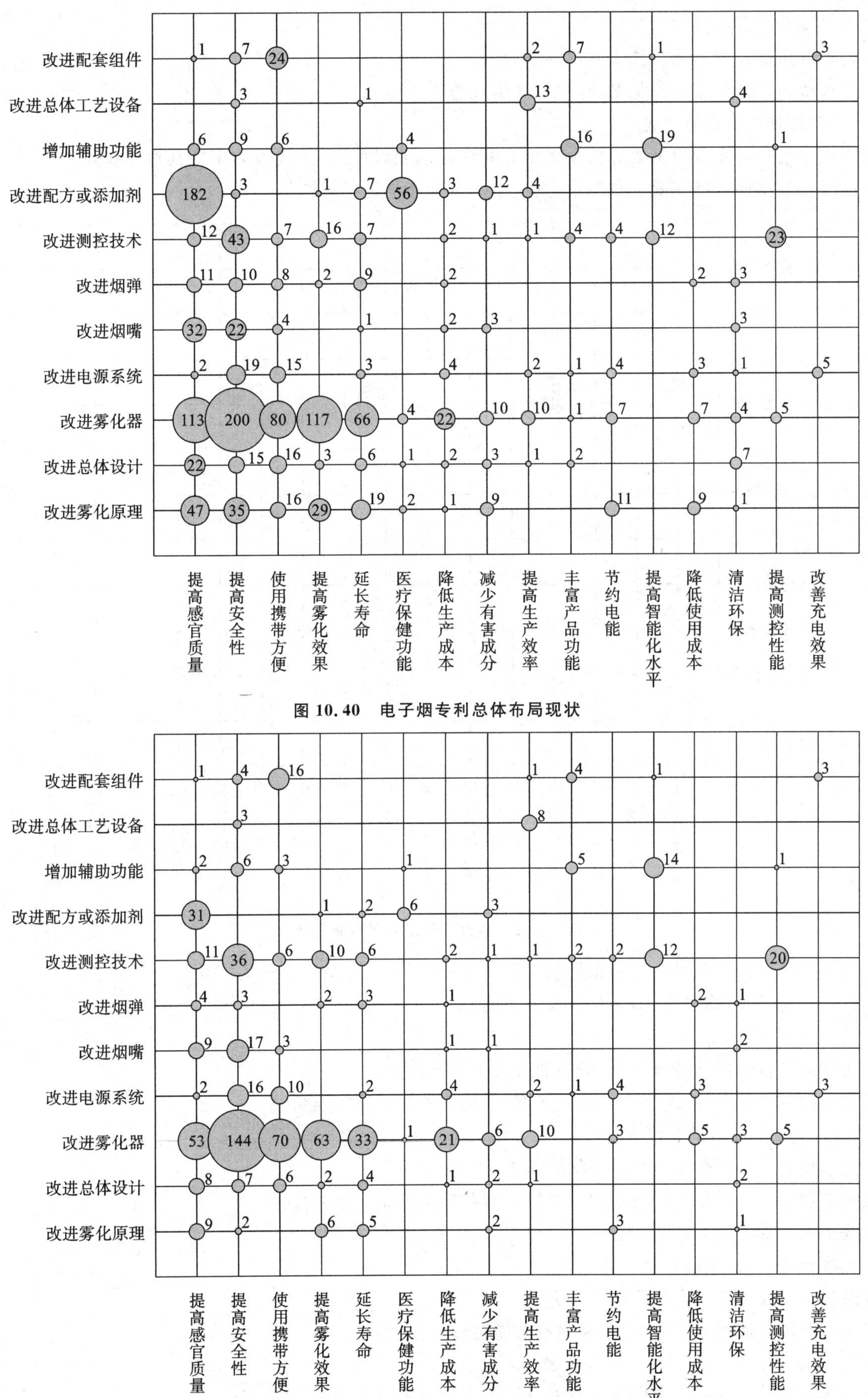

图 10.40　电子烟专利总体布局现状

图 10.41　国内烟草行业外电子烟专利布局现状

②提高安全性和感官质量。

③通过改进雾化器和测控技术来提高安全性。

④通过改进烟草配方及添加剂、雾化器来提高感官质量。

3. 主要竞争对手布局现状

国内烟草行业外重要申请人评估及重要专利评估表明，以韩力为代表的国内其他单位申请人是国内烟草行业电子烟技术研发的主要竞争对手，其电子烟专利布局现状见图 10.42。

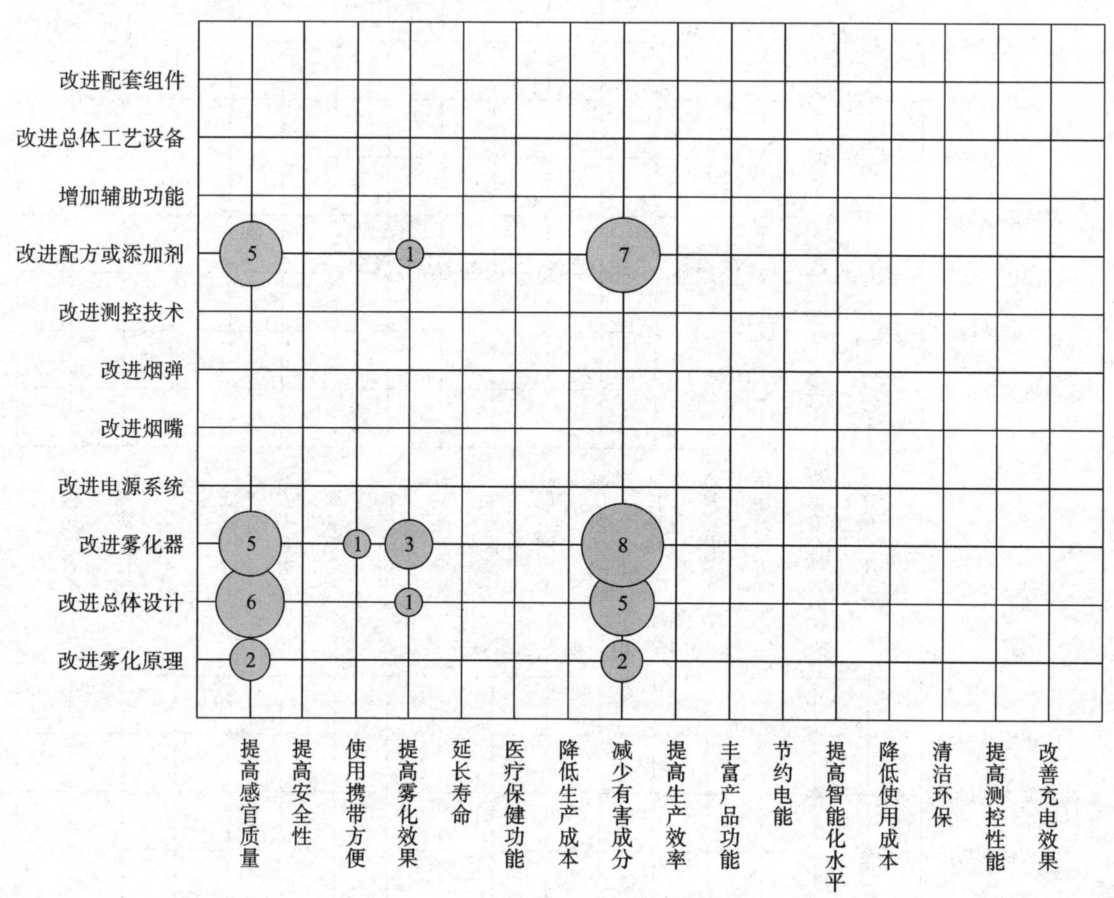

图 10.42 韩力电子烟专利布局现状

韩力电子烟专利的研发热点和布局重点是：

①改进雾化器、总体设计、烟液配方及添加剂。

②减少有害成分。

③通过改进雾化器、烟液配方及添加剂来减少有害成分。

④通过改进总体设计、烟液配方及添加剂、雾化器来提高感官质量。

4. 国内烟草行业布局现状

国内烟草行业电子烟专利布局现状见图 10.43。

国内烟草行业电子烟专利技术的研发热点和布局重点是：

①改进烟液配方及添加剂、改进雾化器。

②提高感官质量、提高安全性。

③通过改进雾化器和雾化原理来提高安全性。

④通过改进烟液配方及添加剂、雾化器来提高感官质量。

5. 国内烟草行业外引用国内烟草行业专利情况

国内烟草行业专利被国内烟草行业外电子烟专利引用情况如表 10.20 所示。

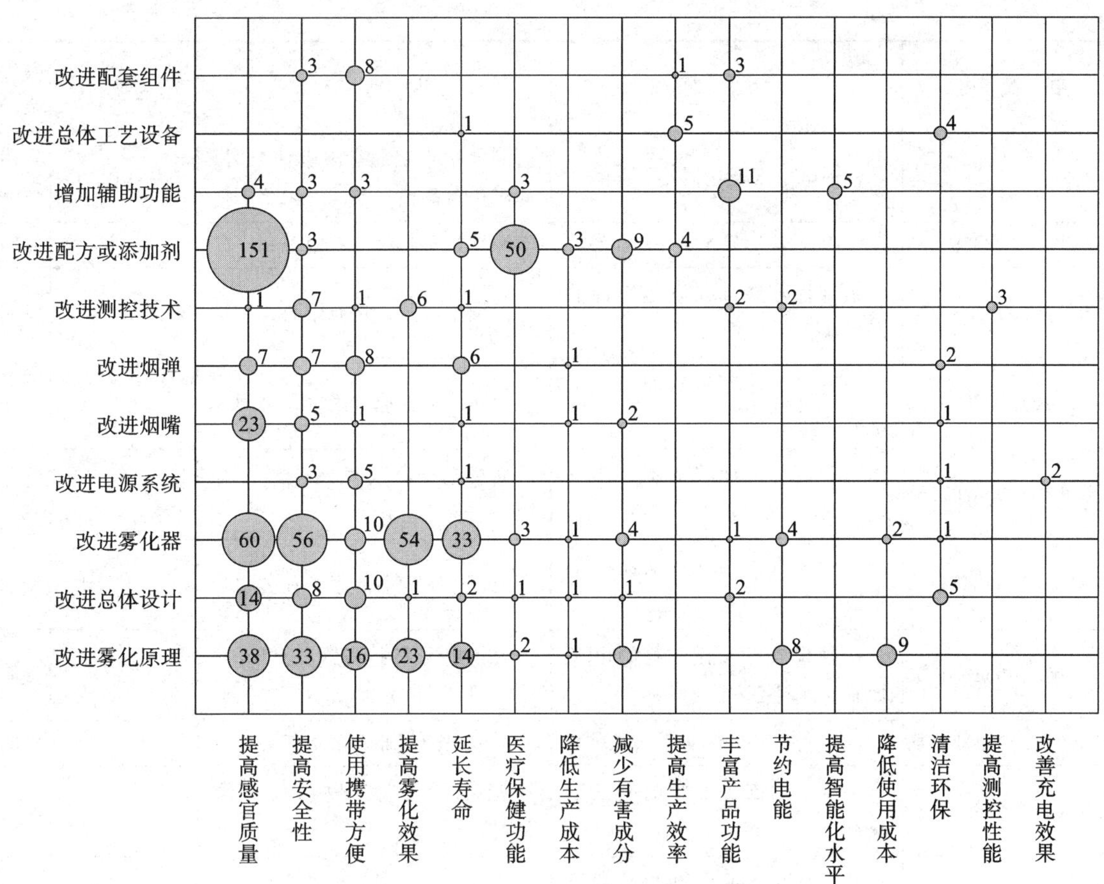

图10.43　国内烟草行业电子烟专利布局现状

表10.20　被国内烟草行业外专利引用的国内烟草行业电子烟专利列表

序号	申请号	标题	申请人	授权日	专利类型	法律状态
1	CN201510019381.2	一种电子烟烟液的制备方法	中国烟草总公司郑州烟草研究院		发明	撤回
	CN201510742331.7	一种绿茶制备电子烟香精的方法	立场电子科技发展(上海)有限公司		发明	撤回
	CN201510746595.X	一种烟叶混合茶叶制备电子烟香精的方法	立场电子科技发展(上海)有限公司		发明	撤回
2	CN201410531256.5	一种新型电子烟烟棉	安徽中烟工业有限责任公司		发明	驳回
	CN201610603682.4	一种健康型电子烟烟棉	华巧波		发明	公开
	CN201610603473.X	一种保健型电子烟烟棉	华巧波		发明	公开
3	CN201310029551.6	一种有效改善电子烟感官质量的电子烟烟液	红云红河烟草(集团)有限责任公司		发明	撤回
	CN201510955797.5	一种利用微波辅助萃取制备电子烟液的方法	立场电子科技发展(上海)有限公司		发明	有效
	CN201511019532.0	一种由津巴布韦烟草提取物制备电子烟烟液的方法	立场电子科技发展(上海)有限公司		发明	公开

续表

序号	申请号	标题	申请人	授权日	专利类型	法律状态
4	CN201120154418.X	一种电子烟雾化器	湖北中烟工业有限责任公司|武汉市黄鹤楼科技园有限公司	2011/12/07	实用新型	有效
	CN201310223284.6	按压式雾化器	深圳市康尔科技有限公司		发明	有效
	CN201410323040.X	顶部注液底部换发热组件的电子烟	深圳市康尔科技有限公司		发明	有效
5	CN201510072328.9	一种具有凉茶风味的电子烟烟液	贵州中烟工业有限责任公司		发明	公开
	CN201510955797.5	一种利用微波辅助萃取制备电子烟液的方法	立场电子科技发展(上海)有限公司		发明	有效
6	CN201410788635.2	一种具有养心安神功能的电子烟烟液	贵州中烟工业有限责任公司		发明	公开
	CN201510954384.5	一种包含丹参提取物的电子烟液及其制备方法	立场电子科技发展(上海)有限公司		发明	公开
7	CN201410719012.X	一种电子烟雾化剂	河南中烟工业有限责任公司		发明	驳回
	CN201610276965.2	一种含藤茶提取物的电子烟液及其制备方法	张家界久瑞生物科技有限公司		发明	公开
8	CN201420299872.8	电子烟用控制器、供电装置及电子烟	山东中烟工业有限责任公司	2014/10/15	实用新型	有效
	CN201510006095.2	电子烟气流感应装置及电子烟	深圳麦克韦尔股份有限公司		发明	有效
9	CN201420066418.8	一种基于高频微滴喷射的雾化装置	上海烟草集团有限责任公司	2014/08/06	实用新型	有效
	CN201510488895.2	电子烟装置	深圳市新宜康科技有限公司		发明	有效
10	CN201310029703.2	一种利用清香型烟叶制备的电子烟烟液	红云红河烟草(集团)有限责任公司		发明	撤回
	CN201410360458.8	一种双苹果风味的电子烟液及其制备方法	嘉兴市得百科新材料科技有限公司		发明	有效
11	CN201310030100.4	一种利用低次烟叶制备的电子烟烟液	红云红河烟草(集团)有限责任公司		发明	撤回
	CN201511018718.4	一种从槟榔提取可用于电子烟的香精的方法	立场电子科技发展(上海)有限公司		发明	公开
12	CN201220026258.5	双通道雾化电子烟	湖北中烟工业有限责任公司|武汉市黄鹤楼科技园有限公司	2012/09/26	实用新型	有效
	CN201310009089.3	电子烟雾化器	深圳市合元科技有限公司		发明	有效

由表10.20可见，国内烟草行业仅有12件专利被国内烟草行业外专利所引用，其中有效专利4件。12件国内烟草行业专利中，涉及雾化器的有3件，涉及电子烟烟棉的1件，涉及电子烟控制器的1件，其余均为烟液及配方方面的专利。被国内烟草行业外专利引用的国内烟草行业电子烟专利引证关系见图10.44。

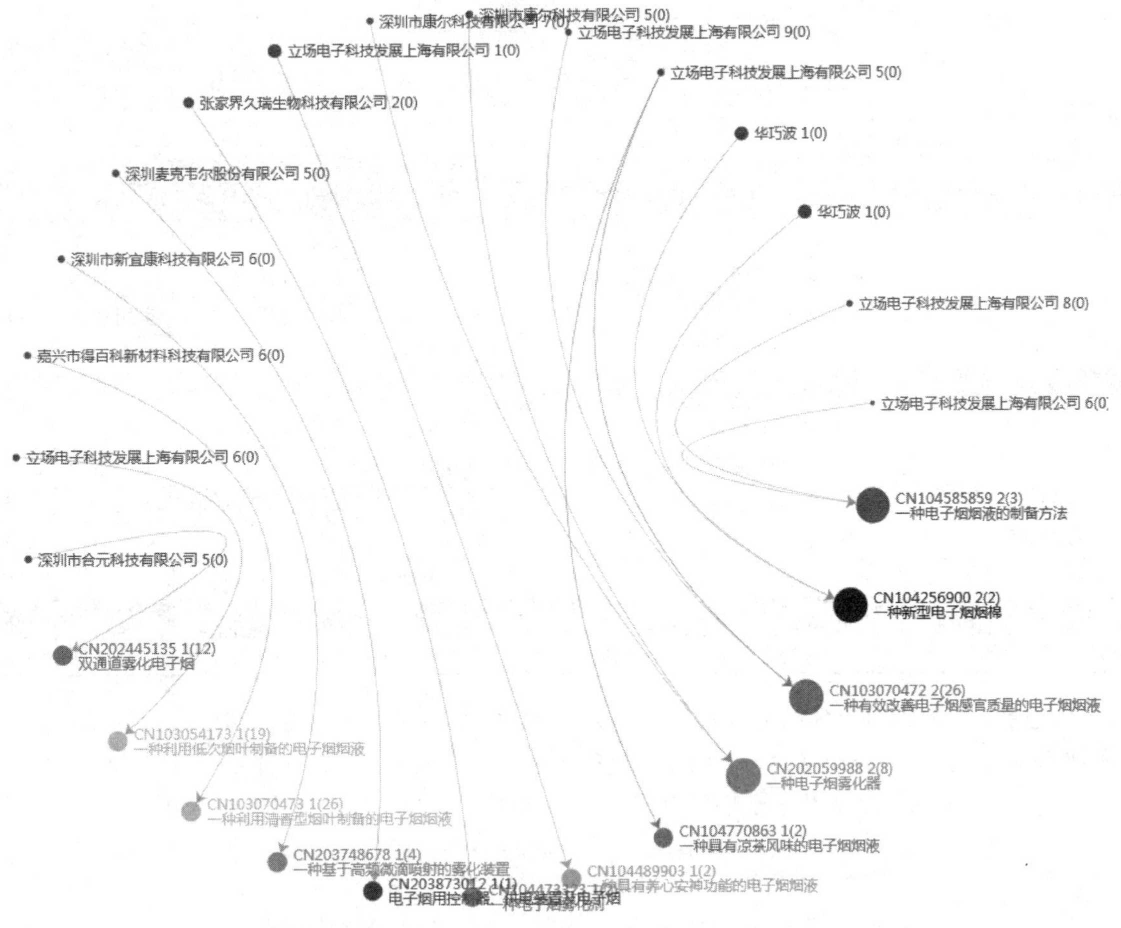

图 10.44　被国内烟草行业外专利引用的国内烟草行业电子烟专利引证关系图

从国内烟草行业专利的被引情况可见，国内烟草行业自规模化专利布局以来，在电子烟专利技术方面已经有了一定的技术影响力，但是主要涉及烟液配方制备及添加剂技术方面，在雾化器和测控技术方面的技术影响力有限。

6. 国内烟草行业引用国内烟草行业外专利情况

国内烟草行业外电子烟专利共有 77 件被 142 件国内烟草行业电子烟专利所引用。其中被引次数最多的专利为韩力的专利，共有 23 件国内烟草行业电子烟专利引用韩力的 5 件专利。5 件韩力的专利中 4 件为实用新型，其中仅有 1 件有效，其余均已无效。引用韩力专利的国内烟草行业电子烟专利见表 10.21。

表 10.21　引用韩力专利的国内烟草行业电子烟专利列表

申　请　号	标　　题	申　请　人	专利类型	法律状态
CN200920001296.3	一种改进的雾化电子烟	韩力	实用新型	有效
CN201520601233.7	雾化吸入设备	上海烟草集团有限责任公司	实用新型	有效
CN201520601295.8	雾化吸入装置	上海烟草集团有限责任公司	实用新型	有效
CN201520803846.9	雾化吸入组件及雾化吸入设备	上海烟草集团有限责任公司	实用新型	有效
CN201610662176.2	一种改进的电子雾化烟	湖北中烟工业有限责任公司	发明	公开
CN201610728360.2	气溶胶生成装置及气溶胶生成方法	上海烟草集团有限责任公司	发明	公开
CN201620874636.3	一种改进的电子雾化烟	湖北中烟工业有限责任公司	实用新型	有效
CN201510489368.3	雾化吸入设备及其蒸发液体的方法	上海烟草集团有限责任公司	发明	公开
CN201510489492.X	雾化吸入装置	上海烟草集团有限责任公司	发明	公开
CN201620942333.0	一种加热元件贴合式电子烟器具	湖南中烟工业有限责任公司	实用新型	有效
CN201620945716.3	一种电子烟器具	湖南中烟工业有限责任公司	实用新型	有效
CN201620945916.9	气溶胶生成装置	上海烟草集团有限责任公司	实用新型	有效

续表

申 请 号	标 题	申 请 人	专利类型	法律状态
CN201620941991.8	一种针状加热式电子烟器具	湖南中烟工业有限责任公司	实用新型	有效
CN201620941800.8	一种电子烟的烟支	湖南中烟工业有限责任公司	实用新型	有效
CN201510672177.0	雾化吸入组件及雾化吸入设备	上海烟草集团有限责任公司	发明	公开
CN200720148285.9	一种雾化电子烟	韩力	实用新型	无效
CN201420482004.3	一种电子烟	上海烟草集团有限责任公司	实用新型	有效
CN201420461756.1	一种含微胶囊缓释装置的电子烟	云南中烟工业有限责任公司	实用新型	有效
CN201420461788.1	一种带微胶囊缓释的装置电子烟	云南中烟工业有限责任公司	实用新型	有效
CN201620460611.9	雾化器	上海烟草集团有限责任公司	实用新型	有效
CN200310011582.5	一种非可燃性电子喷雾香烟	韩力	发明	无效
CN201510423239.4	一种电子烟雾化器及电子烟	湖南中烟工业有限责任公司	发明	公开
CN201520522374.X	一种电子烟雾化器及电子烟	湖南中烟工业有限责任公司	实用新型	有效
CN200320012882.0	一种非可燃性电子喷雾香烟	韩力	实用新型	无效
CN201410716248.8	一种含烟碱和有机酸的电子烟烟液	河南中烟工业有限责任公司	发明	撤回
CN201410719012.X	一种电子烟雾化剂	河南中烟工业有限责任公司	发明	驳回
CN200520089947.0	雾化电子烟斗	韩力	实用新型	无效
CN201420519933.7	一种超声雾化式电子烟	广西中烟工业有限责任公司	实用新型	有效

被国内烟草行业专利引用的韩力专利引证关系见图 10.45。在引用韩力专利的国内烟草行业申请人中，上海烟草集团有限责任公司针对韩力的专利进行改进的力度最大，共有 10 件专利引用了韩力的专利，其中针对实用新型“一种改进的雾化电子烟”(申请号：CN200920001296.3)的改进就有 8 件。

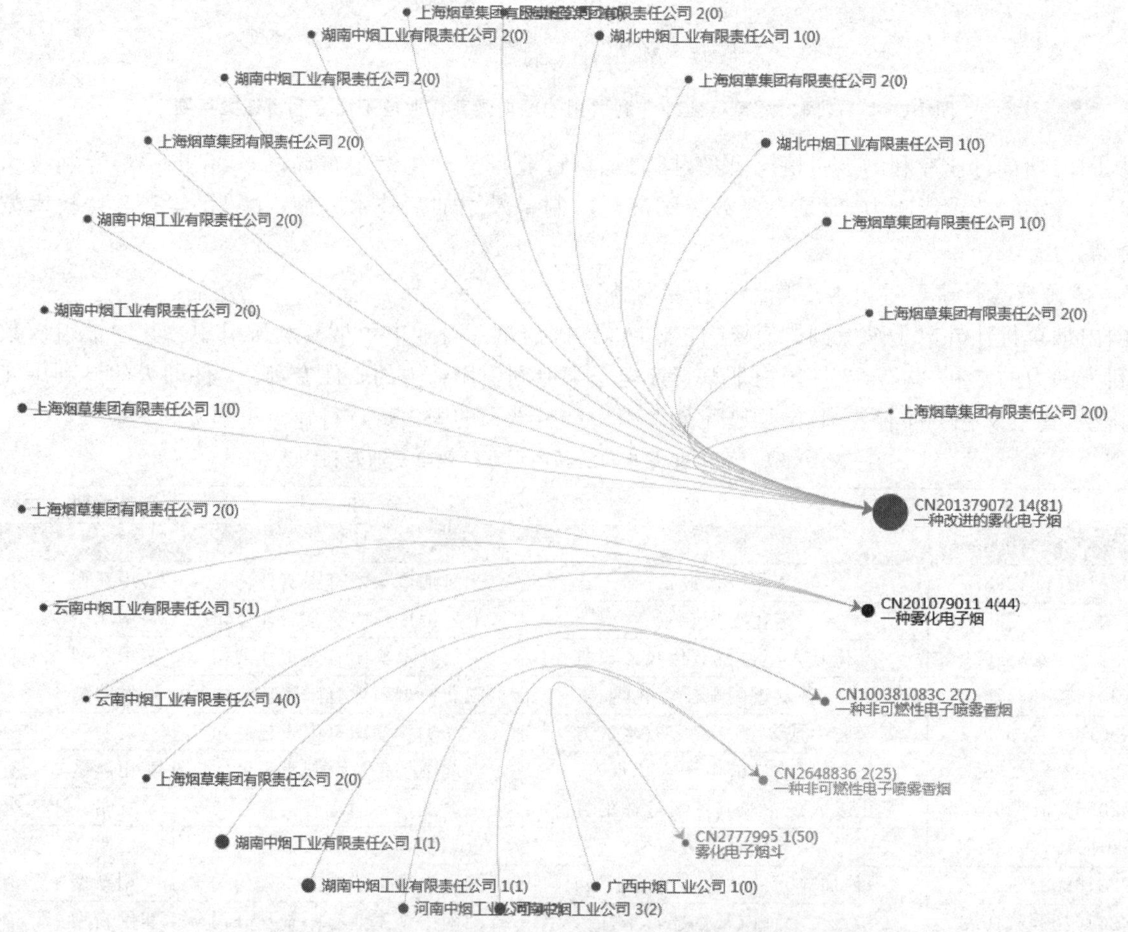

图 10.45 被国内烟草行业专利引用的韩力专利引证关系图

从国内烟草行业外专利被国内烟草行业专利引用情况可见，围绕国内烟草行业外重点专利进行改进是国内烟草行业电子烟专利布局的一个重要突破点，且已经取得了一定的成效。尤其是以上海烟草集团和湖南中烟为代表的国内烟草行业申请人，针对韩力的专利进行了卓有成效的改进，且已有相当数量的专利获得授权。国内烟草行业这些对国内烟草行业外专利的引用改进，相当比例上涉及雾化器、测控技术等国内烟草行业比较薄弱的领域，这也是快速进行电子烟专利布局的一种有效方法。以韩力的专利为例，其专利在中国国内仅剩 1 件有效，有效期截止 2019 年 1 月，待其过期后韩力的专利将不再对国内烟草行业的电子烟产品上市构成障碍，而国内烟草行业对其形成包围态势的专利布局业已成型，也将会为国内烟草行业电子烟产品上市保驾护航。

10.3.4.2　电子烟专利技术空白点和薄弱点

通过上述电子烟专利的总体布局现状、国内烟草行业外布局现状、主要竞争对手布局现状、国内烟草行业布局现状及其研发热点和布局重点的分析，认为在某一技术领域专利数量为“0”，即可视为专利技术空白点；在某一技术领域专利数量为“1～5”，即可视为专利技术薄弱点，如表 10.22 所示。

表 10.22　电子烟专利技术空白点和薄弱点

功能效果	改进雾化原理	改进总体设计	改进雾化器	改进电源系统	改进烟嘴	改进烟弹	改进测控技术	改进配方或添加剂	增加辅助功能	改进总体工艺设备	改进配套组件
提高感官质量	47	22	113	2	32	11	12	182	6	0	1
提高安全性	35	15	200	19	22	10	43	3	9	3	7
使用携带方便	16	16	80	15	4	8	7	0	6	0	24
提高雾化效果	29	3	117	0	0	2	16	1	0	0	0
延长寿命	19	6	66	3	1	9	7	7	0	1	0
医疗保健功能	2	1	4	0	0	0	0	56	4	0	0
降低生产成本	1	2	22	4	2	2	2	3	0	0	0
减少有害成分	9	3	10	0	3	0	1	12	0	0	0
提高生产效率	0	1	10	2	0	0	1	4	0	13	2
丰富产品功能	0	2	1	1	0	0	4	0	16	0	7
节约电能	11	0	7	4	0	0	4	0	0	0	0
提高智能化水平	0	0	0	0	0	0	12	0	19	0	0
降低使用成本	9	0	7	3	0	2	0	0	0	0	0
清洁环保	1	7	4	1	3	3	0	0	0	4	0
提高测控性能	0	0	5	0	0	0	23	0	1	0	0
改善充电效果	0	0	0	5	0	0	0	0	0	0	3

需要说明的是，上述电子烟专利技术空白点和薄弱点是基于纳入研究范围的专利数据，经分析研究后得出的结论，能够在较大程度上体现电子烟专利研发现状。未来在这些方面的技术创新空间相对较大，但仍有待进一步对其技术需求和技术可行性进行评估。

第 11 章　口含烟专利分析

11.1　专利申请概况

11.1.1　专利申请趋势分析

口含烟通常指未经燃烧过程并通过口腔吸食消费的烟草制品，从使用行为上来说，指的是非抽吸方式使用的烟草制品。有研究认为，口含烟产品是一种低危害的口含型烟草产品。

截至 2017 年 6 月，国家知识产权局公开口含烟专利共计 193 件，其中发明专利 181 件，实用新型专利 11 件，外观设计专利 1 件，分别占口含烟专利总数的 93.8%、5.7%和 0.5%；国内烟草行业申请的专利有 110 件，其中发明专利 98 件，实用新型专利 11 件，外观设计专利 1 件，分别占国内烟草行业口含烟专利总数的 89.1%、10.0%和 0.9%；国内烟草行业之外的申请人申请的专利有 83 件，全部为发明专利。国内烟草行业外申请人包括国外烟草公司、国内其他单位、国外其他公司、国内外个人。口含烟专利申请趋势见图 11.1。国内烟草行业、国内烟草行业外口含烟专利申请趋势见图 11.2。

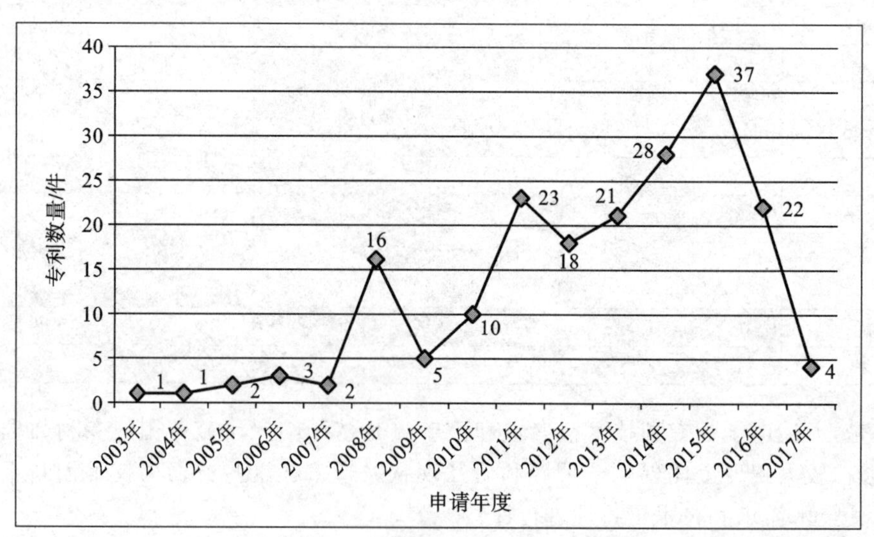

图 11.1　口含烟专利申请趋势

从图 11.1、图 11.2 可见，2003—2007 年，每年的口含烟专利申请数量很少，专利申请处于起步阶段。数据统计表明，在 2007 年之前，口含烟专利总数仅有 9 件，且均为国内烟草行业外申请，美国无烟烟草公司、R.J. 雷诺兹烟草公司、菲利普·莫里斯烟草公司等国外烟草公司是主要专利申请人，国内烟草行业无口含烟专利申请；从 2008 年开始，口含烟专利的申请进入比较活跃的时期，尤其在 2008—2015 年的 8 年时间里，口含烟专利申请总数达到了 158 件，占口含烟专利总数的 81.9%。在此期间，国内烟草行业专利申请取得了长足的进步，2014 年和 2015 年的专利申请大幅度超越了国内烟草行业外申请人，并且持续至今。

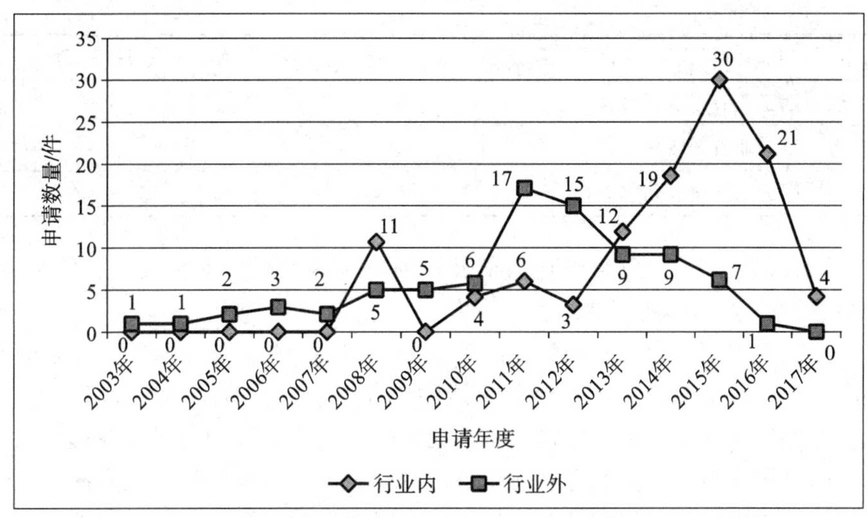

图 11.2　国内烟草行业、国内烟草行业外口含烟专利申请趋势

(注:由于发明专利从申请到公开通常需要 18 个月的时间,因此 2016 年、2017 年申请的发明专利在检索截止日之前并未完全公开,图 11.1 和图 11.2 中所统计的 2016 年、2017 年的专利申请量存在一定程度的滞后,下同。)

11.1.2　专利申请人分析

口含烟专利的申请人类型及专利类型见表 11.1。申请口含烟专利较多的申请人见表 11.2。

表 11.1　口含烟专利的申请人类型及专利类型

申请人类型	总　　数	发　　明	实用新型	外观设计
国内烟草行业	110	98	11	1
国外烟草公司	62	62	0	0
国内其他单位	7	7	0	0
国外其他公司	11	11	0	0
国内个人	3	3	0	0
国外个人	0	0	0	0
合计	193	181	11	1

注:因存在共同申请专利情况,表中合计值略大于实际专利数量。

表 11.2　申请口含烟专利较多的申请人

序号	申　请　人	总　　数	发　　明	实用新型	外观设计
1	R.J.雷诺兹烟草公司	43	43	0	0
2	郑州烟草研究院	21	15	6	0
3	川渝中烟工业有限责任公司	19	19	0	0
4	贵州中烟工业有限责任公司	15	15	0	0
5	湖北中烟工业有限责任公司	15	15	0	0
6	菲利普·莫里斯烟草公司	13	13	0	0
7	云南中烟工业有限责任公司	11	11	0	0

续表

序号	申 请 人	总 数	发 明	实用新型	外观设计
8	山东中烟工业有限责任公司	6	6	0	0
9	湖南中烟工业有限责任公司	5	5	0	0
10	美国无烟烟草公司	5	5	0	0

从申请人类型分析，国内烟草行业与国外烟草公司为口含烟专利技术研发方面的主体，二者的专利申请量合计占到了总数的89.1%，远超其他专利申请人。

从具体申请人分析，在申请口含烟专利较多的10个申请人中，有7家国内烟草行业单位，3家国外烟草公司。在国外烟草公司中，R.J.雷诺兹烟草公司申请的专利总数和发明总数均远超其他申请人，显示了较为雄厚的技术实力，菲利普·莫里斯烟草公司和美国无烟烟草公司也较为重视在我国的口含烟专利申请布局。在国内烟草行业，郑州烟草研究院的专利数量最多，排名第一；川渝中烟工业有限责任公司的专利数量排名第二；贵州中烟工业有限责任公司和湖北中烟工业有限责任公司的专利数量相同，并列排名第三。

11.1.3 专利技术分布分析

按照加热原理划分，口含烟可分为口含型、含化型、其他三种类型，其专利技术分布见表11.3。

表11.3 口含烟专利技术分布

技术类型	总 数	发 明	实用新型	外观设计
口含型	129	123	5	1
含化型	51	46	5	0
其他	21	21	0	0
合计	201	190	10	1

注：因存在同一专利分属不同类型的情况，表中合计值略大于实际专利数量。

数据统计表明，口含型、含化型和其他分别占合计数量的64.2%、25.4%和10.4%，口含型是口含烟目前普遍采用的主流技术，含化型也有部分商品化的产品，其他类型里的嚼烟产品出现得最早。

口含烟专利技术及申请人分布见表11.4，申请专利较多的申请人及其专利技术分布见表11.5。

表11.4 口含烟专利技术及申请人分布

专利申请人	口 含 型	含 化 型	其 他
国内烟草行业	72	28	11
国外烟草公司	46	21	9
国内其他单位	2	1	0
国外其他公司	7	1	1
国内个人	2	0	0
国外个人	0	0	0
合计	129	51	21

注：因存在共同申请情况和同一专利分属不同类型的情况，表中合计值略大于实际专利数量。

表11.5 申请专利较多的申请人及其专利技术分布

序号	申 请 人	口 含 型	含 化 型	其 他
1	R.J.雷诺兹烟草公司	30	10	3

续表

序号	申 请 人	口 含 型	含 化 型	其 他
2	郑州烟草研究院	11	10	0
3	川渝中烟工业有限责任公司	19	0	0
4	贵州中烟工业有限责任公司	9	4	2
5	湖北中烟工业有限责任公司	11	3	1
6	菲利普·莫里斯烟草公司	7	6	0
7	云南中烟工业有限责任公司	6	3	2
8	山东中烟工业有限责任公司	4	2	0
9	湖南中烟工业有限责任公司	4	0	1
10	美国无烟烟草公司	2	1	2

注:因存在共同申请情况和同一专利分属不同类型的情况,表中合计值略大于实际专利数量。

11.1.4 国内烟草行业外重要申请人评估

有关研究表明,重要申请人可以从市场经济角度和专利文献计量学角度进行评估。从市场经济角度进行评估,主要考虑申请人的知名度、产品的知名度、市场占有率、市场影响力、销售规模、技术优势等因素。从专利文献计量学角度进行评估,主要考虑专利申请数量、专利类型、专利授权量、被引频次、同族专利数量等指标。

国内烟草行业外重要申请人评估主要以专利文献计量学评估为主,同时考虑申请人的知名度、产品的知名度和市场影响力。口含烟国内烟草行业外重要申请人评估结果见表 11.6、表 11.7、表 11.8。

表 11.6 国内烟草行业外口含型口含烟专利重要申请人

序号	申 请 人	专 利 数 量	同族专利数量	被 引 频 次
1	R.J.雷诺兹烟草公司	30	245	70
2	菲利普·莫里斯烟草公司	7	149	7
3	美国无烟烟草公司	2	32	20

表 11.7 国内烟草行业外含化型口含烟专利重要申请人

序号	申 请 人	专 利 数 量	同族专利数量	被 引 频 次
1	R.J.雷诺兹烟草公司	10	102	20
2	菲利普·莫里斯烟草公司	6	101	23
3	美国无烟烟草公司	1	29	1

表 11.8 国内烟草行业外其他类型口含烟专利重要申请人

序号	申 请 人	专 利 数 量	同族专利数量	被 引 频 次
1	R.J.雷诺兹烟草公司	3	26	3
2	美国无烟烟草公司	2	41	11

11.2 专利技术分析方法及分析范围

11.2.1 分析方法

采用专利技术功效矩阵分析的方法，对相关专利进行技术分析。专利技术功效矩阵分析属于一种专利定性分析的方法，通常由包含技术措施及其对应的功能效果的气泡图或综合性表格来表示。可通过对专利文献集合反映的技术措施和功能效果的特征研究，揭示技术—功效相互关系。便于相关人员掌握该专利集合或集群的技术布局情况，寻找技术空白点、技术研发热点和突破点。

在专利技术功效矩阵分析过程中，需要涉及口含烟专利“技术措施”和“功能效果”的“规范化词语”，为进一步明确“规范化词语”的内涵，避免歧义，特作出如下约定，见表 11.9、表 11.10。

表 11.9 口含烟专利技术措施规范化词语

序号	技术措施	备注
1	改进烟草配方	涉及烟草配方方面的改进
2	改进添加剂	涉及添加剂的改进
3	改进制备工艺	涉及产品的生产工艺及设备等方面的改进
4	改进熟化技术	涉及熟化技术方面的改进
5	改进成型技术	涉及产品成型技术方面的改进
6	改进产品形态	涉及产品结构的改善以及产品形式的多样化
7	改进烟碱释放	涉及烟碱释放速度的控制以及烟碱传递效果的改进
8	改进包装方式	涉及包装材料以及包装方式等的改进

表 11.10 口含烟专利功能效果规范化词语

序号	功能效果	备注
1	提高感官质量	提高抽吸品质、烟气质量；提高香气质和量、增强发烟效果
2	提高生产效率	提高产品生产效率
3	提高产品质量	提高产品质量，延长保质期，提高使用寿命
4	便于包装储运	延长储藏保质期；便于运输和储存
5	使用携带方便	提高分装便携性，便于携带和使用
6	清洁环保	使用清洁环保
7	改善产品结构	使产品结构更为合理、产品形式更为多样
8	提高烟碱传递效果	使使用过程中烟碱平均释放
9	减少烟气有害成分	减少有害物质

11.2.2 分析范围

为了科学、系统、深入地分析口含型、含化型和其他 3 类口含烟的专利技术，根据专利文献计量学的理论和方法，研究确定将被引频次、同族专利数量 2 项文献计量学指标作为专利分析对象的选择依据。其中，被引频次指某专利被其他专利引用的次数，反映了该专利技术的重要性和基础性，一项专利被引用的次数多，表明该专利涉及比较核心和重要的技术，同时也从不同程度上体现了该专利为基础专利。同族专利指具有共同优先权的、由不同国家公布的、内容相同或基本相同的一组专利。一件专利拥有的同族专利数量及其所涉及的国家或地区，反映了该专利的综合水平和潜在的经济价值，以及该专利能够创造的潜在国际技术市场情况，也反映了专利权人在全球的经济势力范围。同族专利数多少反映国际市场竞争力大小，同族专利数量越多，就说明其综合价值越大、重要程度越高，是评估专利"重要程度"的重要指标。

针对国家知识产权局公开的 193 件口含烟专利，从国家知识产权局数据库采集了专利法律状态数据，确定法律状态为公开或授权的有效专利 169 件，结合从德温特创新索引数据库中采集的被引频次、同族专利数量 2 项文献计量学指标进行综合分析，最终选择 105 件口含型、37 件含化型、13 件其他专利(存在同一专利分属不同类型的情况)，作为专利分析对象纳入下述专利技术分析范围。

11.3　口含型口含烟专利技术分析

口含型口含烟，主要特征为松散的或独立小袋包装的烟草颗粒或粗细烟丝。使用时通过唾液溶出部分可溶物供消费者吸食，用后吐出，有渣滓残留。

根据口含型口含烟的产品结构和特征，以及研究制定的《新型烟草制品专利技术分类体系》，口含型口含烟的专利技术分支主要包括烟草配方、工艺及设备、添加剂、熟化技术、成型技术、产品形态、缓释技术、包装共 8 个方面。

依据专利文献计量学指标，研究确定将 105 件口含型专利纳入专利技术分析范围，其中国内烟草行业外申请的专利有 48 件，国内烟草行业申请的专利有 57 件。

11.3.1　口含型口含烟专利技术功效矩阵分析

11.3.1.1　口含型口含烟专利总体技术功效分析

分析研究口含型口含烟专利的"权利要求书"和"说明书"，并依据研究制定的《新型烟草制品专利技术分类体系》，对专利涉及的技术措施和功能效果进行归纳总结，形成总体技术功效图 11.3，总体技术措施、总体功能效果分布表 11.11、表 11.12。

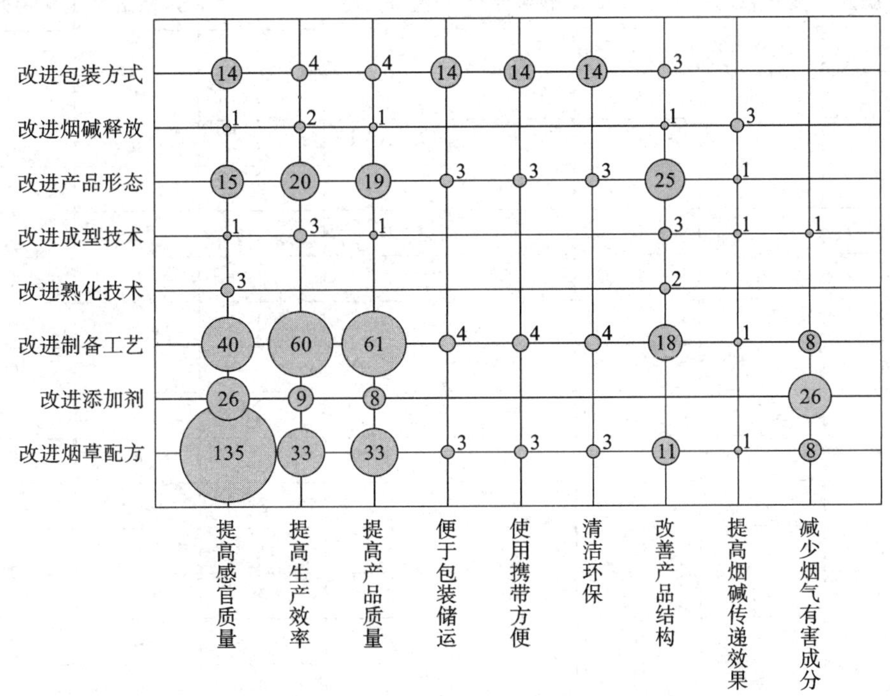

图 11.3　口含型口含烟专利总体技术功效图

表 11.11　口含型口含烟专利总体技术措施分布

申请年份	改进烟草配方	改进添加剂	改进制备工艺	改进熟化技术	改进成型技术	改进产品形态	改进烟碱释放	改进包装方式
2003 年	0	0	0	0	0	0	0	0
2004 年	0	0	0	0	1	1	0	0
2005 年	1	0	0	0	0	0	0	0
2006 年	1	1	0	0	1	1	0	2
2007 年	0	0	0	0	1	1	0	0
2008 年	8	1	6	0	2	8	3	2
2009 年	0	0	2	2	0	4	0	0
2010 年	2	3	3	0	0	1	0	3
2011 年	11	6	13	1	0	9	0	4
2012 年	6	7	11	0	0	5	1	2
2013 年	13	2	15	0	0	8	1	3
2014 年	8	6	13	0	0	5	0	1
2015 年	11	6	12	0	0	1	1	0
2016 年	0	1	0	0	0	0	0	0
2017 年	0	0	3	0	0	0	0	0
合计	61	33	78	3	5	44	6	17

表 11.12　口含型口含烟专利总体功能效果分布

申请年份	提高感官质量	提高生产效率	提高产品质量	便于包装储运	使用携带方便	清洁环保	改善产品结构	提高烟碱传递效果	减少烟气有害成分
2003 年	0	0	0	0	0	0	0	0	0
2004 年	0	1	1	0	0	0	1	0	0
2005 年	1	0	0	0	0	0	0	0	0
2006 年	3	1	0	2	2	2	1	0	1
2007 年	0	0	0	0	0	0	1	0	0
2008 年	6	6	5	2	2	2	3	1	1
2009 年	2	2	2	0	0	0	4	0	0
2010 年	4	2	2	1	1	1	0	0	3
2011 年	10	7	7	3	3	3	3	0	2
2012 年	11	7	7	2	2	2	0	0	4
2013 年	12	11	11	3	3	3	0	1	2
2014 年	13	12	12	1	1	1	4	0	7
2015 年	14	12	12	0	0	0	0	1	5
2016 年	1	0	0	0	0	0	0	0	1
2017 年	0	3	3	0	0	0	0	0	0
合计	77	64	62	14	14	14	17	3	26

从技术措施角度分析，针对口含型口含烟的技术改进措施涉及改进烟草配方、改进添加剂、改进制备工

艺、改进熟化技术、改进成型技术、改进产品形态、改进烟碱释放、改进包装方式 8 个方面。数据统计表明，技术改进措施主要集中在制备工艺，专利数量占 31.6％。其次是烟草配方，专利数量占 24.7％。然后是产品形态和添加剂，专利数量分别占 17.8％、13.4％。

从功能效果角度分析，针对口含型口含烟进行技术改进所实现的功能效果包括提高感官质量、提高生产效率、提高产品质量、便于包装储运、使用携带方便、清洁环保、改善产品结构、提高烟碱传递效果、减少烟气有害成分共 9 个方面。数据统计表明，技术改进所实现的功能效果主要集中在提高感官质量，专利数量占 26.5％。其次是提高生产效率，专利数量占 22.0％。然后是提高产品质量、减少烟气有害成分、改善产品结构，专利数量分别占 21.3％、8.9％、5.8％。

从实现的功能效果所采取的技术措施分析，提高感官质量，优先采取的技术措施是改进烟草配方，其次是改进制备工艺；提高生产效率，优先采取的技术措施是改进制备工艺，其次是改进烟草配方；提高产品质量，优先采取的技术措施是改进制备工艺，其次是改进烟草配方；减少烟气有害成分，优先采取的技术措施是改进添加剂，其次是改进制备工艺和烟草配方；改善产品结构，优先采取的技术措施是改进产品形态，其次是改进制备工艺。

从研发重点和专利布局角度分析，鉴于改进烟草配方和改进制备工艺方面的专利申请，以及提高感官质量、产品质量和生产效率方面的专利申请所占份额较大并且总体呈上升趋势，因此综合考虑上述信息可以初步判断：通过改进烟草配方来提高感官质量、产品质量，通过改进制备工艺来提高产品质量和生产效率等技术领域，是口含型口含烟专利技术的研发热点和布局重点。

从关键技术角度分析，上述专利所涉及的口含型口含烟关键技术涵盖了烟草配方、制备工艺、产品形态、包装及添加剂等。

11.3.1.2　国内烟草行业外口含型口含烟专利技术功效分析

1. 技术功效图表分析

分析研究国内烟草行业外申请的口含型口含烟专利的“权利要求书”和“说明书”，并依据研究制定的《新型烟草制品专利技术分类体系》，对专利涉及的技术措施和功能效果进行归纳总结，形成技术功效图 11.4，技术措施、功能效果分布表 11.13、表 11.14。

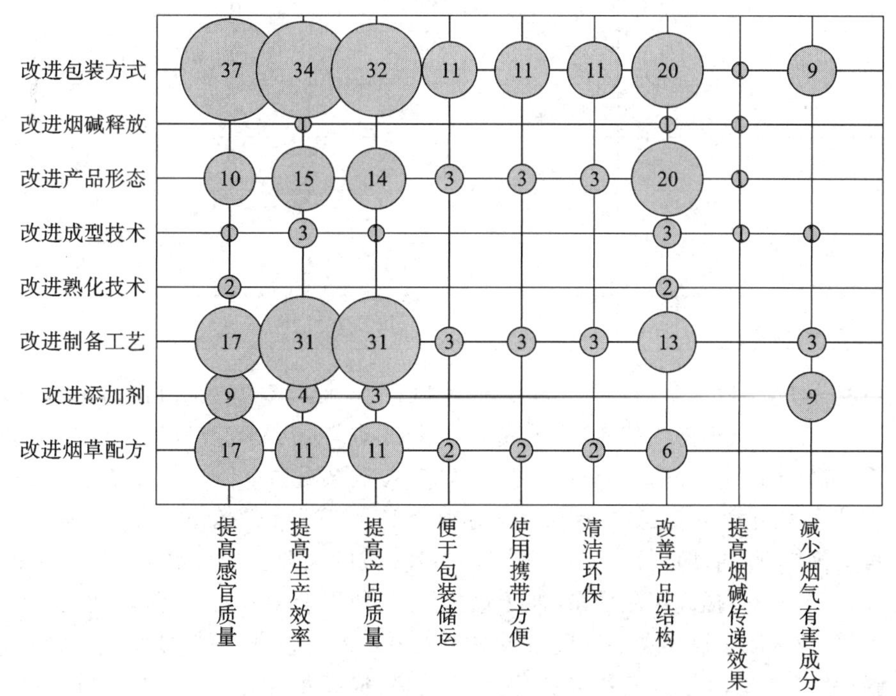

图 11.4　国内烟草行业外口含型口含烟专利技术功效图

表 11.13 国内烟草行业外口含型口含烟专利技术措施分布

申请年份	改进烟草配方	改进添加剂	改进制备工艺	改进熟化技术	改进成型技术	改进产品形态	改进烟碱释放	改进包装方式
2004 年	0	0	0	0	1	1	0	0
2005 年	1	0	0	0	0	0	0	0
2006 年	1	1	0	0	1	1	0	2
2007 年	0	0	0	0	1	1	0	0
2008 年	1	1	3	0	1	2	1	1
2009 年	0	0	2	2	0	4	0	0
2010 年	0	0	2	0	0	0	0	1
2011 年	4	0	5	0	0	3	0	3
2012 年	4	4	6	0	0	0	0	2
2013 年	4	0	7	0	0	6	0	1
2014 年	1	3	3	0	0	2	0	1
2015 年	1	0	3	0	0	0	0	0
合计	17	9	31	2	4	20	1	11

表 11.14 国内烟草行业外口含型口含烟专利功能效果分布

申请年份	提高感官质量	提高生产效率	提高产品质量	便于包装储运	使用携带方便	清洁环保	改善产品结构
2006 年	2	0	0	2	2	2	1
2008 年	1	1	1	1	1	1	0
2010 年	1	0	0	1	1	1	0
2011 年	3	1	1	3	3	3	1
2012 年	2	0	0	2	2	2	0
2013 年	1	1	1	1	1	1	1
2014 年	1	0	0	1	1	1	0
合计	11	3	3	11	11	11	3

从技术措施角度分析，国内烟草行业外申请人针对口含型口含烟的技术改进措施涉及改进烟草配方、改进添加剂、改进制备工艺、改进熟化技术、改进成型技术、改进产品形态、改进烟碱释放、改进包装方式 8 个方面。数据统计表明，技术改进措施主要集中在制备工艺，专利数量占 32.6%。其次是产品形态，专利数量占 21.1%。然后是烟草配方和包装方式，专利数量分别占 17.9%、11.6%。

从功能效果角度分析，国内烟草行业外申请人针对口含型口含烟进行技术改进所实现的功能效果包括提高感官质量、提高生产效率、提高产品质量、便于包装储运、使用携带方便、清洁环保、改善产品结构共 7 个方面。数据统计表明，技术改进所实现的功能效果主要集中在提高感官质量、便于包装储运、使用携带方便和清洁环保，专利数量均占 20.8%。其次是提高生产效率、提高产品质量、改善产品结构，专利数量均占 5.7%。

从实现的功能效果所采取的技术措施分析，提高感官质量，优先采取的技术措施是改进包装方式，其次是改进制备工艺和烟草配方；提高生产效率，优先采取的技术措施是改进包装方式，其次是改进制备工艺；提高产品质量，优先采取的技术措施是改进包装方式，其次是改进制备工艺；改善产品结构，优先采取的技术措施是改进包装方式和产品形态。

从研发重点和专利布局角度分析，鉴于改进包装方式和改进制备工艺方面的专利申请，以及提高感官质量、生产效率和产品质量方面的专利申请所占份额较大并且总体呈上升趋势，因此综合考虑上述信息可以初步判断：通过改进包装方式来提高感官质量、生产效率，通过改进制备工艺来提高产品质量和生产效率等技术领域，是国内烟草行业外口含型口含烟专利技术的研发热点和布局重点。

从关键技术角度分析，国内烟草行业外申请的专利所涉及的口含型口含烟关键技术涵盖了包装方式、制备工艺、烟草配方等。

2. 具体技术措施及其功能效果分析

国内烟草行业外申请人针对口含型口含烟的技术改进措施主要集中在改进包装方式和改进制备工艺方面，旨在实现提高感官质量、生产效率和产品质量方面的功能效果。

①改进包装方式的技术措施及其功能效果主要体现在以下几个方面：

采用环境改造材料控制容器中的湿度以保持烟草材料的产品质量。R. J. 雷诺兹烟草公司申请的用于无烟烟草产品的容器，包括下部主体部分(20)和上盖(21)。下部主体部分包括上、下内部储存隔室(29、26)和中间底壁(28)。环境改造材料(25)可以放在下部内部储存隔室中，烟草材料可以放在上部内部储存隔室中。环境改造材料可以控制容器中的湿度以保持含烟草材料的新鲜度，保护产品免于环境影响(CN201480072462.2)。

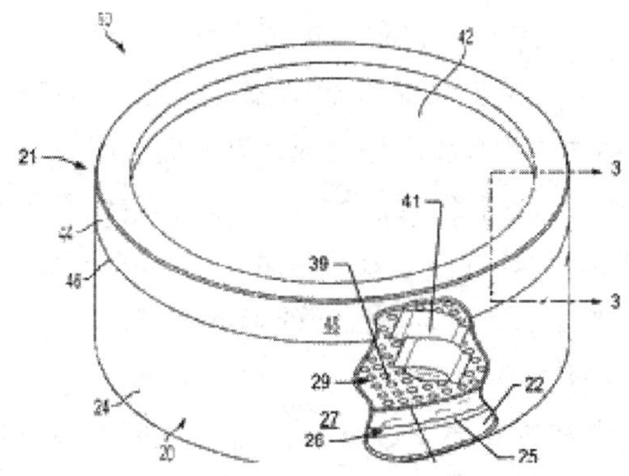

采用不同材料制作包装小袋提高产品感官质量。R. J. 雷诺兹烟草公司申请的无烟烟草产品和方法，其包装小袋采用液体可渗透的“羊毛”类型的材料，烟草配方包含在包装袋内。包装紧密密封，使得在那密封包装中的空气进行调整和控制；密封包装可以提供抑制组分诸如水分和氧气从其中通过的良好屏障；在密封包装内的空气可以通过引入选择性气体(诸如氮气、氩气或其化合物)进入到包装中进行调整。在制备、包装、贮存和处理期间，控制烟草组合物所暴露的空气条件(CN201180051327.6)。

采用连续性整体设计提高包装生产效率和方便使用携带。奥驰亚客户服务有限责任公司申请的用于包装散装制品的设备及方法，包括装载站、盒组建站和卸载站。装载站包括间隔开的可移动斜槽，每个斜槽具有开放顶部、开放上游端和开放下游端，开放顶部沿着第一进给路径移动时用于接收散装制品。盒组建站能部分地组建成间隔关系且具有第一和第二开放侧的盒，并且当盒沿着第二进给路径行进时使每个盒的第一开放侧与对应斜槽的开放下游端对准。卸载站包括与每个盒的第二开放侧相连通的固定真空头。该固定真空头设置连续的真空源，真空源沿着所述第二进给路径操作以将散装制品从斜槽移入盒中。装盒操作可以将所需部分(或份额或数量)放入袋中，然后将袋子放入盒或其他容器中(CN201280065645.2)。

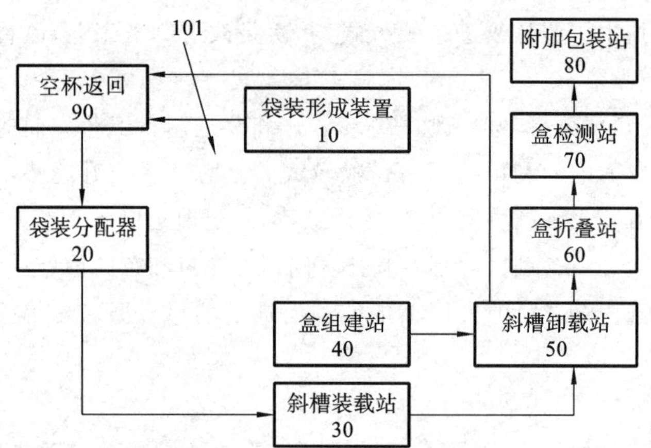

②改进制备工艺的技术措施及其功能效果主要体现在：

采用热处理技术，提高产品感官质量和安全性。为了提高烟草材料的感官质量和安全性，使烟草混合物经历热处理步骤，处理时间和处理温度适合于对该材料进行巴氏杀菌。在某些情况下，可以使用热处理方法将期望的颜色或视觉特征赋予烟草材料，将期望的感觉性能赋予烟草材料，或将期望的物理性质或质感赋予烟草材料。

R.J.雷诺兹烟草公司的专利无烟烟草组合物和处理用于其中的烟草的方法包括在足以对混合物进行巴氏杀菌的温度和时间条件下加热该混合物；向浆液中加入一定量的碱，足以将该浆液的 pH 升高至碱性 pH；在一定温度和时间条件下继续加热该 pH 已调节的混合物，使 pH 已调节的混合物的 pH 降低至少约 0.5 个 pH 单位(CN200880100282.5)。R.J.雷诺兹烟草公司在用于烟草材料的热处理方法中专门提供一种热处理烟草材料的方法：a.使烟草材料、水和添加剂混合以形成湿润的烟草混合物，添加剂选自赖氨酸、甘氨酸、组氨酸、丙氨酸、蛋氨酸、谷氨酸、天门冬氨酸、脯氨酸、苯丙氨酸、缬氨酸、精氨酸、二价和三价阳离子、天冬酰胺酶、糖类、酚类化合物、还原剂、具有游离硫醇基团的化合物、氧化剂、氧化催化剂、植物提取物以及它们的组合；b.在至少约 60 ℃的温度下加热所述湿润的烟草混合物以形成热处理的烟草混合物；c.在烟草产品中引入热处理的烟草混合物(CN201080034716.3)。

采用"白化"技术，提高产品质量和感官质量。"白化"是一种加工烟草材料以改变烟草材料的颜色、特别是提供颜色变亮(即"白化")的烟草浆材料和/或经净化的烟草提取物的方法。经白化的烟草浆和经净化的提取物可以用在无烟烟草材料中以提供具有白化外观的材料。

R.J.雷诺兹烟草公司的专利经白化的烟草组合物提供了白化用于无烟烟草产品中的烟草材料的方法：a.用水溶液提取烟草材料以提供烟草浆和烟草提取物；b.在一定温度下用苛性试剂和氧化剂中的至少一种处理所述烟草浆一定时间，温度和时间足以亮化所述烟草浆的颜色以提供经白化的烟草浆；c.净化烟草提取物以除去较高分子量的组分和提供经净化的烟草提取物；d.将经白化的烟草浆与经净化的烟草提取物组合，以形成经白化的烟草材料(CN201380017941.X)。

11.3.1.3 国内烟草行业口含型口含烟专利技术功效分析

1. 技术功效图表分析

分析研究国内烟草行业申请的口含型口含烟专利的"权利要求书"和"说明书"，并依据研究制定的《新型烟草制品专利技术分类体系》，对专利涉及的技术措施和功能效果进行归纳总结，形成技术功效图 11.5，技术措施、功能效果分布表 11.15、表 11.16。

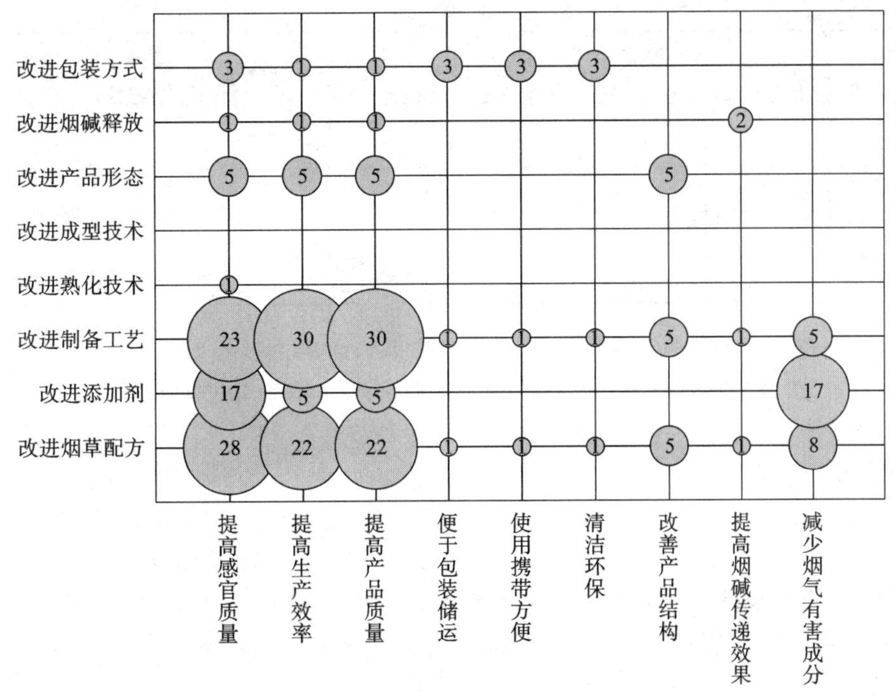

图 11.5　国内烟草行业口含型口含烟专利技术功效图

表 11.15　国内烟草行业口含型口含烟专利技术措施分布

申请年份	改进 烟草配方	改进 添加剂	改进 制备工艺	改进 熟化技术	改进 成型技术	改进 产品形态	改进 烟碱释放	改进 包装方式
2008 年	3	0	2	0	1	1	0	1
2010 年	1	3	0	0	0	0	0	0
2011 年	2	2	2	1	0	0	0	0
2012 年	2	0	1	0	0	0	0	0
2013 年	5	2	4	0	2	2	1	2
2014 年	6	3	9	0	2	2	0	0
2015 年	9	6	9	0	0	0	1	0
2016 年	0	1	0	0	0	0	0	0
2017 年	0	0	3	0	0	0	0	0
合计	28	17	30	1	5	5	2	3

表 11.16　国内烟草行业口含型口含烟专利功能效果分布

申请年份	提高 感官质量	提高 生产效率	提高 产品质量	便于 包装储运	使用 携带方便	清洁环保	改善 产品结构	提高烟碱 传递效果	减少烟气 有害成分
2008 年	3	2	2	1	1	1	1	0	0
2010 年	3	0	0	0	0	0	0	0	3
2011 年	3	2	2	0	0	0	0	0	2
2012 年	2	1	1	0	0	0	0	0	0
2013 年	7	4	4	2	2	2	2	1	2
2014 年	8	9	9	0	0	0	2	0	3

续表

申请年份	提高感官质量	提高生产效率	提高产品质量	便于包装储运	使用携带方便	清洁环保	改善产品结构	提高烟碱传递效果	减少烟气有害成分
2015年	13	8	9	0	0	0	0	1	6
2016年	1	0	0	0	0	0	0	0	1
2017年	0	3	3	0	0	0	0	0	0
合计	40	29	30	3	3	3	5	2	17

从技术措施角度分析，国内烟草行业申请人针对口含型口含烟的技术改进措施涉及改进烟草配方、改进添加剂、改进制备工艺、改进熟化技术、改进成型技术、改进产品形态、改进烟碱释放、改进包装方式8个方面。数据统计表明，技术改进措施主要集中在制备工艺，专利数量占33.0%。其次是烟草配方，专利数量占30.8%。然后是添加剂，专利数量占18.7%。

从功能效果角度分析，国内烟草行业申请人针对口含型口含烟进行技术改进所实现的功能效果包括提高感官质量、提高生产效率、提高产品质量、便于包装储运、使用携带方便、清洁环保、改善产品结构、提高烟碱传递效果、减少烟气有害成分共9个方面。数据统计表明，技术改进所实现的功能效果主要集中在提高感官质量，专利数量占30.3%。其次是提高产品质量，专利数量占22.7%。然后是提高生产效率，专利数量占22.0%。

从实现的功能效果所采取的技术措施分析，提高感官质量，优先采取的技术措施是改进烟草配方，其次是改进制备工艺和添加剂；提高生产效率，优先采取的技术措施是改进制备工艺，其次是改进烟草配方；提高产品质量，优先采取的技术措施是改进制备工艺，其次是改进烟草配方；减少烟气有害成分，优先采取的技术措施是改进添加剂，其次是改进烟草配方和制备工艺。

从研发重点和专利布局角度分析，鉴于改进烟草配方和改进制备工艺方面的专利申请，以及提高感官质量、提高生产效率、提高产品质量和减少烟气有害成分方面的专利申请所占份额较大并且总体呈上升趋势，因此综合考虑上述信息可以初步判断：通过改进制备工艺来提高生产效率、产品质量，通过改进烟草配方来提高感官质量和生产效率等技术领域，是国内烟草行业口含型口含烟专利技术的研发热点和布局重点。

从关键技术角度分析，国内烟草行业申请的专利所涉及的口含型口含烟关键技术涵盖了制备工艺、烟草配方、添加剂等。

2. 具体技术措施及其功能效果分析

国内烟草行业申请人针对口含型口含烟的技术改进措施主要集中在改进烟草配方和制备工艺、改进添加剂等方面，旨在提高感官质量、生产效率和减少烟气有害成分。

①改进烟草配方和制备工艺的技术措施及其功能效果主要体现在以下几个方面：

采用不同香型的烟草提取液，提高感官质量。

近年来我国也研制出一些口含烟产品，这些口含烟通常直接以烟草为原料，不仅容易导致消费者口腔色素沉积，而且其含有的亚硝胺类化合物及较高的烟碱含量也会对消费者产生健康威胁。因此将烟草经过一定的处理，去除色素及一些对人体有害的成分，然后再制成口含烟就很有意义。

川渝中烟将烤烟烟叶杀菌消毒，用蒸馏水进行萃取、过滤，调节滤液pH至9～10，然后将滤液进行蒸馏、冷凝，收集的馏出物即为口含烟提取液。用该法对烟草进行处理，获得的口含烟提取液中不含色素，不会使消费者口腔产生色素沉积；同时提取液还可以满足消费者对烟碱量的需求，烟碱含量也可以控制在较为安全的范围内；并且口含烟提取液中不含稠环芳烃、烟草特有亚硝胺等有害成分(CN201410211617.8)。

还可以根据个人需要采用不同的配方，选择不同的风格定味剂、酸碱平衡剂、保润剂，既满足了吸烟者的尼古丁需求，又降低了对环境的污染。川渝中烟从中间香型烤烟烟叶中提取得到具有一定烟碱浓度和特有香味成分的烟草提取液，将该烟草提取液加入主要由糖类和/或蛋白质、油脂、胶体、食品添加剂等制成的糖果基质中，通过糖果制备工艺制得成品(CN201410322783.5)。选用浓香型烤烟烟叶提取得到具有一定烟碱含量和烟草香味成分的烟草提取液，将该烟草提取液加入由糖类和/或蛋白质、油脂、胶体、食品添加剂等制成的糖果基质中，通过糖果制备工艺制得成品(CN201410323957.X)。采用水蒸气蒸馏法提取并浓缩得到清香型烤烟烟叶的烟草提取液，将具有一定烟碱浓度和烟草特有香味成分的烟草提取液加入主要由糖类和/或蛋白质、油脂、胶体、食品添加剂等制成的糖果基质中，通过糖果制备工艺制得成品(CN201410324037.X)。

设计流水线作业，满足生产过程中自动化需求。中国烟草总公司郑州烟草研究院申请的专利用于袋装口含型无烟气烟草制品制备的生产线由片烟松散台、粉碎装置、多级振动筛分设备、原料烟粉储料柜、烟粉处理设备、成品烟粉储料柜以及自动包装机组合而成，粉碎装置与筛分设备、原料烟粉储料柜与烟粉处理设备、烟粉处理设备与成品烟粉储料柜均通过密闭式传送带连接。该生产线可实现从烟粉的制备、处理、加料和包装的流水线作业，能满足实验室制备和工业生产过程中自动化需求。烟粉在加工输送过程中基本处于封闭的环境中，生产过程粉尘产生少；同时该生产线设备设计合理，构造有序，既可用于流水线生产，也可进行某环节产品优化研究(CN201110306519.9)。

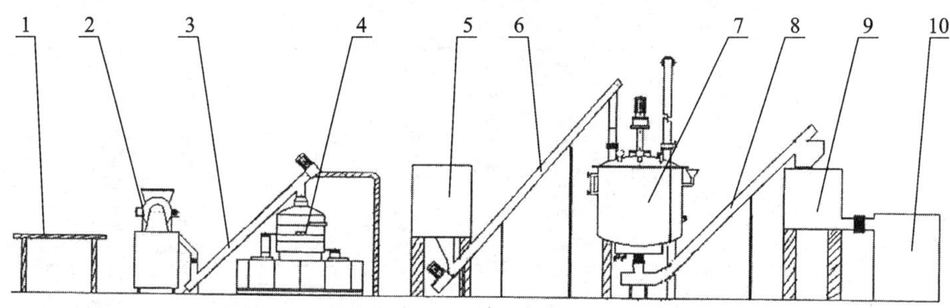

②改进添加剂的技术措施及其功能效果主要体现在以下几个方面：

采用不同原料制备口含烟添加剂，提高感官质量。

口含烟是以烟草粉末的形式在口腔中使用，烟草中的烟碱等成分溶出而通过黏膜吸收，对口腔、咽喉、食道、胃等有一定的刺激性，并且口感舒适度较低。目前，商品化的口含烟的消费人群主要分布在欧美等地区，产品口味也主要针对这类人群开发，而国内消费者尚无口含烟的消费习惯，国外产品在国内的市场适应性较差。口含烟作为传统卷烟的一种重要补充替代产品，需要加深在改善刺激性、丰富口味及功能性等方面的研究，这对于培育和拓展无烟气烟草制品的消费市场具有积极意义。因此，开发低刺激性、高舒适度、具有一定功能性的口含烟是国内新型烟草制品发展的一个重要方向。

郑州烟草研究院将茶叶、可可、咖啡、烟草中任意两种以上原料经过提取、浓缩、合并等工艺流程提取的物质制成添加剂，可使口含烟种类更加丰富，口味更加宜人，人们得到等同吸食卷烟的满足感，既能满足烟草消费人群的需要，又能减少吸烟对健康的危害，更重要的是可以避免吸烟对环境的危害(CN201010192165.5)。

川渝中烟将烤烟烟花在 40～60 ℃低温烘干，白肋烟烟花和雪茄烟烟花在通风房间晾干；将预处理后的干燥烟花用紫外线杀菌；将杀菌处理后的烟花粉碎至 10～80 目；将粉碎后的样品加入蒸馏水溶解，其样品与蒸馏水的质量比为 1∶4 与 1∶8 之间，并在 60～90 ℃搅拌提取 0.5～1.5 小时；提取液过滤，在 40～70 ℃减压浓缩，至原料重量的 2 倍；在浓缩液中加入蛋白酶、果胶酶、纤维素酶中的一种或几种，在温度 40～60 ℃、pH 值 4.0～6.0 条件下搅拌酶解 1～2 小时；再灭活、超低温冻干，然后将烟花提取物加入口含烟中。缓解了原料的不足，同时减少了对环境的污染，避免了资源的浪费(CN201510149762.2)。

11.3.1.4　口含型口含烟专利技术功效对比分析

1. 技术功效图表对比分析

通过前期对国内烟草行业、国内烟草行业外专利涉及的技术措施和功能效果进行归纳总结，形成国内烟草行业、国内烟草行业外口含型口含烟专利技术功效对比图 11.6，技术措施、功能效果分布对比图 11.7、图 11.8。

从技术措施角度对比分析，国内烟草行业、国内烟草行业外申请人针对口含型口含烟的技术改进措施

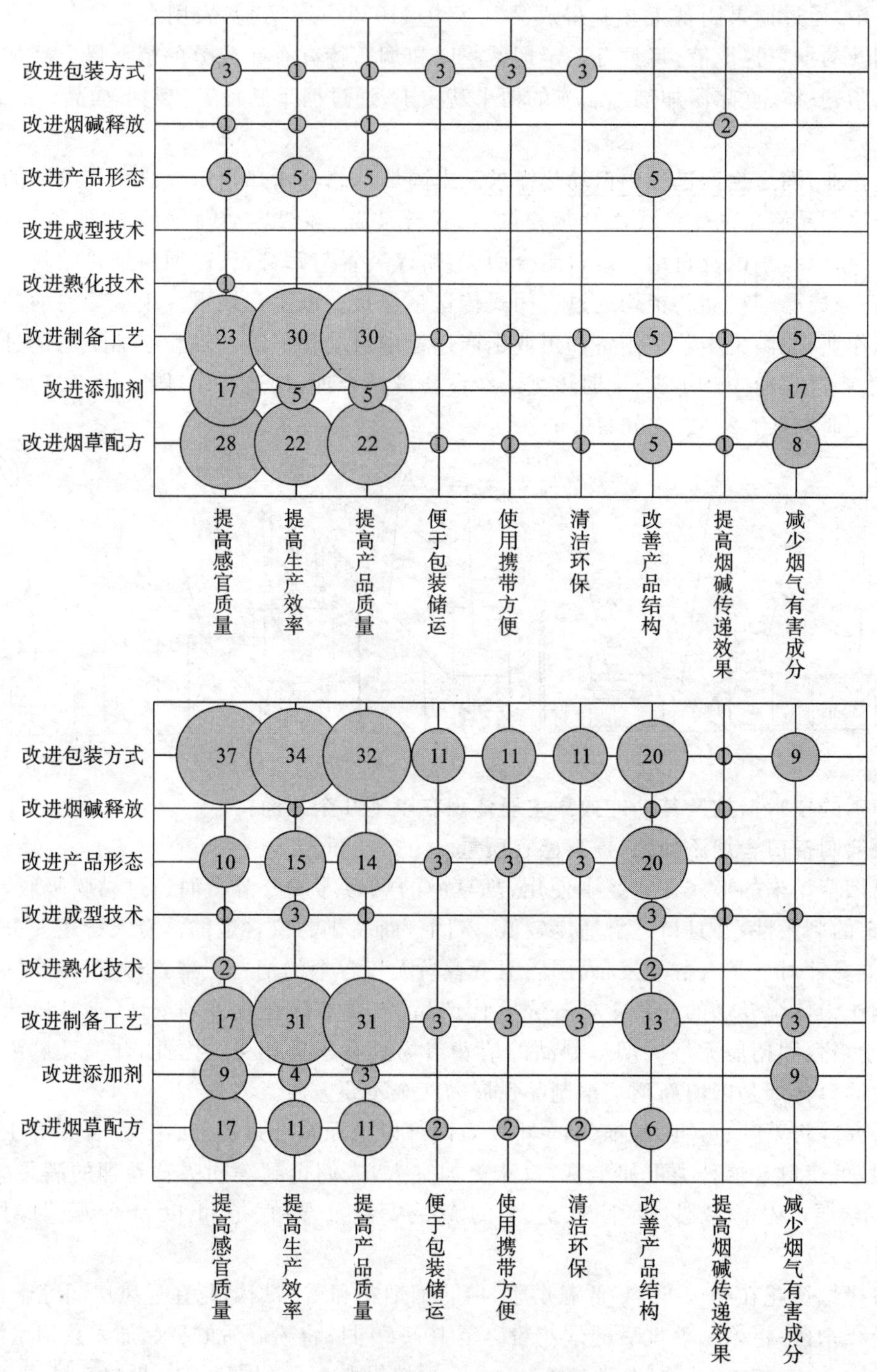

图 11.6 口含型口含烟专利技术功效对比

（注：上图为国内烟草行业；下图为国内烟草行业外）

均涉及了改进烟草配方、改进添加剂、改进制备工艺、改进熟化技术、改进成型技术、改进产品形态、改进烟碱释放、改进包装方式 8 个方面。其主要技术改进措施的优先级见表 11.17。

表 11.17 主要技术措施优先级

优先级	国内烟草行业	国内烟草行业外
1	改进制备工艺	改进制备工艺
2	改进烟草配方	改进产品形态
3	改进添加剂	改进烟草配方

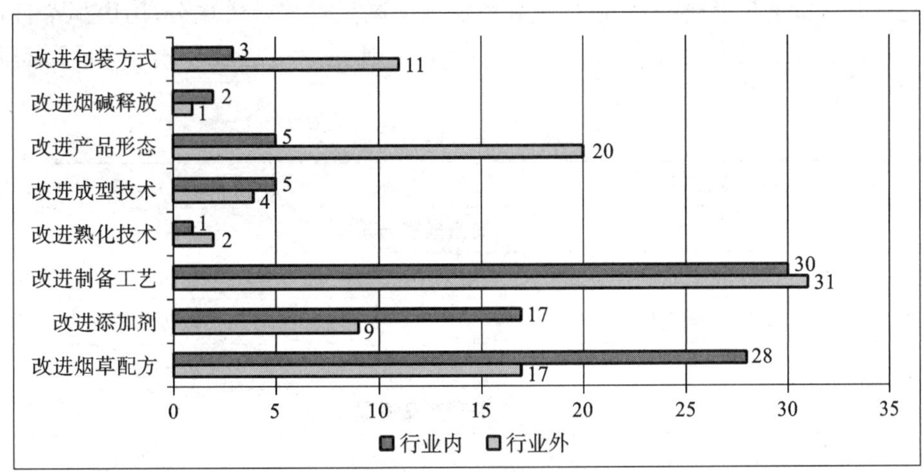

图 11.7　口含型口含烟专利技术措施分布对比

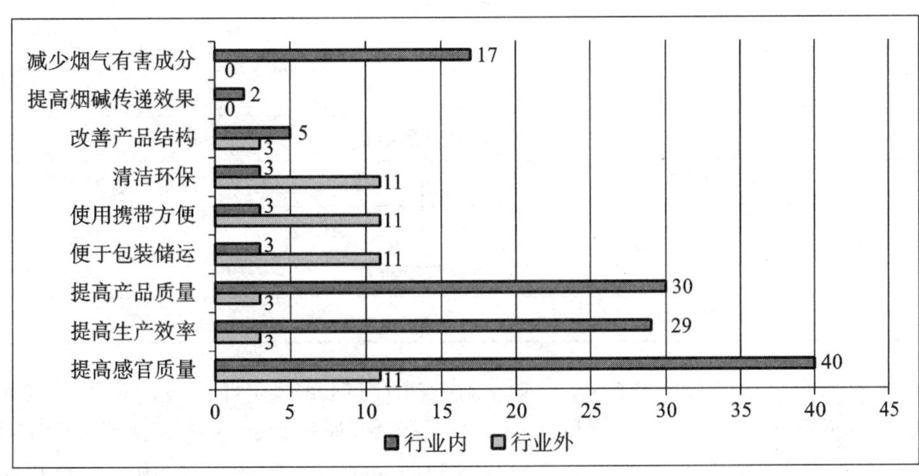

图 11.8　口含型口含烟专利功能效果分布对比

国内烟草行业、国内烟草行业外申请人均将改进制备工艺作为优先技术改进措施。第二技术改进措施，国内烟草行业申请人选择了改进烟草配方，国内烟草行业外申请人选择了改进产品形态。第三技术改进措施，国内烟草行业申请人选择了改进添加剂，国内烟草行业外申请人选择了改进烟草配方。

从功能效果角度对比分析，国内烟草行业、国内烟草行业外申请人针对口含型口含烟进行技术改进所实现的功能效果均包括提高感官质量、提高生产效率、提高产品质量、便于包装储运、使用携带方便、清洁环保、改善产品结构共 7 个方面。除此之外，国内烟草行业申请人实现的功能效果还包含了提高烟碱传递效果和减少烟气有害成分。其主要功能效果的优先级见表 11.18。

表 11.18　主要功能效果优先级

优先级	国内烟草行业	国内烟草行业外
1	提高感官质量	提高感官质量
2	提高产品质量	便于包装储运、使用携带方便
3	提高生产效率	清洁环保

国内烟草行业、国内烟草行业外申请人均将提高感官质量作为实现的第一功效。作为第二功效，国内烟草行业申请人选择了提高产品质量，国内烟草行业外申请人选择了便于包装储运、使用携带方便。作为第三功效，国内烟草行业申请人选择了提高生产效率，国内烟草行业外申请人选择了清洁环保。

从实现的功能效果所采取的技术措施对比分析，国内烟草行业、国内烟草行业外申请人均将改进烟草配方、制备工艺作为提高感官质量的主要技术措施。除此之外，国内烟草行业申请人还通过改进制备工艺和烟草配方来提高产品质量和生产效率，通过改进添加剂来减少烟气有害成分；国内烟草行业外申请人还通过改进包装方式和制备工艺来提高产品质量和生产效率，通过改进包装方式和产品形态来改善产品结构，详见表 11.19。

表 11.19 主要技术功效优先级

优先级	国内烟草行业	国内烟草行业外
	提高感官质量	
1	改进烟草配方	改进包装方式
2	改进制备工艺	改进烟草配方
3		改进制备工艺
	提高产品质量	
1	改进制备工艺	改进包装方式
2	改进烟草配方	改进制备工艺
	提高生产效率	
1	改进制备工艺	改进包装方式
2	改进烟草配方	改进制备工艺
	改善产品结构	
1		改进包装方式
2		改进产品形态
	减少烟气有害成分	
1	改进添加剂	

从研发重点和专利布局角度对比分析，国内烟草行业、国内烟草行业外申请人均将通过改进制备工艺、改进烟草配方来提高感官质量、提高产品质量和提高生产效率，通过改进包装方式来提高产品质量和改善产品结构，作为口含型口含烟专利技术的首要研发热点和布局重点。除此之外，国内烟草行业、国内烟草行业外申请人还将通过改进产品形态来改善产品结构，以及通过改进添加剂来减少烟气有害成分，作为次要研发重点。

从关键技术角度对比分析，国内烟草行业、国内烟草行业外申请人的专利技术均涵盖了制备工艺、烟草配方技术。除此之外，国内烟草行业外专利还涉及了包装技术（特别是小袋包装）且优势明显，国内烟草行业专利则在添加剂技术方面有一定优势。

2. 具体技术措施及其功能效果对比分析

国内烟草行业、国内烟草行业外申请人针对口含型口含烟的技术改进措施主要集中在制备工艺、烟草配方、添加剂、包装方式、产品形态等方面，具体技术措施及其功能效果对比见表 11.20。

表 11.20 具体技术措施及其功能效果对比

国内烟草行业	国内烟草行业外
①改进制备工艺的技术措施及其功能效果对比	
设计流水线作业，满足生产过程中自动化需求	采用热处理技术，提高产品感官质量和安全性
	采用“白化”技术，提高产品质量和感官质量
②改进烟草配方的技术措施及其功能效果对比	
采用不同香型的烟草提取液，提高感官质量	
③改进包装方式的技术措施及其功能效果对比	

续表

国内烟草行业	国内烟草行业外
	采用环境改造材料控制容器中的湿度以保持烟草材料的产品质量
	采用不同材料制作包装小袋提高产品感官质量
	采用连续性整体设计提高包装生产效率和方便使用携带
④改进添加剂的技术措施及其功能效果对比	
采用不同原料制备口含烟添加剂，提高感官质量	

改进制备工艺的技术措施及其功能效果对比

相同点：国内烟草行业、国内烟草行业外申请人均采用了热处理技术，提高产品的感官质量和安全性。

不同点：国内烟草行业申请人设计了流水线作业，满足生产过程中自动化需求。

11.3.2　口含型口含烟重要专利分析

采用专家评议法、专利文献计量学相结合的方法对口含型口含烟专利的重要程度进行了评估，评出口含型口含烟重要专利 29 件，其中国内烟草行业外重要专利 25 件，国内烟草行业重要专利 4 件。

11.3.2.1　国内烟草行业外口含型口含烟重要专利分析

国内烟草行业外口含型口含烟重要专利技术功效图见图 11.9，技术措施、功能效果分布见图 11.10、图 11.11。

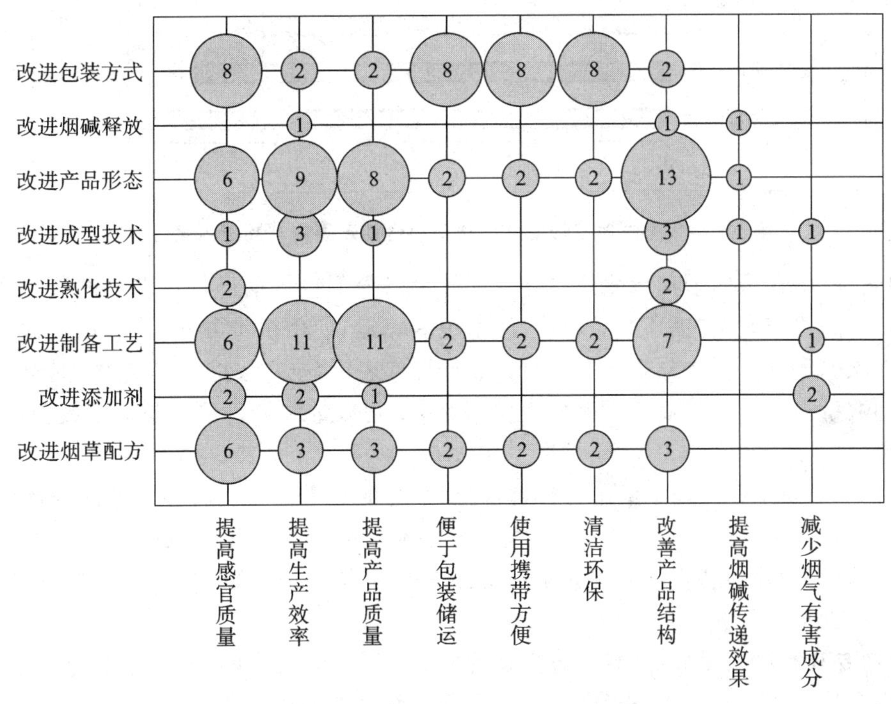

图 11.9　国内烟草行业外口含型口含烟重要专利技术功效图

从技术措施角度分析，国内烟草行业外重要专利针对口含型口含烟的技术改进措施涉及改进烟草配方、改进添加剂、改进制备工艺、改进熟化技术、改进成型技术、改进产品形态、改进烟碱释放、改进包装方式共 8 个方面。数据统计表明，技术改进措施主要集中在改进产品形态，专利数量占 27.7%。其次是改进制备工艺，专利数量占 23.4%。然后是改进包装方式，专利数量占 17.0%。

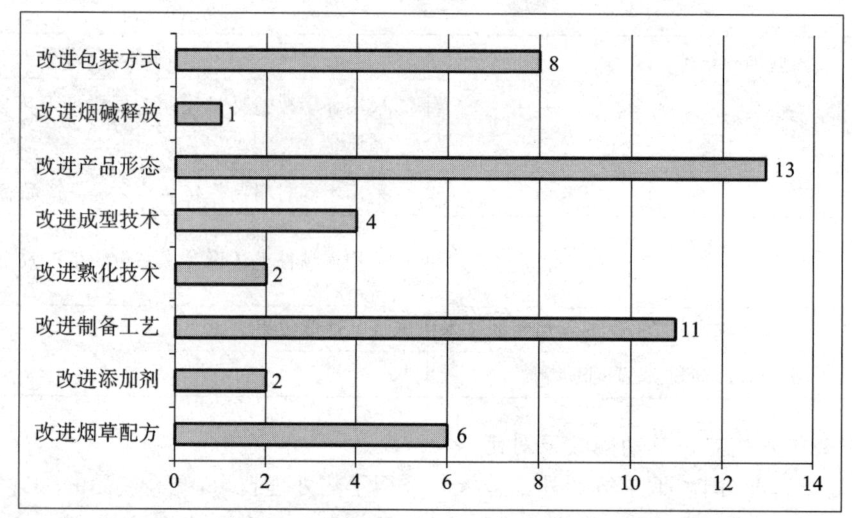

图 11.10　国内烟草行业外口含型口含烟重要专利技术措施分布

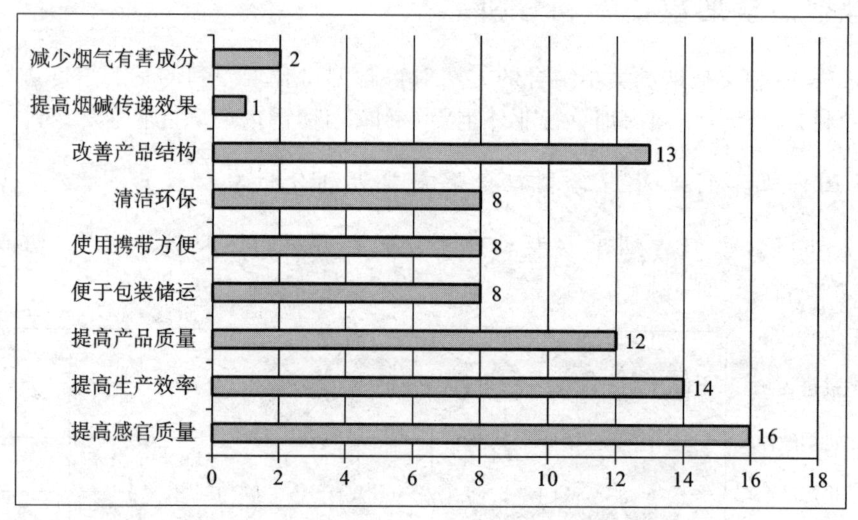

图 11.11　国内烟草行业外口含型口含烟重要专利功能效果分布

从功能效果角度分析，国内烟草行业外重要专利针对口含型口含烟进行技术改进所实现的功能效果包括提高感官质量、提高生产效率、提高产品质量、便于包装储运、使用携带方便、清洁环保、改善产品结构、提高烟碱传递效果、减少烟气有害成分共 9 个方面。数据统计表明，技术改进所实现的功能效果主要集中在提高感官质量，专利数量占 19.5%。其次是提高生产效率，专利数量占 17.1%。然后是改善产品结构、提高产品质量，专利数量分别占 15.9%、14.6%。

从实现的功能效果所采取的技术措施分析，国内烟草行业外重要专利改善产品结构优先采取的技术措施是改进产品形态，其次是改进制备工艺；提高生产效率和产品质量优先采取的技术措施均为改进制备工艺，其次是改进产品形态；提高感官质量优先采取的技术措施是改进包装方式，其次是改进产品形态、制备工艺和烟草配方。

从研发重点和专利布局角度分析，鉴于改进产品形态、制备工艺、包装方式方面的专利申请，以及提高感官质量、提高生产效率、改善产品结构、提高产品质量方面的专利申请所占份额较大，因此可以判断：通过改进产品形态来改善产品结构，通过改进制备工艺来提高生产效率和产品质量，通过改进包装方式来提高感官质量等技术领域，是国内烟草行业外口含型口含烟重要专利的研发热点和布局重点。

从关键技术角度分析，国内烟草行业外重要专利所涉及的口含型口含烟关键技术涵盖了产品形态、制备工艺、包装方式。

11.3.2.2 国内烟草行业口含型口含烟重要专利分析

国内烟草行业口含型口含烟重要专利技术功效图见图 11.12，技术措施、功能效果分布见图 11.13、图 11.14。

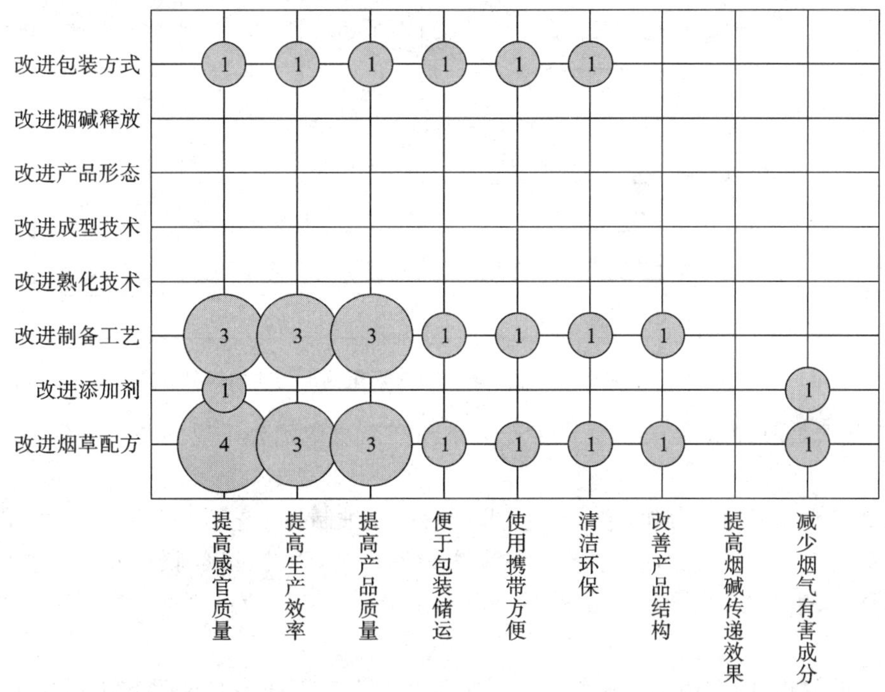

图 11.12 国内烟草行业口含型口含烟重要专利技术功效图

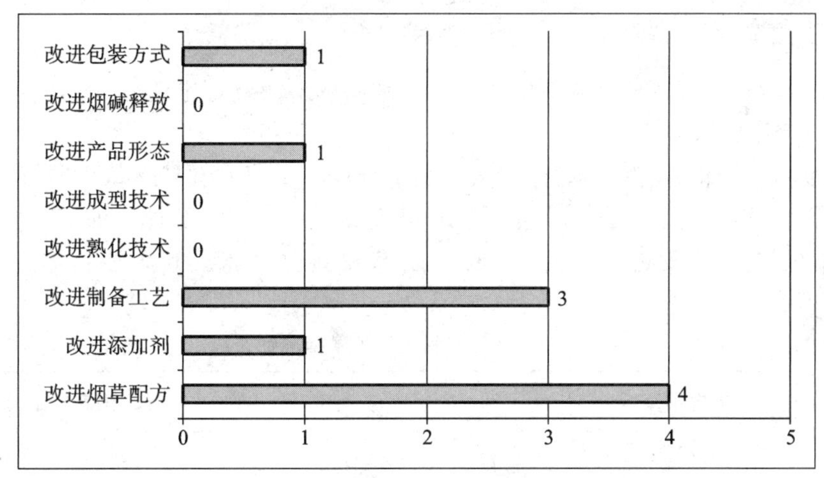

图 11.13 国内烟草行业口含型口含烟重要专利技术措施分布

从技术措施角度分析，国内烟草行业重要专利针对口含型口含烟的技术改进措施涉及改进烟草配方、改进添加剂、改进制备工艺、改进产品形态、改进包装方式共 5 个方面。数据统计表明，技术改进措施主要集中在改进烟草配方，专利数量占 40.0%。其次是改进制备工艺，专利数量占 30.0%。

从功能效果角度分析，国内烟草行业重要专利针对口含型口含烟进行技术改进所实现的功能效果包括提高感官质量、提高生产效率、提高产品质量、便于包装储运、使用携带方便、清洁环保、改善产品结构、减少烟气有害成分共 8 个方面。数据统计表明，技术改进所实现的功能效果主要集中在提高感官质量，专利数量占 26.7%。其次是提高生产效率和产品质量，专利数量均占 20.0%。

从实现的功能效果所采取的技术措施分析，国内烟草行业重要专利提高感官质量优先采取的技术措施

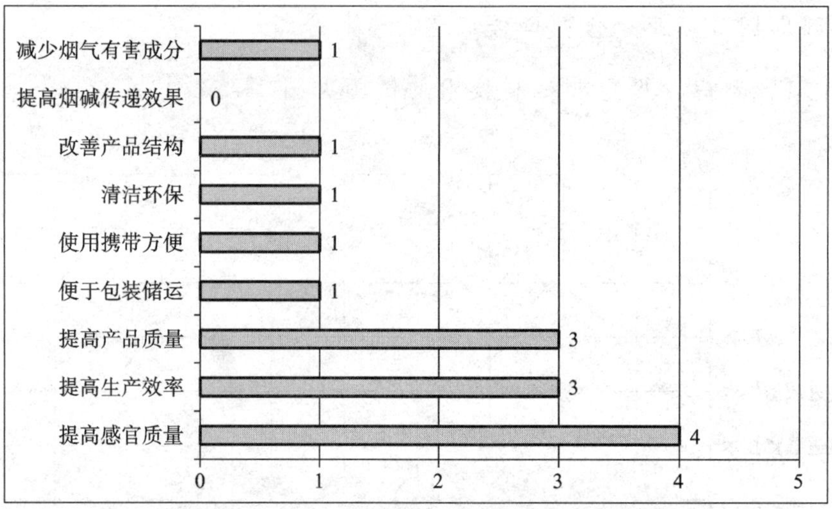

图 11.14 国内烟草行业口含型口含烟重要专利功能效果分布

是改进烟草配方，其次是改进制备工艺；提高生产效率和产品质量优先采取的技术措施均为改进烟草配方和制备工艺。

从研发重点和专利布局角度分析，鉴于改进烟草配方、改进制备工艺方面的专利申请，以及提高感官质量、提高生产效率、提高产品质量方面的专利申请所占份额较大，因此可以判断：通过改进烟草配方和制备工艺来提高感官质量、生产效率、产品质量等技术领域，是国内烟草行业口含型口含烟重要专利的研发热点和布局重点。

从关键技术角度分析，国内烟草行业重要专利所涉及的口含型口含烟关键技术涵盖了烟草配方、制备工艺、包装方式。

11.3.2.3 口含型口含烟重要专利对比分析

国内烟草行业、国内烟草行业外口含型口含烟重要专利技术功效对比见图 11.15，技术措施、功能效果分布对比见图 11.16、图 11.17。

从技术措施角度对比分析，国内烟草行业、国内烟草行业外重要专利针对口含型口含烟的技术改进措施均涉及了烟草配方、制备工艺、产品形态、包装方式、添加剂 5 个方面。除此之外，国内烟草行业外重要专利的技术改进措施还涉及了改进烟碱释放、成型技术和熟化技术。其主要技术改进措施的优先级见表 11.21。

表 11.21 重要专利主要技术措施优先级

优先级	国内烟草行业	国内烟草行业外
1	改进烟草配方	改进产品形态
2	改进制备工艺	改进制备工艺
3		改进包装方式

国内烟草行业、国内烟草行业外重要专利均将改进制备工艺置于相对优先的地位。除此之外，国内烟草行业重要专利更注重改进烟草配方，国内烟草行业外重要专利更注重产品形态和包装方式的改进。

从功能效果角度对比分析，国内烟草行业、国内烟草行业外重要专利针对口含型口含烟进行技术改进所实现的功能效果均包括提高感官质量、提高生产效率、提高产品质量、改善产品结构、便于包装储运、使用携带方便、清洁环保、减少烟气有害成分共 8 个方面。除此之外，国内烟草行业外重要专利实现的功能效果还包含了提高烟碱传递效果方面。其主要功能效果的优先级见表 11.22。

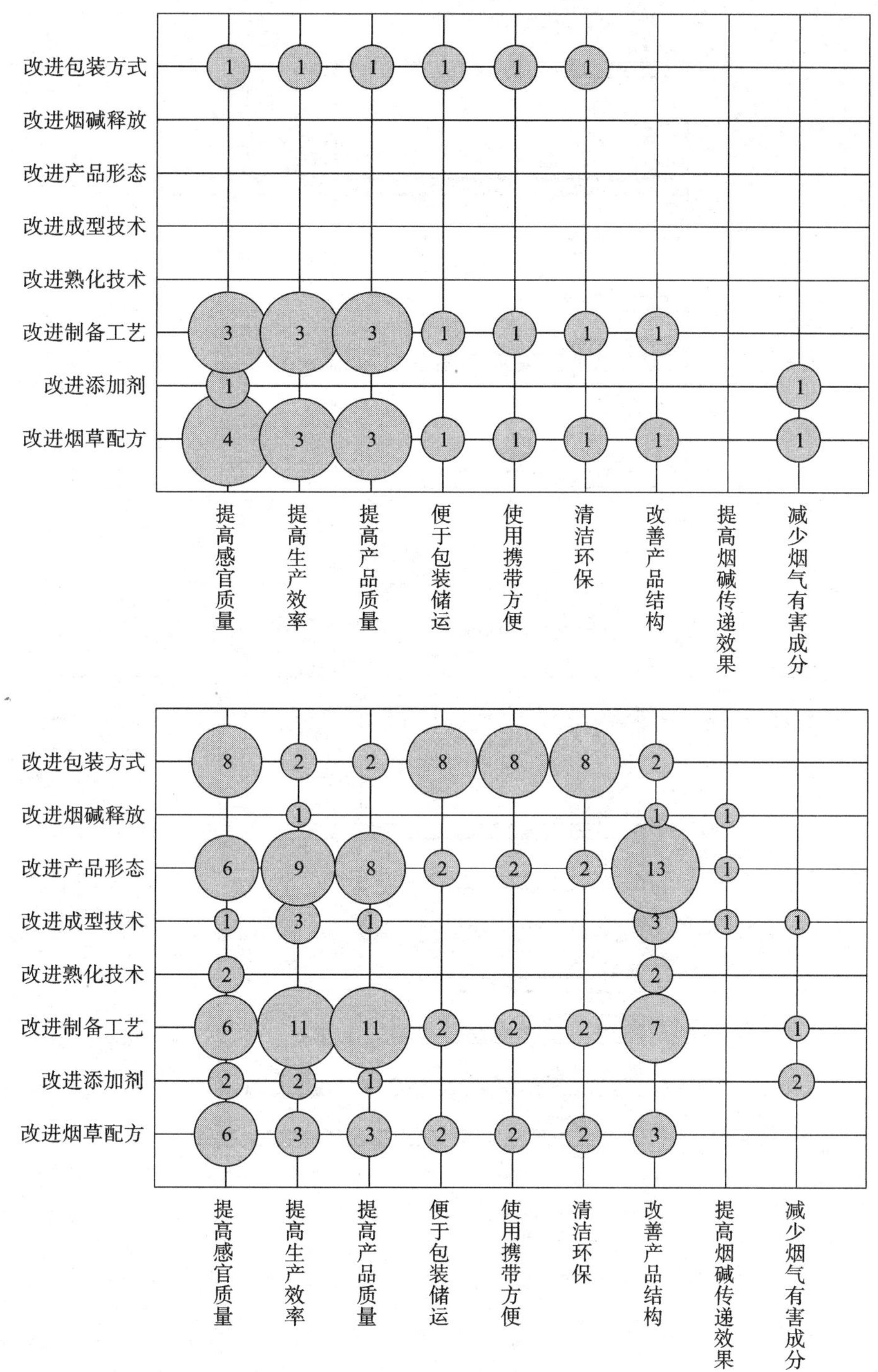

图 11.15　口含型口含烟重要专利技术功效对比

(注:上图为国内烟草行业;下图为国内烟草行业外)

表 11.22　重要专利主要功能效果优先级

优先级	国内烟草行业	国内烟草行业外
1	提高感官质量	提高感官质量
2	提高生产效率	提高生产效率
3	提高产品质量	改善产品结构
4		提高产品质量

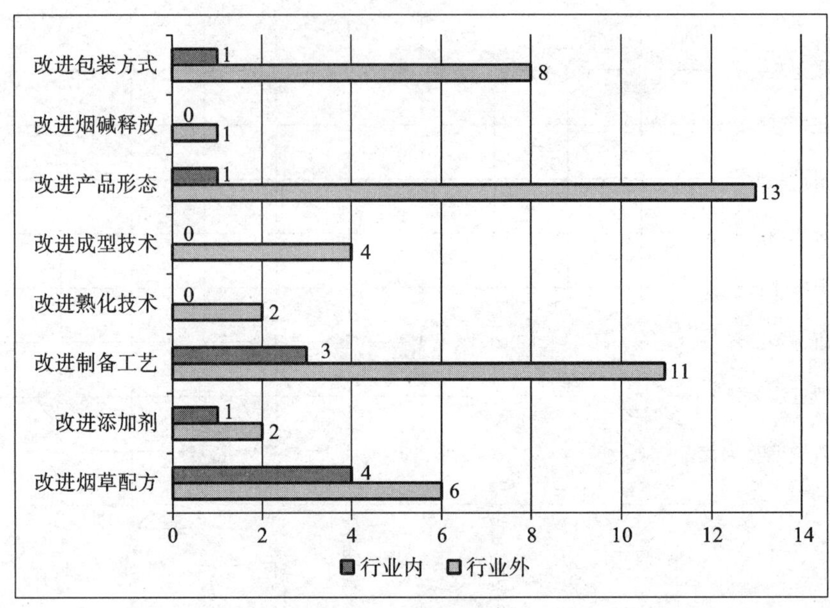

图 11.16　口含型口含烟重要专利技术措施分布对比

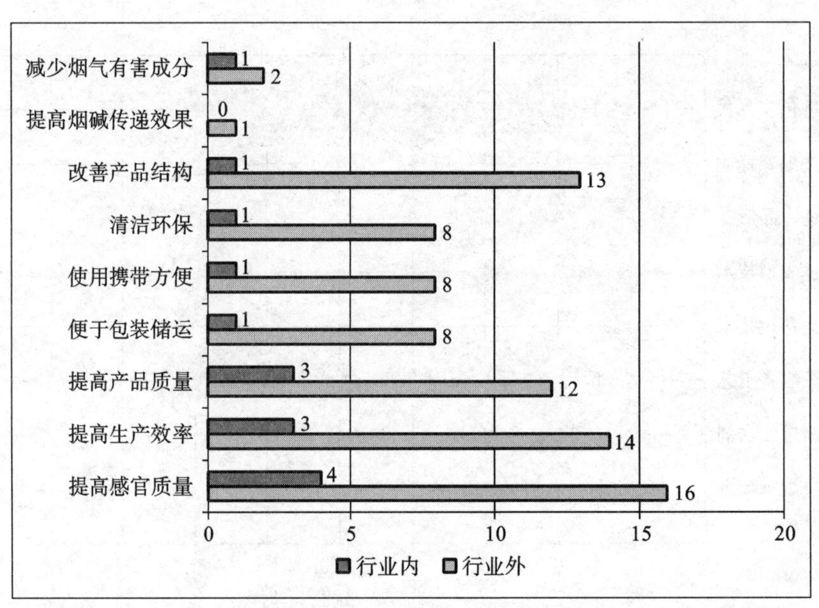

图 11.17　口含型口含烟重要专利功能效果分布对比

国内烟草行业、国内烟草行业外重要专利均将提高感官质量作为实现的第一功效。除此之外，国内烟草行业重要专利更加注重提高生产效率和提高产品质量，国内烟草行业外重要专利则更加注重提高生产效率和改善产品结构。

从实现的功能效果所采取的技术措施对比分析，国内烟草行业、国内烟草行业外重要专利均将改进烟草配方、制备工艺作为提高感官质量、生产效率、产品质量的主要技术措施。除此之外，国内烟草行业外重要专利还通过改进产品形态和包装方式来改善产品结构和提高储运的方便性和便携性，详见表 11.23。

表 11.23　重要专利主要技术功效优先级

优先级	国内烟草行业	国内烟草行业外
	提高感官质量	
1	改进烟草配方	改进包装方式
2	改进制备工艺	改进产品形态

续表

优先级	国内烟草行业	国内烟草行业外
3		改进烟草配方
4		改进制备工艺
	提高生产效率	
1	改进烟草配方	改进制备工艺
2	改进制备工艺	改进产品形态
	提高产品质量	
1	改进烟草配方	改进制备工艺
2	改进制备工艺	改进产品形态
	改善产品结构	
1		改进产品形态
2		改进制备工艺
	提高储运的方便性和便携性	
1		改进包装方式

从研发重点和专利布局角度对比分析，国内烟草行业、国内烟草行业外重要专利均将改进制备工艺、提高感官质量、提高生产效率、提高产品质量作为研发热点和布局重点。除此之外，国内烟草行业重要专利还将改进烟草配方来提高感官质量作为研发热点和布局重点；国内烟草行业外重要专利还将通过改进产品形态改善产品结构、改进包装方式提高储运的方便性和便携性作为研发热点和布局重点。

从关键技术角度对比分析，国内烟草行业、国内烟草行业外重要专利均涵盖了制备工艺、烟草配方技术。除此之外，国内烟草行业外专利还涉及了产品形态和包装技术且优势明显，国内烟草行业专利在包装技术方面有所欠缺。

11.3.3　国内烟草行业外口含型口含烟专利重要申请人专利分析

根据前期研究结果，国内烟草行业外口含型口含烟专利重要申请人见表 11.24。

表 11.24　国内烟草行业外口含型口含烟专利重要申请人

序号	申　请　人	专 利 数 量	同族专利数量	被 引 频 次
1	R. J. 雷诺兹烟草公司	30	245	70
2	菲利普・莫里斯烟草公司	7	149	7
3	美国无烟烟草公司	2	32	20

11.3.3.1　R. J. 雷诺兹烟草公司专利分析

R. J. 雷诺兹烟草公司专利技术功效图见图 11.18，技术措施、功能效果分布见图 11.19、图 11.20。

从技术措施角度分析，R. J. 雷诺兹烟草公司针对口含型口含烟的技术改进措施涉及改进烟草配方、改进添加剂、改进制备工艺、改进熟化技术、改进成型技术、改进产品形态、改进包装方式共 7 个方面。数据统计表明，技术改进措施主要集中在制备工艺，专利数量占 31.9%。其次是改进产品形态，专利数量占 23.4%。然后是改进烟草配方，专利数量占 14.9%。

从功能效果角度分析，R. J. 雷诺兹烟草公司针对口含型口含烟进行技术改进所实现的功能效果包括提高感官质量、提高生产效率、提高产品质量、便于包装储运、使用携带方便、清洁环保、改善产品结构、减少烟气有害成分共 8 个方面。数据统计表明，技术改进所实现的功能效果主要集中在提高感官质量，专利数量占 23.5%。其次是提高产品质量和生产效率，专利数量均占 18.5%。然后是改善产品结构，专利数量占

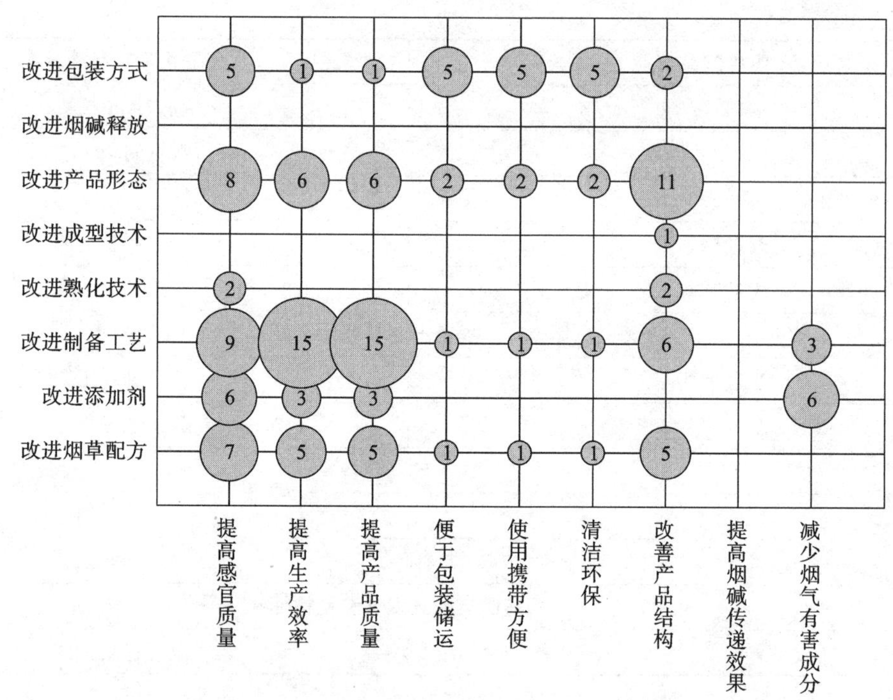

图 11.18　R.J.雷诺兹烟草公司口含型口含烟专利技术功效图

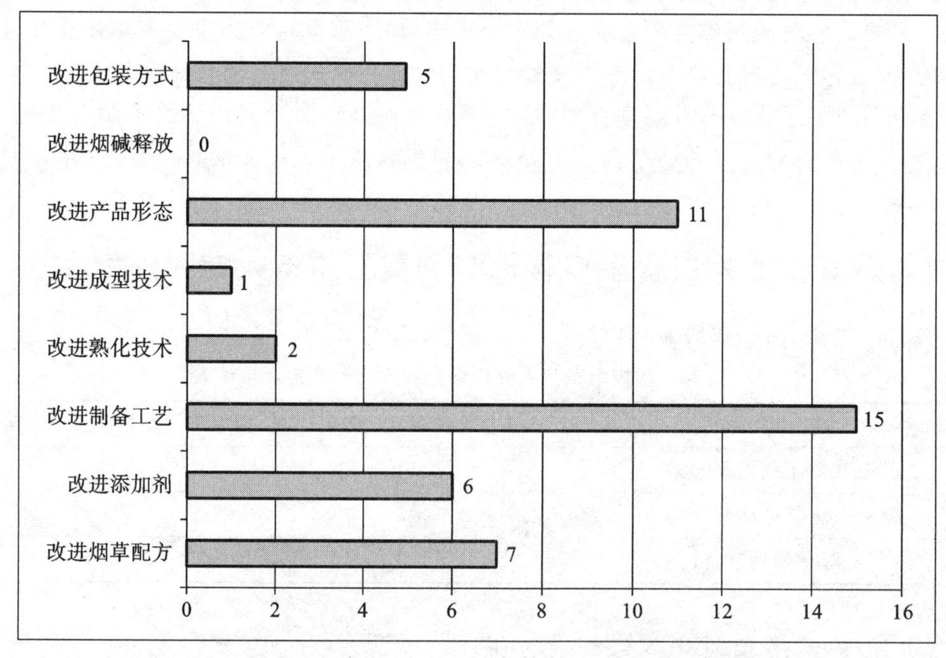

图 11.19　R.J.雷诺兹烟草公司口含型口含烟专利技术措施分布

13.6%。

从实现的功能效果所采取的技术措施分析，R.J.雷诺兹烟草公司提高产品质量和生产效率优先采取的技术措施是改进制备工艺，其次是改进产品形态和烟草配方；改善产品结构优先采取的技术措施是改进产品形态，其次是改进制备工艺；便于包装储运和使用携带方便优先采取的技术措施是改进包装方式。

从研发重点和专利布局角度分析，鉴于改进制备工艺、产品形态、烟草配方、包装方式方面的专利申请，以及提高感官质量、生产效率、产品质量和改善产品结构方面的专利申请所占份额较大，因此可以判断：通过改进制备工艺和产品形态来改善产品结构，通过改进制备工艺、产品形态和烟草配方来提高生产效率和产品质量，通过改进包装方式来提高储运的方便性和方便携带等技术领域，是R.J.雷诺兹烟草公司口含型

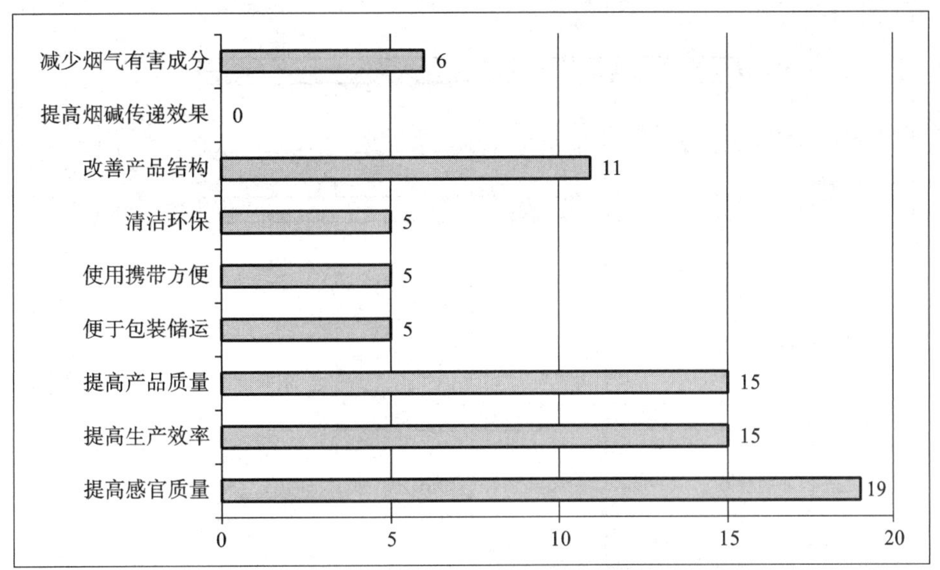

图 11.20　R.J. 雷诺兹烟草公司口含型口含烟专利功能效果分布

口含烟的研发热点和布局重点。

从关键技术角度分析，R.J. 雷诺兹烟草公司所涉及的口含型口含烟关键技术涵盖了制备工艺、产品形态、烟草配方、包装方式。

11.3.3.2　菲利普·莫里斯烟草公司专利分析

菲利普·莫里斯烟草公司专利技术功效图见图 11.21，技术措施、功能效果分布见图 11.22、图 11.23。

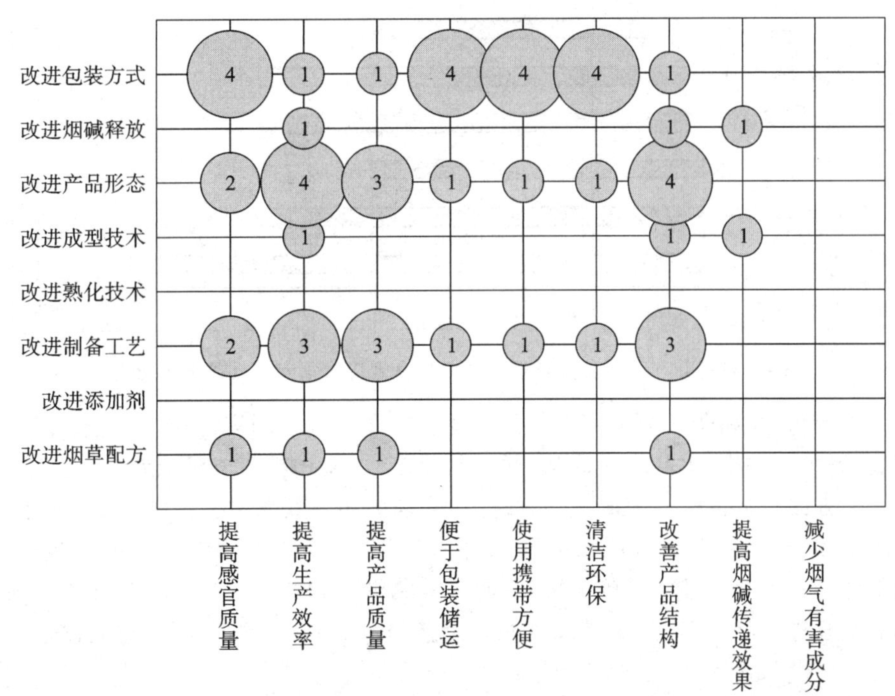

图 11.21　菲利普·莫里斯烟草公司口含型口含烟专利技术功效图

从技术措施角度分析，菲利普·莫里斯烟草公司针对口含型口含烟的技术改进措施涉及改进烟草配方、改进制备工艺、改进成型技术、改进产品形态、改进烟碱释放、改进包装方式共 6 个方面。数据统计表明，技术改进措施主要集中在改进包装方式和产品形态，专利数量均占 28.6%。其次是改进制备工艺，专利数量占 21.4%。

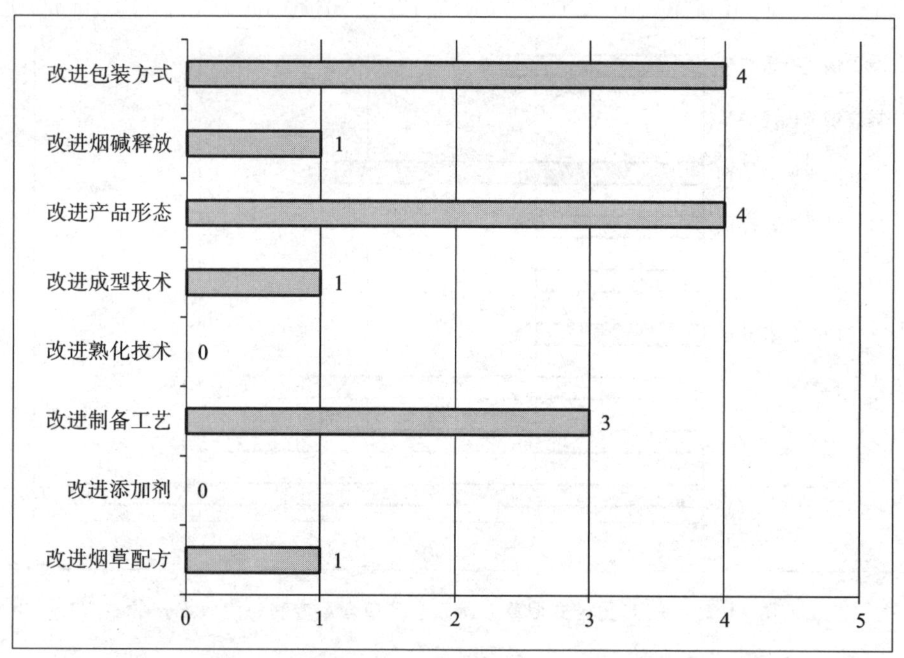

图 11.22 菲利普·莫里斯烟草公司口含型口含烟专利技术措施分布

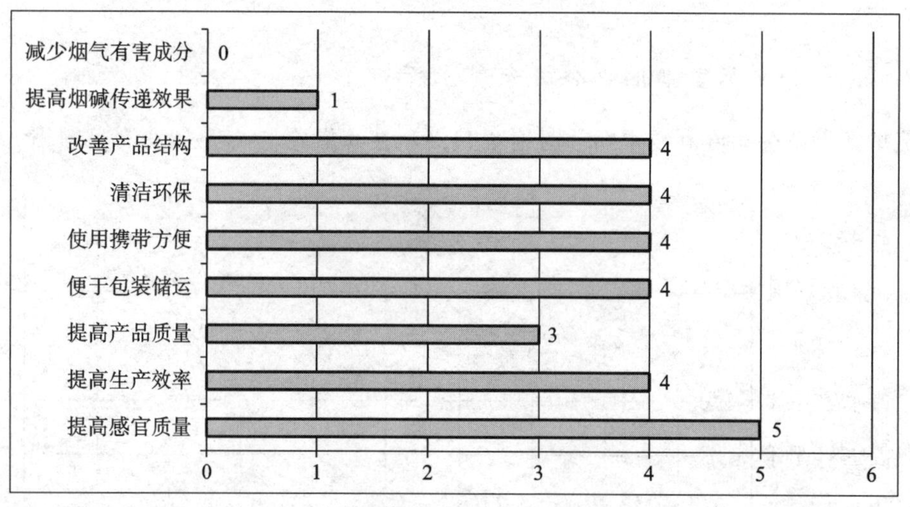

图 11.23 菲利普·莫里斯烟草公司口含型口含烟专利功能效果分布

从功能效果角度分析，菲利普·莫里斯烟草公司针对口含型口含烟进行技术改进所实现的功能效果包括提高感官质量、提高生产效率、提高产品质量、便于包装储运、使用携带方便、清洁环保、改善产品结构、提高烟碱传递效果 8 个方面。数据统计表明，技术改进所实现的功能效果主要集中在提高感官质量，专利数量占 17.2%。其次是提高生产效率、改善产品结构、便于包装储运、方便使用携带，专利数量均占 13.8%。

从实现的功能效果所采取的技术措施分析，菲利普·莫里斯烟草公司提高生产效率和改善产品结构优先采取的技术措施是改进产品形态，其次是改进制备工艺；提高感官质量和便于包装储运优先采取的技术措施是改进包装方式。

从研发重点和专利布局角度分析，鉴于改进包装方式、产品形态、制备工艺方面的专利申请，以及提高感官质量、生产效率和改善产品结构方面的专利申请所占份额较大，因此可以判断：通过改进包装方式来提高感官质量、便于包装储运、方便使用携带，通过改进产品形态来提高生产效率和改善产品结构，通过改进制备工艺来提高生产效率、产品质量等技术领域，是菲利普·莫里斯烟草公司口含型口含烟的研发热点和布局重点。

从关键技术角度分析，菲利普·莫里斯烟草公司所涉及的口含型口含烟关键技术涵盖了包装方式、产品形态、制备工艺。

11.3.3.3　美国无烟烟草公司专利分析

美国无烟烟草公司专利技术功效图见图 11.24，技术措施、功能效果分布见图 11.25、图 11.26。

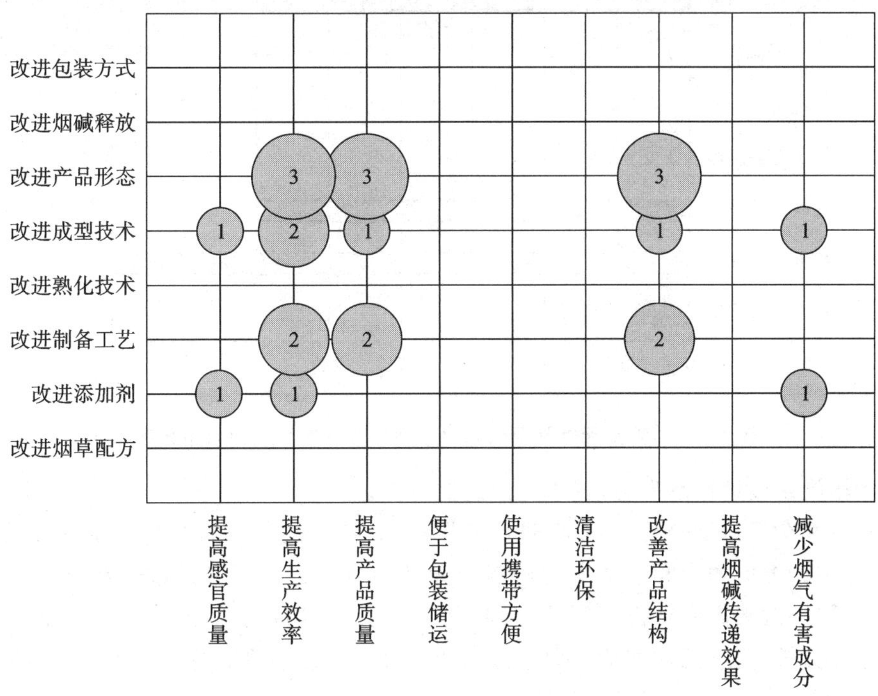

图 11.24　美国无烟烟草公司口含型口含烟专利技术功效图

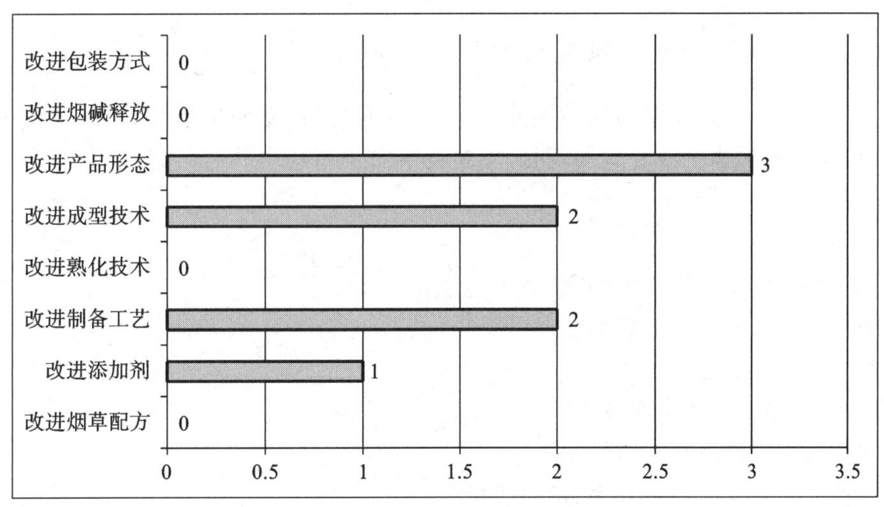

图 11.25　美国无烟烟草公司口含型口含烟专利技术措施分布

从技术措施角度分析，美国无烟烟草公司针对口含型口含烟的技术改进措施涉及改进制备工艺、改进成型技术、改进产品形态、改进添加剂共 4 个方面。数据统计表明，技术改进措施主要集中在产品形态，专利数量占 37.5%。其次是改进制备工艺和成型技术，专利数量均占 25.0%。

从功能效果角度分析，美国无烟烟草公司针对口含型口含烟进行技术改进所实现的功能效果包括提高感官质量、提高生产效率、提高产品质量、改善产品结构、减少烟气有害成分 5 个方面。数据统计表明，技术改进所实现的功能效果主要集中在提高生产效率，专利数量占 33.3%。其次是提高产品质量、改善产品结构，专利数量均占 25%。

从实现的功能效果所采取的技术措施分析，美国无烟烟草公司提高生产效率和产品质量、改善产品结

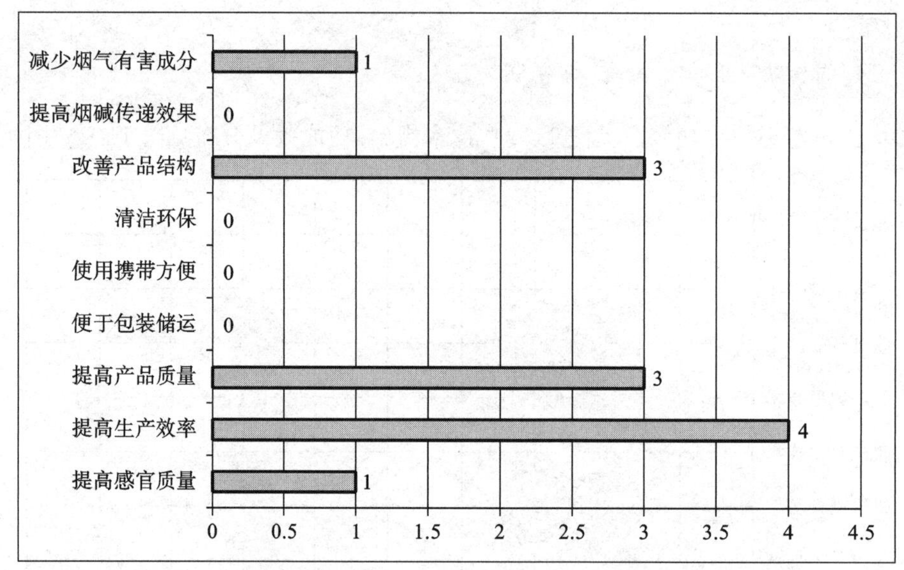

图 11.26 美国无烟烟草公司口含型口含烟专利功能效果分布

构优先采取的技术措施是改进产品形态，其次是改进制备工艺。

从研发重点和专利布局角度分析，鉴于改进产品形态、制备工艺方面的专利申请，以及提高生产效率和产品质量、改善产品结构方面的专利申请所占份额较大，因此可以判断：通过改进产品形态、制备工艺来提高生产效率和产品质量、改善产品结构，是美国无烟烟草公司口含型口含烟的研发热点和布局重点。

从关键技术角度分析，美国无烟烟草公司所涉及的口含型口含烟关键技术涵盖了产品形态、制备工艺。

11.3.4 口含型口含烟专利布局分析

11.3.4.1 口含型口含烟专利研发热点和布局重点

通过上述口含型口含烟专利技术功效矩阵分析、重要专利分析、重要申请人分析，可得出口含型口含烟专利的总体布局现状、国内烟草行业外布局现状、主要竞争对手布局现状、国内烟草行业布局现状及其研发热点和布局重点。

1. 总体布局现状

口含型口含烟专利总体布局现状见图 11.27。

口含型口含烟专利技术的研发热点和布局重点是：

①改进烟草配方和制备工艺。

②提高感官质量、产品质量和生产效率。

③通过改进烟草配方来提高感官质量。

④通过改进制备工艺来提高生产效率、产品质量。

2. 国内烟草行业外布局现状

国内烟草行业外口含型口含烟专利布局现状见图 11.28。

国内烟草行业外口含型口含烟专利技术的研发热点和布局重点是：

①改进包装方式和制备工艺。

②提高感官质量、生产效率和产品质量。

③通过改进包装方式来提高感官质量、生产效率和产品质量。

④通过改进制备工艺来提高产品质量和生产效率。

3. 主要竞争对手布局现状

国内烟草行业外重要申请人评估及重要专利评估表明，R. J. 雷诺兹烟草公司是国内烟草行业口含型口

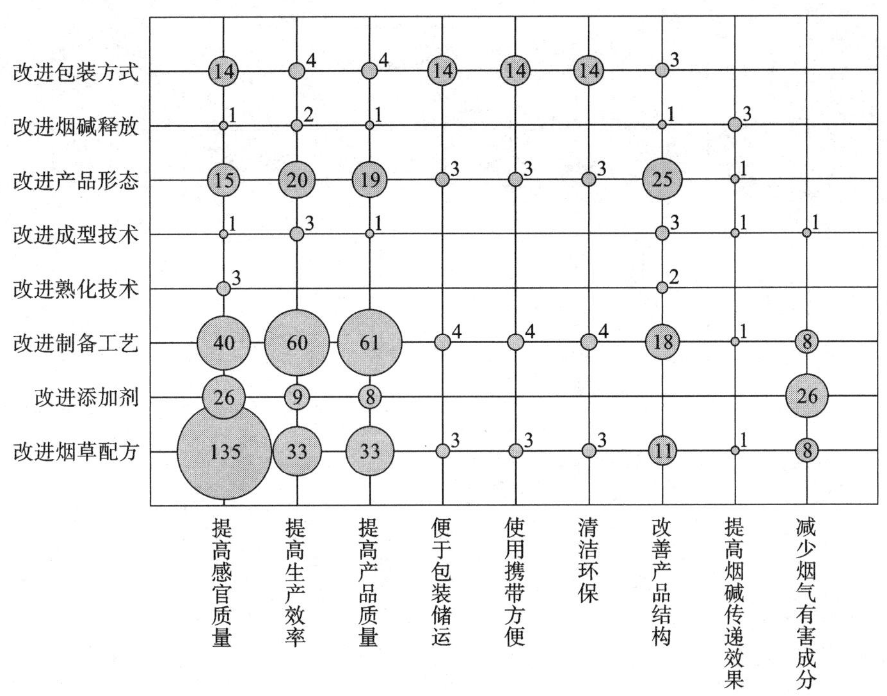

图 11.27 口含型口含烟专利总体布局现状

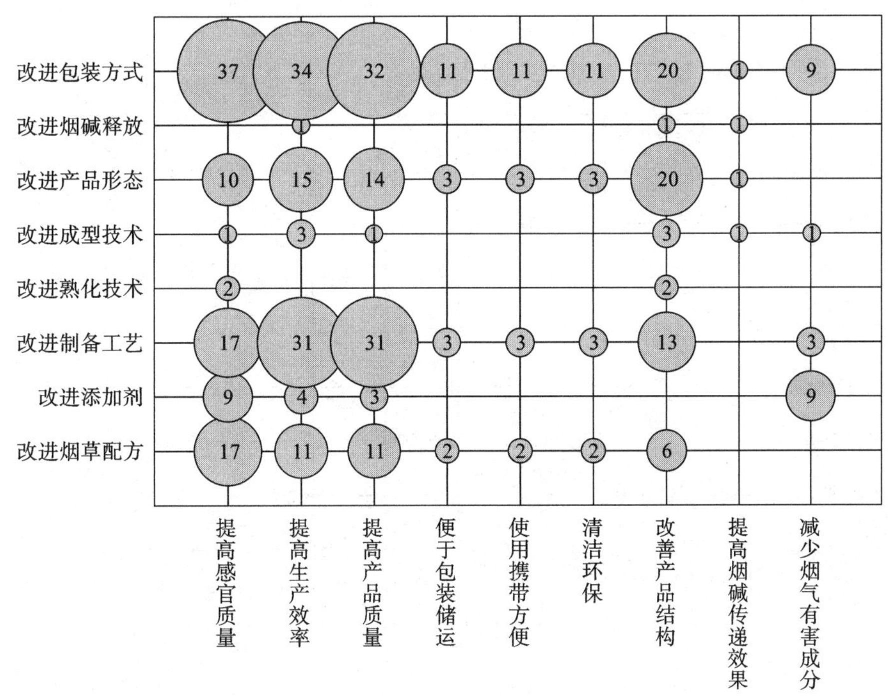

图 11.28 国内烟草行业外口含型口含烟专利布局现状

含烟技术研发的主要竞争对手，其口含型口含烟专利布局现状见图 11.29。

R.J.雷诺兹烟草公司口含型口含烟专利的研发热点和布局重点是：

①改进制备工艺、产品形态、烟草配方、包装方式。

②提高感官质量、生产效率、产品质量和改善产品结构。

③通过改进制备工艺和产品形态来改善产品结构。

④通过改进制备工艺和烟草配方来提高生产效率和产品质量。

⑤通过改进包装方式来提高储运的方便性和方便携带。

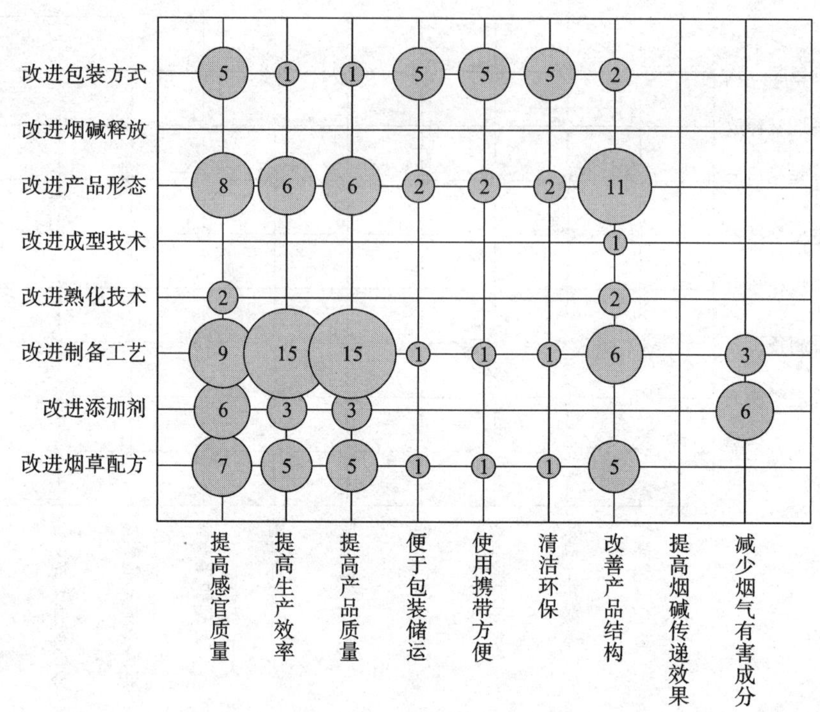

图 11.29　R.J.雷诺兹烟草公司口含型口含烟专利布局现状

4. 国内烟草行业布局现状

国内烟草行业口含型口含烟专利布局现状见图 11.30。

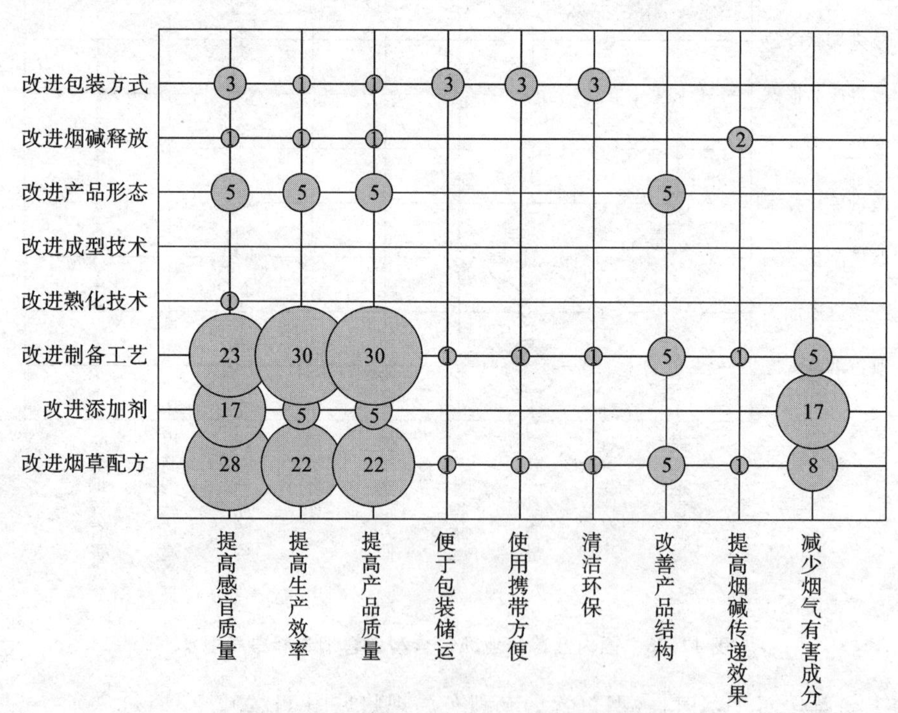

图 11.30　国内烟草行业口含型口含烟专利布局现状

国内烟草行业口含型口含烟专利技术的研发热点和布局重点是：

①改进烟草配方和制备工艺。

②提高感官质量、提高生产效率、提高产品质量和减少烟气有害成分。

③通过改进制备工艺来提高生产效率、产品质量。

④通过改进烟草配方来提高感官质量和生产效率。

11.3.4.2 口含型口含烟专利技术空白点和薄弱点

通过上述口含型口含烟专利的总体布局现状、国内烟草行业外布局现状、主要竞争对手布局现状、国内烟草行业布局现状及其研发热点和布局重点的分析，认为在某一技术领域专利数量为“0”，即可视为专利技术空白点；在某一技术领域专利数量为“1～5”，即可视为专利技术薄弱点，如表11.25所示。

需要说明的是，上述口含型口含烟专利技术空白点和薄弱点是基于纳入研究范围的专利数据，经分析研究后得出的结论，能够在较大程度上体现口含型口含烟专利研发现状。未来在这些方面的技术创新空间相对较大，但仍有待进一步对其技术需求和技术可行性进行评估。

表11.25 口含型口含烟专利技术空白点和薄弱点

功能效果	改进烟草配方	改进添加剂	改进制备工艺	改进熟化技术	改进成型技术	改进产品形态	改进烟碱释放	改进包装方式
提高感官质量	135	26	40	3	1	15	1	14
提高生产效率	33	9	60	0	3	20	2	4
提高产品质量	33	8	61	0	1	19	1	4
便于包装储运	3	0	4	0	0	3	0	14
使用携带方便	3	0	4	0	0	3	0	14
清洁环保	3	0	4	0	0	3	0	14
改善产品结构	11	0	18	2	3	25	1	3
提高烟碱传递效果	1	0	1	0	1	1	3	0
减少烟气有害成分	8	26	8	0	1	0	0	0

11.4 含化型口含烟专利技术分析

含化型口含烟，主要指可溶烟草。使用时可以完全溶解，用后无渣滓残留。主要为块状、片状、条状或者棒状等。

根据含化型口含烟的产品结构和特征，以及研究制定的《新型烟草制品专利技术分类体系》，含化型口含烟的专利技术分支主要包括烟草配方、工艺及设备、添加剂、成型技术、产品形态、缓释技术、包装共7个方面。

依据专利文献计量学指标，研究确定将37件含化型专利纳入专利技术分析范围，其中国内烟草行业外申请的专利有23件，国内烟草行业申请的专利有14件。

11.4.1 含化型口含烟专利技术功效矩阵分析

11.4.1.1 含化型口含烟专利总体技术功效分析

分析研究含化型口含烟专利的“权利要求书”和“说明书”，并依据研究制定的《新型烟草制品专利技术分类体系》，对专利涉及的技术措施和功能效果进行归纳总结，形成总体技术功效图11.31，总体技术措施、总体功能效果分布表11.26、表11.27。

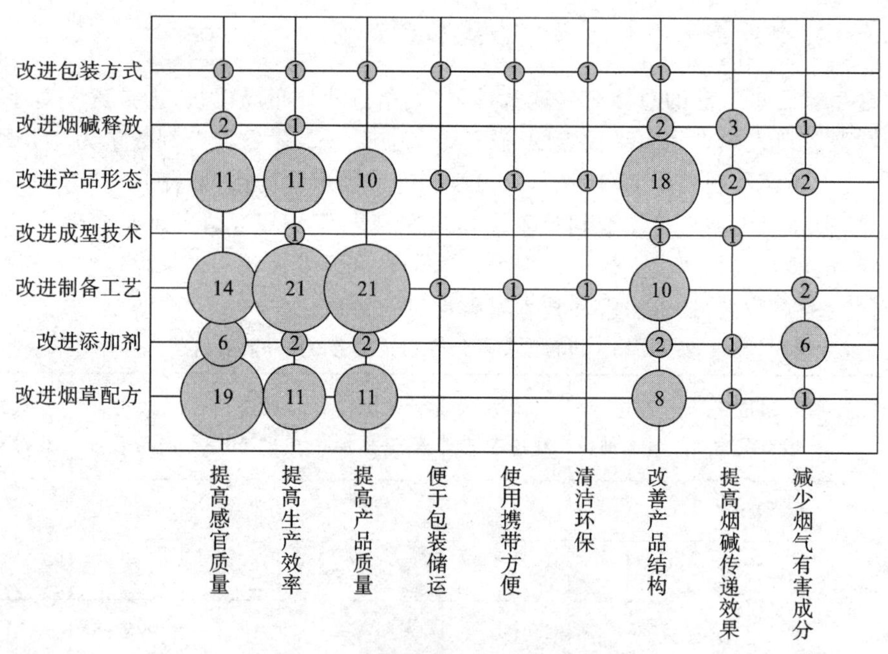

图 11.31　含化型口含烟专利总体技术功效图

表 11.26　含化型口含烟专利总体技术措施分布

申请年份	改进烟草配方	改进添加剂	改进制备工艺	改进成型技术	改进产品形态	改进烟碱释放	改进包装方式
2003 年	4	0	0	0	0	0	0
2008 年	0	0	1	1	5	2	0
2010 年	1	0	1	0	1	0	0
2011 年	8	3	8	0	6	0	1
2012 年	0	3	5	0	4	1	0
2013 年	4	0	4	0	0	0	0
2014 年	1	0	1	0	1	0	0
2015 年	1	0	1	0	1	0	0
合计	19	6	21	1	18	3	1

表 11.27　含化型口含烟专利总体功能效果分布

申请年份	提高感官质量	提高生产效率	提高产品质量	便于包装储运	使用携带方便	清洁环保	改善产品结构	提高烟碱传递效果	减少烟气有害成分
2008 年	4	2	1	0	0	0	5	2	0
2010 年	1	1	1	0	0	0	1	0	0
2011 年	11	8	8	1	1	1	6	0	3
2012 年	3	5	5	0	0	0	4	1	3
2013 年	4	4	4	0	0	0	0	0	0
2014 年	1	1	1	0	0	0	1	0	0
2015 年	1	1	1	0	0	0	1	0	0
合计	25	22	21	1	1	1	18	3	6

从技术措施角度分析，针对含化型口含烟的技术改进措施涉及改进烟草配方、改进添加剂、改进制备工

艺、改进成型技术、改进产品形态、改进烟碱释放、改进包装方式 7 个方面。数据统计表明，技术改进措施主要集中在改进制备工艺，专利数量占 30.4%。其次是改进烟草配方，专利数量占 27.5%。然后是改进产品形态，专利数量占 26.1%。

从功能效果角度分析，针对含化型口含烟进行技术改进所实现的功能效果包括提高感官质量、提高生产效率、提高产品质量、便于包装储运、使用携带方便、清洁环保、改善产品结构、提高烟碱传递效果、减少烟气有害成分共 9 个方面。数据统计表明，技术改进所实现的功能效果主要集中在提高感官质量，专利数量占 25.5%。其次是提高生产效率，专利数量占 22.4%。然后是提高产品质量、改善产品结构，专利数量分别占 21.4%、18.4%。

从实现的功能效果所采取的技术措施分析，提高感官质量，优先采取的技术措施是改进烟草配方，其次是改进制备工艺；提高生产效率和产品质量，优先采取的技术措施是改进制备工艺，其次是改进烟草配方和产品形态；改善产品结构，优先采取的技术措施是改进产品形态，其次是改进制备工艺和烟草配方。

从研发重点和专利布局角度分析，鉴于改进制备工艺、改进烟草配方和改进产品形态方面的专利申请，以及提高感官质量、产品质量、生产效率和改善产品结构方面的专利申请所占份额较大并且总体呈上升趋势，因此综合考虑上述信息可以初步判断：通过改进烟草配方来提高感官质量，通过改进制备工艺来提高产品质量和生产效率，通过改进产品形态来改善产品结构等技术领域，是含化型口含烟专利技术的研发热点和布局重点。

从关键技术角度分析，上述专利所涉及的含化型口含烟关键技术涵盖了烟草配方、制备工艺、产品形态等。

11.4.1.2　国内烟草行业外含化型口含烟专利技术功效分析

1. 技术功效图表分析

分析研究国内烟草行业外申请的含化型口含烟专利的“权利要求书”和“说明书”，并依据研究制定的《新型烟草制品专利技术分类体系》，对专利涉及的技术措施和功能效果进行归纳总结，形成技术功效图 11.32，技术措施、功能效果分布表 11.28、表 11.29。

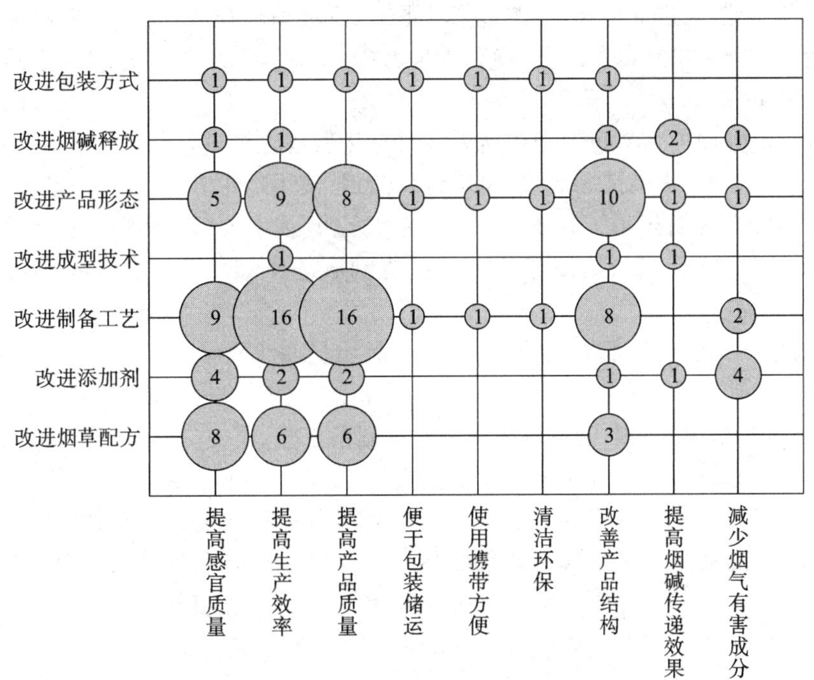

图 11.32　国内烟草行业外含化型口含烟专利技术功效图

表 11.28　国内烟草行业外含化型口含烟专利技术措施分布

申请年份	改进烟草配方	改进添加剂	改进制备工艺	改进成型技术	改进产品形态	改进烟碱释放	改进包装方式
2008 年	0	0	0	1	1	1	0
2010 年	0	0	1	0	0	0	0
2011 年	7	1	8	0	5	0	1
2012 年	0	3	5	0	4	1	0
2013 年	1	0	1	0	0	0	0
2015 年	0	0	1	0	0	0	0
合计	8	4	16	1	10	2	1

表 11.29　国内烟草行业外含化型口含烟专利功能效果分布

申请年份	提高感官质量	提高生产效率	提高产品质量	便于包装储运	使用携带方便	清洁环保	改善产品结构	提高烟碱传递效果	减少烟气有害成分
2008 年	0	1	0	0	0	0	1	1	0
2010 年	0	1	1	0	0	0	0	0	0
2011 年	9	8	8	1	1	1	5	0	1
2012 年	3	5	5	0	0	0	4	1	3
2013 年	1	1	1	0	0	0	0	0	0
2015 年	0	1	1	0	0	0	0	0	0
合计	13	17	16	1	1	1	10	2	4

从技术措施角度分析，国内烟草行业外申请人针对含化型口含烟的技术改进措施涉及改进烟草配方、改进添加剂、改进制备工艺、改进成型技术、改进产品形态、改进烟碱释放、改进包装方式 7 个方面。数据统计表明，技术改进措施主要集中在制备工艺，专利数量占 38.1%。其次是产品形态，专利数量占 23.8%。然后是烟草配方，专利数量占 19.0%。

从功能效果角度分析，国内烟草行业外申请人针对含化型口含烟进行技术改进所实现的功能效果包括提高感官质量、提高生产效率、提高产品质量、便于包装储运、使用携带方便、清洁环保、改善产品结构、提高烟碱传递效果、减少烟气有害成分共 9 个方面。数据统计表明，技术改进所实现的功能效果主要集中在提高生产效率，专利数量占 26.2%。其次是提高产品质量，专利数量占 24.6%。然后是提高感官质量，专利数量占 20.0%。

从实现的功能效果所采取的技术措施分析，提高产品质量和生产效率，优先采取的技术措施是改进制备工艺，其次是改进产品形态和烟草配方；改善产品结构，优先采取的技术措施是改进产品形态，其次是改进制备工艺；提高感官质量，优先采取的技术措施是改进制备工艺，其次是改进烟草配方。

从研发重点和专利布局角度分析，鉴于改进制备工艺、改进产品形态和改进烟草配方方面的专利申请，以及提高生产效率、产品质量和感官质量方面的专利申请所占份额较大并且总体呈上升趋势，因此综合考虑上述信息可以初步判断：通过改进制备工艺来提高生产效率和产品质量，通过改进产品形态来改善产品结构等技术领域，是国内烟草行业外含化型口含烟专利技术的研发热点和布局重点。

从关键技术角度分析，国内烟草行业外申请的专利所涉及的含化型口含烟关键技术涵盖了制备工艺、产品形态、烟草配方等。

2. 具体技术措施及其功能效果分析

国内烟草行业外申请人针对含化型口含烟的技术改进措施主要集中在改进制备工艺、产品形态和改进烟草配方方面，旨在实现提高生产效率、产品质量和感官质量方面的功能效果。

①改进制备工艺的技术措施及其功能效果主要体现在：

通过压制、压片或挤出的方式来使产品成型。R.J.雷诺兹烟草公司申请的包含泡腾组合物的无烟烟草产品包括酸组分和碱组分，其中所述酸组分包括三元酸诸如柠檬酸和至少一种其他酸。制备该无烟烟草组合物的方法包括：首先形成造粒混合物，将所述造粒混合物造粒，然后将得到的颗粒与其他掺和组分一起掺和。此后，可以将所述材料形成预定的形状，诸如压制或挤出（CN201180048897.X）。

菲利普·莫里斯烟草公司申请的无烟烟草产品是一种非水性的、可挤压的组合物，包含超过总组合物重量20%的至少一种热塑性聚合物和烟草。一种薄片形式的无烟烟草产品可以通过将包含至少一种热塑性聚合物和烟草的非水性组合物挤出或热熔成型而制成，该薄片可溶于使用者口中并导致烟碱控释给该使用者。该薄片可以为可放在使用者的颊腔中、腭上或舌下的形式，并且具有5～50分钟的平均溶解时间来将超级生物利用度的烟碱递送给该使用者（CN200880118170.2）。

②改进产品形态的技术措施及其功能效果主要体现在：

通过不同的模具制备出多种多样的产品形态。R.J.雷诺兹烟草公司的专利无烟烟草锭剂和用于形成无烟烟草产品的模铸方法所描述的无烟烟草组合物包括烟草材料、糖醇和天然胶质黏合剂组分，其中所述组合物呈锭剂的形式。还提供了一种用于制备无烟烟草组合物锭剂的方法：包含水合的天然胶质黏合剂组分的水性混合物，将烟草材料与所述水性混合物混合以形成无烟烟草混合物，加热所述无烟烟草混合物，将所述经过加热的无烟烟草混合物放入模具中，固化所述无烟烟草混合物以形成无烟烟草组合物锭剂（CN201180065278.1）。

③改进烟草配方的技术措施及其功能效果主要体现在：

通过不同的烟草材料制备不同功效的产品。R.J.雷诺兹烟草公司的专利无烟烟草锭剂和用于形成无烟烟草产品的注射模塑方法提供了一种被构造成用于插入使用者嘴中的无烟烟草组合物。包括烟草材料和多糖填充剂组分，诸如聚葡萄糖。还提供了一种用于制备无烟烟草组合物锭剂的方法：将烟草材料与黏合剂和多糖填充剂组分混合，以形成无烟烟草混合物，注射模塑所述无烟烟草混合物，冷却所述无烟烟草混合物，以形成固化的无烟烟草组合物锭剂。混合步骤可以包括：形成烟草、填充剂和黏合剂组分的干燥的掺和物，将干燥的掺和物与黏稠的液体组分合并。所述注射模塑锭剂可以提供可溶解的且可轻轻咀嚼的产品（CN201180062926.8）。

11.4.1.3　国内烟草行业含化型口含烟专利技术功效分析

1. 技术功效图表分析

分析研究国内烟草行业申请的含化型口含烟专利的“权利要求书”和“说明书”，并依据研究制定的《新型烟草制品专利技术分类体系》，对专利涉及的技术措施和功能效果进行归纳总结，形成技术功效图11.33，技术措施、功能效果分布表11.30、表11.31。

表11.30　国内烟草行业含化型口含烟专利技术措施分布

申请年份	改进烟草配方	改进添加剂	改进制备工艺	改进产品形态	改进烟碱释放
2008年	4	0	1	4	1
2010年	1	0	0	1	0
2011年	1	2	0	1	0
2012年	0	0	0	0	0
2013年	3	0	3	0	0
2014年	1	0	1	1	0
2015年	1	0	0	1	0
合计	11	2	5	8	1

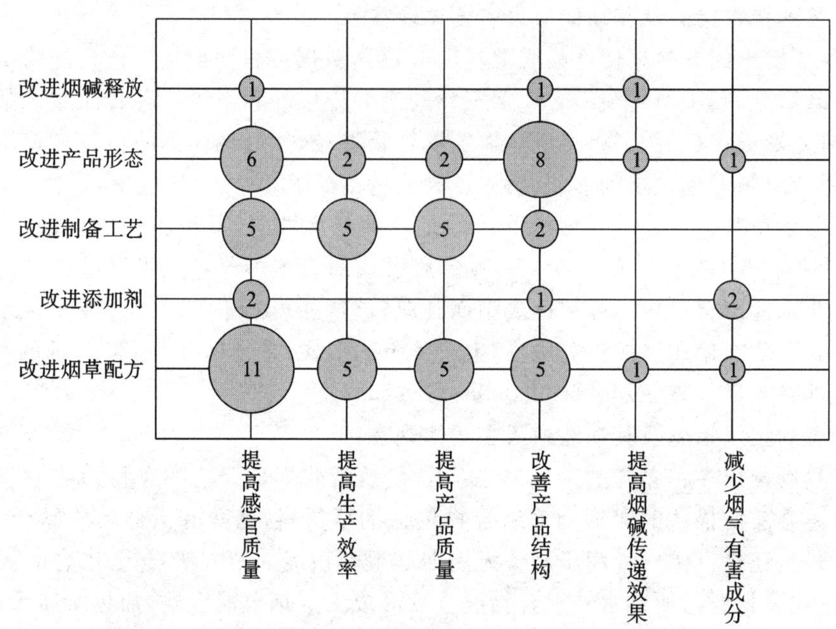

图 11.33 国内烟草行业含化型口含烟专利技术功效图

表 11.31 国内烟草行业含化型口含烟专利功能效果分布

申请年份	提高感官质量	提高生产效率	提高产品质量	改善产品结构	提高烟碱传递效果	减少烟气有害成分
2008 年	4	1	1	4	1	0
2010 年	1	0	0	1	0	0
2011 年	2	0	0	1	0	2
2012 年	0	0	0	0	0	0
2013 年	3	3	3	0	0	0
2014 年	1	1	1	1	0	0
2015 年	1	0	0	1	0	0
合计	12	5	5	8	1	2

从技术措施角度分析，国内烟草行业申请人针对含化型口含烟的技术改进措施涉及改进烟草配方、改进添加剂、改进制备工艺、改进产品形态、改进烟碱释放 5 个方面。数据统计表明，技术改进措施主要集中在改进烟草配方，专利数量占 40.7%。其次是产品形态，专利数量占 29.6%。然后是制备工艺，专利数量占 18.5%。

从功能效果角度分析，国内烟草行业申请人针对含化型口含烟进行技术改进所实现的功能效果包括提高感官质量、提高生产效率、提高产品质量、改善产品结构、提高烟碱传递效果、减少烟气有害成分共 6 个方面。数据统计表明，技术改进所实现的功能效果主要集中在提高感官质量，专利数量占 36.4%。其次是改善产品结构，专利数量占 24.2%。然后是提高生产效率和产品质量，专利数量均占 15.2%。

从实现的功能效果所采取的技术措施分析，提高感官质量，优先采取的技术措施是改进烟草配方，其次是改进产品形态和改进制备工艺；改善产品结构，优先采取的技术措施是改进产品形态，其次是改进烟草配方；提高生产效率和产品质量，优先采取的技术措施是改进制备工艺和烟草配方。

从研发重点和专利布局角度分析，鉴于改进烟草配方和改进产品形态方面的专利申请，以及提高感官质量、改善产品结构、提高生产效率和产品质量方面的专利申请所占份额较大并且总体呈上升趋势，因此综合考虑上述信息可以初步判断：通过改进烟草配方和产品形态来提高感官质量，通过改进产品形态来改善产品结构等技术领域，是国内烟草行业含化型口含烟专利技术的研发热点和布局重点。

从关键技术角度分析，国内烟草行业申请的专利所涉及的含化型口含烟关键技术涵盖了烟草配方、产品形态、制备工艺等。

2. 具体技术措施及其功能效果分析

国内烟草行业申请人针对含化型口含烟的技术改进措施主要集中在改进烟草配方、产品形态、制备工艺等方面，旨在实现提高感官质量、改善产品结构及提高生产效率和产品质量方面的功能效果。

①改进烟草配方和制备工艺的技术措施及其功能效果主要体现在：

采用不同组分配方和制备方法，提高产品感官质量和安全性。

中国烟草总公司山东省公司发明一种舌下烟：它的组分及其质量百分含量为：烟碱0.01%～6%、非糖类甜味物质3%～15%、海藻酸钠5%～35%、绿豆淀粉45%～80%、硫酸钙3%～8%、甘草锌0.5%～3%、维生素0.2%～0.8%、薄荷脑(或者薄荷素油)0～0.6%。该发明与现有新型烟草制品相比，一是对使用方式进行了改进。现有产品均为口腔含化，该发明为舌下使用，效果明显优于现有产品。因为人体舌下分布有较多的腺体和血管，因而本发明生物利用度高，起效快。二是甜味物质的选择。为达到对烟草物质较好的矫味效果，现有产品添加了较高比例的糖类物质，而该发明使用了从天然植物中提取的甜味物质，甜度高，口感好，不会引起血糖升高，尤其适合于糖尿病人群使用。三是具有预防龋齿的作用。现有产品使用了较多的糖类物质，为口腔内的致酸细菌如乳酸杆菌等提供了充足的养料，长期使用会使牙体硬组织脱钙，从而形成龋齿，本发明使用的甜味物质不会作为养料被致酸细菌代谢利用，因而具有较好的预防龋齿的效果。四是本发明具有预防口腔溃疡的功效(CN201310245741.1)。

郑州烟草研究院发明一种烟碱缓释型口含烟草片，由多层烟片叠加黏合而成，各烟片之间设有烟草薄片，各层烟片的密度由中间层向上下两边呈依次递减分布。烟片的主要成分包括烟草材料、水、氯化钠、碳酸钠或碳酸氢钠、蜂蜡、香味材料、甘油等，该产品克服了现有产品烟碱释放速率过快、口含前期劲头过大后期劲头较小、整个口含过程中烟味快速变淡的不足，增加了口含初期烟碱溶出阻力，在不改变总体烟碱释放量的前提下，通过改变设计，增加了烟碱匀速溶出的历程，从而保证口含过程中能在较长的时间内保持稳定的劲头和烟味。而且本发明的使用不受周围环境的限制，不会对他人产生任何危害和影响(CN200810049348.4)。

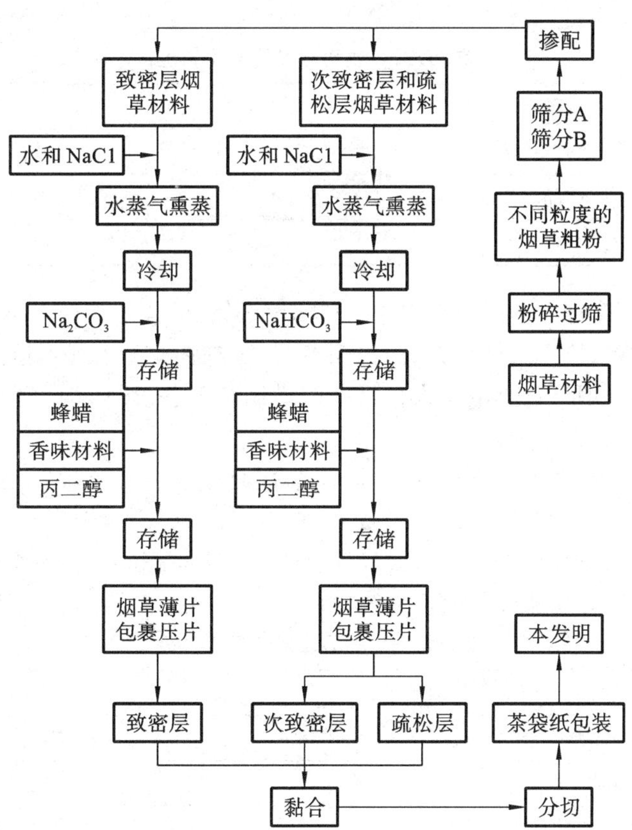

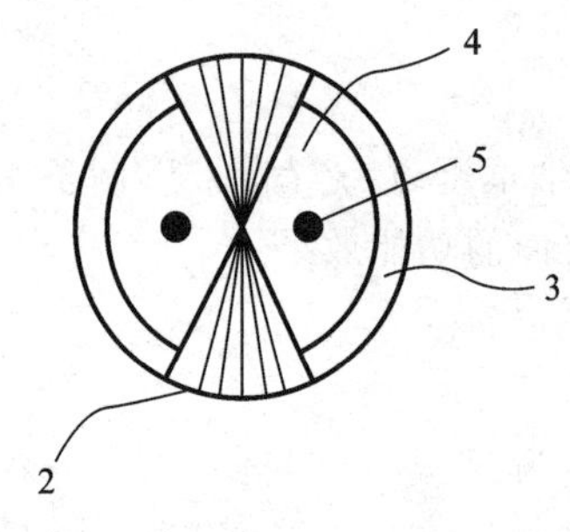

②改进产品形态的技术措施及其功能效果主要体现在：

采用不同产品形态以改善产品结构和提高感官质量。

郑州烟草研究院发明一种口含式棒状烟糖，包括含有烟草提取成分的烟支形糖棒，沿糖棒轴心设置有其截面为对称结构的扇形黏附性膜带，在除黏附性膜带以外的糖棒外周面上涂覆有食用涂层，在烟支形棒糖的糖体上沿轴向设有吸附孔。消费者使用时把糖体放入嘴中吸吮，黏性成分带黏住嘴唇。在这种吸吮状态下糖体各种成分可以更充分地通过口腔系统吸收。该实用新型模仿烟支的形式，符合吸烟人的嗜好和习惯性动作，既能满足烟草消费人群的需要，又可避免吸烟对环境的危害，并可使烟草消费者通过口含吸吮本实用新型的“棒状”烟糖而获得等同于吸食卷烟的满足感(CN200820069450.6)。

此外，还有粒状口嚼式烟糖，由凹形粘贴圈和设置在凹形粘贴圈背面的外表层组成，在凹形粘贴圈的凹陷处填充有含有烟草提取成分的口香糖基料，外表层为圆片形，由乙基纤维素、聚甲基丙烯酸甲酯、丙烯酸树脂材料混合制成，粘贴圈由硬脂酸、巴西棕榈蜡、单硬脂酸甘油酯材料混合制成(CN200820069451.0)。

11.4.1.4 含化型口含烟专利技术功效对比分析

1. 技术功效图表对比分析

通过前期对国内烟草行业、国内烟草行业外专利涉及的技术措施和功能效果进行归纳总结，形成国内烟草行业、国内烟草行业外含化型口含烟专利技术功效对比图 11.34，技术措施、功能效果分布对比图 11.35、图 11.36。

从技术措施角度对比分析，国内烟草行业、国内烟草行业外申请人针对含化型口含烟的技术改进措施均涉及了改进烟草配方、改进添加剂、改进制备工艺、改进产品形态、改进烟碱释放 5 个方面。其主要技术改进措施的优先级见表 11.32。

表 11.32 主要技术措施优先级

优先级	国内烟草行业	国内烟草行业外
1	改进烟草配方	改进制备工艺
2	改进产品形态	改进产品形态
3	改进制备工艺	改进烟草配方

国内烟草行业申请人将改进烟草配方作为优先技术改进措施，国内烟草行业外申请人将改进制备工艺作为优先技术改进措施。第二技术改进措施，国内烟草行业、国内烟草行业外申请人均选择了改进产品形态。第三技术改进措施，国内烟草行业申请人选择了改进制备工艺，国内烟草行业外申请人选择了改进烟草配方。

从功能效果角度对比分析，国内烟草行业、国内烟草行业外申请人针对含化型口含烟进行技术改进所实现的功能效果均包括提高感官质量、提高生产效率、提高产品质量、改善产品结构、提高烟碱传递效果和减少烟气有害成分 6 个方面。除此之外，国内烟草行业外申请人实现的功能效果还包含了便于包装储运、使用携带方便、清洁环保。其主要功能效果的优先级见表 11.33。

表 11.33 主要功能效果优先级

优先级	国内烟草行业	国内烟草行业外
1	提高感官质量	提高生产效率
2	改善产品结构	提高产品质量
3	提高生产效率和产品质量	提高感官质量

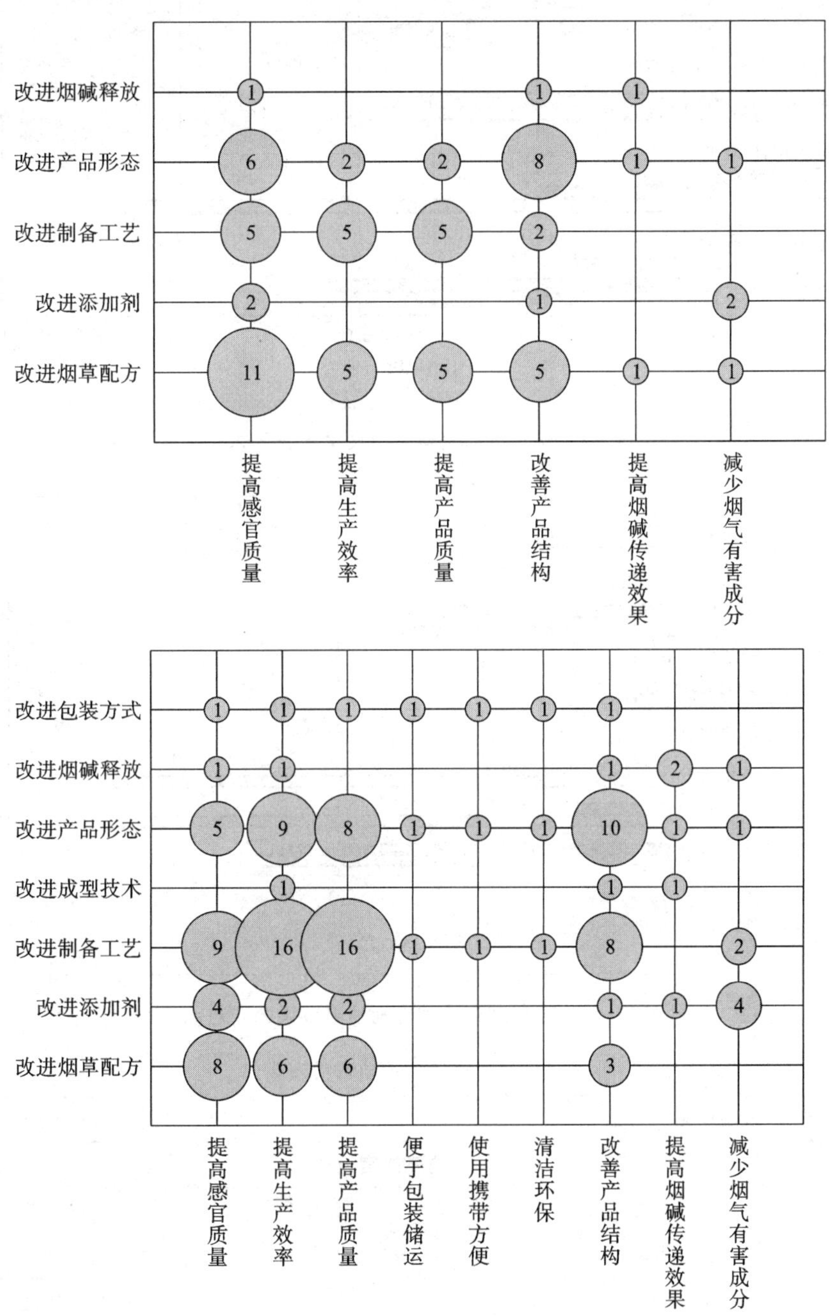

图 11.34　含化型口含烟专利技术功效对比

（注：上图为国内烟草行业；下图为国内烟草行业外）

国内烟草行业申请人将提高感官质量作为实现的第一功效，国内烟草行业外申请人选择了提高生产效率作为实现的第一功效。作为第二功效，国内烟草行业申请人选择了改善产品结构，国内烟草行业外申请人选择了提高产品质量。作为第三功效，国内烟草行业申请人选择了提高生产效率和产品质量，国内烟草行业外申请人选择了提高感官质量。

从实现的功能效果所采取的技术措施对比分析，国内烟草行业、国内烟草行业外申请人均将改进制备工艺、改进烟草配方及改进产品形态作为提高感官质量的首选技术措施，将改进制备工艺作为提高生产效率和产品质量的首选技术措施，将改进产品形态作为改善产品结构的首选技术措施。详见表 11.34。

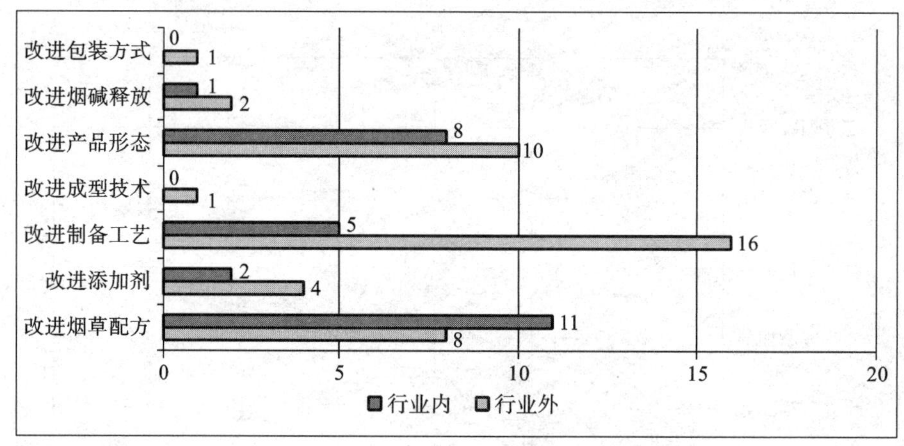

图 11.35 含化型口含烟专利技术措施分布对比

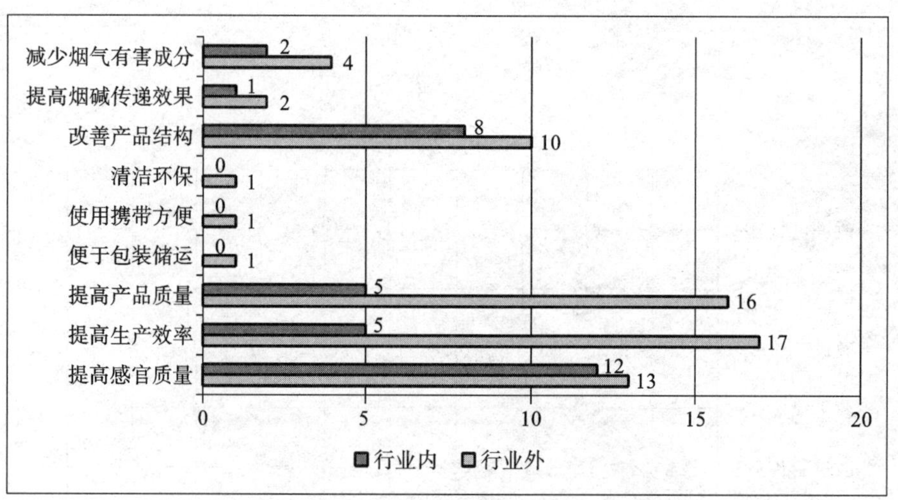

图 11.36 含化型口含烟专利功能效果分布对比

表 11.34 主要技术功效优先级

优先级	国内烟草行业	国内烟草行业外
	提高感官质量	
1	改进烟草配方	改进制备工艺
2	改进产品形态	改进烟草配方
3	改进制备工艺	改进产品形态
	提高生产效率和产品质量	
1	改进制备工艺	改进制备工艺
2	改进烟草配方	改进产品形态
3		改进烟草配方
	改善产品结构	
1	改进产品形态	改进产品形态
2	改进烟草配方	改进制备工艺

从研发重点和专利布局角度对比分析，国内烟草行业、国内烟草行业外申请人均将通过改进制备工艺、改进烟草配方以及改进产品形态来提高感官质量、提高产品质量和提高生产效率，通过改进产品形态来改善产品结构，作为含化型口含烟专利技术的首要研发热点和布局重点。除此之外，国内烟草行业申请人还

将通过改进烟草配方来改善产品结构，国内烟草行业外申请人还将通过改进制备工艺来改善产品结构，作为次要研发重点。

从关键技术角度对比分析，国内烟草行业、国内烟草行业外申请人的专利技术均涵盖了制备工艺、烟草配方以及产品形态技术。

2. 具体技术措施及其功能效果对比分析

国内烟草行业、国内烟草行业外申请人针对含化型口含烟的技术改进措施主要集中在制备工艺、烟草配方、产品形态等技术，具体技术措施及其功能效果对比见表 11.35。

表 11.35　具体技术措施及其功能效果对比

国内烟草行业	国内烟草行业外
①改进制备工艺的技术措施及其功能效果对比	
采用不同制备方法提高产品感官质量和安全性	通过压制、压片或挤出的方式来使产品成型
②改进烟草配方的技术措施及其功能效果对比	
采用不同组分配方提高产品感官质量和安全性	通过不同的烟草材料制备不同功效的产品
③改进产品形态的技术措施及其功能效果对比	
采用不同产品形态以改善产品结构和提高感官质量	通过不同的模具制备出多种多样的产品形态

11.4.2　含化型口含烟重要专利分析

采用专家评议法、专利文献计量学相结合的方法对含化型口含烟专利的重要程度进行了评估，评出含化型口含烟重要专利 27 件，其中国内烟草行业外重要专利 20 件，国内烟草行业重要专利 7 件。

11.4.2.1　国内烟草行业外含化型口含烟重要专利分析

国内烟草行业外含化型口含烟重要专利技术功效图见图 11.37，技术措施、功能效果分布见图 11.38、图 11.39。

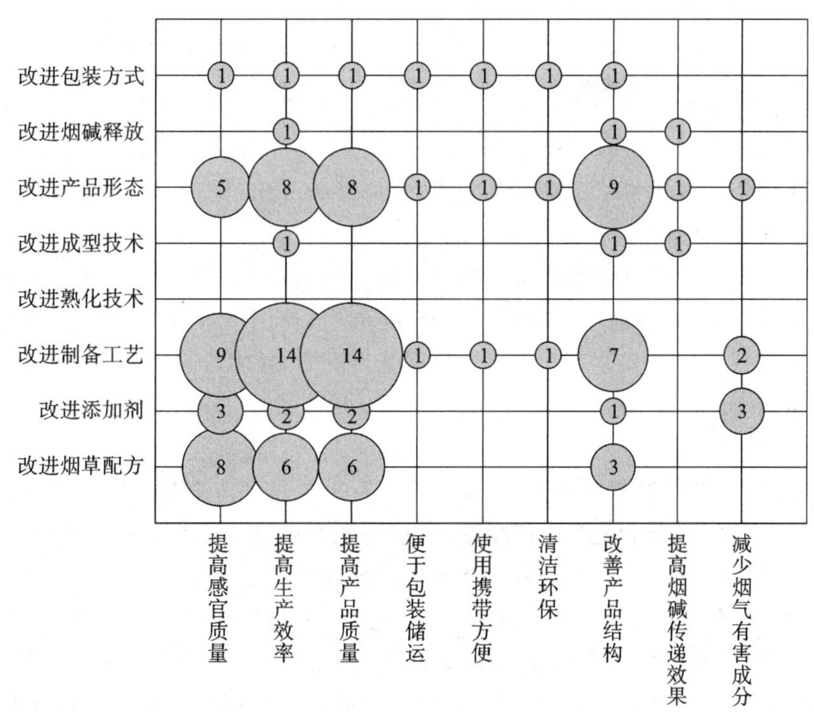

图 11.37　国内烟草行业外含化型口含烟重要专利技术功效图

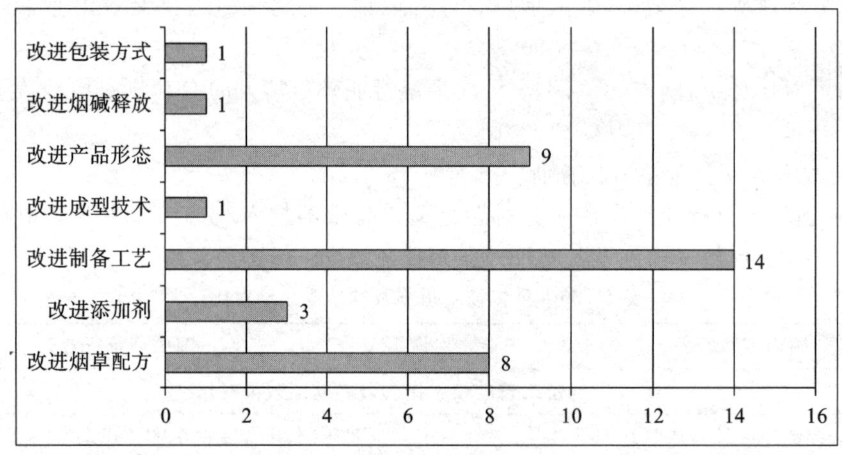

图 11.38　国内烟草行业外含化型口含烟重要专利技术措施分布

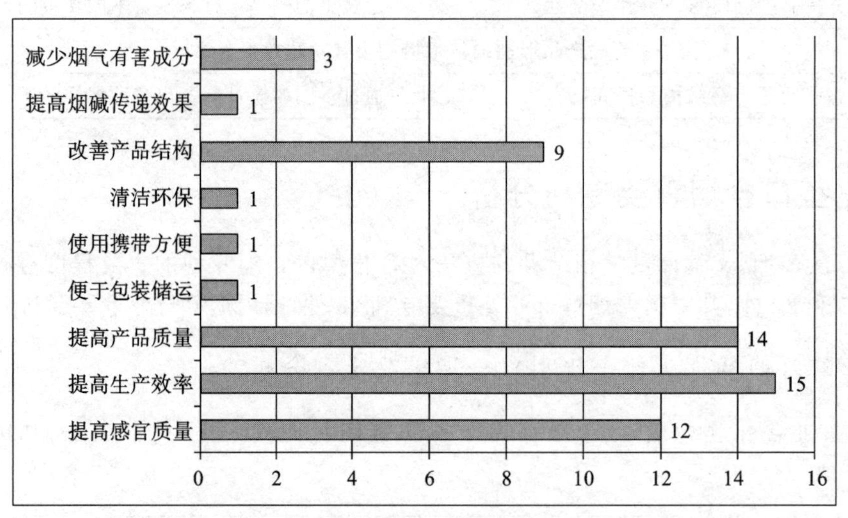

图 11.39　国内烟草行业外含化型口含烟重要专利功能效果分布

从技术措施角度分析，国内烟草行业外重要专利针对含化型口含烟的技术改进措施涉及改进烟草配方、改进添加剂、改进制备工艺、改进成型技术、改进产品形态、改进烟碱释放、改进包装方式共 7 个方面。数据统计表明，技术改进措施主要集中在改进制备工艺，专利数量占 37.8%。其次是改进产品形态，专利数量占 24.3%。然后是改进烟草配方，专利数量占 21.6%。

从功能效果角度分析，国内烟草行业外重要专利针对含化型口含烟进行技术改进所实现的功能效果包括提高感官质量、提高生产效率、提高产品质量、便于包装储运、使用携带方便、清洁环保、改善产品结构、提高烟碱传递效果、减少烟气有害成分共 9 个方面。数据统计表明，技术改进所实现的功能效果主要集中在提高生产效率，专利数量占 26.3%。其次是提高产品质量，专利数量占 24.6%。然后是提高感官质量，专利数量占 21.1%。

从实现的功能效果所采取的技术措施分析，国内烟草行业外重要专利提高生产效率和产品质量优先采取的技术措施是改进制备工艺，其次是改进产品形态；提高感官质量优先采取的技术措施是改进制备工艺，其次是改进烟草配方；改善产品结构优先采取的技术措施是改进产品形态，其次是改进制备工艺。

从研发重点和专利布局角度分析，鉴于改进制备工艺、产品形态、烟草配方方面的专利申请，以及提高生产效率、产品质量、感官质量方面的专利申请所占份额较大，因此可以判断：通过改进制备工艺来提高生产效率和产品质量，通过改进产品形态来改善产品结构，通过改进烟草配方来提高感官质量等技术领域，是国内烟草行业外含化型口含烟重要专利的研发热点和布局重点。

从关键技术角度分析，国内烟草行业外重要专利所涉及的含化型口含烟关键技术涵盖了制备工艺、产品形态、烟草配方。

11.4.2.2　国内烟草行业含化型口含烟重要专利分析

国内烟草行业含化型口含烟重要专利技术功效图见图 11.40，技术措施、功能效果分布见图 11.41、图 11.42。

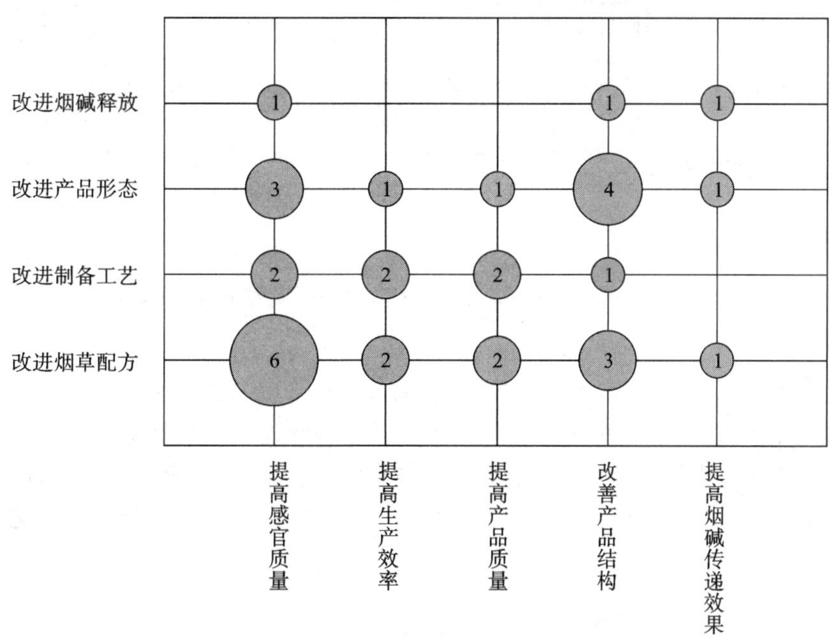

图 11.40　国内烟草行业含化型口含烟重要专利技术功效图

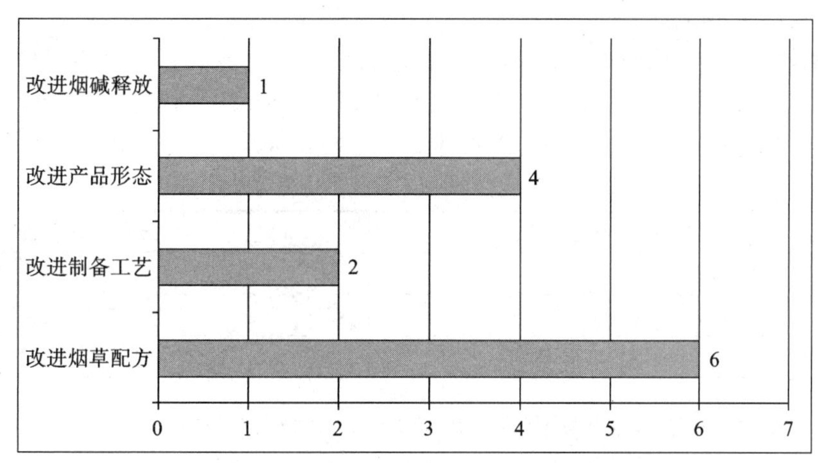

图 11.41　国内烟草行业含化型口含烟重要专利技术措施分布

从技术措施角度分析，国内烟草行业重要专利针对含化型口含烟的技术改进措施涉及改进烟草配方、改进制备工艺、改进产品形态、改进烟碱释放共 4 个方面。数据统计表明，技术改进措施主要集中在改进烟草配方，专利数量占 46.2%。其次是改进产品形态，专利数量占 30.8%。

从功能效果角度分析，国内烟草行业重要专利针对含化型口含烟进行技术改进所实现的功能效果包括提高感官质量、提高生产效率、提高产品质量、改善产品结构、提高烟碱传递效果共 5 个方面。数据统计表明，技术改进所实现的功能效果主要集中在提高感官质量，专利数量占 40.0%。其次是改善产品结构，专利数量占 26.7%。

从实现的功能效果所采取的技术措施分析，国内烟草行业重要专利提高感官质量优先采取的技术措施是改进烟草配方，其次是改进产品形态；改善产品结构优先采取的技术措施为改进产品形态，其次是改进烟

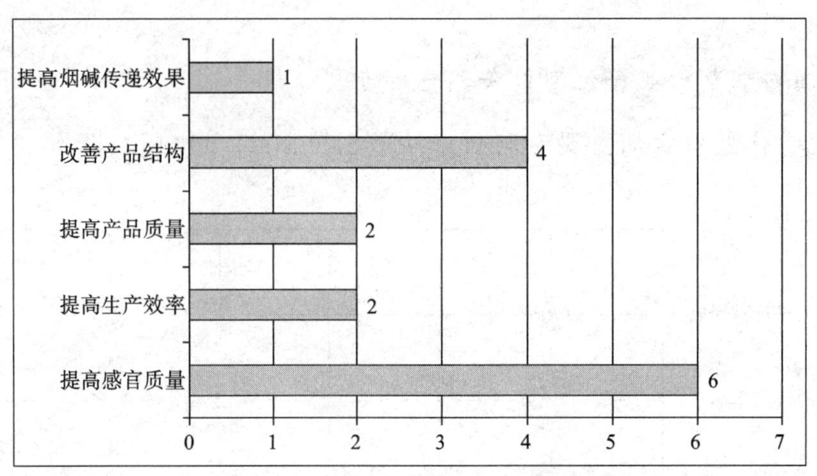

图 11.42　国内烟草行业含化型口含烟重要专利功能效果分布

草配方。

从研发重点和专利布局角度分析，鉴于改进烟草配方、改进产品形态方面的专利申请，以及提高感官质量、改善产品结构方面的专利申请所占份额较大，因此可以判断：通过改进烟草配方来提高感官质量、通过改进产品形态来改善产品结构等技术领域，是国内烟草行业含化型口含烟重要专利的研发热点和布局重点。

从关键技术角度分析，国内烟草行业重要专利所涉及的含化型口含烟关键技术涵盖了烟草配方、产品形态等。

11.4.2.3　含化型口含烟重要专利对比分析

国内烟草行业、国内烟草行业外含化型口含烟重要专利技术功效对比见图 11.43，技术措施、功能效果分布对比见图 11.44、图 11.45。

从技术措施角度对比分析，国内烟草行业、国内烟草行业外重要专利针对含化型口含烟的技术改进措施均涉及了烟草配方、制备工艺、产品形态、烟碱释放 4 个方面。除此之外，国内烟草行业外重要专利的技术改进措施还涉及了改进添加剂、成型技术和包装技术。其主要技术改进措施的优先级见表 11.36。

表 11.36　重要专利主要技术措施优先级

优先级	国内烟草行业	国内烟草行业外
1	改进烟草配方	改进制备工艺
2	改进产品形态	改进产品形态
3		改进烟草配方

国内烟草行业重要专利将改进烟草配方置于相对优先的地位，国内烟草行业外重要专利将改进制备工艺置于相对优先的地位。除此之外，国内烟草行业重要专利更注重改进产品形态，国内烟草行业外重要专利更注重产品形态和烟草配方的改进。

从功能效果角度对比分析，国内烟草行业、国内烟草行业外重要专利针对含化型口含烟进行技术改进所实现的功能效果均包括提高感官质量、提高生产效率、提高产品质量、改善产品结构、提高烟碱传递效果 5 个方面。除此之外，国内烟草行业外重要专利实现的功能效果还包含了便于包装储运、使用携带方便、清洁环保和减少烟气有害成分。其主要功能效果的优先级见表 11.37。

表 11.37　重要专利主要功能效果优先级

优先级	国内烟草行业	国内烟草行业外
1	提高感官质量	提高生产效率和产品质量
2	改善产品结构	提高感官质量
3	提高生产效率和产品质量	改善产品结构

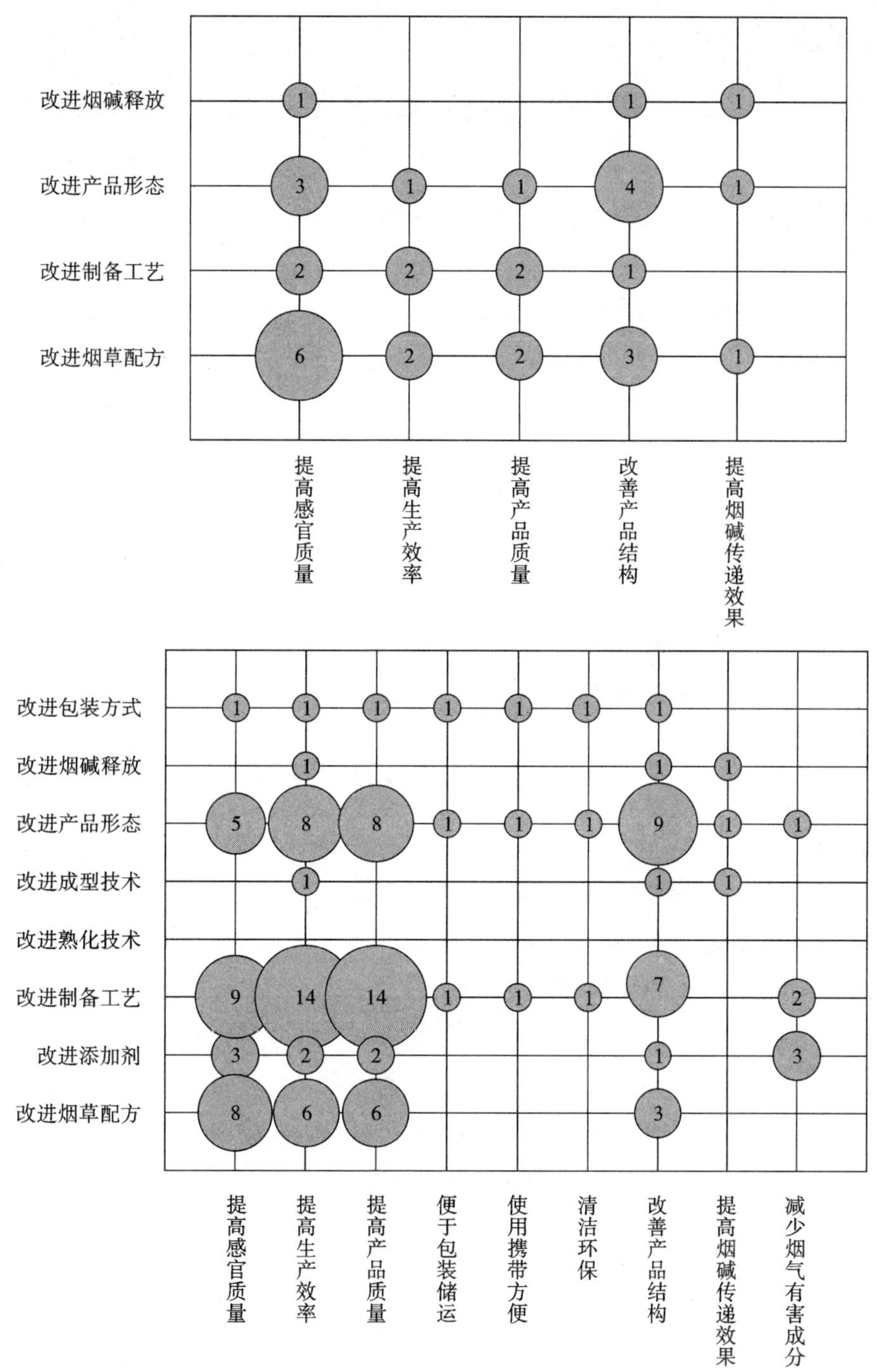

图 11.43　含化型口含烟重要专利技术功效对比

（注：上图为国内烟草行业；下图为国内烟草行业外）

国内烟草行业、国内烟草行业外重要专利均将提高感官质量、改善产品结构、提高生产效率和产品质量作为实现的主要功效。

从实现的功能效果所采取的技术措施对比分析，国内烟草行业、国内烟草行业外重要专利均将改进烟草配方、制备工艺作为提高感官质量、生产效率、产品质量的主要技术措施，详见表 11.38。

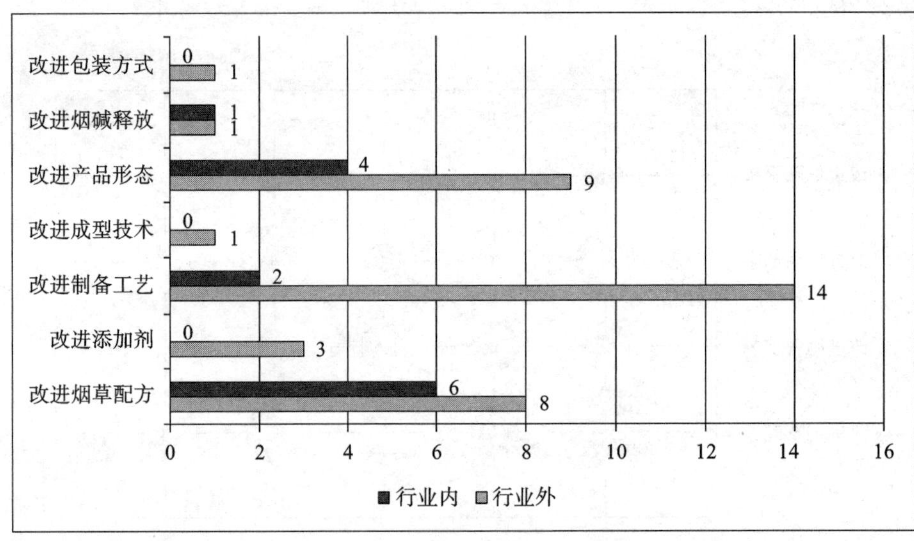

图 11.44　含化型口含烟重要专利技术措施分布对比

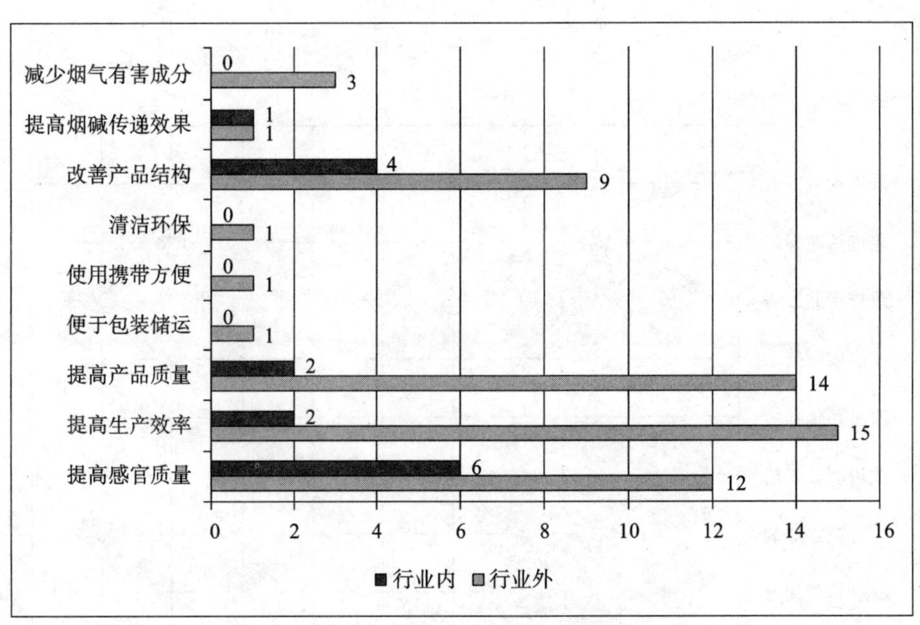

图 11.45　含化型口含烟重要专利功能效果分布对比

表 11.38　重要专利主要技术功效优先级

优先级	国内烟草行业	国内烟草行业外
	提高感官质量	
1	改进烟草配方	改进制备工艺
2	改进产品形态	改进烟草配方
3		改进产品形态
	提高生产效率和产品质量	
1	改进烟草配方	改进制备工艺
2	改进制备工艺	改进产品形态
3		改进烟草配方
	改善产品结构	

续表

优先级	国内烟草行业	国内烟草行业外
1	改进产品形态	改进产品形态
2	改进烟草配方	改进制备工艺

从研发重点和专利布局角度对比分析，国内烟草行业、国内烟草行业外重要专利均将改进烟草配方、改进产品形态、提高感官质量、提高生产效率、提高产品质量作为研发热点和布局重点。除此之外，国内烟草行业外重要专利还将改进制备工艺作为研发热点和布局重点。

从关键技术角度对比分析，国内烟草行业、国内烟草行业外重要专利均涵盖了烟草配方、产品形态技术。除此之外，国内烟草行业外专利还涉及了制备工艺且优势明显。

11.4.3 国内烟草行业外含化型口含烟专利重要申请人专利分析

根据前期研究结果，国内烟草行业外含化型口含烟专利重要申请人见表 11.39。

表 11.39 国内烟草行业外含化型口含烟专利重要申请人

序号	申 请 人	专 利 数 量	同族专利数量	被 引 频 次
1	R.J.雷诺兹烟草公司	10	102	20
2	菲利普·莫里斯烟草公司	6	101	23
3	美国无烟烟草公司	1	29	1

11.4.3.1 R.J.雷诺兹烟草公司专利分析

R.J.雷诺兹烟草公司专利技术功效图见图 11.46，技术措施、功能效果分布见图 11.47、图 11.48。

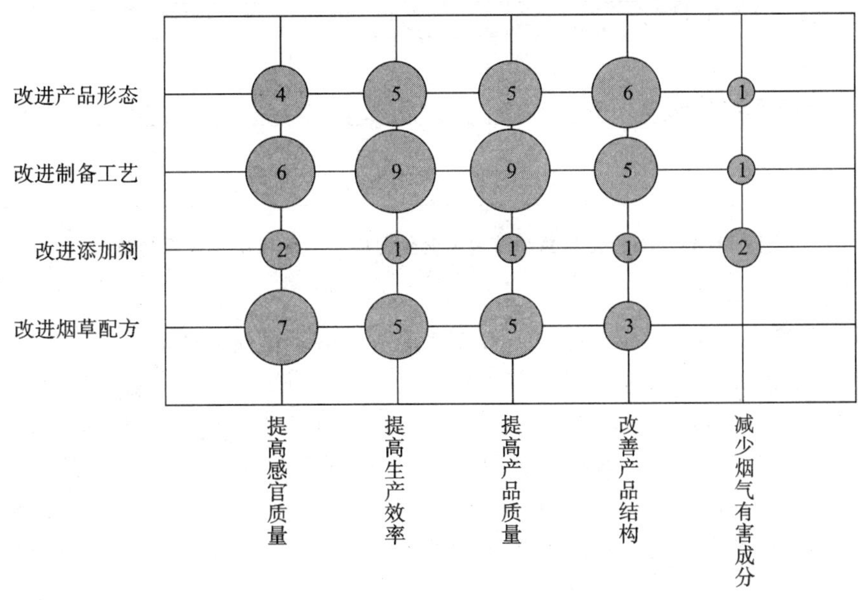

图 11.46 R.J.雷诺兹烟草公司含化型口含烟专利技术功效图

从技术措施角度分析，R.J.雷诺兹烟草公司针对含化型口含烟的技术改进措施涉及改进烟草配方、改进添加剂、改进制备工艺、改进产品形态 4 个方面。数据统计表明，技术改进措施主要集中在制备工艺，专利数量占 37.5%。其次是改进烟草配方，专利数量占 29.2%。然后是改进产品形态，专利数量占 25.0%。

从功能效果角度分析，R.J.雷诺兹烟草公司针对含化型口含烟进行技术改进所实现的功能效果包括提高感官质量、提高生产效率、提高产品质量、改善产品结构、减少烟气有害成分 5 个方面。数据统计表明，技术改进所实现的功能效果主要集中在提高感官质量、生产效率和产品质量，专利数量均占 25.7%。其次是

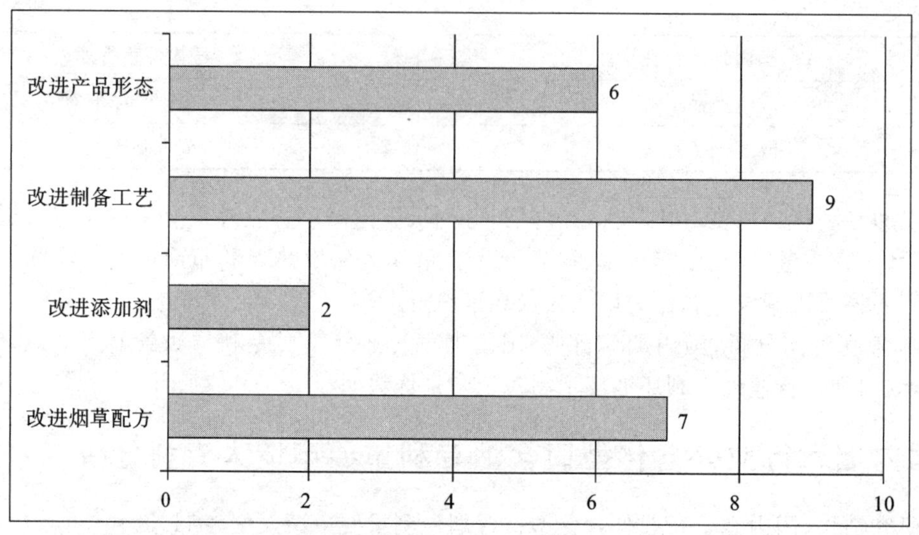

图 11.47　R.J.雷诺兹烟草公司含化型口含烟专利技术措施分布

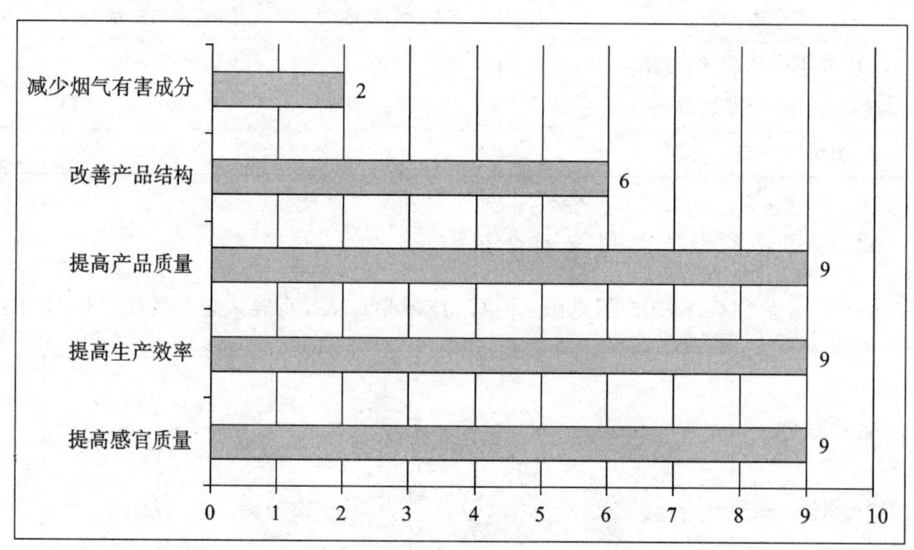

图 11.48　R.J.雷诺兹烟草公司含化型口含烟专利功能效果分布

改善产品结构，专利数量占 17.1%。

从实现的功能效果所采取的技术措施分析，R.J.雷诺兹烟草公司提高产品质量和生产效率优先采取的技术措施是改进制备工艺，其次是改进产品形态和烟草配方；提高感官质量优先采取的技术措施是改进烟草配方，其次是改进制备工艺；改善产品结构优先采取的技术措施是改进产品形态，其次是改进制备工艺。

从研发重点和专利布局角度分析，鉴于改进制备工艺、烟草配方、产品形态方面的专利申请，以及提高感官质量、生产效率、产品质量和改善产品结构方面的专利申请所占份额较大，因此可以判断：通过改进制备工艺、烟草配方和产品形态来提高产品质量、生产效率和感官质量，是 R.J.雷诺兹烟草公司含化型口含烟的研发热点和布局重点。

从关键技术角度分析，R.J.雷诺兹烟草公司所涉及的含化型口含烟关键技术涵盖了制备工艺、烟草配方、产品形态。

11.4.3.2　菲利普·莫里斯烟草公司专利分析

菲利普·莫里斯烟草公司专利技术功效图见图 11.49，技术措施、功能效果分布见图 11.50、图 11.51。

从技术措施角度分析，菲利普·莫里斯烟草公司针对含化型口含烟的技术改进措施涉及改进制备工艺、改进成型技术、改进产品形态、改进烟碱释放、改进包装方式 5 个方面。数据统计表明，技术改进措施主

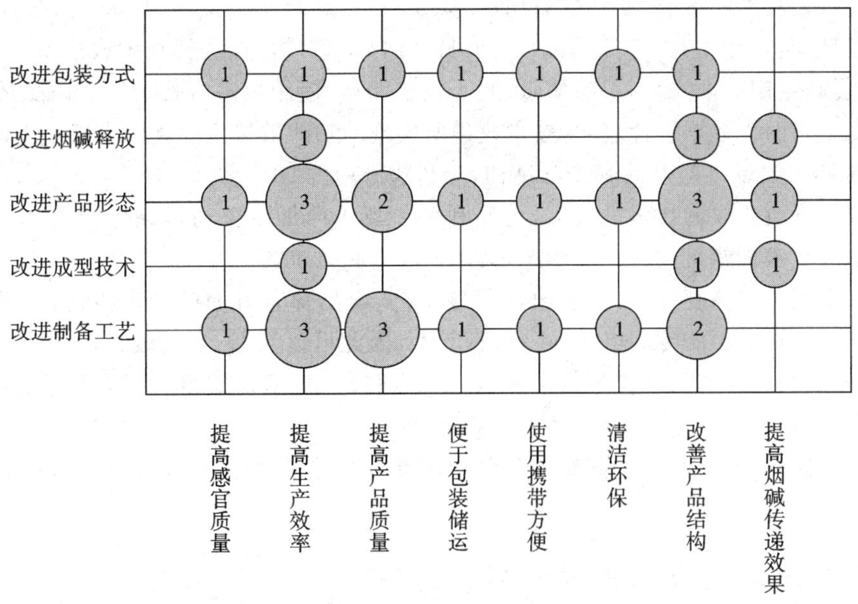

图 11.49　菲利普・莫里斯烟草公司含化型口含烟专利技术功效图

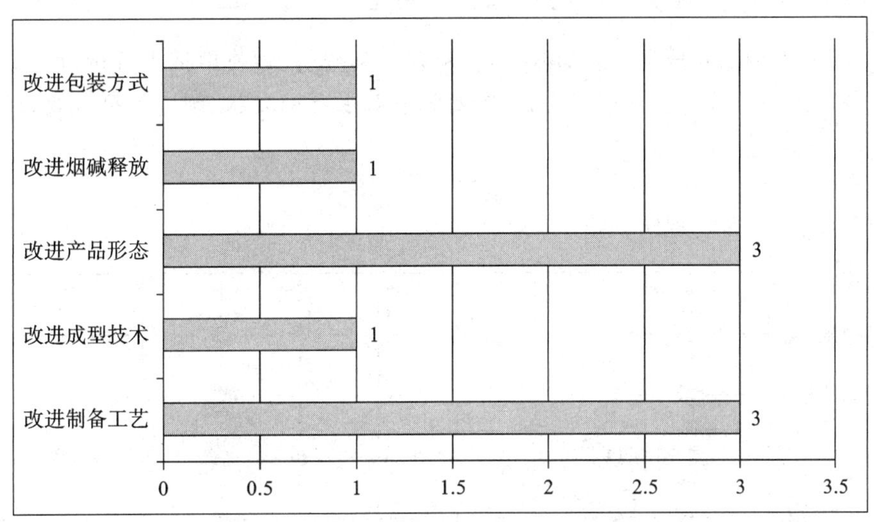

图 11.50　菲利普・莫里斯烟草公司含化型口含烟专利技术措施分布

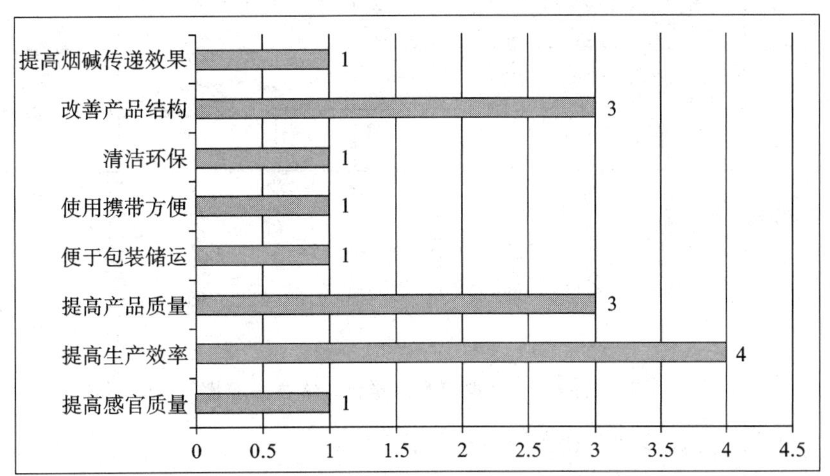

图 11.51　菲利普・莫里斯烟草公司含化型口含烟专利功能效果分布

要集中在改进制备工艺和产品形态，专利数量均占 33.3%。

从功能效果角度分析，菲利普・莫里斯烟草公司针对含化型口含烟进行技术改进所实现的功能效果包括提高感官质量、提高生产效率、提高产品质量、便于包装储运、使用携带方便、清洁环保、改善产品结构、提高烟碱传递效果 8 个方面。数据统计表明，技术改进所实现的功能效果主要集中在提高生产效率，专利数量占 26.7%。其次是提高产品质量和改善产品结构，专利数量均占 20.0%。

从实现的功能效果所采取的技术措施分析，菲利普・莫里斯烟草公司提高生产效率、产品质量和改善产品结构优先采取的技术措施是改进产品形态，其次是改进制备工艺。

从研发重点和专利布局角度分析，鉴于改进制备工艺、产品形态方面的专利申请，以及提高生产效率、产品质量和改善产品结构方面的专利申请所占份额较大，因此可以判断：通过改进产品形态、制备工艺来提高生产效率、产品质量和改善产品结构等技术领域，是菲利普・莫里斯烟草公司含化型口含烟的研发热点和布局重点。

从关键技术角度分析，菲利普・莫里斯烟草公司所涉及的含化型口含烟关键技术涵盖了制备工艺、产品形态。

11.4.4 含化型口含烟专利布局分析

11.4.4.1 含化型口含烟专利研发热点和布局重点

通过上述含化型口含烟专利技术功效矩阵分析、重要专利分析、重要申请人分析，可得出含化型口含烟专利的总体布局现状、国内烟草行业外布局现状、主要竞争对手布局现状、国内烟草行业布局现状及其研发热点和布局重点。

1. 总体布局现状

含化型口含烟专利总体布局现状见图 11.52。

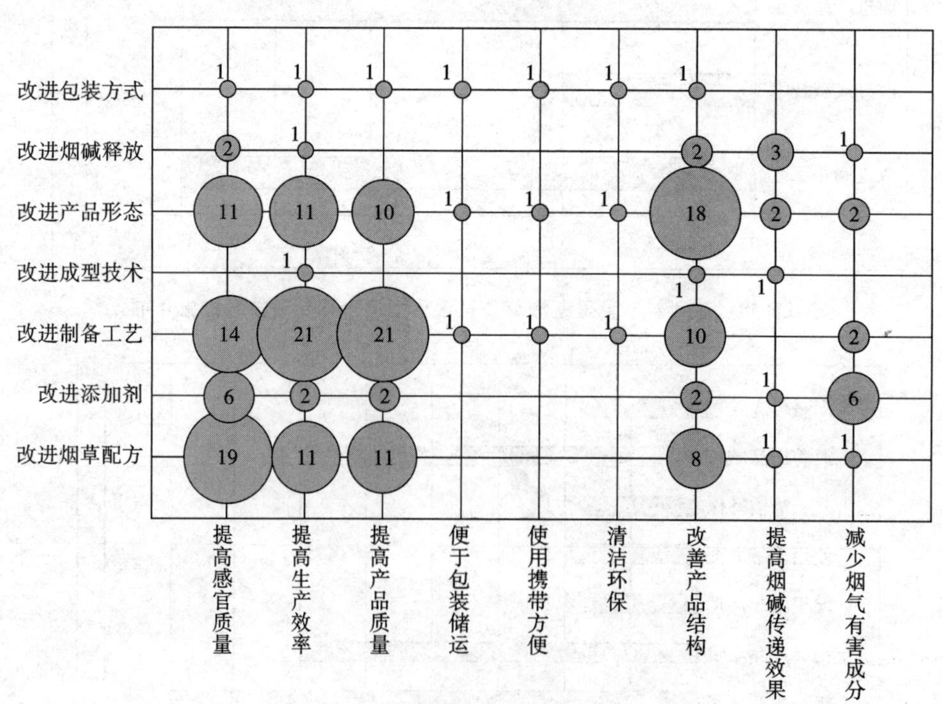

图 11.52 含化型口含烟专利总体布局现状

含化型口含烟专利技术的研发热点和布局重点是：

①改进烟草配方、制备工艺和产品形态。

②提高感官质量、产品质量和生产效率，改善产品结构。

③通过改进烟草配方来提高感官质量。

④通过改进制备工艺来提高产品质量和生产效率。

⑤通过改进产品形态来改善产品结构。

2. 国内烟草行业外布局现状

国内烟草行业外含化型口含烟专利布局现状见图 11.53。

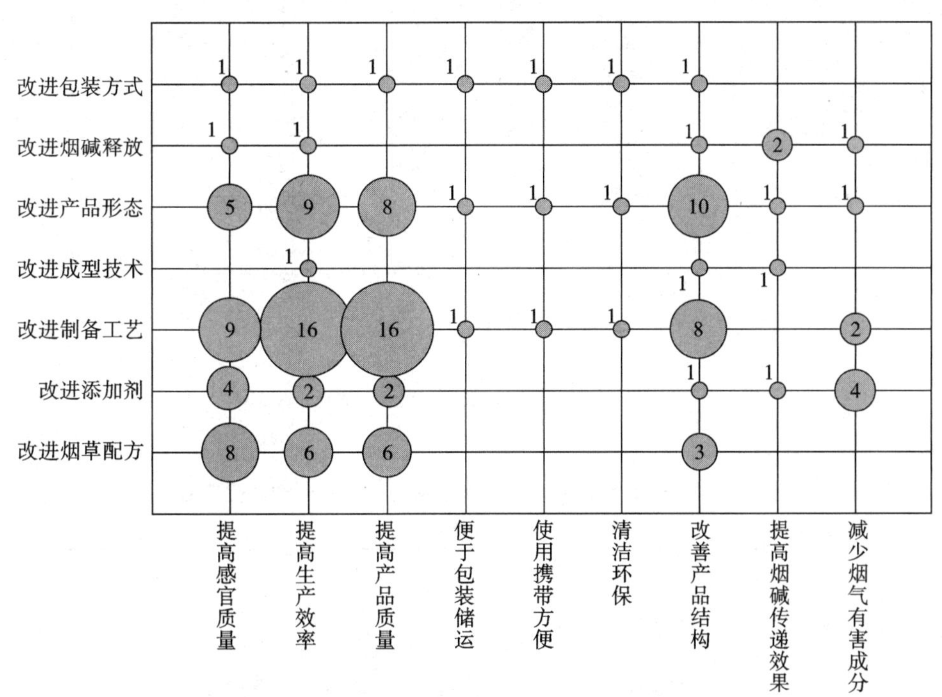

图 11.53　国内烟草行业外含化型口含烟专利布局现状

国内烟草行业外含化型口含烟专利技术的研发热点和布局重点是：

①改进制备工艺、烟草配方和产品形态。

②提高生产效率和产品质量、改善产品结构。

③通过改进制备工艺和产品形态来提高生产效率和产品质量。

④通过改进产品形态来改善产品结构。

3. 主要竞争对手布局现状

国内烟草行业外重要申请人评估及重要专利评估表明，R. J. 雷诺兹烟草公司是国内烟草行业含化型口含烟技术研发的主要竞争对手，其含化型口含烟专利布局现状见图 11.54。

R. J. 雷诺兹烟草公司含化型口含烟专利的研发热点和布局重点是：

①改进制备工艺、烟草配方、产品形态。

②提高生产效率、产品质量、感官质量，改善产品结构。

③通过改进制备工艺和产品形态来改善产品结构。

④通过改进制备工艺、烟草配方和产品形态来提高生产效率和产品质量。

4. 国内烟草行业布局现状

国内烟草行业含化型口含烟专利布局现状见图 11.55。

国内烟草行业含化型口含烟专利技术的研发热点和布局重点是：

①改进烟草配方、产品形态、制备工艺。

②提高感官质量、改善产品结构。

③通过改进烟草配方来提高感官质量。

④通过改进产品形态来改善产品结构。

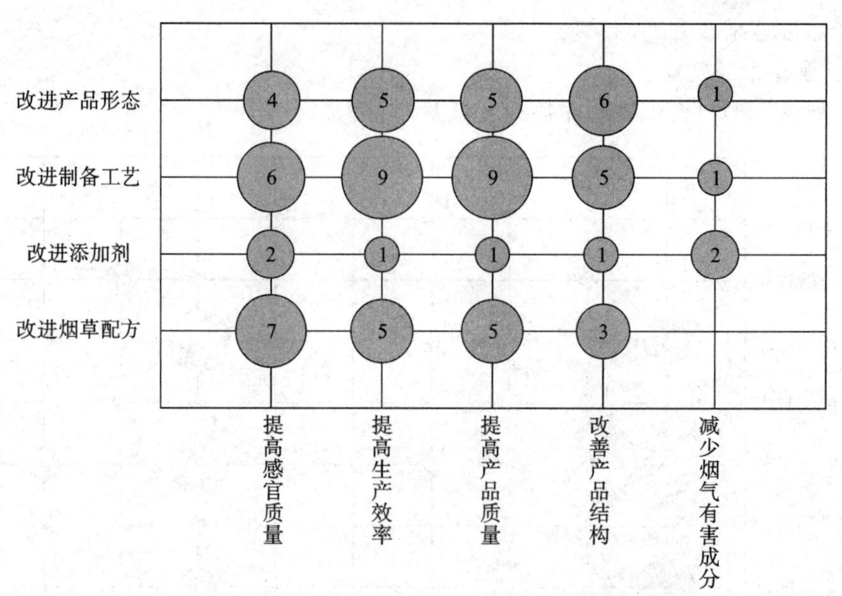

图 11.54　R.J.雷诺兹烟草公司含化型口含烟专利布局现状

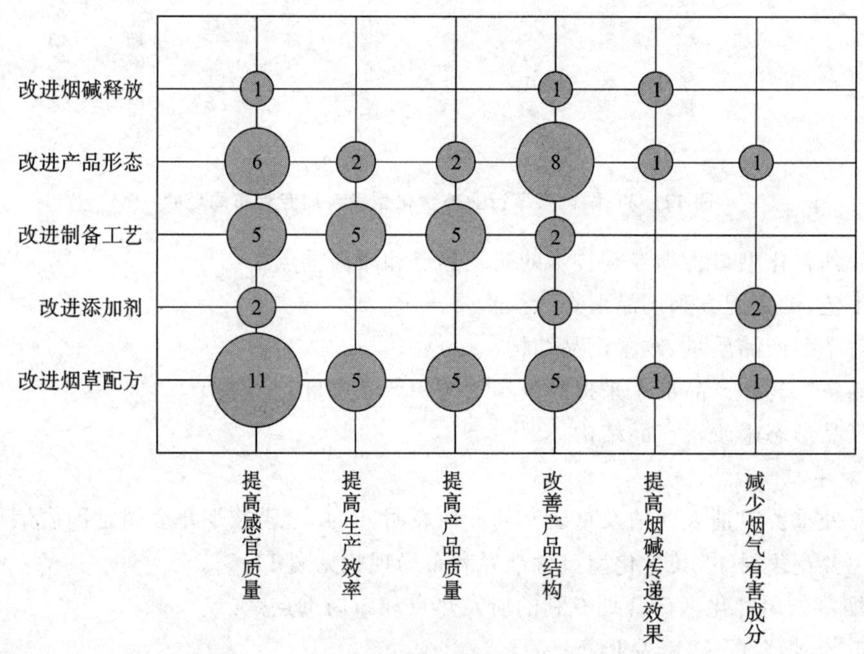

图 11.55　国内烟草行业含化型口含烟专利布局现状

11.4.4.2　含化型口含烟专利技术空白点和薄弱点

通过上述含化型口含烟专利的总体布局现状、国内烟草行业外布局现状、主要竞争对手布局现状、国内烟草行业布局现状及其研发热点和布局重点的分析，认为在某一技术领域专利数量为“0”，即可视为专利技术空白点；在某一技术领域专利数量为“1～5”，即可视为专利技术薄弱点，如表 11.40 所示。

需要说明的是，上述含化型口含烟专利技术空白点和薄弱点是基于纳入研究范围的专利数据，经分析研究后得出的结论，能够在较大程度上体现含化型口含烟专利研发现状。未来在这些方面的技术创新空间相对较大，但仍有待进一步对其技术需求和技术可行性进行评估。

表 11.40　含化型口含烟专利技术空白点和薄弱点

功能效果	改进烟草配方	改进添加剂	改进制备工艺	改进成型技术	改进产品形态	改进烟碱释放	改进包装方式
提高感官质量	19	6	14	0	11	2	1
提高生产效率	11	2	21	1	11	1	1
提高产品质量	11	2	21	0	10	0	1
便于包装储运	0	0	1	0	1	0	1
使用携带方便	0	0	1	0	1	0	1
清洁环保	0	0	1	0	1	0	1
改善产品结构	8	2	10	1	18	2	1
提高烟碱传递效果	1	1	0	1	2	3	0
减少烟气有害成分	1	6	2	0	2	1	0

第 12 章　新型烟草制品产品案例分析

12.1　新型卷烟产品案例分析

12.1.1　新型卷烟产品简介及菲莫国际产品定位

随着全球禁烟环境日趋严厉，传统卷烟销量每年都在下降，并且该种趋势是不可逆的，面对日益严峻的形势，卷烟企业必须从新的角度进行产品研发，利用新的业务板块，保证企业的利润增长。

PMI(菲莫国际)从 2009 年开始进行新型烟草制品的研发，包括 IQOS 产品的研发，目前菲莫国际成熟的新型烟草制品即 IQOS 产品和配套加热烟支。市场上在售的电加热新型烟草制品主要为菲莫国际的内芯加热的 IQOS 和英美烟草外围加热的 Glo 两种产品。菲莫国际利用其对新型烟草制品研发和成熟产品的先发优势，迅速占据包括日本等新兴市场。2014 年 11 月，菲莫国际首次向米兰成年吸烟者提供 IQOS 和 HEETS。截至 2017 年 6 月，菲莫国际在全球 26 个国家和地区进行了 IQOS 产品的销售，到 2017 年底将达到 36 个国家和地区。目前，全球约有两百万人已放弃吸烟，转向 IQOS。

菲莫国际未来 5～10 年对新型烟草制品的定位，将卷烟消费者从传统万宝路卷烟转移到减害产品上。现在，菲莫国际将人力、物力、财力等多种资源向减害产品方向倾斜，只将 10％的资源留在传统燃烧卷烟研发。用菲莫中国 William Yu 的观点就是“用传统卷烟最后的热，成就新型烟草制品未来的发展”。

目前，IQOS 配套烟支的生产主要在瑞士纳沙塔尔工厂和意大利工厂，大部分烟支在意大利博洛尼亚省克雷斯佩拉诺的无烟产品制造工厂生产，克雷斯佩拉诺工厂是菲莫国际首个专门大规模生产 HEETS 的工厂，目前雇用 600 余人，均是来自各个领域的高级技师，比如机械工程、电子和化学。近期追加投资约 5 亿欧元进行扩建，本次扩建预计将于 2018 年年底完成，届时工厂计划将加热烟草装置的年产量增加至 1000 亿个左右。本次对克雷斯佩拉诺工厂的首次扩建印证了菲莫国际打造无烟未来的愿景。未来可能在日本设厂，满足日本对 IQOS 产品的需求。2017 年上半年，IQOS 烟支销量达到 40 万箱，2017 年底，意大利、瑞士和德国(2017 年下半年投产)三地工厂 IQOS 配套烟支的产能达到 100 万大箱，2018 年加上德国工厂，IQOS 配套烟支的产能将达到 200 万大箱，目前万宝路传统卷烟年销量在 570 万～580 万大箱，可见新型烟草发展的迅速。

12.1.2　菲莫国际新型烟草产品研发概况

菲莫国际在瑞士纳沙塔尔的新型烟草研发中心总计投资 30 亿欧元，负责新型烟草研究的科学家多达 430 人，总计工作人员超过 1200 人。新型烟草制品研究主要包括两大部分：加热不燃烧产品和电子蒸气产品。其中，加热不燃烧产品包括电加热不燃烧和碳加热不燃烧两个研究平台，电子蒸气产品包括电子烟和类电子烟产品。

菲莫国际在全球加快推出 IQOS 产品，同时加强其他新型烟草产品的研发，预计 2017 年底在英国推出电子烟产品，碳加热产品和类电子烟产品正处在研发阶段，正在进行产品生产，条件成熟，随时进行产品推广。

菲莫国际电加热新产品 IQOS 的研发是以新药研发步骤进行的，已经经过了产品研发、生产、毒理学、病理学、临床研究、消费者行为的跟踪研究（从这些方面，可以看出菲莫国际在其他几种新型烟草制品的研发上也会同样经过这种步骤），并向第三方认证平台美国 FDA 递交了长达 100 多页的减害文件报告，一旦 FDA 通过了该文件，这就成为电加热新型烟草制品的一个标准，其他烟草公司开发的产品就要符合该种标准，会起到一定的门槛作用，说明菲莫国际已经走在其他烟草公司的前头。IQOS 产品的研发，从第一代产品到最新推出的 2.4 plus 版本，最新版本具备蓝牙功能，并在以下几个方面进行了改进：

(1) 加热器方面采用新型加热涂层技术，提升烟弹口感，让口感更加纯正；

(2) 重新编辑充电模块，加热棒充电时间缩短 20%，外加电池盒充电时间缩短至 40 min；

(3) 加热棒指示灯采用高亮度白色 LED 灯；

(4) 加热棒在开始工作和结束工作前增加了振动提示，提高消费者消费体验。

IQOS 配套烟支目前包括原味浓、原味淡、薄荷浓、薄荷淡及百乐门的原味、薄荷味等多种口味。

12.1.3　新型卷烟产品技术分析

菲莫国际推出的电加热新型烟草制品主要包括加热器具 IQOS 和配套 HEETS 烟支。该种加热器具 IQOS 采用片式内芯加热形式，通过加热杆中的控制芯片，控制电池对加热器的能量输出，保证加热所需的温度。

IQOS 器具和 HEETS 烟支的具体参数如表 12.1 所示。

表 12.1　IQOS 器具和 HEETS 烟支的具体参数

序　　号	产　　品	主 要 指 标	性能及参数
1	IQOS 器具	工作方式	电加热
2		加热形式	片式加热
3		加热温度	稳定工作 350 ℃
4		电池规格	加热棒电池 3.2 V,120 mAh 充电盒电池 3.7 V,3300 mAh
5		加热棒工作时间	6 min
6		加热棒充电时间	5～6 min
7	HEETS 烟支	烟支抽吸口数	14 口，指示灯变红还可抽 2 口
8		烟支结构	四段式结构
9		烟草部分	有序排列薄片，12 mm 长
10		滤嘴部分	三元复合，中间为降温结构
11		有害成分释放量	较传统卷烟降低 90%～95%
12		烟支长度	46 mm
13		烟支直径	7.2 mm

12.1.4　新型卷烟产品生产工艺分析及关键技术

电加热产品 IQOS 及其配套烟支的生产制备，其中 IQOS 器具属于电子产品范畴，HEETS 烟支属于烟草范畴，但无法通过传统卷烟设备制备。

HEETS 烟支所用薄片采用非造纸法制备，关键技术涉及烟草薄片制备、专用烟支的卷制设备研发及制备、烟支加热口味的保持和加热释放的稳定性等问题，对传统燃烧卷烟是颠覆性的，目前国内烟草行业制备技术不成熟。

电加热产品 IQOS 器具，关键技术在于加热器及其控温技术，如何保证在整个抽吸过程中温度的稳定，是该种加热器具的关键技术点。

12.1.5 新型卷烟产品专利技术分析

12.1.5.1 内芯加热形式的结构特征

为了使电吸烟系统更便于携带，与传统香烟类似，可以夹持在手指之间消费而改进的一种电吸烟系统。提出的新的结构形式，其主要技术特点如下：

(1) 提供的电吸烟系统包括主加热单元和次加热单元，主单元包括主电源和电子电路。次级单元包括次级电源、电子电路和至少一个加热元件。次级单元可以连接到现有的外部电源的独立单元，可以没有主单元。

(2) 在充电模式中，主单元中的主电源可以用于给次级单元中的次级电源充电，并且在预加热模式中，主单元中的主电源用于初始加热发烟制品的形成烟雾的基质。一旦形成烟雾的基质的温度升高到操作温度，次级单元中的次级电源用于在发烟模式中维持吸烟过程中的基质的温度。

(3) 所需要的操作温度取决于发烟制品中特定的用于形成烟雾的基质。操作温度通过主电源、加热元件的数量和类型以及次级单元的结构控制。通过在主单元和次级单元之间划分电源，可以减小次级单元的尺寸，以便使次级单元的尺寸仅略大于发烟制品。

(4) 次级单元能够接收发烟制品，发烟制品具有形成烟雾的基质，次级单元包括至少一个加热元件、用于连接到主电源的接口、次级电源和次级电路。

(5) 主电源设备具有第一钴酸锂电池，而次级设备具有第二磷酸铁锂电池或钛酸锂电池，其中主电源设备和次级设备配置为允许以 $2C$ 至 $16C$ 之间的速率由第一电池给第二电池再充电。

(6) 该发明的优点：第一，通过将系统，尤其电源，分成两个部分，可以减小次级单元的尺寸；第二，次级单元有助于在需要时抽吸，并且可以开始和停止吸烟过程。一种包括一次设备和二次设备的便携式电系统。

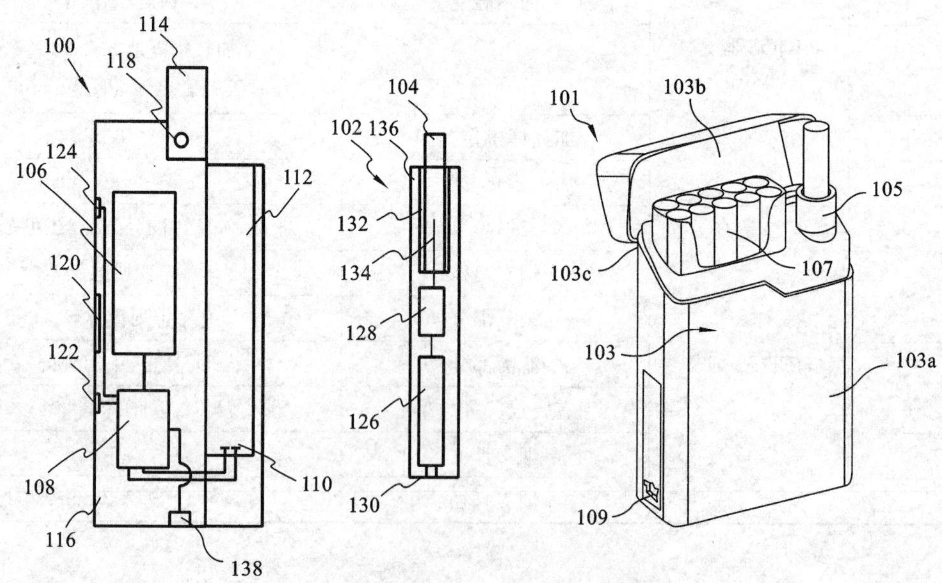

具体的产品如长条形气溶胶产生装置(100)，其中，该气溶胶产生装置的至少一部分具有由具有至少 5 个边的形状限定的横向外截面；其中所述横向外截面是限定具有 10 mm 和 20 mm 之间的直径的外接圆的形状，所述形状具有通过曲线结合的至少 5 个角；充电装置包括具有与气溶胶产生装置的横截面对应的多边形横截面的腔，腔适于接收长条形气溶胶产生装置，其中腔包括用于接收气溶胶产生装置上的至少一个对应突出部的至少一个槽口，并且其中至少一个突出部是适于启动所述气溶胶产生装置的钮。

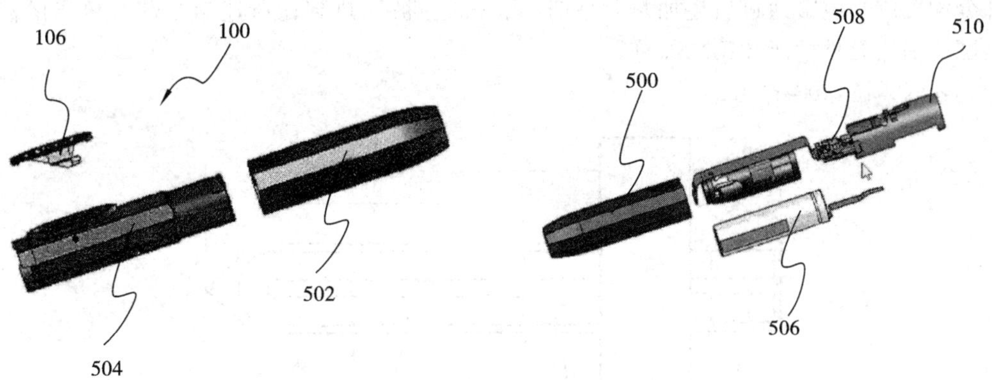

备注：气溶胶产生装置(100)，第一外壳部(500)，第二外壳部(502)，内壳(504)，电池(506)，内壳区段(510)内的加热元件(未示出)，控制器(508)，钮(106)。

相关专利：CN201080021944.7、CN201180062601.X、CN201280070054.4、CN201280069189.9、CN201280070346.8、CN201380044030.6、CN201380034602.2、CN201380074695.1、CN201510695246.X、CN201280069564.X、CN201280070053.X、CN201280070578.3、CN201580013587.2。

公开一种具有内加热器的气雾生成装置，具体包括：存储部分，用于存储气雾形成基质，具有外壳体和内通道，在所述外壳体与所述内通道之间形成用于气雾形成基质的储器；蒸发器，用于加热所述气雾形成基质以形成气雾，至少部分地位于存储部分中的内通道内部；多孔连接件，至少部分地嵌衬在内通道，用于将气雾形成基质从存储部分朝向所述蒸发器传送(CN201280060089.X)。

12.1.5.2　内芯式插入式加热器

内芯加热器结构主要包括：主体(10)，该主体包括陶瓷材料；以及导电层(18)，该导电层形成于主体的表面上，包括还原形式的陶瓷材料，导电层有用于与电压源连接的第一和第二接触部分(20、22)以及在该第一和第二接触部分之间的至少一个导电通路。为了形成导电层，将加热元件主体(10)布置在足够温度下的还原环境中，以便在主体的表面上形成导电层(18)。

相关专利：CN201180062229.2。

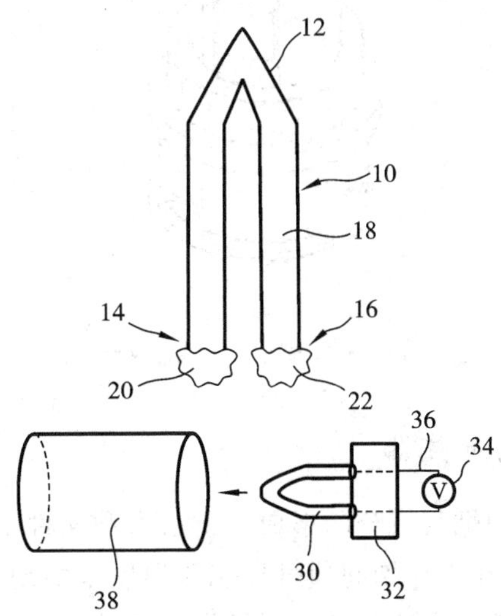

备注：尖端(12)，两个后端(14、16)，氧化锆主体(10)，锆层(18)。

公开的一种加热气溶胶形成基材的加热组件，该加热组件包括：加热器，其包括电阻加热元件和加热器基底；以及连接到所述加热器的加热器安装座。其中所述加热元件包括第一部分和第二部分，所述第一部分和第二部分配置成当电流通过所述加热元件时，第一部分被加热到比所述第二部分更高的温度；其中加热器安装座围绕加热元件的所述第二部分。

相关专利：CN201380037693.5。

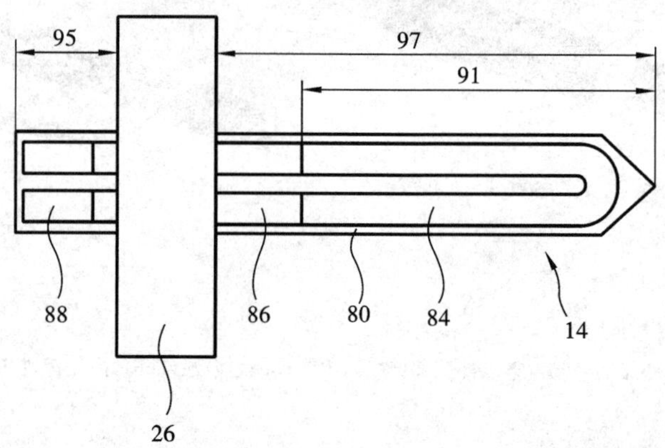

备注：加热器安装座(26)，加热器(14)，基底(80)，第一部分(84)，第二部分(86)，第三部分(88)，有效加热区域(91)，加热器插入区域(97)，连接区域(95)。

公开的一种气雾产生装置，这种气雾产生装置构造成接收气雾形成基体，并且构造成使用内部加热器和外部加热器两者而加热气雾形成基体，该内部加热器定位在基体内，该外部加热器定位在基体外。内部和外部加热器两者的使用允许每个加热器在比当单独使用内部或外部加热器时可能要求的低的温度下操作。通过在比内部加热器低的温度下操作外部加热器，可将基体加热成具有比较均匀的温度分布，同时装置的外部温度可保持到可接受的低水平。

相关专利：CN201280060098.9。

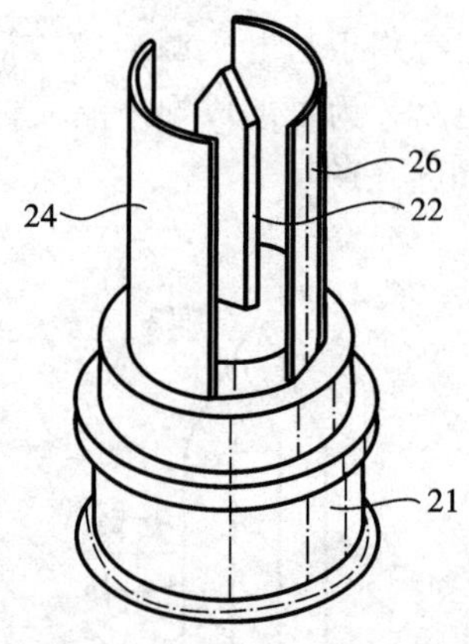

备注：内部加热器(22)，外部加热器(26)。

12.1.5.3 具有控温功能的加热器

在用于控制电子烟雾生成系统中烟气成分的形成的方法专利文件中，公开一种通过设置电加热烟雾生成系统的预定的最高操作温度，并且在操作期间通过控制该温度来实现。预定的最高操作温度被设置在低于多种不期望的物质的形成水平。该种方法是通过测量加热元件的电阻率，从电阻率的测量导出所述加热元件的实际操作温度值，将实际操作温度值与所述预定的最高操作温度进行比较，以便调整给加热元件供应的电能使加热元件的所述实际操作温度保持在所述预定的最高操作温度之下来实现该功能。同时公开了一种类似的方法，通过控制功率源给加热元件的功率，比较实际加热元件的功率高低，调整功率源功率的输出，实现对加热基质的雾化。

具有改进的加热器的电加热的发烟系统公开了一种用于接收形成浮质的衬底的电加热的发烟系统，所述发烟系统包括：至少一个加热器，一个加热器用于加热衬底以形成浮质；电源，用于将功率供给到所述至少一个加热器。其中，至少一个加热器包括在电绝缘衬底上的多个导电轨迹，其中，所述电绝缘衬底是刚性的，并且布置成插入到所述形成浮质的衬底中，所述多个导电轨迹具有这样的电阻温度系数特征，所述电阻温度系数特征使得所述多个导电轨迹能够既用作电阻加热器又用作温度传感器。

12.1.5.4　电加热新型烟草制品控制方式专利分析

控制方式是通过加热器与控制器进行联动，通过控制器，调整对加热器的功率输出，实现对加热器温度的合理控制。

系统具有用于检测气流的传感器，气流指示用户进行具有气流持续时间的抽吸，包括以下步骤：当传感器检测到所述气流速率已经增大到第一阈值时，将用于至少一个加热元件的加热功率从零增大到功率 p_1；在气流持续时间的至少一部分内将加热功率维持在功率 p_1 处；当传感器检测到所述气流速率已经减小到第二阈值时，将用于至少一个加热元件的加热功率从功率 p_1 减小到零，其中，第一气流速率阈值小于第二气流速率阈值。具体如下图。

相关专利：CN201180058107.6。

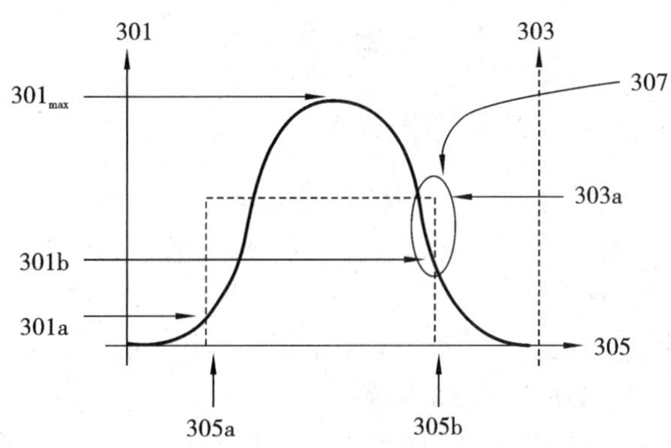

备注：气流速率(301)，加热功率(303)。

用于控制电加热气溶胶生成系统的加热元件的加热功率的方法

提供一种控制气溶胶产生装置中的气溶胶产生的方法，装置包括：加热器，其包括被配置用以加热气溶胶形成基质的至少一个加热元件；以及用于向加热元件提供电力的电源。所述方法包括步骤：控制向加热元件提供的电力，从而使得在第一阶段提供使加热元件的温度从初始温度升高到第一温度的电力，在第二阶段提供使加热元件的温度下降到第一温度以下的电力，并且在第三阶段提供使加热元件的温度再次升高的电力。在加热过程的最后阶段升高加热元件的温度会缓解或防止气溶胶传送量随时间降低。

相关专利：CN201380037681.2。

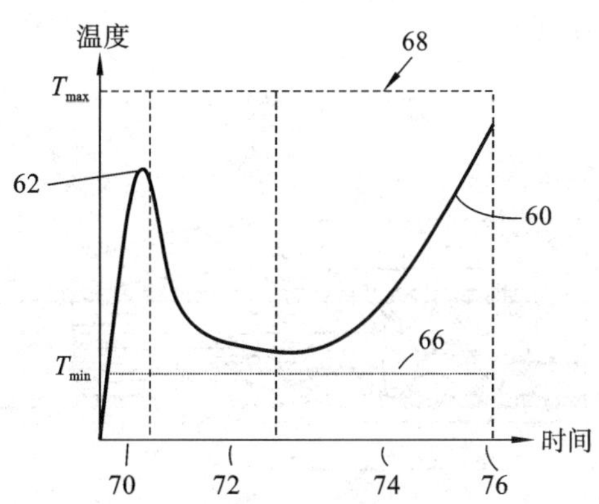

电加热烟支温度控制方法

公开了一种控制电加热元件的方法，所述方法包括：通过对加热元件供应电流脉冲来将加热元件的温度维持在目标温度；监控所述电流脉冲的工作周期；测定工作周期是否不同于预期工作周期或预期工作周期范围，如果不同，则降低目标温度或停止对加热元件的电流供应或限制对加热元件供应的所述电流脉冲的工作周期。当温度维持在已知目标温度时，维持目标温度所期望的工作周期或工作周期范围的任何变化都表示异常状况。

相关专利：CN201380047266.5、CN201510908619.7。

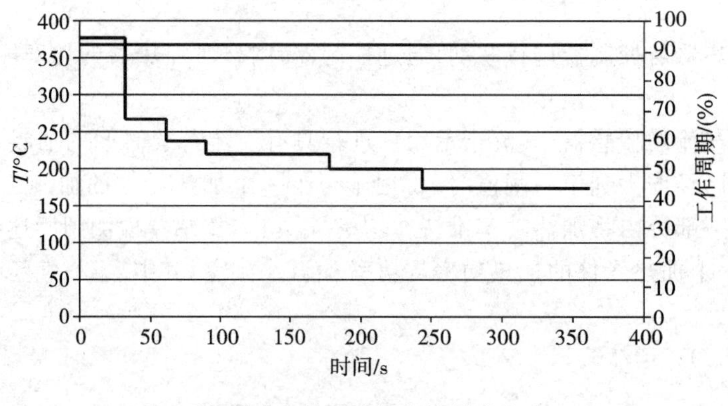

一种电加热烟支温度控制方法

12.1.5.5 电加热新型烟草制品的特点分析

(1) 形成烟雾的基质优选地包括含有烟草的材料，所述含有烟草的材料包含挥发性的烟草香料复合物，所述挥发性的烟草香料复合物在加热时从基质释放。或者，形成烟雾的基质可以包括非烟草材料。

(2) 形成烟雾的基质可以是固体基质。固体基质可以包括例如以下形式中的一种或多种，即：粉末、颗粒、小球、碎片、实心条、带或片。这些固体基质形式含有以下成分中的一种或多种：香草叶、烟叶、烟草主叶脉的碎片、再造烟草、均质烟草、挤出烟草和膨胀烟草。

(3) 形成烟雾的基质可以是液体基质，并且发烟制品可以包括用于保持液体基质的装置。可替代地，形成烟雾的基质可以是任何其他种类的基质，例如气体基质或者是多种类型的基质的任何组合。

(4) 烟草柱用纸、网套或载体包裹，当烟草柱用纸包裹时，纸质包裹材料要有一定的空隙率。

相关专利：CN200380003933.6、CN200380102439.5、CN200580036230.2、CN200680036169.6、CN200980110074.8。

12.1.5.6 内芯加热烟支结构特征分析

内芯式加热的电加热新型卷烟为该公司开发的新型的电加热产品，即市面上销售的 IQOS 产品，该产品的加热温度较外围加热温度大幅度提高，能达到 350 ℃左右。其抽吸口味更好。结构依然采用双电源结构形式，如下图为内芯插入式电加热卷烟。

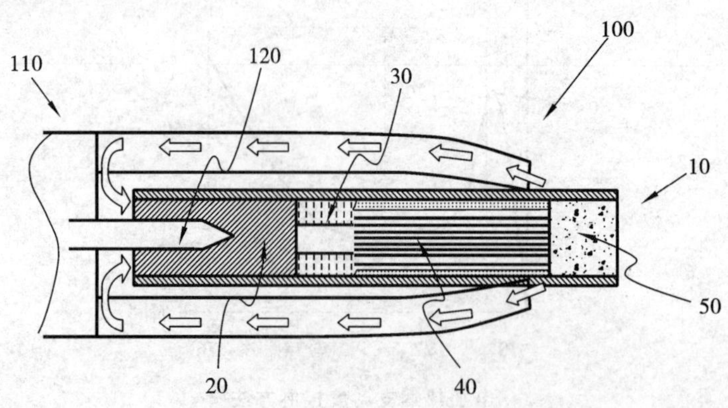

同时，公开了一种与气雾产生装置一起使用的气雾产生制品，一种气雾产生制品(10)，包括：气雾形成基体(20)；支撑元件(30)，布置在气雾形成基体(20)的紧接下游；气雾冷却元件(40)，布置在支撑元件(30)的下游；以及外部包裹件(60)，限制气雾形成基体(20)、支撑元件(30)及气雾冷却元件(40)。支撑元件(30)与气雾形成基体(20)邻接。

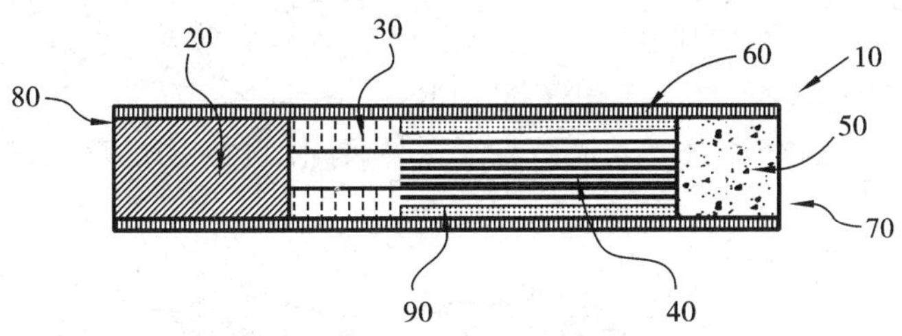

备注：上游端部(80)，支撑元件(30)。

相关专利：CN201280061528.9、CN201380044053.7、CN201280061532.5。

同时公开了该种卷烟卷制的方法，一种棒，所述棒包括第一烟草材料制成的第一片材和第二烟草材料制成的至少一个其他连续元件，所述至少一个其他连续元件与所述第一烟草材料制成的第一片材聚集在一起并且由包装材料包裹，所述第二烟草材料在化学上不同于所述第一烟草材料(CN201380034575.9)。

12.1.5.7　其他辅助功能专利分析

在吸烟物品上打印识别信息，检测空腔中的吸烟物品的存在并且将吸烟物品与被配置为供吸烟系统使用的其他物品区分开，可以将特有烟支与其他烟支进行区分(CN200980152284.3)。

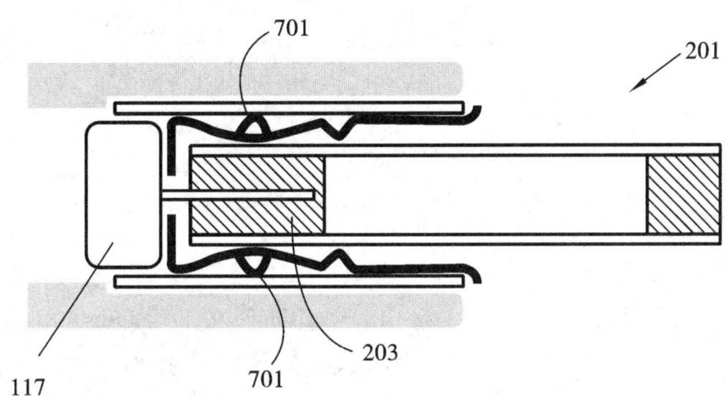

提供一种用于气雾产生装置的提取器(101)。该装置构造成接收包括气雾形成基体(203)的发烟制品(201)，并且包括加热器(115)，该加热器用来加热气雾形成基体，以形成气雾。提取器用来提取接收在气雾产生装置中的发烟制品。提取器包括：滑动接收器(105)，用来接收发烟制品；套筒(103)，用来接收滑动接收器。滑动接收器在套筒中在第一位置与第二位置之间是可滑动的，在该第一位置中，发烟制品的气雾形成基体定位以便由加热器加热，在该第二位置中，气雾形成基体与加热器大体分离。滑动接收器包括支撑件(105b)，以随着滑动接收器和发烟制品从第一位置运动到第二位置而支撑发烟制品的气雾形成基体。也提供一种包括这样一种提取器的电加热式发烟系统。

相关专利：CN201280063987.0(用于气雾产生装置的提取器)。

12.2　电子烟产品案例分析

挑选了目前国际上知名度较高和销量较大的 5 种电子烟品牌，分别对其生产厂家、产品基本情况以及所了解的关键技术进行了简要分析。根据对电子烟产品概况、技术现状和发展方向的调研并结合自身产品研发的实际，提出了行业未来电子烟研发重点、突破方向和专利保护等方面的建议。

12.2.1 Vuse

12.2.1.1 产品简介

Vuse品牌电子烟(见图12.1)产自雷诺蒸汽公司(R. J. Reynolds Vapor Company)，该公司是隶属于雷诺美国(Reynolds American)的全资公司，而雷诺美国是R. J. 雷诺兹烟草公司(R. J. Reynolds Tobacco Company)的母公司。

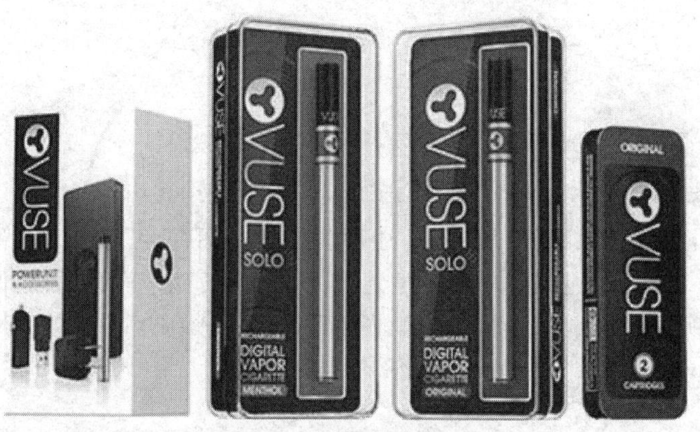

图12.1 Vuse品牌电子烟

在众多品牌的电子烟当中，Vuse电子烟是销售量最高的。目前Vuse已有近7万个零售网点，总销售量占电子烟的32.7%，可谓是名副其实的电子烟老大。目前包括Vuse Port、Vuse Pro、Vuse Fob、Vuse Connect等产品系列。

12.2.1.2 关键技术

1. SmartMemory技术

电源装置中包含采用特殊算法的蒸气递送处理器，烟弹中采用专有智能处理器技术(称为SmartMemoryTM微芯片)，蒸气递送处理器与微芯片一起工作，以最高每秒2000次的速率监控传递至烟弹的功率和热量，确保持续而满意的抽吸。该内置芯片可以记录已抽吸的口数和剩余电量，从而来提醒消费者更换烟弹和充电(见图12.2)。

图12.2 SmartMemory技术

2. Tamper-proof技术

具有防止小孩打开烟弹的锁定装置，通过加密技术确保Vuse品牌的烟弹只能使用Vuse的电池。通过手机与Vuse APP连接，消费者可以进行防小孩开启设置并通过手机跟踪电池的使用情况以及烟弹的烟油剩余量。

3. Dock and Lock 技术

采用对接锁定机理设计的一种专有注油系统。填充烟油时，烟油瓶与烟具一起锁定，可防止漏油并使注油“简单、快速和清洁”。

4. QuickConnect 技术

采用独特的卡扣而不是螺纹连接电池杆和烟弹，简单方便。

12.2.2　Glo iFuse

12.2.2.1　产品简介

2015 年 11 月，英美烟草(BAT)开始在罗马尼亚对 Glo iFuse(见图 12.3)进行市场测试。Glo iFuse 是英美烟草目前 Glo 加热系列产品中占主导的一款。英美烟草选择箭牌(KENT)卷烟与这一新装置进行结合。选择罗马尼亚是因为对英美烟草来说，尽管该国的电子烟及新型烟草制品的销量并不乐观，但罗马尼亚是箭牌卷烟的大市场，该品牌占据该国市场 29%的市场份额。

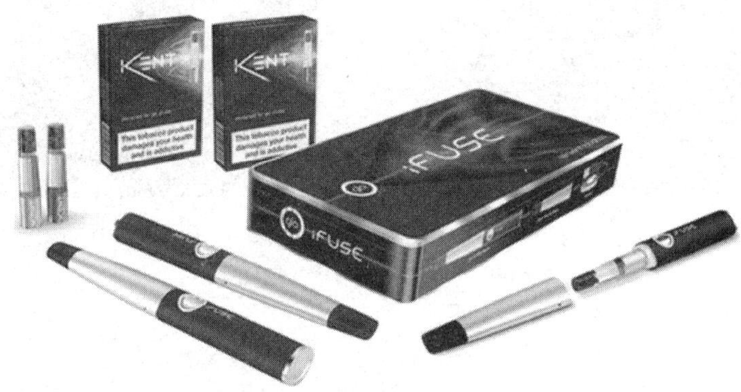

图 12.3　Glo iFuse

12.2.2.2　关键技术

Glo iFuse 是全面专利保护的具有二合一功能的新型烟草产品，融合了电子烟和烟草精选技术，电子烟加热后，烟雾经过一个小室渗透通过一个充满烟叶的小胶囊，由此产生的能量交换使烟叶中产生的烟草香味进入烟雾中，过滤后的每一口烟雾都混合烟草的口味。经过烟叶小胶囊过滤后，其烟雾可以冷却至 32～35 ℃(见图 12.4)。

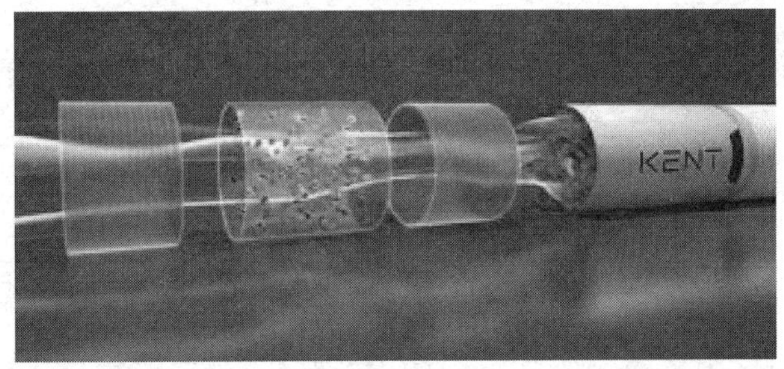

图 12.4　Glo iFuse 关键技术

12.2.3　Joyetech

12.2.3.1　产品简介

Joyetech 是由卓尔悦(常州)电子科技有限公司生产的电子烟品牌。卓尔悦为全球 30 多个国家提供电子烟的研发应用以及 OEM 加工服务。产品有 eVic Basic、eVic VTwo vtc Mini、ATOPACK PENGUIN、eGo AIO D22、eVic Primo Mini 等系列。目前产品销量排名前列。

12.2.3.2 关键技术

采用所谓 Notch Coil 雾化器(见图 12.5),属于不用绕丝的成品线圈,用发热材料制作成圆筒状,表面镂空处理便于排出烟雾,两端焊有导线用于连接电极柱。整体发热面积比传统线圈要大得多。

Notch Coil 阻值为 0.2 Ω,升温迅速,发热量大,同时对供油提出了挑战,更适用于滴油式雾化器而不适合储油式雾化器(见图 12.6)。

图 12.5 Notch Coil 雾化器 1

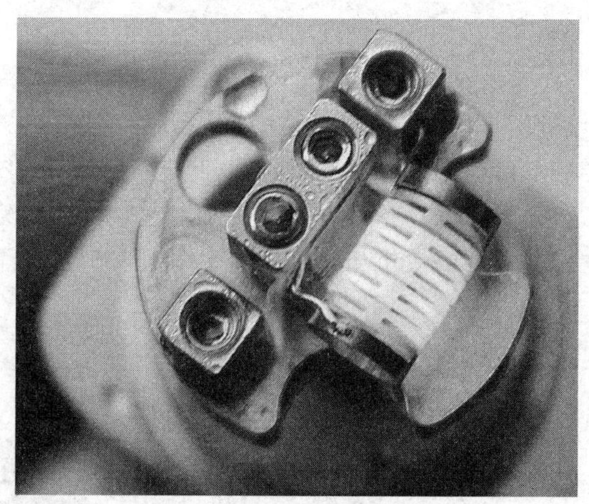

图 12.6 Notch Coil 雾化器 2

12.2.4 PloomTech

12.2.4.1 产品简介

PloomTech 品牌电子烟(见图 12.7)为日本烟草公司(Japan Tobacco,JT)自有品牌。为了应对日本市场电子烟蓬勃发展态势并迅速抢占国内市场,日本烟草在 2016 年 3 月在南部城市福冈市开始试销 PloomTech 电子烟,该设备价格为 4000 日元(约合人民币 260 元),需要配合 1 到 3 种"MEVIUS"品牌的烟草胶囊共同使用。一包 5 粒胶囊售价为 460 日元(约合人民币 30 元),比 20 支装的传统香烟贵 20 日元,同年 6 月份开始在东京销售。

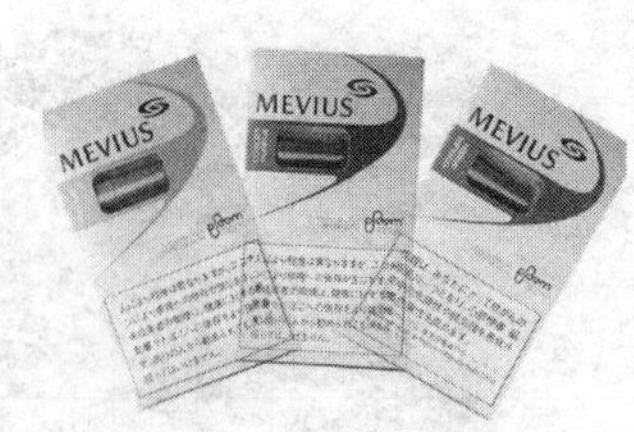

图 12.7 PloomTech 品牌电子烟

据报道,PloomTech 发布一周后,因供不应求不得不暂停销售,紧接着进行了限制性供应。自此之后,该公司为提高 PloomTech 的产能进行了大量投资。

12.2.4.2 关键技术

PloomTech 属于一种创新设计理念的新型电子烟产品,其电子烟雾分区产生:雾化器仅提供电子烟雾,尼古丁和香气则源于"MEVIUS"品牌的烟草胶囊。抽吸时,启动雾化器雾化出发烟剂组成的电子烟雾,电子烟雾流经烟草胶囊，电子烟雾的微加热作用及气流的携带效应将挥发性香气及烟碱从烟草胶囊的吸附介质中带出，与电子烟雾混合，形成最终的电子烟雾进入口腔。

该胶囊包含多个口味，如烟草味和凉味型等，每个胶囊可以满足 100 口抽吸，使用成本较低，且感官质量好(见图 12.8)。

图 12.8　烟草胶囊

12.2.5　Markten-xl

12.2.5.1　产品简介

奥驰亚集团是世界最大香烟制造商，前身为菲利普·莫里斯公司(Phillip Morris Companies Inc.)，Markten-xl(见图 12.9)为美国奥驰亚集团电子烟 Markten 电子烟的一个品类，有烟草和薄荷两个口味。

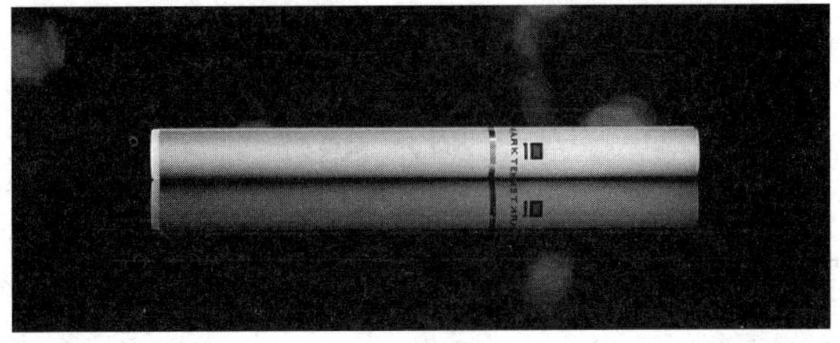

图 12.9　Markten-xl

12.2.5.2　关键技术

1. FOURDRAW™技术

FOURDRAW™专利技术，采用“四吸阻”使烟油更加充分地形成蒸气，烟嘴部分采用四孔技术，拥有更佳的抽吸体验(见图 12.10)。

2. 双倍电池容量技术

烟杆可充电，重复使用，而且非常简单。该电池寿命是普通电池的两倍，每个设备包括一个 USB 充电器(见图 12.11)。

3. 烟草口味

独特烟油配方设计，提供更加真实的烟草口感，烟油容量为常规 Markten 电子烟的两倍(见图 12.12)。

图 12.10 FOURDRAW™ 技术

图 12.11 USB 充电器

图 12.12 Markten-xl 电子烟

12.3 口含烟产品案例分析

12.3.1 口含烟产品简介

购买了全球几大主要口含烟品牌产品，包括万宝路(美国)、Skoal(美国)、雷诺(美国)、Swedish Match(瑞典)等品牌的共计 17 个产品。针对这些产品，进行了理化指标分析检测及感官评价，结果见表 12.2、表 12.3。

表 12.2 产品描述及感官评价结果

图片	产品名称	产品规格	感官描述
	MILD 万宝路 美国	6 小袋/盒	可可、朗姆、太妃香。 灼烧感一般。 生理满足感较弱。 甜感明显

续表

图　　片	产品名称	产品规格	感官描述
	PEPPERMINT 万宝路 美国	6 小袋/盒	薄荷香，略有辛香。 灼烧感较弱。 生理满足感一般。 略有甜感
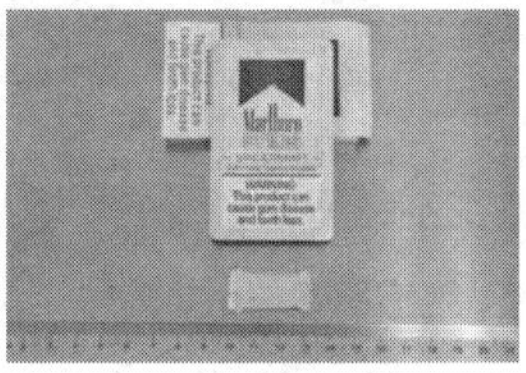	SPEARMINT 万宝路 美国	6 小袋/盒	薄荷香。 灼烧感较弱。 生理满足感一般。 略有甜感
	RICH 万宝路 美国	6 小袋/盒	太妃、朗姆香。 有灼烧感。 生理满足感极强。 甜感明显，略有苦味
	ORIGINAL 万宝路 美国	15 小袋/盒	烟草本香明显。 略有灼烧感。 生理满足感较强。 甜味一般，略有苦感
	MINT 万宝路 美国	15 小袋/盒	薄荷香。 略有灼烧感。 有生理满足感。 有甜感
	MINT Skoal 美国	15 小袋/盒	强烈的薄荷味。 灼烧感较弱。 生理满足感一般。 略有甜感
	SMOOTH MINT Skoal 美国	15 小袋/盒	薄荷香。 灼烧感较弱。 生理满足感一般。 略有甜感

续表

图　　片	产品名称	产品规格	感官描述
	MELLOW 雷诺 美国	15 小袋/盒	果香。 灼烧感较强。 生理满足感较强。 甜感较强,略有咸感
	FROST 雷诺 美国	15 小袋/盒	薄荷、奶香。 灼烧感强烈。 生理满足感较强。 甜感明显,略有苦味
	WINTERCHILL 雷诺 美国	15 小袋/盒	辛香,略有薄荷味。 灼烧感较强。 生理满足感较强。 甜感较强
	WHITE CATCH LICORICE Swedish Match 瑞典	20 小袋/盒	花香。 灼烧感极强烈。 生理满足感过强。 口感略咸,无甜感
	STILL CATCH VIOLET LICORICE Swedish Match 瑞典	20 小袋/盒	花香。 灼烧感强烈。 生理满足感强。 口感偏咸,无甜感
	MOCCA GRANATAPPLE Swedish Match 瑞典	20 小袋/盒	花香,果香,略有辛香。 灼烧感较强。 生理满足感较强。 甜感适中,略有咸感
	SKRUF Swedish Match 瑞典	24 小袋/盒	果香,略有花香。 灼烧感适中。 生理满足感较强。 口感略咸,无甜感

续表

图　　片	产品名称	产品规格	感官描述
	GENERAL SMOOTH FLAVOUR Swedish Match 瑞典	20 小袋/盒	花香，略有果香。 灼烧感较强。 生理满足感较强。 口感略咸，无甜感
	LUCKY STRIKE Swedish Match 瑞典	24 小袋/盒	花香。 灼烧感强。 生理满足感强。 口感略咸，无甜感

表 12.3　产品理化指标分析检测结果

品牌	牌　　号	水分/(%)	pH	每小袋重量/g	尼古丁/(%)	总糖/(%)	每小袋尼古丁重量/mg	糖/碱
万宝路（美国）	SNUS MILD	10.2	6.3	0.48	1.70	2.60	8.1	1.5
	SNUS PEPPERMINT	11.3	6.5	0.48	1.74	2.30	8.4	1.3
	SNUS SPEARMINT	10.8	6.6	0.50	1.67	2.80	8.3	1.7
	SNUS RICH	15.4	6.4	0.49	2.09	2.10	10.1	1.0
	SNUS ORIGINAL	27.7	6.3	0.98	1.30	2.20	12.8	1.7
	SNUS MINT	29.0	6.1	0.92	1.30	2.30	12.0	1.8
Skoal（美国）	SNUS MINT	29.9	6.1	1.08	1.70	2.30	18.3	1.4
	SNUS SMOOTH MINT	28.9	6.1	1.05	1.70	2.20	17.9	1.3
雷诺（美国）	SNUS MELLOW	33.2	7.6	0.62	1.00	0.50	6.2	0.5
	SNUS FROST	33.2	7.5	0.62	1.14	0.50	7.1	0.4
	SNUS WINTERCHILL	32.0	7.6	1.05	1.02	0.40	10.7	0.4
Swedish Match（瑞典）	WHITE CATCH LICORICE	55.7	8.1	1.05～1.19	0.84	0.89	9～10	1.1
	STILL CATCH VIOLET LICORICE	54.1	8.3	0.45～0.55	0.80	0.92	3.5～4.5	1.2
	MOCCA GRANATAPPLE	33.8	7.4	0.33～0.48	1.39	1.47	4.5～6.5	1.1
	SKRUF	46.4	6.9	0.9～0.98	1.36	0.59	12～13	0.4
	GENERAL SMOOTH FLAVOUR	40.1	7.5	0.6～0.65	1.33	1.82	8～8.5	1.4
	LUCKY STRIKE	45.7	7.9	0.84～0.93	1.08	1.33	9～10	1.2

12.3.2　口含烟产品生产工艺分析

口含烟加工工艺主要包括磨粉、热处理、配方及调香、包装等工艺。

12.3.3 口含烟产品关键技术分析

口含烟的关键工艺主要是热处理和配方技术。

12.3.4 口含烟产品专利技术分析

最早的与口含烟相关的专利技术可以追溯到1905年，其主要涉及嚼烟的包装，其后与口含烟相关的专利申请不瘟不火，直到2006年才迎来爆发式的增长，截至2017年6月，与口含烟相关的专利技术已经达到600多件。在与口含烟相关的专利技术中，袋状、胶剂、锭剂等剂型口含烟及口含烟的通用成分是口含烟近几年来发展的重中之重。其中，改善外包装、感官特性及制备是袋状口含烟相关专利技术的主要改进方向（参见图12.13），其他的改进方向还涉及减少烟草制品危害、改善烟草制品结构、改善成分释放等；胶剂口含烟相关专利技术的主要改进方向包括减少烟草制品危害、改善烟草制品感官特性，其他还包括改善烟草制品制备、改善成分释放等；锭剂口含烟相关专利技术的主要改进方向包括改善烟草制品感官特性、减少烟草制品危害、改善烟草制品制备，其他还包括改善成分释放等；口含烟通用成分相关专利技术的主要改进方向包括改善烟草制品感官特性、减少烟草制品危害、改善烟草制品制备，其他还包括改善成分释放、改善烟草制品结构等。根据图12.13可知，袋状、胶剂、锭剂等剂型口含烟专利技术的改进方向主要集中于改善烟草制品感官特性、改善烟草制品制备、减少烟草制品危害等。其中，基于专利技术的法律状态、引用次数、同族数及权利要求的保护范围等因素，筛选出以下口含烟领域的重点专利技术。

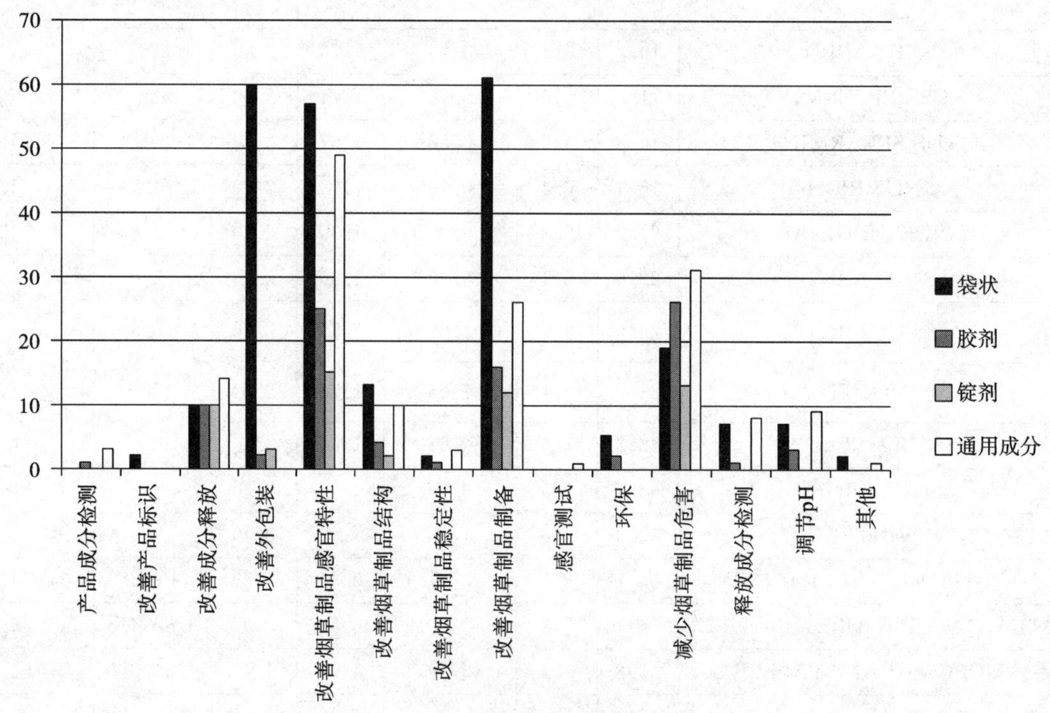

图12.13 口含烟主要剂型的改进方向

12.3.4.1 改善烟草制品感官特性

为了使无烟烟草产品令人愉快，CN101272703B公开了一种袋装无烟烟草产品，所述烟草产品(310)包括外袋(316)和内袋(326)，袋各自含有透水性网状材料，所述外袋(316)形成围绕烟草物质(320)的连续容器，所述内袋(326)置于外袋(316)内，通常被烟草物质(320)所包围。所述内袋(326)含有食用香料的胶囊(334)。使用时，胶囊外壳可以通过使用者口腔内水分而起作用，以致破裂、碎开或以其他方式作用来释放其内含物。

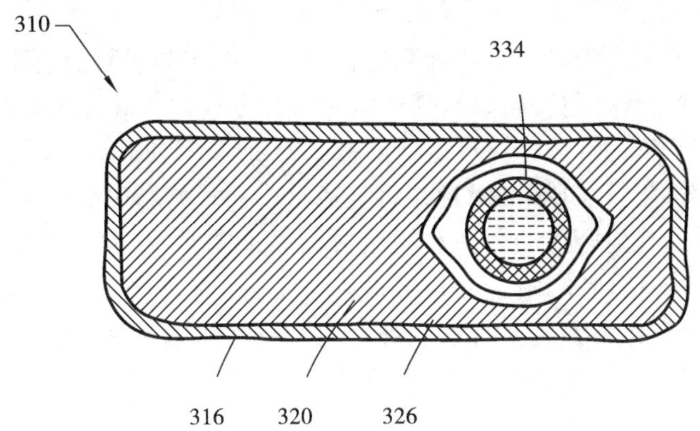

CN101272703B 主要对产品专利技术进行了保护，其独立权利要求如下：

一种构造成插入产品使用者口腔中的无烟烟草产品，所述烟草产品包含：含有烟草制剂的透水性网状外袋，所述烟草制剂包含烟草颗粒，所述烟草颗粒的大小能通过 200 泰勒的网筛，所述外袋设定为允许疏松放置的颗粒烟草制剂组分易于通过所述外袋扩散到使用者的口腔中；透水性网状内袋，所述内袋置于所述外袋内，但与所述外袋分离，所述内袋包含至少一颗胶囊，所述至少一颗胶囊包括包围内部胶囊区的可破坏的外部胶囊包衣，所述内部胶囊区含有至少一种食用香料成分，所述可破坏的外部胶囊包衣中或它们的内部有效载荷区中不含任何烟草。另外，其他相关专利包括 CN103005668B、CN101873809B。

CN103458714B 公开了一种被构造成用于插入使用者嘴中的可溶解的无烟烟草锭剂产品和用于制备适合用于无烟烟草产品中的无烟烟草组合物的方法，所述无烟烟草锭剂产品包括：至少约 25%干重的烟草材料（基于所述组合物的总重量）；至少约 10%干重的糖醇（例如，山梨醇、异麦芽酮糖醇、麦芽糖醇和它们的组合）；至少约 15%干重的天然胶质黏合剂组分（例如，阿拉伯树胶）；至少约 0.5%干重的烟草衍生的黏合剂组分；至少约 0.5%干重的湿润剂（例如，甘油）；至少约 0.2%干重的甜味剂（例如，三氯蔗糖）；至少约 0.5%干重的调味剂。其中，糖醇是填充剂成分，其会促进一些甜味，且不会破坏产品的期望的可咀嚼特征；黏合剂可以给无烟烟草组合物提供所需的物理特性和物理完整性。该无烟烟草锭剂产品由以下方法制成：提供包含水合的天然胶质黏合剂组分的水性混合物，将烟草材料（例如，碾碎的烟草材料或水性烟草提取物）与所述水性混合物混合以形成无烟烟草混合物，加热所述无烟烟草混合物（例如，至少约 40 ℃），将所述经过加热的无烟烟草混合物放入模具中，使所述混合物固化以形成所述无烟烟草组合物锭剂。所述方法可以另外包括：将外包衣施加于所述无烟烟草组合物锭剂。无烟烟草锭剂产品的口感具有可轻轻咀嚼和可溶解的特性，在咀嚼后具有轻微的弹性或“反弹”，其逐渐导致在使用过程中的更大展性；无烟烟草锭剂产品能够在完全溶解之前在使用者的嘴中持续 10～15 分钟，不会在任何显著程度上剩下任何残余物，且不会给使用者的嘴造成光滑的、蜡样的或黏滑的感觉。

CN103458714B 对组合物及产品的制备方法进行了重点保护，其独立权利要求如下：

一种被构造成用于插入使用者嘴中的无烟烟草组合物，所述无烟烟草组合物包含：至少 2%干重的水性烟草提取物形式的烟草材料（基于所述组合物的总重量）；至少 30%干重的糖醇；至少 40%干重的天然胶质黏合剂组分。所述组合物呈锭剂的形式。

一种用于制备根据权利要求 1～14 任一所述的无烟烟草组合物锭剂的方法，所述无烟烟草组合物锭剂被构造成用于插入使用者嘴中，所述方法包括：提供包含水合的天然胶质黏合剂组分的水性混合物；将烟草材料与所述水性混合物混合，以形成无烟烟草混合物；加热所述无烟烟草混合物；将经过加热的无烟烟草混合物放入模具中；在放入模具中以后，将所述经过加热的无烟烟草混合物维持在高温下；固化所述无烟烟草混合物，以形成无烟烟草组合物锭剂。

12.3.4.2　改善外包装

为了提供无烟烟草组合物或制品的高效包装，CN101495002B 公开了一种无烟烟草产品的包装，具体技术方案如下：

烟草产品(110)包括烟草组合物(115)，该烟草组合物盛装在密封、透水性烟袋（120)中，形成烟草部分(122)。烟草产品(110)具有密封外包装(125)，其以紧密密封方式围绕并盛装烟草部分(122)。代表性外包装(125)具有上表面(126)和下表面(127)。可适当调整下表面(127)使其具有所谓的“泡罩(blister pack)”式构型，改善结构稳定性。外包装(125)紧密密封并由合适材料制成，从而可控制外包装(125)中的气体条件(130)使气体由高纯度氮气或其他合适的气体种类组成。如果需要，可改变该实施方式使所述外包装包含多个单独的烟草部分。在边缘区(426)附近外包装被紧密密封(例如，热封)，优选该边缘区(426)在泡罩包装的有泡区域周围延伸。此类包装方式使得无烟烟草组合物在运输和使用前不需要冷冻，可简化运输、处理和存贮过程，并且可延长运输、处理和存贮时间，同时保持无烟产品的质量。

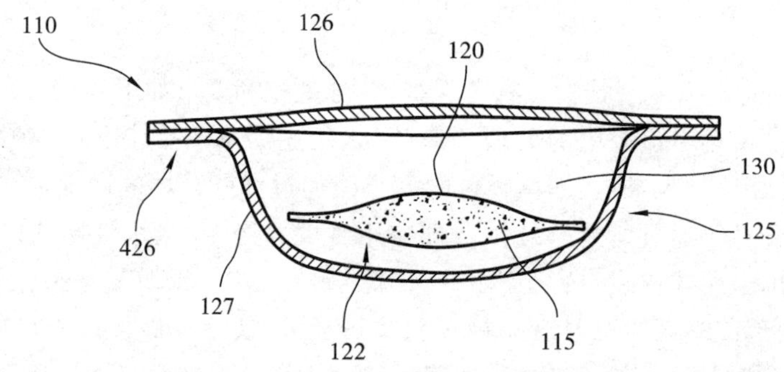

CN101495002B 对具有包装的无烟烟草产品的整体进行了保护，其独立权利要求如下：

一种在多层包装中的无烟烟草产品，包含：多个单独的透水性烟袋，各烟袋含有烟草制品并密封和构造成适于插入到烟草产品使用者口中，所述烟草制品含有粒状烟草；完全围绕且盛装至少一个所述各透水性烟袋的基本上密封的外包装膜材料，所述外包装膜材料紧密密封，其中围绕所述至少一个烟袋在其内部保持可控环境；围绕且盛装所述一个或多个烟袋中每一个密封的外包装膜材料形成以延伸的单线形式放置的多个“泡罩”式构型，其中每个“泡罩”式构型通过所述外包装膜材料与其他“泡罩”式构型相互连接形成带状结构。

12.3.4.3 减少烟草制品危害、改善烟草制品制备

为了提供无烟烟草产品高度期望的感官品质，同时降低烟草总含量和降低成本，CN102933102B 提供了一种适于口用的无烟烟草组合物，该组合物由烟草材料和非烟草材料组分的混合物组成，比如烟草材料、烟草提取物和加工的非烟草材料的混合物，或水性烟草提取物和水提取的蔬菜浆的混合物。其中，非烟草材料可具有以下形式：蔬菜浆(例如，加工的甜菜浆)、在去除作为水提取处理结果的水溶性组分之后获得的浆或其组合。提供水性烟草提取物，以便水不溶性浆材料与水性溶剂和溶解并分散在其中的水溶性和水分散性烟草组分分离。该无烟烟草组合物由以下方法制成，具体为：混合水性提取的浆材料形式的非烟草植物材料与水性烟草提取物，以便所述水性烟草提取物被吸收入所述非烟草植物材料，从而形成无烟烟草材料，其中，所述非烟草植物材料包括提取的甜菜材料；在所述混合步骤之前或之后巴氏消毒所述水性烟草提取物和所述非烟草植物材料；将一种或多种添加剂在所述混合步骤期间或之后添加至所述无烟烟草材料，或在所述混合步骤之前添加至所述水性烟草提取物和所述非烟草植物材料之一或二者，所述一种或多种添加剂选自缓冲剂、天然或人工甜味剂、流动助剂、保湿剂、盐和其组合。本发明的无烟烟草组合物与常规无烟烟草产品的感官特征类似或不同，并可提供降低水平的非烟草植物材料中的水溶性材料以便增强水性烟草提取物吸收，并可帮助提供显著降低黏性的所得产品，以使无烟烟草产品生产方法的自动化最佳。

CN102933102B 对组合物、产品、包装及制备专利技术等进行了保护，其主要权利要求如下：

适于口用的无烟烟草组合物，其包含携带吸收的水性烟草提取物的非烟草植物材料，其中所述非烟草植物材料为水性提取的浆材料形式；所述非烟草植物材料包括提取的甜菜材料。

制备适合用作无烟烟草组合物的组合物的方法，包括：混合水性提取的浆材料形式的非烟草植物材料

与水性烟草提取物，以便所述水性烟草提取物被吸收入所述非烟草植物材料，从而形成无烟烟草材料，其中，所述非烟草植物材料包括提取的甜菜材料；在所述混合步骤之前或之后巴氏消毒所述水性烟草提取物和所述非烟草植物材料；将一种或多种添加剂在所述混合步骤期间或之后添加至所述无烟烟草材料，或在所述混合步骤之前添加至所述水性烟草提取物和所述非烟草植物材料之一或二者，所述一种或多种添加剂选自缓冲剂、天然或人工甜味剂、流动助剂、保湿剂、盐和其组合。

CN104397869B 公开了一种可口崩解的烟草产品，其包含：不溶基质，该不溶基质包含聚氨酯和由所述不溶基质支持的口崩解的组合物，所述口崩解的组合物包含烟草提取物，该提取物包括两种或更多种烟草器官感觉组分，其中所述烟草产品是大小适合在口内的片剂，该片剂成型为压片、凸状或凹状小球或椭圆形。其中，组合物的崩解时间可在 60 分钟到小于 1 分钟之间进行变化，快速释放组合物典型地在小于 2 分钟和最优选在 1 分钟或更短如小于 60 秒、50 秒、45 秒、40 秒、35 秒、30 秒、25 秒、20 秒、15 秒、10 秒、5 秒、4 秒、3 秒、2 秒或 1 秒发生崩解。

CN104397869B 主要对产品进行了保护，其主要权利要求如下：

一种烟草产品，其包含：不溶基质，该不溶基质包含聚氨酯和由所述不溶基质支持(support)的口崩解的组合物，所述口崩解的组合物包含烟草提取物，该提取物包括两种或更多种烟草器官感觉组分，其中所述产品是大小适合在口内的片剂，该片剂成型为压片、凸状或凹状小球或椭圆形。

相关专利还有：CN102669810B、CN101262786B。

12.3.4.4　改善成分释放

为了改善尼古丁释放，CN102469831B 公开的无烟烟草产品对包含至少一种原料和烟草的组合物进行“熔纺”制造，熔纺的絮片、丝状物或其他形状构成与至少一种原料和与其混合的烟草相对应的基体，所述基体在使用者的口中可溶解并使得尼古丁向使用者持续释放。其中，“熔纺”制造可将可食用的原料和烟草(以及任意其他赋形剂)一起经历足以诱发极短时间段流动的温度和剪切的条件，以改变原料结构而形成新基体。这种条件会使得结构变形而不会使得材料劣化。而制备该无烟烟草产品的具体方法为：在熔纺机械的头中提供包含烟草和至少一种材料的组合物，所述至少一种材料在熔纺机械的头中在室温下为固体并在 500 ℉以下熔化，所述熔纺机械的头具有在外圆周边缘上的孔；以足够的速度旋转所述头，以将所述组合物压靠在所述外圆周边缘的内侧上；将所述至少一种材料熔化；将所述至少一种材料排出，所述材料中载有 1%～70%的烟草；在排出之后 5 秒之内使得排出的材料凝固。基于该方法制备的该无烟烟草产品可放入使用者的口腔、舌下或腭上，具有 2～120 分钟、优选 5～80 分钟的平均溶解时间，使其能够展示优异的尼古丁吸收。

CN102469831B 对组合物、产品及其制备方法等进行了重点保护，其主要权利要求如下：

一种无烟烟草产品，其包含通过对至少一种可溶解材料和烟草进行熔纺而制备的絮片或颗粒，其中制得的絮片或颗粒包含至少一种可溶解材料的基体和分布在所述基体中的烟草，所述基体可溶于使用者的口中并导致向所述使用者释放尼古丁。

一种通过熔纺制成的并用于哺乳动物口服的熔纺烟草组合物，其包含烟草和至少一种在室温下为固体并在 500 ℉以下熔化的材料，所述材料在通过熔纺加工时载有 1%～70%的烟草，并在熔纺之后 5 秒之内再次凝固。

一种制造用于哺乳动物口服的熔纺烟草组合物的方法，所述方法包括：在熔纺机械的头中提供包含烟草和至少一种材料的组合物，所述至少一种材料在熔纺机械的头中在室温下为固体并在 500 ℉以下熔化，所述熔纺机械的头具有在外圆周边缘上的孔；以足够的速度旋转所述头，以将所述组合物压靠在所述外圆周边缘的内侧上；将所述至少一种材料熔化；将所述至少一种材料排出，所述材料中载有 1%～70%的烟草；在排出之后 5 秒之内使得排出的材料凝固。

12.3.5　口含烟产品专利功效分析

通过对 2017 年 6 月以前专利申请技术的标引分析，得到口含烟专利申请的功效矩阵图 12.14，其中，技术功效包括:改善烟草制品感官特性(简称“改善感官”)、改善烟草制品制备(简称“改善制备”)、减少烟草制品危害(简称“减少危害”)、改善外包装、改善成分释放、改善烟草制品结构(简称“改善结构”)、调节 pH、释放成分检测、环保、改善烟草制品稳定性(简称“改善稳定性”)、产品成分检测、改善产品标识、感官测试及其他。口含烟的技术分支包括:袋状、胶剂、锭剂、通用成分、容器、喷雾剂、品种培育及其他剂型。

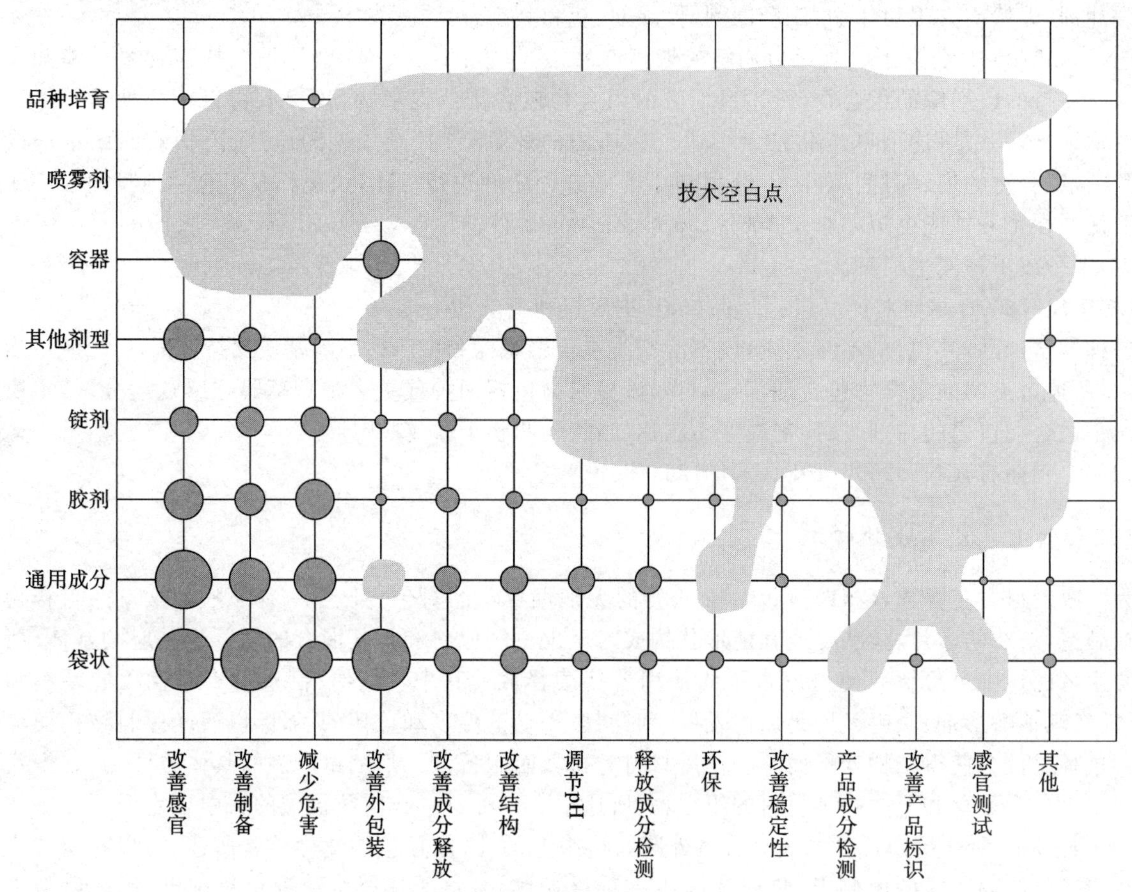

图 12.14 口含烟专利申请的功效矩阵(截至 2017 年 6 月)

根据图 12.14 所示,横向来看,袋状口含烟、通用成分、胶剂口含烟是口含烟发展的主要技术分支,远远领先于锭剂、喷雾剂等口含烟的其他技术分支。其中,袋状口含烟专利技术涉及技术功效的多个方面,但主要致力于改善感官、改善制备及改善外包装,对于产品成分检测、感官测试等方面的专利技术甚少涉及。口含烟通用成分及胶剂、锭剂口含烟专利技术均在改善感官、改善制备及减少危害等方面较为突出,但口含烟通用成分专利技术较少涉及改善外包装、环保、改善产品标识等方面,胶剂口含烟专利技术较少涉及产品标识的改善及感官的测试等,锭剂口含烟专利技术则对剩余的其他技术功效均涉及较少。对于口含烟的其他技术分支,在技术功效方面仅有零星分布。

纵向来看,用于改善感官和改善制备方面的专利申请在口含烟的专利技术中较为突出,减少危害、改善外包装方面的专利申请紧随其后。其中,改善外包装方面的专利申请主要涉及袋状口含烟和口含烟容器,对于口含烟的其他技术分支则较少涉及。而在改善成分释放、改善结构、调节 pH、释放成分检测、环保、改善稳定性、产品成分检测、改善产品标识、感官测试及其他等方面的专利申请则具有零星分布。技术功效对应的技术分支甚少涉及容器、喷雾剂、品种培育等方面。

第13章　新型烟草制品代表性专利

13.1　新型卷烟

1. 烟　制　品

专利类型:发明

申请号:CN200280026243.8

申请日:2002-12-18

申请人:日本烟草产业株式会社

申请人地址:日本东京都

发明人:竹内学　三木田敦　大日向肇

授权日:2006-11-29

法律状态公告日:2006-11-29

法律状态:授权

摘要:

本发明的烟制品(10):在前端部安置散热部(13),在后端部具有吸口部(17)的筒状体(11),在该筒状体(11)接近该散热部(13)处安置香味散发部(15)。该香味散发部(15)多个粒状物(151)分别含有:非多孔无机填料65%～93%、黏合剂1%～3%,香味物质6%～32%(以干燥质量为基准)。

授权文件独立权利要求:

一种烟制品,其中包括:在前端部安置散热部,在后端部具有吸口部的筒状体,在该筒状体内接近该散热部处安置香味散发部。该香味散发部包含多个粒状物,该粒状物分别含有:非多孔无机填料65%～93%、黏合剂1%～3%,香味物质6%～32%(以干燥质量为基准)。

2. 电吸烟系统和方法

专利类型:发明

申请号:CN200380003933.6

申请日:2003-02-13

申请人:菲利普·莫里斯生产公司

申请人地址:美国弗吉尼亚州

发明人:杰伊·A.福尔尼埃　约翰·B.佩因三世

授权日:2006-12-06

法律状态公告日:2006-12-06

法律状态:授权

摘要：

一种电吸烟系统，包括卷烟和电引燃器，卷烟包括部分填充有烟草材料的筒形烟草网，从而确定被填充的烟丝杆部分和未被填充的烟丝杆部分。包裹料包括包含铵的化合物填料，其有效地减少吸烟期间所产生的烟雾中的气态成分。所述系统包括引燃器，该引燃器至少包括一个加热叶片和适于控制加热叶片的加热的控制器。引燃器被设置成至少部分地容置卷烟，从而加热器叶片加热卷烟的加热区域。操纵控制器，将加热器叶片的加热限制在预定温度范围，该范围允许输送加热烟丝杆部分时所产生的烟雾，同时与抽仅具有碳酸钙作为填料的卷烟相比，至少能够降低烟雾中的一种气态成分。所述可以被减少的气态成分包括一氧化碳、1，3 丁二烯、异戊二烯、丙烯醛、丙烯腈、氰化氢、O-甲苯胺、2-萘胺、氧化氮、苯、NNN、苯酚、儿茶酚、苯并蒽和苯并芘。

授权文件独立权利要求：

一种电吸烟系统包括卷烟和引燃器，卷烟包括部分填充有烟草材料的筒形烟草网（tobacco mat），确定被填充的烟丝杆部分，被填充的烟丝杆部分邻近卷烟自由端，卷烟包括围绕所述被填充的烟丝杆部分的包裹料，所述包裹料包括纤维素网状物材料以及至少一种位于其内的填料，所述填料包括包含铵的化合物，其数量能有效地减少当烟丝杆部分点燃/加热分解时所产生的烟草烟雾中的气态成分。

引燃器包括至少一个加热叶片和适于根据动力循环控制加热叶片的加热的控制器，引燃器被设置成至少部分地容置卷烟，从而加热器叶片加热卷烟的加热区域，控制器能被操纵，以限制所述加热区域的加热不超过 500 ℃，从而产生烟草烟雾，同时降低烟草烟雾中的至少一种气态成分的含量，所述至少一种气态成分包括一氧化碳、1，3 丁二烯、异戊二烯、丙烯醛、丙烯腈、氰化氢、O-甲苯胺、2-萘胺、氧化氮、苯、NNN、苯酚、儿茶酚、苯并蒽和苯并芘。

3. 含控释香料的电加热的香烟，其制法和用途

专利类型：发明

申请号：CN200380102439.5

申请日：2003-10-30

申请人：菲利普·莫里斯生产公司

申请人地址：瑞士纳沙泰尔

发明人：B.C.伍德森　D.J.纽曼

授权日：2007-05-30

法律状态公告日：2007-05-30

法律状态：授权

摘要：

在电吸烟体系中使用的电加热的香烟包括香料释放添加剂和有效地除去主流烟草烟雾中的一种或多种气相成分的吸附剂。香料释放添加剂包括至少一种香料。在冒烟过程中，一旦香料释放添加剂达到至少最低温度，则在香烟内的香料被释放。香料释放添加剂可具有各种形式，例如小球、薄膜和包合络合物。还提供包括电加热的香烟的电吸烟体系、制造该香烟的方法和使该香烟冒烟的方法。

授权文件独立权利要求：

一种用于电吸烟体系的电加热的香烟，它包括至少一种吸附剂和香料释放添加剂，所述香料释放添加剂包括一旦香料释放添加剂被加热到至少最低温度时，在电加热的香烟内可释放的至少一种香料。

4. 带有烟雾检测用内置总管装置的电热吸烟系统

专利类型：发明

申请号：CN200380104509.0

申请日：2003-11-07

申请人:菲利普·莫里斯生产公司

申请人地址:瑞士纳沙泰尔

发明人:J. L. 费尔特　R. E. 李　A. 索兰基　C. 布莱克　P. 戴维斯　D. E. 夏普　M. E. 沃森　R. L. 里普利　B. W. 史蒂文森　W. J. 克罗

授权日:2009-10-07

法律状态公告日:2009-10-07

法律状态:授权

摘要:

一种电热吸烟装置,包括加热器单元,多个加热片,用于对支撑在加热器单元内的香烟的多个部分进行加热。加热器单元有一个开口,该开口适于容纳香烟的一端并使香烟的该端定位在加热片附近。加热器单元限定了吸入气流通道的至少一部分,当吸烟者对位于加热器单元内的香烟进行抽吸时,周围的空气可通过吸入气流通道被吸入到能够与香烟相接触的位置上。加热器单元安装在隔板内,隔板使加热器单元相对外壳定位并至少局部限定了一个气流旁通通道,该气流旁通通道与位于外壳周围的大气连通;隔板还限定了一条从气流旁通通道通向吸入气流通道的气流转向通道,当吸烟者对插装在加热器单元开口内的香烟喷烟时,周围空气可通过气流转向通道由气流旁通通道吸入。流量传感器设置在气流转向通道内,以提供表明吸烟者正在对香烟喷烟的信号。

授权文件独立权利要求:

一种电热吸烟系统,其包括:

加热器单元,所述加热器单元具有一个适合于容纳香烟一端的开口,所述加热器单元适合于对所述香烟的一部分施加热量;所述加热器单元限定了吸入气流通道的至少一部分,当吸烟者对设置在加热器单元内的香烟进行抽吸时,周围的空气可通过该吸入气流通道被吸入,与香烟相接触。

外壳,该外壳被设计成能够被吸烟者抓住。

隔板,该隔板使所述加热器单元相对所述外壳定位并至少局部形成了一个气流旁通通道,该气流旁通通道与位于所述外壳周围的大气连通。所述隔板还限定了一个从所述气流旁通通道导向吸入气流通道的气流转向通道,而且当吸烟者对插装在所述加热器单元开口内的香烟喷烟时,周围空气可通过气流转向通道从气流旁通通道吸入。

一个传感器,该传感器可通过操作对所述气流转向通道内的空气流量进行检测并输出一个表明吸烟者正在对香烟喷烟的信号。

5. 具有受控释放的调味剂的电加热香烟

专利类型:发明

申请号:CN200580036230.2

申请日:2005-11-02

申请人:菲利普·莫里斯生产公司

申请人地址:瑞士纳沙泰尔

发明人:D. J. 纽曼　B. C. 伍德逊

授权日:2009-12-02

法律状态公告日:2009-12-02

法律状态:授权

摘要:

一种用于电吸烟系统的电加热香烟(23),包括至少一个吸附剂以及调味剂释放添加剂,调味剂释放添加剂包括至少一个当将调味剂释放添加剂加热至至少一最低温度时可在电加热香烟内释放的调味剂。调味剂释放添加剂包括至少一个调味剂。调味剂释放添加剂可具有不同的形式,如珠状物、膜和包合配合物。

本发明还公开了具有电加热香烟的电吸烟系统、制造该香烟的方法以及抽吸该香烟的方法。

授权文件独立权利要求：

一种用于电吸烟系统的电加热香烟，包括至少一个吸附剂和调味剂释放添加剂，包括至少一个当将调味剂释放添加剂加热至至少一最低温度时可在电加热香烟内释放的调味剂。

其中，吸附剂包括褶皱的复写纸，其中该褶皱的复写纸位于聚丙烯套内，该聚丙烯套位于电加热香烟的一过滤器内。

6. 用于制造热源棒的制造机器及其制造方法

专利类型：发明

申请号：CN200580036614.4

申请日：2005-10-17

申请人：日本烟草产业株式会社

申请人地址：日本东京都

发明人：马场保夫　大日向肇　细谷伸夫　柳敏郎

授权日：2009-09-16

法律状态公告日：2009-09-16

法律状态：授权

摘要：

一种制造机器，其制造热源棒，具有喷出装置(10)，所述热源棒包含由可燃性材料构成且在其外周面上具有多个轴向槽的棒状挤出成形品、包裹该挤出成形品的隔热卷筒纸，所述喷出装置在向包装部(4)供给隔热卷筒纸W的过程中，向隔热卷筒纸W喷出水，喷出装置包含具有振动棒(34)的空气振动器(12)、贯通振动棒(34)及安装在该振动棒上供给来自调节泵(42)的水的挠性喷嘴(36)，挠性喷嘴的前端在隔热卷筒纸W的供给中，通过振动棒的振动在隔热卷筒纸W的横向上往返动作，同时向隔热卷筒纸W喷出水，喷出的水溶解隔热卷筒纸中的隔热纤维结合剂，形成湿润带H，该湿润带H在隔热卷筒纸W的纵向上形成连续的波形形状，且向挤出成形品提供黏结区。

授权文件独立权利要求：

一种热源棒的制造机器，其包括：

卷筒纸路径，其供给将隔热性纤维材料通过结合剂结合的隔热卷筒纸；

包装部，其配置在所述卷筒纸路径的下游，接收来自所述卷筒纸路径的所述隔热卷筒纸，并且在接收了所述隔热卷筒纸的单面上，还接收由可燃性材料构成且在其外周面上具有多个轴向槽的棒状挤出成形品，这些所述隔热卷筒纸和所述挤出成形品通过所述包装部时，由所述隔热卷筒纸将所述挤出成形品连续地包裹，形成热源棒；

溶液喷出装置，其在向所述包装部供给所述隔热卷筒纸前，向所述隔热卷筒纸的所述单面喷出结合剂的溶液，在所述单面上形成溶液的湿润带，所述湿润带在所述隔热卷筒纸的纵向上具有连续波形形状。

7. 非燃烧型吸烟物品用碳质热源组合物

专利类型：发明

申请号：CN200580046024.X

申请日：2005-12-22

申请人：日本烟草产业株式会社

申请人地址：日本东京都

发明人：小出明弘　片山和彦　竹内学

授权日：2010-12-15

法律状态公告日:2010-12-15

法律状态:授权

摘要:

非燃烧型吸烟物品用碳质热源组合物含有30%～55%重量比例的碳酸钙。

授权文件独立权利要求:

非燃烧型吸烟物品用碳质热源组合物,其含有30%～55%重量比例的碳酸钙,所述碳酸钙具有在0.08～0.15 μm范围内的粒径。

8. 物质雾化的方法和系统

专利类型:发明

申请号:CN200680026317.6

申请日:2006-07-18

申请人:普洛姆公司

申请人地址:美国加利福尼亚州

发明人:J.蒙西斯　A.鲍恩

授权日:2015-05-20

法律状态公告日:2015-09-16

法律状态:专利申请权、专利权的转移

摘要:

一种用于产生并向用户口中释放无污染烟雾的吸烟装置,包括烟嘴,用于提供烟雾供用户吸入;包含容纳加热器的管状壳体,用于通过热调节器调节燃料流量使得所述加热器以基本恒定的较低温度加热发烟物质;并且还具有用于凭视觉指示装置运行的装置。

授权文件独立权利要求:

一种便携式手持低温雾化吸烟装置,包括:具有近端和远端的细长管状主体,所述近端具有烟嘴,所述远端能够连接至管状壳体,所述管状主体还包括用于引入新鲜空气的空气入口和与所述近端及远端连通用于向用户口中释放烟雾的吸入通道;所述管状壳体在远端处可拆卸地连接到烟嘴上并形成气密连接;加热器,其由位于所述管状壳体内的导热外壳形成,并包括雾化室和加热室,所述雾化室具有可在其中容纳烟雾和烟丝卷的空腔,所述加热室具有可在其中容纳催化剂的空腔;密封部件,其设置在所述雾化室和所述加热室之间,用于防止加热室产生的废气进入所述雾化室造成污染。

9. 电吸烟系统

专利类型:发明

申请号:CN200680036169.6

申请日:2006-10-02

申请人:菲利普・莫里斯生产公司

申请人地址:瑞士纳沙泰尔

发明人:J.M.亚当斯　W.J.克罗　J.R.赫恩　R.E.李　B.W.史蒂文森　杨祖银　小詹姆斯・D.巴格特　小约翰・R.海尔费尔德　S.J.拉森　R.L.里普利　S.E.雷恩

授权日:2011-03-30

法律状态公告日:2011-03-30

法律状态:授权

摘要:

本发明公开了一种包括烟草块(24)的电吸烟系统(20),烟草块被加热到150～220 ℃以释放香味烟草挥

发物,香味烟草挥发物由经过烟草块的空气(26)挟带在其中,并且冷凝形成可吸入的烟雾剂(32)。烟草块可具有旋转对称形状,其至少一部分表面与加热器(22)形成传热关系。加热器可以是外部壳体、内部杆或板。具有或不具有过滤器的烟嘴(60)可与烟草块流体连通设置,以将烟雾剂从该系统导出。

授权文件独立权利要求:

一种无燃烧吸烟系统,包括烟草块和加热装置,所述加热装置基本围绕所述烟草块,进行电操作,可用于将烟草块加热到150～220 ℃,并形成引导空气经过的传热通道,其中加热装置包括加热器杆和加热器盘,所述加热器杆由烟草块容纳并具有从烟草块延伸的端部,所述加热器盘连接到所述加热器杆。

10. 无烟的香烟系统

专利类型:发明

申请号:CN200680036218.6

申请日:2006-09-29

申请人:菲利普·莫里斯生产公司

申请人地址:瑞士纳沙泰尔

发明人:M.S.布劳恩施泰恩　R.贾佩　J.莱昂斯-哈特　G.约斯　R.M.奥利加里奥

授权日:2010-12-08

法律状态公告日:2010-12-08

法律状态:授权

摘要:

本发明公开了一种无烟的点烟器(20),其包括加热器(50),加热器的大小适于容纳可发烟制品如香烟(22)以使香烟的一部分从点烟器突出。加热器将内腔(52)中的温度保持在160 ℃到200 ℃的范围内以便低于烟草的点燃温度。隔离护套(62)围绕加热器以保护吸烟者不被烧伤。电路可以被手动地启动或通过将香烟插入加热器来启动并且将加热器的运行限制于优选10～12分钟。可选地,灯(40)可以用来显示何时通过无烟的点烟器吸入空气。

授权文件独立权利要求:

一种点烟器,包括:

基本上为圆柱形的加热器,所述加热器形成基本上为圆柱形的腔室、供气口和入口,所述入口的尺寸适于接收可发烟制品的至少一个端部,所述加热器用于在基本上为圆柱形的腔室内保持基本上均匀的温度,所述温度低于烟草的点燃温度并处于160 ℃到200 ℃的范围内;

基本上围绕所述基本上为圆柱形的加热器的隔离护套,其具有一外表面,由隔热材料制成,并且具有使得所述外表面的温度保持在40 ℃以下的厚度;

用于向所述加热器供应电能的电源;

用于控制通过所述电源向所述加热器输送电能的持续时间的电路。

11. 非燃烧型吸烟物品用碳质热源组成物和非燃烧型吸烟物品

专利类型:发明

申请号:CN200780013028.7

申请日:2007-04-04

申请人:日本烟草产业株式会社

申请人地址:日本东京都

发明人:竹内学　片山和彦　小出明弘　小林正明

授权日:2011-06-29

法律状态公告日:2018-04-17

法律状态:专利权的终止

摘要:

一种非燃烧型吸烟物品用碳质热源组成物,其包含碳,且含有多元醇的比例是 0.5%～5%。本发明的非燃烧型吸烟物品具备该热源。

授权文件独立权利要求:

一种非燃烧型吸烟物品用碳质热源组成物,其特征在于包含碳,且含有多元醇的比例是 0.5%～5%。

12. 挥发装置

专利类型:发明

申请号:CN200780028999.9

申请日:2007-08-02

申请人:英美烟草(投资)有限公司

申请人地址:英国伦敦

发明人:D. L. 波特　刘川

授权日:2010-12-08

法律状态公告日:2010-12-08

法律状态:授权

摘要:

将挥发材料输送到使用者的装置,其包括:热输送部件(11),该热输送部件(11)包括散热件(14),该散热件(14)与例如热管(36)的传热装置成传热关系;挥发部件(20),该挥发部件(20)包括可挥发材料源(22),该可挥发材料例如烟草、香味材料或者治疗物质等。挥发部件(20)可分离地安装在热输送部件(11)上,且可挥发材料源(22)与热输送部件的传热装置(36)传热导通。因此,可以通过使用一系列一次性挥发部件(20)来重复使用热传输部件(11)。

授权文件独立权利要求:

一种用于将挥发材料输送到使用者的装置,该装置包括:散热件、与所述散热件成传热关系的传热装置,以及包括可挥发材料源的挥发部件,该可挥发材料源与所述传热装置成可分离的传热导通。

13. 含有烟草的吸烟物品

专利类型:发明

申请号:CN200780045783.3

申请日:2007-10-16

申请人:R. J. 雷诺兹烟草公司

申请人地址:美国北卡罗来纳州

发明人:J. H. 鲁滨逊　D. W. 小格利非斯　B. T. 克纳　E. L. 克鲁克斯　D. B. 小部鲁尔

授权日:2011-04-06

法律状态公告日:2011-04-06

法律状态:授权

摘要:

一种吸烟物品(10),可包括包含在用作卷烟固定器的电动浮质形成装置内的卷烟(150)。吸烟物品具有至少一种形式的烟草(89)。吸烟物品还具有嘴端(15),其由吸烟者使用,以吸入施加在卷烟各成分上的热量作用下所产生的烟草成分。代表性的吸烟物品具有外容器(20),该外容器包括电源(36)(例如,电池)、至少在吸气期间对装置供电的检测机构(60),以及用来形成含有烟草成分的热产生浮质的加热装置(70、72)(例如,至少一个电阻加热元件)。在使用期间,卷烟(150)定位在装置内,使用后,从该装置中取出用过的卷烟并用另一卷烟替代。

授权文件独立权利要求：

一种含有烟草的电动吸烟物品，该吸烟物品包括：

(a)外壳，该外壳具有嘴端和远离所述嘴端的远端，其中，所述嘴端包括适于让所述吸烟物品内产生的浮质排出的开口，所述远端包括适于让空气进入所述吸烟物品内的开口；

(b)位于所述外壳内的电源，该电源可工作地定位在所述外壳远端的开口的下游，以使进入所述吸烟物品的空气通过所述电源；

(c)位于所述外壳内的第一电阻加热元件，该第一电阻加热元件由所述电源供电，并可工作地定位成加热通过所述外壳远端的开口吸入的空气；

(d)定位在所述外壳内的烟草材料；

(e)定位在所述外壳内的浮质形成材料，该浮质形成材料与所述烟草材料流体地连通，使得空气可被吸过所述烟草材料和所述浮质形成材料；

(f)位于所述外壳内的第二电阻加热元件，该第二电阻加热元件由所述电源供电，并可工作地定位以便加热所述浮质形成材料和烟草材料；

(g)抽吸致动控制器，该抽吸致动控制器适于在吸气期间调节流过所述第一和第二电阻加热元件中至少一个的电流，并包括适于检测吸烟者在所述吸烟物品上吸气的传感器。

其中，所述浮质形成材料和烟草或者(Ⅰ)包含在位于所述第二电阻加热元件与所述外壳的嘴端之间的烟筒内，所述烟筒具有面向所述第二电阻加热元件的开口和密封的嘴端区域，以使所述烟筒内产生的浮质在起初向所述第二电阻加热元件的方向流动；或者(Ⅱ)设置在卷烟杆内，所述卷烟杆包括被包裹纸包围起来的烟草杆和相邻的滤嘴元件，所述卷烟杆定位在所述第二电阻加热元件和所述外壳嘴端之间，其中所述卷烟杆包括被包裹材料包围起来的浮质形成材料的烟筒，所述烟筒定位在所述烟草杆与所述第二电阻加热元件之间。

14. 无烟的香烟替代品

专利类型：发明

申请号：CN200780052262.0

申请日：2007-12-12

申请人：菲利普·莫里斯生产公司

申请人地址：瑞士纳沙泰尔

发明人：阿尔诺·林克

授权日：2014-09-03

法律状态公告日：2014-09-03

法律状态：授权

摘要：

本发明涉及一种使有效成分和/或芳香成分挥发，以释放出可吸入的气雾的方法，其中使优选地与过剩空气燃烧的可燃气体的燃烧后气体部分地或全部地在一定条件下与周围空气混合，并引导该燃烧后气体经过有效成分和/或芳香成分的堆存处，而且其中通过燃烧后气体的份额和在一定条件下通过这种燃烧后气体与周围空气的混合比例可以选择所希望的温度。本发明还涉及一种实施该方法的装置，其具有香烟或雪茄的形状和外形尺寸，用来释放出可吸入的气雾，该装置包括：包含有效成分和/或芳香成分堆存处(32)的嘴部部件(3)，以及加热杆(2)。该加热杆具有：壳体外套，该壳体外套具有一个或多个空气进口以及一个或多个在嘴部部件侧的热空气出口；充气阀(21)，用于给气罐(22)充可燃气体，优选为丙烷-丁烷气；调节阀(24)，用于使气体受控地从气罐(22)里释放至燃烧器(25)；以及材料交换器(26)，用于通过借助于燃烧器(25)而产生的热的燃烧后气体来加热空气。其中嘴部部件(3)与加热杆(2)可拆卸地连接，并借助于使用者在嘴部部件(3)处的抽吸所产生的负压和/或空气流对调节阀(24)进行控制。本发明还涉及用于这种装置的加气站。

授权文件独立权利要求：

一种使有效成分和/或芳香成分挥发，以释放出可吸入的气雾的方法，其中使优选地与过剩空气燃烧的可燃气体的燃烧后气体部分地或全部地在一定条件下与周围空气混合，并引导所述燃烧后气体经过有效成分和/或芳香成分的堆存处，而且其中通过所述燃烧后气体的份额和在一定条件下通过所述燃烧后气体与周围空气的混合比例可以选择所希望的温度。

15. 基于蒸馏的发烟制品

专利类型：发明

申请号：CN200880102333.8

申请日：2008-08-08

申请人：菲利普·莫里斯生产公司

申请人地址：瑞士纳沙泰尔

发明人：S. 梅德　J-J. 皮亚德　L. E. 波格　J. A. 祖贝

授权日：2011-08-31

法律状态公告日：2011-08-31

法律状态：授权

摘要：

本发明公开了一种发烟制品(2)(30)，包括：可燃热源(4)；在所述可燃热源(4)下游的气雾产生基质(6)；围绕并且接触可燃热源(4)的后部部分(4b)和气雾产生基质(6)的相邻前部部分(6a)的热传导元件(22)。气雾产生基质(6)向下游延伸超出热传导元件(22)至少 3 mm。

授权文件独立权利要求：

一种发烟制品(2)(30)，包括：可燃热源(4)；气雾产生基质(6)，位于所述可燃热源(4)的下游；热传导元件(22)，围绕并且接触所述可燃热源(4)的后部部分(4b)和所述气雾产生基质(6)的相邻的前部部分(6a)。其特征在于，所述气雾产生基质(6)向下游延伸超出所述热传导元件(22)至少 3 mm。

16. 用于生产柱形热源的工艺

专利类型：发明

申请号：CN200880124170.3

申请日：2008-12-15

申请人：菲利普·莫里斯生产公司

申请人地址：瑞士纳沙泰尔

发明人：F. J. 克莱门斯　F. 雷特尔　J. 巴贝尔　H. 弗里德里希

授权日：2014-04-02

法律状态公告日：2014-04-02

法律状态：授权

摘要：

一种用于生产柱形含碳热源(4)的工艺，该柱形含碳热源(4)用于加热吸烟物品，所述热源具有贯穿于热源延伸的纵向空气流动通道，所述纵向空气流动通道的内表面覆盖有涂层(22)。所述工艺包括以下步骤：(a)通过使含碳材料穿过模具(6)挤出成型而形成柱形热源(4)，所述模具(6)包括孔口(8)，该孔口(8)具有安装在孔口(8)中的芯棒(10)，以便形成空气流动通道；(b)将流体涂层化合物(16)涂敷到芯棒下游的空气流动通道的内表面，将涂层化合物(16)穿过进给通路(12)进行进给，该进给通路(12)沿纵向穿过芯棒

(10)延伸并具有在进给通路(12)端部处的出口。涂层化合物(16)由于涂层化合物和内表面之间的黏着力而浸润纵向通道的内表面,由此随着柱形热源(4)被挤出而形成涂层(22)。

授权文件独立权利要求:

一种用于生产柱形含碳热源(4)的工艺,该柱形含碳热源(4)用于加热吸烟物品,所述热源具有贯穿于热源延伸的纵向空气流动通道,所述纵向空气流动通道的内表面覆盖有涂层(22)。其中,所述工艺包括以下步骤:(a)通过使含碳材料穿过模具(6)挤出成型而形成柱形热源(4),所述模具(6)包括孔口(8),该孔口(8)具有安装在孔口(8)中的芯棒(10),以便形成空气流动通道;(b)通过使流体涂层化合物(16)穿过进给通路(12)进行进给,而将流体涂层化合物(16)涂敷到芯棒下游的空气流动通道的内表面,该进给通路(12)沿纵向穿过芯棒(10)延伸并具有在进给通路(12)端部处的出口。其中,涂层化合物由于涂层化合物和空气流动通道的内表面之间的黏着力而浸润空气流动通道的内表面,由此随着柱形热源(4)被挤出而形成涂层(22)。

17. 带有烟雾检测用内置总管装置的电热吸烟系统

专利类型:发明

申请号:CN200910168035.5

申请日:2003-11-07

申请人:菲利普·莫里斯生产公司

申请人地址:瑞士纳沙泰尔

发明人:J.L.费尔特　R.E.李　A.索兰基　C.布莱克　P.戴维斯　D.E.夏普　M.E.沃森　R.L.里普利　B.W.史蒂文森　W.J.克罗

授权日:2013-11-06

法律状态公告日:2013-11-06

法律状态:授权

摘要:

本发明公开了一种电热吸烟系统,其包括:外壳;多个加热元件,这些加热元件设置在所述外壳内并适合于将香烟的一部分容纳于其中;电源,该电源可向所述加热元件提供能量,以用于对香烟进行加热;总管部件,该总管部件限定了一个腔体,该腔体在香烟的过滤器部分处将香烟的一部分包围起来,所述腔体通过多个在所述香烟的过滤器部分内的开口与香烟的内部流体连通。

授权文件独立权利要求:

一种电热吸烟系统,其包括:外壳;多个加热元件,这些加热元件设置在所述外壳内并适合于将香烟的一部分容纳于其中;电源,该电源可向所述加热元件提供能量,以用于对香烟进行加热;总管部件,该总管部件限定了一个腔体,该腔体在香烟的过滤器部分处将香烟的一部分包围起来,所述腔体通过多个在所述香烟的过滤器部分内的开口与香烟的内部流体连通。

18. 电加热烟雾产生系统和方法

专利类型:发明

申请号:CN200980108948.6

申请日:2009-03-03

申请人:菲利普·莫里斯生产公司

申请人地址:瑞士纳沙泰尔

发明人:J-P.科蒂　F.费尔南多　F.波拉特

授权日:2012-07-18

法律状态公告日:2012-07-18

法律状态：授权

摘要：

本发明提供了一种接纳烟雾形成基体的电加热烟雾产生系统。所述系统包括用于加热基体以形成烟雾的至少一个加热元件(309)和用于向所述至少一个加热元件供电的电源(301)。所述电源包括电压源(303)、两个或更多个超级电容器(305、307)，以及在所述电压源与所述两个或更多个超级电容器之间的开关(51、52、53、54、55)。所述开关被布置成使得在充电模式期间，所述两个或更多个超级电容器至少部分地被相互并联连接，以便由电压源进行充电，并且在加热模式期间，所述两个或更多个超级电容器被相互串联连接，以便通过所述至少一个加热元件进行放电。

授权文件独立权利要求：

一种接纳烟雾形成基体的电加热烟雾产生系统，该系统包括：至少一个加热元件，其用于加热所述基体以形成烟雾；电源，其用于对所述至少一个加热元件供电，该电源包括电压源、两个或更多个超级电容器，以及在所述电压源与所述两个或更多个超级电容器之间的开关。所述开关被布置成使得在充电模式期间，所述两个或更多个超级电容器至少部分地被相互并联连接，以便由所述电压源进行充电，并且在加热模式期间，所述两个或更多个超级电容器被相互串联连接，以便通过所述至少一个加热元件进行放电。

19. 用于控制电气烟雾生成系统中烟气成分的形成的方法

专利类型：发明

申请号：CN200980110074.8

申请日：2009-03-04

申请人：菲利普·莫里斯生产公司

申请人地址：瑞士纳沙泰尔

发明人：O.格雷姆　F.费尔南多　F.拉德克

授权日：2012-03-21

法律状态公告日：2012-03-21

法律状态：授权

摘要：

本发明为针对控制挥发性化合物从电加热烟雾生成系统内的烟雾形成基质中释放的方法。由电加热烟雾生成系统所释放的挥发性化合物的传送分布通过设置电加热烟雾生成系统的预定的最高操作温度，并且在操作期间控制该温度来控制。预定的最高操作温度被设置在低于多种不期望的物质的形成的水平。

授权文件独立权利要求：

一种控制挥发性化合物从电加热烟雾生成系统中释放的方法，所述电加热烟雾生成系统包括电源、与所述电源连接的至少一个加热元件和烟雾形成基质，其中所述烟雾形成基质在加热时释放多种挥发性化合物，其中所述多种挥发性化合物中的每一种都具有最低释放温度，在该最低释放温度之上所述挥发性化合物被释放。所述方法包括：选择预定的最高操作温度，其中所述预定的最高操作温度在挥发性化合物中的至少一种的所述最低释放温度之下以便防止其从所述烟雾形成基质中释放；控制所述至少一个加热元件的温度使得至少一种挥发性化合物被释放。所述控制包括以下步骤：测量所述至少一个加热元件的电阻率；从电阻率的测量导出所述至少一个加热元件的实际操作温度的值；将所述实际操作温度的值与所述预定的最高操作温度进行比较；调整给所述至少一个加热元件供应的电能以便使所述至少一个加热元件的所述实际操作温度保持在所述预定的最高操作温度之下。

20. 流量传感器系统

专利类型：发明

申请号：CN200980126289.9

申请日:2009-05-25

申请人:菲利普·莫里斯生产公司

申请人地址:瑞士纳沙泰尔

发明人:J-M.弗利克

授权日:2012-08-15

法律状态公告日:2012-08-15

法律状态:授权

摘要:

本发明提供了一种用于在烟雾发生系统中感测指示抽吸的流体流动的流量传感器系统。所述传感器系统包括包含感测电阻器和电压输出的感测电路。所述感测电阻器被设置成基于电阻的变化来检测流体流动。所述感测电路被设置成使得感测电阻器的电阻变化引起电压输出的变化。所述传感器系统还包括被设置成向感测电路提供脉冲驱动信号以便对感测电路供电的信号发生器。所述感测电路在脉冲驱动信号为高时被供电,而在脉冲驱动信号为低时不被供电。所述传感器系统被设置成在其中未预期或检测到抽吸且其中脉冲驱动信号具有第一频率的第一模式下和其中预期或检测到抽吸且其中脉冲驱动信号具有大于第一频率的第二频率的第二模式下操作。

授权文件独立权利要求:

一种用于在烟雾发生系统中感测指示抽吸的流体流动的流量传感器系统,该传感器系统被设置成在其中未预期或检测到抽吸的第一模式下和其中预期或检测到抽吸的第二模式下操作,并包括:

感测电路,其包括感测电阻器和电压输出,所述感测电阻器被设置成基于电阻的变化来检测流体流动,所述感测电路被设置成使得感测电阻器的电阻变化引起电压输出的变化;

信号发生器,其被设置成向所述感测电路提供脉冲驱动信号 S_1 以便对所述感测电路供电,使得所述感测电路在脉冲驱动信号 S_1 为高时被供电,而在脉冲驱动信号 S_1 为低时不被供电,其中,脉冲驱动信号 S_1 在第一模式下具有第一频率 f_1,并在第二模式下具有大于第一频率 f_1 的第二频率 f_2,并且其中,所述信号发生器被设置为在所述感测电路预期或检测到抽吸时从第一模式切换到第二模式。

21. 无烟香烟

专利类型:发明

申请号:CN200980133308.0

申请日:2009-06-29

申请人:奥利格股份公司

申请人地址:瑞士卢塞恩

发明人:M.科勒

法律状态公告日:2011-08-31

法律状态:实质审查的生效

摘要:

本发明包括一种无烟香烟,其具有自发热的热单元和包含有尼古丁或含尼古丁化合物的尼古丁储器,其中所述热单元包括可结晶介质,该可结晶介质在其结晶期间释放热。

申请文件独立权利要求:

一种无烟香烟,其具有自发热的热单元以及包含有尼古丁或含尼古丁化合物的尼古丁储器,其中所述热单元包括可结晶介质,所述可结晶介质在其结晶期间释放热。

22. 用于电气加热吸烟系统中使用的包含识别信息的物品

专利类型:发明

申请号:CN200980152284.3

申请日:2009-12-24

申请人:菲利普·莫里斯生产公司

申请人地址:瑞士纳沙泰尔

发明人:F.费尔南多　J-P.科蒂

授权日:2014-07-02

法律状态公告日:2014-07-02

法律状态:授权

摘要:

提供用于接收被配置为供吸烟系统(101)使用的吸烟物品(115)或清洁物品(205)的电气加热吸烟系统(101)。系统包括用于至少部分地接收吸烟物品(115)或清洁物品(205)的空腔(111)。吸烟物品包含在其上面打印的识别信息。清洁物品包含在其上面编码的识别信息。系统还包含至少一个加热元件、用于向至少一个加热元件供给电力的电源、与电源和至少一个加热元件连接的电气硬件和能够基于识别信息检测空腔(111)中的吸烟物品(115)或清洁物品(205)的存在并且将吸烟物品或清洁物品与被配置为供吸烟系统使用的其他物品区分开的检测器(203)。还提供包含在清洁物品上编码的识别信息的清洁物品(205)。

授权文件独立权利要求:

一种电气加热吸烟系统,包括:包含在其上面打印的识别信息的吸烟物品;用于至少部分地接收吸烟物品的空腔;至少一个加热元件;用于向至少一个加热元件供电的电源;与电源和至少一个加热元件连接的电气硬件;能够基于在吸烟物品上打印的识别信息检测空腔中的吸烟物品的存在并且将吸烟物品与被配置为供吸烟系统使用的其他物品区分开的检测器。

23. 用于组装用于吸烟制品的部件的设备及方法

专利类型:发明

申请号:CN200980153221.X

申请日:2009-12-29

申请人:菲利普·莫里斯生产公司

申请人地址:瑞士纳沙泰尔

发明人:B.塔利尔　A.卢韦

授权日:2013-10-23

法律状态公告日:2013-10-23

法律状态:授权

摘要:

提供了一种用于组装用于生产吸烟制品的两个或更多个不同部件(103,203;105,205;107a,107b,207)的设备和方法。至少一个部件(103,203)是不可齐整切割的,即,不能利用常规的切割装置齐整地切割,例如因为其趋于粉碎或断碎。本方法包括以下步骤:沿运动的传送路径(200)给送一部件流;将该部件流压紧成两个或更多个不同部件的组,每个组都对应于一个分离的吸烟制品,其中在一个组内的部件相互抵接,并且在前部件组与后部件组之间具有预定的间隔;将这些部件包卷到一材料卷中;在部件组之间的每个间隔中切割该材料卷。

授权文件独立权利要求:

一种用于组装用于生产吸烟制品的两个或更多个不同部件的方法,其中,至少一个所述部件是不可齐整切割的。所述方法包括以下步骤:沿运动的传送路径给送一部件流;将所述部件流压紧成两个或更多个不同部件的组,每个组都对应于一个分离的吸烟制品,其中在一个组内的所述部件相互抵接,并且在前部件组与后部件组之间具有预定的间隔;将所述部件包卷到一材料卷中;在所述部件组之间的每个间隔中切割所述材料卷。

24. 烟草基尼古丁气雾产生系统

专利类型:发明

申请号:CN201080012084.0

申请日:2010-03-09

申请人:菲利普·莫里斯生产公司

申请人地址:瑞士纳沙泰尔

发明人:S. D. 罗斯　J. E. 图纳　T. 穆鲁戈圣　J. E. 罗斯

授权日:2015-06-10

法律状态公告日:2015-06-10

法律状态:授权

摘要:

本发明涉及传送烟草、其他植物和其他天然资源中尼古丁和/或其他生物碱的装置和方法。更具体地,本发明涉及不需要燃烧尼古丁源材料将尼古丁气雾传送到用户肺部的装置和方法。

授权文件独立权利要求:

一种将尼古丁传送给受试者的装置,该装置包含一个外壳,该外壳包含互相连通并适配的入口和出口,这样气态载体可以通过入口传入外壳,传过外壳并通过出口传出外壳。从入口到出口该装置包含与入口连通的第一内部区域,该第一内部区域包含形成包含尼古丁和/或其他生物碱的颗粒的化合物源或者天然产品尼古丁源;与第一内部区域连通的第二内部区域,该第二内部区域包含另一种源;以及可选地,与第二内部区域和出口连通的第三内部区域。

25. 电加热的发烟系统

专利类型:发明

申请号:CN201080021944.7

申请日:2010-05-18

申请人:菲利普·莫里斯生产公司

申请人地址:瑞士纳沙泰尔

发明人:F. 费尔南多　M-R. 切姆拉　F. 施塔勒

授权日:2014-04-09

法律状态公告日:2014-04-09

法律状态:授权

摘要:

提供一种电加热的发烟系统,所述发烟系统包括次级单元,所述次级单元能够接收发烟制品,所述发烟制品具有形成烟雾的基质。次级单元包括:至少一个加热元件;接口,所述接口用于连接到主电源,用于在预加热模式期间将电力供给到至少一个加热元件,以将形成烟雾的基质的温度升高到操作温度。次级单元还包括次级电源,所述次级电源布置成在发烟模式期间将电力供给到至少一个加热元件,以将形成烟雾的基质的温度基本维持在操作温度。次级单元还包括次级电路。电加热的发烟系统可以任选地包括主单元,所述主单元包括主电源和主电路。通过在主单元和次级单元之间划分电源,次级单元可以制造得较小并且更便于用户携带。

授权文件独立权利要求:

一种电加热的发烟系统(101,201,301),所述电加热的发烟系统包括次级单元(105,205a,205b,305,407),所述次级单元能够接收发烟制品(107,207,307,411),所述发烟制品具有形成烟雾的基质。所述次级单元包括:至少一个加热元件(415);接口,所述接口用于连接到主电源(409),以将电力供给到所述至少一个加热元件;次级电源,所述次级电源用于将电力供给到所述至少一个加热元件;次级电路,所述次级电路布置成在预加热模式中控制从所述主电源(409)到所述至少一个加热元件(415)的电力供给,其中在所述预加热模式期间所述形成烟雾的基质的温度升高到操作温度,并且所述次级电路布置成在发烟模式中控制从所述次级电源到所述至少一个加热元件(415)的电力供给,其中在所述发烟模式期间所述形成烟雾的基质的温度基本维持在所述操作温度。

26. 带绝热垫的分段吸烟制品

专利类型:发明

申请号:CN201080038270.1

申请日:2010-08-10

申请人:R. J. 雷诺兹烟草公司

申请人地址:美国北卡罗来纳州

发明人:A. D. 西巴斯坦恩　B. T. 克纳　C. K. 巴那基　S. L. 阿尔德门　P. E. 布拉克斯顿　C. R. 卡朋特　A. P. 冈萨雷斯　B. J. 英厄布雷森　K. L. 默里　T. B. 内斯特　E. L. 克鲁克斯

授权日:2014-12-10

法律状态公告日:2014-12-10

法律状态:授权

摘要:

一种香烟,它包含点烟端和烟嘴端。它可包含位于点烟端的可抽吸段。它还包含烟嘴端段;位于点烟端与烟嘴端之间的气溶胶发生系统,所述系统包含(1)靠近可抽吸段的生热段,它包含通过燃烧可抽吸材料激活的热源和机织、针织或二者混织的非玻璃材料绝热层,以及(2)位于生热段与烟嘴端之间但与它们各自物理隔离的气溶胶发生段,它含有气溶胶形成材料;从外面包覆至少一部分气溶胶发生段、生热段和至少一部分可抽吸段的外包覆材料组件;这几段通过外包覆材料连接在一起,形成香烟棒;烟嘴端段用接装材料连接到香烟棒上。

授权文件独立权利要求:

一种香烟,它包含:点烟端和烟嘴端;位于所述点烟端的可抽吸段,所述可抽吸段具有一定的长度,包含用包覆材料约束的可抽吸材料;位于所述烟嘴端的烟嘴端组件段;位于所述可抽吸段与所述烟嘴端组件段之间的气溶胶发生系统,所述气溶胶发生系统包含(1)邻近可抽吸段的生热段,所述生热段具有一定的长度,包含通过燃烧可抽吸材料激活的热源和含有选自下组材料的阻燃性材料绝热层——机织、针织或二者混织的非玻璃材料、发泡金属材料、发泡陶瓷材料、发泡陶瓷金属复合材料,以及(2)包含气溶胶形成材料的气溶胶发生段,所述气溶胶发生段具有一定的长度,位于所述生热段与所述烟嘴端之间但与它们各自物理隔离;外包覆材料组件,用来从外面包覆(1)至少部分长度的气溶胶发生段,(2)整个长度的生热段,以及(3)至少部分长度的可抽吸段;这几段通过所述外包覆材料连接在一起,形成香烟棒;以及用接装材料连接到所述香烟棒上的烟嘴端组件段。

27. 对抽吸流量图的控制

专利类型:发明

申请号:CN201080046636.X

申请日:2010-10-15

申请人:英美烟草(投资)有限公司

申请人地址:英国伦敦

发明人:D. 伍德科克　J. 墨菲

授权日:2015-09-09

法律状态公告日:2015-09-09

法律状态:授权

摘要:

本发明涉及热不燃产品,其包含包封的气溶胶发生剂,该包封具有控制热不燃产品使用期间所述试剂释出的效果。包封将控制热不燃产品使用期间气溶胶发生剂的释出时机,以更好地控制抽吸产出。就一些气溶胶发生剂而言,包封还可提高试剂的稳定性和/或阻止其在产品内迁移。

授权文件独立权利要求:

热不燃产品,其包含包封的气溶胶发生剂。

28. 具有改进的加热器的电加热的发烟系统

专利类型:发明

申请号:CN201080048977.0

申请日:2010-10-28

申请人:菲利普·莫里斯生产公司

申请人地址:瑞士纳沙泰尔

发明人:O.格雷姆　J.普洛茹　D.鲁肖

授权日:2015-05-13

法律状态公告日:2015-05-13

法律状态:授权

摘要:

提供一种用于接收形成浮质的衬底的电加热的发烟系统。该系统包括:至少一个加热器,其用于加热形成浮质的衬底以形成浮质;电源,其用于将功率供给到至少一个加热器。至少一个加热器包括在电绝缘衬底(101,201,301,401,501)上的一个或者多个导电轨迹(103,203,303,403,503)。在一个布置中,一个或者多个导电轨迹(103,203,303,403,503)具有这样的电阻温度系数特征,使得一个或者多个导电轨迹可以既用作电阻加热器又用作温度传感器。在另一个布置中,电加热的发烟系统还包括绝热材料(507),其用于使至少一个加热器与电加热的发烟系统的外侧绝热。

授权文件独立权利要求:

一种用于接收形成浮质的衬底的电加热的发烟系统,所述发烟系统包括:至少一个加热器,所述至少一个加热器用于加热所述衬底以形成浮质;电源,所述电源用于将功率供给到所述至少一个加热器。其中,所述至少一个加热器包括在电绝缘衬底上的一个或者多个导电轨迹,所述一个或者多个导电轨迹具有这样的电阻温度系数特征,所述电阻温度系数特征使得所述一个或者多个导电轨迹能够既用作电阻加热器又用作温度传感器。

29. 具有内部或外部加热器的电加热的发烟系统

专利类型:发明

申请号:CN201080053099.1

申请日:2010-11-26

申请人:菲利普·莫里斯生产公司

申请人地址:瑞士纳沙泰尔

发明人:O.格雷姆　J.普洛茹　D.鲁肖　G.聚贝

授权日:2016-06-01

法律状态公告日:2016-06-01

法律状态:授权

摘要:

提供一种用于接纳形成浮质的衬底(105,205)的电加热的发烟系统(103,203)。电加热的发烟系统包括用于加热衬底以形成浮质的加热器,并且加热器包括加热元件(113,213,214)。电加热的发烟系统(103,203)和加热元件(113,213,214)布置成使得当形成浮质的衬底(105,205)被接纳在电加热的发烟系统中时,加热元件(113,213,214)仅部分地沿着形成浮质的衬底的长度延伸一段距离,并且加热元件定位成接近形成浮质的衬底的下游端部。

授权文件独立权利要求:

一种用于接纳形成浮质的衬底(105,205)的电加热的发烟系统(103,203),所述系统包括用于加热所述衬底以形成浮质的加热器,所述加热器包括加热元件(113,213,214),其中,所述电加热的发烟系统(103,203)和所述加热元件(113,213,214)布置成使得当所述形成浮质的衬底(105,205)被接纳在所述电加热的发烟系统中时,所述加热元件(113,213,214)仅部分地沿着所述形成浮质的衬底的长度延伸一段距离,并且所述加热元件定位成接近所述形成浮质的衬底的下游端部。

30. 用于电加热的生成浮质的系统的细长的加热器

专利类型:发明

申请号:CN201080063406.4

申请日:2010-12-22

申请人:菲利普·莫里斯生产公司

申请人地址:瑞士纳沙泰尔

发明人:O.格雷姆　J.普洛茹　D.鲁肖

授权日:2014-12-03

法律状态公告日:2014-12-03

法律状态:授权

摘要:

公开了一种用于接纳形成浮质的衬底的电加热的生成浮质的系统。所述系统包括加热元件(121),所述加热元件包括第一导电元件(105),所述第一导电元件通过电绝缘部分(103)与第二导电元件(109)电绝缘。第一导电元件和第二导电元件是细长的,并且通过电阻部分(117,119)相互电连接。电阻部分和至少一个导电元件布置成使得它们至少部分地与形成浮质的衬底相接触。

授权文件独立权利要求:

一种用于接纳形成浮质的衬底的电加热的生成浮质的系统,所述系统包括加热元件(121),所述加热元件包括第一导电元件(105),所述第一导电元件通过电绝缘部分(103)与第二导电元件(109)电绝缘,所述第一导电元件和第二导电元件是细长的,并且通过电阻部分(117,119)相互电连接,其中,电阻部分和至少一个导电元件布置成使得它们至少部分地与所述形成浮质的衬底相接触。

31. 用于生成浮质的系统的成形的加热器

专利类型:发明

申请号:CN201080063409.8

申请日:2010-12-22

申请人:菲利普·莫里斯生产公司

申请人地址:瑞士纳沙泰尔

发明人:O.格雷姆　F.费尔南多　C.T.希金斯

授权日:2015-01-14

法律状态公告日:2015-01-14

法律状态:授权

摘要:

提供了一种用于加热形成浮质的衬底的加热器(101)。加热器包括以细长阵列布置的多个细长加热元件(107)。细长阵列设置有具有第一尺寸的支撑端部、具有第二尺寸的加热端部和具有第三尺寸的中间部分。阵列布置成加热衬底以形成浮质。第三尺寸大于第一尺寸并且大于第二尺寸。还提供了一种包括这种加热器的电加热的生成浮质的系统。

授权文件独立权利要求:

一种用于加热形成浮质的衬底的加热器(101),所述加热器包括以细长阵列布置的多个细长的加热元件(107),所述细长阵列设置有具有第一尺寸的支撑端部、具有第二尺寸的加热端部以及具有第三尺寸的中间部分,所述阵列布置成加热所述衬底以形成浮质,其中,所述第三尺寸大于所述第一尺寸并且大于所述第二尺寸。

32. 一种电子烤烟

专利类型:发明

申请号:CN201110193269.2

申请日:2011-07-12

申请人:刘秋明

申请人地址:523000 广东省东莞市长怡路 1 号 3 楼 12 号

发明人:刘秋明

授权日:2013-11-13

法律状态公告日:2014-10-29

法律状态:专利申请权、专利权的转移

摘要:

本发明涉及一种电子烤烟。它包括装有萃取剂的储油罐以及雾化装置,还包括烤烟装置。该烤烟装置包括加热机构和用来装设香烟或烟叶的被加热腔体,加热机构包括加热元件以及控制加热元件加热到设定温度范围的加热电路;被加热腔体的进气端与雾化装置的出气端连通,被加热腔体的出气端连接吸嘴口。吸烟状态时,萃取剂被雾化装置雾化后进入被加热腔体,加热元件发出的热量作用于被加热腔体内的香烟或烟叶烤出尼古丁,尼古丁与雾状萃取物混合后从吸嘴口被吸出。采用上述结构后,由于呈雾状的尼古丁非常容易被肺部吸收,因此,烟民喷出的气体绝大部分是萃取剂的成分,这样就可以防止环境污染以及防止吸二手烟的情况,并能满足烟民口感。

授权文件独立权利要求:

一种电子烤烟,包括装有萃取剂的储油罐以及与储油罐内萃取剂连通的雾化装置。其特征在于还包括烤烟装置,该烤烟装置包括加热机构和用来装设香烟或烟叶的被加热腔体,加热机构包括加热元件以及控制加热元件加热到设定温度范围的加热电路;被加热腔体的进气端与雾化装置的出气端连通,被加热腔体的出气端连接吸嘴口。吸烟状态时,萃取剂被雾化装置雾化后进入被加热腔体,加热元件发出的热量作用于被加热腔体内的香烟或烟叶烤出尼古丁,尼古丁与雾状萃取物混合后从吸嘴口被吸出。

33. 用于香烟制品的生成气溶胶的基质

专利类型:发明

申请号:CN201180009907.9

申请日:2011-02-18

申请人:菲利普·莫里斯生产公司

申请人地址:瑞士纳沙泰尔

发明人:J-M. 雷诺　J-J. 皮亚代　J. 苏贝尔　F. 祖许特　A. 阿吉特库马　S. 博纳利　J. P. M. 皮耶南伯格

授权日:2015-08-19

法律状态公告日:2015-08-19

法律状态:授权

摘要:

提供含至少一种气溶胶形成剂的均质烟草材料束,以及含多根均质烟草材料束的生成气溶胶的基质和含生成气溶胶的基质的香烟制品。均质烟草材料束具有至少 0.09 mg/mm^2 的质量与表面积之比和 12%～25%重量百分比的气溶胶形成剂含量。

授权文件独立权利要求:

均质烟草材料束,它包括至少一种质量与表面积之比为至少 0.09 mg/mm^2 的气溶胶形成剂和 12%～25%重量百分比的气溶胶形成剂含量。

34. 超分子络合物香料固定和受控释放

专利类型:发明

申请号:CN201180015999.1

申请日:2011-03-28

申请人:菲利普・莫里斯生产公司

申请人地址:瑞士纳沙泰尔

发明人:M. K. 米什拉　段标　P. J. 利波维茨　W. R. 斯威尼

授权日:2015-04-01

法律状态公告日:2015-04-01

法律状态:授权

摘要:

本发明提供组合物,其以食用香料化合物的超分子络合物的形式含有固定的食用香料以用于传递香味。一个实施方案涉及所述食用香料超分子络合物自身。其他实施方案涉及含有所述食用香料超分子络合物和底物的组合物。在特殊实施方案中,所述底物是可点燃抽吸的,但在其他实施方案中可以为不可点燃抽吸的或为可食用的。

授权文件独立权利要求:

一种超分子络合物,包含至少一个羟基或至少一个醛基或两者的一种或多种食用香料化合物,其中 R^1、R^2 和 R^3 各自独立地选自-H、-OH 或-OR,其中 R 选自五个碳以下的直链或支化的烷基;其中 X 是 OR^4,其中 R^4 选自氢或五个碳以下的直链或支化的烷基或为 NR^5R^6,其中 R^5 和 R^6 各自独立地选自氢、五个碳以下的直链或支化的烷基。

35. 具有耐热片材的发烟制品

专利类型:发明

申请号:CN201180016009.6

申请日:2011-03-28

申请人:菲利普・莫里斯生产公司

申请人地址:瑞士纳沙泰尔

发明人:L. 珀杰特　A. 马尔盖特　C. 索戈　A. 霍弗诺尔　D. 克罗尔　R. 杰里克

授权日:2016-11-23

法律状态公告日：2016-11-23

法律状态：授权

摘要：

发烟制品包括片材(10)，所述片材(10)包括由纤维素纤维和至少50%重量的具有0.1～50 μm范围内的粒度的无机填料材料形成的纤维层(12)，其中所述片材具有至少900 N/m的拉伸强度。所述纤维层(12)优选还包含黏合剂材料，优选有机黏合剂材料，诸如纤维素黏合剂材料。涂层(16)可提供在所述纤维层(12)的至少一侧上。

授权文件独立权利要求：

发烟制品，其包括耐热片材，所述耐热片材包括由纤维素纤维和至少50%重量的具有0.1～50 μm范围内的粒度的无机填料材料形成的纤维层，其中所述片材具有至少900 N/m的拉伸强度。

36. 一种模拟香烟

专利类型：发明

申请号：CN201180020450.1

申请日：2011-03-23

申请人：亲切消费者有限公司

申请人地址：英国伦敦

发明人：亚历克斯·赫恩

授权日：2015-07-29

法律状态公告日：2015-07-29

法律状态：授权

摘要：

一种模拟香烟，其具有可吸入组分的储存器(5)和用于控制出口流量的出口阀(21)。出口端设置可变形材料(31)，以提供更多的真实感并且可选地允许使用者以真实香烟的方式改变流动特性。出口端还能够设置化学加热器。所述模拟香烟被包装在纸或纸状包装材料(4)中以提供更多的真实感。

授权文件独立权利要求：

一种模拟香烟，所述模拟香烟包括：壳体，所述壳体具有大体香烟状的形状和尺寸；位于所述壳体内的可吸入组分的储存器；出口阀，所述出口阀用于控制来自所述储存器的流量；从所述出口阀至所述壳体中的出口的出口通路，使用者从所述出口吸入组分。所述模拟香烟的特征在于，所述壳体在与所述出口端相邻处在外周具有可变形材料。

37. 分段式抽吸制品

专利类型：发明

申请号：CN201180031721.3

申请日：2011-04-27

申请人：R.J.雷诺兹烟草公司

申请人地址：美国北卡罗来纳州

发明人：B.T.康纳　A.D.西巴斯坦恩　E.L.克鲁克斯　T.F.托马斯　J.R.斯通　C.K.巴纳基　张以平

授权日：2015-06-24

法律状态公告日：2015-06-24

法律状态：授权

摘要：

一种卷烟,包括点火端(14)和嘴端(18)。它可包括设置在点火端处的可抽吸段(22)。它还包括:嘴端件段(65);设置在点火端与嘴端之间的气雾生成系统,该气雾生成系统包括(1)与可抽吸段相邻的生热段(35),包括构造成通过可抽吸材料的燃烧启用的热源(40)和可由织造、编织或两者混织的非玻璃材料形成的隔热层(42),以及(2)气雾生成段(51),包括基材(55),该基材可以是单体的和/或可包括缝合部分,气雾形成材料设置在生热段与嘴端之间,但与生热段和嘴端中的每个物理分开;一片外包裹材料(58),它提供围绕气雾生成段的至少一部分、生热段以及可抽吸段的至少一部分的外裹件;这些段通过外裹件(64)连接在一起以提供卷烟杆;即,使用水松纸材料(78)连接到卷烟杆。

授权文件独立权利要求:

一种卷烟,包括:点火端和嘴端;嘴端件段,所述嘴端件段设置在所述嘴端;以及气雾生成系统,所述气雾生成系统设置在所述点火端与所述嘴端件段之间。所述气雾生成系统包括:生热段,所述生热段设置在所述点火端并具有包括热源和阻燃材料的隔热层的长度,所述热源构造成通过所述点火端的点燃而启用,所述隔热层围绕所述热源设置;气雾生成段,所述气雾生成段包含气雾形成材料,所述气雾生成段具有一定长度且设置在所述生热段与所述嘴端之间,但与所述生热段和所述嘴端在物理上分开,其中所述气雾生成段包括单体基材。

38. 无烟的香味抽吸器

专利类型:发明

申请号:CN201180037410.8

申请日:2011-07-28

申请人:日本烟草产业株式会社

申请人地址:日本东京都

发明人:筱崎靖宏　片山和彦　秋山健　石川悦朗　山田学

授权日:2014-05-21

法律状态公告日:2014-05-21

法律状态:授权

摘要:

一种无烟的香味抽吸器,包括作为香味发生源的烟草材料(20)和加热器。该加热器用于加热烟草材料(20)以允许香味组分从所述烟草材料(20)得以释放同时防止从烟草材料(20)产生烟气。加热器具有碳热源(10)和冷却元件(16)。碳热源(10)和冷却元件(16)协作地保持烟草材料(20)的加热温度在 50～200 ℃。

授权文件独立权利要求:

一种无烟的香味抽吸器,包括:具有嘴件的壳体,所述壳体被配置为当用户通过所述嘴件抽吸时产生向着所述嘴件被导向通过该壳体的气流;布置在所述壳体内部且能够将香味组分释放到所述气流中的香味发生源;以及加热器,该加热器用于将所述香味发生源加热保持在 50～200 ℃的加热温度,以允许香味组分释放,同时防止从所述香味发生源产生烟雾。其中,所述加热器包括:碳热源,该碳热源具有透气性且附连到所述壳体的远端,用于加热空气;以及不燃性的冷却元件,该不燃性的冷却元件具有透气性且布置在所述壳体内部以及在所述碳热源和所述香味发生源之间,用于冷却由所述碳热源加热的空气。

39. 包括至少两个单元的电加热的发烟系统

专利类型:发明

申请号:CN201180062601.X

申请日:2011-11-18

申请人:菲利普·莫里斯生产公司

申请人地址:瑞士纳沙泰尔

发明人:F. 费尔南多　M-R. 切姆拉　F. 施塔勒

授权日:2016-02-10

法律状态公告日:2016-02-10

法律状态:授权

摘要:

提供了一种电加热的发烟系统,包括能够接收具有形成浮质的基质的发烟制品的次级单元。次级单元包括至少一个加热元件和用于连接到主电源的接口。次级单元还包括次级电源和次级电路。次级电路布置成:在预加热模式中控制从次级电源到至少一个加热元件的电力供应,在所述预加热模式期间,形成浮质的基质的温度升高至操作温度;在发烟模式期间控制从次级电源到至少一个加热元件的电力供应,在所述发烟模式期间,将形成浮质的基质的温度保持在大体操作温度;以及在充电模式中控制主电源为次级电源充电,以使次级电源具有足够的电量,以在预加热模式中将形成浮质的基质的温度升高至操作温度并且在发烟模式期间将形成浮质的基质的温度基本保持在操作温度。电加热的发烟系统可任选地包括主单元,主单元包括主电源和主电路。通过在主单元和次级单元之间划分电源,次级单元能够制成更小并且对于用户更加方便。

授权文件独立权利要求:

一种电加热的发烟系统(101,201,301),所述电加热的发烟系统包括次级单元(105,205a,205b,305,407),所述次级单元能够接收发烟制品(107,207,307,411),所述发烟制品具有形成浮质的基质。所述次级单元包括:至少一个加热元件(415);接口,所述接口用于连接到主电源(409);次级电源,所述次级电源用于将电力供给到所述至少一个加热元件;次级电路,所述次级电路布置成在预加热模式中控制从所述次级电源到所述至少一个加热元件(415)的电力供给,在所述预加热模式期间,所述形成浮质的基质的温度升高到操作温度,在发烟模式中控制从所述次级电源到所述至少一个加热元件(415)的电力供给,在所述发烟模式期间,所述形成浮质的基质的温度基本保持在所述操作温度,并且在充电模式中控制由所述主电源(409)为所述次级电源充电,使得所述次级电源具有足够的电量,以在所述预加热模式中将所述形成浮质的基质的温度升高至所述操作温度,并且在所述发烟模式期间将所述形成浮质的基质的温度基本保持在所述操作温度。

40. 用于控制电气烟雾生成系统中烟气成分的形成的方法

专利类型:发明

申请号:CN201210007866.6

申请日:2009-03-04

申请人:菲利普・莫里斯生产公司

申请人地址:瑞士纳沙泰尔

发明人:O. 格雷姆　F. 费尔南多　F. 拉德克

授权日:2015-04-01

法律状态公告日:2015-04-01

法律状态:授权

摘要:

本发明涉及用于控制电气烟雾生成系统中烟气成分的形成的方法。本发明为针对控制挥发性化合物从电加热烟雾生成系统内的烟雾形成基质中释放的方法。由电加热烟雾生成系统所释放的挥发性化合物的传送分布通过设置电加热烟雾生成系统的预定的最高操作温度,并且在操作期间控制该温度来控制。预定的最高操作温度被设置在低于多种不期望的物质的形成的水平。

授权文件独立权利要求:

一种控制挥发性化合物从电加热烟雾生成系统中释放的方法,所述电加热烟雾生成系统包括电源、与所述电源连接的至少一个加热元件和烟雾形成基质，其中所述烟雾形成基质在加热时释放多种挥发性化合物，其中所述多种挥发性化合物中的每一种都具有最低释放温度，在该最低释放温度之上所述挥发性化合物被释放。

所述方法包括：

选择预定的最高操作温度，其中所述预定的最高操作温度在挥发性化合物中的至少一种的所述最低释放温度之下以便防止其从所述烟雾形成基质中释放；

控制所述至少一个加热元件的温度使得至少一种挥发性化合物被释放，所述控制以一定的频率执行。

所述控制包括以下步骤：

测量所述至少一个加热元件的电阻率，所述至少一个加热元件包括陶瓷材料；

从电阻率的测量导出所述至少一个加热元件的实际操作温度的值；

将所述实际操作温度的值与所述预定的最高操作温度进行比较；

调整给所述至少一个加热元件供应的电能以便使所述至少一个加热元件的所述实际操作温度保持在所述预定的最高操作温度之下。

41. 物质雾化的方法和系统

专利类型：发明

申请号：CN201210129768.X

申请日：2006-07-18

申请人：JT 国际公司

申请人地址：瑞士日内瓦

发明人：J. 蒙西斯　A. 鲍恩

授权日：2016-12-14

法律状态公告日：2016-12-14

法律状态：授权

摘要：

一种用于产生并向用户口中释放无污染烟雾的吸烟装置，包括烟嘴，用于提供烟雾供用户吸入；包含容纳加热器的管状壳体，用于通过热调节器调节燃料流量使得所述加热器以基本恒定的较低温度加热发烟物质；并且还具有用于凭视觉指示装置运行的装置。

授权文件独立权利要求：

一种用于产生可吸入烟雾的装置，包括：壳体；位于所述壳体内的加热器，其能够加热潮湿的可发烟材料以产生可吸入烟雾；烟嘴；包含潮湿的可发烟材料的烟丝卷。

42. 电加热式卷烟

专利类型：实用新型

申请号：CN201220340485.5

申请日：2012-07-13

申请人：湖北中烟工业有限责任公司　武汉市黄鹤楼科技园有限公司

申请人地址：430040 湖北省武汉市东西湖区金山大道 1355 号

发明人：刘华臣　陈义坤　魏敏　潘曦　柯炜昌

授权日：2013-02-13

法律状态公告日：2013-02-13

法律状态：授权

摘要：

本实用新型公开了一种电加热式卷烟，包括吸嘴和烟体，所述烟体包括外套管和设于吸嘴与外套管之间的外加热壁；外加热壁内设有陶瓷管，外加热壁和陶瓷管的两端分别设有多孔过滤隔板和多孔加热板，外加热壁、陶瓷管、多孔过滤隔板和多孔加热板之间形成设有烟片的电加热腔；所述外套管内的腔体设有电池与气流控制开关，外加热壁、陶瓷管、多孔过滤隔板和多孔加热板通过气流控制开关与电池电连接，外套管和电池之间设有进气通道，进气通道与电加热腔相连通并组成气流通道，气流控制开关处于所述进气通道中。本实用新型可以使消费者获得烟草的芳香和烟气满足感，同时没有烟气的危害，可以成为广泛应用的烟草技术。

申请文件独立权利要求：

一种电加热式卷烟，包括吸嘴(1)和烟体(2)。其特征在于：所述烟体(2)包括轴向设置的外加热壁(3)和外套管(9)，所述外加热壁(3)设于吸嘴(1)和外套管(9)之间；外加热壁(3)内有轴向设置的陶瓷管(4)，外加热壁(3)和陶瓷管(4)的两端分别设有多孔过滤隔板(5)和多孔加热板(6)，外加热壁(3)、陶瓷管(4)、多孔过滤隔板(5)和多孔加热板(6)之间形成的腔体为电加热腔(7)，电加热腔(7)内设有烟片(8)；所述外套管(9)内的腔体设有电池(10)以及与电池(10)电连接的气流控制开关(11)，外加热壁(3)、陶瓷管(4)、多孔过滤隔板(5)和多孔加热板(6)均通过气流控制开关(11)与电池(10)电连接，外套管(9)和电池(10)之间设有与外界大气相连通的进气通道(12)，进气通道(12)通过多孔加热板(6)与电加热腔(7)相连通，气流控制开关(11)处于进气通道(12)和电加热腔(7)组成的气流通道中。

43. 一种电子吸烟装置

专利类型：实用新型

申请号：CN201220509870.8

申请日：2012-09-29

申请人：吴昌明

申请人地址：234200 安徽省宿州市灵璧县高楼镇高楼村九组

发明人：吴昌明

授权日：2013-03-27

法律状态公告日：2018-02-06

法律状态：专利申请权、专利权的转移

摘要：

本实用新型涉及一种电子吸烟装置(100)，包括：壳体(10)，所述壳体(10)一端与烟嘴(40)相连；筒状的加热组件(20)，所述加热组件(20)包括烟丝容器(21)和电加热装置(22)；烟嘴(40)，所述烟嘴(40)与所述烟丝容器(21)相通；电源组件(30)，设置于所述壳体(10)内部或外部；进气通道(50)，设置于所述壳体(10)和所述加热组件(20)之间；进气口，设置于所述烟嘴(40)或所述壳体(10)上；连通口，设置于所述进气通道(50)和所述烟丝容器(21)之间。在本实用新型中，将进气口设置于烟嘴或壳体开口一端，可以对进入烟丝容器内的空气进行预加热。充分利用了电加热装置的热量，同时又降低了壳体的温度。

申请文件独立权利要求：

一种电子吸烟装置，包括：壳体(10)，所述壳体(10)一端与烟嘴(40)相连；筒状的加热组件(20)，所述加热组件(20)包括烟丝容器(21)和用于加热所述烟丝容器(21)内烟丝的电加热装置(22)，所述加热组件(20)设置于所述壳体(10)内；烟嘴(40)，所述烟嘴(40)与所述加热组件(20)靠近所述烟嘴(40)的一端密封连接，所述烟嘴(40)设置有吸气孔(44)，所述吸气孔(44)与所述烟丝容器(21)相通；电源组件(30)，设置于所述壳体(10)内部或外部并与所述电加热装置(22)电性连接。其特征在于，所述壳体(10)和所述加热组件(20)之间设置有进气通道(50)，所述烟嘴(40)或所述壳体(10)上设置有进气口(11)，所述进气口(11)用于连通外界大气和所述进气通道(50)，所述进气通道(50)和所述烟丝容器(21)之间设置有连通口(211)，所述连通口(211)设置于所述烟丝容器(21)远离烟嘴(40)的一端。

44. 一种电子吸烟装置

专利类型：实用新型
申请号：CN201220513006.5
申请日：2012-09-29
申请人：刘水根
申请人地址：523000 广东省东莞市长安镇长怡路 1 号 3 楼 12 号
发明人：刘水根
授权日：2013-03-27
法律状态公告日：2013-03-27
法律状态：授权
摘要：

本实用新型涉及一种电子吸烟装置，包括电池部分(1)、烟体部分(2)与烟嘴(3)。所述烟体部分(2)包括壳体(4)、内置于壳体(4)的加热组件(7)。所述加热组件(7)包括烟丝容器(5)。所述烟丝容器(5)为管状容器。所述烟体部分(2)具有与所述烟丝容器(5)相连通的通孔(17)。所述加热组件(7)还包括加热单元(6)。所述加热单元(6)套置于所述烟丝容器(5)的外侧。本实用新型的电子吸烟装置能够方便地装入和取出烟丝，便于清洁烟丝容器。

申请文件独立权利要求：

一种电子吸烟装置，包括电池部分(1)、烟体部分(2)与烟嘴(3)。其特征在于：所述烟体部分(2)包括壳体(4)、内置于壳体(4)的加热组件(7)；所述加热组件(7)包括烟丝容器(5)；所述烟丝容器(5)为管状容器，所述烟体部分(2)具有与所述烟丝容器(5)相连通的通孔(17)。

45. 加热可抽吸材料

专利类型：发明
申请号：CN201280029745.X
申请日：2012-08-24
申请人：英美烟草(投资)有限公司
申请人地址：英国伦敦
发明人：V. 瓦西列夫　I. 卡克科
授权日：2017-07-28
法律状态公告日：2017-07-28
法律状态：授权
摘要：

一种设备，包括被配置为加热可抽吸材料以使可抽吸材料的至少一种成分挥发的加热器，其中，所述加热器包括沿加热器的纵向轴线按顺序布置的多个加热凸起；并且所述凸起被配置为加热位于所述凸起之间的可抽吸材料。本申请还描述了一种细长的可抽吸材料套筒，该套筒包括多个可抽吸材料部分。

授权文件独立权利要求：

一种设备，包括被配置为加热可抽吸材料以使可抽吸材料的至少一种成分挥发的加热器，其中：所述加热器包括沿加热器的纵向轴线按顺序布置的多个加热凸起；并且所述凸起被配置为加热位于所述凸起之间的可抽吸材料。

46. 加热可抽吸材料

专利类型：发明

申请号:CN201280029767.6

申请日:2012-08-24

申请人:英美烟草(投资)有限公司

申请人地址:英国伦敦

发明人:P. 埃戈彦茨　D. 沃洛比夫　P. 菲明　O. 阿布拉莫夫　L. 切楚林　L. 米特尼克-冈金

授权日:2016-08-17

法律状态公告日:2016-08-17

法律状态:授权

摘要:

一种设备,包括被配置为加热可抽吸材料以使可抽吸材料的至少一种成分挥发的加热器,其中,该加热器是细长的并且包括沿加热器的纵向轴线按顺序布置的多个可独立控制的加热区。

授权文件独立权利要求:

一种设备,包括被配置为加热可抽吸材料以使可抽吸材料的至少一种成分挥发的加热器,其中,该加热器是细长的并且包括沿加热器的纵向轴线按顺序布置的多个可独立控制的加热区。

47. 绝热构件

专利类型:发明

申请号:CN201280029785.4

申请日:2012-08-24

申请人:英美烟草(投资)有限公司

申请人地址:英国伦敦

发明人:P. 埃戈彦茨　P. 菲明　D. 沃洛布埃夫　O. 阿布拉莫夫

授权日:2015-12-02

法律状态公告日:2015-12-02

法律状态:授权

摘要:

一种绝热构件,其包括:边界,该边界包括第一边界部分、第二边界部分和将第一边界部分和第二边界部分连接到一起的第三边界部分;以及内部绝热区域,其在所述边界内并且被配置为使第一边界部分与第二边界部分绝热。其中,第三边界部分沿着第一边界部分和第二边界部分之间的迂回路径延伸。本申请还描述了一种设备,其被配置为使可抽吸材料的成分挥发并且包括绝热构件。

授权文件独立权利要求:

一种绝热构件,包括:边界,其包括第一边界部分、第二边界部分和将第一边界部分和第二边界部分连接到一起的第三边界部分;以及内部绝热区域,其在所述边界内并且被配置为使第一边界部分与第二边界部分绝热。其中,第三边界部分沿着第一边界部分和第二边界部分之间的迂回路径延伸。

48. 用于加热可抽吸材料的绝热设备

专利类型:发明

申请号:CN201280030681.5

申请日:2012-08-24

申请人:英美烟草(投资)有限公司

申请人地址:英国伦敦

发明人:P. 埃戈彦茨　D. 沃洛比夫　P. 菲明　F. 萨莱姆　T. 伍德曼

授权日:2016-10-12

法律状态公告日：2016-10-12

法律状态：授权

摘要：

一种配置为加热可抽吸材料以使可抽吸材料的至少一种成分挥发的设备，其中所述设备包括具有中心区域的区域绝热构件，该中心区域被排空为压力低于该绝热构件外部的压力。

授权文件独立权利要求：

一种配置成加热可抽吸材料以使可抽吸材料的至少一种成分挥发的设备，其中所述设备包括具有中心区域的区域绝热构件，该中心区域被排空为压力低于该绝热构件外部的压力。

49. 用于发烟制品的可燃热源

专利类型：发明

申请号：CN201280032154.8

申请日：2012-06-01

申请人：菲利普·莫里斯生产公司

申请人地址：瑞士纳沙泰尔

发明人：T.格莱登　L.波根特　E.约克诺维茨　S.劳迪尔　A.马尔加特　S.邦内利

授权日：2017-03-15

法律状态公告日：2017-03-15

法律状态：授权

摘要：

本发明提供一种用于发烟制品(2)的可燃热源(4)，其包括碳和至少一种点火助剂，其中所述点火助剂所占的量为所述可燃热源的干重的至少20%。所述可燃热源(4)具有第一部分和相对的第二部分。可燃热源(4)在所述第一部分和第二部分之间至少部分(4b)包裹于阻燃包装材料(22)中，所述阻燃包装材料(22)为导热的或基本不透氧的，或既为导热的又为基本不透氧的。当可燃热源(4)的第一部分被点燃时，可燃热源的第二部分的温度上升至第一温度。在可燃热源(4)随后的燃烧期间，可燃热源(4)的第二部分保持比所述第一温度低的第二温度。

授权文件独立权利要求：

一种用于发烟制品(2)的可燃热源(4)，其包括碳和至少一种点火助剂，其中所述至少一种点火助剂所占的量至少为所述可燃热源的干重的20%。所述可燃热源(4)具有第一部分和相对的第二部分可燃热源(4)在所述第一部分和第二部分之间至少部分(4b)包裹于阻燃包装材料(22)中，所述阻燃包装材料(22)为导热的或基本不透氧的，或既为导热的又为基本不透氧的，并且当可燃热源(4)的第一部分被点燃时，可燃热源(4)的第二部分的温度上升至第一温度，并且在可燃热源(4)随后的燃烧期间，可燃热源(4)的第二部分保持比所述第一温度低的第二温度。

50. 包括有具有后方屏障涂层的可燃热源的发烟制品

专利类型：发明

申请号：CN201280051920.5

申请日：2012-11-14

申请人：菲利普·莫里斯生产公司

申请人地址：瑞士纳沙泰尔

发明人：S.斯托尔茨　Y.德古莫伊斯　F.拉旺希

授权日：2018-02-09

法律状态公告日：2018-02-09

法律状态:授权

摘要:

本发明提供一种发烟制品(2),其包括可燃热源(4)以及气雾剂形成基材(6),所述可燃热源具有相反的正面和背面以及从可燃热源(4)的正面延伸至背面的至少一个气流通道(16),所述气雾剂形成基材包括在可燃热源(4)的下游的至少一种气雾剂形成物。非金属的、不可燃烧的、耐气体的第一屏障涂层(14)设置于可燃热源(4)的大致整个背面上。

授权文件独立权利要求:

一种发烟制品(2),其包括:可燃热源(4),所述可燃热源具有相反的正面和背面以及从可燃热源(4)的正面延伸至背面的至少一个气流通道(16);以及气雾剂形成基材(6),所述气雾剂形成基材包括在可燃热源(4)的下游的至少一种气雾剂形成物。其特征在于,非金属的、不可燃烧的、耐气体的第一屏障涂层(14)设置于可燃热源(4)的大致整个背面上,并且容许通过所述至少一个气流通道(16)抽吸气体。

51. 具有加热器组件的浮质生成装置

专利类型:发明

申请号:CN201280052506.6

申请日:2012-10-24

申请人:菲利普·莫里斯生产公司

申请人地址:瑞士纳沙泰尔

发明人:D.鲁肖 O.格雷姆 J.普洛茹

授权日:2017-05-31

法律状态公告日:2017-05-31

法律状态:授权

摘要:

提供了一种浮质生成装置,其包括:构造成接收具有内腔的形成浮质的基质(180)的壳体(100);加热元件(200),该加热元件(200)构造成被接收在形成浮质的基质(180)的内腔内;连接到加热元件(200)和壳体(100)的定位机构,该定位机构构造成使加热元件(200)在内腔内在多个位置之间运动。还提供了一种浮质生成装置,其包括:构造成接收形成浮质的基质的壳体;构造成加热形成浮质的基质的一部分的加热元件;定位机构,其构造成使加热元件从靠近形成浮质的基质的第一部分的第一位置运动到远离形成浮质的基质的第二位置,然后运动到靠近形成浮质的基质的第二部分的第三位置。还提供了一种浮质生成装置,其包括:构造成接收具有内腔的形成浮质的基质的壳体;加热元件,其构造成被接收在形成浮质的基质的内腔内;定位机构,其构造成使加热元件朝向和远离内腔的内表面运动。

授权文件独立权利要求:

一种浮质生成装置,其包括:壳体,所述壳体构造成接收形成浮质的基质,所述形成浮质的基质具有内腔;加热元件,所述加热元件构造成被接收在所述形成浮质的基质的所述内腔中;定位机构,所述定位机构连接到所述加热元件,所述定位机构构造成使加热元件在所述内腔内在多个位置之间运动。

52. 用于吸烟制品的复合热源

专利类型:发明

申请号:CN201280056053.4

申请日:2012-12-28

申请人:菲利普·莫里斯生产公司

申请人地址:瑞士纳沙泰尔

发明人:F.雷特尔 H.弗里德里希 J.巴贝尔

授权日:2017-12-12

法律状态公告日:2017-12-12

法律状态:授权

摘要:

在吸烟制品中使用的复合热源(6),它包括:不可燃的多孔陶瓷基体(16);包埋在不可燃的多孔陶瓷基体(16)内部的粒状可燃燃料(18)。由中值 D50 粒度至少小于粒状可燃燃料的中值 D50 粒度 1/5 的一种或更多种粒状物质形成不可燃的多孔陶瓷基体。优选地,不可燃的多孔陶瓷基体(16)包括一种或更多种过渡金属氧化物。

授权文件独立权利要求:

一种用于吸烟制品的复合热源(6),它包括:不可燃的多孔陶瓷基体(16);在不可燃的多孔陶瓷基体(16)内包埋的粒状可燃燃料(18)。其中,由中值 D50 粒度至少小于粒状可燃燃料的中值 D50 粒度 1/5 的一种或更多种粒状物质形成不可燃的多孔陶瓷基体。

53. 具有气流检测功能的气溶胶产生装置

专利类型:发明

申请号:CN201280060087.0

申请日:2012-12-28

申请人:菲利普·莫里斯生产公司

申请人地址:瑞士纳沙泰尔

发明人:P. 塔隆

授权日:2018-03-13

法律状态公告日:2018-03-13

法律状态:授权

摘要:

提供一种气溶胶产生装置,其被构造成用于产生气溶胶供使用者吸入。所述装置包括:加热器元件(20),所述加热器元件被构造成加热气溶胶形成基质(2);功率源(40),所述功率源连接到所述加热器元件;控制器(30),所述控制器连接到所述加热器元件和所述功率源,其中所述控制器被构造成控制从所述功率源供应到所述加热器元件的功率以维持所述加热器元件的温度在目标温度,且被构造成监控所述加热器元件的温度的变化或供应到所述加热器元件的功率的变化以检测表示使用者吸入的经过所述加热器元件的气流的变化。所述控制器可确定使用者何时吸入,并且可以将此用于该装置的动态控制以及提供使用者吸入数据用于后续分析。

授权文件独立权利要求:

一种气溶胶产生装置,其被构造成用于产生气溶胶供使用者吸入。所述装置包括:加热器元件,所述加热器元件被构造成加热气溶胶形成基质;功率源,所述功率源连接到所述加热器元件;控制器,所述控制器连接到所述加热器元件和所述功率源,其中所述控制器被构造成控制从所述功率源供应到所述加热器元件的功率以维持所述加热器元件的温度在目标温度,且所述控制器被构造成监控所述加热器元件的温度的变化或监控供应到所述加热器元件的功率的变化,以检测表示使用者吸入的经过所述加热器元件的气流的变化。

54. 浮质产生装置中的浮质形成基质的检测

专利类型:发明

申请号:CN201280060088.5

申请日:2012-12-28

申请人:菲利普·莫里斯生产公司

申请人地址:瑞士纳沙泰尔

发明人:P.塔隆

授权日:2016-06-08

法律状态公告日:2016-06-08

法律状态:授权

摘要:

提供一种浮质产生装置,其包括:加热器元件(20),所述加热器元件构造成加热浮质形成基质(2);功率源(40),所述功率源连接到加热器元件;控制器(30),所述控制器连接到加热器元件并连接到功率源。其中,控制器构造成控制从功率源供给到加热器元件的功率,以将加热器元件的温度保持在目标温度,并且控制器构造成将从功率源供给到加热器元件的功率的测量值或从功率源供给到加热器元件的能量的测量值与功率或能量的测量值阈值相比较,以检测靠近加热器元件的浮质形成基质的存在或靠近加热器元件的浮质形成基质的材料特性。

授权文件独立权利要求:

一种浮质产生装置,其包括:加热器元件,所述加热器元件构造成加热浮质形成基质;功率源,所述功率源连接到所述加热器元件;控制器,所述控制器连接到所述加热器元件并连接到所述功率源。其中,所述控制器构造成控制从所述功率源供给到所述加热器元件的功率,以将所述加热器元件的温度保持在目标温度,并且所述控制器构造成将从所述功率源供给到所述加热器元件的功率或从所述功率源供给到所述加热器元件的能量的测量值与功率或能量的测量值阈值相比较,以检测靠近所述加热器元件的浮质形成基质的存在或靠近所述加热器元件的浮质形成基质的材料特性。

55. 具有改进的温度分布的气雾产生装置

专利类型:发明

申请号:CN201280060098.9

申请日:2012-12-28

申请人:菲利普·莫里斯生产公司

申请人地址:瑞士纳沙泰尔

发明人:J.普洛茹　O.格雷姆

授权日:2017-03-08

法律状态公告日:2017-03-08

法律状态:授权

摘要:

提供一种气雾产生装置,这种气雾产生装置构造成接收气雾形成基体,并且构造成使用内部加热器和外部加热器两者而加热气雾形成基体,该内部加热器定位在基体内,该外部加热器定位在基体外。内部和外部加热器两者的使用允许每个加热器在比当单独使用内部或外部加热器时可能要求的低的温度下操作。通过在比内部加热器低的温度下操作外部加热器,可将基体加热成具有比较均匀的温度分布,同时装置的外部温度可保持在可接受的低水平。

授权文件独立权利要求:

一种气雾产生装置,包括:基体接收空腔,所述基体接收空腔构造成接收气雾形成基体;内部加热器,所述内部加热器定位在基体接收空腔内;外部加热器,所述外部加热器定位在基体接收空腔的周界上;以及控制器,所述控制器构造成控制能量到内部加热器或到外部加热器的供给或者到内部加热器和外部加热器两者的供给,从而使外部加热器具有比内部加热器低的温度。

56. 具有消耗监视和反馈的气溶胶产生系统

专利类型:发明

申请号:CN201280062018.3

申请日:2012-12-28

申请人:菲利普·莫里斯生产公司

申请人地址:瑞士纳沙泰尔

发明人:P.塔隆　D.弗洛拉克

授权日:2017-04-26

法律状态公告日:2017-04-26

法律状态:授权

摘要:

本发明提供一种配置用于将生成的气溶胶通过口或鼻输送到用户的气溶胶产生系统,所述系统包括:加热器元件(20),所述加热器元件配置成加热气溶胶形成基质以生成气溶胶;功率源(40),所述功率源连接到所述加热器元件;控制器(30),所述控制器连接到所述加热器元件和所述功率源,其中所述控制器配置成控制所述加热器元件的操作,所述控制器包括或连接到用于检测经过所述加热器元件的气流的变化的检测装置;第一数据存储装置(56),所述第一数据存储装置连接到所述控制器,以便记录被检测到的经过所述加热器元件的气流的变化和与所述加热器元件的操作相关的数据;第二数据存储装置,所述第二数据存储装置包括将气流的变化以及与所述加热器元件的操作相关的数据输送到用户的与气溶胶的性质相关联的数据库(57);指示装置(59),所述指示装置连接到所述第二数据存储装置以便向用户指示输送到用户的气溶胶的性质。输送到用户的气溶胶的一个性质或多个性质可以包括特定化学化合物的量。

授权文件独立权利要求:

一种配置用于将生成的气溶胶通过口或鼻输送到用户的气溶胶产生系统,所述系统包括:加热器元件,所述加热器元件配置成加热气溶胶形成基质以生成气溶胶;功率源,所述功率源连接到所述加热器元件;控制器,所述控制器连接到所述加热器元件和所述功率源,其中所述控制器配置成控制所述加热器元件的操作,所述控制器包括或连接到用于检测经过所述加热器元件的气流的变化的检测装置;第一数据存储装置,所述第一数据存储装置连接到所述控制器,以便记录被检测到的经过所述加热器元件的气流的变化和与所述加热器元件的操作相关的数据;第二数据存储装置,所述第二数据存储装置包括将气流的变化以及与所述加热器元件的操作相关的数据输送到用户的与气溶胶的性质相关联的数据库;指示装置,所述指示装置连接到所述第二数据存储装置以便指示输送到用户的气溶胶的性质。

57. 用于气雾产生装置的提取器

专利类型:发明

申请号:CN201280063987.0

申请日:2012-11-20

申请人:菲利普·莫里斯生产公司

申请人地址:瑞士纳沙泰尔

发明人:J.普洛茹　O.格雷姆　D.鲁肖

授权日:2016-12-14

法律状态公告日:2016-12-14

法律状态:授权

摘要:

提供一种用于气雾产生装置的提取器(101)。该装置构造成接收包括气雾形成基体(203)的发烟制品

(201),并且包括加热器(115),该加热器用来加热气雾形成基体,以形成气雾。提取器用来提取接收在气雾产生装置中的发烟制品。提取器包括:滑动接收器(105),用来接收发烟制品;套筒(103),用来接收滑动接收器。滑动接收器在套筒中在第一位置与第二位置之间是可滑动的,在该第一位置中,发烟制品的气雾形成基体定位以便由加热器加热,在该第二位置中,气雾形成基体与加热器大体分离。滑动接收器包括支撑件(105b),以随着滑动接收器和发烟制品从第一位置运动到第二位置而支撑发烟制品的气雾形成基体。也提供一种包括这样一种提取器的电加热式发烟系统。

授权文件独立权利要求:

一种能够接收气雾形成基体(203)的气雾产生装置(1),所述气雾产生装置(1)包括:加热器(115),所述加热器用来加热气雾形成基体(203),并且构造成用来穿入气雾形成基体(203)的内部部分(211);提取器(101),所述提取器用来提取接收在气雾产生装置中的气雾形成基体,其中,提取器(101)在第一位置与第二位置之间可运动地连接到气雾产生装置,第一位置是通过加热器(115)与气雾形成基体(203)相接触而限定的操作位置,第二位置是通过气雾形成基体(203)与加热器(115)分离而限定的提取位置。

58. 用于清洁气溶胶产生装置的加热元件的方法和设备

专利类型:发明

申请号:CN201280065324.2

申请日:2012-12-28

申请人:菲利普·莫里斯生产公司

申请人地址:瑞士纳沙泰尔

发明人:J.普洛茹　O.格雷姆

授权日:2017-04-12

法律状态公告日:2017-04-12

法律状态:授权

摘要:

一种气溶胶产生装置(10)的使用方法,包括以下步骤:使所述气溶胶产生装置的加热元件(90)与气溶胶形成基质(30)接触;将所述加热元件(90)的温度升高到第一温度以加热所述气溶胶形成基质(30)足以形成气溶胶;消除所述加热元件与所述气溶胶形成基质的接触;将所述加热元件加热到比所述第一温度高的第二温度以将黏着或沉积在所述加热元件上的有机材料热释出。气溶胶产生装置(10)的实施例包括连接到控制器(19)的加热元件(90),用于将所述加热元件加热到第一温度和第二温度。

授权文件独立权利要求:

一种具有可重复使用的加热元件(90)的气溶胶产生装置(10)的使用方法,包括以下步骤:使所述加热元件(90)与气溶胶形成基质(30)接触;将所述加热元件(90)的温度升高到第一温度以充分加热所述气溶胶形成基质(30)从而形成气溶胶;消除所述加热元件(90)与所述气溶胶形成基质(30)的接触;将所述加热元件(90)的温度升高到比所述第一温度高的第二温度,以使黏着或沉积在所述加热元件(90)上的有机材料热释出。

59. 用于便携式气雾产生装置的电源系统

专利类型:发明

申请号:CN201280069189.9

申请日:2012-12-28

申请人:菲利普·莫里斯生产公司

申请人地址:瑞士纳沙泰尔

发明人:O.格雷姆

授权日：2015-11-25

法律状态公告日：2015-11-25

法律状态：授权

摘要：

本发明涉及一种包括主装置和副装置的电源系统，其中所述主装置包括：电源；配置成容纳所述副装置的腔体；在所述腔体内的至少一个电触头，所述至少一个电触头配置成当所述副装置在所述腔体中时接触所述副装置上的相应触头，所述至少一个电触头电连接到所述电源；可以在保持所述副装置与所述至少一个电触头接触的第一位置与其中所述副装置自由地运动脱离与所述至少一个电触头接触的第二位置之间运动的盖。该电源系统可以涉及具有气雾形成基体的气雾产生系统。

授权文件独立权利要求：

一种包括主装置和副装置的电源系统，其中所述主装置包括：电源；配置成容纳所述副装置的腔体；在所述腔体内的至少一个电触头，所述至少一个电触头配置成当所述副装置在所述腔体中时接触所述副装置上的相应触头，所述至少一个电触头电连接到所述电源；能够在第一位置与第二位置之间运动的盖，所述第一位置用于保持所述副装置与所述至少一个电触头的接触，在所述第二位置中所述副装置自由地运动脱离与所述至少一个电触头的接触。

60. 多边形气溶胶产生装置

专利类型：发明

申请号：CN201280070054.4

申请日：2012-12-28

申请人：菲利普・莫里斯生产公司

申请人地址：瑞士纳沙泰尔

发明人：J. 普洛茹　D. 鲁肖　L. 曼卡

授权日：2016-06-01

法律状态公告日：2016-06-01

法律状态：授权

摘要：

一种长条形气溶胶产生装置(100,1000)，具有由具有至少 5 条边的形状限定的其横向外截面的至少一部分。所述形状可以是多边形。装置的截面形状使装置具有抗滚动的稳定性。长条形气溶胶产生装置可包括适于接收用于形成气溶胶的气溶胶形成基质的基质接收腔(302)、加热元件和适于对加热元件提供电力的电源(506)。在一些实施例中，气溶胶产生装置的外形可由具有至少两个可分离部分的壳体限定。在一些实施例中，外形可由具有凸起的弯曲面的多边形限定以最小化相邻壳体部之间可觉察的不对准。

授权文件独立权利要求：

一种长条形气溶胶产生装置(100,1000)，其中该装置的至少一部分具有由具有至少 5 个边的形状限定的横向外截面。

61. 具有改进的气流的气溶胶发生装置和系统

专利类型：发明

申请号：CN201280070578.3

申请日：2012-12-28

申请人：菲利普・莫里斯生产公司

申请人地址：瑞士纳沙泰尔

发明人：J. 普洛茹　O. 格雷姆　Y. 德古莫伊斯　D. 鲁肖

授权日:2016-11-09

法律状态公告日:2016-11-09

法律状态:授权

摘要:

一种气溶胶发生系统,其包括:气溶胶形成制品(102),所述气溶胶形成制品包括气溶胶形成基材(12)以及用于使使用者能够通过所述基材抽吸空气的嘴件部分(24);气溶胶发生装置(100),所述装置包括具有近侧端和远侧端并包括至少一个外表面和一个内表面的壳体(10),所述内表面在所述壳体的近侧端处限定其中容置气溶胶形成基材的端部敞开的空腔(22),所述空腔在它的近侧端和远侧端之间具有纵向延伸部,在所述空腔内的加热器元件(14),其被构造为加热容置于空腔中的气溶胶形成基材,以及进气口(26)。其中,所述系统包括从进气口延伸至空腔的远侧端的第一气流通道(28)以及从空腔的远侧端延伸至嘴件部分的第二气流通道,其中所述第一气流通道沿空腔的纵向延伸部的至少一部分在加热器和壳体的外表面之间延伸。

授权文件独立权利要求:

一种气溶胶发生系统,其包括:气溶胶形成制品,其包括气溶胶形成基材以及用于使使用者能够通过所述基材抽吸空气的嘴件部分;气溶胶发生装置,所述装置包括壳体,其具有近侧端和远侧端并包括至少一个外表面和一个内表面,所述内表面在所述壳体的近侧端处限定其中容置气溶胶形成基材的端部敞开的空腔,所述空腔在它的近侧端和远侧端之间具有纵向延伸部,在所述空腔内的加热器元件,其被构造为加热容置于空腔中的气溶胶形成基材,以及进气口。其中,所述系统包括从进气口延伸至空腔的远侧端的第一气流通道以及从空腔的远侧端延伸至嘴件部分的第二气流通道,其中所述第一气流通道沿空腔的纵向延伸部的至少一部分在加热器和壳体的外表面之间延伸。

62. 具有可生物降解的香味产生部件的气雾产生制品

专利类型:发明

申请号:CN201280072118.4

申请日:2012-12-28

申请人:菲利普·莫里斯生产公司

申请人地址:瑞士纳沙泰尔

发明人:M.加里奥特　A.卢韦　C.梅耶尔　D.桑纳　G.聚贝

授权日:2016-06-15

法律状态公告日:2016-06-15

法律状态:授权

摘要:

一种气雾产生制品(10),其包括组装成杆(11)形式的多个元件。所述多个元件包括气雾形成基体(20)和位于所述杆(11)内在所述气雾形成基体(20)下游的烟嘴过滤嘴(50)。所述气雾产生制品(10)还包括设置在所述杆(11)内在所述气雾形成基体(20)与所述烟嘴过滤嘴(50)之间的挥发性香味产生部件(45)。在一些实施方式中,所述挥发性香味产生部件(45)由位于所述气雾形成基体(20)与所述烟嘴过滤嘴(50)之间的低阻力支撑元件(40)支撑。在一些实施方式中,所述挥发性香味产生部件(45)是薄荷醇。

授权文件独立权利要求:

一种气雾产生制品(10),所述气雾产生制品包括以杆(11)的形式组装的多个元件,所述多个元件包括气雾形成基体(20)和在所述杆(11)内位于所述气雾形成基体(20)下游的烟嘴过滤嘴(50),其中所述气雾产生制品(10)包括在所述杆(11)内设置在所述气雾形成基体(20)与所述烟嘴过滤嘴(50)之间的挥发性香味产生部件(45)。

63. 具有气溶胶冷却元件的气溶胶生成物品

专利类型：发明

申请号：CN201280072200.7

申请日：2012-12-28

申请人：菲利普·莫里斯生产公司

申请人地址：瑞士纳沙泰尔

发明人：G.聚贝　C.梅耶尔　D.桑纳　A.卢韦

授权日：2018-01-19

法律状态公告日：2018-01-19

法律状态：授权

摘要：

一种气溶胶生成物品(10)，包括按照条棒(11)的形式组装的多个元件。所述多个元件包括气溶胶形成基材(20)以及位于所述气溶胶形成基材(20)下游的气溶胶冷却元件(40)。所述气溶胶冷却元件(40)包括多个纵向延伸的通道并且沿纵向方向具有50%至90%的孔隙度。所述气溶胶冷却元件可具有每毫米长度300 mm^2 至每毫米长度1000 mm^2 的总表面积。穿过气溶胶冷却元件(40)的气溶胶被冷却，并且在某些实施例中，水在气溶胶冷却元件(40)内冷凝。

授权文件独立权利要求：

一种气溶胶生成物品(10)，其包括按照条棒(11)的形式组装的多个元件，所述多个元件包括气溶胶形成基材(20)以及在条棒(11)内位于所述气溶胶形成基材(20)下游的气溶胶冷却元件(40)，其中所述气溶胶冷却元件(40)包括多个纵向延伸的通道并且沿纵向方向具有在50%至90%之间的孔隙度。

64. 加热不燃烧的香烟装置

专利类型：发明

申请号：CN201310111258.4

申请日：2013-04-01

申请人：上海烟草集团有限责任公司

申请人地址：200082 上海市杨浦区长阳路717号

发明人：王申　沈轶　邱立欢　陆诚玮

授权日：2015-05-20

法律状态公告日：2015-05-20

法律状态：授权

摘要：

本发明提供一种加热不燃烧的香烟装置，所述香烟装置包括外壳体，以及设于外壳体内的控制器和与所述控制器相连的加热机构，所述加热机构与所述外壳体间形成容置腔，所述容置腔内设有固态的烟草制品，并且所述外壳体上对应所述容置腔设有可启闭的开口部；所述外壳体上还设有吸烟口以及向所述容置腔开放的进气口，所述进气口、容置腔和吸烟口相互贯通构成进气通道，在所述进气通道内设有气流传感器，所述气流传感器与所述控制器相连。本发明在使用过程中采用加热固态的烟草制品到一定温度而不经过燃烧这一过程，其不会产生二手烟；加热产生的烟气中不含有燃烧造成的裂解反应产生的各类有害物质，以及对人体危害最大的焦油成分。

授权文件独立权利要求：

一种加热不燃烧的香烟装置，其特征在于，所述香烟装置包括外壳体(1)，以及设于外壳体(1)内的控制器(8)和与所述控制器相连的加热机构(6)，所述加热机构(6)与所述外壳体(1)间形成容置腔，所述容置腔内设有固态的烟草制品(7),并且所述外壳体(1)上对应所述容置腔设有可启闭的开口部(3);所述外壳体(1)上还设有吸烟口以及向所述容置腔开放的进气口(4),所述进气口(4)、容置腔和吸烟口相互贯通构成进气通道,在所述进气通道内设有气流传感器(10),所述气流传感器(10)与所述控制器(8)相连。

65. 用于加热不燃烧装置的烟草制品及其制备方法

专利类型:发明

申请号:CN201310111651.3

申请日:2013-04-01

申请人:上海烟草集团有限责任公司

申请人地址:200082 上海市杨浦区长阳路 717 号

发明人:沈轶　王申　邱立欢　陆诚玮

授权日:2015-05-20

法律状态公告日:2015-05-20

法律状态:授权

摘要:

本发明提供一种用于加热不燃烧装置的烟草制品及其制备方法,所述烟草制品为固态,主要由烟草原料、酸度调节剂、膨松剂、保润剂、稳定剂/凝固剂、增稠剂以及天然香精混合构成。本发明的烟草制品可用于加热不燃烧装置,通过加热可以产生含有尼古丁,但加热后产生不含有或只含有极少焦油成分的烟草风味气体,便于吸烟者使用降低吸烟危害的产品;其不同于现有的“烟油”等仿烟草制品的液态产品,其为真正的含烟草原料的制品,其能产生烟气并且无须经过明火点燃而燃烧裂解,其便于携带以及使用。

授权文件独立权利要求:

一种用于加热不燃烧装置的烟草制品,其特征在于,所述烟草制品为固态,主要由烟草原料、酸度调节剂、膨松剂、保润剂、稳定剂/凝固剂、增稠剂以及天然香精混合构成。

66. 一种电干馏型烟草薄片的制备方法

专利类型:发明

申请号:CN201310123050.4

申请日:2013-04-10

申请人:湖北中烟工业有限责任公司　武汉市黄鹤楼科技园有限公司

申请人地址:430040 湖北省武汉市东西湖区金山大道 1355 号

发明人:刘华臣　潘曦　罗诚浩　刘祥浩

授权日:2015-10-21

法律状态公告日:2015-10-21

法律状态:授权

摘要:

本发明提供了一种电干馏型烟草薄片的制备方法,其步骤包括:(1)将烟草提取物和天然植物提取物中的一种或多种混合得到片基喷涂物;(2)再将片基喷涂物均匀涂布在重量为片基喷涂物 1～10 倍的烟草薄片片基上然后在 40～90 ℃下干燥;(3)然后将烟草薄片片基重量的 2%～50%的雾化剂香料喷洒在烟草薄片片基上;(4)最后将烟草薄片片基干燥后得到所述电干馏型烟草薄片。本发明制备出的烟草薄片,能够在电干馏装置中燃烧而产生烟雾。电干馏的方式能够干馏出烟草提取物包含的烟草本香。该种薄片制备工艺制备的薄片具有烟草本香,与烟用香精香料浑然一体。满足消费者的需求,降低卷烟燃烧对消费者的危害,避免二手烟的产生,具有很强的实用性。

授权文件独立权利要求:

一种电干馏型烟草薄片的制备方法，其步骤包括：(1)将烟草提取物和天然植物提取物中的一种或多种混合得到片基喷涂物；(2)再将片基喷涂物均匀涂布在重量为片基喷涂物 1～10 倍的烟草薄片片基上然后在 40～90 ℃下干燥；(3)然后按照重量百分数为 20%～75%的丙二醇、10%～45%的甘油、1%～10%的去离子水、1%～10%的酒精、1%～10%的烟用香精和 1%～10%的烟草提取物混合得到雾化剂香料，将烟草薄片片基重量的 2%～50%的雾化剂香料喷洒在干燥好的烟草薄片片基上；(4)最后将烟草薄片片基干燥后得到所述电干馏型烟草薄片。

67. 电热气流式吸烟系统

专利类型：发明

申请号：CN201310123081.X

申请日：2013-04-10

申请人：湖北中烟工业有限责任公司　武汉市黄鹤楼科技园有限公司

申请人地址：430040 湖北省武汉市东西湖区金山大道 1355 号

发明人：刘华臣　陈义坤　刘祥浩　潘曦　罗诚浩

授权日：2015-04-22

法律状态公告日：2015-04-22

法律状态：授权

摘要：

本发明公开了一种电热气流式吸烟系统，它包括相互匹配的烟嘴和烟腔，烟腔的外壳内设有加热元件和装有烟草制品的放置腔，放置腔一端与加热元件的一端接通，放置腔另一端与烟嘴接通，加热元件的另一端连接有控制电源。本发明是一种热空气和加热元件一起加热的热气流式吸烟系统，由于热空气气流能够均匀地流过烟草制品，是对整个烟草制品进行加热，能够有效提高烟草发烟制品挥发物的挥发和烟草制品烟雾的产生，解决背景技术中的问题。

授权文件独立权利要求：

一种电热气流式吸烟系统，它包括相互匹配的烟嘴(1)和烟腔(2)，其特征在于：所述烟腔(2)的外壳(3)内设有加热元件(4)和装有烟草制品的放置腔(5)，所述放置腔(5)一端与加热元件(4)的一端接通，放置腔(5)另一端与烟嘴(1)接通，所述加热元件(4)的另一端连接有控制电源(6)。

68. 一种化学与电子方式结合的新型无烟卷烟

专利类型：发明

申请号：CN201310129473.7

申请日：2013-04-16

申请人：湖北中烟工业有限责任公司

申请人地址：430040 湖北省武汉市东西湖区金山大道 1355 号

发明人：刘祥浩　潘曦　刘华臣　罗诚浩　陈义坤

法律状态公告日：2016-11-02

法律状态：发明专利申请公布后的驳回

摘要：

本发明公开了一种化学与电子方式结合的新型无烟卷烟，它包括依次沿轴向拼接在一起并接通的烟头、烟腔和烟嘴，烟头内设有提供热源的加热装置和烟雾发生器，加热装置设置在烟头端部，烟雾发生器与烟腔接通，烟雾发生器内设有吸附挥发性酸的吸附材料；烟腔内设有浸润了烟碱的烟丝。本发明可作为传统卷烟的替代品，利用加热装置加热，激发挥发性酸雾化，气流带动挥发性酸与烟碱混合，形成烟雾，含有烟碱成分的烟雾再通过烟嘴吸食进入口腔。本发明由于不经过高温燃烧，杜绝了烟草燃烧过程中绝大部分有害成分,不产生二手烟和烟灰,不对周围人群或环境产生任何影响,且不影响吸烟者对烟碱的摄入。

申请文件独立权利要求:

一种化学与电子方式结合的新型无烟卷烟,包括依次沿轴向拼接在一起并接通的烟头、烟腔和烟嘴,其特征在于:所述烟头为密封腔体,该密封腔体内设有提供热源的加热装置和烟雾发生器,所述加热装置设置在烟头端部,烟雾发生器与烟腔接通,烟雾发生器内设有吸附挥发性酸的吸附材料,所述烟头密封腔体的前端和后端分别设有烟头进气口和烟头出气口;所述烟腔为密封腔体,密封腔体内设有浸润了烟碱的烟丝,密封腔体两端分别设有烟腔进气口和烟腔出气口;烟腔进气口与烟头出气口相通,烟腔出气口与烟嘴相通;所述烟腔进气口和烟腔出气口处分别设有能打开或关闭的阀门。

69. 烟斗式电吸烟系统

专利类型:发明

申请号:CN201310131506.1

申请日:2013-04-16

申请人:湖北中烟工业有限责任公司　武汉市黄鹤楼科技园有限公司

申请人地址:430040 湖北省武汉市东西湖区金山大道 1355 号

发明人:刘华臣　刘祥浩　潘曦　罗诚浩

授权日:2015-10-21

法律状态公告日:2015-10-21

法律状态:授权

摘要:

本发明公开了一种烟斗式电吸烟系统,包括烟斗壳体、烟嘴通道和烟嘴,烟嘴位于烟斗壳体的一端,烟斗壳体的另一端为烟草填料室,烟嘴通过烟嘴通道与烟斗壳体的内腔及烟草填料室连通,还包括设置在烟斗壳体内的电池单元、开关单元和控制器,设置在烟草填料室侧壁上的烟斗壁腔加热器,设置在烟草填料室底部的烟斗壁底加热器,电池单元通过开关单元连接控制器的供电端,控制器的热信号输出端连接烟斗壁腔加热器和烟斗壁底加热器,电池单元和烟斗壳体之间设有气流通道,所述烟嘴、烟嘴通道、气流通道和烟草填料室依次连通。本发明能够通过电热方式,将烟草制品的香味物质蒸馏出来,而非直接燃烧烟草制品,降低了卷烟对人体的危害性。

授权文件独立权利要求:

一种烟斗式电吸烟系统,包括烟斗壳体(1)、烟嘴通道(2)和烟嘴(3),所述烟嘴(3)位于烟斗壳体(1)的一端,烟斗壳体(1)的另一端为烟草填料室(1.1),所述烟嘴(3)通过烟嘴通道(2)与烟斗壳体(1)的内腔及烟草填料室(1.1)连通,其特征在于:它还包括设置在烟斗壳体(1)内的电池单元(4)、开关单元(5)和控制器(6),设置在烟草填料室(1.1)侧壁上的烟斗壁腔加热器(7),设置在烟草填料室(1.1)底部的烟斗壁底加热器(8),其中,所述电池单元(4)通过开关单元(5)连接控制器(6)的供电端,所述控制器(6)的热信号输出端连接烟斗壁腔加热器(7)和烟斗壁底加热器(8),所述电池单元(4)和烟斗壳体(1)之间设有气流通道(9),所述烟嘴(3)、烟嘴通道(2)、气流通道(9)和烟草填料室(1.1)依次连通。

70. 加热不燃烧的烟支

专利类型:发明

申请号:CN201310143670.4

申请日:2013-04-24

申请人:上海烟草集团有限责任公司

申请人地址:200082 上海市杨浦区长阳路 717 号

发明人:沈轶　邱立欢　王申　陆闻杰　陆诚玮

法律状态公告日:2017-01-18

法律状态:发明专利申请公布后的驳回

摘要:

本发明提供一种加热不燃烧的烟支,所述烟支包括加热壳和置于加热壳内的烟芯,所述加热壳内设有供电机构,所述烟芯包括耐热壳体和置于耐热壳体内的烟草芯,所述烟草芯内设有加热件,所述耐热壳体上设有与所述供电机构相接触的第一导电件,所述加热件与第一导电件相连,并且所述耐热壳体上设有通风孔。本发明通过加热壳内的供电机构对烟芯内加热件供电,使加热件对烟草芯进行加热,加热后可以直接抽吸产生烟气,无须采用点燃燃烧的方式使用,因此本烟支不会经过燃烧产生焦油等有害气体。

申请文件独立权利要求:

一种加热不燃烧的烟支,其特征在于,所述烟支包括加热壳和置于加热壳内的烟芯(2),所述加热壳内设有供电机构,所述烟芯(2)包括耐热壳体(21)和置于耐热壳体(21)内的烟草芯(22),所述烟草芯(22)内设有加热件(24),所述耐热壳体(21)上设有与所述供电机构相接触的第一导电件(27),所述加热件(24)与第一导电件(27)相连,并且所述耐热壳体(21)上设有通风孔(23、26)。

71. 利用酸制备烟用丝状碳质热源材料的方法

专利类型:发明

申请号:CN201310144798.2

申请日:2013-04-24

申请人:湖北中烟工业有限责任公司　武汉市黄鹤楼科技园有限公司

申请人地址:430040 湖北省武汉市东西湖区金山大道 1355 号

发明人:魏敏　陈义坤　罗诚浩　宋旭艳　李冉

授权日:2014-11-26

法律状态公告日:2014-11-26

法律状态:授权

摘要:

本发明公开了一种利用酸制备烟用丝状碳质热源材料的方法,包括以下步骤:将海藻酸钠或海藻酸铵或海藻酸钾与碳粉和水混合,搅拌调成胶状物,其中海藻酸钠或海藻酸铵或海藻酸钾与碳粉的质量比为 1∶5～1∶45,然后将所述胶状物挤压成丝线,将所述丝线与 pH 值小于等于 3 的酸性溶液充分接触,得到固化物;所述固化物经过漂洗、干燥,使含水量达到 10%～20%,即得烟用丝状碳质热源材料。本发明不仅降低了玻璃纤维吸入人体而造成的危害,而且还提高了碳质热源的燃烧性,具有方法简单、生产周期短、成本低等特点。

授权文件独立权利要求:

一种利用酸制备烟用丝状碳质热源材料的方法,其特征在于包括以下步骤:将海藻酸钠或海藻酸铵或海藻酸钾与碳粉和水混合,搅拌调成胶状物,其中海藻酸钠或海藻酸铵或海藻酸钾与碳粉的质量比为 1∶5～1∶45,然后将所述胶状物挤压成丝线,将所述丝线与 pH 值小于等于 3 的酸性溶液充分接触,得到固化物;所述固化物经过漂洗、干燥,使含水量达到 10%～20%,即得烟用丝状碳质热源材料。

72. 一种干馏型卷烟

专利类型:发明

申请号:CN201310144843.4

申请日:2013-04-24

申请人:湖北中烟工业有限责任公司　武汉市黄鹤楼科技园有限公司

申请人地址:430040 湖北省武汉市东西湖区金山大道 1355 号

发明人:罗诚浩　陈义坤　魏敏　宋旭艳　潘曦

授权日:2014-06-18

法律状态公告日:2014-06-18

法律状态:授权

摘要:

本发明公开了一种干馏型卷烟,包括热源段、干馏段、填充段及咀棒段,所述热源段、干馏段、填充段及咀棒段依次连接,所述热源段包括碳质热源和包裹在碳质热源外层的卷烟纸,所述碳质热源的内部设有沿轴向贯通的孔隙。本发明中的碳质热源没有用玻璃纤维进行包裹,从而降低了玻璃纤维吸入人体而造成的危害,热源段有较好的空气流经通道,因此碳质热源的可燃性和烟丝的雾化效果更好。

授权文件独立权利要求:

一种干馏型卷烟,包括热源段(1)、干馏段(2)、填充段(3)及咀棒段(4),所述热源段(1)、干馏段(2)、填充段(3)及咀棒段(4)依次连接,所述热源段(1)包括碳质热源(1a)和包裹在碳质热源(1a)外层的卷烟纸(1b),其特征在于:所述碳质热源(1a)的内部设有沿轴向贯通的孔隙(1c)。

73. 利用钙盐制备烟用片状碳质热源材料的方法

专利类型:发明

申请号:CN201310144942.2

申请日:2013-04-24

申请人:湖北中烟工业有限责任公司　武汉市黄鹤楼科技园有限公司

申请人地址:430040 湖北省武汉市东西湖区金山大道 1355 号

发明人:罗诚浩　陈义坤　魏敏　宋旭艳　刘华臣

授权日:2014-12-03

法律状态公告日:2014-12-03

法律状态:授权

摘要:

本发明公开了一种利用钙盐制备烟用片状碳质热源的方法,包括以下步骤:将海藻酸钠或海藻酸铵或海藻酸钾与碳粉和水混合,搅拌调成胶状物,其中海藻酸钠或海藻酸铵或海藻酸钾与碳粉的质量比为 1∶5～1∶45,然后将所述胶状物挤压成薄片,将所述薄片与钙盐溶液充分接触,得到固化物;所述固化物经过漂洗、干燥,使含水量达到 10%～20%,即得烟用片状碳质热源材料。本发明不仅降低了玻璃纤维吸入人体而造成的危害,而且还提高了碳质热源的燃烧性,具有方法简单、生产周期短、成本低等特点。

授权文件独立权利要求:

一种利用钙盐制备烟用片状碳质热源材料的方法,其特征在于包括以下步骤:将海藻酸钠或海藻酸铵或海藻酸钾与碳粉和水混合,搅拌调成胶状物,其中海藻酸钠或海藻酸铵或海藻酸钾与碳粉的质量比为 1∶5～1∶45,然后将所述胶状物挤压成薄片,将所述薄片与能产生钙离子的水溶性钙盐溶液充分接触,得到固化物;所述固化物经过漂洗、干燥,使含水量达到 10%～20%,即得烟用片状碳质热源材料。

74. 利用乙醇制备烟用片状碳质热源材料的方法

专利类型:发明

申请号:CN201310145443.5

申请日:2013-04-24

申请人:湖北中烟工业有限责任公司　武汉市黄鹤楼科技园有限公司

申请人地址:430040 湖北省武汉市东西湖区金山大道 1355 号

发明人:罗诚浩　陈义坤　魏敏　宋旭艳　刘华臣

授权日:2014-04-30

法律状态公告日:2014-04-30

法律状态:授权

摘要:

本发明公开了一种利用乙醇制备烟用片状碳质热源的方法,包括以下步骤:将海藻酸钠或海藻酸铵或海藻酸钾与碳粉和水混合,搅拌调成胶状物,其中海藻酸钠或海藻酸铵或海藻酸钾与碳粉的质量比为 1∶5～1∶45,然后将所述胶状物挤压成薄片,将所述薄片与质量浓度大于等于 66%的乙醇充分接触,得到固化物;所述固化物经过漂洗、干燥,使含水量达到 10%～20%,即得烟用片状碳质热源材料。本发明不仅降低了玻璃纤维吸入人体而造成的危害,而且还提高了碳质热源的引燃性,具有方法简单、生产周期短、成本低等特点。

授权文件独立权利要求:

一种利用乙醇制备烟用片状碳质热源材料的方法,其特征在于包括以下步骤:将海藻酸钠或海藻酸铵或海藻酸钾与碳粉和水混合,搅拌调成胶状物,其中海藻酸钠或海藻酸铵或海藻酸钾与碳粉的质量比为 1∶5～1∶45,然后将所述胶状物挤压成薄片,将所述薄片与质量浓度大于等于 66%的乙醇充分接触,得到固化物;所述固化物经过漂洗、干燥,使含水量达到 10%～20%,即得烟用片状碳质热源材料。

75. 利用钙盐制备烟用丝状碳质热源材料的方法

专利类型:发明

申请号:CN201310145445.4

申请日:2013-04-24

申请人:湖北中烟工业有限责任公司　武汉市黄鹤楼科技园有限公司

申请人地址:430040 湖北省武汉市东西湖区金山大道 1355 号

发明人:魏敏　陈义坤　罗诚浩　宋旭艳　李冉

授权日:2014-11-26

法律状态公告日:2014-11-26

法律状态:授权

摘要:

本发明公开了一种利用钙盐制备烟用丝状碳质热源材料的方法,包括以下步骤:将海藻酸钠或海藻酸铵或海藻酸钾与碳粉和水混合,搅拌调成胶状物,其中海藻酸钠或海藻酸铵或海藻酸钾与碳粉的质量比为 1∶5～1∶45,然后将所述胶状物挤压成丝线,将所述丝线与钙盐溶液充分接触,得到固化物;所述固化物经过漂洗、干燥,使含水量达到 10%～20%,即得烟用丝状碳质热源材料。本发明不仅降低了玻璃纤维吸入人体而造成的危害,而且还提高了碳质热源的燃烧性,具有方法简单、生产周期短、成本低等特点。

授权文件独立权利要求:

一种利用钙盐制备烟用丝状碳质热源材料的方法,其特征在于包括以下步骤:将海藻酸钠或海藻酸铵或海藻酸钾与碳粉和水混合,搅拌调成胶状物,其中海藻酸钠或海藻酸铵或海藻酸钾与碳粉的质量比为 1∶5～1∶45,然后将所述胶状物挤压成丝线,将所述丝线与能产生钙离子的水溶性钙盐溶液充分接触,得到固化物;所述固化物经过漂洗、干燥,使含水量达到 10%～20%,即得烟用丝状碳质热源材料。

76. 利用酸制备烟用片状碳质热源材料的方法

专利类型:发明

申请号:CN201310145457.7

申请日:2013-04-24

申请人:湖北中烟工业有限责任公司　武汉市黄鹤楼科技园有限公司

申请人地址:430040 湖北省武汉市东西湖区金山大道 1355 号

发明人:罗诚浩 陈义坤 魏敏 宋旭艳 刘华臣

授权日:2014-04-16

法律状态公告日:2014-04-16

法律状态:授权

摘要:

本发明公开了一种利用酸制备烟用片状碳质热源材料的方法,包括以下步骤:将海藻酸钠或海藻酸铵或海藻酸钾与碳粉和水混合,搅拌调成胶状物,其中海藻酸钠或海藻酸铵或海藻酸钾与碳粉的质量比为1∶5～1∶45,然后将所述胶状物挤压成薄片,将所述薄片与 pH 值小于等于 3 的酸性溶液充分接触,得到固化物;所述固化物经过漂洗、干燥,使含水量达到 10%～20%,即得烟用片状碳质热源材料。本发明不仅降低了玻璃纤维吸入人体而造成的危害,而且还提高了碳质热源的引燃性,具有方法简单、生产周期短、成本低等特点。

授权文件独立权利要求:

一种利用酸制备烟用片状碳质热源材料的方法,其特征在于包括以下步骤:将海藻酸钠或海藻酸铵或海藻酸钾与碳粉和水混合,搅拌调成胶状物,其中海藻酸钠或海藻酸铵或海藻酸钾与碳粉的质量比为 1∶5～1∶45,然后将所述胶状物挤压成薄片,将所述薄片与 pH 值小于等于 3 的酸性溶液充分接触,得到固化物;所述固化物经过漂洗、干燥,使含水量达到 10%～20%,即得烟用片状碳质热源材料。

77. 烟支加热装置及其所用烟支

专利类型:发明

申请号:CN201310145630.3

申请日:2013-04-24

申请人:上海烟草集团有限责任公司

申请人地址:200082 上海市杨浦区长阳路 717 号

发明人:邱立欢 陆闻杰 王申 陆诚玮 沈轶

授权日:2015-10-28

法律状态公告日:2015-10-28

法律状态:授权

摘要:

本发明提供一种烟支加热装置及其所用烟支,本烟支加热装置包括壳体、位于壳体内的控制器以及多个放置烟支的容置腔,所述容置腔分为加热腔和储烟腔两种,所述加热腔的底部设有导热机构,所述导热机构与所述控制器相连,所述加热腔的内壁设有隔热保温层。本烟支加热装置通过加热腔对本发明的烟支进行加热,使其产生烟草香味,但不会产生二手烟,加热产生的烟气中不含有燃烧造成的裂解反应产生的各类有害物质,以及对人体危害最大的焦油成分。

授权文件独立权利要求:

一种烟支加热装置,其特征在于,包括壳体(1)、位于壳体(1)内的控制器(8)以及多个放置烟支(2)的容置腔,所述容置腔分为加热腔(6)和储烟腔(7)两种,所述加热腔(6)的底部设有导热机构(9),所述导热机构(9)与所述控制器(8)相连,所述加热腔(6)的内壁设有隔热保温层。

78. 利用乙醇制备烟用丝状碳质热源材料的方法

专利类型:发明

申请号:CN201310145816.9

申请日:2013-04-24

申请人:湖北中烟工业有限责任公司　武汉市黄鹤楼科技园有限公司

申请人地址:430040 湖北省武汉市东西湖区金山大道 1355 号

发明人:魏敏　陈义坤　罗诚浩　宋旭艳　李冉

授权日:2014-10-08

法律状态公告日:2014-10-08

法律状态:授权

摘要:

本发明公开了一种利用乙醇制备烟用丝状碳质热源材料的方法,包括以下步骤:将海藻酸钠或海藻酸铵或海藻酸钾与碳粉和水混合,搅拌调成胶状物,其中海藻酸钠或海藻酸铵或海藻酸钾与碳粉的质量比为1∶5～1∶45,然后将所述胶状物挤压成丝线,将所述丝线与质量浓度大于等于66%的乙醇充分接触,得到固化物;所述固化物经过漂洗、干燥,使含水量达到10%～20%,即得烟用丝状碳质热源材料。本发明不仅降低了玻璃纤维吸入人体而造成的危害,而且还提高了碳质热源的燃烧性,具有方法简单、生产周期短、成本低等特点。

授权文件独立权利要求:

一种利用乙醇制备烟用丝状碳质热源材料的方法,其特征在于包括以下步骤:将海藻酸钠或海藻酸铵或海藻酸钾与碳粉和水混合,搅拌调成胶状物,其中海藻酸钠或海藻酸铵或海藻酸钾与碳粉的质量比为1∶5～1∶45,然后将所述胶状物挤压成丝线,将所述丝线与质量浓度大于等于66%的乙醇充分接触,得到固化物;所述固化物经过漂洗、干燥,使含水量达到10%～20%,即得烟用丝状碳质热源材料。

79. 一种用于无燃烧卷烟的中温烟草材料的制备方法

专利类型:发明

申请号:CN201310195250.0

申请日:2013-05-23

申请人:红云红河烟草(集团)有限责任公司

申请人地址:650202 云南省昆明市北郊上庄

发明人:冯斌　周博　巩效伟　张伟　李赓　宫玉鹏　张天栋

授权日:2015-05-27

法律状态公告日:2015-05-27

法律状态:授权

摘要:

本发明公开了一种用于无燃烧卷烟的中温烟草材料的制备方法。用烟草原料直接打浆制备片基,取天然香料植物利用超临界 CO_2 流体萃取—分子蒸馏法提取致香成分,再将这些致香成分涂覆于片基上,得到所需的中温烟草材料。本发明最大限度地保留了烟草原料本身所含的致香物质;利用超临界 CO_2 流体萃取—分子蒸馏法的选择性,实现了天然香料植物中沸点介于 300～400 ℃的化学组分的定向提取,从而实现了中温烟草材料化学组分的调控;制备的中温烟草材料香气丰富、烟气协调、感官舒适度较好、甜润感明显、清香特征突出。

授权文件独立权利要求:

一种用于无燃烧卷烟的中温烟草材料的制备方法,包括以下步骤:(1)取烟草 10～20 份,浸泡 0.5～2 小时后用制浆设备疏解为打浆度 20～40°SR 的纤维浆料;(2)用去离子水稀释浆料至重量百分浓度为 0.5%～1.2%,用造纸设备抄造成片基;(3)取天然香料植物 1～5 份,置于萃取装置中,在萃取压力 25～30 MPa、萃取温度 40～60 ℃、解析压力 5.5～7.2 MPa、解析温度 40～60 ℃、CO_2 流速为 25 kg/h 条件下,恒温恒压萃取 3 小时后制得超临界萃取液;(4)取超临界萃取液,置于分子蒸馏设备中,在真空度 30～60 Pa、加热温度 100～200 ℃、转子刮膜转速 270～300 rad/min、流速 2～4 mL/min 条件下,得馏出物;(5)将馏出物加热至

150 ℃,置于分子蒸馏设备中,在真空度 5～10 Pa、加热温度 300～400 ℃、转子刮膜转速 270～300 rad/min、流速 2～3 mL/min 条件下,得蒸出物;(6)取蒸出物 1～5 份、乙醇 5～50 份,混匀振摇 10 min 制备成涂布液;(7)将涂布液按 40%～60%的涂布量均匀涂布至片基上,在 70～90 ℃温度条件下烘干,即得所需的中温烟草材料。

80. 一种基于微波加热的非燃烧型烟草抽吸装置

专利类型:发明

申请号:CN201310298920.1

申请日:2013-07-17

申请人:中国烟草总公司郑州烟草研究院

申请人地址:450001 河南省郑州市高新区枫杨街 2 号

发明人:宗永立　王慧　宋瑜冰　杨春强　马骥　崔凯　刘珊　曾世通　李炎强　屈展

授权日:2015-08-19

法律状态公告日:2015-08-19

法律状态:授权

摘要:

一种基于微波加热的非燃烧型烟草抽吸装置,其特征在于:包括金属外壳、设置在金属外壳中心部位的烟样加热单元,金属外壳与烟样加热单元之间留置有气流通道,所述烟样加热单元由前至后依次设置有电池、微波加热器和陶瓷烟样杯,陶瓷烟样杯侧壁均布有与气流通道连通的透气孔,滤嘴部分连接在金属外壳的前端。使用时,将烟草制品放入烟样杯中,启动微波发生器,从而对烟样进行加热,微波加热结束后,烟样所产生的挥发物经由气流通道、滤嘴进入口腔,使吸食者获得满足感。本发明的最大特点是:节能,加热升温快,无污染,热效率高,既符合人们抽烟消费习惯又能避免烟草燃烧产生明火,且可减少"二手烟"危害,具有潜在的市场竞争力。

授权文件独立权利要求:

一种基于微波加热的非燃烧型烟草抽吸装置,其特征在于:包括金属外壳、设置在金属外壳中心部位的烟样加热单元,金属外壳与烟样加热单元之间留置有气流通道,所述烟样加热单元由前至后依次设置有电池、微波加热器和陶瓷烟样杯,陶瓷烟样杯侧壁均布有与气流通道连通的透气孔,滤嘴部分连接在金属外壳的前端。

81. 光能加热卷烟的吸烟系统

专利类型:发明

申请号:CN201310335698.8

申请日:2013-08-02

申请人:湖北中烟工业有限责任公司　武汉市黄鹤楼科技园有限公司

申请人地址:430040 湖北省武汉市东西湖区金山大道 1355 号

发明人:刘华臣　李丹　陈义坤

授权日:2016-09-28

法律状态公告日:2016-09-28

法律状态:授权

摘要:

本发明公开了一种光能加热卷烟的吸烟系统,它包括相互接通的烟腔外壳和烟嘴外壳,在烟腔外壳内设有用于放置烟草制品的烟草腔,烟草腔一端与设置在烟腔外壳上的进气孔接通,烟草腔的另一端与烟嘴接通,烟腔外壳内设有电源装置,电源装置连接有光能加热装置,光能加热装置设置在电源装置和烟草制品之间，光能加热装置的输出端用于驱动烟草制品燃烧。本发明可避免碳燃料燃烧产生有害物质。光能加热具有相当的稳定性，加热更加均匀，操作方便，整个烟支结构便携，对电池的要求相对较低，并且还具有光能加热的加热点更集中、更容易使烟草制品点燃的特点。

授权文件独立权利要求：

一种光能加热卷烟的吸烟系统，它包括相互接通的烟腔外壳(4)和烟嘴外壳(12)，在所述烟腔外壳(4)内设有用于放置烟草制品(13)的烟草腔(11)，其特征在于：所述烟草腔(11)一端与设置在烟腔外壳(4)上的进气孔(8)接通，烟草腔(11)的另一端与烟嘴接通，在所述烟草腔(11)和烟腔外壳(4)之间设有保温层(10)，所述烟腔外壳(4)内设有电源装置，所述电源装置连接有光能加热装置，所述光能加热装置设置在电源装置和烟草制品(13)之间，所述光能加热装置的输出端用于驱动烟草制品(13)燃烧。

82. 电能加热吸烟系统

专利类型：发明

申请号：CN201310388837.3

申请日：2013-08-30

申请人：湖北中烟工业有限责任公司　武汉市黄鹤楼科技园有限公司

申请人地址：430040 湖北省武汉市东西湖区金山大道 1355 号

发明人：刘华臣　高颂　李冉　陈义坤

授权日：2015-08-12

法律状态公告日：2015-08-12

法律状态：授权

摘要：

本发明公开了一种电能加热吸烟系统，它包括烟腔外壳，烟腔外壳内设有用于放置烟草的烟草腔，烟草腔与烟腔外壳同中心轴，烟草腔与烟腔外壳的外界接通，烟腔外壳内设有用于对烟草制品加热的加热元件，加热元件包括加热底片和激发加热元件，激发加热元件设置在烟草腔内，加热底片设置在烟草腔的端部，加热底片与激发加热元件连接，加热元件还连接有电源装置。本发明通过加热元件对烟草制品进行加热，将烟草制品的香味物质蒸馏出来，而非直接燃烧烟草制品，降低了卷烟对人体的危害性，确保添加其中的香精香料的原品质。

授权文件独立权利要求：

一种电能加热吸烟系统，它包括烟腔外壳(8)，所述烟腔外壳(8)内设有用于放置烟草的烟草腔(10)，所述烟草腔(10)与烟腔外壳(8)同中心轴，所述烟草腔(10)与烟腔外壳(8)的外界接通，其特征在于：所述烟腔外壳(8)内设有用于对烟草制品加热的加热元件，所述加热元件包括加热底片(4)和激发加热元件(9)，所述激发加热元件(9)设置在烟草腔(10)内，加热底片(4)设置在烟草腔(10)的端部，加热底片(4)与激发加热元件(9)连接，所述加热元件还连接有电源装置。

83. 针刺式低温卷烟加热器

专利类型：发明

申请号：CN201310394048.0

申请日：2013-09-03

申请人：湖北中烟工业有限责任公司　武汉黄鹤楼新材料科技开发有限公司

申请人地址：430040 湖北省武汉市东西湖区金山大道 1355 号

发明人：李丹　彭波　刘祥谋　梅文浩　王庆九

授权日：2016-11-02

法律状态公告日：2016-11-02

法律状态:授权

摘要:

本发明公开了一种针刺式低温卷烟加热器,包括内置烟膛的壳体、内置电池的电池仓和外置滤嘴,所述电池仓安装在所述壳体的一端,所述壳体的另一端与所述外置滤嘴相接,所述烟膛和壳体之间至少设有一组加热针柱组件,所述加热针柱组件通过弹片安装在所述壳体的内壁上,所述壳体的侧壁上对应所述加热针柱组件的位置设有第一通孔,所述烟膛的侧壁上对应所述加热针柱组件的位置设有第二通孔,所述加热针柱组件与所述电池相连接。本发明通过按压所述加热针柱组件,即可将所述加热针柱组件刺入待加热的卷烟中,使卷烟均匀受热,充分利用了资源,适用于低温卷烟。

授权文件独立权利要求:

一种针刺式低温卷烟加热器,包括内置烟膛(1)的壳体(2)、内置电池(3)的电池仓(4)和外置滤嘴(5),所述电池仓(4)安装在所述壳体(2)的一端,所述壳体(2)的另一端与所述外置滤嘴(5)相接,其特征在于:所述烟膛(1)和壳体(2)之间至少设有一组加热针柱组件(6),所述加热针柱组件(6)通过弹片(7)安装在所述壳体(2)的内壁上,所述壳体(2)的侧壁上对应所述加热针柱组件(6)的位置设有第一通孔(8),所述烟膛(1)的侧壁上对应所述加热针柱组件(6)的位置设有第二通孔(9),所述加热针柱组件(6)与所述电池(3)相连接。

84. 一种加热非燃烧型烟草制品烟草原料的处理方法

专利类型:发明

申请号:CN201310452339.0

申请日:2013-09-29

申请人:中国烟草总公司郑州烟草研究院

申请人地址:450001 河南省郑州市高新区枫杨街 2 号

发明人:曾世通　孙世豪　李鹏　张建勋　卢斌斌　张启东　柴国璧　宗永立　刘俊辉

授权日:2015-03-25

法律状态公告日:2015-03-25

法律状态:授权

摘要:

一种加热非燃烧型烟草制品烟草原料的处理方法,依次包括以下步骤:加热处理,调节烟草原料水分,100~300 ℃下加热处理 0.5~8 h,室温冷却;加香处理,在温度 22 ℃、相对湿度 60%的环境中平衡 24~120 h后,向其中施加糖苷类香味前体,放置 48~120 h,保证原料对香味前体的充分吸收;加料处理,烟草原料加香处理后,向其中施加多元醇,并在密封状态下放置 48~120 h,保证烟草原料对多元醇的充分吸收,然后平衡 24~120 h,得到适用于加热非燃烧型烟草制品的烟草原料。通过本发明处理后的烟草原料,在加热非燃烧状态下的烟气释放性能明显提高,所释放烟气的感官品质明显改善,具有良好的满足感和舒适性。

授权文件独立权利要求:

一种加热非燃烧型烟草制品烟草原料的处理方法,其特征在于依次包括以下步骤:(1)加热处理,将烟草原料的水分调节至 10%~25%后,置于密闭体系中,100~300 ℃下加热处理 0.5~8 h,加热结束后,保持密闭条件室温冷却 12~48 h,得到加热处理后的烟草原料;(2)加香处理,将加热处理后的烟草原料在温度 22 ℃、相对湿度 60%的环境中平衡 24~120 h 后,向其中施加添加量为 50~1000 ppm 的糖苷类香味前体,并在密封状态下放置 48~120 h,保证原料对香味前体的充分吸收;(3)加料处理,烟草原料加香处理后,向其中施加质量比 5%~20% 的多元醇,并在密封状态下放置 48~120 h,保证烟草原料对多元醇的充分吸收,然后将加料处理后的烟草原料在温度 22 ℃、相对湿度 60%的环境中平衡 24~120 h,得到适用于加热非燃烧型烟草制品的烟草原料。

85. 一种适用于加热非燃烧型烟草制品的烟草材料制备方法

专利类型:发明

申请号:CN201310452465.6

申请日:2013-09-29

申请人:中国烟草总公司郑州烟草研究院

申请人地址:450001 河南省郑州市高新区枫杨街 2 号

发明人:曾世通　孙世豪　李鹏　张建勋　卢斌斌　张启东　柴国璧　宗永立　刘俊辉

授权日:2015-07-29

法律状态公告日:2015-07-29

法律状态:授权

摘要:

一种适用于加热非燃烧型烟草制品的烟草材料制备方法,其特征在于依次包括以下步骤:(1)将烟叶原料用乙醇水溶液进行浸提,制备烟草提取物;(2)浸提结束后,将溶液与烟叶分离,得到烟草提取液,将该提取液在减压条件下蒸发除去乙醇后,冷冻干燥得到固体烟草提取物;(3)将固体烟草提取物和具有阻燃作用的金属氢氧化物颗粒混合后,加入溶剂充分分散形成黏稠状混合物,将所得到的黏稠状混合物采用滚筒干燥法进行干燥,烘干物料粉碎后得到适用于加热非燃烧型烟草制品的烟草材料。采用本发明制备的烟草材料在 200～400 ℃下加热所释放的烟气在浓度和劲头方面都具有良好的满足感,而且香气品质和感官舒适性也较好,还具有良好的阻燃作用。

授权文件独立权利要求:

一种适用于加热非燃烧型烟草制品的烟草材料制备方法,其特征在于依次包括以下步骤:(1)将烟叶原料用乙醇水溶液进行浸提,制备烟草提取物;(2)浸提结束后,将溶液与烟叶分离,得到烟草提取液,将该提取液在减压条件下蒸发除去乙醇后,冷冻干燥得到固体烟草提取物;(3)将固体烟草提取物和具有阻燃作用的金属氢氧化物颗粒混合后,加入溶剂充分分散形成黏稠状混合物,将所得到的黏稠状混合物采用滚筒干燥法进行干燥,烘干物料粉碎后得到适用于加热非燃烧型烟草制品的烟草材料。

86. 一种适用于加热非燃烧型烟草制品的烟草膜制备方法

专利类型:发明

申请号:CN201310452726.4

申请日:2013-09-29

申请人:中国烟草总公司郑州烟草研究院

申请人地址:450001 河南省郑州市高新区枫杨街 2 号

发明人:曾世通　孙世豪　李鹏　张建勋　卢斌斌　张启东　柴国璧　宗永立　刘俊辉

授权日:2015-08-19

法律状态公告日:2015-08-19

法律状态:授权

摘要:

一种适用于加热非燃烧型烟草制品的烟草膜制备方法,其特征在于依次包括以下步骤:(1)烟草提取物的制备,将烟叶原料用乙醇水溶液进行浸提,经分离,得到烟草提取液,减压蒸发干燥,得到固体烟草提取物;(2)烟草膜的制备,按比例将成膜材料、固体烟草提取物、多元醇和金属氢氧化物加入去离子水中,经糊化反应,然后在减压条件下脱气,得到成膜液,将成膜液于模板上展开成膜,经平衡后即得到适用于加热非燃烧型烟草制品的烟草膜。本发明所制备的烟草膜在加热非燃烧状态下能够有效释放出烟气,而且所释放的烟气具有良好的感官品质且可以增强烟草原料在加热非燃烧状态下的烟气释放性能,提高烟气浓度。本发明由于加有金属氢氧化物还具有良好的阻燃作用。

授权文件独立权利要求:

一种适用于加热非燃烧型烟草制品的烟草膜制备方法,其特征在于依次包括以下步骤:

(1) 烟草提取物的制备：将烟叶原料用乙醇水溶液进行浸提，烟叶与乙醇水溶液的质量比为 1∶5～1∶20，浸提温度为 25～70 ℃，浸提时间为 24～72 h，浸提结束后，将溶液与烟叶分离，得到烟草提取液，将该提取液在减压条件下蒸发除去乙醇后，干燥得到固体烟草提取物。

(2) 烟草膜的制备：按质量计，将 100 份成膜材料、20～50 份固体烟草提取物、10～30 份多元醇和 10～20 份金属氢氧化物加入去离子水中，充分分散溶解后，在 50～90 ℃下糊化反应 0.5～2 h，然后在减压条件下脱气 20 min，得到成膜液，采用流延法，将成膜液于模板上展开成膜，并于 30～50 ℃下干燥 24～72 h 后脱膜，将所制得的膜在温度 22 ℃、相对湿度 60%的环境中平衡 24～120 h 后，即得到适用于加热非燃烧型烟草制品的烟草膜。

87. 一种非燃烧无烟雾电子烟

专利类型：发明

申请号：CN201310453760.3

申请日：2013-09-29

申请人：云南昆船数码科技有限公司

申请人地址：650011 云南省昆明市高新技术开发区科医路 176 号 301～309

发明人：李涛　张智勇　田华亭　秦颖　蒋俊

授权日：2015-06-10

法律状态公告日：2017-03-08

法律状态：著录事项变更

摘要：

一种非燃烧无烟雾电子烟，包括加热棒组件、滤嘴组件和电子烟杆。加热棒组件包括同轴心的加热棒电极环正极和加热棒电极环负极以及加热棒绝缘环，加热棒电极环正极有加热棒轴向气流孔和加热棒径向气流孔，在加热棒电极环负极外端装有隔热套，隔热套内装有加热组件；滤嘴组件包括滤嘴壳、滤嘴盖、滤芯、固态烟芯，滤嘴盖开有抽吸孔，固态烟芯内部设有加热腔，滤嘴组件内端装在加热棒组件上，等等。本发明采用含有烟草成分的多孔材料作为固态烟芯，在抽吸过程中不燃烧，可完全代替传统香烟。

授权文件独立权利要求：

一种非燃烧无烟雾电子烟，其特征在于，包括加热棒组件(1)、分别组接于加热棒组件两端的滤嘴组件(2)和电子烟杆(3)；所述加热棒组件(1)包括同轴心的加热棒电极环正极(17)和套在加热棒电极环正极外的加热棒电极环负极(12)以及设置于加热棒电极环正极和加热棒电极环负极之间的加热棒绝缘环(13)，加热棒电极环正极的轴心带有加热棒轴向气流孔(11)，在靠近加热棒电极环负极(12)的轴肩处开有加热棒径向气流孔(16)，在加热棒电极环负极(12)的外端安装有延伸的隔热套(14)，在隔热套(14)的延伸段内安装有与加热棒电极环正极和加热棒电极环负极连接的加热组件(15)；所述滤嘴组件(2)包括滤嘴壳(26)、安装于滤嘴壳(26)一端的滤嘴盖(24)、镶嵌在滤嘴盖(24)内部的滤芯(25)以及与滤芯接触的固态烟芯(27)，滤嘴盖(24)轴心部位开有贯通的圆形抽吸孔(23)，固态烟芯(27)内部设有轴向的加热腔(22)，滤嘴组件(2)内端通过套接安装在所述加热棒组件(1)上；所述电子烟杆(3)包括同轴心的烟杆电极环正极(33)和套在烟杆电极环正极外的烟杆电极环负极(34)以及设置于烟杆电极环正极和烟杆电极环负极之间的烟杆绝缘环(32)，烟杆电极环负极(34)与加热棒组件(1)中的加热棒电极环负极(12)螺纹连接，烟杆电极环正极(33)与加热棒电极环正极(17)对应接触，烟杆电极环正极(33)轴心设有烟杆轴向气流孔(35)，在烟杆电极环负极(34)的外端安装有延伸的壳体(37)，在壳体的外端安装有 LED 灯(39)，在壳体(37)内部安装有电池模块(38)，在靠近电池模块(38)正极端安装有电子控制单元(31)。

88. 一种用于电加热卷烟的加热器

专利类型：发明

申请号:CN201310490995.X

申请日:2013-10-20

申请人:红塔烟草(集团)有限责任公司

申请人地址:653100 云南省玉溪市红塔大道 118 号

发明人:郑绪东　牟定荣　孟昭宇　汤建国　袁大林　王笛　廖晓祥　徐仕瑞　冷思漩

授权日:2016-04-13

法律状态公告日:2016-04-13

法律状态:授权

摘要:

本发明涉及一种用于电加热卷烟的加热器,特别是通过电源对烟草制品进行无燃烧传导加热而产生烟雾,属低温烟技术领域。该加热器包括绝缘壳体,固定于壳体内部的加热丝和连接加热丝的公共端。所述加热丝一端统一连接公共端并由公共端对称引出,加热丝为盘绕而成的例如圆形、多角形的螺旋状,8 条或 8 条以上的加热丝固定于壳体内壁。本发明导热效率高,升温快速,机械强度高,成本低廉。

授权文件独立权利要求:

一种用于电加热卷烟的加热器,其特征在于加热器由绝缘材料制成的壳体(1)、固定于壳体内部的数根各自独立的电阻加热丝(2)、连接每根电阻加热丝(2)的公共端(3)导电材料三部分构成,各根电阻加热丝(2)一端各接至公共端(3),每根电阻加热丝(2)另一端通过控制系统开关接电源一极,公共端为导电材料,公共端(3)端部与电源连接。

89. 一种套筒式低危害卷烟及其制备方法

专利类型:发明

申请号:CN201310518553.1

申请日:2013-10-29

申请人:云南烟草科学研究院

申请人地址:650000 云南省昆明市高新区科医路 41 号

发明人:何沛　赵伟　刘春波　刘志华　王昆淼　韩敬美

授权日:2014-11-26

法律状态公告日:2014-11-26

法律状态:授权

摘要:

本发明是一种新型套筒式低危害卷烟及其制备方法。卷烟的结构设置为三个主要部分:第一部分为用炭制成的燃烧热源,为中空圆筒状;第二部分为铝箔或锡箔纸包裹的多孔材料;第三部分为圆环形透气金属支架和醋纤或塑料制成的滤嘴。本发明的卷烟在可以大幅度降低烟气中有害成分的同时,延续了传统卷烟的特征,可以满足消费者的消费习惯。

授权文件独立权利要求:

一种套筒式低危害卷烟的制备方法,其特征在于卷烟由三个主要部分组成:第一部分为用炭制成的燃烧热源,为中空圆筒状,外部以普通卷烟纸包裹。第二部分为铝箔或锡箔纸包裹的多孔材料,并卷制成圆柱体,第二部分外径与第一部分内径一致,能够将第二部分恰好插入其中,长度与第一部分相同,第二部分圆柱体的硬度为 65%~80%。第三部分是口含支撑部分,也分为两个小部分——烟支端为圆环形透气金属支架,其内径与第二部分外径一致,可以使第二部分圆柱体插入其中,起到固定作用,其外径与第一部分外径一致,结合后无明显凹凸感;口含端为醋纤或塑料制成的滤嘴,起到隔热和过滤的作用。

90. 一种电加热卷烟

专利类型:发明

申请号:CN201310527002.1

申请日:2013-10-31

申请人:红塔烟草(集团)有限责任公司

申请人地址:653100 云南省玉溪市红塔大道 118 号

发明人:郑绪东 牟定荣 孟昭宇 汤建国 袁大林 王笛 廖晓祥 徐仕瑞 冷思漩

授权日:2017-02-15

法律状态公告日:2017-02-15

法律状态:授权

摘要:

本发明涉及一种电加热卷烟,该电加热卷烟包括烟嘴、加热器、电源、控制系统和壳体,所述加热器至少包含一个热源、一个隔离层、一个烟草制品加热区和一个烟油雾化区,烟嘴至少包含一个空腔和一个过滤嘴;烟草制品加热区是由加热器热源与隔离层界定,烟油雾化区是由壳体与隔离层界定,加热器热源通过加热烟草制品使其发烟,同时烟草制品将热量传递至烟油雾化区使烟油雾化产生烟雾,通过烟嘴部分的空腔混合,从而产生较大的具有烟草香味的烟气,在充分利用热源产生的热能的同时满足用户抽吸需求。

授权文件独立权利要求:

一种电加热卷烟,包括烟嘴(1)、加热器(2)、电源(3)、控制系统(4)和壳体(5),其特征在于加热器(2)内至少包含一个热源(6)和一个隔离层(7),壳体(5)内壁与热源(6)之间至少有一个烟草制品加热区(10)和一个烟油雾化区(9),烟草制品加热区(10)与烟油雾化区(9)之间装有隔离层(7);烟嘴(1)内至少包含一个空腔(11)和一个过滤嘴(12)。

91. 电热吸烟装置及其烟草加热结构

专利类型:发明

申请号:CN201310597838.9

申请日:2013-11-22

申请人:上海烟草集团有限责任公司

申请人地址:200082 上海市杨浦区长阳路 717 号

发明人:陆闻杰 陈超 邱立欢 陈利冰 陆诚玮 李淼 张慧 王申 沈轶

法律状态公告日:2017-01-04

法律状态:发明专利申请公布后的驳回

摘要:

本发明提供一种电热吸烟装置及其烟草加热结构。本发明提供的烟草加热结构包括电源组件、一端开口的加热腔体,以及设在所述加热腔体内的加热器和烟草。所述加热器与所述电源组件电连接;所述加热腔体的开口由供输出烟气的过滤器封闭;所述加热腔体上开设有一空气通路。本发明提供的电热吸烟装置,包括吸烟嘴和上述的烟草加热结构,所述加热腔体位于所述吸烟嘴内。使用时,只需将所述加热腔体与所述吸烟嘴相连,即可进行吸抽;更换时,只需将所述加热腔体与所述吸烟嘴分离,然后将新的烟草加热结构的所述加热腔体与所述吸烟嘴相连,可见能够实现烟草加热结构整体更换,故其使用方便。

申请文件独立权利要求:

一种烟草加热结构,其特征在于包括电源组件、一端开口的加热腔体(1),以及设在所述加热腔体(1)内的加热器(11)和烟草(12)。所述加热器(11)与所述电源组件电连接;所述加热腔体(1)的开口由供输出烟气的过滤器(13)封闭;所述加热腔体(1)上开设有一空气通路(14)。

92. 一种针式电加热卷烟系统

专利类型:发明

申请号:CN201310633029.9

申请日:2013-11-28

申请人:川渝中烟工业有限责任公司

申请人地址:610000 四川省成都市龙泉驿区国家级成都经济技术开发区新区成龙路 2 号

发明人:戴亚　赵德清　冯广林　周学政　朱立军

授权日:2016-02-03

法律状态公告日:2017-01-25

法律状态:专利申请权、专利权的转移

摘要:

本发明涉及一种针式电加热卷烟系统,包括依次密封连接的电源部、加热部和卷烟夹持部。其特征在于:所述电源部主要由外壳、控制电路和温度显示器(11)组成;所述加热部主要由加热盘保温隔热层(3)、加热盘(6)以及加热丝(5)组成;所述卷烟夹持部主要由筒壁保温隔热层(7)以及加热针(4)组成;所述加热针(4)与加热丝(5)、控制电路以及温度显示器(11)电连接,在所述筒壁保温隔热层(7)上还设有进气口(8)。本发明适用性大大增强;加热器结构简单,加热元件、电源、控制电路和隔热材料等成本较低,使用方便;不产生或产生很少的侧流烟气,显著降低了卷烟有害成分和环境烟气释放量,可以成为未来广泛应用的烟草技术。

授权文件独立权利要求:

一种针式电加热卷烟系统,包括依次密封连接的电源部、加热部和卷烟夹持部。其特征在于:所述电源部主要由外壳、均安装在外壳内并相互电连接的控制电路和温度显示器(11)组成;所述加热部主要由连接在外壳上的加热盘保温隔热层(3)、安装在该加热盘保温隔热层(3)内部的加热盘(6)以及安装在加热盘(6)内部的加热丝(5)组成;所述卷烟夹持部主要由与加热盘保温隔热层(3)相连接的筒壁保温隔热层(7)以及底端安装在加热盘(6)上的加热针(4)组成,所述加热针(4)的针身悬置在筒壁保温隔热层(7)中;所述加热针(4)与加热丝(5)、控制电路以及温度显示器(11)电连接,在所述筒壁保温隔热层(7)与加热盘保温隔热层(3)相连接一端还设有进气口(8)。

93. 一种分段式加热非燃烧吸烟装置

专利类型:发明

申请号:CN201310636397.9

申请日:2013-11-27

申请人:浙江中烟工业有限责任公司

申请人地址:310008 浙江省杭州市建国南路 288 号

发明人:储国海　蒋志才　周国俊　丁雪　黄华　徐建　沈凯　王辉　胡雅军

授权日:2015-12-09

法律状态公告日:2015-12-09

法律状态:授权

摘要:

本发明涉及一种分段式加热非燃烧吸烟装置,该吸烟装置包括加热段、控制段和电源段;加热段包括外壳体、隔热套和分段式加热器,分段式加热器设置在外壳体内,隔热套设置在分段式加热器与外壳体之间;分段式加热器包括多个中空加热元件,在两个中空加热元件之间均设置有第一绝缘隔热垫圈,多个中空加热元件与第一绝缘隔热垫圈构成筒状整体,筒状整体中空构成容置烟草制品的加热腔;控制段设置有控制器,控制器设置有导电电路连接至各个中空加热元件;所述的电源段设置有抽吸口,电源段内腔设置有供电电池,或者将所述的供电电池设置在控制段,供电电池通过导电电路与控制器相连接。本发明降低了卷烟对人体的危害,确保消费者获得烟草特征感受。

授权文件独立权利要求:

一种分段式加热非燃烧吸烟装置,该吸烟装置包括加热段(1)、控制段(2)和电源段,加热段(1)和控制段(2)连接成一体。其特征在于:加热段(1)包括外壳体(11)、隔热套(12)和分段式加热器(13),外壳体(11)的前端设置有供烟草制品插入的进烟口(20),外壳体(11)的后端设有进气孔(19),进气孔(19)与外界相连通,所述的分段式加热器(13)设置在外壳体(11)内,隔热套(12)设置在分段式加热器(13)与外壳体(11)之间;所述的分段式加热器(13)包括多个中空加热元件(18),在两个中空加热元件(18)之间设置有第一绝缘隔热垫圈(14),多个中空加热元件(18)与所述的第一绝缘隔热垫圈(14)构成筒状整体,筒状整体中空构成容置烟草制品的加热腔(10),加热腔(10)的前端与所述的进烟口(20)相连通,加热腔(10)的后端与所述的进气孔(19)相连通;所述的控制段(2)设置有内腔体,内腔体设置有控制器(21),控制器(21)与电源相连接,控制器(21)设置有导电电路连接至各个中空加热元件(18)。

94. 一种非燃烧烟的分段式加热装置

专利类型:发明

申请号:CN201310636399.8

申请日:2013-11-27

申请人:浙江中烟工业有限责任公司

申请人地址:310008 浙江省杭州市建国南路288号

发明人:储国海　蒋志才　周国俊　丁雪　黄华　徐建　沈凯　周炜　孙祺　方婷

法律状态公告日:2017-12-12

法律状态:发明专利申请公布后的驳回

摘要:

本发明涉及一种非燃烧烟的分段式加热装置,该装置包括外壳体、隔热套和分段式加热器,外壳体的前端设置有供烟草制品插入的进烟口,外壳体的后端设有进气孔,进气孔与外界相连通;所述的分段式加热器设置在外壳体内,隔热套设置在分段式加热器与外壳体之间;所述的分段式加热器包括多个中空加热元件,在两个中空加热元件之间设置有第一绝缘隔热垫圈,多个中空加热元件与所述的第一绝缘隔热垫圈构成筒状整体,筒状整体中空构成容置烟草制品的加热腔,加热腔的前端与所述的进烟口相连通,加热腔的后端与所述的进气孔相连通。本发明降低了卷烟对人体的危害,确保消费者获得烟草特征感受。

申请文件独立权利要求:

一种非燃烧烟的分段式加热装置,其特征在于:该加热装置包括外壳体(11)、隔热套(12)和分段式加热器(13),外壳体(11)的前端设置有供烟草制品插入的进烟口(20),外壳体(11)的后端设有进气孔(19),进气孔(19)与外界相连通;所述的分段式加热器(13)设置在外壳体(11)内,隔热套(12)设置在分段式加热器(13)与外壳体(11)之间;所述的分段式加热器(13)包括多个中空加热元件(18),在两个中空加热元件(18)之间设置有第一绝缘隔热垫圈(14),多个中空加热元件(18)与所述的第一绝缘隔热垫圈(14)构成筒状整体,筒状整体中空构成容置烟草制品的加热腔(10),加热腔(10)的前端与所述的进烟口(20)相连通,加热腔(10)的后端与所述的进气孔(19)相连通。

95. 一种电加热烟具

专利类型:发明

申请号:CN201310684961.4

申请日:2013-12-16

申请人:红塔烟草(集团)有限责任公司

申请人地址:653100 云南省玉溪市红塔大道118号

发明人:郑绪东　汤建国　袁大林　孟昭宇　牟定荣　王笛　廖晓祥　李寿波　冷思漩

授权日:2017-02-15

法律状态公告日:2017-02-15

法律状态:授权

摘要:

本发明涉及一种电加热烟具,该电加热烟具包括烟嘴、加热器、电源、控制系统和壳体。烟嘴位于加热器上端,与加热器连为一体;加热器内壁布置有发热材料,发热材料界定一个加热腔体,该腔体通过活动盖侧向打开容纳烟草制品;发热材料外侧设置由隔离保温膜和温度反射膜组成的隔热反射层,减少热量损耗;控制系统用于采集抽吸信号和控制发热材料电源的通断;电源提供系统工作所需电能。本发明加热器采用侧向打开的形式,用户在使用时只需将活动盖沿加热器侧向打开即可置入烟草制品,极大地提升用户使用的方便快捷程度。通过在加热器内壁设置隔热反射层,减少加热器热量损耗。

授权文件独立权利要求:

一种电加热烟具,其特征在于该烟具包括圆柱形壳体(1)、烟嘴(2)、位于壳体内的加热器(3)、电源(4)和控制系统(5),所述烟嘴(2)位于加热器(3)上端,与加热器(3)连为一体;所述加热器(3)内壁布置有发热材料,发热材料呈环状裹绕后形成一个加热腔体(6),用于容纳烟草制品;所述控制系统(5)用于采集抽吸信号及控制发热材料电源的通断;所述电源(4)提供系统工作所需电能。

96. 一种基于电磁波加热的非燃烧吸烟装置

专利类型:发明

申请号:CN201310685066.4

申请日:2013-12-13

申请人:浙江中烟工业有限责任公司

申请人地址:310008 浙江省杭州市建国南路288号

发明人:储国海　蒋志才　周国俊　丁雪　黄华　徐建　沈凯　方婷　周炜　孙祺

授权日:2016-03-30

法律状态公告日:2016-03-30

法律状态:授权

摘要:

本发明涉及一种基于电磁波加热的非燃烧吸烟装置,该吸烟装置包括加热段、控制段和电源;加热段包括外壳体、隔热套和加热器,外壳体的前端设置有供烟草制品插入的进烟口,外壳体的后端设有进气孔,加热器设置在外壳体内,加热器采用电磁波加热元件,电磁波加热元件包括线圈和加热内套,线圈和加热内套相匹配实现加热,隔热套设置在线圈和加热内套之间,并在电磁波加热元件的两端分别设置有绝缘隔热垫圈,加热内套中空构成容置烟草制品的加热腔,加热腔的前端与进烟口相连通,加热腔的后端与进气孔相连通;控制段设置有内腔体,内腔体设置有控制器,控制器与电源相连接。本发明具有热效高、恒温发热、控温精度高、稳定性好的特点。

授权文件独立权利要求:

一种基于电磁波加热的非燃烧吸烟装置,该吸烟装置包括加热段(1)、控制段(2)和电源,加热段(1)和控制段(2)连接成一体。其特征在于:加热段(1)包括外壳体(11)、隔热套(12)和加热器(13),外壳体(11)的前端设置有供烟草制品插入的进烟口(20),外壳体(11)的后端设有进气孔(19),进气孔(19)与外界相连通,所述的加热器(13)设置在外壳体(11)内,所述的加热器(13)采用电磁波加热元件(18),电磁波加热元件(18)包括线圈(16)和加热内套(15),线圈(16)和加热内套(15)相匹配实现加热,所述的隔热套(12)设置在线圈(16)和加热内套(15)之间,并在电磁波加热元件(18)的两端分别设置有绝缘隔热垫圈(14),加热内套(15)中空构成容置烟草制品的加热腔(10),加热腔(10)的前端与所述的进烟口(20)相连通,加热腔(10)的后端与所述的进气孔(19)相连通;所述的控制段(2)设置有内腔体,内腔体设置有控制器(21),控制器(21)

与电源相连接，控制器(21)设置有导电电路连接至加热器(13)。

97. 一种非燃烧烟的电阻丝加热装置

专利类型：发明

申请号：CN201310685107.X

申请日：2013-12-13

申请人：浙江中烟工业有限责任公司

申请人地址：310008 浙江省杭州市建国南路288号

发明人：储国海　蒋志才　周国俊　丁雪　黄华　徐建　沈凯　周炜　孙祺　方婷

法律状态公告日：2017-05-31

法律状态：发明专利申请公布后的驳回

摘要：

本发明涉及一种非燃烧烟的电阻丝加热装置，该装置包括外壳体、隔热套和加热器，外壳体的前端设置有供烟草制品插入的进烟口，外壳体的后端设有进气孔，所述的加热器设置在外壳体内，隔热套设置在加热器与外壳体之间；所述的加热器采用电阻丝加热元件，电阻丝加热元件包括电阻丝和陶瓷导热套体，电阻丝设置在陶瓷导热套体的外表面，陶瓷导热套体的中间设置有容置烟草制品的加热腔，加热腔的前端与所述的进烟口相连通，加热腔的后端与所述的进气孔相连通。本发明具有热效高、恒温发热、控温精度高、稳定性好、使用寿命长的特点。

申请文件独立权利要求：

一种非燃烧烟的电阻丝加热装置，其特征在于：该装置包括外壳体(11)、隔热套(12)和加热器(13)，外壳体(11)的前端设置有供烟草制品插入的进烟口(20)，外壳体(11)的后端设有进气孔(19)，所述的加热器(13)设置在外壳体(11)内，隔热套(12)设置在加热器(13)与外壳体(11)之间；所述的加热器(13)采用电阻丝加热元件(18)，电阻丝加热元件(18)包括电阻丝和陶瓷导热套体，电阻丝设置在陶瓷导热套体的外表面，陶瓷导热套体的中间设置有容置烟草制品的加热腔(10)，加热腔(10)的前端与所述的进烟口(20)相连通，加热腔(10)的后端与所述的进气孔(19)相连通。

98. 一种非燃烧烟的分段式加热控制装置

专利类型：发明

申请号：CN201310685161.4

申请日：2013-12-13

申请人：浙江中烟工业有限责任公司

申请人地址：310008 浙江省杭州市建国南路288号

发明人：储国海　蒋志才　周国俊　丁雪　黄华　徐建　沈凯　周炜　孙祺　方婷

法律状态公告日：2017-05-31

法律状态：发明专利申请公布后的驳回

摘要：

本发明涉及一种非燃烧烟的分段式加热控制装置，该装置包括分段式加热器和控制系统，分段式加热器包括多个中空加热元件，在两个中空加热元件之间设置有绝缘隔热垫圈，多个中空加热元件与所述的绝缘隔热垫圈构成筒状整体，筒状整体中空构成容置烟草制品的加热腔，加热腔的一端为卷烟入口，另一端通过设置气流通道与外界空气相连通；控制系统包括控制器与电源，电源连接控制器，控制器包括CPU单元和功率调节器，CPU单元连接功率调节器，功率调节器连接至各个中空加热元件，CPU单元控制多个中空加热元件依轴向顺序加热。本发明能够通过电加热方式将现有卷烟烟支中的致香成分干馏出来，降低了卷烟对人体的危害。

申请文件独立权利要求：

一种非燃烧烟的分段式加热控制装置，其特征在于：该装置包括分段式加热器(13)和控制系统，所述的分段式加热器(13)包括多个中空加热元件(18)，在两个中空加热元件(18)之间设置有绝缘隔热垫圈(14)，多个中空加热元件(18)与所述的绝缘隔热垫圈(14)构成筒状整体，筒状整体中空构成容置烟草制品的加热腔(10)，加热腔(10)的一端为卷烟入口，另一端通过设置气流通道(22)与外界空气相连通；所述的控制系统包括控制器(21)与电源，电源连接控制器(21)，所述的控制器(21)包括 CPU 单元和功率调节器，CPU 单元连接功率调节器，功率调节器连接至各个中空加热元件(18)，控制多个中空加热元件(18)依轴向顺序加热。

99. 一种基于电阻丝加热的非燃烧吸烟装置

专利类型：发明

申请号：CN201310689880.3

申请日：2013-12-13

申请人：浙江中烟工业有限责任公司

申请人地址：310008 浙江省杭州市建国南路 288 号

发明人：储国海　蒋志才　周国俊　丁雪　黄华　徐建　沈凯　周炜　孙祺　方婷

法律状态公告日：2018-05-04

法律状态：发明专利申请公布后的驳回

摘要：

本发明涉及一种基于电阻丝加热的非燃烧吸烟装置，该吸烟装置包括加热段、控制段和电源；加热段包括外壳体、隔热套和加热器，外壳体的前端设置有供烟草制品插入的进烟口，外壳体的后端设有进气孔，所述的加热器设置在外壳体内，隔热套设置在加热器与外壳体之间；所述的加热器采用电阻丝加热元件，电阻丝加热元件包括电阻丝和陶瓷导热套体，电阻丝设置在陶瓷导热套体的外表面，陶瓷导热套体的中间设置有容置烟草制品的加热腔，加热腔的前端与进烟口相连通，加热腔的后端与进气孔相连通；控制段设置有内腔体，内腔体设置有控制器，控制器与电源相连接。本发明具有热效高、恒温发热、控温精度高、稳定性好、使用寿命长的特点。

申请文件独立权利要求：

一种基于电阻丝加热的非燃烧吸烟装置，该吸烟装置包括加热段(1)、控制段(2)和电源，加热段(1)和控制段(2)连接成一体。其特征在于：加热段(1)包括外壳体(11)、隔热套(12)和加热器(13)，外壳体(11)的前端设置有供烟草制品插入的进烟口(20)，外壳体(11)的后端设有进气孔(19)，进气孔(19)与外界相连通，所述的加热器(13)设置在外壳体(11)内，隔热套(12)设置在加热器(13)与外壳体(11)之间；加热器(13)采用电阻丝加热元件(18)，电阻丝加热元件(18)包括电阻丝和陶瓷导热套体，电阻丝设置在陶瓷导热套体的外表面，陶瓷导热套体的中间设置有容置烟草制品的加热腔(10)，加热腔(10)的前端与所述的进烟口(20)相连通，加热腔(10)的后端与所述的进气孔(19)相连通；所述的控制段(2)设置有内腔体，内腔体设置有控制器(21)，控制器(21)与电源相连接，控制器(21)设置有导电电路连接至加热器(13)。

100. 物质雾化的方法和系统

专利类型：发明

申请号：CN201310724732.0

申请日：2006-07-18

申请人：普洛姆公司

申请人地址：美国加利福尼亚州

发明人：J. 蒙西斯　A. 鲍恩

法律状态公告日：2015-09-16

法律状态:专利申请权、专利权的转移

摘要:

一种用于产生并向用户口中释放无污染烟雾的吸烟装置,包括烟嘴,用于提供烟雾,供用户吸入;包括容纳加热器的管状壳体,用于通过热调节器调节燃料流量,使加热器以基本恒定的较低温度加热发烟物质;并且还具有用于凭视觉指示装置运行的装置。

申请文件独立权利要求:

一种用于产生可吸入烟雾的装置,包括壳体(该壳体中包含保持烟丝卷内的可发烟材料雾化的加热器),以及与壳体结合使用的烟嘴(该烟嘴用作新鲜空气进入壳体的一个或多个空气入口和将壳体内产生的可吸入烟雾释放给用户的吸入通道)。

101. 一种盒状烟料加热装置

专利类型:发明

申请号:CN201310754482.5

申请日:2013-12-31

申请人:广东中烟工业有限责任公司

申请人地址:510000 广东省广州市天河区林和西横路 186 号 8—16 楼

发明人:王华　李峰　胡静　杨剑锋　易品章

授权日:2016-05-04

法律状态公告日:2016-05-04

法律状态:授权

摘要:

本发明公开了一种盒状烟料加热装置,该装置采用盒状的外壳主体设计,并在其内部整合了多个功能模块,在能够方便用户使用和携带的同时,可以实现多种便于用户使用烟料加热器的功能。该盒状烟料加热装置包括吸嘴、吸嘴收纳模块、加热模块、烟料填充模块、电池供电模块、控制模块和盒体。吸嘴收纳模块包括收纳腔及保护盖;加热模块与电池供电模块及控制模块相连,包括加热腔和移动式加热底板,移动式加热底板设置在烟料填充模块上,并与加热腔形成加热腔体;烟料填充模块与控制模块相连,包括烟料存储部件、烟料推送部件、烟料填充部件及推送控制部件;电池供电模块与控制模块相连,用于为盒状烟料加热装置提供电力。

授权文件独立权利要求:

一种盒状烟料加热装置,其特征在于包括吸嘴、吸嘴收纳模块、加热模块、烟料填充模块、电池供电模块、控制模块和盒体。吸嘴收纳模块包括收纳腔及保护盖,收纳腔设置在盒体内部,其一端开口,保护盖设置在收纳腔外侧,用于与收纳腔形成封闭腔;加热模块与电池供电模块及控制模块相连,包括加热腔和移动式加热底板,移动式加热底板设置在烟料填充模块上,并与加热腔形成加热腔体;烟料填充模块与控制模块相连,包括烟料存储部件、烟料推送部件、烟料填充部件及推送控制部件,烟料存储部件为一端开口的存储通道,烟料推送部件设置在存储通道底部,用于根据推送控制部件的控制而推送烟料,烟料填充部件设置在加热腔下方及存储通道的出口处,与推送控制部件及移动式加热底板连接,用于将推送出来的烟料填充至加热腔,推送控制部件设置在盒体上,与烟料推送部件及烟料填充部件相连;电池供电模块与控制模块相连,用于为盒状烟料加热装置提供电力。

102. 一种烟料加热装置的可调加热机构

专利类型:发明

申请号:CN201310754852.5

申请日:2013-12-31

申请人:广东中烟工业有限责任公司

申请人地址:510000 广东省广州市天河区林和西横路 186 号 8—16 楼

发明人:王华　李峰　胡静　卢志菁

授权日:2017-01-18

法律状态公告日:2017-01-18

法律状态:授权

摘要:

本发明公开了一种烟料加热装置的可调加热机构,电池与加热器连接,隔热系统将电池和加热器阻隔;加热器设置有加装烟料的凹槽,隔热系统将加热器的外底部和外侧壁包围;加热器的侧壁有发热体,凹槽内沿深度方向设置有加热棒,加热棒内有发热体;加热器内设置有用于托住烟料的卡板;调节部件与加热器连接,带动加热器上下移动。与现有技术相比,该烟料加热装置的可调加热机构采用加热非燃烧的方式加热烟料,既能烘烤出烟料的烟香味道,又能大大减少因燃烧而产生的有害气体或物质,减轻吸烟的有害性,同时加热机构的加热器可以调节,使用者可以根据需要调节吸取烟香的浓度,而且加热更加均匀。

授权文件独立权利要求:

一种烟料加热装置的可调加热机构,其特征在于包括电池、加热器、隔热系统和调节部件,其中:电池与加热器连接,隔热系统将电池和加热器阻隔;加热器设置有加装烟料的凹槽,隔热系统将加热器的外底部和外侧壁包围;加热器的侧壁有发热体,凹槽内沿深度方向设置有加热棒,加热棒内有发热体;加热器内设置有用于托住烟料的卡板;调节部件与加热器连接,带动加热器上下移动。加热器包括导热体和发热体,导热体为陶瓷材料制成的绝缘介质,发热体为电阻丝,发热体设置在导热体内,绝缘介质将发热体包裹住,发热体与导电引出脚连接,通过导电引出脚与电池连接。加热棒包括导热体和发热体,导热体为陶瓷材料制成的绝缘介质,发热体为电阻丝,发热体设置在导热体内,绝缘介质将发热体包裹住,发热体与导电引出脚连接,通过导电引出脚与电池连接。

103. 一种可视加热雾化型卷烟

专利类型:实用新型

申请号:CN201320287208.7

申请日:2013-05-23

申请人:红云红河烟草(集团)有限责任公司

申请人地址:650202 云南省昆明市北郊上庄

发明人:周博　冯斌　巩效伟　颜克亮　陈微　张天栋　宫玉鹏

授权日:2014-01-01

法律状态公告日:2014-01-01

法律状态:授权

摘要:

本实用新型公开了一种可视加热雾化型卷烟,包括烟支本体和烟嘴。烟支本体包括加热区、雾化区和电源区,烟支本体中的各区域通过气流通道与烟嘴按顺序贯通。加热区的外壳采用隔热透明材质,加热区内部填充烟丝或再造烟叶,外壳和烟丝之间设置有电热丝;雾化区中设置有贮液腔,贮液腔与电源区中的雾化器连接;电源区由电池、控制电路、气动感应开关和雾化器电性连接而组成。燃吸时,通过抽吸将烟丝加热和香料雾化后产生的混合烟气吸入嘴中,达到与普通香烟相同的抽吸效果。该产品兼顾电子烟及电加热卷烟的双重优势,烟雾量大,有害成分的释放量大大减少,不产生焦油,无二手烟的危害,且不产生侧流烟气,是传统燃烧卷烟的有效替代品。

申请文件独立权利要求:

一种可视加热雾化型卷烟,包括烟支本体和烟嘴,其特征在于烟支本体包括加热区、雾化区和电源区,烟支本体中的各区域通过气流通道与烟嘴按顺序贯通。加热区的外壳采用隔热透明材质，加热区内部填充烟丝或再造烟叶，外壳和填充物之间设置有电热丝，电热丝与电源区中的控制电路电性连接；雾化区中设置有贮液腔，贮液腔与电源区中的雾化器连接；电源区由电池、控制电路、气动感应开关和雾化器电性连接而组成。

104. 一种能调节烟雾量的智能电加热卷烟用加热器

专利类型：实用新型

申请号：CN201320645115.7

申请日：2013-10-20

申请人：红塔烟草(集团)有限责任公司

申请人地址：653100 云南省玉溪市红塔大道 118 号(红塔集团技术中心)

发明人：郑绪东　牟定荣　孟昭宇　汤建国　袁大林　王笛　廖晓祥　徐仕瑞　冷思漩

授权日：2014-08-27

法律状态公告日：2014-08-27

法律状态：授权

摘要：

本实用新型涉及一种能调节烟雾量的智能电加热卷烟用加热器，其特别之处是能让用户抽吸电加热烟草制品时更贴近传统卷烟的主观感受，属于电加热烟草制品技术领域。该智能电加热卷烟用加热器至少包含一个公共端。公共端一端与数块电阻加热片相互连接，其中每块电阻加热片的另一端自由延伸；公共端端部通过导线与电源的一极直接连接，每块电阻加热片的另一端与微处理器输出点相互连接。电阻加热片的加热是从烟支远离滤嘴端的自由端依次向滤嘴端进行的，用户每次抽吸时，电阻加热片加热所产生的烟雾都会对后面的烟草材料进行预热及熏蒸，从而改善电加热卷烟的口感；同时加热器能根据用户的抽吸力度开启不同数量的电阻加热片，以调节发烟量，从而使用户抽吸电加热烟草制品时更贴近传统卷烟的主观感受。

申请文件独立权利要求：

一种能调节烟雾量的智能电加热卷烟用加热器，其特征在于智能电加热卷烟用加热器至少包含一个公共端(1)，公共端(1)与各自相互独立的数块/片电阻加热片(2)的一端连接，每块/片电阻加热片(2)的另一端呈自由延伸状态；公共端端部(1b)通过导线(3)与电源的一极直接连接，每块/片电阻加热片(2)的另一端与微处理器输出点相互连接。

105. 一种电加热卷烟

专利类型：实用新型

申请号：CN201320679003.3

申请日：2013-10-31

申请人：红塔烟草(集团)有限责任公司

申请人地址：653100 云南省玉溪市红塔大道 118 号(红塔集团技术中心)

发明人：郑绪东　牟定荣　孟昭宇　汤建国　袁大林　王笛　廖晓祥　徐仕瑞　冷思漩

授权日：2014-07-30

法律状态公告日：2014-07-30

法律状态：授权

摘要：

本实用新型涉及一种电加热卷烟，该电加热卷烟包括烟嘴、加热器、电源、控制系统和壳体。加热器至少包含一个热源、一个隔离层、一个烟草制品加热区和一个烟油雾化区，烟嘴至少包含一个空腔和一个过滤嘴。烟草制品加热区由加热器热源与隔离层界定，烟油雾化区由壳体与隔离层界定，加热器热源通过加热烟草制品使其发烟，同时烟草制品将热量传递至烟油雾化区，使烟油雾化，产生烟雾，通过烟嘴部分的空腔混合，从而产生较大的具有烟草香味的烟气，在充分利用热源产生的热能的同时满足用户抽吸需求。

申请文件独立权利要求：

一种电加热卷烟，包括烟嘴(1)、加热器(2)、电源(3)、控制系统(4)和壳体(5)，其特征在于加热器(2)内至少包含一个热源(6)和一个隔离层(7)，壳体(5)内壁与热源(6)之间至少有一个烟草制品加热区(10)和一个烟油雾化区(9)，烟草制品加热区(10)与一个烟油雾化区(9)之间装有隔离层(7)，烟嘴(1)内至少包含一个空腔(11)和一个过滤嘴(12)。

106. 电热吸烟装置及其烟草加热结构

专利类型：实用新型

申请号：CN201320746926.6

申请日：2013-11-22

申请人：上海烟草集团有限责任公司

申请人地址：200082 上海市杨浦区长阳路717号

发明人：陆闻杰　陈超　邱立欢　陈利冰　陆诚玮　李森　张慧　王申　沈铁

授权日：2014-05-07

法律状态公告日：2014-05-07

法律状态：授权

摘要：

本实用新型提供了一种电热吸烟装置及其烟草加热结构。该电热吸烟装置的烟草加热结构包括电源组件、一端开口的加热腔体，以及设在加热腔体内的加热器和烟草。加热器与电源组件电联，加热腔体的开口由供输出烟气的过滤器封闭，加热腔体上开有一空气通路。该电热吸烟装置包括吸烟嘴和上述的烟草加热结构，加热腔体位于吸烟嘴内。使用时，只需将加热腔体与吸烟嘴相连，即可进行抽吸；更换时，只需将加热腔体与吸烟嘴分离，然后将新的烟草加热结构的加热腔体与吸烟嘴相连，即可实现烟草加热结构的整体更换，使用方便。

申请文件独立权利要求：

一种烟草加热结构，其特征在于包括电源组件、一端开口的加热腔体(1)，以及设在加热腔体(1)内的加热器(11)和烟草(12)。加热器(11)与电源组件电联，加热腔体(1)的开口由供输出烟气的过滤器(13)封闭，加热腔体(1)上开设有一空气通路(14)。

107. 一种非燃烧烟的分段式加热装置

专利类型：实用新型

申请号：CN201320760932.7

申请日：2013-11-27

申请人：浙江中烟工业有限责任公司

申请人地址：310008 浙江省杭州市建国南路288号

发明人：储国海　蒋志才　周国俊　丁雪　黄华　徐建　沈凯　孙祺　方婷　胡雅军

授权日：2014-06-04

法律状态公告日：2014-06-04

法律状态：授权

摘要：

本实用新型涉及一种非燃烧烟的分段式加热装置，该装置包括外壳体、隔热套和分段式加热器，外壳体的前端设置有供烟草制品插入的进烟口，外壳体的后端设有进气孔，进气孔与外界相连通，分段式加热器设置在外壳体内，隔热套设置在分段式加热器与外壳体之间。分段式加热器包括多个中空加热元件，在两个中空加热元件之间设置有第一绝缘隔热垫圈，多个中空加热元件与第一绝缘隔热垫圈构成筒状整体，筒状整体中空构成容置烟草制品的加热腔，加热腔的前端与进烟口相连通，加热腔的后端与进气孔相连通。本实用新型降低了卷烟对人体的危害，确保消费者获得烟草特征的感受。

申请文件独立权利要求：

一种非燃烧烟的分段式加热装置，其特征在于该加热装置包括外壳体(11)、隔热套(12)和分段式加热器(13)，外壳体(11)的前端设置有供烟草制品插入的进烟口(20)，外壳体(11)的后端设有进气孔(19)，进气孔(19)与外界相连通，分段式加热器(13)设置在外壳体(11)内，隔热套(12)设置在分段式加热器(13)与外壳体(11)之间。分段式加热器(13)包括多个中空加热元件(18)，在两个中空加热元件(18)之间设置有第一绝缘隔热垫圈(14)，多个中空加热元件(18)与第一绝缘隔热垫圈(14)构成筒状整体，筒状整体中空构成容置烟草制品的加热腔(10)，加热腔(10)的前端与进烟口(18)相连通，加热腔(10)的后端与进气孔(19)相连通。

108. 一种针式碳加热卷烟的装置

专利类型：实用新型

申请号：CN201320775746.0

申请日：2013-11-28

申请人：川渝中烟工业有限责任公司

申请人地址：610000 四川省成都市龙泉驿区国家级成都经济技术开发区新区成龙路 2 号

发明人：戴亚　赵德清　冯广林　周学政　朱立军

授权日：2014-05-21

法律状态公告日：2017-02-01

法律状态：专利申请权、专利权的转移

摘要：

本实用新型涉及一种针式碳加热卷烟的装置，包括相互连接的加热部和卷烟夹持部，其特征在于：加热部主要由加热盘保温隔热层(10)、加热盘(6)以及碳质热源(7)组成，卷烟夹持部主要由筒壁保温隔热层(4)组成，在加热盘(6)上设有一端延伸至加热腔中的加热针(3)，在筒壁保温隔热层(4)与加热盘保温隔热层(10)的连接端设有与加热腔相连通的进气孔(5)。本实用新型的适用性大大增强；加热器结构简单，加热元件和保温隔热材料等的成本较低，使用方便；不产生或产生很少的侧流烟气，显著降低了卷烟有害成分和环境烟气释放量，可以成为未来广泛应用的烟草技术。

申请文件独立权利要求：

一种针式碳加热卷烟的装置，包括相互连接的加热部和卷烟夹持部，其特征在于：加热部主要由内部中空的加热盘保温隔热层(10)、设置在加热盘保温隔热层(10)内部的加热盘(6)以及设置在加热盘(6)上的碳质热源(7)组成；卷烟夹持部主要由内部具有加热腔且其一端与加热盘保温隔热层(10)密封连接的筒壁保温隔热层(4)组成，筒壁保温隔热层(4)与加热盘保温隔热层(10)相连通，在加热盘(6)上设有一端延伸至加热腔中的加热针(3)，在筒壁保温隔热层(4)与加热盘保温隔热层(10)的连接端设有与加热腔相连通的进气孔(5)。

109. 一种电加热卷烟的装置

专利类型：实用新型

申请号：CN201320779012.X

申请日：2013-11-28

申请人：川渝中烟工业有限责任公司

申请人地址：610000 四川省成都市龙泉驿区国家级成都经济技术开发区新区成龙路 2 号

发明人：赵德清　戴亚　冯广林　周学政　朱立军

授权日：2014-05-07

法律状态公告日：2017-01-25

法律状态：专利申请权、专利权的转移

摘要：

本实用新型涉及一种电加热卷烟的装置，包括相互连接的电源部和卷烟夹持部，其特征在于：电源部主要由外壳(7)以及安装在外壳(7)内部的电源(10)组成；卷烟夹持部主要由一端与外壳(7)密封连接且内部具有空腔的筒壁保温隔热层(5)、设置在筒壁保温隔热层(5)的空腔内壁上的加热丝(4)组成，在筒壁保温隔热层(5)与外壳(7)的连接端设有与空腔相连通的进气孔(6)。本实用新型的适用性大大增强；结构简单，加热元件、电源、控制电路和隔热材料等的成本较低，使用方便，有利于广泛推广应用；不产生或产生很少的侧流烟气，显著降低了卷烟有害成分和环境烟气释放量，可以成为未来广泛应用的烟草技术。

申请文件独立权利要求：

一种电加热卷烟的装置，包括相互连接的电源部和卷烟夹持部，其特征在于：电源部主要由外壳(7)以及安装在外壳(7)内部的电源(10)组成；卷烟夹持部主要由一端与外壳(7)密封连接且内部具有空腔的筒壁保温隔热层(5)、设置在筒壁保温隔热层(5)的空腔内壁上的加热丝(4)组成，在筒壁保温隔热层(5)与外壳(7)的连接端设有与空腔相连通的进气孔(6)。

110. 一种基于电磁波加热的非燃烧吸烟装置

专利类型：实用新型

申请号：CN201320825672.7

申请日：2013-12-13

申请人：浙江中烟工业有限责任公司

申请人地址：310008 浙江省杭州市建国南路 288 号

发明人：周国俊　储国海　蒋志才　丁雪　黄华　徐建　沈凯　周炜　孙祺

授权日：2014-06-04

法律状态公告日：2014-06-04

法律状态：授权

摘要：

本实用新型涉及一种基于电磁波加热的非燃烧吸烟装置，该吸烟装置包括加热段、控制段和电源。加热段包括外壳体、隔热套和加热器：外壳体的前端设置有供烟草制品插入的进烟口，外壳体的后端设有进气孔；加热器设置在外壳体内，采用电磁波加热元件，电磁波加热元件包括线圈和加热内套，通过线圈和加热内套相匹配来实现加热；隔热套设置在线圈和加热内套之间，并在电磁波加热元件的两端分别设置有绝缘隔热垫圈，加热内套中空构成容置烟草制品的加热腔，加热腔的前端与进烟口相连通，加热腔的后端与进气孔相连通。控制段设置有内腔体，内腔体设置有控制器，控制器与电源相连接。本实用新型具有热效高、控温精度高、稳定性好、使用寿命长的特点。

申请文件独立权利要求：

一种基于电磁波加热的非燃烧吸烟装置，该吸烟装置包括加热段(1)、控制段(2)和电源，加热段(1)和控制段(2)连成一体。该吸烟装置的特征在于：加热段(1)包括外壳体(11)、隔热套(12)和加热器(13)，外壳体(11)的前端设置有供烟草制品插入的进烟口(20)，外壳体(11)的后端设有进气孔(19)，进气孔(19)与外界相连通，加热器(13)设置在外壳体(11)内，采用电磁波加热元件(18)，电磁波加热元件(18)包括线圈(16)和加热内套(15)，通过线圈(16)和加热内套(15)相匹配来实现加热，隔热套(12)设置在线圈(16)和加热内

套(15)之间,并在电磁波加热元件(18)的两端分别设置有绝缘隔热垫圈(14),加热内套(15)中空构成容置烟草制品的加热腔(10),加热腔(10)的前端与进烟口(20)相连通,加热腔(10)的后端与进气孔(19)相连通;控制段(2)设置有内腔体,内腔体设置有控制器(21),控制器(21)与电源相连接,控制器(21)设置有导电电路,可连接至加热器(13)。

111. 一种非燃烧烟的电阻丝加热装置

专利类型:实用新型

申请号:CN201320830412.9

申请日:2013-12-13

申请人:浙江中烟工业有限责任公司

申请人地址:310008 浙江省杭州市建国南路 288 号

发明人:周国俊　储国海　蒋志才　丁雪　黄华　徐建　沈凯　方婷　孙祺

授权日:2014-10-08

法律状态公告日:2014-10-08

法律状态:授权

摘要:

本实用新型涉及一种非燃烧烟的电阻丝加热装置,该装置包括外壳体、隔热套和加热器。外壳体的前端设置有供烟草制品插入的进烟口,外壳体的后端设有进气孔,加热器设置在外壳体内,隔热套设置在加热器与外壳体之间;加热器采用电阻丝加热元件,电阻丝加热元件包括电阻丝和陶瓷导热套体,电阻丝设置在陶瓷导热套体的外表面,陶瓷导热套体的中间设置有容置烟草制品的加热腔,加热腔的前端与进烟口相连通,加热腔的后端与进气孔相连通。本实用新型具有热效高、恒温发热、控温精度高、稳定性好、使用寿命长的特点。

申请文件独立权利要求:

一种非燃烧烟的电阻丝加热装置,其特征在于包括外壳体(11)、隔热套(12)和加热器(13),外壳体(11)的前端设置有供烟草制品插入的进烟口(20),外壳体(11)的后端设有进气孔(19),加热器(13)设置在外壳体(11)内,隔热套(12)设置在加热器(13)与外壳体(11)之间;加热器(13)采用电阻丝加热元件(18),电阻丝加热元件(18)包括电阻丝和陶瓷导热套体,电阻丝设置在陶瓷导热套体的外表面,陶瓷导热套体的中间设置有容置烟草制品的加热腔(10),加热腔(10)的前端与进烟口(20)相连通,加热腔(10)的后端与进气孔(19)相连通。

112. 具有双重功能的盖的发烟制品

专利类型:发明

申请号:CN201380005019.9

申请日:2013-01-08

申请人:菲利普·莫里斯生产公司

申请人地址:瑞士纳沙泰尔

发明人:C.J.格兰特

授权日:2018-01-26

法律状态公告日:2018-01-26

法律状态:授权

摘要:

发烟制品(10,100)由两个部件组成,分别是包括气雾形成基体(55,155)的棒(20,120)和可移除盖(30,130)。可移除盖(30,130)在两种构造中皆能够连接到棒(20,120)。在第一种构造中,可移除盖(30,130)连接到棒(20,120)的第一端部(21,121),并且位于棒(20,120)的第二端部处或者附近的热源(50,150)加热气雾形成基体(55,155),以产生可吸入的气雾;在第二种构造中,可移除盖(30,130)连接到棒(20,120)的第二端部(22,122),并且至少基本覆盖热源(50,150)。发烟制品(10,100)布置在第二种构造中,以便处理。

授权文件独立权利要求:

一种发烟制品,包括棒(具有第一端部和第二端部)和可移除盖(能够连接到棒的第一端部和第二端部)。其中,在发烟制品的第一种构造中,可移除盖连接到棒的第一端部,使得空气能够通过可移除盖从棒被抽吸;在发烟制品的第二种构造中,可移除盖连接到棒的第二端部,使得可移除盖至少基本覆盖第二端部。在第二种构造中,可移除盖有助于在使用之后处理发烟制品。

113. 空气流动改进的发烟制品

专利类型:发明

申请号:CN201380007051.0

申请日:2013-02-12

申请人:菲利普・莫里斯生产公司

申请人地址:瑞士纳沙泰尔

发明人:O. 米洛诺夫

法律状态公告日:2015-03-18

法律状态:实质审查的生效

摘要:

一种具有口端和远端的发烟制品(2,40,50,60),该发烟制品(2,40,50,60)包括热源(4)、在热源(4)下游的气雾形成基体(6)、在气雾形成基体(6)下游的至少一个空气入口,以及在该发烟制品(2,40,50,60)的至少一个空气入口与口端之间延伸的空气流动路径。该空气流动路径包括从至少一个空气入口朝向气雾形成基体(6)纵向地向上游延伸的第一部分和从第一部分朝向发烟制品(2,40,50,60)的口端纵向地向下游延伸的第二部分。

申请文件独立权利要求:

一种具有口端和远端的发烟制品,该发烟制品包括热源、在热源下游的气雾形成基体、在气雾形成基体下游的至少一个空气入口,以及在该发烟制品的至少一个空气入口与口端之间延伸的空气流动路径,其中该空气流动路径包括第一部分和第二部分,第一部分从至少一个空气入口朝向气雾形成基体纵向地向上游延伸,第二部分从第一部分朝向发烟制品的口端纵向地向下游延伸。

114. 包括隔离的可燃热源的发烟制品

专利类型:发明

申请号:CN201380008557.3

申请日:2013-02-12

申请人:菲利普・莫里斯生产公司

申请人地址:瑞士纳沙泰尔

发明人:O. 米洛诺夫　L. E. 波格

法律状态公告日:2015-03-25

法律状态:实质审查的生效

摘要:

一种发烟制品(2,32,34,36,38,42,56),包括可燃热源(4,40)(具有相对的前表面和后表面)、浮质形成基质(6)[位于可燃热源(4,40)后表面的下游]、外包装材料(12)(包裹可燃热源的至少后部部分和浮质形成基质),以及一条或多条气流路径[能够沿着该气流路径抽吸空气通过发烟制品(2,32,34,36,38,42,56),以供使用者吸入]。可燃热源(4,40)与一条或多条气流路径隔离,使得沿着一条或多条气流路径抽吸通过发烟制品(2,32,34,36,38,42,56)的空气不与可燃热源(4,40)直接接触。

申请文件独立权利要求:

一种发烟制品,包括可燃热源(具有前表面和后表面)、浮质形成基质(位于可燃热源后表面的下游)、外包装材料(包裹可燃热源的至少后部部分和浮质形成基质),以及一条或多条气流路径(能够沿着该气流路径抽吸空气通过发烟制品,以供使用者吸入)。其中,可燃热源与一条或多条气流路径隔离,使得在使用过程中沿着一条或多条气流路径抽吸通过发烟制品的空气不会直接接触可燃热源。

115. 多层可燃烧热源

专利类型:发明

申请号:CN201380016398.1

申请日:2013-02-21

申请人:菲利普·莫里斯生产公司

申请人地址:瑞士纳沙泰尔

发明人:S.鲁迪耶　F.J.克莱曼斯　M.I.米舍

授权日:2016-06-29

法律状态公告日:2016-06-29

法律状态:授权

摘要:

一种用于发烟制品的多层可燃烧热源(2,8),包括含有碳的可燃烧第一层(4,10)以及与第一层直接接触的第二层(6,12),其中第二层包括碳和至少一种点火辅助物。可燃烧第一层和第二层是松装密度至少为 0.6 g/cm^3 的纵向同心层,并且第一层(4,10)的成分不同于第二层(6,12)的成分。

授权文件独立权利要求:

一种用于发烟制品的多层可燃烧热源,包括含有碳的可燃烧第一层以及与第一层直接接触的第二层,其中第二层包括碳和至少一种点火辅助物。可燃烧第一层和第二层是松装密度至少为 0.6 g/cm^3 的纵向同心层,并且第一层的成分不同于第二层的成分。

116. 包括双导热元件的发烟物品

专利类型:发明

申请号:CN201380016430.6

申请日:2013-02-12

申请人:菲利普·莫里斯生产公司

申请人地址:瑞士纳沙泰尔

发明人:S.鲁迪耶　A.萨穆莱维茨　F.拉旺希

法律状态公告日:2015-03-25

法律状态:实质审查的生效

摘要:

一种发烟物品(2),包括热源(4)、热源(4)下游的气溶胶形成基质(6)、绕着热源的后部(4b)和气溶胶形成基质的相邻前部(6a)且与之直接接触的第一导热元件(22)以及至少绕着第一导热元件(22)一部分的第二导热元件(30)。第二导热元件(30)的至少一部分与第一导热元件(22)在径向上分离。第一导热元件(22)和第二导热元件(30)通过外包装纸(12)分离。

申请文件独立权利要求:

一种发烟物品,包括热源、热源下游的气溶胶形成基质、绕着热源的后部和气溶胶形成基质的相邻前部并与热源的后部和气溶胶形成基质的相邻前部直接接触的第一导热元件以及至少绕着第一导热元件一部分的第二导热元件，其中第二导热元件的至少一部分与第一导热元件在径向上分离。

117. 加热可抽吸材料

专利类型：发明

申请号：CN201380021387.2

申请日：2013-04-11

申请人：英美烟草(投资)有限公司

申请人地址：英国伦敦

发明人：F. 萨莱姆 T. 伍德曼

法律状态公告日：2015-01-14

法律状态：实质审查的生效

摘要：

一种包括薄膜加热器的设备，利用该薄膜加热器加热可抽吸材料，使可抽吸材料中的至少一种组分挥发，以用于吸入。

申请文件独立权利要求：

一种包括薄膜加热器的设备，利用该薄膜加热器加热可抽吸材料，使可抽吸材料中的至少一种组分挥发，以用于吸入。

118. 并有导电衬底的吸烟物品

专利类型：发明

申请号：CN201380025387.X

申请日：2013-03-27

申请人：R.J. 雷诺兹烟草公司

申请人地址：美国北卡罗来纳州

发明人：D. W. 小格里菲斯 张以平 C. W. 亨德森 R. L. 蒙哥马利 W. C. 雷贝舒二世 C. K. 巴那基 P. E. 布拉克斯顿 S. B. 西尔斯 K. A. 比尔得 T. B. 内斯特 B. 阿德姆 F. P. A. 阿姆波立尼 D. L. 波特

授权日：2018-02-16

法律状态公告日：2018-02-16

法律状态：授权

摘要：

本发明提供了一种适用于焦耳加热的导电衬底(50)，可用于电子吸烟物品(10)中。具体来说，本发明提供了一种由导电衬底(50)形成的电阻加热元件。导电衬底(50)包括导电材料和含碳添加剂，例如黏合剂材料。导电衬底(50)需经碳化，使其经历煅烧条件，以将含碳添加剂有效地还原为碳骨架。已经发现，碳化衬底(50)相对于未碳化的具有相同成分的衬底具有出人意料的改进的电阻性质。碳化衬底(50)包括气雾剂前驱体材料。所形成的电阻加热元件可以包含在电子吸烟物品(10)中，以通过单一整体组件可同时达到电阻加热和气雾剂形成的目的。

授权文件独立权利要求：

一种电阻加热元件，包括：①衬底，包含导电材料和至少一种含碳添加剂，衬底或其一部分需经碳化；②气雾剂前驱体材料，与碳化衬底组合。电阻加热元件的电阻约为 15 欧姆或更小。

119. 用于在气溶胶生成物品中使用的带有香味的杆

专利类型:发明

申请号:CN201380031712.3

申请日:2013-05-30

申请人:菲利普·莫里斯生产公司

申请人地址:瑞士纳沙泰尔

发明人:A. 梅特兰戈洛　P-Y. 金德拉特　J. 福克纳　J-P. 沙勒　J-C. 施奈德

法律状态公告日:2015-07-01

法律状态:实质审查的生效

摘要:

一种杆,由包含烟草材料的第一片材(2)以及包含非烟草香味剂的第二片材(3)组成,第一片材和第二片材聚拢在一起,由包装材料(12)包裹。该杆可作为气溶胶生成物品的组成部分。

申请文件独立权利要求:

一种杆,具有包含烟草材料的第一片材(2)以及包含非烟草香味剂的第二片材(3),第一片材和第二片材聚拢在一起,由包装材料(12)包裹。

120. 具有改进的粘结剂的可燃热源

专利类型:发明

申请号:CN201380040899.3

申请日:2013-07-03

申请人:菲利普·莫里斯生产公司

申请人地址:瑞士纳沙泰尔

发明人:A. 马尔加　L. 波热

法律状态公告日:2015-08-12

法律状态:实质审查的生效

摘要:

一种用于发烟制品(2)的可燃热源(4),包括碳和粘结剂。该粘结剂为以下三种粘结剂的组合:有机聚合物粘结剂材料、羧酸盐燃烧盐以及不可燃无机粘结剂材料。至少有一种不可燃无机粘结剂材料包括片状硅酸盐材料。优选地,可燃热源包括点火助剂。

申请文件独立权利要求:

一种用于发烟制品的可燃热源,包括碳以及粘结剂,该粘结剂至少包括一种有机聚合物粘结剂材料、一种羧酸盐燃烧盐以及一种不可燃无机粘结剂材料,其中至少有一种不可燃无机粘结剂材料包括片状硅酸盐材料。

121. 用于控制电加热器以限制温度的装置及方法

专利类型:发明

申请号:CN201380047266.5

申请日:2013-09-10

申请人:菲利普·莫里斯生产公司

申请人地址:瑞士纳沙泰尔

发明人:R. 法林　P. 塔隆

授权日:2017-03-08

法律状态公告日:2017-03-08

法律状态:授权

摘要:

本发明公开了一种控制电加热元件的方法,即通过对电加热元件供应电流脉冲来将电加热元件的温度维持在目标温度,监控该电流脉冲的工作周期,测定工作周期是否不同于预期工作周期或超出预期工作周期范围,如果不同,则降低目标温度或停止对电加热元件的电流供应或限制对电加热元件供应的电流脉冲的工作周期。当温度维持在已知目标温度时,维持目标温度所期望的工作周期或工作周期范围的任何变化都表示异常状况。

授权文件独立权利要求:

一种控制电加热元件的方法,即通过对电加热元件供应电流脉冲,将电加热元件的温度维持在目标温度,监控该电流脉冲的工作周期,测定工作周期是否不同于预期工作周期或超出预期工作周期范围,如果不同,则降低目标温度或停止对电加热元件的电流供应或限制对电加热元件供应的电流脉冲的工作周期。

122. 加热可抽吸材料

专利类型:发明

申请号:CN201380047284.3

申请日:2013-09-18

申请人:英美烟草(投资)有限公司

申请人地址:英国伦敦

发明人:J. 菲利普斯　T. 伍德曼　A. 比塔尔　S. 布雷雷顿　P. 法伦登　D. 哈特里克　R. 麦克金利　T. 特韦尔夫特里　V. 瓦西什塔　G. 韦斯特

法律状态公告日:2015-05-27

法律状态:实质审查的生效

摘要:

本发明提供了一种设备来加热可抽吸材料(3),以至少挥发可抽吸材料的一种成分,其中该设备包括化学热源(2)以及促动机构(6),促动机构在促动时促动热源,热源加热可抽吸材料。本发明还提供了加热可抽吸材料来使可抽吸材料的成分挥发,以用于吸入的方法,以及使用化学热源使可抽吸材料的成分挥发,以用于吸入的用途。

申请文件独立权利要求:

一种加热可抽吸材料,以使可抽吸材料至少一种成分挥发的设备,该设备包括化学热源以及促动机构,其中促动机构在促动时促动热源,热源加热可抽吸材料。

123. 加热可抽吸材料

专利类型:发明

申请号:CN201380048636.7

申请日:2013-09-11

申请人:英美烟草(投资)有限公司

申请人地址:英国伦敦

发明人:D. 哈特里克　S. 布雷雷顿

法律状态公告日:2015-06-10

法律状态:实质审查的生效

摘要:

一种使可抽吸材料的组分挥发以便于吸入的设备,包括可抽吸材料加热室和通过变化的磁场进行加热的加热材料,其中加热材料将热能传递给加热室中的可抽吸材料,以使其组分挥发。

申请文件独立权利要求:

一种使可抽吸材料的组分挥发以便于吸入的设备,包括可抽吸材料加热室和加热材料,加热材料通过变化的磁场来进行加热,并将热能传递给加热室中的可抽吸材料,以使其组分挥发。

124. 带有可移除的盖子的吸烟制品

专利类型:发明

申请号:CN201380063377.5

申请日:2013-12-06

申请人:菲利普·莫里斯生产公司

申请人地址:瑞士纳沙泰尔

发明人:O.米洛诺夫　F.拉旺希　A.卢韦　A.卡拉罗　J.施米特

授权日:2016-07-06

法律状态公告日:2016-07-06

法律状态:授权

摘要:

本发明涉及一种具有嘴端和远侧端的吸烟制品。该吸烟制品包括定位于远侧端处的热源、邻近于热源的成烟基质和至少部分覆盖住该热源的盖子。该盖子在弱线处附接于远侧端,包括被包装材料围绕的材料的圆柱形成型件,并且可被移除,以便于在使用该吸烟制品之前暴露出该热源。

授权文件独立权利要求:

一种吸烟制品,具有嘴端和远侧端。该吸烟制品包括可燃的含碳热源(定位于远侧端)、成烟基质(邻近于热源)和盖子(至少部分覆盖住热源,并在弱线处附接于远侧端)。该盖子包括被包装材料围绕的材料的圆柱形成型件,并且该盖子能够被移除,以便于在使用吸烟制品之前暴露出热源。

125. 包括气流引导元件的吸烟制品

专利类型:发明

申请号:CN201380066808.3

申请日:2013-12-20

申请人:菲利普·莫里斯生产公司

申请人地址:瑞士纳沙泰尔

发明人:O.米洛诺夫　D.桑纳　F.拉旺希　S.鲁迪耶

法律状态公告日:2016-01-13

法律状态:实质审查的生效

摘要:

本发明提供了一种具有嘴端部和远端端部的吸烟制品(100)。该吸烟制品包括热源(102)、成烟基质(104)、气流引导元件(106)[包括成烟基质下游的空气可穿透段(128)]。气流引导元件限定气流路径,将空气引入空气可穿透段内至少一个空气入口(132)。气流路径包括第一部分和第二部分,第一部分从至少一个空气入口朝成烟基质延伸,第二部分从成烟基质朝吸烟制品的嘴端部延伸。气流路径的第一部分由空气可穿透段的邻近至少一个空气入口延伸至空气可穿透段上游的低抽吸阻力部分限定,空气可穿透段还包括从邻近至少一个空气入口延伸至空气可穿透段下游的高抽吸阻力部分,高抽吸阻力部分的抽吸阻力与低抽吸阻力部分的抽吸阻力的比值大于1∶1并且小于约50∶1。使用时,吸烟者在吸烟制品的嘴端部上抽吸,通过至少一个空气入口将空气吸入吸烟制品内。所吸入的空气沿着气流路径的第一部分朝成烟基质的上游穿行,在此形成的烟雾夹带在所抽吸的空气中。所抽吸的空气和所夹带的烟雾沿着气流路径的第二部分朝吸烟制品的嘴端部下游穿行，从而被吸烟者吸入。

申请文件独立权利要求：

一种吸烟制品，具有嘴端部和远端端部。该吸烟制品包括热源、成烟基质、气流引导元件，该气流引导元件还包括成烟基质下游的空气可穿透段，并限定气流路径，具有至少一个空气入口，该空气入口用于将空气引入空气可穿透段内。气流路径包括第一部分和第二部分，第一部分从至少一个空气入口朝成烟基质延伸，第二部分从成烟基质朝吸烟制品的嘴端部延伸，其中，气流路径的第一部分由空气可穿透段的邻近至少一个空气入口延伸至空气可穿透段上游的低抽吸阻力部分限定，空气可穿透段还包括从邻近至少一个空气入口延伸至空气可穿透段下游的高抽吸阻力部分，高抽吸阻力部分的抽吸阻力与低抽吸阻力部分的抽吸阻力的比值大于 1∶1 并且小于约 50∶1。

126. 包括多种固-液相变材料的气雾生成装置

专利类型：发明

申请号：CN201380073213.0

申请日：2013-12-23

申请人：菲利普・莫里斯生产公司

申请人地址：瑞士纳沙泰尔

发明人：P. C. 西尔韦斯特里尼　M. 法里纳　C. J. 罗维　M. R. 卡尼

授权日：2017-10-03

法律状态公告日：2017-10-03

法律状态：授权

摘要：

本发明公开了一种在气雾生成系统中使用的气雾生成装置(4)以及一种包括气雾生成装置(4)和气雾生成制品(2)的气雾生成系统。气雾生成装置(4)包括空腔[该空腔用于接收气雾生成制品(2)]、第一固-液相变材料(16)[该第一固-液相变材料(16)围绕空腔的周界设置]和加热装置(14)[该加热装置(14)用于将第一固-液相变材料(16)加热到其熔点以上的温度]。气雾生成装置(4)还包括第二固-液相变材料(18)，其中，第二固-液相变材料(18)的熔点高于第一固-液相变材料(16)的熔点(介于 15 ℃与 25 ℃之间)。

授权文件独立权利要求：

一种在气雾生成系统中使用的气雾生成装置，包括空腔(该空腔用于接收气雾生成制品)、第一固-液相变材料(该第一固-液相变材料围绕空腔的周界设置)、加热装置(该加热装置用于将第一固-液相变材料加热到其熔点以上的温度)和第二固-液相变材料，其中，第二固-液相变材料的熔点高于第一固-液相变材料的熔点。

127. 一种阴燃使用的烟芯及其制备方法

专利类型：发明

申请号：CN201410011712.3

申请日：2014-01-10

申请人：河南中烟工业有限责任公司

申请人地址：450000 河南省郑州市农业东路 29 号

发明人：马宇平　朱琦　李耀光　郝辉　孙九哲　魏明杰

法律状态公告日：2017-01-04

法律状态：发明专利申请公布后的驳回

摘要：

本发明属于一种阴燃使用的烟芯及其制备方法，阴燃使用的烟芯由下列重量份数的原料制成：烟草原料 90～110 份、水 15～30 份、阻燃剂 0.1～1 份、黏合剂 2～8 份、保润剂 1～5 份、烟用香精香料 0.5～2.5 份、防腐剂 0.05～0.5 份。本发明制备的烟芯通过低温加热装置阴燃使用，烟芯中的一些易挥发成分和烟草特有的香味成分将被释放出来，达到满足消费者需求的目的，而不会产生传统卷烟燃烧时释放和裂解的大量有害物质。

申请文件独立权利要求：

一种阴燃使用的烟芯，其特征在于由下列重量份数的原料制成：烟草原料 90～110 份、水 15～30 份、阻燃剂 0.1～1 份、黏合剂 2～8 份、保润剂 1～5 份、烟用香精香料 0.5～2.5 份、防腐剂 0.05～0.5 份。

128. 一种加热非燃烧型卷烟烟块的制备方法

专利类型：发明

申请号：CN201410030011.4

申请日：2014-01-22

申请人：红云红河烟草（集团）有限责任公司

申请人地址：650202 云南省昆明市北郊上庄

发明人：朱东来　巩效伟　胡巍耀　凌军　王明锋　张伟　周博　颜克亮　杨建云　张天栋

授权日：2015-12-02

法律状态公告日：2015-12-02

法律状态：授权

摘要：

本发明公开了一种加热非燃烧型卷烟烟块的制备方法。该烟块由 50%～70%烟叶末、5%～20%烟梗末、3%～7%烟用香料、10%～20%去离子水、7%～11%藻酸盐、1%～2%甘油组成，将各组分混合均匀制成烟浆，烟浆用模具成型，形成具有孔洞的圆柱形烟块，并将烟块于 40 ℃的烘箱中烘干，然后以烟块重量的 1%～3%的烟用香精均匀喷洒烟块，制得的烟块于恒温恒湿箱中平衡。该发明的烟块用于加热非燃烧型卷烟中，填补了加热非燃烧型卷烟烟块制备方面的空白，同时不仅能够提高烟块的加热效率，还能明显增加卷烟的抽吸口数。

授权文件独立权利要求：

一种加热非燃烧型卷烟烟块的制备方法，其特征在于包括以下步骤。(1)烟叶末的制备：取水分控制在 6%～13%的烟叶，用粉碎机粉碎后过 40 目筛得烟叶末，备用；(2)烟梗末的制备：取水分控制在 5%～13%的烟梗，用粉碎机粉碎后过 40 目筛得烟梗末，备用；(3)烟用香料的配制：取罗汉果提取物 3%、可可壳提取物 4%、刺槐豆提取物 3%、葡萄籽提取物 5%、杏子提取物 3%、苜蓿提取物 5%、僧帽花提取物 5%、柠檬油 6%、红枣提取物 5%、缬草根提取物 3%、扁豆叶提取物 4%、樱桃提取物 8%、苹果提取物 6%、去离子水 15%和丙二醇 25%，将上述组分混合后，于 50～60 ℃的条件下搅拌 40 分钟，即得烟用香料，备用；(4)烟用香精的配制：取香兰素 0.2%、薄荷脑 0.2%、香紫苏油 0.1%、大茴香油 10% EA 0.4%、吐鲁浸膏 0.1%、麦芽酚 0.1%、云烟净油 0.6%、芫荽籽油 1% EA 2.5%、丁香花蕾油 0.1%、香叶油 1% EA 3.0%、桂叶油 1% EA 0.1%、玫瑰花油 1% EA 1.2%、2-乙酰基吡嗪 1.2%、2,3,5-三甲基吡嗪 0.6%、薰衣草油 1%EA 1.0%、独活酊 3.2%、香荚兰豆酊 5.0%、红枣酊 8.0%、3-甲基戊酸 0.04%、乙醇 51.36%和丙二醇 21.0%，将上述组分混合后，于室温下搅拌 1 小时即得烟用香精，备用；(5)烟浆制备：量取 50%～70%的烟叶末、5%～20%的烟梗末、3%～7%的烟用香料、10%～20%的去离子水、7%～11%的藻酸盐以及 1%～2%的甘油，混合后于室温下搅拌 30 分钟，形成烟浆；(6)卷烟烟块的制备：将步骤(5)制得的烟浆用模具成型，形成具有孔洞的圆柱状烟块，置于烘箱中在 40 ℃下烘烤 10 小时后，量取重量等于烟块重量 1%～3%的烟用香精均匀喷洒于烟块表面，待烟用香精被烟块吸收后，将烟块置于温度为 22 ℃、湿度为 60%的恒温恒湿箱中平衡 48 小时，即得加热非燃烧型卷烟烟块。

129. 一种步进式均匀电加热卷烟

专利类型:发明

申请号:CN201410060253.8

申请日:2014-02-21

申请人:红云红河烟草(集团)有限责任公司

申请人地址:650202 云南省昆明市北郊上庄

发明人:凌军 胡巍耀 朱东来 巩效伟 李庆华 张伟 杨丽萍 唐丽

法律状态公告日:2016-10-12

法律状态:发明专利申请公布后的视为撤回

摘要:

本发明公开了一种步进式均匀电加热卷烟,该卷烟包括烟草填充物、电源区、加热区和烟嘴区。电源区和加热区通过气流通道与烟嘴区按顺序贯通,电源区由充电电池、控制电路和开关电性连接组成;加热区包括雾化装置、步进式推进装置和加热元件,雾化装置由贮液腔和毛细棒或毛细管束组成,步进式推进装置和加热元件通过同一开关与电源区的控制电路电性连接,加热元件由内加热套管和外加热套管组成,内加热套管套设于毛细棒或毛细管束上,外加热套管套接在内加热套管上;加热区与烟嘴区连接处设置多孔陶瓷板。本发明能使烟草填充物逐步推进、均匀受热,并稳定地释放出填充物中的烟草类致香物质。

申请文件独立权利要求:

一种步进式均匀电加热卷烟,包括烟草填充物、电源区、加热区和烟嘴区。电源区和加热区通过气流通道与烟嘴区按顺序贯通,其特征在于:电源区由充电电池、控制电路和开关电性连接组成;加热区包括雾化装置、步进式推进装置和加热元件,雾化装置由贮液腔和毛细棒或毛细管束组成,贮液腔固定设置于加热区的最左端,毛细棒或毛细管束的一端与贮液腔连通,另一端延伸至加热区的最右端,步进式推进装置和加热元件通过同一开关与电源区的控制电路电性连接,步进式推进装置紧靠贮液腔放置,加热元件由内加热套管和外加热套管组成,内加热套管套设于毛细棒或毛细管束上,外加热套管套接在内加热套管上,且两者之间留有间隙,烟草填充物填充于间隙内;加热区与烟嘴区连接处设置多孔陶瓷板。

130. 一种发热体加热卷烟

专利类型:发明

申请号:CN201410094807.6

申请日:2014-03-16

申请人:云南烟草科学研究院

申请人地址:650000 云南省昆明市高新区科医路41号

发明人:雷萍 尚善斋 赵伟 陈永宽 汤建国 袁大林 郑绪东 韩熠 张霞 段沅杏 缪明明

授权日:2017-01-04

法律状态公告日:2017-01-04

法律状态:授权

摘要:

本发明是一种发热体加热卷烟,它包括电池段、发热段、加热段和过滤嘴段。发热段包括热能反射罩、发热体,发热体通过发热体支架固定于热能反射罩上;加热段内设置烟膛,烟膛内装填烟草制品。电池段与发热段连接,发热段与加热段连接,加热段与过滤嘴段连接,或发热段在加热段与过滤嘴段中间,或发热段在加热段中间。本发明装置结构简单,成本低廉,通过发热体将电能转化成热能和红外线,可在短时间内快速达到高温,缩短了抽吸前的空吸时间,使用方便,并可重复使用。

授权文件独立权利要求：

一种发热体加热卷烟，其特征在于包括电池段(1)、发热段(2)、加热段(3)和过滤嘴段(4)。发热段包括热能反射罩(21)、发热体(23)，发热体通过发热体支架(22)固定于热能反射罩上；加热段内设置烟膛(32)，烟膛内装填烟草制品(33)。电池段与发热段连接，发热段与加热段连接，加热段与过滤嘴段连接，或发热段在加热段与过滤嘴段中间，或发热段在加热段中间。

131. 一种用伞形花科蔬菜制作类烟丝物的电加热方法

专利类型：发明

申请号：CN201410147909.X

申请日：2014-04-14

申请人：川渝中烟工业有限责任公司

申请人地址：610000 四川省成都市龙泉驿区国家级成都经济技术开发区新区成龙路2号

发明人：黄玉川　戴亚　冯广林　汪长国　张艇

授权日：2015-11-04

法律状态公告日：2016-12-28

法律状态：专利申请权、专利权的转移

摘要：

本发明公开了一种用伞形花科蔬菜制作的类烟丝物及其电加热方法。伞形花科蔬菜制作的类烟丝物包括烟用香精、尼古丁溶液和切丝后的伞形花科蔬菜，其按照如下重量份数比均匀混合：烟用香精为0.03～0.06；尼古丁溶液为3～8，该尼古丁溶液为尼古丁水溶液或者尼古丁乙醇溶液，并且其中尼古丁释放量的重量份数为0.4～1.2；切丝后的伞形花科蔬菜为55～120。本发明利用伞形花科蔬菜、烟用香精、尼古丁溶液制作类烟丝物，该类烟丝物充分利用了伞形花科蔬菜的食用性及医用效果，相比于传统卷烟，其抽吸体验更加舒适、丰富。在抽吸方式上采用电加热的方法，通过电加热，该类烟丝物就会产生烟气，便于吸烟者抽吸，降低了对环境的污染，减少了传统卷烟燃烧时产生的有害物质对人体的危害。

授权文件独立权利要求：

一种用伞形花科蔬菜制作的类烟丝物，其特征在于包括烟用香精、尼古丁溶液和切丝后的伞形花科蔬菜，其按照如下重量份数比均匀混合：烟用香精为0.03～0.06，该烟用香精由香兰素或者乙酸苄酯或者茉莉净油或者薄荷脑或者可可酊或者风梨醛或者大茴香醛或者10%呋喃酮或者咖啡酊或者覆盆子酮中的一种或两种以上组合而成；尼古丁溶液为3～8，该尼古丁溶液为尼古丁水溶液或者尼古丁乙醇溶液，并且其中尼古丁释放量的重量份数为0.4～1.2；切丝后的伞形花科蔬菜为55～120。

132. 一种用茄科蔬菜制作类烟丝物的电加热方法

专利类型：发明

申请号：CN201410147950.7

申请日：2014-04-14

申请人：川渝中烟工业有限责任公司

申请人地址：610000 四川省成都市龙泉驿区国家级成都经济技术开发区新区成龙路2号

发明人：黄玉川　戴亚　冯广林　陶文生　李宁

授权日：2015-11-04

法律状态公告日：2016-12-28

法律状态：专利申请权、专利权的转移

摘要：

本发明公开了一种用茄科蔬菜制作的类烟丝物及其电加热方法。用茄科蔬菜制作的类烟丝物包括烟

用香精、尼古丁溶液和切丝后的茄科蔬菜，其按照如下重量份数比均匀混合：烟用香精为 0.03～0.06；尼古丁溶液为 3～8，该尼古丁溶液为尼古丁水溶液或者尼古丁乙醇溶液，并且其中尼古丁释放量的重量份数为 0.4～1.2；切丝后的茄科蔬菜为 55～120。本发明利用茄科蔬菜、烟用香精、尼古丁溶液制作类烟丝物，该类烟丝物充分利用了茄科蔬菜的食用性及医用效果，相比于传统卷烟，其抽吸体验更加舒适、丰富。在抽吸方式上采用电加热的方法，通过电加热，该类烟丝物就会产生烟气，便于吸烟者抽吸，降低了对环境的污染，减少了传统卷烟燃烧时产生的有害物质对人体的危害。

授权文件独立权利要求：

一种用茄科蔬菜制作的类烟丝物，其特征在于包括烟用香精、尼古丁溶液和切丝后的茄科蔬菜，其按照如下重量份数比均匀混合：烟用香精为 0.03～0.06，该烟用香精由香兰素或者乙酸苄酯或者茉莉净油或者薄荷脑或者可可酊或者风梨醛或者大茴香醛或者 10%呋喃酮或者咖啡酊或者覆盆子酮中的一种或两种以上组合而成；尼古丁溶液为 3～8，该尼古丁溶液为尼古丁水溶液或者尼古丁乙醇溶液，并且其中尼古丁释放量的重量份数为 0.4～1.2；切丝后的茄科蔬菜为 55～120。

133. 一种用荷叶原料制作类烟丝物的电加热方法

专利类型：发明

申请号：CN201410148266.0

申请日：2014-04-14

申请人：川渝中烟工业有限责任公司

申请人地址：610000 四川省成都市龙泉驿区国家级成都经济技术开发区新区成龙路 2 号

发明人：黄玉川　戴亚　冯广林　朱立军　周学政

授权日：2015-11-11

法律状态公告日：2017-01-18

法律状态：专利申请权、专利权的转移

摘要：

本发明公开了一种用荷叶原料制作的类烟丝物及其电加热方法。用荷叶原料制作的类烟丝物包括烟用香精、尼古丁溶液和荷叶烟丝状物，其按照如下重量份数比均匀混合：烟用香精为 0.03～0.06；尼古丁溶液为 3～8，该尼古丁溶液为尼古丁水溶液或者尼古丁乙醇溶液，并且其中尼古丁释放量的重量份数比为 0.4～1.2；荷叶烟丝状物为 55～120。本发明利用荷叶原料、烟用香精、尼古丁溶液制作类烟丝物，该类烟丝物充分利用了荷叶的保健性、食用性、医用效果，相比于传统卷烟，其抽吸体验更加舒适、丰富。在抽吸方式上采用电加热的方法，通过电加热，该类烟丝物就会产生烟气，便于吸烟者抽吸，降低了对环境的污染，减少了传统卷烟燃烧时产生的有害物质对人体的危害。

授权文件独立权利要求：

一种用荷叶原料制作的类烟丝物，其特征在于包括烟用香精、尼古丁溶液和荷叶烟丝状物，其按照如下重量份数比均匀混合：烟用香精为 0.03～0.06，该烟用香精由香兰素或者乙酸苄酯或者茉莉净油或者薄荷脑或者可可酊或者风梨醛或者大茴香醛或者 10%呋喃酮或者咖啡酊或者覆盆子酮中的一种或两种以上组合而成；尼古丁溶液为 3～8，该尼古丁溶液为尼古丁水溶液或者尼古丁乙醇溶液，并且其中尼古丁释放量的重量份数比为 0.4～1.2；荷叶烟丝状物为 55～120。

134. 一种用薄荷原料制作类烟丝物的电加热方法

专利类型：发明

申请号：CN201410148286.8

申请日：2014-04-14

申请人：川渝中烟工业有限责任公司

申请人地址:610000 四川省成都市龙泉驿区国家级成都经济技术开发区新区成龙路 2 号

发明人:黄玉川　戴亚　冯广林　汪长国　朱立军

授权日:2015-09-09

法律状态公告日:2017-01-04

法律状态:专利申请权、专利权的转移

摘要:

本发明公开了一种用薄荷原料制作类烟丝物的电加热方法。用薄荷原料制作的类烟丝物包括烟用香精、尼古丁溶液和薄荷烟丝状物,其按照如下重量份数比均匀混合:烟用香精为 0.03～0.06;尼古丁溶液为 3～8,该尼古丁溶液为尼古丁水溶液或者尼古丁乙醇溶液,并且其中尼古丁释放量的重量份数比为 0.4～1.2;薄荷烟丝状物为 55～120。本发明利用薄荷原料、烟用香精、尼古丁溶液制作类烟丝物,该类烟丝物充分利用了薄荷的保健性及医用效果,相比于传统卷烟,其抽吸体验更加舒适、丰富。在抽吸方式上采用电加热的方法,通过电加热,该类烟丝物就会产生烟气,便于吸烟者抽吸,降低了对环境的污染,减少了传统卷烟燃烧时产生的有害物质对人体的危害。

授权文件独立权利要求:

一种用薄荷原料制作的类烟丝物,其特征在于包括烟用香精、尼古丁溶液和薄荷烟丝状物,其按照如下重量份数比均匀混合:烟用香精为 0.03～0.06,该烟用香精由香兰素或者乙酸苄酯或者茉莉净油或者薄荷脑或者可可酊或者风梨醛或者大茴香醛或者 10%呋喃酮或者咖啡酊或者覆盆子酮中的一种或两种以上组合而成;尼古丁溶液为 3～8,该尼古丁溶液为尼古丁水溶液或者尼古丁乙醇溶液,并且其中尼古丁释放量的重量份数比为 0.4～1.2;薄荷烟丝状物为 55～120。

135. 一种用葫芦科蔬菜制作类烟丝物的电加热方法

专利类型:发明

申请号:CN201410148303.8

申请日:2014-04-14

申请人:川渝中烟工业有限责任公司

申请人地址:610000 四川省成都市龙泉驿区国家级成都经济技术开发区新区成龙路 2 号

发明人:黄玉川　戴亚　冯广林　周学政　陶文生

授权日:2015-08-26

法律状态公告日:2017-01-25

法律状态:专利申请权、专利权的转移

摘要:

本发明公开了一种用葫芦科蔬菜制作类烟丝物的电加热方法。用葫芦科蔬菜制作的类烟丝物包括烟用香精、尼古丁溶液和切丝后的葫芦科蔬菜,其按照如下重量份数比均匀混合:烟用香精为 0.03～0.06;尼古丁溶液为 3～8,该尼古丁溶液为尼古丁水溶液或者尼古丁乙醇溶液,并且其中尼古丁释放量的重量份数比为 0.4～1.2;切丝后的葫芦科蔬菜为 55～120。本发明利用葫芦科蔬菜、烟用香精、尼古丁溶液制作类烟丝物,该类烟丝物充分利用了葫芦科蔬菜的保健性及医用效果,相比于传统卷烟,其抽吸体验更加舒适、丰富。在抽吸方式上采用电加热的方法,通过电加热,该类烟丝物就会产生烟气,便于吸烟者抽吸,降低了对环境的污染,减少了传统卷烟燃烧时产生的有害物质对人体的危害。

授权文件独立权利要求:

一种用葫芦科蔬菜制作的类烟丝物,其特征在于包括烟用香精、尼古丁溶液和切丝后的葫芦科蔬菜,其按照如下重量份数比均匀混合:烟用香精为 0.03～0.06,该烟用香精由香兰素或者乙酸苄酯或者茉莉净油或者薄荷脑或者可可酊或者风梨醛或者大茴香醛或者 10%呋喃酮或者咖啡酊或者覆盆子酮中的一种或两种以上组合而成;尼古丁溶液为 3～8,该尼古丁溶液为尼古丁水溶液或者尼古丁乙醇溶液,并且其中尼古丁

释放量的重量份数比为 0.4～1.2；切丝后的葫芦科蔬菜为 55～120。

136. 一种用十字花科蔬菜制作类烟丝物的电加热方法

专利类型：发明

申请号：CN201410148320.1

申请日：2014-04-14

申请人：川渝中烟工业有限责任公司

申请人地址：610000 四川省成都市龙泉驿区国家级成都经济技术开发区新区成龙路 2 号

发明人：黄玉川　戴亚　冯广林　李宁　陶文生

授权日：2015-09-09

法律状态公告日：2017-01-11

法律状态：专利申请权、专利权的转移

摘要：

本发明公开了一种用十字花科蔬菜制作类烟丝物的电加热方法。用十字花科蔬菜制作的类烟丝物包括烟用香精、尼古丁溶液和切丝后的十字花科蔬菜，其按照如下重量份数比均匀混合：烟用香精为 0.03～0.06；尼古丁溶液为 3～8，该尼古丁溶液为尼古丁水溶液或者尼古丁乙醇溶液，并且其中尼古丁释放量的重量份数比为 0.4～1.2；切丝后的十字花科蔬菜为 55～120。本发明利用十字花科蔬菜、烟用香精、尼古丁溶液制作类烟丝物，该类烟丝物充分利用了十字花科蔬菜的保健性及医用效果，相比于传统卷烟，其抽吸体验更加舒适、丰富。在抽吸方式上采用电加热的方法，通过电加热，该类烟丝物就会产生烟气，便于吸烟者抽吸，降低了对环境的污染，减少了传统卷烟燃烧时产生的有害物质对人体的危害。

授权文件独立权利要求：

一种用十字花科蔬菜制作的类烟丝物，其特征在于包括烟用香精、尼古丁溶液和切丝后的十字花科蔬菜，其按照如下重量份数比均匀混合：烟用香精为 0.03～0.06，该烟用香精由香兰素或者乙酸苄酯或者茉莉净油或者薄荷脑或者可可酊或者风梨醛或者大茴香醛或者 10％呋喃酮或者咖啡酊或者覆盆子酮中的一种或两种以上组合而成；尼古丁溶液为 3～8，该尼古丁溶液为尼古丁水溶液或者尼古丁乙醇溶液，并且其中尼古丁释放量的重量份数比为 0.4～1.2；切丝后的十字花科蔬菜为 55～120。

137. 一种用茶末原料制作类烟丝物的电加热方法

专利类型：发明

申请号：CN201410148378.6

申请日：2014-04-14

申请人：川渝中烟工业有限责任公司

申请人地址：610000 四川省成都市龙泉驿区国家级成都经济技术开发区新区成龙路 2 号

发明人：黄玉川　戴亚　冯广林　汪长国　周学政

授权日：2015-09-09

法律状态公告日：2017-01-11

法律状态：专利申请权、专利权的转移

摘要：

本发明公开了一种用茶末原料制作类烟丝物的电加热方法。用茶末原料制作的类烟丝物包括烟用香精、尼古丁溶液和茶末烟片状物，其按照如下重量份数比均匀混合：烟用香精为 0.03～0.06；尼古丁溶液为 3～8，该尼古丁溶液为尼古丁水溶液或者尼古丁乙醇溶液，并且其中尼古丁释放量的重量份数比为 0.4～1.2；茶末烟片状物为 55～120。本发明利用茶末原料、烟用香精、尼古丁溶液制作类烟丝物，该类烟丝物充分利用了茶末的食用性、保健性、医用效果，相比于传统卷烟，其抽吸体验更加舒适、丰富。在抽吸方式上采

用电加热的方法，通过电加热，该类烟丝物就会产生烟气，便于吸烟者抽吸，降低了对环境的污染，减少了传统卷烟燃烧时产生的有害物质对人体的危害。

授权文件独立权利要求：

一种用茶末原料制作的类烟丝物，其特征在于包括烟用香精、尼古丁溶液和茶末烟片状物，其按照如下重量份数比均匀混合：烟用香精为0.03～0.06，该烟用香精由香兰素或者乙酸苄酯或者茉莉净油或者薄荷脑或者可可酊或者风梨醛或者大茴香醛或者10%呋喃酮或者咖啡酊或者覆盆子酮中的一种或两种以上组合而成；尼古丁溶液为3～8，该尼古丁溶液为尼古丁水溶液或者尼古丁乙醇溶液，并且其中尼古丁释放量的重量份数比为0.4～1.2；茶末烟片状物为55～120。

138. 一种用甘草原料制作类烟丝物的电加热方法

专利类型：发明

申请号：CN201410148426.1

申请日：2014-04-14

申请人：川渝中烟工业有限责任公司

申请人地址：610000 四川省成都市龙泉驿区国家级成都经济技术开发区新区成龙路2号

发明人：黄玉川　戴亚　冯广林　朱立军　张艇

授权日：2015-09-09

法律状态公告日：2017-01-11

法律状态：专利申请权、专利权的转移

摘要：

本发明公开了一种用甘草原料制作类烟丝物的电加热方法。用甘草原料制作的类烟丝物包括烟用香精、尼古丁溶液和甘草烟丝状物，其按照如下重量份数比均匀混合：烟用香精为0.03～0.06；尼古丁溶液为3～8，该尼古丁溶液为尼古丁水溶液或者尼古丁乙醇溶液，并且其中尼古丁释放量的重量份数比为0.4～1.2；甘草烟丝状物为55～120。本发明利用甘草原料、烟用香精、尼古丁溶液制作类烟丝物，该类烟丝物充分利用了甘草的保健性、食用性、医用效果，相比于传统卷烟，其抽吸体验更加舒适、丰富。在抽吸方式上采用电加热的方法，通过电加热，该类烟丝物就会产生烟气，便于吸烟者抽吸，降低了对环境的污染，减少了传统卷烟燃烧时产生的有害物质对人体的危害。

授权文件独立权利要求：

一种用甘草原料制作的类烟丝物，其特征在于包括烟用香精、尼古丁溶液和甘草烟丝状物，其按照如下重量份数比均匀混合：烟用香精为0.03～0.06，该烟用香精由香兰素或者乙酸苄酯或者茉莉净油或者薄荷脑或者可可酊或者风梨醛或者大茴香醛或者10%呋喃酮或者咖啡酊或者覆盆子酮中的一种或两种以上组合而成；尼古丁溶液为3～8，该尼古丁溶液为尼古丁水溶液或者尼古丁乙醇溶液，并且其中尼古丁释放量的重量份数比为0.4～1.2；甘草烟丝状物为55～120。

139. 一种以菊花、金银花为原料制作类烟丝物的电加热方法

专利类型：发明

申请号：CN201410148430.8

申请日：2014-04-14

申请人：川渝中烟工业有限责任公司

申请人地址：610000 四川省成都市龙泉驿区国家级成都经济技术开发区新区成龙路2号

发明人：黄玉川　戴亚　冯广林　周学政　张艇

授权日：2015-10-14

法律状态公告日：2017-01-25

法律状态:专利申请权、专利权的转移

摘要:

本发明公开了一种以菊花、金银花为原料制作类烟丝物的电加热方法。以菊花、金银花为原料制作的类烟丝物包括烟用香精、尼古丁溶液、粉碎后的菊花与金银花的混合物,其按照如下重量份数比均匀混合:烟用香精为 0.03~0.06;尼古丁溶液为 3~8,该尼古丁溶液为尼古丁水溶液或者尼古丁乙醇溶液,并且其中尼古丁释放量的重量份数比为 0.4~1.2;粉碎后的菊花和金银花的混合物为 55~120。本发明充分利用了菊花、金银花的保健性及医用效果,相比于传统卷烟,其抽吸体验更加舒适、丰富。在抽吸方式上采用电加热的方法,通过电加热,该类烟丝物就会产生烟气,便于吸烟者抽吸,降低了对环境的污染,减少了传统卷烟燃烧时产生的有害物质对人体的危害。

授权文件独立权利要求:

一种以菊花、金银花为原料制作的类烟丝物,其特征在于包括烟用香精、尼古丁溶液、粉碎后的菊花与金银花的混合物,其按照如下重量份数比均匀混合:烟用香精为 0.03~0.06,该烟用香精由香兰素或者乙酸苄酯或者茉莉净油或者薄荷脑或者可可酊或者风梨醛或者大茴香醛或者 10%呋喃酮或者咖啡酊或者覆盆子酮中的一种或两种以上组合而成;尼古丁溶液为 3~8,该尼古丁溶液为尼古丁水溶液或者尼古丁乙醇溶液,并且其中尼古丁释放量的重量份数比为 0.4~1.2;粉碎后的菊花和金银花的混合物为 55~120。

140. 一种利用大枣原料制作类烟丝物的电加热方法

专利类型:发明

申请号:CN201410148513.7

申请日:2014-04-14

申请人:川渝中烟工业有限责任公司

申请人地址:610000 四川省成都市龙泉驿区国家级成都经济技术开发区新区成龙路 2 号

发明人:肖克毅　戴亚　冯广林　黄玉川　陶文生

授权日:2015-09-09

法律状态公告日:2015-09-09

法律状态:授权

摘要:

本发明公开了一种利用大枣原料制作类烟丝物的电加热方法。用大枣原料制作的类烟丝物包括烟用香精、尼古丁溶液和大枣烟丝状物,其按照如下重量份数比均匀混合:烟用香精为 0.03~0.06;尼古丁溶液为 3~8,该尼古丁溶液为尼古丁水溶液或者尼古丁乙醇溶液,并且其中尼古丁释放量的重量份数比为 0.4~1.2;大枣烟丝状物为 55~120。本发明利用大枣原料、烟用香精、尼古丁溶液制作类烟丝物,通过电加热,该类烟丝物就会产生烟气,便于吸烟者抽吸,可降低对环境的污染,减少传统卷烟燃烧时产生的有害物质对人体的危害,充分利用了大枣的保健性、食用性、医用效果,相比于传统卷烟,其抽吸体验更加舒适。

授权文件独立权利要求:

一种利用大枣原料制作的类烟丝物,其特征在于包括烟用香精、尼古丁溶液和大枣烟丝状物,其按照如下重量份数比均匀混合:烟用香精为 0.03~0.06,该烟用香精由香兰素或者乙酸苄酯或者茉莉净油或者薄荷脑或者可可酊或者风梨醛或者大茴香醛或者 10%呋喃酮或者咖啡酊或者覆盆子酮中的一种或两种以上组合而成;尼古丁溶液为 3~8,该尼古丁溶液为尼古丁水溶液或者尼古丁乙醇溶液,并且其中尼古丁释放量的重量份数比为 0.4~1.2;大枣烟丝状物为 55~120。

141. 一种用竹叶原料制作类烟丝物的电加热方法

专利类型:发明

申请号:CN201410148571.X

申请日:2014-04-14

申请人:川渝中烟工业有限责任公司

申请人地址:610000 四川省成都市龙泉驿区国家级成都经济技术开发区新区成龙路2号

发明人:麻栋策 戴亚 冯广林 黄玉川 汪长国

授权日:2015-08-19

法律状态公告日:2017-01-25

法律状态:专利申请权、专利权的转移

摘要:

本发明公开了一种用竹叶原料制作类烟丝物的电加热方法。用竹叶原料制作的类烟丝物包括烟用香精、尼古丁溶液和竹叶烟丝状物,其按照如下重量份数比均匀混合:烟用香精为0.03～0.06;尼古丁溶液为3～8,该尼古丁溶液为尼古丁水溶液或者尼古丁乙醇溶液,并且其中尼古丁释放量的重量份数比为0.4～1.2;竹叶烟丝状物为55～120。本发明利用竹叶原料、烟用香精、尼古丁溶液制作类烟丝物,该类烟丝物充分利用了竹叶的保健性、食用性、医用效果,相比于传统卷烟,其抽吸体验更加舒适、丰富。在抽吸方式上采用电加热的方法,通过电加热,该类烟丝物就会产生烟气,便于吸烟者抽吸,降低了对环境的污染,减少了传统卷烟燃烧时产生的有害物质对人体的危害。

授权文件独立权利要求:

一种用竹叶原料制作的类烟丝物,其特征在于包括烟用香精、尼古丁溶液和竹叶烟丝状物,其按照如下重量份数比均匀混合:烟用香精为0.03～0.06,该烟用香精由香兰素或者乙酸苄酯或者茉莉净油或者薄荷脑或者可可酊或者风梨醛或者大茴香醛或者10%呋喃酮或者咖啡酊或者覆盆子酮中的一种或两种以上组合而成;尼古丁溶液为3～8,该尼古丁溶液为尼古丁水溶液或者尼古丁乙醇溶液,并且其中尼古丁释放量的重量份数比为0.4～1.2;竹叶烟丝状物为55～120。

142. 一种利用烟草废弃物制作的类烟丝物及其电加热方法

专利类型:发明

申请号:CN201410149219.8

申请日:2014-04-14

申请人:川渝中烟工业有限责任公司

申请人地址:610000 四川省成都市龙泉驿区国家级成都经济技术开发区新区成龙路2号

发明人:黄玉川 戴亚 冯广林 汪长国 陶文生

授权日:2015-07-29

法律状态公告日:2017-01-25

法律状态:专利申请权、专利权的转移

摘要:

本发明公开了一种利用烟草废弃物制作的类烟丝物及其电加热方法。用烟草废弃物制作的类烟丝物包括烟用香精、尼古丁溶液和烟草废弃物烟丝状物,其按照如下重量份数比均匀混合:烟用香精为0.03～0.06;尼古丁溶液为3～8,该尼古丁溶液为尼古丁水溶液或者尼古丁乙醇溶液,并且其中尼古丁释放量的重量份数比为0.4～1.2;烟草废弃物烟丝状物为55～120。本发明利用烟草废弃物、烟用香精、尼古丁溶液制作类烟丝物,通过电加热,该类烟丝物就会产生烟气,便于吸烟者抽吸,可降低对环境的污染,减少传统卷烟燃烧时产生的有害物质对人体的危害,充分利用了烟草废弃物的保健性、食用性、医用效果,相比于传统卷烟,其抽吸体验更加舒适。

授权文件独立权利要求:

一种利用烟草废弃物制作的类烟丝物,其特征在于包括烟用香精、尼古丁溶液和烟草废弃物烟丝状物,其按照如下重量份数比均匀混合:烟用香精为0.03～0.06,该烟用香精由香兰素或者乙酸苄酯或者茉莉净

油或者薄荷脑或者可可酊或者风梨醛或者大茴香醛或者 10%呋喃酮或者咖啡酊或者覆盆子酮中的一种或两种以上组合而成;尼古丁溶液为 3～8,该尼古丁溶液为尼古丁水溶液或者尼古丁乙醇溶液,并且其中尼古丁释放量的重量份数比为 0.4～1.2;烟草废弃物烟丝状物为 55～120。

143. 一种用食用菌原料制作类烟丝物的电加热方法

专利类型:发明

申请号:CN201410149228.7

申请日:2014-04-14

申请人:川渝中烟工业有限责任公司

申请人地址:610000 四川省成都市龙泉驿区国家级成都经济技术开发区新区成龙路 2 号

发明人:麻栋策　戴亚　冯广林　黄玉川　李宁

授权日:2015-09-09

法律状态公告日:2017-01-11

法律状态:专利申请权、专利权的转移

摘要:

本发明公开了一种用食用菌原料制作类烟丝物的电加热方法。用食用菌原料制作的类烟丝物包括烟用香精、尼古丁溶液和食用菌烟丝状物,其按照如下重量份数比均匀混合:烟用香精为 0.03～0.06;尼古丁溶液为 3～8,该尼古丁溶液为尼古丁水溶液或者尼古丁乙醇溶液,并且其中尼古丁释放量的重量份数比为 0.4～1.2;食用菌烟丝状物为 55～120。本发明利用食用菌原料、烟用香精、尼古丁溶液制作类烟丝物,该类烟丝物充分利用了食用菌的保健性、食用性、医用效果,相比于传统卷烟,其抽吸体验更加舒适、丰富。在抽吸方式上采用电加热的方法,通过电加热,该类烟丝物就会产生烟气,便于吸烟者抽吸,降低了对环境的污染,减少了传统卷烟燃烧时产生的有害物质对人体的危害。

授权文件独立权利要求:

一种用食用菌原料制作的类烟丝物,其特征在于包括烟用香精、尼古丁溶液和食用菌烟丝状物,其按照如下重量份数比均匀混合:烟用香精为 0.03～0.06,该烟用香精由香兰素或者乙酸苄酯或者茉莉净油或者薄荷脑或者可可酊或者风梨醛或者大茴香醛或者 10%呋喃酮或者咖啡酊或者覆盆子酮中的一种或两种以上组合而成;尼古丁溶液为 3～8,该尼古丁溶液为尼古丁水溶液或者尼古丁乙醇溶液,并且其中尼古丁释放量的重量份数比为 0.4～1.2;食用菌烟丝状物为 55～120。

144. 一种以柑橘类物质为原料制作的类烟丝物及其电加热方法

专利类型:发明

申请号:CN201410149347.2

申请日:2014-04-14

申请人:川渝中烟工业有限责任公司

申请人地址:610000 四川省成都市龙泉驿区国家级成都经济技术开发区新区成龙路 2 号

发明人:肖克毅　戴亚　冯广林　黄玉川　陶文生

授权日:2015-08-26

法律状态公告日:2017-01-11

法律状态:专利申请权、专利权的转移

摘要:

本发明公开了一种以柑橘类物质为原料制作的类烟丝物及其电加热方法。用柑橘原料制作的类烟丝物包括烟用香精、尼古丁溶液和柑橘烟丝状物,其按照如下重量份数比均匀混合:烟用香精为 0.03～0.06;尼古丁溶液为 3～8,该尼古丁溶液为尼古丁水溶液或者尼古丁乙醇溶液,并且其中尼古丁释放量的重量份

数比为0.4～1.2;柑橘烟丝状物为55～120。本发明利用柑橘原料、烟用香精、尼古丁溶液制作类烟丝物,该类烟丝物充分利用了柑橘的保健性、食用性、医用效果,相比于传统卷烟,其抽吸体验更加舒适、丰富。在抽吸方式上采用电加热的方法,通过电加热,该类烟丝物就会产生烟气,便于吸烟者抽吸,降低了对环境的污染,减少了传统卷烟燃烧时产生的有害物质对人体的危害。

授权文件独立权利要求:

一种以柑橘类物质为原料制作的类烟丝物,其特征在于包括烟用香精、尼古丁溶液和柑橘烟丝状物,其按照如下重量份数比均匀混合:烟用香精为0.03～0.06,该烟用香精由香兰素或者乙酸苄酯或者茉莉净油或者薄荷脑或者可可酊或者风梨醛或者大茴香醛或者10%呋喃酮或者咖啡酊或者覆盆子酮中的一种或两种以上组合而成;尼古丁溶液为3～8,该尼古丁溶液为尼古丁水溶液或者尼古丁乙醇溶液,并且其中尼古丁释放量的重量份数比为0.4～1.2;柑橘烟丝状物为55～120。

145. 一种用百合科蔬菜制作类烟丝物的电加热方法

专利类型:发明

申请号:CN201410149350.4

申请日:2014-04-14

申请人:川渝中烟工业有限责任公司

申请人地址:610000 四川省成都市龙泉驿区国家级成都经济技术开发区新区成龙路2号

发明人:黄玉川　戴亚　冯广林　李宁　汪长国

授权日:2015-08-19

法律状态公告日:2017-01-11

法律状态:专利申请权、专利权的转移

摘要:

本发明公开了一种用百合科蔬菜制作类烟丝物的电加热方法。用百合科蔬菜制作的类烟丝物包括烟用香精、尼古丁溶液和切丝后的百合科蔬菜,其按照如下重量份数比均匀混合:烟用香精为0.03～0.06;尼古丁溶液为3～8,该尼古丁溶液为尼古丁水溶液或者尼古丁乙醇溶液,并且其中尼古丁释放量的重量份数比为0.4～1.2;切丝后的百合科蔬菜为55～120。本发明利用百合科蔬菜、烟用香精、尼古丁溶液制作类烟丝物,该类烟丝物充分利用了百合的保健性及医用效果,相比于传统卷烟,其抽吸体验更加舒适、丰富。在抽吸方式上采用电加热的方法,通过电加热,该类烟丝物就会产生烟气,便于吸烟者抽吸,降低了对环境的污染,减少了传统卷烟燃烧时产生的有害物质对人体的危害。

授权文件独立权利要求:

一种用百合科蔬菜制作的类烟丝物,其特征在于包括烟用香精、尼古丁溶液和切丝后的百合科蔬菜,其按照如下重量份数比均匀混合:烟用香精为0.03～0.06,该烟用香精由香兰素或者乙酸苄酯或者茉莉净油或者薄荷脑或者可可酊或者风梨醛或者大茴香醛或者10%呋喃酮或者咖啡酊或者覆盆子酮中的一种或两种以上组合而成;尼古丁溶液为3～8,该尼古丁溶液为尼古丁水溶液或者尼古丁乙醇溶液,并且其中尼古丁释放量的重量份数比为0.4～1.2;切丝后的百合科蔬菜为55～120。

146. 一种用山楂原料制作的类烟丝物及其电加热方法

专利类型:发明

申请号:CN201410149403.2

申请日:2014-04-14

申请人:川渝中烟工业有限责任公司

申请人地址:610000 四川省成都市龙泉驿区国家级成都经济技术开发区新区成龙路2号

发明人:麻栋策　戴亚　冯广林　黄玉川　张艇

授权日:2015-07-29

法律状态公告日:2017-01-18

法律状态:专利申请权、专利权的转移

摘要:

本发明公开了一种用山楂原料制作的类烟丝物及其电加热方法。用山楂原料制作的类烟丝物包括烟用香精、尼古丁溶液和山楂烟丝状物,其按照如下重量份数比均匀混合:烟用香精为 0.03～0.06;尼古丁溶液为 3～8,该尼古丁溶液为尼古丁水溶液或者尼古丁乙醇溶液,并且其中尼古丁释放量的重量份数比为 0.4～1.2;山楂烟丝状物为 55～120。本发明利用山楂原料、烟用香精、尼古丁溶液制作类烟丝物,该类烟丝物充分利用了山楂的保健性、食用性、医用效果,相比于传统卷烟,其抽吸体验更加舒适、丰富。在抽吸方式上采用电加热的方法,通过电加热,该类烟丝物就会产生烟气,便于吸烟者抽吸,降低了对环境的污染,减少了传统卷烟燃烧时产生的有害物质对人体的危害。

授权文件独立权利要求:

一种用山楂原料制作的类烟丝物,其特征在于包括烟用香精、尼古丁溶液和山楂烟丝状物,其按照如下重量份数比均匀混合:烟用香精为 0.03～0.06,该烟用香精由香兰素或者乙酸苄酯或者茉莉净油或者薄荷脑或者可可酊或者风梨醛或者大茴香醛或者 10%呋喃酮或者咖啡酊或者覆盆子酮中的一种或两种以上组合而成;尼古丁溶液为 3～8,该尼古丁溶液为尼古丁水溶液或者尼古丁乙醇溶液,并且其中尼古丁释放量的重量份数比为 0.4～1.2;山楂烟丝状物为 55～120。

147. 一种用桑叶原料制作类烟丝物的电加热方法

专利类型:发明

申请号:CN201410149417.4

申请日:2014-04-14

申请人:川渝中烟工业有限责任公司

申请人地址:610000 四川省成都市龙泉驿区国家级成都经济技术开发区新区成龙路 2 号

发明人:麻栋策　戴亚　冯广林　黄玉川　陶文生

授权日:2015-10-28

法律状态公告日:2017-01-18

法律状态:专利申请权、专利权的转移

摘要:

本发明公开了一种用桑叶原料制作类烟丝物的电加热方法。用桑叶原料制作的类烟丝物包括烟用香精、尼古丁溶液和桑叶烟丝状物,其按照如下重量份数比均匀混合:烟用香精为 0.03～0.06;尼古丁溶液为 3～8,该尼古丁溶液为尼古丁水溶液或者尼古丁乙醇溶液,并且其中尼古丁释放量的重量份数比为 0.4～1.2;桑叶烟丝状物为 55～120。本发明利用桑叶原料、烟用香精、尼古丁溶液制作类烟丝物,该类烟丝物充分利用了桑叶的保健性、食用性、医用效果,相比于传统卷烟,其抽吸体验更加舒适、丰富。在抽吸方式上采用电加热的方法,通过电加热,该类烟丝物就会产生烟气,便于吸烟者抽吸,降低了对环境的污染,减少了传统卷烟燃烧时产生的有害物质对人体的危害。

授权文件独立权利要求:

一种用桑叶原料制作的类烟丝物,其特征在于包括烟用香精、尼古丁溶液和桑叶烟丝状物,其按照如下重量份数比均匀混合:烟用香精为 0.03～0.06,该烟用香精由香兰素或者乙酸苄酯或者茉莉净油或者薄荷脑或者可可酊或者风梨醛或者大茴香醛或者 10%呋喃酮或者咖啡酊或者覆盆子酮中的一种或两种以上组合而成;尼古丁溶液为 3～8,该尼古丁溶液为尼古丁水溶液或者尼古丁乙醇溶液,并且其中尼古丁释放量的重量份数比为 0.4～1.2;桑叶烟丝状物为 55～120。

148. 具有固体加热功能的电子烟及固体烟草制品

专利类型：发明

申请号：CN201410151947.2

申请日：2014-04-15

申请人：上海聚华科技股份有限公司

申请人地址：201203 上海市浦东新区张江高科技园区祖冲之路 2288 弄 3 号 1229 室

发明人：潘雪松　陈健

授权日：2017-03-22

法律状态公告日：2017-03-22

法律状态：授权

摘要：

本发明揭示了一种具有固体加热功能的电子烟及固体烟草制品。本发明采用了独特的固体加热与超声波液体雾化相结合的方式，对特制的固体烟草制品进行加热，产生烟草本香气息，不同于传统的液体电子烟，也避免了传统的液体电子烟由于烟液中大量溶剂雾化而给吸食者带来的不适。另外，在固体加热的基础上增加了超声波液体雾化的方式，可以实现单独使用固体加热、超声波液体雾化方式，也可同时使用这两种方式。

授权文件独立权利要求：

一种具有固体加热功能的电子烟，其特征在于包括电池（作为电子烟的末端）、控制模块（包括一空心管筒、设置在空心管筒内的控制电路、设置在空心管筒外壁上与控制电路电连接的开关，空心管筒的一端与电池连接，空心管筒另一端的管壁上开有进气孔）、固体加热筒（用以放置压制为特定形状的固体烟草制品并加热，其一端与控制模块中的空心管筒活动连接，另一端为敞口端，固体加热筒内侧设有与控制电路电连接的加热部件、烟嘴，与固体加热筒的敞口端活动连接，烟嘴、固体加热筒的敞口端、固体加热筒内部、控制模块中的空心管筒的进气孔依次连通，形成气流通道）。

149. 烟草加热器

专利类型：发明

申请号：CN201410155236.2

申请日：2014-04-17

申请人：上海烟草集团有限责任公司

申请人地址：200082 上海市杨浦区长阳路 717 号

发明人：陆闻杰　张慧　邱立欢　沈轶

授权日：2017-06-16

法律状态公告日：2017-06-16

法律状态：授权

摘要：

本发明提供了一种烟草加热器。该烟草加热器至少包括壳体（具有容置烟草制品的腔室及设置在腔室入口的遮蔽部件）、具有多个加热齿的梳状加热器、设置于壳体内的联动部件（用于使遮蔽部件遮蔽腔室入口以及使多个加热齿刺入放置在腔室内的烟草制品中或回归原位）、用于向梳状加热器供电的供电单元、用于感测腔室内温度的温度传感器、设置于壳体内的控制电路（用于控制梳状加热器的加热方式及基于所感测的温度来控制腔室内的温度）、在壳体的表面设置的与控制电路电气连接的控制开关。该烟草加热器可迅速实现热传导，使烟草制品的利用率提高，同时使释放的烟气稳定均匀，并有效隔绝了人体与腔室的接触，防止意外烫伤的风险，并能保证烟草加热器的清洁卫生。

授权文件独立权利要求：

一种烟草加热器，其特征在于至少包括壳体(具有容置烟草制品的腔室，且在腔室的入口设置有遮蔽部件)、相对于腔室设置的梳状加热器(具有多个加热齿)、设置于壳体内且与遮蔽部件及梳状加热器连接的联动部件(用于使遮蔽部件遮蔽入口以及使多个加热齿刺入放置在腔室内的烟草制品中或回归原位)、设置于壳体内的供电单元(与梳状加热器电气连接，用于向梳状加热器供电)、设置于腔室内的温度传感器(用于感测腔室内的温度)、设置于壳体内的控制电路(与梳状加热器、温度传感器及供电单元电气连接，用于控制梳状加热器的加热方式及基于温度传感器所感测的温度来控制腔室内的温度)、在壳体表面设置的与控制电路电气连接的控制开关。

150. 一种用于电加热新型卷烟的点火启动装置

专利类型：发明

申请号：CN201410344957.8

申请日：2014-07-18

申请人：云南中烟工业有限责任公司

申请人地址：650231 云南省昆明市五华区红锦路 367 号

发明人：郑绪东　汤建国　袁大林　雷萍　尚善斋　李寿波　陈永宽　缪明明

法律状态公告日：2017-06-06

法律状态：发明专利申请公布后的视为撤回

摘要：

本发明涉及一种包含点火启动装置的电加热烟具，该电加热烟具的一端是烟嘴(20)，另一端是点火启动装置(10)，其中点火启动装置(10)至少包含一个测温元件(1)和与该测温元件(1)接触的导热体(2)，测温元件(1)连接加热元件正极导线端子(5)和电源负极导线端子(6)。该电加热烟具在打火机火焰加热导热体(2)至其温度超过预定值时，启动加热元件进行加热。该电加热烟具能保留吸烟者用打火机点烟的方式，使吸烟者不改变传统抽吸行为即能接受电加热新型卷烟。本发明还公开了用于电加热卷烟的点火启动方法。

申请文件独立权利要求：

一种包含点火启动装置的电加热烟具，该电加热烟具的一端是烟嘴(20)，另一端是点火启动装置(10)，其中点火启动装置(10)至少包含一个测温元件(1)和与该测温元件(1)接触的导热体(2)，测温元件(1)连接加热元件正极导线端子(5)和电源负极导线端子(6)。

151. 一种利用电磁感应进行加热的烟具

专利类型：发明

申请号：CN201410345009.6

申请日：2014-07-18

申请人：云南中烟工业有限责任公司

申请人地址：650231 云南省昆明市五华区红锦路 367 号

发明人：尚善斋　雷萍　汤建国　袁大林　郑绪东　李寿波　陈永宽　缪明明

法律状态公告日：2017-01-11

法律状态：发明专利申请公布后的视为撤回

摘要：

一种利用电磁感应进行加热的烟具，包括外壳(2)[其内包括电池(3)及与之电连接的电路板(4)]以及与电路板(4)电连接的电磁感应加热器(7)，其中电磁感应加热器(7)包括空腔铁芯(10)和缠绕在该空腔铁芯(10)外周上的螺线圈(11)，该空腔铁芯(10)中的空腔用于容纳烟草制品，电路板(4)上具有能将直流电转变为交流电的电压逆变器。在优选的实施方案中，电磁感应加热器(7)的一端连接过滤嘴(12)，另一端固定在多孔隔板(8)上,该多孔隔板(8)上的孔与空腔铁芯(10)中的空腔连通。在更优选的实施方案中,该烟具还包括风扇(6),其能经多孔隔板(8)上的孔向空腔中吹风。风扇(6)由电路板(4)或独立开关(9)控制。

申请文件独立权利要求:

一种利用电磁感应进行加热的烟具,包括外壳(2)[其内包括电池(3)及与之电连接的电路板(4)]以及与电路板(4)电连接的电磁感应加热器(7),其中电磁感应加热器(7)包括空腔铁芯(10)和缠绕在该空腔铁芯(10)外周上的螺线圈(11),该空腔铁芯(10)中的空腔用于容纳烟草制品。电路板(4)上具有能将直流电转变为交流电的电压逆变器。

152. 基于电磁加热的烟草抽吸系统

专利类型:发明

申请号:CN201410363326.0

申请日:2014-07-28

申请人:四川中烟工业有限责任公司　重庆中烟工业有限责任公司

申请人地址:610000 四川省成都市龙泉驿区国家级成都经济技术开发区新区成龙路 2 号

发明人:赵德清　曾建　戴亚　冯广林　汪长国　李宁　黄玉川　周学政　温若愚　孙玉峰

授权日:2017-01-11

法律状态公告日:2017-01-11

法律状态:授权

摘要:

本发明公开了一种基于电磁加热的烟草抽吸系统,其特征在于包括端盖(1)、加热器(2)以及电磁感应系统。端盖(1)可拆卸地连接在加热器(2)上,该端盖(1)包括圆盖(11)与滤嘴(13);加热器(2)包括外壳(21)、内胆(23)、底盘(24)以及柱形铁芯(25);电磁感应系统包括加热内胆(23)与底盘(24),以及柱形铁芯(25)感应线圈和温控电路。本发明通过电磁感应系统对内胆、底盘以及柱形铁芯加热,可提高加热速度且热效率高,还可实现瞬时加热,从而能更好地满足吸烟者对抽吸口感的需求。柱形铁芯可实现对烟草制品的均匀加热,使烟草制品能被充分加热,即可防止烟草制品因加热不充分而造成的浪费,适合推广使用。

授权文件独立权利要求:

基于电磁加热的烟草抽吸系统,其特征在于包括端盖(1)、加热器(2)以及电磁感应系统。端盖(1)可拆卸地连接在加热器(2)上,该端盖(1)包括圆盖(11)与设置在圆盖(11)上的滤嘴(13),在圆盖(11)上设置有进气孔(12);加热器(2)包括外壳(21)、设置在外壳(21)内部的内胆(23)与底盘(24)以及柱形铁芯(25),底盘(24)连接在内胆(23)底端,在底盘(24)与内胆(23)之间形成有底端封闭且顶端与滤嘴(13)相连通的加热腔(26),柱形铁芯(25)位于加热腔(26)内部并与底盘(24)相连接,在底盘(24)上设有分别与进气孔(12)以及加热腔(26)相连通的通风口(27);电磁感应系统包括加热内胆(23)与底盘(24),以及柱形铁芯(25)感应线圈和温控电路,温控电路包括与感应线圈串联的电源、开关以及控制器。

153. 用于加热不燃烧卷烟的电磁加热型抽吸装置

专利类型:发明

申请号:CN201410363370.1

申请日:2014-07-28

申请人:川渝中烟工业有限责任公司

申请人地址:610000 四川省成都市龙泉驿区国家级成都经济技术开发区新区成龙路 2 号

发明人:赵德清　曾建　戴亚　冯广林　汪长国　李宁　黄玉川　周学政　温若愚　孙玉峰

授权日:2016-08-24

法律状态公告日:2017-01-11

法律状态：专利申请权、专利权的转移

摘要：

本发明公开了一种用于加热不燃烧卷烟的电磁加热型抽吸装置，包括端盖、加热器和电磁感应系统。加热器内部具有加热不燃烧卷烟的加热腔；端盖可拆卸、可组合地连接于加热器的抽吸端部，端盖上设有滤嘴，滤嘴与加热腔的内腔相互连通，端盖上设有圆盖，圆盖上设有若干进气孔，进气孔与加热腔的内腔相连通；电磁感应系统包括温控电路和电连接在温控电路上的感应线圈，感应线圈螺旋地缠绕于加热腔的外部。本发明通过电磁感应系统的电磁加热方式对内胆加热体进行加热，由内胆加热体加热烟草制品，可以提高加热速度且热效率高，加热速度快，能实现瞬时加热，满足吸烟者对抽吸口感的需求，并且加热均匀，烟草制品能被充分加热，防止烟草制品因加热不充分而造成的浪费。

授权文件独立权利要求：

一种用于加热不燃烧卷烟的电磁加热型抽吸装置，其特征在于包括端盖(1)、加热器(2)和电磁感应系统。加热器(2)内部具有加热不燃烧卷烟的加热腔(26)；端盖(1)可拆卸、可组合地连接于加热器(2)的抽吸端部，端盖(1)上设有抽吸烟气的滤嘴(13)，滤嘴(13)与加热腔(26)的内腔相互连通，端盖(1)上具有圆盖(11)，圆盖(11)上设有若干进气孔(12)，进气孔(12)与加热腔(26)的内腔相连通；加热器(2)包括壳体(21)，在壳体(21)内部设有保温隔热层(22)和内胆加热体(23)，内胆加热体(23)包裹于加热腔(26)外部，保温隔热层(22)包裹于内胆加热体(23)外部；电磁感应系统包括相互串联的感应线圈、开关、电源、温控电路及电磁控制系统，感应线圈缠绕于保温隔热层(22)外部。

154. 一种低温加热型电子烟加热器

专利类型：发明

申请号：CN201410369913.0

申请日：2014-07-30

申请人：普维思信(北京)科技有限公司　钟杨杨　金治国

申请人地址：100029 北京市东城区兴化西里 14 号 501

发明人：钟扬扬　金治国

授权日：2015-10-07

法律状态公告日：2015-10-07

法律状态：授权

摘要：

一种低温加热型电子烟加热器，由加热器组件、复合烟芯以及烟嘴组成，其中复合烟芯为不可重复使用的消耗品，其余均可重复使用。复合烟芯由烟芯和滤芯复合而成，装填于加热器组件中，其中烟芯采用天然植物纤维作为基材，并吸附有烟草致香物质及添加有茶多酚微胶囊，滤芯为复合有竹纤维的烟草纸质滤芯，可避免加热时被碳化；烟嘴套接在加热器组件上；加热器组件由连接组件、支撑座、陶瓷加热环及隔热套组成。复合烟芯与陶瓷加热环之间为柱面接触，受热面积大，加热时具有传导、对流、辐射三种传热途径，传热效率高。烟芯经低温加热后释放出所含的烟草成分，口感与传统香烟相近，并可避免燃烧过程中产生有害物质。

授权文件独立权利要求：

一种低温加热型电子烟加热器，其特征在于包括加热器组件(1)、复合烟芯(2)以及烟嘴(3)，复合烟芯(2)安装于加热器组件(1)中，烟嘴(3)套接在加热器组件(1)上。加热器组件(1)和烟嘴(3)为可重复使用部分，复合烟芯(2)为不可重复使用的消耗部分。

155. 一种使用固体烟弹的电子烟

专利类型：发明

申请号:CN201410433713.7

申请日:2014-08-29

申请人:深圳市博迪科技开发有限公司

申请人地址:518103 广东省深圳市宝安区福永街道下十围路1号博迪创新科技园C栋、D栋第二层、第四层

发明人:刘翔

授权日:2016-01-20

法律状态公告日:2016-01-20

法律状态:授权

摘要:

本发明公开了一种固体烟弹及使用固体烟弹的电子烟发热组件和电子烟,固体烟弹包括由烟草颗粒添加雾化剂后依次通过混合搅拌、模压成型后得到的烟弹本体,雾化剂包括雾化温度为150～350 ℃的可食用有机溶剂;电子烟发热组件包括耐温壳和使用固体烟弹的烟弹管,耐温壳的一端设有吸烟口,另一端设有开口腔,耐温壳上设有第一电连接器,烟弹管插设于开口腔内,烟弹管外设有发热体,烟弹管一端设有管口,管口处设有防尘盖,第一电连接器与发热体电连接;电子烟包括外壳,外壳内设有PCB电路板、电池、第二电连接器以及发热组件。本发明具有口味纯正、烟雾危害小、不漏油、更换方便、使用卫生、燃烧充分、烟雾量大的优点。

授权文件独立权利要求:

一种固体烟弹,其特征在于包括由烟草颗粒添加雾化剂后依次通过混合搅拌、模压成型后得到的烟弹本体(7)。该雾化剂包括雾化温度为150～350 ℃的可食用有机溶剂;烟弹本体(7)为圆柱状,其轴线上设有主气孔(71),且侧壁上设有多个与主气孔(71)连通的辅气孔(72)。

156. 具有调味功能的烘烤式电子烟

专利类型:发明

申请号:CN201410607127.X

申请日:2014-11-03

申请人:深圳市博迪科技开发有限公司

申请人地址:421819 湖南省衡阳市耒阳市马水乡滩头村9组

发明人:李辉

授权日:2017-02-15

法律状态公告日:2017-02-15

法律状态:授权

摘要:

本发明公开了一种具有调味功能的烘烤式电子烟,包括带有烟嘴(2)的外壳(1),该外壳(1)内依次布置有烘烤单元(3)、油杯(4)、电池(5)和控制单元(6),烘烤单元(3)包括两端带有开口的电热烘烤杯(31),油杯(4)的开口端设有雾化器(41),电热烘烤杯(31)的一端与烟嘴(2)连通,另一端与雾化器(41)连通,其外壁上设有电发热片,电发热片、雾化器(41)的电热丝、电池(5)分别与控制单元(6)相连。本发明能够在烘烤的烟雾量比例不均匀或不足时平衡烟雾,可根据烟民的口感调试不同的香烟口味,为烟民提供可选择的空间,从而达到最佳口感。

授权文件独立权利要求:

一种具有调味功能的烘烤式电子烟,其特征在于包括带有烟嘴(2)的外壳(1),该外壳(1)内依次布置有烘烤单元(3)、油杯(4)、电池(5)和控制单元(6),烘烤单元(3)包括两端带有开口的电热烘烤杯(31),油杯(4)的开口端设有雾化器(41),电热烘烤杯(31)的一端与烟嘴(2)连通,另一端与雾化器(41)连通,其外壁上

设有电发热片，电发热片、雾化器(41)的电热丝、电池(5)分别与控制单元(6)相连。

157. 一种利用纸加热的加热非燃烧型烟草制品

专利类型：发明

申请号：CN201410613293.0

申请日：2014-11-05

申请人：中国烟草总公司郑州烟草研究院

申请人地址：450001 河南省郑州市高新区枫杨街2号

发明人：赵乐　孙培健　王洪波　刘绍锋　杨松　孙学辉　郭军伟　聂聪　刘惠民

授权日：2017-10-10

法律状态公告日：2017-10-10

法律状态：授权

摘要：

一种利用纸加热的加热非燃烧型烟草制品，由烟丝填充物、包覆在烟丝填充物外面的包裹层以及过滤嘴构成，其特征在于包裹层由卷烟纸燃烧层与铝箔导热层复合而成，铝箔导热层直接与烟丝填充物接触，且在包裹层上开设有透孔。本发明的有益效果为：①与传统卷烟相比，本发明提供的加热非燃烧型烟草制品不直接燃烧烟丝填充物，大大减少了烟草高温燃烧裂解产生的有害成分；②与现有技术文献中的其他加热型烟草制品相比，本发明提供的加热非燃烧型烟草制品具有易于制作、成本低的优势，由于结构与传统卷烟一致，只需要将普通卷烟纸替换为本发明的复合包裹层，即可满足生产需要；③与普通卷烟的抽吸方式一致，更易被消费者接受。

授权文件独立权利要求：

一种利用纸加热的加热非燃烧型烟草制品，包括烟丝填充物、包覆在烟丝填充物外面的包裹层以及过滤嘴，其特征在于包裹层由卷烟纸燃烧层与铝箔导热层复合而成，铝箔导热层直接与烟丝填充物接触，且在包裹层上开设有透孔，该卷烟纸燃烧层由以下原料混合后抄造而成，各原料组分的质量百分比如下：木浆纤维和/或烟草纤维40%～80%、烟草提取物0～15%、填料碳酸钙15%～30%、柠檬酸钾0.5%～5%、助剂1%～5%。

158. 烘焙型烟雾发生装置及烟雾吸入装置

专利类型：实用新型

申请号：CN201420049360.6

申请日：2014-01-26

申请人：深圳市合元科技有限公司

申请人地址：518104 广东省深圳市宝安区福永街道塘尾高新科技园区C栋第一、二、三层

发明人：李永海　徐中立　章炎生

授权日：2014-08-27

法律状态公告日：2014-08-27

法律状态：授权

摘要：

本实用新型涉及一种用于加热烟块以产生烟雾的烘焙型烟雾发生装置，其包括外壳、位于该外壳一端的吸嘴组件、设置于该外壳内的雾化组件。该雾化组件包括中空加热体，该中空加热体插入烟块内部，中空加热体的内表面、外表面分别用于加热烘焙烟块。此外，本实用新型还提供了一种烟雾吸入装置。本实用新型的烘焙型烟雾发生装置和烟雾吸入装置通过中空加热体对烟块进行加热烘焙以产生烟雾，不需要燃烧，从而减少了烟草燃烧产生的多种致癌物质，减轻了对使用者的危害。而且，相比于采用烟液雾化方式的

烟雾吸入装置，该烘焙型烟雾发生装置和烟雾吸入装置产生的烟雾口味更纯正。其次，中空加热体的内表面、外表面均可用于加热烘焙烟块，大大提升了烟块的加热速度。

申请文件独立权利要求：

一种用于加热烟块以产生烟雾的烘焙型烟雾发生装置，其包括外壳、位于该外壳一端的吸嘴组件、设置于该外壳内的雾化组件，其特征在于该雾化组件包括中空加热体，该中空加热体插入烟块内部，中空加热体的内表面、外表面都可用于加热烘焙烟块。

159. 用于加热不燃烧卷烟的快速消费简易抽吸装置系统

专利类型：实用新型

申请号：CN201420161713.1

申请日：2014-04-02

申请人：川渝中烟工业有限责任公司

申请人地址：610000 四川省成都市龙泉驿区国家级成都经济技术开发区新区成龙路 2 号

发明人：李宁　戴亚　冯广林　汪长国　赵德清　黄玉川　朱立军　周学政　张艇　陶文生

授权日：2014-08-13

法律状态公告日：2017-05-24

法律状态：专利权的终止

摘要：

本实用新型公开了一种用于加热不燃烧卷烟的快速消费简易抽吸装置系统，该系统包括抽吸装置本体和加热不燃烧卷烟本体。抽吸装置本体包括烟嘴端和卷烟装填腔体，其内部设有电池、与电池电连接的电源开关控制电路、卷烟插槽以及卷烟插接口电路外部设有与电源开关控制电路电连接的电源开关；加热不燃烧卷烟本体放置于卷烟装填腔体内，并且加热不燃烧卷烟本体的电加热插接装置与卷烟插槽电连接；烟嘴端的烟气通道与卷烟装填腔体的空腔相连通。本装置系统设计简单，抽吸、携带均非常方便，同时大大降低了生产成本，更易被消费者接受，有助于产品的推广与普及。

申请文件独立权利要求：

一种用于加热不燃烧卷烟的快速消费简易抽吸装置系统，其特征在于包括抽吸装置本体(1)和加热不燃烧卷烟本体(21)。抽吸装置本体(1)包括烟嘴端(11)和与烟嘴端(11)连接的卷烟装填腔体(20)，其内部设有电池(12)、与电池(12)电连接的电源开关控制电路(14)、卷烟插槽(19)以及与卷烟插槽(19)电连接的卷烟插接口电路(18)，卷烟插接口电路(18)与电池(12)电连接，外部设有与电源开关控制电路(14)电连接的电源开关(13)；加热不燃烧卷烟本体(21)放置于卷烟装填腔体(20)内，并且加热不燃烧卷烟本体(21)的电加热插接装置(22)与卷烟插槽(19)电连接；烟嘴端(11)的烟气通道与卷烟装填腔体(20)的空腔相连通。

160. 具有固体加热功能的电子烟及固体烟草制品

专利类型：实用新型

申请号：CN201420182885.7

申请日：2014-04-15

申请人：上海聚华科技股份有限公司

申请人地址：201203 上海市浦东新区张江高科技园区祖冲之路 2288 弄 3 号 1229 室

发明人：潘雪松　陈健

授权日：2015-03-11

法律状态公告日：2015-03-11

法律状态：授权

摘要：

本实用新型揭示了一种具有固体加热功能的电子烟。本实用新型采用了独特的固体加热与超声波液体雾化相结合的方式，对特制的固体烟草制品进行加热，产生烟草本香气息，不同于传统液体电子烟，避免了传统液体电子烟由于烟液中大量溶剂雾化而给吸食者带来的不适。另外，在固体加热的基础上增加了超声波液体雾化的方式，可以实现单独使用固体加热方式或超声波液体雾化方式，也可同时使用这两种方式。

申请文件独立权利要求：

一种具有固体加热功能的电子烟，其特征在于包括电池(作为电子烟的末端)、控制模块(包括一空心管筒、设置在管筒内的控制电路、设置在管筒外壁上与控制电路电连接的开关，管筒的一端与电池连接，靠近另一端的管壁上开有进气孔)、固体加热筒(用以放置压制为特定形状的固体烟草制品并加热，其一端与控制模块的空心管筒活动连接，另一端为敞口端，内侧设有与控制电路电连接的加热部件、烟嘴，并与敞口端活动连接，烟嘴、固体加热筒的敞口端、固体加热筒的内部、控制模块中的空心管筒的进气孔依次连通，形成气流通道)。固体加热筒与控制模块中的空心管筒活动连接的一端，其内部设有一环形截面，环形截面中间的通孔与控制模块中的空心管筒的进气孔连通，环形截面上围绕通孔设有若干柱状的加热柱，用以插入具有加热孔的固体烟草制品中进行加热。

161. 一种加热非燃烧烟草制品

专利类型：实用新型

申请号：CN201420653181.3

申请日：2014-11-05

申请人：中国烟草总公司郑州烟草研究院

申请人地址：450001 河南省郑州市高新区枫杨街 2 号

发明人：赵乐　孙培健　杨松　王洪波　郭军伟　刘绍锋　孙学辉　张晓兵　刘惠民

授权日：2015-03-04

法律状态公告日：2015-03-04

法律状态：授权

摘要：

一种加热非燃烧烟草制品，包括烟丝、用于包裹烟丝的卷烟纸以及过滤嘴，其特征在于包裹烟丝的卷烟纸为由可燃性纸质燃烧层和铝箔导热层组成的双层结构，且在可燃性纸质燃烧层和铝箔导热层均布有透气通孔，可燃性纸质燃烧层的厚度为铝箔导热层厚度的 3～10 倍。该烟草制品被抽吸时，点燃可燃性纸质燃烧层会产生热量，并通过铝箔导热层对烟丝填充物进行加热，从而产生烟气。该烟草制品的有益效果是：①与传统卷烟相比，不直接燃烧烟丝填充物，减少了烟草高温燃烧裂解产生的有害成分；②易于制作，成本较低，由于结构与传统卷烟一致，只需要将普通卷烟纸替换为本发明的复合包裹层，即可满足生产需要；③与普通卷烟的抽吸方式一致，更易被消费者接受。

申请文件独立权利要求：

一种加热非燃烧烟草制品，包括烟丝、用于包裹烟丝的卷烟纸以及过滤嘴，其特征在于包裹烟丝的卷烟纸为由可燃性纸质燃烧层和铝箔导热层组成的双层结构，且在可燃性纸质燃烧层和铝箔导热层均布有透气通孔，可燃性纸质燃烧层的厚度为铝箔导热层厚度的 3～10 倍。

162. 获取吸烟概况数据的系统及方法

专利类型：发明

申请号：CN201480016176.4

申请日：2014-3-12

申请人：奥驰亚客户服务有限责任公司

申请人地址:美国弗吉尼亚

发明人:巴里·史密斯　道格拉斯·A.伯顿

授权日:2018-06-19

法律状态公告日:2016-03-30

法律状态:实质审查的生效

摘要:

一种电子气溶胶吸烟器具的示例性吸烟概况电路,至少包括一个传感器、处理器以及存储器。传感器作为测量使用者与电子吸烟器具的交互;处理器基于至少一个传感器的输出来检测吸烟事件,收集与吸烟事件相关联的数据,并以将吸烟事件关联到电池电压变化的模式对数据进行整理;存储器以结构化多字节格式来存储数据模式。

授权文件独立权利要求:

一种电子吸烟器具,至少包括一个传感器(作为测量用户与电子吸烟器具的交互)、处理器(基于至少一个传感器的输出来检测吸烟事件,收集与吸烟事件相关联的数据,并以通过电池电压的变化定义吸烟事件的模式来整理数据)以及存储器(以结构化多字节格式来存储数据模式)。

163. 加热可抽吸材料

专利类型:发明

申请号:CN201480017532.4

申请日:2014-03-19

申请人:英美烟草(投资)有限公司

申请人地址:英国伦敦

发明人:F.萨利姆

法律状态公告日:2016-01-20

法律状态:实质审查的生效

摘要:

一种设备,包括衬底(3a)和至少一个加热元件(3b),该设备配置有加热可抽吸材料,以便至少挥发其一种成分,以用于吸入。

申请文件独立权利要求:

一种可抽吸材料的加热设备,包括衬底和至少一个加热元件,该加热元件可将衬底加热至可抽吸材料的挥发温度,从而使可抽吸材料至少挥发出一种成分,以用于吸入。

164. 具有双重热传导元件和改善的气流的吸烟制品

专利类型:发明

申请号:CN201480033018.X

申请日:2014-08-12

申请人:菲利普·莫里斯生产公司

申请人地址:瑞士纳沙泰尔

发明人:A.博格斯　C.阿佩特雷比阿扎　D.库亨　F.拉旺希　L.E.波格

法律状态公告日:2016-06-08

法律状态:著录事项变更

摘要:

本发明公开了一种吸烟制品(2),包括具有相对的前面(6)和后面(8)的可燃热源(4)、在可燃热源(4)后面(8)下游的气雾形成基质(10)、环绕可燃热源(4)后部(4b)和气雾形成基质(10)至少前部(10a)的第一热传导元件(36)、至少围绕第一热传导元件(36)一部分的第二热传导元件(38)[其中第二热传导元件(38)至少一部分与第一热传导元件(36)径向分开]以及围绕气雾形成基质(10)外周的一个或多个第一空气入口(40)。

申请文件独立权利要求:

一种吸烟制品,包括具有相对的前面和后面的可燃热源、在可燃热源后面下游的气雾形成基质、环绕可燃热源后部和气雾形成基质至少前部的第一热传导元件、围绕第一热传导元件至少一部分的第二热传导元件(其中第二热传导元件至少一部分与第一热传导元件径向分开)和围绕气雾形成基质外周的一个或多个第一空气入口。

165. 包含封闭可燃热源的吸烟制品

专利类型:发明

申请号:CN201480033027.9

申请日:2014-08-12

申请人:菲利普·莫里斯生产公司

申请人地址:瑞士纳沙泰尔

发明人:L. E. 波格　O. 米洛诺夫　S. 鲁迪耶

授权日:2017-10-20

法律状态公告日:2017-10-20

法律状态:授权

摘要:

一种吸烟制品(2,32),包括具有相对的前面(6)和后面(8)的封闭可燃热源(4)(该封闭可燃热源具有的横截面积至少为吸烟制品横截面积的 60%)、封闭可燃热源(4)后面(8)下游的气雾形成基质(10)[其中封闭可燃热源(4)的后面(8)和气雾形成基质(10)彼此暴露]、气雾形成基质(10)下游的烟嘴(12),以及位于封闭可燃热源(4)后面(8)下游和烟嘴(12)上游的一个或多个空气入口[空气入口(16,18)位于封闭可燃热源(4)的后面(8)和气雾形成基质(10)下游端部之间,并且包括围绕气雾形成基质(10)外周的一个或多个第一空气入口(16)]。在使用过程中,通过气雾形成基质(10)抽吸的空气通过一个或多个空气入口(16,18)进入吸烟制品(2,32)。

授权文件独立权利要求:

一种吸烟制品,包括封闭可燃热源(具有相对的前面和后面,其横截面积至少为吸烟制品横截面积的 60%)、气雾形成基质(在封闭可燃热源后面的下游,其中封闭可燃热源的后面和气雾形成基质彼此暴露)、烟嘴(在气雾形成基质的下游)和一个或多个空气入口(位于封闭可燃热源后面的下游和烟嘴的上游,其中一个或多个空气入口位于封闭可燃热源的后面和气雾形成基质的下游端部之间,并且包括围绕气雾形成基质外周的一个或多个第一空气入口)。在使用过程中,通过气雾形成基质抽吸的空气通过一个或多个空气入口进入吸烟制品。

166. 可汽化材料填塞料和胶囊

专利类型:发明

申请号:CN201480037571.0

申请日:2014-05-02

申请人:JT 国际公司

申请人地址:瑞士日内瓦

发明人:U. 伊尔马兹　T. 约亨格斯　T. 铃木

法律状态公告日:2016-03-23

法律状态:实质审查的生效

摘要:

本发明公开了一种用于蒸汽发生装置(1)的可汽化材料的填塞料(25),蒸汽发生装置(1)通过加热填塞料(25)的底部而产生蒸汽。该填塞料(25)包含可汽化材料,该可汽化材料通过成形而在其内部界定出腔室(26)。

申请文件独立权利要求:

一种用于蒸汽发生装置的可汽化材料的填塞料,蒸汽发生装置通过加热填塞料的底部而产生蒸汽。该填塞料包含可汽化材料,该可汽化材料通过成形而在其内部界定出腔室,该腔室具有截头圆锥形的形状,并且顶端邻近填塞料的底部。

167. 三水合乙酸钠制剂

专利类型:发明

申请号:CN201480037847.5

申请日:2014-07-04

申请人:英美烟草(投资)有限公司

申请人地址:英国伦敦

发明人:N.哈丁　P.皮尔森　J.罗宾逊　O.莫尔　M.劳森

法律状态公告日:2016-03-30

法律状态:实质审查的生效

摘要:

本发明涉及包含三水合乙酸钠和其他组分的制剂。此外,本发明还涉及制备此类制剂的方法。再者,本发明涉及包含此类制剂的产品。

申请文件独立权利要求:

一种制剂,包含三水合乙酸钠(SAT)、动力学抑制剂和溶剂。

168. 具有单个径向分离的热传导元件的吸烟制品

专利类型:发明

申请号:CN201480040903.0

申请日:2014-08-12

申请人:菲利普·莫里斯生产公司

申请人地址:瑞士纳沙泰尔

发明人:O.米洛诺夫

法律状态公告日:2016-09-14

法律状态:实质审查的生效

摘要:

本发明公开了一种吸烟制品(2,42),其包括具有相对的前面(6)和后面(8)的可燃热源(4)、在可燃热源(4)后面(8)下游的气雾形成基质(10),以及覆在可燃热源(4)的后部和气雾形成基质(10)至少前端的单个热传导元件(36)。单个热传导元件(36)包括一个或多个热传导材料层,并且热传导材料层与可燃热源(4)和气雾形成基质(10)径向分开。可燃热源(4)既可以是封闭可燃热源,也可以是不封闭可燃热源,并且吸烟制品(42)还包括在不封闭可燃热源和一个或多个气流通道(44)之间的基本上不可燃、不透气的阻挡件(46),气流通道(44)从不封闭可燃热源的前面(6)延伸到后面(8)。单个热传导元件包括热传导材料的外层,其在吸烟制品的外部可见。

申请文件独立权利要求：

一种吸烟制品，包括具有相对的前面和后面的可燃热源、在可燃热源后面下游的气雾形成基质以及覆在可燃热源后部和气雾形成基质至少前端的单个热传导元件。单个热传导元件包括一个或多个热传导材料层，并且热传导材料层与可燃热源和气雾形成基质径向分开。可燃热源既可以是封闭可燃热源，也可以是不封闭可燃热源，并且吸烟制品还包括在不封闭可燃热源和一个或多个气流通道之间的基本上不可燃、不透气的阻挡件，气流通道从不封闭可燃热源的前面延伸到后面。单个热传导元件包括热传导材料的外层，其在吸烟制品的外部可见。

169. 具有不重叠、径向分开、双重热传导元件的吸烟制品

专利类型：发明

申请号：CN201480045916.7

申请日：2014-09-01

申请人：菲利普·莫里斯生产公司

申请人地址：瑞士纳沙泰尔

发明人：S. 博纳利

法律状态公告日：2016-09-28

法律状态：实质审查的生效

摘要：

本发明公开了一种吸烟制品(2,44,50)，其包括具有相对的前面(6)和后面(8)的可燃热源(4)、在可燃热源(4)后面(8)下游的气雾形成基质(10)、覆在可燃热源(4)后部的一个或多个热传导材料径向内层的第一热传导元件(36)，以及至少覆在气雾形成基质(10)一部分上的一个或多个热传导材料径向外层的第二热传导元件(38,64)，其中热传导材料的径向外层不覆在热传导材料的径向内层上。

申请文件独立权利要求：

一种吸烟制品，包括具有相对的前面和后面的可燃热源、在可燃热源后面下游的气雾形成基质、覆在可燃热源后部的一个或多个热传导材料径向内层的第一热传导元件，以及至少覆在气雾形成基质一部分上的一个或多个热传导材料径向外层的第二热传导元件，其中热传导材料的径向外层不覆在热传导材料的径向内层上。

170. 包含改良条的加热式气溶胶生成制品

专利类型：发明

申请号：CN201480051994.8

申请日：2014-10-13

申请人：菲利普·莫里斯生产公司

申请人地址：瑞士纳沙泰尔

发明人：A. 阿基斯库玛　I. 克茨科　J-P. 沙勒

法律状态公告日：2016-11-16

法律状态：实质审查的生效

摘要：

本发明公开了一种加热式气溶胶生成制品，其包括气溶胶生成基质，该气溶胶生成基质包括由包装材料限定的均质烟草材料的聚集片材的条。均质烟草材料的片材包含一种或多种增塑剂，以及在干重基础上按重量计至少为五个百分比的柠檬酸三乙酯。增塑剂优选丙二醇、糖和多元醇，均质烟草材料的片材优选卷曲的或以其他方式产生纹理的。

申请文件独立权利要求：

一种包括气溶胶生成基质的加热式气溶胶生成制品，其中气溶胶生成基质包括由包装材料限定的均质烟草材料的聚集片材的条，均质烟草材料的片材包含一种或多种增塑剂，以及在干重基础上按重量计至少为五个百分比的柠檬酸三乙酯。

171. 包含香味前体的吸烟组合物

专利类型：发明

申请号：CN201480060331.2

申请日：2014-11-19

申请人：菲利普·莫里斯生产公司

申请人地址：瑞士纳沙泰尔

发明人：J. C. 胡夫纳格尔　A. 格拉巴斯尼亚　F. 阿拉门迪

法律状态公告日：2016-11-16

法律状态：实质审查的生效

摘要：

本发明提供了一种吸烟组合物，其包含气溶胶形成基质和香味前体化合物。当加热吸烟组合物时，香味前体化合物释放含硫醇的香味化合物或中间体，含硫醇的香味化合物或中间体可增强气溶胶形成基质的香味。吸烟组合物中包含烟草，并可配置成加热但不燃烧烟草。

申请文件独立权利要求：

一种吸烟组合物，其包含气溶胶形成基质、配置成加热但不燃烧的气溶胶形成基质的加热元件、加到气溶胶形成基质中的香味前体化合物。当加热元件加热气溶胶形成基质时，香味前体化合物释放含硫醇的香味化合物。

172. 掺入标记物的气溶胶生成制品和电操作系统

专利类型：发明

申请号：CN201480062128.9

申请日：2014-12-03

申请人：菲利普·莫里斯生产公司

申请人地址：瑞士纳沙泰尔

发明人：F. 费尔南德　D. 伯诺尔

法律状态公告日：2017-01-04

法律状态：实质审查的生效

摘要：

本发明涉及控制气溶胶生成的方法和相关系统，包括气溶胶生成制品和气溶胶生成装置。气溶胶生成装置具有基于在气溶胶生成制品的材料内掺入的标记物的光谱特征，能够检测气溶胶生成制品的存在，且区分气溶胶生成制品和与气溶胶生成系统一起使用的其他制品。该方法包括下述步骤：检测气溶胶生成制品的存在，测定制品是否包含标记物，比较所检测到的标记物的光谱特征和与气溶胶生成系统一起使用的制品的标记物的光谱特征查找表。除非所检测到的标记物的光谱特征对应于与气溶胶生成系统一起使用的制品的标记物的光谱特征查找表，否则不启动装置，包括断开对加热元件的电力供应；如果所检测到的标记物的光谱特征对应于与气溶胶生成系统一起使用的制品的标记物的光谱特征查找表，则启动装置。

申请文件独立权利要求：

一种控制气溶胶生成的方法和系统，包括气溶胶生成制品（在其材料内掺入具有可鉴定的光谱特征的标记物）和气溶胶生成装置（包括用于部分容纳气溶胶生成制品的腔、至少一个加热元件、用于将电力供应给加热元件的电源、与电源和加热元件连接的电硬件)。基于在气溶胶生成制品的材料内掺入的标记物的光谱特征,能够检测气溶胶生成制品的存在,且区分气溶胶生成制品和与气溶胶生成系统一起使用的其他制品。该方法包括下述步骤:检测气溶胶生成制品的存在,测定气溶胶生成制品是否包含标记物,比较所检测到的标记物的光谱特征和与气溶胶生成系统一起使用的气溶胶生成制品的标记物的光谱特征查找表。除非所检测到的标记物的光谱特征对应于与气溶胶生成系统一起使用的气溶胶生成制品的标记物的光谱特征查找表,否则不启动气溶胶生成装置,包括断开对加热元件的电力供应;如果所检测到的标记物的光谱特征对应于与气溶胶生成系统一起使用的其他制品的标记物的光谱特征查找表,则启动气溶胶生成装置。

173. 包括换热器的气溶胶生成装置

专利类型:发明

申请号:CN201480065476.1

申请日:2014-12-15

申请人:菲利普·莫里斯生产公司

申请人地址:瑞士纳沙泰尔

发明人:E.约赫诺维茨　N.M.布罗德本特　C.J.罗弗　M.卡内

法律状态公告日:2017-01-18

法律状态:实质审查的生效

摘要:

一种用于气溶胶生成系统的气溶胶生成装置(4),该气溶胶生成装置(4)包括经配置以接收气溶胶生成制品(2)的空腔、换热器(16)[具有接近空腔的第一部分(24)和远离空腔的第二部分(26),用于捕获来自点火器的热量]和伸缩盖(14)。伸缩盖可以从盖住换热器的第二部分的第一位置移动到暴露出换热器的第二部分的第二位置,以供点火器加热。伸缩盖经配置后可在换热器的第二部分达到阈值温度时自动从第二位置返回到第一位置。

申请文件独立权利要求:

一种在气溶胶生成系统中使用的气溶胶生成装置,包括空腔(用于接收气溶胶生成制品)、换热器(具有接近空腔的第一部分和远离空腔的第二部分,用于捕获来自点火器的热量)、伸缩盖(可以从盖住换热器的第二部分的第一位置移动到暴露出换热器的第二部分的第二位置,以供点火器加热,并且当换热器的第二部分达到阈值温度时,伸缩盖从第二位置自动返回到第一位置)。

174. 用于烟草的蜡封装香味剂递送系统

专利类型:发明

申请号:CN201480065827.9

申请日:2014-12-18

申请人:菲利普·莫里斯生产公司

申请人地址:瑞士纳沙泰尔

发明人:J-C.胡夫纳戈尔　M.克里斯特鲍尔　I.凯特斯奇克　R.戴明格尔　M.彼德曼　A.凯泽　Z.克内兹　Z.诺瓦克　A.佩尔瓦乌祖纳里克　N.图特涅维奇　R.约纳克　A.诺斯　U.菲格斯　S.亨斯克

法律状态公告日:2016-12-28

法律状态:实质审查的生效

摘要:

一种吸烟组合物,包括烟草材料和香味剂递送系统。该香味剂递送系统包括形成芯的香味剂材料和第一蜡材料,以及封装芯的第二蜡材料,第二蜡材料为不同于第一蜡材料的蜡材料。

申请文件独立权利要求：

一种包括烟草材料和香味剂递送系统的吸烟组合物，该香味剂递送系统包括形成芯的香味剂材料和第一蜡材料，以及包围芯且形成封装香味剂颗粒的第二蜡材料，第二蜡材料为不同于第一蜡材料的蜡材料。

175. 用于烟草的蜡封式沸石香味递送系统

专利类型：发明

申请号：CN201480066037.2

申请日：2014-12-18

申请人：菲利普·莫里斯生产公司

申请人地址：瑞士纳沙泰尔

发明人：J-C. 胡夫纳戈尔　M. 克里斯特鲍尔　I. 凯特斯奇克　R. 戴明格尔　M. 彼德曼　A. 凯泽　Z. 克内兹　Z. 诺瓦克　A. 佩尔瓦乌祖纳里克　S. 亨斯克　N. 图特涅维奇　R. 约纳克　A. 诺斯　U. 菲格斯

法律状态公告日：2017-01-04

法律状态：实质审查的生效

摘要：

一种用于烟草的香味递送系统，包括夹带于沸石材料中并形成芯的香味材料和封装芯的蜡材料。

申请文件独立权利要求：

一种用于烟草的香味递送系统，包括夹带于沸石材料中并形成芯的香味材料，以及围绕芯并形成封装式香味粒子的蜡材料。

176. 具有阀的吸烟制品

专利类型：发明

申请号：CN201480066189.2

申请日：2014-12-12

申请人：菲利普·莫里斯生产公司

申请人地址：瑞士纳沙泰尔

发明人：O. 米洛诺夫　S. 拉纳斯贝泽

法律状态公告日：2017-01-25

法律状态：实质审查的生效

摘要：

本发明公开了一种吸烟制品(1,101,201,301)，其包括具有相对的前面(12)和后面(14)的可燃热源(10)、从可燃热源(10)的前面(12)延伸到后面(14)的一个或多个气流通道(16)、在可燃热源(10)后面(14)下游的气溶胶形成基质(30)，以及位于可燃热源(10)后面(14)与气溶胶形成基质(30)之间的恒温双金属阀(20,120,220,320)。该恒温双金属阀(20,120,220,320)从第一位置布置到第二位置。在第一位置处，恒温双金属阀(20,120,220,320)基本上防止或抑制一个或多个气流通道(16)与气溶胶形成基质(30)之间的流体连通；在第二位置处，当恒温双金属阀(20,120,220,320)加热到阈值温度以上时，一个或多个气流通道(16)和气溶胶形成基质(30)之间的流体连通。

申请文件独立权利要求：

一种吸烟制品，其包括具有相对的前面和后面的可燃热源、从可燃热源的前面延伸到后面的一个或多个气流通道、在可燃热源后面下游的气溶胶形成基质，以及位于可燃热源的后面与气溶胶形成基质之间的恒温双金属阀。该恒温双金属阀从第一位置布置到第二位置。在第一位置处，恒温双金属阀基本上防止或抑制一个或多个气流通道与气溶胶形成基质之间的流体连通；在第二位置处，当恒温双金属阀加热到阈值温度以上时，一个或多个气流通道和气溶胶形成基质之间的流体连通。

177. 气溶胶生成材料和包括其的装置

专利类型：发明

申请号：CN201480073324.6

申请日：2014-11-14

申请人：英美烟草(投资)有限公司

申请人地址：英国伦敦

发明人：E. 约翰　J. 斯蒙德斯　W. A. 奥昂

法律状态公告日：2016-09-21

法律状态：实质审查的生效

摘要：

本发明提供了一种生成可吸入气溶胶和/或气体的装置，该装置包括具有集成电阻加热元件(2)的气溶胶生成材料(3)，可利用电阻加热元件直接加热气溶胶生成材料，气溶胶生成材料作为一体结构和/或涂层提供，其可被加热，以发生可吸入气溶胶和/或气体的多次递送。本发明还提供了制造该装置的方法，以及该装置和该气溶胶生成材料用于生成可吸入气溶胶和/或气体的用途。

申请文件独立权利要求：

本发明提供了一种生成可吸入气溶胶和/或气体的装置，该装置包括具有集成电阻加热元件的气溶胶生成材料，可利用电阻加热元件直接加热气溶胶生成材料，气溶胶生成材料作为一体结构和/或涂层提供，其可被加热，以发生可吸入气溶胶和/或气体的多次递送。该气溶胶生成材料包含尼古丁，且其中至少有一部分的电阻加热元件是网或线圈的形式。

178. 物质雾化的方法和系统

专利类型：发明

申请号：CN201510003468.0

申请日：2006-07-18

申请人：PAX 实验室公司

申请人地址：美国加利福尼亚州

发明人：J. 蒙西斯　A. 鲍恩

法律状态公告日：2018-03-16

法律状态：著录事项变更

摘要：

一种用于产生并向用户口中释放无污染烟雾的吸烟装置，包括烟嘴(用于提供烟雾，供用户吸入)、容纳加热器的管状壳体(通过热调节器调节燃料流量，使加热器以基本恒定的较低温度加热发烟物质)，以及凭视觉指示装置运行的装置。

申请文件独立权利要求：

一种便携式手持低温雾化吸烟装置，包括具有近端和远端的细长管状主体(近端具有烟嘴，远端能够连接至管状壳体，管状主体包括用于引入新鲜空气的空气入口，以及与近端及远端连通，用于向用户口中释放烟雾的吸入通道，管状壳体在远端可拆卸地连接到烟嘴上并形成气密连接)、加热器(由位于管状壳体内的导热外壳形成，并包括雾化室和加热室，雾化室具有可容纳烟雾和烟丝卷的空腔，加热室具有可容纳催化剂的空腔)以及密封部件(设置在雾化室和加热室之间，用于防止加热室产生的废气进入雾化室而造成污染)。

179. 一种源于普洱茶的香料及其为烟草制品增香和减害的用途

专利类型:发明

申请号:CN201510074892.4

申请日:2015-02-12

申请人:云南中烟工业有限责任公司

申请人地址:650231 云南省昆明市五华区红锦路 367 号

发明人:尚善斋　汤建国　雷萍　吴恒　向能军　郑绪东　袁大林　赵伟　洪鎏　朱玲超　陈永宽　缪明明

法律状态公告日:2015-08-12

法律状态:实质审查的生效

摘要:

本发明公开了一种源于普洱茶的香料,其通过以下方法制备:将普洱茶进行超声辅助溶剂浸提,浸提液浓缩后静置,然后向浸提液中加入另一种溶剂进行萃取,萃取液浓缩后即得到该香料。将该香料添加于烟草制品,例如传统点燃型卷烟、加热非燃烧型卷烟、电子烟中,可以赋予其特殊香韵,使烟香明显增加,增加了甜润感和细腻性,减少了甜腻感,明显改善了感官品质。此外,该源于普洱茶的香料可显著降低传统点燃型卷烟烟气中烟草特有的 N-亚硝胺、苯酚、巴豆醛和 NH_3 的释放量。

申请文件独立权利要求:

一种源于普洱茶的香料,其通过以下方法制备:将普洱茶进行超声辅助溶剂浸提,浸提液浓缩后静置,然后向浸提液中加入另一种溶剂进行萃取,萃取液浓缩后即得到该香料。

180. 一种香烟烘烤器

专利类型:发明

申请号:CN201510143183.7

申请日:2015-03-30

申请人:刘团芳

申请人地址:343000 江西省吉安市安福县洲湖镇中洲村下岸 2 号

发明人:刘团芳

授权日:2017-06-23

法律状态公告日:2017-06-23

法律状态:授权

摘要:

本发明公开了一种香烟烘烤器,其具体包括:上壳(4)、内壳(20)、电芯(19)、发热芯(10)、温度感应器(21)、PCBA 控制板(24),其中,内壳(20)具有小孔端和大孔端,发热芯(10)位于内壳(20)左侧,发热芯(10)的外部是不锈钢管(9),且发热芯(10)平行放置在不锈钢管(9)内。发热芯(10)连接有温度控制装置和温度感应器,该温度控制装置连接着温度感应器,并通过温度感应器实时探测发热芯(10)的发热温度,从而使发热温度恒定。此香烟烘烤器可以将香烟进行恒温烘烤,雾化器可以产生雾气,使用此香烟烘烤器可以把香烟味道和雾气混合在一起,供人使用。

授权文件独立权利要求:

一种香烟烘烤器,其特征在于包括上壳(4)、内壳(20)、电芯(19)、发热芯(10)、温度感应器(21)、PCBA 控制板(24),其中,内壳(20)具有小孔端和大孔端,发热芯(10)位于内壳(20)左侧,发热芯(10)的外部是不锈钢管(9),且发热芯(10)平行放置在不锈钢管(9)内。发热芯(10)连接有温度控制装置和温度感应器,该温度控制装置连接着温度感应器,并通过温度感应器实时探测发热芯(10)的发热温度,从而使发热温度恒定。

181. 用于接收形成浮质的衬底的电加热的发烟系统

专利类型:发明

申请号:CN201510173883.0

申请日:2010-10-28

申请人:菲利普·莫里斯生产公司

申请人地址:瑞士纳沙泰尔

发明人:O. 格雷姆　J. 普洛茹　D. 鲁肖

法律状态公告日:2015-10-07

法律状态:实质审查的生效

摘要:

一种用于接收形成浮质的衬底的电加热的发烟系统,该发烟系统至少包括一个加热器(用于加热衬底,以形成浮质,包括电绝缘衬底上的一个或者多个导电轨迹)、电源(用于将功率供应给至少一个加热器)以及绝热材料(用于使加热器绝热)。

申请文件独立权利要求:

一种用于接收形成浮质的衬底的电加热的发烟系统,该发烟系统至少包括一个加热器(用于加热衬底,以形成浮质,包括电绝缘衬底上的一个或者多个导电轨迹)、电源(用于将功率供应给至少一个加热器)以及绝热材料(用于使加热器绝热)。

182. 分段式抽吸制品

专利类型:发明

申请号:CN201510348632.1

申请日:2011-04-27

申请人:R. J. 雷诺兹烟草公司

申请人地址:美国北卡罗来纳州

发明人:B. T. 康纳　A. D. 西巴斯坦恩　E. L. 克鲁克斯　T. F. 托马斯　J. R. 斯通　C. K. 巴纳基　张以平

授权日:2017-08-29

法律状态公告日:2017-08-29

法律状态:授权

摘要:

一种卷烟,包括点火端和嘴端,还包括设置在点火端的可抽吸段、嘴端部段,以及设置在点火端与嘴端之间的气雾生成系统。该气雾生成系统包括:①与可抽吸段相邻的生热段,包括通过可抽吸材料的燃烧启用的热源和由织造、编织或两者的非玻璃材料形成的隔热层;②气雾生成段,包括基材(该基材可以是单体的,和/或包含缝合部分,气雾形成材料设置在生热段与嘴端之间,但与生热段和嘴端在物理上分开)、一片外包裹材料(作为围绕气雾生成段至少一部分、生热段以及可抽吸段至少一部分的外裹件,气雾生成段、生热段及可抽吸段通过外裹件连接在一起作为卷烟杆,使用水松纸材料连接到卷烟杆)。

授权文件独立权利要求:

一种卷烟,包括点火端、嘴端、嘴端件段(设置在嘴端)、气雾生成系统。该气雾生成系统设置在点火端与嘴端件段之间,包括:①生热段,设置在点火端,包括热源和阻燃材料的隔热层的长度,热源通过点火端的点燃而启用,隔热层围绕热源设置;②气雾生成段,包含气雾形成材料,具有一定的长度,且设置在生热段与嘴端之间,但与生热段和嘴端在物理上分开,该气雾生成段还包括基材,而基材包括中心芯部(围绕芯部同轴设置的丙三醇处理纤维的第一外层，围绕第一外层同轴设置的中间层，该中间层包括芳香烟草纸以及围绕中间层同轴设置的丙三醇处理纤维的第二外层，其中第一层、中间层和第二层中至少有一部分用基材导热材料缝合在一起）以及一片外包裹材料（该外包裹材料定向提供如下外裹件，即至少围绕气雾生成段的一部分，围绕生热段，气雾生成段和生热段通过外裹件连接在一起作为卷烟杆，嘴端件段通过水松纸材料连接到卷烟杆）。

183. 一种模拟香烟

专利类型：发明

申请号：CN201510382965.6

申请日：2011-03-23

申请人：亲切消费者有限公司

申请人地址：英国伦敦

发明人：亚历克斯·赫恩

法律状态公告日：2018-03-27

法律状态：发明专利申请公布后的视为撤回

摘要：

一种模拟香烟，其具有可吸入组分的储存器(5)和用于控制出口流的出口阀(21)。出口端设置有可变形材料(31)，以提供更多的真实感，并且可选择地允许使用者以真实香烟的方式改变流动特性。出口端还设置有化学加热器。该模拟香烟包装在纸或纸状包装材料(4)中，以提供更多的真实感。

申请文件独立权利要求：

一种模拟香烟，包括壳体（大体具有香烟的形状和尺寸）、位于壳体内的可吸入组分的储存器、出口阀（用于控制来自储存器的流）、从出口阀至壳体中的出口的出口通路，使用者从出口吸入组分。该模拟香烟的特征在于，壳体与出口端相邻处的外周具有可变形材料。

184. 一种固体烟弹新型卷烟

专利类型：发明

申请号：CN201510752138.1

申请日：2015-11-06

申请人：浙江中烟工业有限责任公司

申请人地址：310008 浙江省杭州市建国南路 288 号

发明人：储国海　丁雪　蒋志才　周国俊　许式强　戴路　沈凯　夏倩　黄华　方婷　夏琛　王辉　黄健　朱强　陆明华　王韵　胡雅军　王骏　倪建彬

法律状态公告日：2016-03-23

法律状态：实质审查的生效

摘要：

本发明涉及一种采用固体烟弹的新型卷烟，该新型卷烟的烟弹固定组件包括固定连接套、压紧密封套和抽吸连接头，固定连接套内设置有柱形空腔，柱形空腔连通进气口，烟弹组件设置在柱形空腔内，发烟物质设置在烟弹组件内，该发烟物质为由烟草提取物、导热材料和黏结剂构成的固态物质。烟弹组件的下端设置有与加热棒相匹配的凹孔，加热棒插设在凹孔内，凹孔的周围设置有进气孔。烟弹组件的上端设置有出气孔，出气孔与压紧密封套的内圈相连通。抽吸连接头设置在固定连接套的上部，其上设置有抽吸孔，抽吸组件设置在抽吸孔上。该新型卷烟实现了烟气的释放，加热元件与烟气形成基体不直接接触，无须对加热装置进行清洁，延长了使用寿命。

申请文件独立权利要求:

一种固体烟弹新型卷烟,包括电加热组件(3)、烟弹组件(4)、烟弹固定组件(5)和抽吸组件(6),其特征在于:电加热组件(3)包括固定连接座(31)和加热棒(32),加热棒(32)设置在固定连接座(31)上,并与电源输入装置相连接;烟弹固定组件(5)包括固定连接套(51)、压紧密封套(52)和抽吸连接头(53),固定连接套(51)可拆装地设置在固定连接座(31)的上方,其内设置有柱形空腔(7),柱形空腔(7)连通外界空气,抽吸连接头(53)设置在固定连接套(51)的上部,其上设置有抽吸孔(54),抽吸孔(54)与压紧密封套(52)的内圈相连通;烟弹组件(4)设置在柱形空腔(7)内,其下端由固定连接座(31)定位,上端由压紧密封套(52)限位,供加热抽吸的发烟物质填充在烟弹组件(4)内,发烟物质为固态物质,烟弹组件(4)的下端设置有与加热棒(32)相匹配的凹孔(43),加热棒(32)插设在凹孔(43)内,凹孔(43)的周围设置有进气孔(44),进气孔(44)暴露在柱形空腔(7)内,烟弹组件(4)的上端设置有出气孔(45),出气孔(45)与柱形空腔(7)密封隔绝,并与压紧密封套(52)的内圈相连通;抽吸组件(6)设置在抽吸孔(54)上。

185. 毛细管气溶胶发生器和产生气溶胶的方法

专利类型:发明

申请号:CN201510781723.4

申请日:2007-09-25

申请人:菲利普·莫里斯生产公司

申请人地址:瑞士纳沙泰尔

发明人:T.豪厄尔　C.哈里亚茨伊　M.贝尔卡斯特罗

法律状态公告日:2016-03-23

法律状态:实质审查的生效

摘要:

本发明公开了一种用于毛细管气溶胶发生器的储热器,其包括相变材料(40),该相变材料在大约等于足以使毛细管气溶胶发生器的毛细管通道(10)中的液体材料挥发的温度下发生相转变。该相变材料可存储热量,该热量可用于在给定的时间内连续地或间歇地产生气溶胶。使用相变材料存储的热量在一段时间内产生气溶胶,可以避免使用大型能源操作毛细管气溶胶发生器。本发明还公开了毛细管气溶胶发生器用于产生气溶胶的方法。

申请文件独立权利要求:

一种毛细管气溶胶发生器,包括:①毛细管通道,该毛细管通道用于当毛细管通道中的液体材料被加热至至少使其中的一些液体材料挥发时形成气溶胶,并将液体材料供给毛细管通道的液体供给源;②储热器,该储热器包括至少包围毛细管通道一部分并与毛细管通道热接触的相变材料,该相变材料盛装在管状壳体内,管状壳体用电热丝缠绕,电导线焊接到电热丝上;③将能量供给相变材料的能量供给源。其中,相变材料在大约等于足以使毛细管通道中的液体材料挥发的温度下从固相转变为液相,并且相变材料能将足够的热量供给毛细管通道中的液体材料,使液体材料挥发,并将挥发的液体材料从毛细管通道中驱出,与大气混合,从而形成气溶胶。

186. 一种电子浆料及其制备方法与双面陶瓷发热体

专利类型:发明

申请号:CN201510843421.5

申请日:2015-11-28

申请人:广东中烟工业有限责任公司

申请人地址:510385 广东省广州市荔湾区东沙环翠南路88号

发明人:刘义波　李峰　胡静　孙庄

授权日:2017-05-17

法律状态公告日:2017-05-17

法律状态:授权

摘要:

本发明提供了一种用于制备发热元件的电子浆料及其制备方法,还涉及一种采用该电子浆料制备得到的陶瓷发热体。该电子浆料由以下质量百分比的组分组成:锰合金粉10.0%~40.0%、钼粉8.0%~15.0%、钯粉10.0%~20.0%、纳米碳粉1.0%~5.0%、高岭土1.0%~5.0%、滑石粉3.0%~10.0%、钛铂粉20.0%~35.0%、松油醇10.0%~21.0%、蓖麻油1.0%~5.0%、氢化蓖麻油0.5%~3.0%。该电子浆料通过合理的组合及配比,其均匀度较高,局部浓度差异小,所制备得到的陶瓷发热体的电阻值差异小,且可以实现对电阻值的调控,产品一致性好,可实现规模生产。陶瓷发热体采用双面发热的方式,其升温速率快,温度分布均匀,且两面的电阻值差异小,解决了因两面升温速率和温度不一致而造成的曲翘甚至断裂的问题,使用寿命长,在急速升温设备或领域应用前景广。

授权文件独立权利要求:

一种电子浆料,其特征在于由以下质量百分比的组分组成:锰合金粉10.0%~40.0%、钼粉8.0%~15.0%、钯粉10.0%~20.0%、纳米碳粉1.0%~5.0%、高岭土1.0%~5.0%、滑石粉3.0%~10.0%、钛铂粉20.0%~35.0%、松油醇10.0%~21.0%、蓖麻油1.0%~5.0%、氢化蓖麻油0.5%~3.0%。

187. 控制电加热元件的方法和装置及气溶胶产生系统

专利类型:发明

申请号:CN201510908619.7

申请日:2013-09-10

申请人:菲利普·莫里斯生产公司

申请人地址:瑞士纳沙泰尔

发明人:R.法林　P.塔隆

授权日:2018-02-23

法律状态公告日:2018-02-23

法律状态:授权

摘要:

本发明提供了一种控制电加热元件的方法和装置。该方法包括:通过对电加热元件供应电力,将电加热元件的温度在多个加热阶段维持在目标温度;将在每一个加热阶段对电加热元件供应的电力限制为阈值电力水平,使得在电加热元件启动后,变量 B 随着时间的增加而逐渐减小,其中变量 B 等于阈值电力水平除以目标温度。本发明还公开了控制电加热元件的装置和气溶胶产生系统。

授权文件独立权利要求:

一种控制电加热元件的方法,该方法包括:通过对电加热元件供应电力,将电加热元件的温度在多个加热阶段维持在目标温度;将在每一个加热阶段对电加热元件供应的电力限制为阈值电力水平,使得在电加热元件启动后,变量 B 随着时间的增加而逐渐减小,其中变量 B 等于阈值电力水平除以目标温度。

188. 一种过滤烟嘴

专利类型:实用新型

申请号:CN201520063545.7

申请日:2015-01-29

申请人:湖南中烟工业有限责任公司

申请人地址:410007 湖南省长沙市雨花区万家丽中路三段188号

发明人:彭新辉

授权日:2015-07-01

法律状态公告日:2015-07-01

法律状态:授权

摘要:

本实用新型公开了一种过滤烟嘴,其包括内设空腔的烟嘴本体,该烟嘴本体包括依次连接的连接区、滤棒区、烟道区和咬嘴区,滤棒区的空腔内设有滤棒,咬嘴区的外壁上绕有至少两层咬嘴纸。本实用新型的有益效果是,过滤烟嘴可以保障吸食者身体健康,改善吸食口感,特别适用于电子烟与低温烟草等新型烟草中。

申请文件独立权利要求:

一种过滤烟嘴,包括内设空腔的烟嘴本体,其特征在于烟嘴本体包括依次连接的连接区、滤棒区、烟道区和咬嘴区,滤棒区的空腔内设有滤棒,咬嘴区的外壁上绕有至少两层咬嘴纸。

189. 一种用于加热不燃烧卷烟外部加热的电热陶瓷加热装置

专利类型:实用新型

申请号:CN201520532205.4

申请日:2015-07-22

申请人:中国烟草总公司郑州烟草研究院

申请人地址:450001 河南省郑州市高新区枫杨街 2 号

发明人:崔华鹏　刘绍锋　陈黎　于永杰　樊美娟　谢复炜　张晓兵　刘惠民

授权日:2016-01-20

法律状态公告日:2016-01-20

法律状态:授权

摘要:

本实用新型公开了一种用于加热不燃烧卷烟外部的电热陶瓷加热装置,其特征在于包括陶瓷管以及设置在陶瓷管底部的陶瓷底板,陶瓷底板上开设有通气孔,陶瓷管管壁中均匀布置有电热丝,该电热丝通过导线与设置在陶瓷管外部的继电器及直流电源相连接,陶瓷管内壁下部设置有与温控器相连的测温元件。本实用新型的优点在于电热丝通过烧结的方式直接封装在陶瓷管管壁中,可根据需要设定电热丝的加热功率和加热区域。将卷烟插入陶瓷管中就可对卷烟的外周进行加热,当卷烟加热至一定温度时,即可抽吸卷烟。本加热装置具有使用方便、加热均匀、升温快、耐高温等优点,非常适合加热不燃烧卷烟。

申请文件独立权利要求:

一种用于加热不燃烧卷烟外部的电热陶瓷加热装置,其特征在于包括陶瓷管以及设置在陶瓷管底部的陶瓷底板,陶瓷底板上开设有通气孔,陶瓷管管壁中均匀布置有电热丝,该电热丝通过导线与设置在陶瓷管外部的继电器及直流电源相连接,陶瓷管内壁下部设置有与温控器相连的测温元件。

190. 一种细支型碳加热低温卷烟

专利类型:实用新型

申请号:CN201520729467.X

申请日:2015-09-18

申请人:安徽中烟工业有限责任公司

申请人地址:230088 安徽省合肥市高新区天达路 9 号

发明人:宁敏　周顺　王孝峰　徐迎波　何庆　张亚平

授权日:2015-12-30

法律状态公告日:2015-12-30

法律状态:授权

摘要:

本实用新型公开了一种细支型碳加热低温卷烟,其由依次相连的碳质热源段、铝箔衬纸包裹烟丝段、卷烟纸包裹烟丝段和滤嘴段组成。本实用新型的细支型碳加热低温卷烟既有碳加热低温卷烟烟气低害的优点,又具有细支型烟纤细优雅的外观,填补了细支型碳加热低温卷烟的空白。

申请文件独立权利要求:

一种细支型碳加热低温卷烟,其特征在于由依次相连的碳质热源段(C)、铝箔衬纸包裹烟丝段(Sa)、卷烟纸包裹烟丝段(S)和滤嘴段(F)组成。

191. 具有多材料感受器的成烟制品

专利类型:发明

申请号:CN201580000653.2

申请日:2015-05-21

申请人:菲利普·莫里斯生产公司

申请人地址:瑞士纳沙泰尔

发明人:O.米洛诺夫　I.N.奇诺维科　O.福尔萨

授权日:2018-06-26

法律状态公告日:2017-06-16

法律状态:实质审查的生效

摘要:

本发明提供了一种成烟制品(10),其包括成烟基质(20)和用于加热成烟基质(20)的感受器(1,4)。感受器(1,4)包括第一感受器材料(2,5)和具有居里温度的第二感受器材料(3,6),第一感受器材料与第二感受器材料紧密物理接触。第一感受器材料也可以具有居里温度,第二感受器材料的居里温度低于500 ℃,并且如果第一感受器材料具有居里温度,则应低于第二感受器材料的居里温度。这样的多材料感受器的使用优化了加热方式,并且将感受器的温度控制在第二感受器材料的居里温度附近而不需要直接进行温度监测。

授权文件独立权利要求:

一种成烟制品(10),其包括成烟基质(20)和用于加热成烟基质(20)的感受器(1,4),其特征在于感受器(1,4)包括第一感受器材料(2,5)和第二感受器材料(3,6),第一感受器材料与第二感受器材料紧密物理接触,并且第二感受器材料具有低于500 ℃的居里温度。

192. 用于产生气雾的感应加热装置和系统

专利类型:发明

申请号:CN201580000916.X

申请日:2015-05-21

申请人:菲利普·莫里斯生产公司

申请人地址:瑞士纳沙泰尔

发明人:O.米洛诺夫

授权日:2017-03-29

法律状态公告日:2017-03-29

法律状态:授权

摘要:

本发明公开了用于产生气雾的感应加热装置,其包括装置壳体,该装置壳体包括用于容纳包括气雾形成基质和感受器的气雾形成插入件至少一部分内表面的腔,还包括具有磁场轴线的感应线圈,该感应线圈至少包围腔的一部分。该加热装置还包括连接至感应线圈并且向感应线圈提供高频电流的电源。形成感应线圈的导线材料具有包括主要部分的截面，主要部分具有沿着磁场轴线方向的纵向延伸部和垂直于磁场轴线方向的侧向延伸部，纵向延伸部比侧向延伸部长。

授权文件独立权利要求：

用于产生气雾的感应加热装置，该装置包括：①装置壳体，包括用于容纳气雾形成插入件至少一部分内表面的腔，该气雾形成插入件包括气雾形成基质和感受器，装置壳体还包括具有磁场轴线的感应线圈，感应线圈至少包围腔的一部分；②电源，该电源连接至感应线圈，并且向感应线圈提供高频电流，其中，形成感应线圈的导线材料具有包括主要部分的截面，主要部分具有沿着磁场轴线方向的纵向延伸部和垂直于磁场轴线方向的侧向延伸部，纵向延伸部比侧向延伸部长。

193. 气雾形成基质和气雾递送系统

专利类型：发明

申请号：CN201580000923.X

申请日：2015-05-21

申请人：菲利普・莫里斯生产公司

申请人地址：瑞士纳沙泰尔

发明人：O.米洛诺夫　I.N.奇诺维科

授权日：2017-03-08

法律状态公告日：2017-03-08

法律状态：授权

摘要：

本发明描述了与感应加热装置组合使用的气雾形成基质。该气雾形成基质包括气雾形成基质加热后能够释放挥发性化合物的固体材料，以及用于加热气雾形成基质的第一感受器材料，该挥发性化合物可形成气雾。第一感受器材料具有第一居里温度，且其排列与固体材料热接近。气雾形成基质包括具有第二居里温度的第二感受器材料，其排列与固体材料热接近。第一感受器材料和第二感受器材料具有不同的比吸收率(SAR)输出，第一感受器材料的第一居里温度低于第二感受器材料的第二居里温度，并且第二感受器材料的第二居里温度限定了第一感受器材料和第二感受器材料的最高加热温度。本发明还描述了气雾递送系统。

授权文件独立权利要求：

一种与感应加热装置组合使用的气雾形成基质，该气雾形成基质包括气雾形成基质加热后能够释放挥发性化合物的固体材料，以及用于加热气雾形成基质的第一感受器材料，该挥发性化合物能够形成气雾。第一感受器材料具有第一居里温度，且其排列与固体材料热接近。气雾形成基质包括第二感受器材料，该材料具有第二居里温度，且其排列与固体材料热接近。第一感受器材料和第二感受器材料具有不同的比吸收率(SAR)输出，第一感受器材料的第一居里温度低于第二感受器材料的第二居里温度，并且第二感受器材料的第二居里温度限定了第一感受器材料和第二感受器材料的最大加热温度。

194. 可感应加热的烟草产品

专利类型：发明

申请号：CN201580001022.2

申请日：2015-05-21

申请人：菲利普・莫里斯生产公司

申请人地址：瑞士纳沙泰尔

发明人：O.米洛诺夫

授权日:2017-05-03

法律状态公告日:2017-05-03

法律状态:授权

摘要:

本发明公开了用于产生气雾的可感应加热的烟草产品,其包括多个微粒形式的感受器的气雾形成基质。该气雾形成基质是卷曲烟草片,包括烟草材料、纤维、黏合剂、气雾形成剂和多个微粒形式的感受器。

授权文件独立权利要求:

用于产生气雾的可感应加热的烟草产品,包括多个微粒形式的感受器的气雾形成基质,该气雾形成基质是卷曲烟草片,包括烟草材料、纤维、黏合剂、气雾形成剂和多个微粒形式的感受器。

195. 用于加热气溶胶形成基质的感应加热装置

专利类型:发明

申请号:CN201580007754.2

申请日:2015-05-21

申请人:菲利普・莫里斯生产公司

申请人地址:瑞士纳沙泰尔

发明人:O.米洛诺夫

法律状态公告日:2017-06-16

法律状态:实质审查的生效

摘要:

一种感应加热装置(1),包括装置壳体(10)、直流电源(11)、电源电子设备(13),该电源电子设备(13)包括 DC/AC 逆变器(132),DC/AC 逆变器(32)包括带有晶体管开关(1320)的 E 类功率放大器、晶体管开关驱动电路(1322)和配置为在低欧姆负载(1324)下操作的 LC 负载网络(1323),LC 负载网络(1323)包括并联电容器(C1)和电容器(C2)与电感器(L2)的串联连接。该感应加热装置(1)还包括布置于装置壳体(10)中的腔(14),腔(14)具有至少容纳一部分气溶胶形成基质(20)的内表面,该腔(14)中布置有在操作期间使电感器(L2)感应耦合到气溶胶形成基质(20)的感受器(21)。

申请文件独立权利要求:

一种用于加热包括感受器(21)的气溶胶形成基质(20)的感应加热装置(1),该感应加热装置(1)包括装置壳体(10)、具有 DC 供应电压(VCC)的直流电源(11)、配置成在高频下操作的电源电子设备(13),电源电子设备(13)包括连接到直流电源(11)的 DC/AC 逆变器(132),DC/AC 逆变器包括带有晶体管开关(1320)的 E 类功率放大器、晶体管开关驱动电路(1322)和配置为在低欧姆负载(1324)下操作的 LC 负载网络(1323),其中,LC 负载网络(1323)包括并联电容器(C1)和具有欧姆电阻(R 线圈)的电容器(C2)与电感器(L2)的串联连接。该感应加热装置(1)还包括布置于装置壳体(10)中的腔(14),腔(14)具有至少容纳一部分气溶胶形成基质(20)的内表面,该腔(14)中布置有在操作期间一旦气溶胶形成基质(20)的一部分容纳于该腔中,LC 负载网络(1323)的电感器(L2)就感应耦合到气溶胶形成基质(20)的感受器(21)。

196. 电加热气溶胶生成系统

专利类型:发明

申请号:CN201580013587.2

申请日:2015-04-24

申请人:菲利普・莫里斯生产公司

申请人地址:瑞士纳沙泰尔

发明人:R.霍尔茨赫尔

法律状态公告日:2017-05-31

法律状态:实质审查的生效

摘要:

本发明涉及一种控制电加热气溶胶生成系统的方法。该电加热气溶胶生成系统包括充电装置(包括可再充电电源)和电加热气溶胶生成装置(可容纳气溶胶生成基质,包括可再充电电源和至少一个电加热元件)。控制电加热气溶胶生成系统的方法为监测充电装置邻近的环境温度,根据所测的环境温度确定充电电流,以用于对充电装置的可再充电电源进行充电,并且根据所确定的充电电流对充电装置的可再充电电源进行充电。本发明还涉及用于执行该方法的系统和装置。

申请文件独立权利要求:

一种控制电加热气溶胶生成系统的方法。该电加热气溶胶生成系统包括充电装置(包括可再充电电源)和电加热气溶胶生成装置(可容纳气溶胶生成基质,包括可再充电电源和至少一个电加热元件)。控制电加热气溶胶生成系统的方法为监测充电装置邻近的环境温度,根据所测的环境温度确定充电电流,以用于对充电装置的可再充电电源进行充电,并且根据所确定的充电电流对充电装置的可再充电电源进行充电。其中:当环境温度在第一预定温度范围内时,充电电流约小于 0.1 C;当环境温度在第二预定温度范围内时,充电电流约大于 0.1 C;当环境温度大于预定温度时,应防止对充电装置的可再充电电源进行充电。

197. 电加热气溶胶生成系统

专利类型:发明

申请号:CN201580013965.7

申请日:2015-03-17

申请人:菲利普·莫里斯生产公司

申请人地址:瑞士纳沙泰尔

发明人:O.米洛诺夫

法律状态公告日:2017-05-03

法律状态:实质审查的生效

摘要:

本发明涉及一种电操作气溶胶生成系统(100)。该系统包括壳体(102)、气溶胶形成基质、用于加热气溶胶形成基质以产生气溶胶的至少一个加热元件(106)、用于将电力供应到加热元件的电源(108)、用于控制从电源(108)到加热元件(106)的电力供给的电路(110)、设置于壳体(102)外表面的第一开关(114),以及包括至少一个第二触敏式开关(116)的烟嘴(112),烟嘴(112)可从第一配置变形到第二配置,其中:在第一配置中,第二触敏式开关(116)未暴露,在第二配置中,第二触敏式开关(116)暴露。电路(110)布置为当第一开关(114)和第二触敏式开关(116)两者都被激活时将电力提供到加热元件(106)。

申请文件独立权利要求:

一种电操作气溶胶生成系统,包括壳体、气溶胶形成基质、用于加热气溶胶形成基质以产生气溶胶的至少一个加热元件、用于将电力供应给加热元件的电源、用于控制从电源到加热元件的电力供给的电路、设置于壳体外表面的第一开关,以及包括至少一个第二触敏式开关的烟嘴,烟嘴可从第一配置变形到第二配置,其中:在第一配置中,第二触敏式开关不暴露;在第二配置中,第二触敏式开关暴露。当第一开关和第二触敏式开关两者都激活时,电路将电力提供给加热元件。

198. 具有用于气溶胶生成装置的加热器的容器以及气溶胶生成装置

专利类型:发明

申请号:CN201580019161.8

申请日:2015-04-24

申请人:菲利普·莫里斯生产公司

申请人地址:瑞士纳沙泰尔

发明人:R. N. 巴蒂斯塔

法律状态公告日:2017-05-17

法律状态:实质审查的生效

摘要:

本发明涉及用于气溶胶生成基质的容器,该容器具有刺穿区域、护套,以及包含刺穿区域和加热器的盖,加热器界定刺穿区域的边界。本发明还涉及电加热气溶胶生成装置,其包括电源、用于容纳气溶胶生成基质的容器的腔、电触头(连接到电源,通过电触头将电源连接到容器中的加热器上),以及在容器容纳于腔中时刺穿容器的刺穿区域的设备。本发明进一步涉及制造用于气溶胶生成基质的容器的方法。

申请文件独立权利要求:

一种用于气溶胶生成基质的容器,该容器具有刺穿区域、护套,以及包含刺穿区域和加热器的盖,加热器界定刺穿区域的边界。

199. 用于将包含在其中的材料加热或冷却的设备

专利类型:发明

申请号:CN201580034981.4

申请日:2015-06-26

申请人:英美烟草(投资)有限公司

申请人地址:英国伦敦

发明人:S. 布里尔顿　G. 普莱斯　M. 福斯特　R. 皮克

法律状态公告日:2017-03-22

法律状态:实质审查的生效

摘要:

本发明描述了一种用于将待加热或待冷却材料加热或冷却的设备,该设备包括用于容纳待加热或待冷却材料的第一舱、容纳相变材料的第二舱,其中相变材料用于在经历相变时产生热量,以便加热第一舱,或者吸收热量,以便将第一舱冷却。本发明还描述了用于激活相变材料的各种不同的激活工具。

申请文件独立权利要求:

一种用于将待加热或待冷却材料加热或冷却的设备,该设备包括第一舱(用于容纳待加热或待冷却的材料)、容纳相变材料的第二舱(其中相变材料用于在经历相变时产生热量,以便将第一舱加热,或者吸收热量,以便将第一舱冷却),以及包括相变激活工具和屏障的激活装置。屏障将相变激活工具与相变材料分隔开,运行激活装置,使屏障破裂,从而使相变激活工具能够接触相变材料,以便激活相变材料的相变,并且屏障设置成在破裂之后能重新密封。

200. 气溶胶形成条及其制造方法以及加热式气溶胶生成制品

专利类型:发明

申请号:CN201580040188.5

申请日:2015-08-12

申请人:菲利普·莫里斯生产公司

申请人地址:瑞士纳沙泰尔

发明人:J. P. M. 皮伊南伯格　M. 加里奥特

授权日:2018-05-22

法律状态公告日:2018-05-22

法律状态:授权

摘要:

一种制造用作加热式气溶胶生成制品(2000,2001,2002)中的气溶胶形成基质的具有截面孔隙率和截面孔隙率分布值的预定值的气溶胶形成条(2020)的方法,该方法包括以下步骤:提供具有指定宽度和指定厚度的气溶胶形成材料的连续薄片(2),将气溶胶形成材料的连续薄片相对于其纵轴横向地聚集,用包装材料环绕聚集的气溶胶形成材料的连续薄片,以形成连续条,将连续条切断为多个离散条,测定至少一个离散条的截面孔隙率和截面孔隙率分布值,并控制一个或多个制造参数,以确保其他离散条的截面孔隙率和截面孔隙率分布值在预定值范围内。截面孔隙率的预定值优选 0.15~0.45 范围内的值,截面孔隙率分布值优选 0.04~0.22 范围内的值。可选择预定值,以便使用于不同类型的加热式气溶胶生成制品的气溶胶交付物达到最佳质量。在优选实施例中,连续薄片可在聚集之前卷曲。

授权文件独立权利要求:

一种制造用作加热式气溶胶生成制品(2000,2001,2002)中的气溶胶形成基质的具有截面孔隙率和截面孔隙率分布值的预定值的气溶胶形成条(2020)的方法,该方法包括以下步骤:提供具有指定宽度和指定厚度的气溶胶形成材料的连续薄片(2),将气溶胶形成材料的连续薄片相对于其纵轴横向地聚集,用包装材料(12)环绕聚集的气溶胶形成材料的连续薄片,以形成连续条,将连续条切断为多个离散条,至少测定一个离散条的截面孔隙率和截面孔隙率分布值,并控制一个或多个制造参数,以确保其他离散条的截面孔隙率和截面孔隙率分布值在预定值范围内,以产生气溶胶形成条。

201. 包括多用途计算装置的气溶胶生成系统

专利类型:发明

申请号:CN201580040198.9

申请日:2015-08-05

申请人:菲利普·莫里斯生产公司

申请人地址:瑞士纳沙泰尔

发明人:R. N. 巴蒂斯塔　S. A. 海达切特

法律状态公告日:2017-09-01

法律状态:实质审查的生效

摘要:

本发明提供了一种包括气溶胶生成组合件(16)的电操作气溶胶生成系统(10),气溶胶生成组合件(16)包括气溶胶形成基质(54)、用于加热气溶胶形成基质(54)的电加热器(52)、第一数据存储装置(50)和第一电连接器(24)。该气溶胶生成系统(10)包括多用途计算装置(12),其包括电能供应器(38)、多用途用户界面(30)、至少一个用户输入装置(30)、第二数据存储装置(34)、安装在第二数据存储装置(34)上的多个软件应用程序(32)、微处理器(36)和第二电连接器(18)。第一电连接器(24)和第二电连接器(18)经配置后能够在多用途计算装置(12)与气溶胶生成组合件(16)之间双向传送数据,且能够将电流从电能供应器(38)供应到电加热器(52)。至少将软件应用程序(32)中的一个程序配置成根据第一数据存储装置(50)和第二数据存储装置(34)中的至少一个上存储的预定加热廓线控制电流向电加热器(52)的供应。

申请文件独立权利要求:

一种电操作气溶胶生成系统,其包括气溶胶生成组合件(包括气溶胶形成基质、用于加热气溶胶形成基质的电加热器、第一数据存储装置和第一电连接器)和多用途计算装置(包括电能供应器、多用途用户界面、至少一个用户输入装置、第二数据存储装置、安装在第二数据存储装置上的多个软件应用程序、微处理器和第二电连接器)。其中,第一电连接器和第二电连接器经配置后能够在多用途计算装置与气溶胶生成组合件之间双向传送数据,且能够将电流从电能供应器供应到电加热器。至少将软件应用程序中的一个程序配置成根据第一数据存储装置和第二数据存储装置中的至少一个上存储的预定加热廓线控制电流向电加热器的供应。

202. 用于形成具有减少量的烟草特异性亚硝胺的气溶胶生成基质的方法

专利类型:发明

申请号:CN201580042554.0

申请日:2015-08-19

申请人:菲利普·莫里斯生产公司

申请人地址:瑞士纳沙泰尔

发明人:G.朗　J.C.胡夫纳格尔

法律状态公告日:2017-09-05

法律状态:实质审查的生效

摘要:

本发明提供了一种形成气溶胶生成基质的方法,该方法包括提供至少含有一种烟草特异性亚硝胺的液体烟碱来源,将液体烟碱来源与溶剂和至少一种气溶胶形成剂混合,以形成气溶胶生成基质,并用紫外光照射气溶胶生成基质,以减少烟草特异性亚硝胺的含量。本发明还提供了一种形成气溶胶生成基质的方法,该方法为提供至少含有一种烟草特异性亚硝胺的烟草浆液,用紫外光照射该烟草浆液,以减少烟草特异性亚硝胺的含量,并干燥该烟草浆液,以形成气溶胶生成基质。

申请文件独立权利要求:

一种形成气溶胶生成基质的方法,该方法为提供至少含有一种烟草特异性亚硝胺的液体烟碱来源,将液体烟碱来源与溶剂和至少一种气溶胶形成剂混合,以形成气溶胶生成基质,并用紫外光照射气溶胶生成基质,以减少烟草特异性亚硝胺的量。

203. 一种电子烟雾化器及电子烟

专利类型:发明

申请号:CN201610390050.4

申请日:2016-06-03

申请人:湖南中烟工业有限责任公司

申请人地址:410007 湖南省长沙市雨花区万家丽中路三段 188 号

发明人:刘建福　钟科军　郭小义　黄炜　代远刚　尹新强　易建华　于宏　周永权

法律状态公告日:2017-12-19

法律状态:专利实施许可合同备案的生效、变更及注销

摘要:

本发明公开了一种电子烟雾化器及电子烟,雾化器包括外壳,外壳与吸嘴固定连接,外壳内固定有超声雾化片,超声雾化片包括实心压电陶瓷片,超声雾化片的一面与导液结构接触,另一面与固体香料接触,导液结构与储油腔连通,导液结构、固体香料均与气流通道连通,气流通道的进气端与外壳外部连通,气流通道的出气端与吸嘴连通。本发明的超声雾化片一面雾化烟油,一面使固体香料在振荡时散发香气,并与烟油雾化产生的烟雾混合,从而使电子烟的口感更加接近卷烟的口感,能量利用率高,且超声雾化片与导液结构接触,一定程度上起到了减振作用,超声雾化片不容易损坏。

申请文件独立权利要求:

一种电子烟雾化器,包括外壳(1),外壳(1)与吸嘴(2)固定连接,其特征在于外壳(1)内固定有超声雾化片,该超声雾化片包括实心压电陶瓷片(6),实心压电陶瓷片(6)的一面与导液结构接触,另一面与固体香料(3)接触,导液结构与储油腔(4)连通,导液结构、固体香料(3)均与气流通道(5)连通,气流通道(5)的进气端与外壳(1)外部连通,出气端与吸嘴(2)连通。

204. 用于加热可抽吸材料的绝热设备

专利类型:发明
申请号:CN201610804043.4
申请日:2012-08-24
申请人:英美烟草(投资)有限公司
申请人地址:英国伦敦
发明人:P. A. 埃戈彦茨　D. M. 沃洛比夫　P. N. 菲明　F. 萨莱姆　T. 伍德曼
法律状态公告日:2017-01-11
法律状态:实质审查的生效
摘要:

一种用于加热可抽吸材料,以使可抽吸材料中的至少一种成分挥发的设备,该设备包括具有中心区域的区域绝热构件,该中心区域被排空,其压力低于该绝热构件外部的压力。

申请文件独立权利要求:

一种用于加热可抽吸材料,以使可抽吸材料中的至少一种成分挥发的设备,该设备包括具有中心区域的区域绝热构件,该中心区域被排空,其压力低于该绝热构件外部的压力;该设备还包括可抽吸材料的加热腔,该加热腔包括在两个端部处开放的大致呈管状的加热腔。可抽吸材料通过使用者插入可抽吸材料的加热腔中,并在使用之后通过使用者从可抽吸材料的加热腔中移出。

205. 用于加热可抽吸材料的绝热设备

专利类型:发明
申请号:CN201610804044.9
申请日:2012-08-24
申请人:英美烟草(投资)有限公司
申请人地址:英国伦敦
发明人:P. A. 埃戈彦茨　D. M. 沃洛比夫　P. N. 菲明　F. 萨莱姆　T. 伍德曼
法律状态公告日:2017-03-22
法律状态:实质审查的生效
摘要:

一种用于加热可抽吸材料,以使可抽吸材料中的至少一种成分挥发的设备,该设备包括具有中心区域的区域绝热构件,该中心区域被排空,其压力低于该绝热构件外部的压力。

申请文件独立权利要求:

一种用于加热可抽吸材料,以使可抽吸材料中的至少一种成分挥发的设备,该设备包括具有中心区域的区域绝热构件,该中心区域被排空,其压力低于该绝热构件外部的压力,其中绝热构件的厚度约小于1 mm。

206. 用于加热可抽吸材料的绝热设备

专利类型:发明
申请号:CN201610804046.8
申请日:2012-08-24
申请人:英美烟草(投资)有限公司
申请人地址:英国伦敦
发明人:P. A. 埃戈彦茨　D. M. 沃洛比夫　P. N. 菲明　F. 萨莱姆　T. 伍德曼

法律状态公告日:2017-02-08

法律状态:实质审查的生效

摘要:

一种用于加热可抽吸材料,以使可抽吸材料中的至少一种成分挥发的设备,该设备包括具有中心区域的区域绝热构件,该中心区域被排空,其压力低于该绝热构件外部的压力。

申请文件独立权利要求:

一种用于加热可抽吸材料,以使可抽吸材料中的至少一种成分挥发的陶瓷加热器设备,该设备包括具有中心区域的区域绝热构件,该中心区域被排空,其压力低于该绝热构件外部的压力。

207. 电吸烟系统及其点火器的启动方法、卷烟和卷烟识别系统

专利类型:发明

申请号:CN98810390.7

申请日:1998-10-14

申请人:菲利普·莫里斯生产公司

申请人地址:美国弗吉尼亚州

发明人:H.尼尔·农纳利　达文·E.夏普　迈克尔·L.沃特金斯　道格拉斯·J.伊利　尼尔·R.巴特勒　帕特里克·J.科布勒

授权日:2004-01-21

法律状态公告日:2004-01-21

法律状态:授权

摘要:

本发明是一种卷烟识别系统(50),它包括一个点火器的卷烟接收器(27)上的线圈(1102)、一个与线圈(1102)相连的振荡电路(1106)和一个根据振荡电路的输出启动和断开点火器的控制器。

授权文件独立权利要求:

一种电吸烟系统,它包括:①一支卷烟,该卷烟包括一个设有预定的感应标记的构件;②一个电点火器,该电点火器包括卷烟接收器、卷烟识别器(用于产生一个指示卷烟接收器上感应标记存在的信号),以及一个与卷烟识别器相连的控制器(用于在收到并处理信号时使电点火器能够或不能工作)。

13.2 电　子　烟

208. 一种非可燃性电子雾化香烟

专利类型:发明

申请号:CN200310011173.5

申请日:2003-03-14

申请人:韩力

申请人地址:香港中环干诺道中168—200号信德中心西翼10楼1010—1012室

发明人:韩力

授权日:2008-04-16

法律状态公告日:2017-05-03

法律状态:专利权的终止

摘要:

本发明涉及一种不含有害焦油,只含烟碱(尼古丁)的非可燃性电子雾化香烟,该香烟包括壳体、高频发

生器、烟碱贮液及容器、雾化器、气流传感器，香烟的尾端烟嘴处设置的气流传感器连至电路板上，用于启动经供液管与贮存烟碱溶液相接的雾化器的高频振荡器，高频振荡器连接计数电路和显示屏。雾化器包括振动膜片和一片黏合了一个环形径向极化压电片的中间有微喷孔阵列的雾化膜片，与该雾化膜片对应的振动膜片上黏合了一个圆形单层或多层纵向极化压电片，此振动膜片上开有凹槽或设有垫圈，以便同雾化膜片组成液体腔，该液体腔边缘开有一小孔，以连接具有阻尼作用的供液管。香烟的前端为装有电池并带有发光二极管的端罩。本发明可逼真地模拟传统的吸烟方式和效果，使吸烟者有吸烟的感觉，而且无副作用，可实现"吸烟无害健康"。

授权文件独立权利要求：

一种非可燃性电子雾化香烟，其特征是构成香烟的尾端烟嘴处设置的气流传感器连至电路板上，用于启动经供液管与贮存烟碱溶液相接的雾化器的高频振荡器，高频振荡器连接计数电路和显示屏，香烟的前端为装有电池并带有发光二极管的端罩。

209. 电子香烟

专利类型：发明

申请号：CN200410048792.6

申请日：2004-06-18

申请人：精工爱普生株式会社

申请人地址：日本东京

发明人：片濑诚

授权日：2006-11-15

法律状态公告日：2017-08-04

法律状态：专利权的终止

摘要：

本发明提供了一种电子香烟。该电子香烟(1)包括：①具有吸烟口(4)的壳体(2)，整体大致呈棒状；②喷出装置[第一喷出装置(14)]，设置在壳体(2)内，至少具有一个通过驱动制动器以改变充填有液态香味生成介质的腔内的压力，从而把香味生成介质以液滴的状态从与腔连通的喷嘴中喷出；③控制装置(27)，设置在壳体(2)内，控制喷出装置的驱动。由此可使吸烟者在进行模拟吸烟时，从开始吸烟时便可获得足够分量的香味成分，并获得与抽吸香烟时相同的感觉。

授权文件独立权利要求：

一种电子香烟，其特征在于具有：①壳体，具有吸烟口，整体形状大致呈棒状；②喷出装置，设置在壳体内，至少具有一个通过驱动制动器以改变充填有液态香味生成介质的腔内的压力，从而把香味生成介质以液滴的状态从与腔连通的喷嘴中喷出；③控制装置，设置在壳体内，控制喷出装置的驱动。

210. 雾化装置

专利类型：发明

申请号：CN200410058333.6

申请日：2004-08-10

申请人：精工爱普生株式会社

申请人地址：日本东京

发明人：片濑诚

授权日：2008-04-02

法律状态公告日：2017-09-29

法律状态：专利权的终止

摘要:

本发明提供了一种雾化装置,可使液状物变为雾状,并可容易且正确地控制该雾状物(释放物)的释放量。该雾化装置(10)的特征是具有:①壳体,具有出气口;②喷出单元(14),设置在壳体内,至少具有一个喷头,该喷头通过驱动制动器使填充有液状物的腔室内的压力发生变化,液状物从与腔室连通的喷嘴中喷出;③雾化单元(18),设置在壳体内,使从喷出单元(14)中喷出的液滴雾化。在这种情况下,优选喷出单元(14)至少一部分和/或雾化单元(18)至少一部分在壳体上装卸自如。

授权文件独立权利要求:

一种雾化装置,其特征在于具有:①喷出单元,至少具有一个喷头,该喷头通过驱动制动器使填充有液状物的腔室内的压力发生变化,液状物从与腔室连通的喷嘴中喷出;②雾化单元,使从喷出单元中喷出的液滴雾化。

211. 雾化电子烟

专利类型:发明

申请号:CN200580011022.7

申请日:2005-03-18

申请人:韩力

申请人地址:中国香港中环干诺道中168号信德中心西翼10楼1010室

发明人:韩力

授权日:2010-02-17

法律状态公告日:2017-05-10

法律状态:专利权的终止

摘要:

本发明涉及一种不含有焦油,只含有烟碱(尼古丁)的雾化电子烟,该雾化电子烟包括壳体及吸嘴,壳体的外壁上开有进气孔,壳体内依次设有电子线路板、常压腔、传感器、气液分离器、雾化器、供液瓶。其中:电子线路板由电子开关电路及高频发生器组成;在传感器的一侧开有传感器气流通道,传感器内设有负压腔;雾化器与供液瓶相接触,在雾化器的内部设有雾化腔;供液瓶的一侧与壳体之间设有锁定供液瓶的挡圈,供液瓶的另一侧开有雾气通道;进气孔、常压腔、传感器、气液分离器、雾化器、雾气通道、导气孔、吸嘴依次相连通。本发明无焦油,大大降低了致癌风险,使用者仍有吸烟的感觉,无须点燃,无火灾危害。

授权文件独立权利要求:

一种雾化电子烟,包括壳体及吸嘴,其特征在于壳体(14)的外壁上开有进气孔(4),壳体(14)内依次设有电子线路板(3)、常压腔(5)、传感器(6)、气液分离器(7)、雾化器(9)、供液瓶(11)。其中:电子线路板(3)由电子开关电路及高频振荡器组成;在传感器(6)的一侧开有传感器气流通道(18),与壳体(14)内腔相通,传感器(6)内设有负压腔(8);雾化器(9)与供液瓶(11)相接触,与壳体(14)之间留有空隙,在雾化器(9)的内部设有雾化腔(10);供液瓶(11)的一侧与壳体(14)之间设有锁定供液瓶(11)的挡圈(13),供液瓶(11)的另一侧留有雾气通道(12);进气孔(4)、常压腔(5)、传感器(6)、气液分离器(7)、雾化器(9)、雾气通道(12)、导气孔(17)、吸嘴(15)依次相连通;壳体(14)内的前端还包括一个发光二极管(LED1)和电池(2),共同构成了一个烟嘴形、雪茄形或烟斗形的整体。

212. 具有纳米尺度超精细空间加热雾化功能的电子烟

专利类型:发明

申请号:CN200710121524.6

申请日:2007-09-07

申请人:中国科学院理化技术研究所

申请人地址:100080 北京市海淀区中关村北一条 2 号

发明人:刘静　刘新建

授权日:2010-03-17

法律状态公告日:2010-03-17

法律状态:授权

摘要:

一种对烟碱溶液进行纳米尺度超精细空间加热雾化的电子烟,包括烟杆和连接于烟杆前端的烟嘴。烟杆为后端焊有堵头的空心杆状烟杆,其内腔中依次装有可充电电池、用于贮存烟碱溶液的储液箱、装于储液箱前端并与烟碱溶液接触的吸液芯和装在位于烟杆前部加热腔内的具有空间加热雾化效应的加热器;与储液箱对应的烟杆壁上设有与储液箱相通的加液口,烟杆壁任意处装有电加热开关;烟嘴中心处设有伸进烟杆内的空心导管;烟嘴前部壁面上装有压电传感器;烟杆后端设有通过外电源对可充电电池进行充电的充电用连接器件;压电传感器与可充电电池始终连通;电加热开关、压电传感器和可充电电池构成电路回路。该电子烟具有组装方便、易于携带、应用广泛、使用方便等优点。

授权文件独立权利要求:

一种对烟碱溶液进行纳米尺度超精细空间加热雾化的电子烟,包括烟杆部分(2)和连接于烟杆部分(2)前端的烟嘴部分(32);其特征在于烟杆部分(2)为后端焊接有堵头的空心杆状烟杆,该空心杆状烟杆部分(2)的内腔中依次装有可充电电池(5)、用于贮存烟碱溶液的储液箱(18)、装于储液箱(18)前端并与烟碱溶液相接触的吸液芯(19)和装在位于烟杆(2)前部加热腔(24)内的具有空间加热雾化效应的加热器(20);与储液箱(18)相对应的烟杆壁上设有与储液箱(18)相通的加液口(16),烟杆部分(2)的杆壁任意处装有电加热开关(17);烟嘴部分(32)的中心处设有伸进烟杆部分(2)内的空心导管(33);烟嘴部分(32)前部壁面上装有压电传感器(37);烟杆部分(2)后端设有通过外电源对可充电电池(5)进行充电的充电用连接器件(13);压电传感器(37)与可充电电池(5)始终呈连通状态;电加热开关(17)、压电传感器(37)和可充电电池(5)构成一个电路回路。

213. 电　子　烟

专利类型:发明

申请号:CN200710121849.4

申请日:2007-09-17

申请人:北京格林世界科技发展有限公司

申请人地址:100050 北京市宣武区珠市口西大街 120 号太丰惠中大厦 706 室

发明人:潘国成　杭志强

授权日:2010-01-06

法律状态公告日:2017-02-15

法律状态:专利申请权、专利权的转移

摘要:

本发明为一种电子烟,其包括一香烟形空腔外壳、电源、烟弹和烟杆附件,外壳内从前端至后端依次设有电源、气动开关、磁致伸缩振动器、电磁感应加热器,高频发生器通过导线分别与磁致伸缩振动器、电磁感应加热器和气动开关相连接。在外壳的前端设置有一发光二极管,其通过导线分别与气动开关以及电源相连接;外壳的后端与烟弹相连接,在烟弹内设有烟液腔。

授权文件独立权利要求:

一种电子烟,其包括一香烟形空腔外壳(4)、电源(2)、烟弹(3)和烟杆附件,其特征在于外壳内从前端至后端依次设有电源、气动开关、磁致伸缩振动器(9)、电磁感应加热器(10),高频发生器(8)通过导线分别与磁致伸缩振动器(9)、电磁感应加热器(10)和气动开关(7)相连接;在外壳(4)的前端设置有一发光二极管

(6),其通过导线分别与气动开关(7)以及电源(2)相连接;外壳(4)的后端与烟弹(3)相连接,在烟弹(3)内设有烟液腔(31)。

214. 用于电子香烟的雾化器

专利类型:实用新型

申请号:CN200720154957.7

申请日:2007-07-20

申请人:李永海

申请人地址:518000 广东省深圳市宝安区西乡保田一路凤凰岗第三工业区 D8-2 栋 5 楼

发明人:李永海

授权日:2008-06-18

法律状态公告日:2017-08-25

法律状态:专利权的终止

摘要:

本实用新型公开了一种用于电子香烟的雾化器,其包括内螺纹套、绝缘环、电极环、雾化套、固定套、陶瓷座以及雾化头,其中在内螺纹套和雾化套的对应位置设有进气孔。本实用新型的有益效果在于,通过采用本实用新型的设计,可令雾化器的结构更紧凑。

申请文件独立权利要求:

一种用于电子香烟的雾化器,其特征在于包括:①内螺纹套,具有位于一端的内螺纹部、位于另一端的径向变小的配合部以及内部的环状卡接部,配合部至少具有一个进气孔;②绝缘环,卡接于环状卡接部;③电极环,卡接于绝缘环内;④雾化套,固连于内螺纹套的配合部,并在与进气孔相连的位置上设有孔;⑤固定套,固连于雾化套内;⑥陶瓷座,嵌于固定套内,其一端具有一个安装槽,沿该安装槽向另一端设有导线槽和烟气流通槽,陶瓷座的侧部设有通气槽,通气槽通过通气孔与烟气流通槽相通;⑦雾化头,固接于陶瓷座的安装部,通过导线经过导线槽分别连接电极环和内螺纹套。

215. 香烟电子烟具

专利类型:实用新型

申请号:CN200720155717.9

申请日:2007-06-28

申请人:王月华

申请人地址:100088 北京市海淀区西土城路 33 号中冶集团研究总院环保所

发明人:王月华

授权日:2008-05-21

法律状态公告日:2017-07-25

法律状态:专利权的终止

摘要:

本实用新型涉及一种香烟电子烟具,该烟具的壳体内装有内胆、固定帽、烟嘴等,内胆里装有电源、弹性元件、贮液囊、阀门、干簧管、电热丝、开关元件,贮液囊通过弹性元件施以压力,液体从喷液孔中喷出,电热丝的开关由气嘴簧片和触点构成,锥体阀门控制贮液囊内的液体。本实用新型通过改变香烟烟雾的方向,使烟雾中的焦油附在烟具壳体内,从而减少香烟焦油对人体的危害。本实用新型结构简单,成本低,便于携带,易于推广使用。

申请文件独立权利要求:

一种香烟电子烟具,由壳体、内胆、固定帽、烟嘴、香烟座、电源、弹性元件、贮液囊、阀门、干簧管、电热丝、开关元件组成，其特征是干簧管作为锥体阀门的导管，锥体阀门具有封闭贮液囊喷液孔和封闭进入干簧管的香烟烟雾的双重作用，进气簧片控制电热丝的接通和断开。

216. 电子模拟香烟烟具及其烟液胶囊

专利类型：发明

申请号：CN200810014836.1

申请日：2008-03-20

申请人：修运强

申请人地址：266071 山东省青岛市市南区东海西路 37 号金都花园 A 座 22F

发明人：修运强

授权日：2010-01-20

法律状态公告日：2016-03-02

法律状态：专利实施许可合同备案的生效、变更及注销

摘要：

本发明提供了一种电子模拟香烟烟具及其烟液胶囊，该香烟烟具包括吸嘴，吸嘴与烟具壳体连接，烟具壳体内设置有空腔，烟具壳体的一端开有针孔，另一端为敞开式，烟具壳体一端的内壁或外壁上设置有与香烟雾化装置相连的连接副。与电子模拟香烟烟具共同使用的烟液胶囊，采用医用软胶囊材料制作壳体，壳体的形状是任意规则的几何形状或任意不规则的几何形状，壳体内装有烟液。进一步的优选方案是壳体的形状是椭圆形。壳体内的烟液是聚乙二醇、丙二醇及口感味道调节剂的混合物。本烟具可以降低消费者的使用成本，并能使消费者根据个人需求随时购买不同的烟具。为了进一步降低消费成本，将烟液胶囊做成一种产品，由于烟液胶囊内装有烟液，而烟液可以是各种不同口感、口味的液体，因此增加了储存、使用方便等方面的优点。

授权文件独立权利要求：

一种电子模拟香烟烟具，其特征在于包括吸嘴(10)，吸嘴(10)与烟具壳体(1)连接，烟具壳体(1)内设置有空腔(23)，烟具壳体(1)的一端开有针孔，另一端为敞开式，烟具壳体(1)一端的内壁或外壁上设置有与香烟雾化装置相连的连接副。

217. 电子烟用电子雾化器

专利类型：发明

申请号：CN200810056270.9

申请日：2008-01-16

申请人：北京格林世界科技发展有限公司

申请人地址：100050 北京市宣武区珠市口西大街 120 号太丰惠中大厦 706 室

发明人：潘国成

授权日：2010-07-14

法律状态公告日：2017-02-15

法律状态：专利申请权、专利权的转移

摘要：

本发明为一种电子烟用电子雾化器，用以和一电子电池烟杆结合使用，其具有一吸入嘴和一密封储液罐体，吸入嘴与密封储液罐体密封连接。密封储液罐体内设有一电子雾化装置(用以加热产生雾化现象)、一电源接口(用以连接电源，向电子雾化装置供电)、一储液媒介(用以吸附或储存将被雾化的液体)。

授权文件独立权利要求：

一种电子烟用电子雾化器，用以和一电子电池烟杆结合使用，其具有一吸入嘴和一密封储液罐体，吸入

嘴与密封储液罐体密封连接。该电子雾化器的特征在于密封储液罐体内设有:①电子雾化装置,用以加热产生雾化现象;②电源接口,用以连接电源,向电子雾化装置供电;③储液媒介,用以吸附或储存将被雾化的液体。

218. 一种电子模拟香烟及其雾化液

专利类型:发明

申请号:CN200810090523.4

申请日:2008-03-26

申请人:修运强

申请人地址:266071 山东省青岛市市南区东海西路 37 号金都花园 A 座 22F

发明人:修运强

授权日:2010-03-24

法律状态公告日:2016-03-02

法律状态:专利实施许可合同备案的生效、变更及注销

摘要:

本发明公开了一种电子模拟香烟及其雾化液,包括壳体,壳体一端开有进气孔,壳体内安装有电源及雾化装置,电源与加热器连接,壳体内还安装有胶囊,胶囊内装有烟液,胶囊与雾化装置连接,雾化装置的一端安装有胶囊穿刺装置,胶囊穿刺装置刺入胶囊内。本发明所述的雾化液包括下述重量份数的原料:聚乙二醇 25～90 份、丙二醇 9～50 份和口感味道调节剂 0.3～52 份。本发明所述的电子模拟香烟能够使雾化液长期保存,在保存期内雾化液的质量及味道等均保持不变;经过试用,吸烟者对电子模拟香烟的口感、味道等感到非常满意。雾化液无有害物质,并可根据需要添加保健成分;雾化液还可根据需要做成多种香型或烟型,能够使胶囊保持良好的稳定性,从而为烟液的长期保存提供较好的条件。

授权文件独立权利要求:

一种电子模拟香烟,包括壳体(3),其特征在于壳体(3)的一端开有进气孔(25),壳体(3)内安装有电源(7)及雾化装置(12),雾化装置(12)内安装有加热器(24),电源(7)与加热器(24)连接;壳体(3)内还安装有胶囊(14),胶囊(14)内装有烟液,胶囊(14)与雾化装置(12)连接,雾化装置(12)的一端安装有胶囊穿刺装置,胶囊穿刺装置刺入胶囊(14)内。

219. 电子香烟盒

专利类型:发明

申请号:CN200810093803.0

申请日:2008-04-29

申请人:北京格林世界科技发展有限公司

申请人地址:100050 北京市宣武区珠市口西大街 120 号太丰惠中大厦 706 室

发明人:潘国成

授权日:2011-07-20

法律状态公告日:2017-02-15

法律状态:专利申请权、专利权的转移

摘要:

本发明为一种电子香烟盒,其具有一盒体,盒体内部设有一电子香烟置放槽,还包括一电源,电源的正、负极分别引出一充电正极触点片、一充电负极触点片,充电正极触点片与充电负极触点片用于给置于电子香烟置放槽中的电子香烟进行充电,从而达到无须将烟杆内的电池取出就可完成对电子香烟进行充电的目的。电子香烟可随时充电,随时使用,而且烟盒内的附属装置能有效地保证电子香烟的替代作用,其设计制

造简单，耗电少。

授权文件独立权利要求：

一种电子香烟盒，具有一盒体，其特征在于盒体内部设有一电子香烟置放槽，还包括一电源，电源的正、负极分别引出一充电正极触点片和一充电负极触点片，充电正极触点片与充电负极触点片用于给置于电子香烟置放槽中的电子香烟进行充电。

220. 烟碱气吸引烟斗

专利类型：发明

申请号：CN200810190623.4

申请日：2008-12-19

申请人：滝口登士文

申请人地址：日本东京都

发明人：滝口登士文

授权日：2010-09-29

法律状态公告日：2010-09-29

法律状态：授权

摘要：

本发明低成本地提供了一种能够给予爱烟者吸烟充足感，同时使焦油和一氧化碳所产生的影响变得无害，使流向周围的副烟流中包含的臭氧、尼古丁、焦油以及一氧化碳所产生的不良影响消失，而且容易进行维护的吸烟器具。该吸烟器具由以下部分构成：烟碱气吸引烟斗（设有刀尖直达内部的滑动式刀具的烟斗主体）、插入烟斗主体内部的罐体收纳器、收纳在罐体收纳器中并且通过滑动式刀具的推动使刀尖接触的尼古丁水溶液罐体，以及与尼古丁水溶液罐体相邻并且安装在罐体收纳器中的吸水清滤器。

授权文件独立权利要求：

一种烟碱气吸引烟斗，无烟且无焦油，用于仅吸引烟碱气的烟斗，由以下部分组成：烟斗主体（设有刀尖直达内部的滑动式刀具）、罐体收纳器（插入烟斗主体内部）、尼古丁水溶液罐体（收纳在罐体收纳器中，通过滑动式刀具的推动使刀尖与尼古丁水溶液罐体接触），以及吸水清滤器（与尼古丁水溶液罐体相邻，安装在罐体收纳器中）。

221. 电子香烟

专利类型：实用新型

申请号：CN200820052235.5

申请日：2008-02-02

申请人：龙功运

申请人地址：410011 湖南省长沙市韶山路一心花苑 D 幢 2801 室

发明人：龙功运

授权日：2008-11-12

法律状态公告日：2017-03-29

法律状态：专利权的终止

摘要：

本实用新型公开了一种电子香烟，它包括感应体外壳以及安装于外壳内的电源单元、控制单元、阻液器、雾化室以及贮液芯。外壳的一端设有吸嘴，另一端上开设有进气通道；雾化室内设有加热器，雾化室的外侧设有多层导液机构，导液机构的一端与贮液芯接触；阻液器、密封片、雾化室上均开有气流通道；贮液芯的外围两侧设有雾气通道，气流通道、雾气通道与进气通道、吸嘴连通；吸嘴和/或外壳组成感应器，感应器通过连接线与控制单元相连，该连接线的一端与吸嘴和/或外壳相连，形成导电体。本实用新型是一种结构简单紧凑、成本低廉、可模拟吸烟效果、更接近真实的人性化电子香烟。

申请文件独立权利要求：

一种电子香烟，它包括感应体外壳(29)以及安装于外壳(29)内的电源单元(6)、控制单元、阻液器(13)、雾化室(14)以及贮液芯(15)，其特征在于外壳(29)的一端设有吸嘴(1)，另一端上开设有进气通道(16)；雾化室(14)内设有加热器(2)，雾化室(14)的外侧设有多层导液机构(25)，导液机构(25)的一端与贮液芯(15)接触；阻液器(13)、密封片(3)、雾化室(14)上均开有气流通道，贮液芯(15)的外围两侧设有雾气通道，气流通道、雾气通道与进气通道(16)、吸嘴(1)连通；吸嘴(1)和/或外壳(29)组成感应器，感应器通过连接线与控制单元相连，该连接线的一端与吸嘴(1)和/或外壳(29)相连，形成导电体。

222. 电子烟用电子雾化器

专利类型：实用新型

申请号：CN200820109333.8

申请日：2008-07-21

申请人：北京格林世界科技发展有限公司

申请人地址：101300 北京市顺义区林河工业开发区顺仁路 54 号 2 号厂房 3 楼东侧

发明人：潘国成

授权日：2009-05-20

法律状态公告日：2018-08-14

法律状态：专利权的终止

摘要：

本实用新型为一种电子烟用电子雾化器，其包括：①陶瓷座，其内部具有环形的置放槽，陶瓷座中央设有抽气孔；②储液媒介网，环绕于置放槽中，用以储存烟液；③雾桥，其两端搭接在储液媒介网和置放槽侧壁之间，用以和储液棉相结合；④液体雾化元件，置于雾桥下部的陶瓷座内，用以加热并雾化烟液。

申请文件独立权利要求：

一种电子烟用电子雾化器，其特征在于包括：①陶瓷座，其内部具有环形的置放槽，陶瓷座中央设有抽气孔；②储液媒介网，环绕于置放槽中，用以储存烟液；③雾桥，其两端搭接在储液媒介网和置放槽侧壁之间，用以和储液棉相结合；④液体雾化元件，置于雾桥下部的陶瓷座内，用以加热并雾化烟液。

223. 电 子 烟 斗

专利类型：实用新型

申请号：CN200820123801.7

申请日：2008-11-14

申请人：北京格林世界科技发展有限公司

申请人地址：101300 北京市顺义区林河工业开发区顺仁路 54 号 2 号厂房 3 层

发明人：潘国成

授权日：2009-09-02

法律状态公告日：2017-10-17

法律状态：专利申请权、专利权的转移

摘要：

一种电子烟斗，包括外壳、电源、气流感应器、控制电路和雾化器。该外壳为烟斗形，包括依次连接的头部、烟斗杆和烟嘴，在该外壳的头部和烟斗杆内设有相通的空腔，其特征在于烟嘴的前部内设有烟嘴空腔，在该烟嘴空腔由内至外依次装有储液体、雾化器和电源插头，电源插头与雾化器电连接，该烟嘴的前端与烟

斗杆的后端密封插接。本实用新型的优点是:将储存烟液的烟嘴嵌件和雾化烟液的雾化器及充电电路一起装入烟嘴中密封为一体,这样可防止烟液的渗漏及回流。当烟液耗尽、雾化器老化后,只需更换新的雾化器即可重新使用,拆换方便,使用安全。同时为了方便烟斗充电,将充电电路与烟斗及烟斗烟嘴密封整合,并采用标准的 DC 插头相连接。

申请文件独立权利要求:

一种电子烟斗,包括外壳、电源、气流感应器、控制电路和雾化器。该外壳为烟斗形,包括依次连接的头部、烟斗杆和烟嘴,在该外壳的头部和烟斗杆内设有相通的空腔,其特征在于:烟嘴的前部内设有烟嘴空腔,在该烟嘴空腔由内至外依次装有储液体、雾化器和电源插头,电源插头与雾化器电连接,该烟嘴的前端与烟斗杆的后端密封插接;在外壳的头部和烟斗杆的空腔内由前端至后端依次装有电源、气流感应器、控制电路和电源插座;在外壳的头部上端口内装有 LED,该 LED 和气流感应器分别与控制电路的对应端连接,电源和电源插座与控制电路的电源端连接,烟嘴前端的电源插头与该电源插座相插接。

224. 吸烟设备、充电装置及使用该吸烟设备的方法

专利类型:发明

申请号:CN200880015681.1

申请日:2008-05-10

申请人:无烟技术公司

申请人地址:美国田纳西州

发明人:汪希一

授权日:2012-07-04

法律状态公告日:2012-07-04

法律状态:授权

摘要:

一种吸烟设备(10),包括第一设备(20)和第二设备(30)。该第一设备(20)包括蓄电池,蓄电池用于存储电能和将电能释放给加热设备(22),以检测吸烟设备(10)中的吸/抽传感器设备(24)的响应。第一设备(20)还包括第一空气入口(25),空气通过第一空气入口(25)进入第一设备(20),经过加热设备(22),并经第一空气出口(26)流出。第二设备(30)包括药剂(33)、第二空气入口(35),空气通过第二空气入口(35)进入第二设备(30),经过第二设备(30),利用分配装置(37)释放药剂(33),药剂(33)经第二空气出口(36)流出,进入使用者的口腔。本发明还涉及一种与吸烟设备(10)一起使用的充电装置(40)和吸烟设备(10)的使用方法。

授权文件独立权利要求:

一种吸烟设备(10),包括第一设备(20)和第二设备(30),其中第一设备(20)包括用于存储和释放电能的蓄电池(21)、能够应用蓄电池(21)电能的加热设备(22)、第一空气入口(25)和第一空气出口(26)[第一空气入口(25)和第一空气出口(26)应使经第一空气入口(25)进入第一设备(20)的空气流经加热设备(22),并经第一空气出口(26)流出]、控制电子装置(23)、传感器设备(24),第二设备(30)包括药剂(33)、第二空气入口(35)和第二空气出口(36)[第二空气入口(35)和第二空气出口(36)应使经第二空气入口(35)进入第二设备(30)的空气流经第二设备(30),并经第二空气出口(36)流出]、用于控制药剂(33)释放的分配装置(37)[其中有用于连接第一设备(20)和第二设备(30)的接口(27),使得第一空气出口(26)被连接到第二空气入口(35)]。

225. 气溶胶抽吸器用气溶胶产生液

专利类型:发明

申请号:CN200880118576.0

申请日:2008-11-19

申请人:日本烟草产业株式会社

申请人地址:日本东京都

发明人:片山和彦　矢岛盛雄

授权日:2014-02-26

法律状态公告日:2014-02-26

法律状态:授权

摘要:

一种气溶胶抽吸器用气溶胶产生液(L),包括在丙二醇溶剂中溶解有亲油性香料 L-薄荷醇的主成分和添加在该主成分中的羧酸,该羧酸在 25 ℃温度下的蒸气压为 1×10^{-9}～20 mmHg。

授权文件独立权利要求:

一种气溶胶抽吸器用气溶胶产生液,该气溶胶抽吸器用于在进行抽吸动作时使香料溶液加热雾化以形成气溶胶,并将该气溶胶与抽吸空气流一起进行抽吸,其中用于香料溶液的气溶胶产生液包含在溶剂中溶解亲油性香料而得到的主成分和添加在主成分中的羧酸,该羧酸的蒸气压在 25 ℃温度下为 1×10^{-9}～20 mmHg。

226. 高仿真电子烟

专利类型:发明

申请号:CN200910080147.5

申请日:2009-03-24

申请人:北京格林世界科技发展有限公司

申请人地址:101300 北京市顺义区林河工业开发区顺仁路 54 号 2 号厂房 3 层

发明人:潘国成

授权日:2010-10-06

法律状态公告日:2017-02-15

法律状态:专利申请权、专利权的转移

摘要:

本发明为一种高仿真电子烟,其包括一香烟形外壳,在该外壳内设置有可充电电池或一次性电池电源、电子雾化器以及电子吸入器,其中电源提供给电子雾化器加热雾化的电流及电子吸入器的工作电流;该高仿真电子烟还包括一电子传感器(用以感应用户的吸气动作,并产生与气流大小相对应的触发信号)、一CPU 处理器(接收电子传感器的触发信号,控制电源向电子雾化器供电,并根据触发信号的大小调整电源输出电流的大小)。

授权文件独立权利要求:

一种高仿真电子烟,其包括一香烟形外壳,在该外壳内设置有电源、电子雾化器以及电子吸入器,其中电源提供给电子雾化器加热雾化的电流;该高仿真电子烟还包括一电子传感器(用以传感用户的吸气动作,并产生与吸气气流大小相对应的触发信号)、一 CPU 处理器(接收电子传感器的触发信号,根据触发信号的大小通过其内储存的智能程序控制电子开关,从而调整电路输出电流的大小,向电子雾化器供电)。

227. 药用保健型电子烟烟液

专利类型:发明

申请号:CN200910104921.1

申请日:2009-01-08

申请人:华健

申请人地址:518000 广东省深圳市福田区彩田路彩福大厦鸿福阁 19A

发明人:华健

授权日:2012-01-18

法律状态公告日:2018-02-27

法律状态:专利权的终止

摘要:

本发明公开了药用保健型电子烟烟液，其主要含有烟叶提取物 3%～5% w/v、丙二醇 40%～50% w/v、纯水 10%～15% w/v、烟草香精 3%～5% w/v、稳定剂 0.2%～1.0% w/v、增稠剂 3%～8% w/v、药剂 15%～20% w/v。本发明因为无二手烟的危害，故在公共场合也完全可以用，不会影响他人的健康；使用者在享受吞烟吐雾的同时，又可治疗因伤风、流行性感冒及类似的上呼吸道感染所引起的咳嗽、干咳、喉咙痒、痰多、敏感性咳嗽，对口腔理疗、止咳、减轻鼻咽黏膜充血肿胀和打喷嚏具有治疗作用。

授权文件独立权利要求:

一种药用保健型电子烟烟液，主要含有烟叶提取物 3%～5%w/v、丙二醇 40%～50%w/v、纯水 10%～15%w/v、烟草香精 3%～5%w/v、稳定剂 0.2%～1.0%w/v、增稠剂 3%～8%w/v、药剂 15%～20%w/v。

228. 电子香烟雾化液

专利类型:发明

申请号:CN200910104922.6

申请日:2009-01-08

申请人:华健

申请人地址:518000 广东省深圳市福田区彩田路彩福大厦鸿福阁 19A

发明人:华健

授权日:2012-01-18

法律状态公告日:2017-07-21

法律状态:专利权人的姓名或者名称、地址的变更

摘要:

本发明公开了一种电子香烟雾化液，其主要成分为烟叶提取物 3%～5%w/v、丙二醇 50%～70%w/v、纯水 5%～10%w/v、烟草香精 3%～5%w/v、烟碱 0%～3%w/v、稳定剂 0.2%～1%w/v 和增稠剂 3%～8%m/v，另外还含有磷酸可待因、麻黄碱、愈创甘油醚、氯苯那敏、海恩流浸膏及糖浆等。本发明因为无二手烟的危害，故在公共场合也完全可以用，不会影响他人健康；使用者在享受吞烟吐雾的同时，又可治疗因伤风、流行性感冒及类似的上呼吸道感染所引起的咳嗽、干咳、喉咙痒、痰多、敏感性咳嗽等。

授权文件独立权利要求:

一种电子香烟雾化液，其主要成分为烟叶提取物 3%～5%w/v、丙二醇 50%～70%w/v、纯水 5%～10%w/v、烟草香精 3%～5%w/v、烟碱 0%～3%w/v、稳定剂 0.2%～1%w/v 和增稠剂 3%～8%w/v。

229. 防治龋齿保健型电子烟烟液

专利类型:发明

申请号:CN200910105219.7

申请日:2009-01-21

申请人:华健

申请人地址:518000 广东省深圳市福田区彩田路彩福大厦鸿福阁 19A

发明人:华健

授权日:2012-01-18

法律状态公告日:2018-03-13

法律状态:专利权的终止

摘要:

本发明公开了一种防治龋齿保健型电子烟烟液,其主要成分为烟叶提取物3%~5%w/v、丙二醇40%~50% w/v、纯水10%~15% w/v、烟草香精3%~5% w/v、稳定剂0.2%~1% w/v、增稠剂3%~8% w/v、木糖醇0.5%~4% w/v、L-阿拉伯糖0.5%~4% w/v、氟化钠溶液3%~9% w/v。该防治龋齿保健型电子烟烟液因含有木糖醇和氟化钠,因此具有防治蛀牙、增强牙齿强度的作用,使用者在享受吞烟吐雾的同时,又可对口腔牙齿进行保健和防治龋齿。

授权文件独立权利要求:

一种防治龋齿保健型电子烟烟液,其主要成分为烟叶提取物3%~5%w/v、丙二醇40%~50%w/v、纯水10%~15%w/v、烟草香精3%~5%w/v、稳定剂0.2%~1%w/v、增稠剂3%~8%w/v、木糖醇0.5%~4%w/v、L-阿拉伯糖0.5%~4%w/v、氟化钠溶液3%~9%w/v。

230. 电 子 烟

专利类型:发明

申请号:CN200910108807.6

申请日:2009-07-14

申请人:方晓林

申请人地址:518000 广东省深圳市龙岗区横岗六约新亚洲广场新景苑复式B802

发明人:方晓林

授权日:2011-04-13

法律状态公告日:2017-09-01

法律状态:专利权的终止

摘要:

一种电子烟,包括烟嘴(用于存储烟液)、雾化器(与烟嘴相连,通过电加热将烟液雾化)、电池管(与雾化器相连,以提供电源,电池管内设有在气压的作用下移动的动膜,通过该动膜的移动控制雾化器将烟液雾化)。该电子烟通过电加热的方式将烟液雾化,不需要明火即可获得与香烟气味相近的雾化烟液,从而可以避免产生火灾。该电子烟可作为香烟的替代品,长期使用可有效减小香烟对人体的危害,同时可以降低吸烟成本,无烟灰、无明火,环保而且无消防隐患。

授权文件独立权利要求:

一种电子烟,其特征在于包括烟嘴(用于存储烟液)、雾化器(与烟嘴相连,通过电加热的方式将烟液雾化)、电池管(与雾化器相连,以提供电源,电池管内设有在气压的作用下移动的动膜,通过该动膜的移动控制雾化器将烟液雾化)。

231. 一种电子模拟香烟雾化液

专利类型:发明

申请号:CN200910310536.2

申请日:2008-03-26

申请人:修运强

申请人地址:266071 山东省青岛市市南区东海西路37号金都花园A座22F

发明人:修运强

授权日:2012-08-22

法律状态公告日:2015-09-30

法律状态:专利申请权、专利权的转移

摘要:

本发明公开了一种电子模拟香烟雾化液。该电子模拟香烟包括壳体,壳体的一端开设有进气孔,壳体内安装有电源及雾化装置,电源与加热器连接;壳体内还安装有胶囊,胶囊内装有烟液,胶囊与雾化装置连接,雾化装置的一端安装有胶囊穿刺装置,胶囊穿刺装置刺入胶囊内。本发明所述的雾化液包括以下重量份数的原料:聚乙二醇 25～90 份、丙二醇 9～50 份和口感味道调节剂 0.3～52 份。本发明所述的电子模拟香烟能够使雾化液长期保存,在保存期内雾化液的质量及味道等均保持不变;经过试用,吸烟者对电子模拟香烟的口感、味道等感到非常满意;雾化液无有害物质,并可根据需要添加保健成分,雾化液还可根据需要做成多种香型或烟型,并且能够使胶囊保持良好的稳定性,从而为烟液的长期保存提供较好的条件。

授权文件独立权利要求:

一种电子模拟香烟雾化液,其特征在于包括以下重量份数的原料:聚乙二醇 25～90 份、丙二醇 9～50 份和口感味道调节剂 0.3～52 份。

232. 一种改进的雾化电子烟

专利类型:实用新型

申请号:CN200920001296.3

申请日:2009-02-11

申请人:韩力

申请人地址:100062 北京市崇文区崇文门外大街 11 号新成文化大厦 11 层

发明人:韩力

授权日:2010-01-13

法律状态公告日:2010-01-13

法律状态:授权

摘要:

本实用新型涉及一种改进的雾化电子烟,其包括电源装置、传感器、雾化芯组件和储液部件,还包括容置壳体,壳体上开有辅助进气孔,雾化芯组件包括电加热体和液体渗透件,电加热体具有通孔,储液部件具有通道,传感器与通孔、通道相连通,并与辅助进气孔形成气流回路。本实用新型将雾化芯组件中的液体渗透件直接套于电加热体上,加热时烟雾汽化更加充分,液滴更小更均匀,使用者在口感上更易接受,而且烟雾更容易到达肺泡而便于吸收。同时,由于电加热体及储液部件有相连通的通孔和通道,雾化产生的烟雾在气流的推动下进一步冷却,使吸入的烟雾更复合吸烟者的口感。可拆卸更换的分体式结构,可实现部件的更换,也便于携带。

申请文件独立权利要求:

一种改进的雾化电子烟,包括依次配合连接的电源装置(1)、传感器(2)、雾化芯组件和储液部件(3),还包括容置上述各部件的壳体,壳体上靠近传感器(2)的区域开有辅助进气孔(4)。该雾化电子烟的特征在于雾化芯组件包括电加热体(5)和套于电加热体(5)上的液体渗透件(6),电加热体(5)为中空结构,具有可使气体流通的通孔(51),储液部件(3)也为中空结构,具有可使气体流通的通道(31),储液部件(3)与液体渗透件(6)相配合,将烟液渗透至液体渗透件(6),且传感器(2)与通孔(51)、通道(31)相连通,并与辅助进气孔(4)形成气流回路。

233. 一种环保型电子香烟

专利类型:实用新型

申请号:CN200920009916.8

申请日:2009-02-18

申请人:夏浩然

申请人地址:413000 湖南省益阳市赫山区八字哨镇岭湖村第七村民组

发明人:夏浩然

授权日:2010-02-03

法律状态公告日:2010-02-03

法律状态:授权

摘要:

一种环保型电子香烟,涉及香烟代用品,包括通过控制单元连接的可充电锂电池单元和雾化单元。该可充电锂电池单元包括软性锂离子电池,接触柱 A 作为可充电锂电池单元的正极输出端,内螺纹 A 作为可充电锂电池单元的负极输出端;雾化单元的右端设有吸嘴,内部设有阻液片、导液机构、贮液芯,导液机构内设有加热器;可充电锂电池单元和雾化单元通过手动或自动控制单元组成一个有电源、有控制的环保型电子香烟。本实用新型所述的环保型电子香烟的外形与普通香烟类似,且成本低廉,采用 4.2 V 低压弱电平供电,能耗低,不产生二手烟和烟灰,避免了污染环境,没有明火,无火灾隐患,使用者能具有香烟的大部分感受,而且将吸烟的危害降到最低。

申请文件独立权利要求:

一种环保型电子香烟,其特征在于包括通过控制单元连接的可充电锂电池单元(1)和雾化单元(2)。该可充电锂电池单元(1)包括右端设有内螺纹 A(11)和接触柱A(17)的外壳 A(13),内螺纹 A(11)和接触柱 A(17)之间设有绝缘环 A(16),外壳 A(13)内部左端设有软性锂离子电池(12),内螺纹 A(11)和软性锂离子电池(12)的负极连接,接触柱 A(17)通过导线(14)和软性锂离子电池(12)的正极连接,设有锂电保护 IC 的控制 PCB 板(15)串联在接触柱 A(17)和软性锂离子电池(12)之间,接触柱 A(17)作为锂电池单元的正极输出端,内螺纹 A(11)作为锂电池单元的负极输出端;雾化单元(2)包括左端设有内螺纹 B(30)的外壳 B(25),外壳 B(25)的右端设有吸嘴(26),外壳 B(25)内部从左至右依次为接触柱 B(21)、阻液片(22)、导液机构(23)、贮液芯(24),导液机构(23)内通过油嘴支架(27)固设有油嘴(28),油嘴支架(27)和油嘴(28)之间设有加热器(29),油嘴(28)朝向阻液片(22)的方向设有喷射孔(210),加热器(29)的正负极分别通过导线和接触柱 B(21)、内螺纹 B(30)连接,接触柱 B(21)作为加热器(29)的正极输入端,内螺纹 B(30)作为加热器(29)的负极输入端。

234. 一种 USB 供电式环保型电子香烟

专利类型:实用新型

申请号:CN200920009935.0

申请日:2009-02-19

申请人:夏浩然

申请人地址:413000 湖南省益阳市赫山区八字哨镇岭湖村第七村民组

发明人:夏浩然

授权日:2009-12-02

法律状态公告日:2009-12-02

法律状态:授权

摘要:

一种 USB 供电式环保型电子香烟,涉及香烟代用品,包括通过自动控制单元连接的 USB 供电单元和雾化单元。该 USB 供电单元包括一端与自动控制单元连接的 DC 转换单元,DC 转换单元的另一端与 USB 取电单元连接,接触柱 A 作为 DC 转换单元的正极输出端,内螺纹 A 作为 DC 转换单元的负极输出端;USB 供电单元和雾化单元通过自动控制单元组成一个具有 USB 接口的、有控制的环保型电子香烟。本实用新型所述的 USB 供电式环保型电子香烟的外形和普通香烟类似,且成本低廉,采用 USB 接口供电,能耗低,不产生二手烟和烟灰，避免污染环境，没有明火，无火灾隐患，使用者能具有香烟的大部分感受，而且将吸烟的危害降到最低。

申请文件独立权利要求：

一种 USB 供电式环保型电子香烟，其特征在于包括通过自动控制单元(4)连接的 USB 供电单元和雾化单元(2)。该 USB 供电单元包括一端与自动控制单元(4)连接的 DC 转换单元(52)，DC 转换单元(52)的另一端与 USB 取电单元(51)连接；雾化单元(2)包括左端设有内螺纹 B(30)的外壳 B(25)，外壳 B(25)的右端设有吸嘴(26)，外壳 B(25)内部从左至右依次为接触柱 B(21)、阻液片(22)、导液机构(23)、贮液芯(24)，导液机构(23)内通过油嘴支架(27)固设有油嘴(28)，油嘴支架(27)和油嘴(28)之间设有加热器(29)，油嘴(28)朝向阻液片(22)的方向设有喷射孔(210)，加热器(29)的正负极分别通过导线和接触柱 B(21)、内螺纹 B(30)连接，接触柱 B(21)作为加热器(29)的正极输入端，内螺纹 B(30)作为加热器(29)的负极输入端；自动控制单元(4)包括自动控制单元外壳体(48)，自动控制单元外壳体(48)的左右两端分别为外螺纹 C(41)、与内螺纹 B(30)适配的外螺纹 D(42)，自动控制单元外壳体(48)内部左端设有接触柱 E(43)，右端设有与接触柱 B(21)适配的接触柱 F(44)，外螺纹 C(41)和接触柱 E(43)之间设有绝缘环 C(50)，外螺纹 D(42)和接触柱 F(44)之间设有绝缘环 C(50)，接触柱 F(44)的左侧设有带感应开关座(45)的电子气流感应开关(46)，电子气流感应开关(46)通过导线与带有核心控制芯片(49)的控制线路板(411)连接，控制线路板(411)串联在接触柱 F(44)与接触柱 E(43)之间；DC 转换单元(52)的左端设有 DC 输入母头(521)，右端设有与外螺纹 C(41)适配的内螺纹 A(522)、与接触柱 E(43)适配的接触柱 A(523)，DC 输入母头(521)通过导线和接触柱 A(523)连接，内螺纹 A(522)和接触柱 A(523)之间设有绝缘材料；USB 取电单元(51)的左端为 USB 接口的母头(511)，右端为与 DC 输入母头(521)适配的 DC 输出公头(512)，DC 输出公头(512)上的正极触点和 DC 输入母头(521)连通，负极触点通过 DC 转换单元(52)的外壳和内螺纹 A(522)连通，USB 接口的母头(511)通过内部导线 A(514)、内部导线 B(517)和设有 USB 电压转换专用 IC(515)的 USB 保护线路板(516)连接，USB 保护线路板(516)的正负极输出端分别和 DC 输出公头(512)的正极触点、负极触点连接。

235. 高仿真电子香烟的结构

专利类型：实用新型

申请号：CN200920106627.X

申请日：2009-03-30

申请人：北京格林世界科技发展有限公司

申请人地址：101300 北京市顺义区林河工业开发区顺仁路 54 号 2 号楼 3 层

发明人：潘国成

授权日：2010-01-13

法律状态公告日：2018-04-20

法律状态：专利权的终止

摘要：

本实用新型为一种高仿真电子香烟的结构，其包括一香烟形外壳，在外壳内至少设置有电源、电子雾化器以及电子吸入器。该香烟形外壳由两部分组成，分别为电子雾化器前端外壳和电子吸入器后端外壳，其中，在电子吸入器后端外壳端口处设置有第一电连接件，在电子雾化器前端外壳端口处设有第二电连接件，通过第一电连接件和第二电连接件的电连接，形成一个完整的电子香烟。

申请文件独立权利要求：

一种高仿真电子香烟的结构，其包括一香烟形外壳，在外壳内至少设置有电源、电子雾化器以及电子吸入器，其特征在于香烟形外壳由两部分组成，分别为电子雾化器前端外壳和电子吸入器后端外壳，其中，在电子吸入器后端外壳端口处设置有第一电连接件，在电子雾化器前端外壳端口处设有第二电连接件，通过第一电连接件和第二电连接件的电连接，构成一完整的电子香烟。

236. 一种采用电容供电的加热雾化电子烟

专利类型:实用新型

申请号:CN200920107199.2

申请日:2009-04-15

申请人:中国科学院理化技术研究所

申请人地址:100190 北京市海淀区中关村北一条2号

发明人:邓中山　刘静

授权日:2010-01-06

法律状态公告日:2010-01-06

法律状态:授权

摘要:

一种采用电容供电的加热雾化电子烟,主要由电源部分、烟体部分和空心烟嘴组成。电源部分包括装于电源后端的指示灯、装于电源前端的一对电极插接头和一引线插接头;烟体部分包括装于空心烟杆后端的一对电极插接口和一引线插接口,依次装于空心烟杆腔体内的控制电路模块、加热雾化装置、吸液头和烟碱储液仓,烟碱储液仓内装有海绵体,其仓壁上设有进液口,吸液头两端分别与加热雾化装置和海绵体接触连接。电源部分与烟体部分可分离,或通过电极插接头和电极插接口插接相连;烟体部分前端与空心烟嘴后端插接连接或螺纹连接;电源、指示灯、控制电路模块和加热雾化装置依次电连接。该电子烟具有充电快捷、结构简单、易于携带、使用方便且烟杆不过热发烫等优点。

申请文件独立权利要求:

一种采用电容供电的加热雾化电子烟,其由电源部分、烟体部分和空心烟嘴(13)组成,其特征在于电源部分包括一电源(1)、一安装于电源(1)后端的指示灯(2)、安装于电源(1)前端的一对电极插接头(3)和一引线插接头(4);烟体部分包括一空心烟杆(5),安装于空心烟杆(5)后端的一对电极插接口(6)和一引线插接口(7),依次装于空心烟杆(5)的空心腔体内的电极插接口(6)和引线插接口(7)之间的控制电路模块(8)、加热雾化装置(9)、吸液头(10)和烟碱储液仓(12),烟碱储液仓(12)内装有海绵体,其仓壁上设有进液口(11),吸液头(10)的两端分别与加热雾化装置(9)和海绵体接触连接。电源部分与烟体部分分离放置,或通过电极插接头(3)、引线插接头(4)和电极插接口(6)、引线插接口(7)采用插接的方式相连;烟体部分前端与空心烟嘴(13)后端采用插接连接或螺纹连接;电源(1)、指示灯(2)、控制电路模块(8)和加热雾化装置(9)依次电连接。

237. 可感应充电电子烟盒

专利类型:实用新型

申请号:CN200920131310.1

申请日:2009-04-21

申请人:华健

申请人地址:518000 广东省深圳市福田区彩田路彩福大厦鸿福阁19A

发明人:华健

授权日:2010-01-20

法律状态公告日:2017-06-09

法律状态:专利权的终止

摘要:

本实用新型公开了一种可感应充电电子烟盒,其包括盒体外壳、上翻盖,以及贮存香烟和烟杆的贮存室,盒体外壳与上翻盖采用直插式铁销串并塑胶件内孔连接,其特征在于盒体内设置有锂电池及与锂电池电连接并对电子香烟进行感应式充电的充电装置。由于本实用新型采用了上述结构，烟盒内设有感应式充电装置，在无市电的情况下，需对电子香烟充电时，可拨动盒体表面的切换开关，盒体内的大容量锂电池就可对电子香烟进行非接触式充电，实现香烟的续航功能，使用灵活便捷。

申请文件独立权利要求：

一种可感应充电电子烟盒，包括盒体外壳、上翻盖，以及贮存香烟和烟杆的贮存室，盒体外壳与上翻盖采用直插式铁销串并塑胶件内孔连接，其特征在于盒体内设置有锂电池及与锂电池电连接并对电子香烟进行感应式充电的充电装置。

238. 一次性电子烟

专利类型：实用新型

申请号：CN200920304042.9

申请日：2009-06-05

申请人：黄德　谢舜尧

申请人地址：528000 广东省佛山市禅城区季华五路11号

发明人：李程　谢舜尧　黄德

授权日：2010-06-02

法律状态公告日：2017-07-28

法律状态：专利权的终止

摘要：

本实用新型涉及一种一次性电子烟，其包括整体式壳体，该壳体内部依次设有封口件、吸油棉、隔油环、一次性电池、气流传感器和安装有指示灯的电路控制板，吸油棉内部设置有发热丝，气流传感器和电路控制板安装于一塑料支架中。本产品结构简单，电源采用不需要充电的一次性电池，有效节省了生产成本；此外，本产品在销售或使用时也不需要配备充电器、烟草提取物加注装置等附属物品，使用更方便，气流传感器和电路控制板安装于一塑料支架中，使得产品的内部结构更可靠。

申请文件独立权利要求：

一种一次性电子烟，其特征在于包括整体式壳体(1)，壳体(1)内部依次设有封口件(2)、吸油棉(3)、隔油环(4)、一次性电池(5)、气流传感器(6)和安装有指示灯(71)的电路控制板(7)，吸油棉(3)内部设置有发热丝(8)，气流传感器(6)和电路控制板(7)安装于一塑料支架(9)中。

239. 电加热吸烟系统

专利类型：发明

申请号：CN200980115315.8

申请日：2009-04-22

申请人：菲利普·莫里斯生产公司

申请人地址：瑞士纳沙泰尔

发明人：M.托伦斯　J-M.弗利克　O.Y.科强德

授权日：2017-02-22

法律状态公告日：2017-02-22

法律状态：授权

摘要：

本发明提供了一种电加热吸烟系统，其包括壳体和可更换的烟嘴，壳体包括电源和电路，烟嘴包括液体存储部分和毛细芯，毛细芯具有第一端和第二端。毛细芯的第一端延伸到液体存储部分中，与其中的液体接触。烟嘴还包括用于加热毛细芯的第二端的加热元件空气出口和位于毛细芯第二端和空气出口之间的气雾形成室。当壳体和烟嘴接合时，加热元件通过电路与电源电连接，电路设置为当使用者开始抽吸时向至少一个加热元件提供电流脉冲。另外，空气流动路径限定为从至少一个空气入口经过气雾形成室到达空气出口，并且流动路径围绕加热元件和毛细芯的第二端引导空气流。

授权文件独立权利要求：

一种电加热吸烟系统，包括壳体和可更换的烟嘴，壳体包括电源和电路，烟嘴包括：①液体存储部分；②毛细芯，具有第一端和第二端，第一端延伸到液体存储部分中，与液体存储部分中的液体接触；③至少一个加热元件，用于加热毛细芯的第二端；④空气出口；⑤气雾形成室，位于毛细芯的第二端和空气出口之间。当壳体和烟嘴接合时，加热元件通过电路与电源电连接，电路设置为在使用者开始抽吸时向加热元件提供电流脉冲，并且空气流动路径限定为从至少一个空气入口经过气雾形成室到达空气出口，流动路径围绕加热元件和毛细芯的第二端引导空气流。

240. 一种组合式多功能电子模拟香烟

专利类型：发明

申请号：CN201010153118.X

申请日：2010-04-22

申请人：修运强

申请人地址：266071 山东省青岛市市南区东海西路 37 号金都花园 A 座 22F

发明人：修运强

授权日：2012-06-27

法律状态公告日：2015-10-14

法律状态：专利申请权、专利权的转移

摘要：

本发明公开了一种组合式多功能电子模拟香烟，其包括指示器，指示器上开设有进气孔，指示器的一端与芳香发生器的一端连接，指示器与芳香发生器之间安装有第一开关和第一电池，芳香发生器内设置有固体芳香物，固体芳香物上安装有电热丝，芳香发生器的另一端与烟弹仓的一端连接，烟弹仓内设有吸附尼古丁的固体吸附棉，烟弹仓的另一端与吸嘴连接，吸嘴上开设有吸气孔。本发明能够同时为使用者提供芳香气体、尼古丁和模拟烟雾，使用者可以根据需要选择是吸食芳香气体、尼古丁还是模拟烟雾，从而满足使用者或戒烟者不同阶段的需求，有利于使用者逐渐减少尼古丁的吸食量，最终实现不吸食尼古丁的目的。

授权文件独立权利要求：

一种组合式多功能电子模拟香烟，其特征在于包括指示器(1)，指示器(1)上开设有进气孔(15)，指示器(1)的一端与芳香发生器(12)的一端连接，指示器(1)与芳香发生器(12)之间安装有第一开关(8)和第一电池(9)，芳香发生器(12)内设置有固体芳香物(13)，固体芳香物(13)上安装有电热丝(14)，芳香发生器(12)的另一端与烟弹仓的一端连接，烟弹仓内设有吸附尼古丁的固体吸附棉(21)，烟弹仓的另一端与吸嘴(25)连接，吸嘴(25)上开设有吸气孔(28)。

241. 药用保健型固体电子烟雾化液及制备方法

专利类型：发明

申请号：CN201010249133.4

申请日：2010-08-09

申请人：深圳市如烟生物科技有限公司

申请人地址：518000 广东省深圳市宝安区西乡街道航城大道翻身固戍工业园 G 栋三楼

发明人：郑胜强　周霞

授权日：2012-10-10

法律状态公告日:2017-07-21

法律状态:专利权人的姓名或者名称、地址的变更

摘要:

本发明提供了一种药用保健型固体电子烟雾化液,其主要包含以下重量百分比的成分:丙二醇 35%～45%、药剂 30%～35%、去离子水 10%～15%、烟叶提取液 3%～3.5%、烟草香精 3%～3.5%、赋形剂 2%～3%、果胶酸钙凝胶 0.2%～1%、固化剂 0.3%～0.8%。本发明还提供了上述药用保健型固体电子烟雾化液的制备方法。本发明因含有多种对肺部有治疗作用的药用成分,因此对由吸烟引起的咽干、咽痒、刺激性咳嗽、慢性咽炎、口鼻干燥、口渴干咳、少痰或痰液胶黏难咳的症状具有治疗作用,同时因为是固体形态,提高了储藏和使用的稳定性,在生产和运输上更加方便灵活,香气保留得更加完整。

授权文件独立权利要求:

一种药用保健型固体电子烟雾化液,其特征在于主要包含以下重量百分比的成分:丙二醇 35%～45%、药剂 30%～35%、去离子水 10%～15%、烟叶提取液 3%～3.5%、烟草香精 3%～3.5%、赋形剂 2%～3%、果胶酸钙凝胶 0.2%～1%、固化剂 0.3%～0.8%。

242. 纤体功能型电子烟烟液

专利类型:发明

申请号:CN201010254798.4

申请日:2010-08-16

申请人:深圳市如烟生物科技有限公司

申请人地址:518000 广东省深圳市宝安区西乡街道航城大道翻身固戍工业园 G 栋三楼

发明人:宋丽娜　周霞

授权日:2012-08-29

法律状态公告日:2017-07-07

法律状态:专利权人的姓名或者名称、地址的变更

摘要:

本发明公开了一种纤体功能型电子烟烟液,其主要包含以下重量百分比的成分:烟草增香剂 6%～15%、丙二醇 40%～70%、纯水 10%～15%、纤体药剂 4%～13.5%。本发明的纤体功能型电子烟烟液因含有纤体药剂,从而具有减肥的作用,使用者可在享受吞烟吐雾的同时进行减肥。

授权文件独立权利要求:

一种纤体功能型电子烟烟液,其特征在于主要包含以下重量百分比的成分:烟草增香剂 6%～15%、丙二醇 40%～70%、纯水 10%～15%、纤体药剂 4%～13.5%。

243. 嫩肤美白功能型电子烟烟液

专利类型:发明

申请号:CN201010254806.5

申请日:2010-08-16

申请人:深圳梵活生物科技有限公司

申请人地址:518000 广东省深圳市宝安区西乡街道黄田杨贝工业区一期第 1、3、4、5、7 栋(第 1 栋 2 楼 B 区)

发明人:宋丽娜　周霞

授权日:2012-11-14

法律状态公告日:2017-06-16

法律状态:专利权人的姓名或者名称、地址的变更

摘要：

本发明公开了一种嫩肤美白功能型电子烟烟液，其主要包含以下重量百分比的成分：干果表香6%～15%、丙二醇40%～70%、纯水10%～15%、嫩肤美白药剂4%～13.5%。该嫩肤美白药剂主要包含以下重量百分比的成分：维生素A 1%～5%、维生素C 1%～5%、维生素E 1%～5%、金银花提取物5%～10%、白果仁提取物6%～10%、白苏提取物6%～10%、白芷提取物6%～15%、白蒺藜提取物4%～15%、白及提取物1%～5%、白术提取物1%～5%、白茯苓提取物4%～6%、白芍提取物1%～2%、白蜂蜡提取物1%～2%、甘薯提取物1%～2%、白蚕提取物1%～3%。本发明的嫩肤美白功能型电子烟烟液因含有嫩肤美白药剂，从而具有抗氧化、延缓皮肤衰老、抑制色素沉着的作用。

授权文件独立权利要求：

一种嫩肤美白功能型电子烟烟液，其特征在于主要包含以下重量百分比的成分：干果表香6%～15%、丙二醇40%～70%、纯水10%～15%、嫩肤美白药剂4%～13.5%。该嫩肤美白药剂主要包含以下重量百分比的成分：维生素A 1%～5%、维生素C 1%～5%、维生素E 1%～5%、金银花提取物5%～10%、白果仁提取物6%～10%、白苏提取物6%～10%、白芷提取物6%～15%、白蒺藜提取物4%～15%、白及提取物1%～5%、白术提取物1%～5%、白茯苓提取物4%～6%、白芍提取物1%～2%、白蜂蜡提取物1%～2%、甘薯提取物1%～2%、白蚕提取物1%～3%。

244. 电子雾化吸入器的吸嘴

专利类型：实用新型

申请号：CN201020154116.8

申请日：2010-04-02

申请人：陈志平

申请人地址：518102 广东省深圳市宝安西乡麻布科技园一栋六楼

发明人：陈志平

授权日：2011-02-23

法律状态公告日：2016-11-23

法律状态：专利权人的姓名或者名称、地址的变更

摘要：

本实用新型涉及一种电子雾化器吸嘴的结构改进。该吸嘴包括呈筒状的外壳体，外壳体的前端筒口部固连吸嘴螺纹电极，后端筒口部设置有封堵壁，外壳体的容纳腔内容纳有加热器和可以存储被雾化液体的纤维丝；加热器与吸嘴螺纹电极电连接，吸嘴螺纹电极具有内、外电极，并且吸嘴螺纹电极上设置有进气孔，封堵壁上设置有出气孔；纤维丝环形分布在容纳腔内，中央部位形成轴向的中心通道，中心通道连通进气孔和出气孔，加热器固定在中心通道中；中心通道的内壁上设置有扩散液体的扩散布层，并至少在一部分中心通道上固连有中空的支撑管。本实用新型由于具有上述技术特点，因此可以应用在将具有味道的液体雾化从而供使用者吸入的装置中。

申请文件独立权利要求：

一种电子雾化吸入器的吸嘴，该吸嘴包括呈筒状的外壳体，外壳体的前端筒口部设置有吸嘴螺纹电极，后端筒口部设置有封堵壁，外壳体、吸嘴螺纹电极和封堵壁所形成的容纳腔内容纳有加热器和可以存储被雾化液体的储液器；加热器与吸嘴螺纹电极电连接，吸嘴螺纹电极具有内、外电极，并且吸嘴螺纹电极上设置有进气孔，封堵壁上设置有出气孔；储液器的中央部位具有轴向的中心通道，中心通道连通进气孔和出气孔，加热器设置在中心通道中。

245. 一种可替代香烟的电子装置

专利类型：实用新型

申请号:CN201020188645.X

申请日:2010-05-12

申请人:深圳市烟趣电子产品有限公司

申请人地址:518000 广东省深圳市宝安区西乡固戍华万工业园 B 栋 5 楼

发明人:万利龙

授权日:2011-01-19

法律状态公告日:2011-01-19

法律状态:授权

摘要:

本实用新型适用于香烟替代品技术领域,提供了一种可替代香烟的电子装置,其包括本体和仿真过滤烟嘴。本体包括烟杆段、雾化器和连接构件,烟杆段内固设有电源及电子电路,电源与电子电路之间电连接,烟杆段的一端固定套设于连接构件的一端,雾化器的一端固定套设于连接构件的另一端,仿真过滤烟嘴套设于雾化器的另一端。本实用新型提供的这种可替代香烟的电子装置,通过将烟杆段和雾化器分别套设于连接构件的两端而成为整体,且将充电口设于烟杆段的顶端,使用者能够很方便地对产品进行充电,产品零件加工容易,零件数量少,产品结构小巧轻便,使用、操作简单,与普通香烟相比,仿真度高。

申请文件独立权利要求:

一种可替代香烟的电子装置,包括本体和仿真过滤烟嘴,其特征在于本体包括烟杆段、雾化器和连接构件,烟杆段内固设有电源及电子电路,电源与电子电路之间电连接,烟杆段的一端固定套设于连接构件的一端,雾化器的一端固定套设于连接构件的另一端,仿真过滤烟嘴套设于雾化器的另一端。

246. 一种具有霍尔开关的电子烟

专利类型:实用新型

申请号:CN201020218792.7

申请日:2010-06-08

申请人:李永海　徐中立

申请人地址:518000 广东省深圳市宝安区新安三路 60 号兴宝工业区 A 栋 4—5 楼

发明人:徐中立　李永海

授权日:2011-05-11

法律状态公告日:2013-01-30

法律状态:专利申请权、专利权的转移

摘要:

本实用新型公开了一种具有霍尔开关的电子烟,该电子烟由电池组件 A 和雾化器组件 B 组成,包括灯罩、LED 灯板、锂电池、不锈钢外壳、控制装置、磁铁、霍尔开关膜、下导电装置组件、上导电装置组件、雾化装置、贮液芯、吸嘴组件,霍尔开关膜与磁铁的来回往复运动,使磁铁在一定条件下相对于 IC 芯片形成一个位置差,通过电磁感应原理产生一个电位差。该电子烟具有无污染、无辐射、低功耗、使用寿命长、响应频率高、在各种恶劣环境下都能可靠地工作的优点。

申请文件独立权利要求:

一种具有霍尔开关的电子烟,由电池组件 A 和雾化器组件 B 组成。雾化器组件 B 由上导电装置组件(9)、雾化装置(10)、贮液芯(11)、吸嘴组件(12)组成;电池组件 A 由灯罩(1)、LED 灯板(2)、锂电池(3)、不锈钢外壳(4)、控制装置(5)、磁铁(6)、霍尔开关膜(7)、下导电装置组件(8)组成,灯罩(1)呈圆弧形,位于电子烟的最前端,LED 灯板(2)、锂电池(3)、控制装置(5)、磁铁(6)、霍尔开关膜(7)、下导电装置组件(8)按顺序连接安装。

247. 电子香烟的供电装置

专利类型:实用新型

申请号:CN201020220247.1

申请日:2010-06-09

申请人:李永海　徐中立

申请人地址:518000 广东省深圳市宝安区福永街道建安路1号塘尾高新科技园合元集团

发明人:李永海　徐中立

授权日:2011-05-18

法律状态公告日:2013-01-16

法律状态:专利申请权、专利权的转移

摘要:

本实用新型公开了一种电子香烟的供电装置,其包括电池和控制板,电池安装在电池套的内部。该供电装置还包括用于接入雾化装置的电极连接件,电极连接件包括负极连接件和正极连接件,负极连接件配合安装于电池套的一端,正、负极连接件之间设置有绝缘环;控制板与电极连接件分别设置于电池的两端,控制板集成有控制器、LED灯和气流开关;电池为控制板供电,正、负极连接件之间连接的负载能否接入电池的供电回路,以及LED灯的亮灭均受控于控制器。本实用新型的供电装置通过电极连接件与雾化装置电连接,无须从供电装置向雾化装置内部引入导线,即使将LED灯与气流开关均集成在控制板上,也可以通过简单的布线实现电路连接。

申请文件独立权利要求:

一种电子香烟的供电装置,包括电池和控制板,电池安装在电池套的内部。该供电装置还包括用于接入电子香烟的作为负载的雾化装置的电极连接件,电极连接件包括负极连接件和正极连接件,负极连接件配合安装于电池套的一端,正极连接件安装于负极连接件的内部,负极连接件与正极连接件之间设置有实现电气隔离的绝缘环;控制板安装于电池套的内部,并与电极连接件分别设置于电池的两端,控制板集成有控制器、LED灯和气流开关;电池为控制板供电,控制器控制将正、负极连接件之间连接的负载接入电池的供电回路,以及控制点亮LED灯。

248. 电子香烟的烟液雾化装置

专利类型:实用新型

申请号:CN201020220249.0

申请日:2010-06-09

申请人:李永海　徐中立

申请人地址:518000 广东省深圳市宝安区福永街道建安路1号塘尾高新科技园合元集团

发明人:李永海　徐中立

授权日:2011-05-18

法律状态公告日:2013-01-09

法律状态:专利申请权、专利权的转移

摘要:

本实用新型公开了一种电子香烟的烟液雾化装置,该装置包括安装于固定套内的雾化器,吸嘴组件和电极连接件分别配合安装于固定套的两端。雾化器包括玻纤管、玻纤丝、发热丝、棉布和纤维棉。发热丝缠绕在玻纤丝上,发热丝位于玻纤管的内部;玻纤丝的端部以及连接发热丝的两根导线均通过玻纤管向外穿出;棉布包裹在玻纤管的外壁上,并将玻纤丝外露的端部紧压于棉布与玻纤管之间;纤维棉包裹在棉布外,棉布与纤维棉之间形成用于容置烟液的环向空间。本实用新型可使棉布与烟液大面积接触,烟液便可不断

地渗入玻纤丝内，实现烟液的快速补充。另外，电热丝可对玻纤丝内的烟液进行高效雾化，有效解决了现有电子香烟存在的烟雾量小的问题。

申请文件独立权利要求：

一种电子香烟的烟液雾化装置，包括安装于固定套内的雾化器，吸嘴组件和电极连接件分别配合安装于固定套的两端，电极连接件包括正、负电极连接件。该烟液雾化装置的特征在于雾化器包括玻纤管、玻纤丝、发热丝、棉布和纤维棉，发热丝缠绕在玻纤丝上，发热丝位于玻纤管的内部，玻纤丝的端部以及将发热丝电连接在正、负电极连接件之间的两根导线均通过玻纤管向外穿出，棉布包裹在玻纤管的外壁上，并将玻纤丝外露的端部紧压于棉布与玻纤管之间，纤维棉包裹在棉布外，棉布与纤维棉之间形成用于容置烟液的环向空间。

249. 电 子 香 烟

专利类型：实用新型

申请号：CN201020287115.0

申请日：2010-08-10

申请人：刘翔

申请人地址：518103 广东省深圳市宝安区福永街道福园一路天瑞工业区 A7 栋 3 楼

发明人：刘翔

授权日：2011-02-09

法律状态公告日：2016-01-06

法律状态：专利申请权、专利权的转移

摘要：

本实用新型公开了一种电子香烟，其包括采用螺纹连接的烟嘴(1)和烟杆(2)，烟嘴(1)的内腔中设有雾化器(13)，烟杆(2)的内腔中设有机械开关(23)，雾化器(13)与机械开关(23)相连，且机械开关(23)的输入端与 USB 接头(3)相连。本实用新型不需要锂电池，可以利用 USB 设备供电，具有节能环保、使用方便、安全可靠的优点。

申请文件独立权利要求：

一种电子香烟，包括采用螺纹连接的烟嘴(1)和烟杆(2)，其特征在于烟嘴(1)的内腔中设有雾化器(13)，烟杆(2)的内腔中设有机械开关(23)，雾化器(13)与机械开关(23)相连，且机械开关(23)的输入端与 USB 接头(3)相连。

250. 一种电子烟雾化器和电子烟

专利类型：实用新型

申请号：CN201020296330.7

申请日：2010-08-18

申请人：陈珍来

申请人地址：518000 广东省深圳市宝安区松岗街道办集信名城五栋三 D 室

发明人：陈珍来

授权日：2011-04-06

法律状态公告日：2017-02-15

法律状态：专利申请权、专利权的转移

摘要：

本实用新型公开了一种电子烟雾化器和电子烟。该电子烟雾化器包括壳体、电热丝和导油棉，壳体的一端连接烟杆接头，另一端连接烟嘴接头，壳体的内部设有雾化腔，电热丝和导油棉布置在雾化腔中，壳体

在烟嘴接头的一端有一个向外凸出的凸起，凸起有一个与雾化腔连通的轴向孔，导油棉穿入轴向孔中。电子烟烟嘴的油杯朝向雾化器的一端的端面设有出油孔，出油孔与雾化器的凸起相适配。本实用新型的电子烟雾化器导油速度快，产生的烟量大，电子烟的油杯不易漏油，不会吸出烟油，油杯不用吸油棉，同体积的油杯内含油量多，吸烟口数多，产品成本较低。

申请文件独立权利要求：

一种电子烟雾化器，包括壳体、电热丝和导油棉，壳体的一端连接烟杆接头，另一端连接烟嘴接头，壳体的内部设有雾化腔，电热丝和导油棉布置在雾化腔中，壳体在烟嘴接头的一端有一个向外凸出的凸起，凸起有一个与雾化腔连通的轴向孔，导油棉穿入该轴向孔中。

251. 电子香烟雾化器及电子香烟

专利类型：实用新型

申请号：CN201020612658.5

申请日：2010-11-18

申请人：龙功运

申请人地址：518103 广东省深圳市宝安区福永街道龙翔山庄 A16 栋

发明人：龙功运

授权日：2011-07-20

法律状态公告日：2014-06-04

法律状态：专利申请权、专利权的转移

摘要：

本实用新型公开了一种电子香烟雾化器及电子香烟。该电子香烟雾化器包括陶瓷座，陶瓷座设有雾化室以及分别与雾化室相连的雾化器进气口和雾化器出气口，雾化室中设有加热元件，陶瓷座上靠近雾化器出气口的一端设有导液机构，导液机构为多层结构；电子香烟包括壳体，壳体内设有油杯、雾化器、控制电路板和电池，油杯中设有存储烟液的贮液芯，雾化器为电子香烟雾化器，导液机构与贮液芯相接触，雾化器、控制电路板和电池依次相连。本实用新型具有雾化能力强、雾化效果好、可靠耐用、使用寿命长、开关稳定可靠、结构简单、模拟真实程度高、不易损坏、接触性能良好、使用方便的优点。

申请文件独立权利要求：

一种电子香烟雾化器，包括陶瓷座(1)，陶瓷座(1)设有雾化室(11)和分别与雾化室(11)相连的雾化器进气口(111)和雾化器出气口(112)，雾化室(11)中设有加热元件(12)，陶瓷座(1)上靠近雾化器出气口(112)的一端设有导液机构(13)，导液机构(13)为多层结构的导液机构。

252. 一种电子烟、电子烟烟弹及其雾化装置

专利类型：实用新型

申请号：CN201020615194.3

申请日：2010-11-19

申请人：刘秋明

申请人地址：523866 广东省东莞市长安镇长怡路 1 号三楼

发明人：刘秋明

授权日：2011-06-22

法律状态公告日：2014-10-08

法律状态：专利申请权、专利权的转移

摘要：

本实用新型涉及一种电子烟、电子烟烟弹及其雾化装置，该电子烟采用一个以上的发热元件，放置在相

同或不同的烟雾输出通道上，并联使用。这种一次性电子烟、电子烟烟弹及其雾化装置，成倍地提高了雾化能力和产品的可靠性，同时还能使烟油雾化颗粒变得更细。

申请文件独立权利要求：

一种电子烟雾化装置，包括发热元件及其通电回路，其特征在于具有一个以上的发热元件。

253. 一种电子香烟一次性雾化装置

专利类型：实用新型

申请号：CN201020650584.4

申请日：2010-12-09

申请人：深圳市施美乐科技有限公司

申请人地址：518000 广东省深圳市宝安区固戍大门愉盛工业园 10 栋 5 楼

发明人：伍杨洋

授权日：2011-06-15

法律状态公告日：2015-04-08

法律状态：专利权人的姓名或者名称、地址的变更

摘要：

本实用新型公开了一种电子香烟一次性雾化装置，该电子香烟包括电池组件、雾化装置，雾化装置包括雾化器盖、胶套、雾化器套管、烟油棉、两根线材、发热丝、胶垫、螺套、顶针、第一纤维管、导油绳、第二纤维管，发热丝与两根线材的一端相连接，线材的另一端分别与顶针固连，发热丝与导油绳缠绕在一起，第一纤维管设于导油绳内，第二纤维管与第一纤维管同轴设置并位于其后方，导油绳和第二纤维管均设于烟油棉内，烟油棉及螺套均设于雾化器套管内，雾化器盖设于雾化器套管的末端，胶套设于雾化器套管内并位于第二纤维管与雾化器盖之间。该雾化装置生产工艺简单，生产效率高，人工成本低。

申请文件独立权利要求：

一种电子香烟一次性雾化装置，包括电池组件、雾化装置，雾化装置包括雾化器盖、胶套、雾化器套管、烟油棉、两根线材、发热丝、胶垫、螺套、顶针、第一纤维管、导油绳、第二纤维管，发热丝与两根线材的一端相连接，线材的另一端分别与顶针固连，发热丝与导油绳缠绕在一起，第一纤维管设于导油绳内，第二纤维管与第一纤维管同轴设置并位于其后方，导油绳和第二纤维管均设于烟油棉内，烟油棉及螺套均设于雾化器套管内，雾化器盖设于雾化器套管的末端，胶套设于雾化器套管内并位于第二纤维管与雾化器盖之间。

254. 电　子　烟

专利类型：发明

申请号：CN201080003430.9

申请日：2010-06-29

申请人：微创高科有限公司

申请人地址：中国香港沙田

发明人：廖来英

授权日：2012-06-13

法律状态公告日：2017-05-24

法律状态：专利申请权、专利权的转移

摘要：

一种电子香烟(10)，包括吸气检测器(100)和吸烟效果生成电路，吸气检测器(100)包括用于检测通过该电子烟装置的气流的流向和流量的气流感应器(120)，吸烟效果生成电路布置为当气流流向与通过该装置进行吸气的方向一致且气流流量达到预定阈值时生成吸烟效果。这种电子烟装置解决了由于环境振动、

噪声或者小孩玩耍时向该装置吹气而导致的无意触发的问题。

授权文件独立权利要求：

一种电子烟装置，包括吸气检测器和吸烟效果生成电路，其中吸气检测器包括用于检测流过该电子烟装置的气流的流向和流量的气流感应器，吸烟效果生成电路布置为当气流流向与通过该装置进行吸气的方向一致且气流流量达到预定阈值时生成吸烟效果。

255. 一种电子烟雾化装置

专利类型：发明

申请号：CN201080005443.X

申请日：2010-04-09

申请人：惠州市吉瑞科技有限公司深圳分公司

申请人地址：518040 广东省深圳市福田区车公庙财富广场 A 座 14 楼 S—Z

发明人：刘秋明

授权日：2016-02-03

法律状态公告日：2016-12-28

法律状态：专利申请权、专利权的转移

摘要：

一种电子烟雾化装置，内置在一次性电子烟或一次性烟弹电子烟中。该电子烟雾化装置包括烟弹外壳(4)与中空管支架(3)之间的烟油仓(2)、与中空管支架(3)对应的吸烟通道以及通道中的烟油仓出口处与电池(10)电连接的发热元件(5)。发热元件(5)与中空管支架(3)的中心轴线成 10°～90°的夹角，发热元件(5)两端的连接导线(8)在中空管支架(3)与烟弹外壳(4)之间电连接至电池(10)。

申请文件独立权利要求：

一种电子烟雾化装置，包括烟嘴头、储油纤维、中空管支架、烟嘴外壳、螺旋形发热电阻丝、导油纤维、连接件和电子导线，其特征在于：发热电阻丝和导油纤维形成雾化组件，横放于中空管支架中，与中空管支架的中心轴线成 90°夹角，其电子导线在中空管支架之外、烟嘴外壳之内穿插；中空管支架为一整体圆管，其直径大于或等于 3 mm，电子导线在中空管支架上穿孔连接发热电阻丝，或者发热电阻丝在中空管支架上穿孔连接电子导线。

256. 一种改进的雾化电子烟

专利类型：发明

申请号：CN201080016105.6

申请日：2010-01-28

申请人：富特姆控股第一有限公司

申请人地址：荷兰阿姆斯特丹

发明人：韩力

授权日：2016-03-30

法律状态公告日：2016-03-30

法律状态：授权

摘要：

本发明涉及一种改进的雾化电子烟，其包括电源装置、传感器、雾化芯组件和储液部件，还包括容置壳体，壳体上开有辅助进气孔。雾化芯组件包括电加热体和液体渗透件，电加热体具有通孔，储液部件具有通道，传感器与通孔、通道相连通，并与辅助进气孔形成气流回路。本发明将雾化芯组件中的液体渗透件直接套于电加热体上，加热时烟雾汽化更加充分，液滴更小更均匀，使用者在口感上更易接受，而且烟雾更容易

到达肺泡而便于吸收。同时,由于电加热体及储液部件有相连通的通孔和通道,雾化产生的烟雾在气流的推动下能够进一步冷却,使吸入的烟雾更符合吸烟者的口感。该雾化电子烟具有可拆卸更换的分体式结构,可实现部件的更换,也便于携带。

申请文件独立权利要求:

一种改进的雾化电子烟,包括电源装置(1)、传感器(2)、电加热体和含有纤维材料的储液部件(3),还包括容置上述部件的壳体,壳体上开有辅助进气孔(4),壳体的一端设有吸气口。该雾化电子烟的特征在于:电加热体(5)被储液部件(3)围绕,并使从储液部件(3)传导至电加热体的液体雾化,储液部件(3)内具有可使被雾化的气体流通地形成于纤维材料内的、自储液部件的第一末端至储液部件的第二末端的吸气口的通孔、通道(31),以及辅助进气孔(4)、传感器(2)、通道(31)和吸嘴形成的气流路径,电加热体(5)直接伸入储液部件(3)的通道(31)内,雾化的气体直接通过通道(31)流动。

257. 具有液体存储部分和改善的气流特性的吸烟系统

专利类型:发明

申请号:CN201080056453.6

申请日:2010-10-26

申请人:菲利普・莫里斯生产公司

申请人地址:瑞士纳沙泰尔

发明人:M. 托伦斯　J-M. 弗利克　O. Y. 科强德　F. 迪比耶夫

授权日:2016-05-04

法律状态公告日:2016-05-04

法律状态:授权

摘要:

本发明公开了一种吸烟系统,其包括用于保持液体的毛细芯、至少一个空气入口、至少一个空气出口和位于空气入口与空气出口之间的室。空气入口、空气出口和室布置成限定从空气入口经毛细芯到空气出口的空气流动路径,以将气雾剂传送到空气出口。该吸烟系统还至少包括一个导向装置,用于在空气流动路径中引导气流,以控制气雾剂中的颗粒粒度。该吸烟系统应还至少包括一个加热器,用于加热毛细芯中的一部分液体,以形成气雾剂。

授权文件独立权利要求:

一种吸烟系统,包括:①毛细芯,用于保持液体;②至少一个加热器,用于加热毛细芯中的一部分液体,以形成气雾剂;③至少一个空气入口、一个空气出口和位于空气入口与空气出口之间的室,空气入口、空气出口和室布置成限定从空气入口经毛细芯到空气出口的空气流动路径,以将气雾剂传送到空气出口;④至少一个导向装置,用于在空气流动路径中引导气流,以控制气雾剂中的颗粒粒度。

258. 用于电加热气溶胶产生系统的改进的加热器

专利类型:发明

申请号:CN201080063251.4

申请日:2010-12-22

申请人:菲利普・莫里斯生产公司

申请人地址:瑞士纳沙泰尔

发明人:M. 托伦斯　J-M. 弗利克　O. Y. 科尚　F. 迪比耶夫

授权日:2015-08-05

法律状态公告日:2015-08-05

法律状态:授权

摘要：

本发明提供了一种用于接纳气溶胶形成基底的电加热气溶胶产生系统。该系统至少包括一个电加热器，用于加热气溶胶形成基底，从而形成气溶胶。加热器包括电连接到多个纵长支撑元件并具有第一横截面的加热元件，每一个支撑元件具有大于第一横截面的横截面。至少有一个支撑元件与加热元件一体成型。本发明还提供了一种用于气溶胶产生系统的加热器。

授权文件独立权利要求：

一种用于接纳气溶胶形成基底的电加热气溶胶产生系统，该系统至少包括一个电加热器，用于加热气溶胶形成基底，从而形成气溶胶。加热器包括具有第一横截面的加热元件，加热元件电连接到多个纵长支撑元件，每一个支撑元件具有大于第一横截面的横截面，并且至少有一个支撑元件与加热元件一体成型。

259. 一种电子烟

专利类型：实用新型

申请号：CN201090000670.9

申请日：2010-04-13

申请人：刘秋明

申请人地址：523000 广东省东莞市长怡路1号三楼12号

发明人：刘秋明

授权日：2013-01-16

法律状态公告日：2014-11-12

法律状态：专利申请权、专利权的转移

摘要：

一种电子烟，包括发热元件及其电连接的电池(14)，还包括设置在电子烟烟头和烟嘴之间的外壳上、与电池(14)电连接的环形、半环形或弧形发光体。

申请文件独立权利要求：

一种电子烟，包括发热元件及其电连接的电池(14)，还包括设置在电子烟烟头和烟嘴之间的外壳上、与电池(14)电连接的环形、半环形或弧形发光体。

260. 一种电子烟雾化开关装置

专利类型：实用新型

申请号：CN201090000671.3

申请日：2010-04-12

申请人：刘秋明

申请人地址：523000 广东省东莞市长怡路1号三楼12号

发明人：刘秋明

授权日：2013-01-16

法律状态公告日：2014-11-26

法律状态：专利申请权、专利权的转移

摘要：

一种电子烟雾化开关装置，设置在一次性电子烟中，包括按键开关(1)、电池(3)和发热元件(2)，该按键开关(1)设置在一次性电子烟外壳上，并串接在包括电池(3)与发热元件(2)的电流回路上。这种电子烟雾化开关装置降低了一次性电子烟的成本。

申请文件独立权利要求：

一种电子烟雾化开关装置，内置于一次性电子烟中，包括一次性电子烟外壳上的按键开关(1)，其特征

在于按键开关(1)直接串接在一次性电子烟中包括电池(3)与发热元件(2)的电流回路上。

261. 电子香烟

专利类型:发明

申请号:CN201110075226.4

申请日:2011-03-28

申请人:深圳市康泰尔电子有限公司

申请人地址:518000 广东省深圳市宝安区沙井街道和一社区西部工业区新联河工业园 6 号厂房第 3 层

发明人:朱晓春

授权日:2013-01-16

法律状态公告日:2015-06-10

法律状态:专利申请权、专利权的转移

摘要:

本发明公开了一种电子香烟,其包括空心雾化杆、套设在雾化杆底部并且与雾化杆密封起来的第一导电环、设置在第一导电环内并且与其绝缘隔开的第二导电环、设置在雾化杆内且其底部与第一导电环紧密接触的导管、安装在雾化杆顶部的阻液器及安装在雾化杆顶部且将阻液器容纳在内的烟嘴。雾化杆的内壁、导管的外壁、第一导电环的顶部及阻液器的底部之间共同界定了一个用于将烟液存储在内的储液室。该电子香烟结构简单,成本低廉,环保高效,雾化效果强。

授权文件独立权利要求:

一种电子香烟,包括空心雾化杆、套设在雾化杆底部并且与雾化杆密封起来的第一导电环、设置在第一导电环内并且与其绝缘隔开的第二导电环、设置在雾化杆内且其底部与第一导电环紧密接触的导管、安装在雾化杆顶部的阻液器及安装在雾化杆顶部且将阻液器容纳在内的烟嘴。该电子香烟的特征在于:雾化杆的内壁、导管的外壁、第一导电环的顶部及阻液器的底部之间共同界定了一个用于将烟液存储在内的储液室。

262. 烟液可控式电子香烟

专利类型:发明

申请号:CN201110078834.0

申请日:2011-03-30

申请人:深圳市康泰尔电子有限公司

申请人地址:518000 广东省深圳市宝安区沙井街道和一社区西部工业区新联河工业园 6 号厂房第 3 层

发明人:朱晓春

授权日:2012-05-30

法律状态公告日:2015-06-03

法律状态:专利申请权、专利权的转移

摘要:

本发明公开了一种烟液可控式电子香烟,其包括外壳、设置在外壳内的储液罐、设置在储液罐内的抽液装置及设置在外壳内的雾化装置。抽液装置包括伸入储液罐内并且具有与储液罐连通的通道的泵体、活动地设置在通道内且仅可向上运动的球阀、滑动地设置在通道内的空心活塞、弹性地抵靠在活塞与球阀之间的压缩弹簧、安装在活塞顶部并且与通道导通的导流管及固定在导流管顶部并且从外壳的顶壁朝外伸出的抽液按键。该电子香烟结构简单,成本低廉,环保高效,雾化效果强。

授权文件独立权利要求:

一种烟液可控式电子香烟,包括外壳、设置在外壳内的储液罐、设置在储液罐内的抽液装置及设置在外

壳内的雾化装置，其特征在于：抽液装置包括伸入储液罐内并且具有与储液罐连通的通道的泵体、活动地设置在通道内且仅可向上运动的球阀、滑动地设置在通道内的空心活塞、弹性地抵靠在活塞与球阀之间的压缩弹簧、安装在活塞顶部并且与通道导通的导流管及固定在导流管顶部并且从外壳的顶壁朝外伸出的抽液按键。

263. 一种电子烟液的制备方法

专利类型：发明

申请号：CN201110184068.6

申请日：2011-07-04

申请人：郑俊祥　郑志炫

申请人地址：515041 广东省汕头市龙湖区珠池街道金砂路160号华尔花园1栋406房

发明人：郑俊祥　郑志炫

授权日：2013-07-03

法律状态公告日：2013-07-03

法律状态：授权

摘要：

本发明涉及一种电子烟液的制备方法。称取电子烟液量的5%～20%的烟叶投入提取罐，将配制好的溶媒加入提取罐中浸泡烟叶30～100分钟，加热至40～60 ℃，温浸提取2～8小时，过滤提取液，向滤液中加入电子烟液量的1%～10%的可可豆提取物，搅拌混合20～40分钟；再以丙二醇或聚乙二醇补足到100%计划制备的电子烟液体积，搅拌混合均匀即得产品。该方法使烟叶中的天然香气成分进入电子烟液，使电子烟液的香气、口味基本来自烟叶，能更接近香烟的香气，更能迎合消费者的品烟感觉，还能使进入烟液中的天然香气成分的留香时间更长。

授权文件独立权利要求：

一种电子烟液的制备方法，其特征在于按以下技术方案实施：称取电子烟液量的5%～20%的烟叶投入提取罐，将配制好的溶媒加入提取罐中浸泡烟叶30～100分钟，加热至40～60 ℃，温浸提取2～8小时，过滤提取液，向滤液中加入电子烟液量的1%～10%的可可豆提取物，搅拌混合20～40分钟，再以丙二醇或聚乙二醇补足到100%计划制备的电子烟液体积，搅拌混合均匀即得产品；溶媒的配制方法是分别量取电子烟液量的30%～80%的丙二醇和/或聚乙二醇、0.1%～0.5%的吐温-80，搅拌混合20～40分钟，得到混合均匀的溶媒；可可豆提取物是将可可豆粉碎至20～60目，投入带夹层的提取罐中，加入可可豆粉重量的3～10倍的蒸馏水，浸泡可可豆粉30～90分钟，加热升温至80～90 ℃，保留提取2～6小时，放出并过滤提取液，滤液减压浓缩至比重为1.1～1.4的浸膏，即得可可豆提取物。

264. 一体式电子香烟

专利类型：发明

申请号：CN201110219735.X

申请日：2011-08-02

申请人：刘翔

申请人地址：518103 广东省深圳市宝安区福永街道福园一路天瑞工业园A七栋3楼

发明人：刘翔

授权日：2014-02-05

法律状态公告日：2015-12-30

法律状态：专利申请权、专利权的转移

摘要：

本发明公开了一种一体式电子香烟，其包括依次相连的烟嘴(1)、雾化器(3)、电池组件(4)。该电子香烟还包括用于存储烟油的油杯(2)，烟嘴(1)通过油杯(2)与雾化器(3)相连。本发明具有结构简单、安装快速、生产成本低的优点。

授权文件独立权利要求：

一种一体式电子香烟，包括依次相连的烟嘴(1)、雾化器(3)、电池组件(4)，还包括用于存储烟油的油杯(2)，烟嘴(1)通过油杯(2)与雾化器(3)相连。

265. 一种烤烟型电子香烟烟液

专利类型：发明

申请号：CN201110263484.5

申请日：2011-09-07

申请人：深圳瀚星翔科技有限公司

申请人地址：518112 广东省深圳市龙岗区布吉街道甘李五路 3 号中海信创新产业城 9 栋 501、901、1001

发明人：姚继德

授权日：2016-01-20

法律状态公告日：2016-10-12

法律状态：专利申请权、专利权的转移

摘要：

本发明提供了一种烤烟型电子香烟烟液。这种烤烟型电子香烟烟液包括如下质量配比的组分：云南烤烟提取液 5%～50%、烟草酮 1035 1%～10%、烟草醇 1036 1%～10%、烟草香精 0.5%～5%、天然烟碱 0.1%～2.5%、医用甘油 5%～25%、蒸馏水 1%～10%、食用酒精 1%～15%，余量为丙二醇。根据本发明的烤烟型电子香烟烟液，提供符合中国烟民需要的利于健康的传统烟草替代品，该烟草替代品具有自然浓郁的云南烤烟香味，吸味优雅细腻，香气丰富满足，劲头适中，余味纯净，回甜生津，有害物质少，利于吸食者身体健康。

授权文件独立权利要求：

一种烤烟型电子香烟烟液，其特征在于包括如下质量配比的组分：云南烤烟提取液 5%～50%、烟草酮 1035 1%～10%、烟草醇 1036 1%～10%、烟草香精 0.5%～5%、天然烟碱 0.1%～2.5%、医用甘油 5%～25%、蒸馏水 1%～10%、食用酒精 1%～15%，余量为丙二醇，其中，烟草酮 1035 为主要成分为酮类化合物的混合物，巨豆三烯酮含量大于或等于 2%，大马酮含量大于或等于 1.5%，氧化异佛尔酮含量大于或等于 1%，其他含量大于 0.1%的成分还有香叶基丙酮、2,3-丁二酮、二氢大马酮、茄酮，烟草醇 1036 为主要成分为橙花醇、芳樟醇、苯乙醇等富含醇类的混合物，总醇含量大于或等于 30%。

266. 电 子 烟

专利类型：发明

申请号：CN201110300233.X

申请日：2011-09-28

申请人：卓尔悦(常州)电子科技有限公司

申请人地址：213022 江苏省常州市新北区太湖东路 8 号府琛大厦 2 号楼 607

发明人：邱伟华

授权日：2014-03-12

法律状态公告日：2017-01-25

法律状态：专利申请权、专利权的转移

摘要：

本发明公开了一种电子烟，其包括雾化器、供电装置，以及连接雾化器和供电装置的对正连接部件，其中雾化器包括雾化杆和设置于雾化杆内的雾化头，供电装置和雾化杆的外形为方形，雾化杆的端部与烟嘴主体连接，雾化头包括导液管、雾化头座体，以及设置于雾化头座体内的发热装置。本发明的电子烟能够确保方形壳体的对正连接，并提高了电子烟的使用寿命。

授权文件独立权利要求：

一种电子烟，其特征在于包括雾化器、供电装置，以及连接雾化器和供电装置的对正连接部件，其中雾化器包括雾化杆和设置于雾化杆内的雾化头，供电装置和雾化杆的外形为方形，雾化杆的端部与烟嘴主体连接，雾化头包括导液管、雾化头座体，以及设置于雾化头座体内的发热装置，雾化头座体侧壁设置有通烟空隙，导液管与烟嘴主体内的烟液腔连通，雾化头座体外设置有镍网，镍网外部设置有与发热装置的负极连接的导体环，雾化头座体底部设置有通孔，雾化头底部设置有第一导电部件，第一导电部件与发热装置的正极电连接，第一导电部件的中心设置有通孔，通孔与第二导电部件接触，第二导电部件的端部设置有通气槽，雾化杆侧壁开有通气孔，烟嘴主体中设置有用于抽烟的烟道。

267. 一次性电子烟保鲜烟弹及雾化器组合体

专利类型：发明

申请号：CN201110363412.8

申请日：2011-11-16

申请人：修运强

申请人地址：266071 山东省青岛市市南区东海西路 37 号金都花园 A 座 22F

发明人：修运强

授权日：2014-12-10

法律状态公告日：2015-10-14

法律状态：专利申请权、专利权的转移

摘要：

本发明公开了一种一次性电子烟保鲜烟弹及雾化器组合体，其包括烟嘴壳体，烟嘴壳体的一端开设有吸气孔，另一端与雾化器通过连接副连接，雾化器通过导液架与穿刺针管连接，雾化器上开设有中心通气孔，烟嘴壳体靠近雾化器一端的侧壁周围安装有挡环，挡环与烟嘴壳体侧壁之间通过易撕部件连接，烟嘴壳体内安装有易刺破的密封容器，易刺破的密封容器与烟嘴壳体内侧壁之间设置有通气道，通气道与中心通气孔及吸气孔相通。本发明的烟液在用户使用前处于密封状态，这样可防止烟液挥发，能够有效延长烟弹的保质期，用户使用前烟液不与雾化器的加热丝以及用于导液的化学海绵、纤维等接触，不会受到污染，确保烟液受热后不会产生有害物质，从而不会对人体造成伤害。

授权文件独立权利要求：

一次性电子烟保鲜烟弹及雾化器组合体，包括烟嘴壳体(1)，烟嘴壳体(1)的一端开设有吸气孔(2)，另一端与雾化器(4)通过连接副连接，雾化器(4)通过导液架(8)与穿刺针管(9)连接，雾化器(4)上开设有中心通气孔(21)，烟嘴壳体(1)靠近雾化器(4)一端的侧壁周围安装有挡环(3)，挡环(3)上设有开口(13)及易撕凸片(15)，挡环(3)与烟嘴壳体(1)的侧壁之间通过易撕部件(14)连接，烟嘴壳体(1)内安装有易刺破的密封容器，易刺破的密封容器与烟嘴壳体(1)的内侧壁之间设置有通气道(10)，通气道(10)与中心通气孔(21)及吸气孔(2)相通。

268. 一种可替代香烟的电子雾化装置

专利类型：实用新型

申请号：CN201120020626.0

申请日:2011-01-21

申请人:万利龙

申请人地址:518000 广东省深圳市福田区聚豪园聚友阁 7D

发明人:万利龙

授权日:2011-10-12

法律状态公告日:2015-06-03

法律状态:著录事项变更

摘要:

本实用新型适用于香烟替代品技术领域,提供了一种可替代香烟的电子雾化装置,包括烟杆、软烟嘴和雾化器,烟杆内设置有电源,雾化器电连接于电源,软烟嘴包括仿真软烟管,仿真软烟管呈筒状,套设于雾化器或烟杆上,采用柔性材料制造。本实用新型提供的这种可替代香烟的电子雾化装置,通过设置由柔性材料制造的仿真软烟管,使用者在抽吸时有普通香烟过滤嘴的柔软口感,让使用者从视觉、触觉上有与使用普通香烟相同的感觉,产品仿真度佳,有利于使更多的人放弃抽吸有害健康的香烟。

申请文件独立权利要求:

一种可替代香烟的电子雾化装置,包括烟杆、软烟嘴和雾化器,烟杆内设置有电源,雾化器电连接于电源,软烟嘴包括仿真软烟管,仿真软烟管呈筒状,套设于雾化器或烟杆上,采用柔性材料制造。

269. 一种雾化器结构及包括该雾化器结构的电子烟装置

专利类型:实用新型

申请号:CN201120073311.2

申请日:2011-03-18

申请人:万利龙

申请人地址:518000 广东省深圳市福田区聚豪园聚友阁 7D

发明人:万利龙

授权日:2011-11-30

法律状态公告日:2015-06-10

法律状态:专利申请权、专利权的转移

摘要:

本实用新型适用于香烟替代品技术领域,提供了一种雾化器及包括该雾化器的电子烟装置。该电子烟装置包括用于设置储液杯和电路构件的壳体组件,壳体组件内设置有雾化器,雾化器包括支架组件和雾化层,雾化层覆盖于支架组件的外侧,支架组件还设置有凸出于雾化层的尖刺部。本实用新型提供的这种雾化器及包括该雾化器的电子烟装置,通过在支架组件上设置凸出于雾化层的尖刺部,由于尖刺部的前端呈尖锐状,因此可快速、方便地将塑料密封膜片刺穿,使用十分方便。

申请文件独立权利要求:

一种雾化器,包括支架组件和雾化层,雾化层覆盖于支架组件的外侧,支架组件还设置有凸出于雾化层的尖刺部。

270. 烟液可控式电子香烟

专利类型:实用新型

申请号:CN201120089669.4

申请日:2011-03-30

申请人:深圳市康泰尔电子有限公司

申请人地址:518000 广东省深圳市宝安区沙井街道和一社区西部工业区新联河工业园 6 号厂房第 3 层

发明人:朱晓春

授权日:2011-10-26

法律状态公告日:2015-05-27

法律状态:专利申请权、专利权的转移

摘要:

本实用新型公开了一种烟液可控式电子香烟,其包括外壳、容纳在外壳内的储液罐、设置在储液罐内的抽液装置及设置在外壳内的雾化装置。抽液装置包括伸入储液罐内并且具有与储液罐连通的通道的泵体、活动地设置在通道内且仅可向上运动的球阀、滑动地设置在通道内的空心活塞、弹性地抵靠在活塞与球阀之间的压缩弹簧、安装在活塞顶部并且与通道导通的导流管及固定在导流管顶部并且从外壳的顶壁朝外伸出的抽液按键。该电子香烟结构简单,成本低廉,环保高效,雾化效果强。

申请文件独立权利要求:

一种烟液可控式电子香烟,包括外壳、容纳在外壳内的储液罐、设置在储液罐内的抽液装置及设置在外壳内的雾化装置,其特征在于抽液装置包括伸入储液罐内并且具有与储液罐连通的通道的泵体、活动地设置在通道内且仅可向上运动的球阀、滑动地设置在通道内的空心活塞、弹性地抵靠在活塞与球阀之间的压缩弹簧、安装在活塞顶部并且与通道导通的导流管及固定在导流管顶部并且从外壳的顶壁朝外伸出的抽液按键。

271. 烟液可循环式电子香烟

专利类型:实用新型

申请号:CN201120119807.9

申请日:2011-04-21

申请人:深圳市康泰尔电子有限公司

申请人地址:518000 广东省深圳市宝安区沙井街道和一社区西部工业区新联河工业园6号厂房第3层

发明人:朱晓春

授权日:2011-10-26

法律状态公告日:2015-06-03

法律状态:专利申请权、专利权的转移

摘要:

本实用新型公开了一种烟液可循环式电子香烟,其包括雾化杆、套在雾化杆底部的第一导电环、设置在第一导电环内的第二导电环、设置在雾化杆内且其底部与第一导电环接触的导管、安装在雾化杆顶部的阻液器及安装在雾化杆顶部且将阻液器容纳在内的烟嘴,雾化杆内壁、导管外壁、第一导电环顶部及阻液器底部共同界定了储液室。导管底部开设有锥形通孔,其内放置有可以让导管仅仅在朝上的方向导通的第一球阀,第二导电环上开设有锥形导流孔,其内放置有可以让锥形导流孔仅仅在朝上的方向导通的第二球阀。

申请文件独立权利要求:

一种烟液可循环式电子香烟,包括雾化杆、套设在雾化杆底部的第一导电环、设置在第一导电环内的第二导电环、设置在雾化杆内且其底部与第一导电环紧密接触的导管、安装在雾化杆顶部的阻液器及安装在雾化杆顶部且将阻液器容纳在内的烟嘴,雾化杆内壁、导管外壁、第一导电环顶部及阻液器底部共同界定了储液室。导管底部开设有锥形通孔,其内放置有可以让导管仅仅在朝上的方向导通的第一球阀,第二导电环上开设有锥形导流孔,其内放置有可以让锥形导流孔仅仅在朝上的方向导通的第二球阀。

272. 一种固液复合型电子烟

专利类型:实用新型

申请号:CN201120153889.9

申请日：2011-05-16

申请人：湖北中烟工业有限责任公司　武汉市黄鹤楼科技园有限公司

申请人地址：430040 湖北省武汉市东西湖区金山大道 1355 号

发明人：刘华臣　郭国宁　陈义坤　董爱君　罗诚浩　柯伟昌

授权日：2011-12-28

法律状态公告日：2011-12-28

法律状态：授权

摘要：

本实用新型公开了一种固液复合型电子烟，该电子烟设置有固体烟叶干馏部分，固体烟叶干馏部分设置在烟液汽化部分和电子线路部分之间，或设置在烟嘴和烟液汽化部分之间，固体烟叶干馏部分中设置有由外加热体和内加热体分隔成的多个干馏腔；外加热体外设置有外绝热隔板，外绝热隔板上设置有多个与进气通道相连通的进气孔，内加热体之间设置有隔板，隔板上设置有与干馏气体出气通道相连通的隔板出气孔，外加热体和内加热体两端还设置有干馏器外罩。本实用新型设计合理，结构紧凑，既保持了烟液汽化的烟气，又提供了烟叶汽化的天然本草香味，提高了电子烟的质量，满足了更多消费人群的需要。

申请文件独立权利要求：

一种固液复合型电子烟，含有壳体、烟嘴、烟液汽化部分、电子线路部分，其特征在于：设置有固体烟叶干馏部分(32)，固体烟叶干馏部分(32)设置在烟液汽化部分(31)和电子线路部分(33)之间，或设置在烟嘴(1)和烟液汽化部分(31)，固体烟叶干馏部分(32)中设置有由外加热体(24)和内加热体(14)分隔成的多个干馏腔(15)；外加热体(24)外设置有外绝热隔板(16)，外绝热隔板(16)上设置有多个与进气通道(17)相连通的进气孔(30)，内加热体(14)之间设置有隔板(12)，隔板(12)上设置有与干馏气体出气通道(11)相连通的隔板出气孔(13)，外加热体(24)和内加热体(14)两端还设置有干馏器外罩(27)。

273. 一种电子香烟

专利类型：实用新型

申请号：CN201120174181.1

申请日：2011-05-27

申请人：李永海　徐中立

申请人地址：518000 广东省深圳市宝安区福永街道建安路 1 号塘尾高新科技园合元集团

发明人：李永海　徐中立

授权日：2012-02-01

法律状态公告日：2013-01-30

法律状态：专利申请权、专利权的转移

摘要：

本实用新型公开了一种电子香烟，其包括雾化器、电池组件。雾化器包括雾化器套，雾化器套的下端连接着内螺纹套，雾化器的电极环卡接于内螺纹套中；电池组件包括电池套，在电池套中灯罩、咪头座、咪头、电芯、电池组件的电极环、外螺纹套依次连接，电池套的一端与灯罩连接，另一端与外螺纹套连接，进气口设置在电池组件上。优选的是进气通道开在电池套的套身上或者进气通道为小孔，使用这种结构，空气由电池组件进入，然后进入电池组件的电极环，再进入雾化器的电极环，接着通过雾化器，避免空气进入螺纹，防止螺牙振动，避免空气振动，从而消除了噪声。

申请文件独立权利要求：

一种电子香烟，包括：①雾化器，该雾化器包括雾化器套，雾化器套的下端连接着内螺纹套，雾化器的电极环卡接于内螺纹套中；②电池组件，该电池组件包括电池套，在电池套中灯罩、咪头座、咪头、电芯、电池组件的电极环、外螺纹套依次连接，电池套的一端与灯罩连接，另一端与外螺纹套连接，进气口设置在电池组

件上。

274. 电　子　烟

专利类型:实用新型

申请号:CN201120266630.5

申请日:2011-07-26

申请人:比尔丹尼·马朗戈斯

申请人地址:加拿大多伦多

发明人:比尔丹尼·马朗戈斯

授权日:2012-03-28

法律状态公告日:2017-09-08

法律状态:专利权的终止

摘要:

一种电子烟,包括第一中空圆柱体组件和第二中空圆柱体组件,电路包括相互电连接的微控制器和感应空气压力差的传感器,微控制器与电子开关电连接,电子开关与加热装置电连接。第二中空圆柱体组件设置有进口、出口和雾化腔,玻璃纤维设置于雾化腔内。第二中空圆柱体组件还设置有 LED 指示器,LED 指示器包括设置于电子烟外表面的多个条式 LED 灯。第一中空圆柱体组件的前端设置有盖帽,盖帽设置有模拟真实香烟的发光体。本实用新型的电子烟由于采用了 LED 指示器,可以及时得到电子烟的使用信息,包括使用时间、持续时长和电池电量指示,而且能够通过连接电脑根据图表信息查看用户吸烟的频率和状态,从而得到对烟瘾的进一步医疗信息。

申请文件独立权利要求:

一种电子烟,包括电池、电连接于电池的电路和电连接于电路的加热装置,还包括指示电子烟使用信息的指示器。

275. 一种电子香烟的烟液雾化装置

专利类型:实用新型

申请号:CN201120329986.9

申请日:2011-09-05

申请人:李永海　徐中立

申请人地址:518000 广东省深圳市宝安区福永街道塘尾高新科技园区 C 栋第一、二、三层

发明人:李永海　徐中立

授权日:2012-05-02

法律状态公告日:2013-01-16

法律状态:专利申请权、专利权的转移

摘要:

本实用新型公开了一种电子香烟的烟液雾化装置,包括安装于雾化套内的雾化器、分别配合安装于雾化套两端的吸嘴组件和电极连接件,电极连接件包括正、负电极连接件,雾化器包括玻纤管、玻纤芯、发热丝、棉布和纤维棉,发热丝附在玻纤芯上,棉布包裹在玻纤管的外壁上,并将玻纤芯外露的端部紧压于棉布与玻纤管之间,纤维棉包裹在棉布外,棉布与纤维棉之间形成用于容置烟液的环向空间,玻纤芯的端部以及发热丝的两端均通过玻纤管向外穿出。电热丝的两端直接充当连接电源的导线,并连接在电源的正、负电极连接件上,这样避免使用焊锡,从而消除了电子香烟在高温时产生的异味,结构简单,而且利于环保。

申请文件独立权利要求:

一种电子香烟的烟液雾化装置,包括安装于雾化套内的雾化器、分别配合安装于雾化套两端的吸嘴组

件和电极连接件，电极连接件包括正、负电极连接件，雾化器包括玻纤管、玻纤芯、发热丝、棉布和纤维棉，发热丝附在玻纤芯上，且发热丝位于玻纤管内，棉布包裹在玻纤管的外壁上，并将玻纤芯外露的端部紧压于棉布与玻纤管之间，纤维棉包裹在棉布外，棉布与纤维棉之间形成用于容置烟液的环向空间，玻纤芯的端部以及发热丝的两端均通过玻纤管向外穿出，发热丝的一端和正电极连接件连接，另一端和负电极连接件连接。

276. 一次性电子香烟

专利类型：实用新型

申请号：CN201120329988.8

申请日：2011-09-05

申请人：李永海　徐中立

申请人地址：518000 广东省深圳市宝安区福永街道塘尾高新科技园区 C 栋第一、二、三层

发明人：李永海　徐中立

授权日：2012-06-06

法律状态公告日：2013-01-16

法律状态：专利申请权、专利权的转移

摘要：

本实用新型公开了一种一次性电子香烟，其包括雾化器组件和电池组件。雾化器组件包括雾化器套、雾化器，雾化器包括玻纤管、玻纤丝、电热丝、吸油棉；电池组件包括电池套、灯罩，电池套的一端与灯罩连接，在电池套中咪头座、咪头、锂电芯、电极环依次连接。该电子香烟还设有连接杆，连接杆整体呈圆筒状，用于连接雾化套的第一固定端和电池套的第二固定端，两个固定端的连接处设有一圈沿其圆周方向的凸台，连接杆上还设有进气槽。本实用新型的一次性电子香烟，其雾化套和电池套采用连接杆连接，简化了生产工艺，降低了生产成本，同时连接杆上设置的进气槽加大了香烟的进气量，使吸烟者在吸食的时候比较省力。

申请文件独立权利要求：

一种一次性电子香烟，包括雾化器组件和电池组件。雾化器组件包括雾化器套、雾化器，雾化器包括玻纤管、玻纤丝、电热丝、吸油棉，在玻纤管内，发热丝缠绕在玻纤丝上，玻纤管外包裹着吸油棉，玻纤丝的端部以及发热丝的两端均通过玻纤管向外穿出；电池组件包括电池套、灯罩，电池套的一端与灯罩连接，在电池套中咪头座、咪头、锂电芯、电极环依次连接。该电子香烟还设有连接杆，连接杆整体呈圆筒状，用于连接雾化套的第一固定端和电池套的第二固定端，两个固定端的连接处设有一圈沿其圆周方向的凸台，连接杆上还设有进气槽。

277. 一种电子烟

专利类型：实用新型

申请号：CN201120352512.6

申请日：2011-09-20

申请人：深圳市杰仕博科技有限公司

申请人地址：518000 广东省深圳市宝安区沙井街道共和社区福和路先裕兴工业园第三栋三、四层

发明人：吴建勇

授权日：2012-05-30

法律状态公告日：2012-05-30

法律状态：授权

摘要：

本实用新型涉及一种保健用品，特别是一种用于戒烟的电子烟，其由一端的烟体部分及另一端的烟嘴

部分构成。烟体部分内按顺序设有LED、电池、开关，LED端设有封口的灯罩，灯罩上设有进气口，气流由进气口通过气道、开关直通烟嘴部分。本实用新型的电子烟通过逐渐降低吸烟者对烟碱的依恋程度，并经主观努力，能够轻松自然地戒除烟瘾，彻底脱离人类健康的最大杀手——吸烟。

申请文件独立权利要求：

一种电子烟，其特征在于由一端的烟体部分及另一端的烟嘴部分构成。烟体部分内按顺序设有LED、电池、开关，LED端设有封口的灯罩，灯罩上设有进气口，气流由进气口通过气道、开关直通烟嘴部分；烟嘴部分内设有液体蒸发机构，该蒸发机构经导电体与开关所控制的电路连接，烟嘴部分相对于LED的另外一端设有出气口。

278. 电子烟控制芯片及电子烟

专利类型：实用新型

申请号：CN201120413721.7

申请日：2011-10-26

申请人：胡朝群

申请人地址：518000 广东省深圳市南山粤海门村27栋402室

发明人：胡朝群

授权日：2012-08-08

法律状态公告日：2017-12-15

法律状态：专利权的终止

摘要：

本实用新型涉及一种电子烟控制芯片，其包括微控制器、连接微控制器的总线、与总线连接的随机存储的存储器以及与总线连接的输入/输出端口，还包括与总线连接的输出功率管以及连接输出功率管的保护电路。本实用新型采用保护电路进行短路和过电流保护，相对于传统的电子烟，可通过软件不断地查询I/O管脚的状态进行保护，响应时间大幅度缩短，因此能够进行及时保护，显著提高了产品的可靠性。

申请文件独立权利要求：

一种电子烟控制芯片，包括微控制器、连接微控制器的总线、与总线连接的随机存储的存储器以及与总线连接的输入/输出端口，还包括与总线连接的输出功率管以及连接输出功率管的保护电路。

279. 一次性电子烟保鲜烟弹及雾化器组合体

专利类型：实用新型

申请号：CN201120454420.9

申请日：2011-11-16

申请人：修运强

申请人地址：266071 山东省青岛市市南区东海西路37号金都花园A座22F

发明人：修运强

授权日：2012-07-18

法律状态公告日：2015-09-23

法律状态：专利申请权、专利权的转移

摘要：

本实用新型提供了一种一次性电子烟保鲜烟弹及雾化器组合体，其包括烟嘴壳体，烟嘴壳体的一端开设有吸气孔，另一端与雾化器通过连接副连接，雾化器通过导液架与穿刺针管连接，雾化器上开设有中心通气孔，烟嘴壳体靠近雾化器一端的侧壁圆周上安装有挡环，挡环与烟嘴壳体侧壁之间通过易撕部件连接，烟嘴壳体内安装有易刺破的密封容器，易刺破的密封容器与烟嘴壳体内侧壁之间设置有通气道，通气道与中

心通气孔及吸气孔相通。本实用新型的烟液在用户使用前均处于密封状态，以防止烟液挥发，能够有效地延长烟弹的保质期，用户使用前烟液不与雾化器的加热丝以及用于导液的化学海绵、纤维等接触，不会受到污染，确保烟液受热后不会产生有害物质，从而不会对人体造成伤害。

申请文件独立权利要求：

一种一次性电子烟保鲜烟弹及雾化器组合体，包括烟嘴壳体(1)，烟嘴壳体(1)的一端开设有吸气孔(2)，另一端与雾化器(4)通过连接副连接，雾化器(4)通过导液架(8)与穿刺针管(9)连接，雾化器(4)上开设有中心通气孔(21)。该装置的特征在于：烟嘴壳体(1)靠近雾化器(4)一端的侧壁圆周上安装有挡环(3)，挡环(3)上设有开口(13)及易撕凸片(15)，挡环(3)与烟嘴壳体(1)的侧壁之间通过易撕部件(14)连接，烟嘴壳体(1)内安装有易刺破的密封容器，易刺破的密封容器与烟嘴壳体(1)内侧壁之间设置有通气道(10)，通气道(10)与中心通气孔(21)及吸气孔(2)相通。

280. 一种电子香烟的雾化装置

专利类型：实用新型

申请号：CN201120528072.5

申请日：2011-12-16

申请人：深圳市合元科技有限公司

申请人地址：518000 广东省深圳市宝安区福永街道塘尾高新科技园区C栋第一、二、三层

发明人：李永海　徐中立

授权日：2012-10-03

法律状态公告日：2012-10-03

法律状态：授权

摘要：

本实用新型公开了一种电子香烟的雾化装置，其包括吸嘴盖、雾化套和螺纹套。雾化套为中空管，其第一端与吸嘴盖连接，第二端与密封套及螺纹套密封连接。雾化套内部靠近第一端处设有烟雾管，烟雾管的一端与开设在吸嘴盖上的孔相通，另一端与密封套相连接，而密封套与螺纹套套接；在雾化套内部还设置有媒介件，媒介件通入密封套，用于将雾化套内的烟液引入密封套。在密封套与螺纹套之间还设有电加热件，电加热件加热媒介件上吸附的烟液，使烟液迅速雾化，进而使雾化的烟液经烟雾管从吸嘴盖吸出并进入口腔中。该雾化装置利用密封套和雾化套界定了一个储液空间，增大了雾化器的储油空间，简化了生产工艺，电热丝采用无焊接工艺，使得此雾化器更加环保。

申请文件独立权利要求：

一种电子香烟的雾化装置，包括吸嘴盖、雾化套和螺纹套，其特征在于：雾化套为中空管，第一端与吸嘴盖套接，第二端与密封套及螺纹套密封连接；雾化套内部靠近第一端处设有烟雾管，密封套设置在螺纹套上；在雾化套内部还设置有第一媒介件，该第一媒介件通入密封套，用于将雾化套内的烟液引入密封套；在密封套与螺纹套之间还设有电加热件，其通过与电池组件连接的螺纹套获得供电，以加热第一媒介件，使其上浸入的烟液雾化，进而使雾化的烟液经烟雾管从吸嘴盖排出。

281. 仿　真　烟

专利类型：实用新型

申请号：CN201120542587.0

申请日：2011-12-21

申请人：刘秋明

申请人地址：523866 广东省东莞市长安镇长怡路1号三楼12号

发明人：刘秋明

授权日:2012-09-05

法律状态公告日:2014-10-15

法律状态:专利申请权、专利权的转移

摘要:

本实用新型涉及一种仿真烟,该仿真烟包括设于烟杆内用于储存被预先压缩成液化气状态的烟味气体的储气室,该储气室中设有控制烟味气体进出的阀门。该仿真烟还包括设于烟杆内用于对从储气室内喷出的烟味气体进行加热的加热器及配套的控制器和供电电源。该仿真烟的烟杆采用一体式结构或分体式结构,储气室可拆装地设于烟杆内。本实用新型主要解决了现有的仿真烟容易漏油的问题,该仿真烟具有良好的防漏油效果,烟味气体采用喷出的方式,即开即用。

申请文件独立权利要求:

一种仿真烟,包括烟杆,其特征在于还包括设于烟杆内用于储存被预先压缩成液化气状态的烟味气体的储气室,该储气室中设有控制烟味气体进出的阀门。

282. 电子烟吸嘴

专利类型:实用新型

申请号:CN201120550184.0

申请日:2011-12-23

申请人:刘秋明

申请人地址:523866 广东省东莞市长安镇长怡路 1 号三楼 12 号

发明人:刘秋明

授权日:2012-10-24

法律状态公告日:2013-05-15

法律状态:专利申请权、专利权的转移

摘要:

本实用新型涉及一种电子烟吸嘴,其包括设于吸筒内用于容置烟油的烟油仓、用于将烟油雾化成烟雾的雾化装置及烟雾通道。电子烟滤油装置还包括设于吸筒内用以滤除烟雾中的烟油颗粒的滤油装置,还包括设于烟雾通道的内壁上并与烟雾通道的横截面相匹配的滤油层。本实用新型主要解决了现有的电子烟吸嘴的滤油效果较差的问题,达到了改善电子烟吸嘴滤油效果的目的。

申请文件独立权利要求:

一种电子烟吸嘴,包括设于吸筒内用于容置烟油的烟油仓、用于将烟油雾化成烟雾的雾化装置及烟雾通道,其特征在于电子烟吸嘴还包括设于吸筒内用以滤除烟雾中的烟油颗粒的滤油装置。

283. 电子烟吸嘴

专利类型:实用新型

申请号:CN201120552395.8

申请日:2011-12-23

申请人:刘秋明

申请人地址:523866 广东省东莞市长安镇长怡路 1 号三楼 12 号

发明人:刘秋明

授权日:2012-09-05

法律状态公告日:2014-10-08

法律状态:专利申请权、专利权的转移

摘要：

本实用新型涉及一种电子烟吸嘴，该电子烟包括设于吸筒内用于将烟油雾化成烟雾的雾化装置、用于容置烟油的烟油仓以及用于将烟油从烟油仓内引导输送给雾化装置的导油管，该导油管的一端伸入烟油仓内，另一端与雾化装置相连。该电子烟还包括用于对储存于烟油仓内的固态烟油预热，以使其转变成液态烟油的预热装置，该预热装置设于烟油仓内，位于靠近导油管的一端，它将固态烟油密封于烟油仓内。本实用新型主要解决了现有的电子烟吸嘴易漏油、制造工艺复杂、成本较高，且隔热效果和滤油效果较差的问题，达到了使电子烟吸嘴具有较好的防漏油效果、制造工艺简单、节约成本，且隔热效果较好的目的。

申请文件独立权利要求：

一种电子烟吸嘴，包括设于吸筒内用于将烟油雾化成烟雾的雾化装置、用于容置烟油的烟油仓以及用于将烟油从烟油仓内引导输送给雾化装置的导油管，该导油管的一端伸入烟油仓内，另一端与雾化装置相连。该电子烟的特征在于还包括用于对储存于烟油仓内的固态烟油预热，以使其转变成液态烟油的预热装置，该预热装置设于烟油仓内，位于靠近导油管的一端，它将固态烟油密封于烟油仓内。

284. 电子烟吸嘴

专利类型：实用新型

申请号：CN201120552501.2

申请日：2011-12-23

申请人：刘秋明

申请人地址：523866 广东省东莞市长安镇长怡路 1 号三楼 12 号

发明人：刘秋明

授权日：2012-09-05

法律状态公告日：2014-10-08

法律状态：专利申请权、专利权的转移

摘要：

本实用新型涉及一种电子烟吸嘴，其包括设于吸筒内用于将烟油雾化成烟雾的雾化装置和用于容置烟油的烟油仓，雾化装置包括含有雾化腔的雾化杯以及固定于该雾化腔内的雾化器，雾化杯是借助模具一体成型的杯体。该电子烟吸嘴还包括设于烟油仓另一端的烟油盖及设于吸筒内的烟雾通道，烟油盖上设有用以滤除烟雾中的烟油颗粒的阶梯槽，该阶梯槽与烟雾通道相通。本实用新型主要解决了现有的电子烟吸嘴制造工艺复杂、成本较高，且隔热效果和滤油效果较差的问题，达到了使电子烟吸嘴制造工艺简单、节约成本，且隔热效果和滤油效果较好的目的。

申请文件独立权利要求：

一种电子烟吸嘴，包括设于吸筒内用于将烟油雾化成烟雾的雾化装置和用于容置烟油的烟油仓，该雾化装置包括含有雾化腔的雾化杯以及固定于该雾化腔内的雾化器，雾化杯是借助模具一体成型的杯体。

285. 固态烟油电子烟

专利类型：实用新型

申请号：CN201120569569.1

申请日：2011-12-29

申请人：刘秋明

申请人地址：523866 广东省东莞市长安镇长怡路 1 号三楼 12 号

发明人：刘秋明

授权日：2012-10-24

法律状态公告日：2013-05-22

法律状态:专利申请权、专利权的转移

摘要:

本实用新型涉及一种固态烟油电子烟,其包括一端设有吸嘴的烟杆、设于烟杆内用于容置烟油的烟油仓、设于烟杆内的雾化装置(包括雾化杯、设于雾化杯内用于将烟油雾化成烟雾的雾化器及连接吸嘴与雾化杯的烟雾通道)及用于将烟油从烟油仓内导入雾化装置的导油部件。雾化杯设置于烟油仓内,导油部件穿过雾化杯的侧壁伸入烟油仓内,烟油仓内的固态烟油覆盖住雾化杯及导油部件。本实用新型主要解决了现有的固态烟油电子烟的固态烟油熔化速度慢,且固态烟油电子烟的安装费时不便的问题,达到了提高固态烟油电子烟的固态烟油熔化效率,且使固态烟油电子烟的安装更加简易快捷的目的。

申请文件独立权利要求:

一种固态烟油电子烟,包括:①一端设有吸嘴的烟杆;②设于烟杆内用于容置烟油的烟油仓;③设于烟杆内的雾化装置,该雾化装置包括雾化杯、设于雾化杯内用于将烟油雾化成烟雾的雾化器及连接吸嘴与雾化杯的烟雾通道;④用于将烟油从烟油仓内导入雾化装置的导油部件。该固态烟油电子烟的特征在于雾化杯设置于烟油仓内,导油部件穿过雾化杯的侧壁伸入烟油仓内,烟油仓内的固态烟油覆盖住雾化杯及导油部件。

286. 电子吸烟设备

专利类型:发明

申请号:CN201180026829.3

申请日:2011-05-02

申请人:洛艾克有限公司

申请人地址:美国北卡罗来纳

发明人:R.阿拉孔　J.希利

授权日:2015-05-20

法律状态公告日:2017-06-06

法律状态:专利申请权、专利权的转移

摘要:

一种电子吸烟设备,包括用于检测用户吸烟动作的第一传感器、进气口、从进气口延伸的气流通路、存储吸烟液体的液体室、被配置成有选择地从液体室分配吸烟液体的分配控制设备、连接到液体室和气流通路的蒸发室、位于蒸发室的加热器、被配置成当第一传感器检测到用户的吸烟动作时启动加热器蒸发从液体室分配的吸烟液体的控制器、连接到蒸发室的烟出口,其中,由分配控制设备分配的吸烟液体的量是对蒸发室中的气流的量的反映。

授权文件独立权利要求:

一种电子吸烟设备,包括用于检测用户吸烟动作的第一传感器、进气口、从进气口延伸的气流通路、存储吸烟液体的液体室、被配置成有选择地从液体室分配吸烟液体的分配控制设备、连接到液体室和气流通路的蒸发室、位于蒸发室的加热器、被配置成当第一传感器检测到用户的吸烟动作时启动加热器以蒸发从液体室分配的吸烟液体的控制器、连接到蒸发室的烟出口,其中,由分配控制设备分配的吸烟液体的量是对蒸发室中的气流的量的反映。

287. 电 子 香 烟

专利类型:发明

申请号:CN201180047517.0

申请日:2011-09-16

申请人:申宗秀

申请人地址:韩国忠清北道

发明人:申宗秀

授权日:2015-08-19

法律状态公告日:2015-08-19

法律状态:授权

摘要:

本发明涉及一种电子香烟,其包括形成开口的壳体、位于壳体内部用于升降烟嘴的升降手段、通过升降手段使其位于壳体内部或通过开口凸出于壳体外部用于存放溶液的烟嘴、与升降手段相互连锁的用于开关开口的开关手段,以及位于壳体内部通过向烟嘴照射紫外线来杀菌的紫外线灯。在不使用电子香烟时,将烟嘴置于壳体内部,这样不但可以防止烟嘴被灰尘等异物污染,并且紫外线灯可以照射紫外线,从而对烟嘴进行消毒。

授权文件独立权利要求:

一种电子香烟,其特征是包括形成开口的壳体、部分或整体地位于壳体内部用于升降烟嘴的升降手段、通过升降手段使其位于壳体内部或通过开口凸出于壳体外部用于存放溶液的烟嘴。

288. 具有改进的加热器控制的电加热气溶胶生成系统

专利类型:发明

申请号:CN201180058107.6

申请日:2011-12-02

申请人:菲利普·莫里斯生产公司

申请人地址:瑞士纳沙泰尔

发明人:M.托伦斯　J-M.弗利克　O.Y.科尚　F.迪比耶夫

授权日:2015-06-17

法律状态公告日:2015-06-17

法律状态:授权

摘要:

本发明提供了一种用于控制电加热气溶胶生成系统的至少一个电加热元件以用于加热气溶胶形成基质的方法。电加热气溶胶生成系统具有用于检测气流的传感器,气流指示用户进行具有持续气流的抽吸。该方法包括以下步骤:当传感器检测到气流速率已经增大到第一阈值时,用于至少一个加热元件的加热功率从零增大到功率 p_1,在气流持续时间内将加热功率维持在功率 p_1;当传感器检测到气流速率已经减小到第二阈值时,用于至少一个加热元件的加热功率从功率 p_1减小到零。

授权文件独立权利要求:

一种用于控制电加热气溶胶生成系统的至少一个电加热元件以用于加热气溶胶形成基质的方法,电加热气溶胶生成系统具有用于检测气流的传感器,气流指示用户进行具有持续气流的抽吸。该方法包括以下步骤:当传感器检测到气流速率已经增大到第一阈值时,用于至少一个加热元件的加热功率从零增大到功率 p_1;在气流持续时间内将加热功率维持在功率 p_1处;当传感器检测到气流速率已经减小到第二阈值时,用于至少一个加热元件的加热功率从功率 p_1减小到零。

289. 防止冷凝物泄漏的气雾剂生成系统

专利类型:发明

申请号:CN201180058140.9

申请日:2011-12-02

申请人:菲利普·莫里斯生产公司

申请人地址:瑞士纳沙泰尔

发明人:M. 托伦斯　J-M. 弗利克　O. Y. 科尚　F. 迪比耶夫

法律状态公告日:2014-01-29

法律状态:实质审查的生效

摘要:

本发明提供了一种用于加热液体气雾剂形成基体的气雾剂生成系统,该系统包括气雾剂形成室(127)以及防止泄漏装置(305,307),可防止或者减少液体气雾剂冷凝物从气雾剂生成系统中泄漏。该防止泄漏装置包括以下特征中的一个或多个:①气雾剂形成室中至少有一个腔,用于收集冷凝的液体气雾剂形成基体的液滴;②至少有一个钩状构件,用于收集冷凝的液体气雾剂形成基体的液滴;③冲击器,用于中断气雾剂形成室中的空气流,从而收集液滴;④闭合构件,用于在气雾剂生成系统未被使用的时候基本上密封气雾剂形成室。

申请文件独立权利要求:

一种用于加热液体气雾剂形成基体的气雾剂生成系统,包括气雾剂形成室以及防止泄漏装置,该防止泄漏装置用于防止或者减少液体气雾剂冷凝物从气雾剂生成系统中泄漏。

290. 具有防止泄漏装置的气雾剂生成系统

专利类型:发明

申请号:CN201180058213.4

申请日:2011-12-01

申请人:菲利普·莫里斯生产公司

申请人地址:瑞士纳沙泰尔

发明人:M. 托伦斯　J-M. 弗利克　O. Y. 科尚　F. 迪比耶夫

授权日:2017-12-22

法律状态公告日:2017-12-22

法律状态:授权

摘要:

本发明提供了一种用于加热液体气雾剂形成基体的气雾剂生成系统,该系统包括:①液体存储部分(113),用于存储液体气雾剂形成基体(115);②防止泄漏装置,用于防止或者减少液体气雾剂形成基体从液体存储部分泄漏。该防止泄漏装置包括以下特征中的一个或多个:具有至少部分地位于液体存储部分内的多孔塞、具有位于液体存储部分与毛细管芯(117)之间的密封装置,以及具有位于液体存储部分与电加热器(119)的电连接器之间的密封装置。

授权文件独立权利要求:

一种用于加热液体气雾剂形成基体的气雾剂生成系统,包括:①液体存储部分,用于存储液体气雾剂形成基体;②防止泄漏装置,用于防止或者减少液体气雾剂形成基体从液体存储部分泄漏。

291. 带有使可消耗部分停止运行的装置的烟雾生成系统

专利类型:发明

申请号:CN201180066537.2

申请日:2011-12-22

申请人:菲利普·莫里斯生产公司

申请人地址:瑞士纳沙泰尔

发明人:J-M. 弗利克

授权日:2016-01-20

法律状态公告日：2016-01-20

法律状态：授权

摘要：

本发明提供了一种烟雾生成系统，其包括用于储存烟雾形成基质的储存部分、用于由烟雾形成基质生成烟雾的烟雾生成元件、与储存部分通信的控制电路以及位于储存部分内的停止装置，停止装置响应于控制电路的停止信号，使储存部分在烟雾生成系统中不能运行。该系统还提供了一种用于烟雾生成系统的方法，该方法为：检测出储存部分的烟雾基质的量低于极限值之后或检测出系统出现故障之后，由控制电路向停止装置发出停止信号。

授权文件独立权利要求：

一种烟雾生成系统，包括：①储存部分，用于储存烟雾形成基质；②烟雾生成元件，用于由烟雾形成基质产生烟雾；③控制电路，与储存部分或烟雾生成元件通信；④停止装置，响应于控制电路的停止信号，从而使储存部分在烟雾生成系统中不运行。其中，控制电路配置为：测定或估测出储存部分中的烟雾形成基质的量何时低于极限值，并且当储存部分中的烟雾形成基质的量被测定或估测出低于该极限值时发出停止信号。

292. 具有用于处理液体基质消耗的装置的气雾剂产生系统

专利类型：发明

申请号：CN201180066544.2

申请日：2011-12-22

申请人：菲利普・莫里斯生产公司

申请人地址：瑞士纳沙泰尔

发明人：J-M. 弗利克

授权日：2017-02-22

法律状态公告日：2017-02-22

法律状态：授权

摘要：

本发明提供了一种用于接收气雾剂形成基质(115)的电操作气雾剂产生系统(100)。该系统包括：①液体储存部分(113)，用于储存液体气雾剂形成基质；②电加热器(119)，至少包括一个用于加热液体气雾剂形成基质的加热元件；③电路(109)，用于监测电加热器的启动，并估计液体储存部分中剩余液体气雾剂形成基质的量。本发明还提供了一种电操作气雾剂产生系统的方法，该方法为：通过监测电加热器的启动来估计液体储存部分中剩余液体气雾剂形成基质的量。

授权文件独立权利要求：

一种用于接收气雾剂形成基质的电操作气雾剂产生系统，该系统包括：①液体储存部分，用于储存液体气雾剂形成基质；②电加热器，至少包括一个用于加热液体气雾剂形成基质的加热元件；③电路，用于监测电加热器的启动，并估计液体储存部分中剩余液体气雾剂形成基质的量。

293. 具有确定液体基质的消耗的装置的浮质产生系统

专利类型：发明

申请号：CN201180066556.5

申请日：2011-12-22

申请人：菲利普・莫里斯生产公司

申请人地址：瑞士纳沙泰尔

发明人：O. 科尚　M. 托伦斯　J-M. 弗利克　Y. 德古莫伊斯

授权日：2016-06-08

法律状态公告日：2016-06-08

法律状态：授权

摘要：

本发明提供了一种电操作的浮质产生系统(100)，其用于接收浮质形成基质(115)。该系统包括：①用于贮存液态浮质形成基质的液体贮存部分(113)；②电加热器(119)，至少包括一个加热元件，用于加热液态浮质形成基质；③电路(109)，用于根据加热元件的温度和施加到加热元件的电力之间的关系来确定由加热器加热的液态浮质形成基质的消耗量。本发明还提供了一种在电操作的浮质产生系统中使用的方法，该方法为：根据加热元件的温度和施加到加热元件的电力之间的关系来确定由加热器加热的液态浮质形成基质的消耗量。

授权文件独立权利要求：

一种电操作的浮质产生系统，用于接收浮质形成基质，主要包括：①液体贮存部分，用于贮存液态浮质形成基质；②电加热器，至少包括一个加热元件，用于加热液态浮质形成基质。该浮质产生系统的特征在于该系统还包括电路，此电路根据施加到加热元件的电力和加热元件的温度变化之间的关系来确定液态浮质形成基质的消耗量。

294. 气溶胶吸引器

专利类型：发明

申请号：CN201180072944.4

申请日：2011-08-19

申请人：日本烟草产业株式会社

申请人地址：日本东京都

发明人：山田学　佐佐木宏

授权日：2016-01-06

法律状态公告日：2016-01-06

法律状态：授权

摘要：

一种气溶胶吸引器，包括：①内管(22)，形成吸引路径的一部分；②毛细管(40)，在内管(22)内延伸，与使用者的吸取动作联动，排出溶液；③加热器(56)，在与内管(22)的轴线正交的方向横断内管(22)而延伸，接收、阻挡从毛细管(40)排出的溶液，并将溶液加热雾化，在内管(22)内产生能够被使用者吸取的气溶胶。

授权文件独立权利要求：

一种气溶胶吸引器，其特征在于包括：①吸引路径，连接大气开放口和吸嘴，允许从大气开放口朝向吸嘴的空气流动；②溶液供应装置，是供应产生气溶胶的溶液的装置，包括溶液供应源和毛细管，溶液供应源用于储存溶液，毛细管与溶液供应源连接，在吸引路径内具有朝向吸嘴开口的排出端，从溶液供应源引导溶液至排出端，并且在吸引路径内发生空气流动时，从排出端排出溶液；③加热装置，是接收、阻挡从排出端排出的溶液，通过加热使溶液雾化的加热装置，包括电源和电加热器，电加热器在排出端的正下游，允许空气流动，并且与排出端之间留有规定的距离(该距离比在排出端由溶液的表面张力形成的最大液滴的直径短)，与排出端相对配置，在施加有电源电压时发热。

295. 一种寿命延长的快速戒烟雾化烟

专利类型：发明

申请号：CN201210018736.2

申请日：2012-01-20

申请人：易侧位

申请人地址:450008 河南省郑州市金水区经三路北 85 号 1405 室

发明人:易侧位

授权日:2013-07-10

法律状态公告日:2013-07-10

法律状态:授权

摘要:

本发明涉及一种寿命延长的快速戒烟雾化烟,可有效解决雾化量不易控制、使用效果差、寿命短等问题。戒烟药嘴活动式地装在雾化器的前端,雾化器的后端连接电池杆,该戒烟药嘴是空心柱状体,其前端中心有气孔。药仓内部两端设置有装有戒烟保健药物的透气棉,药仓后部装有通气管,其周围填充有含戒烟油药液的吸油液棉。雾化陶瓷杯周围有对应的四个气孔,且其周围包裹有金属镍网,雾化陶瓷杯架上有吸入戒烟油药液的吸油液绳,绳上卷装有电热丝,其两端分别接电池负极和 CPU 控制板的一端,CPU 控制板的另一端接电池正极,雾化器底部与电池杆相连,CPU 控制板上套装有控制器保护套,并由后盖与电池杆后部连接密封在一起。本发明使用寿命长,能达到彻底戒烟之目的。

授权文件独立权利要求:

一种寿命延长的快速戒烟雾化烟,包括电池杆、控制器保护套、雾化器和戒烟药嘴,戒烟药嘴活动式地装在雾化器的前端,雾化器的后端连接电池杆(1)。该戒烟药嘴由空心柱状体(3)及药仓(5)构成,空心柱状体的前端中心有气孔(17),药仓内部两端设置有透气棉,透气棉之间装有戒烟保健药物,药仓后部的空心柱状体内装有通气管(18),通气管(18)周围填充有吸油液棉(10),吸油液棉内注入有供雾化用的戒烟油药液。雾化器包括雾化陶瓷杯(2),雾化陶瓷杯周围有对应的四个气孔(9),气孔周围包裹有金属镍网(19),雾化陶瓷杯架上有吸入戒烟油药液的吸油液绳(14),吸油液绳上卷装有电热丝(16),电热丝的两端分别接电池(4)负极和 CPU 控制板(6)的一端,CPU 控制板的另一端接电池正极,雾化器底部通过带螺纹(8)的连接体(15)与电池杆(1)相连,电池(4)负极端的后部与连接体之间构成气室(7),连接体中心有与气室相通的通气管(13),CPU 控制板上套装有控制器保护套(12),该控制器保护套为硅胶保护套,由后盖(11)与电池杆后部连接密封在一起。

上述戒烟油药液是按重量百分比计的,即丙二醇 41%～49%、纯水 11%～15%、烟草香精 3%～5%、稳定剂 1%、黏稠剂 5%、中药液 31%～38%,总量为 100%。

上述药仓内的戒烟保健药物是按重量百分比计的,即将生姜提取物 15%、维生素 C 1%、维生素 E 2%、淫羊藿苷 15%、丁香 15%、芫荽粉 15%、冰片 17%、薄荷醇 10%、零陵香提取物 10%混合在一起,粉碎过 300 目筛制成。

上述中药液是按重量百分比计的,即迷迭香精 10%、安息香 10%、人参皂苷 2%、半边莲碱 10%、薄荷醇 20%、乙醇 25%、淫羊藿苷 15%、生姜提取液 6%、维生素 C 2%。

上述稳定剂为瓜尔胶或刺槐豆胶或魔芋精粉或卡拉胶或黄原胶中的一种。

上述乙醇的质量浓度大于或等于 60%。

上述人参皂苷为人参皂苷 Rh2、人参皂苷 Rh、人参皂苷 Rc、人参皂苷 Rb3 中的一种。

296. 电 子 烟

专利类型:发明

申请号:CN201210118301.5

申请日:2010-06-29

申请人:卓智微电子有限公司

申请人地址:中国香港九龙

发明人:廖来英

授权日:2014-12-24

法律状态公告日:2017-05-17

法律状态:专利申请权、专利权的转移

摘要:

一种包含吸气检测器、吸烟效果生成电路和控制器的电子烟装置。该吸气检测器包括用于检测通过该电子烟装置的气流流向和流量的气流感应器,该控制器用于当气流流向与通过该装置进行吸气的方向一致且气流流量达到预定阈值时生成吸烟效果。这种电子烟装置解决了由于环境振动、噪声或者小孩玩耍时向该装置吹气而导致的无意触发的问题。

授权文件独立权利要求:

一种电子烟装置,包括吸气检测器、吸烟效果生成电路和控制器,其中吸气检测器包括用于检测流过该电子烟装置的气流流向和流量的气流感应器,该控制器用于当气流流向与通过该装置进行吸气的方向一致且气流流量达到预定阈值时生成吸烟效果,气流感应器是控制器的振荡电路的一部分。该控制器还用于测量振荡器电路的振荡频率,以确定气流的流量和流向。

297. 一种电子烟装置及一种电子烟的气流流量和流向检测器

专利类型:发明

申请号:CN201210118451.6

申请日:2010-06-29

申请人:卓智微电子有限公司

申请人地址:中国香港九龙

发明人:廖来英

授权日:2015-01-14

法律状态公告日:2017-05-17

法律状态:专利申请权、专利权的转移

摘要:

一种包含吸气检测器、吸烟效果生成电路和处理器的电子烟装置。该吸气检测器包括用于检测通过该电子烟装置的气流流向和流量的气流感应器,处理器用于测量气流感应器的电容或电容的变化,并且当气流流向与通过该装置进行吸气的方向一致且气流流量达到预定阈值时生成吸烟效果。这种电子烟装置解决了由于环境振动、噪声或者小孩玩耍时向该装置吹气而导致的无意触发的问题。

授权文件独立权利要求:

一种电子烟装置,包括吸气检测器、吸烟效果生成电路和处理器,其中吸气检测器包括用于检测流过该电子烟装置的气流流向和流量的气流感应器,处理器用于测量气流感应器的电容或电容的变化,并且当气流流向与通过该装置进行吸气的方向一致且气流流量达到预定阈值时生成吸烟效果。

298. 用于使烟草加热后烟气雾化的调和添加剂及其使用方法和烟草组合物

专利类型:发明

申请号:CN201210267881.4

申请日:2012-07-31

申请人:龙功运

申请人地址:518103 广东省深圳市宝安区福永街道龙翔山庄 A16

发明人:龙功运

授权日:2014-06-11

法律状态公告日:2015-02-04

法律状态:专利申请权、专利权的转移

摘要：

本发明公开了一种用于使烟草加热后烟气雾化的调和添加剂，其为混合溶液态，包括用作溶质的丙二醇和用作溶剂的甘油，甘油与丙二醇的质量比为(3～5)：1。采用质量比为(2～3)：1 的烟草粉末和前述调和添加剂，可以配制成烟草组合物，烟草粉末的粒度在 1 mm 以下。本发明还公开了一种调和添加剂在烟草吸食中的使用方法，该方法包括以下步骤：取烟丝置于磨烟器中反复研磨，将研磨得到的烟草粉末与调和添加剂按配比混匀，将混合后的烟草组合物置于烟草加热器中加热至 180～240 ℃，使其中的有效成分溶入调和添加剂并与其一同雾化，其他有害成分直接留存于剩余物中。本发明能使抽烟方式更加健康、环保，并减轻对人身体的危害。

授权文件独立权利要求：

一种用于使烟草加热后烟气雾化的调和添加剂，该调和添加剂为混合溶液态，包括用作混合溶液溶质的丙二醇和用作溶剂的甘油，甘油与丙二醇的质量比为(3～5)：1。

299. 电子烟芯片及电子烟

专利类型：发明

申请号：CN201210275409.5

申请日：2012-08-03

申请人：胡朝群

申请人地址：518000 广东省深圳市南山粤海门村 27 栋 402 室

发明人：胡朝群

授权日：2014-09-03

法律状态公告日：2014-09-03

法律状态：授权

摘要：

本发明涉及一种电子烟芯片，该电子烟芯片用于在采用电容式咪头的电子烟中根据电容式咪头的电容变化控制电子烟的打开与关闭。该电子烟芯片包括相互连接的咪头电容值检测模块以及发热丝驱动电路，其中咪头电容值检测模块用于检测电容式咪头的电容值，并将电容式咪头的电容值转化为比较信号，与吸烟阈值进行比较，根据比较结果控制发热丝驱动电路的打开与关闭。本发明的电子烟芯片有效地提高了电子烟芯片的灵敏度及可靠性，使电子烟能够在很小的吸力下也能产生烟雾，且不会发生误触发吸烟的现象，有效地解决了现有的电子烟芯片因长时间连续的误触发吸烟动作导致的电子烟过度发热、电子烟塑料外壳烫化、电子烟使用寿命缩短、良品率低等一系列问题。

授权文件独立权利要求：

一种电子烟芯片，用于在采用电容式咪头的电子烟中根据电容式咪头的电容变化控制电子烟的打开与关闭，其特征在于包括相互连接的咪头电容值检测模块以及发热丝驱动电路，其中咪头电容值检测模块用于检测电容式咪头的电容值，并将电容式咪头的电容值转化为比较信号，与吸烟阈值进行比较，根据比较结果控制发热丝驱动电路的打开与关闭。

300. 一种混合型电子香烟烟液

专利类型：发明

申请号：CN201210281706.0

申请日：2012-08-09

申请人：深圳瀚星翔科技有限公司

申请人地址：518100 广东省深圳市龙岗区布吉街道李朗大道甘李科技园深港中海信科技园厂房第 2 栋 A 区第 5 层 503—510

发明人:姚继德

授权日:2017-03-15

法律状态公告日:2017-03-29

法律状态:专利权人的姓名或者名称、地址的变更

摘要:

本发明提供了一种混合型电子香烟烟液,这种混合型电子香烟烟液包括如下质量配比的组分:津巴布韦烟草提取液3%~30%、美国白肋烟叶提取液2%~25%、马里兰烟叶提取液2%~15%、土耳其香料烟提取液1%~10%、希腊香料烟提取液1%~10%、云南保山香料烟提取液1%~10%、新疆香料烟提取液1%~10%、烟草酮1035 1%~8%、烟草醇1036 1%~5%、烟草香精0.5%~5%、天然烟碱0.1%~2.5%、食用甘油5%~25%、蒸馏水1%~10%、食用酒精1%~15%,余量为丙二醇。本发明的混合型电子香烟烟液提供了符合烟民需要的利于健康的混合口味的传统烟草替代品,烟气浓郁满足,吸味醇和,自然协调,具备混合型烟草的风格特征和口味,有害物质少,利于吸食者身体健康。

授权文件独立权利要求:

一种混合型电子香烟烟液,其特征在于包括如下质量配比的组分:津巴布韦烟草提取液3%~30%、美国白肋烟叶提取液2%~25%、马里兰烟叶提取液2%~15%、土耳其香料烟提取液1%~10%、希腊香料烟提取液1%~10%、云南保山香料烟提取液1%~10%、新疆香料烟提取液1%~10%、烟草酮1035 1%~8%、烟草醇1036 1%~5%、烟草香精0.5%~5%、天然烟碱0.1%~2.5%、食用甘油5%~25%、蒸馏水1%~10%、食用酒精1%~15%,余量为丙二醇,其中,烟草酮1035是主要成分为酮类化合物的混合物,巨豆三烯酮含量大于或等于2%,大马酮含量大于或等于1.5%,氧化异佛尔酮含量大于或等于1%,其他含量大于0.1%的成分还有香叶基丙酮、2,3-丁二酮、二氢大马酮、茄酮,烟草醇1036是主要成分为橙花醇、芳樟醇、苯乙醇等富含醇类的混合物,总醇含量大于或等于30%。

301. 电子烟盒

专利类型:发明

申请号:CN201210367495.2

申请日:2012-09-28

申请人:深圳市合元科技有限公司

申请人地址:518000 广东省深圳市宝安区福永街道塘尾高新科技园区C栋第一、二、三层

发明人:李永海　徐中立

授权日:2015-07-01

法律状态公告日:2015-07-01

法律状态:授权

摘要:

本发明公开了一种电子烟盒,其包括一端开口的烟盒主体、设置在烟盒主体内的电子烟槽、设置在烟盒主体内的电路控制装置和与电路控制装置电连接的电源。电子烟槽上设有导轨,导轨与一滑块相连接,滑块用于固定电子烟。烟盒主体内设有第一动力装置,该第一动力装置的转动轴与滑块相连接,烟盒主体内还安装有杀菌装置。本发明具有对电子烟进行杀菌和电动控制电子烟升降的效果。

授权文件独立权利要求:

一种电子烟盒,其特征在于包括一端开口的烟盒主体、设置在烟盒主体内的电子烟槽、设置在烟盒主体内的电路控制装置和与电路控制装置电连接的电源。电子烟槽上设有导轨,导轨与一滑块相连接,滑块用于固定电子烟。烟盒主体内设有第一动力装置,该第一动力装置的转动轴与滑块相连接,烟盒主体内还安装有杀菌装置。

302. 电子烟用雾化装置、雾化器及电子烟

专利类型:发明

申请号:CN201210408618.2

申请日:2012-10-23

申请人:深圳市合元科技有限公司

申请人地址:518000 广东省深圳市宝安区福永街道塘尾高新科技园区 C 栋第一、二、三层

发明人:李永海　徐中立　洪和鹏　冯晔　何友邻

授权日:2015-04-01

法律状态公告日:2015-04-01

法律状态:授权

摘要:

本发明公开了一种电子烟用雾化装置,旨在提供一种能有效控制发热丝发热范围,不会导致电子烟口味发生变化,可减小发热丝与电极连接处的接触电阻的电子烟用雾化装置。本发明采用的实施方案是:一种电子烟用雾化装置,包括螺纹套、固定设置在螺纹套内的电极环,该螺纹套中还设置有玻纤芯、缠绕在玻纤芯上的发热丝、发热丝支架,发热丝的两引脚上分别固定连接有镀银电子裸线,发热丝支架上设有引导两电子裸线的通孔和内孔,电子裸线分别穿过通孔后与螺纹套、电极环接触。本发明还公开了一种包含上述雾化装置的雾化器和电子烟。

授权文件独立权利要求:

一种电子烟用雾化装置,包括螺纹套(5)、固定设置在螺纹套(5)内的电极环(6),螺纹套(5)中还设置有玻纤芯(1)、缠绕在玻纤芯(1)上的发热丝(2)、发热丝支架(3),其特征在于发热丝(2)的两引脚(21)上分别固定连接有镀银电子裸线(22),发热丝支架(3)上设有引导两电子裸线(22)的通孔(31)和内孔(32),两电子裸线(22)分别穿过通孔(31)后弯折在发热丝支架(3)外壁和内孔(32)侧壁上,并与螺纹套(5)、电极环(6)接触。

303. 实现可视化人机交互的电子烟控制装置及方法

专利类型:发明

申请号:CN201210454399.1

申请日:2012-11-13

申请人:卓尔悦(常州)电子科技有限公司

申请人地址:213022 江苏省常州市新北区太湖东路 8 号府琛大厦 2 号楼 607

发明人:邱伟华

授权日:2014-12-17

法律状态公告日:2017-01-18

法律状态:专利申请权、专利权的转移

摘要:

本发明涉及一种实现可视化人机交互的电子烟控制装置,该电子烟控制装置包括:①内置有电子烟菜单以及存储有电子烟参数的控制模块,以及电连接于控制模块输出端的显示模块,该显示模块以数字的方式显示电子烟的菜单和各项参数值;②与控制模块输入端电连接的输入模块,用户通过输入模块将参数值调整信号发送到控制模块,由控制模块对对应的参数进行调整;③与控制模块电连接的开关模块,控制模块根据开关模块发出的高电平信号来判断是否需要启动电子烟控制装置;④分别与控制模块、显示模块、输入模块以及开关模块电连接的电池。在用户使用本发明的过程中,用户可以根据自身需要,对电子烟的参数值进行设置或修改。本发明具有智能化程度高的优点。

授权文件独立权利要求：

一种实现可视化人机交互的电子烟控制装置，其特征在于包括：①内置有电子烟菜单以及存储有电子烟参数的控制模块，该控制模块在电子烟控制装置启动后将电子烟菜单以及参数值以数字的方式输出；②电连接于控制模块输出端的显示模块，该显示模块以数字的方式显示电子烟的菜单和各项参数值，供用户观察该电子烟的状态；③与控制模块输入端电连接的输入模块，用户通过输入模块将信号发送到控制模块，以选择电子烟的各项菜单，并查看该电子烟的具体参数值后，通过输入模块将参数值调整信号发送到控制模块，由控制模块对对应的参数进行调整；④与控制模块电连接的开关模块，控制模块根据开关模块发出的高电平信号来判断是否需要启动电子烟控制装置，并且在启动电子烟控制装置后，用户通过开关模块向控制模块发出操控电子烟菜单的信号；⑤分别与控制模块、显示模块、输入模块以及开关模块电连接的电池。

304. 电子烟的智能控制器及方法

专利类型：发明

申请号：CN201210455135.8

申请日：2012-11-13

申请人：卓尔悦(常州)电子科技有限公司

申请人地址：213022 江苏省常州市新北区太湖东路 8 号府琛大厦 2 号楼 607

发明人：邱伟华

授权日：2015-04-01

法律状态公告日：2017-01-18

法律状态：专利申请权、专利权的转移

摘要：

本发明涉及一种电子烟的智能控制器，该智能控制器包括开关模块、连接电热丝的电压采样模块、分别与开关模块和电压采样模块电连接的控制模块、电连接于控制模块输出端的显示模块，以及分别与开关模块、电压采样模块、控制模块、显示模块电连接的电池。控制模块在开关模块发出启动的高电平信号后输出控制信号，使电压采样模块采集电热丝的端电压，根据电压采样模块提供的采样信号的类型，检测雾化器电热丝是处于短路、开路还是正常状态，并将检测的结果予以输出。当雾化器的电热丝处于正常、短路或者开路的状态时，用户通过电子烟能直观地观察到电热丝的状况。

授权文件独立权利要求：

一种电子烟的智能控制器，其特征在于包括：①开关模块，用于发出启动智能控制器的高电平信号；②连接电热丝的电压采样模块，用于采集电热丝的端电压；③分别与开关模块和电压采样模块电连接的控制模块，该控制模块在开关模块发出启动的高电平信号后输出控制信号，使电压采样模块采集电热丝的端电压，根据电压采样模块提供的采样信号的类型，检测雾化器电热丝是处于短路、开路还是正常状态，并将检测的结果予以输出；④电连接于控制模块输出端的显示模块，该显示模块以数字的方式显示出电热丝处于短路或者开路或者正常状态，供用户直观地观察电热丝的当前状态；⑤分别与开关模块、电压采样模块、控制模块、显示模块电连接的电池，该电池分别向开关模块、电压采样模块、控制模块、显示模块提供所需的工作电压。

305. 人机交互电子烟的操控装置及电子烟

专利类型：发明

申请号：CN201210457107.X

申请日：2012-11-14

申请人：卓尔悦(常州)电子科技有限公司

申请人地址：213022 江苏省常州市新北区太湖东路 8 号府琛大厦 2 号楼 607

发明人:邱伟华

授权日:2015-02-11

法律状态公告日:2016-09-28

法律状态:专利申请权、专利权的转移

摘要:

本发明涉及一种电子烟,具体涉及一种人机交互电子烟的操控装置,该操控装置包括具有容纳空腔的壳体,壳体的容纳空腔内设置有电路板,在壳体外部设置有绕壳体圆周方向转动的调节环,在壳体外壁至少设置有一装配槽,在装配槽内装配有弹性件,调节环上设置有在调节环转动时对弹性件进行压缩的压缩部,调节环上还设有触动电路板开关的触动部。本发明能够根据需要通过手动旋转调节环来调整电路板上的电路,结构简单,操作方便,提升了电子烟的调节功能。

授权文件独立权利要求:

一种人机交互电子烟的操控装置,其特征在于包括具有容纳空腔的壳体,壳体的容纳空腔内设置有电路板,在壳体外部设置有绕壳体圆周方向转动的调节环,在壳体外壁至少设置有一装配槽,在装配槽内装配有弹性件,该调节环上设置有在调节环转动时对弹性件进行压缩的压缩部,调节环上还设置有触动电路板开关的触动部。

306. 淡雅香型电子烟雾化烟液及其制备方法

专利类型:发明

申请号:CN201210457376.6

申请日:2012-11-14

申请人:湖北中烟工业有限责任公司　武汉市黄鹤楼科技园有限公司

申请人地址:430040 湖北省武汉市东西湖区金山大道 1355 号

发明人:刘华臣　罗诚浩　董爱君　柯炜昌

授权日:2015-04-22

法律状态公告日:2015-04-22

法律状态:授权

摘要:

本发明公开了一种淡雅香型电子烟雾化烟液及其制备方法,该雾化烟液的组分及其重量百分比为:丙二醇 30%～45%、甘油 20%～35%、去离子水 5%～15%、酒精 5%～15%、中药药液 15%～45%、烟用香精 2%～5%、烟草提取物 2%～6%、成型剂 0.1%～2%,其中,中药药液是用水蒸馏提取或乙醇萃取中药混合物所获得的提取液,该中药混合物由川贝母、薄荷叶、枇杷叶、神农香菊、紫罗兰、桂花、绿茶组成。本发明不仅能够满足烟民的吸烟需求,还可有效地降低烟气对气管、支气管、喉、肺的刺激,具有清热润肺、止咳祛痰、提神醒脑、理气开郁等功效。

授权文件独立权利要求:

一种淡雅香型电子烟雾化烟液,其组分及其重量百分比含量为:丙二醇 30%～45%、甘油 20%～35%、去离子水 5%～15%、酒精 5%～15%、中药药液 15%～45%、烟用香精 2%～5%、烟草提取物 2%～6%、成型剂 0.1%～2%,其中,中药药液是用水蒸馏提取或乙醇萃取中药混合物所获得的提取液,该中药混合物中各组分的重量百分比为:川贝母 0.1%～50%、薄荷叶 0.1%～50%、枇杷叶 0.1%～50%、神农香菊 0.1%～50%、紫罗兰 0.1%～50%、桂花 0.1%～50%、绿茶 0.1%～50%。

307. 电子烟用雾化器及电子烟

专利类型:发明

申请号:CN201210458765.0

申请日:2012-11-15

申请人:深圳市合元科技有限公司

申请人地址:518104 广东省深圳市宝安区福永街道塘尾高新科技园区C栋第一、二、三层

发明人:李永海　徐中立　钟运平　夏占　攀博　邓银登

授权日:2016-01-27

法律状态公告日:2016-01-27

法律状态:授权

摘要:

本发明公开了一种电子烟用雾化器,旨在提供一种部件少、装配工艺简单、成本低的电子烟用雾化器。本发明采用的实施方案是:一种电子烟用雾化器,包括雾化套、吸嘴盖、螺纹套、固定设置在螺纹套内的电极环、设置在雾化套内的储油物质、电热丝组件,螺纹套与电极环之间设置有绝缘环,吸嘴盖和螺纹套分别紧紧配合在雾化套的两端,电热丝组件的两个引脚分别与螺纹套和电极环相连接,储油物质由密度大小不一的至少两层吸油棉和棉布构成。该雾化器不包括玻纤管。本发明还公开了一种包含上述雾化器的电子烟。

授权文件独立权利要求:

一种电子烟用雾化器,其特征在于包括雾化套、吸嘴盖、螺纹套、固定设置在螺纹套内的电极环、设置在雾化套内的储油物质、电热丝组件,螺纹套与电极环之间设置有绝缘环,吸嘴盖和螺纹套分别紧紧配合在雾化套的两端,电热丝组件的两个引脚分别与螺纹套和电极环相连接,储油物质中设有一气流通道,该储油物质具有密度大小不一的吸油棉和棉布层,气流通道由密度大的棉布层围绕而成。该雾化器不包括玻纤管。

308. 不锈钢圆柱形烟管电子烟专用一体化锂离子电池

专利类型:发明

申请号:CN201210514512.0

申请日:2012-12-05

申请人:李桂平　杨建民

申请人地址:518100 广东省深圳市宝安区宝城四十八区泰安花园2栋302

发明人:李桂平　杨建民

法律状态公告日:2017-01-25

法律状态:发明专利申请公布后的视为撤回

摘要:

本发明公开了一种电子烟专用锂离子电池,具体涉及不锈钢圆柱形烟管一体化锂离子电池,该锂离子电池包括不锈钢圆柱形烟管外壳、锂离子电池芯、通气通线管、正负极片、正负极连接导针、控制电路导线、丁基橡胶塞、环氧树脂密封胶,锂离子电池芯装在不锈钢圆柱形烟管外壳中,控制电路用的导线穿入通气通线管内,再经过通气通线管穿过锂离子电池芯、丁基橡胶塞和环氧树脂密封胶引出。通气通线管穿入锂离子电池芯中间,锂离子电池芯和通气通线管通过丁基橡胶塞紧密配合,装入不锈钢圆柱形烟管外壳中,再注上环氧树脂密封胶定位并密封。本发明结构实用而简单,安全性高,成本低,是专为电子烟设计的低成本、高容量的锂离子电池。

申请文件独立权利要求:

一种不锈钢圆柱形烟管电子烟专用一体化锂离子电池,包括不锈钢圆柱形烟管、锂离子电池芯、通气通线管、正负极片、正负极连接导针、丁基橡胶塞、环氧树脂密封胶,锂离子电池芯装在不锈钢圆柱形烟管内,控制电路用的导线穿入通气通线管内,再经过通气通线管穿过锂离子电池芯、丁基橡胶塞和环氧树脂密封胶引出。通气通线管穿入锂离子电池芯中间,锂离子电池芯和通气通线管通过丁基橡胶塞紧密配合,装入不锈钢圆柱形烟管外壳中,再注上环氧树脂密封胶定位并密封。

309. 双通道雾化电子烟

专利类型：实用新型

申请号：CN201220026258.5

申请日：2012-01-19

申请人：湖北中烟工业有限责任公司　武汉市黄鹤楼科技园有限公司

申请人地址：430040 湖北省武汉市东西湖区金山大道 1355 号

发明人：刘华臣　陈义坤

授权日：2012-09-26

法律状态公告日：2012-09-26

法律状态：授权

摘要：

本实用新型公开了一种双通道雾化电子烟，其包括烟斗、烟嘴和烟杆，烟杆的一端套在烟斗内腔中，另一端套在烟嘴内腔中，烟嘴套在烟斗上，烟斗内设有雾化控制电路，且烟杆内设有两个通道，每个通道内都依次设有储液装置、雾化器、感应开关，烟斗端盖处设有与烟杆通道对应连通的两进气孔，进气孔上设置有进气孔塞，可选择性地将进气孔关闭，从而控制通道中的烟气雾化。本实用新型所设计的双通道雾化电子烟只含有烟碱，不会产生焦油，雾化后不会产生二手烟雾，不会对吸烟者周围的非吸烟人群造成伤害，不仅可增加雾化效果，又可放置不同口味的烟液，满足了吸烟者的不同需求，同时烟碱浓度会逐级降低，可降低烟液损耗，从而起到戒烟的作用。

申请文件独立权利要求：

一种双通道雾化电子烟，包括烟斗(6)、烟嘴(1)和烟杆(5)，烟杆(5)的一端套在烟斗(6)内腔中，另一端套在烟嘴(1)内腔中，烟嘴(1)套在烟斗(6)上，烟斗(6)内设有雾化控制电路(9)。该电子烟的特征在于：烟杆(5)内设有两个通道(5.1)，每个通道内都依次设有储液装置(3)、雾化器(4)、感应开关(8)，烟斗(6)端盖处设有与烟杆通道(5.1)对应连通的两进气孔(6.1)，进气孔(6.1)上设置有进气孔塞。

310. 电子烟用雾化器

专利类型：实用新型

申请号：CN201220076413.4

申请日：2012-03-02

申请人：深圳市合元科技有限公司

申请人地址：518104 广东省深圳市宝安区福永街道塘尾高新科技园区 C 栋第一、二、三层

发明人：李永海　徐中立

授权日：2012-11-14

法律状态公告日：2012-11-14

法律状态：授权

摘要：

本实用新型涉及一种电子烟组件，并公开了一种电子烟用雾化器，其包括：①电子雾化装置，该电子雾化装置包括电源接口和发热装置，发热装置与电源接口相连接；②雾化套，该雾化套为两端开口的管状结构，其一端与电子雾化装置相连接，雾化套内设有烟雾管；③吸嘴盖，该吸嘴盖上设有通孔，与雾化套的另一端连接。装配的时候，将电子雾化装置与雾化套的一端连接，将吸嘴盖覆盖在雾化套的另一端上，通过电子雾化装置加热雾化套内的烟液，使雾化套内产生烟雾，烟雾通入烟雾管中，最后从吸嘴盖的通孔中排出。该电子烟组件的有益效果是整个装置的结构更加简单，装配过程更加方便，利于推广使用。

申请文件独立权利要求:

一种电子烟用雾化器,其特征在于包括:①电子雾化装置,该电子雾化装置包括电源接口和与电源接口相连接的发热装置;②雾化套,该雾化套为两端开口的管状结构,其一端与电子雾化装置相连接,雾化套内套设有烟雾管;③吸嘴盖,该吸嘴盖上设有通孔,与雾化套的另一端相连接。

311. 可卸油瓶便携式电子烟

专利类型:实用新型

申请号:CN201220090959.5

申请日:2012-03-12

申请人:刘团芳

申请人地址:343200 江西省吉安市安福县洲湖镇中洲村下岸 2 号

发明人:刘团芳

授权日:2012-10-03

法律状态公告日:2012-10-03

法律状态:授权

摘要:

本实用新型涉及一种可卸油瓶便携式电子烟,该电子烟由电池部分、控制部分、雾化部分及吸烟部分组成,其特征在于:电池部分以电子线焊接方式与控制部分连通;控制部分与雾化部分以电子线焊接方式连接;雾化部分具有一雾化器,该雾化器包括铜件、接头、发热丝、纤维绳、绝缘圈、烟丝棉部件,它们均设置在雾化杆内;吸烟部分位于雾化器的一端。该电子烟的电池、烟油瓶、雾化部分以及控制部分均可以拆卸,方便携带和更换。

申请文件独立权利要求:

一种可卸油瓶便携式电子烟,由电池部分、控制部分、雾化部分及吸烟部分组成,其特征在于:电池部分以电子线焊接方式与控制部分连通;控制部分与雾化部分以电子线焊接方式连接;雾化部分具有一雾化器,该雾化器包括铜件、接头、发热丝、纤维绳、绝缘圈、烟丝棉部件,它们均设置在雾化杆内;吸烟部分位于雾化器的一端。

312. 可卸油瓶手持式电子烟

专利类型:实用新型

申请号:CN201220090970.1

申请日:2012-03-12

申请人:刘团芳

申请人地址:343200 江西省吉安市安福县洲湖镇中洲村下岸 2 号

发明人:刘团芳

授权日:2012-09-26

法律状态公告日:2012-09-26

法律状态:授权

摘要:

本实用新型涉及一种可卸油瓶手持式电子烟,该电子烟由电池部分、控制部分、雾化部分及吸烟部分组成,其特征在于:电池部分采用高容量的圆柱形可充电电池;控制部分采用塑胶按键,以铜件和弹簧为导体,采用按压式连通电路;雾化部分包括一雾化器,铜件、接头、发热丝、纤维绳、纤维套管及密封圈等部件设置于雾化杆内;吸烟部分采用食品级硅胶烟嘴。该电子烟的电池、烟油瓶、雾化部分以及控制部分均可以拆卸,方便携带和更换。

申请文件独立权利要求：

一种可卸油瓶手持式电子烟，由电池部分、控制部分、雾化部分及吸烟部分组成，其特征在于：电池部分采用高容量的圆柱形可充电电池；控制部分采用塑胶按键，以铜件和弹簧为导体，采用按压式连通电路；雾化部分包括一雾化器，铜件、接头、发热丝、纤维绳、纤维套管及密封圈等部件设置于雾化杆内；吸烟部分采用食品级硅胶烟嘴。

313. 电子烟及其吸嘴

专利类型：实用新型

申请号：CN201220141170.8

申请日：2012-04-01

申请人：惠州市吉瑞科技有限公司

申请人地址：516000 广东省惠州市仲恺高新区 50 小区丽涛科技园 A 栋三、四层

发明人：刘秋明

授权日：2012-12-26

法律状态公告日：2012-12-26

法律状态：授权

摘要：

本实用新型涉及一种电子烟吸嘴，其包括设于吸筒内的用于将烟油雾化成烟雾的雾化装置和用于容置烟油的烟油仓。雾化装置包括含有雾化腔的雾化杯以及固定于该雾化腔内的雾化器，烟油仓与雾化器之间还设有用于将烟油从烟油仓导入雾化杯内进行雾化且能防止漏油的导油组件，该导油组件包括导油板和阻油棉，二者相互贴合，烟油自烟油仓内经导油板渗透并吸收和储存于阻油棉内进行雾化。本实用新型主要解决了现有的电子烟吸嘴安装复杂不便，且会漏油，引油量不易控制的问题，达到安装便捷且具有较好的引油和防漏油效果的目的。这种电子烟还具有录音等娱乐功能。

申请文件独立权利要求：

一种电子烟吸嘴，包括设于吸筒内的用于将烟油雾化成烟雾的雾化装置和用于容置烟油的烟油仓，雾化装置包括含有雾化腔的雾化杯以及固定于该雾化腔内的雾化器，烟油仓与雾化器之间还设有用于将烟油从烟油仓导入雾化杯内进行雾化且能防止漏油的导油组件，该导油组件包括导油板和阻油棉，二者相互贴合，烟油自烟油仓内经导油板渗透并吸收和储存于阻油棉内进行雾化。

314. 电　子　烟

专利类型：实用新型

申请号：CN201220169694.8

申请日：2012-04-20

申请人：刘翔

申请人地址：518103 广东省深圳市宝安区福永街道福园一路天瑞工业园 A 七栋 3 楼

发明人：刘翔

授权日：2012-12-05

法律状态公告日：2016-01-13

法律状态：专利申请权、专利权的转移

摘要：

本实用新型公开了一种电子烟，该电子烟包括相互连接的烟杆组件(1)和油杯组件(2)，烟杆组件(1)内设有电池(11)，油杯组件(2)的一端设有烟嘴(21)，另一端设有雾化器(22)，油杯组件(2)内设有吸烟通道(202)，雾化器(22)的内腔通过吸烟通道(202)与烟嘴(21)相连通，油杯组件(2)上设有进气口(201)，雾化器

(22)靠近烟杆组件(1)的一侧为封闭结构。本实用新型具有使用寿命长、使用成本低、电接触稳定可靠、充电方便快捷的优点。

申请文件独立权利要求:

一种电子烟,包括相互连接的烟杆组件(1)和油杯组件(2),烟杆组件(1)内设有电池(11),油杯组件(2)的一端设有烟嘴(21),另一端设有雾化器(22),油杯组件(2)内设有吸烟通道(202),雾化器(22)的内腔通过吸烟通道(202)与烟嘴(21)相连通,油杯组件(2)上设有进气口(201),雾化器(22)靠近烟杆组件(1)的一侧为封闭结构。

315. 一体式无棉一次性电子烟

专利类型:实用新型

申请号:CN201220257646.4

申请日:2012-06-04

申请人:深圳市康泓威科技有限公司

申请人地址:518000 广东省深圳市宝安区沙井街道帝堂路沙二工业园 1—16 栋 3A 栋第 3 层

发明人:张广杰

授权日:2013-02-06

法律状态公告日:2013-02-06

法律状态:授权

摘要:

本实用新型涉及一种一体式无棉一次性电子烟,该电子烟包括依次设置的吸嘴、储油杯、过滤组件、发热单元和电源,电源与发热单元电连接。本实用新型将电源、控制单元、雾化装置直接集成内置于电子烟管中,因此可以一次性使用,具有环保、卫生的特点。另外,本实用新型将油直接储存在储油杯内,不需要使用棉花来储存油,因此在抽吸过程中不会有太大的焦味,改善了口感。

申请文件独立权利要求:

一种一体式无棉一次性电子烟,其特征在于包括依次设置的吸嘴(10)、储油杯(30)、过滤组件(40)、发热单元(50)和电源(80),电源(80)与发热单元(50)电连接。

316. 无棉电子烟的雾化器

专利类型:实用新型

申请号:CN201220257648.3

申请日:2012-06-04

申请人:深圳市康泓威科技有限公司

申请人地址:518000 广东省深圳市宝安区沙井街道帝堂路沙二工业园 1—16 栋 3A 栋第 3 层

发明人:张广杰

授权日:2013-02-06

法律状态公告日:2013-02-06

法律状态:授权

摘要:

本实用新型涉及一种无棉电子烟的雾化器,其包括依次设置的吸嘴、储油杯、过滤组件和发热单元。该雾化器还包括电源连接组件,电源连接组件与发热单元电连接。本实用新型将油直接储存在储油杯内,不需要使用棉花来储存油,因此在抽吸过程中不会有因燃烧棉花带来的焦味,从而改善了口感。另外,本实用新型由于是无棉的,因此具有环保、卫生、无焦味、供油顺等特点。

申请文件独立权利要求:

一种无棉电子烟的雾化器,其特征在于包括依次设置的吸嘴(10)、储油杯(30)、过滤组件(40)和发热单元(50),该雾化器还包括电源连接组件(60),电源连接组件(60)与发热单元(50)电连接。

317. 电　子　烟

专利类型:实用新型

申请号:CN201220460830.9

申请日:2012-09-11

申请人:惠州市吉瑞科技有限公司

申请人地址:516000 广东省惠州市仲恺高新区 50 小区丽涛科技园 A 栋三、四层

发明人:刘秋明

授权日:2013-08-14

法律状态公告日:2013-08-14

法律状态:授权

摘要:

本实用新型提供了一种电子烟,该电子烟包括雾化器和为雾化器供电的供电元件,供电元件为法拉电容。本实用新型通过采用法拉电容代替传统电池进行供电的技术手段,达到了充放电安全可靠、充电快捷、充放电次数多、结构简单、成本低廉的技术效果。此外,法拉电容体积小,为其他部件释放出了宝贵的电子烟内部空间。

申请文件独立权利要求:

一种电子烟,包括雾化器和为雾化器供电的供电元件,其特征在于供电元件为法拉电容。

318. 电子烟及其电子烟装置

专利类型:实用新型

申请号:CN201220460847.4

申请日:2012-09-11

申请人:刘秋明

申请人地址:518000 广东省深圳市宝安区西乡兴业路缤纷世界花园 E3 栋 1202

发明人:刘秋明

授权日:2013-03-13

法律状态公告日:2013-05-15

法律状态:专利申请权、专利权的转移

摘要:

本实用新型公开了一种电子烟,其包括主杆体,主杆体的一端设置有吸嘴,主杆体在远离吸嘴的另一端还设置有投影组件,该投影组件包括投影光源、设置于投影光源正前方的幻灯片单元以及与投影光源相连以控制投影光源运作的光源控制单元。本实用新型同时还公开了一种电子烟装置,该电子烟装置包括电子烟及用于放置电子烟的电子烟盒,该电子烟为如上所述的电子烟。本实用新型通过在主杆体远离吸嘴的一端设置投影组件,实现了幻灯片投影功能,满足了使用者的视觉感观需求,同时将雾化控制开关设置为感应式,使用更智能。

申请文件独立权利要求:

一种电子烟,包括主杆体,主杆体的一端设置有吸嘴,主杆体在远离吸嘴的另一端还设置有投影组件,该投影组件包括投影光源、设置于投影光源正前方的幻灯片单元以及与投影光源相连以控制投影光源运作的光源控制单元。

319. 一种可伸缩电池管的电子烟

专利类型:实用新型

申请号:CN201220517772.9

申请日:2012-10-10

申请人:陈文

申请人地址:518000 广东省深圳市光明新区公明镇长圳村长兴工业园 26 栋 3 楼

发明人:陈文

授权日:2013-07-17

法律状态公告日:2018-03-30

法律状态:专利权人的姓名或者名称、地址的变更

摘要:

本实用新型公开了一种可伸缩电池管的电子烟,该电子烟主要包括雾化大铜件、外牙电池管、内牙电池管及内牙电池管尾端的按钮组件,外牙电池管通过螺牙旋于内牙电池管内,并在电池管空腔内安装电池,电池正极一端由正极固定支架固定,负极一端连接按钮组件。本实用新型采用两节电池管,利用螺纹连接成一个可伸缩的电子烟,电池管可适用各种电池规格,且电池安装方便。

申请文件独立权利要求:

一种可伸缩电池管的电子烟,其特征在于该电子烟主要包括雾化大铜件(1)、外牙电池管(7)、内牙电池管(8)及内牙电池管(8)尾端的按钮组件(17),外牙电池管(7)通过螺牙旋于内牙电池管(8)内,并在电池管空腔内安装电池(6),电池(6)正极一端由正极固定支架(5)固定,负极一端连接按钮组件(17)。

320. 电子香烟

专利类型:实用新型

申请号:CN201220563623.6

申请日:2012-10-30

申请人:深圳市康尔科技有限公司

申请人地址:518000 广东省深圳市宝安区沙井街道中心路汇盈商务大厦十一楼 1110 室

发明人:朱晓春

授权日:2013-04-24

法律状态公告日:2013-04-24

法律状态:授权

摘要:

一种电子香烟,包括烟杆以及用于容纳电池的电池仓,电池仓的上端设置有其一侧开口并横向延伸的扣槽,烟杆的底端外周缘设置有与扣槽匹配的扣接凸缘,烟杆的内部设置有一发热丝组件,该发热丝组件的底端可拆卸地挂装在固定于烟杆内腔的连接杆组件上,烟杆的上端可拆卸地扣装一内腔与发热丝组件内腔导通的烟嘴,发热丝组件被限定在烟嘴和连接杆组件之间,烟杆的侧壁上开设有一导通至连接杆组件内腔的进气孔,连接杆组件的内腔与发热丝组件的内腔导通。本实用新型的烟杆和电池仓采用插装的连接方式固定,安装方便,电极能够充分接触,保证电路具有良好的导通性;此外,发热丝组件采用快速插装的方式安装,更换较为方便快捷。

申请文件独立权利要求:

一种电子香烟,包括烟杆以及用于容纳电池的电池仓,烟杆的底端和电池仓的上端设置有互相对应的接触电极,电池仓的上端设置有其一侧开口并横向延伸的扣槽,烟杆的底端外周缘设置有与扣槽匹配的扣接凸缘,烟杆的内部设置有一发热丝组件,该发热丝组件的底端可拆卸地挂装在固定于烟杆内腔的连接杆

组件上，烟杆的上端可拆卸地扣装一内腔与发热丝组件内腔导通的烟嘴，发热丝组件被限定在烟嘴和连接杆组件之间，烟杆的侧壁上开设有一导通至连接杆组件内腔的进气孔，连接杆组件的内腔与发热丝组件的内腔导通。

321．螺旋驱动的滑动刺入式电子烟具

专利类型：实用新型

申请号：CN201220582716.3

申请日：2012-11-07

申请人：修运强

申请人地址：266071 山东省青岛市市南区东海西路 37 号金都花园 A 座 22F

发明人：修运强

授权日：2013-05-08

法律状态公告日：2015-09-23

法律状态：专利申请权、专利权的转移

摘要：

本实用新型提供了一种螺旋驱动的滑动刺入式电子烟具，其包括烟具壳体，烟具壳体的一端开设有吸气孔，另一端内壁或外壁上设置有螺纹，烟具壳体内安装有烟液雾化器和烟液胶囊，烟液雾化器靠近烟液胶囊的一侧设置有穿刺导液架，烟液雾化器在烟具壳体内沿烟具壳体轴向滑动。本实用新型能够将烟液雾化器上的穿刺导液架在螺旋驱动方式的驱动下滑动刺入烟液胶囊，穿刺导液架刺入烟液胶囊时的穿刺方向和力度均不需使用者掌握，使用者将螺纹旋紧，即可使穿刺导液架按照准确的方向和力度完成对烟液胶囊的穿刺操作，穿刺导液架刺入烟液胶囊后烟液会沿穿刺导液架缓慢导出，但烟液胶囊仍能够保持良好的密封性，有利于延长烟液胶囊的使用时间，防止烟液受到污染。

申请文件独立权利要求：

一种螺旋驱动的滑动刺入式电子烟具，包括烟具壳体(1)，烟具壳体(1)的一端开设有吸气孔(2)，另一端内壁或外壁上设置有螺纹，烟具壳体(1)内安装有烟液雾化器(3)和烟液胶囊(4)，烟液雾化器(3)靠近烟液胶囊(4)的一侧设置有穿刺导液架(5)，烟液雾化器(3)在烟具壳体(1)内沿烟具壳体(1)轴向滑动。

322．一种新型电子香烟

专利类型：实用新型

申请号：CN201220590985.4

申请日：2012-11-09

申请人：李运双

申请人地址：518000 广东省深圳市宝安区福永镇福园一路天瑞工业园 B2 栋三楼

发明人：李运双

授权日：2013-04-24

法律状态公告日：2017-01-04

法律状态：专利权的终止

摘要：

一种新型电子香烟，它涉及电子香烟领域。烟嘴通过外螺纹连接体与上套管连接，且烟嘴下端的内部设有 A 密封盖和 B 密封盖，上套管与雾化管的上端连接，雾化管的下端与下套管连接，雾化管内依次设有通气管、雾化盖和导液线，导液线上设有发热丝，下套管与内螺纹连接体旋接，且旋接处设有 O 形垫圈，内螺纹连接体的底部设有第一绝缘环，第一绝缘环内套接有雾化顶针。该电子香烟设计新颖，外形美观，符合人体力学的设计理念，使烟油能充分雾化，从而达到烟雾量大、吸入口感好的理想状态，在结构与实用性方面都

有所提高。

申请文件独立权利要求:

一种新型电子香烟,包括防尘管(1)、雾化器组件(2)和电池组件(3),其特征在于雾化器组件(2)由烟嘴(4)、A密封盖(5)、B密封盖(6)、外螺纹连接体(7)、上套管(8)、雾化管(9)、下套管(10)、通气管(11)、雾化盖(12)、导液线(13)、发热丝(14)、O形垫圈(15)、内螺纹连接体(16)、第一绝缘环(17)和雾化顶针(18)组成,烟嘴(4)通过外螺纹连接体(7)与上套管(8)连接,且烟嘴(4)下端的内部设有A密封盖(5)和B密封盖(6),上套管(8)与雾化管(9)的上端连接,雾化管(9)的下端与下套管(10)连接,雾化管(9)内依次设有通气管(11)、雾化盖(12)和导液线(13),导液线(13)上设有发热丝(14),下套管(10)与内螺纹连接体(16)旋接,且旋接处设有O形垫圈(15),内螺纹连接体(16)的底部设有第一绝缘环(17),第一绝缘环(17)内套接有雾化顶针(18)。

323. 具有可调式电子雾化器的电子烟

专利类型:实用新型

申请号:CN201220593458.9

申请日:2012-11-12

申请人:湖北中烟工业有限责任公司　武汉市黄鹤楼科技园有限公司

申请人地址:430040 湖北省武汉市东西湖区金山大道1355号

发明人:刘华臣　罗诚浩　柯炜昌　刘兵　潘曦

授权日:2013-04-17

法律状态公告日:2013-04-17

法律状态:授权

摘要:

本实用新型公开了一种具有可调式电子雾化器的电子烟,该电子烟包括烟嘴、烟液及烟气通道、电子烟雾化器、电子烟烟杆,电子烟雾化器内固定有底座,底座设有垂直设置的第一发热丝和第二发热丝,底座上还设有第一发热丝电极触角、第二发热丝电极触角、第一电极触针固定槽和第二电极触针固定槽,第一发热丝和第二发热丝的一端分别与第一发热丝电极触角和第二发热丝电极触角相连,电子烟烟杆的一端固定有与底座活动连接的旋转盘,旋转盘上设有第一电极触针、第二电极触针、第一固定触针和第二固定触针。本实用新型可避免由于单根发热丝熔断而使电子烟不能工作的问题,同时实现了两根发热丝一起工作,增强了雾化效果,可以广泛应用于电子烟生产领域。

申请文件独立权利要求:

一种具有可调式电子雾化器的电子烟,包括烟嘴(1),烟嘴(1)通过烟液及烟气通道(2)与电子烟雾化器的一端连接,电子烟雾化器的另一端活动连接有电子烟烟杆(3),电子烟雾化器内固定有底座(5),底座(5)靠近烟嘴(1)的一端设有垂直设置的第一发热丝(6)和第二发热丝(7),底座(5)上沿圆周方向依次设有等间距的第一发热丝电极触角(9)、第二发热丝电极触角(10)、第一电极触针固定槽(11)和第二电极触针固定槽(12),第一发热丝(6)和第二发热丝(7)的一端分别与第一发热丝电极触角(9)和第二发热丝电极触角(10)相连,电子烟烟杆(3)的一端固定有旋转盘(8),旋转盘(8)与底座(5)活动连接,旋转盘(8)上设有与底座(5)上的第一发热丝电极触角(9)、第二发热丝电极触角(10)、第一电极触针固定槽(11)和第二电极触针固定槽(12)相对应的第一电极触针(13)、第二电极触针(14)、第一固定触针(15)和第二固定触针(16)。

324. 电子烟及其雾化装置

专利类型:实用新型

申请号:CN201220596899.4

申请日:2012-11-13

申请人:刘秋明

申请人地址:518000 广东省深圳市宝安区西乡兴业路缤纷世界花园 E3 栋 1202

发明人:刘秋明

授权日:2013-07-31

法律状态公告日:2014-10-08

法律状态:专利申请权、专利权的转移

摘要:

本实用新型公开了一种电子烟及其雾化装置,该雾化装置包括雾化套管、装于雾化套管内的供油组件和电热丝组件。雾化套管的第一末端设有吸嘴盖,而第二末端设有连接组件;供油组件包括用于存储烟油的储油棉和用于将烟油引导至电热丝组件的导油件,导油件由非玻纤的纤维材料制成,包裹在电热丝外围而呈筒状,并由固定线从导油件外壁缠绕固定;电热丝组件包括中空螺旋管状的电热丝、陶瓷管及用于将电热丝连接至连接组件的电子线,陶瓷管的一端由导油件包裹住。电子烟包括如上所述的雾化装置和为雾化装置提供电力的供电装置。本实用新型无须使用玻纤绳,并用陶瓷管替代玻纤管充当气流通道,可有效防止吸烟者吸入玻纤飞絮后对人体造成的伤害。

申请文件独立权利要求:

一种电子烟雾化装置,包括雾化套管、装于雾化套管内的供油组件和电热丝组件。雾化套管的第一末端设有吸嘴盖,而第二末端设有连接组件;供油组件包括用于存储烟油的储油棉和用于将烟油引导至电热丝组件的导油件,导油件由非玻纤的纤维材料制成,包裹在电热丝外围而呈筒状,并由固定线从导油件外壁缠绕固定;电热丝组件包括中空螺旋管状的电热丝、陶瓷管及用于将电热丝连接至连接组件的电子线,陶瓷管的一端由导油件包裹住。

325. 电子烟用雾化器及电子烟

专利类型:实用新型

申请号:CN201220603553.2

申请日:2012-11-15

申请人:深圳市合元科技有限公司

申请人地址:518000 广东省深圳市宝安区福永街道塘尾高新科技园区 C 栋第一、二、三层

发明人:李永海　徐中立

授权日:2013-05-15

法律状态公告日:2013-05-15

法律状态:授权

摘要:

本实用新型公开了一种电子烟用雾化器,旨在提供一种部件少、装配工艺简单、成本低的电子烟用雾化器。本实用新型采用的实施方案是:一种电子烟用雾化器,包括雾化套、吸嘴盖、螺纹套、固定设置在螺纹套内的电极环、设置在雾化套内的储油物质、电热丝组件,螺纹套与电极环之间设置有绝缘环,吸嘴盖和螺纹套分别紧紧配合在雾化套的两端,电热丝组件的两个引脚分别与螺纹套和电极环相连接,储油物质由密度大小不一的至少两层构成。该雾化器不包括玻纤管。本实用新型还公开了一种包含上述雾化器的电子烟。

申请文件独立权利要求:

一种电子烟用雾化器,其特征在于包括雾化套、吸嘴盖、螺纹套、固定设置在螺纹套内的电极环、设置在雾化套内的储油物质、电热丝组件,螺纹套与电极环之间设置有绝缘环,吸嘴盖和螺纹套分别紧紧配合在雾化套的两端,电热丝组件的两个引脚分别与螺纹套和电极环相连接,储油物质由密度大小不一的至少两层构成。该雾化器不包括玻纤管。

326. 电子烟及其电子烟装置

专利类型:实用新型

申请号:CN201220662893.2

申请日:2012-12-05

申请人:刘秋明

申请人地址:518000 广东省深圳市宝安区西乡兴业路缤纷世界花园 E3 栋 1202

发明人:刘秋明

授权日:2013-07-31

法律状态公告日:2014-01-29

法律状态:专利申请权、专利权的转移

摘要:

本实用新型公开了一种电子烟,其包括由吸杆及电池杆相互对接构成的电子烟主体,吸杆内设置有将烟液雾化成烟雾的雾化装置,吸杆的一端设置有吸嘴,而另一端与电池杆对接,电池杆内设置有为雾化装置供电的电池。该电子烟还包括套设于电子烟主体外部的保护套,该保护套采用纸质材料制成。本实用新型通过在电子烟主体外部套设纸质的保护套,并于吸嘴端设置木质吸嘴盖,有效增强了电子烟的手感及口感;通过设置多个电子烟主体或者多个吸杆,丰富了电子烟的口味;同时通过设置多个电池杆,保证了电子烟电能的供给。

申请文件独立权利要求:

一种电子烟,包括由吸杆及电池杆相互对接构成的电子烟主体,吸杆内设置有将烟液雾化成烟雾的雾化装置,吸杆的一端设置有吸嘴,而另一端与电池杆对接,电池杆内设置有为雾化装置供电的电池。该电子烟还包括套设于电子烟主体外部的保护套,该保护套采用纸质材料制成。

327. 带连接器的磁力连接电子烟

专利类型:实用新型

申请号:CN201220663390.7

申请日:2012-12-05

申请人:刘秋明

申请人地址:518000 广东省深圳市宝安区西乡兴业路缤纷世界花园 E3 栋 1202

发明人:刘秋明

授权日:2013-06-19

法律状态公告日:2014-10-15

法律状态:专利申请权、专利权的转移

摘要:

本实用新型涉及一种带连接器的磁力连接电子烟,其包括可拆装地连接的吸杆和电源杆,其中,吸杆包括可更换的雾化器和用于连接该雾化器和电源杆且将电源杆内电源输出的电力传输给雾化器的连接器,该连接器的一端与雾化器磁性连接,另一端与电源杆可拆装地连接。这种带连接器的磁力连接电子烟,降低了电子烟的制造和使用成本,且便于电子烟的拆装和更换。

申请文件独立权利要求:

一种带连接器的磁力连接电子烟,包括可拆装地连接的吸杆和电源杆,其中,吸杆包括可更换的雾化器和用于连接该雾化器和电源杆且将电源杆内电源输出的电力传输给雾化器的连接器,该连接器的一端与雾化器磁性连接,另一端与电源杆可拆装地连接。

328. 雾化装置及其电子烟

专利类型：实用新型
申请号：CN201220694645.6
申请日：2012-12-14
申请人：刘秋明
申请人地址：518000 广东省深圳市宝安区西乡兴业路缤纷世界花园 E3 栋 1202
发明人：刘秋明
授权日：2013-09-04
法律状态公告日：2014-10-08
法律状态：专利申请权、专利权的转移
摘要：

本实用新型涉及一种雾化装置及其电子烟。该雾化装置包括外套管、储油层、发热组件、雾化座及硬质连接组件，储油层、发热组件、雾化座安装于外套管内部。雾化座为弹性体雾化座，连接组件插入弹性体雾化座中弹性挤压并胀紧配合，弹性体雾化座与外套管相适配，且借助连接组件插入弹性体雾化座中产生的弹性膨胀，使弹性体雾化座紧密密封于外套管内壁，发热组件的电子线分别胀紧固定于弹性体雾化座内并与连接组件电连接。本实用新型的雾化座的强度得到了极大加强，确保后续装配能顺利进行；雾化座承受连接头的挤压而密封，这种密封效果更好，避免了单纯硅胶密封太软的问题；电子线不需要焊接，从而避免了焊接带来的各种不良影响。

申请文件独立权利要求：

一种雾化装置，包括外套管、储油层、发热组件、雾化座及硬质连接组件，储油层、发热组件、雾化座安装于外套管内部，其特征在于：雾化座为弹性体雾化座，硬质连接组件插入弹性体雾化座中弹性挤压并胀紧配合，弹性体雾化座与外套管相适配，弹性体雾化座借助连接组件插入弹性体雾化座中产生的弹性膨胀而紧密密封于外套管内壁，发热组件包括发热元件及其两端连接的电子线，电子线分别胀紧固定于弹性体雾化座内并与硬质连接组件电连接。

329. 电子烟用雾化器、通气构件及电子烟

专利类型：实用新型
申请号：CN201220700233.9
申请日：2012-12-17
申请人：深圳市合元科技有限公司
申请人地址：518000 广东省深圳市宝安区福永街道塘尾高新科技园区 C 栋第一、二、三层
发明人：李永海　徐中立
授权日：2013-06-26
法律状态公告日：2014-03-05
法律状态：著录事项变更
摘要：

本实用新型公开了一种电子烟用雾化器，旨在提供一种不含储油棉的电子烟用雾化器。本实用新型采用的实施方案是：一种电子烟用雾化器，包括雾化套、支架、发热丝组件，还包括固定设置在雾化套中的通气构件，该通气构件包括供气流通过的通气管、设置在通气管一端的凸台，凸台中设有空腔，空腔与通气管中的气流通道相连通，通气管的另一端固定设置在支架上，通气构件和支架一起将雾化套分隔出储烟油的空间，该空间内不设置储油棉。本实用新型还公开了一种包含上述雾化器的电子烟和电子烟用通气构件。

申请文件独立权利要求：

一种电子烟用雾化器，包括雾化套(8)、支架(11)、发热丝组件(12)，还包括固定设置在雾化套(8)中的通气构件，该通气构件包括供气流通过的通气管(1)、设置在通气管(1)一端的凸台(3)，凸台(3)中设有空腔(32)，空腔(32)与通气管(1)中的气流通道(2)相连通，通气管(1)的另一端固定设置在支架(11)上，通气构件和支架(11)一起将雾化套(8)分隔出储烟油的空间(13)，该空间(13)内不设置储油棉。

330. 吸入器组件

专利类型：发明

申请号：CN201280008323.4

申请日：2012-02-02

申请人：巴特马克有限公司

申请人地址：英国伦敦

发明人：H.布赫贝格尔

授权日：2016-01-20

法律状态公告日：2016-01-20

法律状态：授权

摘要：

本发明涉及一种吸入器组件，其用于通过蒸发液态物质(13)并且在必要的时候通过冷凝形成的蒸汽构成蒸汽-空气混合物或/和冷凝气溶胶。该吸入器组件包括：①用于蒸发液态物质(13)份额的加热部件(6)；②用于给加热部件(6)自动提供液态物质(13)的芯子(7)，该芯子(7)至少具有两个彼此远离布置的端部部段(7a、7b)；③用于给芯子(7)自动提供液态物质(13)的第一毛细间隙(11a)，其中芯子(7)的第一端部部段(7a)伸入第一毛细间隙(11a)中。因此，该吸入器组件能够快速并且可靠地给加热部件提供液态物质。在此规定，设置第二毛细间隙(11b)，第二毛细间隙将芯子(7)的第二端部部段(7b)容纳在其中。

授权文件独立权利要求：

一种吸入器组件，其用于通过蒸发液态物质(13)并且在必要的时候通过冷凝形成的蒸汽构成蒸汽-空气混合物或/和冷凝气溶胶。该吸入器组件包括：①用于蒸发液态物质(13)份额的加热部件(6)；②用于给加热部件(6)自动提供液态物质(13)的芯子(7)，该芯子(7)至少具有两个彼此远离布置的端部部段(7a,7b)；③用于给芯子(7)自动提供液态物质(13)的第一毛细间隙(11a)，其中芯子(7)的第一端部部段(7a)伸入第一毛细间隙(11a)中。该吸入器组件的特征在于第二毛细间隙(11b)，第二毛细间隙将芯子(7)的第二端部部段(7b)容纳在其中。

331. 可变电力控制电子香烟

专利类型：发明

申请号：CN201280012152.2

申请日：2012-02-08

申请人：SIS资源有限公司

申请人地址：以色列贝特谢梅什

发明人：萨米·卡普亚诺

授权日：2016-12-07

法律状态公告日：2016-12-07

法律状态：授权

摘要：

本发明公开了一种电子香烟以及用于控制供给该电子香烟电力的方法。这种电子香烟提供了不同的工作模式,包括调节模式和非调节模式。该方法是以一种电子式电力控制程序的形式来实施的,该电子式电力控制程序控制了该电子香烟的组成部分,包括电池、雾化器、加热元件、烟液或烟汁以及相关电路。

授权文件独立权利要求:

一种电子香烟,包括:①烟液部分;②一个加热元件;③一个电池,被配置成向该加热元件提供电力,该电力具有电压;④一个雾化器;⑤一个传感器,被配置为感测一次抽吸的气流;⑥一个处理器,被配置为监控或者控制该电池,其中,该处理器被配置为将该电池置于多种工作模式,多种工作模式包括一种自启动模式、一种调节模式和一种安全模式,自启动模式将所提供的电力增加至最大电压,调节模式将所提供的电力从最大电压减小至标称电压,安全模式将所提供的电力下降到标称电压之下。

332. 用于带有侧面进气口的电子烟的电池接头

专利类型:发明

申请号:CN201280018281.2

申请日:2012-04-12

申请人:罗伯特·列维兹　希姆尔·格弗里洛夫

申请人地址:美国佛罗里达州北迈阿密海滩

发明人:罗伯特·列维兹　希姆尔·格弗里洛夫

法律状态公告日:2017-01-11

法律状态:发明专利申请公布后的视为撤回

摘要:

本发明公开了一种新颖的电子烟阳性接头,该阳性接头能够被改装成现有的阴性雾化器接头。空气路径从位于电子烟电池和雾化器之间的接头的外周开始,进入接头上的凹槽。空气通过在接头远端形成的腔进入电池。一旦进入电池,空气在电池周围回旋,通过沿着接头中心轴孔,向着雾化器的方向排出电池壳体。根据所期望的吸气路径,可以在接头侧面的重要位置切出凹槽,凹槽具有重要的几何形状。

申请文件独立权利要求:

一种用于连接电子烟两个末端的圆柱形接头,包括:近端和远端;从近端到远端穿过接头的纵向开口;位于近端的具有外螺纹的轴;在远端外表面周向形成的多个腔;位于近端和远端之间的具有外表面的法兰;在法兰表面形成的凹槽,该凹槽被设置为与多个腔中的一个或多个连通。基于将封闭的电子烟端部连接到接头的远端,建立了在凹槽处开始的空气路径,该空气继续穿过与凹槽流体连通的一个或多个腔,并穿过纵向开口,最后从近端排出。

333. 蒸发器装置

专利类型:发明

申请号:CN201280045111.3

申请日:2012-09-27

申请人:菲利普·莫里斯生产公司

申请人地址:瑞士纳沙泰尔

发明人:A. 林克　P. 利岑贝格尔

授权日:2016-08-17

法律状态公告日:2016-08-17

法律状态:授权

摘要:

一种加热装置,采用金属膜或薄片,具有两个端部,且具有香烟或小雪茄的横截面尺寸的双螺旋线(101)和/或蜿蜒式线(102)的形状,用于使包含有活性成分和/或香气成分的物质从具有中空的缸(31)的嘴件(3)中蒸发,该嘴件包括一个或多个蒸发膜(32)以及可分离地连接至受控制的或受调节的电压源(4)的凸缘(33)。该加热装置的双螺旋线和/或蜿蜒式线的中间间隙为敞开的,因此能通过流动的流体;该加热装置至少与一个蒸发膜处于表面接触,该蒸发膜也能通过流动的流体,并且通过要被蒸发的包含有活性成分和/或香气成分的物质进行湿润;该加热装置至少和一个蒸发膜设置成与经过嘴件的流体流正交或者成一定角度,其中流体流完全地流动通过加热装置和蒸发膜;同时该加热装置使位于一个或多个蒸发膜上的包含有活性成分和/或香气成分的物质蒸发,并将该物质提供至流体流。

授权文件独立权利要求:

一种用于使包含有活性成分和/或香气成分的物质蒸发的蒸发器装置,该蒸发器装置被构造为具有流体进口(311)和流体出口(312)的嘴件(3),包括加热装置,该加热装置具有呈金属箔或薄片形式的热敏电阻(1),热敏电阻被构造为具有两个端部和香烟或小雪茄的横截面尺寸的双线圈(101)和/或蜿蜒式线(102),且热敏电阻(1)的双线圈和/或蜿蜒式线的间隙为敞开的,因此容许流体通过其流动,并且由金属箔或薄片构成的至少一个相应的接触接片(13)连接至热敏电阻(1)的双线圈(101)和/或蜿蜒式线(102)相应的端部,连接至热敏电阻(1)的双线圈(101)和/或蜿蜒式线(102)相应的相反端部的接触接片(13)不与彼此直接接触。该蒸发器装置还至少包括一个蒸发器膜(32),蒸发器膜(32)与热敏电阻(1)大面积接触,蒸发器膜(32)还能通过流动的流体并且使用或者能使用要被蒸发的包含有活性成分和/或香气成分的物质进行湿润,热敏电阻(1)和蒸发器膜(32)设置成与经过嘴件(3)的流体的方向正交或者相对于经过嘴件(3)的流体的方向成一定角度。

334. 具有气流喷嘴的浮质产生装置

专利类型:发明

申请号:CN201280059776.X

申请日:2012-12-05

申请人:菲利普·莫里斯生产公司

申请人地址:瑞士纳沙泰尔

发明人:F.迪比耶夫

授权日:2017-04-19

法律状态公告日:2017-04-19

法律状态:授权

摘要:

本发明提供了一种浮质产生装置,其包括:①汽化器,该汽化器用于加热浮质形成基质(115,415),以形成浮质;②多个气流喷嘴(121,421);③至少一个排气口(123,423)。气流喷嘴(121,421)和排气口(123,423)布置在气流喷嘴(121,421)和排气口(123,423)之间的限定空气流路(127,427)上。每个气流喷嘴都包括布置成沿着跨过汽化器表面朝汽化器附近引导空气的孔口,以便控制浮质中的颗粒尺寸。

授权文件独立权利要求:

一种浮质产生装置,包括:①汽化器,该汽化器用于加热浮质形成基质;②多个气流孔;③至少一个排气口。气流孔和排气口布置在气流孔和排气口之间的限定空气流路上,并且每个气流孔都布置成沿着跨过汽化器表面朝汽化器附近引导空气的空气进入孔,以便控制浮质中的颗粒尺寸,每个空气进入孔的直径都小于或等于0.4 mm。

335. 具有可调气流的气溶胶生成装置

专利类型:发明

申请号:CN201280060082.8

申请日:2012-12-05

申请人:菲利普·莫里斯生产公司

申请人地址:瑞士纳沙泰尔

发明人:F. 迪比耶夫

法律状态公告日:2014-08-06

法律状态:实质审查的生效

摘要:

本发明提供了一种用于加热气溶胶形成基材的气溶胶生成系统(101)。该气溶胶生成系统包括气溶胶生成器(105)和烟弹(103),还包括用于加热该气溶胶形成基材以形成气溶胶的蒸发器、至少一个进气口(123)以及至少一个出气口(125)。该进气口(123)和出气口(125)布置成限定进气口和出气口之间的气流路径。该气溶胶生成系统也包括流动控制装置,该装置用于调节进气口(123)的大小,从而控制气流路径中的气流速度。

申请文件独立权利要求:

一种气溶胶生成系统,包括与烟弹协作的气溶胶生成装置,该系统用于加热气溶胶形成基材,且包括:①蒸发器,用于加热气溶胶形成基材,以形成气溶胶;②至少一个进气口;③至少一个出气口,该进气口和出气口布置成限定该进气口和出气口之间的气流路径;④流动控制装置,用于调节进气口的大小,以控制气流路径中的气流速度,其中该流动控制装置包括第一构件和第二构件,第一构件和第二构件协作,以限定进气口,第一构件和第二构件布置成相对于彼此移动,从而改变进气口的大小。烟弹包括第一构件,该气溶胶生成装置包括第二构件。

336. 具有内加热器的气雾生成装置

专利类型:发明

申请号:CN201280060089. X

申请日:2012-12-05

申请人:菲利普·莫里斯生产公司

申请人地址:瑞士纳沙泰尔

发明人:F. 迪比耶夫　O. 科尚　M. 托伦斯　J-M. 弗利克　Y. 德古莫伊斯

法律状态公告日:2014-08-06

法律状态:实质审查的生效

摘要:

本发明提供了一种气雾生成装置,其用于加热气雾形成基质。该气雾生成装置包括用于存储气雾形成基质的存储部分(101)和用于加热气雾形成基质以形成气雾的蒸发器(105,105′)。存储部分(101)具有外壳体和内通道(103),在外壳体与内通道之间形成用于存储气雾形成基质的存储器,并且蒸发器(105,105′)至少部分地在存储部分(101)中的内通道(103)内部延伸。该气雾生成装置还包括至少部分地嵌衬内通道(103)的多孔连接件(107),该多孔连接件用于将气雾形成基质从存储部分(101)朝蒸发器(105,105′)运送。

申请文件独立权利要求:

一种气雾生成装置,包括:①存储部分,用于存储气雾形成基质,具有外壳体和内通道,在外壳体与内通道之间形成用于存储气雾形成基质的存储器;②蒸发器,用于加热气雾形成基质,以形成气雾,该蒸发器至少部分地位于存储部分的内通道内部;③多孔连接件,至少部分地嵌衬内通道,用于将气雾形成基质从存储部分朝蒸发器输送。

337. 电子烟及电子烟装置

专利类型:实用新型

申请号:CN201290000826. 2

申请日:2012-06-20

申请人:惠州市吉瑞科技有限公司

申请人地址:516000 广东省惠州市仲恺高新区和畅西三路 16 号 A 栋三、四、五层

发明人:刘秋明

授权日:2014-08-20

法律状态公告日:2014-08-20

法律状态:授权

摘要:

一种电子烟(100)及电子烟装置,该电子烟(100)包括吸筒(1)、设于吸筒(1)一端的吸嘴(4),其中吸嘴(4)和/或吸筒(1)采用木质材料加工制成,木质材料为天然木材。该电子烟装置包括如前所述的电子烟(100),还包括电子烟盒(200),用于容置电子烟和为电子烟充电。该电子烟盒包括底盒(81)和盒盖(82),底盒(81)和/或盒盖(82)采用木质材质制成。该电子烟及电子烟装置健康、卫生、环保,且口感和手感都良好。

申请文件独立权利要求:

一种电子烟,包括吸筒、设于吸筒一端的吸嘴,其特征在于吸嘴和/或吸筒采用木质的吸嘴和/或吸筒。

338. 电子烟盒及其电子烟装置

专利类型:实用新型

申请号:CN201290000852.5

申请日:2012-06-16

申请人:惠州市吉瑞科技有限公司

申请人地址:516000 广东省惠州市仲恺高新区和畅西三路 16 号 A 栋三、四、五层

发明人:刘秋明

授权日:2014-11-26

法律状态公告日:2014-11-26

法律状态:授权

摘要:

一种带温度器的电子烟盒(200)及其电子烟装置,该电子烟盒包括用于将电子烟容置其内的盒体,还包括设置于盒体内的温度器组件(7′),温度器组件(7′)包括测温单元(71′)、显示单元(72′)以及电路处理单元。测温单元(71′)感应待测物或测量介质温度数据,并将数据传送给电路处理单元,再经电路处理单元控制显示单元显示被测温度,该测温单元(71′)包括温度感应器(712′)和电极片(711′),温度感应器(712′)位于盒体外侧,其通过电极与电路处理单元电连接;显示单元(72′)位于盒体内,盒体上对应设置显示窗(812)。该电子烟盒具有感应测量人体或其他物体或介质如环境温度的功能。

申请文件独立权利要求:

一种电子烟盒,包括用于将电子烟容置于其内的盒体,还包括设于盒体内的温度器组件,温度器组件包括测温单元、显示单元以及电路处理单元,测温单元感应待测物或测量介质温度数据,并将数据传送给电路处理单元,再经电路处理单元控制显示单元显示被测温度。

339. 电子烟电路

专利类型:实用新型

申请号:CN201290000853.X

申请日:2012-06-04

申请人:惠州市吉瑞科技有限公司

申请人地址:516000 广东省惠州市仲恺高新区和畅西三路 16 号 A 栋三、四、五层

发明人:刘秋明

授权日:2014-11-26

法律状态公告日:2014-11-26

法律状态:授权

摘要:

一种电子烟电路,包括 IC,连接于 IC 的气流感应器、电热丝,以及连接于 IC 和电热丝的供电电源 VDD。该电子烟电路还包括开关装置,开关装置与电热丝及供电电源 VDD 串联构成回路。该电子烟电路通过采用外置于 IC 的开关装置,且开关装置与电热丝及供电电源串联构成回路的技术手段,达到输出到电热丝的功率高、烟雾量大的技术效果,电路结构简单,便于大规模生产。

申请文件独立权利要求:

一种电子烟电路,包括 IC,连接于 IC 的气流感应器、电热丝,以及连接于 IC 和电热丝的供电电源 VDD,其特征在于该电子烟电路还包括开关装置,开关装置与电热丝及供电电源 VDD 串联构成回路。

340. 电子烟装置及其电子烟充电器

专利类型:实用新型

申请号:CN201290001202.2

申请日:2012-08-24

申请人:惠州市吉瑞科技有限公司

申请人地址:516000 广东省惠州市仲恺高新区和畅西三路 16 号 A 栋三、四、五层,B 栋五层

发明人:刘秋明

授权日:2015-08-05

法律状态公告日:2015-08-05

法律状态:授权

摘要:

一种电子烟装置及其电子烟充电器,该电子烟装置包括电子烟及为其充电的电子烟充电器(100)。电子烟充电器(100)上在与电子烟对接的位置设有第一磁吸部,而电子烟对应设有与第一磁吸部相互磁性吸附以使电子烟和电子烟充电器(100)稳固对接的第二磁吸部;电子烟充电器(100)上在与电子烟对接的位置处设有第一连接器(3),第一连接器(3)包括第一座体(31)、设于第一座体中部的第一极柱(32),以及设于第一座体(31)和第一极柱(32)之间以隔离第一座体(31)和第一极柱(32)的第一绝缘套(33)。电子烟内部设有电子烟电池(28),电子烟的一端还设有与电子烟电池(28)相连并与电子烟充电器(100)上的第一连接器(3)对接的第二连接器(27)。该电子烟装置能方便地将电子烟插入电子烟充电器(100)及将电子烟从电子烟充电器(100)中取出。

申请文件独立权利要求:

一种电子烟装置,包括电子烟及为其充电的电子烟充电器,其特征在于电子烟充电器上设有第一磁吸部,而电子烟对应设有与第一磁吸部相互磁性吸附以使电子烟和电子烟充电器稳固连接的第二磁吸部。

341. 电子烟及电子烟装置

专利类型:实用新型

申请号:CN201290001206.0

申请日:2012-11-22

申请人:惠州市吉瑞科技有限公司

申请人地址:516000 广东省惠州市仲恺高新区和畅西三路 16 号 A 栋三、四、五层,B 栋五层

发明人:刘秋明

授权日:2015-05-13

法律状态公告日:2015-05-13

法律状态:授权

摘要:

一种电子烟及电子烟装置,电子烟包括电源、储存有烟液的储液件、连接于电源并用于将烟液雾化的雾化组件及连接于电源和雾化组件的用于控制雾化组件开始或停止工作的控制器。雾化组件包括用于吸收烟液的聚油件和贴合于聚油件的电热片,电热片上设有多个通孔,电热片的两端向电热片的同一侧弯折延伸以形成焊线部,焊线部设有焊线孔。本实用新型在电子烟上设置电热片雾化组件来代替传统的电热丝雾化组件,因而不会有碎玻纤颗粒产生,避免了碎玻纤颗粒进入人体对身体造成伤害。

申请文件独立权利要求:

一种电子烟,包括电源杆和吸杆,电源杆内设有电源,吸杆内设有储存有烟液的储液件、连接于电源并用于将烟液雾化的雾化组件。电子烟还包括连接于电源和雾化组件的用于控制雾化组件开始或停止工作的控制器。雾化组件包括用于吸收烟液的聚油件和贴合于聚油件的电热片,电热片上设有多个通孔,电热片的两端向电热片的同一侧弯折延伸以形成焊线部,焊线部设有焊线孔。

342. 电子烟盒

专利类型:实用新型

申请号:CN201290001207.5

申请日:2012-06-20

申请人:惠州市吉瑞科技有限公司

申请人地址:516000 广东省惠州市仲恺高新区和畅西三路 16 号 A 栋三、四、五层,B 栋五层

发明人:刘秋明

授权日:2015-07-01

法律状态公告日:2015-07-01

法律状态:授权

摘要:

一种电子烟盒(100),包括盒体(2)、设置于盒体(2)内的支架组件(3)、电池组件(4)以及 PCB 组件(5),还包括一通过触摸控制方式来实现预定功能的组件。通过触摸控制方式来实现预定功能的组件包括设置在盒体(2)上的触摸区域(25)以及设置在盒体(2)内的触摸控制组件(10),当触摸控制组件(10)检测到手指滑动触摸触摸区域(25)时,便控制实现预定功能。本实用新型的电子烟盒外形美观,耐用,防水防尘,反应速度快,节省空间,易于操作。

申请文件独立权利要求:

一种电子烟盒,包括盒体、设置于盒体内的支架组件、电池组件以及 PCB 组件。该电子烟盒还包括盒体上设置的触摸区域以及盒体内设置的触摸控制组件,在触摸控制组件检测到手指滑动触摸触摸区域时控制实现预定的功能。

343. 磁力连接电子烟

专利类型:实用新型

申请号:CN201290001209.4

申请日:2012-09-27

申请人:惠州市吉瑞科技有限公司

申请人地址:516000 广东省惠州市仲恺高新区和畅西三路 16 号 A 栋三、四、五层,B 栋五层

发明人:刘秋明

授权日:2015-08-05

法律状态公告日:2015-08-05

法律状态:授权

摘要:

一种磁力连接电子烟,包括吸杆(90)和电源杆(91),其中:吸杆(90)与电源杆(91)对接的连接端设有第一连接器(5),第一连接器(5)包括分别作为第一连接器第一电极和第二电极的第一座体(55)以及第一极柱(53),第一座体(55)整体或局部形成第一磁吸部;电源杆(91)与吸杆(90)对接的连接端设有第二连接器(6),第二连接器(6)包括作为第二连接器第一电极和第二电极的第二座体(61)以及第二极柱(622),第二座体(61)整体或局部形成可与第一磁吸部对应地磁性吸附的第二磁吸部;第一磁吸部与第二磁吸部相互磁性吸附,使得第一座体(55)和第二座体(61)相抵接,而第一极柱(53)和第二极柱(622)相抵接,从而使得电子烟的组装和拆卸变得方便快捷。而且该电子烟外形美观,其内部形成独特的空气通道,电子烟和外部的空气流通顺畅。

申请文件独立权利要求:

一种磁力连接电子烟,包括吸杆和电源杆,其中:吸杆与电源杆对接的连接端设有第一连接器,第一连接器包括分别作为第一连接器第一电极和第二电极的第一座体以及第一极柱,第一座体整体或局部地形成第一磁吸部;电源杆与吸杆对接的连接端设有第二连接器,第二连接器包括作为第二连接器第一电极和第二电极的第二座体以及第二极柱,第二座体整体或局部地形成可与第一磁吸部对应地磁性吸附的第二磁吸部;第一磁吸部与第二磁吸部相互磁性吸附,使得第一座体和第二座体相抵接,且第一极柱和第二极柱相抵接,其中,第二座体内设有用于与第一座体相插接的通孔,第二磁吸部为一永磁体,该永磁体固定于通孔内,第一座体的一端插入第二座体内且与永磁体相距预定距离,并且吸杆内设有烟液杯和雾化器,而电源杆内部设有蓄电池,第一连接器的第一电极和第二电极分别与雾化器的正负极对应连接,第二连接器的第一电极和第二电极分别与蓄电池的正负极对应连接。

344. 电子烟雾化器

专利类型:发明

申请号:CN201310009089.3

申请日:2013-01-10

申请人:深圳市合元科技有限公司

申请人地址:518000 广东省深圳市宝安区福永街道建安路 1 号塘尾高新科技园

发明人:李永海

授权日:2016-03-02

法律状态公告日:2016-03-02

法律状态:授权

摘要:

本发明公开了一种电子烟雾化器,其包括吸嘴组件(1)、两个分别通过一端部与吸嘴组件(1)配合且用于加热雾化两种不同口味烟液的发热组件(2)、与吸嘴组件(1)密封连接并用于固定两个发热组件(2)的固定组件(3)、与固定组件(3)密封连接并套设于两个发热组件(2)外的雾化套(4)、与两个发热组件(2)的端部连接但未与吸嘴组件(1)配合的用于切换发热组件(2)电极的转换组件(5)。本发明采用两个分别用于加热两种不同口味烟液的发热组件,并通过转换组件切换两个发热组件,可以根据需要切换两个发热组件,分别加热雾化两种不同口味的烟液,进而享用不同口味的电子烟,极为方便。

授权文件独立权利要求:

一种电子烟雾化器,其特征在于包括吸嘴组件(1)、两个分别通过一端部与吸嘴组件(1)配合且用于加热雾化两种不同口味烟液的发热组件(2)、与吸嘴组件(1)密封连接并用于固定两个发热组件(2)的固定组件(3)、与固定组件(3)密封连接并套设于两个发热组件(2)外的雾化套(4)、与两个发热组件(2)的端部连接但未与吸嘴组件(1)配合的用于切换发热组件(2)电极的转换组件(5)。

345. 一种多功能电子烟

专利类型:发明

申请号:CN201310017628.8

申请日:2013-01-17

申请人:深圳市合元科技有限公司

申请人地址:518000 广东省深圳市宝安区福永街道建安路1号塘尾高新科技园

发明人:李永海　徐中立

授权日:2015-07-08

法律状态公告日:2015-07-08

法律状态:授权

摘要:

本发明公开了一种多功能电子烟,通过开关状态检测单元检测开关模块所处的开关状态。当开关状态检测单元检测到开关模块由原始状态转换为第二开关状态时,主菜单控制单元通过显示模块显示主菜单界面;在主菜单界面下,当开关状态检测单元检测到开关模块由原始状态转换为第三开关状态时,子菜单控制单元按照第一顺序在至少一个子菜单界面之间进行切换;当开关状态检测单元检测到开关模块由原始状态转换为第四开关状态时,子菜单控制单元按照第二顺序在至少一个子菜单界面之间进行切换,并通过显示模块显示子菜单界面。其中,第二顺序与第一顺序相反。

授权文件独立权利要求:

一种多功能电子烟,包括烟源、电路板和主壳体,烟源和电路板封装在主壳体内。该电子烟的特征在于电路板包括控制模块、显示模块、雾化器、电池、变压模块和开关模块,显示模块、电池、变压模块和开关模块分别与控制模块连通,雾化器经变压模块与电池连通。该控制模块包括:①开关状态检测单元,用于检测开关模块所处的开关状态,开关状态包括原始状态、第一开关状态、第二开关状态、第三开关状态和第四开关状态;②主菜单控制单元,用于当开关状态检测单元检测到开关模块由原始状态转换为第二开关状态时,通过显示模块显示主菜单界面;③子菜单控制单元,用于在主菜单界面下,当开关状态检测单元检测到开关模块由原始状态转换为第三开关状态时,按照第一顺序将显示模块所显示的界面在多个子菜单界面之间进行切换,当开关状态检测单元检测到开关模块由原始状态转换为第四开关状态时,按照第二顺序将显示模块所显示的界面在多个子菜单界面之间进行切换,并通过显示模块显示多个子菜单界面中的至少一个,其中第二顺序与第一顺序相反。

346. 新型双层加热式卷烟

专利类型:发明

申请号:CN201310124288.9

申请日:2013-04-10

申请人:湖北中烟工业有限责任公司　武汉市黄鹤楼科技园有限公司

申请人地址:430040 湖北省武汉市东西湖区金山大道1355号

发明人:刘华臣　罗诚浩　陈义坤　刘祥浩　潘曦

授权日:2015-08-19

法律状态公告日:2015-08-19

法律状态:授权

摘要：

本发明公开了一种新型双层加热式卷烟，它包括相互匹配的烟嘴和烟腔，烟腔内设有烟雾发生器和提供热源的加热装置，烟雾发生器的一端与烟嘴接通，另一端与加热装置连接。烟雾发生器包括一对外层烟雾发生器，外层烟雾发生器设置在烟腔的内壁上，以烟腔中心轴为中心对称设置，在外层烟雾发生器之间设有内层烟雾发生器。本发明提供了一种无燃烧的新型卷烟，它能够模拟香烟的燃烧，减少香烟燃烧对使用者和非吸烟人群的二手烟危害，有效避免了卷烟明火发生火灾的危险。

授权文件独立权利要求：

一种新型双层加热式卷烟，它包括相互匹配的烟嘴(1)和烟腔(2)，其特征在于烟腔(2)内设有烟雾发生器和提供热源的加热装置(3)，烟雾发生器的一端与烟嘴(1)接通，另一端与加热装置(3)连接，烟雾发生器包括一对外层烟雾发生器(4)，外层烟雾发生器(4)设置在烟腔(2)的内壁上，以烟腔(2)中心轴为中心对称设置，在外层烟雾发生器(4)之间设有内层烟雾发生器(5)。

347. 电子烟雾化器及电子烟

专利类型：发明

申请号：CN201310167404.5

申请日：2013-05-07

申请人：深圳市合元科技有限公司

申请人地址：518000 广东省深圳市宝安区福永街道建安路 1 号塘尾高新科技园

发明人：李永海　徐中立

授权日：2016-01-27

法律状态公告日：2016-01-27

法律状态：授权

摘要：

本发明提供了一种电子烟雾化器，其包括雾化组件，在雾化组件内设置有一可沿轴向相对于螺纹套移动的电极环，电极环包括前端和后端，前端与固定套插接，后端通过一绝缘环固定于螺纹套内。在前端与固定套之间或者后端与绝缘环之间设置有防漏油结构，当电极环移动时，可将防漏油结构打开或关闭。当使用电子烟雾化器时，防漏油结构打开，当不使用电子烟雾化器时，防漏油结构关闭，从而可以有效避免烟油向外漏出，消除了使用者的反感情绪。本发明还提供了一种使用上述电子烟雾化器的电子烟。

授权文件独立权利要求：

一种电子烟雾化器，包括吸嘴组件、雾化组件和雾化套。吸嘴组件和雾化组件均设置于雾化套的内部，且分别位于雾化套的两端，吸嘴组件与雾化组件之间通过一 PC 管连接，形成气体通道，吸嘴组件、雾化组件、雾化套和 PC 管之间形成一适于容纳烟油的密闭空腔。雾化组件包括阻油环、固定套、螺纹套和电极环，阻油环、固定套、螺纹套和电极环沿轴向依次配合组装；在阻油环与固定套之间固设有一玻纤芯，在玻纤芯上缠绕有用于加热烟油的发热丝；电极环为中空结构，包括前端和后端，前端与固定套插接，后端通过一绝缘环固定于螺纹套内，且电极环可沿轴向相对于螺纹套移动，前端与固定套之间或者后端与绝缘环之间设置有防漏油结构，电极环移动时可将防漏油结构打开或关闭。

348. 电子烟供电装置及供电方法

专利类型：发明

申请号：CN201310177222.6

申请日：2013-05-14

申请人：深圳市合元科技有限公司

申请人地址：518000 广东省深圳市宝安区福永街道建安路 1 号塘尾高新科技园

发明人:李永海　徐中立

授权日:2015-09-30

法律状态公告日:2015-09-30

法律状态:授权

摘要:

本发明涉及一种电子烟供电装置及供电方法,该电子烟供电装置安装在电子烟斗主体内,与电子烟斗内的雾化器电连接。该电子烟供电装置包括设置在电子烟斗主体内的电池仓和旋转卡接在电池仓顶部的灯盖组件,灯盖组件包括灯罩、电池盖、第二电路板和灯板盖,灯罩安装在电池盖的顶部,电池盖卡接在电池仓顶部,第二电路板顶部中心处设有按键开关,按键开关与灯罩连接,第二电路板底部设有弹片与顶针触点,灯板盖上开设有与弹片对应的弹片通孔和与顶针触点对应的顶针通孔。实施本发明时,通过不同的按压方式,向第一电路板发出不同的控制指令,使得电子烟实现启动、关闭、暂停、锁定等多种功能。整个供电装置的安装拆卸过程简便,方便进行电池和其他元件的更换。

授权文件独立权利要求:

一种电子烟供电装置,包括电池仓(200)和旋转卡接在电池仓(200)顶部的灯盖组件,其特征在于灯盖组件包括灯罩(900)、电池盖(800)、第二电路板(700)和灯板盖(600),灯罩(900)安装在电池盖(800)的顶部,电池盖(800)卡接在电池仓(200)顶部,第二电路板(700)顶部中心处设有按键开关,按键开关与灯罩(900)连接,第二电路板(700)底部设有弹片(701)与顶针触点(702),灯板盖(600)上开设有与弹片(701)对应的弹片通孔(610)和与顶针触点(702)对应的顶针通孔(620)。

349. 一种带锁定功能的电子烟控制芯片

专利类型:发明

申请号:CN201310186125.3

申请日:2013-05-20

申请人:西安拓尔微电子有限责任公司

申请人地址:710071 陕西省西安市太白南路 2 号

发明人:方建平

授权日:2016-02-10

法律状态公告日:2016-02-10

法律状态:授权

摘要:

本发明公开了一种带锁定功能的电子烟控制芯片,其特征在于检测装置与内部控制装置连接,内部控制装置与 LED 显示装置和驱动装置连接。本发明能够有效防止用户在使用过程中的吹气误动作导致电子烟驱动装置的错误触发。

授权文件独立权利要求:

一种带锁定功能的电子烟控制芯片,其特征在于检测装置与内部控制装置连接,内部控制装置与 LED 显示装置和驱动装置连接,检测装置实现对咪头等效电容变化的双向检测功能。检测装置主要包括采样装置、存储器,以及比较运算电路 A 和 B,系统上电后,检测装置中的采样装置首先采样外部电容式咪头的等效电容值,并将其存储在内部存储器中,并通过阈值运算装置运算确定出电容变化量的阈值,并将该阈值存储,采样装置会周期性地采样咪头等效电容,并在每个采样周期结束后通过比较运算电路 A 将采样值与存储值进行比较。当采样值大于存储值时,认为处于吸气状态,并将两者的差值与内部阈值通过比较运算电路 B 进行比较,如果差值大于内部阈值,则判定系统处于吸烟状态;同样,当比较运算电路 A 判定采样电容值小于存储值时,认为处于吹气状态,同时,如果比较运算电路 B 判定采样值与内部存储值的差值大于内部阈值,则认为用户正在进行错误的吹气操作,此时将向内部控制装置送出吹气误操作信号。

350. 一种新型的电子烟控制芯片

专利类型:发明
申请号:CN201310186137.6
申请日:2013-05-20
申请人:西安拓尔微电子有限责任公司
申请人地址:710071 陕西省西安市太白南路 2 号
发明人:方建平
授权日:2015-07-15
法律状态公告日:2015-07-15
法律状态:授权
摘要:

本发明公开了一种新型的电子烟控制芯片,其特征在于电容式咪头装置通过恒定电流产生电路与咪头电容检测装置连接,咪头电容检测装置与驱动控制电路装置连接。本发明有效地提高了电子烟芯片的灵敏度及可靠性,使电子烟能够在很小的吸力下也能产生烟雾,且不会发生误触发吸烟的现象,并且有效解决了现有的电子烟芯片因长时间连续的误触发吸烟动作导致的电子烟过度发热、电子烟塑料外壳烫化、电子烟使用寿命缩短、良品率低等一系列问题。

授权文件独立权利要求:

一种新型的电子烟控制芯片,其特征在于电容式咪头装置通过恒定电流产生电路与咪头电容检测装置连接,产生随咪头电容变化的振荡频率,检测该频率可实现对咪头中气流的方向和强度的检测。咪头电容检测装置与驱动控制电路装置连接,可自动识别咪头电容并根据外界情况适时刷新检测频率的阈值,芯片内部的恒定电流产生电路输出一个恒定电流来对电容进行充电,电容两端电压呈线性方式上升,内部的参考电压与电容两端电压分别输入电压比较器的输入端,当电容电压高于内部参考电压时,比较器翻转,经过数个反相器推动 NMOS 开关管导通,电容放电。

351. 一种新型电子烟

专利类型:发明
申请号:CN201310191173.1
申请日:2013-05-21
申请人:广东中烟工业有限责任公司
申请人地址:510000 广东省广州市天河区林和西横路 186 号 8—16 楼
发明人:黄翼飞　胡静
授权日:2016-03-02
法律状态公告日:2016-03-02
法律状态:授权
摘要:

本发明公开了一种新型电子烟,通过对烟料的预加热和保温,可以在方便用户快速吸取烟雾的同时节省电子烟的耗电量。

授权文件独立权利要求:

一种新型电子烟,其特征在于包括:①供电模块,用于向加热模块提供电力;②加热模块,与供电模块连接,用于将烟料加热。加热模块包括储料腔、温度监测单元、控制开关、控制单元和加热单元:储料腔用于存放烟料;温度监测单元与控制单元相连,用于监测储料腔的温度,并将温度数据发送至控制单元;控制开关与控制单元相连,用于控制加热单元并向控制单元发送控制信号;控制单元用于根据接收到的温度数据及控制信号向加热单元发送加热模式指令;加热单元与控制单元相连,用于根据接收到的加热模式指令加热储料腔。加热模式包括预加热模式、保温模式和标准加热模式。加热单元用于当接收到保温模式指令时,通过反复加热的方式加热保温储料腔。吸取模块与加热模块连接,用于吸取烟雾。加热模块还包括调速单元,与控制单元相连接,用于调节烟料的雾化速度。调速单元设置有多挡调速,包括弱加热挡、中加热挡和强加热挡,以控制烟料的不同雾化速度。

352. 电子烟用雾化器及电子烟

专利类型:发明

申请号:CN201310204714.X

申请日:2013-05-29

申请人:深圳市合元科技有限公司

申请人地址:518000 广东省深圳市宝安区福永街道建安路1号塘尾高新科技园

发明人:李永海　徐中立　夏占　攀博　钟运平

授权日:2017-02-22

法律状态公告日:2017-02-22

法律状态:授权

摘要:

本发明公开了一种电子烟用雾化器,旨在提供一种雾化套与金属套连接更牢固的电子烟用雾化器。本发明采用的实施方案是:一种电子烟用雾化器,包括由塑料制成的雾化套(7)、金属套(9),雾化套(7)套接在金属套(9)的外表面,雾化套(7)的外表面还紧箍有装饰件(8),装饰件(8)和金属套(9)设置在雾化套(7)的同一端,装饰件(8)的设置使金属套(9)和雾化套(7)紧固连接。本发明还公开了一种包含上述雾化器的电子烟。

授权文件独立权利要求:

一种电子烟用雾化器,包括由塑料制成的雾化套(7)、金属套(9),雾化套(7)套接在金属套(9)的外表面,雾化套(7)的外表面还紧箍有装饰件(8),装饰件(8)和金属套(9)设置在雾化套(7)的同一端,装饰件(8)的设置使金属套(9)和雾化套(7)紧固连接。雾化套(7)内还设置有烟弹,烟弹包括储油管(2),储油管(2)的两端开口分别设置有密封盖(1)和阻油塞(3),密封盖(1)上设有可发生形变的调压膜(101)。

353. 防漏雾化器

专利类型:发明

申请号:CN201310223283.1

申请日:2013-06-06

申请人:深圳市康尔科技有限公司

申请人地址:518000 广东省深圳市宝安区沙井街道中心路汇盈商务大厦十一楼1110室

发明人:朱晓春

授权日:2015-05-13

法律状态公告日:2017-03-29

法律状态:专利申请权、专利权的转移

摘要:

本发明涉及一种防漏雾化器,其包括烟嘴组件、雾化组件、发热组件和储液组件,储液组件内设有一用于将其内部腔室分隔成第一储液室和第二储液室的环壁,环壁上设有用于使第一储液室与第二储液室导通的液孔。当储液组件与发热组件装配且烟嘴组件与储液组件拆卸时,雾化组件的底部与发热组件分离,且雾化组件的底部与环壁的液孔密封连接,以使第一储液室与第二储液室隔离;当烟嘴组件、发热组件均与储

液组件装配时，烟嘴组件的底部下压雾化组件的顶部，雾化组件与环壁的液孔分离，雾化组件的底部与发热组件压合，以使第一储液室与第二储液室连通且第二烟气管道与第二储液室隔离；当旋开烟嘴组件并再次往储液管的顶部注液时，发热组件无烟液流出。

授权文件独立权利要求：

一种防漏雾化器，包括烟嘴组件、雾化组件、发热组件和储液组件，烟嘴组件、储液组件和发热组件由上至下依次装配，雾化组件位于储液组件内。烟嘴组件具有第一烟气管道，雾化组件具有第二烟气管道，发热组件具有第三烟气管道、纤维绳和发热丝，第一烟气管道、第二烟气管道和第三烟气管道相互连通，纤维绳的两端部位于第二储液室内，其中间部位于第三烟气管道内，发热丝缠绕在纤维绳的中间部。储液组件内设有一用于将其内部腔室分隔成第一储液室和第二储液室的环壁，环壁上设有用于使第一储液室与第二储液室导通的液孔。雾化组件的顶部位于第一储液室内，雾化组件的底部位于第二储液室内。

当储液组件与发热组件装配且烟嘴组件与储液组件拆卸时，雾化组件处于第一位置，雾化组件的底部与发热组件的第三烟气管道的外壁分离，且雾化组件的底部与环壁的液孔密封连接，以使第一储液室与第二储液室隔离；当烟嘴组件、发热组件均与储液组件装配时，烟嘴组件的底部下压雾化组件的顶部，从而驱使雾化组件位于第二位置，雾化组件与环壁的液孔分离，雾化组件的底部与发热组件的第三烟气管道的外壁压合，以使第一储液室与第二储液室连通且第二烟气管道与第二储液室隔离。

354. 按压式雾化器

专利类型：发明

申请号：CN201310223284.6

申请日：2013-06-06

申请人：深圳市康尔科技有限公司

申请人地址：518000 广东省深圳市宝安区沙井街道中心路汇盈商务大厦十一楼 1110 室

发明人：朱晓春

授权日：2015-12-09

法律状态公告日：2015-12-09

法律状态：授权

摘要：

本发明涉及一种按压式雾化器，其包括烟嘴组件、雾化组件、发热组件和储液组件。储液组件内设有一用于将其内部腔室分隔成第一储液室和第二储液室的环壁，环壁上设有用于使第一储液室与第二储液室导通的液孔；雾化组件的顶部位于第一储液室内，底部位于第二储液室内，烟嘴组件的底部与雾化组件的顶部密封连接，雾化组件的第二烟气管道的内壁与发热组件的第三烟气管道的外壁密封连接。当烟嘴组件处于自然状态时，雾化组件的底部与环壁的液孔密封连接，以使第一储液室与第二储液室隔离；当烟嘴组件处于受力下压状态时，雾化组件的底部与环壁的液孔分离，以使第一储液室与第二储液室导通。往储液管的顶部注液时，发热组件无烟液流出。

授权文件独立权利要求：

一种按压式雾化器，包括烟嘴组件、雾化组件、发热组件和储液组件，烟嘴组件、储液组件和发热组件由上至下依次装配，雾化组件位于储液组件内。烟嘴组件具有第一烟气管道，雾化组件具有第二烟气管道，发热组件具有第三烟气管道、纤维绳和发热丝，第一烟气管道、第二烟气管道和第三烟气管道相互连通，纤维绳的两端部位于第二储液室内，其中间部位于第三烟气管道内，发热丝缠绕在纤维绳的中间部。该按压式雾化器的特征在于：储液组件内设有一用于将其内部腔室分隔成第一储液室和第二储液室的环壁，环壁上设有用于使第一储液室与第二储液室导通的液孔；雾化组件的顶部位于第一储液室内，底部位于第二储液室内，烟嘴组件的底部与雾化组件的顶部密封连接，雾化组件的第二烟气管道的内壁与发热组件的第三烟气管道的外壁密封连接。当烟嘴组件处于自然状态时，雾化组件处于第一位置，雾化组件的底部与环壁的液孔密封连接，以使第一储液室与第二储液室隔离；当烟嘴组件处于受力下压状态时，雾化组件处于第二位置，雾化组件的底部与环壁的液孔分离，以使第一储液室与第二储液室导通。

355. 一种鼻吸式电子烟

专利类型：发明

申请号：CN201310228824.X

申请日：2013-06-08

申请人：广东中烟工业有限责任公司

申请人地址：510000 广东省广州市天河区林和西横路 186 号 8—16 楼

发明人：黄翼飞　胡静

授权日：2016-03-30

法律状态公告日：2016-03-30

法律状态：授权

摘要：

本发明公开了一种鼻吸式电子烟，它可以直接通过鼻子来吸取经过混合后的烟雾，能够极大程度地满足不同用户的需求，同时能够带给用户与传统抽吸方式不同的体验。本发明的鼻吸式电子烟包括供电模块、烟气缓冲模块、吸取模块和至少一个加热模块：供电模块与加热模块相连，用于向加热模块提供电力；烟气缓冲模块的两端分别与吸取模块和加热模块相连，它包括缓冲腔和导气管，用于当加热模块超过一个的时候将加热模块产生的烟气混合并导出；吸取模块与导气管相连，用于吸取烟气；加热模块与供电模块及烟气缓冲模块相连，用于加热烟料。

授权文件独立权利要求：

一种鼻吸式电子烟，其特征在于包括供电模块、烟气缓冲模块、吸取模块和至少一个加热模块：供电模块与加热模块相连，用于向加热模块提供电力；烟气缓冲模块的两端分别与吸取模块和加热模块相连，它包括缓冲腔和导气管，用于当加热模块超过一个的时候将加热模块产生的烟气混合并导出；吸取模块与导气管相连，用于吸取烟气；加热模块与供电模块及烟气缓冲模块相连，用于加热烟料；加热模块为固体烟料加热模块，包括烟片腔、腔门加热器、烟片腔门、隔热层和导流管，烟片腔门与烟片腔组成空腔，用于放置烟片，隔热层与烟片腔门的内侧贴合，用于阻隔腔门加热器产生的热量，腔门加热器与隔热层内侧贴合，用于加热烟片，导流管与烟片腔相连，用于导流烟片加热产生的烟雾。

356. 一种金雀花碱替代尼古丁口腔雾化液及其制备方法

专利类型：发明

申请号：CN201310256498.3

申请日：2013-06-20

申请人：昌宁德康生物科技有限公司

申请人地址：678100 云南省昌宁县田园镇草场坝 28 号

发明人：郑志炫

法律状态公告日：2018-03-20

法律状态：发明专利申请公布后的驳回

摘要：

本发明公开了一种金雀花碱替代尼古丁口腔雾化液及其制备方法，每 1 L 的口腔雾化液由以下质量百分比的组分组成：烟叶 0.1%～10%、可可提取物 0.3%～15%、金雀花碱 0.1%～0.9%、吐温-80 0.1%～0.5%、底剂 75%～90%，称取一定量的烟叶投入提取罐中，放出提取液并过滤得到滤液，加入可可提取物、金雀花碱、底剂，混合均匀后即得产品。本发明的有益效果是：使植物中的天然香气成分进入金雀花碱，用其替代尼古丁口腔雾化液，这样能更接近香烟的香气，更能迎合消费者的品烟喜好，还能使进入金雀花碱替代尼古丁的口腔雾化液中的天然香气成分留香时间更长，增强了电子烟液的香气，提高了电子烟液的口味，减少了使用者对尼古丁的依赖。

申请文件独立权利要求：

一种金雀花碱替代尼古丁口腔雾化液，其特征在于每 1 L 的口腔雾化液由以下质量百分比的组分组成：烟叶 0.1%～10%、可可提取物 0.3%～15%、金雀花碱 0.1%～0.9%、吐温-80 0.1%～0.5%、底剂 75%～90%。

357. 面加热式雾化器及带有该雾化器的电子烟

专利类型：发明

申请号：CN201310262004.2

申请日：2013-06-27

申请人：刘翔

申请人地址：518103 广东省深圳市宝安区福永街道福园一路天瑞工业园 A 七栋 3 楼

发明人：刘翔

授权日：2015-12-30

法律状态公告日：2016-01-13

法律状态：专利申请权、专利权的转移

摘要：

本发明公开了一种面加热式雾化器及带有该雾化器的电子烟。雾化器包括相互连接的底座和发热体，发热体包括陶瓷座，陶瓷座的内部设有用于放置固体烟油或烟膏的容置槽，陶瓷座的外侧包裹有纳米钛金属发热材料膜。电子烟包括相互连接的雾化器组件和烟杆组件，雾化器组件包括依次相连的烟嘴、雾化器管、第一电极连接组件及前述的雾化器，烟杆组件包括电池管和分别设于电池管内的第二电极连接组件、电池、控制板，第二电极连接组件通过控制板与电池相连，电池管上设有用于与控制板连接的按键开关，第一电极连接组件与第二电极连接组件连接导通。本发明具有发热面积大、雾化性能好、每次加热雾化烟油多、使用无积碳、使用寿命长、节能环保的优点。

授权文件独立权利要求：

一种面加热式雾化器，其特征在于包括相互连接的底座(11)和发热体(12)，发热体(12)包括陶瓷座(121)，陶瓷座(121)的内部设有用于放置固体烟油或烟膏的容置槽(122)，陶瓷座(121)的外侧包裹有纳米钛金属发热材料膜(123)。陶瓷座(121)呈管状，且其一端设有一体式布置的端盖板(124)，该端盖板(124)上设有一体式布置的插接管(125)，插接管(125)的轴线方向与陶瓷座(121)的轴线方向重合，陶瓷座(121)通过插接管(125)插设固定于底座(11)中；底座(11)包括长螺杆(111)、第一硅胶套(112)、第一正极接触(113)和第二硅胶套(114)，长螺杆(111)上设有相互连通的电极安装孔(115)和发热体安装孔(116)，第一硅胶套(112)套设于第一正极接触(113)上且插设于电极安装孔(115)内，第二硅胶套(114)套设于发热体(12)的插接管(125)上且插设于发热体安装孔(116)内，第二硅胶套(114)上设有间隙布置的第一电极(117)和第二电极(118)，第一电极(117)和第二电极(118)分别与纳米钛金属发热材料膜(123)的两侧接触导通。

358. 螺旋驱动的滑动刺入式电子烟具

专利类型：发明

申请号：CN201310278756.8

申请日：2013-07-04

申请人：修运强

申请人地址：266071 山东省青岛市市南区东海西路 37 号金都花园 A 座 22F

发明人:修运强

授权日:2015-06-17

法律状态公告日:2015-10-14

法律状态:专利申请权、专利权的转移

摘要:

本发明提供了一种螺旋驱动的滑动刺入式电子烟具,其包括烟具壳体,烟具壳体内安装有烟液胶囊和雾化器,雾化器上开设有进气道,烟具壳体的侧壁上开设有吸烟口,烟具壳体的另一侧安装有雾化器,雾化器上的穿刺导液架位于烟液胶囊的一侧,烟具壳体在安装雾化器一端的内周壁或外周壁上设置有螺纹。烟具壳体安装雾化器一端的内侧壁安装有导向块,导向块沿烟具壳体轴向设置,雾化器的外侧壁开设有导向槽,导向槽与导向块相配合。本发明解决了不使用雾化器时能使雾化器与外界完全隔绝的问题,彻底避免了灰尘杂质进入雾化器后电热丝引燃杂质产生的明火现象,也避免了杂质中的有害物质进入人体的现象,可防止雾化器与烟液胶囊分离,使雾化器与烟液胶囊间的密封可靠。

授权文件独立权利要求:

一种螺旋驱动的滑动刺入式电子烟具,包括烟具壳体(1),其特征在于烟具壳体(1)内安装有烟液胶囊(4)和雾化器(3),雾化器(3)上开设有进气道(14),烟具壳体(1)的侧壁上开设有吸烟口(2),烟具壳体(1)的另一侧安装有雾化器(3),雾化器(3)上的穿刺导液架(5)位于烟液胶囊(4)的一侧,烟具壳体(1)在安装雾化器(3)一端的内周壁或外周壁上设置有螺纹。

359. 无棉雾化器及电子烟

专利类型:发明

申请号:CN201310283289.8

申请日:2013-07-08

申请人:深圳市合元科技有限公司

申请人地址:518000 广东省深圳市宝安区福永街道塘尾高新科技园区C栋第一、二、三层

发明人:李永海　徐中立

授权日:2016-05-04

法律状态公告日:2016-05-04

法律状态:授权

摘要:

本发明公开了一种无棉雾化器及电子烟,该无棉雾化器包括雾化套、封闭于雾化套内的储油腔、固定于雾化套内壁的阻油套和设置于阻油套内并可相对于阻油套沿轴向移动的雾化组件,雾化组件具有在移动时可打开或关闭以控制烟油进入的注油口,注油口与储油腔相连通。本发明通过使雾化组件沿轴向移动以将注油口打开或关闭,从而在使用时烟油从储油腔注入雾化组件内雾化,在不使用或者运输时,可将注油口关闭,以避免烟油漏出,这样不仅操作方便,而且可有效防止漏油,提升消费体验。

授权文件独立权利要求:

一种无棉雾化器,其特征在于包括雾化套、封闭于雾化套内的储油腔、固定于雾化套内壁的阻油套和设置于阻油套内并可相对于阻油套沿轴向移动的雾化组件。该无棉雾化器具有在雾化组件移动时可打开或关闭以控制烟油进入的注油口,注油口与储油腔相连通。雾化组件包括阻油罩、隔离套、玻纤芯和缠绕于玻纤芯上的发热丝,阻油罩包括与阻油套间隙配合的罩壁和自罩壁径向延伸的凸缘,罩壁与阻油套的内壁之间形成注油口,凸缘与阻油套的端面相抵接,以将注油口封闭,玻纤芯支承于隔离套的侧壁上,阻油罩套设于隔离套的上方,且玻纤芯的两端延伸至阻油套与罩壁之间的间隙内。

360. 电子烟装置

专利类型:发明

申请号:CN201310301523.5

申请日:2013-07-17

申请人:佛山市新芯微电子有限公司

申请人地址:528000 广东省佛山市禅城区季华二路国家火炬创新创业园 B5—13 室

发明人:廖来英

法律状态公告日:2017-03-15

法律状态:发明专利申请公布后的驳回

摘要:

一种电子烟装置,包括可挥发烟雾源、将烟雾源加热产生烟雾的电子加热器和电子加热器的供电电源的控制器,其中控制器被设置为在加热操作开始时控制供电电源向电子加热器提供启动供电,并在烟雾源已经达到挥发状态或接近挥发状态时将供电电源的输出降低至运行供电功率水平。

申请文件独立权利要求:

一种电子烟装置,包括可挥发烟雾源、将烟雾源加热产生烟雾的电子加热器和电子加热器的供电电源的控制器,其中控制器被设置为在加热操作开始时控制供电电源向电子加热器提供启动供电,并在烟雾源已经达到挥发状态或接近挥发状态时将供电电源的输出降低至运行供电功率水平。

361. 磁力插接式电子烟及制造方法、连接组件、雾化组件

专利类型:发明

申请号:CN201310341033.8

申请日:2013-08-07

申请人:林光榕

申请人地址:518000 广东省深圳市宝安区沙井镇帝堂路沙二蓝天科技园 3A 栋 3 楼

发明人:林光榕

授权日:2016-08-10

法律状态公告日:2016-08-10

法律状态:授权

摘要:

本发明涉及一种磁力插接式电子烟及制造方法、连接组件、雾化组件。该电子烟包括连接组件两端分别连接的电源组件和雾化组件,连接组件包括磁吸连接的强磁组件和金属组件,二者通过各自头部径向外延的凸边触接,并以磁性组件沿其头部轴向设置的头部延伸端抵接在强磁组件的内腔中,使强磁组件与金属组件同轴、磁吸地装配在一起;雾化组件由与金属组件同轴依次装配的雾化器正极针、隔油硅胶座、储油棉、电热丝固定管、设有电热丝的吸油绳、将电热丝分别电连接于雾化器正极针和金属组件负极的导线组成。制造方法是:组装强磁组件,组装控制电源组件,将强磁组件与控制电源组件输出的正、负极电连接,组装金属组件,组装雾化组件,将金属组件与雾化组件电连接。

授权文件独立权利要求:

一种磁力插接式电子烟,包括连接组件、连接组件两端分别连接内置于烟管内的电源组件和内置于雾化管内的雾化组件,烟管内依次装有电池、控制电源组件和封盖,雾化管的尾端套装有吸嘴。该电子烟的特征在于:连接组件包括通过磁吸作用装配在一起的强磁组件和金属组件,强磁组件与金属组件通过各自头部径向外延的凸边触接,并以磁性组件沿其头部轴向设置的头部延伸端套装、抵接在强磁组件的内腔中,从而使强磁组件与金属组件同轴、磁吸地装配在一起;雾化组件由与金属组件同轴依次装配在一起的雾化器正极针、发热体固定件、设有电热丝的吸油绳、将电热丝分别电连接于雾化器正极针和作为负极的金属组件的导线组成。金属组件包括第二管体,第二管体外壁的中部径向凸设一圈凸边,第二管体内壁具有第二内肩,以及第二管体内自内向外套设在一起的雾化器正极针、绝缘环,雾化器正极针的截面呈 T 形,其横向部

分的外端面邻靠回弹针固定件，其竖直部分的外端面套装有绝缘环，该绝缘环外壁内凹成形的环形槽与第二管体的第二内肩相抵。

362. 一种应用于电子烟具及传统水烟的果肉制备方法

专利类型：发明

申请号：CN201310343734.5

申请日：2013-07-31

申请人：昌宁德康生物科技有限公司

申请人地址：678100 云南省昌宁县田园镇草场坝 28 号

发明人：郑志炫

法律状态公告日：2014-04-16

法律状态：实质审查的生效

摘要：

本发明涉及一种电子烟液及应用于该电子烟液的果肉制备方法，该方法的步骤如下：使用 500 L 容量的带加热加压功能的不锈钢浸泡罐，将果肉及用于浸泡的原液按配比进行投料，经过加热加压浸泡后，果肉吸附饱满，打开球阀，仅将浸泡灌中的液体排出、收集，取出黏稠状的果肉进行分装，即得水烟果肉产品，固形物含量应在内容物含量的 90%以上。该制备方法的创新之处是：首先采用天然果肉，从感官上给消费者一种更愉悦的心理；其次采用特有的工艺来制备电子烟液，再通过加热加压浸泡，使果肉完全吸附电子烟液。该产品使用传统水烟或电子烟具，天然水果香气饱满，烟草香气醇厚，观感及香气表现均明显优于传统水烟烟膏，更能迎合消费者的品位追求。

申请文件独立权利要求：

一种电子烟液，其特征在于按以下技术方案实施：称取电子烟液量的 5%～20% w/v 的烟叶投入提取罐，将配制好的溶媒加入提取罐中，浸泡烟叶 30～100 分钟后加热至 40～60 ℃温浸提取 2～8 小时，过滤提取液，向滤液中加入电子烟液量的 1%～10% w/v 的可可提取物，搅拌混合 20～40 分钟，再以丙二醇或甘油补足到 100%计划制备的电子烟液体积，搅拌混合均匀即得产品。

363. 电子烟雾化器

专利类型：发明

申请号：CN201310389321.0

申请日：2013-08-31

申请人：卓尔悦（常州）电子科技有限公司

申请人地址：213125 江苏省常州市新北区凤翔路 7 号

发明人：邱伟华

授权日：2015-10-14

法律状态公告日：2016-09-28

法律状态：专利申请权、专利权的转移

摘要：

本发明涉及电子烟技术领域，具体涉及一种电子烟雾化器，其包括具有吸烟孔的烟嘴、与烟嘴可拆卸连接的雾化管，雾化管内设有雾化头、第一内管、位于第一内管中的第二内管，以及连接第一内管、第二内管的同一端并使该端形成密封的连接盖，第一内管、第二内管的另一同一端顶在雾化头上形成密封，在第一内管与第二内管之间构成第一储液腔，第一内管外壁开设有连通雾化头进气口的进气槽，雾化管上开有与进气槽相连通的进气槽口，雾化头的出烟管连通第二内管，第二内管与烟嘴的吸烟孔连通。连接盖上开设有与第一储液腔连通的注液口，雾化头上开设有连通雾化头雾化腔与第一储液腔的进液孔。本发明结构简单，

设计合理，不会漏液，烟雾量大。

授权文件独立权利要求：

一种电子烟雾化器，包括具有吸烟孔的烟嘴、与烟嘴可拆卸连接的雾化管，雾化管内设有雾化头、第一内管、位于第一内管中的第二内管，以及连接第一内管、第二内管的同一端并使该端形成密封的连接盖，第一内管、第二内管的另一同一端顶在雾化头上形成密封，在第一内管与第二内管之间构成第一储液腔，第一内管外壁开设有连通雾化头进气口的进气槽，雾化管上开设有与进气槽相连通的进气槽口，雾化头的出烟管连通第二内管，第二内管与烟嘴的吸烟孔连通。连接盖上开设有与第一储液腔连通的注液口，雾化头上开设有连通雾化头雾化腔与第一储液腔的进液孔。

364. 电　子　烟

专利类型：发明

申请号：CN201310459528.0

申请日：2013-09-29

申请人：深圳市麦克韦尔科技有限公司

申请人地址：518102 广东省深圳市宝安西乡固戍东财工业区 16 号 8 栋 2 楼

发明人：陈志平

法律状态公告日：2017-07-14

法律状态：发明专利申请公布后的驳回

摘要：

本发明涉及一种电子烟，该电子烟包括设置有储液腔和烟道的烟弹管和雾化组件。雾化组件包括雾化器套筒、封堵在储液腔腔口的导液器、轴向抵顶在导液器尾端的底座和位于底座与导液器之间的发热元件，导液器、发热元件及底座设置在雾化器套筒中。在雾化器套筒内还设置有与烟道连通的空气通道，底座的前端面设置有端面槽，端面槽与空气通道连通。发热元件包括呈线状的吸液绳和缠绕在一部分吸液绳上的发热丝，未缠绕发热丝的吸液绳设置在端面槽中，缠绕了发热丝的吸液绳及发热丝位于空气通道中，并且不直接衔接出液孔的出口。导液器上还设置有能够向位于端面槽中的吸液绳供液的出液孔。该电子烟结构简单，且稳定性较好。

申请文件独立权利要求：

一种电子烟，其特征在于包括烟弹管和雾化组件，烟弹管中设置有储液腔和烟道，储液腔具有朝向烟弹管尾端的腔口。雾化组件包括雾化器套筒、封堵在储液腔腔口的导液器、轴向抵顶在导液器尾端面的底座和位于底座与导液器之间的发热元件，导液器、发热元件及底座设置在雾化器套筒中。在雾化器套筒内还设置有与烟道连通的空气通道，底座的前端面设置有端面槽，端面槽与空气通道连通。发热元件包括呈线状的吸液绳和缠绕在一部分吸液绳上的发热丝，未缠绕发热丝的吸液绳部分设置在端面槽中，缠绕了发热丝的吸液绳部分及发热丝位于空气通道中，并且不直接衔接出液孔的出口。导液器上还设置有能够向位于端面槽中的吸液绳供液的出液孔。

365. 电　子　烟

专利类型：发明

申请号：CN201310459545.4

申请日：2013-09-29

申请人：深圳麦克韦尔科技有限公司

申请人地址：518102 广东省深圳市宝安区西乡固戍东财工业区 16 号 8 栋 2 楼

发明人：陈志平

授权日：2016-09-21

法律状态公告日:2016-09-21

法律状态:授权

摘要:

本发明涉及一种电子烟,该电子烟包括壳体、设置在壳体内的雾化组件和能够存储烟液的储液器,壳体内形成有烟道。该电子烟的特征在于,雾化组件包括能够吸附烟液的发热体,发热体呈管状,并在其管壁上设置有穿透管壁的微孔,发热体的部分表面在烟道中的空气中。由于发热管具有较大的表面积,因此其发热面积较大,且发热管的外表面与烟液相接触,发热管吸液面积也较大,故该电子烟具有较好的雾化效果。

授权文件独立权利要求:

一种电子烟,其特征在于包括壳体、设置在壳体内的雾化组件和能够存储烟液的储液器,壳体内形成有烟道。雾化组件包括能够吸附烟液的发热体,该发热体呈管状,并在其管壁上设置有穿透管壁的微孔,发热体的部分表面在烟道中的空气中。发热体为由柔性发热条和耐温纤维混编形成的混合编织体,或发热体包括呈管状的基体和敷设在基体表面的发热膜,或发热体为泡沫金属发热体、泡沫石墨发热体或多孔陶瓷发热体,发热体的内侧壁或外壁上设置有轴向延伸的凹槽。

366. 电　子　烟

专利类型:发明

申请号:CN201310459597.1

申请日:2013-09-29

申请人:深圳麦克韦尔科技有限公司

申请人地址:518102 广东省深圳市宝安区西乡固戍东财工业区 16 号 8 栋 2 楼

发明人:陈志平

授权日:2015-09-30

法律状态公告日:2015-09-30

法律状态:授权

摘要:

本发明涉及一种电子烟,其包括壳体、设置在壳体内的雾化组件和能够存储烟液的储液器,壳体内形成有烟道。雾化组件包括能够吸附烟液的发热体,发热体呈板状,其部分表面在烟道中的空气中。在上述电子烟中,发热板具有用于吸收和雾化烟液的较大表面积的面板状结构,因而该电子烟的加热效率高。烟液被吸附到发热体上后,能够沿发热体的表面向周边扩散,形成厚度均匀的受热液体层,发热体能够同时对受热液体层进行加热,产生均匀的雾化细颗粒,从而改善雾化效果。另外,发热体呈板状,加工过程较为简单,而且在组装电子烟的过程中不需要像发热丝一样烦琐地缠绕在固定轴上,使该产品的组装操作得到简化。

授权文件独立权利要求:

一种电子烟,其特征在于包括壳体、设置在壳体内的雾化组件和能够存储烟液的储液器,壳体内形成有烟道。雾化组件包括能够吸附烟液的发热体,发热体呈板状,其部分表面在烟道中的空气中。

367. 电子烟雾化装置、电池装置和电子香烟

专利类型:发明

申请号:CN201310480893.X

申请日:2013-10-15

申请人:深圳市合元科技有限公司

申请人地址:518000 广东省深圳市宝安区福永街道塘尾高新科技园区 C 栋第一、二、三层

发明人:李永海　徐中立　王贤明

授权日:2016-01-27

法律状态公告日：2016-01-27

法律状态：授权

摘要：

本发明公开了一种电子烟雾化装置、电池装置和电子香烟，雾化装置包括发热丝和一体成型的雾化端子，电池装置包括一体成型的电池端子，雾化端子与电池端子连接，雾化装置与电池装置装配并形成电连接，由电池为发热丝供电。本发明通过一体成型的连接端子将雾化装置与电池装置连接，不仅可使电子烟的生产实现自动化，提高生产效率，而且雾化装置和电池装置之间采用插接的方式连接，使用方便快捷。

授权文件独立权利要求：

一种电子烟雾化装置，包括雾化套、设置于雾化套内的储油腔和雾化组件，该雾化组件包括吸油部件和缠绕于该吸油部件上的发热丝，吸油部件用于从储油腔内吸取烟油，并由发热丝加热雾化。该电子烟雾化装置的特征在于雾化套的一端设置有雾化端子，雾化端子一体成型，包括绝缘本体、固定于绝缘本体内的内电极和外电极，绝缘本体、内电极和外电极同轴设置，内电极和外电极分别与发热丝的两端电连接，内电极包括第一端和第二端，第一端与发热丝的一端连接，第二端设置有多个用于夹持的卡爪，在相邻的两个卡爪之间设置有用于气体通过的缺口。

368. 固体烟油及其加工方法

专利类型：发明

申请号：CN201310499978.2

申请日：2013-10-22

申请人：深圳市凯神科技股份有限公司

申请人地址：518000 广东省深圳市龙华新区观澜大布巷社区观光路 1301 号

发明人：古尚开　桂方晋　谢剑强

授权日：2015-11-18

法律状态公告日：2017-12-08

法律状态：专利权的终止

摘要：

本发明涉及一种电子烟，并公开了一种固体烟油，该固体烟油包括以下重量份额的组分：基质 80～90 份、第一香精组合 2.5 份、第二香精组合 2.5 份、烟草粉末 5～15 份。基质包括食品级 PG(没食子酸丙酯)、食用丙二醇、纯净水、食品级乳化剂，第一香精组合包括甜味剂、枣酊、咖啡香精、紫苏葶、菠萝香精和丙二醇，第二香精组合包括中华表香、红枣香精、云南烟叶浸膏、津巴布韦烟膏提取液、丙二醇、无水乙醇。本发明还公开了这种固体烟油的加工方法，其步骤如下：①制备基质；②制备第一香精组合；③制备第二香精组合；④制备烟草粉末；⑤制备固体烟油。该固体烟油具有带有天然烟草香味，对人体有害的物质少，理化性质稳定、可靠的优点。

授权文件独立权利要求：

一种固体烟油，其特征在于包括以下重量份额的组分：基质 80～90 份、第一香精组合 2.5 份、第二香精组合 2.5 份、烟草粉末 5～15 份。基质包括食品级 PG、食用丙二醇、纯净水、食品级乳化剂，第一香精组合包括甜味剂、枣酊、咖啡香精、紫苏葶、菠萝香精和丙二醇，第二香精组合包括中华表香、红枣香精、云南烟叶浸膏、津巴布韦烟膏提取液、丙二醇、无水乙醇。

369. 电子烟用雾化头、雾化器及电子烟

专利类型：发明

申请号：CN201310557421.X

申请日：2013-11-12

申请人:深圳市合元科技有限公司

申请人地址:518000 广东省深圳市宝安区福永街道塘尾高新科技园区 C 栋第一、二、三层

发明人:李永海　徐中立　罗洪勇

法律状态公告日:2017-07-14

法律状态:发明专利申请公布后的视为撤回

摘要:

本发明公开了一种电子烟用雾化头,旨在提供一种可拆卸的电子烟用雾化头。本发明采用的实施方案是:一种电子烟用雾化头,包括发热组件、固定座、电极环及盖体,发热组件包括渗油部件和与渗油部件接触的加热部件,固定座的一端向外延伸出两个臂,两个臂之间形成容置空间,渗油部件设置在容置空间中,盖体与两个臂连接,并将加热部件遮盖在容置空间中,电极环绝缘设置在固定座内,加热部件的两端分别与固定座和电极环电连接,固定座的另一端具有连接部,该连接部用于与外部构件可拆卸地连接。本发明还公开了一种包含该雾化头的雾化器及电子烟。

申请文件独立权利要求:

一种电子烟用雾化头,其特征在于包括发热组件、固定座、电极环及盖体,发热组件包括渗油部件和与渗油部件接触的加热部件,固定座的一端向外延伸出两个臂,两个臂之间形成容置空间,渗油部件设置在容置空间中,盖体与两个臂连接,并将加热部件遮盖在容置空间中,电极环绝缘设置在固定座内,加热部件的两端分别与固定座和电极环电连接,固定座的另一端具有连接部,该连接部用于与外部构件可拆卸地连接。

370. 电子烟及制造方法、吸嘴贮液结构、雾化头组件、电池结构

专利类型:发明

申请号:CN201310588615.6

申请日:2013-11-21

申请人:林光榕

申请人地址:518000 广东省深圳市宝安区沙井镇帝堂路沙二蓝天科技园 3A 栋 3 楼

发明人:林光榕

授权日:2015-11-25

法律状态公告日:2016-03-16

法律状态:专利申请权、专利权的转移

摘要:

本发明涉及一种电子烟及其制造方法、吸嘴贮液结构、雾化头、电池结构。该电子烟由吸嘴贮液组件、雾化头组件、电池组件按顺序组装构成。该电子烟的制造方法是:①组装吸嘴贮液组件,即将密封盖压进注好烟液的贮液杯内,并装进吸嘴里;②组装雾化头组件,即将发热丝固定座内的发热丝一极引线向发热丝固定座外弯曲,并装进雾化头外管内,使引线与雾化头外管电连接,将吸液头压进雾化头外管内,将发热丝另一极引线穿过密封套与电极片电连接后装进雾化头外管内,将雾化头密封件装进雾化器中,将密封件固定套压进雾化器,进而固定雾化头密封件,贮液组件固定套扣住雾化器,将雾化器压入装饰套,将密封圈装入装饰套中,将压紧件压入装饰套固定密封圈中;③组装电池组件。

授权文件独立权利要求:

一种电子烟,其特征在于由吸嘴贮液组件、雾化头组件、电池组件按顺序组装构成。

371. 一种电子烟软嘴雾化器

专利类型:发明

申请号:CN201310614903.4

申请日:2013-11-28

申请人:香港迈安迪科技有限公司

申请人地址:中国香港长沙湾东京街 31 号恒邦商业大厦 6 层 603 室

发明人:陈伟

授权日:2016-01-27

法律状态公告日:2016-05-25

法律状态:专利申请权、专利权的转移

摘要:

本发明公开了一种电子烟软嘴雾化器,其包括雾化器管和与雾化器管相连接的高温管,在高温管的外部绕有烟棉,且高温管设有发热丝,发热丝与销钉相连接,高温管还设有硅胶隔离套,该硅胶隔离套用于固定高温管的发热丝和销钉。本发明由于用硅胶隔离套固定高温管的发热丝和销钉,因此避免了因焊锡带来的环保和人员操作方面存在的安全隐患;同时,由于雾化器采用了塑胶环保 PP 材料雾化器管,因此该雾化器比市场上所有由五金件构成的雾化器更简单,成本更低,也更环保。

授权文件独立权利要求:

一种电子烟软嘴雾化器,包括雾化器部件和电源部件,其特征在于:电源部件包括 ABS 塑胶套(8)、PCB 探针(9)、电池插座(10)、电池(11)、硅胶咪头套(12)、控制板(13)、ABS 灯盖(14)、不锈钢的电池管(15),电池(11)与雾化器部件的两个销钉(2)相连接,用于提供电源;雾化器部件包括雾化器管(1)和与雾化器管(1)相连接的高温管(6),在高温管(6)的外部绕有烟棉(5),高温管(6)设有发热丝(4),发热丝(4)与销钉(2)相连接,高温管还设有硅胶隔离套(3),该硅胶隔离套(3)用于固定高温管的发热丝和销钉,销钉与硅胶隔离套穿插紧配连接在一起。电子烟软嘴雾化器采用塑胶环保 PP 材料雾化器管,烟嘴盖(7)选取硅胶环保材料的烟嘴盖,雾化器部件和电源部件采用无螺纹插拔连接方式。

372. 一种电子烟烟液溶剂及电子烟烟液

专利类型:发明

申请号:CN201310625207.3

申请日:2013-11-28

申请人:刘秋明

申请人地址:518000 广东省深圳市宝安区西乡兴业路缤纷世界花园 E3 栋 1202

发明人:刘秋明

法律状态公告日:2014-10-22

法律状态:著录事项变更

摘要:

本发明提供了一种电子烟烟液溶剂,包括山梨醇。本发明将山梨醇用作电子烟烟液溶剂,由该电子烟烟液溶剂制得的电子烟烟液,品吸体验不油腻,无杂味,具有较高的吸食舒适度。本发明提供的电子烟烟液还可以包括丙二醇、丙三醇和甘露醇中的一种或多种,在山梨醇与丙二醇、丙三醇和甘露醇的作用下,由该电子烟烟液溶剂制备得到的电子烟烟液,品吸时具有较大的烟雾量,增加了品吸者的体验,品吸体验厚实、饱满,口感润滑,无杂味,具有较高的吸食舒适度。而且,本发明提供的电子烟烟液溶剂的组分都是食品级溶剂,对吸食者的身体无害。

申请文件独立权利要求:

一种电子烟烟液溶剂,其特征在于包括山梨醇。

373. 一种具有防液体溢出的无棉电子烟

专利类型:发明

申请号:CN201310640210.2

申请日:2013-12-04

申请人:林光榕

申请人地址:518000 广东省深圳市宝安区沙井镇帝堂路沙二蓝天科技园 3A 栋 3 楼

发明人:林光榕

法律状态公告日:2017-05-03

法律状态:发明专利申请公布后的驳回

摘要:

本发明涉及一种具有防液体溢出的无棉电子烟,它包括烟嘴组件、电池控制组件和雾化器组件,烟嘴组件、电池控制组件分别连接在雾化器组件的两端,雾化器组件包括外套管、储液杯、雾化单元组件、隔热套,隔热套与储液杯的轴向切面的相应部分形成通气口,外套管套设在储液杯上,外套管的内壁与储液杯的圆弧形表面形成环形间隙空间,外套管的内壁与储液杯的轴向切面形成烟气通道,该环形间隙空间连通在烟气通道的两侧,且烟嘴组件固定装设在外套管的一端后封堵住环形间隙的出口。这样,本发明通过设置烟气通道和具有缺口的环形间隙空间的结构,解决了无棉电子烟残留液体溢出的问题。

申请文件独立权利要求:

一种具有防液体溢出的无棉电子烟,包括烟嘴组件、电池控制组件和雾化器组件,烟嘴组件、电池控制组件分别连接在雾化器组件的两端。该无棉电子烟的特征在于雾化器组件包括:①一外套管,该外套管呈圆柱形,其内径大于储液杯的外径;②一储液杯,该储液杯为由轴向切面形成的具有圆缺截面的柱形体,在储液杯的出口端外表面具有供隔热套套接的台阶卡位;③一雾化单元组件,该雾化单元组件包括电热组件和电源连接组件;④一隔热套,该隔热套呈圆柱形。装配后,储液杯内置液体且在储液杯的开口位置装设有渗液片和过滤片,雾化单元组件内置在隔热套内,隔热套插设在储液杯的台阶卡位上后,与储液杯的轴向切面的相应部分形成通气口,外套管套设在储液杯上,外套管的内壁与储液杯的圆弧形表面形成用来防止雾化工作时残余液体溢出的具有缺口的环形间隙空间,外套管的内壁与储液杯上的轴向切面形成烟气通道,该具有缺口的环形间隙空间连通在烟气通道的两侧,且烟嘴组件固定装设在外套管的一端后封堵住环形间隙的出口,从而使得烟嘴组件的吸气口与烟气通道连通。

374. 无棉电子烟的雾化装置

专利类型:发明

申请号:CN201310640599.0

申请日:2013-12-04

申请人:林光榕

申请人地址:518000 广东省深圳市宝安区沙井镇帝堂路沙二蓝天科技园 3A 栋 3 楼

发明人:林光榕

授权日:2015-12-30

法律状态公告日:2016-03-16

法律状态:专利申请权、专利权的转移

摘要:

本发明涉及一种无棉电子烟的雾化装置。该无棉电子烟的雾化装置包括外套管及内置于外套管内腔中的支承架,穿套在支承架内腔中的雾化单元,支承架的一端依次连接的过滤片、渗液片,支承架的另一端连接的固定座。由实体构件或蜂窝状的非实体构件构成支承架的本体,支承架内部设有用于防止雾化装置工作时残余液体回流造成漏液的回流槽。采用耐高温材料制成过滤片,渗液片的一端以扣位方式与储液杯连接,过滤片的另一端则与雾化单元保持不被雾化体灼伤的安全距离,储液杯与外套管之间装配有防止雾化装置工作时残余液体回流的间隙。

授权文件独立权利要求：

一种无棉电子烟的雾化装置，包括外套管及内置于外套管内腔中的支承架，穿套在支承架内腔中的雾化单元，支承架的一端依次连接的过滤片、渗液片，支承架的另一端连接的固定座。该雾化装置的特征在于：支承架包括与外套管内腔相适应的架体、架体外周壁径向凸设的凸肩，该凸肩的内腔对应部位设有带中心孔的环状内肩，并形成分别沿该环状内肩相反方向延伸的上腔体与下腔体，上腔体侧壁轴向对称凹设有贯通内肩的插槽，内肩上位于中心孔的部位凸伸有环形台，与上腔体插槽垂直的另一侧壁轴向设有位于环形台平面部位并与储液杯端部开口配合构成雾化通道口的矩形切口，环形台的内肩与上腔体内壁之间构成回流槽。该支承架隔热效果好，且能有效承托过滤片与渗液片，使过滤片与渗液片不会因为使用时容易倾斜或下塌导致供液过多而造成漏液现象。

375. 一种电子烟绕线设备及绕线方法

专利类型：发明

申请号：CN201310642624.9

申请日：2013-12-03

申请人：昂纳信息技术（深圳）有限公司

申请人地址：518118 广东省深圳市坪山新区翠景路西侧 35 号

发明人：李枝成　燕国荣

授权日：2017-03-29

法律状态公告日：2017-03-29

法律状态：授权

摘要：

本发明涉及电子烟领域，提供了一种电子烟绕线设备及绕线方法。该电子烟包括玻纤绳，以及缠绕于玻纤绳上的发热丝，该发热丝的两端设有发热丝端子和连接发热丝端子的导线。绕线设备包括：①端子机，用以将发热丝端子和导线进行连接；②传送机构，用以将连接有导线的发热丝传送至下一工序；③绕线机构，用以将发热丝自动缠绕于玻纤绳上。本发明通过自动打端子和绕线，对人体无伤害，而且极大限度地提高了生产效率，产品的稳定性也得到了保证。

授权文件独立权利要求：

一种电子烟绕线设备，该电子烟包括玻纤绳，以及缠绕于玻纤绳上的发热丝，发热丝的两端设有发热丝端子和连接发热丝端子的导线。绕线设备包括：①端子机，包括第一端子机和第二端子机，第一端子机与第二端子机之间设置有一旋转送线机构，用以将发热丝端子和导线进行连接；②传送机构，用以将连接有导线的发热丝传送至下一工序；③绕线机构，该绕线机构是自动旋转绕线机构，包括旋转绕线夹头、拉玻纤绳夹头和剪玻纤绳机构，用以将发热丝自动缠绕于玻纤绳上。

376. 电子香烟及其雾化装置、供电装置和充电接头

专利类型：发明

申请号：CN201310676937.6

申请日：2013-12-13

申请人：深圳市合元科技有限公司

申请人地址：518000 广东省深圳市宝安区福永街道塘尾高新科技园区 C 栋第一、二、三层

发明人：李永海　徐中立　洪和鹏　章炎生　钟运平　邓银登　江鹏飞

法律状态公告日：2017-05-10

法律状态：发明专利申请公布后的视为撤回

摘要：

本发明公开了一种电子香烟及其雾化装置、供电装置和充电接头。该电子香烟由雾化装置和供电装置采用旋转卡扣的方式组装连接，其中一个装配端具有一抵接部，另一个装配端具有一个容置该抵接部的纳入部，抵接部包括内电极和外电极，纳入部内设置有对应的正负电极，当抵接部插入纳入部并旋转一定角度后，可使外电极上的扣接位置与纳入部内的扣接位置相对应并形成卡扣连接，同时使内电极和外电极分别与纳入部内的正负电极相接触。相比于现有技术中的螺纹电极连接方式，这种新型的连接方式可以大大提高雾化装置和供电装置组装或拆卸时的便捷性。充电接头采用与之相同的连接方式。

申请文件独立权利要求：

一种电子香烟，包括相互轴向装配的雾化装置和供电装置，雾化装置包括雾化组件，供电装置包括用于给雾化组件供电的电池。该电子香烟的特征在于：雾化装置和供电装置中的一个装配端具有一抵接部，另一个装配端具有一个容置该抵接部的纳入部，抵接部包括一内电极和套设在该内电极外围并与该内电极绝缘的外电极，纳入部内设置有与内电极和外电极相对应的正负电极，在外电极的圆周方向上至少具有一个第一扣接位，纳入部内壁的圆周方向具有与第一扣接位相适配的第二扣接位，当抵接部插入纳入部并旋转一定角度后，可使外电极上的第一扣接位沿圆周旋转至与第二扣接位相对应的位置并形成卡扣连接，同时使内电极、外电极与纳入部内对应的正负电极相接触而形成电流导通路径。

377. 一种利用烟末提取物制备的电子烟烟液及其制备方法

专利类型：发明

申请号：CN201310677976.8

申请日：2013-12-13

申请人：浙江中烟工业有限责任公司

申请人地址：310008 浙江省杭州市建国南路 288 号

发明人：储国海　周国俊　胡安福　杨君　徐清泉　周建华　蒋健　袁凯龙　戴路　沈凯　肖卫强　徐建

授权日：2015-08-05

法律状态公告日：2015-08-05

法律状态：授权

摘要：

本发明涉及一种利用烟末提取物制备的电子烟烟液及其制备方法，该电子烟烟液由下述原料混匀后制成：烟末超临界 CO_2 提取物、烟草美拉德反应产物、天然烟碱、去离子水、丙三醇和丙二醇。烟末超临界 CO_2 提取物的制备方法如下：将卷烟烟末置于超临界萃取装置中进行萃取，萃取压力为 20～30 MPa，温度为35～45 ℃，静态萃取，萃取时间为 3～4 h。本发明为烟末的再利用提供了有效途径，可减小环境压力，提高烟草利用率。本发明的电子烟烟液以烟末超临界 CO_2 提取物为主要成分，提取物中含有烟用香精香料、烟草香味成分等，既可以节省加料成分，又可使电子烟感官质量与传统卷烟更加接近。

授权文件独立权利要求：

一种利用烟末提取物制备的电子烟烟液，其特征在于该电子烟烟液由下述质量百分比的原料混匀后制成：烟末超临界 CO_2 提取物 20%～25%、烟草美拉德反应产物 5%～10%、天然烟碱 0.5%～0.8%、去离子水 3%～5%、丙三醇 10%～20%，其余为丙二醇。烟末超临界 CO_2 提取物的制备方法如下：将卷烟烟末置于超临界萃取装置中进行萃取，萃取压力为 20～30 MPa，温度为 35～45 ℃，静态萃取，萃取时间为 3～4 h。

378. 一种智能电子烟

专利类型：发明

申请号：CN201310684449.X

申请日：2013-12-13

申请人：上海烟草集团有限责任公司

申请人地址：200082 上海市杨浦区长阳路 717 号

发明人：邱立欢　陈超　沈铁　张慧　陆闻杰

授权日：2016-03-23

法律状态公告日：2016-03-23

法律状态：授权

摘要：

本发明提供了一种智能电子烟，其包括无线通信模块，以及分别与烟雾形成模块、电池供能模块、无线通信模块电连接的用于控制智能电子烟，计算在使用过程中所产生的吸烟参数，并将产生的吸烟参数编解码成符合无线通信协议的吸烟参数信号，再通过无线通信模块与智能终端实时或者定时地进行数据交互的控制模块。该控制模块包括用于将吸烟参数编码成符合无线通信协议的吸烟参数文件的编码单元、用于将吸烟参数文件解码成吸烟参数信号的解码单元以及用于传输吸烟参数信号的信号输出单元。本发明所述的智能电子烟可以实时监测用户使用情况，建立完善的使用日志，通过无线方式将吸烟参数传输给智能终端，以便与智能终端实时或者定时地进行数据交互。

授权文件独立权利要求：

一种智能电子烟，包括含有位于储液腔内的烟弹、气流传感器及雾化器的烟雾形成模块。该智能电子烟的特征在于其还包括含有充电单元、电源管理单元以及上电/复位单元的电池供能模块；无线通信模块；信号放大器；分别与烟雾形成模块、电池供能模块、无线通信模块电连接的用于控制智能电子烟，计算在使用过程中所产生的吸烟参数，并将产生的吸烟参数编解码成符合无线通信协议的吸烟参数信号，再通过无线通信模块与智能终端实时或者定时地进行数据交互的控制模块；与信号放大器连接的用于通过烟油载体的导电性检测位于储液腔内的烟弹湿度的湿敏模块。控制模块具有多个接口，其中，第一接口与上电/复位单元连接，第二接口与电源管理单元连接，第三接口与充电单元连接，第四接口与雾化器连接，第五接口与气流传感器连接，无线通信模块通过异步收发传输接口与控制模块连接。控制模块包括用于将吸烟参数编码成符合无线通信协议的吸烟参数文件的编码单元、用于将吸烟参数文件解码成吸烟参数信号的解码单元以及用于传输吸烟参数信号的信号输出单元。

379. 一种用于电子烟的高倍率聚合物锂离子电池

专利类型：发明

申请号：CN201310698414.1

申请日：2013-12-17

申请人：珠海汉格能源科技有限公司

申请人地址：519045 广东省珠海市金湾区联港工业区百富泽工业园 3 栋 3—4 楼

发明人：朱燕飞　王振　袁启朗

授权日：2016-02-24

法律状态公告日：2016-02-24

法律状态：授权

摘要：

本发明公开了一种用于电子烟的高压高倍率聚合物锂离子电池。该电池含有高压高倍率电解液，其包括 18%～22%碳酸亚乙酯、47%～53%碳酸二甲酯、8%～12%碳酸甲乙酯、8%～12% $LiPF_6$、9%～11%添加剂，其中添加剂含有 40%～50%1,2-二氰基乙烷和 50%～60%丙烯基-1,3-磺酸内酯。电池的正极材料含有 4.35 V 高压高倍率钴酸锂、聚偏氟乙烯、导电石墨管和碳纳米管，负极材料含有人造石墨、羧甲基纤维素钠、导电石墨管和丁苯橡胶。本发明与现有的电池相比，体积能量比提高了约 10%，放出容量高，放电时间长，电子烟抽吸次数也有所增加，提升了产品的市场竞争力。

授权文件独立权利要求：

一种高倍率聚合物锂离子电池，其特征在于含有高压高倍率电解液及正、负极材料：高压高倍率电解液按重量百分比由18%～22%碳酸亚乙酯、47%～53%碳酸二甲酯、8%～12%碳酸甲乙酯、8%～12% $LiPF_6$、9%～11%添加剂组成，其中添加剂按重量百分比由40%～50% 1,2-二氰基乙烷和50%～60%丙烯基-1,3-磺酸内酯组成；正极材料按重量百分比包括92%～96% 4.35 V高压高倍率钴酸锂、2%～3%聚偏氟乙烯、0.5%～3%导电石墨管和0.5%～2%碳纳米管。

380. 烟雾生成装置以及包括该烟雾生成装置的电子烟

专利类型：发明

申请号：CN201310742221.1

申请日：2013-12-30

申请人：深圳市合元科技有限公司

申请人地址：518000 广东省深圳市宝安区福永街道塘尾高新科技园区C栋第一、二、三层

发明人：李永海　徐中立　胡书云　黄惠华

法律状态公告日：2016-08-03

法律状态：实质审查的生效

摘要：

本发明公开了一种烟雾生成装置以及包括该烟雾生成装置的电子香烟。该烟雾生成装置包括一具有进气孔和出气孔的壳体以及设置于该壳体内的发热组件，并且在该壳体内部具有一用于存储发烟物质的容置区域。发热组件包括一金属部件以及卷绕于该金属部件表面的感应线圈，感应线圈的两端连接有交流电源。该发热组件用于直接加热容置区域内或从容置区域内渗透出来的发烟物质，使该发烟物质生成烟雾并从出气孔排出。相比于现有的雾化方式，本发明采用电磁感应产生涡流而发热的方式来使发烟物质雾化，具有发热面积大、雾化充分等优点。

申请文件独立权利要求：

一种烟雾生成装置，包括一具有进气孔和出气孔的壳体以及设置于该壳体内的发热组件，并且在该壳体内部具有一用于存储发烟物质的容置区域。该烟雾生成装置的特征在于：发热组件包括一金属部件以及卷绕于该金属部件表面的感应线圈，感应线圈的两端连接有交流电源，感应线圈可使金属部件内产生涡流并发热，该金属部件产生的热量用于直接加热容置区域内或从容置区域内渗透出来的发烟物质，使该发烟物质生成烟雾并从出气孔排出。

381. 电　子　烟

专利类型：实用新型

申请号：CN201320002876.0

申请日：2013-01-05

申请人：刘秋明

申请人地址：518000 广东省深圳市宝安区西乡兴业路缤纷世界花园E3栋1202

发明人：刘秋明

授权日：2013-08-28

法律状态公告日：2014-10-15

法律状态：专利申请权、专利权的转移

摘要：

本实用新型公开了一种电子烟，该电子烟包括装有烟液并设有电池的烟杆(100)、烟嘴(200)和雾化器

(300),烟杆(100)、雾化器(300)和烟嘴(200)依次连接,电池为雾化器(300)提供电源,供雾化器(300)加热雾化烟液,雾化后的烟液经过烟嘴(200)排出,烟杆(100)和雾化器(300)之间设有用于调节烟液流量的调压阀门组件(400)。本实用新型通过在烟杆(100)和雾化器(300)之间安装调压阀门组件(400),实现了对电子烟烟液流量的控制,进而调整被人吸入的雾化烟液量,改变抽烟口感,满足不同类型的使用者的需求,而且可以防止烟油流入电池和控制板,延长了电子烟的使用寿命。

申请文件独立权利要求:

一种电子烟,包括装有烟液并设有电池的烟杆(100)、烟嘴(200)和雾化器(300),烟杆(100)、雾化器(300)和烟嘴(200)依次连接,电池为雾化器(300)提供电源,供雾化器(300)加热雾化烟液,雾化后的烟液经过烟嘴(200)排出。该电子烟的特征在于烟杆(100)和雾化器(300)之间设有用于调节烟液流量的调压阀门组件(400)。

382. 电子烟装置、电子烟及其雾化装置

专利类型:实用新型
申请号:CN201320002888.3
申请日:2013-01-05
申请人:刘秋明
申请人地址:518000 广东省深圳市宝安区西乡兴业路缤纷世界花园 E3 栋 1202
发明人:刘秋明
授权日:2013-09-04
法律状态公告日:2014-02-19
法律状态:专利申请权、专利权的转移
摘要:

本实用新型公开了一种电子烟装置、电子烟及其雾化装置。该雾化装置包括雾化座及设置有电热丝且位于雾化座一侧的雾化器,雾化座背离雾化器的另一侧设置有第一电极组件,第一电极组件包括相互绝缘且分别与电热丝的两端相连以形成雾化器正负极的第一座体及第一极柱,第一座体与雾化座相抵接且将电热丝的第一端夹持于二者之间,第一极柱与雾化座相抵接且将电热丝的第二端夹持于二者之间。该雾化装置的电热丝通过雾化座与第一电极组件及雾化套之间相互挤压固定,结构稳定,且成本低。

申请文件独立权利要求:

一种电子烟雾化装置,包括雾化座及设置有电热丝且位于雾化座一侧的雾化器,雾化座背离雾化器的另一侧设置有第一电极组件,第一电极组件包括相互绝缘且分别与电热丝的两端相连以形成雾化器正负极的第一座体及第一极柱,第一座体与雾化座相抵接且将电热丝的第一端夹持于二者之间,第一极柱与雾化座相抵接且将电热丝的第二端夹持于二者之间。

383. 一种电子烟

专利类型:实用新型
申请号:CN201320002925.0
申请日:2013-01-05
申请人:深圳市杰仕博科技有限公司
申请人地址:518000 广东省深圳市宝安区沙井街道共和社区福和路先裕兴工业园第三栋三、四层
发明人:吴建勇
授权日:2013-07-10
法律状态公告日:2013-07-10
法律状态:授权

摘要：

本实用新型公开了一种电子烟。该电子烟包括烟体和烟嘴，烟体包括一充电电池、一与充电电池电连接的电路板，烟嘴包括一雾化器。该电子烟还包括一 USB 公插和一 USB 母插，USB 公插与电路板电连接，USB 母插与雾化器电连接，烟体与烟嘴通过 USB 公插与 USB 母插可拆卸地连接。本实用新型公开的电子烟在其内部设有 USB 插口，这样既不影响电子烟的整体美观，又能方便地将充电电池拆下，插入电脑或移动电源的 USB 母座中进行充电。

申请文件独立权利要求：

一种电子烟，其特征在于包括烟体和烟嘴，烟体包括一充电电池、一与充电电池电连接的电路板(14)，烟嘴包括一雾化器；该电子烟还包括一 USB 公插(11)和一 USB 母插(8)，USB 公插(11)与电路板(14)电连接，USB 母插(8)与雾化器电连接，烟体与烟嘴通过 USB 公插(11)与 USB 母插(8)可拆卸地连接。

384. 电子烟装置、电子烟及其雾化装置

专利类型：实用新型

申请号：CN201320008425.8

申请日：2013-01-08

申请人：刘秋明

申请人地址：518000 广东省深圳市宝安区西乡兴业路缤纷世界花园 E3 栋 1202

发明人：刘秋明

授权日：2013-09-18

法律状态公告日：2014-10-08

法律状态：专利申请权、专利权的转移

摘要：

本实用新型公开了一种电子烟装置、电子烟及其雾化装置。雾化装置包括雾化套、设置于雾化套内的电热丝及雾化座，以及套设于雾化套内的供液部件，该供液部件采用非玻纤的耐高温纤维材料制成，其中部开设有轴向贯通的中通孔，电热丝设置于供液部件的中通孔内并与供液部件的内壁相抵紧。雾化装置的供液部件直接采用非玻纤的耐高温纤维材料制成，可同时实现储存烟液及支承固定电热丝的功能，有效地简化了结构，制造工艺简单，成本低，且对人体安全无害。

申请文件独立权利要求：

一种电子烟雾化装置，包括雾化套、设置于雾化套内的电热丝及雾化座，其特征在于还包括套设于雾化套内的供液部件，供液部件采用非玻纤的耐高温纤维材料制成，其中部开设有轴向贯通的中通孔，电热丝设置于供液部件的中通孔内并与供液部件的内壁相抵紧。

385. 防烟雾冷凝的电子烟

专利类型：实用新型

申请号：CN201320021952.2

申请日：2013-01-16

申请人：刘秋明

申请人地址：518000 广东省深圳市宝安区西乡兴业路缤纷世界花园 E3 栋 1202

发明人：刘秋明

授权日：2013-09-04

法律状态公告日：2014-10-08

法律状态：专利申请权、专利权的转移

摘要：

本实用新型涉及一种防烟雾冷凝的电子烟，其包括可拆装地连接的吸杆和电源杆，吸杆内设有用于将存储于吸杆内的烟液雾化为烟雾的雾化器及供烟雾流通至吸杆外部的烟雾通道，其中，吸杆内设有用于防止烟雾在流通过程中冷却凝结在烟雾通道内壁上的防烟液冷凝机构。该电子烟能增加进入吸烟者口中的烟雾量，且能防止和减少烟液滴被吸入吸烟者口中，降低了电子烟的制造和使用成本，且便于拆装和更换。

申请文件独立权利要求：

一种防烟雾冷凝的电子烟，包括可拆装地连接的吸杆和电源杆，吸杆内设有用于将存储于吸杆内的烟液雾化为烟雾的雾化器及供烟雾流通至吸杆外部的烟雾通道，其中，吸杆内设有用于防止烟雾在流通过程中冷却凝结在烟雾通道内壁上的防烟液冷凝机构。

386. 烟雾生成设备

专利类型：实用新型

申请号：CN201320030816. X

申请日：2013-01-21

申请人：JT 国际公司

申请人地址：瑞士日内瓦

发明人：詹森・霍普斯

授权日：2014-03-05

法律状态公告日：2014-03-05

法律状态：授权

摘要：

一种烟雾生成设备，包括两个容器（每个容器容纳单独的烟雾产生组合物）、用于从容器中吸取组合物以生成供用户吸入的烟雾的装置，以及用于从容器中吸取组合物之后将组合物混合的装置，该装置允许用户选择烟雾中两种化合物的相对比例。该烟雾生成设备还包括功率源、至少一个加热器组件、用于选择性地从功率源向加热器组件提供功率的装置以及控制装置，控制装置嵌入长形主体内并用于选择性地控制加热器组件对来自一个或两个容器中的液体进行加热，当功率和选择的液体同时被提供给加热器组件时，就可生成烟雾以供用户吸入。

申请文件独立权利要求：

一种烟雾生成设备，其特征在于包括：①长形主体；②至少两个容器，该容器嵌入长形主体内并且各自容纳单独的烟雾产生组合物；③用于从至少两个容器中的一个容器中吸取组合物以生成供用户吸入的烟雾的装置；④用于从至少两个容器中的一个容器中吸取组合物后将该组合物混合的装置，该装置允许用户选择烟雾中两种化合物的相对比例；⑤功率源；⑥至少一个加热器组件；⑦用于选择性地从功率源向加热器组件提供功率的装置；⑧控制装置，该控制装置嵌入长形主体内，并用于选择性地控制加热器组件对来自至少两个容器中的一个容器中的液体进行加热，当功率和选择的液体同时被提供给加热器组件时，就可生成烟雾以供用户吸入。

387. 电子烟用雾化器及电子烟

专利类型：实用新型

申请号：CN201320057394. 5

申请日：2013-01-31

申请人：深圳市合元科技有限公司

申请人地址：518000 广东省深圳市宝安区福永街道塘尾高新科技园区 C 栋第一、二、三层

发明人：李永海　徐中立

授权日:2013-07-24

法律状态公告日:2014-03-19

法律状态:著录事项变更

摘要:

本实用新型公开了一种电子烟用雾化器,旨在提供一种不含储油棉,可长期使用而不影响烟油口味的电子烟用雾化器。本实用新型采用的实施方案是:一种电子烟用雾化器,包括雾化套(1)、通气管(5)、金属套(7)、固定在通气管(5)上的发热组件(4),通气管(5)的两端分别连接有发热组件固定座(8)和密封盖(2),发热组件固定座(8)固定在金属套(7)上,密封盖(2)、通气管(5)、金属套(7)、发热组件固定座(8)一起在雾化套(1)内分隔出一个密闭的储油空间(11),该储油空间(11)中不设置储油棉。本实用新型还公开了一种包含上述雾化器的电子烟。

申请文件独立权利要求:

一种电子烟用雾化器,其特征在于包括雾化套(1)、通气管(5)、金属套(7)、固定在通气管(5)上的发热组件(4),通气管(5)的两端分别连接有发热组件固定座(8)和密封盖(2),发热组件固定座(8)固定在金属套(7)上,密封盖(2)、通气管(5)、金属套(7)、发热组件固定座(8)一起在雾化套(1)内分隔出一个密闭的储油空间(11),该储油空间(11)中不设置储油棉。

388. 有机棉质电子烟

专利类型:实用新型

申请号:CN201320059933.9

申请日:2013-02-01

申请人:刘秋明

申请人地址:518000 广东省深圳市宝安区西乡兴业路缤纷世界花园 E3 栋 1202

发明人:刘秋明

授权日:2013-09-25

法律状态公告日:2014-10-08

法律状态:专利申请权、专利权的转移

摘要:

本实用新型涉及一种有机棉质电子烟,其包括储液部件和雾化装置。雾化装置包括中空螺旋管状的电热丝、穿设于电热丝内的导液件,该导液件由非玻纤材质的有机棉制成;雾化装置还包括穿设于储液部件内以支承储液部件并作为烟雾通道的烟雾导管,烟雾导管包括外套管和内套管,二者相插接以将导液件夹持固定于二者之间,且导液件的两端分别伸出烟雾导管的外侧壁而与储液部件的内侧壁紧贴。这种电子烟对人体安全无害,且内部结构稳定可靠。

申请文件独立权利要求:

一种有机棉质电子烟,包括用于储存烟液的呈筒状的储液部件、用于将储液部件内的烟液雾化为烟雾的雾化装置。雾化装置包括中空螺旋管状的电热丝、穿设于电热丝内以支承该电热丝并吸收和存储烟液以供电热丝将烟液雾化的导液件,导液件由非玻纤材质的有机棉制成;雾化装置还包括穿设于储液部件内以支承储液部件并作为烟雾通道的烟雾导管,烟雾导管包括外套管和内套管,二者相插接以将导液件夹持固定于二者之间并提供电热丝工作所需的空间,且导液件的两端分别伸出烟雾导管的外侧壁而与储液部件的内侧壁紧贴;雾化装置还包括设于电子烟内侧壁上用于支承固定烟雾导管的雾化座及用于支承该雾化座的底座。

389. 电　子　烟

专利类型:实用新型

申请号：CN201320067711.1

申请日：2013-02-05

申请人：刘秋明

申请人地址：518000 广东省深圳市宝安区西乡兴业路缤纷世界花园 E3 栋 1202

发明人：刘秋明

授权日：2013-10-16

法律状态公告日：2014-10-08

法律状态：专利申请权、专利权的转移

摘要：

本实用新型提供了一种电子烟，其包括吸杆和电源杆，吸杆内设有吸杆第一电极、吸杆第二电极，电源杆内设有电源杆第一电极、电源杆第二电极，在吸杆与电源杆连接成一体时，吸杆第一电极与电源杆第一电极电性连接，吸杆第二电极与电源杆第二电极电性连接，吸杆与电源杆通过磁力吸附而相互连接成一体。本实用新型的电子烟采用磁力吸附将电源杆和吸杆连接成一体，拆装方便，结构简单，便于维修与更换，电性接触良好，使用寿命长。

申请文件独立权利要求：

一种电子烟，包括吸杆和电源杆，吸杆内设有吸杆第一电极、吸杆第二电极，电源杆内设有电源杆第一电极、电源杆第二电极，在吸杆与电源杆连接成一体时，吸杆第一电极与电源杆第一电极电性连接，吸杆第二电极与电源杆第二电极电性连接。该电子烟的特征在于吸杆与电源杆通过磁力吸附而相互连接成一体，吸杆的连接端以及与之相配合的电源杆连接端二者中至少其一内设有磁吸件，该磁吸件为永磁体或者电磁线圈组件。

390. 防吸嘴盖脱落的电子烟

专利类型：实用新型

申请号：CN201320098837.5

申请日：2013-03-05

申请人：刘秋明

申请人地址：518000 广东省深圳市宝安区西乡兴业路缤纷世界花园 E3 栋 1202

发明人：刘秋明

授权日：2013-10-16

法律状态公告日：2014-10-08

法律状态：专利申请权、专利权的转移

摘要：

本实用新型涉及一种防吸嘴盖脱落的电子烟，其包括具有中空内腔的外壳，外壳内设有雾化器、呈筒状的储液部件及蓄电池，外壳的一端插设有呈筒状的吸嘴盖，吸嘴盖的中部设有沿轴向贯通的通气孔，其中，吸嘴盖的外侧壁上还设有用于与外壳的内壁胀紧配合的胀紧部，通气孔的内壁上设有多道沿轴向延伸的加强筋，通气孔的内壁上还插设固定有一支承管；外壳内还设有用于支承储液部件的杯座，吸嘴盖、杯座及外壳的一部分共同形成用于容置和固定储液部件的烟液杯，储液部件的内壁上设有用于支承储液部件的导管，导管与吸嘴盖的通气孔相连通。这种电子烟能防止吸嘴盖从电子烟上脱落。

申请文件独立权利要求：

一种防吸嘴盖脱落的电子烟，包括具有中空内腔的外壳，外壳内设有雾化器、呈筒状的储液部件及蓄电池，外壳的一端插设有呈筒状的吸嘴盖，吸嘴盖的中部设有沿轴向贯通的通气孔。该电子烟的特征在于：吸嘴盖的外侧壁上还设有用于与外壳的内壁胀紧配合的胀紧部，通气孔的内壁上设有多道沿轴向延伸的加强筋，通气孔的内壁上还插设固定有一支承管；外壳内还设有用于支承储液部件的杯座，吸嘴盖、杯座及外壳

的一部分共同形成用于容置和固定储液部件的烟液杯，储液部件的内壁上设有用于支承储液部件的导管，导管与吸嘴盖的通气孔相连通。

391. 一种电子烟的雾化器

专利类型：实用新型

申请号：CN201320110834.9

申请日：2013-03-12

申请人：周学武

申请人地址：518100 广东省深圳市沙井蚝三南浦路林坡坑第一工业园 B5 栋 3 楼

发明人：周学武

授权日：2013-10-23

法律状态公告日：2013-10-23

法律状态：授权

摘要：

本实用新型公开了一种电子烟的雾化器，其包括能够传导烟油的导油件，该导油件为钢丝网，钢丝网插入电子烟的储油室中，雾化器中围成储油室的外围件为便于观察储油室油量的透明管。由于采用钢丝网作为导油件，因此导油效果佳，不会有烧焦味，烟雾量大；由于采用透明管，因此加油时可看到加油情况，使用过程中也可以很直观地看到烟油使用情况。

申请文件独立权利要求：

一种电子烟的雾化器，其特征在于包括能够传导烟油的导油件，该导油件为钢丝网，钢丝网插入电子烟的储油室中，雾化器中围成储油室的外围件为便于观察储油室油量的透明管。

392. 一种电子烟

专利类型：实用新型

申请号：CN201320112097.6

申请日：2013-03-12

申请人：向智勇

申请人地址：518057 广东省深圳市福田区锦林新居 5-507

发明人：向智勇

授权日：2013-08-28

法律状态公告日：2014-10-15

法律状态：专利申请权、专利权的转移

摘要：

本实用新型公开了一种电子烟，该电子烟包括一雾化器和一用于供电的电池，还包括控制电路。控制电路包括接口，该接口与雾化器相接或与用于给电池充电的充电器相接；控制电路还包括微控制器以及分别与微控制器电性连接的吸烟传感器、开关电路、外围电路，且外围电路、开关电路、吸烟传感器还分别与电池电性连接，外围电路、开关电路还分别与接口电性连接。实施本实用新型的有益效果是，可灵活地控制电子烟雾化器的驱动、电子烟的充电等，控制方式简单且易更改，还能实现电子烟电池的充电短路保护、雾化器驱动输出短路保护、长时间吸烟防烫嘴保护、电子烟的充电插入和拔出检测等功能。

申请文件独立权利要求：

一种电子烟，包括一雾化器和一用于供电的电池，还包括控制电路，该控制电路包括接口，接口与雾化器相接或与用于给电池充电的充电器相接。该电子烟的特征在于控制电路还包括微控制器以及分别与微控制器电性连接的吸烟传感器、开关电路、外围电路，且外围电路、开关电路、吸烟传感器还分别与电池电性

连接，外围电路、开关电路还分别与接口电性连接。外围电路包括分别与微控制器电性连接的短路检测电路、充电检测电路，其中，充电检测电路用于检测接口电路是否与充电器电性连接，短路检测电路用于检测电池的充电或者对雾化器的供电是否发生短路。微控制器用于当接口与雾化器相接时，根据短路检测电路的检测结果，控制开关电路的导通或截止以实现向雾化器供电；或当接口与充电器相接时，根据充电检测电路和短路检测电路的检测结果，控制开关电路的导通或截止以实现向电池充电。

393. 电　子　烟

专利类型：实用新型

申请号：CN201320155232.5

申请日：2013-03-29

申请人：刘秋明

申请人地址：518000 广东省深圳市宝安区西乡兴业路缤纷世界花园 E3 栋 1202

发明人：刘秋明

授权日：2013-10-16

法律状态公告日：2014-03-05

法律状态：专利申请权、专利权的转移

摘要：

本实用新型涉及一种电子烟，其包括设置有烟液杯的雾化装置以及与雾化装置电连接的电池，烟液杯具有内凹的腔体，电池固定于该腔体内。该电子烟的电池设置于雾化装置内，这样可有效减小电子烟的整体长度，使电子烟的携带更方便。

申请文件独立权利要求：

一种电子烟，包括设置有烟液杯的雾化装置以及与雾化装置电连接的电池，其特征在于烟液杯具有内凹的腔体，电池固定于该腔体内。

394. 电子烟用雾化器及电子烟

专利类型：实用新型

申请号：CN201320210944.2

申请日：2013-04-24

申请人：深圳市合元科技有限公司

申请人地址：518000 广东省深圳市宝安区福永街道塘尾高新科技园区 C 栋第一、二、三层

发明人：李永海　徐中立

授权日：2014-03-05

法律状态公告日：2014-03-05

法律状态：授权

摘要：

本实用新型公开了一种电子烟用雾化器，旨在提供一种雾化效果好、不含玻璃纤维、长时间使用后雾化效果稳定、使用寿命长、生产时不会对操作人员构成健康威胁的电子烟用雾化器。本实用新型采用的实施方案是：一种电子烟用雾化器，包括导气管(2)、储油空间(4)、发热丝组件(5)、电极环(6)、发热丝组件固定座(8)，该发热丝组件(5)包括含微孔结构的导油体(51)、与导油体(51)接触的发热丝(52)，导油体(51)的两端延伸至储油空间(4)中，该导油体(51)由陶瓷材料制成。本实用新型还公开了一种包含上述雾化器的电子烟。

申请文件独立权利要求：

一种电子烟用雾化器，包括导气管(2)、储油空间(4)、发热丝组件(5)、电极环(6)、发热丝组件固定座

(8),其特征在于发热丝组件(5)包括含微孔结构的导油体(51)、与导油体(51)接触的发热丝(52),导油体(51)的两端延伸至储油空间(4)中,导油体(51)由陶瓷材料制成。

395. 一种有棉雾化器及电子烟

专利类型:实用新型

申请号:CN201320245260.6

申请日:2013-05-07

申请人:深圳市合元科技有限公司

申请人地址:518000 广东省深圳市宝安区福永街道塘尾高新科技园区C栋第一、二、三层

发明人:李永海　徐中立

授权日:2013-12-11

法律状态公告日:2013-12-11

法律状态:授权

摘要:

本实用新型公开了一种有棉雾化器及电子烟,该有棉雾化器包括雾化组件,雾化组件包括一通气管和玻纤芯,在通气管的管壁上设置有一卡位,玻纤芯架设于卡位内。本实用新型不仅可有效地提高生产效率,而且可降低操作人员的随意性和熟练度要求,改善了产品质量的稳定性和可靠性。

申请文件独立权利要求:

一种有棉雾化器,包括雾化套、位于雾化套内的储油腔、分别安装于雾化套上、下两端的吸嘴组件和雾化组件,储油腔内填充有多孔网状材料。雾化组件包括通气管、玻纤芯、依附于玻纤芯上的发热丝、螺纹套及插设于螺纹套内并与螺纹套绝缘隔离的电极环,多孔网状材料包覆于通气管和玻纤芯外部,发热丝设置有两个电极连接端,分别与螺纹套和电极环电连接。该有棉雾化器的特征在于通气管的管壁上设置有一卡位,玻纤芯架设于卡位内。

396. 电子烟雾化器结构及电子烟

专利类型:实用新型

申请号:CN201320245279.0

申请日:2013-05-07

申请人:深圳市合元科技有限公司

申请人地址:518000 广东省深圳市宝安区福永街道塘尾高新科技园区C栋第一、二、三层

发明人:李永海　徐中立

授权日:2013-12-11

法律状态公告日:2014-03-05

法律状态:著录事项变更

摘要:

本实用新型涉及电子烟产品领域,公开了一种电子烟雾化器结构及电子烟。该雾化器包括雾化组件,雾化组件包括电极环和螺纹套,在电极环上套设一软膜环,并使软膜环与螺纹套过盈配合,将气体通道气密性地分为两个部分。当雾化器使用时,软膜环受力变形,外界空气可进入雾化器内部;当雾化器不使用时,软膜环将气体通道封闭,从而防止烟油漏出。本实用新型具有结构简单、使用方便和防漏油效果好等特点。

申请文件独立权利要求:

一种电子烟雾化器结构,该雾化器包括吸嘴、烟弹组件和雾化组件,吸嘴、烟弹组件和雾化组件从上到下依次设置于一雾化套的内部。烟弹组件包括通气管、套设于通气管上方的上阻油环和套设于通气管下方的下阻油环,上阻油环、通气管、下阻油环和雾化套之间形成一个用于容纳烟油的环形空腔;雾化组件设置

于烟弹组件的下方,包括固定套、螺纹套和电极环,通气管穿过下阻油环并插接于固定套中,固定套与通气管之间夹设有玻纤芯。该雾化器的特征在于:电极环位于螺纹套内,其前端插接于固定套内,后端通过一绝缘环固定于螺纹套内,中部则套设有一弧形的软膜环,软膜环将螺纹套内部分为气密性隔离的上气室和下气室两个部分,外界空气可依次经螺纹套、下气室、软膜环、上气室、固定套和通气管进入吸嘴。

397. 电　子　烟

专利类型:实用新型

申请号:CN201320276875.5

申请日:2013-05-20

申请人:刘秋明

申请人地址:518000 广东省深圳市宝安区西乡兴业路缤纷世界花园 E3 栋 1202

发明人:刘秋明

授权日:2014-01-29

法律状态公告日:2014-10-08

法律状态:专利申请权、专利权的转移

摘要:

本实用新型提供了一种电子烟,其包括吸杆和电源杆,吸杆包括吸筒,吸杆的一端设有吸嘴盖;该电子烟还包括气阀,气阀可使电子烟不再入嘴即吸,能有效防止婴幼儿像玩具一样误吸。

申请文件独立权利要求:

一种电子烟,其设置有供吸食烟雾的气流通道,其特征在于内部设置有用于打开或关闭气流通道的气阀。

398. 一种电子烟雾化器

专利类型:实用新型

申请号:CN201320348903.X

申请日:2013-06-18

申请人:刘志宾

申请人地址:354500 福建省三明市建宁县溪口镇枫元村火田 38 号

发明人:刘志宾　黄桂花

授权日:2013-12-18

法律状态公告日:2013-12-18

法律状态:授权

摘要:

本实用新型涉及电子烟配件技术领域,尤其是一种电子烟雾化器,它包括壳体和与壳体连接的底座,壳体与底座之间设置有雾化芯。壳体为一体成型结构,其包括吸嘴部、导气管部和储油腔部,吸嘴部的尾端连接导气管部并与导气管部气路相通,导气管部沿壳体的中轴线方向设置,储油腔部在导气管部的外壁与壳体的内壁之间,雾化芯设置于储油腔部的尾端,与导气管部气路相通。本实用新型的壳体采用一体化结构,将吸嘴、导气管和储油器融为一体,减少了组成部件的数量;同时壳体采用注塑成型的透明塑胶材质,油量刻度和文字标识做在壳体上,减少了以往先注塑后丝印的工序,降低了成本,缩短了生产周期;其结构简单,功能实用,具有很高的市场推广价值。

申请文件独立权利要求:

一种电子烟雾化器,其特征在于包括壳体和与壳体连接的底座,壳体与底座之间设置有雾化芯。壳体为一体成型结构,其包括吸嘴部、导气管部和储油腔部,吸嘴部的尾端连接导气管部并与导气管部气路相

通,导气管部沿壳体的中轴线方向设置,储油腔部在导气管部的外壁与壳体的内壁之间。雾化芯设置于储油腔部的尾端,与导气管部气路相通。

399. 可调下液雾化器

专利类型:实用新型

申请号:CN201320352633.X

申请日:2013-06-19

申请人:卓尔悦(常州)电子科技有限公司

申请人地址:213125 江苏省常州市新北区凤翔路7号

发明人:邱伟华

授权日:2013-12-25

法律状态公告日:2017-02-22

法律状态:专利申请权、专利权的转移

摘要:

本实用新型涉及电子烟技术领域,具体涉及一种根据使用者需要,可以自行调节从储液腔进入雾化头雾化腔中的液量大小的可调下液雾化器,其包括设有储液腔的上壳体、与上壳体下端连接的下壳体,在下壳体内设置有雾化头,雾化头上设置有用于连通储液腔与雾化头雾化腔的进液孔,下壳体中设置有对进液孔进行遮挡的遮挡面板,下壳体上还设置有调节雾化头可使其上的进液孔部分被遮挡面板遮挡的调节机构。本实用新型可以根据使用者的需要自行通过调节机构旋转雾化头,调节进液孔的大小,以控制烟液进入雾化头雾化腔中的量,满足不同使用者对雾化器出烟量的要求。

申请文件独立权利要求:

一种可调下液雾化器,其特征在于包括设有储液腔的上壳体、与上壳体下端连接的下壳体,在下壳体内设置有雾化头,雾化头上设置有用于连通储液腔与雾化头雾化腔的进液孔,下壳体中设置有对进液孔进行遮挡的遮挡面板,下壳体上还设置有调节雾化头可使其上的进液孔部分被遮挡面板遮挡的调节机构。

400. 电　子　烟

专利类型:实用新型

申请号:CN201320372387.4

申请日:2013-06-26

申请人:刘秋明

申请人地址:518000 广东省深圳市宝安区西乡兴业路缤纷世界花园E3栋1202

发明人:刘秋明

授权日:2013-12-11

法律状态公告日:2014-10-08

法律状态:专利申请权、专利权的转移

摘要:

本实用新型公开了一种电子烟,其包括套管和设于套管内的电极组件,该电极组件包括相互绝缘的外电极(30)和内电极(40),外电极(30)上设有第一通孔(312),内电极(40)上设有第二通孔(412),第一通孔(312)和第二通孔(412)相连通,形成电子烟的气流通道。本实用新型的电子烟使气体直接从第一通孔(312)流向第二通孔(412)时,其流通路径变短,气流变化比较平缓,降低了吸烟时的噪声,改善了用户体验。

申请文件独立权利要求:

一种电子烟,包括套管和设于套管一端的电极组件,该电极组件包括相互绝缘的外电极(30)和内电极(40),外电极(30)上设有第一通孔(312),内电极(40)上设有第二通孔(412),第一通孔(312)和第二通孔

(412)相连通,形成电子烟的气流通道。

401. 电子烟雾化器及电子烟

专利类型:实用新型

申请号:CN201320377729.1

申请日:2013-06-27

申请人:刘秋明

申请人地址:518000 广东省深圳市宝安区西乡兴业路缤纷世界花园 E3 栋 1202

发明人:刘秋明

授权日:2014-02-26

法律状态公告日:2014-10-08

法律状态:专利申请权、专利权的转移

摘要:

本实用新型公开了一种电子烟雾化器及电子烟,其中电子烟雾化器包括储油件(30)、雾化组件(40)和导油件(20),导油件(20)的数量为两根或两根以上,该导油件(20)间隔设置并用于将储油件(30)内的烟油导出供给雾化组件(40)进行雾化,形成一组雾化组件(40)对应两根或两根以上导油件(20)的形式。由于设置有多根导油件(20),因此可以使足量的烟油直接从导油件(20)传输至雾化组件(40)上,增加了雾化的烟雾量,提高了用户体验,利于导油,防止干烧。

申请文件独立权利要求:

一种电子烟雾化器,包括储油件(30)、雾化组件(40)和导油件(20),其特征在于导油件(20)的数量为两根或两根以上,该导油件(20)间隔设置并用于将储油件(30)内的烟油导出供给雾化组件(40)进行雾化,形成一组雾化组件(40)对应两根或两根以上导油件(20)的形式。

402. 电 子 烟

专利类型:实用新型

申请号:CN201320377754.X

申请日:2013-06-27

申请人:刘秋明

申请人地址:518000 广东省深圳市宝安区西乡兴业路缤纷世界花园 E3 栋 1202

发明人:刘秋明

授权日:2013-12-11

法律状态公告日:2014-10-08

法律状态:专利申请权、专利权的转移

摘要:

本实用新型涉及一种电子烟,其包括外套管(1)、雾化组件(2)及电池(3),雾化组件(2)与电池(3)并列设置在外套管(1)内,电池(3)与雾化组件(2)电性连接。本实用新型的电子烟能有效地减小电子烟的长度,方便携带,设计巧妙,机械强度较好,克服了技术缺陷;此外,该电子烟的横截面更大,增加了吸食、拿捏的乐趣,能满足经常吸食雪茄等大直径烟的吸烟者的心理需求。

申请文件独立权利要求:

一种电子烟,包括外套管(1)、雾化组件(2)及电池(3),其特征在于雾化组件(2)与电池(3)并列设置在外套管(1)内,电池(3)与雾化组件(2)电性连接。

403. 电子烟电池反接保护装置

专利类型:实用新型

申请号:CN201320393792.4

申请日:2013-07-03

申请人:向智勇

申请人地址:518057 广东省深圳市福田区锦林新居 5-507

发明人:向智勇

授权日:2013-12-04

法律状态公告日:2014-11-05

法律状态:专利申请权、专利权的转移

摘要:

一种电子烟电池反接保护装置,包括电池、开关电路、报警电路、放电控制电路和负载电路,电池连接至开关电路,开关电路分别连接至放电控制电路和报警电路,放电控制电路连接至负载电路,开关电路检测电池提供的电源信号,判断电池是否反接。当电池反接时,放电控制电路断开,报警电路导通,发出报警信号;当电池正接时,放电控制电路控制负载电路工作。本实用新型利用开关电路中的 MOS 管,有效防止可更换电池的电子烟产品及附件因为电池正负极反接而造成的风险。

申请文件独立权利要求:

一种电子烟电池反接保护装置,其特征在于包括电池、开关电路、报警电路、放电控制电路和负载电路,电池连接至开关电路,开关电路分别连接至放电控制电路和报警电路,放电控制电路连接至负载电路,开关电路检测电池提供的电源信号,判断电池是否反接。当电池反接时,放电控制电路断开,报警电路导通,发出报警信号;当电池正接时,放电控制电路控制负载电路工作。

404. 一种电子烟

专利类型:实用新型

申请号:CN201320393795.8

申请日:2013-07-03

申请人:向智勇

申请人地址:518057 广东省深圳市福田区锦林新居 5-507

发明人:向智勇

授权日:2013-12-25

法律状态公告日:2014-10-08

法律状态:专利申请权、专利权的转移

摘要:

本实用新型公开了一种电子烟,该电子烟包括供电电池、分别与供电电池连接的微控制器和雾化器,还包括分别与微控制器和供电电池连接的第二计时模块。第二计时模块用于计时,并将计时信号传送给微控制器。当第二计时模块的计时时间等于或大于预设的计时时间时,微控制器控制电子烟的供电电池与雾化器的供电通路断开;当预设的计时时间与电子烟的保质期限的时长相等时,预设的计时时间由微控制器进行设置并保存。实施本实用新型的有益效果是,当电子烟达到保质期时,电子烟不工作并提醒用户,使得用户使用电子烟时的口感和安全得到保障。

申请文件独立权利要求:

一种电子烟,包括供电电池、分别与供电电池连接的微控制器和雾化器,其特征在于还包括分别与微控制器和供电电池连接的第二计时模块,第二计时模块用于计时,并将计时信号传送给微控制器。当第二计

时模块的计时时间等于或大于预设的计时时间时，微控制器控制电子烟的供电电池与雾化器的供电通路断开；当预设的计时时间与电子烟的保质期限的时长相等时，预设的计时时间由微控制器进行设置并保存。

405. 电子烟高效充电装置

专利类型：实用新型

申请号：CN201320394149.3

申请日：2013-07-03

申请人：向智勇

申请人地址：518057 广东省深圳市福田区锦林新居 5-507

发明人：向智勇

授权日：2014-01-08

法律状态公告日：2014-10-08

法律状态：专利申请权、专利权的转移

摘要：

本实用新型公开了一种电子烟高效充电装置，其包括电子烟盒和电池杆，电池杆包括充电管理单元和电子烟电池单元，电子烟盒包括电子烟盒电池单元、电流采样单元、微控制单元、可调电压输出单元，电流采样单元检测充电管理单元对电子烟电池的实际充电电流值，微控制器比较该实际充电电流与内设电池的恒定充电电流，进而控制可调电压输出单元调整输出的充电电压。本实用新型通过控制可调电压输出单元调整充电电压，使实际充电电流等于或略小于电池的恒定充电电流，通过降低充电电压与电子烟电池单元电压之间的充电电压差来提高充电效率。

申请文件独立权利要求：

一种电子烟高效充电装置，包括电子烟盒和电池杆，电池杆包括充电管理单元和电子烟电池单元，电子烟盒包括电子烟盒电池单元，还包括电流采样单元、微控制单元、可调电压输出单元，可调电压输出单元分别与电子烟盒电池单元、微控制单元、充电管理单元相连，电流采样单元分别连接至充电管理单元和微控制单元。电流采样单元用于采样充电管理单元的实际充电电流，微控制单元用于发送调压控制信号控制可调电压输出单元调整输出到充电管理单元的充电电压。

406. 电子烟及其雾化器

专利类型：实用新型

申请号：CN201320400697.2

申请日：2013-07-05

申请人：刘秋明

申请人地址：518000 广东省深圳市宝安区西乡兴业路缤纷世界花园 E3 栋 1202

发明人：刘秋明

授权日：2014-02-12

法律状态公告日：2014-10-22

法律状态：专利权人的姓名或者名称、地址的变更

摘要：

本实用新型公开了一种雾化器，其包括蓄油组件，蓄油组件的一端装配有与电子烟的电池杆相适配的连接组件，蓄油组件与连接组件之间设置有雾化组件。蓄油组件包括雾化套，雾化套的内部设置有蓄油棉，蓄油棉的中部具有与雾化套的轴线相平行的通气道。连接组件的中部设置有电极，雾化组件包括分别与蓄油棉和连接组件相配合的雾化装置。工作过程中，蓄油组件、连接组件以及雾化组件分别进行模块化预装配，而后再将这三部分组件集成装配，从而大大简化了装配工艺，且能够实现连贯的自动化生产，进而使得

雾化器的整体装配效率提高，并使其整体装配过程简便易行。本实用新型还公开了一种应用上述雾化器的电子烟。

申请文件独立权利要求：

一种雾化器，用于电子烟，其特征在于包括蓄油组件，蓄油组件的一端装配有与电子烟的电池杆相适配的连接组件，蓄油组件与连接组件之间设置有雾化组件。蓄油组件包括雾化套，雾化套的内部设置有蓄油棉，蓄油棉的中部具有与雾化套的轴线相平行的通气道。连接组件的中部设置有电极，雾化组件包括分别与蓄油棉和连接组件相配合的雾化装置。

407. 电　子　烟

专利类型：实用新型

申请号：CN201320422810.7

申请日：2013-07-16

申请人：刘秋明

申请人地址：518000 广东省深圳市宝安区西乡兴业路缤纷世界花园 E3 栋 1202

发明人：刘秋明

授权日：2013-12-25

法律状态公告日：2014-10-08

法律状态：专利申请权、专利权的转移

摘要：

本实用新型公开了一种电子烟，其包括壳体(10)以及套设于壳体(10)内的雾化座(20)和电池(50)，雾化座(20)上设有第一通孔(210)。该电子烟的特征在于雾化座(20)和电池(50)之间设置有支架(40)和与支架(40)相配合的密封件(30)，支架(40)朝向雾化座(20)的一侧设有与第一通孔(210)相适配的延伸部(410)，延伸部(410)插入第一通孔(210)内，用于防止雾化座(20)和密封件(30)之间发生倾斜，且密封件(30)套设于壳体(10)内，并与壳体(10)内表面过盈配合，从而形成了防止烟油泄漏的双层保护，杜绝了漏油现象的发生，且提高了用户体验。

申请文件独立权利要求：

一种电子烟，包括壳体(10)以及套设于壳体(10)内的雾化座(20)和电池(50)，雾化座(20)上设有第一通孔(210)。该电子烟的特征在于雾化座(20)和电池(50)之间设置有支架(40)和与支架(40)相配合的密封件(30)，支架(40)朝向雾化座(20)的一侧设有与第一通孔(210)相适配的延伸部(410)，延伸部(410)插入第一通孔(210)内，用于防止雾化座(20)和密封件(30)之间发生倾斜，且密封件(30)套设于壳体(10)内，并与壳体(10)内表面过盈配合。

408. 多口味大容量多次雾化电子烟

专利类型：实用新型

申请号：CN201320429697.5

申请日：2013-07-18

申请人：李建伟

申请人地址：518000 广东省深圳市罗湖区翠竹路 1076 号翠拥华庭二期 B 座君悦阁 17H

发明人：李建伟

授权日：2014-01-08

法律状态公告日：2015-01-21

法律状态：专利申请权、专利权的转移

摘要：

本实用新型公开了一种多口味大容量多次雾化电子烟，其包括主体支架以及设置在主体支架上的多个雾化器组件，每个雾化器组件通过气管连接一个多次加热雾化组件，多次加热雾化组件内设有加热雾化器，主体支架内设有数据信号接收器，并通过有线或无线的方式与多次加热雾化组件内的 PCB 板连接，通过选择不同的多次加热雾化组件上的按键，可选择性地接通相应的加热雾化器的电源。本实用新型通过选择不同的多次加热雾化组件，实现了对不同口味烟油的二次雾化，同时通过连通器使雾化液体自动恒定保持在一个平面高度。

申请文件独立权利要求：

一种多口味大容量多次雾化电子烟，其特征在于包括主体支架以及设置在主体支架上的多个雾化器组件，每个雾化器组件通过气管连接一个多次加热雾化组件，多次加热雾化组件内设有加热雾化器，主体支架内设有数据信号接收器，并通过有线或无线的方式与多次加热雾化组件内的 PCB 板连接，通过选择不同的多次加热雾化组件上的按键，可选择性地接通相应的加热雾化器的电源。

409. 电　子　烟

专利类型：实用新型

申请号：CN201320467885.7

申请日：2013-08-01

申请人：刘秋明

申请人地址：518000 广东省深圳市宝安区西乡兴业路缤纷世界花园 E3 栋 1202

发明人：刘秋明

授权日：2014-01-08

法律状态公告日：2014-10-08

法律状态：专利申请权、专利权的转移

摘要：

本实用新型公开了一种电子烟，其包括雾化组件，还包括电连接至雾化组件并用于控制雾化组件工作的两个或两个以上开关。当至少有两个开关被触发时，雾化组件工作。只有当至少有两个或者全部开关闭合时，才能接通电子烟内部电路，使电子烟正常工作，即使电源组件为雾化组件供电，从而使发热丝可以雾化烟油，以供用户吸食。该电子烟有效地避免了电子烟在存储或运输过程中由于误操作开启而造成的安全隐患风险，提高了用户体验，并进一步保障了用户的安全。

申请文件独立权利要求：

一种电子烟，包括雾化组件(20)，其特征在于还包括电连接至雾化组件(20)并用于控制雾化组件(20)工作的两个或两个以上开关(40)，当至少有两个开关(40)被触发时，雾化组件(20)工作。

410. 一种可调气流的电子烟雾化器

专利类型：实用新型

申请号：CN201320519769.5

申请日：2013-08-26

申请人：高珍

申请人地址：422800 湖南省邵阳市邵东县两市镇荷花路 428 号

发明人：高珍

授权日：2014-04-16

法律状态公告日：2014-04-16

法律状态：授权

摘要：

本实用新型涉及电子烟技术领域，尤其是一种可调气流的电子烟雾化器。该雾化器包括烟嘴和上盖，烟嘴和上盖为螺纹连接，在上盖右侧设有阻油上密封件、进气密封件、透明管，在透明管右侧设有可更换发热丝主体、连接杆、阻油下密封件、可调内孔固定件，可调内孔固定件右侧设有可调节外环、底盖螺纹和进气电极。本实用新型可通过增加或减少内孔上的进气孔以及调节外环配合实现二至多挡可调，满足不同需求，进气调节更方便；同时可以直接在雾化器上实现进气调节，而不需要购买不同雾化器；还可以满足不同用户的需求，实现不同进气量，且可更换发热主体，实现重复利用，具有非常强的实用性。

申请文件独立权利要求：

一种可调气流的电子烟雾化器，其特征在于包括烟嘴和上盖，烟嘴和上盖为螺纹连接，在上盖右侧设有阻油上密封件、进气密封件、透明管，上盖和透明管为螺纹连接，并将中间的阻油上密封件和进气密封件固定住；在透明管右侧设有可更换发热丝主体、连接杆、阻油下密封件、可调内孔固定件，可更换发热丝主体和连接杆为螺纹连接，连接杆与阻油下密封件为套接，透明管与可调内孔固定件为螺纹连接，并将中间的可更换发热丝主体、连接杆和阻油下密封件固定住；可调内孔固定件右侧设有可调节外环、底盖螺纹和进气电极，可调节外环套接在可调内孔固定件上，底盖螺纹安装在可调内孔固定件上。

411. 雾化组件及电子烟

专利类型：实用新型

申请号：CN201320521250.0

申请日：2013-08-23

申请人：刘秋明

申请人地址：518000 广东省深圳市宝安区西乡兴业路缤纷世界花园 E3 栋 1202

发明人：刘秋明

授权日：2014-04-16

法律状态公告日：2014-10-08

法律状态：专利申请权、专利权的转移

摘要：

本实用新型公开了一种雾化组件和电子烟，该雾化组件用于与电池组件组合以形成电子烟。雾化组件包括外套管以及插装在外套管一端的吸嘴盖，其特征在于吸嘴盖与外套管相接触的周向外侧壁上径向凸设有与吸嘴盖固定连接的密封件，密封件的硬度小于吸嘴盖的硬度。实施本实用新型的有益效果是：吸嘴盖通过双色注塑与密封件做成一体，使得吸嘴盖具有密封功能，将吸嘴盖和外套管接合面间的间隙封住，切断泄漏通道，以防止泄漏。

申请文件独立权利要求：

一种雾化组件，用于与电池组件组合以形成电子烟。该雾化组件包括外套管(1)以及插装在外套管(1)一端的吸嘴盖(2)，其特征在于吸嘴盖(2)与外套管(1)相接触的周向外侧壁上径向凸设有与吸嘴盖(2)固定连接的密封件(3)，该密封件(3)的硬度小于吸嘴盖(2)的硬度。

412. 电 子 烟

专利类型：实用新型

申请号：CN201320535192.7

申请日：2013-08-29

申请人：刘秋明

申请人地址：518000 广东省深圳市宝安区西乡兴业路缤纷世界花园 E3 栋 1202

发明人：刘秋明

授权日:2014-01-15

法律状态公告日:2014-10-08

法律状态:专利申请权、专利权的转移

摘要:

本实用新型涉及一种电子烟,其包括具有外套管的雾化组件,雾化组件内设置有储油空间,外套管的一端插置有与外套管活动连接的吸嘴盖,吸嘴盖的侧面设置有用于注入烟油的加油口,加油口位于外套管的内侧并与储油空间相连通。本实用新型在可往复滑动的吸嘴盖上开设有加油口,可部分弹出吸嘴盖,经加油口注入烟油,从而使得本实用新型的电子烟雾化组件可重复使用,且结构简单,使用方便。

申请文件独立权利要求:

一种电子烟,包括具有外套管(4)的雾化组件(40),该雾化组件(40)内设置有储油空间,其特征在于外套管(4)的一端插置有与外套管(4)活动连接的吸嘴盖(1),吸嘴盖(1)的侧面设置有用于注入烟油的加油口(12),加油口(12)位于外套管(4)的内侧并与储油空间相连通。

413. 一种电子烟盒

专利类型:实用新型

申请号:CN201320560850.8

申请日:2013-09-10

申请人:向智勇

申请人地址:523845 广东省东莞市长安镇体育路 8 号五楼 3 号

发明人:向智勇

授权日:2014-03-26

法律状态公告日:2014-10-15

法律状态:专利申请权、专利权的转移

摘要:

本实用新型公开了一种电子烟盒,用于给内置磁铁的电子烟电池杆充电。该电子烟盒包括微处理器、霍尔感应模块、电池杆充电接口和充电电路,霍尔感应模块与微处理器连接,充电电路与微处理器连接,电池杆充电接口与充电电路连接。实施本实用新型的有益效果是:能够根据磁场的变化准确地识别出电池杆的插入或拔出,从而控制充电电路的导通或截止;为用户提供一种全新的充电方式,能更好地满足客户的需求,提升用户的体验。

申请文件独立权利要求:

一种电子烟盒,用于给电子烟电池杆充电,其特征在于包括微处理器(100)、霍尔感应模块(200)、电池杆充电接口(400)和充电电路(300),霍尔感应模块(200)与微处理器(100)连接,充电电路(300)与微处理器(100)连接,电池杆充电接口(400)与充电电路(300)连接。电池杆充电接口(400)用于接入内置有磁铁的电池杆;霍尔感应模块(200)用于检测电池杆插入电池杆充电接口(400)或从电池杆充电接口(400)拔出而产生的磁场信号,并根据磁场信号输出不同的电平信号到微处理器(100);微处理器(100)用于根据霍尔感应模块(200)发送的电平信号控制充电电路(300)的导通或截止,以给接入电池杆充电接口(400)的电池杆充电或终止给从电池杆充电接口(400)拔出的电池杆充电。

414. 一种电子烟

专利类型:实用新型

申请号:CN201320571785.9

申请日:2013-09-13

申请人:向智勇

申请人地址:523845 广东省东莞市长安镇体育路 8 号五楼 3 号

发明人:向智勇

授权日:2014-02-26

法律状态公告日:2017-01-18

法律状态:专利申请权、专利权的转移

摘要:

本实用新型公开了一种电子烟,其包括电池杆和雾化器。雾化器包括第一无线识别模块;电池杆包括供电电池、微处理器和第二无线识别模块,其中,第二无线识别模块分别与微处理器和供电电池连接,微处理器与供电电池连接。第一无线识别模块用于存储识别信息,以及将识别信息发送给第二无线识别模块;第二无线识别模块用于接收第一无线识别模块发送的识别信息,并将接收的识别信息发送给微处理器;微处理器用于根据接收到的识别信息判断雾化器和电池杆是否匹配。实施本实用新型的有益效果是:电池杆具有识别与其连接的雾化器是否匹配的功能,从而可防止电子烟的电池杆和非指定的雾化器混搭使用。

申请文件独立权利要求:

一种电子烟,包括电池杆和雾化器,其特征在于雾化器包括第一无线识别模块,电池杆包括供电电池、微处理器和第二无线识别模块,其中第二无线识别模块分别与微处理器和供电电池连接,微处理器与供电电池连接。供电电池用于存储电能以及提供供电电压;第一无线识别模块用于存储识别信息,以及将识别信息发送给第二无线识别模块;第二无线识别模块用于接收第一无线识别模块发送的识别信息,并将接收的识别信息发送给微处理器;微处理器用于根据接收到的识别信息判断雾化器和电池杆是否匹配。

415. 电子烟用电池组件和电子烟

专利类型:实用新型

申请号:CN201320588244.7

申请日:2013-09-24

申请人:深圳市合元科技有限公司

申请人地址:518000 广东省深圳市宝安区福永街道塘尾高新科技园区 C 栋第一、二、三层

发明人:李永海　徐中立

授权日:2014-04-23

法律状态公告日:2014-04-23

法律状态:授权

摘要:

本实用新型涉及一种电子烟用电池组件和电子烟。该电池组件包括电池套、位于电池套内的电芯、与电芯电连接的咪头以及固定于电池套一端的端盖,端盖具有容置空间;该电池组件还包括咪头座,咪头座包括侧壁以及与侧壁连接的底壁,底壁上设有通孔以及位于通孔周围的多个相间隔的凸柱,侧壁与底壁围成容置空间,咪头设置在容置空间内,咪头座设置在端盖的容置空间内,凸柱面对电芯。本实用新型还提供了一种包含上述电子烟用电池组件的电子烟。本实用新型提供的电子烟用电池组件和电子烟装配工艺简单,节省了电池套内部空间,能有效保护电池,适于产业化推广。

申请文件独立权利要求:

一种电子烟用电池组件,包括电池套(10)、位于电池套(10)内的电芯(11)、与电芯(11)电连接的咪头(12),以及固定于电池套(10)一端的端盖(13),端盖(13)具有容置空间(131),其特征在于还包括咪头座(14),咪头座(14)包括侧壁(141)以及与侧壁(141)连接的底壁(143),底壁(143)上设有通孔(144)以及位于通孔(144)周围的多个相间隔的凸柱(145),侧壁(141)与底壁(143)围成容置空间(147),咪头(12)容置在容置空间(147)内,咪头座(14)设置在端盖(13)的容置空间(131)内,凸柱(145)面对电芯(11)。

416. 电子烟透明雾化器

专利类型:实用新型

申请号:CN201320595920.3

申请日:2013-09-25

申请人:卓尔悦(常州)电子科技有限公司

申请人地址:213125 江苏省常州市新北区凤翔路 7 号

发明人:邱伟华

授权日:2014-03-12

法律状态公告日:2017-02-01

法律状态:专利申请权、专利权的转移

摘要:

本实用新型涉及电子烟技术领域,具体涉及一种电子烟透明雾化器,其包括烟嘴、连接于烟嘴的雾化管,以及装配于雾化管中的雾化头和用于存储液体的储液壳,雾化头的取液端插入储液壳中进行取液,雾化管上开设有窗口,该窗口内装配有透明的窗盖,储液壳由透明材料制成。在使用过程中,使用者可以时刻通过雾化管上的窗口来观察透明储液管中烟液的位置,这样可以及时获知烟液的使用情况,方便更换或添加烟液,以此保证雾化头中的部件不会出现干烧现象,延长雾化头、雾化器的使用寿命。

申请文件独立权利要求:

一种电子烟透明雾化器,包括烟嘴、连接于烟嘴的雾化管,以及装配于雾化管中的雾化头和用于存储液体的储液壳,雾化头的取液端插入储液壳中进行取液。该雾化器的特征在于雾化管上开设有窗口,该窗口内装配有透明的窗盖,储液壳由透明材料制成。

417. 一种电子烟的电池组件、雾化组件以及电子烟

专利类型:实用新型

申请号:CN201320609603.2

申请日:2013-09-29

申请人:刘秋明

申请人地址:518000 广东省深圳市宝安区西乡兴业路缤纷世界花园 E3 栋 1202

发明人:刘秋明

授权日:2014-06-18

法律状态公告日:2014-10-22

法律状态:专利权人的姓名或者名称、地址的变更

摘要:

本实用新型提供了一种电子烟的电池组件,用于与雾化组件组合以形成电子烟。其中,该电子烟的雾化器上设置有包含待识别信息的磁性材料,且在电池组件上设置有磁性信息识别电路,该磁性信息识别电路用于获取待识别信息,并在判断该待识别信息与预设信息相匹配时,控制电池组件与雾化组件之间的电路导通,使电子烟正常工作。即本电子烟具备识别功能,只有在电子烟的电池组件和雾化组件相匹配时,电子烟才能正常使用,避免了电子烟的电池组件和雾化组件不匹配时使用造成的电池发热、漏液等问题。除此以外,本实用新型还避免了现有的电子烟电池组件和雾化组件之间任意组合使用、不同烟油口味的混用及不同厂家的电池组件和雾化组件之间的混用而造成的不良的用户体验。

申请文件独立权利要求:

一种电子烟的电池组件,用于与雾化组件组合以形成电子烟,其特征在于雾化组件上设置有包含待识别信息的磁性材料。该电池组件包括:设置在电池组件上用于获取待识别信息的磁性传感器;与磁性传感

器相连，在判断待识别信息与预设信息匹配时，控制电池组件与雾化组件之间的电路导通，以使电子烟正常工作的微控制器。

418. 一种雾化器以及电子烟

专利类型：实用新型

申请号：CN201320615578.9

申请日：2013-09-30

申请人：刘秋明

申请人地址：518000 广东省深圳市宝安区西乡兴业路缤纷世界花园 E3 栋 1202

发明人：刘秋明

授权日：2014-03-12

法律状态公告日：2014-10-15

法律状态：专利申请权、专利权的转移

摘要：

本实用新型公开了一种雾化器以及电子烟，该雾化器用于与电池杆组合以形成电子烟。该雾化器包括套管及设置在套管内的雾化座和雾化组件，雾化座包括座体，座体上开设有供烟雾气流流通的通气孔，雾化组件包括用于将烟油雾化的雾化件，雾化座上还设置有与通气孔相连通并朝雾化件的方向延伸的通气管，座体与通气管一体成型，通气管上设置有用于装配和定位雾化件的定位机构。实施本实用新型的有益效果是：通过在雾化座上一体成型通气管，将雾化件设置在通气管上，使得在整个装配过程中不需要额外使用黄纳管对雾化件进行定位，从而节省了原料，且简化了工序装配，提高了产品的良品率及可靠性。

申请文件独立权利要求：

一种雾化器，用于与电池杆组合以形成电子烟。该雾化器包括套管(1)及设置在套管(1)内的雾化座(2)和雾化组件，雾化座(2)包括座体(21)，座体(21)上开设有供烟雾气流流通的通气孔(23)。雾化组件包括用于将烟油雾化的雾化件(31)，其特征在于雾化座(2)上还设置有与通气孔(23)相连通并朝雾化件(31)的方向延伸的通气管(22)，座体(21)与通气管(22)一体成型，通气管(22)上设置有用于装配和定位雾化件(31)的定位机构。

419. 一种雾化器及电子烟

专利类型：实用新型

申请号：CN201320628438.5

申请日：2013-10-11

申请人：刘秋明

申请人地址：518000 广东省深圳市宝安区西乡兴业路缤纷世界花园 E3 栋 1202

发明人：刘秋明

授权日：2014-03-26

法律状态公告日：2014-10-08

法律状态：专利申请权、专利权的转移

摘要：

本实用新型公开了一种雾化器及电子烟，该雾化器用于与电池杆组合以形成电子烟。该雾化器包括套管以及设置在套管内的雾化座和雾化组件，雾化组件包括安装在雾化座上的雾化件，雾化座上设置有用于固定雾化件的定位结构，雾化座套设有用于密封烟油的密封件，密封件的硬度小于雾化座的硬度。实施本实用新型的有益效果是：采用陶瓷材料制得雾化座，使得雾化座不易变形，再配合使用硬度小于雾化座硬度的密封圈，有效防止了烟油的泄漏，提高了产品的良品率及可靠性。

申请文件独立权利要求：

一种雾化器，用于与电池杆组合以形成电子烟。该雾化器包括套管(1)，以及设置在套管(1)内的雾化座(2)和雾化组件，雾化组件包括安装在雾化座(2)上的雾化件(3)，其特征在于雾化座(2)上设置有用于固定雾化件(3)的定位结构(24)，雾化座(2)套设有用于密封烟油的密封件(4)，密封件(4)的硬度小于雾化座(2)的硬度。

420. 触摸式控制电路和烟盒电路

专利类型：实用新型
申请号：CN201320642270.3
申请日：2013-10-17
申请人：向智勇
申请人地址：523845 广东省东莞市长安镇体育路 8 号五楼 3 号
发明人：向智勇
授权日：2014-03-19
法律状态公告日：2014-10-15
法律状态：专利申请权、专利权的转移
摘要：

一种触摸式控制电路和烟盒电路，触摸式控制电路包括电池、用于检测电池电压并发送电池电压信号的电池电压检测模块、用于感应触摸动作并发送触摸检测信号的触摸模块、显示模块，以及用于在接收到触摸检测信号后控制显示模块沿触摸路径显示用于表示触摸路径的标识信息，并根据电池电压信号计算电池电量，进而控制显示模块显示电池电量信息的控制模块。本实用新型通过触摸控制显示模块沿触摸路径显示用于表示触摸路径的标识信息和电池电量信息，使得操控更加灵活便利且丰富多样，增强了操作的人机互动性。烟盒电路包括该触摸式控制电路，且还设置有过压检测模块、电流检测模块、电池保护模块等，提供了烟盒内部的各种过压过流满充保护措施。

申请文件独立权利要求：

一种触摸式控制电路，用于电子烟盒，其特征在于包括用于提供内部电源的电池(200)、用于检测电池(200)电压并发送电池电压信号的电池电压检测模块(910)、用于感应触摸动作并发送触摸检测信号的触摸模块(500)、与触摸模块(500)位置相对应的显示模块(600)，以及用于在接收到触摸检测信号后控制显示模块(600)沿触摸路径显示用于表示触摸路径的标识信息，并根据电池电压信号计算电池电量，进而控制显示模块(600)显示电池电量信息的控制模块(400)，该控制模块(400)分别连接至触摸模块(500)、显示模块(600)、电池(200)以及电池电压检测模块(910)，电池电压检测模块(910)还连接至电池(200)。

421. 具有气孔调节功能的雾化器

专利类型：实用新型
申请号：CN201320675053.4
申请日：2013-10-29
申请人：深圳市康尔科技有限公司
申请人地址：518000 广东省深圳市宝安区沙井街道中心路汇盈商务大厦十一楼 1110 室
发明人：朱晓春
授权日：2014-04-02
法律状态公告日：2014-04-02
法律状态：授权

摘要:

本实用新型涉及一种具有气孔调节功能的雾化器,其包括烟嘴组件、雾化组件、发热组件和储液组件。储液组件包括储液管、螺纹环、定位环、气孔调节环和电池连接环,储液管的底部与螺纹环的顶部螺接,螺纹环的侧壁至少开设有一个与发热组件的气流腔室连通的第一气孔,定位环的侧壁开设有与第一气孔导通的第二气孔,且定位环的侧壁向外还延伸出多个弹性凸块,每一个第二气孔位于相邻的两个弹性凸块之间,定位环固定套装在螺纹环的侧壁上,气孔调节环的侧壁至少开设有一个第三气孔,气孔调节环套装在定位环的侧壁上并可沿定位环的中轴线转动。本实用新型具有调节气流大小的功能。

申请文件独立权利要求:

一种具有气孔调节功能的雾化器,包括烟嘴组件、雾化组件、发热组件和储液组件,雾化组件和发热组件均安装在储液组件内,其特征在于储液组件包括储液管、螺纹环、定位环、气孔调节环和电池连接环,储液管的顶部与烟嘴组件的底部密封连接,储液管的底部与螺纹环的顶部螺接,螺纹环的侧壁至少开设有一个与发热组件的气流腔室连通的第一气孔,定位环的侧壁开设有与第一气孔导通的第二气孔,且定位环的侧壁还向外延伸出多个弹性凸块,每一个第二气孔位于相邻的两个弹性凸块之间,定位环固定套装在螺纹环的侧壁上,气孔调节环的侧壁至少开设有一个第三气孔,气孔调节环套装在定位环的侧壁上并可沿定位环的中轴线转动,定位环的弹性凸块用于随气孔调节环的转动打开和关闭第三气孔,电池连接环位于气孔调节环的底部,并与发热组件的底部固定安装。螺纹环、定位环、气孔调节环和电池连接环均同轴,第一气孔和第二气孔的数量相等。

422. 具有气流调节功能的雾化器

专利类型:实用新型

申请号:CN201320675054.9

申请日:2013-10-29

申请人:深圳市康尔科技有限公司

申请人地址:518000 广东省深圳市宝安区沙井街道中心路汇盈商务大厦十一楼 1110 室

发明人:朱晓春

授权日:2014-04-02

法律状态公告日:2014-04-02

法律状态:授权

摘要:

本实用新型涉及一种具有气流调节功能的雾化器,其包括烟嘴组件、雾化组件、发热组件和储液组件,雾化组件和发热组件均安装在储液组件内。储液组件包括储液管、螺纹环、上定位弹簧、下定位弹簧、气孔调节环和电池连接环,储液管的顶部与烟嘴组件的底部密封连接,储液管的底部与螺纹环的顶部螺接,气孔调节环与螺纹环的底部螺接,螺纹环的侧壁上至少开设有一个与发热组件的气流腔室连通的气孔,电池连接环与发热组件的底部固定连接,气孔调节环位于电池连接环与螺纹环之间,气孔调节环上设有用于随螺纹环与气孔调节环发生轴向位移时将气孔打开和关闭的环形挡板。本实用新型可以调整气孔的开度,从而调节气流的大小。

申请文件独立权利要求:

一种具有气流调节功能的雾化器,包括烟嘴组件、雾化组件、发热组件和储液组件,雾化组件和发热组件均安装在储液组件内。该雾化器的特征在于储液组件包括储液管、螺纹环、上定位弹簧、下定位弹簧、气孔调节环和电池连接环,储液管的顶部与烟嘴组件的底部密封连接,储液管的底部与螺纹环的顶部螺接,气孔调节环与螺纹环的底部螺接,螺纹环的侧壁上至少开设有一个与发热组件的气流腔室连通的气孔,电池连接环与发热组件的底部固定连接,气孔调节环位于电池连接环与螺纹环之间,气孔调节环上设有用于随螺纹环与气孔调节环发生轴向位移时将气孔打开和关闭的环形挡板,螺纹环、气孔调节环和电池连接环三者同轴。

423. 电子烟用雾化器和电子烟

专利类型:实用新型

申请号:CN201320682919.4

申请日:2013-11-01

申请人:深圳市合元科技有限公司

申请人地址:518000 广东省深圳市宝安区福永街道塘尾高新科技园区 C 栋第一、二、三层

发明人:李永海　徐中立　宋来志

授权日:2014-05-07

法律状态公告日:2014-05-07

法律状态:授权

摘要:

本实用新型提供了一种电子烟用雾化器,该电子烟用雾化器包括雾化套、设置于雾化套内的雾化组件、设置于雾化套一端的吸嘴、设置于雾化套另一端的第一固定套、固定于第一固定套内的电极环以及与第一固定套连接的管件。雾化套采用透明材质,管件采用不透明材质,管件收容雾化组件并位于雾化组件与雾化套之间,电极环延伸至管件内。本实用新型同时提供了使用该电子烟用雾化器的电子烟。本实用新型提供的电子烟用雾化器通过管件挡住雾化组件,使雾化过程在管件内发生,从而使整个雾化器具有较好的视觉效果。

申请文件独立权利要求:

一种电子烟用雾化器,包括雾化套、设置于雾化套内的雾化组件、设置于雾化套一端的吸嘴、设置于雾化套另一端的第一固定套以及固定于第一固定套内的电极环。该电子烟用雾化器的特征在于还包括与第一固定套连接的管件,雾化套采用透明材质,管件采用不透明材质,管件收容雾化组件并位于雾化组件与雾化套之间,电极环延伸至管件内。

424. 雾化装置及电子烟

专利类型:实用新型

申请号:CN201320717497.X

申请日:2013-11-13

申请人:惠州市吉瑞科技有限公司

申请人地址:516000 广东省惠州市仲恺高新区和畅西三路 16 号 A 栋三、四、五层,B 栋五层

发明人:刘秋明

授权日:2014-10-15

法律状态公告日:2014-10-15

法律状态:授权

摘要:

本实用新型涉及一种雾化装置及电子烟,该雾化装置用于与电源装置组合以形成电子烟。雾化装置包括储油机构及雾化组件,储油机构设置有用于将储油机构内的烟油输出至雾化组件的输油通道,储油机构与雾化组件之间设置有能够相对于储油机构转动的导油件,导油件设置有与输油通道位置相对应的导油通道,通过旋转导油件调节导油件与储油机构之间的相对位置,使输油通道与导油通道之间导通或不导通,从而打开或关闭储油机构与雾化组件之间的烟油流通通道。本实用新型的雾化装置及电子烟能有效提高烟油的利用率并防止烟油渗漏。

申请文件独立权利要求:

一种雾化装置,用于与电源装置组合以形成电子烟。该雾化装置包括储油机构(2)及雾化组件(11),储油机构(2)设置有用于将储油机构(2)内的烟油输出至雾化组件(11)的输油通道,其特征在于储油机构(2)与雾化组件(11)之间设置有能够相对于储油机构(2)转动的导油件(20),导油件(20)设置有与输油通道位置相对应的导油通道,通过旋转导油件(20)调节导油件(20)与储油机构(2)之间的相对位置,使输油通道与导油通道之间导通或不导通,从而打开或关闭储油机构(2)与雾化组件(11)之间的烟油流通通道。

425. 雾化器和电子烟

专利类型:实用新型

申请号:CN201320717850.4

申请日:2013-11-13

申请人:刘秋明

申请人地址:518000 广东省深圳市宝安区西乡兴业路缤纷世界花园 E3 栋 1202

发明人:刘秋明

授权日:2014-04-16

法律状态公告日:2014-10-15

法律状态:专利申请权、专利权的转移

摘要:

本实用新型公开了一种雾化器和电子烟,该雾化器包括储油机构和雾化组件,储油机构设置有用于将储油机构内的烟油输出至雾化组件的烟油流通通道,以及用于封堵烟油流通通道的热熔型密封结构,该热熔型密封结构在雾化组件首次通电工作时受热熔化,使烟油流通通道导通,进而使烟油从烟油流通通道输出至雾化组件而受热雾化。该雾化器的储油机构设置有封堵烟油流通通道的热熔型密封结构,因此在雾化器首次使用之前,储油腔中的烟油被完全密封,不会出现装运过程中烟油泄漏和雾化器使用之前因存放时间久而吸收水汽导致烟油变味等问题。

申请文件独立权利要求:

一种雾化器,包括储油机构(2)和用于将储油机构(2)内的烟油进行雾化的雾化组件(3),其特征在于储油机构(2)设置有用于将储油机构(2)内的烟油输出至雾化组件(3)的烟油流通通道,以及用于封堵烟油流通通道的热熔型密封结构(221),热熔型密封结构(221)在雾化组件(3)首次通电工作时受热熔化,使烟油流通通道导通,进而使烟油从烟油流通通道输出至雾化组件(3)而受热雾化。

426. 雾化器及电子烟

专利类型:实用新型

申请号:CN201320718955.1

申请日:2013-11-13

申请人:刘秋明

申请人地址:518000 广东省深圳市宝安区西乡兴业路缤纷世界花园 E3 栋 1202

发明人:刘秋明

授权日:2014-04-16

法律状态公告日:2014-10-08

法律状态:专利申请权、专利权的转移

摘要:

本实用新型公开了一种雾化器及电子烟,该雾化器用于与电池杆组合以形成电子烟。雾化器包括储油机构和用于将储油机构内的烟油进行雾化的雾化组件,储油机构设置有用于将储油机构内的烟油输出至雾

化组件的烟油流通通道,烟油流通通道插置有可拆卸的阻隔件,该阻隔件用于根据雾化器的工作状态插入或拔出阻隔件,使烟油流通通道关闭或打开。实施本实用新型的有益效果是:通过阻隔件的插入或拔出,可以根据雾化器的工作状态,使雾化器内的烟油流通通道关闭或打开,避免因烟油泄漏而影响用户的口感和用户对产品的体验。

申请文件独立权利要求:

一种雾化器,用于与电池杆组合以形成电子烟。该雾化器包括储油机构(2)和用于将储油机构(2)内的烟油进行雾化的雾化组件,其特征在于储油机构(2)设置有用于将储油机构(2)内的烟油输出至雾化组件的烟油流通通道,烟油流通通道轴向插置有可拆卸的阻隔件(24),阻隔件(24)用于根据雾化器的工作状态插入或拔出阻隔件(24),使烟油流通通道关闭或打开。

427. 一种电子烟雾化器

专利类型:实用新型

申请号:CN201320721268.5

申请日:2013-11-13

申请人:深圳市克莱鹏科技有限公司

申请人地址:518104 广东省深圳市宝安区沙井街道沙一社区万安路长兴科技园 16 栋五层

发明人:王宇飞

授权日:2014-04-02

法律状态公告日:2017-01-11

法律状态:专利权的终止

摘要:

本实用新型涉及日用电子产品技术领域,具体涉及一种电子烟雾化器。该电子烟雾化器主要包括吸嘴部、套接上部、主体腔部、套接下部、发热部,整个雾化器都未使用焊锡点,吸烟燃烧烟油时不会产生异味;烟嘴、直管套件、大套件、螺纹底座通过螺纹依次连接,不管是安装或者拆卸,都极为方便;发热丝的直径在 0.5 mm以上,并且把发热丝安装于一陶瓷内,陶瓷比钢或铁传导热效果慢,热量不易散失,因此发热丝的发热使用率较高,不易产生积碳;发热丝远离烟嘴,使用者在吸烟时不会烫到嘴或手指。

申请文件独立权利要求:

一种电子烟雾化器,主要包括吸嘴部(100)、套接上部(200)、主体腔部(300)、套接下部(201)、发热部(400),吸嘴部(100)包括烟嘴(1),套接上部(200)包括直管套件(2),主体腔部(300)包括玻璃套筒(7),套接下部(201)包括大套件(15)。该电子烟雾化器的特征在于:直管套件(2)的通孔中依次套入烟嘴(1)、铜管(3)、弹簧(4)、铜环(5),弹簧(4)套于铜管(3)的外部,烟嘴(1)抵住弹簧(4),其一端伸出直管套件(2)外部,另一端止于直管套件(2)端口挡圈处,直管套件(2)的另一端部套入通孔的铜片(6)中;玻璃套筒(7)套在直管套件(2)外圈台阶处,大套件(15)插入玻璃套筒(7)的另一端,通过螺纹与直管套件(2)连接,玻璃套筒(7)顶在大套件(15)外圈台阶处,大套件(15)的另一端通过螺纹与发热部(400)连接;发热部(400)包括发热底座(8)、陶瓷(9)、发热丝(10)、电极(11)、螺纹底座(12),发热丝(10)设于陶瓷(9)凹槽内,正负极分别连接至电极(11)、发热底座(8),陶瓷(9)置于发热底座(8)的通孔上部,发热底座(8)的通孔下部使用电极(11)塞住,发热底座(8)与电极(11)之间用绝缘圈(13)隔开,发热底座(8)与螺纹底座(12)螺纹连接,螺纹底座(12)与大套件(15)螺纹连接。

428. 一种电子烟及其雾化装置

专利类型:实用新型

申请号:CN201320729463.2

申请日:2013-11-18

申请人:刘秋明

申请人地址:518000 广东省深圳市宝安区西乡兴业路缤纷世界花园 E3 栋 1202

发明人:刘秋明

授权日:2014-07-23

法律状态公告日:2014-10-29

法律状态:专利权人的姓名或者名称、地址的变更

摘要:

本实用新型公开了一种电子烟及其雾化装置,将具有良好的耐高温性能的陶瓷固定机构作为发热丝的固定机构,这样能够避免现有的电子烟中的硅胶炭化对人体健康造成影响,进而提高电子烟的安全性。本实用新型的雾化装置与电池组件组合以形成电子烟,该雾化装置包括发热丝和发热丝固定机构组成的发热部件,发热丝固定机构为陶瓷固定机构,陶瓷固定机构包括由陶瓷材料制成或表面为陶瓷材料层的陶瓷座和陶瓷盖,陶瓷座设置有连通至陶瓷座端部的凹槽,陶瓷盖安装在陶瓷座上并盖设凹槽,发热丝安装在陶瓷座上并位于陶瓷盖与凹槽围成的空间内。

申请文件独立权利要求:

一种雾化装置,其与电池组件组合以形成电子烟,包括发热丝(11)和发热丝固定机构组成的发热部件,其特征在于发热丝固定机构为陶瓷固定机构(12),陶瓷固定机构(12)包括由陶瓷材料制成或表面为陶瓷材料层的陶瓷座(121)和陶瓷盖(122),陶瓷座(121)设置有连通至陶瓷座(121)端部的凹槽(123),陶瓷盖(122)安装在陶瓷座(121)上并盖设凹槽(123),发热丝(11)安装在陶瓷座(121)上并位于陶瓷盖(122)与凹槽(123)围成的空间内。

429. 一种激光雾化装置

专利类型:实用新型

申请号:CN201320733576.X

申请日:2013-11-19

申请人:王彦宸　阚立刚

申请人地址:中国香港尖沙咀柯士甸道西 1 号天玺月钻玺 28 楼 B 室

发明人:阚立刚　王彦宸

授权日:2014-04-30

法律状态公告日:2014-04-30

法律状态:授权

摘要:

本实用新型提供了一种激光雾化装置,其包括壳体,壳体内设置有激光发生器及与激光发生器相对设置的导液纤维,激光发生器上还连接有用于驱动激光发生器的电源,导液纤维与雾化液载体中的雾化液接触。本实用新型提供的激光雾化装置与传统的雾化装置相比,不但简化了雾化装置的结构,克服了发热丝发热不均的问题,而且采用激光发生器来实现液体的雾化,有效地降低了雾化装置的耗电量,提高了雾化效率。

申请文件独立权利要求:

一种激光雾化装置,其特征在于包括壳体,壳体内设置有激光发生器及与激光发生器相对设置的导液纤维,激光发生器上还连接有用于驱动激光发生器的电源,导液纤维与雾化液载体中的雾化液接触。

430. 电子烟用雾化器及电子烟

专利类型:实用新型

申请号:CN201320749450.1

申请日:2013-11-25

申请人:深圳市合元科技有限公司

申请人地址:518000 广东省深圳市宝安区福永街道塘尾高新科技园区 C 栋第一、二、三层

发明人:李永海　徐中立　罗洪勇

授权日:2014-06-11

法律状态公告日:2014-06-11

法律状态:授权

摘要:

本实用新型旨在提供一种内部分为储油仓和导油仓两个工作空间的电子烟用雾化器,以及使用该电子烟用雾化器的电子烟。本实用新型提供的电子烟用雾化器包括雾化管、设置于雾化管内的雾化组件以及设置于雾化管一端的第一固定套。该电子烟用雾化器还包括固定管,固定管位于雾化管内靠近第一固定套的一端,固定管容纳雾化组件并与第一固定套连接,雾化管内形成一储油仓,固定管具有一内部空间形成的导油仓。本实用新型同时提供了使用该电子烟用雾化器的电子烟。本实用新型提供的电子烟用雾化器和电子烟将雾化组件内置于雾化器导油仓内,储油仓内无杂质,雾化器内洁净卫生,使得雾化器更加符合电子烟的健康理念。

申请文件独立权利要求:

一种电子烟用雾化器,包括雾化管、设置于雾化管内的雾化组件以及设置于雾化管一端的第一固定套,其特征在于还包括固定管,固定管位于雾化管内靠近第一固定套的一端,固定管容纳雾化组件并与第一固定套连接,雾化管内形成一储油仓,固定管具有一内部空间形成的导油仓。

431. 雾化组件和电子烟

专利类型:实用新型

申请号:CN201320755058.8

申请日:2013-11-25

申请人:刘秋明

申请人地址:518000 广东省深圳市宝安区西乡兴业路缤纷世界花园 E3 栋 1202

发明人:刘秋明

授权日:2014-05-21

法律状态公告日:2014-10-08

法律状态:专利申请权、专利权的转移

摘要:

本实用新型公开了一种雾化组件和电子烟,其中该雾化组件用于与电池组件组合以形成电子烟。雾化组件包括雾化套管和容纳在雾化套管内的发热组件,雾化套管内设置有储油结构,储油结构包括与雾化套管一体成型的储油件以及由储油件围成的储油腔,发热组件包括导油结构和缠绕在导油结构上的发热丝,导油结构远离发热丝的端部插设在储油腔内并用于导出烟油,导油结构形成贯通的输油通道。本实用新型公开的雾化组件和电子烟保证了充足的供油量,增加了雾化的烟雾量,避免了发热组件烧焦现象的发生。

申请文件独立权利要求:

一种雾化组件,用于与电池组件组合以形成电子烟。该雾化组件包括雾化套管(10)和容纳在雾化套管(10)内的发热组件(30),其特征在于雾化套管(10)内设置有储油结构(20),储油结构(20)包括与雾化套管(10)一体成型的储油件(206)以及由储油件(206)围成的储油腔(202),发热组件(30)包括导油结构(302)和缠绕在导油结构(302)上的发热丝(304),导油结构(302)远离发热丝(304)的端部插设在储油腔(202)内并用于导出烟油,导油结构(302)形成贯通的输油通道。

432. 具有无线蓝牙低功耗连接通讯功能的智能电子烟

专利类型:实用新型
申请号:CN201320773203.5
申请日:2013-11-28
申请人:胡朝群
申请人地址:518000 广东省深圳市南山粤海门村 27 栋 402 室
发明人:胡朝群
授权日:2014-05-21
法律状态公告日:2014-05-21
法律状态:授权
摘要:

一种具有无线蓝牙低功耗连接通讯功能的智能电子烟,它通过升降压模块输出电压来驱动雾化器雾化烟油,同时微控制器将电子烟的使用状态数据(电池电压、吸烟口数等)传输至无线蓝牙通讯模块,无线蓝牙通讯模块将电子烟的使用状态数据传输给显示控制设备,显示控制设备显示接收的电子烟状态数据,且显示控制设备能够向无线蓝牙通讯模块发送控制指令(开关机设置、雾化器驱动电压设置等),微控制器接收控制指令后并执行,因此能够直观地显示电子烟的工作状态,同时通过显示控制设备控制电子烟的工作状态。

申请文件独立权利要求:

一种具有无线蓝牙低功耗连接通讯功能的智能电子烟,其特征在于包括用于吸烟控制的按键输入模块、显示控制设备、与显示控制设备连接通讯的无线蓝牙通讯模块、微控制器以及用于输出电压以驱动雾化器雾化烟油的升降压模块。微控制器分别与无线蓝牙通讯模块和按键输入模块连接,无线蓝牙通讯模块与显示控制设备进行无线数据交互,升降压模块与微控制器及雾化器连接,其中显示控制设备为台式电脑、笔记本电脑、苹果 iOS 系统或谷歌 Android 系统的智能手机、苹果 iOS 系统或谷歌 Android 系统的平板电脑。当微控制器检测到按键输入模块的按键信号时,微控制器控制升降压模块输出电压,以驱动雾化器雾化烟油,微控制器获取电子烟的使用状态数据,并通过无线蓝牙通讯模块传输给显示控制设备,其中电子烟的使用状态数据包括吸烟口数、剩余电量、输出电压及电池电压,显示控制设备显示接收到的电子烟使用状态数据,同时显示控制设备向无线蓝牙通讯模块发送控制指令,并由无线蓝牙通讯模块传输至微控制器,其中控制指令包括开关机设置指令、输出雾化器电压设置指令及吸烟超时设置指令。微控制器还用于控制升降压模块输出电压的大小。

433. 一种无棉电子烟的储液装置

专利类型:实用新型
申请号:CN201320785583.4
申请日:2013-12-04
申请人:林光榕
申请人地址:518104 广东省深圳市宝安区沙井镇帝堂路沙二蓝天科技园 3A 栋 3 楼
发明人:林光榕
授权日:2014-04-30
法律状态公告日:2014-04-30
法律状态:授权
摘要:

本实用新型涉及一种无棉电子烟的储液装置,它包括用于存储烟液的储液杯和具有若干个渗透孔的渗液片。储液杯呈圆柱筒形，在储液杯的出液端的内壁上分布有至少两个扣位；渗液片呈圆形，且渗液片与储液杯的出液端的内截面相匹配，装配后，渗液片插进储液杯的出液端并穿过至少两个扣位扣合固定。储液装置采用上述结构后，既能保证供液顺畅，又可防止漏液，并且这样的扣接方式提高了装配效率。

申请文件独立权利要求：

一种无棉电子烟的储液装置，包括用于存储烟液的储液杯和具有若干个渗透孔的渗液片，其特征在于：储液杯呈圆柱筒形，在储液杯的出液端的内壁上分布有至少两个扣位；渗液片呈圆形，且渗液片与储液杯的出液端的内截面相匹配，装配后，渗液片插进储液杯的出液端并穿过至少两个扣位扣合固定。

434. 一种电子卷烟软烟嘴

专利类型：实用新型

申请号：CN201320786242.9

申请日：2013-12-04

申请人：红塔烟草(集团)有限责任公司

申请人地址：653100 云南省昆明市玉溪市红塔大道 118 号

发明人：汤建国　徐仕瑞　孟昭宇　袁大林　王笛　廖晓祥　郑绪东　冷思漩

授权日：2014-07-16

法律状态公告日：2014-07-16

法律状态：授权

摘要：

本实用新型涉及一种电子烟，尤其是一种具有改善抽吸体验的电子卷烟软烟嘴。在烟嘴中空的硬质管外过盈配合有丝束管，硬质管的下端与电子卷烟体连接，硬质管的上端孔口装有带孔的防护盖。本软烟嘴由硬质管与柔性的丝束管结合而成，从而能够更接近传统卷烟的抽吸口感，并且容易更换丝束管，避免长时间使用而导致烟嘴卫生环境恶化，同时还可防止烟嘴壳体发生变形时所引起的烟液泄漏问题。

申请文件独立权利要求：

一种电子卷烟软烟嘴，其特征是在烟嘴中空的硬质管外过盈配合有丝束管，硬质管的下端与电子卷烟体连接，硬质管的上端孔口装有带孔的防护盖。

435. 电子烟用雾化器及电子烟

专利类型：实用新型

申请号：CN201320815564.1

申请日：2013-12-13

申请人：深圳市合元科技有限公司

申请人地址：518000 广东省深圳市宝安区福永街道塘尾高新科技园区 C 栋第一、二、三层

发明人：李永海　徐中立　宋来志　廖建兵

授权日：2014-06-11

法律状态公告日：2014-06-11

法律状态：授权

摘要：

本实用新型提供了一种电子烟用雾化器及电子烟，其包括雾化套及封闭于雾化套内的储油腔，雾化套具有上端和下端，上端设置有烟雾出口，下端设置有雾化组件，雾化组件包括中空的固定座、穿设于固定座并可相对于固定座沿轴向移动的传动元件、可随传动元件沿轴向移动的密封盖、设置于传动元件与固定座之间的弹性元件、从密封盖延伸至烟雾出口的气管、用于吸收烟油及使所吸收的烟油加热雾化的加热元件。本实用新型通过弹性元件的回弹力来推动传动元件向下移动，以使密封盖向下移动，从而关闭烟油通道，使

电子烟用雾化器在非使用状态时烟油不能进入雾化组件内，这样不仅操作方便，而且能够有效地控制烟油进入雾化组件，延长了产品的使用寿命。

申请文件独立权利要求：

一种电子烟用雾化器，包括雾化套及封闭于雾化套内的储油腔，雾化套具有上端和下端，上端设置有烟雾出口，下端设置有雾化组件。该雾化器的特征在于，雾化组件包括：①中空的固定座，与雾化套的下端固定连接；②传动元件，穿设于固定座，并可相对于固定座沿轴向移动；③密封盖，与传动元件固接，可随传动元件沿轴向移动，以在密封盖与固定座之间形成打开或关闭的烟油通道；④弹性元件，设置于传动元件与固定座之间，并在传动元件向上传动以打开烟油通道时蓄积能量，以及用于推动传动元件沿轴向向下移动，以使密封盖向下移动，从而关闭烟油通道；⑤气管，其下端固接于密封盖上，上端延伸至烟雾出口；⑥加热元件，包括吸油部件及发热部件，用于吸收通过烟油通道的烟油及使所吸收的烟油加热雾化。

436. 电　子　烟

专利类型：实用新型

申请号：CN201320850766.X

申请日：2013-12-20

申请人：上海烟草集团有限责任公司

申请人地址：200082 上海市杨浦区长阳路717号

发明人：陈超　陈利冰　张慧　李淼　陆诚玮　王申

授权日：2014-07-02

法律状态公告日：2014-07-02

法律状态：授权

摘要：

本实用新型提供了一种电子烟，其包括用于供油和导油的一体化结构、加热组件以及外壳体。用于供油和导油的一体化结构由陶瓷、高分子材料、天然纤维、化学纤维及使用化学方法改性后的天然纤维制成；用于供油和导油的一体化结构和加热组件设在外壳体内，且加热组件设在用于供油和导油的一体化结构上；外壳体的壁上开设有气孔，其一端设有连接结构，另一端具有开口，连接结构连接有一供电组件。该连接结构具有正极和负极，加热组件与正极和负极通过导线相连，加热组件与外壳体内壁之间设有气体通道。本电子烟具有结构简单且使用安全的优点。

申请文件独立权利要求：

一种电子烟，其特征在于包括用于供油和导油的一体化结构(11)、加热组件(12)以及外壳体(13)。用于供油和导油的一体化结构(11)由陶瓷、高分子材料、天然纤维、化学纤维及使用化学方法改性后的天然纤维制成；用于供油和导油的一体化结构(11)和加热组件(12)设在外壳体(13)内，且加热组件(12)设在用于供油和导油的一体化结构(11)上；外壳体(13)的壁上开设有气孔(131)，其一端设有连接结构(132)，另一端具有开口(133)，连接结构(132)连接有一供电组件(14)。该连接结构(132)具有正极和负极，加热组件(12)与正极和负极通过导线(121)相连，且导线(121)上设有用于关闭和启动加热组件(12)的开关(122)，加热组件(12)与外壳体(13)的内壁之间设有气体通道(15)，且该气体通道(15)与气孔(131)和开口(133)均连通。

437. 雾化装置及电子烟

专利类型：实用新型

申请号：CN201320870811.8

申请日：2013-12-26

申请人：刘秋明

申请人地址：518000 广东省深圳市宝安区西乡兴业路缤纷世界花园E3栋1202

发明人：刘秋明

授权日：2014-06-11

法律状态公告日：2014-10-15

法律状态：专利申请权、专利权的转移

摘要：

本实用新型涉及一种雾化装置及电子烟。本实用新型的雾化装置用于与电源装置组合以形成电子烟，其包括吸嘴以及与吸嘴可拆卸地连接的本体，本体具有用于将烟雾排出至吸嘴内的开口端，本体内设置有用于存储烟油的储油腔，开口端上设置有容纳槽，容纳槽的底壁设置有连通至储油腔的加油孔，容纳槽内设置有用于密封加油孔的弹性密封件。本实用新型在容纳槽底壁开设有连通至本体内的储油腔的加油孔，因此烟油添加更方便，同时在容纳槽内插置弹性密封件，可防止使用过程中烟油经加油孔发生渗漏，而且本实用新型的雾化装置结构简单，连接紧凑，组装方便。

申请文件独立权利要求：

一种雾化装置，用于与电源装置组合以形成电子烟，其包括吸嘴(1)以及与吸嘴(1)可拆卸地连接的本体(3)，本体(3)具有用于将烟雾排出至吸嘴(1)内的开口端(30)，本体(3)内设置有用于存储烟油的储油腔(33)。该雾化装置的特征在于开口端(30)上设置有容纳槽(34)，容纳槽(34)的底壁设置有连通至储油腔(33)的加油孔(31)，容纳槽(34)内设置有用于密封加油孔(31)的弹性密封件(2)。

438. 电子烟用雾化器及电子烟

专利类型：实用新型

申请号：CN201320883181.8

申请日：2013-12-31

申请人：深圳市合元科技有限公司

申请人地址：518000 广东省深圳市宝安区福永街道塘尾高新科技园区C栋第一、二、三层

发明人：李永海　徐中立　胡书云　王贤明

授权日：2014-08-13

法律状态公告日：2014-08-13

法律状态：授权

摘要：

本实用新型提供了一种电子烟用雾化器，其包括雾化管和设置于雾化管内的雾化组件，其中，雾化组件包括陶瓷管以及与陶瓷管的内壁紧密接触的发热元件，陶瓷管具有吸油孔。本实用新型同时提供了使用该电子烟用雾化器的电子烟。本实用新型提供的电子烟用雾化器及电子烟采用具有吸油孔的陶瓷管作为导液元件，与传统的玻纤芯加电热丝结构的电子烟用雾化器相比，无异味，洁净卫生，健康环保。另外，由于陶瓷具有良好的导热性能，因此热量都分布在陶瓷管上，提高了雾化效率。

申请文件独立权利要求：

一种电子烟用雾化器，包括雾化管和设置于雾化管内的雾化组件，其特征在于雾化组件包括陶瓷管以及与陶瓷管的内壁紧密接触的发热元件，该陶瓷管具有吸油孔。

439. 一种雾化器及电子烟

专利类型：实用新型

申请号：CN201320893439.2

申请日：2013-12-31

申请人：刘秋明

申请人地址：518000 广东省深圳市宝安区西乡兴业路缤纷世界花园E3栋1202

发明人:刘秋明

授权日:2014-07-23

法律状态公告日:2014-10-29

法律状态:专利权人的姓名或者名称、地址的变更

摘要:

本实用新型公开了一种雾化器及电子烟,通过在连接头上设置凹槽及斜进气孔,并增设吸嘴盖及油液冷凝槽的方式,有效降低了使用噪声,在固定盛油件的同时防止油液进入人体口腔。本实用新型的雾化器包括连接头、发热机构、通气管、盛油件、紧固套、贴纸及吸嘴盖:连接头上至少开设有与连接头的外表面相连通的一个斜进气孔,斜进气孔与通气管相连通,连接头与盛油件连接处的外表面上至少开设有一个凹槽;盛油件为透明非金属材料制件;紧固套开设有观察窗口;贴纸上开设有与观察窗口相对应的孔位;吸嘴盖上开设有烟液收集槽,通气管与吸嘴盖之间形成有与烟液收集槽相连通的进油缝隙,进油缝隙的宽度 L 不小于 0.4 mm。

申请文件独立权利要求:

一种雾化器,包括连接头(1)、发热机构(2)、通气管(3)、盛油件(4)及吸嘴盖(7),连接头(1)及吸嘴盖(7)分别设置在盛油件(4)的两端,连接头(1)的一端插设在盛油件(4)内。该雾化器的特征在于还包括套接在盛油件(4)上的紧固套(5)及黏贴在紧固套(5)上的贴纸(6)。连接头(1)上至少开设有与连接头(1)的外表面相连通的一个斜进气孔(11),该斜进气孔(11)与通气管(3)相连通,连接头(1)与盛油件(4)连接处的外表面上至少开设有一个凹槽(12);盛油件(4)为透明非金属材料制件;紧固套(5)开设有观察窗口(51);贴纸(6)上开设有与观察窗口相对应的孔位(61);吸嘴盖(7)上开设有烟液收集槽(71),通气管(3)与吸嘴盖(7)之间形成有与烟液收集槽(71)相连通的进油缝隙(72),进油缝隙(72)的宽度 L 不小于 0.4 mm。

440. 电 子 烟

专利类型:发明

申请号:CN201380007594.2

申请日:2013-01-31

申请人:奥驰亚客户服务公司

申请人地址:美国弗吉尼亚

发明人:克里斯托弗·S.塔克　杰弗里·布兰登·乔丹　巴里·S.史密斯　阿里·A.罗斯塔米

授权日:2016-12-14

法律状态公告日:2016-12-14

法律状态:授权

摘要:

一种电子吸烟器具,包括含有液体材料的液体供应部、用于加热液体材料至使其蒸发并形成喷雾的加热器、与液体材料连通且与加热器连接以便向加热器传递液体材料的芯子、至少一个用于向加热器上游的中心空气通道传递空气的进气口,以及具有至少两个分散的出口通道的吸嘴端插入件。

授权文件独立权利要求:

一种电子吸烟器具,包括:①蒸气发生装置;②吸嘴端插入件,包括至少两个分散的出口通道,用于在喷烟过程中将蒸气遍布吸烟者的口腔;③具有中心孔的垫圈,该中心孔具有一定的尺寸,且与吸嘴端插入件间隔开,并且能用于大幅度地降低接近吸嘴端插入件的蒸气的速度。

441. 电子吸烟器具与改进的加热元件

专利类型:发明

申请号:CN201380010642.3

申请日:2013-02-22

申请人:奥驰亚客户服务公司

申请人地址:美国弗吉尼亚

发明人:克里斯托弗·S.塔克　杰弗里·布兰登·乔丹

法律状态公告日:2018-08-17

法律状态:授权

摘要:

一种电子烟,包括含有液体材料的液体供应区、可操作地加热液体材料到一定的温度以使液体材料蒸发并产生烟雾的加热器,以及与液体材料连通并且与加热器连通以便为加热器输送液体材料的芯子。加热器由网状材料组成。

申请文件独立权利要求:

一种电子烟,具有包括缠绕在丝状芯子上的电阻式网状材料的条带的加热器,芯子与包含有液体材料的液体供应区相连通,加热器用于蒸发液体材料以产生烟雾。

442. 电子吸烟器具

专利类型:发明

申请号:CN201380010758.7

申请日:2013-02-22

申请人:奥驰亚客户服务公司

申请人地址:美国弗吉尼亚

发明人:克里斯托弗·S.塔克　戈尔德·科巴尔　杰弗里·布兰登·乔丹　维克托·卡索夫

授权日:2017-08-08

法律状态公告日:2017-08-08

法律状态:授权

摘要:

一种电子烟,包括与含有液体材料的液体供应区相连通的毛细管,以及用于加热毛细管到足够温度并蒸发其中的液体材料而形成烟雾的加热器。液体供应区可被挤压或以其他方式挤压,以便允许吸烟者向毛细管手动泵送液体并同时激活加热器。

授权文件独立权利要求:

一种电子烟,包括:①沿纵向方向延伸的圆柱形壳体;②由弹性体材料组成并包含有液体材料的液体供应区,该液体供应区可手动地挤压,以便通过液体供应区的出口泵送液体材料;③具有入口和出口的毛细管,毛细管的入口与液体供应区的出口连通;④用于加热毛细管到至少足以初始地蒸发包含在毛细管内的液体材料的温度的加热器。

443. 电　子　烟

专利类型:发明

申请号:CN201380017766.4

申请日:2013-01-31

申请人:奥驰亚客户服务公司

申请人地址:美国弗吉尼亚

发明人:克里斯托弗·S.塔克　杰弗里·布兰登·乔丹　巴里·S.史密斯　阿里·A.罗斯塔米　保琳·马克　李三　乔治·卡尔赖斯　姆玛亚·K.米什拉　戈尔德·科巴尔　道格拉斯·奥利韦里　玛莎·巴杰克　简森·弗劳拉

法律状态公告日:2015-02-11

法律状态:实质审查的生效

摘要:

一种电子吸烟器具,包括含有液体材料的液体供应部、用于加热液体材料至适宜蒸发液体材料且形成烟雾的温度的加热器、与液体材料连通且与加热器连通的芯子(通过该芯子向加热器传递液体材料)、用于传递空气至加热器上游的中心空气通道的至少一个进气口以及加热器下游的纤维元件。

申请文件独立权利要求:

一种电子吸烟器具,包括:①沿纵向延伸的外管;②位于外管内的内管;③含有液体材料的液体供应部,该液体供应部处在外管和内管之间的外环形区内;④位于内管内的加热器;⑤与液体供应部连通并且被加热器包围的芯子,通过该芯子能向加热器传送液体材料,加热器加热液体材料至足以蒸发液体材料并在内管内形成烟雾的温度;⑥位于加热器下游的纤维元件。

444. 电子吸烟器具

专利类型:发明

申请号:CN201380018015.4

申请日:2013-01-31

申请人:奥驰亚客户服务公司

申请人地址:美国弗吉尼亚

发明人:巴里·S.史密斯　阿里·A.罗斯塔米　克里斯托弗·S.塔克　杰弗里·布兰登·乔丹　李三乔治·卡尔赖斯　姆玛亚·K.米什拉　李魏玲

授权日:2017-02-22

法律状态公告日:2017-02-22

法律状态:授权

摘要:

一种电子吸烟器具,包括烟雾形成器和能够改进烟雾形成期产生的烟雾的特性(包括感觉属性)的机械式烟雾转换器插入件。

授权文件独立权利要求:

一种电子吸烟器具,包括:①沿纵向延伸的外管;②位于外管内的烟雾发生器,其在外管内产生冷凝的烟雾;③处在外管内的向烟雾发生器传递液体材料的液体供应部;④设在外管内的用于形成烟雾流的烟雾流形成元件;⑤机械式烟雾转换器插入件,其设置成能在烟雾从电子吸烟器具中抽出时在烟雾流上施加压紧作用力。

445. 在电子吸烟制品中可控递送多种可气雾化材料的蓄池和加热器系统

专利类型:发明

申请号:CN201380042715.7

申请日:2013-06-26

申请人:R.J.雷诺兹烟草公司

申请人地址:美国北卡罗来纳州

发明人:A.D.赛巴斯蒂安　K.V.威廉姆斯　S.B.西尔斯　B.J.英吉布雷森　B.阿德姆　S.L.阿尔德门　W.R.科列特　G.L.杜力　C.J.诺瓦克三世

法律状态公告日:2015-07-08

法律状态:实质审查的生效

摘要：

本发明涉及一种提供改善后的气溶胶递送方式的电子吸烟制品。该电子吸烟制品提供气溶胶前体组合物中的两种或更多种组分从一个或多个蓄池至一个或多个加热器的单独递送，从而控制气溶胶前体组合物中的单独组分的递送速率或加热速率。

申请文件独立权利要求：

一种电子吸烟制品，包括：①液体形式的气溶胶前体组合物，该气溶胶前体组合物至少包含第一组分和第二组分；②由一个或多个蓄池形成的蓄池系统；③由一个或多个加热器形成的加热器系统；④多个运输元件，这些运输元件限定蓄池系统和加热器系统之间的流体连通。该电子吸烟制品包括与一个或多个加热器流体连通的两个或更多个蓄池，或者包括与两个或更多个加热器流体连通的一个或多个蓄池，或者包括与两个或更多个加热器流体连通的两个或更多个蓄池。

446. 带有可更换的烟嘴盖的成烟系统

专利类型：发明
申请号：CN201380074693.2
申请日：2013-12-20
申请人：菲利普·莫里斯生产公司
申请人地址：瑞士纳沙泰尔
发明人：M.托伦斯　A.卢韦
法律状态公告日：2016-04-06
法律状态：实质审查的生效
摘要：

本发明提供了一种成烟装置，其包括壳体，该壳体包含成烟基质(210)或被构造成接收成烟基质(210)，其包括形成于壳体中的出口(220)，在使用过程中，由成烟基质产生的烟雾被输送至该出口。该壳体还包括环绕出口的第一壁(230)和环绕第一壁的第二壁(235)，在第一壁与第二壁之间限定开放端部的环形凹部(240)，该环形凹部用于将顺应性的烟嘴盖(300)保持于壳体中，该顺应性的烟嘴盖很容易被压下，但其具有弹性。在使用过程中，该烟嘴盖被放置到用户的嘴中，以便用户直接吸入由该成烟装置产生的烟雾。本发明还提供了一种用于电操作吸烟装置的可移除的烟嘴盖，该烟嘴盖包括限定中央开孔的顺应性的容易被压下但具有弹性的管状部分和具有开孔的过滤嘴部分。

申请文件独立权利要求：

一种成烟装置，包括：①壳体，该壳体包含成烟基质或被构造成接收成烟基质；②形成于壳体中的出口，在使用过程中，由成烟基质产生的烟雾被输送至出口。其中，壳体还包括环绕出口的第一壁和环绕第一壁的第二壁，在第一壁与第二壁之间限定开放端部的环形凹部，环形凹部用于将顺应性的烟嘴盖保持于壳体中，顺应性的烟嘴容易被压缩，但其具有弹性。

447. 用于与流体填充盒一起使用的加热器组件的制造方法

专利类型：发明
申请号：CN201380074695.1
申请日：2013-12-20
申请人：菲利普·莫里斯生产公司
申请人地址：瑞士纳沙泰尔
发明人：M.托伦斯　A.卢韦　Y.德古莫伊斯　F.迪比耶夫
授权日：2018-02-16
法律状态公告日：2018-02-16

法律状态:授权

摘要:

本发明提供了一种制造用于成烟系统的加热器组件的方法,该方法包括:提供柔性芯部(100)、将刚性支承元件(700)连接于该芯部上、将加热元件(610)装配在刚性支承件的周围以及移除该刚性支承件。本发明还提供了另一种制造用于成烟系统的加热器组件的方法,该方法包括:提供柔性芯部、将拉伸力施加于该芯部上、将加热元件装配在该芯部的周围以及将拉伸力从芯部上解除。

授权文件独立权利要求:

一种制造用于成烟系统的加热器组件的方法,该方法包括:提供柔性芯部、将刚性支承元件连接于该芯部上、将加热元件装配在刚性支承件的周围以及移除刚性支承件。

448. 一种电子烟的电池组件、雾化组件以及电子烟

专利类型:发明

申请号:CN201380079740.2

申请日:2013-09-27

申请人:吉瑞高新科技股份有限公司

申请人地址:英属维尔京群岛托尔托拉岛罗德城奎兹天空大厦,邮箱 905 号

发明人:刘秋明

法律状态公告日:2017-02-22

法律状态:实质审查的生效

摘要:

本发明提供了一种电子烟的电池组件,用于与雾化组件组合以形成电子烟。本发明的电子烟中的图像识别装置包括图像传感器以及微控制器,微控制器将图像传感器采集的待识别标识与预设标识进行匹配,当待识别标识和预设标识互相匹配时,微处理器控制电池组件与雾化组件之间的电路导通,使电子烟正常工作。即本电子烟具备识别功能,只有电子烟的电池组件和雾化组件相匹配时,电子烟才能正常使用,进而避免了电子烟接口因为不匹配而损坏的问题。除此以外,本发明还避免了现有的电池组件和雾化组件之间的任意组合使用、不同烟油口味的混用及不同厂家的电池组件和雾化组件之间的混用而造成的不良的用户体验,进一步增强了用户对厂家及品牌的认知,更加便于用户戒烟。

申请文件独立权利要求:

一种电子烟的电池组件,用于与雾化组件组合以形成电子烟,其特征在于电池组件包括用于识别设置在雾化器上的待识别标识的图像识别装置,该图像识别装置包括采集待识别标识的图像传感器,以及与图像传感器相连,在待识别标识与预设标识相匹配时,控制电池组件与雾化组件之间的电路导通,以使电子烟正常工作的微处理器。

449. 一种电子烟盒及电子烟

专利类型:实用新型

申请号:CN201390000257.6

申请日:2013-04-23

申请人:吉瑞高新科技股份有限公司

申请人地址:英属维尔京群岛托尔托拉岛罗德城奎兹天空大厦,邮箱 905 号

发明人:刘秋明

授权日:2015-11-25

法律状态公告日:2015-11-25

法律状态:授权

摘要：

一种电子烟及其烟盒，该烟盒包括盒体、电池(14)、控制模块、用于对电池杆(2)充电的电池杆充电模块、用于对电池(14)充电的电池充电模块以及电击模块。盒体具有一容置腔体，电池(14)置于该容置腔体内；控制模块与电池(14)连接；电池充电模块、电池杆充电模块与电击模块都与控制模块连接，电击模块对应设置有控制开关(16)。电击模块可发出高压电击用于防身，使用者可通过控制开关(16)来控制电击模块的通断。

申请文件独立权利要求：

一种电子烟盒，其特征在于包括：①盒体，其具有一容置腔体；②电池，置于容置腔体内；③控制模块，与充电电池连接；④用于对电池杆充电的电池杆充电模块，其包括一用于与电池杆接触的充电弹片，充电弹片与电池连接；⑤用于对电池充电的电池充电模块；⑥至少包括一个与电池连接且伸出盒体外的具有电击头的电击模块，电池充电模块、电池杆充电模块与电击模块都与控制模块连接，电击模块对应设置有控制开关。

450. 电　子　烟

专利类型：实用新型

申请号：CN201390000288.1

申请日：2013-05-20

申请人：吉瑞高新科技股份有限公司

申请人地址：英属维尔京群岛托尔托拉岛罗德城奎兹天空大厦，邮箱 905 号

发明人：刘秋明

授权日：2015-08-05

法律状态公告日：2015-08-05

法律状态：授权

摘要：

一种电子烟，包括管套(10)和设于管套(10)内的用于产生烟雾的雾化器组件(22)。该雾化器组件(22)包括主要由储液件(221)构成的储油空间，雾化器组件(22)设置有在储油空间受挤压时防止储油空间过度变形的支撑机构(224)，电子烟通过该支撑机构(224)达到电子烟受挤压后无烟油溢出、结构坚固、品质稳定可靠的技术效果。

申请文件独立权利要求：

一种电子烟，包括用于产生烟雾的雾化器组件。该雾化器组件包括主要由储液件构成的储油空间，其特征在于雾化器组件设置有加热组件和支撑机构，加热组件穿插在支撑机构上，储液件套设于支撑机构上，以在储油空间受挤压时防止储油空间过度变形，支撑机构上还套设有为加热组件供油的导油棉管。

451. 电子烟及其电路

专利类型：实用新型

申请号：CN201390000292.8

申请日：2013-04-08

申请人：吉瑞高新科技股份有限公司

申请人地址：英属维尔京群岛托尔托拉岛罗德城奎兹天空大厦，邮箱 905 号

发明人：刘秋明

授权日：2015-08-05

法律状态公告日：2015-08-05

法律状态：授权

摘要：

一种电子烟及其电路，该电子烟电路包括依次电连接构成回路的电源、微控制器和用于加热产生烟雾的加热器，还包括至少两个电连接于微控制器的用于感测电子烟内气流并输出感测信号的气流传感器，微控制器根据感测信号导通回路。电子烟及其电路通过采用至少两个电连接于微控制器的用于感测电子烟内气流并输出感测信号的气流传感器，微控制器根据感测信号导通回路的技术手段，达到了成指数倍地降低气流传感器失效后致使电子烟误工作率的目的，降低了电子烟的品质隐患，不易引起误动作，品质可靠，性能稳定。

申请文件独立权利要求：

一种电子烟电路，包括依次电连接构成回路的电源、微控制器和用于加热产生烟雾的加热器，其特征在于还包括至少两个电连接于微控制器的用于感测电子烟内气流并输出感测信号的气流传感器，在气流传感器同时工作时微控制器根据感测信号导通回路。

452. 电 子 烟

专利类型：实用新型

申请号：CN201390000297.0

申请日：2013-03-27

申请人：吉瑞高新科技股份有限公司

申请人地址：英属维尔京群岛托尔托拉岛罗德城奎兹天空大厦，邮箱905号

发明人：刘秋明

授权日：2015-07-15

法律状态公告日：2015-07-15

法律状态：授权

摘要：

一种电子烟(100)，包括呈筒形的外壳(1)，外壳(1)内设有储液部件(37)和雾化器(21)，外壳(1)的一端设有供吸烟者吸吮的吸嘴盖组件(4,4′,4″)，吸嘴盖组件(4,4′,4″)包括吸嘴主盖(41,41″)和与该吸嘴主盖(41,41″)相组合应用的吸嘴副盖(42,42′,42″)，吸嘴主盖(41,41″)插入外壳(1)内并固定于外壳(1)内壁上，吸嘴副盖(42,42′)插入并固定于吸嘴主盖(41)内，或者吸嘴副盖(42″)插入并固定于外壳(1)内壁上，吸嘴主盖(41,41″)与吸嘴副盖(42,42′,42″)之间形成一冷却腔，吸嘴主盖(41,41″)与吸嘴副盖(42,42′,42″)上均设有与冷却腔相通的通气孔(412,421,421′,412′,412″)。这种电子烟能减少或避免吸烟者吸到烟液，提高了使用安全性。

申请文件独立权利要求：

一种电子烟，包括呈筒形的外壳，外壳内设有用于储存烟液的储液部件、将烟液雾化为烟雾的雾化器，其中，外壳的一端设有可自外壳内拔出以往外壳内添加烟油的吸嘴盖组件，该吸嘴盖组件包括吸嘴主盖和与该吸嘴主盖相组合应用的吸嘴副盖，吸嘴主盖插入外壳内并固定于外壳内壁上，吸嘴副盖插入并固定于吸嘴主盖内，吸嘴主盖与吸嘴副盖之间形成用于使夹杂在烟雾中的细小烟液颗粒在其内壁上冷却且使烟雾在流经吸嘴主盖和吸嘴副盖时烟雾与二者发生热交换时的热量被二者分摊吸收的冷却腔，吸嘴主盖与吸嘴副盖上均设有与冷却腔相通的通气孔。

453. 一种限定使用寿命的电子烟及限定电子烟使用寿命的方法

专利类型：发明

申请号：CN201410014201.7

申请日：2014-01-13

申请人：惠州市吉瑞科技有限公司

申请人地址:516000 广东省惠州市仲恺高新区和畅西三路 16 号 A 栋三、四、五层

发明人:刘秋明

授权日:2016-09-14

法律状态公告日:2017-01-04

法律状态:专利申请权、专利权的转移

摘要:

本发明公开了一种限定使用寿命的电子烟及限定电子烟使用寿命的方法,通过增设吸烟口数计数器和电池电量检测器,能够在吸烟口数达到设定值或电量较低的情况下终止电子烟工作或发出预警后再终止电子烟工作,从而保证产品的一致性,进而给用户良好的吸烟体验。该限定使用寿命的电子烟包括电池、控制模块、开关组件、雾化器及吸烟触发模块,控制模块包括计数子模块和主控子模块,计数子模块与主控子模块相连,用于根据吸烟触发模块向主控子模块发送的监测信号记录吸烟口数,主控子模块与电池、开关组件及吸烟触发模块相连,用于根据吸烟口数信号控制电子烟。

授权文件独立权利要求:

一种限定使用寿命的电子烟,包括电池(1)、开关组件(3)及雾化器(4),其特征在于还包括控制模块(2)及吸烟触发模块(5)。控制模块(2)包括计数子模块(21)和主控子模块(22):计数子模块(21)与主控子模块(22)相连,用于根据吸烟触发模块(5)向主控子模块(22)发送监测信号以记录吸烟口数;主控子模块(22)与电池(1)、开关组件(3)及吸烟触发模块(5)相连,用于根据吸烟口数及监测信号控制电子烟,当吸烟口数达到预设值时,控制电子烟终止工作。

454. 方便注液的电子烟及制造方法和注液方法

专利类型:发明

申请号:CN201410017542.X

申请日:2014-01-15

申请人:林光榕

申请人地址:518000 广东省深圳市宝安区沙井镇帝堂路沙二蓝天科技园 3A 栋 3 楼

发明人:林光榕

授权日:2016-02-24

法律状态公告日:2016-02-24

法律状态:授权

摘要:

本发明涉及一种方便注液的电子烟及制造方法和注液方法。该电子烟的储液杯底端设有注液通孔,该注液通孔由注液头拔出后可自行封闭的封堵构件密封连接。该制造方法为:将储液杯的底端成型为凹环腔,其底面沿圆心开设通孔,孔壁向内凸伸形成凸肩,将凸肩与封堵构件的环形槽扣接。该注液方法为:在储液杯底端开设注液通孔,并制作封堵构件,将封堵构件紧密装配于储液杯的注液通孔上,将吸嘴盖装配固定在电子烟吸嘴一端的外管内,将注液头伸进吸嘴盖中心通孔内,再刺穿储液杯底端的封堵构件后注液,封堵构件在注液头拔出后自行封闭。该电子烟采用先装配储液杯后注液的方式,以适应自动化高效率生产,并防止储液杯注液后发生泄漏和污染,可以在实现自动化注液。

授权文件独立权利要求:

一种方便注液的电子烟,包括吸嘴盖、储液杯、雾化组件、电池组件,其特征在于储液杯底端设有注液通孔,该注液通孔由注液头拔出后可自行封闭的封堵构件密封连接。

455. 基于蓝牙 4.0 技术的物联网智能电子烟

专利类型:发明

申请号:CN201410020988.8

申请日:2014-01-16

申请人:深圳市聚东方科技有限公司

申请人地址:518000 广东省深圳市宝安区大浪街道大浪社区永乐路新围第三工业区综合楼728(办公场所)

发明人:齐军国　高永　刘丽萍

法律状态公告日:2017-01-04

法律状态:发明专利申请公布后的驳回

摘要:

本发明提供了一种基于蓝牙4.0技术的物联网智能电子烟,其包括一烟杆,烟杆中依次装设有一电子烟雾化器、一电子烟控制头,一电子烟电池,电子烟雾化器装设于烟杆的前端,电子烟控制头包括电子烟控制的软硬件及蓝牙通信板,电子烟控制的软硬件上设有MCU处理模块,蓝牙通信板上设有蓝牙4.0模块,蓝牙4.0模块连接MCU处理模块,蓝牙4.0模块用以传送经MCU处理模块处理后的信息,且蓝牙4.0模块也可以将外界信息(手机APP上的控制信息)传输至MCU处理模块,通过蓝牙4.0模块实现了电子烟和手机APP之间的相互控制,便于实时控制电子烟的使用状况,以跟踪及控制吸烟情况。

申请文件独立权利要求:

一种基于蓝牙4.0技术的物联网智能电子烟,其特征在于包括一烟杆,烟杆中依次装设有一电子烟雾化器、一电子烟控制头、一电子烟电池,电子烟雾化器装设于烟杆的前端,电子烟控制头包括电子烟控制的软硬件及蓝牙通信板,电子烟控制的软硬件上设有MCU处理模块,蓝牙通信板上设有蓝牙4.0模块,蓝牙4.0模块连接MCU处理模块,蓝牙4.0模块用以传送经MCU处理模块处理后的信息,且蓝牙4.0模块也可以将外界信息传输至MCU处理模块,电子烟电池电性连接MCU处理模块,并用以给MCU处理模块提供电源。

456. 电子香烟的发热组件和雾化结构

专利类型:发明

申请号:CN201410033400.2

申请日:2014-01-23

申请人:深圳市康尔科技有限公司

申请人地址:518000 广东省深圳市宝安区福永街道和平社区和裕工业区5号厂房第四层B

发明人:朱晓春

授权日:2017-05-31

法律状态公告日:2017-05-31

法律状态:授权

摘要:

本发明公开了一种电子香烟的发热组件和雾化结构,其包括导液陶瓷棒和设置在该导液陶瓷棒上的发热丝。本发明采用导液陶瓷棒替代现有的纤维绳来作为烟液从储液腔至中空雾化杆的导液载体和发热丝的支承载体,导液陶瓷棒具有耐高温的特性,无烧焦味,从而使得产生的气流更切合电子香烟的要求,口感更接近真正的香烟;而且导液陶瓷棒不易损坏,且导液均匀持久,能有效保证电子香烟的导液可靠性;进一步地,导液陶瓷棒的硬质材料特性可实现发热丝在导液陶瓷棒上的多种布局,从而使导液载体上的烟液与加热丝之间的位置分布得更合理,以提高热利用率,使雾化效果明显改善,并节约了原材料。

授权文件独立权利要求:

一种电子香烟的发热组件,其穿设在电子香烟的雾化结构中,其特征在于包括导液陶瓷棒和设置在该导液陶瓷棒上的发热丝。

457. 草莓味的电子烟用香精配制方法

专利类型：发明
申请号：CN201410067541.6
申请日：2014-02-27
申请人：恩施市锦华生物工程有限责任公司
申请人地址：湖北省恩施土家族苗族自治州巴公路 30 号
发明人：彭炜　吴红丽　石永进
授权日：2015-05-27
法律状态公告日：2015-05-27
法律状态：授权
摘要：

本发明涉及一种草莓味的电子烟用香精配制方法，该电子烟用香精按以下步骤配制：第一步，按照一定的质量百分比配制原料；第二步，将配制的丁酸乙酯、乙酸苏合香酯、苄醇、苯乙醇、苯甲酸乙酯、草莓酸、α-紫罗兰酮、β-紫罗兰酮、β-突厥烯酮、杨梅醛、γ-辛内酯在密闭的空间内搅拌混合；第三步，在搅拌混合均匀的混合液中依次加入配制的乙基麦芽酚、香兰素、桂酸甲酯、覆盆子酮，搅拌至完全溶解；第四步，将完全溶解的混合液放置在室温下陈化 30～60 小时。本发明的整个工艺过程简单可控，配制出来的电子烟具有特殊的浓郁新鲜的草莓香气，风味浓郁醇厚而又持久，可使使用者的口气清新。

授权文件独立权利要求：

一种草莓味的电子烟用香精配制方法，其特征在于按以下步骤配制：第一步，配制下述质量百分比的原料，即乙基麦芽酚 1.12%、香兰素 1%、丁酸乙酯 5%、叶醇 0.26%、乙酸苏合香酯 0.1%、苄醇 0.2%、质量百分比为 10%的苯乙醇 0.5%、质量百分比为 10%的香叶醇 0.5%、质量百分比为 10%的异戊酸乙酯 0.2%、质量百分比为 10%的己酸乙酯 0.2%、质量百分比为 10%的乙酸叶醇酯 0.8%、质量百分比为 10%的丁酸叶醇酯 0.4%、质量百分比为 10%的 2-丁烯酸乙酯 0.2%、质量百分比为 10%的桂酸甲酯 0.15%、质量百分比为 10%的苯甲酸乙酯 0.1%、质量百分比为 10%的乙酸 0.6%、质量百分比为 10%的丁酸 0.2%、质量百分比为 10%的草莓酸 0.6%、质量百分比为 10%的己酸 0.2%、质量百分比为 10%的 α-紫罗兰酮 0.6%、质量百分比为 10%的 β-紫罗兰酮 0.5%、质量百分比为 10%的覆盆子酮 0.2%、质量百分比为 10%的 β-突厥烯酮 0.1%、质量百分比为 10%的杨梅醛 0.4%、质量百分比为 10%的桂皮油 0.2%、质量百分比为 10%的薄荷油 0.25%、质量百分比为 10%的 γ-癸内酯 0.6%、质量百分比为 1%的 γ-十一内酯 0.5%、质量百分比为 1%的 γ-辛内酯 0.4%、质量百分比为 1%的 δ-癸内酯 0.2%、质量百分比为 1%的 γ-十二内酯 0.2%、溶剂丙二醇 83.52%；第二步，将配制的丁酸乙酯、乙酸苏合香酯、苄醇、苯乙醇、苯甲酸乙酯、草莓酸、α-紫罗兰酮、β-紫罗兰酮、β-突厥烯酮、杨梅醛、γ-辛内酯在密闭的空间内搅拌混合；第三步，在搅拌混合均匀的混合液中依次加入配制的乙基麦芽酚、香兰素、桂酸甲酯、覆盆子酮，搅拌至完全溶解；第四步，将完全溶解的混合液放置在室温下陈化 30～60 小时。

458. 一种智能电子烟装置及其控制系统

专利类型：发明
申请号：CN201410068500.9
申请日：2014-02-27
申请人：唐群
申请人地址：425000 湖南省永州市冷水滩区零陵路 866 号
发明人：唐群
授权日：2016-06-29

法律状态公告日:2016-06-29

法律状态:授权

摘要:

本发明涉及一种智能电子烟装置及其控制系统。该智能电子烟装置包括抽烟按钮、微控制器、雾化器、蓝牙模块,以及用于向微控制器、雾化器和蓝牙模块供电的电池模块。微控制器用于获取抽烟按钮的按压信号,并根据该按压信号控制电池模块对雾化器和蓝牙模块供电;微控制器还用于根据抽烟按钮的按压信号得到按压频率和按压时间信号,并将其输出到蓝牙模块。蓝牙模块用于将按压频率和按压时间信号传输到移动终端。本发明具有产品结构简单、制造成本低、扩展性强等优点。

授权文件独立权利要求:

一种智能电子烟装置,其特征在于包括抽烟按钮、微控制器、雾化器、蓝牙模块,以及用于向微控制器、雾化器和蓝牙模块供电的电池模块。微控制器用于获取抽烟按钮的按压信号,并根据该按压信号控制电池模块对雾化器和蓝牙模块供电;微控制器还用于根据抽烟按钮的按压信号得到按压频率和按压时间信号,并将其输出到蓝牙模块。蓝牙模块用于将按压频率和按压时间信号传输到外部移动终端。

459. 一种设置有雾化液密封腔的电子模拟香烟及医疗雾化器

专利类型:发明

申请号:CN201410070716.9

申请日:2014-02-28

申请人:深圳劲嘉彩印集团股份有限公司

申请人地址:518000 广东省深圳市南山区科技中二路劲嘉科技大厦 18—19 层

发明人:董继宏

授权日:2015-03-25

法律状态公告日:2015-04-22

法律状态:专利申请权、专利权的转移

摘要:

本发明公开了一种设置有雾化液密封腔的电子模拟香烟和医疗雾化器,该电子模拟香烟包括依次连接的电池杆、雾化器和烟弹,还包括一用于盛放烟液的雾化液密封腔,烟弹和雾化器之间还设置有一固定装置。雾化液密封腔包括由软性材质制成的呈凸起状的上半部以及底部设置有薄膜的下半部,雾化液密封腔的内部还设置有一顶杆,顶杆的上部与雾化液密封腔的上半部连接,顶杆的下部与雾化液密封腔的薄膜之间具有一定的距离,用于当雾化液密封腔的上半部受到烟弹的压力而带动顶杆向下运动时,顶杆将雾化液密封腔的下半部的薄膜顶开,让烟液流入雾化器内,从而使烟液在电子模拟香烟开始使用后也能够保持相当长的一段时间,因此对烟液的品质保鲜达到较高的水平。

授权文件独立权利要求:

一种电子模拟香烟,包括依次连接的电池杆、雾化器和烟弹,其特征在于还包括一用于盛放烟液的雾化液密封腔。雾化液密封腔位于烟弹与雾化器之间,烟弹和雾化器之间还设置有一用于阻止烟弹和雾化器相对运动,令两者无法完全卡合在一起的固定装置。雾化液密封腔包括由软性材质制成的呈凸起状的上半部以及底部设置有薄膜的下半部,雾化液密封腔的内部还设置有一顶杆,顶杆的上部与雾化液密封腔的上半部连接,顶杆的下部与雾化液密封腔的下半部的薄膜之间具有一定的距离,用于当雾化液密封腔的上半部受到烟弹的压力而带动顶杆向下运动时,顶杆将雾化液密封腔的下半部的薄膜顶开,令烟液流入雾化器内。

460. 电子烟雾化液及其制备方法

专利类型:发明

申请号:CN201410101401.6

申请日：2014-03-18

申请人：黄金珍

申请人地址：518000 广东省深圳市宝安区龙华镇玉华花园华思阁 304

发明人：黄金珍

授权日：2017-05-24

法律状态公告日：2017-05-24

法律状态：授权

摘要：

本发明涉及一种电子烟，并公开了一种电子烟雾化液的制备方法，具体步骤如下：①选择饱满的新鲜草莓，将其清洗后切片、烘干，然后切碎成颗粒状；②将切好的碎草莓投入提取容器内；③对提取容器内的碎草莓进行加热回流提取，提取时间为 3～4 小时，然后静置、冷却至室温；④对上一步骤中的原料进行过滤、去渣，得到萃取液；⑤将上一步骤中得到的萃取液经浓缩罐浓缩至密度在 0.8 g/cm^3 以上，得到组合物 A；⑥将上一步骤中所得的组合物 A 按重量百分比 0.8%～5%加入电子烟液组合物中，搅拌均匀即可得到成品。本发明还公开了采用这种方法制备的电子烟雾化液。本发明的电子烟雾化液具有能有效缓和烟液对咽喉的刺激性，并能清除体内的重金属离子的优点。

授权文件独立权利要求：

一种电子烟雾化液的制备方法，其特征在于包括以下步骤：

(1) 选择饱满的新鲜草莓，将其清洗后切片，于 70～90 ℃下烘干，然后切碎成颗粒状；

(2) 将切好的碎草莓投入提取容器内，并按 1 kg 碎草莓加入 30～50 L 的 85%～95%的食用酒精的比例加入该食用酒精；

(3) 对上一步骤中的提取容器内的原料进行加热回流提取，提取时间为 3～4 小时，然后静置、冷却至室温；

(4) 对上一步骤中的原料进行过滤、去渣，得到萃取液；

(5) 将上一步骤中得到的萃取液经浓缩罐浓缩至密度在 0.8 g/cm^3 以上，得到组合物 A；

(6) 将上一步骤中所得的组合物 A 按重量百分比 0.8%～5%加入电子烟液组合物中，搅拌均匀即可得到成品。

461. 电子烟发热组件及具有该发热组件的雾化器

专利类型：发明

申请号：CN201410117936.2

申请日：2014-03-26

申请人：深圳市康尔科技有限公司

申请人地址：518000 广东省深圳市宝安区福永街道和平社区和裕工业区 5 号厂房第四层 B

发明人：朱晓春

授权日：2016-09-28

法律状态公告日：2017-03-29

法律状态：专利申请权、专利权的转移

摘要：

本发明公开了一种电子烟发热组件及具有该发热组件的雾化器，该电子烟发热组件至少包括两个导液陶瓷棒、一一对应地缠绕在导液陶瓷棒外部的发热丝以及导液陶瓷支架，导液陶瓷棒的端部设置有伸入电子烟储存烟液油的腔室中的第一引导部，导液陶瓷棒和导液陶瓷支架以贴合的方式配合。本发明利用导液陶瓷棒和导液陶瓷支架替代现有的纤维绳作为烟液油传导介质，具有较高的传导效率，从而提高了电子烟雾化器的雾化效率，可以有效地避免发热丝在工作过程中出现干烧的情况，同时不会产生焦味，不会影响烟

液油本身的口味,使雾化后的烟气更符合使用者的要求,提高了雾化器的可靠性。

授权文件独立权利要求:

一种电子烟发热组件,其特征在于至少包括两个导液陶瓷棒、一一对应地缠绕在导液陶瓷棒外部的发热丝以及导液陶瓷支架,导液陶瓷棒的端部设置有伸入电子烟储存烟液油的腔室中的第一引导部,导液陶瓷棒和导液陶瓷支架以贴合的方式配合。

462. 电子烟和电子烟雾化控制方法

专利类型:发明

申请号:CN201410133757.8

申请日:2014-04-03

申请人:惠州市吉瑞科技有限公司

申请人地址:516000 广东省惠州市仲恺高新区和畅西三路 16 号 A 栋三、四、五层

发明人:刘秋明

授权日:2016-05-11

法律状态公告日:2016-12-28

法律状态:专利申请权、专利权的转移

摘要:

本发明公开了一种电子烟和电子烟雾化控制方法,该电子烟包括吸烟端、用于根据接收到的语音产生不同选择信号的语音识别模块和雾化模块,不同选择信号包括第一选择信号或第二选择信号,雾化模块包括第一雾化组件和第二雾化组件,第一雾化组件和第二雾化组件中分别设置有装载不同烟液的第一储油空间和第二储油空间。与语音识别模块连接的微控制器,用于根据第一选择信号与第一雾化组件连通,或根据第二选择信号与第二雾化组件连通。该电子烟还包括用于产生第一脉冲信号的与微控制器连接的气流感应器和电池模块。微控制器还用于根据第一脉冲信号生成第一控制信号,与微控制器连通的雾化组件用于根据第一控制信号雾化相应的储油空间内的烟液。本发明能够让用户采用语音在一个电子烟内选择不同口味的烟液。

授权文件独立权利要求:

一种电子烟,其特征在于包括电子烟本体,该电子烟本体设置有吸烟端、用于根据接收到的语音产生不同选择信号的语音识别模块和雾化模块,不同选择信号包括第一选择信号或者第二选择信号,雾化模块至少包括第一雾化组件和第二雾化组件,第一雾化组件和第二雾化组件内分别设置有装载不同烟液的第一储油空间和第二储油空间。与语音识别模块相连接的微控制器,用于根据第一选择信号与第一雾化组件连通,或根据第二选择信号与第二雾化组件连通。电子烟本体还设置有用于产生第一脉冲信号的与微控制器相连接的气流感应器,以及用于给微控制器、第一雾化组件和第二雾化组件供电的电池模块。微控制器还用于根据第一脉冲信号生成第一控制信号,与微控制器连通的雾化组件用于根据第一控制信号雾化相应的储油空间内的烟液。

463. 电子烟的雾化结构

专利类型:发明

申请号:CN201410146723.2

申请日:2014-04-11

申请人:深圳市康尔科技有限公司

申请人地址:518000 广东省深圳市宝安区福永街道和平社区和裕工业区 5 号厂房第四层 B

发明人:朱晓春

授权日:2017-03-01

法律状态公告日: 2017-03-01

法律状态: 授权

摘要:

一种电子烟的雾化结构,包括:①雾化器壳体组件,其内腔形成一用于容纳烟液油的烟油腔室;②安装在雾化器壳体组件内的发热座组件,其内腔形成一个与烟油腔室密闭隔离的雾化腔室;③安装在雾化腔室内部的烟液油引导部件,该烟液油引导部件的端部形成一个将烟油腔室中的烟油向烟液油引导部件的中部引导的导油部;④绕设在烟液油引导部件上的发热丝;⑤进气通道,该进气通道将雾化腔室与外界环境连通,且进气通道与外界环境连通的进气口位于雾化器壳体组件的侧面。本发明既能够防止底部进气孔沉积烟液油或漏油,又能够防止烟液油被吸入使用者口中。

授权文件独立权利要求:

一种电子烟的雾化结构,其特征在于包括:①雾化器壳体组件,其内腔形成一用于容纳烟液油的烟油腔室;②安装在雾化器壳体组件内的发热座组件,其内腔形成一个与烟油腔室密闭隔离的雾化腔室;③安装在雾化腔室内部的烟液油引导部件,该烟液油引导部件的端部形成一个将烟油腔室中的烟油向烟液油引导部件的中部引导的导油部;④绕设在烟液油引导部件上的发热丝;⑤进气通道,该进气通道将雾化腔室与外界环境连通,且进气通道与外界环境连通的进气口位于雾化器壳体组件的侧面。

464. 具有超声波雾化功能的电子烟及烟液

专利类型: 发明

申请号: CN201410151376.2

申请日: 2014-04-15

申请人: 上海聚华科技股份有限公司

申请人地址: 201203 上海市浦东新区张江高科技园区祖冲之路 2288 弄 3 号 1229 室

发明人: 潘雪松　陈健

授权日: 2017-01-04

法律状态公告日: 2017-01-04

法律状态: 授权

摘要:

本发明揭示了一种具有超声波雾化功能的电子烟及烟液。本发明设置了超声波液体雾化方式,超声波雾化相对于一般液体加热雾化,雾化率得到了提高。特别是通过液位调控器自动将烟液从烟液储仓中吸出来供超声波雾化器雾化,这种方式相对于目前存在的比如纤维吸附等方式,在避免液体浪费的同时还可以保证雾化后气流充足,同时由于烟液直接进入超声波雾化器中,所以还能进一步提高雾化率,保证雾化组分相对均匀,从而保证吸食口感适宜。另外,本发明的烟液除去了高浓度的丙二醇、丙三醇,使得吸食口感更舒适。

授权文件独立权利要求:

一种具有超声波雾化功能的电子烟,其特征在于包括:①电池,其作为电子烟的末端;②控制模块,包括一空心管筒、设置在管筒内的控制电路、设置在管筒外壁上与控制电路电连接的开关,管筒的一端与电池连接,靠近管筒另一端的管壁上开有进气孔;③烟液雾化筒,包括依次连接的超声波雾化器、液位调控器和带有加液口的烟液储仓,烟液雾化筒的一端与控制模块的空心管筒活动连接,另一端为敞口端,超声波雾化器电连接控制电路,烟液雾化筒内部具有贯通的气流通道并与控制模块的空心管筒进气孔连通;④烟嘴,与烟液雾化筒的敞口端活动连接,烟嘴、烟液雾化筒、控制模块空心管筒的进气孔依次连通形成气流通道。

465. 电　子　烟

专利类型: 发明

申请号:CN201410151737.3

申请日:2014-04-15

申请人:惠州市吉瑞科技有限公司

申请人地址:516000 广东省惠州市仲恺高新区和畅西三路 16 号 A 栋三、四、五层

发明人:刘秋明

授权日:2017-06-16

法律状态公告日:2017-06-16

法律状态:授权

摘要:

本发明涉及一种电子烟,其包括电源杆和第一烟杆,第一烟杆包括第一雾化装置、分别设于第一雾化装置两端的第一吸嘴盖和第一连接器,电源杆包括设置于电源杆内的电池以及与第一连接器可拆卸地固定连接的第一连接端。该电子烟还包括第二烟杆,电源杆还包括与第二烟杆可拆卸地固定连接的第二连接端。该电子烟通过在电源杆两端可拆卸地设置两个雾化组件,让使用者可以在该电子烟的任一端吸烟,并且还可以在一端吸烟的同时通过另一端来充电,方便使用。

授权文件独立权利要求:

一种电子烟,包括电源杆和第一烟杆,其特征在于还包括第二烟杆,第一烟杆和第二烟杆对接于电源杆两末端,电源杆可选择性地与第一烟杆和/或第二烟杆分别构成独立工作的电子烟供吸烟者抽吸。

466. 一种带电子标签的电子烟

专利类型:发明

申请号:CN201410193411.7

申请日:2014-05-09

申请人:云南中烟工业有限责任公司

申请人地址:650000 云南省昆明市世博路 6 号

发明人:段沅杏　杨威　杨柳　李海燕　杨继　赵伟　韩敬美　陈永宽

法律状态公告日:2018-08-03

法律状态:发明专利申请公布后的驳回

摘要:

本发明涉及一种带电子标签的电子烟,属于电子烟技术领域。该电子烟包括由电池杆外壳及雾化器外壳相互对接构成的电子烟主体,电子烟主体内包括吸嘴、雾化器、烟弹、控制电路板,其特征在于在电子烟主体内设有电子标签芯片、电子标签信号接收线圈以及发光电路。本发明的优点是:能够及时识别电子烟的各项信息,具有防伪辨别真假的功能,方便企业采集产品信息,为产品开发及供给提供数据支持,且成本低,体积小,重量轻。

申请文件独立权利要求:

一种带电子标签的电子烟,包括由电池杆外壳及雾化器外壳相互对接构成的电子烟主体,电子烟主体内包括雾化器、烟弹、控制电路板和设置在雾化器前端的烟嘴,其特征在于在电子烟主体内设有电子标签芯片以及电子标签信号接收线圈,并在电子烟的一端设置有发光装置。

467. 一种多元乙二醇系列低碳醇为基液的电子口腔雾化液

专利类型:发明

申请号:CN201410197508.5

申请日:2014-05-12

申请人:华健

申请人地址：518000 广东省深圳市南山区高新技术产业科技南十二路方大大厦 12A

发明人：华健

授权日：2016-05-25

法律状态公告日：2016-05-25

法律状态：授权

摘要：

本发明公开了一种多元乙二醇系列低碳醇为基液的电子口腔雾化液，其中，该雾化液由烟叶提取物 3%～5% w/v、低碳醇 30%～80% w/v、纯水 5%～10% w/v、烟草香精 3%～5% w/v、烟碱 0%～3% w/v、稳定剂 0.2%～1.0% w/v、增稠剂 3%～8% w/v 和口味修饰剂 15%～20% w/v 组成。低碳醇为三乙二醇和/或四乙二醇和/或五乙二醇和/或六乙二醇和/或七乙二醇和/或八乙二醇和/或九乙二醇的混合物。本发明具有余味干净、香气持久、使用安全的优点。

授权文件独立权利要求：

一种多元乙二醇系列低碳醇为基液的电子口腔雾化液，其中，该雾化液由烟叶提取物 3%～5% w/v、低碳醇 30%～80% w/v、纯水 5%～10% w/v、烟草香精 3%～5% w/v、烟碱 0%～3% w/v、稳定剂 0.2%～1.0% w/v、增稠剂 3%～8% w/v 和口味修饰剂 15%～20% w/v 组成。低碳醇为三乙二醇和/或四乙二醇和/或五乙二醇和/或六乙二醇和/或七乙二醇和/或八乙二醇和/或九乙二醇的混合物。

468. 凝胶型固液电子烟弹及其制备方法

专利类型：发明

申请号：CN201410205474. X

申请日：2014-05-15

申请人：湖北中烟工业有限责任公司

申请人地址：430040 湖北省武汉市东西湖区金山大道 1355 号

发明人：刘祥浩　刘华臣　陈义坤　罗诚浩　刘冰

法律状态公告日：2014-07-13

法律状态：发明专利申请公布后的驳回

摘要：

本发明公开了一种凝胶型固液电子烟弹，其包括一端开口的金属外壳，金属外壳的开口处通过金属箔膜密封，其特征在于金属外壳内填充有烟草凝胶。该烟草凝胶由基础烟草、基础凝胶和烟用香精香料混合搅拌均匀形成，基础烟草为烟丝、重组烟叶、烟末中的一种或多种的混合物，基础凝胶由凝胶基质和雾化剂搅拌溶解形成。本发明具有不易溢洒、便于保存的优点。

申请文件独立权利要求：

一种凝胶型固液电子烟弹，包括一端开口的金属外壳(2)，金属外壳(2)的开口处通过金属箔膜(3)密封，其特征在于金属外壳(2)内填充有烟草凝胶(1)。该烟草凝胶(1)由基础烟草、基础凝胶和烟用香精香料混合搅拌均匀形成，基础烟草为烟丝、重组烟叶、烟末中的一种或多种的混合物，基础凝胶由凝胶基质和雾化剂搅拌溶解形成。

469. 内含电热丝的凝胶型一次性固液电子烟弹及其制备方法

专利类型：发明

申请号：CN201410205760. 6

申请日：2014-05-15

申请人：湖北中烟工业有限责任公司

申请人地址：430040 湖北省武汉市东西湖区金山大道 1355 号

发明人:刘祥浩　刘华臣　陈义坤　罗诚浩　岳海波

法律状态公告日:2018-04-24

法律状态:发明专利申请公布后的驳回

摘要:

本发明公开了一种内含电热丝的凝胶型一次性固液电子烟弹及其制备方法。该电子烟弹包括绝缘外壳,绝缘外壳的一端开有烟气释放孔,其特征在于绝缘外壳内设有电热丝,绝缘外壳开有烟气释放孔的一端外侧设有与电热丝相连的金属触点,绝缘外壳内填充有烟草凝胶。该烟草凝胶由基础烟草、基础凝胶和烟用香精香料混合搅拌均匀而成,基础烟草为烟丝、重组烟叶、烟末中的一种或多种的混合物,基础凝胶由凝胶基质和雾化剂搅拌溶解形成。本发明具有不易溢洒、便于保存的优点。

申请文件独立权利要求:

一种内含电热丝的凝胶型一次性固液电子烟弹,包括绝缘外壳(2),绝缘外壳(2)的一端开有烟气释放孔(2.1),其特征在于绝缘外壳(2)内设有电热丝(3),绝缘外壳(2)开有烟气释放孔(2.1)的一端外侧设有与电热丝(3)相连的金属触点(2.2),绝缘外壳(2)内填充有烟草凝胶(1)。该烟草凝胶(1)由基础烟草、基础凝胶和烟用香精香料混合搅拌均匀而成,基础烟草为烟丝、重组烟叶、烟末中的一种或多种的混合物,基础凝胶由凝胶基质和雾化剂搅拌溶解形成。

470. 一种电子烟用中式烤烟香型风格烟液的提取方法

专利类型:发明

申请号:CN201410249421.8

申请日:2014-06-06

申请人:山东中烟工业有限责任公司

申请人地址:250100 山东省济南市历城区东外环路 431 号

发明人:周仕禄　刘仕民　刘晓芊　王钧　胡苏林

授权日:2016-08-24

法律状态公告日:2016-08-24

法律状态:授权

摘要:

本发明公开了一种电子烟用中式烤烟香型风格烟液的提取方法,该方法包括以下步骤:①烤烟型烟叶、烟丝或烟末的混配;②将烟用料液或含糖量高的物质加入烟叶、烟丝或烟末中;③分温度段干馏烟叶、烟丝或烟末;④馏分的收集。该方法收集到的馏分可直接作为电子烟烟液使用,亦可添加具有特色风味的烟用香精香料或食用香精香料,以丰富电子烟烟液的风格。该方法收集的电子烟烟液具备类似于中式卷烟的风格特征和口味,满足感好,香气协调,吸味醇和。

授权文件独立权利要求:

一种电子烟用中式烤烟香型风格烟液的提取方法,其特征在于包括以下步骤:烤烟型烟叶、烟丝或烟末的混配,烟用料液或含糖量高的物质施加于烟叶、烟丝或烟末中,分温度段干馏上一步骤所得物质,馏分的收集。

471. 一种电子烟用中式混合香型风格烟液的提取方法

专利类型:发明

申请号:CN201410249613.9

申请日:2014-06-06

申请人:山东中烟工业有限责任公司

申请人地址:250100 山东省济南市历城区东外环路 431 号

发明人:王钧　刘晓芊　刘仕民　周仕禄　林建胜

授权日:2016-08-24

法律状态公告日:2016-08-24

法律状态:授权

摘要:

本发明公开了一种电子烟用中式混合香型风格烟液的提取方法,该方法包括以下步骤:将烤烟、白肋烟和香料烟的烟叶、烟丝或烟末混合,加入烟用料液或可可粉、甘草、蜂蜜、黑加仑提取物中的至少一种,分温度段干馏上述混合物,然后收集馏分。该方法收集到的馏分可直接作为电子烟烟液使用,亦可添加具有特色风味的烟用香精香料或食用香精香料,以丰富电子烟烟液的风格。该方法收集的电子烟烟液具备类似于中式混合型卷烟的风格特征和口味,既有 VIRGINIA 的温和甜润,又有晾晒烟的辛辣开胃,且余味纯净。

授权文件独立权利要求:

一种电子烟用中式混合香型风格烟液的提取方法,其特征在于包括以下步骤:将烤烟、白肋烟和香料烟的烟叶、烟丝或烟末混合,加入烟用料液或可可粉、甘草、蜂蜜、黑加仑提取物中的至少一种,分温度段干馏上述混合物,然后收集馏分。

472. 一种中式电子烟烟液及其制备方法

专利类型:发明

申请号:CN201410249859.6

申请日:2014-06-06

申请人:山东中烟工业有限责任公司

申请人地址:250100 山东省济南市历城区东外环路 431 号

发明人:刘仕民　周仕禄　王钧　刘晓芊　刘伟　郑宏伟　张新龙

授权日:2016-10-05

法律状态公告日:2016-10-05

法律状态:授权

摘要:

本发明公开了一种电子烟烟液,该电子烟烟液由以下质量百分比的原料制成:烟草提取物 5%～10%、烟用香料 2%～4%、烟用香精 1%～3%、食用香精 2%～6%、天然烟碱 1%～2%、天然植物萃取精华 1%～4%、二甘油 30%～85%,余量为丙二醇、甘油、酒精、丁二醇、三甘醇中的一种或几种,其中天然植物萃取精华是沉香、檀香、木香、山香圆叶、龙脷叶、牡荆叶按质量比(1～3):(1～2):(1～2):(1～2):(1～2):(1～2)混合,经超临界 CO_2 萃取得到的萃取物。本发明还公开了该电子烟烟液的制备方法。本发明的电子烟烟液含有中式烤烟提取物及烟用香精香料成分,在香气、口感方面与传统中式烤烟香型卷烟较为接近,提高了抽吸满足感。

授权文件独立权利要求:

本发明涉及二甘油在电子烟烟液制备中的应用,该电子烟烟液的特征在于电子烟烟液中二甘油的质量百分比为 30%～85%。

473. 一种有效降低口腔甜腻感的中式烤烟香型电子烟烟液

专利类型:发明

申请号:CN201410250173.9

申请日:2014-06-06

申请人:山东中烟工业有限责任公司

申请人地址:250100 山东省济南市历城区东外环路 431 号

发明人:周仕禄　刘仕民　王钧　牟会南　刘晓芊　郑宏伟　刘江

授权日:2015-08-05

法律状态公告日:2015-08-05

法律状态:授权

摘要:

本发明公开了二丙二醇在电子烟烟液制备中的应用,还公开了应用二丙二醇制备的电子烟烟液。该电子烟烟液由以下质量百分比的原料制成:云南烟草提取物1%～8%、烟用香料1%～5%、烟用香精0.5%～3%、食用香精1%～5%、天然烟碱0.8%～2%、天然植物萃取精华0.5%～5%、二丙二醇30%～95%,余量为丙二醇、甘油、酒精、山梨醇、蒸馏水中的一种或几种,其中天然植物萃取精华是丁香、桂花、款冬花、凌霄花、甘草按质量比(2～4)∶(1～2)∶(1～2)∶(1～2)∶(1～2)混合,经超临界CO_2萃取得到的萃取物。本发明还公开了该电子烟烟液的制备方法。本发明的电子烟烟液含有中式烤烟提取物及烟用香精香料成分,在香气、口感方面与传统中式烤烟香型卷烟较为接近,提高了抽吸满足感。

授权文件独立权利要求:

本发明涉及二丙二醇在电子烟烟液制备中的应用,该电子烟烟液的特征在于电子烟烟液中二丙二醇的质量百分比为30%～95%。

474. 电子烟控制器及电子烟

专利类型:发明

申请号:CN201410284823.1

申请日:2014-06-23

申请人:深圳麦克韦尔股份有限公司

申请人地址:518102 广东省深圳市宝安区西乡固戍东财工业区16号8栋2楼

发明人:陈志平

授权日:2017-10-10

法律状态公告日:2017-10-10

法律状态:授权

摘要:

一种电子烟控制器,包括控制芯片,该控制芯片包括:①吸烟检测模块,用于检测外部咪头的电容值变化,并在电容值不小于吸烟阈值时发出启动电子烟的吸烟信号,或在电容值小于吸烟阈值时发出关闭电子烟的待机信号;②控制模块,与吸烟检测模块连接,用于根据吸烟信号发送驱动控制信号,或根据待机信号停止发送驱动控制信号;③驱动模块,与控制模块连接,用于接收驱动控制信号并输出电流,以驱动电子烟工作;④烟油检测模块,与控制模块连接,用于采样电子烟的烟油量状态值,并判断烟油量状态值是否小于预设的基准值,若是,则控制模块停止发送驱动控制信号。本发明具有烟油检测功能。

授权文件独立权利要求:

一种电子烟控制器,包括控制芯片,该控制芯片包括:①吸烟检测模块,用于检测外部咪头的电容值变化,并在电容值不小于吸烟阈值时发出启动电子烟的吸烟信号,或在电容值小于吸烟阈值时发出关闭电子烟的待机信号;②控制模块,与吸烟检测模块连接,用于根据吸烟信号发送驱动控制信号,或根据待机信号停止发送驱动控制信号;③驱动模块,与控制模块连接,用于接收驱动控制信号并输出电流,以驱动电子烟工作。该电子烟控制器的特征在于控制芯片还包括烟油检测模块,其与控制模块连接,用于采样电子烟的烟油量状态值,并判断烟油量状态值是否小于预设的基准值,若是,则控制模块停止发送驱动控制信号。

475. 一种水烟筒型电子卷烟

专利类型:发明

申请号:CN201410285897.7

申请日:2014-06-25

申请人:云南中烟工业有限责任公司

申请人地址:650000 云南省昆明市世博路 6 号

发明人:李寿波　朱东来　陈永宽　韩熠　巩效伟　张霞　汤建国　杨柳　郑绪东

法律状态公告日:2018-04-06

法律状态:发明专利申请公布后的驳回

摘要:

本发明涉及一种水烟筒型电子卷烟,其包括可更换吸口、雾化段、功率调节环、锁环、主体段及底座,可更换吸口、雾化段、功率调节环、锁环、主体段及底座从上至下依次连接,底座内设置有水烟发声器和电路板,主体段内设置有充电电池、电极和电池压盖,主体段下部设置有小烟筒,雾化段内设置有雾化芯及雾化芯固定座。本发明的水烟筒型电子卷烟具有典型的民族特色,且结构紧凑,造型精致大方,可连续长时间工作,是集现代科技、民族工艺、人性化设计为一体的新型电子卷烟。

申请文件独立权利要求:

一种水烟筒型电子卷烟,其特征在于包括可更换吸口、雾化段、功率调节环、锁环、主体段及底座,可更换吸口、雾化段、功率调节环、锁环、主体段及底座从上至下依次连接,底座内设置有水烟发声器和电路板,主体段内设置有充电电池、电极和电池压盖,主体段下部设置有小烟筒,雾化段内设置有雾化芯及雾化芯固定座。

476. 一种具有烘烤香气的电子烟液

专利类型:发明

申请号:CN201410287111.5

申请日:2014-06-25

申请人:湖南中烟工业有限责任公司

申请人地址:410007 湖南省长沙市雨花区万家丽中路三段 188 号

发明人:赵国玲　黎艳玲　杨华武　黄建国　李亚白

授权日:2016-02-10

法律状态公告日:2016-02-10

法律状态:授权

摘要:

本发明公开了一种具有烘烤香气的电子烟液,该电子烟液的制备方法是:将烟末、烟丝或者烟灰与溶剂按照质量体积比 1∶(5～10)混合后,于 120～200 ℃条件下蒸馏 1～4 h,在蒸馏过程中通入惰性气体吹扫蒸馏物至吸收液,即得该电子烟液。本发明选取烟末、烟丝或者烟灰作为原料,在一定温度下用蒸馏装置将烟末、烟丝或者烟灰中具有烘烤香气的物质提取分离,这种香型的致香物和传统卷烟在燃烧过程中产生的烘烤香气物质成分的相似度非常高,这种烘烤香型的电子烟液经过雾化器雾化后,抽吸者感觉这种电子烟液和传统卷烟在燃烧过程中的感受一致,有卷烟燃烧过程中的烘焙香。

授权文件独立权利要求:

一种具有烘烤香气的电子烟液,其特征在于该电子烟液的制备方法如下:将烟末、烟丝或者烟灰与溶剂按照质量体积比 1∶(5～10)混合后,于 120～200 ℃条件下蒸馏 1～4 h,在蒸馏过程中通入惰性气体吹扫蒸馏物至吸收液,即得该电子烟液。质量体积比中质量的单位为 g,体积的单位为 mL。吸收液是水、甘油和乙醇的混合液,所用吸收液与溶剂的体积比为(3～4)∶100;溶剂为丙二醇、丙三醇、聚乙二醇 400 和聚乙二醇 600 中的一种或多种。

477. 电子烟及其控制方法

专利类型:发明

申请号:CN201410289154.7

申请日:2014-06-24

申请人:深圳麦克韦尔股份有限公司

申请人地址:518102 广东省深圳市宝安区西乡固戍东财工业区16号8栋2楼

发明人:刘平昆

授权日:2017-10-10

法律状态公告日:2017-10-10

法律状态:授权

摘要:

本发明提供了一种电子烟及其控制方法,该电子烟包括:①发热丝组件,用于产生热量,其包括阻值随温度变化的发热丝;②电源,用于向发热丝组件提供电压;③控制器,电连接于发热丝组件及电源,用于控制电源输出电压,其包括温度检测模块,该温度检测模块用于检测发热丝的阻值,以获取发热丝组件的实时温度,温度检测模块设有发热上限温度及发热下限温度。实时温度小于或等于发热下限温度时,控制器控制电源输出第一电压;实时温度大于或等于发热上限温度时,控制器控制电源输出第二电压,第二电压低于第一电压;实时温度大于发热下限温度而小于发热上限温度时,控制器控制电源维持输出当前电压。本发明的电子烟及其控制方法能保证每口烟的口味一致,并节省电量。

授权文件独立权利要求:

一种电子烟,包括:①发热丝组件,用于产生热量,其包括阻值随温度变化的发热丝;②电源,用于向发热丝组件提供电压;③控制器,电连接于发热丝组件及电源,用于控制电源输出电压,其特征在于包括温度检测模块,该温度检测模块用于检测发热丝的电阻,以获取发热丝组件的实时温度,温度检测模块设有发热上限温度及发热下限温度;④烟油存储件,用于存储烟油,发热上限温度低于烟油的汽化上限温度,发热下限温度高于烟油的汽化下限温度。当实时温度小于或等于发热下限温度时,控制器控制电源输出第一电压;当实时温度大于或等于发热上限温度时,控制器控制电源输出第二电压,第二电压低于第一电压;当实时温度大于发热下限温度而小于发热上限温度时,控制器控制电源维持输出当前电压,使发热丝组件的温度在汽化下限温度和汽化上限温度之间保持稳定或小幅度波动。发热丝的阻值随着温度的升高而线性地增大。

478. 一种电子烟发热组件

专利类型:发明

申请号:CN201410310473.1

申请日:2014-07-01

申请人:深圳市康尔科技有限公司

申请人地址:518000 广东省深圳市宝安区福永街道和平社区和裕工业区5号厂房第四层B

发明人:朱晓春

授权日:2017-05-10

法律状态公告日:2017-05-10

法律状态:授权

摘要:

本发明公开了一种电子烟发热组件,其包括导液陶瓷体、发热丝和固定座。固定座内设有容置腔,导液陶瓷体固定于容置腔内,固定座的两端设有与容置腔连通的入口和出口,固定座的侧壁开有与容置腔连通的烟液入口；导液陶瓷体内贯穿有固定孔，固定孔的一端孔口与入口相对，另一端孔口与出口相对；发热丝固定于固定孔内，与固定孔的孔壁接触，且与固定座电连接。本发明雾化效率及可靠性高，且产生的烟雾口感好。

授权文件独立权利要求：

一种电子烟发热组件，其特征在于包括导液陶瓷体、发热丝和固定座。固定座内设有容置腔，导液陶瓷体固定于容置腔内，固定座的两端设有与容置腔连通的入口和出口，固定座的侧壁开有与容置腔连通的烟液入口；导液陶瓷体内贯穿有固定孔，固定孔的一端孔口与入口相对，另一端孔口与出口相对；发热丝固定于固定孔内，与固定孔的孔壁接触，且与固定座电连接。

479. 一种鼻烟壶式电子卷烟

专利类型：发明

申请号：CN201410311372.6

申请日：2014-07-02

申请人：云南中烟工业有限责任公司

申请人地址：650000 云南省昆明市世博路 6 号

发明人：朱东来　李寿波　巩效伟　陈永宽　胡巍耀　韩熠　张霞　孙志勇　汤建国　赵伟　郑绪东

法律状态公告日：2017-09-29

法律状态：发明专利申请公布后的视为撤回

摘要：

本发明公开了一种鼻烟壶式电子卷烟，其包括主体部分、顶盖部分和烟嘴，顶盖部分连接在主体部分上部，烟嘴连接在顶盖部分的最上面，主体部分内部装有挡位调节组件，外部有一可开启的面板。挡位调节组件由挡位调节面板、挡位调节拨块、挡位刻度面板、挡位调节电路板、调节芯构成，挡位调节拨块和挡位刻度面板都设置在挡位调节面板上。主体部分内部还装有充电电池、主电路板、开关电路板，充电电池连接主电路板与挡位调节电路板。顶盖部分内部设置有雾化器，雾化器上端与烟嘴直接接触。本发明可以根据个人喜好通过改变拨盘式调压组件所处的挡位来达到改变烟雾量的目的，能有效防止灰尘、杂质等进入电子烟具内部。

申请文件独立权利要求：

一种鼻烟壶式电子卷烟，包括主体部分、顶盖部分和烟嘴，顶盖部分连接在主体部分上部，烟嘴连接在顶盖部分的最上面，主体部分内部装有挡位调节组件，外部有一可开启的面板。挡位调节组件由挡位调节面板、挡位调节拨块、挡位刻度面板、挡位调节电路板、调节芯构成，挡位调节拨块和挡位刻度面板都设置在挡位调节面板上。主体部分内部还装有充电电池、主电路板、开关电路板，充电电池连接主电路板与挡位调节电路板，主电路板与雾化器内的加热丝连接，调节芯背离面板的一侧设置有触头，在主体部分与触头相对应的位置处有卡口，挡位调节拨块与不同位置的卡口接触。顶盖部分内部设置有雾化器，雾化器上端与烟嘴直接接触，吸嘴与雾化器由气流通道连通。

480. 垂直发热丝雾化器

专利类型：发明

申请号：CN201410315237.9

申请日：2014-07-03

申请人：刘团芳

申请人地址：343000 江西省吉安市安福县洲湖镇中洲村下岸 2 号

发明人：刘团芳

法律状态公告日：2017-12-08

法律状态:发明专利申请公布后的驳回

摘要:

本发明涉及一种垂直发热丝雾化器,其包括雾化组件和玻璃管壳身,其特征在于雾化组件位于柱状玻璃管壳身内部,雾化组件内部分布有发热丝,发热丝相互间隔排列并且垂直于玻璃管壳身的圆柱面。雾化器还包括金属烟嘴组件、玻璃管固定座组件,金属烟嘴组件位于雾化器顶端,与玻璃管固定座组件采用插拔紧配连接,再与玻璃管壳采用螺纹连接。发热丝垂直均匀地分布于管壳内部,这样可以实现内部烟油的均匀蒸发,而且由于发热丝是垂直放置的,高度方向上的烟油受热程度相同,所以能够同时蒸发。

申请文件独立权利要求:

一种垂直发热丝雾化器,包括雾化组件和玻璃管壳身,其特征在于雾化组件位于柱状玻璃管壳身内部,其内部分布有发热丝,发热丝相互间隔排列并且垂直于玻璃管壳身的圆柱面。

481. 顶部注液底部换发热组件的电子烟

专利类型:发明

申请号:CN201410323040.X

申请日:2014-07-08

申请人:深圳市康尔科技有限公司

申请人地址:518000 广东省深圳市宝安区福永街道和平社区和裕工业区 5 号厂房第四层 B

发明人:朱晓春

授权日:2017-04-26

法律状态公告日:2017-04-26

法律状态:授权

摘要:

本发明公开了一种顶部注液底部换发热组件的电子烟,其包括由上至下依次连接的烟嘴、连接组件、储液管和发热组件,连接组件分别与烟嘴和储液管连接,发热组件可拆卸地连接于储液管的下端,储液管内设有隔板,该隔板将储液管的内腔分隔为上容腔和下容腔,该隔板上开有放液孔,隔板的上方安装有可转动的雾化管,雾化管的下端径向延伸有用于封堵放液孔的挡块,雾化管的上端穿过连接组件后插入烟嘴中,且雾化管的上端管口与烟嘴连通,下端管口与发热组件的烟气出口连通。本发明可方便卫生地灌注烟液,同时使发热组件对烟液的加热雾化量可调,从而提升口感,而且可以根据需要很方便地更换发热组件。

授权文件独立权利要求:

一种顶部注液底部换发热组件的电子烟,其特征在于包括由上至下依次连接的烟嘴、连接组件、储液管和发热组件,连接组件分别与烟嘴和储液管连接,发热组件可拆卸地连接于储液管的下端,储液管内设有隔板,该隔板将储液管的内腔分隔为上容腔和下容腔,该隔板上开有放液孔,隔板的上方安装有可转动的雾化管,雾化管的下端径向延伸有用于封堵放液孔的挡块,雾化管的上端穿过连接组件后插入烟嘴中,且雾化管的上端管口与烟嘴连通,下端管口与发热组件的烟气出口连通。

482. 一种电子模拟香烟及其使用方法

专利类型:发明

申请号:CN201410338078.4

申请日:2014-07-16

申请人:深圳劲嘉彩印集团股份有限公司

申请人地址:518000 广东省深圳市南山区科技中二路劲嘉科技大厦 18—19 层

发明人:董继宏

授权日:2015-08-19

法律状态公告日:2016-07-20

法律状态:专利权人的姓名或者名称、地址的变更

摘要:

本发明公开了一种电子模拟香烟及其使用方法,该电子模拟香烟包括烟管、活动设置在烟管内的烟油腔,以及电池杆和加热丝,还包括一可部分伸入烟油腔内的导液棒,导液棒通过一固设在烟油腔端部的密封装置与烟油腔活动连接。该电子模拟香烟还包括一导液块,其设置在电池杆端部上,并与导液棒尾端接触连接;导液块内部设置有一凹槽,加热丝设置在凹槽内。烟管与电池杆之间的连接方式为固定连接或可拆卸连接。由于该电子模拟香烟采用了密封装置与导液棒的密封配合,相较于现有的电子模拟香烟,在该香烟开启使用时,烟油不会从烟油腔中溢出,而是直接吸附在导液棒上,因此不会污染整个电子烟,同时烟油保存时间长。

授权文件独立权利要求:

一种电子模拟香烟,包括烟管、活动设置在烟管内的烟油腔、电池杆和加热丝,其特征在于还包括一可部分伸入烟油腔内的导液棒,导液棒通过一固设在烟油腔端部的密封装置与烟油腔活动连接。该电子模拟香烟还包括一导液块,导液块设置在电池杆端部上,并与导液棒尾端接触连接;导液块内设置有一凹槽,加热丝设置在凹槽内。烟管与电池杆之间的连接方式为固定连接或可拆卸连接。

483. 一种电子烟烟液溶剂

专利类型:发明

申请号:CN201410381331.4

申请日:2014-08-05

申请人:云南中烟工业有限责任公司

申请人地址:650000 云南省昆明市世博路 6 号

发明人:朱东来　巩效伟　李寿波　李海涛　韩熠　张霞　杨继　杨柳　汤建国　陈永宽

授权日:2015-12-30

法律状态公告日:2015-12-30

法律状态:授权

摘要:

本发明公开了一种电子烟烟液溶剂,其包含以下组分:丁二醇 10 wt%～50 wt%、聚乙二醇 5 wt%～15 wt%、三甘醇 5 wt%～15 wt%、三乙酸甘油酯 1 wt%～5 wt%、二乙酸甘油酯 1 wt%～5 wt%、甜味抑制剂溶液 1 wt%～5 wt%,余量为丙三醇,其中甜味抑制剂溶液为甜味抑制剂的水溶液或丙二醇溶液,浓度为 5 wt%～15 wt%。利用本发明的电子烟烟液溶剂制成的电子烟抽吸时不甜腻,干燥感较轻,且口味略苦,该电子烟烟液溶剂有很好的开发应用前景。

授权文件独立权利要求:

一种电子烟烟液溶剂,其包含以下组分:丁二醇 10 wt%～50 wt%、聚乙二醇 5 wt%～15 wt%、三甘醇 5 wt%～15 wt%、三乙酸甘油酯 1 wt%～5 wt%、二乙酸甘油酯 1 wt%～5 wt%、甜味抑制剂溶液 1 wt%～5 wt%,余量为丙三醇,其中甜味抑制剂溶液为甜味抑制剂的水溶液或丙二醇溶液,浓度为 5 wt%～15 wt%。

484. 一种热敏性电子烟液及其制备

专利类型:发明

申请号:CN201410387362.0

申请日:2014-08-07

申请人:江苏中烟工业有限责任公司

申请人地址:210000 江苏省南京市梦都大街28号

发明人:李朝建　庄亚东　张映　熊晓敏　石怀彬　廖惠云　朱龙杰

授权日:2016-06-22

法律状态公告日:2016-06-22

法律状态:授权

摘要:

本发明公开了一种热敏性电子烟液,其包括如下重量百分比的组分:5%～8%烟草提取液、0.1%～3.5%烟碱、0.1%～2%酸度调节剂、2%～3%烟用香精、0.4%～8%增稠剂、15%～35%水,余量为丙二醇,各组分总和为100%,将上述组分混合均匀后即制得该电子烟液。其中,增稠剂为明胶、琼脂、可得然胶、卡拉胶中的一种或几种。本发明因含有上述增稠剂而具有热敏性,当加热温度为50～80 ℃时,电子烟液呈液态,停止加热后,遇热液化的电子烟液冷却后还原至固态,不会随意流动,从而有效解决了电子烟液在贮存和运输过程中出现的漏液、回流及挥发问题,并极大地方便了消费者随身携带和使用。本发明的电子烟液能够长期保存,在保存期内电子烟液的质量及味道等均保持不变。

授权文件独立权利要求:

一种热敏性电子烟液,其特征在于包括如下重量百分比的组分:5%～8%烟草提取液、0.1%～3.5%烟碱、0.1%～2%酸度调节剂、2%～3%烟用香精、0.4%～8%增稠剂、15%～35%水,余量为丙二醇。

485. 一种电子烟烟油溶剂及电子烟烟液

专利类型:发明

申请号:CN201410387667.1

申请日:2014-08-07

申请人:江苏中烟工业有限责任公司

申请人地址:210011 江苏省南京市中山北路406-3号

发明人:盛金　庄亚东　朱怀远　刘献军　曹毅　张映　熊晓敏　何红梅　沈晓晨　尤晓娟　张华　刘琪　张媛

法律状态公告日:2018-08-21

法律状态:授权

摘要:

本发明涉及一种电子烟烟油溶剂,其包括烟酸和烟酰胺。本发明的烟油溶剂通过以下方法制得:①按重量份额将丙二醇20～30份、丙三醇5～10份、三甘醇30～50份、八甘醇5～10份、聚乙二醇1～5份、乙醇1～2份在30～60 ℃的温度下充分混合;②将1～5份烟酸和1～5份烟酰胺在30～60 ℃的温度下剧烈搅拌或超声分散到上述混合物中,即可制成烟油溶剂。本发明的烟油溶剂具有改善烟油口感、提高电子烟口感舒适度、降低烟油中有害物质对口腔等器官的破坏作用的优点。

申请文件独立权利要求:

一种电子烟烟油溶剂,其特征在于包括1～5份烟酸和1～5份烟酰胺。

486. 一种含微胶囊缓释装置的电子烟及微胶囊

专利类型:发明

申请号:CN201410402384.X

申请日:2014-08-15

申请人:云南中烟工业有限责任公司

申请人地址:650000 云南省昆明市世博路6号

发明人:赵伟　孙志勇　杨柳　段沅杏　杨继　尚善斋　汤建国　朱东来　陈永宽　缪明明

授权日：2017-05-10

法律状态公告日：2017-05-10

法律状态：授权

摘要：

本发明涉及一种含微胶囊缓释装置的电子烟及微胶囊。该装置包括香烟形空腔外壳、电池、指示灯、烟嘴、吸附材料，吸附材料内有雾化器，雾化器与电池和启动开关相连接，指示灯在香烟形空腔外壳的一端面，电池、吸附材料依次装在香烟形空腔外壳内靠近指示灯的一端，在吸附材料的另一端有微胶囊空腔，该空腔内设置有微胶囊，微胶囊空腔的另一端是烟嘴，烟嘴的中间有刺针。本发明的优点在于：①能控制释放；②提高了烟油的稳定性；③微胶囊可更换；④屏蔽了味道和气味，使环境中的其他气味不易进入烟油中，保证烟油成分不受污染。

授权文件独立权利要求：

一种含微胶囊缓释装置的电子烟，包括香烟形空腔外壳(2)、电池(3)、指示灯(1)、烟嘴(10)、吸附材料(4)，吸附材料内有雾化器，雾化器与电池和启动开关相连接，指示灯在香烟形空腔外壳的一端面，电池、吸附材料依次装在香烟形空腔外壳内靠近指示灯的一端。该电子烟的特征在于在吸附材料的另一端有微胶囊空腔(7)，该空腔内设置有微胶囊(6)，微胶囊空腔(7)的另一端是烟嘴，烟嘴的中间有刺针(11)。

487. 一种带微胶囊缓释的装置电子烟及微胶囊

专利类型：发明

申请号：CN201410402403.9

申请日：2014-08-15

申请人：云南中烟工业有限责任公司

申请人地址：650000 云南省昆明市世博路 6 号

发明人：赵伟　杨柳　孙志勇　尚善斋　雷萍　汤建国　朱东来　杨继　段沅杏　韩敬美　陈永宽　缪明明

授权日：2017-02-08

法律状态公告日：2017-02-08

法律状态：授权

摘要：

本发明涉及一种带微胶囊缓释装置的电子烟，其包括烟嘴、香烟形空腔外壳、电池、指示灯、吸附材料，其特征在于在烟嘴和吸附材料之间设有微胶囊缓释装置，该微胶囊缓释装置由一与香烟形空腔外壳直径相同的圆柱体构成，在该圆柱体上均匀分布有多个微胶囊放置孔，烟嘴与圆柱体接触的一端有凸起，凸起与圆柱体上的微胶囊放置孔配合，圆柱体与吸附材料之间有发热器，发热器与微胶囊放置孔接触。通过将烟油微胶囊化，使烟油与外界环境隔绝，使得环境中的其他气味不易进入烟油中，保证烟油成分不受污染，并可感受不同的味道。

授权文件独立权利要求：

一种带微胶囊缓释装置的电子烟，包括烟嘴、香烟形空腔外壳、电池、指示灯、吸附材料，其特征在于在烟嘴和吸附材料之间设有微胶囊缓释装置，该微胶囊缓释装置由一与香烟形空腔外壳直径相同的圆柱体构成，在该圆柱体上均匀分布有多个微胶囊放置孔，烟嘴与圆柱体接触的一端有凸起，凸起与圆柱体上的微胶囊放置孔配合，圆柱体与吸附材料之间有发热器，发热器与微胶囊放置孔接触。

488. 烟香味补偿装置、电子烟及烟嘴过滤器

专利类型：发明

申请号：CN201410408827.6

申请日:2014-08-19

申请人:上海烟草集团有限责任公司

申请人地址:200082 上海市杨浦区长阳路 717 号

发明人:张朝平　徐豪渊　李浩铭

授权日:2017-02-01

法律状态公告日:2017-02-01

法律状态:授权

摘要:

本发明提供了一种烟香味补偿装置、电子烟及烟嘴过滤器。烟香味补偿装置包括本体以及插设在本体内可旋转的密封件,密封件与本体围成用于放置香料的密封腔,且密封件与本体具有重叠部分,在重叠部分均设有通孔,本体上的通孔与密封腔相通,旋转密封件,使密封件和本体上的通孔相通。密封件具有穿过密封腔的中心轴,该中心轴为两端相通可使烟气流过的中空结构。本发明在减少焦油的同时,具有增补香气的作用。

授权文件独立权利要求:

一种烟香味补偿装置,其特征在于包括本体(1)以及插设在本体(1)内可旋转的密封件(2),密封件(2)与本体(1)围成用于放置香料的密封腔(3),且密封件(2)与本体(1)具有重叠部分,在重叠部分均设有通孔(11,12),本体(1)上的通孔与密封腔(3)相通,旋转密封件(2),使密封件(2)和本体(1)上的通孔相通。密封件(2)具有穿过密封腔(3)的中心轴(22),该中心轴(22)为两端相通可使烟气流过的中空结构。

489. 电子烟的开关机构

专利类型:发明

申请号:CN201410415241.2

申请日:2014-08-20

申请人:深圳市康尔科技有限公司

申请人地址:518000 广东省深圳市宝安区福永街道和平社区和裕工业区 5 号厂房第四层 B

发明人:朱晓春

授权日:2016-02-03

法律状态公告日:2016-02-03

法律状态:授权

摘要:

一种电子烟的开关机构,包括:①壳体;②固定在壳体内的支架;③固定在支架内的电路板,该电路板上设置有一控制电子烟供电电路导通或断开的检测开关;④滑动部件,该滑动部件与支架滑动配合,且可沿壳体的轴向在一靠近检测开关以使检测开关导通的位置和一远离检测开关以使检测开关断开的位置之间移动,滑动部件延伸至壳体外表面的部分形成一推钮;⑤弹性元件,该弹性元件用于提供一个使滑动部件向着远离检测开关的方向移动的弹性应力。本发明在推钮不受较大外力的情况下,电子烟的供电电路不会被导通,因此,在携带或使用时不会出现误操作。

授权文件独立权利要求:

一种电子烟的开关机构,其特征在于包括:①壳体;②固定在壳体内的支架;③固定在支架内的电路板,该电路板上设置有一控制电子烟供电电路导通或断开的检测开关;④滑动部件,该滑动部件与支架滑动配合,且可沿壳体的轴向在一靠近检测开关以使检测开关导通的位置和一远离检测开关以使检测开关断开的位置之间移动,滑动部件延伸至壳体外表面的部分形成一推钮;⑤弹性元件,该弹性元件用于提供一个使滑动部件向着远离检测开关的方向移动的弹性应力。

490. 一种回流气流雾化器及包括该雾化器的电子烟

专利类型:发明

申请号:CN201410427605.9

申请日:2014-08-27

申请人:深圳葆威道科技有限公司

申请人地址:518000 广东省深圳市宝安区沙井街道南浦路蚝三林坡坑第一工业区 B5 栋二、三层

发明人:周学武

授权日:2017-05-03

法律状态公告日:2017-05-03

法律状态:授权

摘要:

本发明提供了一种回流气流雾化器和一种电子烟。回流气流雾化器包括吸嘴、顶部外螺纹、通气阀、通气螺纹、阻尼圈、导气管、通气管、底部内螺纹、弹簧、定位钢珠,顶部外螺纹与通气螺纹连接,弹簧设置在顶部外螺纹里面,弹簧外面设置有定位钢珠,通气阀固定弹簧和定位钢珠,通气阀设置有若干通气孔,卡套在顶部外螺纹外壁,当通气阀左右 360°旋转时,利用弹簧和定位钢珠定位,通气阀的通气孔与顶部外螺纹上设置的气孔相通时,气流进入通气螺纹内。本发明还提供了一种包括上述回流气流雾化器的电子烟。区别于传统的底部进气流顶部出气流的雾化器,本发明是采用从顶部进气流的方式,经过内部气流循环,同时在顶部出气流而工作的雾化器。

授权文件独立权利要求:

一种回流气流雾化器,其特征在于包括吸嘴(1)、顶部外螺纹(2)、通气阀(3)、通气螺纹(4)、阻尼圈(6)、导气管(9)、通气管(10)、底部内螺纹(11)、弹簧(201)、定位钢珠(202),顶部外螺纹(2)与通气螺纹(4)连接,弹簧(201)设置在顶部外螺纹(2)里面,弹簧(201)外面设置有定位钢珠(202),通气阀(3)固定弹簧(201)和定位钢珠(202),通气阀(3)设置有若干通气孔(301),卡套在顶部外螺纹(2)外壁,当通气阀(3)左右 360°旋转时,利用弹簧(201)和定位钢珠(202)定位,通气阀(3)的通气孔(301)与顶部外螺纹(2)上设置的气孔相通时,气流进入通气螺纹(4)内。导气管(9)和通气管(10)的下端分别卡压在底部内螺纹(11)上,导气管(9)设在通气管(10)的外部,导气管(9)的上端与通气螺纹(4)连接,形成一个进气的通道,导气管(9)与通气管(10)之间、通气管(10)与底部内螺纹(11)之间分别设有气体通道,通气管(10)内部设有气体通道,通气管(10)压制住阻尼圈(6),阻尼圈(6)设在顶部外螺纹(2)内部,通气管(10)的气体通道与吸嘴(1)设有的气体通道相通,形成一个出入通道。

491. 电子烟及其雾化组件安装座

专利类型:发明

申请号:CN201410439107.6

申请日:2014-08-29

申请人:深圳麦克韦尔股份有限公司

申请人地址:518102 广东省深圳市宝安区西乡固戍东财工业区 16 号 8 栋 2 楼

发明人:陈志平

授权日:2016-11-30

法律状态公告日:2016-11-30

法律状态:授权

摘要:

本发明涉及一种电子烟及其雾化组件安装座,该雾化组件安装座包括用于与电子烟中的筒状壳体内壁

面相结合的软质本体，以及用于安装电子烟的雾化组件的硬质支座，软质本体中部形成一个第一中心通孔，硬质支座嵌置于第一中心通孔中。本发明通过软质本体和硬质支座的搭配，一方面通过软质本体在电子烟中对上下两侧空间进行较好的密封隔离，另一方面通过硬质支座对电子烟中的雾化组件提供较好的支撑。

授权文件独立权利要求：

一种雾化组件安装座，用于电子烟，其特征在于包括用于与电子烟中的筒状壳体内壁面相结合的软质本体，以及用于安装电子烟的雾化组件的硬质支座，软质本体中部形成一个第一中心通孔，硬质支座嵌置于第一中心通孔中。

492. 电子烟及其雾化组件

专利类型：发明

申请号：CN201410439108.0

申请日：2014-08-29

申请人：深圳麦克韦尔股份有限公司

申请人地址：518102 广东省深圳市宝安区西乡固戍东财工业区 16 号 8 栋 2 楼

发明人：陈志平

授权日：2016-01-20

法律状态公告日：2016-01-20

法律状态：授权

摘要：

本发明涉及一种电子烟及其雾化组件，该雾化组件包括通气管、横穿在通气管侧壁中的导液绳以及设置在通气管内并配合在导液绳上的发热元件。通气管的侧壁上开设有两个相对的通孔，导液绳穿置在两个通孔中，且导液绳相对的两端露出在通气管外；通气管的侧壁上还设有切口，切口与通孔相连通，以使导液绳横向通过通孔。本发明通过在通气管上设置切口来连通通孔，这样能够让通气管被切口切开的两部分扳开一定的角度，使得闭合的通孔上形成一个具有一定宽度的开口，让导液绳能够横向放入通孔中，免去了穿孔安装的麻烦，很大程度上方便了导液绳的安装。

授权文件独立权利要求：

一种雾化组件，用于电子烟，其包括通气管、横穿在通气管侧壁中的导液绳以及设置在通气管内并配合在导液绳上的发热元件。通气管的侧壁上开设有两个相对的通孔，导液绳穿置在两个通孔中，且导液绳相对的两端露出在通气管外。该雾化组件的特征在于通气管的侧壁上还设有切口，切口与通孔相连通，以使导液绳横向通过通孔。

493. 一种增加电子烟制品烟草香味的方法

专利类型：发明

申请号：CN201410445033.7

申请日：2014-09-03

申请人：湖南中烟工业有限责任公司

申请人地址：410007 湖南省长沙市雨花区万家丽中路三段 188 号

发明人：杨华武　黎艳玲　赵国玲　彭新辉　李亚白　黄建国　郭小义

法律状态公告日：2017-11-24

法律状态：发明专利申请公布后的驳回

摘要：

本发明公开了一种增加电子烟制品烟草香味的方法。该方法的具体步骤是先将烟草粉末涂抹到电子烟液吸附材料上，然后将含有烟草粉末的电子烟液吸附材料装配到电子烟雾化装置上，再在电子烟液吸附材料上添加电子烟液，形成电子烟的烟雾和香味发生组件，所添加的烟草粉末能赋予电子烟以丰富的烟草香气和较好的满足感。

申请文件独立权利要求：

一种增加电子烟制品烟草香味的方法，其特征在于该方法是先将烟草粉末涂抹到电子烟液吸附材料上，然后将含烟草粉末的电子烟液吸附材料装配到电子烟雾化装置上，再在电子烟液吸附材料上添加电子烟液。

494. 负离子雾化型电子烟的抽吸装置

专利类型：发明

申请号：CN201410468257.X

申请日：2014-09-15

申请人：四川中烟工业有限责任公司　重庆中烟工业有限责任公司

申请人地址：610000 四川省成都市龙泉驿区国家成都经济技术开发区成龙大道龙泉段 2 号

发明人：黄玉川　戴亚　冯广林　汪长国　周学政

授权日：2017-06-06

法律状态公告日：2017-06-06

法律状态：授权

摘要：

本发明公开了一种负离子雾化型电子烟的抽吸装置，其包括烟斗体、烟斗柄，以及用于放置烟斗体的充电底座。烟斗体内部具有容置空腔，在该容置空腔中设有负离子发生器和加湿雾化器，负离子发生器和加湿雾化器之间密闭连通有通风道，烟斗体上开设有与负离子发生器相连通的进气孔，烟斗体上开设有与加湿雾化器相连通的加液孔；烟斗柄的进气端与烟斗体容置空腔中的加湿雾化器相连通。烟斗体容置空腔中设有可充电电池，该可充电电池分别与负离子发生器和加湿雾化器电连接，充电底座上设有与可充电电池电连接的充电器。本发明以纯净水作为电子烟油的溶解物质，通过加湿雾化器进行雾化处理，无须瞬间高温烧灼，抽吸更为方便和环保。

授权文件独立权利要求：

一种负离子雾化型电子烟的抽吸装置，其特征在于包括烟斗体(2)、烟斗柄(1)和用于放置烟斗体(2)的充电底座(3)。烟斗体(2)内部具有容置空腔，在该容置空腔中设有负离子发生器(7)和加湿雾化器(9)，负离子发生器(7)和加湿雾化器(9)之间密闭连通有通风道，烟斗体(2)上开设有与负离子发生器(7)相连通的进气孔(12)，烟斗体(2)上开设有与加湿雾化器(9)相连通的加液孔(11)；烟斗柄(1)的进气端与烟斗体(2)容置空腔中的加湿雾化器(9)相连通，烟斗柄(1)的出气端为抽吸端。烟斗体(2)容置空腔中设有可充电电池(6)，该可充电电池(6)分别与负离子发生器(7)和加湿雾化器(9)电连接，充电底座(3)上设有与可充电电池(6)电连接的充电器(4)，当烟斗体(2)置于充电底座(3)上时，可充电电池(6)正好与充电器(4)电连接。

495. 一种含茶叶提取物的电子烟烟油及其制备方法

专利类型：发明

申请号：CN201410468818.6

申请日：2014-09-15

申请人：云南中烟工业有限责任公司

申请人地址：650000 云南省昆明市世博路 6 号

发明人：张霞　韩熠　陈微　朱东来　李寿波　巩效伟　雷萍　尚善斋　陈永宽　杨柳　孙志勇　韩敬美

授权日：2016-05-04

法律状态公告日:2016-05-04

法律状态:授权

摘要:

本发明公开了一种含茶叶提取物的电子烟烟油,其包括以重量百分比计的如下组分:聚乙二醇10.0%～20.0%、甘油5.0%～10.0%、去离子水2.0%～10.0%、云南红大烟叶水提取物1.0%～5.0%、津巴布韦烟叶水提取物1.0%～5.0%、烟碱0%～5.0%、茶叶提取物5.0%～15.0%、烟用香精2.0%～5.0%,余量为1,3-丁二醇。本发明还公开了一种制备含茶叶提取物的电子烟烟油的方法。本发明将茶叶提取物添加到电子烟烟油中,不仅可以用茶香来提升抽吸香烟的感受及协调性,而且可以减少吸烟危害。

授权文件独立权利要求:

一种含茶叶提取物的电子烟烟油,其包括以重量百分比计的如下组分:聚乙二醇10.0%～20.0%、甘油5.0%～10.0%、去离子水2.0%～10.0%、云南红大烟叶水提取物1.0%～5.0%、津巴布韦烟叶水提取物1.0%～5.0%、烟碱0%～5.0%、茶叶提取物5.0%～15.0%、烟用香精2.0%～5.0%,余量为1,3-丁二醇。

496. 超声波雾化型的电子烟抽吸装置

专利类型:发明

申请号:CN201410522444.1

申请日:2014-09-30

申请人:四川中烟工业有限责任公司　重庆中烟工业有限责任公司

申请人地址:610000 四川省成都市龙泉驿区国家成都经济技术开发区成龙大道龙泉段2号

发明人:黄玉川　戴亚　冯广林　周学政　朱立军　汪长国　陶文生　李宁

授权日:2017-02-15

法律状态公告日:2017-02-15

法律状态:授权

摘要:

本发明公开了一种超声波雾化型的电子烟抽吸装置,其包括装置本体和与装置本体在端部相互盖合的保护盖帽。装置本体为圆柱体或长方体形状,其内部设置有可充电电池、超声波换能器、超声波发生仓、储液仓和储气空腔;装置本体在靠近保护盖帽的一端端部设有吸烟嘴,吸烟嘴的内腔与储气空腔的内腔密闭连通,可充电电池分别与超声波换能器、超声波发生仓电连接;装置本体的外部开设有进气孔,该进气孔通过导气管与超声波发生仓相连通;装置本体的外部还开设有加液孔,该加液孔与储液仓相连通,储液仓通过导液管与超声波发生仓相连通。本发明通过超声波促使电子烟烟油挥发,以产生抽吸的烟气,烟气进入吸烟者的口中,从而满足抽烟所需。

授权文件独立权利要求:

一种超声波雾化型的电子烟抽吸装置,其特征在于包括装置本体和与装置本体在端部相互盖合的保护盖帽(7)。装置本体为圆柱体或长方体形状,装置本体内部从一端到另一端依次设置有可充电电池(1)、超声波换能器(2)、超声波发生仓(3)、储液仓(4)和储气空腔(5);装置本体在靠近保护盖帽(7)的一端端部设有吸烟嘴(6),该吸烟嘴(6)的内腔与储气空腔(5)的内腔密闭连通,保护盖帽(7)完全遮盖容纳吸烟嘴(6),可充电电池(1)分别与超声波换能器(2)、超声波发生仓(3)电连接;装置本体的外部开设有进气孔(10),该进气孔(10)通过导气管(11)与超声波发生仓(3)相连通;装置本体的外部还开设有加液孔(9),该加液孔(9)与储液仓(4)相连通,储液仓(4)通过导液管(41)与超声波发生仓(3)相连通,储液仓(4)内部具有与中心轴线相互平行的烟气通道(8),该烟气通道(8)的一端与超声波发生仓(3)相连通,另一端与储气空腔(5)相连通;装置本体的外部还设有与可充电电池(1)电连接的电源开关(12)。

497. 一种新型电子烟烟棉

专利类型:发明

申请号:CN201410531256.5

申请日:2014-10-10

申请人:安徽中烟工业有限责任公司

申请人地址:230088 安徽省合肥市黄山路 606 号

发明人:宁敏　周顺　何庆　徐迎波　张亚平　王孝峰　邹鹏

法律状态公告日:2017-10-24

法律状态:发明专利申请公布后的驳回

摘要:

本发明公开了一种新型电子烟烟棉,其由以下质量百分比的组分构成:烟梗纤维 0%～40%、烟末纤维 0%～40%、活性碳纤维 5%～45%、其他成分 10%～30%。本发明的电子烟烟棉采用天然烟草纤维和碳纤维作为原料,电子烟雾化产生的烟气具备浓厚的烟草香气,在香味、口感、满足感上均比市场上的电子烟产品有重大改善,并能有效降低烟气中羰基化合物等有害物质的含量。

申请文件独立权利要求:

一种新型电子烟烟棉,其特征在于其由以下质量百分比的组分构成:烟梗纤维 0%～40%、烟末纤维 0%～40%、活性碳纤维 5%～45%、其他成分 10%～30%。

498. 电子烟凝胶态烟弹及其制备方法

专利类型:发明

申请号:CN201410565089.6

申请日:2014-10-22

申请人:浙江中烟工业有限责任公司

申请人地址:310008 浙江省杭州市建国南路 288 号

发明人:储国海　周国俊　黄芳芳　徐建　蒋健　胡安福　尹洁　戴路　沈凯　刘建华

法律状态公告日:2017-09-01

法律状态:发明专利申请公布后的驳回

摘要:

本发明涉及一种用于电子烟的凝胶态烟弹,该凝胶态烟弹主要由以下组分构成:烟草提取物、食品胶、整合剂、保润剂、香精香料以及纯净水。烟草提取物为烟草精油、浸膏中的一种或两种的组合,食品胶为结冷胶混合黄原胶和槐豆胶中的一种或两种的组合,整合剂为柠檬酸钠、六偏磷酸钠中的一种或两种的组合,香精香料为肉桂油、丁香油、春黄菊油、桉叶油、柠檬精油、吐鲁浸膏、茅香浸膏、蜂蜜中的一种或几种的组合。本发明改善了口感,提高了产品的稳定性,并进一步避免了液体电子烟液泄漏所造成的安全隐患。

申请文件独立权利要求:

一种用于电子烟的凝胶态烟弹,其特征在于该凝胶态烟弹主要由以下重量百分比的组分构成:10%～20%烟草提取物、0.1%～5%食品胶、0.1%～0.5%整合剂、40%～80%保润剂、1%～5%香精香料以及1%～10%纯净水。烟草提取物为烟草精油、浸膏中的一种或两种的组合,食品胶为结冷胶混合黄原胶和槐豆胶中的一种或两种的组合,整合剂为柠檬酸钠、六偏磷酸钠中的一种或两种的组合,香精香料为肉桂油、丁香油、春黄菊油、桉叶油、柠檬精油、吐鲁浸膏、茅香浸膏、蜂蜜中的一种或几种的组合。

499. 一种利用聚丙三醇的电子烟烟液溶剂及其配制的电子烟烟液和电子烟

专利类型:发明

申请号:CN201410565285.3

申请日:2014-10-22

申请人:浙江中烟工业有限责任公司

申请人地址:310008 浙江省杭州市建国南路288号

发明人:储国海　周国俊　胡安福　蒋健　卢昕博　许式强　许利平　袁凯龙　黄芳芳　尹洁　胡雅军

授权日:2016-03-30

法律状态公告日:2016-03-30

法律状态:授权

摘要:

本发明属于电子香烟技术领域,尤其涉及一种利用聚丙三醇的电子烟烟液溶剂及其配制的电子烟烟液和电子烟。该电子烟烟液溶剂按质量百分比计由以下组分构成:二甘油、三甘油、四甘油、五甘油和六甘油。本发明的电子烟烟液溶剂吸湿性降低,用其配制电子烟烟液可以降低电子烟对吸食者口鼻的刺激性,同时去除烟雾中的暖甜味,提高吸食品质,各组分均为食用级别的原料,安全无害。

授权文件独立权利要求:

一种利用聚丙三醇的电子烟烟液溶剂,其特征在于该电子烟烟液溶剂按质量百分比计由以下组分构成:二甘油5～10份、三甘油20～60份、四甘油15～35份、五甘油5～15份、六甘油5～15份。

500. 一种利用聚丙二醇的电子烟烟液溶剂及其配制的电子烟烟液和电子烟

专利类型:发明

申请号:CN201410565316.5

申请日:2014-10-22

申请人:浙江中烟工业有限责任公司

申请人地址:310008 浙江省杭州市建国南路288号

发明人:储国海　周国俊　蒋健　胡安福　卢昕博　张丽娜　袁凯龙　高阳　王骏　肖卫强　吴兆明

授权日:2016-03-30

法律状态公告日:2016-03-30

法律状态:授权

摘要:

本发明属于电子香烟技术领域,尤其涉及一种利用聚丙二醇的电子烟烟液溶剂及其配制的电子烟烟液和电子烟。该电子烟烟液溶剂按质量百分比计由以下组分构成:聚丙二醇40%～80%、丙二醇0%～30%、丙三醇0%～20%。聚丙二醇的分子量为100～3500。采用本发明配制的电子烟烟液产生的雾气香气均匀醇和,丰富性较好,余味干净舒适,残留感降低,与自配香精的香韵协调性更好,提高了吸食品质,各组分均为食用级别的原料,安全无害。

授权文件独立权利要求:

一种利用聚丙二醇的电子烟烟液溶剂,其特征在于该电子烟烟液溶剂按质量百分比计由以下组分构成:聚丙二醇40%～80%、丙二醇0%～30%、丙三醇0%～20%。聚丙二醇的分子量为100～3500。

501. 设置有开关式雾化液容器的电子雾化装置及电子模拟香烟

专利类型:发明

申请号:CN201410573969.8

申请日:2014-10-24

申请人:深圳市劲嘉科技有限公司

申请人地址:518000 广东省深圳市宝安区松岗街道燕川社区红湖路西侧劲嘉工业园

发明人:董继宏

授权日:2015-10-28

法律状态公告日:2015-10-28

法律状态:授权

摘要:

本发明公开了一种设置有开关式雾化液容器的电子雾化装置及电子模拟香烟,其包括电池杆以及固设于电池杆端部的雾化器,还包括一雾化液容器,雾化液容器端部设置有导液管,导液管侧面环向设置有出口孔,导液管上还套设有用于密封出口孔,并可沿导液管轴向滑动的密封环。该电子模拟香烟由于采用了开关式雾化液容器,可用其来盛装烟油,相较于现有的电子模拟香烟,在其开启使用时,烟油从导液管上的出口孔内溢出,并经过输送腔进入雾化腔内,而不会向外部溢出,避免污染整个电子烟,同时还具有良好的密封性,使得烟油的存储时间更长。

授权文件独立权利要求:

一种设置有开关式雾化液容器的电子雾化装置,包括电池杆以及固设于电池杆端部的雾化器,其特征在于还包括一雾化液容器,该雾化液容器端部设置有导液管,导液管侧面环向设置有出口孔,导液管上还套设有用于密封出口孔,并可沿导液管轴向滑动的密封环。该电子雾化装置还包括一套管,该套管包括用于输送雾化液的输送腔以及用于容置雾化器的雾化腔,雾化器套设于雾化腔内,雾化液容器与套管连接,并通过推动套管将密封环顶起,以打开出口孔,并使导液管伸入输送腔内。

502. 温控电子烟及其温度控制方法

专利类型:发明

申请号:CN201410574198.4

申请日:2014-10-24

申请人:林光榕

申请人地址:518104 广东省深圳市宝安区沙井镇帝堂路沙二蓝天科技园 A1 栋

发明人:林光榕　郑贤彬　胡新弟

授权日:2017-10-17

法律状态公告日:2017-10-17

法律状态:授权

摘要:

本发明公开了一种温控电子烟及其温度控制方法,温控电子烟包括壳体、套装于壳体内的储液装置、雾化组件、电源,以及带有吸烟开关的电路控制板。雾化组件包括一发热体及其引线,该发热体及其引线的材质为阻值可随温度变化并且成一定比例变化的热敏性材料;电路控制板包括电源管理模块,该电源管理模块在吸烟开关接通时可通过连续检测发热体及其引线的阻值来判断其所代表的温度,并发出相应的控制信号,以切断发热体及其引线的电源。本发明的有益效果是:能实现电子烟温度控制,防止电子烟在无烟液或烟液不足时发热体干烧而导致有害气体被吸入人体发生危害人体健康的问题。

授权文件独立权利要求:

一种温控电子烟,包括壳体、套装于壳体内的储液装置、雾化组件、电源,以及带有吸烟开关 SW 的电路控制板,其特征在于:雾化组件包括一发热体及其引线,该发热体及其引线或两者之一的材质为阻值可随温度变化并且成一定比例变化的热敏性材料,电路控制板包括电源管理模块,该电源管理模块在吸烟开关 SW 接通时可通过连续检测发热体及其引线的阻值来判断其所代表的温度,并发出相应的控制信号,以控制发热体及其引线与电源的通断。

503. 温控防干烧电子烟及其温度控制方法

专利类型:发明

申请号:CN201410574214.X

申请日:2014-10-24

申请人:惠州市新泓威科技有限公司

申请人地址:516000 广东省惠州市大亚湾西区中海科技(惠州)有限公司1号厂房第五层

发明人:林光榕　郑贤彬　刘宁生

授权日:2018-07-24

法律状态公告日:2018-07-24

法律状态:授权

摘要:

本发明涉及一种温控防干烧电子烟及其温度控制方法,该电子烟包括壳体、套装于壳体内的储液装置、设有雾化腔及发热体的雾化组件、电源,以及带有吸烟开关的电路控制板。电路控制板设有电源管理模块、温度感应单元:温度感应单元包括温度传感器,它可感应雾化腔中的温度信号,并将其转变为温度电信号传送给电源管理模块;电源管理模块对温度电信号进行判断和处理后产生控制电信号,以控制发热体与电源的通断。本发明提供的温控防干烧电子烟利用温度传感器检测雾化腔中的温度并予以控制,具有防止雾化组件中的发热体发生干烧,从而防止有害气体及焦味被吸入人体而危害人体健康的有益效果。

授权文件独立权利要求:

一种温控防干烧电子烟,包括壳体、套装于壳体内的储液装置、设有雾化腔及发热体的雾化组件、电源,以及带有吸烟开关的电路控制板,其特征在于电路控制板设有电源管理模块、温度感应单元,温度感应单元包括温度传感器,它可感应雾化腔中的温度信号,并将其转变为温度电信号传送给电源管理模块,电源管理模块对温度电信号进行判断和处理后产生控制电信号,以控制发热体与电源的通断。

504. 间接加热的毛细管气雾剂发生器

专利类型:发明

申请号:CN201410579875.1

申请日:2007-06-11

申请人:菲利普・莫里斯生产公司

申请人地址:瑞士纳沙泰尔

发明人:M.D.贝尔卡斯特罗　J.A.斯韦普斯顿

法律状态公告日:2015-04-29

法律状态:实质审查的生效

摘要:

一种间接加热的毛细管气雾剂发生器,包括毛细管和与毛细管热接触的热传导材料,毛细管用于当毛细管中的液体材料被加热至至少使其中的一些液体材料挥发时形成气雾剂。这种间接加热的毛细管气雾剂发生器在毛细管的长度上提供基本均衡和均匀的加热。

申请文件独立权利要求:

一种间接加热的毛细管气雾剂发生器,包括毛细管,它用于当毛细管中的液体材料被加热至至少使其中的一些液体材料挥发时形成气雾剂。该毛细管气雾剂发生器的特征在于还包括热传导材料,其与毛细管热接触。

505. 雾化器、雾化组件及吸入器

专利类型:发明

申请号:CN201410597265.4

申请日:2014-10-29

申请人:深圳麦克韦尔股份有限公司

申请人地址：518102 广东省深圳市宝安区西乡固戍东财工业区 16 号 8 栋 2 楼

发明人：陈志平

授权日：2017-12-08

法律状态公告日：2017-12-08

法律状态：授权

摘要：

本发明涉及一种雾化器、雾化组件及吸入器。该吸入器的雾化器包括壳体、垫片、储液层、导液绳和雾化元件：壳体包括第一壳体和第二壳体，第一壳体内部开设有气流通道，第一壳体和第二壳体之间形成用于存储液体的储液腔，垫片和储液层均套设在第一壳体上，垫片位于储液腔和储液层之间，储液层的一侧与垫片抵接，垫片上开设有连通储液腔和储液层的导液孔；储液层用于吸取储液腔内的液体并储存，储液层的另一侧与导液绳抵接；导液绳用于吸取储液层内的液体；雾化元件与导液绳固定连接，雾化元件用于将导液绳内的液体雾化。通过垫片和储液层的共同作用，实现对导液绳中的液体量的高精度控制，且组装方便，成本低廉。

授权文件独立权利要求：

一种吸入器的雾化器，其特征在于包括壳体、垫片、储液层、导液绳和雾化元件：壳体包括第一壳体和第二壳体，第一壳体至少部分设置在第二壳体内，第一壳体内部开设有气流通道，第一壳体和第二壳体之间形成用于存储液体的储液腔，垫片和储液层均套设在第一壳体上；垫片位于储液腔和储液层之间，储液层的一侧与垫片抵接，垫片上开设有连通储液腔和储液层的导液孔；储液层用于吸取储液腔内的液体并储存，储液层的另一侧与导液绳抵接；导液绳用于吸取储液层内的液体；雾化元件与导液绳固定连接，雾化元件用于将导液绳内的液体雾化。

506. 一种电子烟

专利类型：发明

申请号：CN201410633130.9

申请日：2014-11-12

申请人：湖南中烟工业有限责任公司

申请人地址：410007 湖南省长沙市雨花区万家丽中路三段 188 号

发明人：郭小义　代远刚　尹新强　钟科军　易建华　黄炜　于宏　任志能

授权日：2017-05-10

法律状态公告日：2017-05-10

法律状态：授权

摘要：

本发明公开了一种电子烟，其包括带收缩压力的贮油装置。该贮油装置与烟油注入装置连通，烟油注入装置内设有单向阀；贮油装置底部与烟油出口通道顶端连通，烟油出口通道上安装有控制阀，烟油出口通道底端通过导管与加热装置的加热腔连通。加热装置的电源端口、控制阀的开关串联后与电源连接成回路。本发明结构简单，容易实现，可靠性强，克服了目前电子烟由于结构复杂，容易漏油或渗油，从而导致电子烟内管路堵塞的缺陷。

授权文件独立权利要求：

一种电子烟，其特征在于包括带收缩压力的贮油装置(1)，贮油装置(1)与烟油注入装置(11)连通，烟油注入装置(11)内设有单向阀(12)；贮油装置(1)底部与烟油出口通道(2)顶端连通，烟油出口通道(2)上安装有控制阀(21)，烟油出口通道(2)底端通过导管(3)与加热装置(4)的加热腔连通，加热装置(4)的电源端口、控制阀(21)的开关串联后与电源(5)连接成回路。

507. 一种电子烟雾化器贮油装置

专利类型:发明
申请号:CN201410633132.8
申请日:2014-11-12
申请人:湖南中烟工业有限责任公司
申请人地址:410007 湖南省长沙市雨花区万家丽中路三段 188 号
发明人:郭小义　代远刚　尹新强　钟科军　易建华　黄炜　于宏　任志能
授权日:2017-08-04
法律状态公告日:2017-08-04
法律状态:授权
摘要:

本发明公开了一种电子烟雾化器贮油装置,其包括中空的固定装置和贮油袋。贮油袋固定在固定装置的空腔内,其开口端与固定装置的空腔底部连接,贮油袋开口端下的固定装置的空腔底部开设有注油口和出油口。贮油袋外壁与弹压装置接触,当烟油注入时,贮油袋向两侧推动弹压装置并张开;当出油口打开时,弹压装置挤压贮油袋收缩。注油口和出油口内均安装有单向阀。本发明结构简单,可靠性高,解决了目前电子烟由于结构复杂而容易漏油或渗油的缺陷,且该贮油装置不受气压变化的影响。

授权文件独立权利要求:

一种电子烟雾化器贮油装置,其特征在于包括中空的固定装置(1)和贮油袋(9)。贮油袋(9)固定在固定装置(1)的空腔内,其开口端与固定装置(1)的空腔底部连接,贮油袋(9)开口端下的固定装置(1)的空腔底部开设有注油口(4)和出油口(5)。贮油袋(9)外壁与弹压装置接触,当烟油注入时,贮油袋(9)向两侧推动弹压装置并张开;当出油口(5)打开时,弹压装置挤压贮油袋(9)收缩。注油口(4)和出油口(5)内均安装有单向阀(9)。

508. 一种可温控的电子烟雾化装置

专利类型:发明
申请号:CN201410644404.4
申请日:2014-11-14
申请人:深圳市高健实业股份有限公司
申请人地址:518000 广东省深圳市南山区科技南十二路 011 号方大大厦 12A01 室
发明人:华健
授权日:2016-09-28
法律状态公告日:2016-09-28
法律状态:授权
摘要:

本发明公开了一种可温控的电子烟雾化装置。该装置包括烟油雾化装置和电池,烟油雾化装置包括管体、烟油仓、雾化发热丝及导电体。管体端部设置有与管体连接且固定雾化发热丝的第一套体,第一套体上设置有与第一套体连接且固定导电体的第二套体。其中,导电体与电池之间设置有可视温控装置。可视温控装置包括与第二套体连接的铜套、在铜套内设置的与导电体接触导通的铜件、在铜套与铜件之间设置的绝缘的塑胶隔离套、在铜件一侧设有的 ABS 塑胶套、在 ABS 塑胶套内设置的 NTC 测温元件,以及在 ABS 塑胶套一侧设置的与 NTC 测温元件连接的温度控制电路。本发明具有避免伤害身体,以及能可视化地对吸烟温度进行控制且安全性高的有益效果。

授权文件独立权利要求：

一种可温控的电子烟雾化装置，包括烟油雾化装置和电池。烟油雾化装置包括管体、在管体内设有的烟油仓、在烟油仓的端部设有的雾化发热丝，以及在壳体内设有的导通雾化发热丝和电池的导电体。管体端部设置有与管体连接且固定雾化发热丝的第一套体，第一套体上设置有与第一套体连接且固定导电体的第二套体。该电子烟雾化装置的特征在于导电体与电池之间设置有可视温控装置。该可视温控装置包括与第二套体连接的铜套、在铜套内设置的与导电体接触导通的铜件、在铜套与铜件之间设置的绝缘的塑胶隔离套、在铜件一侧设有的 ABS 塑胶套、在 ABS 塑胶套内设有的 NTC 测温元件，以及在 ABS 塑胶套一侧设有的与 NTC 测温元件连接的温度控制电路，温度控制电路与电池连接，铜件与温度控制电路之间设置有电压输出正极导线，铜套与温度控制电路之间设置有电压输出地导线。

509. 一种浓香型电子烟烟液

专利类型：发明

申请号：CN201410788600.9

申请日：2014-12-17

申请人：贵州中烟工业有限责任公司

申请人地址：550001 贵州省贵阳市友谊路 25 号

发明人：王维维　谢顺萍　刘剑　胡世龙　惠建权　姬厚伟　杨科

法律状态公告日：2017-11-07

法律状态：实质审查的生效

摘要：

本发明提供了一种浓香型电子烟烟液，其原料按质量百分比计包括以下组分：烟叶提取物 1%～30%、烟用香精 0.5%～10%、浓香型白酒 0.5%～15%、口感香味调节剂 0.5%～10%、去离子水 1%～15%、食用甘油 1%～25%，余量为丙二醇。该烟液采用浓香型白酒酒窖窖藏烟叶的提取物制备而成，浓香型白酒的添加使电子烟烟液不仅具有独特的烟草本香，同时又具有窖香浓郁之酒香。这种烟香突出、窖香浓郁的浓香型电子烟烟液在口感和香气上更能满足消费者的需求。

申请文件独立权利要求：

一种浓香型电子烟烟液，其原料按质量百分比计包括以下组分：烟叶提取物 1%～30%、烟用香精 0.5%～10%、浓香型白酒 0.5%～15%、口感香味调节剂 0.5%～10%、去离子水 1%～15%、食用甘油 1%～25%，余量为丙二醇。

510. 一种具有养心安神功能的电子烟烟液

专利类型：发明

申请号：CN201410788635.2

申请日：2014-12-17

申请人：贵州中烟工业有限责任公司

申请人地址：550001 贵州省贵阳市友谊路 25 号

发明人：胡世龙　阮艺斌　刘剑　谢顺萍　王维维　姬厚伟

法律状态公告日：2017-11-07

法律状态：实质审查的生效

摘要：

本发明公开了一种电子烟烟液，该电子烟烟液包括以下原料组分及重量份：丙二醇 50～80 份、甘油 5～30 份、食用酒精 2～5 份、烟草提取物 1～30 份、烟用香精 0.5～15 份、中草药提取物 0.5～10 份。本发明通过制备具有养心安神功效的中草药提取物，之后将其与烟草提取物混合，辅以使用合适的烟用香精香料进行修饰，可以制备得到香气丰富、口感舒适、满足感好并具有一定养心安神功能的电子烟烟液。

申请文件独立权利要求：

一种电子烟烟液，其特征在于包括以下原料组分及重量份：烟草提取物 1～30 份、烟用香精 0.5～15 份、中草药提取物 0.5～10 份、甘油 5～30 份、食用酒精 2～5 份、丙二醇 50～80 份。烟草提取物为将烟末加入溶剂中超声提取后经沉降、过滤和浓缩后得到的浓缩液，中草药提取物为将干燥的中草药植物经粉碎、浸泡、回流、离心、过滤和浓缩后得到的浓缩液，中草药植物选自远志、茯苓、灵芝、人参、丹参、龙骨、大枣、酸枣仁、五味子、柏子仁、合欢皮、夜交藤中的一种或多种。

511. 一种酒香型电子烟烟液

专利类型：发明

申请号：CN201410788640.3

申请日：2014-12-17

申请人：贵州中烟工业有限责任公司

申请人地址：550001 贵州省贵阳市友谊路 25 号

发明人：谢顺萍　刘剑　胡世龙　阮艺斌　王维维　惠建权　杨科

法律状态公告日：2017-11-07

法律状态：实质审查的生效

摘要：

本发明涉及一种酒香型电子烟烟液，该电子烟烟液由以下质量百分比的原料混匀后制成：烟叶提取物 1%～30%、烟用香精 0.5%～10%、白酒 0.5%～15%、口感香味调节剂 0.5%～10%、去离子水 1%～15%、食用甘油 1%～25%，余量为丙二醇。该电子烟烟液克服了现有的电子烟味道、香气不能满足消费者需求的缺陷，所制备的酒香型电子烟烟液香气芬芳，兼具烟草本香和酒香，口感细腻柔和，酒韵烟香令人回味无穷，感官评价效果好，基本能满足消费者的需求。

申请文件独立权利要求：

一种酒香型电子烟烟液，以电子烟烟液总重量计，由以下质量百分比的原料混匀后制成：烟叶提取物 1%～30%、烟用香精 0.5%～10%、白酒 0.5%～15%、口感香味调节剂 0.5%～10%、去离子水 1%～15%、食用甘油 1%～25%，余量为丙二醇。

512. 一种国酒香电子烟烟液

专利类型：发明

申请号：CN201410788700.1

申请日：2014-12-17

申请人：贵州中烟工业有限责任公司

申请人地址：550001 贵州省贵阳市友谊路 25 号

发明人：刘剑　谢顺萍　胡世龙　惠建权　黄正虹　阮艺斌　王维维

法律状态公告日：2017-11-07

法律状态：实质审查的生效

摘要：

本发明提供了一种国酒香电子烟烟液，其原料按重量百分比计包括以下组分：烟叶提取物 1%～30%、烟用香精 0.5%～10%、茅台酒 0.5%～15%、口感香味调节剂 0.5%～10%、去离子水 1%～15%、食用甘油 1%～25%，余量为丙二醇。本发明提供的这种国酒香电子烟烟液，采用茅台酒酒窖窖藏烟叶提取物为原料，并添加茅台酒，从而使烟液不仅具有独特的烟草本香，同时又具有浓郁的国酒之香。该烟液能够在口味和香气上满足消费者的需求，改善了现有的电子烟烟液的口感和香气，缩短了电子烟烟液在口感和香气上与传统卷烟的差距，进一步满足了消费者对吸食电子烟的需求。

申请文件独立权利要求：

一种国酒香电子烟烟液，其原料按重量百分比计包括以下组分：烟叶提取物 1%～30%、烟用香精 0.5%～10%、茅台酒 0.5%～15%、口感香味调节剂 0.5%～10%、去离子水 1%～15%、食用甘油 1%～25%，余量为丙二醇。

513. 一种可更换烟液单元的同质烟

专利类型：发明

申请号：CN201410813159.5

申请日：2014-12-24

申请人：中国烟草总公司广东省公司

申请人地址：510610 广东省广州市天河区林和东路 128 号

发明人：陈泽鹏

授权日：2017-09-01

法律状态公告日：2017-09-01

法律状态：授权

摘要：

本发明提供了一种可更换烟液单元的同质烟，其包括外壳、烟液储存器、雾化器、取液装置和控制器。烟液储存器包括转动装置、烟液单元和底座，转动装置包括带凹槽的转盘、带动转盘转动的转动机构及转动开关，烟液单元放置于转盘的凹槽上；取液装置包括取液针管、控制取液针管活动的拨块及设于取液针管内的导液线，导液线与雾化器相连接；外壳设有限定拨块活动的槽，通过拨块的活动控制取液针管插入烟液单元或从烟液单元拔出。本发明通过将烟液以烟液单元的形式储存，并设置转动装置和取液装置，实现了烟液单元的更换，操作方便简单，同时使用者可以通过计算烟液单元的使用数量来统计吸入量，以防止抽烟过量。

授权文件独立权利要求：

一种可更换烟液单元的同质烟，包括外壳、烟液储存器、雾化器、取液装置和控制器，其特征在于：烟液储存器包括转动装置、烟液单元和底座，转动装置包括带凹槽的转盘、带动转盘转动的转动机构及转动开关，烟液单元放置于转盘的凹槽上；取液装置包括取液针管、控制取液针管活动的拨块及设于取液针管内的导液线，导液线与雾化器相连接；外壳设有限定拨块活动的槽，通过拨块的活动控制取液针管插入烟液单元或从烟液单元拔出。

514. 一种利用红茶茶叶提取物制备的电子烟烟液

专利类型：发明

申请号：CN201410848645.0

申请日：2014-12-31

申请人：贵州中烟工业有限责任公司

申请人地址：550001 贵州省贵阳市友谊路 25 号

发明人：阮艺斌　刘剑　胡世龙　谢顺萍　白兴　王维维

法律状态公告日：2017-11-07

法律状态：实质审查的生效

摘要：

本发明涉及一种利用红茶茶叶提取物制备的电子烟烟液，其包含以下按质量份数计的组分：红茶茶叶提取物 1～25 份、烟草提取物 2～25 份、烟用香精 0.5～15 份、丙二醇 50～80 份、甘油 5～30 份、食用酒精

2～5 份。本发明通过将特定的红茶茶叶提取物与特定的烟草提取物混合，使电子烟烟液的香气更加丰富，香味更加协调，满足感好，在一定程度上改善了电子烟烟液香气和口味不足的缺点；同时因茶叶精油中含有多种有效成分，因此可在一定程度上提供一种保健作用。

申请文件独立权利要求：

一种利用红茶茶叶提取物制备的电子烟烟液，包含以下按质量份数计的组分：红茶茶叶提取物 1～25 份、烟草提取物 2～25 份、烟用香精 0.5～15 份、丙二醇 50～80 份、甘油 5～30 份、食用酒精 2～5 份。

515. 一种利用白茶茶叶提取物制备的电子烟烟液

专利类型：发明

申请号：CN201410848702.5

申请日：2014-12-31

申请人：贵州中烟工业有限责任公司

申请人地址：550001 贵州省贵阳市友谊路 25 号

发明人：胡世龙　刘剑　阮艺斌　谢顺萍　白兴　王维维

法律状态公告日：2017-11-07

法律状态：实质审查的生效

摘要：

本发明涉及一种利用白茶茶叶提取物制备的电子烟烟液，其包含以下按质量份数计的组分：白茶茶叶提取物 2～40 份、烟草提取物 2～35 份、烟用香精 1～15 份、丙二醇 50～80 份、甘油 5～30 份、食用酒精 2～5 份。本发明通过将特定的白茶茶叶提取物与特定的烟草提取物混合，使电子烟烟液的香气更加丰富，香味更加协调，满足感好，在一定程度上改善了电子烟烟液香气和口味不足的缺点，同时因茶叶精油中含有多种有效成分，因此可在一定程度上提供一种保健作用。

申请文件独立权利要求：

一种利用白茶茶叶提取物制备的电子烟烟液，包含以下按质量份数计的组分：白茶茶叶提取物 2～40 份、烟草提取物 2～35 份、烟用香精 1～15 份、丙二醇 50～80 份、甘油 5～30 份、食用酒精 2～5 份。

516. 一种具有降血压功能的电子烟烟液

专利类型：发明

申请号：CN201410848723.7

申请日：2014-12-31

申请人：贵州中烟工业有限责任公司

申请人地址：550001 贵州省贵阳市友谊路 25 号

发明人：阮艺斌　刘剑　胡世龙　谢顺萍　黄正虹　邹西梅

法律状态公告日：2017-11-07

法律状态：实质审查的生效

摘要：

本发明涉及一种电子烟烟液，该电子烟烟液按质量份数计包括如下组分：丙二醇 50～80 份、甘油 5～30 份、食用酒精 2～5 份、烟草提取物 1～30 份、烟用香精 0.5～15 份、具有降血压功效的中草药提取物 0.5～10 份。本发明通过将具有降血压功效的中草药提取物与烟草提取物混合，使电子烟烟液的香气更加丰富，香味更加协调，满足感好，在一定程度上改善了电子烟烟液香气和口味不足的缺点，并具有降血压的作用。

申请文件独立权利要求：

一种电子烟烟液，按质量份数计包括如下组分：丙二醇 50～80 份、甘油 5～30 份、食用酒精 2～5 份、烟草提取物 1～30 份、烟用香精 0.5～15 份、具有降血压功效的中草药提取物 0.5～10 份。

517. 一种利用黑茶茶叶提取物制备的电子烟烟液

专利类型:发明
申请号:CN201410848742.X
申请日:2014-12-31
申请人:贵州中烟工业有限责任公司
申请人地址:550001 贵州省贵阳市友谊路 25 号
发明人:刘剑　阮艺斌　胡世龙　谢顺萍　叶冲　王维维
法律状态公告日:2017-11-07
法律状态:实质审查的生效
摘要:

本发明涉及一种利用黑茶茶叶提取物制备的电子烟烟液,其包含以下按质量份数计的组分:黑茶茶叶提取物 0.5～20 份、烟草提取物 1～25 份、烟用香精 0.5～10 份、丙二醇 50～80 份、甘油 5～30 份、食用酒精 2～5 份。本发明通过将特定的黑茶茶叶提取物与特定的烟草提取物混合,使电子烟烟液的香气更加丰富,香味更加协调,满足感好,在一定程度上改善了电子烟烟液香气和口味不足的缺点,同时因茶叶精油中含有多种有效成分,因此可在一定程度上提供一种保健作用。

申请文件独立权利要求:

一种利用黑茶茶叶提取物制备的电子烟烟液,包含以下按质量份数计的组分:黑茶茶叶提取物 0.5～20 份、烟草提取物 1～25 份、烟用香精 0.5～10 份、丙二醇 50～80 份、甘油 5～30 份、食用酒精 2～5 份。

518. 一种利用黄茶茶叶提取物制备的电子烟烟液

专利类型:发明
申请号:CN201410848764.6
申请日:2014-12-31
申请人:贵州中烟工业有限责任公司
申请人地址:550001 贵州省贵阳市友谊路 25 号
发明人:谢顺萍　刘剑　阮艺斌　胡世龙　惠建权　邹西梅
法律状态公告日:2017-11-07
法律状态:实质审查的生效
摘要:

本发明涉及一种利用黄茶茶叶提取物制备的电子烟烟液,其包括以下按质量份数计的原料组分:烟草提取物 1～35 份、烟用香精 0.5～14 份、黄茶茶叶提取物 2～35 份、食用乙醇 2～5 份、食用甘油 5～30 份和丙二醇 50～80 份。通过超临界萃取提取制得黄茶茶叶提取物,之后将其与烟草提取物混合,辅以合适的烟用香精香料和雾化剂,就可以制备得到香气丰富、口感舒适的电子烟烟液。

申请文件独立权利要求:

一种利用黄茶茶叶提取物制备的电子烟烟液,其原料按质量份数计包括以下组分:烟草提取物 1～35 份、烟用香精 0.5～14 份、黄茶茶叶提取物 2～35 份、食用乙醇 2～5 份、食用甘油 5～30 份和丙二醇 50～80 份。

519. 一种利用绿茶茶叶提取物制备的电子烟烟液

专利类型:发明
申请号:CN201410848828.2
申请日:2014-12-31

申请人:贵州中烟工业有限责任公司

申请人地址:550001 贵州省贵阳市友谊路 25 号

发明人:胡世龙　刘剑　谢顺萍　阮艺斌　惠建权　邹西梅

法律状态公告日:2017-11-07

法律状态:实质审查的生效

摘要:

本发明涉及一种利用绿茶茶叶提取物制备的电子烟烟液,其包括以下按质量份数计的原料组分:烟草提取物 2～30 份、烟用香精 1～13 份、绿茶茶叶提取物 2～30 份、食用酒精 2～5 份、食用甘油 5～30 份和丙二醇 50～80 份。通过超临界萃取提取制得绿茶茶叶提取物,之后将其与烟草提取物混合,辅以合适的烟用香精香料和雾化剂,就可以制备得到香气丰富、口感舒适的电子烟烟液。

申请文件独立权利要求:

一种利用绿茶茶叶提取物制备的电子烟烟液,其原料按质量份数计包括以下组分:烟草提取物 2～30 份、烟用香精 1～13 份、绿茶茶叶提取物 2～30 份、食用酒精 2～5 份、食用甘油 5～30 份和丙二醇 50～80 份。

520. 一种具有降血脂功能的电子烟烟液

专利类型:发明

申请号:CN201410849022.5

申请日:2014-12-31

申请人:贵州中烟工业有限责任公司

申请人地址:550001 贵州省贵阳市友谊路 25 号

发明人:刘剑　谢顺萍　胡世龙　阮艺斌　叶冲　王维维

法律状态公告日:2017-11-07

法律状态:实质审查的生效

摘要:

本发明公开了一种电子烟烟液,其包括以下按质量份数计的原料组分:烟草提取物 1～30 份、烟用香精 0.5～15 份、中草药提取物 0.5～10 份、甘油 5～30 份、食用酒精 2～5 份、丙二醇 50～80 份。烟草提取物为将烟末加入溶剂中超声提取后经沉降、过滤和浓缩后得到的浓缩液,中草药提取物为将干燥的中草药植物经粉碎、浸泡、回流、离心、过滤和浓缩后得到的浓缩液。本发明通过制备具有降血脂功效的中草药提取物,之后将其与烟草提取物混合,辅以使用合适的烟用香精香料进行修饰,就可以制备得到香气丰富、口感舒适、满足感好,并具有一定降血脂保健功能的电子烟烟液。

申请文件独立权利要求:

一种电子烟烟液,其特征在于包括以下按质量份数计的原料组分:烟草提取物 1～30 份、烟用香精0.5～15 份、中草药提取物 0.5～10 份、甘油 5～30 份、食用酒精 2～5 份、丙二醇 50～80 份。烟草提取物为将烟末加入溶剂中超声提取后经沉降、过滤和浓缩后得到的浓缩液,中草药提取物为将干燥的中草药植物经粉碎、浸泡、回流、离心、过滤和浓缩后得到的浓缩液,中草药植物选自葛根、莱菔子、肉苁蓉、泽泻、虎杖、决明子、黄芪、何首乌、桑叶、枳壳、南山楂、姜黄、玉竹、大黄、黄芩、银杏叶、赤芍、麦冬、挂金灯、女贞子、薤白、蒲黄、绞股蓝、川芎中的一种或多种。

521. 一种具有降血糖功能的电子烟烟液

专利类型:发明

申请号:CN201410849793.4

申请日:2014-12-31

申请人:贵州中烟工业有限责任公司

申请人地址:550001 贵州省贵阳市友谊路 25 号

发明人:阮艺斌　刘剑　胡世龙　谢顺萍　黄正虹　姬厚伟

法律状态公告日:2017-11-07

法律状态:实质审查的生效

摘要:

本发明涉及一种电子烟烟液,其按质量份数计包括如下组分:丙二醇 50～80 份、甘油 5～30 份、食用酒精 2～5 份、烟草提取物 1～30 份、烟用香精 0.5～15 份、具有降血糖功效的中草药提取物 0.5～10 份。本发明通过将具有降血糖功效的中草药提取物与烟草提取物混合,使电子烟烟液的香气更加丰富,香味更加协调,满足感好,在一定程度上改善了电子烟烟液香气和口味不足的缺点,并具有降血糖的作用。

申请文件独立权利要求:

一种电子烟烟液,其按质量份数计包括如下组分:丙二醇 50～80 份、甘油 5～30 份、食用酒精 2～5 份、烟草提取物 1～30 份、烟用香精 0.5～15 份、具有降血糖功效的中草药提取物 0.5～10 份。

522. 电　子　烟

专利类型:实用新型

申请号:CN201420004316.3

申请日:2014-01-03

申请人:刘秋明

申请人地址:518000 广东省深圳市宝安区西乡兴业路缤纷世界花园 E3 栋 1202

发明人:刘秋明

授权日:2014-07-09

法律状态公告日:2014-10-08

法律状态:专利申请权、专利权的转移

摘要:

一种电子烟,包括设有电池的烟杆、装有烟液并用于雾化烟液的雾化器,以及用于将气流流至雾化器的气流通道。在气流通道的路径上设置有调压阀门组件,该调压阀门组件包括浮动球体,浮动球体用于根据气流方向密闭或打开气流通道并调整流入气流通道内的气流流量。通过调压阀门组件实现对进入雾化器内的外界大气流量的控制,进而调整被人体吸入的烟雾量,从而改变抽烟口感,满足不同类型使用者的需求;而且当用户向电子烟内吹气时,由于调压阀门组件处于闭合状态,因此可以防止雾化器内的烟液流入电池和控制板,从而延长电子烟的使用寿命。

申请文件独立权利要求:

一种电子烟,包括设有电池(104)的烟杆(100)、装有烟液并用于雾化烟液的雾化器(300),以及用于将气流流至雾化器(300)的气流通道。该电子烟的特征在于在气流通道的路径上设置有调压阀门组件(400),该调压阀门组件(400)包括浮动球体(422),浮动球体(422)用于根据气流方向密闭或打开气流通道并调整流入气流通道内的气流流量。

523. 电子烟盒及电子烟盒信息管理系统

专利类型:实用新型

申请号:CN201420017391.3

申请日:2014-01-10

申请人:刘秋明

申请人地址:518000 广东省深圳市宝安区西乡兴业路缤纷世界花园 E3 栋 1202

发明人:刘秋明

授权日:2014-07-02

法律状态公告日:2014-10-15

法律状态:专利申请权、专利权的转移

摘要:

本实用新型公开了一种电子烟盒及电子烟盒信息管理系统。该电子烟盒包括信息收发模块、微处理器和滑动触控模块:微处理器用于采集以下数据中的至少一种数据——个人信息数据、电子烟盒数据、电子烟数据;滑动触控模块用于感应用户的滑动触摸信号,并将滑动触摸信号传输给微处理器,微处理器根据滑动触摸信号控制信息收发模块将微处理器采集的数据发送给外部电子设备。实施本实用新型的有益效果是,可记录各种与吸烟相关的数据,并进行数据传输,可借助外部电子设备对数据进行分析,得到使用者的抽烟习惯,为使用者戒烟提供有益帮助;可方便快捷地转存、分享个人信息,方便信息收集以及社交,提升用户的使用体验。

申请文件独立权利要求:

一种电子烟盒,其特征在于包括信息收发模块、微处理器和滑动触控模块:信息收发模块和滑动触控模块分别与微处理器连接,信息收发模块与外部电子设备通信连接;微处理器用于采集以下数据中的至少一种数据——个人信息数据、电子烟盒数据、电子烟数据;滑动触控模块用于感应用户的滑动触摸信号,并将滑动触摸信号传输给微处理器,微处理器根据滑动触摸信号控制信息收发模块将微处理器采集的数据发送给电子设备。

524. 电子烟用电池组件及电子烟

专利类型:实用新型

申请号:CN201420021294.1

申请日:2014-01-14

申请人:深圳市合元科技有限公司

申请人地址:518000 广东省深圳市宝安区福永街道塘尾高新科技园区 C 栋第一、二、三层

发明人:李永海　徐中立　郑敏　刘威河

授权日:2014-08-13

法律状态公告日:2014-08-13

法律状态:授权

摘要:

本实用新型提供了一种电子烟用电池组件,其包括壳体、设置于壳体内的电池,以及连接电池的第一开关组件。第一开关组件包括与电池电连接的固定电极,以及可相对于固定电极转动成第一状态及第二状态的转动电极,固定电极包括断电区域和导电区域。转动电极在第一状态下与导电区域接触,从而与固定电极形成电连接,实现第一开关组件的打开;转动电极在第二状态下处于断电区域,从而与固定电极断开连接,实现第一开关组件的关闭。本实用新型还提供了一种使用上述电池组件的电子烟。

申请文件独立权利要求:

一种电子烟用电池组件,其包括壳体、设置于壳体内的电池,以及连接电池的第一开关组件。该电池组件的特征在于:第一开关组件包括与电池电连接的固定电极,以及可相对固定电极转动成第一状态及第二状态的转动电极,固定电极包括导电区域和断电区域。转动电极在第一状态下与导电区域接触,从而与固定电极形成电连接,实现第一开关组件的打开;转动电极在第二状态下处于断电区域,从而与固定电极断开连接,实现第一开关组件的关闭。

525. 电子烟雾化器以及电子烟

专利类型:实用新型

申请号:CN201420021871.7

申请日:2014-01-14

申请人:刘秋明

申请人地址:518000 广东省深圳市宝安区西乡兴业路缤纷世界花园 E3 栋 1202

发明人:刘秋明

授权日:2014-06-18

法律状态公告日:2014-10-08

法律状态:专利申请权、专利权的转移

摘要:

本实用新型公开了一种电子烟雾化器以及电子烟,该电子烟包括电子烟雾化器,电子烟雾化器包括具有发热丝的雾化组件,雾化组件有多个,且多个雾化组件同轴设置,多个雾化组件中的发热丝依次电连接,相邻的雾化组件之间均设置有可拆卸连接结构。实施本实用新型的有益效果是:该电子烟雾化器采用多个雾化组件的结构,其产生的烟雾量及烟雾浓度大,能够防止烟油凝结;再者,多个雾化组件采用依次可拆卸连接的结构,组装时操作简便,且每个雾化组件均可独立地进行替换使用,使得使用者可根据自己的需求选择不同数量的雾化组件,以达到调节烟雾量及口味的效果,从而能够满足使用者的个性化需求。

申请文件独立权利要求:

一种电子烟雾化器,包括具有发热丝(12)的雾化组件(1),该雾化组件(1)内设置有用于将烟雾排出的烟雾通道(100)。该电子烟雾化器的特征在于:雾化组件(1)有多个,多个雾化组件(1)同轴设置,相邻的雾化组件(1)的烟雾通道(100)相互连通,多个雾化组件(1)中的发热丝(12)依次电连接,发热丝(12)部分或全部置于烟雾通道(100)内,相邻的雾化组件(1)之间均设置有可拆卸连接结构,使得雾化组件(1)之间能够进行可拆卸连接。

526. 电子烟识别装置及电子烟盒

专利类型:实用新型

申请号:CN201420023274.8

申请日:2014-01-14

申请人:惠州市吉瑞科技有限公司

申请人地址:516000 广东省惠州市仲恺高新区和畅西三路 16 号 A 栋三、四、五层

发明人:刘秋明

授权日:2014-06-11

法律状态公告日:2014-06-11

法律状态:授权

摘要:

本实用新型公开了一种电子烟识别装置及电子烟盒,该电子烟识别装置包括电子烟和对电子烟进行识别的电子烟盒,电子烟包括识别信息生成模块,电子烟盒包括供电电池、微处理器和识别信息接收模块:微处理器分别与供电电池和识别信息接收模块相连接,用于根据转换后的识别信息识别电子烟盒和电子烟是否匹配;识别信息生成模块用于通过有线或无线的传输方式输出识别信息给识别信息接收模块;识别信息接收模块用于接收识别信息,并将识别信息转换后发送给微处理器。实施本实用新型能够避免在电子烟盒给电子烟充电前无法知晓两者是否匹配,以及在不匹配时无法停止为电子烟中的电池杆电池充电等问题,使用户使用时更安全可靠。

申请文件独立权利要求:

一种电子烟识别装置,包括电子烟(30)和能够对电子烟(30)进行识别的电子烟盒(20),其特征在于电子烟(30)包括识别信息生成模块(301),电子烟盒(20)包括供电电池(202)、微处理器(200)和识别信息接收

模块(201);微处理器(200)分别与供电电池(202)和识别信息接收模块(201)相连接,用于根据转换后的识别信息识别电子烟盒(20)和电子烟(30)是否匹配;供电电池(202)用于存储电能以及提供供电电压;识别信息生成模块(301)用于通过有线或无线的传输方式输出识别信息给识别信息接收模块(201);识别信息接收模块(201)用于接收识别信息,并将识别信息转换后发送给微处理器(200)。

527. 一种具有防跌落设计的电池杆及电子烟

专利类型:实用新型

申请号:CN201420041618.8

申请日:2014-01-22

申请人:刘秋明

申请人地址:518000 广东省深圳市宝安区西乡兴业路缤纷世界花园 E3 栋 1202

发明人:刘秋明

授权日:2014-07-23

法律状态公告日:2014-10-22

法律状态:专利申请权、专利权的转移

摘要:

本实用新型公开了一种具有防跌落设计的电池杆及电子烟,通过在电池杆远离连接件的一端插设用于与充电器电连接的充电组件,并对充电组件进行防跌落设计的方式,可以在不将雾化器和电池组件分离的情况下直接给电子烟充电,并能够在电子烟跌落的时候保护充电组件。本实用新型具有防跌落设计的电池杆,电池杆包括电池套管、连接件及充电组件,充电组件包括内电极、绝缘环和外电极。外电极插设在电池套管内,绝缘环插设在外电极内,内电极套设在绝缘环上,内电极及外电极分别位于绝缘环的内外两侧。外电极的一端设置有能够卡持在电池套管端面上的卡持部,另一端设置有能够阻挡绝缘环向内陷的阻挡部。

申请文件独立权利要求:

一种具有防跌落设计的电池杆,用于和雾化器组合形成电子烟。该电池杆包括电池套管(1)、设置在电池套管(1)内的电池(2),以及插设在电池套管(1)一端的用于与雾化器连接的连接件(3),其特征在于电池套管(1)远离连接件(3)的一端插设有用于与充电器电连接的充电组件(4),充电组件(4)包括内电极(41)、绝缘环(42)和外电极(43)。外电极(43)插设在电池套管(1)内,绝缘环(42)插设在外电极(43)内,内电极(41)套设在绝缘环(42)上,内电极(41)及外电极(43)分别位于绝缘环(42)的内外两侧。外电极(43)的一端设置有能够卡持在电池套管(1)端面上的卡持部(431),另二端设置有能够阻挡绝缘环(42)向内陷的阻挡部(432)。内电极(41)及外电极(43)分别电连接至电池的两电极。

528. 一种电子烟

专利类型:实用新型

申请号:CN201420045870.6

申请日:2014-01-24

申请人:武汉黄鹤楼新材料科技开发有限公司

申请人地址:430000 湖北省武汉市东西湖区金山大道 1355 号

发明人:李丹　王庆九　梅文浩

授权日:2014-08-06

法律状态公告日:2014-08-06

法律状态:授权

摘要:

本实用新型涉及电子产品领域,提供了一种电子烟,其包括中空管状的烟杆、空心滤嘴棒、雾化器、烟

弹、电池、发光管。烟杆的一端设置有发光管，发光管与电池的正负极相连；电池设置于烟杆内，烟杆的另一端通过螺纹结构与雾化器连接，雾化器外部设有金属卡套，金属卡套通过卡接的形式与空心滤嘴棒连接，雾化器轴向设有带尖端状的发热丝，发热丝与烟弹接触；烟弹插接在空心滤嘴棒的卡槽中；空心滤嘴棒为丝束滤棒，丝束滤棒内设有与烟弹配合的卡槽，丝束滤棒端面为中空结构。本实用新型设计独特，可以有效提高电子烟的口感，并且增加了使用的趣味性。

申请文件独立权利要求：

一种电子烟，包括中空管状的烟杆、空心滤嘴棒、雾化器、烟弹、电池、发光管，其特征是：烟杆的一端设有发光管，发光管与电池的正负极相连；电池设置于烟杆内，烟杆的另一端通过螺纹结构与雾化器连接，雾化器外部设有金属卡套，金属卡套通过卡接的形式与空心滤嘴棒连接，雾化器轴向设有带尖端状的发热丝，发热丝与烟弹接触；烟弹插接在空心滤嘴棒的卡槽中，空心滤嘴棒为丝束滤棒，丝束滤棒内设有与烟弹配合的卡槽，丝束滤棒端面为中空结构。

529. 用于电子烟的雾化器及电子烟

专利类型：实用新型

申请号：CN201420050055.9

申请日：2014-01-26

申请人：深圳市合元科技有限公司

申请人地址：518000 广东省深圳市宝安区福永街道塘尾高新科技园区 C 栋第一、二、三层

发明人：李永海　徐中立　胡书云

授权日：2014-10-01

法律状态公告日：2014-10-01

法律状态：授权

摘要：

本实用新型公开了一种用于电子烟的雾化器及电子烟，旨在提供一种不需要设置温度传感器就能输出温度信号的雾化器。本实用新型采用的实施方案是：一种用于电子烟的雾化器，包括进气口、与进气口连通的出气口、用于储存发烟物质的储存仓、用于加热发烟物质的发热元件、与发热元件电连接的微控制器，发热元件由热电偶材料制成，微控制器用于根据发热元件的温度接通或断开发热元件的电通路。由于发热元件由热电偶材料制成，所以该发热元件在加热工作时，其自身就会产生热电效应来测量自身的温度，从而不需要再设置温度传感器就能输出发热元件的温度信号，节约了制造成本。本实用新型还公开了一种包含上述雾化器的电子烟。

申请文件独立权利要求：

一种用于电子烟的雾化器，包括进气口、与进气口连通的出气口、用于储存发烟物质的储存仓、用于加热发烟物质的发热元件、与发热元件电连接的微控制器，其特征在于发热元件由热电偶材料制成，微控制器用于根据发热元件的温度接通或断开发热元件的电通路。

530. 一种电子烟的电池组件及一种电子烟

专利类型：实用新型

申请号：CN201420051821.3

申请日：2014-01-26

申请人：惠州市吉瑞科技有限公司

申请人地址：516000 广东省惠州市仲恺高新区和畅西三路 16 号 A 栋三、四、五层

发明人：刘秋明

授权日：2014-06-04

法律状态公告日:2014-06-04

法律状态:授权

摘要:

本实用新型公开了一种电子烟的电池组件及一种电子烟。在该电子烟的电池组件中,微控制器同时与电池和雾化组件连接,使得电池与雾化组件形成电流回路,同时微控制器通过不同的管脚分别与雾化组件的电热丝的高压端和低压端连接。该连接关系使得微控制器后续可以通过各个管脚从电热丝中获取相关参数,进而确定电热丝的阻值,在确定雾化组件的电热丝的阻值超出电阻预设范围时,会控制电池与雾化组件的电热丝之间的电路断开,这样可以在电子烟的电池组件与雾化组件功率不匹配时,使电子烟停止工作,从而避免了在使用电子烟时烟雾量不足以及电池发热和漏液等情况的发生。

申请文件独立权利要求:

一种电子烟的电池组件,用于与雾化组件组合形成电子烟,其特征在于包括:为雾化组件中的电热丝提供电压的电池;与电池和雾化组件的电热丝连接,在判断雾化组件的电热丝的阻值超出电阻预设范围时,控制电池与雾化组件的电热丝之间的电路断开的微控制器。微控制器包括第一管脚、第二管脚和第三管脚,其中,第一管脚与电热丝的高压端连接,第二管脚通过一个电气元件连接在电热丝的低压端,第三管脚与电热丝的低压端连接。

531. 带电热丝电阻阻值选择功能的电子烟控制电路及电子烟

专利类型:实用新型

申请号:CN201420057364.9

申请日:2014-01-29

申请人:惠州市吉瑞科技有限公司

申请人地址:516000 广东省惠州市仲恺高新区和畅西三路 16 号 A 栋三、四、五层

发明人:刘秋明

授权日:2014-06-04

法律状态公告日:2014-06-04

法律状态:授权

摘要:

本实用新型公开了一种带电热丝电阻阻值选择功能的电子烟控制电路及电子烟,通过在电子烟内增加简单电热丝 D 的电阻阻值检测电路,能够实现根据检测到的电热丝 D 的电阻阻值控制雾化器功率,从而在保持产品一致性的同时降低产品的生产难度和生产成本。本实用新型涉及的带电热丝电阻阻值选择功能的电子烟控制电路,应用于与雾化器及电池杆组成的电子烟中,该电子烟控制电路包括感应器、控制器、发光二极管 D_1、二极管 D_2、电容 C_1、场效应管 Q_1、选择器件 S_1、选择器件 S_2、选择器件 S_3、电阻 R_1、电阻 R_2、电阻 R_3及电阻 R_4。

申请文件独立权利要求:

一种带电热丝电阻阻值选择功能的电子烟控制电路,应用于与雾化器及电池杆组成的电子烟中,其特征在于包括感应器、控制器、发光二极管 D_1、二极管 D_2、电容 C_1、场效应管 Q_1、选择器件 S_1、选择器件 S_2、选择器件 S_3、电阻 R_1、电阻 R_2、电阻 R_3及电阻 R_4。电池杆的正极与感应器的第三引脚、电阻 R_1的一端、二极管 D_2的正向输入端、电阻 R_3的一端相连,负极与感应器的第二引脚、场效应管 Q_1的源极、电阻 R_2的一端及电阻 R_4的一端相连;控制器包括引脚 PIN1、引脚 PIN2、引脚 PIN3、引脚 PIN4、引脚 PIN5、引脚 PIN6、引脚 PIN7、引脚 PIN8、引脚 PIN9 及引脚 PIN10,引脚 PIN1 与电容 C_1的一端及二极管 D_2的反向输入端相连,引脚 PIN2 与感应器的第二引脚相连,引脚 PIN3 与电阻 R_3的另一端及电阻 R_4的另一端相连,引脚 PIN4 与场效应管 Q_1的栅极相连,引脚 PIN5 与发光二极管 D_1的反向输入端相连,引脚 PIN6 与选择器件 S_1的一端相连,引脚 PIN7 与选择器件 S_2的一端相连,引脚 PIN8 与选择器件 S_3的一端相连,引脚 PIN9 与电阻 R_2的另

一端相连，引脚 PIN10 接地；发光二极管 D_1 的正向输入端与电阻 R_1 的另一端相连；电容 C_1 的另一端、选择器件 S_1 的另一端、选择器件 S_2 的另一端及选择器件 S_3 的另一端接地；电热丝 D 的一端与电阻 R_3 的一端相连，另一端与电阻 R_4 的一端相连。

532. 一种基于高频微滴喷射的雾化装置

专利类型：实用新型

申请号：CN201420066418.8

申请日：2014-02-14

申请人：上海烟草集团有限责任公司

申请人地址：200082 上海市杨浦区长阳路 717 号

发明人：张慧　陈超　沈铁　陈利冰　艾明欢　陆闻杰

授权日：2014-08-06

法律状态公告日：2014-08-06

法律状态：授权

摘要：

本实用新型提供了一种基于高频微滴喷射的雾化装置，其包括外壳、液体容器、雾化管、高频发生电路、开关和电源。液体容器、雾化管、高频发生电路、开关和电源均设置在外壳内，外壳的一端设有吸嘴口；液体容器包括容器外壳、活塞片和微滴喷射管；雾化管内部装有压电单元；高频发生电路用于提供能使压电单元发生谐振的高频电流信号；开关用于控制高频发生电路的工作状态。本实用新型涉及的基于高频微滴喷射的雾化装置能够节约耗能，延长电池的使用寿命；能够精确控制雾化量，提高烟油的使用率；雾化过程中不会产生高温，能够避免对使用者造成伤害；雾化过程中会产生负离子，能使吸入的气雾得到净化。

申请文件独立权利要求：

一种基于高频微滴喷射的雾化装置，其特征在于至少包括外壳、液体容器、雾化管、高频发生电路、开关和电源。液体容器、雾化管、高频发生电路、开关和电源均设置在外壳内，其中，外壳的一端设有吸嘴口；液体容器包括容器外壳、活塞片和微滴喷射管，其中，容器外壳一端带有开口，活塞片置于容器外壳内，将容器外壳分隔成密闭的气压腔和一端带有开口的液体腔两部分，气压腔内充有一定量的气体，形成一定的气压，且该气压小于一个标准大气压，液体腔内装有液体烟油，活塞片能够在气压的作用下发生移动，微滴喷射管连接在液体腔的开口处；雾化管的一端与微滴喷射管相连，另一端与吸嘴口相连，且雾化管内部装有压电单元，用于对微滴喷射管喷入的液体微滴进行雾化；高频发生电路用于提供能使压电单元发生谐振的高频电流信号；开关用于控制高频发生电路的工作状态；电源用于为雾化装置提供电能。

533. 电子烟雾化器以及电子烟

专利类型：实用新型

申请号：CN201420067358.1

申请日：2014-02-14

申请人：刘秋明

申请人地址：518000 广东省深圳市宝安区西乡兴业路缤纷世界花园 E3 栋 1202

发明人：刘秋明

授权日：2014-07-09

法律状态公告日：2014-10-08

法律状态：专利申请权、专利权的转移

摘要：

本实用新型公开了一种电子烟雾化器以及电子烟。电子烟包括电子烟雾化器，电子烟雾化器包括具有

发热丝的雾化组件,雾化组件内设置有用于引导烟雾排出的烟雾通道,雾化组件的数量至少为两个,且应同轴设置,相邻的雾化组件的烟雾通道相互连通,每一个雾化组件还包括用于控制发热丝与电池装置之间电性连接的控制开关。实施本实用新型的有益效果是:电子烟雾化器采用多个同轴设置的雾化组件,且每一个雾化组件具有各自的控制开关来控制发热丝的工作状态,因此使用此电子烟雾化器及电子烟,可以自由调节烟雾量,同时还可以自由调节抽烟口味,烟雾量及烟雾浓度大,提升了用户体验。

申请文件独立权利要求:

一种电子烟雾化器,用于与电池装置电连接形成电子烟。该电子烟雾化器包括具有发热丝(15)的雾化组件(1),雾化组件(1)内设置有用于引导烟雾排出的烟雾通道。该电子烟雾化器的特征在于雾化组件(1)的数量至少为两个,且同轴设置,相邻的雾化组件(1)的烟雾通道相互连通,每一个雾化组件(1)还包括用于控制发热丝(15)与电池装置之间电性连接的控制开关(29)。

534. 蒸　发　器

专利类型:实用新型

申请号:CN201420117217.6

申请日:2014-03-14

申请人:VMR 产品有限责任公司

申请人地址:美国佛罗里达州

发明人:J. A. 弗勒　D. 雷西奥　陆一峰　张殷君　A. 法加多　H. 弗勒

授权日:2015-07-15

法律状态公告日:2017-05-03

法律状态:专利权的终止

摘要:

一种电子烟或蒸发器,包括壳体以及可容纳在壳体的一部分内的室内的雾化器。雾化器可以存放可蒸发流体、干物质,或者诸如蜡等其他可蒸发物质。该电子烟或蒸发器还包括在一个实施方式中可插入室内,并且在另一个实施方式中可以连接到壳体端部的充电器。该电子烟或蒸发器还设有磁体,以将雾化器或者充电器固定在壳体上。

申请文件独立权利要求:

一种蒸发器,其特征在于包括:①壳体,具有电池段与雾化器接收段,雾化器接收段限定具有远离壳体电池段的插入端以及邻近电池段的基部端的室,该室的尺寸设计为在室的插入端能够容纳插入该室中的雾化器;②电池,容纳在电池段内;③电触头,设置在室的基部端与电池段之间,电触头包括正极触头以及与正极触头绝缘的负极触头;④电子电路,容纳在壳体的电池段内,并且可在电池与电触头之间引导电流,其中电触头和电池各自都与电子电路电连接,并且当雾化器表面与磁性地吸引的室表面彼此邻近放置时,雾化器可固定在室内。

535. 一种雾化器以及电子烟

专利类型:实用新型

申请号:CN201420161302.2

申请日:2014-04-03

申请人:惠州市吉瑞科技有限公司

申请人地址:516000 广东省惠州市仲恺高新区和畅西三路 16 号 A 栋三、四、五层

发明人:刘秋明

授权日:2014-12-10

法律状态公告日:2014-12-10

法律状态：授权

摘要：

本实用新型公开了一种雾化器以及电子烟，该雾化器包括雾化套、雾化套内部设置的储油空间、绕成盘形的螺旋状的电热元件以及第一导油布，第一导油布覆盖设置在储油空间的开口处，电热元件铺设在第一导油布远离储油空间的一面。该第一导油布保障了输出给电热元件烟油量的均匀，以使电热元件雾化的烟雾量均匀恒定，从而提升用户吸食烟雾的体验；并且电热元件绕成盘形的螺旋状，有效地增加了电热元件的长度及电热元件与第一导油布的接触面积，且该电热元件沿雾化器的横向设置，从而避免了现有技术中螺旋圈之间因重力或振动作用而导致烟雾量不均匀的问题及烧焦储油棉的情况。

申请文件独立权利要求：

一种雾化器，其特征在于包括雾化套、雾化套内部设置的用于存储烟油的储油空间、用于雾化烟油以形成烟雾并绕成盘形的螺旋状的电热元件以及用于将烟油输送给电热元件进行雾化的第一导油布。第一导油布覆盖设置在储油空间的开口处，电热元件铺设在第一导油布远离储油空间的一面，且沿雾化器的横向设置。

536. 一种带可视燃烧线的电子卷烟

专利类型：实用新型

申请号：CN201420171736.0

申请日：2014-04-10

申请人：云南中烟工业有限责任公司

申请人地址：650000 云南省昆明市世博路 6 号

发明人：李寿波　陈永宽　朱东来　韩熠　巩效伟　张霞　汤建国　杨柳　郑绪东

授权日：2014-09-17

法律状态公告日：2014-09-17

法律状态：授权

摘要：

本实用新型是一种带可视燃烧线的电子卷烟，其包括端盖、烟杆外壳、电池、控制电路板、烟弹、加热单元、储油棉、导油管、吸嘴。电池、控制电路板、烟弹、加热单元、储油棉、导油管、吸嘴均设置于烟杆外壳内，烟杆外壳的两端是端盖和吸嘴，烟杆外壳内的中间设置有控制电路板，该控制电路板与电池连接，电池的另一端接端盖，控制电路板的另一边设置有导油管，导油管内设置有加热单元，加热单元的外围是储油棉，储油棉的外周是烟弹，导油管通过铆接件与烟杆外壳连接固定，导油管连接端盖，在烟杆外壳上设置有指示灯。本实用新型可以根据抽吸量依次触发对应的指示灯，不仅能模拟抽吸传统卷烟时烟支有效长度不断缩短的效果，还能判断使用者已经抽吸的量并给予提示。

申请文件独立权利要求：

一种带可视燃烧线的电子卷烟，其特征在于包括端盖、烟杆外壳、电池、控制电路板、烟弹、加热单元、储油棉、导油管、吸嘴。电池、控制电路板、烟弹、加热单元、储油棉、导油管、吸嘴均置于烟杆外壳内，烟杆外壳的两端是端盖和吸嘴，烟杆外壳内的中间设置有控制电路板，该控制电路板与电池连接，电池的另一端接端盖，控制电路板的另一边设置导油管，导油管内设置加热单元，加热单元的外围是储油棉，储油棉的外周是烟弹，导油管通过铆接件与烟杆外壳连接固定，导油管连接端盖，在烟杆外壳上设置有指示灯。

537. 雾化器以及电子烟

专利类型：实用新型

申请号：CN201420194903.3

申请日：2014-04-21

申请人:惠州市吉瑞科技有限公司

申请人地址:516000 广东省惠州市仲恺高新区和畅西三路 16 号 A 栋三、四、五层

发明人:刘秋明

授权日:2014-11-12

法律状态公告日:2014-11-12

法律状态:授权

摘要:

本实用新型公开了一种雾化器以及电子烟,该雾化器用于与电池杆组件组合形成电子烟。雾化器包括用于容纳烟油的储油瓶和用于雾化烟油的雾化组件,储油瓶设置于雾化组件的一端,雾化组件远离储油瓶的一端设置有用于将雾化的烟雾排出的排烟口,雾化组件与储油瓶之间具有供油通道,在供油通道的路径上设置有烟油油量调节结构,该烟油油量调节结构用于调节雾化组件与储油瓶之间的供油通道的大小,以调节储油瓶单位时间内向雾化组件供油的最大供油量。本实用新型所提供的雾化器以及电子烟能够有效地防止用户吸食未经雾化的烟液并能有效防止烟油泄漏。

申请文件独立权利要求:

一种雾化器,用于与电池杆组件(12)组合形成电子烟,其特征在于包括用于容纳烟油的储油瓶(14)和用于雾化烟油的雾化组件(13)。储油瓶(14)设置于雾化组件(13)的一端,雾化组件(13)远离储油瓶(14)的一端设置有用于将雾化的烟雾排出的排烟口,雾化组件(13)与储油瓶(14)之间具有供油通道,在供油通道的路径上设置有烟油油量调节结构,该烟油油量调节结构用于调节雾化组件(13)与储油瓶(14)之间的供油通道的大小,以调节储油瓶(14)单位时间内向雾化组件(13)供油的最大供油量。

538. 电子雾化装置及电子烟

专利类型:实用新型

申请号:CN201420209253.5

申请日:2014-04-28

申请人:深圳市合元科技有限公司

申请人地址:518000 广东省深圳市宝安区福永街道塘尾高新科技园区 C 栋第一、二、三层

发明人:李永海　徐中立　邓银登

授权日:2014-10-01

法律状态公告日:2014-10-01

法律状态:授权

摘要:

本实用新型提供了一种电子雾化装置及电子烟,其包括可拆装的储油杯组件和雾化头组件。雾化头组件包括第二连接部件,储油杯组件包括油杯,油杯的一端具有开口,在开口处设置有硅胶塞,硅胶塞一体成型有用于封闭该开口的易刺破的薄膜,第二连接部件刺破薄膜并伸入油杯内。本实用新型不仅可以使烟油储存较长时间而不变质,而且使用方便,防漏油效果好。

申请文件独立权利要求:

一种电子雾化装置,包括可拆装的储油杯组件和雾化头组件,其特征在于雾化头组件包括雾化套、设置于雾化套一端的第一连接部件、设置于雾化套内部的第二连接部件和设置于第一连接部件与第二连接部件之间的雾化部件,储油杯组件包括油杯和插接部,插接部与雾化套的另一端配合连接,以将储油杯组件与雾化头组件固定连接,第二连接部件用于连接油杯和雾化部件,并为雾化部件提供烟油,雾化部件用于将烟油加热雾化,第一连接部件用于与外部的供电装置连接,为雾化部件供电。油杯的一端设有开口,开口处设置有硅胶塞,硅胶塞一体成型有用于封闭该开口的易刺破的薄膜,第二连接部件刺破薄膜并伸入油杯内。

539. 电子烟雾化装置

专利类型:实用新型

申请号:CN201420224119.2

申请日:2014-05-04

申请人:上海烟草集团有限责任公司

申请人地址:200082 上海市杨浦区长阳路 717 号

发明人:陈超　陈利冰　邱立欢　张慧

授权日:2014-09-24

法律状态公告日:2014-09-24

法律状态:授权

摘要:

本实用新型提供了一种电子烟雾化装置,其包括雾化管,雾化管的首端封堵有吸嘴盖,吸嘴盖上设置有吸烟孔,雾化管内依次设有加热体、导油体和储油纤维,加热体为 MMH 厚膜发热体或陶瓷 PTC 发热体,加热体通过导线与雾化管尾端设置的电池电连接,电池底端连接有工作状态指示面板。本实用新型通过改变雾化管与发热体的结构及材料,提高了雾化效率与雾气均匀性,又杜绝了吸入玻璃纤维丝后对人体可能造成的伤害和发热体温度过高造成的安全隐患。整个装置结构简单,温度可控,具备高度的产业利用价值。

申请文件独立权利要求:

一种电子烟雾化装置,其特征在于包括雾化管,雾化管的首端封堵有吸嘴盖,吸嘴盖上设置有吸烟孔,雾化管内依次设有加热体、导油体和储油纤维,加热体为 MMH 厚膜发热体或陶瓷 PTC 发热体,加热体通过导线与雾化管尾端设置的电池电连接,电池底端连接有工作状态指示面板。

540. 电子烟吸嘴

专利类型:实用新型

申请号:CN201420224139.X

申请日:2014-05-04

申请人:上海烟草集团有限责任公司

申请人地址:200082 上海市杨浦区长阳路 717 号

发明人:艾明欢　张朝平　陈超　李淼

授权日:2014-09-24

法律状态公告日:2014-09-24

法律状态:授权

摘要:

本实用新型提供了一种电子烟吸嘴,其包括贯通的嘴含端和填料腔体,填料腔体中设有过滤层和透气垫片,嘴含端内设有气道,气道为条形孔状或以阵列形式排列的多个圆孔状。本实用新型的电子烟吸嘴利用过滤层冷却烟气,利用嘴含端的气道给烟气提供较大且分散的进入通道,使得烟气温度、浓度适宜,解决了当前大部分电子烟的烟气进入人体口腔时温度高且浓度过于集中在中心小区域的问题。

申请文件独立权利要求:

一种电子烟吸嘴,其特征在于包括贯通的嘴含端和填料腔体,填料腔体中设有过滤层和透气垫片,嘴含端内设有气道,气道为条形孔状或以阵列形式排列的多个圆孔状。

541. 一种带电子标签的电子烟

专利类型:实用新型

申请号:CN201420234924.3

申请日:2014-05-09

申请人:云南中烟工业有限责任公司

申请人地址:650000 云南省昆明市世博路6号

发明人:段沅杏 杨威 杨柳 李海燕 杨继 赵伟 韩敬美 陈永宽

授权日:2014-10-15

法律状态公告日:2014-10-15

法律状态:授权

摘要:

本实用新型涉及一种带电子标签的电子烟,属于电子烟技术领域,其包括由电池杆外壳及雾化器外壳相互对接构成的电子烟主体,电子烟主体内包括吸嘴、雾化器、烟弹、控制电路板,其特征在于在电子烟主体内设有电子标签芯片以及电子标签信号接收线圈,还设置有发光电路。本实用新型的优点是:能够即时识别电子烟的各项信息,具有防伪辨真的作用,方便企业采集产品信息,为产品开发及供给提供数据支持,且成本低,体积小,重量轻。

申请文件独立权利要求:

一种带电子标签的电子烟,包括由电池杆外壳及雾化器外壳相互对接构成的电子烟主体,电子烟主体内包括雾化器、烟弹、控制电路板,以及设置在雾化器前端的烟嘴,其特征在于在电子烟主体内设有电子标签芯片以及电子标签信号接收线圈,并在电子烟的一端设置有发光装置。

542. 一种电子烟电池

专利类型:实用新型

申请号:CN201420298128.6

申请日:2014-06-06

申请人:黄金珍

申请人地址:518000 广东省深圳市宝安区龙华镇玉华花园华思阁304

发明人:黄金珍

授权日:2014-12-24

法律状态公告日:2014-12-24

法律状态:授权

摘要:

本实用新型适用于电子烟配件技术领域,涉及一种电子烟电池,其包括外壳、电池本体及四个端口,其中两个端口为电压输出端口,其余两个端口为扩充端口或电压输出端口。本实用新型可通过设置两个电压输出端口及两个扩充端口,使电子烟电池具备扩充的条件,从而有利于电子烟电池内部信息与外界信息的交互或增大电池的输出功率,使电池能为更大功率的负载提供电能。此外,本实用新型的电子烟电池的输出接口技术不需要精密的金属结构件,其成本为当前金属连接器的1/2。

申请文件独立权利要求:

一种电子烟电池,包括外壳及电池本体,其特征在于还包括四个端口,其中两个端口为电压输出端口,其余两个端口为扩充端口或电压输出端口。

543. 电子烟用控制器、供电装置及电子烟

专利类型:实用新型

申请号:CN201420299872.8

申请日:2014-06-06

申请人:山东中烟工业有限责任公司

申请人地址:250100 山东省济南市历城区东外环路 431 号

发明人:宋新华 孙勇 徐中立 王明霞 孟晓军 温升波 董永智 韩青龙 谭淙升 毕明洋

授权日:2014-10-15

法律状态公告日:2014-10-15

法律状态:授权

摘要:

本实用新型提供了一种电子烟用控制器、供电装置及电子烟,用于根据气压差控制电路导通,其包括外壳、设置在外壳内的极板、绝缘垫圈、膜片组件以及电路板,绝缘垫圈分隔极板与膜片组件,膜片组件包括导电膜片和支承导电膜片的支架,外壳与极板开设有气流通孔,支架及外壳由导电材质制成。外壳包括本体,本体的内壁设置有绝缘膜,用于分隔本体与支架,导电膜片在两侧存在气压差时使接触极板变形,使得支架、导电膜片、极板、外壳以及电路板之间形成导通的控制回路。本实用新型还提供了一种使用上述控制器的电子烟用供电装置及电子烟。

申请文件独立权利要求:

一种电子烟用控制器,包括一个能导电的外壳,其特征在于在外壳内沿外壳的轴线方向依次设有极板、绝缘垫圈、膜片组件以及电路板,膜片组件包括导电膜片和支承导电膜片且能导电的支架,支架与壳体之间设有绝缘膜,外壳、极板、绝缘垫圈上均开设有与外界相通的气流通孔,电路板、支架及导电膜片形成施压空间。

544. 雾化器及具有该雾化器的电子烟

专利类型:实用新型

申请号:CN201420309400.6

申请日:2014-06-11

申请人:湖南中烟工业有限责任公司

申请人地址:410007 湖南省长沙市雨花区万家丽中路三段 188 号

发明人:刘建福 钟科军 易建华 代远刚 郭小义

授权日:2015-02-11

法律状态公告日:2015-02-11

法律状态:授权

摘要:

本实用新型涉及一种电子烟用雾化器,其包括外壳和位于该外壳内的通气管,外壳与通气管之间形成有储油腔,储油腔内设置有储油部件。储油部件选自以下一种或多种:烟叶、烟草膨胀梗丝、烟丝及烟梗。此外,本实用新型还提供了一种包含上述雾化器的电子烟。本实用新型的雾化器和电子烟采用烟叶等材料作为储油部件,不含储油棉,长期使用不会对烟油口味造成负面影响。

申请文件独立权利要求:

一种电子烟用雾化器,包括外壳和位于该外壳内的通气管,外壳与通气管之间形成有储油腔,储油腔内设置有储油部件,通气管为中空玻纤管。该雾化器还包括位于外壳内与通气管连接的阻油塞,可以防止烟油泄漏。该雾化器的特征在于储油部件选自以下一种或多种:烟叶、烟草膨胀梗丝、烟丝及烟梗。

545. 雾化器及电子烟

专利类型:实用新型

申请号:CN201420314834.5

申请日:2014-06-13

申请人:深圳市合元科技有限公司

申请人地址:518000 广东省深圳市宝安区福永街道塘尾高新科技园区C栋第一、二、三层

发明人:李永海 徐中立 邓银登 贺普山

授权日:2014-11-26

法律状态公告日:2014-11-26

法律状态:授权

摘要:

本实用新型公开了一种组装工艺简单,且具有良好的引油和防漏油效果的雾化器。本实用新型采用的实施方案是:一种用于电子烟的雾化器,包括外壳、设于外壳内的用于容置烟油的烟油仓和用于将烟油雾化成烟雾的雾化部。雾化部包括具有雾化腔的雾化杯以及设于该雾化腔内的雾化单元,外壳设有进气口、出烟口、连通进气口和出烟口的气流通道,烟油仓与雾化部之间还设有用于将烟油从烟油仓传导至雾化杯内进行雾化的第一导油件,第一导油件具有多孔陶瓷体,烟油渗透至多孔陶瓷体,并经多孔陶瓷体吸收后储存在多孔陶瓷体内,以供雾化单元吸收并雾化。

申请文件独立权利要求:

一种用于电子烟的雾化器,包括外壳、设于外壳内的用于容置烟油的烟油仓和用于将烟油雾化成烟雾的雾化部。雾化部包括具有雾化腔的雾化杯以及设于该雾化腔内的雾化单元,外壳设有进气口、出烟口、连通进气口和出烟口的气流通道。该雾化器的特征在于烟油仓与雾化部之间还设有用于将烟油从烟油仓传导至雾化杯内进行雾化的第一导油件,第一导油件具有多孔陶瓷体,烟油渗透至多孔陶瓷体,并经多孔陶瓷体吸收后储存在多孔陶瓷体内,以供雾化单元吸收并雾化。

546. 顶部注液底部换发热组件的电子烟

专利类型:实用新型

申请号:CN201420375735.8

申请日:2014-07-08

申请人:深圳市康尔科技有限公司

申请人地址:518000 广东省深圳市宝安区福永街道和平社区和裕工业区5号厂房第四层B

发明人:朱晓春

授权日:2014-12-03

法律状态公告日:2014-12-03

法律状态:授权

摘要:

本实用新型公开了一种顶部注液底部换发热组件的电子烟,其包括由上至下依次连接的烟嘴、连接组件、储液管和发热组件,连接组件分别与烟嘴和储液管连接,发热组件可拆卸地连接于储液管的下端,储液管内设有隔板,该隔板将储液管的内腔分隔为上容腔和下容腔,该隔板上开有放液孔,隔板的上方安装有可转动的雾化管,雾化管的下端径向延伸有用于封堵放液孔的挡块,雾化管的上端穿过连接组件后插入烟嘴中,且雾化管的上端管口与烟嘴连通,雾化管的下端管口与发热组件的烟气出口连通。本实用新型可方便卫生地灌注烟液,同时使发热组件对烟液的加热雾化量可调,提升口感,而且可以根据需要很方便地更换发热组件。

申请文件独立权利要求:

一种顶部注液底部换发热组件的电子烟,其特征在于包括由上至下依次连接的烟嘴、连接组件、储液管和发热组件,连接组件分别与烟嘴和储液管连接,发热组件可拆卸地连接于储液管的下端,储液管内设有隔板,该隔板将储液管的内腔分隔为上容腔和下容腔,该隔板上开有放液孔,隔板的上方安装有可转动的雾化管,雾化管的下端径向延伸有用于封堵放液孔的挡块,雾化管的上端穿过连接组件后插入烟嘴中,且雾化管

的上端管口与烟嘴连通，雾化管的下端管口与发热组件的烟气出口连通。

547. 雾化装置及电子烟

专利类型：实用新型
申请号：CN201420381903.4
申请日：2014-07-11
申请人：深圳市合元科技有限公司
申请人地址：518000 广东省深圳市宝安区福永街道塘尾高新科技园区 C 栋第一、二、三层
发明人：李永海　徐中立　胡书云
授权日：2015-01-07
法律状态公告日：2015-01-07
法律状态：授权
摘要：

本实用新型提供了一种雾化装置及电子烟，其包括壳体、设置于壳体内的储油容器及雾化组件。雾化组件包括烟油传导件、发热盘及吸油体，储油容器具有开口端，烟油传导件的一端插设于该开口端，用于从储油容器吸收并传导烟油至另一端，发热盘设置于烟油传导件的另一端，吸油体夹设于烟油传导件与发热盘之间，用于吸收烟油传导件传导的烟油并将其提供给发热盘加热雾化。本实用新型通过设计新型的雾化组件结构，使受热面积增大，受热更均匀，吸烟时烟雾量大，长时间吸烟时不会因为温度过高而产生煳味，改善了用户的使用体验。

申请文件独立权利要求：

一种雾化装置，包括壳体、设置于壳体内的储油容器及雾化组件，其特征在于雾化组件包括烟油传导件、发热盘及吸油体，储油容器具有开口端，烟油传导件的一端插设于该开口端，用于从储油容器吸收并传导烟油至另一端，发热盘设置于烟油传导件的另一端，吸油体夹设于烟油传导件与发热盘之间，用于吸收烟油传导件传导的烟油并提供给发热盘加热雾化。

548. 一种具有毛笔功能的电子烟

专利类型：实用新型
申请号：CN201420383718.9
申请日：2014-07-11
申请人：广西中烟工业有限责任公司
申请人地址：530001 广西壮族自治区南宁市北湖南路 28 号
发明人：王萍娟　白家峰　田兆福　冯守爱　吴彦
授权日：2015-01-07
法律状态公告日：2015-01-07
法律状态：授权
摘要：

本实用新型涉及一种具有毛笔功能的电子烟，其包括相连接的笔杆和笔头，笔头为指示灯，笔杆为柱形的电子烟，笔杆和笔头的连接方式为螺接或直插。笔头可更换为毛笔头，在书写或绘画时，将毛笔头安装在笔杆上，这时就可发挥毛笔的功能；当想抽烟时，把毛笔头取下，换上指示灯，这时就可发挥电子烟的功能。本实用新型特别适合外出练字写生的戒烟者和有烟瘾的书画家使用。

申请文件独立权利要求：

一种具有毛笔功能的电子烟，其特征在于包括相连接的笔杆和笔头，笔头为指示灯，笔杆为柱形的电子烟。

549. 一种具有刷牙功能的电子烟

专利类型:实用新型

申请号:CN201420383719.3

申请日:2014-07-11

申请人:广西中烟工业有限责任公司

申请人地址:530001 广西壮族自治区南宁市北湖南路 28 号

发明人:王萍娟　田兆福　吴彦　冯守爱　白家峰

授权日:2014-11-26

法律状态公告日:2014-11-26

法律状态:授权

摘要:

本实用新型涉及一种具有刷牙功能的电子烟,其包括相连接的刷柄和刷头,刷柄为柱形或柄形的电子烟,刷头为烟头,刷头包括连接的牙刷头和刷毛。当想抽烟时,使用者将烟头安装在刷柄上,就可发挥戒烟的作用;当吸过烟后想清洁牙齿时,将刷毛和牙刷头安装在刷柄上,就可发挥电子烟的刷牙功能。牙刷头和烟头可更替交换使用,刷毛磨损时可替换新的刷毛。本实用新型使用方便,特别适合外出旅游、野营的戒烟者使用。

申请文件独立权利要求:

一种具有刷牙功能的电子烟,其特征在于包括相连接的刷柄和刷头,刷柄为柱形或柄形的电子烟,刷头为烟头。

550. 一种具有化妆功能的女士电子烟

专利类型:实用新型

申请号:CN201420383739.0

申请日:2014-07-11

申请人:广西中烟工业有限责任公司

申请人地址:530001 广西壮族自治区南宁市北湖南路 28 号

发明人:王萍娟　吴彦　田兆福　白家峰　冯守爱

授权日:2014-11-26

法律状态公告日:2014-11-26

法律状态:授权

摘要:

本实用新型涉及一种具有化妆功能的女士电子烟,其包括刷柄和烟头,刷柄包括烟弹和烟中部,烟弹、烟中部和烟头依次相连,烟中部内设置有雾化器和电池。本实用新型不仅可以帮助女士戒烟,而且具有化妆功能,使用方便。该女士电子烟可以使女士像传统香烟一样吸食烟雾,同时以不同的连接方式附加美容工具——腮红刷头、眉睫两用刷头、眉毛刷头、眼线刷头等,当这些化妆用的刷头破损时可随意更换,需要不同用途时方便替换不同功能的化妆刷头,减少浪费的同时增加了美容功能,特别适合女性戒烟者使用。

申请文件独立权利要求:

一种具有化妆功能的女士电子烟,其特征在于包括刷柄和烟头,刷柄包括烟弹和烟中部,烟弹、烟中部和烟头依次相连,烟中部内设置有雾化器和电池。

551. 雾化芯及电子吸烟装置

专利类型:实用新型

申请号:CN201420425838.0

申请日:2014-07-31

申请人:深圳市合元科技有限公司

申请人地址:518000 广东省深圳市宝安区福永街道塘尾高新科技园区 C 栋第一、二、三层

发明人:李永海　徐中立　蔡龙　段红星

授权日:2015-01-07

法律状态公告日:2015-01-07

法律状态:授权

摘要:

本实用新型提供了一种用于电子烟的雾化芯,其包括柱状本体和自本体轴向延伸的实心的雾化杆。本体和雾化杆均为多孔体,本体沿轴向设置有通孔,空气可从本体的一侧经通孔流向本体的另一侧。本实用新型的雾化芯直接与储油部件的一端抵接吸油,可以通过改变雾化芯的粗细和孔隙密度来改变吸油的速率,从而方便地调节烟雾量,使电子吸烟装置不仅健康安全,而且使用体验佳。

申请文件独立权利要求:

一种用于电子烟的雾化芯,其特征在于包括柱状本体和自本体轴向延伸的实心的雾化杆,本体和雾化杆均为多孔体,本体沿轴向设置有通孔,空气可从本体的一侧经通孔流向本体的另一侧。

552. 一种含微胶囊缓释装置的电子烟

专利类型:实用新型

申请号:CN201420461756.1

申请日:2014-08-15

申请人:云南中烟工业有限责任公司

申请人地址:650000 云南省昆明市世博路 6 号

发明人:赵伟　孙志勇　杨柳　段沅杏　杨继　尚善斋　汤建国　朱东来　陈永宽　缪明明

授权日:2014-12-31

法律状态公告日:2014-12-31

法律状态:授权

摘要:

本实用新型涉及一种含微胶囊缓释装置的电子烟。该装置包括香烟形空腔外壳、电池、指示灯、烟嘴、吸附材料,吸附材料内有雾化器,该雾化器与电池和启动开关相连接,指示灯在香烟形空腔外壳的一端面,电池、吸附材料依次装在香烟形空腔外壳内靠近指示灯的一端,在吸附材料的另一端有微胶囊空腔,该空腔内设置有微胶囊,微胶囊空腔的另一端是烟嘴,烟嘴的中间有刺针。本实用新型的优点在于:①能控制释放;②提高了烟油的稳定性;③微胶囊可更换;④屏蔽了味道和气味,使环境中的其他气味不易进入烟油中,保证烟油成分不受污染。

申请文件独立权利要求:

一种含微胶囊缓释装置的电子烟,包括香烟形空腔外壳(2)、电池(3)、指示灯(1)、烟嘴(10)、吸附材料(4),吸附材料内有雾化器,该雾化器与电池和启动开关相连接,指示灯在香烟形空腔外壳的一端面,电池、吸附材料依次装在香烟形空腔外壳内靠近指示灯的一端。该电子烟的特征在于在吸附材料的另一端有微胶囊空腔(7),该空腔内设置有微胶囊(6),微胶囊空腔(7)的另一端是烟嘴,烟嘴的中间有刺针(11)。

553. 一种带微胶囊缓释的装置电子烟

专利类型:实用新型

申请号:CN201420461788.1

申请日:2014-08-15

申请人:云南中烟工业有限责任公司

申请人地址:650000 云南省昆明市世博路 6 号

发明人:赵伟　杨柳　孙志勇　尚善斋　雷萍　汤建国　朱东来　杨继　段沅杏　韩敬美　陈永宽　缪明明

授权日:2014-12-31

法律状态公告日:2014-12-31

法律状态:授权

摘要:

本实用新型涉及一种带微胶囊缓释装置的电子烟,其包括烟嘴、香烟形空腔外壳、电池、指示灯、吸附材料,其特征在于在烟嘴和吸附材料之间设有微胶囊缓释装置,该微胶囊缓释装置由一与香烟形空腔外壳直径相同的圆柱体构成,在该圆柱体上均匀分布有多个微胶囊放置孔,烟嘴与圆柱体接触的一端为凸起,凸起与圆柱体上的微胶囊放置孔配合,圆柱体与吸附材料之间有发热器,发热器与微胶囊放置孔接触。通过将烟油微胶囊化,隔绝了烟油与环境接触,使得环境中的其他气味不易进入烟油中,保证烟油成分不受污染,并可使用户感受不同的味道。

申请文件独立权利要求:

一种带微胶囊缓释装置的电子烟,包括烟嘴、香烟形空腔外壳、电池、指示灯、吸附材料,其特征在于在烟嘴和吸附材料之间设有微胶囊缓释装置,该微胶囊缓释装置由一与香烟形空腔外壳直径相同的圆柱体构成,在该圆柱体上均匀分布有多个微胶囊放置孔,烟嘴与圆柱体接触的一端为凸起,凸起与圆柱体上的微胶囊放置孔配合,圆柱体与吸附材料之间有发热器,发热器与微胶囊放置孔接触。

554. 一种基于形状记忆材料贮液的多腔式电子烟

专利类型:实用新型

申请号:CN201420482138.5

申请日:2014-08-25

申请人:云南中烟工业有限责任公司

申请人地址:650000 云南省昆明市世博路 6 号

发明人:凌军　胡巍耀　张天栋　赵英良　高锐　向成明　杨丽萍　程量

授权日:2015-02-18

法律状态公告日:2015-02-18

法律状态:授权

摘要:

本实用新型公开了一种基于形状记忆材料贮液的多腔式电子烟,该电子烟包括电源区、加热区和烟嘴区,电源区和加热区通过气流通道与烟嘴区顺序贯通。电源区由充电电池、控制电路和开关电性连接组成;加热区包括固定滑杆、多腔式贮液装置和加热元件,固定滑杆固定设置于加热区最左端的滑杆基座上,多腔式贮液装置由多腔式卡槽和烟弹组成,多腔式卡槽为圆柱体且套接于固定滑杆上,烟弹分别卡塞于卡槽内;加热区与烟嘴区的连接处设置有挡板。本实用新型采用多腔式贮液设计,能较好地满足不同配方及感官质量的设计需求。

申请文件独立权利要求:

一种基于形状记忆材料贮液的多腔式电子烟,包括电源区、加热区和烟嘴区,电源区和加热区通过气流通道与烟嘴区顺序贯通。该多腔式电子烟的特征在于:电源区由充电电池、控制电路和开关电性连接组成;加热区包括固定滑杆、多腔式贮液装置和加热元件,固定滑杆的一端固定设置于加热区最左端的滑杆基座上,另一端延伸至加热区的最右端,多腔式贮液装置由多腔式卡槽和烟弹组成,多腔式卡槽为圆柱体且套接于固定滑杆上，在多腔式卡槽的横截面上均匀设置有 2～6 个卡槽，烟弹分别卡塞于卡槽内，加热元件由内加热管套和外加热管套组成，内加热管套和外加热管套通过同一开关与电源区的控制电路电性连接，内加热管套套设于固定滑杆与多腔式卡槽内表面之间，外加热管套套接于多腔式卡槽的外表面；加热区与烟嘴区的连接处设置有挡板。

555. 一种回流气流雾化器及包括该雾化器的电子烟

专利类型：实用新型

申请号：CN201420489144.3

申请日：2014-08-27

申请人：深圳葆威道科技有限公司

申请人地址：518000 广东省深圳市宝安区沙井街道南浦路蚝三林坡坑第一工业区 B5 栋二、三层

发明人：周学武

授权日：2014-12-24

法律状态公告日：2017-05-03

法律状态：避免重复授权放弃专利权

摘要：

本实用新型提供了一种回流气流雾化器和一种电子烟。回流气流雾化器包括吸嘴、顶部外螺纹、通气阀、通气螺纹、阻尼圈、导气管、通气管、底部内螺纹、弹簧、定位钢珠，顶部外螺纹与通气螺纹连接，弹簧设置在顶部外螺纹里面，弹簧外面设置有定位钢珠，通气阀固定弹簧和定位钢珠，通气阀设置有若干通气孔，该阀卡套在顶部外螺纹外壁上。当通气阀左右 360°旋转时，利用弹簧和定位钢珠定位，当通气阀的通气孔与顶部外螺纹上设置的气孔相通时，气流进入通气螺纹内。本实用新型还涉及一种电子烟，其包括上述回流气流雾化器。区别于传统的底部进气流顶部出气流的雾化器，此款设计是以顶部进气的方式，经过内部气流循环，同时在顶部出气的方式工作的雾化器。

申请文件独立权利要求：

一种回流气流雾化器，其特征在于包括吸嘴(1)、顶部外螺纹(2)、通气阀(3)、通气螺纹(4)、阻尼圈(6)、导气管(9)、通气管(10)、底部内螺纹(11)、弹簧(201)、定位钢珠(202)，顶部外螺纹(2)与通气螺纹(4)连接，弹簧(201)设置在顶部外螺纹(2)里面，弹簧(201)外面设置有定位钢珠(202)，通气阀(3)固定弹簧(201)和定位钢珠(202)，通气阀(3)设置有若干通气孔(301)，该阀卡套在顶部外螺纹(2)外壁上。当通气阀(3)左右 360°旋转时，利用弹簧(201)和定位钢珠(202)定位，当通气阀(3)的通气孔(301)与顶部外螺纹(2)上设置的气孔相通时，气流进入通气螺纹(4)内。导气管(9)和通气管(10)的下端分别卡压在底部内螺纹(11)上，导气管(9)设置在通气管(10)的外部，导气管(9)的上端与通气螺纹(4)连接，形成一个进气的通道，导气管(9)与通气管(10)之间、通气管(10)与底部内螺纹(11)之间分别设有气体通道，通气管(10)内部设有气体通道，通气管(10)压制住阻尼圈(6)，阻尼圈(6)设在顶部外螺纹(2)内部，通气管(10)的气体通道与吸嘴(1)设有的气体通道相通，形成一个出入的通道。

556. 负离子雾化型电子烟的抽吸装置

专利类型：实用新型

申请号：CN201420528498.4

申请日：2014-09-15

申请人：川渝中烟工业有限责任公司

申请人地址：610000 四川省成都市龙泉驿区国家级成都经济技术开发区新区成龙路 2 号

发明人：黄玉川　戴亚　冯广林　汪长国　周学政

授权日：2015-02-04

法律状态公告日:2017-01-04

法律状态:专利申请权、专利权的转移

摘要:

本实用新型公开了一种负离子雾化型电子烟的抽吸装置,其包括烟斗体、烟斗柄和用于放置烟斗体的充电底座。烟斗体内部具有容置空腔,在该容置空腔中设有负离子发生器和加湿雾化器,负离子发生器和加湿雾化器之间密闭连通有通风道,烟斗体上开设有与负离子发生器相连通的进气孔,烟斗体上还开设有与加湿雾化器相连通的加液孔;烟斗柄的进气端与烟斗体容置空腔中的加湿雾化器相连通;烟斗体容置空腔中设有可充电电池,该可充电电池分别与负离子发生器和加湿雾化器电连接,充电底座上设有与可充电电池相配合电连接的充电器。本实用新型以纯净水作为电子烟油的溶解物质,通过加湿雾化器进行雾化处理,无须瞬间高温烧灼,抽吸将更为方便和环保。

申请文件独立权利要求:

一种负离子雾化型电子烟的抽吸装置,其特征在于包括烟斗体(2)、烟斗柄(1)和用于放置烟斗体(2)的充电底座(3)。烟斗体(2)内部具有容置空腔,在该容置空腔中设有负离子发生器(7)和加湿雾化器(9),负离子发生器(7)和加湿雾化器(9)之间密闭连通有通风道,烟斗体(2)上开设有与负离子发生器(7)相连通的进气孔(12),烟斗体(2)上还开设有与加湿雾化器(9)相连通的加液孔(11);烟斗柄(1)的进气端与烟斗体(2)容置空腔中的加湿雾化器(9)相连通,烟斗柄(1)的出气端为抽吸端;烟斗体(2)容置空腔中设有可充电电池(6),该可充电电池(6)分别与负离子发生器(7)和加湿雾化器(9)电连接,充电底座(3)上设有与可充电电池(6)相配合电连接的充电器(4),当烟斗体(2)放置于充电底座(3)上时,可充电电池(6)正好与充电器(4)电连接。

557. 利用毛细作用的电子烟供液系统

专利类型:实用新型

申请号:CN201420543735.4

申请日:2014-09-19

申请人:湖北中烟工业有限责任公司

申请人地址:430040 湖北省武汉市东西湖区金山大道 1355 号

发明人:刘祥浩　刘冰　罗诚浩　刘华臣　陈义坤

授权日:2014-12-31

法律状态公告日:2014-12-31

法律状态:授权

摘要:

本实用新型公开了一种利用毛细作用的电子烟供液系统,其包括储液仓和雾化器,储液仓内设有液体烟油,储液仓和雾化器设置在香烟外壳内。该电子烟供液系统还包括毛细吸液元件和气道。储液仓为一端开口的中空柱状结构,毛细吸液元件均布有多个供液体烟油渗出的毛细孔,毛细吸液元件与储液仓的开口端封装,雾化器设置在毛细吸液元件的出口端,气道将经雾化器雾化后的烟雾从香烟外壳中导出。本实用新型的有益效果是:由于毛细作用源源不断地将储液仓内的液体烟油吸出,然后经电加热片和电加热丝接触加热,形成烟雾,因此可以避免液体烟油由于摇晃或用力吸食而流出;同时,由于该电子烟不含吸油棉,因此有效地防止了电热丝烧焦烧煳吸油棉,杜绝了着火的安全隐患。

申请文件独立权利要求:

一种利用毛细作用的电子烟供液系统,其包括储液仓和雾化器,储液仓内设有液体烟油,储液仓和雾化器设置在香烟外壳内。该电子烟供液系统的特征在于还包括毛细吸液元件和气道。储液仓为一端开口的中空柱状结构,毛细吸液元件均布有多个供液体烟油渗出的毛细孔,毛细吸液元件与储液仓的开口端封装,雾化器设置在毛细吸液元件的出口端,气道将经雾化器雾化后的烟雾从香烟外壳中导出。

558. 一种带有二级电源的电子烟

专利类型：实用新型

申请号：CN201420549996.7

申请日：2014-09-24

申请人：上海烟草集团有限责任公司

申请人地址：200082 上海市杨浦区长阳路 717 号

发明人：陈超　陈利冰　张慧

授权日：2015-02-11

法律状态公告日：2015-02-11

法律状态：授权

摘要：

本实用新型提供了一种带有二级电源的电子烟，该电子烟至少包括第一壳体、第二壳体、一级电池和一级充放电模块。第一壳体上开设有第一孔和第二孔；一级电池与一级充放电模块电联；一级充放电模块连接有充电接口，充电接口电联有机械开关；第二壳体位于第一壳体内，第二壳体内设置有雾化原料、雾化器，以及依次电联的二级电池、二级控制模块和二级充电模块，雾化器与机械开关和二级电池均电联；二级充电模块与充电接口连接。本实用新型的带有二级电源的电子烟不仅能够大幅度地提高电子烟一次充电可使用的时间，且能够提高使用安全性。

申请文件独立权利要求：

一种带有二级电源的电子烟，其特征在于至少包括第一壳体(1)、第二壳体(2)，以及设置在第一壳体(1)内的一级电池(31)和一级充放电模块(32)。第一壳体(1)上开设有第一孔和第二孔；一级电池(31)与一级充放电模块(32)电联，一级充放电模块(32)包括 USB 接口(321)，且 USB 接口(321)位于第一孔中，一级充放电模块(32)连接有充电接口(33)，充电接口(33)连接有机械开关(7)；第二壳体(2)位于第一壳体(1)内，且第二壳体(2)的一部分穿过第二孔后凸于第二孔，第二壳体(2)内设置有雾化原料(4)、用于雾化雾化原料(4)的雾化器(5)，以及依次电联的二级电池(61)、二级控制模块(62)和二级充电模块(63)，雾化器(5)与机械开关(7)和二级电池(61)均电联；充电时二级充电模块(63)与充电接口(33)插拔式或触点式连接，同时机械开关(7)作机械运动，充电接口(33)向二级控制模块(62)反馈连接信号，二级控制模块(62)收到连接信号后使二级电池(61)与雾化器(5)断开。

559. 太阳能增氧负离子雾化型电子烟的抽吸装置

专利类型：实用新型

申请号：CN201420554233.1

申请日：2014-09-24

申请人：川渝中烟工业有限责任公司

申请人地址：610000 四川省成都市龙泉驿区国家级成都经济技术开发区新区成龙路 2 号

发明人：黄玉川　戴亚　冯广林　汪长国　周学政　朱立军　李宁　赵德清

授权日：2015-02-04

法律状态公告日：2017-11-14

法律状态：避免重复授权放弃专利权

摘要：

本实用新型公开了一种太阳能增氧负离子雾化型电子烟的抽吸装置，其包括盒体，盒体为长方体形状，盒体内部具有内置空腔。盒体正面和背面为太阳能板，盒体内设有依次密闭连通的负离子发生器、氧气发生器、加湿雾化器和烟油仓，盒体左侧面或右侧面开有进气孔，进气孔与负离子发生器密闭连通，盒体顶面开有加液孔，该加液孔与烟油仓密闭连通。盒体的内置空腔内靠近底面设置有可充电电池，该可充电电池与太阳能板电连接，还分别与负离子发生器、氧气发生器、加湿雾化器电连接；盒体上开有与加湿雾化器连通的烟气抽吸通道；盒体外壁上设有与可充电电池电连接的电源开关。本实用新型能够产生负离子和足量的氧气，有效降低了烟气对人体的危害。

申请文件独立权利要求：

一种太阳能增氧负离子雾化型电子烟的抽吸装置，包括盒体(1)，盒体(1)由正面、背面、左侧面、右侧面、顶面和底面构成长方体形状，盒体(1)内部具有内置空腔，其特征在于：盒体(1)的正面和背面均为太阳能板(111)；盒体(1)的内置空腔内设有依次密闭连通的负离子发生器(4)、氧气发生器(7)、加湿雾化器(8)和烟油仓(9)；盒体(1)的左侧面或右侧面开有进气孔(5)，该进气孔(5)与负离子发生器(4)密闭连通；盒体(1)的顶面开有加液孔(10)，该加液孔(10)与烟油仓(9)密闭连通；盒体(1)的内置空腔内靠近底面设置有可充电电池(2)，该可充电电池(2)与太阳能板(111)电连接，还分别与负离子发生器(4)、氧气发生器(7)、加湿雾化器(8)电连接；盒体(1)上开有与加湿雾化器(8)连通的烟气抽吸通道；盒体(1)外壁上设有与可充电电池(2)电连接的电源开关(12)。

560. 烟碱液雾化器及包括该烟碱液雾化器的吸烟装置

专利类型：实用新型

申请号：CN201420619030.6

申请日：2014-10-24

申请人：深圳市合元科技有限公司

申请人地址：518000 广东省深圳市宝安区福永街道塘尾高新科技园区 C 栋第一、二、三层

发明人：李永海　徐中立

授权日：2015-04-01

法律状态公告日：2015-04-01

法律状态：授权

摘要：

本实用新型公开了一种烟碱液雾化器及包括该烟碱液雾化器的吸烟装置。该烟碱液雾化器包括主体、设置在主体内部的雾化元件以及用于容纳烟碱液的储液腔，雾化元件用于将储液腔内的烟碱液雾化以形成烟雾。烟碱液雾化器还包括一可与主体相对旋转的阻液件，该阻液件上具有一缺口，在雾化元件与储液腔之间开设有一过液通道。阻液件用于阻止储液腔内的烟碱液进入过液通道内，当阻液件旋转一预定角度并使缺口对准过液通道时，储液腔内的烟碱液可通过该过液通道流至雾化元件。在烟碱液雾化器不使用时，可通过阻液件阻断烟碱液进入过液通道，这样可有效地解决现有的雾化器中烟碱液容易泄漏的难题。

申请文件独立权利要求：

一种烟碱液雾化器，包括主体、设置在主体内部的雾化元件以及用于容纳烟碱液的储液腔，雾化元件用于将储液腔内的烟碱液雾化以形成烟雾。该烟碱液雾化器的特征在于其还包括一可与主体相对旋转的阻液件，阻液件上具有一缺口，在雾化元件与储液腔之间开设有一过液通道，该阻液件用于阻止储液腔内的烟碱液进入过液通道内，当该阻液件旋转一预定角度并使缺口对准过液通道时，储液腔内的烟碱液可通过该过液通道流至雾化元件。

561. 一种电子烟

专利类型：实用新型

申请号：CN201420671273.4

申请日：2014-11-12

申请人：湖南中烟工业有限责任公司

申请人地址：410007 湖南省长沙市雨花区万家丽中路三段 188 号

发明人：郭小义 代远刚 尹新强 钟科军 易建华 黄炜 于宏 任志能

授权日：2015-02-25

法律状态公告日：2015-02-25

法律状态：授权

摘要：

本实用新型公开了一种电子烟，其包括带收缩压力的贮油装置，该贮油装置与烟油注入装置连通，烟油注入装置内设有单向阀；贮油装置的底部与烟油出口通道的顶端连通，烟油出口通道上安装有控制阀，烟油出口通道的底端通过导管与加热装置的加热腔连通，加热装置的电源端口、控制阀的开关串联后与电源连接成回路。本实用新型结构简单，容易实现，可靠性强，克服了目前电子烟由于结构复杂而容易漏油或渗油，从而导致电子烟内管路堵塞的缺陷。

申请文件独立权利要求：

一种电子烟，其特征在于包括带收缩压力的贮油装置(1)，贮油装置(1)与烟油注入装置(11)连通，烟油注入装置(11)内设有单向阀(12)；贮油装置(1)的底部与烟油出口通道(2)的顶端连通，烟油出口通道(2)上安装有控制阀(21)，烟油出口通道(2)的底端通过导管(3)与加热装置(4)的加热腔连通，加热装置(4)的电源端口、控制阀(21)的开关串联后与电源(5)连接成回路。

562. 一种电子烟雾化器

专利类型：实用新型

申请号：CN201420671512.6

申请日：2014-11-12

申请人：湖南中烟工业有限责任公司

申请人地址：410007 湖南省长沙市雨花区万家丽中路三段 188 号

发明人：郭小义 代远刚 尹新强 钟科军 易建华 黄炜 于宏 任志能

授权日：2015-02-25

法律状态公告日：2015-02-25

法律状态：授权

摘要：

本实用新型公开了一种电子烟雾化器，其包括外壳，外壳内设有带收缩压力的贮油装置、加热室，贮油装置通过烟油导管与加热室连通，加热室内安装有电加热装置，加热室与烟气通道连通，烟气通道的一端穿过外壳与外部连通，贮油装置与烟油注入通道连通，烟油注入通道穿过外壳与外部连通。本实用新型结构简单，成本低，可靠性高，能有效防止漏油或者渗油导致的电子烟雾化器内管路堵塞。

申请文件独立权利要求：

一种电子烟雾化器，包括外壳(1)，其特征在于外壳(1)内设有带收缩压力的贮油装置(3)、加热室(7)，贮油装置(2)通过烟油导管(6)与加热室(7)连通，加热室(7)内安装有电加热装置(8)，加热室(7)与烟气通道(2)连通，烟气通道(2)的一端穿过外壳(1)与外部连通，贮油装置(2)与烟油注入通道(4)连通，烟油注入通道(4)穿过外壳(1)与外部连通。

563. 一种电子烟雾化器贮油装置

专利类型：实用新型

申请号：CN201420671705.1

申请日：2014-11-12

申请人：湖南中烟工业有限责任公司

申请人地址:410007 湖南省长沙市雨花区万家丽中路三段 188 号
发明人:郭小义　代远刚　尹新强　钟科军　易建华　黄炜　于宏　任志能
授权日:2015-02-25
法律状态公告日:2015-02-25
法律状态:授权
摘要:

本实用新型公开了一种电子烟雾化器贮油装置,其包括中空的固定装置和贮油袋。贮油袋固定在固定装置的空腔内,贮油袋的开口端与固定装置的空腔底部连接,贮油袋开口端下的固定装置的空腔底部开设有注油口和出油口,贮油袋的外壁与弹压装置接触。当烟油注入时,贮油袋向两侧推动弹压装置并张开;当出油口打开时,弹压装置挤压贮油袋收缩。注油口和出油口内均安装有单向阀。本实用新型结构简单,可靠性高,解决了目前电子烟由于结构复杂而容易漏油或渗油的缺陷,且该贮油装置不受气压变化的影响。

申请文件独立权利要求:

一种电子烟雾化器贮油装置,其特征在于包括中空的固定装置(1)和贮油袋(9)。贮油袋(9)固定在固定装置(1)的空腔内,贮油袋(9)的开口端与固定装置(1)的空腔底部连接,贮油袋(9)开口端下的固定装置(1)的空腔底部开设有注油口(4)和出油口(5),贮油袋(9)的外壁与弹压装置接触。当烟油注入时,贮油袋(9)向两侧推动弹压装置并张开;当出油口(5)打开时,弹压装置挤压贮油袋(9)收缩。注油口(4)和出油口(5)内均安装有单向阀(9)。

564. 一种细支女士电子烟

专利类型:实用新型
申请号:CN201420784449.7
申请日:2014-12-11
申请人:广西中烟工业有限责任公司
申请人地址:530001 广西壮族自治区南宁市北湖南路 28 号
发明人:田兆福　王萍娟　吴彦
授权日:2015-04-29
法律状态公告日:2015-04-29
法律状态:授权
摘要:

本实用新型公开了一种细支女士电子烟,其包括烟嘴和电池杆,烟嘴内设置有雾化器和烟嘴套,电池杆为长圆柱形,且沿其长度方向设有电池杆套,长圆柱形的电池沿电池杆的轴向设置在电池杆套内,雾化器内固定有玻纤管,玻纤管靠近电池的一端安装有发热丝,发热丝的正极和负极与电池连接,玻纤管与烟嘴套之间设有储油棉。电池杆的长度为 60～75 mm,外径为 5～6 mm;电池的长度为 30～60 mm,直径为 4～4.5 mm;烟嘴的长度为 25～35 mm,外径为 5～6 mm。本实用新型的目的是提供一种结构简单、体积小、重量轻、便于携带的女士电子烟。

申请文件独立权利要求:

一种细支女士电子烟,包括烟嘴(11)和电池杆(12),烟嘴(11)内设置有雾化器(13)和烟嘴套(1)。该电子烟的特征在于电池杆(12)为长圆柱形,且沿其长度方向设有电池杆套(8),长圆柱形的电池(9)沿电池杆(12)的轴向设置在电池杆套(8)内,雾化器(13)内固定有玻纤管(3),玻纤管(3)靠近电池(9)的一端安装有发热丝(5),发热丝(5)的正极(7)和负极(6)与电池(9)连接,玻纤管(3)与烟嘴套(1)之间设有储油棉(2)。电池杆(12)的长度为 60～75 mm,外径为 5～6 mm;电池(9)的长度为 30～60 mm,直径为 4～4.5 mm;烟嘴(11)的长度为 25～35 mm,外径为 5～6 mm。

565. 一种多功能同质烟

专利类型:实用新型

申请号:CN201420808732.9

申请日:2014-12-19

申请人:中国烟草总公司广东省公司

申请人地址:510610 广东省广州市天河区林和东路 128 号

发明人:陈泽鹏

授权日:2015-06-10

法律状态公告日:2015-06-10

法律状态:授权

摘要:

本实用新型提供了一种多功能同质烟,其包括壳体、烟嘴、烟液储存器、第一雾化器、第一传感器、控制器装置和电源装置,还包括用于显示剩余烟液量的装置、烟雾发生装置、温感变色层和发热装置。用于显示剩余烟液量的装置至少包括一排 LED 灯;烟液储存器设有用于检测剩余烟液量的第二传感器,用于检测剩余烟液量的第二传感器与第一控制器连接;烟雾发生装置包括第二雾化器、雾化液储存器和烟雾通道;温感变色层设于壳体上;发热装置至少包括一个加热元件,该加热元件与电源装置连接。通过以上设置,本实用新型能够模拟香烟燃烧时释放烟雾、烟身发生变化的效果,并直观反映烟液的剩余量,使用户的体验得到提升。

申请文件独立权利要求:

一种多功能同质烟,包括壳体、烟嘴、烟液储存器、第一雾化器、第一传感器、控制器装置和电源装置,烟嘴与壳体的一端相连。该多功能同质烟的特征在于还包括用于显示剩余烟液量的装置、烟雾发生装置、温感变色层和发热装置。控制器装置包括第一控制器;用于显示剩余烟液量的装置位于壳体上,其至少包括一排 LED 灯,LED 灯与第一控制器连接;烟液储存器设有用于检测剩余烟液量的第二传感器,第二传感器与第一控制器连接;烟雾发生装置位于壳体内,其包括第二雾化器、雾化液储存器和烟雾通道,第二雾化器分别与雾化液储存器和烟雾通道连接;壳体至少设有一个出气孔,烟雾通道与出气孔相连;温感变色层设于壳体上;发热装置位于壳体内,沿温感变色层分布,其至少包括一个加热元件,该加热元件与电源装置连接。

566. 一种感温变色且带有烟雾发生装置的同质烟

专利类型:实用新型

申请号:CN201420808733.3

申请日:2014-12-19

申请人:中国烟草总公司广东省公司

申请人地址:510610 广东省广州市天河区林和东路 128 号

发明人:陈泽鹏

授权日:2015-06-10

法律状态公告日:2015-06-10

法律状态:授权

摘要:

本实用新型提供了一种同质烟,其包括壳体、烟嘴、烟液储存器、第一雾化器、气流传感器和电源装置,烟嘴与壳体的一端相连。该同质烟的特征在于还包括烟雾发生装置、温感变色层和发热装置。烟雾发生装置位于壳体内,其包括第二雾化器、雾化液储存器和烟雾通道,第二雾化器分别与雾化液储存器和烟雾通道连接,壳体至少设有一个出气孔,烟雾通道与该出气孔相连;温感变色层设于壳体上;发热装置位于壳体内,沿温感变色层分布,其至少包括一个加热元件,该加热元件与电源装置连接。本实用新型能够同时模拟香烟产生烟雾和烟灰变化的效果,使用户的体验得到提升。

申请文件独立权利要求:

一种同质烟,包括壳体、烟嘴、烟液储存器、第一雾化器、气流传感器和电源装置,烟嘴与壳体的一端相连。该同质烟的特征在于还包括烟雾发生装置、温感变色层和发热装置。烟雾发生装置位于壳体内,其包括第二雾化器、雾化液储存器和烟雾通道,第二雾化器分别与雾化液储存器和烟雾通道连接,壳体至少设有一个出气孔,烟雾通道与该出气孔相连;温感变色层设于壳体上;发热装置位于壳体内,沿温感变色层分布,其至少包括一个加热元件,该加热元件与电源装置连接。

567. 一种感温变色的同质烟

专利类型:实用新型

申请号:CN201420808777.6

申请日:2014-12-19

申请人:中国烟草总公司广东省公司

申请人地址:510610 广东省广州市天河区林和东路128号

发明人:陈泽鹏

授权日:2015-06-10

法律状态公告日:2015-06-10

法律状态:授权

摘要:

本实用新型提供了一种感温变色的同质烟,其包括壳体、烟嘴、烟液储存器、雾化器和电源装置,烟嘴与壳体的一端相连。该同质烟的特征在于还包括感温变色层和发热装置,感温变色层设于壳体上,发热装置位于壳体内,沿感温变色层分布,其包括一个或多个加热元件,该加热元件与电源装置连接。通过设置加热装置和感温变色层,在加热装置的作用下,感温变色层的颜色发生变化,从而模拟香烟燃烧时烟身的变化,使用户的体验得到进一步提升。

申请文件独立权利要求:

一种感温变色的同质烟,包括壳体、烟嘴、烟液储存器、雾化器和电源装置,烟嘴与壳体的一端相连。该同质烟的特征在于还包括感温变色层和发热装置,感温变色层设于壳体上,发热装置位于壳体内,沿感温变色层分布,其包括一个或多个加热元件,该加热元件与电源装置连接。

568. 一种可更换烟液单元的同质烟

专利类型:实用新型

申请号:CN201420828836.6

申请日:2014-12-24

申请人:中国烟草总公司广东省公司

申请人地址:510610 广东省广州市天河区林和东路128号

发明人:陈泽鹏

授权日:2015-06-10

法律状态公告日:2017-09-01

法律状态:避免重复授权放弃专利权

摘要:

本实用新型提供了一种可更换烟液单元的同质烟,其包括外壳、烟液储存器、雾化器、取液装置和控制器。烟液储存器包括转动装置、烟液单元和底座,转动装置包括带凹槽的转盘、带动转盘转动的转动机构及转动开关，烟液单元放置于转盘的凹槽上；取液装置包括取液针管、控制取液针管活动的拨块及设于取液针管内的导液线，导液线与雾化器相连接；外壳设有限定拨块活动的槽，通过拨块的活动控制取液针管插入烟液单元或从烟液单元拔出。本实用新型通过将烟液以烟液单元的形式储存，并设置转动装置和取液装置，实现了烟液单元的更换，操作方便简单，同时使用者可以通过计算所使用的烟液单元的个数来统计吸入量，以防止抽烟过量。

申请文件独立权利要求：

一种可更换烟液单元的同质烟，包括外壳、烟液储存器、雾化器、取液装置和控制器，其特征在于：烟液储存器包括转动装置、烟液单元和底座，转动装置包括带凹槽的转盘、带动转盘转动的转动机构及转动开关，烟液单元放置于转盘的凹槽上；取液装置包括取液针管、控制取液针管活动的拨块及设于取液针管内的导液线，导液线与雾化器相连接；外壳设有限定拨块活动的长槽，通过拨块的活动控制取液针管插入烟液单元或从烟液单元拔出。

569. 电　子　烟

专利类型：实用新型

申请号：CN201420872899.1

申请日：2014-12-29

申请人：上海烟草集团有限责任公司

申请人地址：200082 上海市杨浦区长阳路 717 号

发明人：张慧　陈超　李祥林

授权日：2015-06-17

法律状态公告日：2015-06-17

法律状态：授权

摘要：

本实用新型提供了一种涉及电子烟装置技术领域的电子烟，其包括壳体，壳体内设有相连接的烟嘴和雾化装置。雾化装置包括设置于壳体内部的导气件、原料储藏引导组件和加热元件，原料储藏引导组件套设于导气件的外部，导气件沿轴向设有导气通孔，导气件的外侧面与原料储藏引导组件之间存在导流通道，导流通道与导气通孔连通，加热元件设置于导气件的外侧面上，加热元件与原料储藏引导组件不接触；烟嘴上设有吸入通道，吸入通道与导气通孔连通。本实用新型的电子烟结构简单，装配容易，不易碳化，雾化效果好。

申请文件独立权利要求：

一种电子烟，其特征在于包括壳体(100)，壳体(100)内设有相连接的烟嘴(200)和雾化装置(300)。雾化装置(300)包括设置于壳体(100)内部的导气件(310)、原料储藏引导组件和加热元件(330)，原料储藏引导组件套设于导气件(310)的外部，导气件(310)沿轴向设有导气通孔(311)，导气件(310)的外侧面与原料储藏引导组件之间存在导流通道(340)，导流通道(340)与导气通孔(311)连通，加热元件(330)设置于导气件(310)的外侧面上，加热元件(330)与原料储藏引导组件不接触；烟嘴(200)上设有吸入通道(210)，吸入通道(210)与导气通孔(311)连通。

570. 电子烟及其雾化器

专利类型：发明

申请号：CN201480000721.0

申请日：2014-05-30

申请人：深圳麦克韦尔股份有限公司

申请人地址：518102 广东省深圳市宝安区西乡固戍东财工业区 16 号 8 栋 2 楼

发明人:陈志平

法律状态公告日:2015-09-23

法律状态:著录事项变更

摘要:

本发明涉及一种电子烟及其雾化器。该电子烟包括烟弹管和与烟弹管可拆卸地连接的雾化器,其中:烟弹管包括烟弹管载体、内部开设有烟道和环绕烟道用于储存烟液的储液腔及密封件,密封件设置在烟弹管的一端,其包括用于密封储液腔的第一密封部;雾化器包括烟弹固定管(可拆卸地套设于烟弹管上)、固定座(固定在烟弹固定管的一端)、发热丝组件(固定在固定座上)、穿刺件(固定在固定座上,用于穿刺第一密封部并将烟液引导至发热丝组件)及出烟管(固定在固定座上,用于将发热丝组件产生的烟雾引导至烟道)。上述电子烟能够避免烟液受到污染。

申请文件独立权利要求:

一种电子烟,包括烟弹管和与烟弹管可拆卸地连接的雾化器,其特征在于:烟弹管包括烟弹管载体和密封件,烟弹管载体的内部开设有烟道和环绕烟道用于储存烟液的储液腔,密封件设置在烟弹管的一端,其包括用于密封储液腔的第一密封部;雾化器包括烟弹固定管(可拆卸地套设于烟弹管载体上)、固定座(固定在烟弹固定管的一端)、发热丝组件(固定在固定座上)、穿刺件(固定在固定座上,用于穿刺第一密封部并将烟液引导至发热丝组件)及出烟管(固定在固定座上,用于将发热丝组件产生的烟雾引导至烟道)。

571. 利用差温加热的气雾生成系统

专利类型:发明

申请号:CN201480009067.X

申请日:2014-03-14

申请人:菲利普·莫里斯生产公司

申请人地址:瑞士纳沙泰尔

发明人:O.格瑞姆 J.保罗竹克斯 I.兹努维克 E.乔努维特兹

授权日:2018-05-18

法律状态公告日:2018-05-18

法律状态:授权

摘要:

本发明公开了一种气雾生成系统,其包括气雾生成制品(2)和气雾生成装置(4)。气雾生成制品(2)包括第一隔间(6)和第二隔间(8),第一隔间(6)包括挥发性的递送增强化合物源和药剂源中的第一个,第二隔间(8)包括该挥发性的递送增强化合物源和该药剂源中的第二个;气雾生成装置(4)包括空腔和外部加热器(16,16a,16b),空腔被构造成接收气雾生成制品(2)的第一隔间(6)和第二隔间(8),外部加热器(16,16a,16b)围绕着空腔的周界设置。气雾生成装置(4)被构造成加热气雾生成制品(2)的第一隔间(6)和第二隔间(8),使得气雾生成制品(2)的第一隔间(6)具有比气雾生成制品(2)的第二隔间(8)低的温度。

授权文件独立权利要求:

一种气雾生成系统,包括气雾生成制品和气雾生成装置。气雾生成制品包括:①第一隔间,其包括挥发性的递送增强化合物源和药剂源中的第一个;②第二隔间,其包括该挥发性的递送增强化合物源和该药剂源中的第二个。气雾生成装置包括:①空腔,其被构造成接收气雾生成制品的第一隔间和第二隔间;②外部加热器,其围绕空腔的周界设置。其中,气雾生成装置被构造成加热气雾生成制品的第一隔间和第二隔间,使得气雾生成制品的第一隔间具有比气雾生成制品的第二隔间低的温度。

572. 电子吸烟器具

专利类型:发明

申请号:CN201480010152.8

申请日:2014-02-20

申请人:奥驰亚客户服务有限责任公司

申请人地址:美国弗吉尼亚

发明人:杰森·安德鲁·马克　詹姆斯·安东尼·斯卡帕尔

法律状态公告日:2016-02-24

法律状态:实质审查的生效

摘要:

本发明提供了一种电子吸烟器具,其包括液体供应区域,该液体供应区域包括液体材料以及加热芯元件。加热芯元件用于吸取液体并且将液体加热至足以蒸发液体材料以形成气溶胶的温度,其包括多个熔合的金属珠子或颗粒。

申请文件独立权利要求:

一种电子吸烟器具,具有加热芯元件,该加热芯元件包括多个金属珠子或颗粒,其与包含液体材料的液体供应区域相连通,以使液体材料沿着加热芯元件穿过多个金属珠子或颗粒之间的间隙和孔洞,并且加热芯元件可用于使液体材料蒸发以制造气溶胶。

573. 电子吸烟器具

专利类型:发明

申请号:CN201480010167.4

申请日:2014-02-21

申请人:奥驰亚客户服务有限责任公司

申请人地址:美国弗吉尼亚

发明人:克里斯托弗·S.塔克　杰弗里·布兰登·乔丹

法律状态公告日:2016-01-27

法律状态:实质审查的生效

摘要:

本发明涉及一种电子吸烟器具,其包括包含液体材料的液体供应区域以及加热芯元件,该加热芯元件可用于吸取液体材料,并将液体材料加热至足以使该液体材料蒸发的温度并形成气溶胶。加热芯元件包括两层或更多层的电阻性网状材料。

申请文件独立权利要求:

一种电子吸烟器具,包括:①加热芯元件,其至少包括两层电阻性网状材料;②液体供应区域,其包含液体材料。其中,加热芯元件与液体供应区域相连通,加热芯元件用于使液体材料蒸发以产生气溶胶。

574. 电子吸烟器具

专利类型:发明

申请号:CN201480010181.4

申请日:2014-02-20

申请人:奥驰亚客户服务有限责任公司

申请人地址:美国弗吉尼亚

发明人:苏珊·E.普伦基特　戴维·B.凯恩

授权日:2018-01-16

法律状态公告日:2018-01-16

法律状态:授权

摘要：

本发明提供了一种电子吸烟器具，其包括具有液体材料的液体供应区域以及加热芯元件，该加热芯元件用于吸取液体材料并且将液体材料加热至足以使该液体材料蒸发并形成气溶胶的温度。加热芯元件由碳泡沫或石墨泡沫构成。

授权文件独立权利要求：

一种电子吸烟器具，具有由石墨泡沫或碳泡沫构成的加热芯元件，该加热芯元件与包含液体材料的液体供应区域相连通，以使液体材料沿着加热芯元件移动，穿过石墨泡沫或碳泡沫中的孔，并且加热芯元件可用于使液体材料蒸发以制造气溶胶。

575. 适合用于电子吸烟制品的芯

专利类型：发明

申请号：CN201480013804.3

申请日：2014-01-17

申请人：R.J.雷诺兹烟草公司

申请人地址：美国北卡罗来纳

发明人：斯蒂芬・本森・西尔斯　格雷迪・兰斯・杜利　戴维・威廉・格里菲思　安德里斯・唐・塞巴斯蒂安　张以平

授权日：2018-01-19

法律状态公告日：2018-01-19

法律状态：授权

摘要：

本发明涉及一种电子吸烟制品，该电子吸烟制品提供了一种改进的气溶胶传送系统。特别之处是，该电子吸烟制品包括可将改进气溶胶前体传递至加热元件的芯吸元件，该芯吸元件可以采用刷状构造。本发明还涉及在吸烟制品中形成气溶胶的方法。

授权文件独立权利要求：

一种吸烟制品，包括由以刷状构造排列的多个单独的纤丝形成的芯吸元件。

576. 具有穿刺元件的气雾生成系统

专利类型：发明

申请号：CN201480015579.7

申请日：2014-03-12

申请人：菲利普・莫里斯生产公司

申请人地址：瑞士纳沙泰尔

发明人：J.P.克莱门斯　P-C.斯尔维斯特尼　A.马尔加特

法律状态公告日：2016-04-06

法律状态：实质审查的生效

摘要：

本发明涉及一种气雾生成系统(100)，该气雾生成系统(100)包括与气雾生成制品(104)协作的气雾生成装置(102)。气雾生成制品(104)包括第一密封隔间(106)和包含挥发性液体的第二隔间(108)，第一隔间(106)包括管状多孔元件和被吸附在该管状多孔元件上的递送增强化合物。气雾生成装置(102)包括用于接收气雾生成制品(104)的外部壳体(118)、用于刺穿气雾生成制品(104)的第一隔间(106)和第二隔间(108)的细长的穿刺构件(120)，该细长的穿刺构件(120)包括邻近于该细长的穿刺构件(120)远侧端的穿刺部分(122)和轴部(126)，以及邻近于该细长的穿刺构件(120)近侧端的阻塞部分(124)。穿刺部分(122)具有大于轴部(126)直径的最大直径，并且阻塞部分(124)具有使其在气雾生成制品(104)被接收在气雾生成装置(102)中时装配在气雾生成制品(104)的管状多孔元件内的外径。本发明还涉及一种相应的气雾生成装置(102)和气雾生成制品(104)。

申请文件独立权利要求：

一种气雾生成系统，包括气雾生成装置，该气雾生成装置与气雾生成制品协作。气雾生成制品包括：①第一隔间，其包括管状多孔元件和被吸附在管状多孔元件上的递送增强化合物；②第二隔间，其包含挥发性液体。气雾生成装置包括：①外部壳体，其用于接收气雾生成制品；②细长的穿刺构件，其用于刺穿气雾生成制品的第一隔间和第二隔间。其中，细长的穿刺构件包括：①穿刺部分，其邻近于细长的穿刺构件的远侧端；②轴部；③阻塞部分，其邻近于细长的穿刺构件的近侧端。穿刺部分具有大于轴部直径的最大直径，并且阻塞部分具有使其在气雾生成制品被接收在气雾生成装置中时装配在气雾生成制品的管状多孔元件内的外径。

577. 电　子　烟

专利类型：发明

申请号：CN201480016003.2

申请日：2014-03-10

申请人：奥驰亚客户服务有限责任公司

申请人地址：美国弗吉尼亚

发明人：戴维・B.凯恩

授权日：2018-03-13

法律状态公告日：2018-03-13

法律状态：授权

摘要：

本发明公开了一种用于电子吸烟器具(100)的烟弹雾化器(120)、能够不燃烧烟草而提供吸烟体验的电子吸烟器具(100)，以及不燃烧烟草而获得吸烟体验的方法。该烟弹雾化器(120)包括：①环形的流体容器(180)，其内具有空气流道(190)；②位于流体容器(180)内的液体材料(182)；③加热器(170)，其围绕流体容器(180)且可用于加热流体容器(180)至足以使流体容器(180)内包含的液体材料(182)至少开始挥发以在空气流道(190)内形成饱和蒸气的温度。

授权文件独立权利要求：

一种用于电子吸烟器具的烟弹雾化器，包括：①环形的流体容器，其内具有空气流道；②位于流体容器内的液体材料；③加热器，其围绕流体容器且能够用于加热流体容器至足以使流体容器内所容纳的液体材料至少开始挥发以在空气流道内形成饱和蒸气的温度。

578. 电子吸烟器具

专利类型：发明

申请号：CN201480016196.1

申请日：2014-03-10

申请人：奥驰亚客户服务有限责任公司

申请人地址：美国弗吉尼亚

发明人：克里斯托弗・S.塔克

法律状态公告日：2018-03-09

法律状态：发明专利申请公布后的视为撤回

摘要:

一种电子吸烟器具,包括第一毛细管气雾发生器以及第二毛细管气雾发生器,第一毛细管气雾发生器产生具有第一粒度分布的气雾,且第二毛细管气雾发生器产生具有第二粒度分布的气雾。

申请文件独立权利要求:

一种电子吸烟器具,包括:①第一毛细管气雾发生器,其产生第一液体材料的第一气雾,第一液体材料包括香味材料;②第二毛细管气雾发生器,其产生第二液体材料的第二气雾,第二液体材料包括尼古丁。其中,第一气雾具有第一粒度分布,第二气雾具有第二粒度分布。

579. 电子吸烟器具

专利类型:发明

申请号:CN201480019783.6

申请日:2014-03-12

申请人:奥驰亚客户服务有限责任公司

申请人地址:美国弗吉尼亚

发明人:埃里克·哈维斯

授权日:2018-06-15

法律状态公告日:2018-06-15

法律状态:授权

摘要:

本发明公开了一种电子吸烟器具、一种制造电子吸烟器具的方法以及一种不燃烧烟草而实现吸烟体验的方法。电子吸烟器具包括:①经过认证的第一部件,其包括至少具有一个加热器的气溶胶产生单元;②经过认证的第二部件,其包括可用于向加热器提供电压的电源,以对气溶胶产生单元内的一部分液体进行加热,从而形成气溶胶;③嵌入第一部件和第二部件内的导电油墨电路,当第一部件和第二部件接合时,电源和气溶胶产生单元进行电连接,且第一部件和第二部件各自具有一部分导电油墨电路。

授权文件独立权利要求:

一种电子吸烟器具,包括:①经过认证的第一部件,其包括至少具有一个加热器的气溶胶产生单元;②经过认证的第二部件,其包括用于向加热器提供电压的电源,以对气溶胶产生单元的一部分液体进行加热,从而形成气溶胶;③导电油墨电路,其嵌入第一部件和第二部件内,并且当第一部件和第二部件接合时,电源和气溶胶产生单元进行电连接,且第一部件和第二部件各自具有一部分导电油墨电路。

580. 电子烟配件

专利类型:发明

申请号:CN201480019839.8

申请日:2014-03-12

申请人:奥驰亚客户服务有限责任公司

申请人地址:美国弗吉尼亚

发明人:肯尼斯·H.谢弗

法律状态公告日:2016-03-30

法律状态:实质审查的生效

摘要:

一种电子吸烟器具的示例性配件,包括具有内表面和外表面的中空的主体,以及位于主体内的传感器。传感器构造为检测电子吸烟器具的辐射;处理器嵌在主体内,其构造为基于该辐射产生吸烟概况数据;显示器基于由处理器提供的吸烟概况数据产生输出。

申请文件独立权利要求：

一种构造为能拆卸式地安装在电子吸烟器具的壳体外表面上的装置，包括：①具有内表面和外表面的中空的主体；②传感器，其嵌入主体内，并且构造为检测电子吸烟器具的辐射；③处理器，其嵌入主体内，构造为基于辐射产生吸烟概况数据；④显示器，其基于由处理器提供的吸烟概况数据产生输出。

581. 电子吸烟器具

专利类型：发明

申请号：CN201480021587.2

申请日：2014-03-12

申请人：奥驰亚客户服务有限责任公司

申请人地址：美国弗吉尼亚

发明人：巴里·S.史密斯　埃里克·哈维斯　大卫·R.席夫　克里斯·卡里克　托尼·加塔　乔纳森·D.艾伯特

授权日：2018-08-03

法律状态公告日：2018-08-03

法律状态：授权

摘要：

一种电子吸烟器具，包括：①第一部分，其包括含有液体材料的液体供应容器；②加热器，其可将液体材料加热至足以使液体材料蒸发并形成气溶胶的温度；③与液体材料相连通的芯部，其可将液体材料传递至加热器处；④包含电源的第二部分。第一部分通过连接部连接到第二部分，连接部件包括第一连接部件和第二连接部件。

授权文件独立权利要求：

一种电子吸烟器具，包括弹性垫圈和第一部分，第一部分通过连接部件连接到第二部分。连接部件包括：①第一连接部件，其沿纵向延伸并且包括从其外缘处向外延伸的凸起；②第二连接部件，其沿纵向延伸，具有纵向延伸到第二连接部件一端的开口，以及沿开口纵向延伸的内槽。当第一连接部件插入第二连接部件的开口内并压缩弹性垫圈时，内槽能与第一连接部件的凸起紧密配合。

582. 电子吸烟器具

专利类型：发明

申请号：CN201480021599.5

申请日：2014-03-12

申请人：奥驰亚客户服务有限责任公司

申请人地址：美国弗吉尼亚

发明人：肯·H.谢弗

法律状态公告日：2016-05-11

法律状态：实质审查的生效

摘要：

本发明公开了一种电子吸烟器具以及一种阻止未经授权而使用电子吸烟器具的方法。吸烟器具包括：①电源，其可用于向加热器施加电压以加热液体；②锁定机构，其构造成阻止未经授权而使用吸烟器具，禁用对加热器的功率供应，直到授权使用者解锁该锁定机构为止；③位于加热器下游的混合腔；④至少一个进气口，其可用于运输吸入混合腔内的空气，在混合腔中将空气与挥发性的液体材料混合，以形成气溶胶。

申请文件独立权利要求：

一种电子吸烟器具，包括：①电源，其可用于向加热器施加电压以加热液体；②锁定机构，其构造成阻止未经授权而使用电子吸烟器具,并且禁用对加热器的功率供应,直到授权使用者解锁该锁定机构为止;③位于加热器下游的混合腔;④至少一个进气口,其可用于运输吸入混合腔内的空气,在混合腔中将空气与挥发性的液体材料进行混合,以形成气溶胶。

583. 配件包装

专利类型:发明

申请号:CN201480021601.9

申请日:2014-03-13

申请人:奥驰亚客户服务有限责任公司

申请人地址:美国弗吉尼亚

发明人:斯科特·A.法思

法律状态公告日:2016-03-30

法律状态:实质审查的生效

摘要:

本发明公开了一种自锁式陈列盒,其构造成接收一个或更多个电子部件。该陈列盒由具有台面板的胚件直立而成,台面板具有分别从台面板的上边缘和下边缘向外延伸的一对凸耳,且凸耳构造成在装配陈列盒时被接收在上翼板和下翼板的相应缺口内,并且卡扣入位,以形成矩形的盒。背板具有上翼板和下翼板,上翼板和下翼板上分别具有相应的缺口。

申请文件独立权利要求:

一种用于形成陈列盒的胚件,包括:①前板;②右侧板,沿着垂直折线连接到前板上;③背板,具有上翼板和下翼板,上翼板和下翼板上分别具有缺口,而且背板沿着垂直折线连接到右侧板上;④左侧板,沿着垂直折线连接到背板上;⑤台面板,沿着垂直折线连接到左侧板上,该台面板具有多条折线,形成具有一个或更多个开口、上台面折翼、下台面折翼、内侧台面板和外侧台面板的托盘板,台面板还具有分别从台面板的上边缘和下边缘向外延伸的一对凸耳,并且该凸耳构造成在装配陈列盒时被接收在上翼板和下翼板的相应缺口内。

584. 电子吸烟器具

专利类型:发明

申请号:CN201480022994.5

申请日:2014-03-11

申请人:奥驰亚客户服务有限责任公司

申请人地址:美国弗吉尼亚

发明人:埃里克·哈维斯　巴里·史密斯

法律状态公告日:2016-04-06

法律状态:实质审查的生效

摘要:

本发明公开了一种电子吸烟器具,其包括:①沿纵向延伸的外壳体;②用于储存液体材料的毛细芯;③微型泵系统,其构造为将包含在液体供应容器内的液体材料泵送通过液体供应容器的出口到达毛细芯;④加热机构,其可用于将毛细芯的至少一部分加热至足以使储存在毛细芯内的液体材料至少开始挥发的温度;⑤功率供应器,其可用于向微型泵气室施加电压以产生气体将液体材料从液体供应容器泵送至毛细芯内;⑥至少一个进气口,其用于使空气与挥发性的材料混合,以形成气溶胶。

申请文件独立权利要求:

一种电子吸烟器具,包括:①沿纵向延伸的外壳体;②用于储存液体材料的毛细芯;③微型泵系统,其构造为将包含在液体供应容器内的液体材料泵送通过液体供应容器的出口到达毛细芯；④加热机构，其可用于将毛细芯的至少一部分加热至足以使储存在毛细芯内的液体材料至少开始挥发的温度；⑤功率供应器，其可用于向微型泵气室施加电压以产生气体，从而将液体材料从液体供应容器泵送至毛细芯内；⑥至少一个进气口，其用于使空气与挥发性的材料混合，以形成气溶胶。

585. 含有香味成分的嗜好品的构成元件的制造方法及含有香味成分的嗜好品的构成元件

专利类型：发明

申请号：CN201480023187.5

申请日：2014-04-24

申请人：日本烟草产业株式会社

申请人地址：日本东京都

发明人：藤泽仁纪　中野拓磨　打井公隆　竹内学　片山和彦　山田学

法律状态公告日：2016-01-06

法律状态：实质审查的生效

摘要：

本发明提供了一种含有香味成分的嗜好品的构成元件的制造方法，该方法包括：将进行了碱处理的烟草源加热，使香味成分从烟草源中释放至气相中的工序 A；使释放至气相中的香味成分在常温下与作为液体物质的给定溶剂接触，从而将香味成分捕集在给定溶剂中的工序 B；将给定溶剂添加至构成元件中的工序 C。

申请文件独立权利要求：

一种含有香味成分的嗜好品的构成元件的制造方法，该方法包括：①工序 A，即将进行了碱处理的烟草源加热，使香味成分从烟草源中释放至气相中；②工序 B，即使释放至气相中的香味成分在常温下与作为液体物质的给定溶剂接触，从而将香味成分捕集在给定溶剂中；③工序 C，即将给定溶剂添加至构成元件中。

586. 展示包装

专利类型：发明

申请号：CN201480024177.3

申请日：2014-03-10

申请人：奥驰亚客户服务有限责任公司

申请人地址：美国弗吉尼亚

发明人：斯科特 · A. 法思

法律状态公告日：2016-03-30

法律状态：实质审查的生效

摘要：

一种被构造成接收狭长体(130)的展示包装，其包括具有形成于前板(114)和腔侧板(116)之间的侧边缘腔(120)的矩形盒部分，其中侧边缘腔包括分别由前板的外部和腔侧板形成的第一腔板(140)和第二腔板(142)，并且在矩形盒中第一腔板和第二腔板分别垂直于前板和腔侧板。

申请文件独立权利要求：

一种用于展示器具的方法，包括：建立具有侧部的盒结构；将侧部划分成下保留部、上保留部和窗口凹部，窗口凹部设置在上保留部和下保留部之间。划分包括：在沿盒结构的侧板位置处建立第一凹部板；沿盒结构的前板建立第二凹部板，第二凹部板邻接第一凹部板；通过将第一凹部板和第二凹部板折叠到盒结构内来建立窗口凹部。由此，窗口凹部、上保留部和下保留部互相构造成沿着侧部来保留器具，同时沿着窗口凹部来展示器具的一部分。

587. 由材料的薄片形成加热元件、用于产生雾化器的输入端和方法，用于气雾剂递送装置的套筒以及用于组装用于吸烟物品的套筒的方法

专利类型：发明

申请号：CN201480024252.6

申请日：2014-03-12

申请人：R.J.雷诺兹烟草公司

申请人地址：美国北卡罗来纳州

发明人：约翰·德皮埃诺　戴维·史密斯　查尔斯·雅各布·诺瓦克三世　弗兰克·S.西尔韦拉　史蒂文·李·奥尔德曼　格雷迪·兰斯·杜利　弗雷德里克·菲力浦·安波利尼　蒂莫西·布莱恩·内斯特　小昆廷·保罗·冈瑟　斯蒂芬·本森·西尔斯　约翰·威廉·威尔伯　迈克尔·莱恩　罗伯特·奥尔登·梅特卡夫

法律状态公告日：2016-01-13

法律状态：实质审查的生效

摘要：

本发明涉及一种气雾剂递送装置，例如吸烟物品，并提供了一种用于产生雾化器的输入端，且雾化器由材料的薄片形成。输入端可以包含载体和耦接到其上的加热元件。加热元件可以包含端部和安置在其间的互联的交替的环路，加热元件可以通过围绕液体传送元件弯曲互连环路而耦接到液体传送元件上，加热元件的端部可以耦接到加热器端子上。另外，本发明还提供了一种用于气雾剂递送装置的套筒，该套筒包含底座、储集器基板和雾化器。雾化器包括液体传送元件和加热元件，雾化器可穿过储集器基板延伸穿过腔室，使加热元件放置成靠近其端部。本发明还提供了相关方法。

申请文件独立权利要求：

一种用于气雾剂递送装置的套筒，包括：①底座，其界定连接器端部，连接器端部经配置以接合控制主体；②储集器基板，其经配置以储存气雾剂前驱体组合物，储集器基板界定从第一储集器端部到第二储集器端部延伸穿过其中的腔室，其中第一储集器端部放置成靠近底座；③雾化器，其包括液体传送元件和加热元件，液体传送元件在第一液体传送元件端部与第二液体传送元件端部之间延伸，加热元件在第一液体传送元件端部与第二液体传送元件端部之间围绕液体传送元件部分延伸，雾化器延伸穿过储集器基板的腔室，使加热元件放置成靠近第二储集器端部，并且第一液体传送元件端部和第二液体传送元件端部放置成靠近第一储集器端部。

588. 可汽化材料

专利类型：发明

申请号：CN201480024820.2

申请日：2014-05-02

申请人：JT国际公司

申请人地址：瑞士日内瓦

发明人：G.班克斯　K.克劳福德　U.伊尔马兹

法律状态公告日：2016-03-30

法律状态：实质审查的生效

摘要：

本发明公开了一种用于蒸汽发生装置的可汽化材料，该可汽化材料包含水分含量为3～5 wt%的烟草，并且还包含含量至少为20 wt%的保湿剂。本发明还涉及可汽化材料在蒸汽发生装置中的用途，并且还涉

及含有可汽化材料的密封包以及包含该可汽化材料的密封包的装置。

申请文件独立权利要求:

一种用于蒸汽发生装置的可汽化材料,该可汽化材料包含水分含量为 3～5 wt%的烟草,并且还包含含量至少为 20 wt%的保湿剂。

589. 电加热气雾剂递送系统

专利类型:发明

申请号:CN201480025197.2

申请日:2014-05-19

申请人:菲利普·莫里斯生产公司

申请人地址:瑞士纳沙泰尔

发明人:M. 托伦斯　O. 科尚

法律状态公告日:2016-06-22

法律状态:实质审查的生效

摘要:

本发明涉及一种用于向使用者递送气雾化的药剂颗粒的气雾剂递送系统,其包括筒和构造为接收筒的装置。筒包括包含递送增强化合物源的第一隔室、包含药剂源的第二隔室、用于加热药剂的蒸发器和用于自第二隔室向蒸发器传送药剂的转移元件,筒还包括与第一隔室和第二隔室流体连通的气雾剂形成室。装置包括外壳体、功率源、用于控制筒的第一隔室温度的温度控制工具和构造为控制自功率源到温度控制工具的功率的电子电路。将电子电路构造为使筒的第一隔室保持在 30～50 ℃的温度下。在使用过程中,药剂与递送增强化合物在气相中反应,以形成气雾化的药剂颗粒。

申请文件独立权利要求:

一种筒,包括包含挥发性递送增强化合物源的第一隔室、包含药剂源的第二隔室、用于加热药剂的蒸发器和用于自第二隔室向蒸发器传送药剂的转移元件。

590. 具有经改进的储存构件的电子烟制品

专利类型:发明

申请号:CN201480025904.8

申请日:2014-03-13

申请人:R. J. 雷诺兹烟草公司

申请人地址:美国北卡罗来纳州

发明人:保罗·斯图尔特·查普曼　浦彦　蒂莫西·布莱恩·内斯特　查尔斯·雅各布·诺瓦克三世　格雷迪·兰斯·杜利　史蒂文·弗洛伊德·尼尔森　布莱恩·彼得·托马斯　艾伦·柯蒂斯·比林斯

法律状态公告日:2016-01-20

法律状态:实质审查的生效

摘要:

本发明涉及电子烟制品中用于储存产品的储集器。该储集器由醋酸纤维素、热塑性纤维、非热塑性纤维或其组合构成,储集器的形状基本上是管状的,并且用于容纳电子烟制品的内部组件,由此增大储集器容量,内部组件包括雾化器,雾化器包括编结的绳。

申请文件独立权利要求:

一种电子烟制品,包括电力源以及储集器,该储集器包括醋酸纤维素,并且经构造以储存气溶胶前驱体材料。

591. 多次使用的气雾生成系统

专利类型:发明

申请号:CN201480034033.6

申请日:2014-07-02

申请人:菲利普·莫里斯生产公司

申请人地址:瑞士纳沙泰尔

发明人:P.西尔弗斯里尼

法律状态公告日:2016-08-03

法律状态:实质审查的生效

摘要:

本发明公开了一种气雾生成系统,其包括具有第一部分(22)和第二部分(24)的壳体。壳体包括空气入口(26,26a,26b)、烟碱源(8)、挥发性递送增强化合物源(12)以及空气出口(28),壳体的第一部分和第二部分可在开放位置和关闭位置之间相对于彼此移动。在开放位置,空气入口和空气出口是通畅的,并且烟碱源和挥发性递送增强化合物源均与在空气入口和空气出口之间穿过壳体的气流路径流体连通;在关闭位置,空气入口被堵塞,或烟碱源和挥发性递送增强化合物源均不与在空气入口和空气出口之间穿过壳体的气流路径流体连通,或两者都是。

申请文件独立权利要求:

一种包括具有第一部分和第二部分的壳体的气雾生成系统。壳体包括空气入口、烟碱源、挥发性递送增强化合物源和空气出口,其中壳体的第一部分和第二部分能够在开放位置和关闭位置之间相对于彼此移动。在开放位置,烟碱源和挥发性递送增强化合物源均与在空气入口和空气出口之间穿过壳体的气流路径流体连通;在关闭位置,在空气入口和空气出口之间穿过壳体的气流路径被堵塞,或烟碱源和挥发性递送增强化合物源均不与在空气入口和空气出口之间穿过壳体的气流路径流体连通,或两者都是。

592. 具有触觉反馈的电子吸烟制品

专利类型:发明

申请号:CN201480046779.9

申请日:2014-07-16

申请人:R.J.雷诺兹烟草公司

申请人地址:美国北卡罗来纳州

发明人:迈克尔·赖安·加洛威　小雷蒙德·查尔斯·亨利　格伦·基姆西　弗雷德里克·菲利普·阿姆波立尼

法律状态公告日:2016-05-04

法律状态:实质审查的生效

摘要:

本发明提供了一种用于向使用者提供触觉反馈的电子吸烟制品。该吸烟制品包括外壳,外壳包含触觉反馈组件,诸如振动换能器。该吸烟制品由控制主体和/或烟仓形成,并且触觉反馈组件可设置在控制主体和烟仓中的任一者或两者中,触觉反馈组件用于产生定义电子吸烟制品状态的波形。本发明还提供了一种用于在电子吸烟制品中提供触觉反馈的方法。

申请文件独立权利要求:

一种电子吸烟制品,包括外壳,外壳包含触觉反馈组件。

593. 烟草衍生的热解油

专利类型:发明

申请号:CN201480050197.8

申请日:2014-08-06

申请人:R.J.雷诺兹烟草公司

申请人地址:美国北卡罗来纳州

发明人:M.F.杜贝　A.R.杰拉尔迪　C.容科尔

法律状态公告日:2016-05-25

法律状态:实质审查的生效

摘要:

本发明提供了一种烟草衍生的热解油及其衍生物,如从热解油中获得的经过分离的组分和混合物。有利的是,本发明所提供的烟草衍生的热解油可展现所需的感官特征。另外,本发明所公开的烟草衍生的热解油可展现合乎需要的较低浓度的苯并[a]芘。本发明还提供了一种用于获得烟草衍生的热解油及其衍生物的方法。

申请文件独立权利要求:

一种提供烟草衍生的热解油的方法,其步骤包括获得烟草材料;将烟草材料热解,以产生碳和蒸气产物;冷凝且收集蒸气产物,以得到烟草衍生的热解油。

594. 电子吸烟器具的液体气溶胶制剂

专利类型:发明

申请号:CN201480050829.0

申请日:2014-07-16

申请人:奥驰亚客户服务有限责任公司

申请人地址:美国弗吉尼亚

发明人:彼得·利波维奇　波林·马尔科　戈尔德·科巴尔　姆玛亚·K.米什拉　乔治·D.卡尔赖斯　S.李

法律状态公告日:2016-07-27

法律状态:实质审查的生效

摘要:

一种用于电子吸烟器具的液体气溶胶制剂,包括气溶胶形成剂、水、尼古丁,以及包含酒石酸的酸性物质,该酸性物质的含量足以使液体气溶胶制剂具备4～8的pH值。

申请文件独立权利要求:

一种在具有加热器操作温度的电子吸烟器具中使用的液体气溶胶制剂,包括:①气溶胶形成剂;②水,基于液体气溶胶制剂的重量以重量计,其重量为0%～40%;③尼古丁,基于液体气溶胶制剂的重量以重量计,其重量至少为2%;④酸性物质,该酸性物质具有至少约150 ℃的熔点和/或沸点,且该酸性物质能在加热器操作温度下挥发,并能在环境温度下凝结,其含量足以使液体气溶胶制剂具备4～8的pH值。其中,液体气溶胶制剂在电子吸烟器具操作期间被加热形成具有颗粒相和气相的气溶胶,颗粒相包含质子化的尼古丁,气相包含未质子化的尼古丁,气溶胶的气相尼古丁含量比气溶胶的尼古丁总含量的1%少。

595. 具有替代的气流路径的电子吸烟器具

专利类型:发明

申请号:CN201480052475.3

申请日:2014-07-22

申请人:奥驰亚客户服务有限责任公司

申请人地址:美国弗吉尼亚

发明人:斯里尼瓦桑·贾纳丹　埃里克·哈维斯　耶兹迪·B.皮塔瓦拉

法律状态公告日:2016-07-27

法律状态:实质审查的生效

摘要:

本发明公开了一种控制电子吸烟器具的吸气阻力的装置和方法。该装置包括可重复使用的部分和烟弹雾化器部分。该方法的步骤包括:①将来自电子吸烟器具的圆柱形外壳内的一个或更多个入口的气流经烟弹雾化器入口供应给烟弹雾化器;②将具有确定的直径的烟弹雾化器入口构造成控制电子吸烟器具的吸气阻力,并且烟弹雾化器的入口位于电子吸烟器具的圆柱形外壳的内侧,电子吸烟器具的外壳上的一个或更多个入口的组合空气流量面积大于烟弹雾化器入口的横截面积;③加热来自容器的液体材料,以形成气雾;④使开始挥发的液体材料与来自烟弹雾化器入口的气流混合。

申请文件独立权利要求:

一种不燃烧烟草而提供香烟体验的电子吸烟器具,包括:①圆柱形外壳,其在纵向方向上延伸,具有一个或更多个入口,该入口构造成允许将空气吸入电子吸烟器具中;②电源;③烟弹雾化器,其包括容器、加热器-芯子装置以及衬垫,加热器-芯子装置与容纳液体材料的容器相连通,并且用于使液体材料挥发,以生成气雾,衬垫与一个或更多个入口流体连通,并且构造成与圆柱形外壳的内表面密封,且该衬垫具有纵向中心空气通道,纵向中心空气通道构造成产生电子吸烟器具的吸气阻力,并且圆柱形外壳的一个或更多个入口的组合空气流量面积大于衬垫的纵向空气通道的横截面积;④冷凝室,其与烟弹雾化器下游端的出口相连通;⑤吸嘴端插入件。

596. 电子吸烟器具

专利类型:发明

申请号:CN201480052641.X

申请日:2014-07-22

申请人:奥驰亚客户服务有限责任公司

申请人地址:美国弗吉尼亚

发明人:斯里尼瓦桑·贾纳丹　乔治·D.卡尔赖斯　耶兹迪·B.皮塔瓦拉　克里斯多夫·辛普森

法律状态公告日:2016-08-10

法律状态:实质审查的生效

摘要:

一种电子吸烟器具(60),其包括气雾发生器以及吸嘴端插入件(20)。吸嘴端插入件(20)包括机械式气雾转化器(32)表面,其具有改善由气雾发生器所生成的气雾的特性,包括感官特性的能力。

申请文件独立权利要求:

一种电子吸烟器具,包括外管(在纵向方向上延伸)、液体气雾制剂、加热器(用于加热液体气雾制剂至足以使其挥发并生成气雾)以及吸嘴端插入件。该吸嘴端插入件包括:①至少具有一个分散开的出口通道的下游端壁,出口通道延伸通过下游端壁;②位于端壁上游并至少包括一个空气通道的机械式气雾转化器部分,空气通道延伸通过机械式气雾转化器部分;③布置在下游端壁和机械式气雾转化器部分之间的内腔,该内腔与空气通道以及分散开的出口通道流体连通,机械式气雾转化器部分用于减小气雾中微粒的尺寸并且冷却由电子吸烟器具所生成的气雾。

597. 电子吸烟器具

专利类型:发明

申请号：CN201480053478.9

申请日：2014-09-26

申请人：奥驰亚客户服务有限责任公司

申请人地址：美国弗吉尼亚

发明人：大卫・席夫　克里斯・卡里克　埃里克・哈维斯　阿里・罗斯塔米　克里斯托弗・S.塔克　贝里娜・雅克齐-霍斯诺维奇

法律状态公告日：2016-09-28

法律状态：实质审查的生效

摘要：

一种电子吸烟器具，包括液体气雾制剂、输送该液体气雾制剂的至少一个线状芯子、至少使液体气雾制剂部分挥发并形成气雾的至少一个加热器、向加热器施加电压的电源，以及支承加热器和线状芯子并在加热器与电源之间形成电连接的支承板。

申请文件独立权利要求：

一种电子吸烟器具，用于产生气雾，其包括：①液体气雾制剂；②至少一个线状芯子，该线状芯子用于输送液体气雾制剂；③至少一个加热器，该加热器位于一部分线状芯子上，以使液体气雾制剂至少部分地挥发并形成气雾；④电源，用于向加热器施加电压；⑤支承板，支承加热器和线状芯子，并且在加热器与电源之间形成电连接。

598. 非燃烧型香味吸取器以及容器单元

专利类型：发明

申请号：CN201480053960.2

申请日：2014-09-25

申请人：日本烟草产业株式会社

申请人地址：日本东京都

发明人：新川雄史　松本光史　山田学

授权日：2018-04-24

法律状态公告日：2018-04-24

法律状态：授权

摘要：

本发明提供了一种非燃烧型香味吸取器以及容器单元，其包括具有非吸口端的主体单元、能够相对于主体单元装卸的容器单元。主体单元包括气溶胶源、雾化机构、电源，容器单元包括固体状的香味源、相对于香味源在吸口端侧相邻的过滤器。香味源的外表面中除与过滤器相邻的部分之外的部分被由不具有通气性的部件构成的规定膜覆盖。在主体单元中与容器单元相邻的部分设有用于破坏一部分规定膜的破坏部。

授权文件独立权利要求：

一种非燃烧型香味吸取器，其具有从非吸口端朝吸口端沿规定方向延伸的形状，其特征在于包括具有非吸口端的主体单元、能够相对于主体单元装卸的容器单元。主体单元包括产生气溶胶的气溶胶源、不伴随燃烧地使气溶胶源雾化的雾化机构、向雾化机构供给电力的电源，容器单元包括设于气溶胶源靠近吸口端侧的固体状的香味源、相对于香味源在吸口端侧相邻的过滤器。香味源的外表面中除与过滤器相邻的部分之外的部分被由不具有通气性的部件构成的规定膜覆盖。在主体单元中与容器单元相邻的部分设有用于破坏一部分规定膜的破坏部。

599. 非燃烧型香味吸取器

专利类型：发明

申请号:CN201480053966.X

申请日:2014-09-26

申请人:日本烟草产业株式会社

申请人地址:日本东京都

发明人:山田学　竹内学　新川雄史　松本光史　中野拓磨

法律状态公告日:2016-06-29

法律状态:实质审查的生效

摘要:

本发明提供了一种非燃烧型香味吸取器,其包括产生气溶胶的气溶胶、不伴随燃烧地使气溶胶源雾化的雾化机构、向雾化机构供给电力的电源、控制由电源供给雾化机构的电量的控制部。控制部随着吸取气溶胶的抽吸动作次数的增加而使供给雾化机构的电量从基准电量起逐级增加。

申请文件独立权利要求:

一种非燃烧型香味吸取器,其具有从非吸口端朝吸口端沿规定方向延伸的形状。该非燃烧型香味吸取器的特征在于包括产生气溶胶的气溶胶源、不伴随燃烧地使气溶胶源雾化的雾化机构、向雾化机构供给电力的电源、控制由电源供给雾化机构的电量的控制部。控制部随着吸取气溶胶的抽吸动作次数的增加而使供给雾化机构的电量从基准电量起逐级增加。

600. 非燃烧型香味吸取器

专利类型:发明

申请号:CN201480054066.7

申请日:2014-09-25

申请人:日本烟草产业株式会社

申请人地址:日本东京都

发明人:山田学　竹内学　太郎良贤史

法律状态公告日:2016-06-15

法律状态:实质审查的生效

摘要:

本发明提供了一种非燃烧型香味吸取器,其包括控制由电源供给雾化机构的电量的控制部。该控制部在标准模式的每一次抽吸动作中,在经过第一时间之前的区间内以将标准电量供给雾化机构的方式控制电源;在缩短模式的每一次抽吸动作中,在经过第二时间之前的区间内以将比标准电量大的第一电量供给雾化机构的方式控制电源,在第二时间之后且经过第三时间之前的区间内以将比第一电量小的第二电量供给雾化机构的方式控制电源。

申请文件独立权利要求:

一种非燃烧型香味吸取器,其具有从非吸口端朝吸口端沿规定方向延伸的形状。该非燃烧型香味吸取器的特征在于包括产生气溶胶的气溶胶源、不伴随燃烧地使气溶胶源雾化的雾化机构、向雾化机构供给电力的电源、控制由电源供给雾化机构的电量的控制部。该控制部适用于吸取气溶胶的每一次抽吸动作所用时间在标准所需时间区间间隔内的用户标准模式,以及吸取气溶胶的每一次抽吸动作所用时间比标准所需时间区间间隔短的用户缩短模式。控制部在标准模式的每一次抽吸动作中,在经过第一时间之前的区间内以将标准电量供给雾化机构的方式控制电源,在经过第一时间之后的区间内以将比标准电量小的电量供给雾化机构的方式控制电源;控制部在缩短模式的每一次抽吸动作中,在经过第二时间之前的区间内以将比标准电量大的第一电量供给雾化机构的方式控制电源,在第二时间之后且经过第三时间之前的区间内以将比第一电量小的第二电量供给雾化机构的方式控制电源,在经过第三时间之后的区间内以将比第二电量小的电量供给雾化机构的方式控制电源。

601. 用于电子烟制品的碳传导衬底

专利类型:发明

申请号:CN201480057045.0

申请日:2014-08-26

申请人:R.J.雷诺兹烟草公司

申请人地址:美国北卡罗来纳州

发明人:迈克尔·F.戴维斯　巴拉格·阿德姆　钱德拉·库马尔·班纳吉　苏珊·K.派克　小戴维·威廉·格里菲斯　斯蒂芬·本森·西尔斯　埃翁·L.克鲁克斯　凯伦·V.威廉姆斯　蒂莫西·布莱恩·内斯特　戴维·博凡德

法律状态公告日:2016-06-29

法律状态:实质审查的生效

摘要:

本发明提供了一种可用于加热的组件,特别是对气溶胶前驱体溶液加热,以便汽化溶液并形成气溶胶。本发明还提供了一种导电的多孔碳加热器,该加热器可以与由碳形成的气溶胶前驱体输送元件组合。加热器和输送元件可以形成雾化器,雾化器可用于电子烟制品中,例如附接至控制主体的烟弹中。在一些实施例中,本发明还提供了一种电子烟制品的烟弹,该烟弹基本上完全由碳形成。

申请文件独立权利要求:

一种电子烟制品,包括雾化器,雾化器包含由多孔碳形成的电阻式加热器,该加热器具有第一端以及适合与电力源电连接的相对的第二端。

602. 用于生成和控制尼古丁盐颗粒数量的气溶胶生成系统

专利类型:发明

申请号:CN201480065223.4

申请日:2014-12-12

申请人:菲利普·莫里斯生产公司

申请人地址:瑞士纳沙泰尔

发明人:P.C.西尔韦斯特里尼　I.济诺韦克

法律状态公告日:2017-01-11

法律状态:实质审查的生效

摘要:

本发明涉及一种气溶胶生成系统,其包括与气溶胶生成制品配合的气溶胶生成装置。气溶胶生成制品包括包含挥发性液体的第一隔室以及包含递送增强化合物的第二隔室。气溶胶生成装置包括:①外壳体,其用于容纳气溶胶生成制品;②电源;③加热器,其经配置以从电源接收功率,且经布置以在气溶胶生成制品容纳于外壳体中时加热第一隔室;④输入器,其经配置以接收使用者输入;⑤控制器,其经配置以根据使用者输入来控制供应至加热器的功率,使气溶胶化的挥发性液体的数量由使用者输入决定。

申请文件独立权利要求:

一种气溶胶生成系统,包括气溶胶生成装置,该气溶胶生成装置与气溶胶生成制品配合。气溶胶生成制品包括包含挥发性液体的第一隔室,以及包含递送增强化合物的第二隔室。气溶胶生成装置包括:①外壳体,其用于容纳气溶胶生成制品;②电源;③至少一个加热器,其经配置以从电源接收功率,且经布置以在气溶胶生成制品容纳于外壳体中时加热第一隔室;④输入器,其经配置以接收多个离散的使用者输入,每一个离散的使用者输入对应于使用者要求的气溶胶化的挥发性液体的离散数量;⑤控制器,其经配置以通过改变占空比来控制供应至加热器的功率,来自使用者的每一个离散的输入对应于相应的离散占空比,使得气溶胶化的挥发性液体的数量由使用者输入决定。

603. 用于吸入器装置的加热系统和加热方法

专利类型:发明
申请号:CN201480066591.0
申请日:2014-11-26
申请人:JT 国际股份公司
申请人地址:瑞士日内瓦
发明人:詹森·霍普斯　菲利普·西尼　科林·特纳　路易丝·奥利弗
法律状态公告日:2017-01-04
法律状态:实质审查的生效
摘要:

本发明提供了一种用于诸如电子香烟或个人喷雾器的吸入器装置(1)的加热系统(3),以用于加热待加热的物质(L)以生成气溶胶和/或蒸气(V)。该加热系统包括:①至少一个供应通道(6),该供应通道用于在毛细管作用或表面张力作用下传送来自供应贮存器(4)的待加热的物质,待加热的物质为液体溶液或凝胶(L);②加热器,该加热器用于在待加热的物质被传输通过供应通道(6)时加热该物质。

申请文件独立权利要求:

一种加热系统(3),用于吸入器装置,以加热待加热的物质(L),从而生成气溶胶和/或蒸气(V)。该加热系统包括:①至少一个供应通道(6),该供应通道(6)用于在毛细管作用或表面张力作用下传送来自供应贮存器(4)的待加热的物质;②加热器,该加热器用于在待加热的物质被传输通过供应通道(6)时加热该物质。

604. 用于气溶胶产生装置的气溶胶转移适配器以及用于转移气溶胶产生装置内的气溶胶的方法

专利类型:发明
申请号:CN201480066973.3
申请日:2014-10-07
申请人:JT 国际股份公司
申请人地址:瑞士日内瓦
发明人:安德鲁·罗伯特·约翰·罗根　阿琳·黛博拉·史密斯
法律状态公告日:2017-01-11
法律状态:实质审查的生效
摘要:

本发明提供了一种用于气溶胶产生装置的气溶胶转移适配器,其包括储液部件和嘴部。储液部件包括:①储液器,其容纳用于产生气溶胶的液体;②气流通道,其穿过储液器;③连接配件,其布置在气流通道周围。嘴部包括:①至少两个嘴部隔室,它们彼此流体分离并且各自从至少一个嘴部入口通向嘴部出口;②嘴部配件,其布置在嘴部入口周围,并且被配置为可对准地连接至储液部件的连接配件。

申请文件独立权利要求:

一种嘴部(10b),用于气溶胶产生装置(100),其包括:①至少两个嘴部隔室(9a,9b,9c,9d),它们彼此流体分离,并且各自从至少一个嘴部入口(5a)通向嘴部出口(8);②嘴部配件(5),其被布置在嘴部入口(5a)周围,并且被配置为可对准地连接至气溶胶产生装置(100)。

605. 气溶胶生成装置以及用于气溶胶生成装置中的胶囊

专利类型:发明

申请号:CN201480067075.X

申请日:2014-12-16

申请人:菲利普·莫里斯生产公司

申请人地址:瑞士纳沙泰尔

发明人:O.米洛诺夫　M.托伦斯　R.N.巴蒂斯塔

法律状态公告日:2017-02-01

法律状态:实质审查的生效

摘要:

本发明涉及一种用于气溶胶生成装置的胶囊,其包括:①包含基部和从基部延伸的至少一个侧壁的壳,该壳含有气溶胶形成基质;②在侧壁上密封的盖,该盖用于形成密封胶囊。其中基部包括沿纵轴延伸到壳内的凹部,以及用于容纳气溶胶生成装置的加热器。本发明还涉及一种气溶胶生成装置,该气溶胶生成装置包括电源、至少一个加热器、用于容纳根据前述权利要求中任一项的含有气溶胶形成基质的胶囊的腔,以及包括用于刺穿胶囊的盖的刺穿元件的烟嘴,其中加热器配置为可插入胶囊的凹部内。此外,本发明还提供了一种包括气溶胶生成装置和胶囊的气溶胶生成系统。

申请文件独立权利要求:

一种用于气溶胶生成装置的胶囊,包括:①壳,该壳包含基部和从基部延伸的至少一个侧壁,该壳还含有气溶胶形成基质,该气溶胶形成基质具有固体或液体组分或固体和液体两种组分;②在侧壁上密封的盖,该盖用于形成密封胶囊。其中基部包括沿纵轴延伸到壳内的凹部,以及用于容纳气溶胶生成装置的加热器。

606. 用于抽吸装置的加热系统和加热方法

专利类型:发明

申请号:CN201480067526.X

申请日:2014-11-26

申请人:JT 国际股份公司

申请人地址:瑞士日内瓦

发明人:贾森·霍普斯　菲利普·西奈伊　科林·特纳　路易斯·奥利弗

法律状态公告日:2017-01-11

法律状态:实质审查的生效

摘要:

本发明提供了一种用于如电子烟或者个人喷雾器的抽吸装置(1)的加热系统(3),从而将液体或凝胶的待加热的基质生成气雾和/或蒸气(V)。该加热系统(3)包括:①第一加热区(5),其被配置为接收来自供给存储器(4)的待加热的基质,其中至少包括一个第一加热元件(14),以预加热第一加热区(5)中的基质;②第二加热区(16),其被配置为接收来自第一加热区(5)的已预加热的基质,其中至少包括一个第二加热元件(19),以加热第二加热区(16)中的基质。

申请文件独立权利要求:

一种用于抽吸装置的加热系统(3),抽吸装置可为电子烟或个人喷雾器,用以将待加热的基质生成气雾和/或蒸气,待加热的基质为液体或凝胶。该加热系统包括:①第一加热区(5),其被配置为接收待加热的基质,其中至少包括第一加热元件(14),以预加热第一加热区(5)中的基质;②第二加热区(16),其被配置为接收来自第一加热区(5)的已预加热的基质,其中至少包括一个第二加热元件(19),以加热第二加热区(16)中的基质。

607. 戒烟装置

专利类型:发明

申请号:CN201480070765.0

申请日:2014-10-29

申请人:吸烟观察者公司

申请人地址:法国塞纳河畔纳伊

发明人:本杰明·舒克龙　托马斯·塞瓦尔

法律状态公告日:2017-04-19

法律状态:实质审查的生效

摘要:

一种电子烟,其带有存储器和记录尼古丁烟雾吸入量和持续时间的功能。该电子烟可与智能手机应用或其他软件集成,用于记录使用情况并向吸烟者提供反馈。该应用包括用于用户停止吸烟或吸电子烟的戒断计划表的开发算法。

申请文件独立权利要求:

一种在吸烟或吸电子烟戒除程序中提供帮助的电子香烟,包括:①控制器;②存储器,其与控制器电子连通;③汽化室;④加热元件,其与汽化室集成;⑤储存罐,其与汽化室液体连通;⑥按钮,其与控制器电子连通,该按钮用于启动控制器,从而激活加热元件。其中控制器配置为记录代表按钮至少启动一次的启动数据。

608. 用于气溶胶生成系统的筒

专利类型:发明

申请号:CN201480073510.X

申请日:2014-12-15

申请人:菲利普·莫里斯生产公司

申请人地址:瑞士纳沙泰尔

发明人:A.马尔加　N.M.布利卡尼　R.巴蒂斯塔　O.米洛诺夫

法律状态公告日:2017-02-22

法律状态:实质审查的生效

摘要:

本发明描述了一种用于气溶胶生成系统的筒。该筒包括液体储存部分,液体储存部分包括用于储存液体气溶胶形成基质的壳体(24)以及彼此流体连通的至少两个部件。液体储存部分的第一部件(32)包括加热器组件(46)、经设置与加热器组件接触的第一毛细管材料(36),以及与第一毛细管材料接触且将第一毛细管材料与加热器组件间隔开的第二毛细管材料(38);液体储存部分的第二部件(34)包括容器,例如用于储存呈液体形式的气溶胶形成基质且将该液体供应到第二毛细管材料的水槽。

申请文件独立权利要求:

一种用于气溶胶生成系统的筒,其包括液体储存部分,液体储存部分包括用于储存液体气溶胶形成基质的壳体以及彼此流体连通的至少两个部件。液体储存部分的第一部件包括:①加热器组件;②第一毛细管材料,其经设置与加热器组件接触;③第二毛细管材料,其与第一毛细管材料接触,且将第一毛细管材料与加热器组件间隔开。液体储存部分的第二部件包括用于储存呈液体形式的气溶胶形成基质且将该液体供应到第二毛细管材料的容器。

609. 用于气溶胶生成系统的流体可渗透加热器组件和用于组装用于气溶胶生成系统的流体可渗透加热器的方法

专利类型:发明

申请号:CN201480073512.9

申请日:2014-12-15

申请人:菲利普·莫里斯生产公司

申请人地址:瑞士纳沙泰尔

发明人:R. 巴蒂斯塔　J-M. 维德米尔　J. U. 波尔森

法律状态公告日:2017-03-15

法律状态:实质审查的生效

摘要:

一种用于气溶胶生成系统的流体可渗透加热器组件,包括:①基板(1),其包括通过基板的开口(100);②基本平坦的导电丝结构(2),其布置在开口的上方;③夹持设备(3),其采用机械方式将导电丝结构固定到基板上,该夹持设备可导电,且充当提供通过导电丝结构的加热电流的电触头。本发明还涉及一种用于组装流体可渗透加热器的方法。

申请文件独立权利要求:

一种用于气溶胶生成系统的流体可渗透加热器组件,其包括:①基板,其包括通过基板的开口;②基本平坦的导电丝结构,其布置在开口的上方;③夹持设备,其采用机械方式将导电丝结构固定到基板上,该夹持设备可导电,且作为提供通过导电丝结构的加热电流的电触头。

610. 具有流体可渗透加热器组件的气溶胶生成系统

专利类型:发明

申请号:CN201480074307.4

申请日:2014-12-15

申请人:菲利普·莫里斯生产公司

申请人地址:瑞士纳沙泰尔

发明人:O. 米洛诺夫　R. N. 巴蒂斯塔

法律状态公告日:2017-03-08

法律状态:实质审查的生效

摘要:

一种包括流体可渗透电加热器组件(30)的气溶胶生成系统,加热器组件包括电绝缘基板(34)、形成于电绝缘基板中的开孔及第一面固定到电绝缘基板的加热器元件,该加热器元件通过开孔,且包括连接到第一和第二导电接触部分(32)的复数个导电丝(36),第一和第二导电接触部分定位于开孔彼此相对的侧面上,且第一和第二导电接触部分经配置以允许与外部电源接触。

申请文件独立权利要求:

一种包括流体可渗透电加热器组件的气溶胶生成系统,加热器组件包括:电绝缘基板、形成于电绝缘基板中的开孔及固定到电绝缘基板的加热器元件,该加热器元件通过开孔,且包括连接到第一和第二导电接触部分的复数个导电丝,第一和第二导电接触部分定位于开孔彼此相对的侧面上,并且复数个导电丝要形成空隙,空隙的宽度为 25～75 μm,第一和第二导电接触部分经配置以允许与外部电源接触。

611. 包括装置及筒且所述装置确保与所述筒电接触的气溶胶生成系统

专利类型:发明

申请号:CN201480074312.5

申请日:2014-12-15

申请人:菲利普·莫里斯生产公司

申请人地址:瑞士纳沙泰尔

发明人:O. 米洛诺夫

法律状态公告日:2017-03-08

法律状态:实质审查的生效

摘要:

一种电操作的气溶胶生成系统,其包括装置(10)和可移除的筒(20)。可移除的筒包括气溶胶形成基质、电操作蒸发器以及连接到蒸发器的第一电触头,装置包括限定用于容纳筒的腔(18)的主体(11)、电源、连接到电源(14)的第二电触头(19)以及烟嘴部分,其中处于关闭位置的烟嘴部分(12)保持筒上的第一电触头与装置上的第二电触头接触。与之前的纸筒型筒相比,本发明涉及的筒可简化筒的组件。使用烟嘴部分保持筒上的电触头与装置上的对应触头相接触,允许筒插入装置和筒从装置中移除的方式变得极为简单,同时筒上不需要复杂的机械固定。

申请文件独立权利要求:

一种电操作的气溶胶生成系统,其包括装置和可移除的筒。筒包括气溶胶形成基质、电操作蒸发器以及连接到蒸发器的第一电触头,装置包括限定用于容纳筒的腔的主体、电源、连接到电源的第二电触头以及烟嘴部分,其中处于关闭位置的烟嘴部分保持筒上的第一电触头与装置上的第二电触头接触。

612. 具有加热器组件的气溶胶生成系统和用于具有流体可渗透加热器组件的气溶胶生成系统的筒

专利类型:发明

申请号:CN201480074316.3

申请日:2014-12-15

申请人:菲利普·莫里斯生产公司

申请人地址:瑞士纳沙泰尔

发明人:O.米洛诺夫　R.N.巴蒂斯塔

法律状态公告日:2017-03-08

法律状态:实质审查的生效

摘要:

一种气溶胶生成系统,其包括液体储存部分(20),该液体储存部分包括:①容纳液体气溶胶形成基质的刚性壳体(24),壳体具有开口;②流体可渗透加热器组件(30),其包括复数个导电丝,其固定到壳体且通过壳体的开口延伸。通过液体储存部分的开口延伸的加热器组件允许制造相对简单的稳固结构,这种布置允许加热器组件与液体气溶胶形成基质之间有较大的接触面积。加热器组件可以是平坦的,从而使得制造更加简单。

申请文件独立权利要求:

一种气溶胶生成系统,其包括:①液体储存部分,其包括容纳液体气溶胶形成基质的壳体,壳体具有开口;②流体可渗透加热器组件,其包括基本平坦的导电丝结构,其中流体可渗透加热器组件固定到壳体且通过壳体的开口延伸,导电丝结构的面积小于或等于25 mm^2。

613. 具有非线圈雾化器的电子烟

专利类型:发明

申请号:CN201480079630.0

申请日:2014-04-23

申请人:富特姆控股第一有限公司

申请人地址:荷兰阿姆斯特丹

发明人:韩力

法律状态公告日:2017-06-06

法律状态:实质审查的生效

摘要:

一种电子烟,包括具有非线圈加热元件的雾化器。非线圈加热元件包括一个加热段和两个电连接到加热段的电极。加热段由一种或多种纤维材料制成,两个电极由导电材料制成,并可将液体传递至加热段。加热元件还包括具有两个导电段的一种或多种纤维材料,以及在导电段之间的加热段。加热段的电阻显著高于导电段的电阻。不同的电阻可通过用具有更高导电率的材料(如金属)的改性纤维材料来实现;不同的电阻还可通过改变纤维材料的形状,从而为导电段提供更大的横截面以及为加热段提供较小的横截面来实现。

申请文件独立权利要求:

一种用于电子烟的雾化器,包括非线圈加热元件,该非线圈加热元件包括第一电极、第二电极,以及电连接至第一电极和第二电极的多种有机或者无机的导电纤维。

614. 一种降低电子烟烟气甜腻感的滤嘴以及包含该滤嘴的电子烟

专利类型:发明

申请号:CN201510003053.3

申请日:2015-01-05

申请人:云南中烟工业有限责任公司

申请人地址:650000 云南省昆明市世博路 6 号

发明人:韩敬美 段沅杏 李寿波 杨柳 张霞 杨继 赵伟 陈永宽 缪明明

授权日:2018-02-06

法律状态公告日:2018-02-06

法律状态:授权

摘要:

本发明公开了一种降低电子烟烟气甜腻感的滤嘴,其中滤嘴的滤嘴基质中包含一种或多种多羟基高分子化合物,该多羟基高分子化合物经过水分平衡,处于吸附水蒸气饱和状态。本发明的滤嘴具有降低电子烟烟气甜腻感的作用,同时还可以降低电子烟烟气的干燥感,制备工艺简单,成本低。

授权文件独立权利要求:

一种降低电子烟烟气甜腻感的滤嘴,其特征在于滤嘴基质中包含一种或多种多羟基高分子化合物,该多羟基高分子化合物经过水分平衡,处于吸附水蒸气饱和状态。

615. 低糖分电子烟烟液的制备方法

专利类型:发明

申请号:CN201510019683.X

申请日:2015-01-15

申请人:中国烟草总公司郑州烟草研究院

申请人地址:450001 河南省郑州市高新区枫杨街 2 号

发明人:彭斌 刘克建 孙培健 蔡君兰 郭吉兆 王宜鹏 贾云祯 张晓兵 刘惠民

授权日:2016-07-06

法律状态公告日:2016-07-06

法律状态:授权

摘要:

一种低糖分电子烟烟液的制备方法,其特征在于包括以下具体步骤:①用正己烷、环己烷、二氯甲烷、石油醚、乙酸乙酯、二氯乙烷或者上述溶剂的混合物对烟叶或者烟梗进行提取;②去除提取液中的溶剂和水分，制得烟草提取物浸膏；③用一定比例的乙醇、丙二醇、甘油混合溶剂溶解浸膏，去除不溶物后得到的澄清液即为本发明所述的电子烟烟液。本发明的特点在于：采用非极性溶剂对烟草进行提取，以此制成低糖分电子烟烟液，避免了现有技术中电子烟烟液糖分含量高、受热后易转化为甲醛等有害羰基化合物的问题。

授权文件独立权利要求：

一种电子烟烟液的制备方法，其特征在于包括以下具体步骤：

(1) 溶剂提取：采用浸泡、搅拌或者回流的方式对烟叶或者烟梗进行提取，提取溶剂包括正己烷、环己烷、二氯甲烷、石油醚、乙酸乙酯、二氯乙烷中的任意一种或其两种以上的混合物，所用溶剂与烟叶或烟梗的比例为(5～20)：1。

(2) 去除溶剂：采用减压蒸馏的方式，将提取液中的溶剂和水蒸干，制得不含溶剂和水分的烟草提取物浸膏。

(3) 用一定比例的乙醇、丙二醇、甘油混合溶剂溶解浸膏，去除不溶物后所得到的澄清液即为本发明所述的电子烟烟液，其中乙醇、丙二醇、甘油的比例为 1：(9～0)：(0～9)，丙二醇、甘油合计为 9，混合溶剂与浸膏的比例为 0.5～0.75 g 的浸膏溶解到 10 mL 的混合溶剂中。

616. 一种无甜腻感电子烟烟液

专利类型：发明

申请号：CN201510020247.4

申请日：2015-01-15

申请人：云南中烟工业有限责任公司

申请人地址：650000 云南省昆明市世博路 6 号

发明人：韩敬美　李寿波　杨柳　赵伟　段沅杏　朱东来　杨继　巩效伟　陈永宽　缪明明

授权日：2016-03-09

法律状态公告日：2016-03-09

法律状态：授权

摘要：

本发明公开了一种无甜腻感电子烟烟液的配制方法，该电子烟烟液抽吸时无甜腻感，电子烟的吸食品质得到了很大的提升。该电子烟烟液包含：烟草提取物 1%～6%、纯水 1%～5%、烟草香精 0.5%～3%、食用甘油 15%～25%、甜味遮盖剂 0.5%～5%、烟碱 0%～2%、稳定剂 0.1%～1%，余量为丙二醇，其中甜味遮盖剂包含苦瓜提取物和/或荞麦提取物，还可包含咖啡碱和 2-(4-甲氧基苯氧基)丙酸钠。

授权文件独立权利要求：

一种无甜腻感电子烟烟液，其特征在于包括如下质量百分比的组分：烟草提取物 1%～6%、纯水 1%～5%、烟草香精 0.5%～3%、食用甘油 15%～25%、甜味遮盖剂 0.5%～5%、烟碱 0%～2%、稳定剂 0.1%～1%，余量为丙二醇，其中甜味遮盖剂包含苦瓜提取物和/或荞麦提取物。

617. 一种含烟草提取物的电子烟烟液及其制备方法

专利类型：发明

申请号：CN201510027747.0

申请日：2015-01-20

申请人：川渝中烟工业有限责任公司

申请人地址：610000 四川省成都市龙泉驿区国家级成都经济技术开发区新区成龙路 2 号

发明人：薛芳　戴亚　袁月　黄玉川　宋光富

授权日：2016-02-03

法律状态公告日：2017-01-18

法律状态:专利申请权、专利权的转移

摘要:

本发明公开了一种含烟草提取物的电子烟烟液,它含有下述以重量份计的组分:1~2 份烟草提取物、10 份去离子水、15~60 份丙三醇、26.5~69 份丙二醇、0~8 份辅料。该电子烟烟液的制备方法为:取一定量的烤烟烟叶,烘干后粉碎成烟末,用紫外线杀菌后加去离子水,进行加速溶剂萃取,得到的萃取液用氢氧化钠调节 pH 值到 10~13,再进行水蒸气蒸馏,然后用食品级乙酸乙酯对馏出液再次进行萃取,再对萃取液减压浓缩,得到水蒸气蒸馏烟草提取物,然后将其滴入去离子水、丙三醇、丙二醇、辅料的混合物中搅拌均匀,即得到所述的电子烟烟液。与现有的技术相比,本发明中的烟草提取物无色素,有害成分少,组分简单,具有水溶性及高沸点的特性,利于后期制备电子烟烟液。

授权文件独立权利要求:

一种含烟草提取物的电子烟烟液,其特征在于含有下述以重量份计的组分:烟草提取物 1~2 份、去离子水 10 份、丙三醇 15~60 份、丙二醇 26.5~69 份、辅料 0~8 份。

618. 温控系统及其电子烟

专利类型:发明

申请号:CN201510054274.3

申请日:2015-02-02

申请人:卓尔悦欧洲控股有限公司

申请人地址:瑞士楚格市格涅列尔-吉桑-大街 6 号

发明人:邱伟华

授权日:2017-05-10

法律状态公告日:2017-05-10

法律状态:授权

摘要:

本发明提供了一种温控系统,其包括供电装置、发热元件、感温元件以及控制器,供电装置分别与发热元件、控制器电性连接,感温元件与控制器电性连接,用于感应发热元件温度的变化,并反馈给控制器。本发明还提供了一种电子烟,该电子烟包括上述温控系统。

授权文件独立权利要求:

一种电子烟温控系统,其特征在于包括供电装置、发热元件、感温元件以及控制器,供电装置分别与发热元件、控制器电性连接,感温元件与控制器电性连接,用于感应发热元件温度的变化,并反馈给控制器。

619. 雾化器和电子烟以及适于更换的储液器件

专利类型:发明

申请号:CN201510057585.5

申请日:2015-02-04

申请人:深圳市合元科技有限公司

申请人地址:518000 广东省深圳市宝安区福永街道塘尾高新科技园区 C 栋第一、二、三层

发明人:李永海　徐中立　段红星　章炎生

法律状态公告日:2018-02-27

法律状态:实质审查的生效

摘要:

本发明公开了一种雾化器和电子烟以及适于更换的储液器件。该雾化器包括储液器件以及雾化组件,雾化组件包括一雾化腔以及设置在该雾化腔内的雾化单元,该雾化组件具有一与储液器件相连接的连接

部，该连接部上开设有与雾化腔连通的进液口，在储液器件的开口端上设置有一具有出液口的密封件，连接部插入储液器件的开口端后旋转一预定角度，以和储液器件形成卡扣连接。当连接部与储液器件形成卡扣连接时，出液口与进液口之间相贯通；当连接部与储液器件相分离时，连接部可带动旋转部件将出液口堵塞。使用该雾化器的电子烟，能够确保储液器件在任何状态下都不会有烟液溢出，使消费者获得良好的使用体验。

申请文件独立权利要求：

一种雾化器，包括用于储存烟液且具有一开口端的储液器件，以及可拆卸地连接于该开口端上的雾化组件。该雾化组件包括一雾化腔以及设置在该雾化腔内的雾化单元，雾化单元用于将烟液雾化，以形成可供人抽吸的气溶胶。该雾化器的特征在于其具有一用于与储液器件相连接的连接部，该连接部上开设有与雾化腔连通的进液口，在开口端上设置有一具有出液口的密封件，连接部插入储液器件的开口端后旋转一预定角度，以和储液器件形成卡扣连接；在开口端上还设置有一可随连接部一同转动的旋转部件，该旋转部件与密封件相抵接，当连接部从插入的初始位置旋转至卡扣位置时，可带动旋转部件转动，以使出液口和进液口相贯通，当连接部旋转且回到初始位置时，可带动旋转部件转动，以使该旋转部件堵塞出液口。

620. 一种电子烟烟具

专利类型：发明

申请号：CN201510096200.6

申请日：2015-03-04

申请人：云南中烟工业有限责任公司

申请人地址：650000 云南省昆明市世博路 6 号

发明人：巩效伟　朱东来　李寿波　韩熠　张霞　陈永宽　孙志勇　杨柳

法律状态公告日：2015-08-12

法律状态：实质审查的生效

摘要：

本发明涉及一种电子烟烟具，其包括抽吸端(1)、雾化芯(4)、储油仓(2)、将储油仓(2)中的雾化液导入雾化芯(4)中的导液装置以及连通雾化芯(4)与抽吸端(1)的气流通道(3)，其中气流通道(3)至少为两条，各气流通道(3)在抽吸端(1)的上游汇合。本发明的电子烟烟具创新地采用相互之间成一定角度的多条气流通道(3)的设计，不仅解决了电子烟烟雾饱满度差的问题，还大大减小了烟油中的烟碱对抽吸者喉部和鼻腔的刺激，有效地提高了电子烟的整体感观质量。

申请文件独立权利要求：

一种电子烟烟具，其包括抽吸端(1)、雾化芯(4)、储油仓(2)、将储油仓(2)中的雾化液导入雾化芯(4)中的导液装置以及连通雾化芯(4)与抽吸端(1)的气流通道(3)，其特征在于气流通道(3)至少为两条，各气流通道(3)在抽吸端(1)的上游交叉汇合。

621. 一种包含复方川贝精片药效成分的气雾剂前体及将其分散成纳米级雾滴的方法

专利类型：发明

申请号：CN201510100140.0

申请日：2015-03-06

申请人：云南中烟工业有限责任公司

申请人地址：650000 云南省昆明市世博路 6 号

发明人：杨继　田永峰　杨柳　段沅杏　韩敬美　赵伟　杨钰婷　朱东来　陈永宽　缪明明

法律状态公告日：2015-07-01

法律状态:实质审查的生效

摘要:

本发明涉及一种包含复方川贝精片药效成分的气雾剂前体，其包含丙三醇、丙二醇、1,3-丁二醇、香味物质和复方川贝精片浸膏，它们的质量比为丙三醇：丙二醇：1,3-丁二醇：香味物质：复方川贝精片浸膏=(40～45)：(20～25)：(0～10)：(0～10)：(1～10)。本发明还涉及一种将复方川贝精片中的药效成分分散成纳米级雾滴的方法，也涉及一种包含纳米级雾滴的气雾剂。本发明的气雾剂前体包含复方川贝精片药效成分，将其置于包含电加热器件的电子烟烟具中加热，可以得到纳米级雾滴，更有利于人体对药效成分的吸收。

申请文件独立权利要求:

一种包含复方川贝精片药效成分的气雾剂前体，其特征在于包含丙三醇、丙二醇、1,3-丁二醇、香味物质和复方川贝精片浸膏，它们的质量比为丙三醇：丙二醇：1,3-丁二醇：香味物质：复方川贝精片浸膏=(40～45)：(20～25)：(0～10)：(0～10)：(1～10)。

622. 一种包含川贝枇杷糖浆药效成分的气雾剂前体及将其分散成纳米级雾滴的方法

专利类型:发明

申请号:CN201510100211.7

申请日:2015-03-06

申请人:云南中烟工业有限责任公司

申请人地址:650000 云南省昆明市世博路 6 号

发明人:韩敬美　杨柳　赵伟　田永峰　杨继　杨钰婷　段沅杏　秦云华　陈永宽　缪明明

法律状态公告日:2015-07-08

法律状态:实质审查的生效

摘要:

本发明涉及一种包含川贝枇杷糖浆药效成分的气雾剂前体，其包含丙三醇、丙二醇、1,3-丁二醇、香味物质和川贝枇杷糖浆浸膏，它们的质量比为丙三醇：丙二醇：1,3-丁二醇：香味物质：川贝枇杷糖浆浸膏=(40～45)：(20～25)：(0～10)：(0～10)：(1～10)。本发明还涉及一种将川贝枇杷糖浆中的药效成分分散成纳米级雾滴的方法，也涉及一种包含纳米级雾滴的气雾剂。本发明的气雾剂前体包含川贝枇杷糖浆药效成分，将其置于包含电加热器件的电子烟烟具中加热，可以得到纳米级雾滴，更有利于人体对药效成分的吸收。

申请文件独立权利要求:

一种包含川贝枇杷糖浆药效成分的气雾剂前体，其特征在于包含丙三醇、丙二醇、1,3-丁二醇、香味物质和川贝枇杷糖浆浸膏，它们的质量比为丙三醇：丙二醇：1,3-丁二醇：香味物质：川贝枇杷糖浆浸膏=(40～45)：(20～25)：(0～10)：(0～10)：(1～10)。

623. 一种包含牛黄蛇胆川贝液药效成分的气雾剂前体及将其分散成纳米级雾滴的方法

专利类型:发明

申请号:CN201510100881.9

申请日:2015-03-06

申请人:云南中烟工业有限责任公司

申请人地址:650000 云南省昆明市世博路 6 号

发明人:杨柳　赵伟　杨继　段沅杏　韩敬美　田永峰　赵辉　尚善斋　汤建国　陈永宽　缪明明

法律状态公告日:2015-08-05

法律状态:实质审查的生效

摘要:

本发明涉及一种包含牛黄蛇胆川贝液药效成分的气雾剂前体,其包含丙三醇、丙二醇、1,3-丁二醇、香味物质和牛黄蛇胆川贝液浸膏,它们的质量比为丙三醇∶丙二醇∶1,3-丁二醇∶香味物质∶牛黄蛇胆川贝液浸膏=(40～45)∶(20～25)∶(0～10)∶(0～10)∶(1～10)。本发明还涉及一种将牛黄蛇胆川贝液中的药效成分分散成纳米级雾滴的方法,也涉及一种包含纳米级雾滴的气雾剂。本发明的气雾剂前体包含牛黄蛇胆川贝液药效成分,将其置于包含电加热器件的电子烟烟具中加热,可以得到纳米级雾滴,更有利于人体对药效成分的吸收。

申请文件独立权利要求:

一种包含牛黄蛇胆川贝液药效成分的气雾剂前体,其特征在于包含丙三醇、丙二醇、1,3-丁二醇、香味物质和牛黄蛇胆川贝液浸膏,它们的质量比为丙三醇∶丙二醇∶1,3-丁二醇∶香味物质∶牛黄蛇胆川贝液浸膏=(40～45)∶(20～25)∶(0～10)∶(0～10)∶(1～10)。

624. 一种包含蛇胆川贝软胶囊药效成分的气雾剂前体及将其分散成纳米级雾滴的方法

专利类型:发明

申请号:CN201510100883.8

申请日:2015-03-06

申请人:云南中烟工业有限责任公司

申请人地址:650000 云南省昆明市世博路 6 号

发明人:段沅杏　韩敬美　杨继　田永峰　杨柳　赵伟　赵辉　秦云华　陈永宽　缪明明

法律状态公告日:2015-08-05

法律状态:实质审查的生效

摘要:

本发明涉及一种包含蛇胆川贝软胶囊药效成分的气雾剂前体,其包含丙三醇、丙二醇、1,3-丁二醇、香味物质和蛇胆川贝软胶囊浸膏,它们的质量比为丙三醇∶丙二醇∶1,3-丁二醇∶香味物质∶蛇胆川贝软胶囊浸膏=(40～45)∶(20～25)∶(0～10)∶(0～10)∶(1～10)。本发明还涉及一种将蛇胆川贝软胶囊中的药效成分分散成纳米级雾滴的方法,也涉及一种包含纳米级雾滴的气雾剂。本发明的气雾剂前体包含蛇胆川贝软胶囊药效成分,将其置于包含电加热器件的电子烟烟具中加热,可以得到纳米级雾滴,更有利于人体对药效成分的吸收。

申请文件独立权利要求:

一种包含蛇胆川贝软胶囊药效成分的气雾剂前体,其特征在于包含丙三醇、丙二醇、1,3-丁二醇、香味物质和蛇胆川贝软胶囊浸膏,它们的质量比为丙三醇∶丙二醇∶1,3-丁二醇∶香味物质∶蛇胆川贝软胶囊浸膏=(40～45)∶(20～25)∶(0～10)∶(0～10)∶(1～10)。

625. 一种包含蛇胆川贝散药效成分的气雾剂前体及将其分散成纳米级雾滴的方法

专利类型:发明

申请号:CN201510100885.7

申请日:2015-03-06

申请人:云南中烟工业有限责任公司

申请人地址:650000 云南省昆明市世博路 6 号

发明人:杨继　段沅杏　韩敬美　田永峰　杨柳　尚善斋　赵伟　袁大林　秦云华　陈永宽　缪明明

法律状态公告日:2015-06-24

法律状态:实质审查的生效

摘要:

本发明涉及一种包含蛇胆川贝散药效成分的气雾剂前体,其包含丙三醇、丙二醇、1,3-丁二醇、香味物质和蛇胆川贝散浸膏,它们的质量比为丙三醇∶丙二醇∶1,3-丁二醇∶香味物质∶蛇胆川贝散浸膏=(40～45)∶(20～25)∶(0～10)∶(0～10)∶(1～10)。本发明还涉及一种将蛇胆川贝散中的药效成分分散成纳米级雾滴的方法,也涉及一种包含纳米级雾滴的气雾剂。本发明的气雾剂前体包含蛇胆川贝散药效成分,将其置于包含电加热器件的电子烟烟具中加热,可以得到纳米级雾滴,更有利于人体对药效成分的吸收。

申请文件独立权利要求:

一种包含蛇胆川贝散药效成分的气雾剂前体,其特征在于包含丙三醇、丙二醇、1,3-丁二醇、香味物质和蛇胆川贝散浸膏,它们的质量比为丙三醇∶丙二醇∶1,3-丁二醇∶香味物质∶蛇胆川贝散浸膏=(40～45)∶(20～25)∶(0～10)∶(0～10)∶(1～10)。

626. 一种包含治咳川贝枇杷露药效成分的气雾剂前体及将其分散成纳米级雾滴的方法

专利类型:发明

申请号:CN201510100897.X

申请日:2015-03-06

申请人:云南中烟工业有限责任公司

申请人地址:650000 云南省昆明市世博路 6 号

发明人:杨柳　赵伟　杨继　段沅杏　杨钰婷　韩敬美　田永峰　秦云华　陈永宽　缪明明

法律状态公告日:2015-06-24

法律状态:实质审查的生效

摘要:

本发明涉及一种包含治咳川贝枇杷露药效成分的气雾剂前体,其包含丙三醇、丙二醇、1,3-丁二醇、香味物质和治咳川贝枇杷露浸膏,它们的质量比为丙三醇∶丙二醇∶1,3-丁二醇∶香味物质∶治咳川贝枇杷露浸膏=(40～45)∶(20～25)∶(0～10)∶(0～10)∶(1～10)。本发明还涉及一种将治咳川贝枇杷露中的药效成分分散成纳米级雾滴的方法,也涉及一种包含纳米级雾滴的气雾剂。本发明的气雾剂前体包含治咳川贝枇杷露药效成分,将其置于包含电加热器件的电子烟烟具中加热,可以得到纳米级雾滴,更有利于人体对药效成分的吸收。

申请文件独立权利要求:

一种包含治咳川贝枇杷露药效成分的气雾剂前体,其特征在于包含丙三醇、丙二醇、1,3-丁二醇、香味物质和治咳川贝枇杷露浸膏,它们的质量比为丙三醇∶丙二醇∶1,3-丁二醇∶香味物质∶治咳川贝枇杷露浸膏=(40～45)∶(20～25)∶(0～10)∶(0～10)∶(1～10)。

627. 一种可控温电子烟

专利类型:发明

申请号:CN201510106929.7

申请日:2015-03-11

申请人:广西中烟工业有限责任公司

申请人地址:530001 广西壮族自治区南宁市北湖南路 28 号

发明人:张雨夏　田兆福　黄忠辉　陆漓　王萍娟

法律状态公告日:2015-09-09

法律状态:实质审查的生效

摘要:

本发明涉及一种可控温电子烟,该电子烟本体内设有依次连接在一起的雾化器、PCB控制电路板、电池模块,雾化器的电阻丝附近设有温度传感器,电阻丝和温度传感器均与PCB控制电路板电连接,雾化器的底部连接有压力传感器,压力传感器分别与电池模块、PCB控制电路板电连接。本发明的目的在于提供一种控制电子烟电阻丝加热温度的可控温电子烟,该电子烟能够检测电子烟内电阻丝的加热温度,并根据测得的温度控制电子烟中电路的导通与断开,避免电阻丝加热温度过高,从而改善用户的抽吸体验。

申请文件独立权利要求:

一种可控温电子烟,该电子烟本体(2)内设有依次连接在一起的雾化器(23)、PCB控制电路板(6)、电池模块(7),其特征在于雾化器(23)的电阻丝附近设有温度传感器(3),电阻丝和温度传感器(3)均与PCB控制电路板(6)电连接,雾化器(23)的底部连接有压力传感器(5),压力传感器(5)分别与电池模块(7)、PCB控制电路板(6)电连接。

628. 一种包含治疗鼻炎的口服用药药效成分的气雾剂前体及将其分散成纳米级雾滴的方法

专利类型:发明

申请号:CN201510136005.1

申请日:2015-03-26

申请人:云南中烟工业有限责任公司

申请人地址:650000 云南省昆明市世博路6号

发明人:缪明明　赵伟　杨柳　尚善斋　韩敬美　雷萍　段沅杏　杨继　田永峰　汤建国　郑绪东　陈永宽

法律状态公告日:2018-07-10

法律状态:发明专利申请公布后的视为撤回

摘要:

本发明涉及一种包含治疗鼻炎的口服用药药效成分的气雾剂前体,其包含丙三醇、丙二醇、1,3-丁二醇、香味物质和治疗鼻炎的口服用药浸膏,它们的质量比为丙三醇∶丙二醇∶1,3-丁二醇∶香味物质∶治疗鼻炎的口服用药浸膏=(40～45)∶(20～25)∶(0～10)∶(0～10)∶(1～10)。本发明还涉及一种将治疗鼻炎的口服用药中的药效成分分散成纳米级雾滴的方法,也涉及一种包含纳米级雾滴的气雾剂。本发明的气雾剂前体包含治疗鼻炎的口服用药药效成分,将其置于包含电加热器件的电子烟烟具中加热,可以得到纳米级雾滴,更有利于人体对药效成分的吸收。

申请文件独立权利要求:

一种包含治疗鼻炎的口服用药药效成分的气雾剂前体,其特征在于包含丙三醇、丙二醇、1,3-丁二醇、香味物质和治疗鼻炎的口服用药浸膏,它们的质量比为丙三醇∶丙二醇∶1,3-丁二醇∶香味物质∶治疗鼻炎的口服用药浸膏=(40～45)∶(20～25)∶(0～10)∶(0～10)∶(1～10)。

629. 一种烟液单元可更换的同质烟

专利类型:发明

申请号:CN201510162460.9

申请日:2015-04-08

申请人:中国烟草总公司广东省公司

申请人地址:510610 广东省广州市天河区林和东路128号

发明人：陈泽鹏

授权日：2017-12-19

法律状态公告日：2017-12-19

法律状态：授权

摘要：

本发明提供了一种烟液单元可更换的同质烟，其包括壳体、烟液储存器、雾化器和取液装置。烟液储存器包括更换装置、烟液单元，更换装置包括转盘和带动转盘转动的转动机构；取液装置包括取液针管和设于取液针管内的导液线，导液线与雾化器相连接。转动机构包括带有拨块的推轮、转轮、导轨和弹性回复装置，推轮设有定位杆和齿部，转轮设有凸条和连接轴，连接轴与转盘相连接，弹性回复装置与转盘的底部相连接。壳体设有限定拨块活动的长槽。本发明所述的同质烟将烟液以烟液单元的形式储存，并通过设置更换装置和取液装置，实现烟液单元的更换，操作方便简单，同时使用者可以通过计算所使用的烟液单元的个数来统计吸入量，以防止抽烟过量。

授权文件独立权利要求：

一种烟液单元可更换的同质烟，包括壳体(2)、雾化器(3)、取液装置(4)和烟液储存器(5)，其特征在于：烟液储存器(5)包括更换装置、烟液单元(52)，更换装置包括转盘(51)和带动转盘(51)转动的转动机构，烟液单元(52)放置于转盘(51)上；取液装置包括取液针管(41)和设于取液针管内的导液线(42)，导液线(42)与雾化器(3)相连接。转动机构包括推轮(53)、转轮(54)、多个导轨(55)和弹性回复装置(56)，推轮(53)套设于雾化器(3)之外，弹性回复装置(56)包括弹簧(561)和支承底盘(562)，弹簧(561)与转盘(51)的底部相连接。推轮(53)的上端设有若干定位杆(531)，下端设有齿部(532)；转轮(54)的上端设有若干凸条(541)，下端设有连接轴(542)，连接轴(542)与转盘(51)相连接；导轨(55)设置于壳体(2)的内壁上，各导轨的上端相连，使得各导轨之间形成上端封闭、下端开口的导槽(57)；定位杆(531)和凸条(541)位于导槽(57)内，定位杆(531)上设有拨块(530)，壳体设有与导槽相连通的长槽(23)，拨块(530)从长槽(23)中伸出壳体，通过拨块(530)的活动使齿部(532)抵住凸条(541)并沿导槽(57)的开口方向移动，以带动转轮(54)及转盘(51)移动，从而使取液针管(41)与烟液单元(52)分离。凸条(541)的顶端设有第二斜面，导轨(55)的下端设有第三斜面，凸条(541)在脱离导槽(57)的限定后可沿齿部的第一斜面作相对运动，并与第三斜面接触，在弹簧(561)的推动下沿第三斜面滑动，使转轮(54)及转盘(51)转动。导轨(55)包括相连接的第一导轨(551)和第二导轨(552)，第一导轨(551)与第二导轨(552)的下端形成缺齿部(553)，将缺齿部(553)与凸条(541)相嵌合，以固定转轮(54)及转盘(51)。壳体开有一个与转盘位置相对应的开口(21)，该开口(21)设有盖子(22)，用于更换烟液单元。

630. 一种电子烟用雾化剂及电子烟液

专利类型：发明

申请号：CN201510262808.1

申请日：2015-05-21

申请人：湖南中烟工业有限责任公司

申请人地址：410007 湖南省长沙市雨花区万家丽中路三段 188 号

发明人：彭新辉　赵国玲　尹新强　黄建国　易建华　谭新良　代远刚

授权日：2017-11-21

法律状态公告日：2017-11-21

法律状态：授权

摘要：

本发明涉及一种电子烟用雾化剂及电子烟液，特别涉及一种无明显甜腻感的电子烟用雾化剂，属于新型烟草制品领域。本发明的技术方案是：提供一种电子烟用雾化剂，该雾化剂包括成雾成分、烟雾厚实成分和黏度调节成分，黏度调节成分包括碳酸丙烯酯，碳酸丙烯酯占雾化剂总质量的10%～40%。本发明可以使雾化剂无明显甜腻感，保证烟雾的厚实饱满感，大幅度降低雾化剂的黏度，既可提高雾化剂的流动性与瞬间雾化能力，保证较大的烟雾量，又可避免过多使用水和/或乙醇而对抽吸效果与安全性产生不良影响。本发明的雾化剂可广泛用于电子烟液的配制。

授权文件独立权利要求：

一种电子烟用雾化剂，其特征在于包括成雾成分、烟雾厚实成分和黏度调节成分，该黏度调节成分包括碳酸丙烯酯，碳酸丙烯酯占雾化剂总质量的10%～40%。

631. 一种适用于电子烟的浸膏、净油类天然提取物的处理方法

专利类型：发明

申请号：CN201510286766.5

申请日：2015-05-31

申请人：中国烟草总公司郑州烟草研究院

申请人地址：450001 河南省郑州市高新区枫杨街2号

发明人：杨伟平　张东豫　徐秀娟　朱琦　刘俊辉　屈展　袁岐山　胡军　张文娟　宗永立　张建勋

法律状态公告日：2017-08-25

法律状态：发明专利申请公布后的驳回

摘要：

本发明提供了一种适用于电子烟的浸膏、净油类天然提取物的处理方法，该方法的具体步骤如下：将常用的浸膏、净油类食用、烟用物质先用丙二醇或丙二醇/丙三醇[质量比为(1∶1)～(20∶1)]进行稀释，然后过分子蒸馏，得到轻组分，即为本发明的适用于电子烟的浸膏、净油类天然提取物处理后产品。该方法处理过程较为简单，处理后的天然提取物为丙二醇或丙二醇/丙三醇的稀释液，可以直接用于电子烟烟液的生产。经过处理，可以除去香料中的高沸点物质和蜡质成分，解决了高沸点香料容易产生焦煳味的问题，并且使提取物能完全溶于电子烟烟液，使其澄清透亮，香气透发性更好，而且此方法能够拓宽电子烟用香料的选择范围。

申请文件独立权利要求：

一种适用于电子烟的浸膏、净油类天然提取物的处理方法，其具体步骤如下：将此类天然提取物加入5～50重量倍的丙二醇或丙二醇/丙三醇稀释，丙二醇/丙三醇的质量比为(1∶1)～(20∶1)，将稀释液在常温到100 ℃的温度下搅拌10～120分钟，冷却后将稀释液用分子蒸馏设备在40～200 ℃、10～10^5 Pa的条件下进行分子蒸馏，所得轻组分物质即为本发明的适用于电子烟的浸膏、净油类天然提取物处理后产品。

632. 一种改进的电子烟烟液制备方法

专利类型：发明

申请号：CN201510286774.X

申请日：2015-05-31

申请人：中国烟草总公司郑州烟草研究院

申请人地址：450001 河南省郑州市高新区枫杨街2号

发明人：杨伟平　朱琦　徐秀娟　刘俊辉　张东豫　屈展　袁岐山　胡军　张文娟　宗永立　张建勋

法律状态公告日：2017-06-30

法律状态：发明专利申请公布后的视为撤回

摘要：

一种改进的电子烟烟液制备方法，包括加料和加香工序。加料过程针对含高沸点或蜡质的食用、烟用香料，将其与丙二醇或丙二醇/甘油混合后过分子蒸馏，得到电子烟烟液基料；加香过程针对精油类、低沸点

的化学合成类香料，以及由两类香料调配的食用、烟用香精，通过向基料中加香以及天然烟碱，得到电子烟烟液产品。本发明通过加料、加香处理，除去了香料中的高沸点和蜡质成分，解决了高沸点香料容易产生焦煳味的问题，且使电子烟烟液澄清透亮，香气透发性更好。加香在最终环节进行，避免了低沸点香精的损失，且可根据电子烟基料的特点调整香精的种类和用量，以赋予电子烟烟液丰富的香韵。

申请文件独立权利要求：

一种改进的电子烟烟液制备方法，其特征在于包括加料和加香工序，具体步骤如下：

(1) 加料工序：将各种电子烟烟料液混合均匀，加入总烟料液重量 5～50 倍的丙二醇或丙二醇/甘油，丙二醇/甘油的质量比为(1：1)～(20：1)，将稀释液在常温到 100 ℃的温度下搅拌 10～120 分钟，冷却后将稀释液用分子蒸馏设备在 40～200 ℃、10～10^5 Pa 的条件下进行分子蒸馏，得到处理后的电子烟基液。

(2) 加香工序：取 10%～90%处理后的电子烟基液，加入 1%～2%天然烟碱、1%～10%电子烟香精、0%～5%去离子水，余量为甘油，混合均匀后得到电子烟烟液成品。

633. 一种无烟棉电子烟

专利类型：发明

申请号：CN201510312226.X

申请日：2015-06-09

申请人：安徽中烟工业有限责任公司

申请人地址：230088 安徽省合肥市黄山路 606 号

发明人：宁敏 何庆 周顺 徐迎波 王孝峰 张亚平

法律状态公告日：2018-08-24

法律状态：发明专利申请公布后的驳回

摘要：

本发明公开了一种无烟棉电子烟，该电子烟采用固相烟油载体，直接与导液绳和发热丝接触，不需要吸油棉。本发明所制得的电子烟不使用烟棉，具有环保、卫生的特点，而且没有加热烟棉带来的异味，改善了口感，提升了电子烟品质，同时还能够有效改善电子烟的漏液问题。

申请文件独立权利要求：

一种无烟棉电子烟，其特征在于以固相烟油载体替代烟棉。

634. 一种无源电子烟和与其配套使用的无源电子烟供电装置

专利类型：发明

申请号：CN201510315344.6

申请日：2015-06-10

申请人：云南中烟工业有限责任公司

申请人地址：650000 云南省昆明市世博路 6 号

发明人：吴俊 胡月航 田源

法律状态公告日：2018-08-28

法律状态：发明专利申请公布后的视为撤回

摘要：

本发明涉及一种无源电子烟，其包括内部具有气流通道(5)的烟杆(1)和位于该烟杆(1)上的电压输入端子，其中电压输入端子选自 USB 受电口、互绝缘套管式受电口或磁吸式受电口。本发明还公开了一种与无源电子烟配套使用的无源电子烟供电装置，其具有电压输出端子，该电压输出端子选自 USB 供电口、互绝缘套管式供电口或磁吸式供电口。本发明的无源电子烟因省略了电源而小巧轻便。

申请文件独立权利要求:

一种无源电子烟,其特征在于包括内部具有气流通道(5)的烟杆(1)和位于该烟杆(1)上的电压输入端子,其中电压输入端子选自USB受电口、互绝缘套管式受电口或磁吸式受电口。该磁吸式受电口的结构如下:在烟杆(1)的外壁上开设两个凹槽(4),且在这两个凹槽之间的烟杆上固定有铁块(3)或磁铁(9),这两个凹槽底部均设有贯通至气流通道(5)的通孔(13),每个通孔(13)内安装有固定式电极(2),固定式电极(2)高出通孔(13)一定高度。

635. 一种无源电子烟和与其配套使用的无源电子烟供电装置

专利类型:发明

申请号:CN201510315380.2

申请日:2015-06-10

申请人:云南中烟工业有限责任公司

申请人地址:650000 云南省昆明市世博路6号

发明人:吴俊

法律状态公告日:2018-07-27

法律状态:发明专利申请公布后的视为撤回

摘要:

本发明涉及一种无源电子烟,其包括内部具有气流通道(5)的烟杆(1)和位于该烟杆(1)上的电压输入端子,其中电压输入端子选自USB受电口、互绝缘套管式受电口或磁吸式受电口。本发明还公开了一种与无源电子烟配套使用的无源电子烟供电装置,其具有电压输出端子,该电压输出端子选自USB供电口、互绝缘套管式供电口或磁吸式供电口。本发明的无源电子烟因省略了电源而小巧轻便。

申请文件独立权利要求:

一种无源电子烟,其特征在于包括内部具有气流通道(5)的烟杆(1)和位于该烟杆(1)上的电压输入端子,其中电压输入端子选自USB受电口、互绝缘套管式受电口或磁吸式受电口。该磁吸式受电口的结构如下:在烟杆(1)的外壁上开设两个凹槽(4),且在这两个凹槽之间的烟杆上固定有铁块(3)或磁铁(9),这两个凹槽底部均设有贯通至气流通道(5)的通孔(13),每个通孔(13)内安装有固定式电极(2),固定式电极(2)高出通孔(13)一定高度。

636. 一种电子烟多孔陶瓷雾化发热组件

专利类型:发明

申请号:CN201510329027.X

申请日:2015-06-15

申请人:湖北中烟工业有限责任公司　黄鹤楼科技园(集团)有限公司

申请人地址:430040 湖北省武汉市东西湖区金山大道1355号

发明人:刘冰　陈义坤　刘祥谋　魏敏　侯宁

授权日:2017-09-22

法律状态公告日:2017-09-22

法律状态:授权

摘要:

本发明提供了一种电子烟多孔陶瓷雾化发热组件,其包括陶瓷棒、加热丝、雾化管、底座,雾化管垂直安装在底座上,雾化管顶部或底部设有切口,陶瓷棒横置于顶部或底部的切口中,其中陶瓷棒为亲油型改性多孔陶瓷,加热丝缠绕在陶瓷棒表面,加热丝经连接导线与电池连接,雾化管切口处设有中空的密封套和密封圈,底座上开设有与外界连通的气孔。本发明能够避免纤维绳出现干烧和煳味等问题,且亲油型改性后的高孔隙率多孔陶瓷能够更迅速地传导烟油，雾化的烟雾量大，同时 PTC 合金发热丝能够随温度的变化而改变自身电阻，达到有效调节温度的效果，使烟雾的品质更稳定。

授权文件独立权利要求：

一种电子烟多孔陶瓷雾化发热组件，包括陶瓷棒(1)、加热丝(2)、雾化管(3)、底座(4)。雾化管(1)垂直安装在底座(4)上，其特征在于雾化管(1)顶部或底部设有切口(8)，陶瓷棒横置于顶部或底部的切口(8)中，其中陶瓷棒(1)为亲油型改性多孔陶瓷，加热丝(2)缠绕在陶瓷棒(1)表面，加热丝(2)经连接导线(5)与电池连接，雾化管(1)切口处设有中空的密封套(61)和密封圈(7)，底座(4)上开设有与外界连通的气孔(9)。

637. 一种自带灭菌功能的笔形电子烟

专利类型：发明

申请号：CN201510344527.0

申请日：2015-06-19

申请人：云南中烟工业有限责任公司

申请人地址：650000 云南省昆明市世博路 6 号

发明人：李寿波　张霞　朱东来　巩效伟　韩熠　陈永宽　孙志勇　汤建国

法律状态公告日：2015-09-30

法律状态：实质审查的生效

摘要：

本发明涉及一种自带灭菌功能的笔形电子烟，其包括笔帽和笔杆，其中笔帽包括笔帽壳体(5)、位于笔帽壳体(5)半封闭端的充电接口(1)、容纳在笔帽壳体(5)内部的电池(6)、与该电池电连接的供电端口(19)和控制电路板(4)、位于笔帽壳体(5)敞开端内壁的紫外灯(7)和弹性卡装件(8)、位于笔帽壳体(5)外部的兼作开关的笔挂钩(3)；笔杆包括笔杆壳体(18)，其具有圆柱段和圆锥段，圆柱段内设有雾化器(11)，烟嘴(9)与雾化器(11)气流连通且伸出圆柱段一段距离，圆锥段内设有受电端口(12)，供电端口(19)与受电端口(12)彼此相适配。

申请文件独立权利要求：

一种自带灭菌功能的笔形电子烟，其特征在于包括以下部件：①笔帽，其包括笔帽壳体(5)、位于笔帽壳体(5)半封闭端的充电接口(1)、容纳在笔帽壳体(5)内部的电池(6)、与该电池电连接的供电端口(19)和控制电路板(4)、位于笔帽壳体(5)敞开端内壁的紫外灯(7)和弹性卡装件(8)、位于笔帽壳体(5)外部的笔挂钩(3)，该笔挂钩(3)与控制电路板(4)电连接并兼作开关；②笔杆，其包括笔杆壳体(18)，笔杆壳体(18)具有圆柱段和圆锥段，圆柱段内设有雾化器(11)，烟嘴(9)与雾化器(11)气流连通且伸出圆柱段一段距离，圆锥段内设有受电端口(12)，供电端口(19)与受电端口(12)彼此相适配。

638. 一种电子烟雾化器及电子烟

专利类型：发明

申请号：CN201510423239.4

申请日：2015-07-17

申请人：湖南中烟工业有限责任公司

申请人地址：410007 湖南省长沙市雨花区万家丽中路三段 188 号

发明人：钟科军　郭小义　代远刚　王宏业　尹新强　黄平　黄建国　赵国玲　彭新辉

法律状态公告日：2017-12-19

法律状态：专利实施许可合同备案的生效、变更及注销

摘要：

本发明公开了一种电子烟雾化器及电子烟，该电子烟雾化器包括与导油管连通的导油腔，导油腔与加

热腔的一端连通，加热腔内安装有发热装置，加热腔的另一端与超声波装置连通，超声波装置与雾化腔连通，雾化腔与烟气混合腔连通，烟气混合腔通过进气孔道与大气连通，烟气混合腔与烟嘴内的烟气孔道连通。本发明先用发热装置将烟油加热到临界温度，然后用超声波雾化装置雾化加热后的烟油，这种方式更简单，对烟油的要求更低，适用范围更广，容易产业化，烟气中的气溶胶颗粒粒径更均匀，口感更好，可以很好地防止发生冷凝现象。

申请文件独立权利要求：

一种电子烟雾化器，包括与雾化腔(4)连通的烟气混合腔(3)，烟气混合腔(3)与大气连通，烟气混合腔(3)还与烟嘴(1)内的烟气孔道(2)连通。该电子烟雾化器的特征在于还包括与导油管(13)连通的导油腔(12)，导油腔(12)与加热腔(10)的一端连通，并将烟油导入加热腔(10)内，加热腔(10)内安装有浸在烟油中的发热装置(9)，加热腔(10)的另一端与用于振荡雾化经发热装置(9)加热后的烟油的超声波装置(6)接触，该超声波装置(6)与雾化腔(4)连通。发热装置(9)的发热温度为180～200 ℃，超声波装置(6)的雾化速率为0.5～2.5 μL/s。

639. 一种抗菌电子烟外观材料及其制备方法和应用

专利类型：发明

申请号：CN201510426781.5

申请日：2015-07-20

申请人：广西中烟工业有限责任公司

申请人地址：530001 广西壮族自治区南宁市北湖南路 28 号

发明人：张雨夏　赵东元　田兆福　陈珍霞　陆漓　黄忠辉　王萍娟

授权日：2018-05-08

法律状态公告日：2018-05-08

法律状态：授权

摘要：

本发明公开了一种抗菌电子烟外观材料及其制备方法和应用。本发明以三氯化铝和 1,2,4-苯三甲酸为原料，以水为溶剂，制备得到具有微孔结构的金属-有机骨架材料。该金属-有机骨架材料具有均一的微孔孔道，孔道内含有未配位的羧酸基团，通过浸泡硝酸银溶液进行离子交换反应，负载具有抗菌性能的银离子。载银金属-有机骨架材料有很高的热稳定性，通过熔融共混法制得载银金属-有机骨架与塑料复合的抗菌电子烟外观材料。本发明的制备方法原料易得，合成步骤简单，这种新型的抗菌电子烟套管材料在反复使用过程中，有较好的抑菌作用，且能防止细菌滋生而损害使用者健康。

授权文件独立权利要求：

一种新型的金属-有机骨架微孔材料，其特征在于材料骨架的主要成分为有机分子，其具有规则的微孔孔道，且孔道内含有大量未配位的羧酸基团。

640. 一种抗菌电子烟外观材料的制备方法

专利类型：发明

申请号：CN201510428459.6

申请日：2015-07-20

申请人：广西中烟工业有限责任公司

申请人地址：530001 广西壮族自治区南宁市北湖南路 28 号

发明人：张雨夏　赵东元　田兆福　陈珍霞　陆漓　黄忠辉　王萍娟

授权日：2018-03-02

法律状态公告日：2018-03-02

法律状态：授权

摘要：

本发明提供了一种新型的抗菌电子烟外观材料及其制备方法。本发明以正硅酸乙酯和偏铝酸钠为原料，以水为溶剂，在三丙基氢氧化铵和三丙基溴化铵的模板作用下，通过分子自组装，制备得到具有微孔结构的纳米硅铝沸石材料。该纳米微孔沸石通过高温煅烧后浸泡硝酸银溶液，得到载银纳米沸石。载银纳米沸石表面经有机化修饰后，通过熔融共混法将其添加到聚乙烯(PE)、聚丙烯(PP)、丙烯腈-丁二烯-苯乙烯(ABS)中，制得载银纳米沸石/塑料复合抗菌材料。本发明的抗菌材料原料简单易得，技术成熟，可用作一种新型的抗菌电子烟套管材料，在电子烟反复使用过程中能起到抑菌的作用，防止细菌滋生而损害电子烟使用者的健康。

授权文件独立权利要求：

一种新型的抗菌电子烟外观材料，其特征在于由载银纳米沸石和塑料组成，其含量按质量百分比计算，其中载银纳米沸石为 1%～5%，塑料为 95%～99%。

641. 一种平层分布式多温区电子烟

专利类型：发明

申请号：CN201510435879.7

申请日：2015-07-23

申请人：云南中烟工业有限责任公司

申请人地址：650000 云南省昆明市世博路 6 号

发明人：吴俊

授权日：2018-07-24

法律状态公告日：2018-07-24

法律状态：授权

摘要：

本发明公开了一种平层分布式多温区电子烟，旨在提供一种可实现多种烟液在不同温度条件下汽化的多温区加热的电子烟。该电子烟包括管状的烟杆，连接于烟杆一端填充有内芯的吸嘴，从烟杆靠近吸嘴的一端向远离吸嘴的一端依次设置于烟杆内的多个并排的发烟装置、电池、LED 灯，设置于烟杆上的电源开关，以及设置于烟杆端部的透明或半透明的且具有通气孔的透气罩，烟杆和吸嘴的连接处具有烟气混合腔。发烟装置包括套装于烟杆内的隔热套、设置于隔热套内相互热传导连接的 PTC 发热体和容纳烟液的散热器，隔热套的外壁之间及隔热套外壁与烟杆的内壁之间气密封配合，电源开关、LED 灯、电池及 PTC 发热体电连接。本发明可最大限度地保证电子烟口感纯正。

授权文件独立权利要求：

一种平层分布式多温区电子烟，其特征在于包括管状的烟杆，连接于烟杆一端填充有内芯的吸嘴，从烟杆靠近吸嘴的一端向远离吸嘴的一端依次设置于烟杆内的多个并排的发烟装置、电池、LED 灯，设置于烟杆上的电源开关，以及设置于烟杆端部的透明或半透明的且具有通气孔的透气罩，烟杆和吸嘴的连接处具有烟气混合腔。发烟装置包括套装于烟杆内的隔热套、设置于隔热套内相互热传导连接的 PTC 发热体和容纳烟液的散热器，隔热套的外壁之间及隔热套外壁与烟杆的内壁之间气密封配合，使烟杆内隔热套外壁部分的空间隔断。电源开关、LED 灯、电池及 PTC 发热体电连接。抽吸时，空气从透气罩端进入烟杆，之后分散进入各隔热套，经隔热套内的 PTC 发热体、散热器进入烟气混合腔后最终到达吸嘴。

642. 一种电子烟

专利类型：发明

申请号：CN201510436043.9

申请日:2015-07-23

申请人:云南中烟工业有限责任公司

申请人地址:650000 云南省昆明市世博路 6 号

发明人:吴俊　黄立斌

法律状态公告日:2015-11-25

法律状态:实质审查的生效

摘要:

本发明公开了一种电子烟,旨在提供一种发热稳定且寿命长的电子烟。该电子烟包括管状的烟杆,连接于烟杆一端的吸嘴,从烟杆靠近吸嘴的一端向远离吸嘴的一端依次设置于烟杆内的发烟装置、电池、风压开关、LED 灯,以及设置于烟杆端部的透明或半透明的且具有进气孔的透气罩。烟杆和吸嘴的连接处具有烟气混合腔,吸嘴包括管体和充满管体的吸嘴内芯,发烟装置包括套装于烟杆内的隔热套、设置于隔热套内相互热传导连接的 PTC 发热体和容纳烟液的散热器,风压开关、LED 灯、电池及 PTC 发热体电连接。抽吸时,空气从透气罩端进入烟杆,经 PTC 发热体、散热器、烟气混合腔到达吸嘴。本发明具有发热快、无明火、热转换率高、使用寿命长等优点。

申请文件独立权利要求:

一种电子烟,其特征在于包括管状的烟杆,连接于烟杆一端的吸嘴,从烟杆靠近吸嘴的一端向远离吸嘴的一端依次设置于烟杆内的发烟装置、电池、风压开关、LED 灯,以及设置于烟杆端部的透明或半透明的且具有进气孔的透气罩。烟杆和吸嘴的连接处具有烟气混合腔,吸嘴包括管体和充满管体的吸嘴内芯,发烟装置包括套装于烟杆内的隔热套、设置于隔热套内相互热传导连接的 PTC 发热体和容纳烟液的散热器,风压开关、LED 灯、电池及 PTC 发热体电连接。抽吸时,空气从透气罩端进入烟杆,经 PTC 发热体、散热器、烟气混合腔到达吸嘴。

643. 一种轴向分布的多温区加热电子香烟

专利类型:发明

申请号:CN201510437364.0

申请日:2015-07-23

申请人:云南中烟工业有限责任公司

申请人地址:650000 云南省昆明市世博路 6 号

发明人:吴俊

授权日:2017-11-10

法律状态公告日:2017-11-10

法律状态:授权

摘要:

本发明公开了一种轴向分布的多温区加热电子香烟,旨在提供一种可实现多种烟液在不同温度条件下汽化的轴向分布的多温区加热电子香烟。该电子香烟包括管状的烟杆,连接于烟杆一端填充有内芯的吸嘴,从烟杆靠近吸嘴的一端向远离吸嘴的一端沿烟杆轴向依次设置于烟杆内的多个首尾相连的发烟装置、电池、LED 灯,设置于烟杆上的电源开关,以及设置于烟杆端部的透明或半透明的且具有通气孔的透气罩,烟杆和吸嘴的连接处具有烟气混合腔。发烟装置包括套装于烟杆内与烟杆内壁气密封配合且朝向透气罩一端封闭的隔热套、设置于隔热套内相互热传导连接的 PTC 发热体和容纳烟液的散热器,电源开关、LED 灯、电池及 PTC 发热体电连接。本发明可最大限度地保证电子香烟口感纯正。

授权文件独立权利要求:

一种轴向分布的多温区加热电子香烟,其特征在于包括管状的烟杆,连接于烟杆一端填充有内芯的吸嘴,从烟杆靠近吸嘴的一端向远离吸嘴的一端沿烟杆轴向依次设置于烟杆内的多个首尾相连的发烟装置、电池、LED 灯，设置于烟杆上的电源开关，以及设置于烟杆端部的透明或半透明的且具有通气孔的透气罩，烟杆和吸嘴的连接处具有烟气混合腔。发烟装置包括套装于烟杆内与烟杆内壁气密封配合且朝向透气罩一端封闭的隔热套、设置于隔热套内相互热传导连接的 PTC 发热体和容纳烟液的散热器，隔热套的外壁上均匀设置有 N 个轴向的通槽，通槽的数量为隔热套数量 S 的整数倍，每个隔热套上选取 N/S 个通槽作为烟气通道，且每个隔热套装入烟杆后隔热套上选中的通槽互不重合。隔热套上选中的通槽中部设置有隔断通槽的橡胶块，且橡胶块的两侧分别设置有进气孔和出气孔，进气孔靠近透气罩的一端。安装时，各隔热套上对应的通槽首尾连通，形成沿烟杆延伸的长通槽，且长通槽内均只具有一块橡胶块。电源开关、LED 灯、电池及 PTC 发热体电连接。抽吸时，空气从透气罩端进入烟杆，之后进入各通槽，经隔热套的进气孔、PTC 发热体、散热器、隔热套的出气孔后沿通槽进入烟气混合腔，最终到达吸嘴。

644. 一种绿茶香型电子烟烟油

专利类型：发明

申请号：CN201510476839.7

申请日：2015-08-06

申请人：云南中烟工业有限责任公司

申请人地址：650000 云南省昆明市世博路 6 号

发明人：王凯　李海涛　李先毅　者为　王明锋　付磊　曲荣芬　苏勇　黄立斌　朱瑞芝

授权日：2016-06-01

法律状态公告日：2016-06-01

法律状态：授权

摘要：

本发明公开了一种绿茶香型电子烟烟油的配方，该电子烟烟油主要由糠醛、十六酸乙酯、1,8-桉叶素、樟脑、龙脑、十四酸乙酯、乙酰乙酸乙酯、甲位己基桂醛、松油醇、二氢茉莉酮酸甲酯、咖啡碱、2-乙酰基-3,5-二甲基吡嗪、4-氧代异佛尔酮、桂酸桂酯、苯甲酸苄酯、天氨酸、异亮氨酸、半胱氨酸、茶单宁、烟碱等成分组成。该烟油用于电子烟时，可赋予烟气怡人的绿茶香感。

授权文件独立权利要求：

一种绿茶香型电子烟烟油，其特征在于其组分及质量百分比为：

糠醛	0.01%～0.05%
十六酸乙酯	0.20%～1.20%
1,8-桉叶素	0.10%～0.15%
樟脑	0.05%～0.20%
龙脑	0.01%～0.05%
十四酸乙酯	0.05%～0.50%
乙酰乙酸乙酯	0.10%～0.30%
甲位己基桂醛	0.10%～0.50%
松油醇	0.07%～0.40%
二氢茉莉酮酸甲酯	0.80%～2.00%
咖啡碱	1.50%～2.00%
烟碱	0.00%～0.30%
2-乙酰基-3,5-二甲基吡嗪	0.01%～0.02%
4-氧代异佛尔酮	0.08%～0.30%
桂酸桂酯	0.10%～0.40%
苯甲酸苄酯	0.02%～0.20%

天氨酸	0.05%～0.20%
异亮氨酸	0.10%～0.60%
半胱氨酸	0.03%～0.30%
茶单宁	0.80%～1.00%
1,2-丙二醇	50.0%～60.0%
甘油	30.0%～40.0%

645. 雾化吸入设备及其蒸发液体的方法

专利类型:发明

申请号:CN201510489368.3

申请日:2015-08-11

申请人:上海烟草集团有限责任公司

申请人地址:200082 上海市杨浦区长阳路 717 号

发明人:陈超　俞健　张慧

法律状态公告日:2018-01-26

法律状态:实质审查的生效

摘要:

本发明提供了一种涉及电子烟技术领域的雾化吸入设备及其蒸发液体的方法。该雾化吸入设备包括外壳、位于外壳内的支架及位于外壳一端的出气口,外壳的内部设有多孔件、液体储存件和加热器,多孔件与液体储存件接触,加热器设置于多孔件的一侧,加热器与多孔件之间设有间隙,加热器相对于多孔件较靠近外壳的出气口。本发明既能够防止储存液体的部件被碳化,又能够防止液体进入使用者的口腔。

申请文件独立权利要求:

一种雾化吸入设备,其特征在于包括外壳(100)、位于外壳(100)内的支架(110)及位于外壳(100)一端的出气口(120),外壳(100)的内部设有多孔件(130)、液体储存件(140)和加热器(150),多孔件(130)与液体储存件(140)接触,加热器(150)设置于多孔件(130)的一侧,加热器(150)与多孔件(130)之间设有间隙,加热器(150)相对于多孔件(130)较靠近外壳(100)的出气口(120)。

646. 雾化吸入装置

专利类型:发明

申请号:CN201510489492.X

申请日:2015-08-11

申请人:上海烟草集团有限责任公司

申请人地址:200082 上海市杨浦区长阳路 717 号

发明人:陈超　俞健　李祥林

法律状态公告日:2018-01-26

法律状态:实质审查的生效

摘要:

本发明提供了一种涉及电子烟技术领域的雾化吸入装置,其包括外壳,外壳的两端分别设有进气口和出气口,外壳的内部设有多孔件、液体储存件和加热器,多孔件与液体储存件接触,加热器设置于多孔件的一侧,加热器与多孔件接触,加热器相对于多孔件较靠近外壳的出气口。本发明的雾化吸入装置增加了气流产生的负压传导液体,使多孔件的液体传导效率提高,有充足的液体与加热器接触,能够避免多孔件产生碳化现象。本发明弥补了现有的网眼组件结构上的缺陷,使加热器启动后处于蒸发液体的状态,避免发生加热器温度过高或空烧的情况;多孔件与加热器接触,大大提高了加热器的加热效率,使液体完全雾化,有效避免了液体进入使用者的口腔。

申请文件独立权利要求：

一种雾化吸入装置，其特征在于包括外壳(100)，外壳(100)的两端分别设有进气口(110)和出气口(120)，外壳(100)的内部设有多孔件(130)、液体储存件(140)和加热器(150)，多孔件(130)与液体储存件(140)接触，加热器(150)设置于多孔件(130)的一侧，加热器(150)与多孔件(130)接触，加热器(150)相对于多孔件(130)较靠近外壳(100)的出气口(120)。

647. 一种凝固态烟草提取物的制备方法及在电子烟中的应用

专利类型：发明

申请号：CN201510496435.4

申请日：2015-08-13

申请人：上海烟草集团有限责任公司

申请人地址：200082 上海市杨浦区长阳路 717 号

发明人：杨菁　陆诚玮　沈铁　郑赛晶　张怡春

法律状态公告日：2018-01-26

法律状态：实质审查的生效

摘要：

本发明提供了一种凝固态烟草提取物的制备方法，该方法包括如下步骤：①提取，将烟草原料干燥、粉碎、过筛后进行超临界萃取；②分离，将步骤①中获得的萃取物溶解并混匀后冷却分层，过滤除去下层液体，取上层固形物，即为初型物；③成型，向初型物中加入雾化剂溶解，振荡、摇匀后冷凝成型，即得凝固态烟草提取物。本发明还提供了上述方法制备的凝固态烟草提取物在电子烟中作为气溶胶形成基质的用途。本发明提供的这种凝固态烟草提取物的制备方法及其在电子烟中的应用，避免了由于使用添加剂及合成香精香料而引起的各种问题，也避免了传统液态电子烟烟液引起的漏油等问题，非常值得推广应用。

申请文件独立权利要求：

一种凝固态烟草提取物的制备方法，包括如下步骤：

(1) 提取：将烟草原料干燥、粉碎、过筛后进行超临界萃取。

(2) 分离：将步骤(1)中获得的萃取物溶解并混匀后冷却分层，过滤除去下层液体，取上层固形物，即为初型物。

(3) 成型：向初型物中加入雾化剂溶解，振荡、摇匀后冷凝成型，即得凝固态烟草提取物。

648. 一种非接触式加热电子烟

专利类型：发明

申请号：CN201510555798.0

申请日：2015-09-01

申请人：云南中烟工业有限责任公司

申请人地址：650000 云南省昆明市世博路 6 号

发明人：韩熠　朱东来　李寿波　巩效伟　张霞　陈永宽　雷萍　郑绪东　赵伟　韩敬美　汤建国

授权日：2018-01-30

法律状态公告日：2018-01-30

法律状态：授权

摘要：

本发明涉及一种非接触式加热电子烟，其包括顺序连接的电源(1)、雾化器(3)、膜固定器(2)，以及具有中心气流通道的吸嘴端(4)，其中雾化器(3)、膜固定器(2)和吸嘴端(4)之间气流连通；该非接触式加热电子烟还包括控制电源(1)和雾化器(3)的温度控制系统(5)。其中雾化器(3)包括储油部和与电源(1)电连接的发热部,该发热部以碳纤维发热体(3.7)作为电热元件。该非接触式加热电子烟采用碳纤维加热体作为加热元件,其不与烟油直接接触,不存在烟油在发热体上烧结黏附等问题,且不会出现异味、干烧和因干烧而产生的可能有害的物质,同时热量利用率高,烟油雾化效果好。

授权文件独立权利要求:

一种非接触式加热电子烟,其包括顺序连接的电源(1)、雾化器(3)、膜固定器(2),以及具有中心气流通道的吸嘴端(4),其中雾化器(3)、膜固定器(2)和吸嘴端(4)之间气流连通;该非接触式加热电子烟还包括控制电源(1)和雾化器(3)的温度控制系统(5)。其中雾化器(3)包括储油部和与电源(1)电连接的发热部,该发热部以碳纤维发热体(3.7)作为电热元件。雾化器(3)为包括多层筒状结构的圆柱体或类圆柱体,其由内至外依次包括内层石英管(3.5)、外层石英管(3.4)和壳体(3.1),其中内层石英管(3.5)内的空间构成内层储油腔(3.6),内层石英管(3.5)与外层石英管(3.4)之间的空间构成碳纤维发热体容纳腔(3.9),该容纳腔内放置有碳纤维发热体(3.7),外层石英管(3.4)和壳体(3.1)之间的空间构成外层储油腔(3.3)。其中:碳纤维发热体容纳腔(3.9)上、下端密封且内部充有惰性气体或抽成真空,靠近电源(1)的下端具有连接碳纤维发热体(3.7)和电源(1)的电极端子(3.8);内层储油腔(3.6)和外层储油腔(3.3)靠近电源(1)的下端密封,靠近膜固定器(2)的上端敞开,用以加注烟油。膜固定器(2)包括近吸嘴端固定环(2.1)、防漏环(2.2)、微孔膜(2.3)、垫圈(2.4)和近雾化器端固定环(2.5)。

649. 雾化器以及电子烟

专利类型:发明

申请号:CN201510567691.8

申请日:2015-09-08

申请人:上海烟草集团有限责任公司

申请人地址:200082 上海市杨浦区长阳路717号

发明人:陈超 陈利冰 张慧

法律状态公告日:2017-11-03

法律状态:实质审查的生效

摘要:

本发明提供了一种雾化器及电子烟,该雾化器包括外壳,置于外壳内的内筒、导油件和置于导油件上的加热件,内筒的顶端具有盛放雾化液的封闭内腔,内筒的底端为开口端,封闭内腔的端部设有第一孔,导油件以及加热件置于内筒的底端,且部分导油件从第一孔内伸入封闭内腔中,外壳上设有与外界相通的通气孔,内筒的底端侧壁上设有气溶胶孔,外壳和内筒间具有流通气流和气溶胶的间隙。本发明可以有效防止雾化液外漏。

申请文件独立权利要求:

一种雾化器,其特征在于包括外壳(1),置于外壳(1)内的内筒(2)、导油件(4)和置于导油件上的加热件(5),内筒(2)的顶端具有盛放雾化液的封闭内腔(201),内筒(2)的底端为开口端,封闭内腔(201)的端部设有第一孔(203),导油件(4)以及加热件(5)置于内筒(2)的底端,且部分导油件(4)从第一孔(203)内伸入封闭内腔(201)中,外壳上设有与外界相通的通气孔(104),内筒的底端侧壁上设有气溶胶孔(202),外壳(1)和内筒(2)间具有流通气流和气溶胶的间隙。

650. 一种电子烟烟油软胶囊

专利类型:发明

申请号:CN201510594663.5

申请日:2015-09-18

申请人:云南中烟工业有限责任公司

申请人地址:650000 云南省昆明市世博路 6 号

发明人:韩熠 朱东来 孙志勇 李寿波 巩效伟 张霞 陈永宽 雷萍 洪鎏

法律状态公告日:2018-07-20

法律状态:发明专利申请公布后的视为撤回

摘要:

本发明涉及一种电子烟烟油软胶囊,其包括外围的固体囊壳以及位于囊壳内的电子烟烟油。囊壳的制备材料为聚乙烯醇或明胶中的任一种以及甘油和水。电子烟烟油为液体或凝胶状固体。电子烟烟油软胶囊的外形为椭圆形、球形或水滴形。本发明还涉及上述电子烟烟油软胶囊在电子烟中的用途。本发明的电子烟烟油软胶囊将烟油作为软胶囊的内容物,可将烟油完全气密封入软胶囊中,从而使烟油的性质长期保持稳定,显著延长了电子烟烟油的保质期,且不存在常见的烟油贮存方式的漏液现象,并且软胶囊不会改变烟油本身的理化性质。

申请文件独立权利要求:

一种电子烟烟油软胶囊,其特征在于包括外围的固体囊壳以及位于囊壳内的电子烟烟油。

651. 雾化吸入组件及雾化吸入设备

专利类型:发明

申请号:CN201510672177.0

申请日:2015-10-16

申请人:上海烟草集团有限责任公司

申请人地址:200082 上海市杨浦区长阳路 717 号

发明人:陈超 李祥林 张慧

法律状态公告日:2017-06-06

法律状态:实质审查的生效

摘要:

本发明提供了一种雾化吸入组件及雾化吸入设备,其包括加热件和用于储存液体的储存件,还包括导流件和设有气体流道的隔离支承件,储存件设置在隔离支承件的外周,加热件位于隔离支承件的气体流道中,导流件与储存件中的液体相接触,并将液体导出至气体流道的气体出口处。本发明利用隔离支承件将加热件和储存件隔离开,使两者不直接接触,同时通过经加热件加热后的热空气来加热由导流件从储存件中导出的液体,从而使液体加热雾化后被使用者吸入,避免了加热件与储存件直接接触或加热件直接加热液体,进而有效防止液体被碳化,最终保证了使用者吸食电子烟的口感。

申请文件独立权利要求:

一种雾化吸入组件,包括加热件(1)和用于储存液体的储存件(2),其特征在于还包括导流件(3)和设有气体流道(41)的隔离支承件(4),储存件(2)设置在隔离支承件(4)的外周,加热件(1)位于隔离支承件(4)的气体流道(41)中,导流件(3)与储存件(2)中的液体相接触,并将液体导出至气体流道(41)的气体出口(43)处。

652. 烟油软胶囊型电子烟

专利类型:发明

申请号:CN201510710602.0

申请日:2015-10-28

申请人:云南中烟工业有限责任公司

申请人地址:650000 云南省昆明市世博路 6 号

发明人:韩熠　李寿波　朱东来　巩效伟　张霞　郑绪东　陈永宽　孙志勇　洪鎏

授权日:2018-05-18

法律状态公告日:2018-05-18

法律状态:授权

摘要:

本发明涉及一种烟油软胶囊型电子烟,其包括顺序连接的吸嘴端(1)、蒸气混合室(2)、气液分离单元(3)、烟油软胶囊烟弹(4)和电源端(6),其中吸嘴端(1)、蒸气混合室(2)、气液分离单元(3)和烟油软胶囊烟弹(4)之间气流连通。该烟油软胶囊型电子烟还包括加热针(5.1),加热针(5.1)为长度固定式或可伸缩式。当加热针(5.1)为长度固定式时,其固定于电源端(6)的上端;当加热针(5.1)为可伸缩式时,在烟油软胶囊烟弹(4)和电源端(6)之间具有加热针容纳腔(5)。本发明的电子烟适用于烟油软胶囊,填补了烟油软胶囊型电子烟领域的空白。

授权文件独立权利要求:

一种烟油软胶囊型电子烟,其特征在于包括顺序连接的吸嘴端(1)、蒸气混合室(2)、气液分离单元(3)、烟油软胶囊烟弹(4)和电源端(6),其中吸嘴端(1)、蒸气混合室(2)、气液分离单元(3)和烟油软胶囊烟弹(4)之间气流连通。将以上各部件靠近吸嘴端(1)的一端定义为上端,远离吸嘴端(1)的一端定义为下端。蒸气混合室(2)为中空结构,其上端表面具有与吸嘴端(1)连通的中心气流孔(2.1),下端表面具有若干个开孔(2.2)以及若干个分别与开孔(2.2)连接的凸出的中空细管(2.3)。气液分离单元(3)内部具有若干个贯穿其上、下端并且上端与中空细管(2.3)连接的中空孔道(3.1)。烟油软胶囊烟弹(4)的上端设有开口,以便填装烟油软胶囊(4.1),下端设有供加热针(5.1)通过的开启结构(4.2)。电源端(6)包括位于其外壳上的电源开关(6.1)以及位于内部的电池。该烟油软胶囊型电子烟还包括加热针(5.1),加热针(5.1)为长度固定式或可伸缩式,上端具有尖刺部,外围缠绕有金属发热丝(114)。当加热针(5.1)为长度固定式时,其固定于电源端(6)的上端;当加热针(5.1)为可伸缩式时,在烟油软胶囊烟弹(4)和电源端(6)之间具有加热针容纳腔(5),且加热针(5.1)由顺序连接的若干段直径向尖刺部递减的中空管状绝缘段(113)组成,每个中空管状绝缘段(113)之间设有限位机构(126),加热针(5.1)能在加热针伸缩控制组件的控制下向下收缩到加热针容纳腔(5)中,或向上伸长进入烟油软胶囊烟弹(4)中刺破烟油软胶囊(4.1)。

653. 一种改性电子烟絮状填充物纤维的制备方法

专利类型:发明

申请号:CN201510782497.1

申请日:2015-11-16

申请人:广西中烟工业有限责任公司

申请人地址:530001 广西壮族自治区南宁市北湖南路 28 号

发明人:张雨夏　赵东元　田兆福　胡忠南　陆漪　温瑞恒　黄忠辉　霍冀臻　唐晓林　余英丰　王萍娟

授权日:2017-12-19

法律状态公告日:2017-12-19

法律状态:授权

摘要:

本发明公开了一种改性电子烟絮状填充物纤维的制备方法,具体为通过抗菌物质和介孔材料改性电子烟絮状填充物的方法,主要是将含酚基的抗菌剂氧化聚合在纤维表面,通过偶联剂连接,并添加介孔材料到纤维絮状物中,最终得到具有抗菌性和高吸附/解吸能力的电子烟絮状物。该制备方法简单可靠,所制备的电子烟絮状填充物具有粗糙的表面,表面吸附有大量的介孔材料,吸附/解吸能力增强,抗菌性能好。

授权文件独立权利要求：

一种改性电子烟絮状填充物纤维的制备方法，其特征在于包括以下步骤：

步骤一：将絮状填充物纤维先用有机溶剂洗涤，再在水中超声波清洗。

步骤二：将絮状填充物纤维转移到抗菌剂溶液中，完全反应后取出。

步骤三：将絮状填充物纤维转移到含有双官能团偶联剂的溶液中，完全反应后取出。

步骤四：将絮状填充物纤维与含活性端基的介孔材料在有机惰性溶剂中反应，完全反应后得到具有抗菌性和高吸附/解吸能力的改性电子烟絮状填充物纤维。

654. 带有使可消耗部分停止运行的装置的烟雾生成系统

专利类型：发明

申请号：CN201510850402.5

申请日：2011-12-22

申请人：菲利普·莫里斯生产公司

申请人地址：瑞士纳沙泰尔

发明人：J-M. 弗利克

法律状态公告日：2016-03-30

法律状态：实质审查的生效

摘要：

本发明提供了一种烟雾生成系统，其包括用于储存烟雾形成基质的储存部分、用于将烟雾形成基质转变为烟雾的烟雾生成元件、与储存部分通信的控制电路以及位于储存部分内的停止装置，停止装置响应于控制电路的停止信号，使储存部分在烟雾生成系统中不能运行，其中停止装置被设置为根据停止信号被转换或破坏，由此使得储存部分永久不运行。本发明还提供了一种用于烟雾生成系统的方法。

申请文件独立权利要求：

一种烟雾生成系统，包括：①储存部分，该储存部分用于储存烟雾形成基质；②烟雾生成元件，该烟雾生成元件用于将烟雾形成基质转变为烟雾；③控制电路，该控制电路与储存部分或烟雾生成元件通信；④停止装置，该停止装置响应于控制电路的停止信号，使储存部分在烟雾生成系统中不运行，其中停止装置被配置为根据停止信号被转换或破坏，由此使得储存部分永久不运行。

655. 一种电子烟雾化装置及电子烟

专利类型：发明

申请号：CN201511017411.2

申请日：2015-12-30

申请人：湖南中烟工业有限责任公司

申请人地址：410007 湖南省长沙市雨花区万家丽中路三段 188 号

发明人：郭小义　代远刚　尹新强　易建华　钟科军　刘建福

法律状态公告日：2017-12-19

法律状态：专利实施许可合同备案的生效、变更及注销

摘要：

本发明公开了一种电子烟雾化装置，其包括气道，气道内设有能使通过的气流被加热的加热装置和用于调节通过加热装置的气流量的调节装置。本发明结构简单，设计巧妙，通过控制通过加热装置的气流量，即可控制烟气中气溶胶颗粒粒径的大小，从而改善吸烟口感，解决了现有的电子烟容易出现煳味的问题。

申请文件独立权利要求：

一种电子烟雾化装置，其特征在于包括气道，气道内设有能使通过的气流被加热的加热装置(2)和用于

调节通过加热装置(2)的气流量的调节装置(4)。气道包括竖直段(1)和弯折段(3),弯折段(3)的两端均与竖直段(1)连通,加热装置(2)设置在弯折段(3)内。

656. 可更换的雾化单元和包括该雾化单元的雾化器及电子烟

专利类型:实用新型

申请号:CN201520003150.8

申请日:2015-01-05

申请人:深圳市合元科技有限公司

申请人地址:518000 广东省深圳市宝安区福永街道塘尾高新科技园区 C 栋第一、二、三层

发明人:李永海　徐中立　胡书云

授权日:2015-07-08

法律状态公告日:2015-07-08

法律状态:授权

摘要:

本实用新型公开了一种可更换的雾化单元和包括该雾化单元的雾化器及电子烟。该雾化单元至少包括一个用于吸取烟油的导油体、与该导油体相接触的发热元件以及用于支承该导油体的支座,该支座具有一开口端,在该开口端上装配有一压合件,并且该压合件与支座共同形成一雾化腔,发热元件位于该雾化腔内。在该开口端上开设有用于放置导油体的缺口,导油体至少一部分沿着该缺口延伸至雾化腔外部。在该开口端的外壁上还套设有一弹性部件,压合件套接于支座的开口端上,并使该弹性部件弹性地压紧于导油体上。该雾化单元应用在雾化器及电子烟上,相比于传统的雾化器,其具有装配简单、不易漏油的技术优势。

申请文件独立权利要求:

一种可更换的雾化单元,至少包括一个用于吸取烟油的导油体、与该导油体相接触的发热元件以及用于支承该导油体的支座,该支座具有一开口端,在该开口端上装配有一压合件,并且该压合件与支座共同形成一雾化腔,发热元件位于该雾化腔内。在该开口端上开设有用于放置导油体的缺口,导油体至少一部分沿着该缺口延伸至雾化腔外部。在该开口端的外壁上还套设有一弹性部件,压合件套接于支座的开口端上,并使该弹性部件弹性地压紧于导油体上。

657. 一种电子烟雾化器

专利类型:实用新型

申请号:CN201520011346.1

申请日:2015-01-08

申请人:湖南中烟工业有限责任公司

申请人地址:410007 湖南省长沙市雨花区万家丽中路三段 188 号

发明人:黄炜　于宏　尹军　郭小义　王宏业　陈兵　沈开为　李俊　尹新强　易建华　钟科军　刘建福

授权日:2015-05-27

法律状态公告日:2015-05-27

法律状态:授权

摘要:

本实用新型公开了一种电子烟雾化器,其包括气管,气管内固定有电极环,电极环顶部套有用于固定发热装置的发热丝固定套,且发热丝固定套将气管上部区域分隔为雾化腔。发热装置设置在雾化腔内,且发热装置底端与电极环顶端固定连接,发热装置顶端与雾化腔内的导油载体接触。电极环上部侧边开设有通气孔,发热丝固定套上安装有连通通气孔和雾化腔的通气管,且通气管顶端高于导油载体。本实用新型能

够避免烟油渗漏现象的发生。

申请文件独立权利要求：

一种电子烟雾化器，包括气管(3)，气管(3)内固定有电极环(5)，电极环(5)顶部套有用于固定发热装置(4)的发热丝固定套(6)，且发热丝固定套(6)将气管(3)上部区域分隔为雾化腔(1)。发热装置(4)设置在雾化腔(1)内，且发热装置(4)底端与电极环(5)顶端固定连接，发热装置(4)顶端与雾化腔(1)内的导油载体(2)接触。电极环(5)侧边开设有通气孔(12)，发热丝固定套(6)上安装有连通通气孔(12)和雾化腔(1)的通气管(9)，且通气管(9)顶端高于导油载体(2)。

658. 一种电子烟雾化器

专利类型：实用新型

申请号：CN201520100341.6

申请日：2015-02-12

申请人：湖南中烟工业有限责任公司

申请人地址：410007 湖南省长沙市雨花区万家丽中路三段 188 号

发明人：黄炜　于宏　陈兵　郭小义　王宏业　沈开为　尹军　李俊　尹新强　易建华　钟科军　刘建福

授权日：2015-07-01

法律状态公告日：2015-07-01

法律状态：授权

摘要：

本实用新型公开了一种电子烟雾化器，其包括多孔陶瓷，多孔陶瓷的一端伸入贮油容器内，另一端表面固定有发热丝。本实用新型通过多孔陶瓷的吸附作用，使烟油渗透在多孔陶瓷内，发热丝发热，使烟油产生烟雾，解决了现有的电子烟雾化器玻璃纤维绳不断加热产生粉化物质而损害人体健康的问题；发热丝与烟油之间是面接触，加热面积大，避免了局部温度过高，能有效防止过烧。

申请文件独立权利要求：

一种电子烟雾化器，其特征在于包括多孔陶瓷(1)，多孔陶瓷(1)的一端伸入贮油容器(4)内，另一端表面固定有发热丝。

659. 一种电子烟雾化器及电子烟

专利类型：实用新型

申请号：CN201520100452.7

申请日：2015-02-12

申请人：湖南中烟工业有限责任公司

申请人地址：410007 湖南省长沙市雨花区万家丽中路三段 188 号

发明人：黄炜　于宏　李俊　郭小义　王宏业　沈开为　尹军　陈兵　尹新强　易建华　钟科军　刘建福

授权日：2015-07-01

法律状态公告日：2015-07-01

法律状态：授权

摘要：

本实用新型公开了一种电子烟雾化器及电子烟。该雾化器包括中空的腔体，腔体的顶端与导气管固定连接，腔体内固定有多孔陶瓷管，且多孔陶瓷管外壁与腔体内壁之间设有空隙；多孔陶瓷管与导气管连通，空隙与开设在腔体上的进油孔连通；多孔陶瓷管内壁与发热体接触，发热体底端与固定在腔体内的电极固定连接,电极与腔体通过绝缘体连接。本实用新型采用多孔陶瓷材料导油,相对于传统的材质更环保,使用寿命更长;本实用新型结构简单,体积小,组装更方便,解决了现有的雾化器容易漏油的问题,可以实现产品全自动化生产,极大地提高了产品的质量与生产效率。

申请文件独立权利要求:

一种电子烟雾化器,其特征在于包括中空的腔体(5),腔体(5)的顶端与导气管(1)固定连接,腔体(5)内固定有多孔陶瓷管(4),且多孔陶瓷管(4)外壁与腔体(5)内壁之间设有空隙(9),多孔陶瓷管(4)与导气管(1)连通,空隙(9)与开设在腔体(5)上的进油孔(8)连通,多孔陶瓷管(4)内壁与发热体(2)接触,发热体(2)底端与固定在腔体(5)内的电极(7)固定连接,电极(7)与腔体(5)通过绝缘体(6)连接。

660. 一种电子烟雾化器的雾化芯及电子烟

专利类型:实用新型

申请号:CN201520100756.3

申请日:2015-02-12

申请人:湖南中烟工业有限责任公司

申请人地址:410007 湖南省长沙市雨花区万家丽中路三段 188 号

发明人:黄炜 于宏 李俊 郭小义 王宏业 沈开为 尹军 陈兵 尹新强 易建华 钟科军 刘建福

授权日:2015-07-01

法律状态公告日:2015-07-01

法律状态:授权

摘要:

本实用新型公开了一种电子烟雾化器的雾化芯及电子烟,该雾化芯包括用于吸附烟油的多孔陶瓷管,多孔陶瓷管两端分别通过上端盖和下端盖密封,多孔陶瓷管内壁与发热体接触,且发热体两端分别与上端盖和下端盖接触。本实用新型采用多孔陶瓷材料来导油,产品材质相对于传统材质更环保,使用寿命更长,且加工方便,因此本实用新型的雾化芯容易组装,工艺简单,质量稳定。本实用新型的电子烟结构简单,加工方便。

申请文件独立权利要求:

一种电子烟雾化器的雾化芯,其特征在于包括用于吸附烟油的多孔陶瓷管(2),多孔陶瓷管(2)的两端分别通过上端盖(1)和下端盖(4)密封,多孔陶瓷管(2)的内壁与发热体(3)接触,且发热体(3)的两端分别与上端盖(1)和下端盖(4)接触。

661. 一种电子烟电路及电子烟

专利类型:实用新型

申请号:CN201520101079.7

申请日:2015-02-12

申请人:湖南中烟工业有限责任公司

申请人地址:410007 湖南省长沙市雨花区万家丽中路三段 188 号

发明人:黄炜 于宏 沈开为 李俊 郭小义 王宏业 尹军 陈兵 尹新强 易建华 钟科军 刘建福

授权日:2015-07-01

法律状态公告日:2015-07-01

法律状态:授权

摘要：

本实用新型公开了一种电子烟电路及电子烟。电子烟电路包括电池、微处理器、发热体，电池与微处理器连接，微处理器与用于测量电子烟烟气管道内压力的压力测量装置连接，微处理器与升压电路、输出控制电路、发热体连接，升压电路与电池连接，升压电路、输出控制电路、发热体依次连接。本实用新型的微处理器可以根据吸烟者吸力的大小调整升压电路的输出功率，从而调整发热体的温度，达到调整雾化量大小和浓度的目的，使雾化量保持恒定，提高吸烟口感，防止功率浪费。

申请文件独立权利要求：

一种电子烟电路，包括电池、微处理器、发热体，电池与微处理器连接，微处理器与用于测量电子烟烟气管道内压力的压力测量装置连接，微处理器与升压电路、输出控制电路、发热体连接，升压电路与电池连接，升压电路、输出控制电路、发热体依次连接。

662. 一种电子烟充电控制保护电路

专利类型：实用新型

申请号：CN201520101101.8

申请日：2015-02-12

申请人：湖南中烟工业有限责任公司

申请人地址：410007 湖南省长沙市雨花区万家丽中路三段 188 号

发明人：黄炜　于宏　沈开为　郭小义　王宏业　李俊　尹军　陈兵　尹新强　易建华　钟科军　刘建福

授权日：2015-06-03

法律状态公告日：2015-06-03

法律状态：授权

摘要：

本实用新型公开了一种电子烟充电控制保护电路，其包括微处理器，微处理器与充电控制单元、充电检测单元连接，充电控制单元、充电检测单元均与电子烟发热体连接，充电控制单元、微处理器均通过保护单元与电子烟电池连接。本实用新型电路简单，电路成本低，容易实现，安全可靠，能有效防止工作过程中因大电流通过而造成电池爆炸等危险。

申请文件独立权利要求：

一种电子烟充电控制保护电路，其特征在于包括微处理器，微处理器与充电控制单元、充电检测单元连接，充电控制单元、充电检测单元均与电子烟发热体连接，充电控制单元、微处理器均通过保护单元与电子烟电池连接。

663. 一种电子烟烟嘴

专利类型：实用新型

申请号：CN201520102328.4

申请日：2015-02-12

申请人：云南中烟工业有限责任公司

申请人地址：650000 云南省昆明市世博路 6 号

发明人：李寿波　巩效伟　朱东来　张霞　韩熠　陈永宽　孙志勇　杨柳

授权日：2015-07-01

法律状态公告日：2015-07-01

法律状态：授权

摘要：

本实用新型涉及一种电子烟烟嘴，其包括抽吸端(4)和与电子烟本体相连的连接端(1)，其内部还包括贯穿抽吸端(4)和连接端(1)的螺旋式气流通道(3)。本实用新型的电子烟烟嘴创新地采用了螺旋式的气流通道设计，不仅解决了电子烟烟雾饱满度差的问题，还大大减小了烟油中的烟碱对抽吸者喉部和鼻腔的刺激，有效提高了电子烟的整体感观质量。

申请文件独立权利要求：

一种电子烟烟嘴，其包括抽吸端(4)和与电子烟本体相连的连接端(1)，其特征在于其内部还包括贯穿抽吸端(4)和连接端(1)的螺旋式气流通道(3)。

664. 一种电子烟烟具

专利类型：实用新型

申请号：CN201520125841.5

申请日：2015-03-04

申请人：云南中烟工业有限责任公司

申请人地址：650000 云南省昆明市世博路6号

发明人：李寿波　巩效伟　朱东来　张霞　韩熠　陈永宽　孙志勇　杨柳

授权日：2015-07-22

法律状态公告日：2015-07-22

法律状态：授权

摘要：

本实用新型涉及一种电子烟烟具，其包括抽吸端(1)、雾化芯(4)、储油仓(2)、将储油仓(2)中的雾化液导入雾化芯(4)中的导液装置以及连通雾化芯(4)与抽吸端(1)的气流通道(3)，其中气流通道(3)至少为两条，各气流通道(3)在抽吸端(1)的上游汇合。本实用新型的电子烟烟具创新地采用了相互之间成一定角度的多条气流通道(3)的设计，不仅解决了电子烟烟雾饱满度差的问题，还大大减小了烟油中的烟碱对抽吸者喉部和鼻腔的刺激，有效提高了电子烟的整体感观质量。

申请文件独立权利要求：

一种电子烟烟具，包括抽吸端(1)、雾化芯(4)、储油仓(2)、将储油仓(2)中的雾化液导入雾化芯(4)中的导液装置以及连通雾化芯(4)与抽吸端(1)的气流通道(3)，其特征在于气流通道(3)至少为两条，各气流通道(3)在抽吸端(1)的上游交叉汇合。

665. 多孔陶瓷雾化器及具有该多孔陶瓷雾化器的电子烟

专利类型：实用新型

申请号：CN201520192503.3

申请日：2015-04-01

申请人：湖北中烟工业有限责任公司　武汉市黄鹤楼科技园有限公司

申请人地址：430040 湖北省武汉市东西湖区金山大道1355号

发明人：刘冰　陈义坤　刘祥谋　侯宁

授权日：2015-07-22

法律状态公告日：2015-07-22

法律状态：授权

摘要：

本实用新型提供了一种多孔陶瓷雾化器，其包括发热丝和多孔陶瓷，发热丝呈螺旋状内嵌于多孔陶瓷中。本实用新型还提供了一种具有多孔陶瓷雾化器的电子烟，其包括吸嘴及与吸嘴套接的电池杆，其特征在于吸嘴中安装有烟弹，烟弹底部的凹槽中安装有多孔陶瓷雾化器，多孔陶瓷雾化器包括发热丝和多孔陶瓷，发热丝呈螺旋状内嵌于多孔陶瓷中，多孔陶瓷雾化器紧贴烟弹底部的凹槽设置，与烟弹底部的凹槽上的导油孔接触，烟弹的外壁与吸嘴的内壁之间形成气道，电池杆中安装有电池组件，电池组件通过导线与多孔陶瓷雾化器的发热丝连接以形成电流回路。本实用新型可获得更高的烟油传导效率，避免连续抽吸时发生干烧或者烟雾量减小的情况。

申请文件独立权利要求：

一种多孔陶瓷雾化器，其特征在于包括发热丝(1)和多孔陶瓷(2)，发热丝(1)呈螺旋状内嵌于多孔陶瓷(2)中。

666. 烟液单元可更换的同质烟

专利类型：实用新型

申请号：CN201520206427.7

申请日：2015-04-08

申请人：中国烟草总公司广东省公司　广东韶关烟叶复烤有限公司

申请人地址：510610 广东省广州市天河区林和东路 128 号

发明人：王政仁　温文彬　陈泽鹏

授权日：2015-09-02

法律状态公告日：2017-05-31

法律状态：专利权的终止

摘要：

本实用新型提供了一种烟液单元可更换的同质烟，其包括壳体、烟液储存器、雾化器和取液装置。烟液储存器包括更换装置、烟液单元，更换装置包括转盘和带动转盘转动的转动机构；取液装置包括取液针管和设于取液针管内的导液线，导液线与雾化器相连接。转动机构包括带有拨块的推轮、转轮、导轨和弹性回复装置，推轮设有定位杆和齿部，转轮设有凸条和连接轴，连接轴与转盘相连接，弹性回复装置与转盘的底部相连接。壳体设有限定拨块活动的长槽。本实用新型的同质烟将烟液以烟液单元的形式储存，并通过设置更换装置和取液装置，实现烟液单元的更换，操作方便简单，同时使用者可以通过计算所使用的烟液单元的个数来统计吸入量，以防止抽烟过量。

申请文件独立权利要求：

一种烟液单元可更换的同质烟，包括壳体(2)、雾化器(3)、取液装置(4)和烟液储存器(5)，其特征在于：烟液储存器(5)包括更换装置、烟液单元(52)，更换装置包括转盘(51)和带动转盘(51)转动的转动机构，烟液单元(52)放置于转盘(51)上；取液装置包括取液针管(41)和设于取液针管内的导液线(42)，导液线(42)与雾化器(3)相连接。转动机构包括推轮(53)、转轮(54)、多个导轨(55)和弹性回复装置(56)，推轮(53)套设于雾化器(3)之外，弹性回复装置(56)与转盘(51)的底部相连接，推轮(53)的上端设有若干定位杆(531)，下端设有齿部(532)；转轮(54)的上端设有若干凸条(541)，下端设有连接轴(542)，连接轴(542)与转盘(51)相连接；导轨(55)设置于壳体(2)的内壁上，各导轨的上端相连，使得各导轨之间形成上端封闭、下端开口的导槽(57)，定位杆(531)和凸条(541)位于导槽(57)内，定位杆(531)上设有拨块(530)，壳体设有与导槽相连通的长槽(23)，拨块(530)从长槽(23)伸出壳体，通过拨块(530)的活动使齿部(532)抵住凸条(541)并沿导槽(57)开口方向移动，以带动转轮(54)及转盘(51)移动，使得取液针管(41)与烟液单元(52)分离。凸条(541)的顶端设有第二斜面，导轨(55)的下端设有第三斜面，凸条(541)在脱离导槽(57)的限定后可沿齿部的第一斜面发生相对运动，并与第三斜面接触，在弹性回复装置(56)的推动下沿第三斜面发生滑动，使得转轮(54)及转盘(51)发生转动。

667. 一种醋纤电子烟烟嘴

专利类型：实用新型

申请号:CN201520371228.1

申请日:2015-06-02

申请人:广西中烟工业有限责任公司

申请人地址:530001 广西壮族自治区南宁市北湖南路28号

发明人:王萍娟　陆漓　田兆福　李小兰　黄忠辉

授权日:2015-11-11

法律状态公告日:2015-11-11

法律状态:授权

摘要:

本实用新型涉及一种醋纤电子烟烟嘴,其包括本体,本体前端设有带孔聚烟板、带孔烟嘴盖,中部设有沿其长度方向延伸的主烟雾通道,后端设有烟油腔,烟油腔底部设有腔盖。本体还包括套在主烟雾通道上的卷纸包裹的中空环形醋纤滤棒,烟油腔两侧分别设有一条分烟雾通道,两条分烟雾通道均与主烟雾通道连通。本实用新型的目的在于提供一种结构简单、使用方便、方便更换的醋纤电子烟烟嘴,解决电子烟烟嘴偏硬而触感不好的问题,提高电子烟使用者的抽吸舒适度,有效防止吸烟者复吸卷烟,保证吸烟者身体健康。

申请文件独立权利要求:

一种醋纤电子烟烟嘴,包括本体(9),本体(9)前端设有带孔聚烟板(1)、带孔烟嘴盖(7),中部设有沿其长度方向延伸的主烟雾通道(3),后端设有烟油腔(4),烟油腔(4)底部设有腔盖(6)。该电子烟烟嘴的特征在于:本体(9)还包括套在主烟雾通道(3)上的卷纸包裹的中空环形醋纤滤棒(2),烟油腔(4)两侧分别设有一条分烟雾通道(5),两条分烟雾通道(5)均与主烟雾通道(3)连通。

668. 一种无源电子烟和与其配套使用的无源电子烟供电装置

专利类型:实用新型

申请号:CN201520397630.7

申请日:2015-06-10

申请人:云南中烟工业有限责任公司

申请人地址:650000 云南省昆明市世博路6号

发明人:吴俊

授权日:2015-12-16

法律状态公告日:2015-12-16

法律状态:授权

摘要:

本实用新型涉及一种无源电子烟,其包括内部具有气流通道(5)的烟杆(1)和位于烟杆(1)上的电压输入端子,其中电压输入端子选自USB受电口、互绝缘套管式受电口或磁吸式受电口。本实用新型还公开了一种与无源电子烟配套使用的无源电子烟供电装置,其具有电压输出端子,该电压输出端子选自USB供电口、互绝缘套管式供电口或磁吸式供电口。本实用新型的无源电子烟因省略了电源而小巧轻便。

申请文件独立权利要求:

一种无源电子烟,其特征在于包括内部具有气流通道(5)的烟杆(1)和位于烟杆(1)上的电压输入端子,其中电压输入端子选自USB受电口、互绝缘套管式受电口或磁吸式受电口。磁吸式受电口的结构如下:在烟杆(1)的外壁上开设有两个凹槽(4),且在这两个凹槽之间的烟杆上固定有铁块(3)或磁铁(9),这两个凹槽底部均设有贯通至气流通道(5)的通孔(13),每个通孔(13)内安装有固定式电极(2),该固定式电极(2)高出通孔(13)一定高度。

669. 一种自带灭菌功能的笔形电子烟

专利类型:实用新型

申请号:CN201520428769.3

申请日:2015-06-19

申请人:云南中烟工业有限责任公司

申请人地址:650000 云南省昆明市世博路 6 号

发明人:李寿波　张霞　朱东来　巩效伟　韩熠　陈永宽　孙志勇　汤建国

授权日:2015-10-21

法律状态公告日:2015-10-21

法律状态:授权

摘要:

本实用新型涉及一种自带灭菌功能的笔形电子烟,其包括笔帽和笔杆。其中:笔帽包括笔帽壳体(5)和位于其半封闭端的充电接口(1)、容纳在笔帽壳体(5)内部的电池(6)、与该电池电连接的供电端口(19)和控制电路板(4)、位于笔帽壳体(5)的敞开端内壁的紫外灯(7)和弹性卡装件(8)、位于笔帽壳体(5)外部的兼作开关的笔挂钩(3);笔杆包括笔杆壳体(18),其具有圆柱段和圆锥段,圆柱段内设有雾化器(11),烟嘴(9)与雾化器(11)气流连通且伸出圆柱段一段距离,圆锥段内设有受电端口(12),供电端口(19)与受电端口(12)彼此相适配。

申请文件独立权利要求:

一种自带灭菌功能的笔形电子烟,其特征在于包括以下部件:①笔帽,其包括笔帽壳体(5)、位于笔帽壳体(5)的半封闭端的充电接口(1)、容纳在笔帽壳体(5)内部的电池(6)、与该电池电连接的供电端口(19)和控制电路板(4)、位于笔帽壳体(5)的敞开端内壁的紫外灯(7)和弹性卡装件(8)、位于笔帽壳体(5)外部的笔挂钩(3),该笔挂钩(3)与控制电路板(4)电连接并兼作开关;②笔杆,其包括笔杆壳体(18),笔杆壳体(18)具有圆柱段和圆锥段,圆柱段内设有雾化器(11),烟嘴(9)与雾化器(11)气流连通且伸出圆柱段一段距离,圆锥段内设有受电端口(12),供电端口(19)与受电端口(12)彼此相适配。

670. 一种电子烟

专利类型:实用新型

申请号:CN201520469300.4

申请日:2015-07-02

申请人:广西中烟工业有限责任公司

申请人地址:530001 广西壮族自治区南宁市北湖南路 28 号

发明人:张雨夏　赵东元　田兆福　余爱水　王永刚　陆漓　黄忠辉　王萍娟

授权日:2015-11-18

法律状态公告日:2015-11-18

法律状态:授权

摘要:

本实用新型涉及一种电子烟,其包括壳体,壳体的一端连接有可拆卸雾化器,壳体内设有开关组件、电池组件,开关组件包括相互连接的 PCB 控制电路板、开关,电池组件由锌-空气电池、超级电容器并联组成,且与雾化器、开关组件电连接。本实用新型的目的在于提供一种电子烟,该电子烟的电池组件由锌-空气电池、超级电容器组成,因此提高了充放电功率,而且该电池组件的供电方式还减小了瞬间短路放电对电池的损坏,延长了电池的使用寿命。

申请文件独立权利要求:

一种电子烟,包括壳体(2),壳体(2)的一端连接有可拆卸雾化器(1),其特征在于壳体(2)内设有开关组件(22)、电池组件(21),开关组件(22)包括相互连接的 PCB 控制电路板(223)、开关(221),电池组件(21)与雾化器(1)、开关组件(22)电连接,电池组件(21)由锌-空气电池(211)、超级电容器(212)并联组成。

671. 一种水系锂离子电池电子烟

专利类型:实用新型

申请号:CN201520469985.2

申请日:2015-07-02

申请人:广西中烟工业有限责任公司

申请人地址:530001 广西壮族自治区南宁市北湖南路28号

发明人:张雨夏　赵东元　田兆福　王永刚　余爱水　陆漓　黄忠辉　王萍娟

授权日:2016-03-02

法律状态公告日:2016-03-02

法律状态:授权

摘要:

本实用新型提供了一种水系锂离子电池电子烟,其包括壳体,壳体的一端可拆卸地连接有雾化器,壳体内设有开关组件、电池组件,开关组件包括相互连接的PCB控制电路板、开关,电池组件由多节水系锂离子电池串联组成,且与开关组件、雾化器电连接。本实用新型的目的在于提供一种水系锂离子电池电子烟,该电子烟采用水系锂电子电池为电子烟供电,更环保,电池安全性更高,保证了用户的安全。

申请文件独立权利要求:

一种水系锂离子电池电子烟,包括壳体(2),壳体(2)的一端可拆卸地连接有雾化器(1),其特征在于壳体(2)内设有开关组件(21)、电池组件(22),开关组件(21)包括相互连接的PCB控制电路板(211)、开关(212),电池组件(22)由多节水系锂离子电池串联组成,且与开关组件(21)、雾化器(1)电连接。

672. 一种远程控制香薰烟

专利类型:实用新型

申请号:CN201520534071.X

申请日:2015-07-22

申请人:中国烟草总公司广东省公司

申请人地址:510610 广东省广州市天河区林和东路128号

发明人:陈泽鹏

授权日:2015-12-09

法律状态公告日:2015-12-09

法律状态:授权

摘要:

本实用新型公开了一种远程控制香薰烟,其包括电加热器、用于盛装烟草提取液的瓶、插头、无线通信模块和控制器,电加热器上设有开关和计量器,无线通信模块与控制器电连接,计量器的输出端与控制器的输入端电连接,控制器的输出端与电加热器电连接。本实用新型提供的远程控制香薰烟能够通过手机或其他客户端来控制其开启和关闭,具有较高的智能性。首先,用户可远程预先打开远程控制香薰烟,使其开始工作,预先使空间内充斥烟味,在使用者进入该环境时即可达到吸烟效果;其次,在烟液量低于设定的阈值时,能够通过指示灯和/或蜂鸣器达到提示效果。

申请文件独立权利要求:

一种远程控制香薰烟,其特征在于包括电加热器、用于盛装烟草提取液的瓶、插头、无线通信模块和控制器,电加热器上设有开关和计量器,无线通信模块与控制器电连接,计量器的输出端与控制器的输入端电连接,控制器的输出端与电加热器电连接。

673. 一种径向分布式多温区电子香烟

专利类型:实用新型

申请号:CN201520537551.1

申请日:2015-07-23

申请人:云南中烟工业有限责任公司

申请人地址:650000 云南省昆明市世博路 6 号

发明人:吴俊

授权日:2015-12-02

法律状态公告日:2017-11-14

法律状态:避免重复授权放弃专利权

摘要:

本实用新型公开了一种径向分布式多温区电子香烟,旨在提供一种可实现多种烟液在不同温度条件下汽化的多温区加热的电子香烟。该电子香烟包括管状的烟杆,连接于烟杆一端且填充有内芯的吸嘴,从烟杆靠近吸嘴一端向远离吸嘴一端依次设置于烟杆内的并排的发烟装置、电池、LED 灯,设置于烟杆上的电源开关,以及设置于烟杆端部的透明或半透明的且具有通气孔的透气罩。烟杆和吸嘴的连接处具有烟气混合腔;发烟装置包括套装于烟杆内的隔热套、设置于隔热套内相互热传导连接的 PTC 发热体和容纳烟液的散热器,隔热套的外壁之间及隔热套外壁与烟杆的内壁之间气密封配合;电源开关、LED 灯、电池及 PTC 发热体电连接。本实用新型可最大限度地保证电子香烟口感纯正。

申请文件独立权利要求:

一种径向分布式多温区电子香烟,其特征在于包括管状的烟杆,连接于烟杆一端且填充有内芯的吸嘴,从烟杆靠近吸嘴一端向远离吸嘴一端依次设置于烟杆内的并排的发烟装置、电池、LED 灯,设置于烟杆上的电源开关,以及设置于烟杆端部的透明或半透明的且具有通气孔的透气罩。烟杆和吸嘴的连接处具有烟气混合腔;发烟装置包括套装于烟杆内的隔热套、设置于隔热套内相互热传导连接的 PTC 发热体和容纳烟液的散热器,隔热套的外壁之间及隔热套外壁与烟杆的内壁之间气密封配合,使烟杆内壁与隔热套外壁之间的空间隔断;电源开关、LED 灯、电池及 PTC 发热体电连接。抽吸时,空气从透气罩端进入烟杆,之后分散进入各隔热套,经隔热套内的 PTC 发热体、散热器进入烟气混合腔,最终到达吸嘴。

674. 一种轴向分布的多温区加热电子烟

专利类型:实用新型

申请号:CN201520537619.6

申请日:2015-07-23

申请人:云南中烟工业有限责任公司

申请人地址:650000 云南省昆明市世博路 6 号

发明人:吴俊

授权日:2015-12-09

法律状态公告日:2017-09-22

法律状态:避免重复授权放弃专利权

摘要:

本实用新型公开了一种轴向分布的多温区加热电子烟,旨在提供一种可实现多种烟液在不同温度条件下汽化的轴向分布的多温区加热电子烟。该电子烟包括管状的烟杆,连接于烟杆一端且填充有内芯的吸嘴,从烟杆靠近吸嘴一端向远离吸嘴一端依次轴向分布于烟杆内的多个首尾相连的发烟装置、电池、LED 灯,设置于烟杆上的电源开关,以及设置于烟杆端部的透明或半透明的且具有通气孔的透气罩。烟杆和吸嘴的连接处具有烟气混合腔;发烟装置包括套装于烟杆内与烟杆内壁气密封配合且朝向透气罩一端封闭的隔热套、设置于隔热套内相互热传导连接的PTC发热体和容纳烟液的散热器;电源开关、LED灯、电池及PTC发热体电连接。本实用新型可最大限度地保证电子烟口感纯正。

申请文件独立权利要求:

一种轴向分布的多温区加热电子烟,其特征在于包括管状的烟杆,连接于烟杆一端且填充有内芯的吸嘴,从烟杆靠近吸嘴一端向远离吸嘴一端依次轴向分布于烟杆内的多个首尾相连的发烟装置、电池、LED灯,设置于烟杆上的电源开关,以及设置于烟杆端部的透明或半透明的且具有通气孔的透气罩。烟杆和吸嘴的连接处具有烟气混合腔;发烟装置包括套装于烟杆内与烟杆内壁气密封配合且朝向透气罩一端封闭的隔热套、设置于隔热套内相互热传导连接的PTC发热体和容纳烟液的散热器,烟杆的内壁上均匀设置有多个轴向的通槽,多个隔热套的外壁上设置有多个与烟杆上的通槽配合并隔断通槽的橡胶块,通槽的数量等于全部隔热套上的橡胶块数量的总和,隔热套上沿每个橡胶块所处的轴线上设置有位于橡胶块两侧的进气孔和出气孔,进气孔靠近透气罩一端,安装时各隔热套相对于烟杆旋转一个通槽的位置,使每个通槽内只进入一个橡胶块;电源开关、LED灯、电池及PTC发热体电连接。抽吸时,空气从透气罩端进入烟杆,之后进入各通槽,经隔热套的进气孔、PTC发热体、散热器、隔热套的出气孔后沿通槽进入烟气混合腔,最终到达吸嘴。

675. 一种使用寿命长的电子香烟

专利类型:实用新型

申请号:CN201520537622.8

申请日:2015-07-23

申请人:云南中烟工业有限责任公司

申请人地址:650000 云南省昆明市世博路6号

发明人:吴俊　段焰青

授权日:2016-01-20

法律状态公告日:2016-01-20

法律状态:授权

摘要:

本实用新型公开了一种使用寿命长的电子香烟,旨在提供一种发热稳定的电子香烟。该电子香烟包括管状的烟杆,连接于烟杆一端的吸嘴,从烟杆靠近吸嘴一端向远离吸嘴一端依次设置于烟杆内的发烟装置、电池、风压开关、LED灯,以及设置于烟杆端部的透明或半透明的且具有进气孔的透气罩。烟杆和吸嘴的连接处具有烟气混合腔;吸嘴包括管体和充满管体的吸嘴内芯;发烟装置包括套装于烟杆内的隔热套、设置于隔热套内相互热传导连接的PTC发热体和容纳烟液的散热器,散热器位于隔热套的中心,PTC发热体从外围包裹散热器,散热器为多片散热片相互交错的网状结构;风压开关、LED灯、电池及PTC发热体电连接。本实用新型具有发热快、使用寿命长等优点。

申请文件独立权利要求:

一种使用寿命长的电子香烟,其特征在于包括管状的烟杆,连接于烟杆一端的吸嘴,从烟杆靠近吸嘴一端向远离吸嘴一端依次设置于烟杆内的发烟装置、电池、风压开关、LED灯,以及设置于烟杆端部的透明或半透明的且具有进气孔的透气罩。烟杆和吸嘴的连接处具有烟气混合腔;吸嘴包括管体和充满管体的吸嘴内芯;发烟装置包括套装于烟杆内的隔热套、设置于隔热套内相互热传导连接的PTC发热体和容纳烟液的散热器,散热器位于隔热套的中心,PTC发热体从外围包裹散热器,散热器为多片散热片相互交错的网状结构;风压开关、LED灯、电池及PTC发热体电连接。抽吸时,空气从透气罩端进入烟杆,经PTC发热体、散热器、烟气混合腔到达吸嘴。

676. 一种电子香烟

专利类型:实用新型

申请号:CN201520537624.7

申请日:2015-07-23

申请人:云南中烟工业有限责任公司

申请人地址:650000 云南省昆明市世博路 6 号

发明人:王明锋　吴俊

授权日:2015-12-09

法律状态公告日:2015-12-09

法律状态:授权

摘要:

本实用新型公开了一种电子香烟,旨在提供一种发热稳定且寿命长的电子香烟。该电子香烟包括管状的烟杆,连接于烟杆一端的吸嘴,从烟杆靠近吸嘴一端向远离吸嘴一端依次设置于烟杆内的发烟装置、电池、风压开关、LED 灯,以及设置于烟杆端部的透明或半透明的且具有进气孔的透气罩。烟杆和吸嘴的连接处具有烟气混合腔;吸嘴包括管体和充满管体的吸嘴内芯;发烟装置包括套装于烟杆内的隔热套、设置于隔热套内相互热传导连接的 PTC 发热体和容纳烟液的散热器,散热器为中心具有空腔,空腔外壁上径向均布散热片的结构形式,PTC 发热体的形状与散热器上的空腔相对应,且散热器安装于空腔内;风压开关、LED 灯、电池及 PTC 发热体电连接。

申请文件独立权利要求:

一种电子香烟,其特征在于包括管状的烟杆,连接于烟杆一端的吸嘴,从烟杆靠近吸嘴一端向远离吸嘴一端依次设置于烟杆内的发烟装置、电池、风压开关、LED 灯,以及设置于烟杆端部的透明或半透明的且具有进气孔的透气罩。烟杆和吸嘴的连接处具有烟气混合腔;吸嘴包括管体和充满管体的吸嘴内芯;发烟装置包括套装于烟杆内的隔热套、设置于隔热套内相互热传导连接的 PTC 发热体和容纳烟液的散热器,散热器为中心具有空腔,空腔外壁上径向均布散热片的结构形式,PTC 发热体的形状与散热器上的空腔相对应,且散热器安装于空腔内;风压开关、LED 灯、电池及 PTC 发热体电连接。抽吸时,空气从透气罩端进入烟杆,经 PTC 发热体、散热器、烟气混合腔到达吸嘴。

677. 一种耐用的电子烟

专利类型:实用新型

申请号:CN201520537644.4

申请日:2015-07-23

申请人:云南中烟工业有限责任公司

申请人地址:650000 云南省昆明市世博路 6 号

发明人:吴俊　黄立斌

授权日:2015-12-02

法律状态公告日:2015-12-02

法律状态:授权

摘要:

本实用新型公开了一种耐用的电子烟,旨在提供一种使用寿命长的电子烟。该电子烟包括烟杆,连接于烟杆一端的吸嘴,从烟杆靠近吸嘴一端向远离吸嘴一端依次设置于烟杆内的发烟装置、电池、风压开关、LED 灯,以及设置于烟杆端部的透明或半透明的且具有进气孔的透气罩。烟杆和吸嘴的连接处具有烟气混合腔;吸嘴包括管体和充满管体的吸嘴内芯;发烟装置包括套装于烟杆内的隔热套、设置于隔热套内相互热传导连接的 PTC 发热体和容纳烟油的散热器，PTC 发热体位于隔热套远离烟气混合腔的一侧，散热器位于隔热套临近烟气混合腔的一侧；风压开关、LED 灯、电池及 PTC 发热体电连接。本实用新型具有发热快、无明火、热转换率高、使用寿命长等优点。

申请文件独立权利要求：

一种耐用的电子烟，其特征在于包括管状的烟杆，连接于烟杆一端的吸嘴，从烟杆靠近吸嘴一端向远离吸嘴一端依次设置于烟杆内的发烟装置、电池、风压开关、LED 灯，以及设置于烟杆端部的透明或半透明的且具有进气孔的透气罩。烟杆和吸嘴的连接处具有烟气混合腔；吸嘴包括管体和充满管体的吸嘴内芯；发烟装置包括套装于烟杆内的隔热套、设置于隔热套内相互热传导连接的 PTC 发热体和容纳烟油的散热器，PTC 发热体位于隔热套远离烟气混合腔的一侧，散热器位于隔热套临近烟气混合腔的一侧，散热器为多片散热片相互交错的网状结构；风压开关、LED 灯、电池及 PTC 发热体电连接。抽吸时，空气从透气罩端进入烟杆，经 PTC 发热体、散热器、烟气混合腔到达吸嘴。

678. 一种电子烟

专利类型：实用新型

申请号：CN201520539193.8

申请日：2015-07-23

申请人：云南中烟工业有限责任公司

申请人地址：650000 云南省昆明市世博路 6 号

发明人：吴俊　黄立斌

授权日：2015-12-02

法律状态公告日：2015-12-02

法律状态：授权

摘要：

本实用新型公开了一种电子烟，旨在提供一种发热稳定且使用寿命长的电子烟。该电子烟包括管状的烟杆，连接于烟杆一端的吸嘴，从烟杆靠近吸嘴一端向远离吸嘴一端依次设置于烟杆内的发烟装置、电池、风压开关、LED 灯，以及设置于烟杆端部的透明或半透明的且具有进气孔的透气罩。烟杆和吸嘴的连接处具有烟气混合腔；吸嘴包括管体和充满管体的吸嘴内芯；发烟装置包括套装于烟杆内的隔热套、设置于隔热套内相互热传导连接的 PTC 发热体和容纳烟液的散热器；风压开关、LED 灯、电池及 PTC 发热体电连接。抽吸时，空气从透气罩端进入烟杆，经 PTC 发热体、散热器、烟气混合腔到达吸嘴。本实用新型具有发热快、无明火、热转换率高、使用寿命长等优点。

申请文件独立权利要求：

一种电子烟，其特征在于包括管状的烟杆，连接于烟杆一端的吸嘴，从烟杆靠近吸嘴一端向远离吸嘴一端依次设置于烟杆内的发烟装置、电池、风压开关、LED 灯，以及设置于烟杆端部的透明或半透明的且具有进气孔的透气罩。烟杆和吸嘴的连接处具有烟气混合腔；吸嘴包括管体和充满管体的吸嘴内芯；发烟装置包括套装于烟杆内的隔热套、设置于隔热套内相互热传导连接的 PTC 发热体和容纳烟液的散热器；风压开关、LED 灯、电池及 PTC 发热体电连接。抽吸时，空气从透气罩端进入烟杆，经 PTC 发热体、散热器、烟气混合腔到达吸嘴。

679. 一种新型的电子香烟

专利类型：实用新型

申请号：CN201520539207.6

申请日：2015-07-23

申请人：云南中烟工业有限责任公司

申请人地址:650000 云南省昆明市世博路 6 号

发明人:吴俊　蒋举兴

授权日:2015-12-02

法律状态公告日:2015-12-02

法律状态:授权

摘要:

本实用新型公开了一种新型的电子香烟,旨在提供一种发热稳定的新型电子香烟。该电子香烟包括管状的烟杆,连接于烟杆一端的吸嘴,从烟杆靠近吸嘴一端向远离吸嘴一端依次设置于烟杆内的发烟装置、电池、风压开关、LED 灯,以及设置于烟杆端部的透明或半透明的且具有进气孔的透气罩。烟杆和吸嘴的连接处具有烟气混合腔;吸嘴包括管体和充满管体的吸嘴内芯;发烟装置包括套装于烟杆内的隔热套、设置于隔热套内相互热传导连接的 PTC 发热体和容纳烟液的散热器,散热器位于隔热套的中心,PTC 发热体位于散热器的两侧,散热器为多片散热片相互平行的翅片结构;风压开关、LED 灯、电池及 PTC 发热体电连接。本实用新型具有使用寿命长等优点。

申请文件独立权利要求:

一种新型的电子香烟,其特征在于包括管状的烟杆,连接于烟杆一端的吸嘴,从烟杆靠近吸嘴一端向远离吸嘴一端依次设置于烟杆内的发烟装置、电池、风压开关、LED 灯,以及设置于烟杆端部的透明或半透明的且具有进气孔的透气罩。烟杆和吸嘴的连接处具有烟气混合腔;吸嘴包括管体和充满管体的吸嘴内芯;发烟装置包括套装于烟杆内的隔热套、设置于隔热套内相互热传导连接的 PTC 发热体和容纳烟液的散热器,散热器位于隔热套的中心,PTC 发热体位于散热器的两侧,散热器为多片散热片相互平行的翅片结构;风压开关、LED 灯、电池及 PTC 发热体电连接。抽吸时,空气从透气罩端进入烟杆,经 PTC 发热体、散热器、烟气混合腔到达吸嘴。

680. 一种新型电子香烟

专利类型:实用新型

申请号:CN201520539240.9

申请日:2015-07-23

申请人:云南中烟工业有限责任公司

申请人地址:650000 云南省昆明市世博路 6 号

发明人:吴俊　蒋举兴

授权日:2015-12-02

法律状态公告日:2015-12-02

法律状态:授权

摘要:

本实用新型公开了一种新型电子香烟,旨在提供一种发热稳定且使用寿命长的新型电子香烟。该电子香烟包括管状的烟杆,连接于烟杆一端的吸嘴,从烟杆靠近吸嘴一端向远离吸嘴一端依次设置于烟杆内的发烟装置、电池、风压开关、LED 灯,以及设置于烟杆端部的透明或半透明的且具有进气孔的透气罩。烟杆和吸嘴的连接处具有烟气混合腔;吸嘴包括管体和充满管体的吸嘴内芯;发烟装置包括套装于烟杆内的隔热套、设置于隔热套内相互热传导连接的 PTC 发热体和容纳烟油的散热器,散热器位于隔热套的中心,PTC 发热体位于散热器的两侧或从外围包裹散热器;风压开关、LED 灯、电池及 PTC 发热体电连接。本实用新型具有发热快、热转换率高、使用寿命长等优点。

申请文件独立权利要求:

一种新型电子香烟,其特征在于包括管状的烟杆,连接于烟杆一端的吸嘴,从烟杆靠近吸嘴一端向远离吸嘴一端依次设置于烟杆内的发烟装置、电池、风压开关、LED 灯,以及设置于烟杆端部的透明或半透明的且具有进气孔的透气罩。烟杆和吸嘴的连接处具有烟气混合腔；吸嘴包括管体和充满管体的吸嘴内芯；发烟装置包括套装于烟杆内的隔热套、设置于隔热套内相互热传导连接的PTC发热体和容纳烟油的散热器，散热器位于隔热套的中心，PTC发热体位于散热器的两侧或从外围包裹散热器；风压开关、LED灯、电池及PTC发热体电连接。抽吸时，空气从透气罩端进入烟杆，经PTC发热体、散热器、烟气混合腔到达吸嘴。

681. 一种轴向分布的多温区加热电子香烟

专利类型：实用新型

申请号：CN201520539268.2

申请日：2015-07-23

申请人：云南中烟工业有限责任公司

申请人地址：650000 云南省昆明市世博路6号

发明人：吴俊

授权日：2016-01-13

法律状态公告日：2017-11-10

法律状态：避免重复授权放弃专利权

摘要：

本实用新型公开了一种轴向分布的多温区加热电子香烟，旨在提供一种可实现多种烟液在不同温度条件下汽化的多温区加热电子香烟。该电子香烟包括管状的烟杆，连接于烟杆一端且填充有内芯的吸嘴，从烟杆靠近吸嘴一端向远离吸嘴一端沿烟杆轴向依次设置于烟杆内的多个首尾相连的发烟装置、电池、LED灯，设置于烟杆上的电源开关，以及设置于烟杆端部的透明或半透明的且具有通气孔的透气罩。烟杆和吸嘴的连接处具有烟气混合腔；发烟装置包括套装于烟杆内与烟杆内壁气密封配合且朝向透气罩一端封闭的隔热套、设置于隔热套内相互热传导连接的PTC发热体和容纳烟液的散热器；电源开关、LED灯、电池及PTC发热体电连接。本实用新型可最大限度地保证电子香烟口感纯正。

申请文件独立权利要求：

一种轴向分布的多温区加热电子香烟，其特征在于包括管状的烟杆，连接于烟杆一端且填充有内芯的吸嘴，从烟杆靠近吸嘴一端向远离吸嘴一端沿烟杆轴向依次设置于烟杆内的多个首尾相连的发烟装置、电池、LED灯，设置于烟杆上的电源开关，以及设置于烟杆端部的透明或半透明的且具有通气孔的透气罩。烟杆和吸嘴的连接处具有烟气混合腔；发烟装置包括套装于烟杆内与烟杆内壁气密封配合且朝向透气罩一端封闭的隔热套、设置于隔热套内相互热传导连接的PTC发热体和容纳烟液的散热器，隔热套的外壁上均匀设置有N个轴向的通槽，通槽的数量为隔热套数量S的整数倍，每个隔热套上选取N/S个通槽作为烟气通道，且每个隔热套装入烟杆后隔热套上选中的通槽互不重合，隔热套上选中的通槽中部设置有隔断通槽的橡胶块，且橡胶块的两侧分别设置有进气孔和出气孔，进气孔靠近透气罩一端，安装时各隔热套上对应的通槽首尾连通，形成沿烟杆延伸的长通槽，且长通槽内均只具有一块橡胶块；电源开关、LED灯、电池及PTC发热体电连接。抽吸时，空气从透气罩端进入烟杆，之后进入各通槽，经隔热套的进气孔、PTC发热体、散热器、隔热套的出气孔后沿通槽进入烟气混合腔，最终到达吸嘴。

682. 一种新型电子烟

专利类型：实用新型

申请号：CN201520539503.6

申请日：2015-07-23

申请人：云南中烟工业有限责任公司

申请人地址：650000 云南省昆明市世博路6号

发明人：吴俊　黄立斌

授权日:2015-12-02

法律状态公告日:2015-12-02

法律状态:授权

摘要:

本实用新型公开了一种新型电子烟,旨在提供一种使用寿命长的新型电子烟。该电子烟包括管状的烟杆,连接于烟杆一端的吸嘴,从烟杆靠近吸嘴一端向远离吸嘴一端依次设置于烟杆内的发烟装置、电池、风压开关、LED 灯,以及设置于烟杆端部的透明或半透明的且具有进气孔的透气罩。烟杆和吸嘴的连接处具有烟气混合腔;吸嘴包括管体和充满管体的吸嘴内芯;发烟装置包括套装于烟杆内的隔热套、设置于隔热套内相互热传导连接的 PTC 发热体和容纳烟液的散热器,PTC 发热体位于隔热套远离烟气混合腔的一侧,散热器位于隔热套临近烟气混合腔的一侧;风压开关、LED 灯、电池及 PTC 发热体电连接。本实用新型具有发热快、无明火、热转换率高、使用寿命长等优点。

申请文件独立权利要求:

一种新型电子烟,其特征在于包括管状的烟杆,连接于烟杆一端的吸嘴,从烟杆靠近吸嘴一端向远离吸嘴一端依次设置于烟杆内的发烟装置、电池、风压开关、LED 灯,以及设置于烟杆端部的透明或半透明的且具有进气孔的透气罩;烟杆和吸嘴的连接处具有烟气混合腔;吸嘴包括管体和充满管体的吸嘴内芯;发烟装置包括套装于烟杆内的隔热套、设置于隔热套内相互热传导连接的 PTC 发热体和容纳烟液的散热器,PTC 发热体位于隔热套远离烟气混合腔的一侧,散热器位于隔热套临近烟气混合腔的一侧;风压开关、LED 灯、电池及 PTC 发热体电连接。抽吸时,空气从透气罩端进入烟杆,经 PTC 发热体、散热器、烟气混合腔到达吸嘴。

683. 一种新型的电子烟

专利类型:实用新型

申请号:CN201520539853.2

申请日:2015-07-23

申请人:云南中烟工业有限责任公司

申请人地址:650000 云南省昆明市世博路 6 号

发明人:吴俊　黄立斌

授权日:2015-12-02

法律状态公告日:2015-12-02

法律状态:授权

摘要:

本实用新型公开了一种新型的电子烟,旨在提供一种使用寿命长的新型电子烟。该电子烟包括管状的烟杆,连接于烟杆一端的吸嘴,从烟杆靠近吸嘴一端向远离吸嘴一端依次设置于烟杆内的发烟装置、电池、风压开关、LED 灯,以及设置于烟杆端部的透明或半透明的且具有进气孔的透气罩。烟杆和吸嘴的连接处具有烟气混合腔;吸嘴包括管体和充满管体的吸嘴内芯;发烟装置包括套装于烟杆内的隔热套、设置于隔热套内相互热传导连接的 PTC 发热体和容纳烟液的散热器,PTC 发热体位于隔热套远离烟气混合腔的一侧,散热器位于隔热套临近烟气混合腔的一侧;散热器为多片散热片相互平行的翅片结构;风压开关、LED 灯、电池及 PTC 发热体电连接。

申请文件独立权利要求:

一种新型的电子烟,其特征在于包括管状的烟杆,连接于烟杆一端的吸嘴,从烟杆靠近吸嘴一端向远离吸嘴一端依次设置于烟杆内的发烟装置、电池、风压开关、LED 灯,以及设置于烟杆端部的透明或半透明的且具有进气孔的透气罩;烟杆和吸嘴的连接处具有烟气混合腔;吸嘴包括管体和充满管体的吸嘴内芯;发烟装置包括套装于烟杆内的隔热套、设置于隔热套内相互热传导连接的 PTC 发热体和容纳烟液的散热器,

PTC发热体位于隔热套远离烟气混合腔的一侧，散热器位于隔热套临近烟气混合腔的一侧，散热器为多片散热片相互平行的翅片结构；风压开关、LED灯、电池及PTC发热体电连接。抽吸时，空气从透气罩端进入烟杆，经PTC发热体、散热器、烟气混合腔到达吸嘴。

684. 一种寿命长的电子香烟

专利类型：实用新型

申请号：CN201520540447.8

申请日：2015-07-23

申请人：云南中烟工业有限责任公司

申请人地址：650000 云南省昆明市世博路6号

发明人：吴俊　段焰青

授权日：2015-12-23

法律状态公告日：2015-12-23

法律状态：授权

摘要：

本实用新型公开了一种寿命长的电子香烟，旨在提供一种发热稳定的电子香烟。该电子香烟包括管状的烟杆，连接于烟杆一端的吸嘴，从烟杆靠近吸嘴一端向远离吸嘴一端依次设置于烟杆内的发烟装置、电池、风压开关、LED灯，以及设置于烟杆端部的透明或半透明的且具有进气孔的透气罩。烟杆和吸嘴的连接处具有烟气混合腔；吸嘴包括管体和充满管体的吸嘴内芯；发烟装置包括套装于烟杆内的隔热套、设置于隔热套内相互热传导连接的PTC发热体和容纳烟液的散热器，散热器位于隔热套的中心，PTC发热体从外围包裹散热器，散热器为多片散热片相互平行的翅片结构；风压开关、LED灯、电池及PTC发热体电连接。本实用新型具有发热快、使用寿命长等优点。

申请文件独立权利要求：

一种寿命长的电子香烟，其特征在于包括管状的烟杆，连接于烟杆一端的吸嘴，从烟杆靠近吸嘴一端向远离吸嘴一端依次设置于烟杆内的发烟装置、电池、风压开关、LED灯，以及设置于烟杆端部的透明或半透明的且具有进气孔的透气罩。烟杆和吸嘴的连接处具有烟气混合腔；吸嘴包括管体和充满管体的吸嘴内芯；发烟装置包括套装于烟杆内的隔热套、设置于隔热套内相互热传导连接的PTC发热体和容纳烟液的散热器，散热器位于隔热套的中心，PTC发热体从外围包裹散热器，散热器为多片散热片相互平行的翅片结构；风压开关、LED灯、电池及PTC发热体电连接。抽吸时，空气从透气罩端进入烟杆，经PTC发热体、散热器、烟气混合腔到达吸嘴。

685. 一种耐用的电子香烟

专利类型：实用新型

申请号：CN201520540586.0

申请日：2015-07-23

申请人：云南中烟工业有限责任公司

申请人地址：650000 云南省昆明市世博路6号

发明人：吴俊　蒋举兴

授权日：2015-12-30

法律状态公告日：2015-12-30

法律状态：授权

摘要：

本实用新型公开了一种耐用的电子香烟，旨在提供一种发热稳定且使用寿命长的耐用的电子香烟。该电子香烟包括管状的烟杆，连接于烟杆一端的吸嘴，从烟杆靠近吸嘴一端向远离吸嘴一端依次设置于烟杆内的发烟装置、电池、风压开关、LED灯，以及设置于烟杆端部的透明或半透明的且具有进气孔的透气罩。烟杆和吸嘴的连接处具有烟气混合腔；吸嘴包括管体和充满管体的吸嘴内芯；发烟装置包括套装于烟杆内的隔热套、设置于隔热套内相互热传导连接的PTC发热体和容纳烟液的散热器，散热器位于隔热套的中心，PTC发热体位于散热器的两侧，散热器为多片散热片相互交错的网状结构。本实用新型具有发热快、无明火、热转换率高、使用寿命长等优点。

申请文件独立权利要求：

一种耐用的电子香烟，其特征在于包括管状的烟杆，连接于烟杆一端的吸嘴，从烟杆靠近吸嘴一端向远离吸嘴一端依次设置于烟杆内的发烟装置、电池、风压开关、LED灯，以及设置于烟杆端部的透明或半透明的且具有进气孔的透气罩。烟杆和吸嘴的连接处具有烟气混合腔；吸嘴包括管体和充满管体的吸嘴内芯；发烟装置包括套装于烟杆内的隔热套、设置于隔热套内相互热传导连接的PTC发热体和容纳烟液的散热器，散热器位于隔热套的中心，PTC发热体位于散热器的两侧，散热器为多片散热片相互交错的网状结构；风压开关、LED灯、电池及PTC发热体电连接。抽吸时，空气从透气罩端进入烟杆，经PTC发热体、散热器、烟气混合腔到达吸嘴。

686. 一种雾化组件及电子烟

专利类型：实用新型

申请号：CN201520547470.X

申请日：2015-07-24

申请人：惠州市吉瑞科技有限公司深圳分公司

申请人地址：518000 广东省深圳市福田区车公庙财富广场A座14楼S-Z

发明人：刘秋明 向智勇

授权日：2016-01-27

法律状态公告日：2016-01-27

法律状态：授权

摘要：

本实用新型公开了一种雾化组件及电子烟，该雾化组件包括用于雾化烟油的雾化组件主体及可转动地盖设在雾化组件主体一端的吸嘴盖，吸嘴盖的内壁上设置有第一限位部，雾化组件主体上设置有第二限位部，第一限位部与第二限位部配合用于限制吸嘴盖的旋转幅度及控制第一排烟孔与第二排烟孔的重合面积。本实用新型的有益效果是：通过在雾化组件主体和吸嘴盖的连接处设置相适配的第一限位部和第二限位部，可以限制吸嘴盖在雾化组件主体上的旋转幅度，并控制雾化组件主体上的第一排烟孔与吸嘴盖上的第二排烟孔的重合面积，进而控制雾化组件的出烟量。

申请文件独立权利要求：

一种雾化组件，用于与电池组件组合以形成电子烟，其特征在于雾化组件包括用于雾化烟油的雾化组件主体(1)及可转动地盖设在雾化组件主体(1)一端的吸嘴盖(2)，雾化组件主体(1)设置有沿雾化组件主体(1)的轴心线延伸的烟雾通道(100)，以及位于雾化组件主体(1)的一端面上并与烟雾通道(100)相连通的第一排烟孔(110)，第一排烟孔(110)的数量为两个或两个以上，其偏离雾化组件主体(1)的轴心线设置，吸嘴盖(2)的端面上设置有数量与第一排烟孔(110)的数量相同的第二排烟孔(24)，吸嘴盖(2)的内壁上设置有第一限位部，雾化组件主体(1)上设置有第二限位部，第一限位部与第二限位部配合用于限制吸嘴盖(2)的旋转幅度及控制第一排烟孔(110)与第二排烟孔(24)的重合面积。

687. 雾化吸入设备

专利类型：实用新型

申请号:CN201520601233.7
申请日:2015-08-11
申请人:上海烟草集团有限责任公司
申请人地址:200082 上海市杨浦区长阳路 717 号
发明人:陈超　俞健　张慧
授权日:2016-01-20
法律状态公告日:2016-01-20
法律状态:授权
摘要:

本实用新型提供了一种涉及电子烟技术领域的雾化吸入设备,该雾化吸入设备包括外壳、位于外壳内的支架及位于外壳一端的出气口。外壳的内部设有多孔件、液体储存件和加热器,多孔件与液体储存件接触,加热器设置于多孔件的一侧,加热器与多孔件之间设有间隙,加热器相对于多孔件较靠近外壳的出气口。本实用新型既能够防止储存液体的部件被碳化,又能够防止液体进入使用者的口腔。

申请文件独立权利要求:

一种雾化吸入设备,其特征在于包括外壳(100)、位于外壳(100)内的支架(110)及位于外壳(100)一端的出气口(120)。外壳(100)的内部设有多孔件(130)、液体储存件(140)和加热器(150),多孔件(130)与液体储存件(140)接触,加热器(150)设置于多孔件(130)的一侧,加热器(150)与多孔件(130)之间设有间隙,加热器(150)相对于多孔件(130)较靠近外壳(100)的出气口(120)。

688. 一种非接触式加热电子烟

专利类型:实用新型
申请号:CN201520678373.4
申请日:2015-09-01
申请人:云南中烟工业有限责任公司
申请人地址:650000 云南省昆明市世博路 6 号
发明人:韩熠　李寿波　朱东来　张霞　巩效伟　陈永宽　雷萍　赵伟　韩敬美　郑绪东　汤建国
授权日:2015-12-30
法律状态公告日:2015-12-30
法律状态:授权
摘要:

本实用新型涉及一种非接触式加热电子烟,其包括顺序连接的电源(1)、雾化器(3)、膜固定器(2)和具有中心气流通道的吸嘴端(4),其中雾化器(3)、膜固定器(2)和吸嘴端(4)之间气流连通。该非接触式加热电子烟还包括控制电源(1)和雾化器(3)的温度控制系统(5),其中雾化器(3)包括储油部和与电源(1)电连接的发热部,发热部以碳纤维加热体(3.7)作为加热元件。该非接触式加热电子烟采用碳纤维加热体作为加热元件,其不与烟油直接接触,不存在烟油在发热体上烧结黏附等问题,且不会出现异味、干烧情况和因干烧产生的可能有害的物质,同时热量利用率高,烟油雾化效果好。

申请文件独立权利要求:

一种非接触式加热电子烟,其包括顺序连接的电源(1)、雾化器(3)、膜固定器(2)和具有中心气流通道的吸嘴端(4),其中雾化器(3)、膜固定器(2)和吸嘴端(4)之间气流连通。该非接触式加热电子烟还包括控制电源(1)和雾化器(3)的温度控制系统(5),其中雾化器(3)包括储油部和与电源(1)电连接的发热部。该非接触式加热电子烟的特征在于发热部以碳纤维加热体(3.7)作为加热元件。

689. 一种无线充电的嗅香烟

专利类型:实用新型

申请号:CN201520726951.7

申请日:2015-09-17

申请人:中国烟草总公司广东省公司

申请人地址:510610 广东省广州市天河区林和东路 128 号

发明人:陈泽鹏

授权日:2016-04-20

法律状态公告日:2016-04-20

法律状态:授权

摘要:

本实用新型涉及烟草技术领域,公开了一种无线充电的嗅香烟,其包括瓶罩、瓶盖、瓶体、烟草提取液,以及用于将烟草提取液导出至瓶盖内部的连通件、超声波雾化器、风扇和电池。瓶盖内设有通腔,通腔内从与瓶体连接端至瓶盖出口端依次设有风扇和填充物;连通件的一端设置于通腔内并与填充物连接,另一端设置于瓶体的内部;瓶体的底面设有无线充电接收器,无线充电接收器通过充电电路与电池连接。烟草提取液在通腔内挥发或扩散成气体并充满通腔,用户通过通腔的开口处进行抽吸,即可食用到烟草成分。该无线充电的嗅香烟便于携带,且无须燃烧,能避免火灾,无烟雾,不会影响到周围的人,能避免二手烟,适用范围广。

申请文件独立权利要求:

一种无线充电的嗅香烟,其特征在于包括瓶罩、瓶盖、瓶体、置于瓶体内的烟草提取液,以及用于将烟草提取液导出至瓶盖内部的连通件、超声波雾化器、风扇和电池。瓶盖与瓶体密封连接,瓶盖内设有通腔,通腔内从与瓶体连接端至瓶盖出口端依次设有风扇和增大烟草提取液挥发面积的填充物;连通件的一端设置于通腔内,另一端设置于瓶体的内部;瓶盖和/或瓶体设有单向进气装置;填充物和/或连通件连接有加快烟草提取液挥发的超声波雾化器;瓶体的底面设有无线充电接收器,无线充电接收器通过充电电路与电池连接。

690. 电子烟雾化器

专利类型:实用新型

申请号:CN201520803850.5

申请日:2015-10-16

申请人:上海烟草集团有限责任公司

申请人地址:200082 上海市杨浦区长阳路 717 号

发明人:俞健　张慧　李祥林

授权日:2016-03-23

法律状态公告日:2016-03-23

法律状态:授权

摘要:

本实用新型提供了一种电子烟雾化器,其包括一壳体和发烟组件,壳体内分布有相互连通的第一腔室和第二腔室,壳体上设有与第一腔室连通的进气孔以及与第二腔室连通的出气孔,发烟组件位于第一腔室内,第二腔室内设有补偿组件,补偿组件为填充在第二腔室的香味生成物质。该雾化器利用发烟组件中产生的气溶胶经过补偿组件带出致香物质与烟碱,改变了气溶胶的成分,提高了烟碱与致香物质的含量,电子烟的口感与风味因此得到改善,同时本实用新型通过补偿组件可以防止烟油渗出。

申请文件独立权利要求:

一种电子烟雾化器,包括一壳体(1)和发烟组件,其特征在于壳体(1)内分布有相互连通的第一腔室(2)和第二腔室(3),壳体(1)上设有与第一腔室(2)连通的进气孔(33)以及与第二腔室(3)连通的出气孔(34),

发烟组件位于第一腔室(2)内,第二腔室(3)内设有补偿组件,补偿组件为填充在第二腔室(3)的香味生成物质(32)。

691. 烟油软胶囊型电子烟

专利类型:实用新型

申请号:CN201520842902.X

申请日:2015-10-28

申请人:云南中烟工业有限责任公司

申请人地址:650000 云南省昆明市世博路6号

发明人:韩熠　李寿波　朱东来　巩效伟　张霞　郑绪东　陈永宽　孙志勇　洪鎏

授权日:2016-03-09

法律状态公告日:2016-03-09

法律状态:授权

摘要:

本实用新型涉及一种烟油软胶囊型电子烟,其包括顺序连接的以下部件:吸嘴端(1)、蒸气混合室(2)、气液分离单元(3)、烟油软胶囊烟弹(4)和电源端(6)。其中吸嘴端(1)、蒸气混合室(2)、气液分离单元(3)和烟油软胶囊烟弹(4)之间气流连通。该烟油软胶囊型电子烟还包括加热针(5.1),加热针(5.1)为长度固定式或可伸缩式。当加热针(5.1)为长度固定式时,其固定于电源端(6)的上端;当加热针(5.1)为可伸缩式时,在烟油软胶囊烟弹(4)和电源端(6)之间具有加热针容纳腔(5)。本实用新型的电子烟适用于烟油软胶囊,填补了烟油软胶囊型电子烟领域的空白。

申请文件独立权利要求:

一种烟油软胶囊型电子烟,其特征在于包括顺序连接的以下部件:吸嘴端(1)、蒸气混合室(2)、气液分离单元(3)、烟油软胶囊烟弹(4)和电源端(6)。其中吸嘴端(1)、蒸气混合室(2)、气液分离单元(3)和烟油软胶囊烟弹(4)之间气流连通。将以上各部件靠近吸嘴端(1)的一端定义为上端,远离吸嘴端(1)的一端定义为下端。蒸气混合室(2)为中空结构,其上端表面具有与吸嘴端(1)连通的中心气流孔(2.1),下端表面具有若干个开孔(2.2)以及若干个分别与开孔(2.2)连接的凸出的中空细管(2.3);气液分离单元(3)内部具有若干个贯穿其上、下端并且上端与中空细管(2.3)连接的中空孔道(3.1);烟油软胶囊烟弹(4)的上端设有开口,以便填装烟油软胶囊(4.1),下端设有供加热针(5.1)通过的开启结构(4.2);电源端(6)包括位于外壳上的电源开关(6.1)以及位于内部的电池。该烟油软胶囊型电子烟还包括加热针(5.1),该加热针(5.1)为长度固定式或可伸缩式,上端具有尖刺部,外围缠绕有金属发热丝(114)。当加热针(5.1)为长度固定式时,其固定于电源端(6)的上端;当加热针(5.1)为可伸缩式时,在烟油软胶囊烟弹(4)和电源端(6)之间具有加热针容纳腔(5),且加热针(5.1)由顺序连接的若干段直径向尖刺部递减的中空管状绝缘段(113)组成,每个中空管状绝缘段(113)之间设有限位机构(126),加热针(5.1)能在加热针伸缩控制组件的控制下向下收缩到加热针容纳腔(5)中或向上伸长进入烟油软胶囊烟弹(4)中刺破烟油软胶囊(4.1)。

692. 一种电子烟

专利类型:实用新型

申请号:CN201521056515.X

申请日:2015-12-17

申请人:湖南中烟工业有限责任公司

申请人地址:410007 湖南省长沙市雨花区万家丽中路三段188号

发明人:黄炜　于宏　王宏业　郭小义　代远刚　尹新强　易建华　钟科军　刘建福

授权日:2016-08-24

法律状态公告日:2016-08-24

法律状态:授权

摘要:

本实用新型公开了一种电子烟,其包括由传动机构驱动的油泵,油泵的进油管与烟油腔连通,油泵的出油管与用于雾化烟油的雾化单元连通,雾化单元与烟嘴连通。本实用新型结构简单,容易实现,很好地解决了现有的电阻加热雾化技术容易漏油的问题,采用雾化单元雾化烟油,抽吸时有烟雾,消费者更容易接受。

申请文件独立权利要求:

一种电子烟,其特征在于包括由传动机构驱动的油泵(2),油泵(2)的进油管与烟油腔(1)连通,油泵(2)的出油管与用于雾化烟油的雾化单元(8)连通,雾化单元(8)与烟嘴(9)连通。

693. 一种烟油雾化结构及电子烟

专利类型:实用新型

申请号:CN201521089260.7

申请日:2015-12-24

申请人:上海烟草集团有限责任公司

申请人地址:200082 上海市杨浦区长阳路 717 号

发明人:李祥林　陈超　张慧　郑爱群

授权日:2016-06-29

法律状态公告日:2016-06-29

法律状态:授权

摘要:

本实用新型提供了一种烟油雾化结构,其包括雾化壳体和烟油传导缓存体,烟油传导缓存体位于雾化壳体中,烟油传导缓存体头部与烟油罐相接触,烟油传导缓存体与雾化壳体围合成雾化腔,雾化壳体开设有与雾化腔连通的空气输入孔,烟油传导缓存体上设置有加热元件。本实用新型还提供了一种电子烟,该电子烟包括烟壳体和上述烟油雾化结构,烟油雾化结构容纳于烟壳体内,且雾化腔开口与烟壳体烟嘴连通,空气输入孔与烟壳体外的大气连通。本实用新型的烟油雾化结构及电子烟不仅提高了使用者的吸食效果,而且能有效减少烟油高温燃烧裂解产生的有害成分,降低了焦油对人体的危害,减少了环境污染。

申请文件独立权利要求:

一种烟油雾化结构,其特征在于至少包括雾化壳体(1)和由吸附液体材料制成的烟油传导缓存体(2),烟油传导缓存体(2)位于雾化壳体(1)中,且烟油传导缓存体(2)头部与烟油罐(6)相接触,烟油传导缓存体(2)外表面与雾化壳体(1)内表面围合成底部封闭且顶部具有开口的雾化腔(3),雾化壳体(1)开设有与雾化腔(3)连通的空气输入孔(11),烟油传导缓存体(2)上设置有加热元件(4)。

694. 一种烟油传导缓存结构

专利类型:实用新型

申请号:CN201521095422.8

申请日:2015-12-24

申请人:上海烟草集团有限责任公司

申请人地址:200082 上海市杨浦区长阳路 717 号

发明人:李祥林　陈超　张慧　郑爱群

授权日:2016-06-29

法律状态公告日:2016-06-29

法律状态:授权

摘要：

本实用新型提供了一种烟油传导缓存结构，其至少包括由吸附液体材料制成的烟油传导缓存柱，该烟油传导缓存柱下部具有由吸附液体材料制成的下缓存结构，且下缓存结构的横截面大于烟油传导缓存柱的横截面，烟油传导缓存柱上缠绕有加热元件，且加热元件位于下缓存结构的上方。烟油传导缓存柱本身会存储一定量的烟油，同时能够将烟油源源不断地传导给下缓存结构。当烟油传导缓存柱中的烟油量不足时，缓存在下缓存结构中的烟油会及时补充给烟油传导缓存柱，保证释放的雾化烟气量比较稳定，大大提高了使用者的吸食效果。

申请文件独立权利要求：

一种烟油传导缓存结构，其特征在于至少包括由吸附液体材料制成的烟油传导缓存柱(1)，烟油传导缓存柱(1)下部具有由吸附液体材料制成的下缓存结构(11)，且下缓存结构(11)的横截面大于烟油传导缓存柱(1)的横截面，烟油传导缓存柱(1)上缠绕有加热元件(2)，且加热元件(2)位于下缓存结构(11)的上方。

695. 一种烟弹式低温烟具

专利类型：实用新型

申请号：CN201521114676.X

申请日：2015-12-30

申请人：湖南中烟工业有限责任公司

申请人地址：410007 湖南省长沙市雨花区万家丽中路三段188号

发明人：黄炜　于宏　王宏业　郭小义　代远刚　尹新强　易建华　钟科军　刘建福

授权日：2016-06-29

法律状态公告日：2016-06-29

法律状态：授权

摘要：

本实用新型公开了一种烟弹式低温烟具，其包括主体和能与主体一端固定连接的烟嘴，主体远离烟嘴的一端固定有电池，另一端设有用于放置烟弹的槽体，槽体内固定有加热装置。本实用新型烟弹安装简单，使用方便。

申请文件独立权利要求：

一种烟弹式低温烟具，包括一端开口的主体(8)，主体(8)的开口端设有烟嘴(1)，主体(8)未开口的一端固定有电池(6)。该烟弹式低温烟具的特征在于主体(8)的开口端内设有用于放置烟弹(2)的槽体(9)，槽体(9)内固定有加热装置(7)，电池(6)为加热装置(7)提供工作电源。

696. 一种电子烟加热装置及电子烟

专利类型：实用新型

申请号：CN201521114686.3

申请日：2015-12-30

申请人：湖南中烟工业有限责任公司

申请人地址：410007 湖南省长沙市雨花区万家丽中路三段188号

发明人：黄炜　于宏　王云　郭小义　代远刚　尹新强　易建华　钟科军　刘建福

授权日：2016-08-17

法律状态公告日：2016-08-17

法律状态：授权

摘要：

本实用新型公开了一种电子烟加热装置及电子烟，该电子烟加热装置包括底盘和多个表面设有发热丝的发热块,多个发热块的内端相互连接成一整体,且多个发热块的外端不在同一个平面上。该整体的上端为尖端,下端固定在底盘上。本实用新型提高了发热片的结构强度,很好地解决了现有的加热装置的发热片易折断的问题;本实用新型还增大了发热片与烟草的接触面积,可以更快地加热烟草,提高了吸烟者的吸烟满意度。

申请文件独立权利要求:

一种电子烟加热装置,包括底盘(1),其特征在于还包括多个表面设有发热丝(7)的发热块(2),多个发热块(2)的内端相互连接成一整体,且多个发热块(2)的外端不在同一个平面上。该整体的上端为尖端,下端固定在底盘(1)上。

697. 一种新型多功能电子烟

专利类型:实用新型

申请号:CN201521136041.X

申请日:2015-12-31

申请人:红塔烟草(集团)有限责任公司

申请人地址:653100 云南省玉溪市红塔大道 118 号

发明人:陆俊平　刘文　杨骏　尹坚　师雁　陈南苇

授权日:2016-06-22

法律状态公告日:2016-06-22

法律状态:授权

摘要:

本实用新型公开了一种新型多功能电子烟,该多功能电子烟包括烟道、烟嘴、嘴沿、口柄、烟嘴前端柄、可食多味香料片,还包括 U 形烟口、烟管、雾化器和电池。其中,U 形烟口位于电池前端卷烟过滤嘴插入的接口处,烟管位于口柄与烟嘴前端柄之间,雾化器位于口柄前端并与烟道相连接,电池设置在 U 形烟口内。本实用新型在烟道中内置香料,当点燃真实香烟时或直接使用尼古丁溶液产生烟雾时,都能通过香料产生香味,能同时满足使用者对烟支味道的不同需求,使其可以在不同场合享受不同香烟,根据使用者的不同需求,可享受真实香烟带来的满足,也可享受电子烟带来的需求。

申请文件独立权利要求:

一种新型多功能电子烟,包括烟道(1)、烟嘴(2)、嘴沿(3)、口柄(6)、烟嘴前端柄(7)、可食多味香料片(10),其特征在于还包括 U 形烟口(4)、烟管(5)、雾化器(8)和电池(9)。其中,U 形烟口(4)位于电池(9)前端卷烟过滤嘴插入的接口处,烟管(5)位于口柄(6)与烟嘴前端柄(7)之间,雾化器(8)位于口柄(6)前端并与烟道(1)相连接,电池(9)设置在 U 形烟口(4)内。

698. 具有过热保护装置的雾化器及电子烟

专利类型:实用新型

申请号:CN201521136444.4

申请日:2015-12-31

申请人:上海烟草集团有限责任公司

申请人地址:200082 上海市杨浦区长阳路 717 号

发明人:俞健　陈超　李祥林

授权日:2016-06-29

法律状态公告日:2016-06-29

法律状态:授权

摘要：

本实用新型提供了一种涉及过热保护装置领域的具有过热保护装置的雾化器及电子烟，雾化器包括加热器，加热器与一供电模块串联连接，形成雾化供电回路，过热保护装置为串联于雾化供电回路中的PTC热敏电阻。当回路中的加热器的温度因为故障而升高时，会造成环境温度升高，使PTC热敏电阻的温度升高，则PTC热敏电阻的阻值阶跃性地增加1000倍以上，回路中的电流迅速地降低至接近零安培，则加热器停止工作；而回路中的故障排除后，环境温度降低，使PTC热敏电阻的温度自动下降，这样就不会因为偶然的温度升高而导致回路永久失效。

申请文件独立权利要求：

一种具有过热保护装置的雾化器，其特征在于包括加热器(100)，加热器(100)与一供电模块(200)串联连接，形成雾化供电回路，过热保护装置为串联于雾化供电回路中的PTC热敏电阻(300)。

699. 包括网状感受器的成烟系统

专利类型：发明

申请号：CN201580000665.5

申请日：2015-05-14

申请人：菲利普・莫里斯生产公司

申请人地址：瑞士纳沙泰尔

发明人：O. 米洛诺夫　M. 托伦斯　I. N. 奇诺维科

授权日：2018-06-29

法律状态公告日：2016-03-02

法律状态：实质审查的生效

摘要：

本发明提供了一种用于成烟系统中的筒。成烟系统包括成烟装置、配置成与成烟装置一起使用的筒。其中：成烟装置包括装置外壳、位于装置外壳上或内部的感应器线圈以及电源，电源连接到感应器线圈，并且配置成将高频振荡电流提供给感应器线圈；筒包括包含成烟基质的筒外壳和定位成加热成烟基质的铁氧体网状感受器元件。

授权文件独立权利要求：

一种用于成烟系统中的筒，成烟系统包括成烟装置、配置成与成烟装置一起使用的筒。其中：成烟装置包括装置外壳、位于外壳上或内部的感应器线圈以及电源，电源连接到感应器线圈，并且配置成将高频振荡电流提供给感应器线圈；筒包括包含成烟基质的筒外壳和定位成加热成烟基质的网状感受器元件。成烟基质在室温下为液体，并且能够在网状感受器元件的间隙中形成弯月面。

700. 包括相互缠绕的芯子和加热元件的气溶胶生成装置

专利类型：发明

申请号：CN201580011465.X

申请日：2015-03-10

申请人：菲利普・莫里斯生产公司

申请人地址：瑞士纳沙泰尔

发明人：F. 比勒　R. 巴蒂斯塔

法律状态公告日：2017-04-12

法律状态：实质审查的生效

摘要：

本发明提供了一种气溶胶生成系统，该气溶胶生成系统包括：①加热器，其至少包括一个加热元件；

②毛细管主体,其卷绕在加热元件周围。加热元件和毛细管主体可以彼此相互缠绕。本发明的气溶胶生成系统的优点是:制造过程快速且稳固,可以形成具有较高精度和一致性的加热器。此外,加热器和芯子组件在机械上是稳固的,从而允许手动或自动地处置而不影响其尺寸。

申请文件独立权利要求:

一种气溶胶生成系统,包括加热元件以及毛细管主体,其中毛细管主体卷绕在加热元件周围。

701. 吸　入　器

专利类型:发明

申请号:CN201580014950.2

申请日:2015-03-19

申请人:亲切消费者有限公司

申请人地址:英国伦敦

发明人:亚历克斯·赫恩　I.麦克德门特　K.Z.尼恩　D.J.康特恩德

法律状态公告日:2017-03-22

法律状态:实质审查的生效

摘要:

本发明涉及一种吸入器和补充包装的组合装置。该吸入器包括用于吸入合成物的储存器(2)、选择性地挥发合成物的至少一些成分的加热元件(6)和/或振动换能器以及至少一个吸入器电容(8),吸入器电容(8)被布置成在使用者抽吸吸入器时向加热元件(6)和/或振动换能器供电。该补充包装包括可吸入合成物的补充储存器(33)以及连接到补充电容(34)的电池(35),且其被布置成与吸入器接合并同时对储存器(2)进行补充以及从补充电容(34)向吸入器电容(8)充电。本发明还涉及一种单独的吸入器和补充包装,并涉及一种对吸入器进行补充并再充电的方法。

申请文件独立权利要求:

一种吸入器和补充包装的组合装置,该吸入器包括用于吸入合成物的储存器、选择性地挥发合成物的至少一些成分的加热元件和/或振动换能器以及至少一个吸入器电容,吸入器电容被布置成当使用者从吸入器抽吸时向加热元件和/或振动换能器供电;补充包装包括可吸入合成物的补充储存器以及连接到补充电容器的电池,并且补充包装被布置成与吸入器接合并同时对储存器进行补充且从补充电容器向吸入器电容再充电。

702. 用于烟雾生成装置的LED模块、具有LED模块的烟雾生成装置和用于照射汽化物的方法

专利类型:发明

申请号:CN201580015936.4

申请日:2015-02-19

申请人:日本烟草国际股份公司

申请人地址:瑞士日内瓦

发明人:迈克尔·普拉特纳

法律状态公告日:2016-12-21

法律状态:实质审查的生效

摘要:

本发明涉及一种用于烟雾生成装置(1)的发光模块(10),该发光模块(10)包括被配置为发出具有450～500 nm范围内的波长的光线(L)的至少一个发光装置,优选发光二极管LED,以及电源连接器,该电源连接器连接到烟雾生成装置的连接接口,并且被配置为将连接接口处输入的电力路由到至少一个LED。

申请文件独立权利要求:

一种用于烟雾生成装置(1)的发光模块(10),包括被配置为发出具有 450～500 nm 范围内的波长的光线(L)的至少一个发光装置,优选发光二极管 LED。

703. 用于产生气溶胶的感应加热装置和系统

专利类型:发明

申请号:CN201580019380.6

申请日:2015-05-21

申请人:菲利普・莫里斯生产公司

申请人地址:瑞士纳沙泰尔

发明人:I. N. 奇诺维科　O. 米洛诺夫

法律状态公告日:2017-06-16

法律状态:实质审查的生效

摘要:

一种用于产生气溶胶的感应加热装置(1),包括装置壳体(10),该装置壳体(10)包括具有用于容纳包括气溶胶形成基质和感受器的气溶胶形成插入件(2)的至少一部分内表面的腔(13),还包括延伸到腔(13)中的销(14)。该感应加热装置(1)进一步包括沿销(14)设置的感应线圈(15),以及连接到感应线圈(15)且配置成向感应线圈(15)提供高频电流的电源(11)。

申请文件独立权利要求:

一种用于产生气溶胶的感应加热装置,包括:①装置壳体,其包括具有用于容纳包括气溶胶形成基质和感受器的气溶胶形成插入件的至少一部分内表面的腔,以及延伸到腔中的销;②沿销布置的感应线圈;③连接到感应线圈且配置成向感应线圈提供高频电流的电源。

704. 具有电池指示的气溶胶生成装置

专利类型:发明

申请号:CN201580020647.3

申请日:2015-04-16

申请人:菲利普・莫里斯生产公司

申请人地址:瑞士纳沙泰尔

发明人:R. 法林　P. 塔隆　A. 克里瑞斯

法律状态公告日:2017-05-31

法律状态:实质审查的生效

摘要:

一种气溶胶生成装置,包括配置成用于蒸发气溶胶形成基质的蒸发器、连接至蒸发器的电池、用于控制从电池到蒸发器的电力供给的控制电路、用于存储装置的使用记录的存储器,以及用于向使用者发出信号的更换指示器。控制电路配置成用于比较电池的测量电压和阈值电压,如果在一个操作周期内测量电压低于阈值电压,则生成错误信号,以更新使用记录。控制电路配置成用于访问使用记录并根据使用记录的状态激活更换指示器。

申请文件独立权利要求:

一种气溶胶生成装置,包括配置成用于蒸发气溶胶形成基质的蒸发器、连接至蒸发器的电池、用于控制电池到蒸发器的电力供给的控制电路、用于存储装置的使用记录的存储器,以及用于向使用者发出信号的更换指示器。其中控制电路配置成用于比较电池的测量电压和阈值电压,且如果在一个操作周期内测量电压低于阈值电压,则生成错误信号,以更新使用记录,且控制电路配置成用于访问使用记录并根据使用记录的状态激活更换指示器。

705. 电子香烟

专利类型:发明
申请号:CN201580020794.0
申请日:2015-02-20
申请人:日本烟草国际股份公司
申请人地址:瑞士日内瓦
发明人:埃里克·卢沃 迪迪埃·马尔卡韦 史蒂夫·阿纳维 亚历山大·普罗特
法律状态公告日:2017-03-22
法律状态:实质审查的生效
摘要:

一种电子香烟(1),包括能够在吸烟阶段蒸发基片的加热元件(10);用于测量吸烟阶段内横跨加热元件(10)的端子的电压[$U_{10}(t)$]近似特性[$\Delta U_{10MES}(t)$,$U_{10MES}(t)$]的装置(30),横跨电路(500)的端子(B1,B2)测量近似特性时,电路的部件均展现未受吸入干扰的固有特性;估算吸烟阶段内没有吸入时横跨加热元件(10)的端子的电压[$U_{10}(t)$]近似特性[$\Delta U_{10TH}(t)$,$U_{10TH}(t)$]的装置(30)、基于吸烟阶段内近似特性之间的差值的积分而计算吸烟阶段内代表吸入强度(F)的装置(30);以及至少基于强度估算由加热元件蒸发的基片量的装置(30)。

申请文件独立权利要求:

一种在吸烟阶段内电子香烟(1)中的加热元件(10)蒸发的基片量的估算方法,其特征在于包括用于测量吸烟阶段内横跨加热元件(10)的端子的电压[$U_{10}(t)$]近似特性[$\Delta U_{10MES}(t)$,$U_{10MES}(t)$]的步骤(E30),在电路(500)的端子(B1,B2)处测量时,电路的部件均展现不受吸入干扰的固有特性;用于估算吸烟阶段内没有吸入时横跨加热元件(10)的端子的电压[$U_{10}(t)$]近似特性[$\Delta U_{10TH}(t)$,$U_{10TH}(t)$]的步骤(E30);用于根据吸烟阶段内近似特性之间的差值的积分计算吸烟阶段内吸入强度(F)的步骤(E50);以及用于根据强度估算加热元件蒸发的基片量的步骤(E60)。

706. 非燃烧型香味吸引器

专利类型:发明
申请号:CN201580021795.7
申请日:2015-04-30
申请人:日本烟草产业株式会社
申请人地址:日本东京都
发明人:竹内学 中野拓磨 山田学
法律状态公告日:2017-01-11
法律状态:实质审查的生效
摘要:

一种非燃烧型香味吸引器,包括:①壳体,其具有从入口连续至出口的空气流路;②雾化部,其以不伴随燃烧的方式将气溶胶源雾化;③传感器,其具有电容器,输出表示根据用户的抽吸动作而变化的电容器的电容值;④控制部,其基于传感器输出的值检测出抽吸区间的开始或结束,如果由两个以上的输出值构成的斜率具有规定符号且具有规定符号的斜率的绝对值大于规定值,控制部就检测出抽吸区间的开始或结束。

申请文件独立权利要求:

一种非燃烧型香味吸引器,其特征在于包括:①壳体,其具有从入口连续至出口的空气流路;②雾化部,其以不伴随燃烧的方式将气溶胶源雾化;③传感器,其具有电容器,输出表示根据用户的抽吸动作而变化的电容器的电容值;④控制部,其基于传感器输出的值检测出抽吸区间的开始或结束,如果由两个以上的输出值构成的斜率具有规定符号且具有规定符号的斜率的绝对值大于规定值,控制部就检测出抽吸区间的开始或结束。

707. 非燃烧型香味吸引器

专利类型:发明

申请号:CN201580021870.X

申请日:2015-04-30

申请人:日本烟草产业株式会社

申请人地址:日本东京都

发明人:竹内学　铃木晶彦　中野拓磨　山田学

法律状态公告日:2017-03-22

法律状态:实质审查的生效

摘要:

一种非燃烧型香味吸引器,包括:①壳体,其具有从入口连续至出口的空气流路;②雾化部,其以不伴随燃烧的方式将气溶胶源雾化;③传感器,其输出根据用户的抽吸动作而变化的值;④控制部,在由传感器输出的值导出的响应值满足吸引条件的情况下检测出用户的抽吸动作,并且在响应值满足与吸引条件不同的认证条件的情况下认证用户为正规用户。

申请文件独立权利要求:

一种非燃烧型香味吸引器,其特征在于包括:①壳体,其具有从入口连续至出口的空气流路;②雾化部,其以不伴随燃烧的方式将气溶胶源雾化;③传感器,其输出根据用户的抽吸动作而变化的值;④控制部,其在由传感器输出的值导出的响应值满足吸引条件的情况下检测出用户的抽吸动作,并且在响应值满足与吸引条件不同的认证条件的情况下认证用户为正规用户。

708. 非燃烧型香味吸引器及计算机可读取介质

专利类型:发明

申请号:CN201580021918.7

申请日:2015-04-28

申请人:日本烟草产业株式会社

申请人地址:日本东京都

发明人:山田学　竹内学　松本光史　太郎良贤史

法律状态公告日:2017-01-11

法律状态:实质审查的生效

摘要:

一种非燃烧型香味吸引器,包括第一单元、含有气溶胶源或者香味源的第二单元、控制单元。控制单元累计出在单次抽吸动作系列中向热源供给的电能的累积值,即第一累积电能,在第一累积电能达到所需电能的情况下,通知单次抽吸动作系列结束。

申请文件独立权利要求:

一种非燃烧型香味吸引器,具有从非吸嘴端朝吸嘴端沿规定方向延伸的形状,其特征在于包括具有非吸嘴端的第一单元、可装配到第一单元的第二单元、控制非燃烧型香味吸引器的控制单元,第二单元包含产生气溶胶的气溶胶源或者香味源。非燃烧型香味吸引器包含以不伴随燃烧的方式将气溶胶源或者香味源加热的热源和向热源供给电力的电源。将第二单元装配到第一单元后,允许向热源供给的电能的累积值(即允许电能)大于在单次抽吸动作系列中应当向热源供给的电能的累积值(即所需电能),单次抽吸动作系列是将规定次数的抽吸动作重复进行的一连串动作，允许电能是适当地使用第二单元的条件。控制单元累计出在单次抽吸动作系列中向热源供给的电能的累积值，即第一累积电能，在第一累积电能达到所需电能的情况下，通知单次抽吸动作系列结束。

709. 具有气溶胶生成装置加热器的容器以及气溶胶生成装置

专利类型：发明

申请号：CN201580022180.6

申请日：2015-04-24

申请人：菲利普·莫里斯生产公司

申请人地址：瑞士纳沙泰尔

发明人：R. N. 巴蒂斯塔

法律状态公告日：2017-05-24

法律状态：实质审查的生效

摘要：

本发明涉及一种在电加热气溶胶生成装置中使用的用于气溶胶生成基质的容器。该容器包括至少具有一个空气入口和一个空气出口的外壳、用于吸收气溶胶生成基质的管状液体储存元件以及至少包括一个电加热器的透气毛细管芯子薄膜，其中薄膜设置在管状液体储存元件的端面上，以便提供从空气入口经过薄膜的一部分到达空气出口的气流路径。本发明还涉及一种电加热气溶胶生成装置，其包括电源、用于接纳容器的腔、连接至电源并配置为将电源与容器内的加热器连接的电触点，以及配置为与容器的至少一个空气入口连接的空气入口。

申请文件独立权利要求：

一种在电加热气溶胶生成装置中使用的用于气溶胶生成基质的容器，包括至少具有一个空气入口和一个空气出口的外壳、用于吸收气溶胶生成基质的管状液体储存元件以及至少包括一个电加热器的透气毛细管芯子薄膜，其中薄膜设置在管状液体储存元件的端面上，以便提供从空气入口经过薄膜的一部分到达空气出口的气流路径。

710. 气溶胶形成部件

专利类型：发明

申请号：CN201580022356.8

申请日：2015-04-27

申请人：拜马克有限公司

申请人地址：英国伦敦

发明人：赫尔穆特·布赫贝格尔　科林·约翰·迪肯斯　罗里·弗雷泽

法律状态公告日：2017-03-22

法律状态：实质审查的生效

摘要：

本发明公开了一种用于使气溶胶输送装置(1)中的液体(8a)挥发的气溶胶形成部件，以及一种对应的用于使气溶胶输送装置中的液体挥发的方法。气溶胶形成部件包括第一气溶胶形成构件(11E)和第二气溶胶形成构件(11D)；第一气溶胶形成构件构造为被加热至第一工作温度，然后被加热至更高的第二工作温度；第二气溶胶形成构件构造为当第一气溶胶形成构件达到更高的第二工作温度时，至少被加热至第一工作温度，使得从这两个气溶胶形成构件中挥发的液体彼此混合。

申请文件独立权利要求：

一种用于使气溶胶输送装置中的液体挥发的气溶胶形成部件，该气溶胶形成部件包括第一气溶胶形成构件和第二气溶胶形成构件:第一气溶胶形成构件构造为被加热至第一工作温度,然后被加热至更高的第二工作温度;第二气溶胶形成构件构造为当第一气溶胶形成构件达到更高的第二工作温度时,至少被加热至第一工作温度,使得从这两个气溶胶形成构件中挥发的液体彼此混合。

711. 电子蒸汽吐烟装置及其部件

专利类型:发明

申请号:CN201580022455.6

申请日:2015-02-27

申请人:奥驰亚客户服务有限责任公司

申请人地址:美国弗吉尼亚州

发明人:埃德蒙·卡缇欧　道格拉斯·伯顿　巴里·史密斯　彼得·利波维奇　帕特里克·卡布拉

法律状态公告日:2017-03-22

法律状态:实质审查的生效

摘要:

一种电子蒸汽吐烟装置的液体容器部件,其包括在纵向方向上延伸的外壳、进气口以及蒸汽出口。位于外壳内的内管限定出将进气口和蒸汽出口连通的中心空气通道,液体容器位于外壳和内管之间的环形空间内,感受器邻近中心空气通道布置,芯子与液体容器连通,并且芯子构造成与感受器热传导,使感受器用于将液体材料加热至使液体材料蒸发并且在中心空气通道内形成蒸汽的温度。液体容器部件构造成与电源部件连接,使得电源供电时感应源用于生成感应场而对感受器进行加热。

申请文件独立权利要求:

一种电子蒸汽吐烟装置的液体容器部件,其包括:①外壳,其在纵向方向上延伸;②进气口;③蒸汽出口;④内管,其位于外壳内,限定出将进气口和蒸汽出口连通的中心空气通道;⑤液体容器,其构造成包含液体材料,且位于外壳和内管之间的环形空间内;⑥感受器,其邻近中心空气通道布置;⑦芯子,其延伸越过中心空气通道而与液体容器连通,并且构造成与感受器热传导,使得感受器用于将液体材料加热至使液体材料蒸发并且在中心空气通道内形成蒸汽的温度。液体容器部件构造成与电源部件连接,电源部件包含与感应源电气通信的电源,如果液体容器部件附接到电源部件上,感应源与感受器轴向间隔出一段距离,使得电源供电时感应源用于生成感应场而对感受器进行加热。

712. 包含平面感应线圈的气溶胶生成系统

专利类型:发明

申请号:CN201580022636.9

申请日:2015-05-14

申请人:菲利普·莫里斯生产公司

申请人地址:瑞士纳沙泰尔

发明人:O.米洛诺夫

法律状态公告日:2017-06-13

法律状态:实质审查的生效

摘要:

一种电加热气溶胶生成系统,其包括气溶胶生成装置(100)以及与气溶胶生成装置(100)一同使用的筒(200)。气溶胶生成装置(100)包括装置壳体(101)、扁平螺旋感应器线圈(110)、与扁平螺旋感应器线圈(110)连接并且配置为向扁平螺旋感应器线圈提供高频振荡电流的电源(102);筒(200)包括包含气溶胶形成基质的筒壳体(204),其配置为与装置壳体(101)接合,并将感受器元件(210)定位,以加热气溶胶形成基质。在操作过程中,高频振荡电流穿过扁平螺旋感应器线圈,从而在感受器元件中生成热量。

申请文件独立权利要求：

一种电加热气溶胶生成系统，其包括气溶胶生成装置以及与气溶胶生成装置一同使用的筒。气溶胶生成装置包括装置壳体、扁平螺旋感应器线圈，以及与扁平螺旋感应器线圈连接并且配置为向扁平螺旋感应器线圈提供高频振荡电流的电源；筒包括包含气溶胶形成基质的筒壳体，其配置为与装置壳体接合，并将感受器元件定位，以加热气溶胶形成基质。

713. 包括流体可渗透感受器元件的气溶胶生成系统

专利类型：发明

申请号：CN201580023038.3

申请日：2015-05-14

申请人：菲利普·莫里斯生产公司

申请人地址：瑞士纳沙泰尔

发明人：O. 米洛诺夫　M. 托伦斯　I. N. 济诺维克

法律状态公告日：2017-06-13

法律状态：实质审查的生效

摘要：

一种电加热气溶胶生成系统，其包括气溶胶生成装置（100）和与气溶胶生成装置（100）一起使用的筒（200）。气溶胶生成装置（100）包括：①装置外壳（101），其限定腔（112）并且配置成至少接合筒（200）的一部分；②感应器线圈（110），其位于腔（112）的周围或附近；③电源（102），其连接到感应器线圈（110）并且配置成向感应器线圈（110）提供高频振荡电流。筒（200）包括配置成接合装置外壳（101）并且包含气溶胶形成基质的筒外壳（204），筒外壳（204）具有围绕气溶胶形成基质的外表面，外表面的至少一部分由流体可渗透的感受器元件（210）形成。

申请文件独立权利要求：

一种电加热气溶胶生成系统，包括气溶胶生成装置以及与气溶胶生成装置一起使用的筒。气溶胶生成装置包括：①装置外壳；②感应器线圈，其位于腔的周围或附近；③与感应器线圈连接并且配置为向感应器线圈提供高频振荡电流的电源。筒包括筒外壳，其配置成接合装置外壳并且包含气溶胶形成基质，筒外壳还具有围绕气溶胶形成基质的外表面，外表面的至少一部分由流体可渗透的感受器元件形成。

714. 包括具有内部空气流动通道的筒的成烟系统

专利类型：发明

申请号：CN201580023629.0

申请日：2015-05-14

申请人：菲利普·莫里斯生产公司

申请人地址：瑞士纳沙泰尔

发明人：O. 米洛诺夫　M. 托伦斯　I. N. 济诺维克

法律状态公告日：2017-06-13

法律状态：实质审查的生效

摘要：

本发明提供了一种用于在电加热成烟系统中使用的筒（200）。电加热成烟系统包括成烟装置（100），筒（200）配置成与成烟装置（100）一起使用。其中：装置（100）包括装置外壳（101）、位于装置外壳（101）内的感应器线圈（110）以及电源（102），电源（102）连接到感应器线圈（110）并且配置成将高频振荡电流提供给感应器线圈（110）；筒（200）包括含有成烟基质的筒外壳（204），筒外壳（204）具有围绕空气可流动通过的内部通道（216）的内部表面（212）和加热成烟基质的感受器元件（210）。

申请文件独立权利要求：

一种用于在电加热成烟系统中使用的筒，电加热成烟系统包括成烟装置，筒配置成与成烟装置一起使用。其中：成烟装置包括装置外壳、位于装置外壳内的感应器线圈以及电源，电源连接到感应器线圈并且配置成将高频振荡电流提供给感应器线圈；筒包括含有成烟基质的筒外壳，筒外壳具有围绕空气可流动通过的内部通道的内部表面和加热成烟基质的感受器元件。

715. 气溶胶递送系统及经烟弹向气溶胶递送装置提供控制信息的相关方法、设备和电脑程序产品

专利类型：发明

申请号：CN201580024302.5

申请日：2015-03-11

申请人：RAI 策略控股有限公司

申请人地址：美国北卡罗来纳州

发明人：小雷蒙德·查尔斯·亨利　弗雷德里克·菲利普·阿姆波立尼

法律状态公告日：2017-03-22

法律状态：实质审查的生效

摘要：

本发明涉及一种气溶胶递送系统以及经由烟弹(104)将控制信息提供到气溶胶递送装置的方法、设备和计算机程序产品。举例来说，一种方法可以包含气溶胶递送装置(100)的控制主体(102)读取由与控制主体可移除地接合的烟弹携带的控制信息。该方法可以进一步包含控制主体基于控制信息而执行动作。

申请文件独立权利要求：

一种气溶胶递送系统，其包括：①用于气溶胶递送装置的控制主体，该控制主体包括处理电路；②携带控制信息的烟弹，控制信息可由处理电路读取。其中控制主体经构造以可移除地接合烟弹，且处理电路经构造以当控制主体和烟弹接合时读取由烟弹携带的控制信息，以及至少部分地基于控制信息而执行动作。

716. 含有 1,3-丙二醇的组合物作为电子烟液的用途

专利类型：发明

申请号：CN201580024929.0

申请日：2015-03-10

申请人：塞雷斯医疗用品公司

申请人地址：法国普瓦捷

发明人：安托万·皮奇里利　文森特·博纳姆

法律状态公告日：2017-03-22

法律状态：实质审查的生效

摘要：

本发明涉及一种将 1,3-丙二醇的组合物作为电子烟液体的用途。本发明还涉及一种用于电子烟的液体组合物，该液体组合物含有 1,3-丙二醇以及尼古丁、尼古丁替代品和香料中的至少一种化合物。本发明还涉及一种包括上述液体组合物的电子烟。

申请文件独立权利要求：

一种将 1,3-丙二醇和至少含有一种添加剂的组合物作为电子烟液体的用途，该添加剂选自丙三醇、尼古丁、尼古丁替代品和香料。

717. 用于调节用户吸入的活性物质的量的设备以及通信便携式终端

专利类型：发明
申请号：CN201580026044.4
申请日：2015-03-31
申请人：依蕴公司
申请人地址：法国特鲁瓦
发明人：A. 舍克　P. 勒迈尔　V. 狄维士　J. 艾克霍里　M. 苏娜　C. 卡亚勒
法律状态公告日：2017-05-03
法律状态：实质审查的生效
摘要：

本发明涉及一种用于调节用户吸入的活性物质的量的设备(10)，其包括：①两个储器(105,110)，第一储器(105)中的液体比第二储器(110)中的液体具有更低密度的活性物质，每种液体都配置为当液体加热至超过预定温度极限时汽化；②用于供用户从每个储器中吸入汽化的液体蒸气的装置(115)；③两个加热电阻器(120,125)，每个储器与一个加热电阻器相关联；④用于确定待汽化的活性物质的量的装置(130)；⑤用于控制每个加热电阻器的加热的装置(135)，其根据确定的待汽化的活性物质的量独立地制动每个加热电阻器，与第二储器相关联的加热电阻器的加热和与第一储器相关联的加热电阻器的加热的比例为确定的待汽化的活性物质的量的增函数。

申请文件独立权利要求：

一种用于调节用户吸入的活性物质的量的设备(10)，其包括：①两个储器(105,110)，第一储器(105)中的液体比第二储器(110)中的液体具有更低密度的活性物质，每种液体都配置为当液体加热至超过预定温度极限时汽化；②用于供用户从每个储器中吸入汽化的液体蒸气的装置(115)；③两个加热电阻器(120,125)，每个储器与一个加热电阻器相关联；④用于确定待汽化的活性物质的量的装置(130)；⑤用于控制每个加热电阻器的加热的装置(135)，其根据确定的待汽化的活性物质的量独立地制动每个加热电阻器，与第二储器相关联的加热电阻器的加热和与第一储器相关联的加热电阻器的加热的比例为确定的待汽化的活性物质的量的增函数。

718. 手持式汽化装置

专利类型：发明
申请号：CN201580027300.1
申请日：2015-05-21
申请人：努瑞安控股有限公司
申请人地址：美国加利福尼亚州
发明人：D. C. S. 梁
法律状态公告日：2017-06-06
法律状态：实质审查的生效
摘要：

本发明提出了一种手持式汽化装置，该手持式汽化装置具有改进的加热元件与温度控制、改进的电子烟烟液贮存器和用以启动加热元件以促动手持式汽化装置按需求递送烟雾剂的电容技术。手持式汽化装置具有口腔件和主体，主体界定内部腔体，加热元件、贮存器、包括控制电路和电源的电力单元以及电力连接元件被依次设置在腔体内部。

申请文件独立权利要求：

一种手持式汽化装置，包括：①主体，该主体界定腔体；②口腔件，该口腔件连接至主体；③导电纺织物加热元件;④弹性可变形贮存器;⑤电力元件;⑥电力连接元件;⑦电容式触摸传感器元件;⑧光元件;⑨第一进气口,该第一进气口具有设置在主体外壁上的第一阀;⑩第二进气口,该第二进气口具有设置在口腔件的一个端部上的第二阀;⑪出气口,该出气口设置在口腔件的第二相对端部上。其中加热元件、贮存器、电力元件和电力连接元件设置在主体腔体内部并且按次序布置并互连。

719. 展示电子烟装置的方法,具有分隔器的展示包装,用于形成用于容纳电子烟装置的展示包装的坯料以及制造用于电子烟装置的展示包装的方法

专利类型:发明

申请号:CN201580028674.5

申请日:2015-05-29

申请人:奥驰亚客户服务有限责任公司

申请人地址:美国弗吉尼亚州

发明人:斯科特·A.法思

法律状态公告日:2017-06-06

法律状态:实质审查的生效

摘要:

一种展示电子烟装置的方法、展示包装、用于形成展示包装(该展示包装用于容纳包含电子烟装置的细长体)的坯料以及制造用于电子烟装置的展示包装的方法,该方法为:创建具有内腔和侧部的盒体结构,将侧部分隔成下保持部、上保持部和窗体凹部。该分隔方法为:在沿盒体结构的第一侧面板创建侧凹部面板,沿盒体结构的前面板创建前凹部面板,通过将第一侧面板和前凹部面板折叠到盒体结构中来创建窗体凹部。前凹部面板附接至侧凹部面板,并且前凹部面板的宽度大于侧凹部面板的宽度。

申请文件独立权利要求:

一种展示电子烟装置至少一部分的方法,该方法为:创建具有内腔和侧部的盒体结构,将侧部分隔成下保持部、上保持部和窗体凹部,窗体凹部布置在上保持部和下保持部之间。该分隔方法为:在沿盒体结构的第一侧面板创建侧凹部面板,沿盒体结构的前面板创建前凹部面板,前凹部面板附接到侧凹部面板。前凹部面板的宽度大于侧凹部面板的宽度,从而使窗体凹部的深度大于窗体凹部的宽度;通过将第一侧面板和前凹部面板折叠到盒体结构中来创建窗体凹部,使分隔器面板从盒体结构的第二侧面板的内表面横过前凹部面板的内表面延伸,将分隔器面板黏结到前凹部面板的内表面。窗体凹部、上保持部和下保持部相互布置成沿着侧部保持电子烟装置,使得电子烟装置的至少一部分沿着凹部被展示。

720. 用于容纳雾化器吸塑包装的展示包装的坯料以及形成用于雾化器吸塑包装的展示包装的方法

专利类型:发明

申请号:CN201580028685.3

申请日:2015-05-29

申请人:奥驰亚客户服务有限责任公司

申请人地址:美国弗吉尼亚州

发明人:斯科特·A.法思

法律状态公告日:2017-06-16

法律状态:实质审查的生效

摘要:

一种用于容纳雾化器吸塑包装的展示包装的坯料,包括顶面板、连接到后面板的底面板、连接到底面板的前面板、连接到后面板的第一胶合面板、连接到后面板前的第二胶合面板、连接到前面板的第一侧面板、

连接到前面板的第二侧面板、连接到第一胶合面板的第一侧底部面板、连接到第二胶合面板的第二侧底部面板，以及将第一侧底部面板和第二侧底部面板与底面板、第一侧面板、第二侧面板分开的多个第一切割线。

申请文件独立权利要求：

一种用于展示包装的坯料，包括：

①顶面板，该顶面板沿着第一折叠线连接到后面板，第一折叠线沿着后面板的顶边缘延伸；

②底面板，该底面板沿着第二折叠线连接到后面板，第二折叠线沿着底面板的顶边缘延伸；

③前面板，该前面板沿着第三折叠线连接到底面板，第三折叠线沿着前面板的顶边缘延伸；

④第一胶合面板，该第一胶合面板沿着第四折叠线连接到后面板，第四折叠线沿着后面板的第一侧边缘延伸；

⑤第二胶合面板，该第二胶合面板沿着第五折叠线连接到后面板前，第五折叠线沿着后面板的第二侧边缘延伸；

⑥第一侧面板，该第一侧面板沿着第六折叠线连接到前面板，第六折叠线沿着前面板的第一侧边缘延伸；

⑦第二侧面板，该第二侧面板沿着第七折叠线连接到前面板，第七折叠线沿着前面板的第二侧边缘延伸；

⑧第一侧底部面板，该第一侧底部面板沿着第八折叠线连接到第一胶合面板，第八折叠线沿着第一胶合面板的下边缘延伸；

⑨第二侧底部面板，该第二侧底部面板沿着第九折叠线连接到第二胶合面板，第九折叠线沿着第二胶合面板的下边缘延伸；

⑩多个第一切割线，该第一切割线沿着第一侧底部面板和第二侧底部面板的下边缘延伸，以便将第一侧底部面板和第二侧底部面板与底面板、第一侧面板、第二侧面板分开。

721. 用于气溶胶递送装置的传感器

专利类型：发明

申请号：CN201580029134.9

申请日：2015-03-30

申请人：RAI 策略控股有限公司

申请人地址：美国北卡罗来纳州

发明人：小雷蒙德·查尔斯·亨利

法律状态公告日：2017-03-22

法律状态：实质审查的生效

摘要：

本发明涉及一种包括可变输出流量传感器(508)的气溶胶递送装置。可变输出流量传感器可以是挠曲/弯曲传感器(565)，其中来自传感器的输出基于电流流动(例如电阻)的变化关于由跨过延伸部的气流所引起的延伸部的挠曲或弯曲沿着传感器的延伸部而变化。本发明还提供了一种通过可变输出流量传感器控制气溶胶递送装置的方法。特别地，对功能元件(例如加热构件、流体递送构件和传感反馈构件)的控制可以利用通过气溶胶递送装置的气流的实时变化来实现。

申请文件独立权利要求：

一种气溶胶递送装置，包括：①壳体；②位于壳体内的传感器，该传感器构造成检测通过壳体至少一部分的气流并且输出基于气流的一个或多个特性而变化的可变信号；③控制器，该控制器构造成接收来自传感器的可变信号并且基于来自传感器的可变信号控制装置的至少一个功能元件。

722. 递送尼古丁盐颗粒的气溶胶生成系统

专利类型：发明

申请号:CN201580030052.6

申请日:2015-06-23

申请人:菲利普·莫里斯生产公司

申请人地址:瑞士纳沙泰尔

发明人:P.西尔韦斯特里尼

法律状态公告日:2017-07-25

法律状态:实质审查的生效

摘要:

一种气溶胶生成系统,包括尼古丁源(8)、乳酸源(10)和单个加热器(14),单个加热器(14)配置成加热尼古丁源(8)和乳酸源(10)。该气溶胶生成系统优选地包括气溶胶生成制品(2)和气溶胶生成装置(4),气溶胶生成制品(2)包括套筒(6),套筒(6)包括第一隔室和第二隔室,第一隔室包括尼古丁源(8)且第二隔室包括乳酸源(10),气溶胶生成装置(4)包括单个加热器(14)。套筒(6)优选地包括腔室(18),其用于容纳气溶胶生成装置(4)的单个加热器(14)。

申请文件独立权利要求:

一种气溶胶生成系统,包括尼古丁源、乳酸源和单个加热器,单个加热器配置成加热尼古丁源和乳酸源。

723. 电子蒸汽供应系统

专利类型:发明

申请号:CN201580030768.6

申请日:2015-03-30

申请人:尼科创业控股有限公司

申请人地址:英国伦敦

发明人:科林·迪肯斯

法律状态公告日:2017-03-22

法律状态:实质审查的生效

摘要:

一种电子蒸汽供应系统,包括用于蒸发液体以供用户吸入烟雾的蒸发器、包括用于向蒸发器供给电力的电池单元或电池的电源、用于测量作为用户吸入结果的通过电子蒸汽供应系统的气流速度的传感器,以及基于用户吸入的累积气流来控制供给至蒸发器的电力的控制单元,其中基于传感器对气流速度的测量来确定累积气流。这种系统允许用户基于给定的吸入的累积气流来控制蒸发的液体量。

申请文件独立权利要求:

一种电子蒸汽供应系统,包括:①蒸发器,其用于蒸发液体以供用户吸入烟雾;②电源,其包括用于向蒸发器供给电力的电池单元或电池;③传感器,其用于测量作为用户吸入结果的通过电子蒸汽供应系统的气流速度;④控制单元,其用于基于用户吸入的累积气流来控制向蒸发器供给的电力,其中基于传感器对气流速度的测量来确定累积气流,从而允许用户基于给定的吸入的累积气流来控制蒸发的液体量。

724. 气溶胶供应系统

专利类型:发明

申请号:CN201580031469.4

申请日:2015-06-11

申请人:尼科创业控股有限公司

申请人地址:英国伦敦

发明人:科林·迪肯斯

法律状态公告日:2017-03-22

法律状态:实质审查的生效

摘要:

本发明描述了一种气溶胶供应系统(500),例如电子烟,其包括气溶胶源(502),该气溶胶源用于将包含液体制剂(例如烟碱)的源液体转变为气溶胶。该系统还包括布置在气溶胶源与烟嘴开口(516)之间的空气通道(520),用户在使用期间通过烟嘴开口吸入气溶胶。空气通道由壁限定,并且壁的内表面的至少一部分设置有表面处理部,以增加对液体制剂表面的润湿性。例如,空气通道的壁的内表面的一部分或全部可设置纹理处理部;又如在制造期间,可以在用于气溶胶供应系统的空气通道组件的模制过程中设置纹理处理部。增加空气通道的润湿性可以减小气溶胶在空气通道的壁上凝结为液体制剂的液滴以及从空气通道抽吸到用户的口腔中的可能性。

申请文件独立权利要求:

一种气溶胶供应系统,包括:①气溶胶源,其用于将包含液体制剂的源液体转变为气溶胶;②空气通道壁,其限定连接在气溶胶源与开口之间的空气通道,用户在使用期间能通过开口吸入气溶胶,并且空气通道壁的内表面的至少一部分设置有表面处理部,以增加空气通道壁对液体制剂的润湿性。

725. 用于自动生产电子蒸发装置的方法及系统

专利类型:发明

申请号:CN201580031565.9

申请日:2015-04-14

申请人:奥驰亚客户服务有限责任公司

申请人地址:美国弗吉尼亚

发明人:小埃德蒙·J.卡提欧　马丁·T.加特哈夫纳　特拉维斯·M.加特哈夫纳　克里斯多夫·R.纽科姆　巴里·S.史密斯　杰弗里·A.斯韦普斯顿

法律状态公告日:2017-04-19

法律状态:实质审查的生效

摘要:

一种用于自动制造电子蒸发装置的方法,包括在组装路径中建立电子蒸发装置的部分组装的、定向的烟弹单元的队列。该方法可额外地包括当烟弹单元在组装路径的第一鼓到鼓传递路径上移动时,将烟弹单元准备填充。该方法还可包括当烟弹单元在组装路径的填充工作站内移动时,添加液体到烟弹单元内。该方法还可包括当烟弹单元在组装路径的第二鼓到鼓传递路径上移动时,将烟弹单元准备密封。该方法还包括当烟弹单元在组装路径的密封工作站内移动时,将烟弹单元密封。

申请文件独立权利要求:

一种用于自动制造电子蒸发装置的方法,包括将进给的电子蒸发装置的烟弹单元整理成沿组装路径移动的烟弹单元的队列。当烟弹单元在组装路径的第一有槽输送部分上移动时,向烟弹单元提供液体;当烟弹单元在组装路径的第二有槽输送部分上移动时,密封具有液体的烟弹单元;在整理、提供和密封中的至少一个之前或之后,检查烟弹单元,并且基于检查结果将不合格的单元从沿组装路径移动的烟弹单元的队列中排除。

726. 具有改进的穿刺构件的气溶胶生成系统

专利类型:发明

申请号:CN201580031710.3

申请日:2015-06-26

申请人:菲利普·莫里斯生产公司

申请人地址:瑞士纳沙泰尔

发明人:E.福斯　F.比勒

法律状态公告日:2017-07-18

法律状态:实质审查的生效

摘要:

本发明涉及一种气溶胶生成系统(100),其包括与气溶胶生成制品(104)协作的气溶胶生成装置(102)。气溶胶生成制品(104)至少包括一个容器(108)和两个密封件(114,116),容器(108)容纳尼古丁源,密封件(114,116)密封容器(108),其中每个密封件(114,116)包括可变形材料。气溶胶生成装置(102)包括外壳体(118)和细长穿刺构件(120),外壳体(118)用于接收气溶胶生成制品(104),细长穿刺构件(120)用于刺穿密封容器(108)的密封件(114,116)。细长穿刺构件(120)包括穿刺头(122)和中空轴部分(124),穿刺头(122)在细长穿刺构件(120)的远端处,中空轴部分(124)至少包括两个孔(128,130,132)。当气溶胶生成制品(104)被接收在气溶胶生成装置(102)中时,至少有一个孔(128,130,132)与一个容器(108)流体连通。

申请文件独立权利要求:

一种气溶胶生成系统,包括气溶胶生成装置,其与气溶胶生成制品协作。气溶胶生成制品至少包括一个容纳尼古丁源的容器和两个密封件,密封件密封容器,且每个密封件包括可变形材料。气溶胶生成装置包括:①外壳,其用于接收气溶胶生成制品;②细长穿刺构件,其用于刺穿密封容器的密封件。细长穿刺构件包括:①穿刺头,其在细长穿刺构件的远端处;②中空轴部分,其至少包括两个孔,当气溶胶生成制品被接收在气溶胶生成装置中时,至少有一个孔与一个容器流体连通。

727. 电子吸烟器具的液体气溶胶制剂

专利类型:发明

申请号:CN201580035357.6

申请日:2015-01-21

申请人:奥驰亚客户服务有限责任公司

申请人地址:美国弗吉尼亚

发明人:亚当·安德森　保琳·马克　戈尔德·科巴尔　马克·鲁斯尼亚克　肯特·科勒　S.李　叶夫根尼娅·皮瑞佩里特斯卡娅　尼提·沙阿

授权日:2018-06-29

法律状态公告日:2017-06-16

法律状态:实质审查的生效

摘要:

一种用于电子吸烟器具的液体气溶胶制剂,包括气溶胶形成剂、水、尼古丁和酸,该酸可以包括丙酮酸、甲酸、草酸、乙醇酸、乙酸、异戊酸、戊酸、丙酸、辛酸、乳酸、乙酰丙酸、山梨酸、苹果酸、酒石酸、琥珀酸、柠檬酸、苯甲酸、油酸、乌头酸、丁酸、肉桂酸、癸酸、3,7-二甲基-6-辛烯酸、L-谷氨酸、庚酸、己酸、反-3-己烯酸、反-2-己烯酸、异丁酸、月桂酸、2-甲基丁酸、2-甲基戊酸、肉豆蔻酸、壬酸、棕榈酸、4-戊烯酸、苯乙酸、3-苯丙酸、盐酸、磷酸和硫酸中的一种或多种。

授权文件独立权利要求:

一种电子吸烟器具的液体气溶胶制剂,包括气溶胶形成剂、水、尼古丁和酸,该酸至少具有 150 ℃的沸点,并配置成当被电子吸烟器具中的加热器加热时挥发。当被电子吸烟器具中的加热器加热时,液体气溶胶制剂能够形成具有颗粒相和气相的气溶胶,颗粒相包含质子化的尼古丁,气相包含未质子化的尼古丁,且气溶胶具有大部分的质子化尼古丁和少部分的未质子化尼古丁。

728. 包括液体尼古丁源的气溶胶形成筒

专利类型:发明

申请号:CN201580037539.7

申请日:2015-07-09

申请人:菲利普·莫里斯生产公司

申请人地址:瑞士纳沙泰尔

发明人:R. N. 巴蒂斯塔 S. 赫达车特

法律状态公告日:2017-08-08

法律状态:实质审查的生效

摘要:

本发明提供了一种用于电操作气溶胶生成系统中的气溶胶形成筒(220),该筒(220)包括基底层(222)、至少一种布置于基底层(222)上且包括液体尼古丁源的气溶胶形成基质(224)和包含至少一个经布置以加热至少一种气溶胶形成基质(224)的加热元件(236)的电加热器(226),基底层(222)和气溶胶形成基质(224)在基本上平面的接触表面接触,电加热器(226)与基底层(222)和气溶胶形成基质(224)中的一个或两个之间的接触表面为基本上平面,且基本上平行于基底层(222)与气溶胶形成基质(224)之间的接触表面。

申请文件独立权利要求:

一种用于电操作气溶胶生成系统中的气溶胶形成筒,包括基底层、至少有一种布置于基底层上且包括液体尼古丁源的气溶胶形成基质,以及包含至少一个经布置以加热至少一种气溶胶形成基质的加热元件的电加热器。其中,基底层与气溶胶形成基质在基本上平面的接触表面接触,且电加热器与基底层和气溶胶形成基质中的一个或两个之间的接触表面为基本上平面,且基本上平行于基底层与气溶胶形成基质之间的接触表面。

729. 烟碱盐、共晶体和盐共晶体络合物

专利类型:发明

申请号:CN201580038462.5

申请日:2015-05-26

申请人:R. J. 雷诺兹烟草公司

申请人地址:美国北卡罗来纳州

发明人:G. M. 达尔 A. 卡尔 E. 夏普

法律状态公告日:2017-04-19

法律状态:实质审查的生效

摘要:

本发明提供了某些烟碱盐、共晶体和盐共晶体并且提供了这些烟碱盐新颖的多晶形式,具体来说,描述了使用粘酸、3,5-二羟基苯甲酸和 2,3-二羟基苯甲酸的烟碱盐与烟碱 4-乙酰氨基苯甲酸盐、烟碱龙胆酸盐和烟碱 1-羟基-2-萘甲酸盐的结晶体多晶形式。本发明进一步提供了这类烟碱盐、共晶体和盐共晶体以及其多晶形式的制备和表征方法。此外,本发明还提供了包含烟碱盐、共晶体和/或盐共晶体的烟草产品,该烟草产品包括吸烟制品、无烟烟草产品和电子吸烟制品。

申请文件独立权利要求:

一种烟碱盐或结晶体多晶形式,其选自由以下各成分组成的群组:烟碱和粘酸的盐、烟碱和 3,5-二羟基苯甲酸的盐、烟碱和 2,3-二羟基苯甲酸的盐、烟碱 1-羟基-2-萘甲酸盐的结晶体多晶形式(其由在以下 2-θ 衍射角中的一个或多个 2-θ 衍射角处具有峰的 X-射线粉末衍射图表征:15.6、16.1、20.5、22.5、27.1)、烟碱 4-乙酰氨基苯甲酸盐的结晶体多晶形式(其由在以下 2-θ 衍射角中的一个或多个 2-θ 衍射角处具有峰的 X-射线粉末衍射图表征:16.839、17.854、20.134、23.265),以及烟碱龙胆酸盐的结晶体多晶形式(其由在以下 2-θ 衍射角中的一个或多个 2-θ 衍射角处具有峰的 X-射线粉末衍射图表征:13.000、19.017、20.194、21.000)。

730. 电动气雾递送系统

专利类型:发明

申请号:CN201580039116.9

申请日:2015-05-19

申请人:RAI 策略控股有限公司

申请人地址:美国北卡罗来纳州

发明人:斯蒂芬·本森·西尔斯　凯伦·V.塔卢斯基　迈克尔·F.戴维斯　巴拉格·阿德姆　唐娜·沃克·达金斯　安东尼·理查德·赫拉尔迪

法律状态公告日:2017-05-17

法律状态:实质审查的生效

摘要:

一种气雾递送系统(100),包含控制主体部分(300)以及仓筒主体部分(200),控制主体部分(300)包括设置有动力源(316)的第一细长管状构件(304),仓筒主体部分(200)包括具有相对的第一端和第二端的第二管状构件(216),其中第一端和第二端中的一端可移除地与控制主体部分(300)的一端(302)接合。仓筒主体部分(200)进一步包含第一气雾生成装置(212),第一气雾生成装置设置在第二管状构件(216)内,并且配置为一旦控制主体部分(300)和仓筒主体部分(200)接合就可操作地接合动力源。第二气雾生成装置(400)设置在第一气雾生成装置(212)和气雾递送系统的口部接合端(220)之间,第二气雾生成装置(400)与仓筒主体部分(200)可拆卸地接合或者容纳在仓筒主体部分的第二管状构件内。本发明还提供了一种相关联的方法。

申请文件独立权利要求:

一种气雾递送系统,包括:①控制主体部分,其包括具有相对端和设置在其中的动力源的第一细长管状构件;②仓筒主体部分,其包括具有相对的第一端和第二端的第二管状构件,第一端与控制主体部分的相对端中的一端接合,仓筒主体部分进一步包括第一气雾生成装置,第一气雾生成装置设置在第二管状构件内,并且配置为一旦控制主体部分的相对端中的一端与仓筒主体部分的第一端接合就可操作地接合动力源,仓筒主体部分的第二端面向气雾递送系统的口部接合端;③第二气雾生成装置,其设置在第一气雾生成装置与气雾递送系统的口部接合端之间,第二气雾生成装置与仓筒主体部分可移除地接合或容纳在仓筒主体部分的第二管状构件内。

731. 用于电子烟的再充电包装

专利类型:发明

申请号:CN201580041176.4

申请日:2015-07-24

申请人:尼科创业控股有限公司

申请人地址:英国伦敦

发明人:马修·乔尔·内滕斯特伦　史蒂文·迈克尔·申努姆　D.丁　R.张

法律状态公告日:2017-06-06

法律状态:实质审查的生效

摘要:

一种保持电子烟(10)并对该电子烟再充电的包装(100),该电子烟具有带有第一充电触件和第二充电触件(900A,900B)的顶端连接器(900)。包装(100)包括组合电池(151)、主体(120)以及连接组件(700),组合电池(151)包括具有用于接收电子烟(10)的开放的第一端部(132A1)的管(132A),连接组件(700)定位在管(132A)的第二相对端部(132A2)处,并包括具有中央触件(704B)和外触件(704A)的连接器(703),用于使用组合电池(151)对电子烟(10)再充电。连接组件(700)的外部触件(704A)包括大体上为环形的基部(741)和至少两个凸耳(742),凸耳在管(132A)的第一端部(132A1)的方向上从基部(741)凸出,并且限定凸耳(742)之间的对接站(743),用于接收电子烟(10)的顶端连接器(900)。外部触件(704A)的基部(741)相对于连接组件(700)的壳体(702,706)通过弹簧(720)安装。

申请文件独立权利要求:

一种用于保持电子烟并对该电子烟再充电的包装,该电子烟具有带有第一充电触件和第二充电触件的顶端连接器。包装包括组合电池、主体以及连接组件,主体包括管,该管具有用于接收电子烟的开放的第一端部,连接组件定位在管相对的第二端部,并且包括具有中央触件和外部触件的连接器,以用于使用组合电池对电子烟再充电。其中,连接组件的外部触件包括大体上为环形的基部和至少两个凸耳,凸耳在管的第一端部的方向上从基部凸出,并且在凸耳之间限定用于接收电子烟的顶端连接器的对接站,并且外部触件的基部相对于连接组件的壳体通过弹簧安装。

732. 电子烟和再充电包装

专利类型:发明

申请号:CN201580041644.8

申请日:2015-07-24

申请人:尼科创业控股有限公司

申请人地址:英国伦敦

发明人:大卫·利德利

法律状态公告日:2017-05-17

法律状态:实质审查的生效

摘要:

一种用于容纳电子烟和为电子烟再充电的包装,包括:①可再充电包装电池;②第一连接器,可电连接至外部电源;③第一再充电机构,用于当第一连接器电连接至外部电源时,使用外部电源对包装电池再充电;④第二连接器,可电连接至包含在包装内的电子烟;⑤第二再充电机构,用于当电子烟电连接至第二连接器时对电子烟再充电。第一再充电机构包括第一保护电路模块,第二再充电机构包括第二保护电路模块,其中保护模块在再充电期间保护包装和电子烟免受过量的电压或电流的影响。

申请文件独立权利要求:

一种用于容纳电子烟并为电子烟再充电的包装,包括:①可再充电包装电池;②第一连接器,能够电连接至外部电源;③第一再充电机构,用于当第一连接器电连接至外部电源时,使用外部电源对包装电池再充电;④第二连接器,能够电连接至包含在包装内的电子烟;⑤第二再充电机构,用于当电子烟电连接至第二连接器时对电子烟再充电。其中:第一再充电机构包括第一保护电路模块,第一保护电路模块用于当供应给包装电池的电流超过第一预定电流阈值或者供应给包装电池的电压超过第一预定电压阈值时,阻止从外部电源流向包装电池的电力流;第二再充电机构包括第二保护电路模块,第二保护电路模块用于当由包装电池供应的电流超过第二预定电流阈值或者由包装电池供应的电压超过第二预定电压阈值时,阻止从包装电池流向电子烟的电力流。

733. 电子蒸汽供应系统

专利类型:发明

申请号:CN201580041869.3

申请日:2015-08-05

申请人:尼科创业控股有限公司

申请人地址:英国伦敦

发明人:大卫·纽恩斯

法律状态公告日:2017-06-06

法律状态:实质审查的生效

摘要:

本发明提供了一种电子蒸汽供应系统,该电子蒸汽供应系统包括:①汽化器,汽化供用户吸入的液体;②电源,包括用于向汽化器提供电能的电池或电池组;③传感器,用于检测通过电子蒸汽供应系统的气流,作为用户吸气的结果;④手动激活装置;⑤控制单元,假如该控制单元确定传感器检测到气流正在通过电子蒸汽供应系统并且手动激活装置已被用户手动激活,则控制单元使电能被供应给汽化器以汽化液体。

申请文件独立权利要求:

一种电子蒸汽供应系统,包括:①汽化器,汽化供用户吸入的液体;②电源,包括用于向汽化器供电的电池或电池组;③传感器,用于检测通过电子蒸汽供应系统的气流,作为用户吸气的结果;④手动激活装置;⑤控制单元,如果控制单元确定传感器检测到气流正在通过电子蒸汽供应系统并且手动激活装置已被用户手动激活,则控制单元用于使电能被提供给汽化器以汽化液体。

734. 电子烟雾供应系统

专利类型:发明

申请号:CN201580045905.3

申请日:2015-08-07

申请人:尼科创业控股有限公司

申请人地址:英国伦敦

发明人:赫尔穆特·布赫贝格尔　科林·迪肯斯　罗里·弗雷泽

法律状态公告日:2017-05-24

法律状态:实质审查的生效

摘要:

一种电子烟雾供应系统,诸如电子烟,其包括加热元件以及控制电路,加热元件用于将源液体生成烟雾,控制电路用于控制电源(诸如电池组/单个电池)对加热元件供电。控制电路被配置为测量加热元件的电特性相对于时间的导数,例如加热元件的电阻的一阶时间导数或二阶时间导数(或相关参数,诸如电导、电流消耗、功耗或电压降)。基于所测量的时间导数,控制电路被配置为确定电子烟雾供应系统是否出现故障,例如加热元件的局部加热。由局部加热引起的加热元件的电特性的总体变化可能较小并且难以可靠地识别,但是可以预期变化发生的速率相对较高,这意味着局部特性的时间导数为发生故障状况的可靠指标。

申请文件独立权利要求:

一种电子烟雾供应系统,包括加热元件以及控制电路,加热元件用于将源液体生成烟雾,控制电路用于控制从电源至加热元件的电力供应,并且控制电路进一步被配置为确定加热元件的电特性相对于时间的导数,以及基于所确定的加热元件的电特性相对于时间的导数来确定电子烟雾供应系统是否出现故障。

735. 用于基于读取请求而控制装置的操作的系统和相关方法、设备及计算机程序产品

专利类型:发明

申请号:CN201580047369.0

申请日:2015-07-01

申请人:RAI 策略控股有限公司

申请人地址:美国北卡罗来纳州

发明人:弗雷德里克·菲利普·阿姆波立尼　小雷蒙德·查尔斯·亨利　格伦·基姆西　威尔逊·克

里斯多夫·兰姆

法律状态公告日：2017-05-24

法律状态：实质审查的生效

摘要：

本发明涉及一种基于读取请求而控制装置的操作的系统和相关方法、设备及计算机程序产品。举例来说，用于响应读取请求而执行操作的方法可以包含第一计算装置接收读取值的请求，该请求由第二计算装置经由第一计算装置与第二计算装置之间的无线通信链路发送到第一计算装置。该方法进一步包含第一计算装置确定对应于读取值的操作。该方法可以另外包含第一计算装置响应于请求而执行对应于读取值的操作。

申请文件独立权利要求：

一种用于响应读取请求而执行操作的方法，该方法包括第一计算装置接收读取值的请求，其中请求从第二计算装置经由第一计算装置与第二计算装置之间的无线通信链路而接收；确定对应于读取值的操作，其中每个读取值对应于不同的操作；响应于请求而执行对应于读取值的操作。

736. 包括新型递送增强化合物源的气溶胶生成系统

专利类型：发明

申请号：CN201580048088.7

申请日：2015-09-25

申请人：菲利普·莫里斯生产公司

申请人地址：瑞士纳沙泰尔

发明人：J-P. 沙勒

法律状态公告日：2017-10-31

法律状态：实质审查的生效

摘要：

一种气溶胶生成系统，包括尼古丁源(8)和递送增强化合物源(10)。递送增强化合物源包括以下一种或两种反应产物：①α-酮羧酸和式（Ⅰ）的化合物 OH R^1 $(CH_2)_n$ OH （Ⅰ），其中 R^1 选自烷基、苯基或取代的苯基；②α-羟基酸和式（Ⅱ）的化合物 X R^2 （Ⅱ），其中 X 为卤素，R^2 选自 H、烷基、苯基或取代的苯基。

申请文件独立权利要求：

一种气溶胶生成系统，包括尼古丁源和递送增强化合物源，其中递送增强化合物源包括以下一种或两种反应产物：①α-酮羧酸和式（Ⅰ）的化合物 OH R^1 $(CH_2)_n$ OH （Ⅰ），其中 R^1 选自烷基、苯基或取代的苯基；②α-羟基酸和式（Ⅱ）的化合物 X R^2 （Ⅱ），其中 X 为卤素，R^2 选自 H、烷基、苯基或取代的苯基。

737. 电子烟装置及其构件

专利类型：发明

申请号：CN201580048898.2

申请日：2015-07-22

申请人：奥驰亚客户服务有限责任公司

申请人地址：美国弗吉尼亚

发明人：爱德蒙·J. 卡提欧　道格拉斯·A. 伯顿　帕特里克·J. 克布莱　巴里·S. 史密斯　彼得·利波维兹　曹凯

法律状态公告日：2017-07-25

法律状态：实质审查的生效

摘要：

一种电子烟装置(60)的雾化器(70)，包括位于空气通道(20)中的加热电路(81)。加热电路(81)包括与次级线圈(84)电连接的电阻式加热器(82)。芯子(28)延伸穿过空气通道(20)，构造成将蒸发前的配方从贮存器(22)抽吸到加热器(82)。加热器(82)构造成将蒸发前的配方加热至足以使蒸发前的配方蒸发并形成蒸气的温度。雾化器(70)可与供电构件(72)连接，供电构件(72)包括与初级线圈(83)电连接的电源(1)。供电构件(72)构造成在初级线圈(83)由电源(1)供电时在加热电路(81)的次级线圈(84)中感应出足够的电压，从而使得次级线圈(84)构造成对加热器(82)进行加热并蒸发蒸发前的配方。

申请文件独立权利要求：

一种电子烟装置的雾化器，包括沿纵向延伸的外壳、进气口、蒸气出口、与进气口和蒸气出口连通的空气通道、贮存器、加热电路以及芯子，加热电路包括与次级线圈电连接的电阻式加热器，次级线圈构造成感应式地产生要施加至加热器的电压，芯子延伸穿过空气通道，与贮存器连通，并构造成将蒸发前的配方从贮存器抽吸到加热器。

738. 用于自动化生产电子烟装置的装配鼓、系统及其使用方法

专利类型：发明

申请号：CN201580055337.5

申请日：2015-10-15

申请人：奥驰亚客户服务有限责任公司

申请人地址：美国弗吉尼亚

发明人：杰夫里·A. 斯韦普斯顿　特拉维斯·M. 加萨弗尔　克里斯托弗·R. 纽科姆　马丁·T. 加萨弗尔

法律状态公告日：2017-10-20

法律状态：实质审查的生效

摘要：

一种用于制造蒸气发生物品的装配系统，包括旋转式装配鼓，该装配鼓包括外表面和外表面中的凹槽，凹槽构造和布置成保持蒸气发生物品的第一部分和第二部分。该装配系统还包括第一机构，当第一部分和第二部分在凹槽中时，第一机构使第一部分相对于第二部分平移。该装配系统附加地包括第二机构，当第一部分和第二部分在凹槽中时，第二机构使第一部分相对于第二部分旋转。平移和旋转将第一部分连接到第二部分，以构成蒸气发生物品。

申请文件独立权利要求：

一种用于制造蒸气发生物品的装配系统，包括：①装配鼓，其包括外表面和外表面中的凹槽，装配鼓构造成旋转，凹槽构造成保持蒸气发生物品的第一部分和第二部分；②第一机构，其构造成当第一部分和第二部分在凹槽中时使第一部分相对于第二部分平移；③第二机构，其构造成当第一部分和第二部分在凹槽中时使第一部分相对于第二部分旋转。平移和旋转将第一部分连接到第二部分，以构成蒸气发生物品。

739. 一种轻质抗菌的电子烟外壳及其制备方法

专利类型：发明

申请号：CN201610043719.2

申请日:2016-01-22

申请人:广西中烟工业有限责任公司

申请人地址:530001 广西壮族自治区南宁市北湖南路28号

发明人:李典　田兆福　陆漓　梁俊　黄忠辉　王萍娟

授权日:2018-07-03

法律状态公告日:2018-07-03

法律状态:授权

摘要:

本发明公开了一种轻质抗菌的电子烟外壳及其制备方法。在聚合物混炼的过程中,添加成核剂、发泡剂、发泡助剂和增韧剂,在管状模具中发泡成型,得到发泡的聚合物管材,经过裁截得到一定长度的电子烟外壳。本发明制得的电子烟外壳能有效减轻电子烟的重量,在发泡助剂中所使用的纳米ZnO具有空心多孔的结构,能产生更多的活性氧离子和活性锌离子,以达到抑制细菌的效果。本发明的制备方法原料易得,合成步骤简单,可得到轻质抗菌的电子烟外壳。

授权文件独立权利要求:

一种轻质抗菌的电子烟外壳,其特征在于无菌发泡聚合物管材较原始的聚合物管材的相对密度降低了10%～60%。

740. 一种电子烟注液装置

专利类型:发明

申请号:CN201610056051.5

申请日:2016-01-28

申请人:颐中(青岛)烟草机械有限公司

申请人地址:266021 山东省青岛市崂山区株洲路88号

发明人:陈峰　魏祥伟　肖凤卫　梁延刚　牟锡康　常立志

授权日:2018-06-26

法律状态公告日:2016-07-06

法律状态:实质审查的生效

摘要:

本发明公开了一种电子烟注液装置,其包括泵注射装置、升降装置、旋转装置、主轴、注射组件。泵注射装置位于电子烟注液装置的下端,注射组件位于电子烟注液装置的上端,泵注射装置与注射组件之间通过管路连接,主轴贯穿旋转装置与升降装置,下端连接升降装置,上端连接旋转装置,注射组件下部还设有雾化器。整个装置固定在操作平台上,并采用电气控制。本发明的有益效果是:通过高精度的计量泵将烟液输送到注射针头,注射针头直接插入雾化器中进行分层注射,从而高效地完成了电子烟烟液的注射。

授权文件独立权利要求:

一种电子烟注液装置,包括一操作平台,在操作平台一侧设置有升降装置,另一侧设置有旋转装置,其特征在于升降装置以及旋转装置由一主轴贯穿,主轴下部设置有旋转螺杆、滑动花键轴,旋转螺杆连接升降装置,滑动花键轴连接旋转装置,升降装置、旋转装置与主轴之间均采用电气控制。在操作平台上部设置有一注射组件,下部设置有一泵注射装置,注射组件与泵注射装置之间通过管路连接。

741. 一种碳纳米管界面增强的电子烟导油绳的制备方法

专利类型:发明

申请号:CN201610063448.7

申请日:2016-01-29

申请人:广西中烟工业有限责任公司

申请人地址:530001 广西壮族自治区南宁市北湖南路28号

发明人:李典　田兆福　陆漓　梁俊　黄忠辉

授权日:2018-03-20

法律状态公告日:2018-03-20

法律状态:授权

摘要:

本发明公开了一种碳纳米管界面增强的电子烟导油绳及其制备方法。本发明将玻璃纤维作为原料,用混酸改性过的碳纳米管对其进行修饰,使得碳纳米管化学接枝在玻璃纤维上面,经过偶联剂的处理之后,再与树脂进行混合纺丝,得到碳纳米管界面增强的玻璃纤维/聚合物复合纤维,并缠绕成电子烟导油绳。碳纳米管界面增强的玻璃纤维/聚合物复合纤维具有良好的韧性和导热能力,而且制备过程简单方便。本发明的电子烟导油绳不仅很好地解决了传统导油绳弹性差、易脆、易断裂的问题,而且增强了其导热能力,避免因干烧而损坏电子烟元件。

授权文件独立权利要求:

一种碳纳米管界面增强的电子烟导油绳的制备方法,其特征在于包括如下步骤:

(1) 制备碳纳米管修饰的玻璃纤维:将10～1000 g的玻璃纤维分散在水和/或乙醇溶剂中,加入一定量的经过酸化处理后的碳纳米管材料,在20～100 ℃下搅拌12～120小时,使得碳纳米管上面的基团和玻璃纤维上面的基团充分反应,反应结束之后用去离子水将未反应的碳纳米管清洗2～4次,60～200 ℃烘干后,即得到碳纳米管修饰的玻璃纤维。

(2) 制备碳纳米管界面增强的电子烟导油绳:将步骤(1)所得的碳纳米管修饰的玻璃纤维分散在0.05～5 M的硅烷偶联剂溶液中,预处理1～8小时,将预处理好的玻璃纤维浸泡在树脂当中,经过纺丝固化得到纤维,最后将纤维缠绕成导油绳,60～100 ℃烘干,即得到碳纳米管界面增强的电子烟导油绳。

742. 一种石墨增韧的耐磨的电子烟导油绳的制备方法

专利类型:发明

申请号:CN201610063501.3

申请日:2016-01-29

申请人:广西中烟工业有限责任公司

申请人地址:530001 广西壮族自治区南宁市北湖南路28号

发明人:李典　田兆福　陆漓　梁俊　黄忠辉

授权日:2018-03-20

法律状态公告日:2018-03-20

法律状态:授权

摘要:

本发明公开了一种石墨增韧的耐磨的电子烟导油绳的制备方法和电子烟导油绳。在聚合物树脂中添加经偶联剂改性的石墨材料,得到石墨添加的玻璃纤维上浆液,在玻璃纤维上浆拉丝成纤维之后,将其缠绕成电子烟导油绳。经石墨改良的玻璃纤维/聚合物复合纤维具有良好的韧性和导热能力,而且原料便宜,制备过程简单方便。本发明的电子烟导油绳不仅很好地解决了传统导油绳韧性不够、抗张强度差、耐磨性差等问题,同时增强了其导热能力,避免因干烧而损坏电子烟元件。

授权文件独立权利要求:

一种石墨增韧的耐磨的电子烟导油绳的制备方法,其特征在于包括如下步骤:

(1) 用乙醇作为溶剂,将10～1000 g的石墨材料、1～50 g的偶联剂在高速均质机的搅拌作用下反应1～48小时,保持温度为10～70 ℃,得到被偶联剂修饰改性的石墨粉末;将改性过的石墨粉末和聚丙烯粒料以质量比(1∶100)～(50∶100)的比例混合造粒,然后再二次造粒。

(2) 将步骤(1)得到的添加石墨的聚丙烯粒料制成熔体,将玻璃纤维挤压复合拉丝成纤维状,经过固化冷却之后,得到石墨改良的玻璃纤维/聚丙烯复合纤维;将纤维在 25～100 ℃的温度下干燥之后,缠绕成电子烟导油绳,即制备得到石墨增韧的耐磨的电子烟导油绳。

743. 一种捕捉自由基的电子烟滤嘴片的制备方法

专利类型:发明

申请号:CN201610063516.X

申请日:2016-01-29

申请人:广西中烟工业有限责任公司

申请人地址:530001 广西壮族自治区南宁市北湖南路 28 号

发明人:李典　田兆福　陆漓　梁俊　黄忠辉　王萍娟

授权日:2018-05-25

法律状态公告日:2018-05-25

法律状态:授权

摘要:

本发明公开了一种捕捉自由基的电子烟滤嘴片的制备方法。电子烟烟油在加热雾化的过程中由于高温可能会产生自由基类的物质,可以通过一些自由基捕捉剂来进行收集和清除。利用介孔材料的高比表面性质,可以负载大量的功能分子,将自由基捕捉剂通过纳米沉积的方式负载到孔道当中,在聚合物树脂熔融加工成型的时候添加进去,制备得到添加了自由基捕捉剂的烟嘴滤片,当电子烟烟气经过烟嘴滤片的时候,可以对自由基进行一定的吸收。本发明的制备方法原料易得,所用均为生物相容性好的材料,对人体无毒无害,可以较容易地制备得到。

授权文件独立权利要求:

一种捕捉自由基的电子烟滤嘴片的制备方法,其特征在于包括如下步骤:

(1) 将 1～1000 g 通过物理球磨或者化学合成方式得到的亚微米级别的介孔材料分散在 0.05～10 L 的去离子水当中,加入 0.05～50 g 的聚烯酸类的水溶性聚合物,在高速搅拌、30～70 ℃温度的条件下加热反应,反应 1～10 小时,得到聚合物稳定的介孔材料。

(2) 取 1～5 g 自由基捕捉剂溶解于 100～500 mL 的无水乙醇当中,将 5～20 g 聚合物稳定的介孔材料添加到溶液当中,通过高速搅拌的方式将介孔材料均匀分散在溶剂当中;接着在 30～60 ℃的条件下缓慢加热,使得溶剂在 30～240 分钟内挥发至 25～50 mL 之后停止加热,用真空抽滤的方式将剩下的溶剂除去,再用无水乙醇将滤渣洗涤 2～4 次,在真空的条件下干燥 1～3 天,最后得到负载自由基捕捉剂的介孔材料。

(3) 将 80～100 份的聚合物母粒、5～10 份的改性助剂、1～5 份的负载自由基捕捉剂的介孔材料、1～3 份的碳酸钙和 1～2 份的调色剂加入捏合机加热捏合 1～5 小时后,再加入螺杆挤出机中进行再次造粒,然后将得到的粒子在混炼机中射入滤片成型模具当中,对聚合物熔体进行成型,最后脱模具、干燥,即得到捕捉自由基的抗菌电子烟滤嘴片。

744. 一种碳纳米管-石墨协同增强的电子烟导油绳制备方法

专利类型:发明

申请号:CN201610063702.3

申请日:2016-01-29

申请人:广西中烟工业有限责任公司

申请人地址:530001 广西壮族自治区南宁市北湖南路 28 号

发明人:李典　田兆福　陆漓　梁俊　黄忠辉

授权日:2018-04-27

法律状态公告日:2018-04-27

法律状态:授权

摘要:

本发明公开了一种碳纳米管-石墨协同增强的电子烟导油绳及其制备方法。本发明将玻璃纤维作为原料,用改性过的碳纳米管对其进行修饰,并对其进行偶联化处理,使得碳纳米管化学接枝在玻璃纤维上面,得到碳纳米管增强的玻璃纤维;另一方面将石墨材料均质打碎,并使其表面偶联化,然后添加到聚合物的树脂当中,形成玻璃纤维上浆液。将碳纳米管增强的玻璃纤维与石墨添加的树脂进行混合纺丝,得到碳纳米管-石墨协同增强的玻璃纤维/聚合物复合纤维,并缠绕成电子烟导油绳。本发明的电子烟导油绳制备过程简单方便,不仅很好地解决了传统导油绳弹性差、易脆、易断裂、耐磨性差等问题,同时也增强了其导热能力,避免因干烧而损坏电子烟元件。

授权文件独立权利要求:

一种碳纳米管-石墨协同增强的电子烟导油绳的制备方法,其特征在于包括如下步骤:

(1) 制备碳纳米管修饰的玻璃纤维:将 10～2000 g 的玻璃纤维分散在水和乙醇的混合溶剂中,加入玻璃纤维质量的 0.1%～50%的碳纳米管材料,在 50～100 ℃下搅拌 12～96 小时,使得碳纳米管上面的基团和玻璃纤维上面的基团充分反应,反应结束之后用去离子水将未反应的碳纳米管清洗 2～4 次,在 60～200 ℃温度下烘干后,得到碳纳米管修饰的玻璃纤维。

(2) 制备石墨添加的聚合物树脂:用乙醇作为溶剂,将 10～2000 g 的石墨材料、1～100 g 的偶联剂用高速分散机以 10 000～80 000 r/m 的速度高速分散并反应 1～12 小时,温度为 25～70 ℃,使原来的石墨材料被打散变小且表面被偶联剂修饰;将改性过的石墨粉末和聚合物树脂粒料以质量比(0.1∶100)～(100∶100)的比例加入双螺杆挤出机中混合造粒,再二次造粒,得到添加了石墨的聚合物粒料,或者将改性石墨以质量比(0.1∶100)～(100∶100)的比例添加至聚合物树脂溶液中,高速搅拌使其很好地和聚合物分散在一起。

(3) 制备碳纳米管/石墨协同增强电子烟导油绳:将步骤 1 所得的碳管修饰的玻璃纤维分散在含有的 0.05 M～5 M 的偶联剂溶液中,混合修饰 1～8 小时;将得到的预处理好的玻璃纤维浸泡在步骤(2)改性得到树脂的熔体或者溶液当中,经过纺丝固化得到纤维,最后将纤维缠绕成导油绳,60～100 ℃烘干将溶剂处理干净之后,得到碳纳米管/石墨协同增强电子烟导油绳。

745. 一种电子烟雾化器及电子烟

专利类型:发明

申请号:CN201610145881.5

申请日:2016-03-15

申请人:湖南中烟工业有限责任公司

申请人地址:410007 湖南省长沙市雨花区万家丽中路三段 188 号

发明人:刘建福　钟科军　郭小义　黄炜　代远刚　尹新强　周永权　汪洋

法律状态公告日:2017-12-19

法律状态:专利实施许可合同备案的生效、变更及注销

摘要:

本发明公开了一种电子烟雾化器及电子烟,雾化器包括吸嘴和储油腔,储油腔与吸嘴之间设置有雾化腔,雾化腔由上盖和底座盖合形成,雾化腔内固定有第一发热体,第一发热体与储油片接触,储油片与储油腔内的导油结构顶端接触,上盖上至少开设有一个与吸嘴腔连通的出气孔。第一发热体工作时,将液体雾化成烟雾,与此同时雾化腔内的空气也被第一发热体加热,使得雾化腔内的空气受热膨胀,此时雾化腔内形成一个高温高压的腔体,从而使烟雾与已经加热的空气在雾化腔内混合,之后从出气孔自动喷出。由于雾

化腔内的烟雾是与已经加热的空气混合雾化的，因此烟雾的口感细腻。本发明的电子烟结构紧凑，制造方便，能够改善用户的吸烟感受。

申请文件独立权利要求：

一种电子烟雾化器，包括吸嘴(8)和储油腔(11)，其特征在于储油腔(11)与吸嘴(8)之间设置有雾化腔(3)，雾化腔(3)与吸嘴(8)之间通过吸嘴腔(14)连通，雾化腔(3)由上盖(1)和底座(2)盖合形成，雾化腔(3)内设置有第一发热体(4)和储油片(5)，第一发热体(4)与储油片(5)的上表面接触，储油片(5)的下表面与储油腔(11)内的导油结构顶端接触，上盖(1)上至少开设有一个与吸嘴腔(14)连通的出气孔(6)。

746. 具有液体存储部分和改善的气流特性的吸烟系统

专利类型：发明

申请号：CN201610205852.3

申请日：2010-10-26

申请人：菲利普·莫里斯生产公司

申请人地址：瑞士纳沙泰尔

发明人：M. 托伦斯　J-M. 弗利克　O. Y. 科强德　F. 迪比耶夫

法律状态公告日：2016-08-31

法律状态：实质审查的生效

摘要：

本发明公开了一种吸烟系统，其包括用于储存液体的毛细芯、至少一个空气入口和空气出口，以及位于空气入口与空气出口之间的室。空气入口、空气出口和室布置成限定从空气入口经由毛细芯到空气出口的空气流动路径，以将气雾传送到空气出口。该吸烟系统还至少包括一个导向装置，该导向装置用于在空气流动路径中引导气流，以控制气雾中的颗粒粒度。该吸烟系统还至少包括一个加热器，该加热器用于加热毛细芯至少一部分中的液体，以形成气雾剂。

申请文件独立权利要求：

一种吸烟系统(100)，包括：①毛细芯(117)，用于储存液体，该毛细芯为细长状并且具有纤维或海绵结构；②至少一个空气入口(123)和空气出口(125)，以及位于空气入口与空气出口之间的室(127)，空气入口、空气出口和室布置成限定从空气入口经由毛细芯到空气出口的空气流动路径，以将由液体形成的气雾传送到空气出口；③至少一个导向装置(1103)，用于在空气流动路径中引导气流，以控制气雾中的颗粒粒度，其特征在于至少有一个导向装置构造成用于沿基本上垂直于毛细芯的纵轴线方向将气流引导到毛细芯上。

747. 一种雾化器及电子烟

专利类型：发明

申请号：CN201610227016.5

申请日：2016-04-13

申请人：湖南中烟工业有限责任公司

申请人地址：410007 湖南省长沙市雨花区万家丽中路三段 188 号

发明人：刘建福　钟科军　郭小义　黄炜　代远刚　尹新强　易建华　何友邻　周永权

法律状态公告日：2017-12-19

法律状态：专利实施许可合同备案的生效、变更及注销

摘要：

本发明公开了一种雾化器及电子烟，雾化器包括超声波组件、导液结构、储液腔。导液结构的一端与超声波组件接触，另一端与储液腔连通；超声波组件的雾化出口处设置有第一腔体，第一腔体的侧壁上设置有进气通道，进气通道上设置有第一进气口，第一腔体通过进气通道、第一进气口与外界连通，进气通道内设

置有加热装置。本发明采用超声波组件雾化液体，解决了现有的技术容易烧棉、炸油、产生煳味的问题；超声波组件雾化的气体与经加热装置加热后的空气混合，进一步减小了雾化气体的粒径，极大地改善了吸烟口感。

申请文件独立权利要求：

一种雾化器，其特征在于包括超声波组件(1)、导液结构、储液腔(7)。导液结构的一端与超声波组件(1)接触，另一端与储液腔(7)连通；超声波组件(1)的雾化出口处设置有第一腔体(2)，第一腔体(2)的侧壁上设置有进气通道(5)，进气通道(5)上设置有第一进气口(51)，第一腔体(2)通过进气通道(5)、第一进气口(51)与外界连通，进气通道(5)内设置有加热装置(200)。

748. 一种气道径向分层式的烟嘴

专利类型：发明

申请号：CN201610251041.7

申请日：2016-04-20

申请人：云南中烟工业有限责任公司

申请人地址：650000 云南省昆明市世博路6号

发明人：吴俊　朱东来　汤建国　李寿波　洪鎏　韩熠　巩效伟　张霞　李廷华

法律状态公告日：2016-07-27

法律状态：实质审查的生效

摘要：

本发明公开了一种气道径向分层式的烟嘴，旨在提供一种品吸口感佳的气道径向分层式的烟嘴。该烟嘴包括外壳，外壳的一端设置有连接部，外壳连接部所在一端称为首端，另一端称为尾端，外壳内从首端至尾端依次设置有端部进气座、第一圆管、第一进气座及中部带有出气孔的封口塞。第一圆管内从靠近端部进气座的一端至另一端依次设置有第二进气座及第二圆管；端部进气座为一圆板，该圆板的外缘与外壳内壁接触，且圆板的外缘上设置有端部通气孔，圆板与第一圆管的邻接端气密封连接；第一进气座为具有阶梯状截面的圆环，圆环外径较大的一阶的外缘与外壳内壁接触，且其外缘上设置有轴向通气孔，另一阶与封口塞接触，且其端部设置有径向通气孔，圆环与第一圆管气密封连接。

申请文件独立权利要求：

一种气道径向分层式的烟嘴，包括外壳，外壳的一端设置有连接部，外壳连接部所在一端称为首端，另一端称为尾端，其特征在于外壳内从首端至尾端依次设置有端部进气座、第一圆管、第一进气座及中部带有出气孔的封口塞。第一圆管内从靠近端部进气座的一端至另一端依次设置有第二进气座及第二圆管；端部进气座为一圆板，该圆板的外缘与外壳内壁接触，且圆板的外缘上设置有端部通气孔，端部进气座与第一圆管的邻接端气密封连接；第一进气座为具有阶梯状截面的圆环，该圆环外径较大的一阶的外缘与外壳内壁接触，且其外缘上设置有轴向通气孔，另一阶与封口塞接触，且其端部设置有径向通气孔，第一进气座与第一圆管气密封连接；第二进气座为具有阶梯状截面的圆环，该圆环外径较大的一阶的外缘与第一圆管内壁接触，且其外缘上设置有轴向通气孔，另一阶与端部进气座接触，且其端部设置有径向通气孔，第二进气座与第二圆管气密封连接；封口塞的外缘与外壳内壁气密封连接，其端面与第二圆管的端部气密封连接，其上的出气孔位于第二圆管的管径内。外壳与第一圆管之间构成第一气流通道，第一圆管与第二圆管之间构成第二气流通道。

749. 一种具有多单元气道模块化构成的烟嘴

专利类型：发明

申请号：CN201610251181.4

申请日：2016-04-20

申请人:云南中烟工业有限责任公司

申请人地址:650000 云南省昆明市世博路 6 号

发明人:朱东来　吴俊　洪鎏　杨柳　韩熠　张霞　李廷华　李寿波　袁大林

法律状态公告日:2016-07-20

法律状态:实质审查的生效

摘要:

本发明公开了一种具有多单元气道模块化的烟嘴,旨在提供一种品吸口感佳、具有多单元气道的易于加工制造的烟嘴。该烟嘴包括外壳,外壳的一端设置有连接部;外壳内设置有至少两个首尾邻接的混合装置,该混合装置均包括位于外壳内、沿外壳首端至尾端方向依次设置的端部进气座、第一圆管、第一进气座、中部带有出气孔的封口塞,以及设置于第一圆管内的第二进气座及第二圆管。端部进气座为一圆板,该圆板的外缘与外壳内壁接触,且其外缘上设置有端部通气孔。端部进气座与第一圆管的邻接端气密封连接,另一端端面设置有多根筋板,筋板间形成的气道与端部通气孔相通。

申请文件独立权利要求:

一种具有多单元气道模块化的烟嘴,包括外壳,外壳的一端设置有连接部,其特征在于外壳内设置有至少两个首尾邻接的混合装置,该混合装置均包括位于外壳内、沿外壳首端至尾端方向依次设置的端部进气座、第一圆管、第一进气座、中部带有出气孔的封口塞,以及设置于第一圆管内的第二进气座及第二圆管。端部进气座为一圆板,该圆板的外缘与外壳内壁接触,且其外缘上设置有端部通气孔,端部进气座与第一圆管的邻接端气密封连接,另一端端面设置有多根筋板,筋板间形成的气道与端部通气孔相通;第一进气座为具有阶梯状截面的圆环,该圆环外径较大的一阶的外缘与外壳内壁接触,且其外缘上设置有轴向通气孔,另一阶与封口塞接触,且其端部设置有径向通气孔,第一进气座与第一圆管气密封连接;第二进气座为具有阶梯状截面的圆环,该圆环外径较大的一阶的外缘与第一圆管内壁接触,且其外缘上设置有轴向通气孔,另一阶与端部进气座接触,且其端部设置有径向通气孔,第二进气座与第二圆管气密封连接;封口塞的外缘与外壳内壁气密封连接,其端面与第二圆管的端部气密封连接,其上的出气孔位于第二圆管的管径内。外壳与第一圆管之间构成第一气流通道,第一圆管与第二圆管之间构成第二气流通道。

750. 一种复合功能雾化器及含有该雾化器的电子烟

专利类型:发明

申请号:CN201610288476.9

申请日:2016-05-04

申请人:湖北中烟工业有限责任公司

申请人地址:430040 湖北省武汉市东西湖区金山大道 1355 号

发明人:刘冰　陈义坤　刘华臣　罗诚浩　侯宁

法律状态公告日:2016-08-03

法律状态:实质审查的生效

摘要:

本发明提供了一种复合功能雾化器,其包括发热体和具有多孔结构的导液体。发热体包括发热载体及设于发热载体上的发热元件,发热体与导液体之间设置有导热密封层,用于将导液体与发热体中的发热元件分隔开,导液体用于导入储油腔中储存的电子烟烟液,发热体、导热密封层和导液体复合为一体结构。本发明还提供了一种具有上述复合功能雾化器的电子烟。本发明通过将发热元件与导液体用导热密封层隔离,可实现发热体不直接与烟液接触,从而避免了烟液接触发热丝而出现烧煳的现象,而且解除了导液体材料和发热丝一体成型带来的限制,即能够根据导油需要开发任意孔隙和任意材质等的导液体材料。

申请文件独立权利要求:

一种复合功能雾化器,包括发热体和具有多孔结构的导液体(2),其特征在于发热体包括发热载体(3)

及设于发热载体(3)上的发热元件(5),发热体与导液体(2)之间设置有导热密封层(4),用于将导液体(2)与发热体中的发热元件(5)分隔开,导液体(2)用于导入储油腔(9)中储存的电子烟烟液,发热体、导热密封层(4)和导液体(2)复合为一体结构。

751. 一次性烟弹及利用一次性烟弹的电子烟

专利类型:发明

申请号:CN201610361606.7

申请日:2016-05-26

申请人:湖南中烟工业有限责任公司

申请人地址:410007 湖南省长沙市雨花区万家丽中路三段188号

发明人:任建新　黄嘉若　王志国　杜文　易建华　刘建福

法律状态公告日:2016-08-17

法律状态:实质审查的生效

摘要:

本发明公开了一种一次性烟弹,其包括烟弹外壁、密封膜,以及由烟弹外壁和密封膜组成的可盛装烟油的密封腔,在密封腔内设有可涡流发热的金属元件。本发明还公开了一种利用上述一次性烟弹的电子烟,其包括壳体,壳体内设有电源和容纳腔,容纳腔内装有一次性烟弹,在一次性烟弹外绕有电磁感应线圈。使用该一次性烟弹,可以避免结焦,改善了电子烟的抽吸口感。

申请文件独立权利要求:

一种一次性烟弹,其特征在于包括烟弹外壁、密封膜,以及由烟弹外壁和密封膜组成的可盛装烟油的密封腔,在密封腔内设有可涡流发热的金属元件。

752. 一种电子烟雾化器

专利类型:发明

申请号:CN201610374950.X

申请日:2016-05-31

申请人:湖南中烟工业有限责任公司

申请人地址:410007 湖南省长沙市雨花区万家丽中路三段188号

发明人:刘建福　钟科军　郭小义　黄炜　代远刚　尹新强　易建华　于宏　何友邻

法律状态公告日:2017-12-19

法律状态:专利实施许可合同备案的生效、变更及注销

摘要:

本发明公开了一种电子烟雾化器,其包括超声雾化片,超声雾化片的一面与储油片接触,储油片与烟油腔连通,储油片与气流通道相通,储油片、超声雾化片沿烟气流出方向依次设置。本发明利用超声雾化片振荡产生烟雾,解决了发热丝加热容易烧焦,产生煳味,并且发热丝产生的高温容易传到雾化器外壁,使电子烟发烫,能量利用率低,吸烟口感差,雾化器容易漏油的问题;储油片与超声雾化片的下表面接触,烟雾自逆气流方向喷出,使得大颗粒的烟雾分子凝结在雾化片或者储油片上,防止大颗粒的烟雾分子被用户吸食,从而改善吸烟口感。

申请文件独立权利要求:

一种电子烟雾化器,其特征在于包括超声雾化片(1),超声雾化片(1)的一面与储油片(2)接触,储油片(2)与烟油腔(3)连通,储油片(2)与气流通道(4)相通,储油片(2)、超声雾化片(1)沿烟气流出方向依次设置。

753. 一种储油装置、电子烟雾化器及电子烟

专利类型：发明

申请号：CN201610421230.4

申请日：2016-06-15

申请人：湖南中烟工业有限责任公司

申请人地址：410007 湖南省长沙市雨花区万家丽中路三段 188 号

发明人：郭小义　代远刚　尹新强　黄炜　易建华　于宏　钟科军　刘建福　周永权

法律状态公告日：2017-12-19

法律状态：专利实施许可合同备案的生效、变更及注销

摘要：

本发明公开了一种储油装置、电子烟雾化器及电子烟。储油装置包括本体，本体至少一侧的外壁上固定有导油体，导油体与本体内腔连通，导油体远离本体的表面开设有通气槽。本发明的储油装置上设有导油体，通过导油体可以直接将烟油传导给雾化组件，导油体与本体可以一体成型，也可以采用镶嵌等方式固定，结构简单，使用方便。本发明的电子烟雾化器采用超声波雾化组件，能量利用率高，解决了现有的发热丝加热烟油容易产生煳味而导致吸烟口感变差的问题；同时导油体表面开设有通气槽，既可以使气流通过，又可以避免导液体与超声波雾化组件接触面积过大而产生漏油的现象。本发明结构简单精巧，安装拆卸方便。

申请文件独立权利要求：

一种储油装置，其特征在于包括本体(1)，本体(1)至少一侧的外壁上固定有导油体(2)，导油体(2)与本体(1)内腔连通，导油体(2)远离本体(1)的表面开设有通气槽(3)。

754. 一种电子烟超声电路控制方法及系统

专利类型：发明

申请号：CN201610452101.1

申请日：2016-06-21

申请人：湖南中烟工业有限责任公司

申请人地址：410007 湖南省长沙市雨花区万家丽中路三段 188 号

发明人：刘建福　钟科军　郭小义　黄炜　易建华　代远刚　尹新强　于宏　沈开为

法律状态公告日：2017-12-19

法律状态：专利实施许可合同备案的生效、变更及注销

摘要：

本发明公开了一种电子烟超声电路控制方法及系统。检测超声电路工作时的温度 T_1，将设定温度 T 与检测得到的温度 T_1 进行比较，若 $T_1<T+\Delta t$，则控制超声电路继续工作，若 $T_1\geqslant T+\Delta t$，则控制超声电路停止工作，其中，Δt 为偏差。本发明的控制方法简单，能够精确地控制超声电路的启停以及加热装置的启停，提高雾化效率，改善吸烟口感，且很好地保护超声电路，防止空振损坏超声电路，控制精度高。

申请文件独立权利要求：

一种电子烟超声电路控制方法，其特征在于包括以下步骤：

(1) 检测超声电路工作时的温度 T_1；

(2) 将设定温度 T 与检测得到的温度 T_1 进行比较，若 $T_1<T+\Delta t$，则控制超声电路继续工作，若 $T_1\geqslant T+\Delta t$，则控制超声电路停止工作，其中 Δt 为偏差。

755. 一种电子烟控制系统及控制方法

专利类型：发明

申请号:CN201610452116.8

申请日:2016-06-21

申请人:湖南中烟工业有限责任公司

申请人地址:410007 湖南省长沙市雨花区万家丽中路三段188号

发明人:刘建福　钟科军　郭小义　黄炜　易建华　代远刚　尹新强　于宏　周永权

法律状态公告日:2017-12-19

法律状态:专利实施许可合同备案的生效、变更及注销

摘要:

本发明公开了一种电子烟控制系统及控制方法,该控制系统适用于如下电子烟:该电子烟包括安装在壳体内的供电装置、控制器、储油装置、混合腔,混合腔内固定有超声波装置,且该超声波装置通过导油结构与储油装置连通,混合腔通过主进气通道与外部连通,主进气通道内安装有加热装置,混合腔与出气通道连通,出气通道内安装有温度检测装置,供电装置、温度检测装置均与控制器电连接,供电装置为控制器、超声波装置、加热装置提供工作电源。本发明的系统和方法简单,容易实现,有效地解决了发热丝加热烟油容易烧焦产生煳味的问题,同时可以有效防止烟雾温度过高而损伤用户口腔。本发明使得电子烟的口感更好。

申请文件独立权利要求:

一种电子烟控制系统,其特征在于适用于如下电子烟:该电子烟包括安装在壳体(1)内的供电装置(2)、控制器(3)、储油装置(4)、混合腔(5),混合腔(5)内固定有超声波装置(6),且该超声波装置(6)通过导油结构与储油装置(4)连通,混合腔(5)通过主进气通道(8)与外部连通,主进气通道(8)内安装有加热装置(11),混合腔(5)与出气通道(9)连通,出气通道(9)内安装有温度检测装置(10),供电装置(2)、温度检测装置(10)均与控制器(3)电连接,供电装置(2)为控制器(3)、超声波装置(6)、加热装置(11)提供工作电源。

756. 一种组合式超声雾化器及其雾化方法、电子烟

专利类型:发明

申请号:CN201610498877.7

申请日:2016-06-30

申请人:湖南中烟工业有限责任公司

申请人地址:410007 湖南省长沙市雨花区万家丽中路三段188号

发明人:刘建福　钟科军　郭小义　黄炜　代远刚　尹新强　易建华　于宏　沈礼周

法律状态公告日:2017-12-19

法律状态:专利实施许可合同备案的生效、变更及注销

摘要:

本发明公开了一种组合式超声雾化器及其雾化方法、电子烟。该组合式超声雾化器包括油仓、进气通道、出烟油雾通道和雾化组件。雾化组件包括用于对烟油进行一级振荡雾化的微孔雾化片和用于对烟油进行二级振荡雾化的高频雾化片,微孔雾化片与油仓的出油口直接接触连通或通过导油结构连通,该微孔雾化片的喷出端正对高频雾化片的雾化表面;进气通道与位于微孔雾化片和高频雾化片之间的雾化腔连通,该雾化腔与出烟油雾通道连通。本发明解决了传统的导油棉存在的过度供油或供油不足的问题。

申请文件独立权利要求:

一种组合式超声雾化器,包括油仓(4)、进气通道、出烟油雾通道和雾化组件,其特征在于:雾化组件包括用于对烟油进行一级振荡雾化的微孔雾化片(9)和用于对烟油进行二级振荡雾化的高频雾化片(10),微孔雾化片(9)与油仓(4)的出油口直接接触连通或通过导油结构连通,该微孔雾化片(9)的喷出端正对高频雾化片(10)的雾化表面;进气通道与位于微孔雾化片(9)和高频雾化片(10)之间的雾化腔连通,该雾化腔与出烟油雾通道连通。

757. 一种基于 MEMS 雾化芯片的电子烟

专利类型:发明

申请号:CN201610566355.6

申请日:2016-07-19

申请人:云南中烟工业有限责任公司

申请人地址:650000 云南省昆明市世博路 6 号

发明人:韩熠 朱东来 李廷华 徐溢 陈李 陈永宽 李寿波 吴俊 巩效伟 张霞 洪鎏 缪明明

法律状态公告日:2016-10-19

法律状态:实质审查的生效

摘要:

本发明公开了一种基于 MEMS 雾化芯片的电子烟,其包括:①电池杆(1),其内部设置有电池(4);②雾化器(2),其包括壳体(9)和容纳在其内的储油仓(10)和 MEMS 雾化芯片(11),MEMS 雾化芯片(11)包括由密封微环(19)、微喷孔板(17)和振动膜(21)围成的液体腔(22),其中振动膜(21)外侧布置有驱动器(18),微喷孔板(17)上有微孔阵列(13)、进液口(15)和微阀(20);③吸嘴(3),其具有中心通道(14)。电池杆(1)与雾化器(2)和吸嘴(3)顺序连接构成基于 MEMS 雾化芯片的电子烟。

申请文件独立权利要求:

一种基于 MEMS 雾化芯片的电子烟,其特征在于包括:①电池杆(1),其内部设置有电池(4);②雾化器(2),其包括壳体(9)和容纳在其内的储油仓(10)和 MEMS 雾化芯片(11),壳体(9)和储油仓(10)之间留有间隙,壳体(9)上有空气进气孔(12),空气进气孔(12)与间隙相通,MEMS 雾化芯片(11)包括由密封微环(19)、微喷孔板(17)和振动膜(21)围成的液体腔(22),其中振动膜(21)外侧布置有驱动器(18),微喷孔板(17)上有微孔阵列(13)、进液口(15)和微阀(20),进液口(15)与储油仓(10)的出液口连通;③吸嘴(3),其具有中心通道(14),中心通道(14)与 MEMS 雾化芯片(11)上的微孔阵列(13)连通。电池杆(1)与雾化器(2)和吸嘴(3)顺序连接构成基于 MEMS 雾化芯片的电子烟。

758. 一种用于电子烟的 MEMS 雾化芯片

专利类型:发明

申请号:CN201610566724.1

申请日:2016-07-19

申请人:云南中烟工业有限责任公司

申请人地址:650000 云南省昆明市世博路 6 号

发明人:韩熠 朱东来 李廷华 徐溢 陈李 陈永宽 李寿波 吴俊 巩效伟 张霞 洪鎏 缪明明

法律状态公告日:2016-10-26

法律状态:实质审查的生效

摘要:

本发明公开了一种用于电子烟的 MEMS 雾化芯片(11),其包括密封微环(19)、微喷孔板(17)、振动膜(21)及其围成的液体腔(22),其中振动膜(21)外侧布置有驱动器(18),微喷孔板(17)上有微孔阵列(13)、进液口(15)和微阀(20),微孔阵列(13)的微孔的入口直径大于出口直径,出口直径为微米级或纳米级。

申请文件独立权利要求:

一种用于电子烟的 MEMS 雾化芯片(11),其特征在于包括密封微环(19)、微喷孔板(17)、振动膜(21)及其围成的液体腔(22),其中振动膜(21)外侧布置有驱动器(18),微喷孔板(17)上有微孔阵列(13)、进液口

(15)和微阀(20)。

759. 固态烟油电子雾化器

专利类型:发明

申请号:CN201610587131.3

申请日:2016-07-21

申请人:深圳瀚星翔科技有限公司　宏图东方科技(深圳)有限公司　恒信宏图国际控股有限公司

申请人地址:518000 广东省深圳市龙岗区布吉街道甘李五路3号中海信创新产业城9栋501、901、1001

发明人:姚浩锋　史文峰

法律状态公告日:2016-12-07

法律状态:实质审查的生效

摘要:

本发明公开了一种固态烟油电子雾化器,其包括雾化芯、吸嘴组件,以及与吸嘴组件构成可拆卸连接的雾化底座。吸嘴组件包括吸嘴和雾化上盖,吸嘴组件通过雾化上盖与雾化底座连接,雾化底座与雾化上盖连接后形成一雾化腔,雾化芯设置于雾化腔内;雾化芯包括用于盛放固态烟油的发热体以及用于固定发热体的支架,发热体的一个引脚与雾化底座电连接,另一个引脚与绝缘设置在雾化底座上的雾化正极电连接。该电子雾化器的优点是固体烟油在局部受热后形成局部固态烟油雾化,雾化蒸气量大,且不会有炸油;同时可以直接、简单地将固体烟油放入发热体中,避免因滴加烟油而弄脏手,用户出行携带固体烟油也方便。

申请文件独立权利要求:

一种固态烟油电子雾化器,其特征在于包括雾化芯、吸嘴组件,以及与吸嘴组件构成可拆卸连接的雾化底座。吸嘴组件包括吸嘴和雾化上盖,吸嘴组件通过雾化上盖与雾化底座连接,雾化底座与雾化上盖连接后形成一雾化腔,雾化芯设置于雾化腔内;雾化芯包括用于盛放固态烟油的发热体以及用于固定发热体的支架,发热体的一个引脚与雾化底座电连接,另一个引脚与绝缘设置在雾化底座上的雾化正极电连接。

760. 一种起振-随振型雾化器

专利类型:发明

申请号:CN201610657182.9

申请日:2016-08-12

申请人:云南中烟工业有限责任公司

申请人地址:650000 云南省昆明市世博路6号

发明人:韩熠　李寿波　张霞　李廷华　朱东来　陈永宽　巩效伟　吴俊　洪鎏

法律状态公告日:2016-11-23

法律状态:实质审查的生效

摘要:

本发明公开了一种起振-随振型雾化器,其包括磁悬浮振动器和随振型储油雾化器,磁悬浮振动器具有用于输出振动的驱动轴端(51),随振型储油雾化器包括以下组件:①储油件(1),其包含中心通道(104)和油仓(103),其中中心通道(104)侧壁具有两个进油口(120);②多孔振动件(2),其位于中心通道(104)内,其包含振动腔(202)和位于其内的导油件(203),振动腔(202)的侧壁上具有若干微孔(207),振动腔(202)上部具有上端盖(201),下部具有下端盖(204)及与该下端盖(204)连接的振源连接端(206),振源连接端(206)与驱动轴端(51)相连。

申请文件独立权利要求:

一种起振-随振型雾化器,其特征在于包括磁悬浮振动器和随振型储油雾化器,磁悬浮振动器具有用于输出振动的驱动轴端(51),随振型储油雾化器具有以下元件:①储油件(1),其包含中心通道(104)和围绕中心通道(104)的油仓(103),其底部具有底座(105),其中中心通道(104)侧壁具有两个向内凸出的进油口(120),底座(105)上具有进气孔(121),该进气孔(121)与中心通道(104)气流连通;②多孔振动件(2),其位于中心通道(104)内,其包含振动腔(202)和位于其内的导油件(203),振动腔(202)的侧壁上具有若干微孔(207),振动腔(202)上部具有上端盖(201),下部具有下端盖(204)及与该下端盖(204)连接的振源连接端(206),振动腔(202)外部套设有弹簧(205),振源连接端(206)与驱动轴端(51)相连。

761. 一种随振型储油雾化器

专利类型:发明

申请号:CN201610659313.7

申请日:2016-08-12

申请人:云南中烟工业有限责任公司

申请人地址:650000 云南省昆明市世博路 6 号

发明人:韩熠　李寿波　朱东来　李廷华　陈永宽　张霞　巩效伟　吴俊　洪鎏

法律状态公告日:2016-12-14

法律状态:实质审查的生效

摘要:

本发明公开了一种随振型储油雾化器,其包括以下组件:①储油件(1),其包含中心通道(104)和围绕该中心通道(104)的油仓(103),其底部具有底座(105),中心通道(104)侧壁具有两个向内凸出的进油口(120),底座(105)上具有进气孔(121),进气孔(121)与中心通道(104)气流连通;②多孔振动件(2),其位于中心通道(104)内,包含振动腔(202)和位于其内的导油件(203),振动腔(202)的侧壁上具有若干微孔(207),振动腔(202)上部具有上端盖(201),下部具有下端盖(204)及与该下端盖(204)连接的振源连接端(206),振动腔(202)外部套设有弹簧(205)。

申请文件独立权利要求:

一种随振型储油雾化器,其特征在于包括以下组件:①储油件(1),其包含中心通道(104)和围绕中心通道(104)的油仓(103),其底部具有底座(105),其中中心通道(104)侧壁具有两个向内凸出的进油口(120),底座(105)上具有进气孔(121),该进气孔(121)与中心通道(104)气流连通;②多孔振动件(2),其位于中心通道(104)内,包含振动腔(202)和位于其内的导油件(203),振动腔(202)的侧壁上具有若干微孔(207),振动腔(202)上部具有上端盖(201),下部具有下端盖(204)及与该下端盖(204)连接的振源连接端(206),振动腔(202)外部套设有弹簧(205)。

762. 一种起振-随振型雾化器

专利类型:发明

申请号:CN201610659503.9

申请日:2016-08-12

申请人:云南中烟工业有限责任公司

申请人地址:650000 云南省昆明市世博路 6 号

发明人:李寿波　韩熠　张霞　朱东来　巩效伟　李廷华　洪鎏　吴俊　陈永宽

法律状态公告日:2016-11-23

法律状态:实质审查的生效

摘要:

本发明公开了一种起振-随振型雾化器,其包括以下组件:①磁悬浮振动器,其具有用于输出振动的驱动轴端(51);②随振型滴油雾化器,其包括中空圆柱形底座(301),其上部设有中空凸起的振动腔(302),底座(301)侧壁设有进气孔(303),振动腔(302)侧壁上具有环形卡槽(304),一个弹性振动膜片(305)绷紧固定在该环形卡槽(304)上,驱动轴端(51)伸入振动腔(302)内并与之套接。

申请文件独立权利要求:

一种起振-随振型雾化器,其特征在于包括以下组件:①磁悬浮振动器,其具有用于输出振动的驱动轴端(51);②随振型滴油雾化器,其包括中空圆柱形底座(301),其上部设有中空凸起的振动腔(302),底座(301)侧壁设有进气孔(303),振动腔(302)侧壁上具有环形卡槽(304),一个弹性振动膜片(305)绷紧固定在该环形卡槽(304)上,驱动轴端(51)伸入振动腔(302)内并与之套接。

763. 一种随振型滴油雾化器

专利类型:发明

申请号:CN201610659556.0

申请日:2016-08-12

申请人:云南中烟工业有限责任公司

申请人地址:650000 云南省昆明市世博路 6 号

发明人:张霞　韩熠　李寿波　朱东来　巩效伟　李廷华　洪鎏　吴俊　陈永宽

法律状态公告日:2016-12-14

法律状态:实质审查的生效

摘要:

本发明公开了一种随振型滴油雾化器,其包括中空圆柱形底座(301),其上部设有中空凸起的振动腔(302),底座(301)侧壁设有进气孔(303),振动腔(302)侧壁上具有环形卡槽(304),一个弹性振动膜片(305)绷紧固定在该环形卡槽(304)上。优选地,底座(301)底部具有开孔(306)。

申请文件独立权利要求:

一种随振型滴油雾化器,其特征在于包括中空圆柱形底座(301),其上部设有中空凸起的振动腔(302),底座(301)侧壁设有进气孔(303),振动腔(302)侧壁上具有环形卡槽(304),一个弹性振动膜片(305)绷紧固定在该环形卡槽(304)上。

764. 浮质产生装置、盒和浮质产生系统

专利类型:发明

申请号:CN201610677028.8

申请日:2012-12-05

申请人:菲利普·莫里斯生产公司

申请人地址:瑞士纳沙泰尔

发明人:F.迪比耶夫

法律状态公告日:2017-01-11

法律状态:实质审查的生效

摘要:

一种浮质产生装置、盒和浮质产生系统,该浮质产生装置包括:①用于储存浮质形成基质的储存部分;②用于加热浮质形成基质的蒸发器;③毛细管材料,其用于通过毛细管作用将浮质形成基质从储存部分朝蒸发器运送;④多孔材料,其位于毛细管材料和蒸发器之间。该盒包括:①浮质形成基质;②用于加热浮质形成基质的蒸发器;③毛细管材料,其用于通过毛细管作用将浮质形成基质朝蒸发器运送;④多孔材料,其位于毛细管材料和蒸发器之间。该浮质产生系统包括浮质产生装置和盒。

申请文件独立权利要求:

一种浮质产生装置,包括:①储存部分,用于储存浮质形成基质;②蒸发器,用于加热浮质形成基质;③毛细管材料,用于通过毛细管作用将浮质形成基质从储存部分朝蒸发器运送;④多孔材料,位于毛细管材

料和蒸发器之间。

765. 气溶胶生成装置及气溶胶生成方法

专利类型:发明

申请号:CN201610728360.2

申请日:2016-08-25

申请人:上海烟草集团有限责任公司

申请人地址:200082 上海市杨浦区长阳路 717 号

发明人:陈超　李祥林　郑爱群

法律状态公告日:2017-01-25

法律状态:实质审查的生效

摘要:

本发明提供了一种气溶胶生成装置及气溶胶生成方法。该气溶胶生成装置包括:①壳体,该壳体为中空结构,壳体上设有通气孔,壳体包括壳本体和至少两个间隔设置于壳本体上的导电体;②多个导电颗粒,其填充于壳体的内部,相邻的导电颗粒相互接触,且导电体至少与一个导电颗粒接触;③气溶胶基质,其填充于壳体的内部,且与多个导电颗粒接触。本发明将多个导电颗粒作为加热元件,多个导电颗粒分布于壳体内部,气溶胶基质与导电颗粒的表面接触,通电后导电颗粒的热量能够对气溶胶基质进行均匀、稳定地加热,使气溶胶基质加热雾化为气溶胶后通过通气孔释放,从而能够有效避免气溶胶基质在加热过程中发生碳化。

申请文件独立权利要求:

一种气溶胶生成装置,其特征在于包括:①壳体(100),壳体(100)为中空结构,其上设有通气孔(101),壳体(100)包括壳本体(110)和至少两个间隔设置于壳本体(110)上的导电体(120);②多个导电颗粒(200),其填充于壳体(100)的内部,相邻的导电颗粒(200)相互接触,且导电体(120)至少与一个导电颗粒(200)接触;③气溶胶基质(300),其填充于壳体(100)的内部,且气溶胶基质(300)与多个导电颗粒(200)接触。

766. 一种声表面波雾化器

专利类型:发明

申请号:CN201610767046.5

申请日:2016-08-31

申请人:云南中烟工业有限责任公司

申请人地址:650000 云南省昆明市世博路 6 号

发明人:韩熠　李寿波　孟凡晋　李廷华　巩效伟　朱东来　张霞　洪鎏　吴俊　陈永宽　唐顺良

法律状态公告日:2017-01-04

法律状态:实质审查的生效

摘要:

本发明公开了一种声表面波雾化器,其包括:①底座(1),其开设有进气孔(4),底端设有主机连接头(5);②雾化仓(2),其与进气孔(4)连通,内部底端设有固定槽和固定在其中的声表面波雾化芯片(6);③吸嘴(3);④主机信号发生装置(8)。雾化仓(2)的一端与底座(1)连接,另一端与吸嘴(3)连接。

申请文件独立权利要求:

一种声表面波雾化器,其特征在于包括:①底座(1),其开设有进气孔(4),底端设有主机连接头(5);②雾化仓(2),其与进气孔(4)连通,内部底端设有固定槽和固定在其中的声表面波雾化芯片(6);③吸嘴(3);④主机信号发生装置(8)。雾化仓(2)的一端与底座(1)连接,另一端与吸嘴(3)连接。

767. 一种带有书写功能的多口味笔形电子烟

专利类型:发明

申请号:CN201610779711.2

申请日:2016-08-31

申请人:云南中烟工业有限责任公司

申请人地址:650000 云南省昆明市世博路 6 号

发明人:王汝 汤建国 郑绪东 王程娅 曾旭 王磊 李志强 雷萍 尚善斋 韩敬美 袁大林 陈永宽 唐顺良

法律状态公告日:2016-12-21

法律状态:实质审查的生效

摘要:

本发明涉及一种带有书写功能的多口味笔形吸烟装置,属于吸烟装置技术领域。该吸烟装置包括笔壳、笔芯、雾化装置、电池系统、功能转换连接件等,其结构新颖,实用性强,外观类似于笔形,易于携带,并能同时满足书写和多口味烟油抽吸的功能,可实现抽吸多种口味的烟油。同时该吸烟装置摒弃了吸嘴外套,用功能转换器将吸嘴隐藏于吸烟装置内,并在吸嘴隐藏部分设置灭菌层,保证了吸嘴的卫生。

申请文件独立权利要求:

一种带有书写功能的多口味笔形电子烟,包括笔壳、笔芯、设于笔壳内的电池系统,以及设于笔壳内与电池系统可拆卸地连接的雾化装置,其特征在于雾化装置包括烟油容纳腔、雾化组件、旋转式电路切换装置,烟油容纳腔有多个,且每个烟油容纳腔中都设有一个雾化组件,旋转式电路切换装置通过旋转使任意一个或几个雾化组件与电池系统中的电池相连。该电子烟还包括功能转换连接件,其包括笔夹和管体,笔壳上设有一开口,笔夹的一端穿过开口与设于笔壳内的管体固定相连,且管体与笔壳同轴,管体的两端分别与吸嘴的非抽吸端、笔芯的远离笔尖端固定相连。功能转换连接件可相对于笔壳的轴向进行滑动,以将笔芯的笔尖部位、吸嘴的抽吸部位滑出笔壳外。

768. 气雾生成器和气雾生成器的用途

专利类型:发明

申请号:CN201610801200.6

申请日:2010-10-11

申请人:菲利普·莫里斯生产公司

申请人地址:瑞士纳沙泰尔

发明人:杨祖银 S.E.雷恩

法律状态公告日:2017-03-15

法律状态:实质审查的生效

摘要:

本发明涉及一种气雾生成器和气雾生成器的用途。该气雾生成器包括连接到电源的加热元件,该加热元件是金属丝网。本发明的气雾生成器可以用于产生调味的气雾或香味气雾。

申请文件独立权利要求:

一种气雾生成器,包括连接到电源的加热元件,该加热元件是金属丝网。

769. 一种针对电子烟雾化器自动装配硅胶套的装置

专利类型:发明

申请号:CN201610889376.1

申请日:2016-10-12

申请人:颐中(青岛)烟草机械有限公司

申请人地址:266021 山东省青岛市崂山区株洲路 88 号

发明人:魏祥伟　华强　王吉利　刘震　陈峰　田枫　肖凤卫

授权日:2018-03-27

法律状态公告日:2018-03-27

法律状态:授权

摘要:

一种针对电子烟雾化器自动装配硅胶套的装置,在操作平台上固定安装由 PLC 控制的硅胶套输送组件、硅胶套定位组件、硅胶套装入组件、振动盘,硅胶套输送组件用于把电子烟雾化器输送到夹装工位,硅胶套定位组件用于在夹装工位处完成对电子烟雾化器的定位,硅胶套装入组件用于在夹装工位处把硅胶套装入电子烟雾化器上,振动盘用于自动完成对硅胶套的上料。该装置的优点是:通过振动盘自动上料和硅胶套输送组件输送雾化器,避免人直接接触产品,保证了卫生安全;两个硅胶套装入组件固定在操作平台上,便于调节硅胶套的同心度,方便维修,保证了产品的一致性;能高速、稳定地完成自动装配硅胶套,为大规模生产提供了保障。

授权文件独立权利要求:

一种针对电子烟雾化器自动装配硅胶套的装置,包括一操作平台,其特征在于操作平台上固定安装有硅胶套输送组件、硅胶套定位组件、硅胶套装入组件、振动盘,硅胶套输送组件、硅胶套定位组件、硅胶套装入组件、振动盘均采用 PLC 电气控制。

硅胶套输送组件包括烟弹输送构件、硅胶套输送角板、硅胶套输送挡边、烟弹输送曲柄凸轮、硅胶套固定支架、烟弹输送轮轴、硅胶套输送张紧轮轴、轴承座、齿轮和步进电机,通过步进电机带动硅胶套输送角板步进,在烟弹输送构件将雾化器逐步输送到烟弹输送构件的倒数第二个位置时,将该位置作为雾化器夹装位置。

硅胶套定位组件包括硅胶套定位支座滑台连接板、硅胶套定位压帽基座立板、硅胶套定位压帽基座高度调整板、硅胶套定位压帽基座高度限位块、硅胶套定位硅胶套座加强肋以及气缸,通过调节硅胶套定位压帽基座高度调整板来调节气缸的位置,从上方将雾化器进行定位,保证产品的精度。

硅胶套装入组件包括硅胶套装入组件支架,以及组装在其上的硅胶套推入支架、硅胶套推入气缸座、硅胶套板、硅胶套推杆、硅胶套导向块、压帽气缸通气块、硅胶帽通气块挡片、气动夹抓、直线滑轨、气缸、限位块和气缸支座,硅胶套装入组件把振动盘输送来的硅胶套自动高效地装入雾化器中,完成自动装配硅胶套的功能。

振动盘位于硅胶套装入组件的上端,将硅胶套通过通道自动有序地输送到硅胶套装入组件内部,并在硅胶套装入组件内部通过硅胶套分料块把硅胶套隔开,硅胶套定位组件位于操作平台上方,从上面对雾化器进行定位,硅胶套输送组件位于操作平台的前端。

硅胶套输送组件用于把电子烟雾化器输送到夹装工位,硅胶套定位组件用于在夹装工位处完成对雾化器的定位,硅胶套装入组件用于在夹装工位处把硅胶套装入电子烟雾化器上,振动盘用于自动完成对硅胶套的上料。

770. 一种卧式电子烟贴标装置

专利类型:发明

申请号:CN201610889377.6

申请日:2016-10-12

申请人:颐中(青岛)烟草机械有限公司

申请人地址:266021 山东省青岛市崂山区株洲路 88 号

发明人:华强　王吉利　陈峰　刘震　魏祥伟　肖凤卫　田枫

法律状态公告日:2017-03-22

法律状态:实质审查的生效

摘要:

本发明公开了一种卧式电子烟贴标装置,在操作平台上依次固定设置与电气控制器电连接的放卷机构、贴标缓冲机构、贴标位置检测机构、剥标机构、贴标胶轮机构、拉标胶轮机构、拉标缓冲机构、收卷机构、贴标轴筒,贴标缓冲机构包括贴标轴筒,放卷机构、贴标胶轮机构、拉标胶轮机构、收卷机构分别由各自的伺服电机驱动。该装置的优点是:伺服电机相互协调配合,有效地避免了标纸断裂的可能性,保证平稳、高速地贴标;通过贴标轴筒和剥标板限位块使标纸处于同一水平面上,有效地提高了贴标精度,整个装置卧立在操作平台上,不仅便于调节高度,以适应电子烟雾化器的规格更换,而且可消除重力对贴标的影响,大大提高了贴标的精度,能够高精度、高效率、稳定地完成贴标过程。

申请文件独立权利要求:

一种卧式电子烟贴标装置,包括一操作平台,其特征在于在操作平台上依次固定设置放卷机构、贴标缓冲机构、贴标位置检测机构、剥标机构、贴标胶轮机构、拉标胶轮机构、拉标缓冲机构、收卷机构、贴标轴筒、电气控制器。贴标缓冲机构包括一贴标轴筒,拉标缓冲机构包括一拉标轴筒,放卷机构、贴标胶轮机构、拉标胶轮机构、收卷机构分别由各自的伺服电机驱动,放卷机构、贴标缓冲机构、贴标检测机构、贴标胶轮机构、拉标胶轮机构、拉标缓冲机构、收卷机构及伺服电机均与电气控制器电连接。将贴标原材料放于放卷机构上,依次穿过贴标缓冲机构、贴标位置检测机构、剥标机构、贴标胶轮机构、拉标胶轮机构、拉标缓冲机构,贴标原材料上的标纸被剥离;剥标机构与主转动盘上的雾化器靠近,标纸在剥标机构处与底纸分离,底纸回收于收卷机构上,即完成贴标。通过贴标轴筒使标纸处于同一水平面上。

771. 一种光子烟的雾化器

专利类型:发明

申请号:CN201610985566.3

申请日:2016-11-09

申请人:云南中烟工业有限责任公司

申请人地址:650000 云南省昆明市世博路 6 号

发明人:吴俊　朱东来　陈永宽　韩熠　李寿波　张霞　李廷华　巩效伟

法律状态公告日:2017-03-22

法律状态:实质审查的生效

摘要:

本发明公开了一种光子烟的雾化器,旨在提供一种简单可靠的光子烟的雾化器。该雾化器包括带储油腔且前端具有连接部的储油筒、安装于储油筒前端端面上用于接收高能光源并实现光热转化的聚光罩、缠绕于聚光罩外壁上的导油绳、位于储油筒内罩住并封闭聚光罩的隔离罩,以及与隔离罩连通且延伸至储油筒后端端面的导气管。隔离罩的开口端朝向储油筒的前端,隔离罩上设置有供导油绳穿过的导油孔,导油绳穿过隔离罩的导油孔进入储油筒的储油腔内;聚光罩上设置有导通隔离罩及储油筒前端的通气结构,且其光热转化腔的壁面上涂有黑色涂层。本发明可有效延长雾化器的使用寿命并提高其可靠性。

申请文件独立权利要求:

一种光子烟的雾化器,使用时与高能光源连接,吸收高能光源并将其转化为热源。该雾化器的特征在于包括带储油腔且前端具有连接部的储油筒、安装于储油筒前端端面上用于接收高能光源并实现光热转化的聚光罩、缠绕于聚光罩外壁上的导油绳、位于储油筒内罩住并封闭聚光罩的隔离罩,以及与隔离罩连通且延伸至储油筒后端端面的导气管。隔离罩的开口端朝向储油筒的前端,隔离罩上设置有供导油绳穿过的导油孔,导油绳穿过隔离罩的导油孔进入储油筒的储油腔内;聚光罩上设置有导通隔离罩及储油筒前端的通气结构，且其光热转化腔的壁面上涂有黑色涂层。

772. 一种光子雾化烟

专利类型：发明

申请号：CN201610985614.9

申请日：2016-11-09

申请人：云南中烟工业有限责任公司

申请人地址：650000 云南省昆明市世博路 6 号

发明人：陈永宽　吴俊　朱东来　巩效伟　韩熠　张霞　李寿波　洪鎏　李廷华

法律状态公告日：2017-02-08

法律状态：实质审查的生效

摘要：

本发明公开了一种光子雾化烟，旨在提供一种使用寿命长的光子雾化烟。该光子雾化烟包括烟杆、透气罩、电池组件及雾化装置。雾化装置包括激光发生组件以及雾化组件：激光发生组件包括安装于烟杆内腔中且带有通气孔的安装座、安装于安装座上且与电池组件电连接的激光器、安装于激光器发射端且带有激光聚光孔的聚光管，以及通过调节座安装于聚光管另一端的聚光镜；雾化组件包括位于聚光镜出射光线一侧、带有储油腔且隔断烟杆内腔的储油筒，安装于储油筒朝向聚光镜一端、用于接收激光的带有光热转化腔的聚光罩，缠绕于聚光罩外壁上的导油绳，位于储油筒内罩住并封闭聚光罩的隔离罩，以及与隔离罩连通且延伸至储油筒另一端的导气管。

申请文件独立权利要求：

一种光子雾化烟，包括管状的烟杆、设置于烟杆前端的透气罩，以及从烟杆前端向后端依次设置于烟杆内的电池组件及雾化装置，其特征在于雾化装置包括与电池组件电连接且位于烟杆内的激光发生组件，以及位于烟杆内用于接收激光发生组件发出的激光的雾化组件：激光发生组件包括安装于烟杆内腔上且带有通气孔的安装座、安装于安装座上且与电池组件电连接的激光器、安装于激光器发射端且带有激光聚光孔的聚光管，以及通过调节座安装于聚光管另一端的聚光镜；雾化组件包括位于聚光镜出射光线一侧、带有储油腔且隔断烟杆内腔的储油筒，安装于储油筒朝向聚光镜一端、用于接收激光的带有光热转化腔的聚光罩，缠绕于聚光罩外壁上的导油绳，位于储油筒内罩住并封闭聚光罩的隔离罩，以及与隔离罩连通且延伸至储油筒另一端的导气管。隔离罩上设置有供导油绳穿过的导油孔，导油绳穿过隔离罩的导油孔进入储油筒的储油腔内；聚光罩上设置有导通隔离罩及烟杆进气腔体的通气结构，且其光热转化腔的壁面上涂有黑色涂层。

773. 一种抗菌、抗氧化、金属螯合性的多功能塑料及其制备方法

专利类型：发明

申请号：CN201611225299.6

申请日：2016-12-27

申请人：广西中烟工业有限责任公司

申请人地址：530001 广西壮族自治区南宁市北湖南路 28 号

发明人：陆漓　赵东元　刘鸿　凌云　梁俊　李典　黄忠辉　白森

法律状态公告日：2017-06-23

法律状态：实质审查的生效

摘要：

本发明提供了一种抗菌、抗氧化以及金属螯合性塑料材料及其制备方法，该塑料材料主要由以下质量分数的原料制得：6%～10%的活性抑菌剂、2%～6%的活性抗氧化剂、3%～8%的金属螯合剂，余量为高分

子树脂基膜。改性后的树脂基材同时具备了一定的抗菌性、抗氧化性以及金属螯合性，为电子烟等产品以及食品包装等领域提供了新型的应用材料；由于其具备多种特性功能，在改善产品固有性能的基础上赋予其更多的实用性；延长了产品的保质期并改善了其应用，进而提高了其市场价值；不但降低了材料成本，而且开拓了市场空间，增加了收益。

申请文件独立权利要求：

一种抗菌、抗氧化、金属螯合性的多功能塑料，其特征在于主要由以下质量分数的原料制得：6%～10%的活性抑菌剂、2%～6%的活性抗氧化剂、3%～8%的金属螯合剂，余量为高分子树脂基膜。

774. 电子烟具及其过度抽吸指示方法

专利类型：发明

申请号：CN201611251717.9

申请日：2016-12-29

申请人：上海烟草集团有限责任公司

申请人地址：200082 上海市杨浦区长阳路 717 号

发明人：郑赛晶　张慧　陈超　李祥林

法律状态公告日：2017-04-05

法律状态：实质审查的生效

摘要：

本发明提供了一种电子烟具及其过度抽吸指示方法。当电子烟具处于停止工作状态下而侦测到抽吸动作时，令电子烟具进入工作状态，且令指示单元处于初始状态；或者当电子烟具处于工作状态下而侦测到抽吸动作时，根据所接收的各感应信号来识别并记录所出现的预设抽吸行为，其中预设抽吸行为为相邻的至少两次抽吸动作的时间间隔小于预设抽吸间隔的行为，且每出现一次预设抽吸行为，令指示单元进行指示动作，同时判断预设抽吸行为是否连续出现并且累计出现次数达到预设阈值，若是，则判定出现过度抽吸情形而执行限制抽吸措施，从而起到良好的防止过度抽吸的效果。

申请文件独立权利要求：

一种电子烟具，其特征在于包括：①侦测单元，用于侦测用户的每次抽吸动作并对应生成一感应信号；②处理单元，电连接侦测单元，以接收各感应信号；③指示单元，电连接处理单元。当电子烟具处于停止工作状态下而接收到感应信号时，处理单元令电子烟具进入工作状态，且令指示单元处于初始状态；或者电子烟具处于工作状态下而接收到感应信号时，处理单元用于根据所接收的各感应信号来识别并记录所出现的预设抽吸行为，其中预设抽吸行为为相邻的至少两次抽吸动作的时间间隔小于预设抽吸间隔的行为，且每出现一次预设抽吸行为，处理单元令指示单元进行指示动作，处理单元还判断预设抽吸行为是否连续出现并且累计出现次数达到预设阈值，若是，则判定出现过度抽吸情形而执行限制抽吸措施。

775. 一种常温长存储寿命一次性电子烟

专利类型：发明

申请号：CN201611265230.6

申请日：2016-12-30

申请人：广西中烟工业有限责任公司

申请人地址：530001 广西壮族自治区南宁市北湖南路 28 号

发明人：陆漓　赵东元　刘鸿　余爱水　王永刚　梁俊　黄忠辉　李典　王清波

法律状态公告日：2017-05-31

法律状态：公开

摘要：

本发明公开了一种常温长存储寿命一次性电子烟，其包括壳体，壳体的一端可拆卸地连接有雾化器，壳体内设有开关、PCB 控制电路板、电池组件，电池组件由一种常温长存储寿命锂离子电池组成，且与雾化器、PCB 控制电路板电连接。该常温长存储寿命锂离子电池的正极膜采用的锂离子嵌入化合物为尖晶石型锰酸锂 $LiMn_2O_4$ 和层状 $LiCo_xNi_yMn_{1-x-y}O_2$ 的混合物。该电子烟的电池组件在常温下具有长存储寿命的特点，增加了电子烟产品的存放时间，延长了电子烟的常温存储寿命。

申请文件独立权利要求：

一种常温长存储寿命一次性电子烟，包括壳体(1)，壳体(1)的一端可拆卸地连接有雾化器(5)。该电子烟的特征在于壳体(1)内设有开关(3)、PCB 控制电路板(2)、电池组件(4)，电池组件(4)由一种常温长存储寿命锂离子电池组成，且与 PCB 控制电路板(3)、雾化器(5)电连接。

776. 一种采用光致可逆形变层的电子烟防漏油装置

专利类型：实用新型

申请号：CN201620008485.3

申请日：2016-01-07

申请人：云南中烟工业有限责任公司

申请人地址：650000 云南省昆明市世博路 6 号

发明人：韩熠　朱东来　李寿波　巩效伟　张霞　陈永宽　李廷华　洪鎏　吴俊　唐顺良　郑绪东　杨柳

授权日：2016-06-01

法律状态公告日：2016-06-01

法律状态：授权

摘要：

本实用新型为一种采用光致可逆形变层的电子烟防漏油装置，其包括：①外壳(12)；②光源容纳腔(2)，其内具有光源(1)，且其具有透明的出光壁(2-1)；③光致可逆形变层(5)，其具有受光侧表面和背光侧表面，其中受光侧表面朝向光源(1)；④弹性层(6)，其紧贴光致可逆形变层(5)的背光侧表面。光致可逆形变层(5)的受光侧表面与出光壁(2-1)和外壳(12)之间限定出气流通道，外壳(12)上分别设有该气流通道的进气孔(8)和出气孔(3)；气流通道中具有第一阻液块(9-1)和第二阻液块(9-2)，二者的一端与出光壁(2-1)或外壳(12)固定连接，另一端贴合光致可逆形变层(5)的受光侧表面，由此形成对气流通道的封堵。

申请文件独立权利要求：

一种采用光致可逆形变层的电子烟防漏油装置，其特征在于包括以下部件：①外壳(12)；②光源容纳腔(2)，其布置在外壳(12)内壁上或镶嵌在外壳(12)上，其内具有光源(1)，且其具有透明的出光壁(2-1)；③光致可逆形变层(5)，其具有受光侧表面和背光侧表面，其中受光侧表面朝向光源(1)；④弹性层(6)，其紧贴光致可逆形变层(5)的背光侧表面设置。光致可逆形变层(5)的受光侧表面与出光壁(2-1)和外壳(12)之间限定出气流通道，外壳(12)上分别设有该气流通道的进气孔(8)和出气孔(3)；气流通道中具有第一阻液块(9-1)和第二阻液块(9-2)，二者的一端与出光壁(2-1)或外壳(12)固定连接，另一端贴合光致可逆形变层(5)的受光侧表面，由此形成对气流通道的封堵。

777. 一种基于电磁感应加热的雾化电子烟

专利类型：实用新型

申请号：CN201620039179.6

申请日：2016-01-15

申请人：广西中烟工业有限责任公司

申请人地址:530001 广西壮族自治区南宁市北湖南路 28 号

发明人:黄忠辉　田兆福　陆漓　梁俊　王萍娟　李典　周艳枚

授权日:2016-06-29

法律状态公告日:2016-06-29

法律状态:授权

摘要:

本实用新型公开了一种基于电磁感应加热的雾化电子烟,其包括雾化器模块、电源模块,雾化器模块内部设有烟油储存部件,烟油储存部件外部套装有金属加热管,金属加热管外包有隔热层,隔热层外缠绕有电磁感应线圈。使用该电子烟时,通过电磁感应加热的方式,利用加热管自身的发热加热雾化烟油储存部件中的电子烟烟油,产生的挥发性物质经吸嘴进入口腔,让使用者获得满足感。本实用新型的优点为:加热速度快,加热效率高,无污染,且采用的是面整体加热的方式,避免了电阻丝加热方式因加热过于集中易造成倒油材料干烧而产生有害物质,能够满足使用者抽吸卷烟的感官需求,又能减少二手烟的危害。

申请文件独立权利要求:

一种基于电磁感应加热的雾化电子烟,包括雾化器模块(1)和电源模块(2),其特征在于:雾化器模块(1)包括右壳体(15),右壳体(15)内设有烟油储存部件(11),以及用于加热烟油储存部件(11)内的烟油的金属加热管(12),金属加热管(12)外设有隔热层(13),隔热层(13)外缠绕有电磁感应线圈(14);电源模块(2)包括左壳体(22),左壳体(22)内设有电源(23),电源(23)连接有 PCB 控制电路板(21),PCB 控制电路板(21)上设有一伸出左壳体(22)外的开关(26),电源(23)通过 PCB 控制电路板(21)与电磁感应线圈(14)连接。左壳体(22)上设有进气孔(24)。烟油储存部件(11)中央设有通道(28),通道(28)与进气孔(24)连通以形成气流回路。

778. 双侧供液式雾化电子烟

专利类型:实用新型

申请号:CN201620042518.6

申请日:2016-01-18

申请人:湖北中烟工业有限责任公司

申请人地址:430040 湖北省武汉市东西湖区金山大道 1355 号

发明人:刘华臣　刘冰　柯炜昌　罗诚浩　刘祥浩

授权日:2016-06-08

法律状态公告日:2018-01-02

法律状态:避免重复授权放弃专利权

摘要:

本实用新型提供了一种双侧供液式雾化电子烟,其包括依次连接的烟嘴和储液组件、加热雾化器、电池组件。烟嘴和储液部件包括相互连接的烟嘴外壳和烟液端外壳,烟液端外壳内设有烟液储藏罐,烟液储藏罐与烟液端外壳之间形成气流通道,烟嘴外壳设有与气流通道连通的出气口。加热雾化器包括加热器底座、设于加热器底座上的加热件和电极,加热器底座上设有导液沟槽、底座加热器沟槽、导液缓冲腔。烟液储藏罐的尾端设有开口且与加热器底座密封,两个底座加热器沟槽在烟液储藏罐的两侧呈对称式分布,每一个底座加热器沟槽中都设有加热件,加热件通过电极与电池组件中的电池连接。本实用新型将加热雾化器放置在雾化烟液的外部,能够将烟液充分雾化,气体更均匀。

申请文件独立权利要求:

一种双侧供液式雾化电子烟,包括依次连接的烟嘴和储液组件(100)、加热雾化器(200)、电池组件(300),其特征在于:烟嘴和储液组件(100)包括相互连接的烟嘴外壳(5)和烟液端外壳(3),烟液端外壳(3)内设有烟液储藏罐(2),烟液储藏罐(2)与烟液端外壳(3)之间形成气流通道(7),烟嘴外壳(5)设有与气流通道(7)连通的出气口(6);加热雾化器(200)包括加热器底座(400)、设于加热器底座(400)上的加热件(14)和电极(12),加热器底座(400)上设有导液沟槽(15)、底座加热器沟槽(19)、导液缓冲腔(16),烟液储藏罐(2)的尾端设有开口且与加热器底座(400)密封,两个底座加热器沟槽(19)在烟液储藏罐(2)的两侧呈对称式分布,每一个底座加热器沟槽(19)中都设有加热件(14),加热件(14)通过电极(12)与电池组件(300)中的电池(10)连接,两个底座加热器沟槽(19)之间通过导液沟槽(15)连通,导液沟槽(15)与烟液储藏罐(2)中的烟液(1)之间设有导液缓冲腔(16),导液缓冲腔(16)填充有烟液渗透材料。

779. 一种电子烟注液装置

专利类型:实用新型

申请号:CN201620081455.5

申请日:2016-01-28

申请人:颐中(青岛)烟草机械有限公司

申请人地址:266021 山东省青岛市崂山区株洲路 88 号

发明人:陈峰　魏祥伟　肖凤卫　梁延刚　牟锡康　常立志

授权日:2016-07-06

法律状态公告日:2018-07-06

法律状态:避免重复授权放弃专利权

摘要:

本实用新型公开了一种电子烟注液装置,其包括泵注射装置、升降装置、旋转装置、主轴、注射组件,泵注射装置位于电子烟注液装置的下端,注射组件位于电子烟注液装置的上端,泵注射装置与注射组件之间通过管路连接,主轴贯穿旋转装置与升降装置,下端连接升降装置,上端连接旋转装置,注射组件下部还设有雾化器。整个装置固定在操作平台上,并采用电气控制。本实用新型的有益效果是:通过高精度的计量泵将烟液输送到注射针头,注射针头直接插入雾化器中进行分层注射,从而高效地完成电子烟烟液的注射。

申请文件独立权利要求:

一种电子烟注液装置,包括一操作平台,在该操作平台的一侧设置有升降装置,另一侧设置有旋转装置,其特征在于升降装置以及旋转装置由一主轴贯穿,主轴下部设置有旋转螺杆、滑动花键轴,旋转螺杆连接升降装置,滑动花键轴连接旋转装置,升降装置、旋转装置与主轴之间均采用电气控制。在操作平台上部设置有一注射组件,下部设置有一泵注射装置,注射组件与泵注射装置之间由管路连接。

780. 一种具有除菌除臭密封保护的电子烟

专利类型:实用新型

申请号:CN201620093434.5

申请日:2016-01-29

申请人:广西中烟工业有限责任公司

申请人地址:530001 广西壮族自治区南宁市北湖南路 28 号

发明人:李典　刘鸿　田兆福　陆漓　梁俊　黄忠辉　王萍娟

授权日:2016-08-31

法律状态公告日:2016-08-31

法律状态:授权

摘要:

本实用新型公开了一种具有除菌除臭密封保护的电子烟,其包括具有不锈钢外壳的吸嘴盖 1、主体雾化装置 2 和电池顶盖 3。吸嘴盖 1 为锥形,锥形开口端设有一防水外胶套层 11,主体雾化装置 2 与吸嘴盖 1 的连接处对应防水外胶套层 11 设有一防水内胶套层 25,吸嘴盖 1、主体雾化装置 2 和电池顶盖 3 的不锈钢外壳为抗菌的纳米不锈钢材，纳米不锈钢材的抗菌添加物质选自纳米 TiO_2、负载 Ag 盐的纳米粒子、Cu 纳米粒子或者 Ag 纳米粒子负载的纳米胶囊。本实用新型外层的抗菌纳米不锈钢层能帮助使用者清除手或者其他部位的异味和细菌，能保护使用者的健康，而且具有良好的气密性，能保证在密封清洗电子烟的时候不会有水渗漏进去而影响电子烟的使用。

申请文件独立权利要求：

一种具有除菌除臭密封保护的电子烟，包括具有不锈钢外壳的吸嘴盖(1)、主体雾化装置(2)和电池顶盖(3)，其特征在于吸嘴盖(1)为锥形，锥形开口端设有一防水外胶套层(11)，主体雾化装置(2)与吸嘴盖(1)的连接处对应防水外胶套层(11)设有一防水内胶套层(25)，吸嘴盖(1)、主体雾化装置(2)和电池顶盖(3)的不锈钢外壳表面设有一纳米层。

781. 一种雾化芯

专利类型：实用新型

申请号：CN201620113164.X

申请日：2016-02-04

申请人：湖南中烟工业有限责任公司

申请人地址：410007 湖南省长沙市雨花区万家丽中路三段 188 号

发明人：刘建福　钟科军　郭小义　黄炜　代远刚　易建华　尹新强　于宏

授权日：2016-06-29

法律状态公告日：2017-12-19

法律状态：专利实施许可合同备案的生效、变更及注销

摘要：

本实用新型公开了一种雾化芯，其包括发热丝和超声波振荡片。发热丝与储液体接触，发热丝加热的液体导入超声波振荡片雾化，发热丝两端折弯，且发热丝的至少一端插入储液体内，或者发热丝印制在超声波振荡片底面上。本实用新型结构简单，容易实现，成本低。先用发热丝将液体初次雾化，再通过超声波振荡片二次雾化，保证液体能充分均匀地雾化，彻底解决了直接采用超声波振荡片雾化时发热不均匀、炸油、烧焦的问题，避免雾化气体出现异味。本实用新型通过发热丝直接加热储液体上的烟油，初次雾化不需要过高的温度，能有效防止烟油泄漏。

申请文件独立权利要求：

一种雾化芯，包括发热丝(4)和超声波振荡片(1)。发热丝(4)和超声波振荡片(1)按照雾化气体流出方向依次排列，发热丝(4)与储液体(5)接触，其特征在于发热丝(4)两端折弯，且发热丝(4)的至少一端插入储液体(5)内，或者发热丝(4)印制在超声波振荡片(1)底面上。

782. 一种超声雾化器检测电路

专利类型：实用新型

申请号：CN201620116262.9

申请日：2016-02-04

申请人：湖南中烟工业有限责任公司

申请人地址：410007 湖南省长沙市雨花区万家丽中路三段 188 号

发明人：刘建福　钟科军　郭小义　黄炜　代远刚　易建华　尹新强　于宏

授权日：2016-06-29

法律状态公告日：2017-12-19

法律状态：专利实施许可合同备案的生效、变更及注销

摘要：

本实用新型公开了一种超声雾化器检测电路，其包括中央处理器，中央处理器与触发模块、电源、驱动模块连接，电源与电压转换模块输入端、驱动模块连接，驱动模块与电压转换模块输入端连接，电压转换模块输出端与超声雾化器的振荡片并联，超声雾化器的振荡片通过滤波模块接入中央处理器。本实用新型结构简单，容易实现，通过判断超声雾化器两端的电压变化即可判断超声雾化器是否处于空振状态，电路可靠，检测效率高，可以有效保护雾化芯。

申请文件独立权利要求：

一种超声雾化器检测电路，其特征在于包括中央处理器，中央处理器与触发模块、电源、驱动模块连接，电源与电压转换模块输入端、驱动模块连接，驱动模块与电压转换模块输入端连接，电压转换模块输出端与超声雾化器的振荡片并联，超声雾化器的振荡片通过滤波模块接入中央处理器。

783. 一种烟卷式可变烟味的电子烟

专利类型：实用新型

申请号：CN201620161633.5

申请日：2016-03-03

申请人：深圳烟草工业有限责任公司

申请人地址：518000 广东省深圳市龙华新区龙华街道清宁路 2 号

发明人：谢涛

授权日：2016-08-31

法律状态公告日：2016-08-31

法律状态：授权

摘要：

本实用新型公开了一种烟卷式可变烟味的电子烟，其包括烟弹管、烟油组件、雾化装置、灯罩和烟杆，烟油组件插装在烟弹管内，灯罩安装在烟杆的尾部，烟杆直接或间接与烟弹管连接，雾化装置设置在烟杆的内部。该电子烟还包括外烟接头，灯罩上设有灯罩外螺纹，对应灯罩外螺纹在外烟接头上设有与其配合的外烟接头内螺纹，外烟接头通过螺纹连接在灯罩上。本实用新型的烟卷式可变烟味的电子烟上设有外烟接头，可以接烟袋锅和纸烟插装管，因而可以抽旱烟或纸烟。

申请文件独立权利要求：

一种烟卷式可变烟味的电子烟，包括烟弹管、烟油组件、雾化装置、灯罩和烟杆，烟油组件插装在烟弹管内，灯罩安装在烟杆的尾部，烟杆直接或间接与烟弹管连接，雾化装置设置在烟杆的内部。该电子烟还包括外烟接头，灯罩上设有灯罩外螺纹，对应灯罩外螺纹在外烟接头上设有与其配合的外烟接头内螺纹，外烟接头通过螺纹连接在灯罩上。

784. 一种电子烟雾化器

专利类型：实用新型

申请号：CN201620197142.6

申请日：2016-03-15

申请人：湖南中烟工业有限责任公司

申请人地址：410007 湖南省长沙市雨花区万家丽中路三段 188 号

发明人：刘建福　钟科军　郭小义　黄炜　代远刚　尹新强　周永权　汪洋

授权日：2016-10-26

法律状态公告日：2017-12-19

法律状态：专利实施许可合同备案的生效、变更及注销

摘要：

本实用新型公开了一种电子烟雾化器，该雾化器包括由上盖和底座盖合形成的雾化腔，雾化腔内固定有第一发热体，第一发热体与储油片接触，上盖上开设有出气孔。该雾化器的第一发热体工作时将液体雾化，同时将雾化腔内的空气加热，使得雾化腔内的空气受热膨胀，烟雾在雾化腔内形成高压强而自动喷出，由于雾化腔内的烟雾是混合雾化的，因此烟雾口感细腻。本实用新型的电子烟结构紧凑，制造方便，能够改善用户的吸烟感受。

申请文件独立权利要求：

一种电子烟雾化器，包括吸嘴(8)，其特征在于还包括雾化腔(3)、储油腔(11)，以及用于压缩储油腔(11)空间以使储油腔(11)内的液体自动补充到雾化腔(3)内的压缩结构，雾化腔(3)由上盖(1)和底座(2)盖合形成，雾化腔(3)内固定有第一发热体(4)，第一发热体(4)与储油片(5)接触，上盖(1)上开设有出气孔(6)。

785. 一种雾化器

专利类型：实用新型

申请号：CN201620306023.X

申请日：2016-04-13

申请人：湖南中烟工业有限责任公司

申请人地址：410007 湖南省长沙市雨花区万家丽中路三段188号

发明人：郭小义　黄炜　于宏　代远刚　尹新强　易建华　钟科军　刘建福　周永权

授权日：2016-11-16

法律状态公告日：2017-12-19

法律状态：专利实施许可合同备案的生效、变更及注销

摘要：

本实用新型公开了一种雾化器，其包括储液腔、导液体和吸嘴，吸嘴固定在吸嘴座上，导液体的一端伸入储液腔内，另一端与超声波雾化组件接触，超声波雾化组件上表面与吸嘴相通，吸嘴座的端面上至少开设有一个与超声波雾化组件上表面相通的进气通道。本实用新型的雾化器采用超声波雾化组件，使雾化功率、雾化温度低，雾化出来的烟雾没有煳味，提升了用户体验；雾化器顶部(靠近吸嘴的一端)开设有进气口，气流通道相对较短，结构更加紧凑，解决了传统电子烟容易漏油和发生冷凝的问题。

申请文件独立权利要求：

一种雾化器，其特征在于包括储液腔(1)、导液体(3)和吸嘴(2)，吸嘴(2)固定在吸嘴座(4)上，导液体(3)的一端伸入储液腔(1)内，另一端与超声波雾化组件接触，超声波雾化组件上表面与吸嘴(2)相通，吸嘴座(4)的端面上至少开设有一个与超声波雾化组件上表面相通的进气通道(5)。

786. 一种雾化装置及电子烟

专利类型：实用新型

申请号：CN201620307982.3

申请日：2016-04-13

申请人：湖南中烟工业有限责任公司

申请人地址：410007 湖南省长沙市雨花区万家丽中路三段188号

发明人：易建华　郭小义　黄炜　于宏　代远刚　尹新强　周永权　汪洋

授权日：2016-09-07

法律状态公告日：2017-12-19

法律状态：专利实施许可合同备案的生效、变更及注销

摘要：

本实用新型公开了一种雾化装置及电子烟，该雾化装置包括第一雾化器和第二雾化器，第一雾化器和第二雾化器的雾化气流出口相通。本实用新型利用两个雾化器组成雾化装置，用户可以根据需求对烟雾口味进行调节，两个雾化器也可以独立工作，控制方便，结构简单。

申请文件独立权利要求：

一种雾化装置，其特征在于包括吸嘴(1)、第一雾化器(100)和第二雾化器(200)，吸嘴(1)与第一雾化器(100)和第二雾化器(200)固定连接。第一雾化器(100)包括第一雾化芯(101)和第一储液腔(102)，第一雾化芯(101)内设置有用于雾化第一储液腔(102)内液体的发热体(11)，发热体(11)的一端端部设置有第一气流入口(1101)，另一端端部上设置有与第一气流入口(1101)连通的第一雾化气流出口(1102)；第二雾化器(200)包括第二雾化芯(201)和导液结构(40)，第二雾化芯(201)内设置有超声波组件(19)，超声波组件(19)的一端与导液结构(40)接触，另一端设置有与超声波组件(19)连通的第二雾化气流出口(1103)。第一雾化气流出口(1102)和第二雾化气流出口(1103)相通。

787. 一种电子烟的雾化器

专利类型：实用新型

申请号：CN201620336787.3

申请日：2016-04-20

申请人：云南中烟工业有限责任公司

申请人地址：650000 云南省昆明市世博路 6 号

发明人：吴俊　张霞　李廷华　洪鎏　黄立斌　韩敬美　赵伟　巩效伟　朱东来

授权日：2016-12-28

法律状态公告日：2016-12-28

法律状态：授权

摘要：

本实用新型公开了一种电子烟的雾化器，旨在提供一种品吸口感更佳的电子烟的雾化器。该雾化器包括雾化器主体和设置于雾化器主体内的导气管，还包括安装于雾化器主体尾端且另一端封闭的外壳，以及套装于外壳内且一端与雾化器主体尾端接触、另一端与外壳封闭端气密封接触的内管。导气管向外壳的封闭端延伸且间隔一定距离，其上套装有多个与内管内壁间隔一定距离的圆环板；导气管和内管之间构成第一气流通道，内管和外壳之间构成第二气流通道；内管的外壁上至少设置有两组与外壳内壁接触的凸块组，且内管朝向雾化器主体的一端设置有连通第一气流通道和第二气流通道的导气孔；外壳的封闭端上至少设置有一个连通第二气流通道和外界的出气孔。

申请文件独立权利要求：

一种电子烟的雾化器，包括雾化器主体和设置于雾化器主体内且一端从雾化器主体尾端伸出的导气管，其特征在于还包括安装于雾化器主体尾端且另一端封闭的外壳，以及套装于外壳内且一端与雾化器主体尾端接触、另一端与外壳封闭端气密封接触的内管。导气管向外壳的封闭端延伸且间隔一定距离，其上套装有多个与内管内壁间隔一定距离的圆环板；导气管和内管之间构成第一气流通道，内管和外壳之间构成第二气流通道；内管的外壁上至少设置有两组与外壳内壁接触的凸块组，且内管朝向雾化器主体的一端设置有连通第一气流通道和第二气流通道的导气孔；外壳的封闭端上至少设置有一个连通第二气流通道和外界的出气孔；内管朝向外壳封闭端的一端设置有与其可拆卸地连接的隔离环，隔离环上设置有径向的隔片，隔片将隔离环两侧隔离，隔离环与外壳封闭端之间构成混合腔，且隔离环上设置有连通混合腔及第二气流通道的通气孔，出气孔设置在外壳封闭端上且能够连通混合腔及外界。

788. 一种有混合烟气功能的雾化器

专利类型：实用新型

申请号:CN201620338149.5

申请日:2016-04-20

申请人:云南中烟工业有限责任公司

申请人地址:650000 云南省昆明市世博路6号

发明人:吴俊 陈永宽 朱东来 杨柳 汤建国 韩熠 李寿波 张霞 巩效伟 洪鎏 李廷华

授权日:2016-10-19

法律状态公告日:2016-10-19

法律状态:授权

摘要:

本实用新型公开了一种有混合烟气功能的雾化器,旨在提供一种品吸口感更佳的有混合烟气功能的雾化器。该雾化器包括雾化器主体和设置于雾化器主体内且一端从雾化器主体尾端伸出的导气管,还包括安装于雾化器主体尾端且另一端封闭的外壳,以及套装于外壳内且一端与雾化器主体尾端接触、另一端与外壳封闭端气密封接触的内管。导气管向外壳的封闭端延伸且间隔一定距离;导气管和内管之间构成第一气流通道,内管和外壳之间构成第二气流通道;内管的外壁上至少设置有两组与外壳内壁接触的凸块组,且内管朝向雾化器主体的一端设置有连通第一气流通道和第二气流通道的导气孔;外壳的封闭端上至少设置有一个连通第二气流通道和外界的出气孔。

申请文件独立权利要求:

一种有混合烟气功能的雾化器,包括雾化器主体和设置于雾化器主体内且一端从雾化器主体尾端伸出的导气管,其特征在于还包括安装于雾化器主体尾端且另一端封闭的外壳,以及套装于外壳内且一端与雾化器主体尾端接触、另一端与外壳封闭端气密封接触的内管。导气管向外壳的封闭端延伸且间隔一定距离;导气管和内管之间构成第一气流通道,内管和外壳之间构成第二气流通道;内管的外壁上至少设置有两组与外壳内壁接触的凸块组,且内管朝向雾化器主体的一端设置有连通第一气流通道和第二气流通道的导气孔;外壳的封闭端上至少设置有一个连通第二气流通道和外界的出气孔。

789. 一种易于使用的可变吸味烟嘴

专利类型:实用新型

申请号:CN201620338485.X

申请日:2016-04-20

申请人:云南中烟工业有限责任公司

申请人地址:650000 云南省昆明市世博路6号

发明人:洪鎏 吴俊 巩效伟 张霞 雷萍 袁大林 韩熠 朱东来 李廷华

授权日:2017-05-10

法律状态公告日:2017-05-10

法律状态:授权

摘要:

本实用新型公开了一种易于使用的可变吸味烟嘴,旨在提供一种品吸口感佳的可变吸味烟嘴。该烟嘴包括外壳,外壳的一端设置有连接部,外壳内从连接部向另一端依次设置有第一组合气道单元、连接体及第二组合气道单元,外壳上相对连接部的一端设置有封闭该端的过滤体。第一组合气道单元包括套装于外壳内、外壁与外壳内壁间隔一定距离形成第一层环状气流通道的第一内环,以及套装于第一内环内、外壁与第一内环内壁间隔一定距离形成第二层环状气流通道的第二内环。第一内环朝向连接部的一端封闭,另一端设置有多个第一通气孔,且接近连接部一端的外壁上设置有与外壳内壁接触的第一凸块组;第二内环朝向过滤体的一端封闭,且具有径向向外的延伸部。

申请文件独立权利要求：

一种易于使用的可变吸味烟嘴，包括外壳，外壳的一端设置有连接部，其特征在于外壳内从连接部向另一端依次设置有第一组合气道单元、连接体及第二组合气道单元，外壳上相对连接部的一端设置有封闭该端的过滤体。第一组合气道单元包括套装于外壳内、外壁与外壳内壁间隔一定距离形成第一层环状气流通道的第一内环，以及套装于第一内环内、外壁与第一内环内壁间隔一定距离形成第二层环状气流通道的第二内环。第一内环朝向连接部的一端封闭，另一端设置有多个第一通气孔，且接近连接部一端的外壁上设置有与外壳内壁接触的第一凸块组；第二内环朝向过滤体的一端封闭，且具有径向向外的延伸部，该端附近的外壁上设置有与外壳内壁气密封接触的径向凸环，且靠近延伸部的外壁上设置有多个第三通气孔，另一端设置有多个第二通气孔，其外壁上设置有与第一内环内壁接触定位的第二凸块组和第三凸块组。第二组合气道单元与第一组合气道单元结构相同，且沿外壳的径向截面对称布置。连接体的两端分别连接第一组合气道单元的第二内环和第二组合气道单元的第二内环相向的两端。连接体的截面呈蝴蝶结形，其相对的两 V 形槽底部设置有凸起；外壳的管壁上设置有与 V 形槽位置相对应的通孔，且其外壁上套装有封闭通孔的可变形套体；V 形槽内各放置有一爆珠，爆珠通过可变形套体接触固定于 V 形槽上。

790. 一种可变吸味的组合式气道轴向分布的烟嘴

专利类型：实用新型

申请号：CN201620338544.3

申请日：2016-04-20

申请人：云南中烟工业有限责任公司

申请人地址：650000 云南省昆明市世博路 6 号

发明人：韩熠　吴俊　李寿波　张霞　洪鎏　巩效伟　朱东来

授权日：2016-12-28

法律状态公告日：2016-12-28

法律状态：授权

摘要：

本实用新型公开了一种可变吸味的组合式气道轴向分布的烟嘴，旨在提供一种品吸口感佳的可变吸味的组合式气道轴向分布的烟嘴。该烟嘴包括外壳，外壳的一端设置有连接部，外壳内至少依次设置有两组组合气道单元，外壳上相对连接部的一端设置有封闭该端的过滤体。组合气道单元包括套装于外壳内、外壁与外壳内壁间隔一定距离形成第一层环状气流通道的第一内环，以及套装于第一内环内、外壁与第一内环内壁间隔一定距离形成第二层环状气流通道的第二内环。第一内环朝向连接部的一端封闭，另一端设置有多个第一通气孔，且接近连接部一端的外壁上设置有与外壳内壁接触的第一凸块组；第二内环的外壁上设置有与外壳内壁气密封接触的径向凸环。

申请文件独立权利要求：

一种可变吸味的组合式气道轴向分布的烟嘴，包括外壳，外壳的一端设置有连接部，其特征在于外壳内至少依次设置有两组组合气道单元，外壳上相对连接部的一端设置有封闭该端的过滤体。组合气道单元包括套装于外壳内、外壁与外壳内壁间隔一定距离形成第一层环状气流通道的第一内环，以及套装于第一内环内、外壁与第一内环内壁间隔一定距离形成第二层环状气流通道的第二内环。第一内环朝向连接部的一端封闭，另一端设置有多个第一通气孔，且接近连接部一端的外壁上设置有与外壳内壁接触的第一凸块组；第二内环朝向过滤体一端附近的外壁上设置有与外壳内壁气密封接触的径向凸环，且该端设置有多个第三通气孔，另一端设置有多个第二通气孔，其外壁上设置有与第一内环内壁接触定位的第二凸块组和第三凸块组。外壳的管壁上环形设置有多个通孔，且其外壁上套装有封闭通孔的可变形套体；与通孔位置相对应的第一内环的外壁上环形设置有多个与通孔位置对应的定位凹槽，定位凹槽内各放置有一爆珠，爆珠通过可变形套体接触固定于定位凹槽上。外壳由两段构成，且两段外壳通过可变形套体气密封连接成一体。

791. 一种混合烟气的烟嘴

专利类型:实用新型

申请号:CN201620338562.1

申请日:2016-04-20

申请人:云南中烟工业有限责任公司

申请人地址:650000 云南省昆明市世博路 6 号

发明人:朱东来　吴俊　韩熠　巩效伟　李寿波　张霞　李廷华　尚善斋

授权日:2016-10-19

法律状态公告日:2016-10-19

法律状态:授权

摘要:

本实用新型公开了一种混合烟气的烟嘴,旨在提供一种可有效提升品吸口感的混合烟气的烟嘴。该烟嘴包括外壳,外壳的一端设置有连接部,外壳内设置有一端封闭且外径小于外壳内径的第一管体,外壳和第一管体之间形成第一层环状气流通道;第一管体的封闭端朝向外壳的连接部,第一管体内设置有外径小于第一管体内径的第二管体,第一管体和第二管体之间形成第二层环状气流通道,第二管体内位于第二圆环部的一端填充有滤芯;第一层环状气流通道及第二层环状气流通道远离连接部的一端封闭,且在该端附近相互连通,第二层环状气流通道靠近连接部的一端与第二管体的腔体连通。本实用新型可有效提高电子烟的整体感官质量。

申请文件独立权利要求:

一种混合烟气的烟嘴,包括外壳,外壳的一端设置有连接部,其特征在于:外壳内设置有一端封闭且外径小于外壳内径的第一管体,外壳和第一管体之间形成第一层环状气流通道,第一管体的封闭端朝向外壳的连接部,第一管体内设置有外径小于第一管体内径的第二管体,第一管体和第二管体之间形成第二层环状气流通道,第二管体内位于第二圆环部的一端填充有滤芯;第一层环状气流通道及第二层环状气流通道远离连接部的一端封闭,且在该端附近相互连通,第二层环状气流通道靠近连接部的一端与第二管体的腔体连通。

792. 一种电子烟专用雾化器

专利类型:实用新型

申请号:CN201620338670.9

申请日:2016-04-20

申请人:云南中烟工业有限责任公司

申请人地址:650000 云南省昆明市世博路 6 号

发明人:李寿波　吴俊　李廷华　韩熠　张霞　洪鎏　朱东来　杨继　巩效伟

授权日:2016-10-19

法律状态公告日:2016-10-19

法律状态:授权

摘要:

本实用新型公开了一种电子烟专用雾化器,旨在提供一种品吸口感更佳的电子烟专用雾化器。该雾化器包括雾化器主体和设置于雾化器主体内的导气管,还包括安装于雾化器主体尾端且另一端封闭的外壳,以及套装于外壳内且一端与雾化器主体尾端接触、另一端与外壳封闭端接触的内管。导气管向外壳的封闭端延伸且间隔一定距离;导气管和内管之间构成第一气流通道,内管和外壳之间构成第二气流通道;内管的外壁上至少设置有两组与外壳内壁接触的凸块组,且内管朝向雾化器主体的一端设置有连通第一气流通道和第二气流通道的导气孔；内管朝向雾化器主体的一端设置有与其可拆卸地连接的连接环，导气孔设置于连接环上。

申请文件独立权利要求：

一种电子烟专用雾化器，包括雾化器主体和设置于雾化器主体内且一端从雾化器主体尾端伸出的导气管，其特征在于还包括安装于雾化器主体尾端且另一端封闭的外壳，以及套装于外壳内且一端与雾化器主体尾端接触、另一端与外壳封闭端接触的内管。导气管向外壳的封闭端延伸且间隔一定距离；导气管和内管之间构成第一气流通道，内管和外壳之间构成第二气流通道；内管的外壁上至少设置有两组与外壳内壁接触的凸块组，且内管朝向雾化器主体的一端设置有连通第一气流通道和第二气流通道的导气孔；内管朝向外壳封闭端的一端设置有与其可拆卸地连接的隔离环，隔离环上设置有径向的隔片，隔片将隔离环两侧隔离，隔离环与外壳封闭端之间构成混合腔，且隔离环上设置有连通混合腔及第二气流通道的通气孔；外壳的封闭端上至少设置有一个连通混合腔和外界的出气孔。

793. 一种电子烟用雾化器

专利类型：实用新型

申请号：CN201620338836.7

申请日：2016-04-20

申请人：云南中烟工业有限责任公司

申请人地址：650000 云南省昆明市世博路 6 号

发明人：陈永宽　吴俊　巩效伟　朱东来　韩熠　张霞　李廷华　洪鎏　雷萍

授权日：2016-10-19

法律状态公告日：2016-10-19

法律状态：授权

摘要：

本实用新型公开了一种电子烟用雾化器，旨在提供一种品吸口感更佳的电子烟用雾化器。该雾化器包括雾化器主体和设置于雾化器主体内且一端从雾化器主体尾端伸出的导气管，还包括安装于雾化器主体尾端且另一端封闭的外壳，以及套装于外壳内的内管。导气管向外壳的封闭端延伸且间隔一定距离；导气管和内管之间构成第一气流通道，内管和外壳之间构成第二气流通道；内管的外壁上至少设置有两组与外壳内壁接触的凸块组，且内管朝向雾化器主体的一端设置有连通第一气流通道和第二气流通道的导气孔；内管朝向雾化器主体的一端设置有与其可拆卸地连接的连接环，导气孔设置于连接环上；外壳的封闭端设置有出气孔。

申请文件独立权利要求：

一种电子烟用雾化器，包括雾化器主体和设置于雾化器主体内且一端从雾化器主体尾端伸出的导气管，其特征在于还包括安装于雾化器主体尾端且另一端封闭的外壳，以及套装于外壳内且一端与雾化器主体尾端接触、另一端与外壳封闭端接触的内管。导气管向外壳的封闭端延伸且间隔一定距离；导气管和内管之间构成第一气流通道，内管和外壳之间构成第二气流通道；内管的外壁上至少设置有两组与外壳内壁接触的凸块组，且内管朝向雾化器主体的一端设置有连通第一气流通道和第二气流通道的导气孔；内管朝向雾化器主体的一端设置有与其可拆卸地连接的连接环，导气孔设置于连接环上；外壳的封闭端至少设置有一个连通第二气流通道和外界的出气孔。

794. 一种雾化器

专利类型：实用新型

申请号：CN201620379881.7

申请日：2016-04-29

申请人:湖南中烟工业有限责任公司

申请人地址:410007 湖南省长沙市雨花区万家丽中路三段 188 号

发明人:刘建福　钟科军　郭小义　黄炜　何友邻　代远刚　易建华　尹新强　于宏

授权日:2017-02-22

法律状态公告日:2017-12-19

法律状态:专利实施许可合同备案的生效、变更及注销

摘要:

本实用新型公开了一种雾化器,其包括吸嘴、与吸嘴连通的气管和用于容纳储液瓶的腔体,气管远离吸嘴的一端与雾化芯固定连接,气管、雾化芯与腔体并排设置,雾化芯通过通道与储液瓶连通,雾化腔上开设有进气孔。本实用新型的储液腔体和雾化芯并排设置,解决了雾化芯表面容易生锈和雾化芯容易漏油的问题,防止烟油变质而影响吸烟者的健康;当雾化芯损坏时,更换方便;储液腔体与雾化芯并排设置,使得雾化器的体积较小,方便携带。

申请文件独立权利要求:

一种雾化器,其特征在于包括吸嘴(1)和用于容纳储液瓶(3)的腔体(4),吸嘴(1)的底端与雾化芯(7)的顶端固定连接,且雾化芯(7)与吸嘴(1)的内腔连通,雾化芯(7)与腔体(4)并排设置,雾化芯(7)通过通道(6)与储液瓶(3)连通,雾化芯(7)上开设有进气孔(10)。

795. 一种雾化器

专利类型:实用新型

申请号:CN201620383757.8

申请日:2016-04-29

申请人:湖南中烟工业有限责任公司

申请人地址:410007 湖南省长沙市雨花区万家丽中路三段 188 号

发明人:刘建福　钟科军　郭小义　黄炜　汪洋　代远刚　易建华　尹新强　于宏

授权日:2017-02-01

法律状态公告日:2017-12-19

法律状态:专利实施许可合同备案的生效、变更及注销

摘要:

本实用新型公开了一种雾化器,其包括吸嘴、储液腔和雾化芯,储液腔和雾化芯并排设置并连通,雾化芯与气管连通。本实用新型的储液腔和雾化芯并排设置,解决了雾化芯表面容易生锈和雾化芯容易漏油的问题,防止烟油变质而影响吸烟者的健康;当雾化芯损坏时,更换方便。

申请文件独立权利要求:

一种雾化器,包括储液腔(1)和雾化芯(2),其特征在于储液腔(1)和雾化芯(2)并排设置并连通,雾化芯(2)与气管(4)连通,气管(4)内设有支管(6),支管(6)上部外壁和气管(4)内壁之间填充有储液体(7),且支管(6)上至少开设有一个与储液体(7)连通的渗液孔(8)。

796. 一种复合功能雾化器及含有该雾化器的电子烟

专利类型:实用新型

申请号:CN201620393788.1

申请日:2016-05-04

申请人:湖北中烟工业有限责任公司

申请人地址:430040 湖北省武汉市东西湖区金山大道 1355 号

发明人:刘冰　陈义坤　刘华臣　罗诚浩　侯宁

授权日:2016-09-21

法律状态公告日:2016-09-21

法律状态:授权

摘要:

本实用新型提供了一种复合功能雾化器,其包括发热体和具有多孔结构的导液体,发热体包括发热载体及设于发热载体上的发热元件,发热体与导液体之间设置有导热密封层,用于将导液体与发热体中的发热元件分隔开,导液体用于导入储油腔中储存的电子烟烟液,发热体、导热密封层和导液体复合为一体结构。本实用新型还提供了一种具有上述复合功能雾化器的电子烟。本实用新型通过将发热元件与导液体用导热密封层隔离来实现发热体不直接与烟液接触,从而很好地解决了烟液接触发热丝而出现烧煳现象的问题,而且解除了导液体材料和发热丝一体成型带来的限制,即能够根据导油需要开发任意孔隙和任意材质的导液体材料。

申请文件独立权利要求:

一种复合功能雾化器,包括发热体和具有多孔结构的导液体(2),其特征在于发热体包括发热载体(3)及设于发热载体(3)上的发热元件(5),发热体与导液体(2)之间设置有导热密封层(4),用于将导液体(2)与发热体中的发热元件(5)分隔开,导液体(2)用于导入储油腔(9)中储存的电子烟烟液,发热体、导热密封层(4)和导液体(2)复合为一体结构。

797. 一种烟碱浓度控制型电子烟

专利类型:实用新型

申请号:CN201620465311.X

申请日:2016-05-19

申请人:湖南中烟工业有限责任公司

申请人地址:410007 湖南省长沙市雨花区万家丽中路三段 188 号

发明人:龚淑果　郭小义　尹新强　代远刚　易建华　彭新辉　赵国玲

授权日:2017-02-08

法律状态公告日:2017-02-08

法律状态:授权

摘要:

本实用新型提供了一种烟碱浓度控制型电子烟,其包括电源部分和烟油腔,还包括彼此相连接的传感器单元、控制与信号处理模块,传感器单元的感应部分设置于烟油腔内,感应部分表面设置有敏感膜,敏感膜包含可与烟碱进行化学反应的物质。传感器单元用于将烟碱浓度的变化转换为电信号;控制与信号处理模块用于对电信号进行处理以得到烟碱浓度值,并对电子烟进行控制。本实用新型可检测并实时显示烟碱含量,使用者可以直观地判断烟碱浓度,满足不同使用者的需求,也可根据与所设定的烟碱浓度范围进行比较来及时切断电源,保障使用者的健康。

申请文件独立权利要求:

一种烟碱浓度控制型电子烟,包括电源部分(1)和烟油腔(2),其特征在于还包括彼此相连接的传感器单元(3)、控制与信号处理模块(4)。其中:传感器单元(3)包括设置于烟油腔(2)内的感应部分(31)以及设置于感应部分(31)表面的敏感膜,敏感膜包含可与烟碱进行化学反应的物质,该传感器单元(3)用于将烟碱浓度的变化转换为电信号;控制与信号处理模块(4)用于将传感器单元(3)输出的电信号进行处理以得到烟碱浓度值。

798. 一种超声波雾化器及电子烟

专利类型:实用新型

申请号:CN201620466827.6

申请日:2016-05-20

申请人:湖南中烟工业有限责任公司

申请人地址:410007 湖南省长沙市雨花区万家丽中路三段 188 号

发明人:刘建福　钟科军　郭小义　黄炜　代远刚　尹新强　易建华　于宏　汪洋　何友邻

授权日:2016-10-12

法律状态公告日:2017-12-19

法律状态:专利实施许可合同备案的生效、变更及注销

摘要:

本实用新型公开了一种超声波雾化器及电子烟,该超声波雾化器包括设在外套内的储液腔和超声振荡片,超声振荡片所在平面与外套的轴线平行,超声振荡片至少有一面与储液体接触,储液体与储液腔连通,超声振荡片的雾化面与气道连通。本实用新型的超声振荡片竖直设置在雾化器外套内,能够有效防止超声振荡片雾化面上积累过多液体而出现雾化器启动慢的问题,并且解决了现有的电子烟雾化器容易漏油的问题。

授权文件独立权利要求:

一种超声波雾化器,其特征在于包括设在外套(4)内的储液腔(1)、超声振荡片(2)、储液体(3)及气道(5),超声振荡片(2)沿超声波雾化器的纵向延伸设置,超声振荡片(2)至少有一面与储液体(3)接触,储液体(3)的一端延伸至储液腔(1)内,储液体(3)背向超声振荡片(2)的表面与气道(5)连通。

799. 一种电子烟雾化器

专利类型:实用新型

申请号:CN201620468559.1

申请日:2016-05-20

申请人:湖南中烟工业有限责任公司

申请人地址:410007 湖南省长沙市雨花区万家丽中路三段 188 号

发明人:刘建福　钟科军　郭小义　黄炜　代远刚　尹新强　于宏　易建华　周永权

授权日:2017-04-19

法律状态公告日:2017-12-19

法律状态:专利实施许可合同备案的生效、变更及注销

摘要:

本实用新型公开了一种电子烟雾化器,其包括外套和与外套一端连接的吸嘴,外套内设有烟油腔和雾化芯,雾化芯包括两个超声雾化组件,两个超声雾化组件的雾化面相对设置,两个雾化面之间设有空隙,空隙与吸嘴连通,两个雾化面分别与第一储油体、第二储油体接触,第一储油体和第二储油体均与烟油腔连通。本实用新型结构简单,利用超声波原理雾化烟油等液体,可以有效地解决现有电子烟容易产生煳味、口感差的问题;两个超声雾化组件的雾化面相对设置,可以将大颗粒的烟雾分子进一步雾化,从而可以有效地改善吸烟口感。

申请文件独立权利要求:

一种电子烟雾化器,其特征在于包括外套(3),外套(3)内设有烟油腔(1)和雾化芯(2),雾化芯(2)包括第一超声雾化组件和第二超声雾化组件,第一超声雾化组件的雾化面和第二超声雾化组件的雾化面相对设置,两个雾化面分别与第一储油体(7A)、第二储油体(7B)接触,第一储油体(7A)与第二储油体(7B)之间设有气道(4),第一储油体(7A)和第二储油体(7B)均与烟油腔(1)连通。

800. 一次性烟弹及利用一次性烟弹的电子烟

专利类型:实用新型

申请号:CN201620500926.1

申请日:2016-05-26

申请人:湖南中烟工业有限责任公司

申请人地址:410007 湖南省长沙市雨花区万家丽中路三段188号

发明人:任建新　黄嘉若　王志国　杜文　易建华　刘建福

授权日:2016-10-26

法律状态公告日:2016-10-26

法律状态:授权

摘要:

本实用新型公开了一种一次性烟弹及利用一次性烟弹的电子烟,其包括烟弹外壁、密封膜,以及由烟弹外壁和密封膜组成的可盛装烟油的密封腔,在密封腔内设有可涡流发热的金属元件。本实用新型还公开了一种利用上述一次性烟弹的电子烟,其包括壳体,壳体内设有电源和容纳腔,容纳腔内装有一次性烟弹,在一次性烟弹外绕有电磁感应线圈。一次性烟弹与电子烟配合使用,可以避免结焦,从而改善电子烟的抽吸口感。

授权文件独立权利要求:

一种一次性烟弹,其特征在于包括烟弹外壁、密封膜,以及由烟弹外壁和密封膜组成的可盛装烟油的密封腔,在密封腔内设有可涡流发热的金属元件。

801. 一种烟弹

专利类型:实用新型

申请号:CN201620596738.3

申请日:2016-06-20

申请人:湖南中烟工业有限责任公司

申请人地址:410007 湖南省长沙市雨花区万家丽中路三段188号

发明人:黄炜　郭小义　于宏　代远刚　尹新强　易建华　钟科军　刘建福　汪洋

授权日:2016-11-09

法律状态公告日:2017-12-19

法律状态:专利实施许可合同备案的生效、变更及注销

摘要:

本实用新型公开了一种烟弹,其包括烟弹本体和烟弹本体内的电热丝绕组,烟弹本体为中空的绝缘套,电热丝绕组位于该绝缘套内,绝缘套的顶端设有第一电极,底端设有第二电极,电热丝绕组的一端与第一电极电连接,另一端与第二电极电连接。本实用新型结构简单紧凑,降低了物料制造成本,缩小了尺寸,安装和携带方便;由于正、负极分别位于烟弹的两端,因此减小了短路的风险,实现了盲装。

申请文件独立权利要求:

一种烟弹,包括烟弹本体和烟弹本体内的电热丝绕组(1),其特征在于烟弹本体为中空的绝缘套(2),电热丝绕组(1)位于该绝缘套(2)内,绝缘套(2)的顶端设有第一电极(3),底端设有第二电极(4),电热丝绕组(1)的一端与第一电极(3)电连接,另一端与第二电极(4)电连接。

802. 一种电子烟雾化器及其电子烟

专利类型:实用新型

申请号:CN201620596807.0

申请日:2016-06-20

申请人:湖南中烟工业有限责任公司

申请人地址:410007 湖南省长沙市雨花区万家丽中路三段188号

发明人:郭小义　黄炜　于宏　代远刚　尹新强　易建华　钟科军　刘建福　沈礼周

授权日:2016-11-09

法律状态公告日:2017-12-19

法律状态:专利实施许可合同备案的生效、变更及注销

摘要:

本实用新型公开了一种电子烟雾化器及其电子烟,其中电子烟雾化器包括支承件以及与该支承件顶端相连的吸嘴,还包括支承件内相互并联的第一雾化芯和第二雾化芯,第一雾化芯的气路出口和第二雾化芯的气路出口均与吸嘴相通。本实用新型结构简单,操作简便,成本低,实现了第一雾化芯和第二雾化芯并联叠加使用。当第二雾化芯没有烟油时,为了解决一时的烟瘾,就可以使用第一雾化芯替代;当第二雾化芯的烟雾量或口味单一时,可以使第一雾化芯同时工作,即可解决该问题,也可以增加烟雾量。

申请文件独立权利要求:

一种电子烟雾化器,包括支承件(1)以及与该支承件(1)顶端相连的吸嘴(2),其特征在于还包括支承件(1)内相互并联的第一雾化芯(3)和第二雾化芯(4),第一雾化芯(3)的气路出口和第二雾化芯(4)的气路出口均与吸嘴(2)相通。

803. 一种带指南针的多功能电子烟

专利类型:实用新型

申请号:CN201620639337.1

申请日:2016-06-24

申请人:云南中烟工业有限责任公司

申请人地址:650000 云南省昆明市世博路6号

发明人:李廷华　朱东来　李寿波　吴俊　张霞　韩熠　巩效伟　洪鎏

授权日:2017-03-22

法律状态公告日:2017-03-22

法律状态:授权

摘要:

本实用新型公开了一种带指南针的多功能电子烟,其包括电子烟本体(1),电子烟本体(1)的外壳上镶嵌有指南针(2),电子烟本体(1)内设置有数字时钟管理器(10)、温湿度传感器(11)和大气压力传感器(12),电子烟本体(1)的外壳上设有显示屏(3)。电子烟本体内设置有数字时钟管理器、温湿度传感器和大气压力传感器,能够获取时间、日期、温度、湿度和海拔信息,并通过电子烟本体外壳上的显示屏直观地展现给用户。本实用新型拓展了电子烟的功能,做到一物多用,具有结构紧凑、设计合理、性能稳定、使用方便等优点,能很好地满足喜欢户外运动的吸烟者的需求。

申请文件独立权利要求:

一种带指南针的多功能电子烟,其特征在于包括电子烟本体(1),电子烟本体(1)的外壳上镶嵌有指南针(2),电子烟本体内设置有数字时钟管理器(10)、温湿度传感器(11)和大气压力传感器(12),电子烟本体(1)的外壳上设有显示屏(3)。

804. 一种多油腔电子烟雾化器

专利类型:实用新型

申请号:CN201620656458.7

申请日:2016-06-29

申请人:湖南中烟工业有限责任公司

申请人地址：410007 湖南省长沙市雨花区万家丽中路三段 188 号

发明人：刘建福　钟科军　郭小义　黄炜　代远刚　尹新强　易建华　于宏　何友邻

授权日：2016-11-30

法律状态公告日：2017-12-19

法律状态：专利实施许可合同备案的生效、变更及注销

摘要：

本实用新型公开了一种多油腔电子烟雾化器，其包括壳体、安装于壳体顶部的吸嘴、设置于壳体内的雾化组件以及相互隔离的至少两个独立的油腔。雾化组件包括安装在壳体内的压电陶瓷片，压电陶瓷片的其中一侧面连接有导油体，导油体与各油腔的出油孔连接；雾化组件还包括设置于壳体底部且可与外部电源电连接的连接电极，压电陶瓷片的另一侧面与连接电极之间电连接。壳体底部设有进气口，压电陶瓷片连接有导油体的那一侧面设有气流通道，该气流通道与吸嘴相连通。本实用新型的雾化器可根据需要调节烟雾的口味和浓度，不会造成高温烧焦而产生异味，有效提升了雾化的口感；烟具不会因过热而造成烫手或者烫嘴，使用者不会吸食到大颗粒的分子而产生油腻感。

申请文件独立权利要求：

一种多油腔电子烟雾化器，包括壳体(1)、安装于壳体(1)顶部的吸嘴(2)，其特征在于还包括设置于壳体(1)内的雾化组件(3)以及相互隔离的至少两个独立的油腔(4)。雾化组件(3)包括安装在壳体(1)内的压电陶瓷片(31)，压电陶瓷片(31)的其中一侧面连接有导油体，导油体与各油腔(4)的出油孔均连接；雾化组件还包括设置于壳体(1)底部且可与外部电源电连接的连接电极(5)，压电陶瓷片(31)的另一侧面与连接电极(5)之间电连接。壳体(1)底部设有进气口(6)，压电陶瓷片(31)连接有导油体的那一侧面设有气流通道，该气流通道与吸嘴(2)相连通。

805. 无棉型超声波雾化器及电子烟

专利类型：实用新型

申请号：CN201620664475.5

申请日：2016-06-29

申请人：湖南中烟工业有限责任公司

申请人地址：410007 湖南省长沙市雨花区万家丽中路三段 188 号

发明人：刘建福　钟科军　郭小义　黄炜　代远刚　尹新强　易建华　于宏　周永权

授权日：2016-12-07

法律状态公告日：2017-12-19

法律状态：专利实施许可合同备案的生效、变更及注销

摘要：

本实用新型公开了一种无棉型超声波雾化器及电子烟，该无棉型超声波雾化器包括油杯、进气通道、出烟油雾通道和雾化组件。雾化组件包括微孔雾化片、实心高频雾化片，微孔雾化片和实心高频雾化片之间形成雾化腔，且该微孔雾化片的喷出端正对实心高频雾化片的雾化表面。微孔雾化片与油杯的出油口连通，进气通道与雾化腔连通，雾化腔与出烟油雾通道连通。本实用新型利用微孔雾化片喷雾供油，再用实心高频雾化片雾化烟油，两者结合解决了传统导油棉存在的过度供油或供油不足的弊端。

申请文件独立权利要求：

一种无棉型超声波雾化器，包括油杯(14)、进气通道、出烟油雾通道和雾化组件，其特征在于雾化组件包括微孔雾化片(7)、实心高频雾化片(6)，微孔雾化片(7)和实心高频雾化片(6)之间形成雾化腔，且微孔雾化片(7)的喷出端正对实心高频雾化片(6)的雾化表面，微孔雾化片(7)与油杯(14)的出油口连通，进气通道与雾化腔连通，雾化腔与出烟油雾通道连通。

806. 发热丝雾化与压电陶瓷雾化并联设置的电子烟雾化器

专利类型:实用新型

申请号:CN201620685032.4

申请日:2016-07-01

申请人:湖南中烟工业有限责任公司

申请人地址:410007 湖南省长沙市雨花区万家丽中路三段188号

发明人:刘建福　钟科军　郭小义　黄炜　代远刚　尹新强　易建华　于宏　周永权

授权日:2016-12-07

法律状态公告日:2017-12-19

法律状态:专利实施许可合同备案的生效、变更及注销

摘要:

本实用新型公开了一种发热丝雾化与压电陶瓷雾化并联设置的电子烟雾化器,其包括雾化芯,雾化芯包括雾化套和雾化套内的发热丝雾化结构,雾化套内还设有与发热丝雾化结构并联工作的压电陶瓷雾化结构,发热丝雾化结构的气路出口和压电陶瓷雾化结构的气路出口均与吸嘴相通。本实用新型能节能省电,供烟雾速度快,雾化效果好,烟雾量可调,能满足用户的大、中、小烟雾量的需求,同时能够有效地防止烫伤用户的口腔。

申请文件独立权利要求:

一种发热丝雾化与压电陶瓷雾化并联设置的电子烟雾化器,包括雾化芯(1),雾化芯(1)包括雾化套(2)和雾化套(2)内的发热丝雾化结构,雾化套(2)内还设有与发热丝雾化结构并联工作的压电陶瓷雾化结构,发热丝雾化结构的气路出口和压电陶瓷雾化结构的气路出口均与吸嘴(3)相通。

807. 一种用于电子烟的MEMS雾化芯片

专利类型:实用新型

申请号:CN201620757342.2

申请日:2016-07-19

申请人:云南中烟工业有限责任公司

申请人地址:650000 云南省昆明市世博路6号

发明人:韩熠　李廷华　徐溢　陈李　朱东来　陈永宽　李寿波　吴俊　巩效伟　张霞　洪鎏　缪明明

授权日:2016-12-28

法律状态公告日:2016-12-28

法律状态:授权

摘要:

本实用新型公开了一种用于电子烟的MEMS雾化芯片(11),其包括密封微环(19)、微喷孔板(17)、振动膜(21)及其围成的液体腔(22),其中振动膜(21)外侧布置有驱动器(18),微喷孔板(17)上有微孔阵列(13)、进液口(15)和微阀(20),微孔阵列(13)的微孔的入口直径大于出口直径,出口直径为微米级或纳米级。

申请文件独立权利要求:

一种用于电子烟的MEMS雾化芯片(11),其特征在于包括密封微环(19)、微喷孔板(17)、振动膜(21)及其围成的液体腔(22),其中振动膜(21)外侧布置有驱动器(18),微喷孔板(17)上有微孔阵列(13)、进液口(15)和微阀(20)。

808. 一种基于 MEMS 雾化芯片的电子烟

专利类型:实用新型

申请号:CN201620757596.4

申请日:2016-07-19

申请人:云南中烟工业有限责任公司

申请人地址:650000 云南省昆明市世博路 6 号

发明人:韩熠　李廷华　徐溢　陈李　朱东来　陈永宽　李寿波　吴俊　巩效伟　张霞　洪鎏　缪明明

授权日:2016-12-28

法律状态公告日:2016-12-28

法律状态:授权

摘要:

本实用新型公开了一种基于 MEMS 雾化芯片的电子烟,其包括:①电池杆(1),其内部设置有电池(4);②雾化器(2),其包括壳体(9)和容纳在其内部的储油仓(10)和 MEMS 雾化芯片(11),MEMS 雾化芯片(11)包括由密封微环(19)、微喷孔板(17)、振动膜(21)围成的液体腔(22),其中振动膜(21)外侧布置有驱动器(18),微喷孔板(17)上有微孔阵列(13)、进液口(15)和微阀(20);③吸嘴(3),其具有中心通道(14)。电池杆(1)与雾化器(2)和吸嘴(3)顺序连接,构成基于 MEMS 雾化芯片的电子烟。

申请文件独立权利要求:

一种基于 MEMS 雾化芯片的电子烟,其特征在于包括:①电池杆(1),其内部设置有电池(4);②雾化器(2),其包括壳体(9)和容纳在其内部的储油仓(10)和 MEMS 雾化芯片(11),壳体(9)和储油仓(10)之间留有间隙,壳体(9)上有空气进气孔(12),空气进气孔(12)与间隙相通,MEMS 雾化芯片(11)包括由密封微环(19)、微喷孔板(17)、振动膜(21)围成的液体腔(22),其中振动膜(21)外侧布置有驱动器(18),微喷孔板(17)上有微孔阵列(13)、进液口(15)和微阀(20),进液口(15)与储油仓(10)的出液口连通;③吸嘴(3),其具有中心通道(14),中心通道(14)与 MEMS 雾化芯片(11)上的微孔阵列(13)连通。电池杆(1)与雾化器(2)和吸嘴(3)顺序连接,构成基于 MEMS 雾化芯片的电子烟。

809. 一种激光热源雾化的电子烟

专利类型:实用新型

申请号:CN201620763341.9

申请日:2016-07-20

申请人:湖北中烟工业有限责任公司

申请人地址:430040 湖北省武汉市东西湖区金山大道 1355 号

发明人:董爱君　刘华臣　熊国玺

授权日:2016-12-14

法律状态公告日:2016-12-14

法律状态:授权

摘要:

本实用新型提供了一种激光热源雾化的电子烟,其包括壳体及设于壳体内的电源、电路控制器、烟弹、激光发生模块、加热器,电源通过电路控制器与激光发生模块连接,激光发生模块的前端设有激光头,激光发生模块用于产生并发出激光光线,加热器设于激光头前方,且加热器置于烟弹中,加热器用于接收激光发生模块发出的激光光线释放的热量,以对烟弹进行加热,壳体内设有沿着壳体长度方向的伸缩轨道,激光发生模块通过伸缩支架滑动地设于伸缩轨道上。本实用新型通过激光热源对烟液进行加热雾化,加热均匀,且加热温度可调，有效解决了现有的电子烟存在焦煳味的问题。

申请文件独立权利要求：

一种激光热源雾化的电子烟，包括壳体(1)及设于壳体(1)内的电源(2)、电路控制器(3)、烟弹(9)，其特征在于还包括设于壳体(1)内的激光发生模块(5)、加热器(8)，电源(2)通过电路控制器(3)与激光发生模块(5)连接，激光发生模块(5)的前端设有激光头(7)，激光发生模块(5)用于产生并发出激光光线，加热器(8)设于激光头(7)前方，且加热器(8)置于烟弹(9)中，加热器(8)用于接收激光发生模块(5)发出的激光光线释放的热量，以对烟弹(9)进行加热，壳体(1)内设有沿着壳体(1)长度方向的伸缩轨道(6)，激光发生模块(5)通过伸缩支架(4)滑动地设于伸缩轨道(6)上。

810. 一种电子烟烟雾丙烯醛含量在线检测提醒装置

专利类型：实用新型

申请号：CN201620781381.6

申请日：2016-07-22

申请人：云南中烟工业有限责任公司

申请人地址：650000 云南省昆明市世博路 6 号

发明人：李廷华　朱东来　李寿波　吴俊　张霞　韩熠　巩效伟　洪鎏

授权日：2017-03-22

法律状态公告日：2017-03-22

法律状态：授权

摘要：

本实用新型公开了一种电子烟烟雾丙烯醛含量在线检测提醒装置，其包括两端具有接头的套管(1)、置于套管(1)中的丙烯醛气体传感器(2)、信号处理电路(3)，以及嵌于套管(1)外侧的多个 LED 灯(4)。该装置通过丙烯醛气体传感器(2)检测流经套管(1)的电子烟烟雾丙烯醛含量信号，并根据信号处理电路(3)对信号的处理结果控制多个 LED 灯(4)的亮灭，实时提醒用户烟雾丙烯醛含量等级。本实用新型有效地解决了电子烟烟雾丙烯醛含量非在线检测方法和粗略估算方法存在的问题，装置附带即时提醒功能，具有实时检测、测量精度高、使用方便等特点，能极大地提升用户体验。

申请文件独立权利要求：

一种电子烟烟雾丙烯醛含量在线检测提醒装置，其特征在于包括：①套管(1)，呈圆筒状，两端具有接头；②丙烯醛气体传感器(2)，置于套管(1)内；③信号处理电路(3)，置于套管(1)内；④多个 LED 灯(4)，嵌于套管(1)的外侧。

811. 一种吸嘴及其雾化器

专利类型：实用新型

申请号：CN201620833329.0

申请日：2016-08-03

申请人：湖南中烟工业有限责任公司

申请人地址：410007 湖南省长沙市雨花区万家丽中路三段 188 号

发明人：刘建福　钟科军　郭小义　黄炜　代远刚　尹新强　易建华　于宏　沈礼周

授权日：2017-03-01

法律状态公告日：2017-12-19

法律状态：专利实施许可合同备案的生效、变更及注销

摘要：

本实用新型公开了一种吸嘴及其雾化器，其中吸嘴包括吸嘴本体，吸嘴本体设有曲折迂回的气流通道。

吸嘴本体内设有气流塞，气流塞包括竖直板，竖直板上至少设有两块横向挡板，上下相邻的两块横向挡板之间的竖直板上开有轴线水平的通气孔，吸嘴内壁、通气孔、横向挡板形成曲折迂回的气流通道；或者吸嘴本体内设有水平放置的气流挡板，气流挡板周向设有多个通气孔，吸嘴内壁、通气孔、气流挡板形成曲折迂回的气流通道。本实用新型可以防止用户吸食大颗粒的烟雾，防止用户吸食冷凝烟油，同时吸嘴拆卸方便，固定牢靠。

申请文件独立权利要求：

一种吸嘴，包括吸嘴本体(1)，其特征在于吸嘴本体(1)设有曲折迂回的气流通道。

812. 一种起振-随振型雾化器

专利类型：实用新型

申请号：CN201620872051.8

申请日：2016-08-12

申请人：云南中烟工业有限责任公司

申请人地址：650000 云南省昆明市世博路 6 号

发明人：李寿波　韩熠　张霞　朱东来　巩效伟　李廷华　洪鎏　吴俊　陈永宽

授权日：2017-03-22

法律状态公告日：2017-03-22

法律状态：授权

摘要：

本实用新型公开了一种起振-随振型雾化器，其包括以下组件：①磁悬浮振动器，其具有用于输出振动的驱动轴端(51)；②随振型滴油雾化器，其包括中空圆柱形的底座(301)，其上部设有中空凸起的振动腔(302)，底座(301)侧壁设有进气孔(303)，振动腔(302)侧壁上具有环形卡槽(304)，一个弹性振动膜片(305)绷紧固定在该环形卡槽(304)上。其中，驱动轴端(51)伸入振动腔(302)内并与之套接。

申请文件独立权利要求：

一种起振-随振型雾化器，其特征在于包括以下组件：①磁悬浮振动器，其具有用于输出振动的驱动轴端(51)；②随振型滴油雾化器，其包括中空圆柱形的底座(301)，其上部设有中空凸起的振动腔(302)，底座(301)侧壁设有进气孔(303)，振动腔(302)侧壁上具有环形卡槽(304)，一个弹性振动膜片(305)绷紧固定在该环形卡槽(304)上。其中，驱动轴端(51)伸入振动腔(302)内并与之套接。

813. 一种起振-随振型雾化器

专利类型：实用新型

申请号：CN201620872089.5

申请日：2016-08-12

申请人：云南中烟工业有限责任公司

申请人地址：650000 云南省昆明市世博路 6 号

发明人：韩熠　李寿波　张霞　李廷华　朱东来　陈永宽　巩效伟　吴俊　洪鎏

授权日：2017-03-22

法律状态公告日：2017-03-22

法律状态：授权

摘要：

本实用新型公开了一种起振-随振型雾化器，其包括磁悬浮振动器和随振型储油雾化器。磁悬浮振动器具有用于输出振动的驱动轴端(51)，随振型储油雾化器包括以下组件：①储油件(1)，其包含中心通道(104)和油仓(103)，其中中心通道(104)侧壁具有两个进油口(120)；②多孔振动件(2)，其位于中心通道(104)内，包含振动腔(202)和位于其内部的导油件(203),振动腔(202)的侧壁上开有若干微孔(207),振动腔(202)上部具有上端盖(201),下部具有下端盖(204)及与该下端盖(204)连接的振源连接端(206),振源连接端(206)与驱动轴端(51)相连。

申请文件独立权利要求:

一种起振-随振型雾化器,其特征在于包括磁悬浮振动器和随振型储油雾化器。磁悬浮振动器具有用于输出振动的驱动轴端(51),随振型储油雾化器具有以下元件:①储油件(1),其包含中心通道(104)和围绕中心通道(104)的油仓(103),其底部具有底座(105),其中中心通道(104)侧壁具有两个向内凸出的进油口(120),底座(105)上开有进气孔(121),该进气孔(121)与中心通道(104)气流连通;②多孔振动件(2),其位于中心通道(104)内,包含振动腔(202)和位于其内部的导油件(203),振动腔(202)的侧壁上开有若干微孔(207),振动腔(202)上部具有上端盖(201),下部具有下端盖(204)及与该下端盖(204)连接的振源连接端(206),振动腔(202)外部套设弹簧(205),其中振源连接端(206)与驱动轴端(51)相连。

814. 一种随振型储油雾化器

专利类型:实用新型

申请号:CN201620874461.6

申请日:2016-08-12

申请人:云南中烟工业有限责任公司

申请人地址:650000 云南省昆明市世博路6号

发明人:韩熠　李寿波　朱东来　李廷华　陈永宽　张霞　巩效伟　吴俊　洪鎏

授权日:2017-03-22

法律状态公告日:2017-03-22

法律状态:授权

摘要:

本实用新型公开了一种随振型储油雾化器,其包括以下组件:①储油件(1),其包含中心通道(104)和围绕该中心通道的油仓(103),其底部具有底座(105),中心通道(104)侧壁具有两个向内凸出的进油口(120),底座(105)上开有进气孔(121),进气孔(121)与中心通道(104)气流连通;②多孔振动件(2),其位于中心通道(104)内,包含振动腔(202)和位于其内部的导油件(203),振动腔(202)的侧壁上开有若干微孔(207),振动腔(202)上部具有上端盖(201),下部具有下端盖(204)及与该下端盖(204)连接的振源连接端(206),振动腔(202)外部套设弹簧(205)。

申请文件独立权利要求:

一种随振型储油雾化器,其特征在于包括以下组件:①储油件(1),其包含中心通道(104)和围绕中心通道(104)的油仓(103),其底部具有底座(105),其中中心通道(104)侧壁具有两个向内凸出的进油口(120),底座(105)上开有进气孔(121),该进气孔(121)与中心通道(104)气流连通;②多孔振动件(2),其位于中心通道(104)内,包含振动腔(202)和位于其内部的导油件(203),振动腔(202)的侧壁上开有若干微孔(207),振动腔(202)上部具有上端盖(201),下部具有下端盖(204)及与该下端盖(204)连接的振源连接端(206),振动腔(202)外部套设弹簧(205)。

815. 一种改进的电子雾化烟

专利类型:实用新型

申请号:CN201620874636.3

申请日:2016-08-12

申请人:湖北中烟工业有限责任公司

申请人地址:430040 湖北省武汉市东西湖区金山大道1355号

发明人:刘冰　陈义坤　刘华臣　齐富友

授权日:2017-01-11

法律状态公告日:2017-01-11

法律状态:授权

摘要:

本实用新型提供了一种改进的电子雾化烟,其包括电池杆、电路控制系统、雾化器、储液腔、外壳以及吸嘴。储液腔设于外壳内,储液腔与外壳之间形成气流通道;雾化器设于储液腔底部,包括渗透件和发热体,发热体采用涂布或附着的方式与渗透件接触,渗透件用于将储液腔中的烟油传导至发热体进行加热,产生的烟雾通过气流通道导入吸嘴;电路控制系统用于控制电池杆中的电池与发热体的通断。本实用新型能够有效地改进雾化效果,提高产品品质。

申请文件独立权利要求:

一种改进的电子雾化烟,包括电池杆、电路控制系统、雾化器、储液腔、外壳以及吸嘴,其特征在于:储液腔设于外壳内,储液腔与外壳之间形成气流通道;雾化器设于储液腔底部,包括渗透件和发热体,发热体采用涂布或附着的方式与渗透件接触,渗透件用于将储液腔中的烟油传导至发热体进行加热,产生的烟雾通过气流通道导入吸嘴;电路控制系统用于控制电池杆中的电池与发热体的通断。

816. 一种随振型滴油雾化器

专利类型:实用新型

申请号:CN201620874738.5

申请日:2016-08-12

申请人:云南中烟工业有限责任公司

申请人地址:650000 云南省昆明市世博路 6 号

发明人:张霞　韩熠　李寿波　朱东来　巩效伟　李廷华　洪鎏　吴俊　陈永宽

授权日:2017-03-22

法律状态公告日:2017-03-22

法律状态:授权

摘要:

本实用新型公开了一种随振型滴油雾化器,其包括中空圆柱形的底座(301),其上部设有中空凸起的振动腔(302),底座(301)侧壁设有进气孔(303),振动腔(302)侧壁上具有环形卡槽(304),一个弹性振动膜片(305)绷紧固定在该环形卡槽(304)上。优选地,底座(301)的底部具有开孔(306)。

申请文件独立权利要求:

一种随振型滴油雾化器,其特征在于包括中空圆柱形的底座(301),其上部设有中空凸起的振动腔(302),底座(301)侧壁设有进气孔(303),振动腔(302)侧壁上具有环形卡槽(304),一个弹性振动膜片(305)绷紧固定在该环形卡槽(304)上。

817. 一种超声波电子烟雾化器

专利类型:实用新型

申请号:CN201620884344.8

申请日:2016-08-16

申请人:湖南中烟工业有限责任公司

申请人地址:410007 湖南省长沙市雨花区万家丽中路三段 188 号

发明人:郭小义　代远刚　尹新强　黄炜　于宏　易建华　钟科军　刘建福　汪洋

授权日:2017-02-15

法律状态公告日:2017-12-19

法律状态:专利实施许可合同备案的生效、变更及注销

摘要:

本实用新型公开了一种超声波电子烟雾化器,其包括雾化器管,雾化器管内设有压电陶瓷片和雾化棉,雾化棉与压电陶瓷片上的次高温度区域相接触,次高温度区域的工作温度为160~200 ℃。本实用新型的雾化棉不易老化、碳化,使用寿命长,同时压电陶瓷片泡油风险小,雾化启动快。

申请文件独立权利要求:

一种超声波电子烟雾化器,包括雾化器管(1),雾化器管(1)内设有压电陶瓷片(2)和雾化棉(3),雾化棉(3)与压电陶瓷片(2)上的次高温度区域(Ⅱ)相接触,次高温度区域(Ⅱ)的工作温度为160~200 ℃。

818. 一种烟袋形电子烟

专利类型:实用新型

申请号:CN201620918401.X

申请日:2016-08-22

申请人:广西中烟工业有限责任公司

申请人地址:530001 广西壮族自治区南宁市北湖南路28号

发明人:潘玉灵　周艳枚　李小兰　刘鸿　周芸　王萍娟　兰柳妮　黄晓红　韦祎　黄虹

授权日:2017-04-05

法律状态公告日:2017-04-05

法律状态:授权

摘要:

本实用新型公开了一种烟袋形电子烟,其包括烟袋杆(2)和烟袋锅(1)。烟袋杆(2)内部设有通气道(12)、烟油瓶(3),烟油瓶(3)下部有加液口(4),烟油瓶(3)内设有吸油棒(8),吸油棒(8)伸出烟油瓶(3)并伸入烟袋锅(1)内,形成加热部,加热部上设有电加热器(10);烟袋杆(2)内部还设有电源模块(5),电源模块(5)包括蓄电池和电路板,电源模块(5)上设有充电接口(6)和开关(7)。本实用新型的电子烟形状新奇,有利于推广。本实用新型的电子烟在不抽吸时,烟雾自然上升,相较于现有的电子烟,结构和重量更加仿真,克服了现有的产品对抽吸烟袋的感官模拟效果较差的缺点。

申请文件独立权利要求:

一种烟袋形电子烟,包括烟袋杆(2)和烟袋锅(1),烟袋杆(2)内部设有通气道(12),其特征在于:烟袋杆(2)内有烟油瓶(3),烟油瓶(3)下部有加液口(4),烟油瓶(3)内设有吸油棒(8),吸油棒(8)伸出烟油瓶(3)并伸入烟袋锅(1)内,形成加热部,加热部上设有电加热器(10);烟袋杆(2)内部还设有电源模块(5),电源模块(5)包括蓄电池和电路板,电源模块(5)上设有充电接口(6)和开关(7),电源模块(5)与电加热器(10)连接;烟袋锅(1)内开有进气口(11),进气口(11)与通气道(12)连通。

819. 一种烟斗形电子烟

专利类型:实用新型

申请号:CN201620919737.8

申请日:2016-08-22

申请人:广西中烟工业有限责任公司

申请人地址:530001 广西壮族自治区南宁市北湖南路28号

发明人:兰柳妮　周艳枚　刘鸿　李小兰　白森　王艳伟　陆漓　孟冬玲　韦祎　黄晓红　梁海玲

授权日:2017-04-05

法律状态公告日:2017-04-05

法律状态:授权

摘要:

本实用新型公开了一种烟斗形电子烟,其包括烟斗头(1)和烟斗嘴(2)。烟斗嘴(2)内部设有气道(10),烟斗头(1)内有烟油瓶(3),烟油瓶(3)的顶部有加液口(11);烟斗头(1)的侧壁上开有进气口(9),进气口(9)与烟斗嘴(2)内部的气道(10)连通;烟油瓶(3)内有吸油棒(4),吸油棒(4)伸出烟油瓶(3),并插入气道(10)内,形成加热部,加热部上设有电加热器(5)。本实用新型的电子烟形状新奇,有利于推广,相较于现有的电子烟斗,结构和重量更加仿真,克服了现有产品对抽吸烟斗的感官模拟效果较差的缺点。

申请文件独立权利要求:

一种烟斗形电子烟,包括烟斗头(1)和烟斗嘴(2),烟斗嘴(2)内部设有气道(10)。该电子烟的特征在于烟斗头(1)内设有烟油瓶(3),烟油瓶(3)的顶部设有加液口(11);烟斗头(1)的侧壁上开有进气口(9),进气口(9)与烟斗嘴(2)内部的气道(10)连通;烟油瓶(3)内设有吸油棒(4),吸油棒(4)伸出烟油瓶(3),并插入气道(10)内,形成加热部,加热部上设有电加热器(5);烟斗嘴(2)内部还设有电源模块(6),电源模块(6)包括蓄电池和电路板,电源模块(6)与电加热器(5)连接,电源模块(6)上设有开关(8)和充电接口(7)。

820. 一种针状加热式电子烟器具

专利类型:实用新型

申请号:CN201620941991.8

申请日:2016-08-25

申请人:湖南中烟工业有限责任公司

申请人地址:410007 湖南省长沙市雨花区万家丽中路三段188号

发明人:彭新辉　尹新强　代远刚　易建华　谭新良　于宏　赵国玲　龚淑果

授权日:2017-03-22

法律状态公告日:2017-03-22

法律状态:授权

摘要:

本实用新型公开了一种针状加热式电子烟器具,其包括壳体、电源部分、加热部、夹持部,加热部与壳体间、夹持部与加热部或壳体间均为可拆卸连接,加热部包括顶端为针状的插入支持件和设置于插入支持件表面的加热元件。抽吸时将含有烟油的储液部插入器具中,并对其加热以产生烟雾,供吸食者抽吸;抽吸完毕后,更换烟支即可进行下一轮抽吸。本实用新型具有针状顶端的插入支持件,更容易插入储液部;同时解决了烟油向烟支包装部分及吸嘴部渗透的问题,加热效率更高。本实用新型结构简单,抽吸卫生,仿真感好,使用方便,环保,烟支更换快速,烟油氧化变质及漏油风险大幅度降低,具有广阔的应用前景。

申请文件独立权利要求:

一种针状加热式电子烟器具,其特征在于包括壳体(3)、电源部分(6)、加热部(4)、夹持部(5),加热部(4)与壳体(3)间为可拆卸连接,夹持部(5)与加热部(4)间或夹持部(5)与壳体(3)间为可拆卸连接,加热部(4)包括顶端为针状的插入支持件(42)和设置于插入支持件(42)表面的加热元件(41)。

821. 气溶胶生成装置

专利类型:实用新型

申请号:CN201620945916.9

申请日:2016-08-25

申请人:上海烟草集团有限责任公司

申请人地址:200082 上海市杨浦区长阳路717号

发明人:陈超　李祥林　郑爱群

授权日:2017-03-15

法律状态公告日:2017-03-15

法律状态:授权

摘要:

本实用新型提供了一种气溶胶生成装置,其包括:①壳体,该壳体为中空结构,壳体上设有通气孔,壳体包括壳本体和至少两个间隔设置于壳本体上的导电体;②多个导电颗粒,导电颗粒填充于壳体的内部,相邻的导电颗粒相互接触,且导电体至少与一个导电颗粒接触;③气溶胶基质,气溶胶基质填充于壳体的内部,且与多个导电颗粒接触。本实用新型将多个导电颗粒作为加热元件,多个导电颗粒分布于壳体内部,气溶胶基质与导电颗粒的表面接触,通电后的导电颗粒的热量能够对气溶胶基质进行均匀、稳定的加热,使气溶胶基质加热雾化为气溶胶后通过通气孔释放,从而有效避免气溶胶基质在加热过程中发生碳化的情况。

申请文件独立权利要求:

一种气溶胶生成装置,其特征在于包括:①壳体(100),该壳体(100)为中空结构,壳体(100)上设有通气孔(101),壳体(100)包括壳本体(110)和至少两个间隔设置于壳本体(110)上的导电体(120);②多个导电颗粒(200),导电颗粒(200)填充于壳体(100)的内部,相邻的导电颗粒(200)相互接触,且导电体(120)至少与一个导电颗粒(200)接触;③气溶胶基质(300),气溶胶基质(300)填充于壳体(100)的内部,且气溶胶基质(300)与多个导电颗粒(200)接触。

822. 一种储油式声表面波雾化器

专利类型:实用新型

申请号:CN201620991535.4

申请日:2016-08-31

申请人:云南中烟工业有限责任公司

申请人地址:650000 云南省昆明市世博路 6 号

发明人:李寿波　巩效伟　李廷华　韩熠　朱东来　张霞　洪鎏　吴俊　陈永宽　唐顺良

授权日:2017-03-22

法律状态公告日:2017-03-22

法律状态:授权

摘要:

本实用新型公开了一种储油式声表面波雾化器,其包括:①底座(1),其上开设有进气孔(4),底端设有主机连接头(5);②雾化仓(2),其与进气孔(4)连通,内部底端开设有固定槽和固定在其中的声表面波雾化芯片(6);③吸嘴(3);④主机信号发生装置(8)。雾化仓(2)的一端与底座(1)连接,另一端与吸嘴(3)连接;声表面波雾化芯片(6)上布置有与其表面紧密贴合的毛细管(103),毛细管(103)中嵌入有导油芯(104),导油芯(104)的一端延伸至毛细管(103)端外并与压电基片(6-1)表面接触,另一端延伸至储油仓腔体(10)内。

申请文件独立权利要求:

一种储油式声表面波雾化器,其特征在于包括:①底座(1),其开设有进气孔(4),底端设有主机连接头(5);②雾化仓(2),其与进气孔(4)连通,内部底端开设有固定槽和固定在其中的声表面波雾化芯片(6);③吸嘴(3);④主机信号发生装置(8)。雾化仓(2)的一端与底座(1)连接,另一端与吸嘴(3)连接。

823. 一种声表面波雾化器

专利类型:实用新型

申请号:CN201620991891.6

申请日:2016-08-31

申请人:云南中烟工业有限责任公司

申请人地址:650000 云南省昆明市世博路 6 号

发明人:韩熠　李寿波　李廷华　巩效伟　朱东来　张霞　洪鎏　吴俊　陈永宽　唐顺良

授权日:2017-03-22

法律状态公告日:2017-03-22

法律状态:授权

摘要:

本实用新型公开了一种声表面波雾化器,其包括:①底座(1),其上开设有进气孔(4),底端设有主机连接头(5);②雾化仓(2),其与进气孔(4)连通,内部底端开设有固定槽和固定在其中的声表面波雾化芯片(6);③吸嘴(3);④主机信号发生装置(8)。雾化仓(2)的一端与底座(1)连接,另一端与吸嘴(3)连接;声表面波雾化芯片(6)上布置有微通道(6-4)以及与微通道(6-4)连接的烟油入口端(101)和烟油出口端(102)。

申请文件独立权利要求:

一种声表面波雾化器,其特征在于包括:①底座(1),其开设有进气孔(4),底端设有主机连接头(5);②雾化仓(2),其与进气孔(4)连通,内部底端开设有固定槽和固定在其中的声表面波雾化芯片(6);③吸嘴(3);④主机信号发生装置(8)。雾化仓(2)的一端与底座(1)连接,另一端与吸嘴(3)连接。

824. 一种带有书写功能的多口味笔形电子烟

专利类型:实用新型

申请号:CN201621008856.4

申请日:2016-08-31

申请人:云南中烟工业有限责任公司

申请人地址:650000 云南省昆明市世博路 6 号

发明人:王汝　汤建国　郑绪东　王程娅　曾旭　王磊　李志强　雷萍　尚善斋　韩敬美　袁大林　陈永宽　唐顺良

授权日:2017-05-10

法律状态公告日:2017-05-10

法律状态:授权

摘要:

本实用新型涉及一种带有书写功能的多口味笔形电子烟,属于吸烟装置技术领域。该吸烟装置包括笔壳、笔芯、雾化装置、电池系统、功能转换连接件等,其结构新颖,实用性强,外观类似于笔形,易于携带,并能同时满足书写和多口味烟油抽吸的功能,可实现抽吸多种口味的烟油。同时,该吸烟装置摒弃了吸嘴外套,用功能转换连接件将吸嘴隐藏于吸烟装置内,并在吸嘴隐藏部分内设置灭菌材料层,保证吸嘴的卫生。

申请文件独立权利要求:

一种带有书写功能的多口味笔形电子烟,包括笔壳、笔芯、设于笔壳内的电池系统,以及设于笔壳内的与电池系统可拆卸连接的雾化装置,其特征在于雾化装置包括烟油容纳腔、雾化组件、旋转式电路切换装置,烟油容纳腔有多个,且每个烟油容纳腔中都设有一个雾化组件,旋转式电路切换装置通过旋转使得任意一个或几个雾化组件与电池系统中的电池相连。该电子烟还包括功能转换连接件,该功能转换连接件包括笔夹和管体,在笔壳上设有一开口,笔夹的一端穿过开口与设于笔壳内的管体固定相连,且管体与笔壳同轴,管体的两端分别与吸嘴的非抽吸端、笔芯的远离笔尖端固定相连。功能转换连接件可相对于笔壳的轴向进行滑动,以将笔芯的笔尖部位、吸嘴的抽吸部位滑出笔壳外。

825. 一种智能型防干烧烟弹

专利类型:实用新型

申请号:CN201621048123.3

申请日:2016-09-12

申请人:中国烟草总公司郑州烟草研究院

申请人地址:450001 河南省郑州市高新区枫杨街 2 号

发明人:樊美娟　崔华鹏　赵乐　王洪波　郭军伟　潘立宁　陈黎

授权日:2017-04-19

法律状态公告日:2017-04-19

法律状态:授权

摘要:

一种智能型防干烧烟弹,包括设在烟弹外壳中的雾化腔以及设置在雾化腔中的筒状储油棉,在雾化腔底部设有导油绳和加热丝,加热丝缠绕导油绳设置。该烟弹的特征是:在雾化腔内位于筒状储油棉外侧设置有一金属片,金属片上涂覆有感温变色材料层,金属片上连接有一鼠尾式传热片,该鼠尾式传热片压放在加热丝与导油绳之间,在与金属片位置对应的烟弹外壳上开设有可视窗口。在使用本实用新型时,烟弹外壳上设有可视窗口,当烟液充足时,通过可视窗口观察金属片显示一种颜色;当烟液即将耗尽时,雾化器内部的温度升高,金属片的温度也随之升高,当达到一定的温度时,金属片上涂覆的感温变色材料发生变化,显示另一种颜色,提醒使用者停止使用电子烟,进而达到防止干烧的目的。

申请文件独立权利要求:

一种智能型防干烧烟弹,包括设置在烟弹外壳中的雾化腔以及设置在雾化腔中的筒状储油棉,在雾化腔底部设置有导油绳和加热丝,加热丝缠绕导油绳设置。该烟弹的特征在于:在雾化腔内位于筒状储油棉外侧设置有一金属片,金属片上涂覆有感温变色材料层,金属片上连接有一鼠尾式传热片,该鼠尾式传热片压放在加热丝与导油绳之间,在与金属片位置对应的烟弹外壳上开设有可视窗口。

826. 一种可调烟油量的雾化器及其电子烟

专利类型:实用新型

申请号:CN201621064510.6

申请日:2016-09-20

申请人:湖南中烟工业有限责任公司

申请人地址:410007 湖南省长沙市雨花区万家丽中路三段 188 号

发明人:刘建福　钟科军　郭小义　黄炜　于宏　代远刚　尹新强　易建华　周永权

授权日:2017-03-22

法律状态公告日:2017-12-19

法律状态:专利实施许可合同备案的生效、变更及注销

摘要:

本实用新型公开了一种可调烟油量的雾化器及其电子烟。该雾化器包括壳体、进气口、吸嘴座及吸嘴、油腔及雾化芯、连接电极。雾化芯包括雾化片、设置于雾化片上方且位于油腔底部的底座、雾化棉,雾化棉的一端与雾化片的雾化面相抵接,另一端穿透底座并与油腔接触;壳体内设有进气通道,底座上设有导气孔,壳体内设有出气管,该出气管的上端与吸嘴对接,下端与导气孔连通,且该出气管的下端径向延伸设有挡板,该挡板可将雾化棉与油腔的接触端封堵。吸嘴座与吸嘴活动连接,雾化片与连接电极之间电连接。本实用新型通过移动吸嘴来控制油路的通断以及烟油流量的大小,一则达到密封烟油,避免漏油的效果,二则可防止雾化棉吸油过饱和及雾化片泡油。

申请文件独立权利要求:

一种可调烟油量的雾化器,包括壳体(1)、进气口(2)、安装在壳体(1)顶部的吸嘴座(9)及套装在吸嘴座(9)内的吸嘴(3)、设置于壳体(1)内的油腔(4)及雾化芯、安装在壳体(1)底部的连接电极(6),其特征在于:雾化芯包括雾化片(10)、设置于雾化片(10)上方且位于油腔(4)底部的将油腔(4)密封的底座(7)、可将油腔

(4)中的烟油导入雾化片(10)的雾化面的雾化棉(11),雾化棉(11)的一端与雾化片(10)的雾化面相抵接,另一端穿透底座(7)并与油腔(4)接触;壳体(1)内设有与进气口(2)连通的进气通道(12),该进气通道(12)通至雾化片(10)的雾化表面,底座(7)上设有与雾化表面相连通的导气孔(13),壳体(1)内设有与吸嘴(3)连通的出气管(5),该出气管(5)的上端与吸嘴(3)对接,下端与导气孔(13)连通,且该出气管(5)的下端径向延伸设有挡板(14),该挡板(14)可将雾化棉(11)与油腔(4)的接触端封堵;吸嘴座(9)与吸嘴(3)活动连接,吸嘴(3)可在吸嘴座(9)内上下移动并固定,雾化片(10)与连接电极(6)之间电连接。

827. 一种防漏油电子烟雾化器

专利类型:实用新型

申请号:CN201621066175.3

申请日:2016-09-20

申请人:云南中烟工业有限责任公司

申请人地址:650000 云南省昆明市世博路 6 号

发明人:巩效伟 朱东来 吴俊 洪鎏 李廷华 张霞 韩熠 李寿波 袁大林 孙志勇

授权日:2017-04-19

法律状态公告日:2017-04-19

法律状态:授权

摘要:

本实用新型公开了一种防漏油电子烟雾化器,其包括壳体(3),壳体(3)两端的中部具有进气孔(11)和出气孔(12)。该雾化器的特征在于壳体(3)内包括两端分别设有第一防漏油膜(2)和第二防漏油膜(9)的通气管(7),以及通气管(7)的外壁与壳体(3)的内壁所围成的储油腔(4),第一防漏油膜(2)和第二防漏油膜(9)上均具有微孔,这些微孔的孔径允许气体通过但不允许液体通过。本实用新型的防漏油电子烟雾化器结构简单、紧凑,便于加工。

申请文件独立权利要求:

一种防漏油电子烟雾化器,其包括壳体(3),壳体(3)两端的中部具有进气孔(11)和出气孔(12)。该雾化器的特征在于壳体(3)内包括两端分别设有第一防漏油膜(2)和第二防漏油膜(9)的通气管(7),以及通气管(7)的外壁与壳体(3)的内壁所围成的储油腔(4),第一防漏油膜(2)和第二防漏油膜(9)上均具有微孔,这些微孔的孔径允许气体通过但不允许液体通过。

828. 一种超声波电子烟雾化芯及雾化器

专利类型:实用新型

申请号:CN201621087266.5

申请日:2016-09-28

申请人:湖南中烟工业有限责任公司

申请人地址:410007 湖南省长沙市雨花区万家丽中路三段 188 号

发明人:刘建福 钟科军 郭小义 黄炜 于宏 代远刚 尹新强 易建华 周永权

授权日:2017-04-12

法律状态公告日:2017-12-19

法律状态:专利实施许可合同备案的生效、变更及注销

摘要:

本实用新型公开了一种超声波电子烟雾化芯及雾化器,其中电子烟雾化芯包括雾化芯固定套。该雾化芯固定套内设有第一雾化片、第一导油组件和支架,第一雾化片包括第一面和第二面,第一雾化片架设固定在支架上,第一导油组件与第一面相抵接;雾化芯固定套内还设有第二雾化片和第二导油组件,第二雾化片

包括第三面和第四面，第二雾化片架设固定在支架上，第二导油组件与第四面相抵接。支架上开设有与外界相通的第一过气孔和第二过气孔，第一过气孔和第二过气孔均与第一面和第三面相连通。本实用新型不仅能同时雾化两种烟油，还能雾化固体烟草制品，烟雾量大，可以满足使用者的不同口感需求，特别是对真烟口感的需求。

申请文件独立权利要求：

一种超声波电子烟雾化芯，包括雾化芯固定套(1)。该雾化芯固定套(1)内设有第一雾化片(2)、第一导油组件(3)和支架(6)，第一雾化片(2)包括第一面(S1)和第二面(S2)，第一雾化片(2)架设固定在支架(6)上，第一导油组件(3)与第一面(S1)相抵接；雾化芯固定套(1)内还设有第二雾化片(5)和第二导油组件(4)，第二雾化片(5)包括第三面(S3)和第四面(S4)，第二雾化片(5)架设固定在支架(6)上，第二导油组件(4)与第四面(S4)相抵接。支架(6)上开设有与外界相通的第一过气孔(7)和第二过气孔(8)，第一过气孔(7)和第二过气孔(8)均与第一面(S1)和第三面(S3)相连通。

829. 一种卧式电子烟贴标装置

专利类型：实用新型

申请号：CN201621115614.5

申请日：2016-10-12

申请人：颐中(青岛)烟草机械有限公司

申请人地址：266021 山东省青岛市崂山区株洲路 88 号

发明人：华强　王吉利　陈峰　刘震　魏祥伟　肖凤卫　田枫

授权日：2017-05-03

法律状态公告日：2017-05-03

法律状态：授权

摘要：

本实用新型公开了一种卧式电子烟贴标装置，在操作平台上依次固定设置有与电气控制器电连接的放卷机构、贴标缓冲机构、贴标位置检测机构、剥标机构、贴标胶轮机构、拉标胶轮机构、拉标缓冲机构、收卷机构、贴标轴筒，贴标缓冲机构包括贴标轴筒，放卷机构、贴标胶轮机构、拉标胶轮机构、收卷机构分别由各自的伺服电机驱动。该装置的优点是：伺服电机相互协调配合，有效避免了标纸断裂的可能性，保证平稳、高速地贴标；通过贴标轴筒和剥标板限位块使标纸处于同一水平面上，有效提高了贴标精度；整个装置卧立在操作平台上，不仅便于调节高度，以适应电子烟雾化器规格更换，而且可消除重力对贴标的影响，大大提高了贴标精度，高精度、高效率、稳定地完成贴标过程。

申请文件独立权利要求：

一种卧式电子烟贴标装置，包括一操作平台，其特征在于在操作平台上依次固定设置有放卷机构、贴标缓冲机构、贴标位置检测机构、剥标机构、贴标胶轮机构、拉标胶轮机构、拉标缓冲机构、收卷机构、贴标轴筒、电气控制器。贴标缓冲机构包括一贴标轴筒，拉标缓冲机构包括一拉标轴筒。放卷机构、贴标胶轮机构、拉标胶轮机构、收卷机构分别由各自的伺服电机驱动，放卷机构、贴标缓冲机构、贴标位置检测机构、贴标胶轮机构、拉标胶轮机构、拉标缓冲机构、收卷机构及伺服电机均与电气控制器电连接。将贴标原材料放于放卷机构上，依次穿过贴标缓冲机构、贴标位置检测机构、剥标机构、贴标胶轮机构、拉标胶轮机构、拉标缓冲机构，则贴标原材料上的标纸被剥离；剥标机构与主转动盘上的雾化器靠近，标纸在剥标机构处与底纸分离，底纸回收于收卷机构上，即完成贴标。通过贴标轴筒使标纸处于同一水平面上。

830. 一种电子烟加热电路及该电子烟

专利类型：实用新型

申请号：CN201621208327.9

申请日:2016-10-25

申请人:湖南中烟工业有限责任公司

申请人地址:410007 湖南省长沙市雨花区万家丽中路三段 188 号

发明人:于宏　黄炜　郭小义　代远刚　尹新强　易建华　钟科军　刘建福　曾祥伟

授权日:2017-04-26

法律状态公告日:2017-04-26

法律状态:授权

摘要:

本实用新型公开了一种电子烟加热电路及该电子烟,其中电子烟加热电路包括按键单元、供电单元、烟草加热单元、控制单元、测温单元和烟油加热单元。按键单元与控制单元的第一输入端相连,控制单元的第一输出端与烟草加热单元相连,按键单元、控制单元、烟草加热单元均与供电单元的供电端口相连。测温单位用于对烟草制品进行测温,测温单元的输出端与控制单元的第二输入端相连,测温单元还与供电单元的供电端口相连。烟油加热单元与控制单元的第二输出端相连,还与供电单元的供电端口相连。本实用新型能够快速发烟,烟雾口感好且烟雾量大;操作简单,指示明晰;有限流功能,安全可靠;关机后静态电流小,节约能源。

申请文件独立权利要求:

一种电子烟加热电路,包括按键单元(1)、供电单元(2)和用于给烟草制品加热的烟草加热单元(3),其特征在于还包括控制单元(4),按键单元(1)与控制单元(4)的第一输入端相连,控制单元(4)的第一输出端与烟草加热单元(3)相连,按键单元(1)、控制单元(4)、烟草加热单元(3)均与供电单元(2)的供电端口相连。

831. 一种光子烟的雾化器

专利类型:实用新型

申请号:CN201621208518.5

申请日:2016-11-09

申请人:云南中烟工业有限责任公司

申请人地址:650000 云南省昆明市世博路 6 号

发明人:吴俊　朱东来　巩效伟　袁大林　李寿波　李廷华　张霞　洪鎏　韩熠

授权日:2017-05-31

法律状态公告日:2017-05-31

法律状态:授权

摘要:

本实用新型公开了一种光子烟的雾化器,旨在提供一种简单可靠的光子烟的雾化器。该雾化器包括带有储油腔且前端具有连接部的储油筒、安装于储油筒前端端面上用于接收高能光源并实现光热转化的聚光罩、缠绕于聚光罩外壁上的导油绳、位于储油筒内罩住并封闭聚光罩的隔离罩,以及与隔离罩连通且延伸至储油筒后端端面的导气管。隔离罩的开口端朝向储油筒的前端,隔离罩上设置有供导油绳穿过的导油孔,导油绳穿过隔离罩上的导油孔进入储油筒的储油腔内;聚光罩上设置有导通隔离罩及储油筒前端的通气结构,且其光热转化腔的壁面上涂镀有黑色涂层。本实用新型可有效延长雾化器的使用寿命并提高其可靠性。

申请文件独立权利要求:

一种光子烟的雾化器,使用时与高能光源连接,吸收高能光源并将其转化为热源,其特征在于包括带有储油腔且前端具有连接部的储油筒、安装于储油筒前端端面上用于接收高能光源并实现光热转化的聚光罩、缠绕于聚光罩外壁上的导油绳、位于储油筒内罩住并封闭聚光罩的隔离罩,以及与隔离罩连通且延伸至储油筒后端端面的导气管。隔离罩的开口端朝向储油筒的前端,隔离罩上设置有供导油绳穿过的导油孔,导油绳穿过隔离罩上的导油孔进入储油筒的储油腔内;聚光罩上设置有导通隔离罩及储油筒前端的通气结构，且其光热转化腔的壁面上涂镀有黑色涂层。

832. 一种安全的光子雾化烟

专利类型：实用新型

申请号：CN201621208872.8

申请日：2016-11-09

申请人：云南中烟工业有限责任公司

申请人地址：650000 云南省昆明市世博路 6 号

发明人：张霞　吴俊　朱东来　洪鎏　李寿波　李廷华　韩熠　巩效伟

授权日：2017-05-31

法律状态公告日：2017-05-31

法律状态：授权

摘要：

本实用新型公开了一种安全的光子雾化烟，旨在提供一种使用寿命长的光子雾化烟。该光子雾化烟包括烟杆、电池组件及雾化装置，雾化装置包括激光发生组件以及雾化组件。激光发生组件包括安装于烟杆内腔上且带有通气孔的安装座、安装于安装座上且与电池组件电连接的激光器、安装于激光器发射端且带有激光聚光孔的聚光管，以及通过调节座安装于聚光管另一端的聚光镜；雾化组件包括位于聚光镜出射光线一侧且带有储油腔并隔断烟杆内腔的储油筒、安装于储油筒朝向聚光镜一端的用于接收激光的带有光热转化腔的聚光罩、缠绕于聚光罩外壁上的导油绳、位于储油筒内罩住并封闭聚光罩的隔离罩，以及与隔离罩连通且延伸至储油筒另一端的导气管。

申请文件独立权利要求：

一种安全的光子雾化烟，包括管状的烟杆，以及从烟杆前端向后端依次设置于烟杆内的电池组件及雾化装置，其特征在于雾化装置包括与电池组件电连接且位于烟杆内的激光发生组件，以及位于烟杆内用于接收激光发生组件发出激光的雾化组件。激光发生组件包括安装于烟杆内腔上且带有通气孔的安装座、安装于安装座上且与电池组件电连接的激光器、安装于激光器发射端且带有激光聚光孔的聚光管，以及通过调节座安装于聚光管另一端的聚光镜；雾化组件包括位于聚光镜出射光线一侧且带有储油腔并隔断烟杆内腔的储油筒、安装于储油筒朝向聚光镜一端的用于接收激光的带有光热转化腔的聚光罩、缠绕于聚光罩外壁上的导油绳、位于储油筒内罩住并封闭聚光罩的隔离罩，以及与隔离罩连通且延伸至储油筒另一端的导气管。聚光罩呈漏斗状且大端朝向聚光镜，储油筒朝向聚光镜一端设置有安装聚光罩大端的安装孔，聚光罩的小端具有限位导油绳的导管，导管的轴线与入射激光垂直，且其管孔与聚光罩的光热转化腔连通；隔离罩上设置有供导油绳穿过的导油孔，导油绳穿过隔离罩的导油孔进入储油筒的储油腔内。聚光罩的光热转化腔的壁面上涂镀有黑色涂层。该光子雾化烟还包括控制电池组件通断的钥匙启动锁，以及启闭钥匙启动锁的钥匙。

833. 一种光子雾化烟

专利类型：实用新型

申请号：CN201621208873.2

申请日：2016-11-09

申请人：云南中烟工业有限责任公司

申请人地址：650000 云南省昆明市世博路 6 号

发明人：吴俊　朱东来　洪鎏　李廷华　李寿波　张霞　韩熠　巩效伟

授权日：2017-05-31

法律状态公告日：2017-05-31

法律状态:授权

摘要:

本实用新型公开了一种光子雾化烟，旨在提供一种使用寿命长的光子雾化烟。该光子雾化烟包括烟杆、透气罩、电池组件及雾化装置，雾化装置包括激光发生组件以及雾化组件。激光发生组件包括安装于烟杆内腔上且带有通气孔的安装座、安装于安装座上且与电池组件电连接的激光器、安装于激光器发射端且带有激光聚光孔的聚光管，以及通过调节座安装于聚光管另一端的聚光镜；雾化组件包括位于聚光镜出射光线一侧且带有储油腔并隔断烟杆内腔的储油筒、安装于储油筒朝向聚光镜一端的用于接收激光的带有光热转化腔的聚光罩、缠绕于聚光罩外壁上的导油绳、位于储油筒内罩住并封闭聚光罩的隔离罩，以及与隔离罩连通且延伸至储油筒另一端的导气管。

申请文件独立权利要求:

一种光子雾化烟，包括管状的烟杆、设置于烟杆前端的透气罩，以及从烟杆前端向后端依次设置于烟杆内的电池组件及雾化装置，其特征在于雾化装置包括与电池组件电连接且位于烟杆内的激光发生组件，以及位于烟杆内用于接收激光发生组件发出激光的雾化组件。激光发生组件包括安装于烟杆内腔上且带有通气孔的安装座、安装于安装座上且与电池组件电连接的激光器、安装于激光器发射端且带有激光聚光孔的聚光管，以及通过调节座安装于聚光管另一端的聚光镜；雾化组件包括位于聚光镜出射光线一侧且带有储油腔并隔断烟杆内腔的储油筒、安装于储油筒朝向聚光镜一端的用于接收激光的带有光热转化腔的聚光罩、缠绕于聚光罩外壁上的导油绳、位于储油筒内罩住并封闭聚光罩的隔离罩，以及与隔离罩连通且延伸至储油筒另一端的导气管。隔离罩上设置有供导油绳穿过的导油孔，导油绳穿过隔离罩的导油孔进入储油筒的储油腔内；聚光罩上设置有导通隔离罩及烟杆进气腔体的通气结构，且其光热转化腔的壁面上涂镀有黑色涂层。

834. 高频超声波电子烟控制电路

专利类型:实用新型

申请号:CN201621267278.6

申请日:2016-11-22

申请人:湖南中烟工业有限责任公司

申请人地址:410007 湖南省长沙市雨花区万家丽中路三段 188 号

发明人:刘建福　钟科军　郭小义　黄炜　于宏　代远刚　尹新强　易建华　沈开为

授权日:2017-05-31

法律状态公告日:2017-12-19

法律状态:专利实施许可合同备案的生效、变更及注销

摘要:

本实用新型提供了一种高频超声波电子烟控制电路，其包括整机电源、控制器主控电源电路、控制器主控电路、发热丝结构、发热丝控制开关电路、发热丝电流检测电路，整机电源为高频超声波电子烟控制电路提供电源，控制器主控电源电路与控制器主控电路连接，发热丝控制开关电路、发热丝电流检测电路均与控制器主控电路连接，发热丝控制开关电路、发热丝电流检测电路均与发热丝结构连接，控制器主控电路包括控制器芯片。本实用新型的电路结构简单，控制元件少，电路实现简单，电路板的成本低，控制方法简易，通过 PWM 信号来调整发热丝的功率，便于对发热丝的加热进行控制，增加了电子烟在启动时的热量，让电子烟在刚启动时就能出较大的烟雾量。

申请文件独立权利要求:

一种高频超声波电子烟控制电路，包括整机电源(1)、控制器主控电源电路(5)、控制器主控电路(7)、发热丝结构(8)，整机电源(1)为高频超声波电子烟控制电路提供电源，控制器主控电源电路(5)与控制器主控电路(7)连接。该控制电路的特征在于还包括发热丝控制开关电路(4)、发热丝电流检测电路(11)，发热丝

控制开关电路(4)、发热丝电流检测电路(11)均与控制器主控电路(7)连接,发热丝控制开关电路(4)、发热丝电流检测电路(11)均与发热丝结构(8)的一端连接,控制器主控电路(7)包括控制器芯片。

835. 超声雾化片结构及雾化器、电子烟

专利类型:实用新型

申请号:CN201621276624.7

申请日:2016-11-22

申请人:湖南中烟工业有限责任公司

申请人地址:410007 湖南省长沙市雨花区万家丽中路三段188号

发明人:刘建福　钟科军　郭小义　黄炜　于宏　代远刚　尹新强　易建华　周永权

授权日:2017-05-31

法律状态公告日:2017-12-19

法律状态:专利实施许可合同备案的生效、变更及注销

摘要:

本实用新型公开了一种超声雾化片结构及雾化器、电子烟。该超声雾化片结构包括雾化棉和超声雾化片,超声雾化片相对于水平面倾斜布置,雾化棉的两端通过导油棉与油腔内的烟油相连或直接设置在油腔内,雾化棉的下表面与超声雾化片的雾化表面接触。本实用新型的超声雾化片结构可以避免雾化片泡油导致无法雾化出烟雾的现象。

申请文件独立权利要求:

一种超声雾化片结构,包括雾化棉(14)和超声雾化片,其特征在于超声雾化片相对于水平面倾斜布置,雾化棉(14)的两端通过导油棉(17)与油腔内的烟油相连或直接设置在油腔内,雾化棉(14)的下表面与超声雾化片的雾化表面接触。

836. 一种新型电子烟上料系统

专利类型:发明

申请号:CN201710068360.9

申请日:2017-02-08

申请人:颐中(青岛)烟草机械有限公司

申请人地址:266021 山东省青岛市崂山区株洲路88号

发明人:华强　刘震　王吉利　陈峰　魏祥伟　肖凤卫　田枫

法律状态公告日:2017-04-26

法律状态:实质审查的生效

摘要:

一种新型电子烟上料系统,包括由输送通道连接的振动盘组件和上料分料块组件。振动盘组件包括振动盘、上料底板、振动盘支柱、振动盘底座,振动盘设在振动盘底座上,振动盘底座通过振动盘支柱设在上料底板上,振动盘内设有连续的螺旋导料槽,螺旋导料槽与输送通道的连接处设有重力翻转机构;上料分料块组件包括上料分料块、上料分料块侧板、上料通道、分料气缸、推料气缸和光纤传感器,在上料通道的上、下通道口处分别安装有分料气缸和推料气缸,光纤传感器安装在上料分料块上。该电子烟上料系统的优点是:通过振动盘实现自动上料,再经螺旋导料槽及重力翻转机构对雾化器进行有序排列,完成雾化器的上料并将其输送到主转动盘上,完成自动化生产,实现全自动上料,为大规模的生产提供保障。

申请文件独立权利要求:

一种新型电子烟上料系统,其特征在于包括一振动盘组件和一上料分料块组件,振动盘组件、上料分料块组件由一输送通道连接。振动盘组件包括一振动盘、振动盘内从其底部逐渐延伸到顶部设置有一连续的

螺旋导料槽，螺旋导料槽的宽度稍大于电子烟雾化器的直径，其上仅可承载正反向、轴向摆放的电子烟雾化器，即螺旋导料槽上不能承载斜向排列的电子烟雾化器。在振动盘顶端的螺旋导料槽与输送通道的连接处设置有一重力翻转机构，该重力翻转机构能够将输送到此处的正向排列的电子烟雾化器直接输送到生产线上的主转动盘，同时能够将输送到此处的反向排列的电子烟雾化器翻转成正向排列后再输送到生产线上的主转动盘。上料分料块组件包括一上料分料块、一上料分料块侧板、一上料通道、一分料气缸、一推料气缸和一光纤传感器，在上料通道的上、下通道口处分别安装有分料气缸和推料气缸，光纤传感器安装在上料分料块上，用于控制分料气缸和推料气缸的闭合。上料通道的上通道口与输送通道相连，上料通道的上通道口还与电子烟雾化器生产线的主转动盘相连，上料分料块侧面与上料分料块侧板相连。

13.3　口　含　烟

837. 释放烟草生物碱的口香糖

专利类型：发明

申请号：CN200580021628.9

申请日：2005-06-29

申请人：费尔廷制药公司

申请人地址：丹麦瓦埃勒

发明人：卡斯滕·安德森

授权日：2010-11-03

法律状态公告日：2010-11-03

法律状态：授权

摘要：

本发明涉及一种释放烟草生物碱的口香糖，其包含烟草生物碱、胶基和口香糖成分，胶基包含用量占口香糖的 2 wt%～20 wt%的弹性体化合物和树脂化合物。

授权文件独立权利要求：

一种释放烟草生物碱的口香糖，其包含烟草生物碱、胶基和口香糖成分，胶基包含用量占口香糖的 2 wt%～20 wt%的弹性体化合物和树脂化合物。

838. 袋装烟草产品

专利类型：发明

申请号：CN200680014395.4

申请日：2006-04-28

申请人：菲利普·莫里斯生产公司

申请人地址：瑞士纳沙泰尔

发明人：W. D. 温特森　T. D. 科克伦　T. C. 霍兰德　K. M. 托伦斯　S. 莱茵哈特　G. R. 斯科特

授权日：2010-09-08

法律状态公告日：2010-09-08

法律状态：授权

摘要：

一种袋装烟草产品(100)，包括由幅材(130)和邻近幅材的水溶性衬里(120)构成的衬袋材料以及包含在衬袋材料中的烟草成分(110)。水溶性衬里介于幅材和烟草成分之间，它可降低烟草成分对幅材的污染。此外，水溶性衬里可包括食用香料。

授权文件独立权利要求：

一种袋装烟草产品，包括包含幅材和邻近幅材的水溶性衬里的衬袋材料，以及包含在衬袋材料中的烟草组分，其特征在于水溶性衬里介于幅材和烟草组分之间。

839. 烟草组合物

专利类型：发明

申请号：CN200680027394.3

申请日：2006-05-24

申请人：美国无烟烟草有限责任公司

申请人地址：美国弗吉尼亚州

发明人：詹姆斯·A.斯特里克兰　弗兰克·S.阿奇利　詹姆斯·M.罗斯曼　阿曼德·J.戴马雷　斯科特·A.威廉斯　托德·J.米勒　彻恩·W.约翰逊

授权日：2015-04-08

法律状态公告日：2017-07-14

法律状态：专利权的终止

摘要：

本发明的特征在于烟草组合物及其使用和制造方法。本发明的组合物可基于各种工艺。该工艺包括膜、片剂、成型件、凝胶、可消费单位、不溶性基质和中空形状。除烟草之外，该组合物还可包含本发明所述的香料、色料和其他添加剂。该组合物还可为在口内可崩解的组合物，示例性组合物及其制造方法如本发明所述。

授权文件独立权利要求：

一种包含烟草和不溶性形式剂的组合物，其中形式剂部分涂覆烟草。

840. 无烟烟草组合物

专利类型：发明

申请号：CN200680035074.2

申请日：2006-09-12

申请人：R.J.雷诺兹烟草公司

申请人地址：美国北卡罗来纳州

发明人：D.E.小希尔顿　D.V.坎特尔　J.N.菲格拉

授权日：2013-03-20

法律状态公告日：2013-03-20

法律状态：授权

摘要：

一种无烟烟草产品，包括装在透湿性包或袋中的粉末或颗粒无烟烟草制剂。该无烟烟草制剂可以含有粉末状的磨细的烟草颗粒和其他成分，如甜味剂、黏合剂、着色剂、pH 调节剂、填充剂、食用香料成分、崩解助剂、抗氧化剂和防腐剂。烟草制剂可以为干型或湿型。容器是包或袋的形式，可以含有胶囊，如球形的可破裂胶囊。该容器应被置于使用者的口腔内，使使用者可以享受容器中的烟草制剂。使用者使用完无烟烟草产品后，将容器从口腔中取出，或者该容器可以在使用者的口腔中溶解。

授权文件独立权利要求：

一种构造成插入产品使用者口腔中的无烟烟草产品，包括含有烟草制剂的透水性袋，烟草制剂包括烟草颗粒。

841. 无烟烟草

专利类型:发明

申请号:CN200780028625.7

申请日:2007-07-24

申请人:R.J.雷诺兹烟草公司

申请人地址:美国北卡罗来纳州

发明人:J.H.鲁滨逊　L.K.帕尔玛　P.帕特尔　J-P.穆阿　L.S.小蒙萨鲁德

授权日:2014-01-08

法律状态公告日:2014-01-08

法律状态:授权

摘要:

一种无烟烟草制品,包括烟草颗粒或烟草片,还可包括其他成分,例如盐、甜味剂、黏合剂、着色剂、pH调节剂、填充剂、调味剂、崩解助剂、抗氧化剂、润湿剂和防腐剂。某些无烟产品的烟草组合物或烟草制品是将掺有烟草材料和其他成分的浆液浇铸形成薄膜或片状而得到的,而有些无烟产品的烟草组合物或烟草制品是将掺有烟草材料和其他成分的混合物挤压、挤出形成所需形状而得到的。前述烟草产品以及湿鼻烟型产品可在控制气体的条件下包装。可将无烟烟草产品包装在基本上不透氧气和/或水分的外包装材料中,这些包装材料可真空密封或密封在其中的空气基本上是惰性的。

授权文件独立权利要求:

一种在多层包装中的无烟烟草产品,包含多个单独的透水性烟袋,各烟袋含有烟草制品,并密封和构造成适于插入烟草产品使用者口中,烟草制品含有粒状烟草。完全围绕且盛装至少一个透水性烟袋的基本上密封的外包装膜材料,外包装膜材料紧密密封,其中围绕至少一个烟袋在其内部保持可控环境。围绕且盛装一个或多个烟袋中每一个的密封的外包装膜材料,形成以延伸的单线形式放置的多个"泡罩"式构型,其中每个"泡罩"式构型通过外包装材料与其他"泡罩"式构型相互连接,形成带状结构。

842. 含有烟草成分的硬质糖

专利类型:发明

申请号:CN200810049285.2

申请日:2008-02-29

申请人:中国烟草总公司郑州烟草研究院

申请人地址:450001 河南省郑州市高新技术产业开发区枫杨街 2 号

发明人:张建勋　屈展　郭学科　谢剑平　宗永立　李炎强　卢斌斌　何保江

授权日:2010-06-02

法律状态公告日:2010-06-02

法律状态:授权

摘要:

一种含有烟草成分的硬质糖,包括硬质糖基料,其特征在于在硬质糖基料中添加有1%~15%的烟草组合物或者0.001%~2%的烟碱。烟草组合物由以下原料组成:烟碱0.1%~1%或/和烟草提取物10%~30%、烟草香味成分5%~15%、食用浸膏类10%~20%、食用酊类5%~10%、食用溶剂30%~60%。本发明通过口含吸食这种新型的无烟气烟草制品而得到等同于吸食卷烟的满足感,既能满足烟草消费人群的需求,又能减少吸烟对健康的危害,且可避免吸烟对环境的污染,减小非吸烟人群吸入二手烟的可能,为烟草消费者提供一种更为安全的新型环保型烟草制品。本发明配制合理,易于制造,使用方便,卫生安全,将硬质糖的载体和卷烟带给消费者满足感的烟草成分有机结合到一起。

授权文件独立权利要求:

一种含有烟草成分的硬质糖,包括硬质糖基料,其特征在于在硬质糖基料中添加有1%~15%的烟草组合物或者0.001%~2%的食用烟碱。

843. 袋装口含型烟草制品

专利类型:发明

申请号:CN200810049346.5

申请日:2008-03-13

申请人:中国烟草总公司郑州烟草研究院

申请人地址:450001 河南省郑州市高新技术产业开发区枫杨街2号

发明人:宗永立 谢剑平 孙世豪 钱发成 张建勋 王月霞 李炎强 杨春强 宋瑜冰

授权日:2010-03-10

法律状态公告日:2010-03-10

法律状态:授权

摘要:

一种袋装口含型烟草制品,其特征在于包括包装袋和装入袋中的潮湿烟草粉粒,其中潮湿烟草粉粒主要由以下原料按重量比组成:烤烟25%~70%、水20%~60%、食用盐0.8%~5%、碳酸钠0.7%~5%、丙二醇0.5%~8%、薄荷脑0.002%~1%。本发明的优点在于:使用方便,使用时不会有碎渣流落到口中,同时也不产生烟雾,不会危害他人,也不会使使用者产生痰,减小了吸烟对健康的危害,弥补了现有的嚼烟类、口腔类烟草制品的不足,同时又能提供给烟草消费者与传统卷烟和嚼烟类产品类似的满足感。

授权文件独立权利要求:

一种袋装口含型烟草制品,其特征在于包括包装袋和袋中的潮湿烟草粉粒,其中潮湿烟草粉粒主要由以下原料按重量比组成:烤烟25%~70%、水20%~60%、食用盐0.8%~5%、碳酸钠0.7%~5%、丙二醇0.5%~8%、薄荷脑0.002%~1%。

844. 袋装口含烟草制品及其制备方法

专利类型:发明

申请号:CN200810049347.X

申请日:2008-03-13

申请人:中国烟草总公司郑州烟草研究院

申请人地址:450001 河南省郑州市高新技术产业开发区枫杨街2号

发明人:谢剑平 宗永立 钱发成 孙世豪 张建勋 王月霞 李鹏 卢斌斌

授权日:2010-04-14

法律状态公告日:2010-04-14

法律状态:授权

摘要:

本发明涉及一种烟草制品,特别是一种袋装口含烟草制品,其包括包装袋和袋中的潮湿烟草粉粒,其中潮湿烟草粉粒主要由以下原料按重量比组成:烟草材料10%~70%、水10%~60%、酸碱调节剂0.01%~2%、矫味剂1%~20%、保润剂1%~10%。该烟草制品的制备包括以下步骤:烟草材料→粉碎过筛→不同粒度的烟草粗粉→加水和矫味剂掺配→水蒸气熏蒸→加入矫味剂→冷却→加各类调节剂、保润剂、香味剂→装袋→本发明产品。本发明的优点在于:使用方便,使用时不会有碎渣流落到口中,同时也不产生烟雾,不会危害他人,弥补了现有的嚼烟类、口腔类烟草制品的不足,同时又能提供给烟草消费者与传统卷烟和嚼烟类产品类似的满足感。

授权文件独立权利要求：

一种袋装口含烟草制品，其特征在于包括包装袋和袋中的潮湿烟草粉粒，其中潮湿烟草粉粒主要由以下原料按重量比组成：烟草材料 10％～70％、水 10％～60％、酸碱调节剂 0.01％～2％、矫味剂 1％～20％、保润剂 1％～10％。

845. 烟碱缓释型口含烟草片

专利类型：发明

申请号：CN200810049348.4

申请日：2008-03-13

申请人：中国烟草总公司郑州烟草研究院

申请人地址：450001 河南省郑州市高新技术产业开发区枫杨街 2 号

发明人：钱发成　张建勋　孙世豪　宗永立　李炎强　屈展　马骥　何保江

授权日：2010-10-13

法律状态公告日：2010-10-13

法律状态：授权

摘要：

本发明涉及一种烟草制品，特别是一种烟碱缓释型口含烟草片，其特征在于由多层烟片叠加黏合而成，各烟片之间设有烟草薄片，各层烟片的密度由中间层向上、下两边呈依此递减分布。烟片的主要成分包括烟草材料、水、氯化钠、碳酸钠或碳酸氢钠、蜂蜡、香味材料、甘油等。本发明的优点在于克服了现有的产品烟碱释放速率过快、口含前期劲头过大而后期劲头较小、整个口含过程中烟味快速变淡的不足，增加了口含初期烟碱溶出阻力，在不改变总体烟碱释放量的前提下，通过改变设计，增加了烟碱匀速溶出的过程，从而保证口含过程中能在较长的时间内保持稳定的劲头和烟味；而且本发明的使用不受周围环境的限制，不会对他人产生任何危害和影响。

授权文件独立权利要求：

一种烟碱缓释型口含烟草片，其特征在于由多层烟片叠加黏合而成，各烟片之间设有烟草薄片，各层烟片的密度由中间层向上、下两边呈依次递减分布。

846. 袋装口含晾晒烟烟草制品及其制备方法

专利类型：发明

申请号：CN200810049349.9

申请日：2008-03-13

申请人：中国烟草总公司郑州烟草研究院

申请人地址：450001 河南省郑州市高新技术产业开发区枫杨街 2 号

发明人：张建勋　孙世豪　宗永立　谢剑平　钱发成　李鹏　屈展　郭学科

授权日：2010-03-10

法律状态公告日：2010-03-10

法律状态：授权

摘要：

一种袋装口含晾晒烟烟草制品及其制备方法，其特征在于包括装入袋中的烟草粉粒，烟草粉粒主要由以下原料组成：晾晒烟 30％～55％、水 35％～60％、食用盐 0.5％～6％、碳酸氢钠 1％～3.5％、香味材料 0.02％～8％、保润剂 0.5％～8％。该烟草粉粒的制备方法为：粉碎晾晒烟、筛分混合、加入水和食用盐、采用水蒸气熏蒸或者发酵、加入香味材料和保润剂混合均匀。本发明的优点在于克服了传统的烟草制品易产生烟雾的不足，能提供给烟草消费者与传统卷烟产品类似的满足感，减小吸烟对健康的危害；以国内特有的晾晒烟为原料，符合国内消费者的口味特征。本发明使用方便，不但避免了被动吸烟，而且可使含食者生津祛痰。

授权文件独立权利要求：

一种袋装口含晾晒烟烟草制品，其特征在于包括包装袋和袋中的烟草粉粒，其中烟草粉粒主要由以下原料按重量比组成：晾晒烟 30%～55%、水 35%～60%、食用盐 0.5%～6%、碳酸氢钠 1%～3.5%、香味材料 0.02%～8%、保润剂 0.5%～8%。

847. 口含式棒状烟糖

专利类型：实用新型

申请号：CN200820069450.6

申请日：2008-02-29

申请人：中国烟草总公司郑州烟草研究院

申请人地址：450001 河南省郑州市高新技术产业开发区枫杨街 2 号

发明人：屈展　郭学科　张建勋　谢剑平　宗永立　杨春强　李鹏　孙世豪

授权日：2008-12-03

法律状态公告日：2018-03-20

法律状态：专利权的终止

摘要：

一种口含式棒状烟糖，其特征是包括含有烟草提取成分的烟支形糖棒，沿糖棒轴芯设置有其截面为对称结构的扇形黏附性膜带，在除扇形黏附性膜带以外的糖棒外周上涂覆有食用涂层，在烟支形糖棒的糖体上沿轴向设有吸附孔。使用者把糖体放入嘴中吸吮，黏性成分带黏住嘴唇，在这种吸吮状态下糖体的各种成分可以更充分地通过口腔系统被吸收。本实用新型的特点在于模仿烟支的形式提供了一种可供含食的烟糖，符合吸烟人的嗜好和习惯性动作，既能满足烟草消费人群的需求，又可避免吸烟对环境的污染，减小了非吸烟人群吸入二手烟的可能，做到吸烟无害于环境，并可使烟草消费者通过口含吸吮本实用新型的"棒状"烟糖而获得等同于吸食卷烟的满足感。

申请文件独立权利要求：

一种口含式棒状烟糖，其特征在于包括含有烟草提取成分的烟支形糖棒(1)，沿糖棒轴芯设置有其截面为对称结构的扇形黏附性膜带(2)，在除扇形黏附性膜带(2)以外的糖棒外周上涂覆有食用涂层(3)，在烟支形糖棒的糖体(4)上沿轴向设有吸附孔(5)。

848. 粒状口嚼式烟糖

专利类型：实用新型

申请号：CN200820069451.0

申请日：2008-02-29

申请人：中国烟草总公司郑州烟草研究院

申请人地址：450001 河南省郑州市高新技术产业开发区枫杨街 2 号

发明人：宗永立　屈展　郭学科　谢剑平　张建勋　宋瑜冰　李鹏　马骥

授权日：2008-12-31

法律状态公告日：2018-03-20

法律状态：专利权的终止

摘要：

一种粒状口嚼式烟糖，其特征在于由凹形粘贴圈和设置在凹形粘贴圈背面的外表层组成，在凹形粘贴圈的凹陷处填充有含有烟草提取成分的口香糖基料，外表层为圆片形，由乙基纤维素、聚甲基丙烯酸甲酯、丙烯酸树脂材料混合制成，粘贴圈由硬脂酸、巴西棕榈蜡、单硬脂酸甘油酯材料混合制成。本实用新型的突出特点是提供了一种可供咀嚼的烟糖，在咀嚼状态下糖中的烟草成分可以更充分地通过口腔系统被吸收，既能满足烟草消费人群的需要，又可避免吸烟对环境的污染，减小了非吸烟人群吸入二手烟的可能，做到吸烟无害于环境，并可使烟草消费者通过咀嚼本实用新型的"粒状"烟糖而获得等同于吸食卷烟的满足感。本产品还具有构造简单、易于制造、使用方便、卫生安全的优点。

申请文件独立权利要求：

一种粒状口嚼式烟糖，其特征在于由凹形粘贴圈(1)和设置在凹形粘贴圈(1)背面的外表层(2)组成，在凹形粘贴圈(1)的凹陷处(3)填充有含有烟草提取成分的口香糖基料(4)。

849. 无烟烟草组合物

专利类型：发明

申请号：CN200880100282.5

申请日：2008-07-22

申请人：R.J.雷诺兹烟草公司

申请人地址：美国北卡罗来纳州

发明人：J-P.穆阿　L.R.小蒙萨鲁德　D.E.小希尔顿　J.N.菲格拉　P.A.布林克雷　D.N.麦克拉纳汉　J.G.小弗林彻姆　M.F.杜贝　D.V.坎特尔　C.S.斯托克斯

授权日：2014-11-12

法律状态公告日：2014-11-12

法律状态：授权

摘要：

本发明提供了一种构造成用来插入产品使用者口中的无烟烟草产品(10)，该无烟烟草产品(10)包括包含烟草制剂的透水袋(12)，烟草制剂包含烟草材料(14)和分散在该烟草材料中的许多微囊(16)，微囊(16)包括包封内部有效载荷的外壳，内部有效载荷可包含添加剂，如水、调味剂、黏结剂、着色剂、pH调节剂、缓冲剂、填料、崩解助剂、保湿剂、抗氧化剂、口腔护理成分、防腐剂、源自草药或植物的添加剂，以及它们的混合物。本发明还提供了一种制备适合用作无烟烟草组合物的烟草组合物的方法，该方法包括热处理步骤，以对烟草组合物进行巴氏杀菌。

授权文件独立权利要求：

一种构造成用来插入产品使用者口中的无烟烟草产品，该无烟烟草产品包含适用于插入使用者口中形式的烟草制剂和包含在该烟草制剂中的至少一种添加剂，该添加剂以能将该添加剂与烟草制剂物理分隔的形式存在。

850. 用于制造含有烟草混合物的小包的机器

专利类型：发明

申请号：CN200880111292.9

申请日：2008-10-09

申请人：建筑自动机械制造A.C.M.A.股份公司

申请人地址：意大利博洛尼亚

发明人：F.博德里尼　R.格西奥提

授权日：2012-10-10

法律状态公告日：2012-10-10

法律状态：授权

摘要：

本发明是一种生产充装烟草混合物的各部分(36)的小包(2)的机器(1)，该机器(1)包括转筒(8)，在转筒(8)上形成混合物的连续流(5)，并将该连续流(5)运送到工位(13)，在工位(13)将各部分(36)从连续流(5)分开，且在该处将各部分(36)通过气动喷射和馈送装置(21)转移到包装工位(7)，湿润物质通过与气动喷射和馈送装置(21)关联的分配系统(22)添加到混合物。

授权文件独立权利要求：

一种用于制造包含烟草混合物的小包的机器，其包括：①运送装置(4)，混合物通过运送装置(4)被运载到工位(13)；②在工位(13)处运行的气动喷射和馈送装置(21)，混合物的各部分(36)通过气动喷射和馈送装置(21)从运送装置(4)通过管道(6)被引导至包装工位(7)，各部分(36)在包装工位(7)被密封在各小包(2)内；③分配装置(22,22′)，其用于传送湿润烟草混合物。该机器的特征在于运载烟草混合物的运送装置(4)包括转筒(8)，在转筒(8)上形成混合物的连续流(5)，并将连续流(5)朝向工位(13)引导，气动喷射和馈送装置(21)是气动型的，并设计成将连续流(5)从转筒(8)成段地分开，每段的量对应于单个可包装部分(36)。

851. 无烟烟草产品

专利类型：发明

申请号：CN200880118170.2

申请日：2008-10-02

申请人：菲利普·莫里斯生产公司

申请人地址：瑞士纳沙泰尔

发明人：理查德·富伊斯兹

法律状态公告日：2017-08-25

法律状态：发明专利申请公布后的驳回

摘要：

一种非水性的可挤压的组合物，包含超过总组合物的20 wt%的至少一种热塑性聚合物和烟草。一种薄片形式的无烟烟草产品可以通过将至少包含一种热塑性聚合物和烟草的非水性组合物挤出或热熔成型而制成，该薄片可溶于使用者口中并将烟碱释放给使用者。该薄片可以为可放在使用者的颊腔中、腭上或舌下的形式，并且在5～50分钟的平均溶解时间内将超级生物利用度的烟碱递送给使用者。

申请文件独立权利要求：

一种非水性的可挤压的组合物，其包含超过总组合物的20 wt%的至少一种热塑性聚合物和烟草。

852. 烟草颗粒和生产烟草颗粒的方法

专利类型：发明

申请号：CN200980156952.X

申请日：2009-12-18

申请人：美国无烟烟草有限责任公司

申请人地址：美国弗吉尼亚州

发明人：孙燕　F.S.阿奇利

授权日：2015-07-29

法律状态公告日：2017-02-08

法律状态：专利权的终止

摘要：

一种无烟烟草产品，包括多个能够在口中崩解的颗粒(10)，每个颗粒具有芯和围绕该芯的至少一个层

(14)，该层包括烟草粒子和黏结剂。本发明还公开了一种制造包括芯和具有烟草粒子和黏结剂的至少一个层的烟草颗粒的方法。

授权文件独立权利要求：

一种无烟烟草产品，包括多个能够在口中崩解的颗粒，每个颗粒具有非烟草的芯和围绕该芯的至少一个层，该层包括烟草粒子和黏结剂。

853. 含有烟草成分的爽口片

专利类型：发明

申请号：CN201010192124.6

申请日：2010-06-07

申请人：中国烟草总公司郑州烟草研究院

申请人地址：450001 河南省郑州市高新技术产业开发区枫杨街 2 号

发明人：张建勋　郭学科　宗永立　屈展　何保江　李鹏　马骥　卢斌斌　刘俊辉　杨春强

授权日：2013-04-17

法律状态公告日：2013-04-17

法律状态：授权

摘要：

一种含有烟草成分的爽口片，包括由羧甲基纤维素钠、阿拉伯胶、甘油、普鲁兰多糖、羧甲基壳聚糖、调味剂组成的爽口片基质料，其特征在于在爽口片原料中添加有烟草提取物(其中每片爽口片含烟碱 0.001～2 mg)。本发明通过含化这种新型的无烟气烟草制品而得到等同于吸食卷烟的满足感，既能满足烟草消费人群的需要，又能减小吸烟对健康的危害，且可避免吸烟对环境的污染，减小非吸烟人群吸入二手烟的可能，是一种更为安全的环保型烟草制品。本发明配制合理，易于制造，使用方便，卫生安全，将爽口片的载体和烟草成分有机结合到一起。

授权文件独立权利要求：

一种含有烟草成分的爽口片，包括由羧甲基纤维素钠、阿拉伯胶、甘油、普鲁兰多糖、羧甲基壳聚糖、调味剂组成的爽口片基质料，其特征在于在爽口片原料中添加有烟草提取物，使烟碱成分占爽口片重量的 0.001%～0.2%。

854. 一种无烟气烟草制品添加剂及其制备方法和应用

专利类型：发明

申请号：CN201010192165.5

申请日：2010-06-07

申请人：中国烟草总公司郑州烟草研究院

申请人地址：450001 河南省郑州市高新技术产业开发区枫杨街 2 号

发明人：屈展　郭学科　张建勋　宗永立　李鹏　何保江　马骥　孙世豪　刘俊辉　卢斌斌

授权日：2013-04-17

法律状态公告日：2013-04-17

法律状态：授权

摘要：

一种无烟气烟草制品添加剂及其制备方法和应用，其特征在于该添加剂由茶叶、可可、咖啡，以及烟草中的任意两种以上的原料经过提取、浓缩、合并等工艺而得到的物质所组成。本发明可使无烟气烟草制品的种类更加丰富，口味更加宜人，可使吸食无烟气烟草制品的使用者得到等同于吸食卷烟的满足感。本发明既能满足烟草消费人群的需要，又能减小吸烟对健康的危害，更重要的是可以避免吸烟对环境的污染，减小非吸烟人群吸入二手烟的可能，做到吸烟无害于环境。

授权文件独立权利要求：

一种无烟气烟草制品添加剂，其特征在于该添加剂由茶叶、可可、咖啡，以及烟草中的任意两种以上的原料经过提取、浓缩、合并工艺而得到的物质所组成。

855. 无烟的烟草产品

专利类型：发明

申请号：CN201080029481.9

申请日：2010-06-29

申请人：菲利普·莫里斯生产公司

申请人地址：瑞士纳沙泰尔

发明人：R.C.富伊兹

授权日：2015-12-09

法律状态公告日：2015-12-09

法律状态：授权

摘要：

一种通过熔纺制成的并用于哺乳动物口服的熔纺烟草组合物，该烟草组合物为絮片或颗粒形式，其包含烟草和/或烟草萃取物和至少一种材料，该材料在室温下为固体并在500 ℃以下熔化，在通过熔纺加工时载有1 wt%～70 wt%的烟草，并在熔纺之后在5秒之内再次凝固。

授权文件独立权利要求：

一种无烟的烟草产品，其包含通过对至少一种可溶解材料和烟草进行熔纺而制备得到的絮片或颗粒，其中制得的絮片或颗粒至少包含一种可溶解材料的基体和分布在该基体中的烟草，该基体可溶于使用者的口中并向使用者释放尼古丁。

856. 用于烟草材料的热处理方法

专利类型：发明

申请号：CN201080034716.3

申请日：2010-05-26

申请人：R.J.雷诺兹烟草公司

申请人地址：美国北卡罗来纳州

发明人：陈功　A.R.杰拉尔迪　J-P.穆阿　D.E.小希尔顿　D.V.坎特尔　F.K.圣查尔斯

授权日：2016-06-01

法律状态公告日：2016-06-01

法律状态：授权

摘要：

本发明提供了一种热处理烟草材料的方法，该方法包括如下步骤：①将烟草材料、水和添加剂混合，以形成湿润的烟草混合物，添加剂选自赖氨酸、甘氨酸、组氨酸、丙氨酸、蛋氨酸、谷氨酸、天门冬氨酸、脯氨酸、苯丙氨酸、缬氨酸、精氨酸、二价和三价阳离子、天冬酰胺酶、糖类、酚类化合物、还原剂、具有游离硫醇基团的化合物、氧化剂、氧化催化剂、植物提取物，以及它们的组合物；②在至少60 ℃的温度下加热湿润的烟草混合物，以形成经过热处理的烟草混合物；③在烟草产品中添加经过热处理的烟草混合物。本发明还提供了根据该方法制得的经过热处理的烟草组合物，例如含有烟草材料、水、食用香料、黏合剂和填料的经过热处理的无烟烟草组合物，经过热处理的无烟烟草组合物的丙烯酰胺含量约小于2000 ppb。

授权文件独立权利要求：

一种热处理烟草材料的方法，其步骤包括：①将烟草材料、水和添加剂混合，以形成湿润的烟草混合物，添加剂选自赖氨酸、甘氨酸、组氨酸、丙氨酸、蛋氨酸、谷氨酸、天门冬氨酸、脯氨酸、苯丙氨酸、缬氨酸、精氨酸、二价和三价阳离子、天冬酰胺酶、糖类、酚类化合物、还原剂、具有游离硫醇基团的化合物、氧化剂、氧化催化剂、植物提取物，以及它们的组合物；②在至少60 ℃的温度下加热湿润的烟草混合物，以形成经过热处理的烟草混合物；③在烟草产品中添加经过热处理的烟草混合物。

857. 用于袋装口含型无烟气烟草制品制备的生产线

专利类型：发明

申请号：CN201110306519.9

申请日：2011-10-11

申请人：中国烟草总公司郑州烟草研究院

申请人地址：450001 河南省郑州市高新技术产业开发区枫杨街2号

发明人：谢剑平　孙世豪　宗永立　李鹏　霍现宽　宋瑜冰　何保江

授权日：2013-05-08

法律状态公告日：2013-05-08

法律状态：授权

摘要：

一种用于制备袋装口含型无烟气烟草制品的生产线，其特征在于依次包括片烟松散台、粉碎装置、多级振动筛分设备、原料烟粉储料柜、烟粉处理设备、成品烟粉储料柜以及自动包装机，粉碎装置与多级振动筛分设备之间、原料烟粉储料柜与烟粉处理设备之间、烟粉处理设备与成品烟粉储料柜之间均通过密闭式传送带连接。该生产线可实现烟粉的制备、处理、加料和包装的流水线作业，能满足实验室制备和工业生产过程中的自动化需求，烟粉在加工输送过程中基本处于封闭的环境中，生产过程中产生的粉尘少；同时该生产线设备设计合理，构造有序，既可作为流水线生产使用，也可进行某环节产品优化研究。

授权文件独立权利要求：

一种用于制备袋装口含型无烟气烟草制品的生产线，其特征在于依次包括片烟松散台、粉碎装置、多级振动筛分设备、原料烟粉储料柜、烟粉处理设备、成品烟粉储料柜以及自动包装机，粉碎装置与多级振动筛分设备之间、原料烟粉储料柜与烟粉处理设备之间、烟粉处理设备与成品烟粉储料柜之间均通过密闭式传送带连接。

858. 一种膜状口含烟的制备方法

专利类型：发明

申请号：CN201110456202.3

申请日：2011-12-30

申请人：华宝食用香精香料(上海)有限公司

申请人地址：201821 上海市嘉定区叶城路1299号

发明人：吕翠翠　施栩翎

授权日：2018-08-28

法律状态公告日：2018-08-28

法律状态：专利申请权、专利权的转移

摘要：

本发明涉及一种膜状口含烟的制备方法，通过乙醇提取获得烟用浸膏，然后选取普鲁兰多糖、海藻酸钠、羧甲基纤维素钠、阿拉伯胶等制成成膜材料溶液，再将烟用浸膏与成膜材料溶液混合，涂片后烘干，即可

得到膜状口含烟。本发明的膜状口含烟由于含有烟用浸膏而具有烟草气息，可以一定程度地满足烟民的生理需要，对环境没有污染，有效杜绝二手烟的危害。该制备方法简单易行，有利于推广。

授权文件独立权利要求：

一种膜状口含烟的制备方法，其特征在于包括以下步骤：

(1) 制备烟用浸膏：在三口烧瓶中加入经过粉碎的烟叶，然后加入质量分数为50%～95%的乙醇水溶液，所得混合物搅拌1～4小时，过滤所得的滤液，减压浓缩至密度为0.92～1.12 kg/m^3，再静置6～48小时，得到的上层油状物为烟用油膏，下层溶液为烟用浸膏。

(2) 制备成膜材料：以总重量份100份计，取普鲁兰多糖：海藻酸钠：羧甲基纤维素钠：阿拉伯胶：琼脂：聚乙烯醇1788：分散剂＝(10～15)：(2～5)：(3～5)：(0.5～5)：(0～1)：(0～1)：(0.1～1.5)，余量为去离子水，将普鲁兰多糖、海藻酸钠、羧甲基纤维素钠、阿拉伯胶、琼脂、聚乙烯醇1788、分散剂溶于去离子水中，得到成膜材料溶液。

(3) 混合成膜：以重量份计，将10～20份步骤(1)所得的烟用浸膏加入3倍体积的无水乙醇中，得到均匀的烟用浸膏乙醇溶液，将烟用浸膏乙醇溶液加入100份步骤(2)得到的成膜材料溶液中混合均匀，调节pH值至6.2～7.2，静置脱泡后涂布于玻璃片上，在40～60 ℃下烘干得到膜状口含烟。

859. 包含泡腾组合物的无烟烟草产品

专利类型：发明

申请号：CN201180048897.X

申请日：2011-09-06

申请人：R.J.雷诺兹烟草公司

申请人地址：美国北卡罗来纳州

发明人：E.T.亨特　D.E.小希尔顿　F.K.圣查尔斯

授权日：2016-11-02

法律状态公告日：2016-11-02

法律状态：授权

摘要：

本发明提供了一种适合口腔使用的无烟烟草组合物，该组合物包括烟草材料和泡腾材料。泡腾材料包括酸组分和碱组分，其中酸组分包括三元酸诸如柠檬酸和至少一种其他酸。本发明还提供了一种用于制备无烟烟草组合物的方法，该方法为：首先形成造粒混合物，然后将造粒混合物造粒，最后将得到的颗粒与其他掺和组分一起掺和。此后，可以将材料形成预定的形状，诸如通过压制或挤出。将泡腾材料的酸组分分成两部分，一部分加入造粒混合物中，剩余部分在掺和步骤中加入。

授权文件独立权利要求：

一种含有泡腾材料和适合口腔使用的无烟烟草组合物，其包括烟草材料和包含酸组分和碱组分的泡腾材料，其中酸组分包含三元酸和至少一种其他酸。

860. 无烟烟草产品和方法

专利类型：发明

申请号：CN201180051327.6

申请日：2011-10-27

申请人：R.J.雷诺兹烟草公司

申请人地址：美国北卡罗来纳州

发明人：A.D.塞巴斯蒂安　E.M.雷迪克

授权日：2015-08-19

法律状态公告日:2015-08-19

法律状态:授权

摘要:

本发明提供了一种无烟烟草产品。该烟草产品设置为插入使用者的嘴中,其包括含有烟草配方的液体可渗透的烟草袋,其中烟草配方包括颗粒状烟草组合物,烟草袋包括增强香味的羊毛材料。

授权文件独立权利要求:

一种烟草产品,其设置为插入使用者的嘴中,包括含有烟草配方的液体可渗透的羊毛材料烟草袋,烟草配方包括颗粒状烟草组合物,其中形成羊毛材料烟草袋的纤维材料包括芯吸性纤维,每种芯吸性纤维都是带纹道纤维,其包括亲水表面涂料。

861. 无烟烟草组合物和用于制备无烟烟草组合物锭剂的方法

专利类型:发明

申请号:CN201180062926.8

申请日:2011-11-23

申请人:R.J.雷诺兹烟草公司

申请人地址:美国北卡罗来纳州

发明人:丹尼尔·韦尔丹·坎特雷尔　罗伯特·弗兰克·布廷　托马斯·欣克迈耶尔

授权日:2017-11-03

法律状态公告日:2017-11-03

法律状态:授权

摘要:

本发明提供了一种构造成用于插入使用者嘴中的无烟烟草组合物,该无烟烟草组合物包括烟草材料和多糖填充剂组分,诸如聚葡萄糖。本发明还提供了一种用于制备无烟烟草组合物锭剂的方法,该锭剂构造成用于插入使用者嘴中。该方法为:将烟草材料与黏合剂和多糖填充剂组分混合,以形成无烟烟草混合物,注射模塑无烟烟草混合物,并冷却无烟烟草混合物,以形成固化的无烟烟草组合物锭剂。混合步骤可以包括:形成包含烟草、填充剂和黏合剂组分的干燥的掺和物,并将干燥的掺和物与黏稠的液体组分合并。注射模塑锭剂可以提供可溶解的且可轻轻咀嚼的产品。

授权文件独立权利要求:

一种构造成用于插入使用者嘴中的无烟烟草组合物,其包含烟草材料和多糖填充剂组分。

862. 无烟烟草锭剂和用于形成无烟烟草产品的模铸方法

专利类型:发明

申请号:CN201180065278.1

申请日:2011-11-29

申请人:R.J.雷诺兹烟草公司

申请人地址:美国北卡罗来纳州

发明人:丹尼尔·韦尔丹·坎特雷尔　J.D.莫顿　S.D.休姆　巴里·布拉切瑞　罗伯特·弗兰克·布廷　托马斯·欣克迈耶尔　T.J.杰克逊

授权日:2017-08-18

法律状态公告日:2017-08-18

法律状态:授权

摘要:

本发明提供了一种构造成用于插入使用者嘴中的无烟烟草组合物,该无烟烟草组合物包括烟草材料、糖醇和天然胶质黏合剂组分，无烟烟草组合物呈锭剂的形式。本发明还提供了一种用于制备无烟烟草组合物锭剂的方法，该无烟烟草组合物锭剂构造成用于插入使用者嘴中。该方法为：准备包含水合的天然胶质黏合剂组分的水性混合物，将烟草材料与水性混合物混合，以形成无烟烟草混合物，加热该无烟烟草混合物，将经过加热的无烟烟草混合物放入模具中，固化无烟烟草混合物，以形成无烟烟草组合物锭剂。

授权文件独立权利要求：

一种构造成用于插入使用者嘴中的无烟烟草组合物，其包括烟草材料、糖醇、蔗糖和糖浆中的至少一种、天然胶质黏合剂组分，该无烟烟草组合物呈锭剂的形式。

863. 口腔用产品

专利类型：发明

申请号：CN201210167332.X

申请日：2012-05-25

申请人：奥驰亚客户服务公司

申请人地址：美国弗吉尼亚州

发明人：高峰　F.S.阿奇利　G.戈利西克　C.J.蒂诺威　P.M.休兰

授权日：2015-06-24

法律状态公告日：2017-07-14

法律状态：专利权的终止

摘要：

一种口腔用产品，其包括可全部容纳于口腔中的主体。主体包括口腔可溶性聚合物基体、嵌入口腔可溶性聚合物基体中的纤维素纤维和分散在口腔可溶性聚合物基体中的尼古丁或其衍生物。该口腔用产品适于在主体容纳于口腔内部并接触唾液时从主体中释放尼古丁或其衍生物。

授权文件独立权利要求：

(1) 一种口腔用产品，其包括可全部容纳于口腔中的主体，主体包括口腔可溶性聚合物基体、嵌入口腔可溶性聚合物基体中的纤维素纤维和尼古丁或其衍生物，其分散在口腔可溶性聚合物基体中，以使尼古丁或其衍生物在主体至少部分地容纳于口腔内部并接触唾液时从主体中释放。

(2) 一种口腔用产品，其包括棒体和棒体上的涂层，该涂层包括口腔可溶性聚合物基体、嵌入口腔可溶性聚合物基体中的纤维素纤维和尼古丁或其衍生物，其分散在口腔可溶性聚合物基体中，以使尼古丁或其衍生物在涂层至少部分地容纳于口腔内部并接触唾液时从涂层中释放。

864. 一种新型口含烟的制备方法

专利类型：发明

申请号：CN201210223535.6

申请日：2012-07-02

申请人：湖北中烟工业有限责任公司　武汉市黄鹤楼科技园有限公司

申请人地址：430040 湖北省武汉市东西湖区金山大道 1355 号

发明人：宋旭艳　陈义坤　潘曦　陈胜　罗诚浩

授权日：2014-06-18

法律状态公告日：2014-06-18

法律状态：授权

摘要：

本发明涉及一种无烟卷烟，具体地说是一种新型口含烟，它由下述原料按重量百分比混合制备而成：烟末 5％～20％、填充剂 30％～80％、矫味剂 0.5％～3％、黏合剂 5％～40％、香料 2％～10％、润滑剂 0.1％～

2%。本发明与现有的技术比较具有以下优点：①本发明中的烟草成分可以根据使用者的需求和喜好来调整和确定，且定量准确，分布均匀；②本发明的口含烟水分不超过 3%，可有效防止霉变，延长产品的存储期；③本发明的口含烟可制备不同颜色、不同形状，外观美观，具有个性；④本发明的口含烟原料广泛，制备工艺简单，便于推广。

授权文件独立权利要求：

一种新型口含烟，它由下述原料按重量百分比混合制备而成：烟末 5%～20%、填充剂 30%～80%、矫味剂 0.5%～3%、黏合剂 5%～40%、香料 2%～10%、润滑剂 0.1%～2%。

865. 一种可食用烟及其制备方法

专利类型：发明

申请号：CN201210380185.4

申请日：2012-10-09

申请人：方力

申请人地址：100045 北京市海淀区三里河路 49 号钓鱼台大酒店一层

发明人：方力

授权日：2015-08-05

法律状态公告日：2016-09-07

法律状态：专利申请权、专利权的转移

摘要：

本发明提供了一种可食用烟及其制备方法，该可食用烟包括可食用烟功能成分和载体成分，可食用烟功能成分包括 0.01 wt%～2 wt%的生理强度物质、0.01%～5%的芳香精油、0.01 wt%～5 wt%的烟草香味物质的乙醇溶液、0.01 wt%～16 wt%的中草药成分和 0.01%～1.2%的味感剂，生理强度物质为烟草生物碱、茶叶生物碱，以及上述两种生物碱的盐类、糖苷类、酯类和酰胺类中的一种或多种，中草药成分为中草药的提取物或粉碎物。本发明解决了现有的技术中芳香精油的香味与烟草香味无法有效调和，以及含有这些物质的可食用烟产品储存稳定性差的问题，提供了一种不含烟草有害成分，同时具有保健功能和芳香疗法功能以及戒烟的替代疗法功能的可食用烟产品。

授权文件独立权利要求：

一种可食用烟，包括可食用烟功能成分和载体成分。基于可食用烟的总重，可食用烟功能成分包括 0.01 wt%～2 wt%的生理强度物质、0.01%～5%的芳香精油、0.01 wt%～5 wt%的烟草香味物质的乙醇溶液、0.01 wt%～16 wt%的中草药成分和 0.01%～1.2%的味感剂。中草药成分为中草药的提取物或粉碎物，中草药的提取物为中草药的水或乙醇提取物，提取物为中草药经水或乙醇提取后减压干燥而获得的物质；烟草香味物质的乙醇溶液中含有的烟草香味物质的浓度为 0.1～1 ppm；生理强度物质为烟草生物碱、茶叶生物碱，以及上述两种生物碱的盐类、糖苷类、酯类和酰胺类中的一种或多种。可食用烟还包括稳定剂、保润剂和乳化剂中的一种或多种。

866. 一种烟草提取物微胶囊及其制备方法

专利类型：发明

申请号：CN201210467852.2

申请日：2012-11-19

申请人：湖南中烟工业有限责任公司

申请人地址：410007 湖南省长沙市雨花区万家丽中路三段 188 号

发明人：郭小义　钟科军　王勇　刘金云　代远刚　戴云辉　卓宁野　杜文　金勇　高泽华　杨华武　卢红兵　陈潜　赵立红

授权日：2015-02-11

法律状态公告日：2015-02-11

法律状态：授权

摘要：

本发明公开了一种烟草提取物微胶囊及其制备方法，该微胶囊是用微胶囊包膜原料将烟草提取物包封制成的微胶囊，制备方法是先从烟叶中获得烟草提取物，再制备微胶囊。该微胶囊能减缓无烟烟草制品中烟碱等有效成分的释放速度，释放时间延长，消费者舒适性增强，同时克服了烟草提取物在储存和加工过程中烟碱等有效成分被氧化而造成质量波动等不足。

授权文件独立权利要求：

一种烟草提取物微胶囊，其特征在于用微胶囊包膜原料把烟草提取物包封制成微胶囊。微胶囊中的微胶囊包膜原料的质量分数为10%～90%，烟草提取物是用水或水和乙醇的混合提取液提取香料烟烟叶、白肋烟烟叶、晾晒烟烟叶、烤烟烟叶中的一种或几种而获得的提取物。

867. 一种口含型无烟气烟草制品

专利类型：发明

申请号：CN201210468111.6

申请日：2012-11-19

申请人：湖南中烟工业有限责任公司

申请人地址：410007 湖南省长沙市雨花区万家丽中路三段188号

发明人：郭小义　钟科军　王勇　刘金云　代远刚　戴云辉　卓宁野　杜文　金勇　高泽华　杨华武　卢红兵　陈潜　赵立红

授权日：2015-04-22

法律状态公告日：2015-04-22

法律状态：授权

摘要：

本发明公开了一种口含型无烟气烟草制品，其成分包括可食性包装膜、烟草提取物微胶囊、膳食纤维、黏结剂和调味剂，烟草提取物微胶囊是用微胶囊包膜原料把烟草提取物包封制成的微胶囊，膳食纤维是从烟梗或烟叶当中提取所得的。该烟草制品克服了传统的烟草制品产生烟雾和对暴露于环境中的被动吸烟者的身体造成危害的不足，是一种增加人体膳食纤维摄入量，且口感持久，能减小吸烟对周围环境影响的口含型无烟气烟草制品。

授权文件独立权利要求：

一种口含型无烟气烟草制品，其特征在于包括可食性包装膜、烟草提取物微胶囊、膳食纤维、黏结剂和调味剂，烟草提取物微胶囊是用微胶囊包膜原料将烟草提取物包封制成的微胶囊，膳食纤维是从烟梗或烟叶中提取得到的。烟草提取物的提取过程为按烟叶∶水的质量比1∶(5～10)，或者烟叶∶水∶乙醇的质量比1∶(4～9)∶(0.5～2.5)的比例加料，置入50～70 ℃恒温水浴锅中，保持0.5～2小时后过滤，将滤液经过真空浓缩至含水率为40%～60%，即制得烟草提取物。可食性包装膜包括多糖薄膜、担保之薄膜或者是两者的复合膜，包膜原料包括糊精和低聚糖的组合物，黏结剂包括淀粉胶、结冷胶或黄原胶。

868. 无烟烟草组合物和处理用于其中的烟草的方法

专利类型：发明

申请号：CN201210552737.5

申请日：2008-07-22

申请人：R.J.雷诺兹烟草公司

申请人地址:美国北卡罗来纳州

发明人:J-P. 穆阿　L. R. 小蒙萨鲁德　D. E. 小希尔顿　J. N. 菲格拉　P. A. 布林克雷　D. N. 麦克拉纳汉　J. G. 小弗林彻姆

授权日:2015-11-18

法律状态公告日:2015-11-18

法律状态:授权

摘要:

本发明提供了一种构造成用于插入产品使用者口中的无烟烟草产品(10),该无烟烟草产品(10)包括包含烟草制剂的透水袋(12),烟草制剂包含烟草材料(14)和分散在该烟草材料(14)中的许多微囊(16),许多微囊(16)包括包封内部有效载荷的外壳。内部有效载荷可包含添加剂(如水)、调味剂、黏结剂、着色剂、pH调节剂、缓冲剂、填料、崩解助剂、保湿剂、抗氧化剂、口腔护理成分、防腐剂、源自草药或植物的添加剂,以及它们的混合物。本发明还提供了一种制备适合用作无烟烟草组合物的烟草组合物的方法,该方法包括热处理步骤,用于对烟草组合物进行巴氏杀菌。

授权文件独立权利要求:

一种制备适合用作无烟烟草组合物的烟草组合物的方法,该方法为准备浆液形式的水和烟草材料的混合物,在足以对混合物进行巴氏杀菌的温度和时间条件下加热该混合物,向浆液中加入一定量的碱,以使该浆液的 pH 值升高至碱性 pH 值,从而形成 pH 值已调节的混合物,在一定温度和时间条件下继续加热该 pH 值已调节的混合物,使 pH 值已调节的混合物的 pH 值至少降低 0.5 个 pH 值单位,形成经热处理的烟草材料,将该经热处理的烟草材料添加到无烟烟草产品中。

869. 用于包装散装制品的设备及方法

专利类型:发明

申请号:CN201280065645.2

申请日:2012-11-01

申请人:奥驰亚客户服务公司

申请人地址:美国弗吉尼亚州

发明人:巴里・S. 史密斯　史蒂文・R. 莱因哈特　丹妮尔・R. 克劳福德

授权日:2017-06-09

法律状态公告日:2017-06-09

法律状态:授权

摘要:

本发明涉及一种用于包装散装制品的设备,其包括装载站、盒组建站和卸载站。装载站包括成间隔关系的可移动斜槽,每个斜槽具有开放顶部、开放上游端和开放下游端,开放顶部构造为当沿着第一进给路径移动时用于接收散装制品。盒组建站能部分地组建成间隔关系且具有第一开放侧和第二开放侧的盒,并且当盒沿着第二进给路径行进时使每个盒的第一开放侧与对应斜槽的开放下游端对准。卸载站包括与每个盒的第二开放侧相连通的固定真空头,该固定真空头设置有连续的真空源,真空源能沿着第二进给路径操作,以将散装制品从斜槽移入盒中。

授权文件独立权利要求:

一种用散装制品来填充包装的方法,包括:建立包装结构的队列,该包装结构具有第一开口、第二开口以及内部空间;重复地建立预定数量的散装制品,并且重复地将该数量的散装制品放置在邻近第一开口的位置上;通过第二开口来连通真空,使得当搅动邻近的预定数量的散装制品时将放置的预定数量的散装制品输送到内部空间中;关闭第一开口和第二开口。

870. 一种舌下烟及其制备方法

专利类型:发明

申请号:CN201310245741.1

申请日:2013-06-20

申请人:中国烟草总公司山东省公司

申请人地址:250101 山东省济南市高新开发区新泺大街中段南侧

发明人:王永平　纪立顺　朱友　别振英　蔚亦沛　任呼博　陈玉松　张福民　陆伟　刘敏

授权日:2015-03-11

法律状态公告日:2015-03-11

法律状态:授权

摘要:

本发明公开了一种舌下烟及其制备方法,属于新型烟草制品领域。该舌下烟的组分及其质量分数为:烟碱0.01%~6%、非糖类甜味物质3%~15%、海藻酸钠5%~35%、绿豆淀粉45%~80%、硫酸钙3%~8%、甘草锌0.5%~3%、维生素0.2%~0.8%、薄荷脑(或者薄荷素油)0%~0.6%。本发明与现有的新型烟草制品相比,其主要优点是:①舌下含化时迅速溶出,起效快,无残渣;②甜味物质甜度高,用量少,节省成本;③在满足使用者生理需求的同时,具有预防龋齿和口腔溃疡的作用;④不会导致血糖升高,适合糖尿病人群长期使用。

授权文件独立权利要求:

一种舌下烟,其特征是其组分及其质量分数为:烟碱0.01%~6%、非糖类甜味物质3%~15%、海藻酸钠5%~35%、绿豆淀粉45%~80%、硫酸钙3%~8%、甘草锌0.5%~3%、维生素0.2%~0.8%、薄荷脑或者薄荷素油0%~0.6%。

871. 一种无烟烟草产品

专利类型:发明

申请号:CN201380017941.X

申请日:2013-02-12

申请人:R.J.雷诺兹烟草公司

申请人地址:美国北卡罗来纳州

发明人:D.W.比森　J.G.小弗林彻姆　甘化民

授权日:2018-02-23

法律状态公告日:2018-02-23

法律状态:授权

摘要:

本发明提供了一种制备经白化的烟草材料的方法,该方法包括以下步骤:①用水溶液提取烟草材料,以得到烟草浆和烟草提取物;②在一定温度下用苛性试剂和氧化剂中的至少一种处理烟草浆一定时间,温度和时间足以亮化烟草浆的颜色,以得到经白化的烟草浆;③净化烟草提取物,以除去较高分子量的组分;④将经白化的烟草浆与经净化的烟草提取物组合,以形成经白化的烟草材料。可以将经白化的烟草材料分离并掺入无烟烟草产品中。本发明还提供了一种包含经白化的烟草材料的无烟烟草产品,该无烟烟草产品可以是被包装在密封药袋内的snus-型制剂。

授权文件独立权利要求:

一种制备用在无烟烟草产品中的经白化的烟草材料的方法,包括:①用水溶液提取烟草材料,以得到烟草浆和烟草提取物;②在一定温度下用苛性试剂和氧化剂中的至少一种处理烟草浆一定时间,温度和时间足以亮化烟草浆的颜色，以得到经白化的烟草浆；③净化烟草提取物，以除去较高分子量的组分，得到经净化的烟草提取物；④将经白化的烟草浆与经净化的烟草提取物组合，以形成经白化的烟草材料。

872. 口含烟提取液及其制备方法和口含烟

专利类型：发明

申请号：CN201410211617.8

申请日：2014-05-19

申请人：川渝中烟工业有限责任公司

申请人地址：610000 四川省成都市龙泉驿区国家级成都经济技术开发区新区成龙路 2 号

发明人：薛芳　袁月　戴亚　陶飞燕　朱立军　谭兰兰　黄玉川

授权日：2016-08-24

法律状态公告日：2017-01-11

法律状态：专利申请权、专利权的转移

摘要：

本发明公开了一种口含烟提取液及其制备方法和口含烟，该口含烟提取液的制备方法为：将烤烟烟叶杀菌消毒，用蒸馏水进行萃取、过滤，调节滤液的 pH 值至 9～10，然后将滤液进行蒸馏、冷凝，收集馏出物，即为口含烟提取液。本发明通过对烟草进行处理来获得口含烟提取液，该提取液中不含色素，不会使使用者口腔产生色素沉积，同时提取液可以满足使用者对烟碱量的需求，烟碱含量也可以控制在较为安全的范围内，并且提取液中不含稠环芳烃、烟草特有的亚硝胺等有害成分。

授权文件独立权利要求：

一种口含烟提取液的制备方法，其特征在于包括以下步骤：将烤烟烟叶杀菌消毒，用蒸馏水进行萃取、过滤，调节滤液的 pH 值至 9～10，然后将滤液进行蒸馏、冷凝，收集馏出物，即为口含烟提取液。

873. 中间香型口含烟的制备方法

专利类型：发明

申请号：CN201410322783.5

申请日：2014-07-08

申请人：川渝中烟工业有限责任公司

申请人地址：610000 四川省成都市龙泉驿区国家级成都经济技术开发区新区成龙路 2 号

发明人：袁月　戴亚　薛芳　陶飞燕　谭兰兰　朱立军　黄玉川

授权日：2016-05-04

法律状态公告日：2017-01-04

法律状态：专利申请权、专利权的转移

摘要：

本发明公开了一种中间香型口含烟的制备方法，其步骤为：从中间香型烤烟烟叶中提取得到具有一定烟碱浓度和特有香味成分的烟草提取液，将该烟草提取液加入主要由糖类和/或蛋白质、油脂、胶体、食品添加剂等制成的糖果基质中，通过糖果制备工艺制得成品。该口含烟既能满足烟草消费者的生理需要，又不会对周围环境造成污染，还能减小可能对消费者产生的危害，能满足特定烟草消费群体对中间香型烤烟香韵的偏好，利用成熟、多样的糖果加工手段克服了传统口含烟的弊端，能适应不同消费群体的需求，口感更丰富，更易被接受。

授权文件独立权利要求：

一种中间香型口含烟的制备方法，其特征在于包括以下步骤：

步骤一：将中间香型烤烟烟叶置于烘箱中，在 30～60 ℃的温度下烘烤 2～12 小时，再将烘干的烟叶粉碎

并过筛得到30～80目的烟末；称取以克计为48～52份的烟末，加入以毫升计为590～610份的去离子水中，浸泡0.5～3小时，超声萃取20～90分钟，然后过滤得到水提取物，将该水提取物通过水蒸气蒸馏法获得含有香味成分和烟碱的水油共沸的烟草提取物；再将该烟草提取物置于－32～－28 ℃的温度下真空冷冻干燥18～108小时，得到浓缩烟草提取物。

步骤二：将以克计为7～9份的琼脂和以克计为210～230份的明胶混合均匀，并加入以毫升计为38～100份的浓缩烟草提取物和以克计为7000～8000份的饮用水中浸泡涨润，水温为18～25 ℃，浸泡时间为7～10小时，每隔1.8～2.2小时搅拌一次；在以克计为3700～4100份的麦芽糖醇中加入以克计为1100～1300份的水，加热熬煮，熬煮温度为106～110 ℃，熬煮至糖浆浓度为75%～80%，并将包含烟草水提取物的浸泡过的明胶和琼脂加热至75～80 ℃，边搅拌边加入麦芽糖醇糖液中，使之混合均匀。

步骤三：将步骤二最终得到的液体注入模具中成型，然后冷却至40 ℃以下，凝固、出模，再置于温度为30～40 ℃、湿度为50%～60%的烘干房中烘干，使口含烟成品的含水率控制在20%以内。

874. 浓香型口含烟的制备方法

专利类型：发明

申请号：CN201410323957.X

申请日：2014-07-08

申请人：川渝中烟工业有限责任公司

申请人地址：610000 四川省成都市龙泉驿区国家级成都经济技术开发区新区成龙路2号

发明人：袁月　戴亚　薛芳　陶飞燕　谭兰兰　朱立军　黄玉川

授权日：2016-02-03

法律状态公告日：2017-01-11

法律状态：专利申请权、专利权的转移

摘要：

本发明公开了一种浓香型口含烟的制备方法，其步骤为：选用浓香型烤烟烟叶，提取得到具有一定烟碱含量和烟草香味成分的烟草提取液，将该烟草提取液加入由糖类和/或蛋白质、油脂、胶体、食品添加剂等制成的糖果基质中，通过糖果制备工艺制得成品。该口含烟既能满足烟草消费者的生理需要，又不会对周围环境造成污染，还能减小可能对消费者产生的危害，能满足特定烟草消费群体对浓香型烤烟香韵的偏好，利用成熟、多样的糖果加工手段克服了传统口含烟的弊端，能适应不同消费群体的需求，口感更丰富，更易被接受。

授权文件独立权利要求：

一种浓香型口含烟的制备方法，其特征在于包括以下步骤：

步骤一：将浓香型烤烟烟叶置于烘箱中，在30～60 ℃的温度下烘烤，烘烤时间为2～12小时，再将烘干的烟叶粉碎并过30～80目筛得到烟末；称取以克计为40～90份的烟末，加入以毫升计为500～700份的去离子水中混合，并浸泡0.5～3小时，超声萃取20～90分钟，将过滤得到的水提取物通过水蒸气蒸馏法获得含有香味成分和烟碱的水油共沸的烟草提取物；再将该烟草提取物溶液于－42～－28 ℃的温度下真空冷冻干燥18～100小时，得到浓缩烟草提取物。

步骤二：将砂糖溶解于50～70 ℃的水溶液中，然后在该水溶液中导入115～125 ℃的过饱和蒸气，对水溶液进行搅拌式熬煮，熬煮5～7小时至黏稠状，再冷却至25～35 ℃；将浓缩烟草提取物与砂糖水溶液搅拌混合15～25分钟至黏稠状，再常压或真空熬煮，熬煮温度为130～160 ℃，然后冷却至95～115 ℃，再加入香叶醇、安赛蜜、柠檬酸调和。

步骤三：浇注或冲压入模具，颗粒成型，脱模，冷却，包装。

875. 清香型口含烟的制备方法

专利类型：发明

申请号:CN201410324037. X

申请日:2014-07-08

申请人:川渝中烟工业有限责任公司

申请人地址:610000 四川省成都市龙泉驿区国家级成都经济技术开发区新区成龙路 2 号

发明人:袁月　戴亚　薛芳　陶飞燕　谭兰兰　朱立军　黄玉川

授权日:2016-05-04

法律状态公告日:2017-01-11

法律状态:专利申请权、专利权的转移

摘要:

本发明公开了一种清香型口含烟的制备方法,其步骤为:采用水蒸气蒸馏法提取并浓缩得到清香型烤烟烟叶的烟草提取液,将具有一定烟碱浓度和烟草特有香味成分的烟草提取液加入主要由糖类和/或蛋白质、油脂、胶体、食品添加剂等制成的糖果基质中,通过糖果制备工艺制得成品。该口含烟既能满足烟草消费者的生理需要,又不会对周围环境造成污染,还可减小可能对消费者产生的危害,能满足特定烟草消费群体对清香型烤烟香韵的偏好,利用成熟、多样的糖果加工手段克服了传统口含烟的弊端,能适应不同消费群体的需求,口感更丰富,更易被接受。

授权文件独立权利要求:

一种清香型口含烟的制备方法,其特征在于包括以下步骤:

步骤一:将清香型烤烟烟叶置于烘箱中,在 30～60 ℃的温度下烘烤 2～12 小时,再将烘干的烟叶粉碎并过筛得到 30～80 目的烟末;称取以克计为 48～52 份的烟末加入以毫升计为 590～610 份的去离子水中,浸泡 0.5～3 小时,超声萃取 20～90 分钟,然后过滤得到水提取物,将该水提取物通过水蒸气蒸馏法获得含有香味成分和烟碱的水油共沸的烟草提取物;再将该烟草提取物置于－32～－28 ℃的温度下真空冷冻干燥 18～108 小时,得到浓缩烟草提取物。

步骤二:将蔗糖和淀粉糖浆与以毫升计为 500 份的浓缩烟草提取物在 105 ℃的温度下搅拌、溶解,然后熬煮,加入奶油、植物油、炼乳搅拌均匀,温度控制在 121～125 ℃,熬煮至糖浆浓度为 89%～93%,再与明胶、奶粉混合搅拌、充气,温度控制在 71～75 ℃,搅拌 14～16 分钟,再加入方登糖继续搅拌 3～5 分钟,将半固体奶糖膏冷却至 55～65 ℃。

步骤三:挤出、冷却、成型、筛选、包装。

876. 用于无烟烟草产品的容器

专利类型:发明

申请号:CN201480072462. 2

申请日:2014-11-18

申请人:R. J. 雷诺兹烟草公司

申请人地址:美国北卡罗来纳州

发明人:P. 帕特尔　D. T. 特福勒

法律状态公告日:2016-09-21

法律状态:实质审查的生效

摘要:

本发明提供了一种可以用于储存含烟草材料(41)的容器,该容器包括下部主体部分(20)和上盖(21)。下部主体部分(20)包括可以将下部主体部分(20)分隔成上部内部储存隔室(29)和下部内部储存隔室(26)的中间底壁(28),环境改造材料(25)接收在下部内部储存隔室(26)中,含烟草材料(41)可以接收在上部内部储存隔室(29)中。环境改造材料(25)可以控制容器中的湿度,以保持含烟草材料(41)的新鲜度和/或执行其他功能。由下部主体部分(20)和上盖(21)协作地形成的通气通道(64)还可以控制湿度。

申请文件独立权利要求：

一种限定改造内部环境的容器，包括：①盖；②主体部分，该主体部分配置成接合盖，以大致封闭由主体部分限定的内部空间，主体部分包括将内部空间分隔成第一隔室和第二隔室的中间壁；③环境改造材料，该环境改造材料接收在第二隔室中，并且配置成通过中间壁作用于第一隔室内的大气。

877. 从烟花中提取烟用香料应用于口含烟的方法

专利类型：发明

申请号：CN201510149762.2

申请日：2015-03-31

申请人：川渝中烟工业有限责任公司

申请人地址：610000 四川省成都市龙泉驿区国家级成都经济技术开发区新区成龙路2号

发明人：谭兰兰　戴亚　冯广林　施丰成　寇明钰　肖克毅　薛芳　沈怡　任志刚　李东亮

授权日：2016-10-19

法律状态公告日：2016-12-28

法律状态：专利申请权、专利权的转移

摘要：

本发明公开了一种从烟花中提取烟用香料并应用于口含烟的方法，该方法包括：对不同类型的烟草进行预处理，即烤烟烟花在40～60 ℃的低温下烘干，白肋烟烟花和雪茄烟烟花在通风房间晾干；将预处理后的干燥烟花用紫外线进行杀菌；将经过杀菌处理后的烟花粉碎至10～80目；将粉碎后的样品加入蒸馏水中溶解，样品与蒸馏水的质量比为(1∶4)～(1∶8)，并在60～90 ℃的温度下搅拌提取0.5～1.5小时；过滤提取液，在40～70 ℃的温度下减压浓缩至原料重量的两倍；在浓缩液中加入蛋白酶、果胶酶、纤维素酶中的一种或几种，在温度40～60 ℃、pH值4.0～6.0的条件下搅拌酶解1～2小时；灭活、超低温冻干；将烟花提取物加入口含烟中。该烟用香料弥补了原料的不足，同时减少了对环境的污染，避免了资源的浪费。

授权文件独立权利要求：

一种从烟花中提取烟用香料并应用于口含烟的方法，其特征在于包括以下步骤：

步骤一：对不同类型的烟草进行预处理，即烤烟烟花在40～60 ℃的低温下烘干，白肋烟烟花和雪茄烟烟花在通风房间晾干。

步骤二：将预处理后的干燥烟花用紫外线进行杀菌。

步骤三：将经过杀菌处理后的烟花粉碎至10～80目。

步骤四：将粉碎后的样品加入蒸馏水中溶解，样品与蒸馏水的质量比为(1∶4)～(1∶8)，并在60～90 ℃的温度下搅拌提取0.5～1.5小时。

步骤五：过滤提取液，在40～70 ℃的温度下减压浓缩。

步骤六：在浓缩液中加入蛋白酶、果胶酶、纤维素酶中的一种或几种，在温度40～60 ℃、pH值4.0～6.0的条件下搅拌酶解1～2小时。

步骤七：将步骤六得到的反应液在80～100 ℃的温度下灭活，然后再超低温冻干。

步骤八：将烟花提取物按质量以0.005%～0.03%的比例添加于口含烟中。